Handbibliothek für Bauingenieure

Ein Hand- und Nachschlagebuch für Studium und Praxis

Herausgegeben

von

Robert Otzen

Geh. Regierungsrat, Professor an der Technischen Hochschule zu Hannover

II. Teil. Eisenbahnwesen und Städtebau. 1. Band:

Städtebau

von

Otto Blum, G. Schimpff †

und W. Schmidt

Springer-Verlag Berlin Heidelberg GmbH

1921

Städtebau

Von

Otto Blum
Dr.-Ing., ord. Professor an der Techn. Hochschule
in Hannover

G. Schimpff †
weil. ord. Professor an der Techn. Hochschule
in Aachen

und

W. Schmidt
Dr.-Ing., Stadtbauinspektor in Stettin

Mit 482 Textabbildungen

Springer-Verlag Berlin Heidelberg GmbH
1921

ISBN 978-3-662-35500-8 ISBN 978-3-662-36328-7 (eBook)
DOI 10.1007/978-3-662-36328-7

Ursprünglich erschienen bei Julius Springer in Berlin 1921.
Softcover reprint of the hardcover 1st edition 1921

Vorbemerkung.

Es entspricht dem Charakter der den Bauingenieuren gewidmeten Handbibliothek, daß bei der Erörterung der städtebaulichen Fragen in erster Linie die behandelt werden müssen, die in das Arbeitsgebiet des Bauingenieurs fallen. Diese Beschränkung kann leicht den Eindruck erwecken, als ob die Arbeiten anderer Berufe (Architekten, Maschineningenieure, Hygieniker, Nationalökonomen) hier zu niedrig eingeschätzt würden. Es möge deshalb an der Spitze der Abhandlung an den Bauingenieur eindringlich das Mahnwort gerichtet werden, daß er mit seiner Arbeitskraft und seinem Wissen allein nicht imstande ist, die schwierigen städtebaulichen Aufgaben unserer Zeit zu meistern, sondern daß er sich — abgesehen von Einzelfragen — mit den anderen Berufen zu gemeinsamer, sich gegenseitig ergänzender Arbeit verbünden muß.

Wie vielgestaltig die Aufgaben sind, und wie viele verschiedenen Kreise von Stadt- und Staatsbeamten und freiwilligen Helfern mitwirken müssen, ergibt sich aus vielen Stellen der folgenden Darstellung. Hier seien nur folgende Gesichtspunkte hervorgehoben.

Zunächst spielt im Städtebau die Schönheit (im weitesten Sinne des Wortes) eine sehr große Rolle. Der Bauingenieur hat demgemäß die schönheitliche Seite seiner Arbeiten stets eingehend zu beachten; er muß es daher verstehen, auch bei Ingenieurarbeiten den Architekten mitarbeiten zu lassen, und er muß unter Umständen seine ingenieurtechnisch richtigen Gedanken einem höheren künstlerischen Gesichtspunkt unterordnen können. Töricht ist hierbei jede kleinliche Eifersucht zwischen Architekt und Ingenieur. Schon eine kleine Stadt hat reichlich Aufgaben genug für die volle Arbeitskraft je eines Stadtbaurats für den Hochbau und das Ingenieurwesen; welcher von beiden dann die Führung in den in beide Fachgebiete hineinspielenden Fragen, z. B. bei der Bearbeitung von Bebauungsplänen, übernimmt, wird neben anderem davon abhängen, wer das größere Geschick und die größere Erfahrung in wirtschaftlichen Fragen, in der Grundstückpolitik, in Verhandlungen mit den Parlamenten und Behörden usw. besitzt.

Der zweite Punkt, den wir hier hervorheben möchten, ist die wirtschaftliche (finanzielle) Bedeutung der Tätigkeit des Städtebauers. Im Stadthaushalt sind die Ausgaben für die technischen Anlagen (Straßen, Verkehrsanstalten, Wasserversorgung, Kanalisation, Schulbauten usw.) die wichtigsten Posten. Der Stadtbaurat wird stets einer der größten Arbeitgeber in der Stadt sein, er wird vielfach die höchsten Gesamtausgaben anzuweisen haben. Hiermit erwächst ihm die unbedingte Pflicht, ein außerordentlich vorsichtiger Wirtschafter zu sein. Dazu kommt noch, daß die Städte umfangreichen Grundbesitz haben, und daß sie diesen, besonders in der näheren Umgebung, stark vermehren sollten, um ungesunden Preistreibereien entgegenzuwirken. Ferner läuft neben der Tätigkeit der Stadt her die Bautätigkeit der Privaten (Wohn- und Geschäftshäuserbau) und der anderen öffentlichen Körperschaften (Bau von Eisenbahnen, Staatsgebäuden, Schulen, Kirchen, Kasernen usw.). Insgesamt erfordert also der Städtebau sehr große Summen, und für alle trägt der Städtebauer die ganze oder einen Teil der Verantwortung.

Insbesondere ist es auch Pflicht des Stadtbaurats, die Quellen der Lebenskraft der Stadt genau zu erforschen, so daß er allenthalben, vor allem auf dem Gebiet der Gewerbe, fördernd tätig sein kann; die Steuerkraft der Bürger und der gewerblichen Betriebe jeglicher Art hat er ständig zu beobachten, damit er stets ausgleichend arbeiten kann, besonders auch im Hinblick auf benachbarte Städte, die vielleicht günstiger gestellt sind. Unausbleiblich ist es dabei, daß der Städtebauer sich auch mit der Gesamtstatistik der Stadt eingehend beschäftigt.

So vielseitig die Voraussetzungen sind, von denen aus beim Städtebau gearbeitet werden muß, so verschieden die Schwierigkeiten und die großen Schäden sind, die in der Stadtentwicklung zu beobachten sind, so möge hier doch auf einen Grundgedanken hingewiesen werden, der uns von der größten Wichtigkeit zu sein scheint, und der daher die ganzen folgenden Darstellungen beherrschen wird, nämlich von dem Elend, unter dem die große Masse der städtischen Bevölkerung seufzt. Dieses Elend, das in erster Linie als Wohnungselend zu bezeichnen ist, führt Hunderttausende dem körperlichen und sittlichen Verfall entgegen, es war eine der wichtigsten Quellen für die politische Unzufriedenheit und die geringe Freude am Vaterland vor dem Krieg, es ist eine der schlimmsten Gefahren für die Kulturnationen. Von diesem Elend die städtische Bevölkerung zu erlösen, sie wieder zu tüchtigen, schaffensfrohen, gesunden Volksgenossen zu machen, ist die vornehmste Aufgabe des Städtebauers unserer Zeit; — vielleicht sehen wir hier den Angelpunkt der „sozialen Frage". Mag in früheren Zeiten der Städtebau seine höchste Kunst entfaltet haben im Schaffen prächtiger Sitze für die Großen der Erde, mag es auch heute noch zu den schönsten Aufgaben des Städtebau-Künstlers gehören, die gewaltigen Baumassen der großen Gebäude (Rathäuser, Verwaltungsgebäude, Schulen, Kirchen, Bahnhöfe, Kaufhäuser) zu gruppieren und zu formen, — die Hauptaufgabe bleibt doch das Arbeiten für die breiten, unteren Schichten der Bevölkerung; wir arbeiten in erster Linie für „arme Leute", für vielfach Verständnislose, manchmal auch Undankbare, und da wir mit einer Unsumme von Leistungen, die frühere Jahrzehnte nicht haben bewirken können, heute im Rückstand sind, da wir so sehr viel nachholen, so sehr viel Verpaßtes wiedergutmachen müssen, so müssen wir uns nur zu oft mit dem Bescheidensten begnügen. Wir sind nicht reich genug, um das verwirklichen zu können, was wir als wünschenswert oder als notwendig erkannt haben.

Wenn wir ein gewaltiges Elend bekämpfen wollen, müssen wir den Ursachen des Elends nachspüren. Dies führt uns zu einer geschichtlichen Betrachtung über die Entstehung der Städte; wir brauchen uns aber in diesem Zusammenhang nicht von allen, sondern nur von den nachstehend erörterten Vorgängen Rechenschaft zu geben. Beschränken wir uns so auf der einen Seite, so können wir andererseits den Gedankenkreis erweitern, indem wir nicht nur an Städte, sondern auch an die besonders dicht besiedelten Gebiete, an die Gewerbe- und Bergwerkgebiete denken; denn diese unterliegen bezüglich der Nachteile der dichten Siedelung ganz ähnlichen Bedingungen wie die Städte.

Hannover, Sommer 1921.

Blum.

Inhaltsverzeichnis.

A. Der Städtebau im allgemeinen.

B. Die städtischen Verkehrsmittel.

C. Abriß des Straßenbaues.

A. Der Städtebau im allgemeinen

von

Otto Blum

Erster Abschnitt.

Die Großstadtfrage.

I. Geschichtlicher Überblick.

Wenn man bei einer geschichtlichen Betrachtung über die Siedlungsweise der Menschen der Großstadt und dem Gewerbebezirk eine besondere Bedeutung zugrunde legt, kann man zwei große Zeitabschnitte unterscheiden: eine frühere Zeit (ein „Altertum"), das bis 1830 dauert, und eine „Jetztzeit", die erst mit 1830, in Deutschland noch später, anhebt. Diese Teilung, die mit keiner der üblichen Gliederungen der Weltgeschichte in Einklang steht, erscheint wie eine Karrikatur; aber gerade der Ingenieur sollte sie seinen Gedankengängen zugrunde legen, denn diese Teilung, die den Jahrtausenden der früheren Zeit die wenigen Jahrzehnte der „Jetztzeit" gegenüberstellt, spiegelt die ungeheure Entwicklung unserer Tage wieder, die vom „König Dampf" und durch die Arbeit des Technikers begründet worden ist[1]. Die Einführung der Dampfkraft bedeutet für die Siedlung der Menschen wie auf so vielen anderen Gebieten den Markstein, von dem aus sich eine ganz neue Richtung entwickelt, die bei den technisch hochstehenden Völkern unter Hervorrufung großer noch ständig andauernder Binnenwanderungen die Anhäufung eines großen Teiles der Bevölkerung in bestimmten Gewerbebezirken und Großstädten bewirkt.

A. Großstädte der früheren Zeit.

In der Zeit vor 1830 hat es auch schon große Städte gegeben, und zwar steht hier das Altertum der Mittelmeerländer höher als das Mittelalter und die Neuzeit der führenden Völker. Man macht sich aber leicht über die Bevölkerungsgröße der früheren Städte übertriebene Vorstellungen. Die versunkenen Städte am Euphrat und Nil sind wohl kaum Millionenstädte gewesen; es waren befestigte Lager, von deren ungeheuren Mauern Weiden, Felder, Haine mit zerstreut liegenden Palästen, Tempeln und Dörfern eingeschlossen wurden, wie wir das noch heute bei mancher „Stadt" asiatischer Halbkultur beobachten können. Manche andere Stadt war wohl nur deshalb so groß, weil sie in der Hauptsache aus Trümmerfeldern verfallener Städte bestand; eine solche Stadt ist heute noch Delhi, eine völlig „tote" Stadt ist heute Fatipur Sikri in Indien.

Bei dem primitiven Stand des Transportwesens muß man annehmen, daß die Städte stets nur so viel Menschen beherbergten, wie aus der nächsten Umgebung ernährt werden konnten. Nur wo gute Wasserstraßen und besondere volkswirtschaftliche oder staatliche Verhältnisse das begünstigten, haben sich größere Städte halten können. Rom, die größte unter allen, hat wahrscheinlich

[1]) Vgl. Organ für die Fortschritte im Eisenbahnwesen 1909, S. 47ff.

nie eine Million Einwohner gehabt, unter denen übrigens ein furchtbares Wohnungselend herrschte. Von den führenden Städten des Mittelalters hatten um das Jahr 1400 Köln etwa 30 000, London 40 000, Gent 60 000, Florenz 90 000 und Venedig, der Brennpunkt des Welthandels, 190 000 Einwohner[1]).

Vom 15. bis 17. Jahrhundert wachsen auch die führenden Städte kaum mehr an, weil sie als Mittelpunkte der sie versorgenden Umgebung nach dem damaligen Stand der Verkehrsmittel den Sättigungspunkt erreicht haben. Erst vom 17. Jahrhundert ab nehmen die Städte unter dem Zeichen des Merkantilismus mit dem Entstehen der großen festgefügten Staaten und der Pflege der Straßen, der Binnen- und Seeschiffahrt wieder zu.

Ähnlich ist es mit den dicht bevölkerten Gebieten. Vor 1830 können wir nichts erkennen, was wir mit den heutigen Gewerbebezirken (in Sachsen, in Oberschlesien, an Saar und Ruhr, in Mittelengland und Pennsylvanien) vergleichen können. Wir finden eine sehr dichte Bevölkerung nur dort, wo höchste Fruchtbarkeit des Bodens bei höchstentwickeltem Gartenbau die Ernährungsmöglichkeit für eine beispiellos genügsame Bevölkerung gewähren, so heute z. B. in Südchina und Ostjava.

B. Großstädte und Gewerbebezirke der Neuzeit.

Die Entwicklung von 1830 an ist zunächst zurückzuführen auf das Entstehen der Großstaaten, die mit ihren Schutzgebieten alle Zonen umfassen, vor allem aber auf den Aufschwung der Technik, das Emporwachsen des Großgewerbes, der neuen Verkehrsmittel und des Großhandels. Die Technik schuf die Möglichkeit der Großstadtbildung, indem sie die Menschenanhäufungen durch die Sicherstellung der Versorgung mit allen nötigen Gütern und des Absatzes der eigenen Erzeugnisse mittels der neuen Verkehrsmittel ermöglichte.

Daß gewisse Landesteile zu Gewerbebezirken und gewisse Punkte zu Großstädten geworden sind, ergab sich bei den einen aus natürlicher Entwicklung, bei anderen aber aus einer gewissen künstlichen Beeinflussung. Dieser Unterschied ist wichtig für die politische Behandlung unseres Problems. Eine natürliche Entwicklung ist bei den Gewerbebezirken zu beobachten: die Entwicklungsgrundlage ist das Vorkommen großer Mengen bequem zu gewinnender Kohle, verstärkt durch benachbarte Wasserwege. Bei den Großstädten ist die Entstehung als natürlich zu bezeichnen, wenn sie an den hervorstechenden Punkten der natürlichen Welthandelsstraßen liegen; unter den gegebenen geographischen Verhältnissen, der Verteilung der Rassen, der Höhe ihrer Zivilisation mußten nämlich im Zeichen der Weltwirtschaft bestimmte Punkte der Erde zu den wichtigsten Handelsmittelpunkten heranwachsen[2]).

Neben solchen Punkten, die, wenn die anderen Vorbedingungen erfüllt sind, in natürlicher Entwicklung zu großen Plätzen heranwachsen müssen, kann man bei anderen Großstädten von einem starken künstlichen Einfluß

---

[1]) Schmoller, Allgem. Volkswirtschaftslehre.

[2]) Es ist sehr lehrreich für den Städtebauer, sich über die Gründe Rechenschaft zu geben, die für das Aufsteigen bestimmter Städte maßgebend sind. Leider kann hierauf aber nicht näher eingegangen werden; es seien nur folgende Andeutungen gegeben:

Zwei sehr gute Beispiele für natürliche Entwicklung zu Welthandelsstädten sind Chicago und Bombay. Aber ein anderer Brennpunkt des Weltverkehrs, Singapore, hat sich bisher noch nicht zur Großstadt entwickelt. Gründe hierfür sind: geringes Alter der Siedlung, Fehlen eines unmittelbaren entwickelten Hinterlandes, ungünstiges Klima, Rassenkampf (vgl. Organ a. a. O.). Sehr lehrreich ist die kleine Schrift „Die Lage der deutschen Großstädte" von Penck, erschienen in den Städteb.-Vorträgen, Berlin 1912. In ihr werden die deutschen Großstädte untersucht. Sie liegen in drei Reihen: 1. am Rhein, 2. an der Seeküste, 3. am Nordsaum der mitteldeutschen Gebirge entlang. Isoliert liegen nur wenige Großstädte.

sprechen, von bewußter oder unbewußter menschlicher Einwirkung. Daß an der Ostküste Nordamerikas ein Weltverkehr-Knotenpunkt entstehen mußte, daß er in einer der großen Buchten liegen muß, ist einleuchtend; man könnte aber darüber streiten, ob Boston, New York, Philadelphia oder Baltimore die günstigere Gesamtlage zu Europa und zum amerikanischen Hinterland besitzt. Noch weniger erklärlich ist das Überragen der wichtigsten europäischen Weltstädte London, Paris und Berlin über ihre Nachbarn.

Hier haben andere Ursachen mitgewirkt: vor allem waren diese Städte die Sitze der Staatsleitung und wurden von kraftvollen Herrschern in ihrer Entwicklung durch Vorrechte, Bauten, durch die Gründung von Stätten der Bildung, der Kunst und des Vergnügens, durch den Ausbau von Wasserstraßen usw. gefördert, — manchmal vielleicht mehr gefördert, als dem übrigen Land gegenüber zu rechtfertigen war.

Die Anfänge der Weltstadt Berlin gehen auf die preußischen Könige, besonders auf ihre Sorge für die märkischen Wasserstraßen zurück. Auch ist es Berlin sehr zunutze gekommen, daß es auf der großen Völkerstraße zwischen dem landwirtschaftlichen Osten und dem gewerbereichen, landschaftlich schöneren und im Lebensgenuß fortgeschrittneren Westen liegt[1]).

Die Bedeutung als Haupt- und Residenzstädte war nun gerade in dem Zeitpunkt von entscheidendem Einfluß, der den Markstein für das Entstehen der heutigen Großstädte bildet, nämlich in dem Beginn des Eisenbahnzeitalters. Fast kein Land zeigt nämlich von Anfang an eine planmäßige, einheitliche Netzgestaltung nach einem großzügigen Plan; es entstanden vielmehr zunächst lauter voneinander unabhängige Einzellinien. Diese aber nahmen in überwiegender Zahl die Landeshauptstadt zum Ausgangspunkt; von der Staatsgewalt wurde dies im Sinne der Landesverteidigung und der Straffheit der Landesverwaltung begünstigt. So wurden diese Städte die Hauptmittelpunkte des Eisenbahnnetzes. London und Paris haben diese Bedeutung für England und Frankreich, Berlin nicht für Gesamt-Deutschland, wohl aber für Ostdeutschland und Nordosteuropa[2]).

Für die heutigen Probleme des Städtebaus ist es nun sehr wichtig, daß die Großstädte und Gewerbebezirke mit außerordentlicher Schnelligkeit emporgestiegen sind. Dieses schnelle Wachstum ist auf eine Reihe von Ursachen zurückzuführen, die aber in sich zusammenhängen. Grundursachen sind die Umwälzungen in der äußeren und besonders in der inneren Politik und der Einzug des Dampfes in den Verkehr und das Wirtschaftsleben. Es sei nur erinnert an die vielen nun nicht mehr hörigen Bauern, an die Heimarbeiter, die Spinner und Weber, die sich in ihren Dörfern gegen die Erzeugnisse der Maschine nicht mehr halten konnten, und nun vom Lande in die Stadt und nach den Kohlenbecken strömten, wo die Maschine wenigstens den Lebenskräftigen neues Brot gewährte, wo der Dampf dann in schnellster Entwicklung erst Hunderttausenden, dann Millionen reiche Arbeit bescherte. Ist die Entwurzelung großer Volkskreise einer der traurigsten Abschnitte der Geschichte des 19. Jahrhunderts, so ist das Entstehen der Großgewerbe einer der glänzendsten Abschnitte des Weltgeschichte.

---

[1]) Man darf behaupten, daß Berlin noch heute Jahr für Jahr Tausende aus dem Osten Deutschlands an sich zieht, weil es die am weitesten nach Osten vorgeschobene Stadt ist, in der „man sich amüsieren kann". Wichtig ist hierbei auch die Landflucht, die mindestens zum Teil durch den Großgrundbesitz verschuldet wird.

[2]) Diese überragende Stellung Berlins ist in den geographischen Beziehungen nicht vollbegründet. Für den Verkehr vom Westen (England, Holland, Belgien, Frankreich, Niederrhein, Westfalen) zum Osten (Ostdeutschland, Skandinavien, Rußland, Galizien) liegt gemäß dem Aufbau der deutschen Gebirge der östlichste Zwangspunkt in der Porta Westfalica, der natürliche östliche Trennungspunkt jedenfalls eher in Hannover als in Berlin.

Sehr bedeutungsvoll ist für Deutschland, daß die Entwicklung hier mehrere Jahrzehnte später einsetzt als in Frankreich und England, daß Deutschland aber diesen Vorsprung sehr schnell eingeholt hat. Mögen wir hierauf stolz sein, so sollen wir nicht vergessen, daß die schädlichen Nebenerscheinungen, insbesondere das Großstadtelend, bei uns wegen der schnelleren Entwicklung zum Teil größer sind als in den Ländern mit älterer und mit langsamerer Ent-

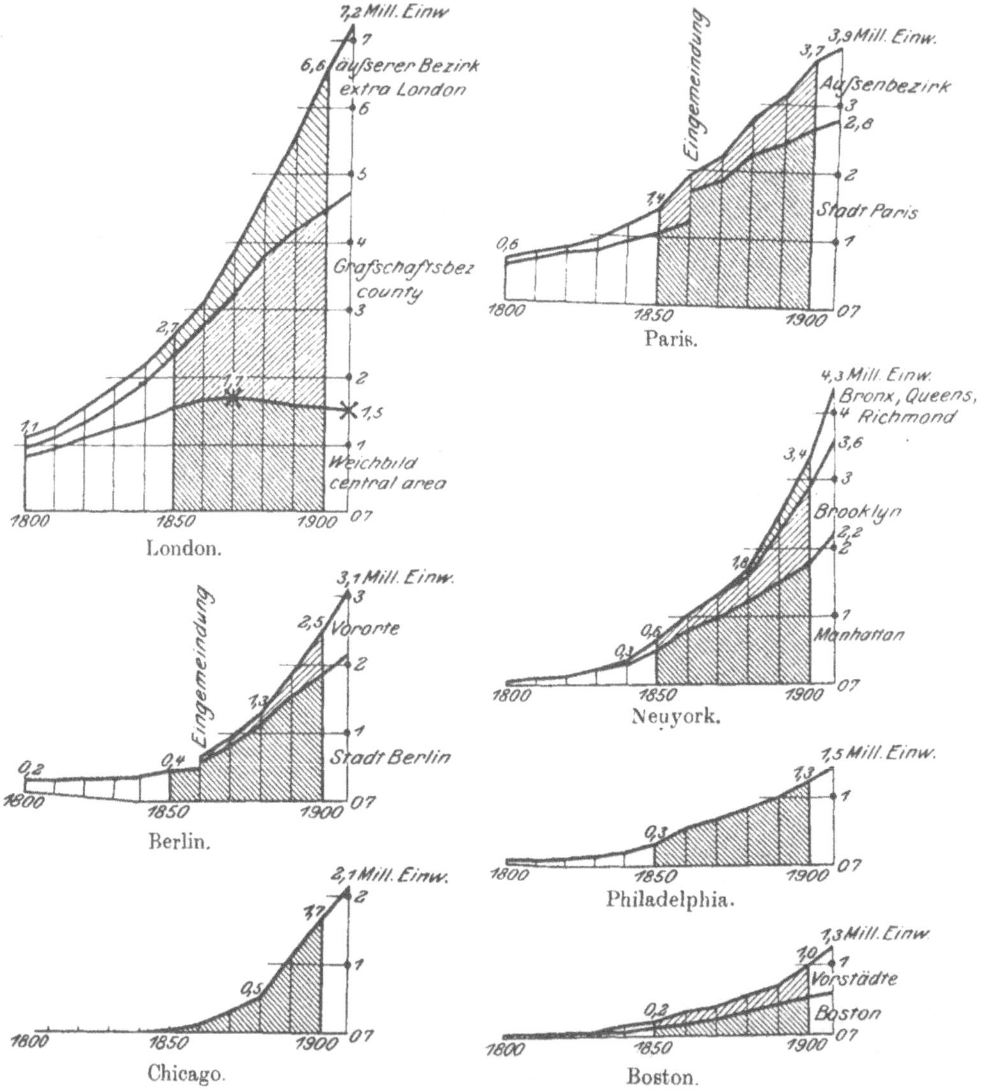

Abb. 1. Anwachsen einiger Weltstädte.

wicklung, daß wir also im Städtebau schon allein aus diesem Grunde größere Schwierigkeiten zu meistern haben. Eine gleich schnelle und teilweise noch schnellere Entwicklung zeigen die amerikanischen Städte; sie begannen überhaupt erst zu entstehen, als Paris und London schon die Million überschritten hatten.

Abb. 1 verdeutlicht das Wachstum der wichtigsten Großstädte; die jährliche Zunahme liegt bei London und Paris bei 1,6 %, bei Berlin über 3 %, bei New York bei 3,9 %, bei Chicago beträgt sie 6,5 %.

Die Bevölkerung von Groß-Berlin hat sich in den letzten drei Jahrzehnten verdreifacht! Hamborn, heute eine Großstadt mit mehr als 100 000 Einwohnern, bestand vor einigen Jahren aus einigen Dörfern.

Von besonderer Bedeutung ist dabei die Verteilung der Gesamtbevölkerung auf Stadt und Land. Diese verschiebt sich ständig zuungunsten des platten Landes.

In Deutschland verteilte sich die Bevölkerung nach Hundertteilen etwa auf:

	1871	1880	1890	1900	1910
Großstädte über 100 000	4,8	7,2	13,2	16,2	24
Mittelstädte 20 000 bis 100 000 .	7,6	8,9	10,0	12,6	14
Kleinstädte 5000 bis 20 000 . . .	11,2	12,5	12,9	13,2	12
Landstädte 2000 bis 5000	12,4	12,7	11,7	13	10
Das platte Land.	63,9	58,6	52,2	45	40

In Deutschland nahm vor dem Krieg die Landbevölkerung glücklicherweise absolut noch nicht ab, aber fast die ganze Bevölkerungszunahme ist in die Städte und die Gewerbe gewandert. In Frankreich nahm die Landbevölkerung auch absolut ab.

Die 27 000 Quadratkilometer große Rheinprovinz ist die absolut und relativ am stärksten bevölkerte Provinz Preußens. Sie hatte 1816 etwa 1 900 000 Einwohner, jetzt aber hat sie rund 7 100 000. Von 1871 auf 1910 hat sich die Bevölkerung verdoppelt. Zwischen 1905 und 1910 betrug der Bevölkerungszuwachs 10,6 % (gegen beispielsweise 5,7 % in Schlesien). Dabei ist aber die Zunahme besonders stark auf den Regierungsbezirk Düsseldorf konzentriert. Er umfaßte 1910 fast die Hälfte der Gesamtbevölkerung der Rheinprovinz (3 400 000 von 7 100 000); die prozentuale Zunahme betrug in diesem Bezirk von 1905 auf 1910 rund 14,33 % (gegen 10,63 % in der ganzen Provinz).

Die Bevölkerungszahl betrug in einigen wichtigen westlichen Städten:

	1900	1910	Zunahme in %
Köln	373 000	510 000	38,5
Düsseldorf	214 000	359 000	67,8
Essen	119 000	295 000	147,8
Duisburg	93 000	229 000	147,3
Hamborn	33 000	102 000	212,0

Diese Zahlen sind allerdings insofern nicht einwandfrei, als Eingemeindungen einbegriffen sind.

II. Die Nachteile der Großstädte.

A. Das Wohnungselend.

Daß Großstädte und Gewerbebezirke unter der Herrschaft der heutigen Technik entstanden und weiter wachsen, ist volkswirtschaftlich durchaus begründet, und es sind damit große Vorteile auf wirtschaftlichem, aber auch auf geistigem und kulturellem Gebiet verbunden. Die höchste Vervollkommnung der Arbeitsteilung, die zum Fortschritt unerläßlich ist, ist am leichtesten an den Punkten dichtester Siedlung zu erzielen; gewisse Gewerbe sind mindestens in ihrer Entwicklungszeit nur in der Stadt möglich; das heutige Bank- und Kreditwesen und der Großhandel sind ohne Großstädte und ohne Stapelplätze, die ganze Länder wirtschaftlich beherrschen, nicht denkbar.

Aber diesen Vorzügen stehen erhebliche Nachteile gegenüber.

Das eine Grundübel, aus dem viele der anderen Nachteile entspringen, ist die Loslösung des Menschen von der Natur und vom Landleben. Wenn die Landwirtschaft und ihre Nebengewerbe auch Fleiß und Ausdauer verlangen, so fließt die Arbeit doch verhältnismäßig ruhig dahin, sie stellt nicht solche Anforderungen an die Nerven wie die gewerbliche und die rein geistige Arbeit. Der Städter wird geistig regsamer, körperlich aber schwächer und nervöser, und dazu findet er seine Erholung nicht in der ruhigen Gemütlichkeit des Landlebens, sondern vielfach in den entnervenden Genüssen der Stadt, deren Überangebot er ausgeliefert ist ohne die heilsame Überwachung, wie sie in der Kleinstadt und auf dem Lande durch die Nachbarn ausgeübt wird. Außerdem ist infolge mehrerer Ursachen ein erheblicher Teil der Städter von der Familie losgelöst.

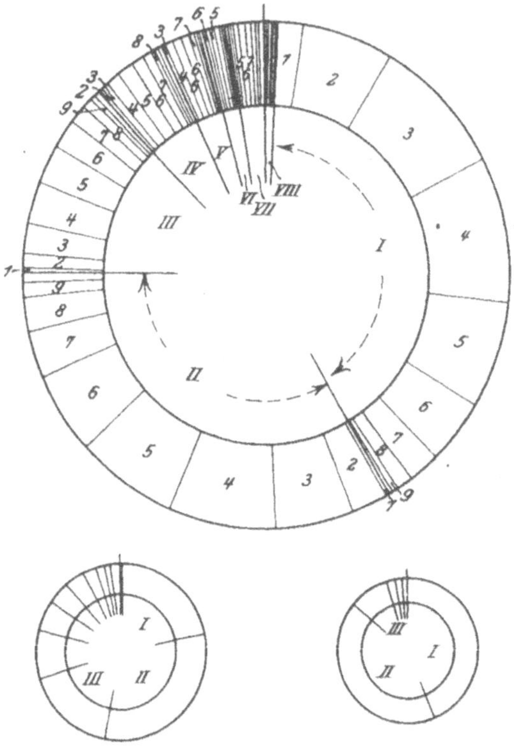

Abb. 2. Wohndichte.

Zum Teil ist dies schon auf das zweite Grundübel zurückzuführen, nämlich auf das Wohnungselend[1]). Mit dem Anwachsen der städtischen Bevölkerung hat das Bauen von Wohnungen fast nirgendwo Schritt gehalten, und der größere Teil der städtischen Bevölkerung ist daher zu einem dichteren Zusammenwohnen gezwungen, als es die Rücksichten auf Gesundheit und Sittlichkeit zulassen. Indem wir auf die späteren Erörterungen über Mietkaserne, Eigenhaus usw. verweisen, sei hier nur folgendes hervorgehoben: Die unteren Klassen der städtischen Bevölkerung haben fast überall zu wenig Räume; zahlreiche Familien müssen sich mit einem einzigen Raum begnügen, oft müssen sie in diesen noch „Schlafgänger" aufnehmen; viele Wohnungen können nicht durchgelüftet werden; viele haben keinen eigenen Abort; sehr häufig ist die Wohnung (u. U. der eine Raum) gleichzeitig Arbeitsstätte.

Wie dicht die Menschen z. B. in Berlin zusammenhausen, ein wie großer Teil der Bevölkerung sich mit Wohnungen begnügen muß, die nur aus einem heizbaren Zimmer mit Küche bestehen, ergibt sich aus Abb. 2. Sie ist von Prof. Petersen bearbeitet, und zwar nach den amtlichen Mitteilungen des Statistischen Amtes der Stadt Berlin. Die große Kreisringfläche stellt die gesamte Bevölkerung von Berlin dar. Diese Ringfläche ist in verschiedene Sektoren geteilt, die mit den Zahlen 0—VII bezeichnet sind. Das mit I bezeichnete Ringstück bezeichnet den Teil des Bevölkerung, dessen Wohnung maximal aus einem heizbaren Zimmer mit Küche besteht. Es ist das beinahe die Hälfte der Bevölkerung! Über zwei heizbare Zimmer mit Küche verfügt etwa ein Drittel der Bevölkerung

[1]) Vgl. „Großstädtisches Wohnungselend" von Dr. Südekum, Band 45 der „Großstadt-Dokumente".

(Sektor II). Und je größer die Zimmerzahl wird, desto erschreckend schneller nimmt der Teil der Bevölkerung ab, der sich eine größere Zimmerzahl leisten kann.

Jedes Ringstück der Abb. 2 ist nun noch weiter geteilt und durch arabische Ziffern bezeichnet. Diese arabischen Ziffern bedeuten die Zahl der Bewohner, die in den verschiedenen Wohnungsgruppen hausen. Man ersieht daraus, daß die meisten Wohnungen — unabhängig von der Zimmerzahl — mit vier bis fünf Personen belegt sind.

Die kleineren Kreise erläutern die Wohnverhältnisse in dem „reichen" Charlottenburg und in Neukölln. Die Wohnverhältnisse in Neukölln sind hiernach noch erheblich schlechter als in Berlin, die in Charlottenburg etwas besser.

Welches Wohnungselend aber in Charlottenburg tatsächlich teilweise herrscht, ergibt sich aus einer amtlichen Erhebung der Armenverwaltung.

Von 2957 bei einer bestimmten Gelegenheit untersuchten Wohnungen hatten:

4	Zimmer	33
3	,,	310
2	,,	1048
1	,,	1566

Besonders schlimm waren:

1 Wohnung, nur aus einer Kammer bestehend,
16 Wohnungen, nur aus einer Küche bestehend,
114 Wohnungen, nur aus einem Wohnraum ohne Küche bestehend.

Von den Wohnungen mit zwei Zimmern wurden bewohnt:

157	von	5	Menschen
86	,,	6	,,
46	,,	7	,,
32	,,	8	,,
13	,,	9	,,
2	,,	10	,,
1	,,	12	,,

Wenn wir bei diesen traurigsten Bildern des Großstadtlebens nicht verweilen, so sei doch noch darauf hingewiesen, daß unter der Wohnungsnot auch die „oberen" Kreise zu leiden haben. Ein Regierungsrat muß in vielen Großstädten z. B. 25 bis 35 % seines Einkommens auf Miete verwenden! Noch schlimmer steht es mit den mittleren Kreisen, — den mittleren Beamten, kaufmännischen Angestellten, kleinen Gewerbetreibenden; ihr Hauptstreben ist darauf gerichtet, ihren Kindern eine gute Erziehung zu geben, aber sie werden gerade durch die jammervollen Wohnungsverhältnisse daran gehindert, ihre Kinder körperlich, geistig und sittlich zu tüchtigen Menschen zu erziehen.

Die schädlichen Folgen des Wohnungselends sind naturgemäß dort am schlimmsten, wo die Menschen wegen der Kälte einen großen Teil der Zeit in den Wohnungen zubringen müssen. Schlechte Wohnungen sind also im nordischen Deutschland schärfer zu bekämpfen als im sonnigen Italien. Wir können uns also nicht etwa damit entschuldigen, daß wir auf Neapel, Neu-Orleans, Bombay und andere Großstädte des Südens verweisen, in denen die Zustände noch schlimmer sind als bei uns.

Außer in der sittlichen Verwilderung und dem körperlichen Niedergang äußert sich das Wohnungselend vor allem auch in der geringen Widerstandskraft gegen unsere schlimmsten Seuchen, den Alkoholismus und die Schwindsucht. Die Trunksucht ist vielfach eine unmittelbare Folge der Wohnungsnot. Für unendlich viele Männer ist die „Häuslichkeit" oft so unangenehm, daß sie nur in der Kneipe etwas Behaglichkeit finden. Von der Lungenschwindsucht ist bekannt, daß alle Arbeit der Ärzte und der Lungenheilstätten dauernd

DÖBLING
GERSTHOF
BRIGITTENAU
DONAU
PRATER
ELDORF
Auf der Schmelz
LANDSTRASSE
SCHÖNBRUNN
SIMMERING

Abb. 3a.

PANTIN
NEUILLY
Bois de Boulogne
SEINE
SEINE

Abb. 3b.

CHARLOTTENBURG
Tiergarten
WILMERSDORF
SCHÖNE-
BERG
SCHMARGENDORF
Tempelhofer-Feld
RIXDORF
FRIEDENAU

Abb. 3c.

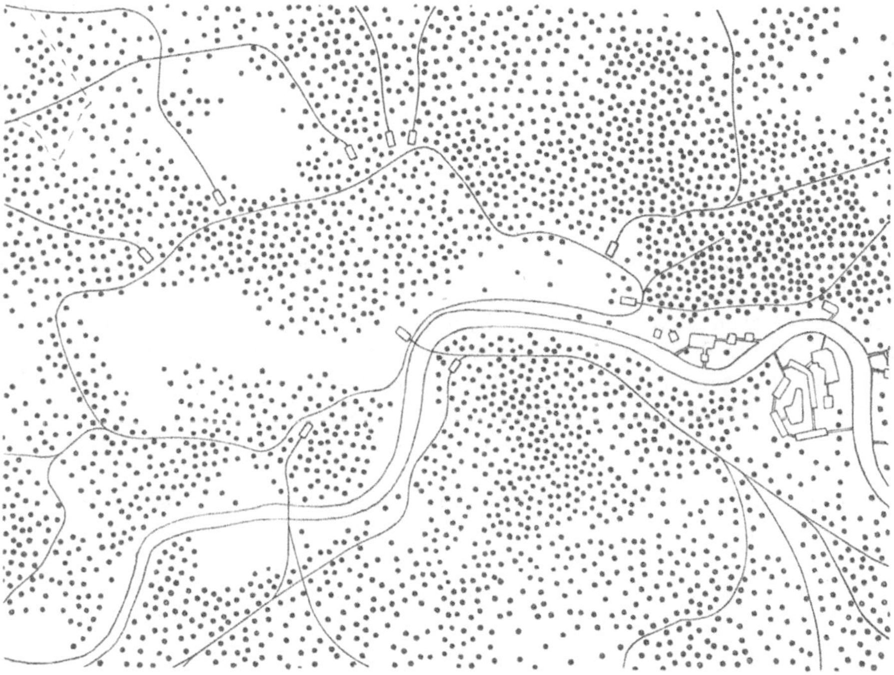

Abb. 3d.

nicht helfen kann, wenn die Gebesserten wieder in ihre alten Wohnungen zurückkehren müssen, und daß viele Wohnungen Seuchenherde sind, durch die sich die Krankheit immer mehr verbreitet. — Auch die starke Kindersterblichkeit in den unteren Volkskreisen und das Siechtum zahlreicher Frauen hängt mit dem Wohnungselend eng zusammen[1]).

Über die Bevölkerungsdichte von Großstädten hat Professor Petersen eingehende Untersuchungen angestellt, die zur zeichnerischen Darstellung der Dichtigkeit (und auch der Zunahme und Abnahme) der Bevölkerung geführt haben. Die Abb. 3a bis 3d zeigen die Bevölkerungsdichte von vier Weltstädten nach Petersen. Derartige zeichnerische Verfahren sind äußerst lehrreich und sollten für jede Stadt alljährlich durchgeführt werden.

B. Die Ursachen des Wohnungselends.

Die Ursachen des Wohnungselends in den Großstädten bestehen hauptsächlich harin, daß hinsichtlich der Wohnungen ein Mißverhältnis zwischen Nachfrage und Angebot herrscht, und daß dadurch der Wohnpreis außerordentlich gesteigert wird.

Es hat eben das Schaffen von Wohnungen mit dem überaus raschen Anwachsen der Stadtbevölkerung nicht Schritt gehalten. Zum größten Teil ist das dadurch verschuldet, daß es an bebaubarer Fläche fehlt oder während der kritischen Zeit des schnellsten Anwachsens gefehlt hat. Der beschränkte Raum hat dann einen außerordentlich hohen Wert angenommen, wobei u. U. Preistreiberei der Bodenhändler mit im Spiele war.

An städtischen Grundstücken sind ungeheure Gewinne erzielt worden, die nun eine entsprechende Rente für den Käufer erfordern und dadurch zu der weitestgehenden Ausnutzung der Grundstücke durch möglichst dichte und hohe Bebauung und zu möglichst hohen Mieten zwingen. Die größten Auswüchse in der Ausnutzung der Bodenfläche zeigen die Geschäftsviertel der amerikanischen Großstädte mit den Wolkenkratzern, aber diese berühren unsere Frage nicht, weil es sich dabei ausschließlich um Geschäftsgebäude handelt, die Wohnungen nur für die Wächter und Heizer enthalten. Schlimmer ist die Ausnutzung zu Mietskasernen mit Hofgebäuden. Welche Summen hier an Grundstücken „verdient" sind und demgemäß aus den Mietern „herausgewirtschaftet" werden müssen, mögen einige Zahlen dartun. Im Innern Berlins, in der Gegend des Spittelmarktes und Dönhoffplatzes sind die Preise von 1800 bis 1900 auf das Dreihundertfache gestiegen, in einigen Berliner Vororten in der Gründerzeit innerhalb sieben Jahren auf das Vierzigfache; der Verdienst an Grundstücken in den Berliner Vororten hat von 1890 bis 1900 mindestens eine Milliarde Mark betragen, für ganz Berlin hat in den letzten fünfzig Jahren der Wertzuwachs etwa 50 Milliarden Mark betragen; der Grundstückpreis ist am Kurfürstendamm in den letzten 40 Jahren auf mindestens das Hundertfache gestiegen.

Der Grund dafür, daß die Bodenfläche in den Großstädten Bevorzugungsrechte einzelner erzeugt, liegt darin, daß sie in vielen Städten durch Ausdehnung des bewohnbaren Gebietes nicht beliebig vergrößert wurde. Es sind vielmehr

---

[1]) Nach persönlichen Beobachtungen glaube ich auch behaupten zu dürfen, daß die Pest in Bombay, dem schlimmsten Pesthafen der Welt, durch die schlechten Wohnverhältnisse mit verschuldet ist. Die farbige Bevölkerung wohnt hier fürchterlich zusammengedrängt in vielgeschossigen Häusern, die kaum Fenster haben; die einzelnen „Wohnräume" sind von äußeren Galerien zugänglich. Das wirksamste Gegenmittel gegen die Pest scheint (nach Angaben von Ärzten) der — Vorortverkehr zu sein: man siedelt die pestbedrohte Bevölkerung in der kritischen Jahreszeit auf freiem Felde vor der Stadt in Baracken an und richtet auf der Eisenbahn Vorortverkehr ein, so daß die Leute zur Arbeit in die Stadt fahren können.

der Ausdehnung Grenzen gezogen, die man in Grenzen des Raumes und Grenzen der Zeit teilen kann.

Die Grenzen des Raumes sind natürlicher und künstlicher Art.

Die natürlichen Raumgrenzen für die Städte bilden Wasser, Gebirge und sumpfiger Untergrund. Das Wasser setzt vor allem den Städten am Meere Grenzen, besonders wenn die Städte auf Inseln oder Halbinseln liegen. Das beste Beispiel hierfür ist Venedig, das sich auf seiner beinahe ganz zugebauten Insel in keiner Weise ausdehnen kann und daher auch sehr schlechte Wohnungsverhältnisse besitzt. Auch für New York war die Ausdehnung des Stadtgebietes so lange recht schwierig, bis die Vervollkommnung der Technik die Meeresströme überwand, welche die Stadt von ihrer Umgebung trennen. Durch Wasser und Gebirge gleichzeitig eingeschnürt ist Genua, so daß es sich nur nach bestimmten Richtungen entwickeln kann. Sumpfiger Untergrund ist ein sehr starkes Hindernis, weil er nicht nur ungesund ist, sondern gleichzeitig auch den Häuserbau infolge der schwierigen Gründung verteuert; er kann der Städtebildung so hinderlich sein, daß die Stadt geradezu verlegt werden muß, wie dies in Batavia nötig geworden ist, wo sich nur die Eingeborenen und die Chinesen in der Nähe der alten Stadt halten können, während die Europäer das höher liegende Weltevreden zu ihrem Wohnsitze wählen mußten. Auch Groß-New-York ist durch Sümpfe an mehreren Stellen an der gleichmäßigen Ausdehnung gehindert.

Die künstlichen Grenzen sind auf Befestigungen und religiöse Rücksichten zurückzuführen. Vor allem haben die Festungsmauern die Entwicklung unserer Städte sehr aufgehalten und eine hohe, dichte Bebauung an engen winkligen Straßen hervorgerufen, die noch Jahrzehnte lang das innere Stadtbild beherrscht, wenn auch die Wälle gefallen sind. Daher erklären sich die schlechten Wohnungen und teuren Mieten in Köln, Metz, Posen im Gegensatze zu der freien Bauweise und dem Vorherrschen des Einfamilienhauses in England und Amerika, wo die Festungsmauern schon viel früher geschleift worden sind oder nie bestanden haben. Religiöse Bedenken, die der Stadtausdehnung entgegenstehen, sind in der christlichen Welt, abgesehen von einigen Ausnahmen, nicht unmittelbar wahrzunehmen, sie spielen aber in anderen Religionen, so der buddhistischen und brahmanischen, oft eine große Rolle, da die heiligen Haine, die gewaltigen Tempelbezirke und die Gräberfelder die Anlage von Wohnungen verbieten.

Zwei Beispiele mögen zeigen, wie sich künstliche und natürliche Grenzen vereinigen, um das Wachstum der Stadt zu verhindern: Kanton, die gewaltige Handelsstadt Südchinas, ist auf der einen Seite durch den breiten Strom begrenzt und im Halbkreise von der alten Festungsmauer umgeben; die Stadt ist so bevölkert, daß ein großer Teil der Bewohner auf Kähnen in elendester Weise ein Unterkommen suchen muß; die Festungsmauer liegt in Trümmern, aber die Stadt kann sich über sie hinaus nicht ausdehnen, weil außerhalb allenthalben Gräber liegen, die geachtet werden müssen. Noch eigenartiger ist Bombay. Es liegt auf einer Halbinsel, die aber durch Sümpfe vom Festlande ziemlich scharf getrennt ist. Der durch das Wasser schon beschränkte Raum wurde durch die Menschen weiter vermindert, denn die Engländer schufen um die Europäerstadt eine freie Zone, um freies Schußfeld bei etwaigen Aufständen der Eingeborenen zu haben[1]); dazu kommen weiter religiöse Bedenken der Eingeborenen gegen gewisse Stadtgebiete und ferner die sumpfigen Strecken im Norden, die selbst für die Eingeborenen zu ungesund sind.

Aber auch in unserer Heimat begegnen wir Ähnlichem bezüglich der Exerzierplätze und Friedhöfe. Vielfach ist die Friedhoffrage noch nicht einheitlich

[1]) Die freie Zone ist jetzt zur Bebauung freigegeben; hier sind inmitten schönster Gartenanlagen jene herrlichen Bauten entstanden, die Bombay den Namen „Stadt der Paläste“ eingebracht haben.

gelöst. In vielen Städten hat jede Gemeinde für sich ihren Friedhof angelegt und versucht, sofern die vorhandenen nicht ausreichen, neue anzulegen, bis sich die Vorortgemeinden gegen die ihnen zugedachten Gräberfelder wehrten. Leider aber ist es doch in vielen Städten schon so weit gekommen, daß die Friedhöfe allenthalben die gesunde Stadtentwicklung, die Schaffung neuer Stadtteile in den Vororten, die Durchlegung großer günstiger Straßenzüge, die Erweiterung der Verkehrsanlagen behindern[1]). Zudem sind viele dieser kleinen Friedhöfe so unschön, daß sie nicht als Erholungsstätten dienen. Viele auch unter den neuesten liegen außerdem so ungünstig zwischen gewerblichen Anlagen, Lagerplätzen der Eisenbahnanlagen, daß eine weihevolle Ruhe auf ihnen nicht aufkommen kann.

Trotzdem jetzt allerdings eine edle Friedhofkultur sich durchgesetzt und uns die großartigen Schöpfungen der Waldfriedhöfe bescheert hat, muß man sich als Städtebauer bezüglich der Großstädte für die Leicheneinäscherung aussprechen: wo der Boden nicht so weit reicht, daß die Lebenden gesund und sittenrein wohnen können, darf er nicht für die Toten vergeudet werden; den Hunderttausenden edlen deutschen Söhnen, die in Feindesland gebettet sind, sind wir es schuldig, daß nicht länger — rückständigen Anschauungen zuliebe — Friedhöfe und Exerzierplätze der körperlichen und sittlichen Gesundheit der Großstadtbewohner hinderlich sind.

Für die gesunde Ausdehnung der Städte darf es überhaupt keine künstlichen Grenzen mehr geben, und die natürlichen müssen durch die Werke des Ingenieurs überwunden werden. Es darf nur eine Schranke geben, das sind die Wälder und Wiesen, die als Freiflächen und „Schutzgebiete" erhalten werden müssen. Leider kann man aber gerade in dem Niederschlagen von Wäldern in der Umgebung gewisser Großstädte eine recht verfehlte „Erschließung" beobachten.

Wichtiger als die Grenzen des Raumes sind die, welche durch die Rücksichten auf Zeitverluste entstehen. Wo nämlich auch keine räumliche Schranke vorhanden ist, ist das Wachstum der Städte nach außen nicht unbegrenzt; vielmehr findet es für jeden Bewohner seine Grenze darin, daß er nur eine gewisse — kleine — Zeit auf den Weg zwischen Wohnung und Arbeitsstätte verwenden kann. Am schlimmsten ist hier die unterste Schicht der Bevölkerung gestellt, jene Schicht der ungelernten Arbeiter, in der alle Familienmitglieder außer den Säuglingen mitarbeiten müssen, fünfjährige Kinder z. B. zum Brötchenaustragen. Hier muß jedes Familienmitglied jede Art Arbeit annehmen; soviel Arbeitsgelegenheit ist aber nur im Stadtinnern und z. B. im Hafengebiet vorhanden, die Arbeit ist aber nicht gleichmäßig, und die Bevölkerung kann nicht den Groschen für die Straßenbahn erschwingen, also ist sie gezwungen, ganz nahe an den Arbeitsstätten, z. B. am Hafen, zu wohnen, in Gehweite, — in der „verfluchten Gehweite", die für die unterste Schicht so verhängnisvoll ist und die berüchtigtsten Viertel der Großstädte schafft.

Für die Teile der Bevölkerung, die für die regelmäßigen Wege zu und von der Arbeit ein Verkehrsmittel in Anspruch nehmen können, kommt es darauf an, den regelmäßigen Zeitaufwand und die regelmäßige Ausgabe möglichst niedrig zu halten. Neben einer zweckmäßigen Gesamtgestaltung der Stadt ist in diesem Sinne vor allem die Schaffung leistungsfähiger Verkehrsmittel und eine gesunde Tarifpolitik erforderlich. Da hierauf noch genau eingegangen werden wird, sei hier nur ein allgemein wichtiger Gesichtspunkt erwähnt: die Zahl der nötigen täglichen Wege zwischen Wohnung und Arbeitsstätte wird bei uns meist dadurch auf das Doppelte erhöht, daß wir keine durch-

[1]) Als Beispiel kann der bekannte kleine Friedhof am Potsdamer Platze genannt werden, durch den Tag für Tag Tausende an Gesundheit und Leben bedroht worden sind.

gehende Arbeitszeit haben. Die allgemeinere Einführung der „englischen Tischzeit“ würde bei sonst gleichen Verkehrsmitteln wesentlich größere Entfernungen ermöglichen, durchschnittlich könnten sie etwa doppelt so groß werden, was einer Vervierfachung der Wohnfläche entsprechen würde[1]).

Auch vom ethischen Standpunkt verdient die durchgehende Arbeitszeit den Vorzug, weil sie die Menschen von 5 oder 6 Uhr abends an ihren Familien zurückgibt. Auch die Freude an einem eigenen Häuschen und Garten wird größer, dagegen wird der Anreiz, in der Stadt, d. h. in der Kneipe zu bleiben, kleiner, wenn sich die Familie in den Abendstunden gemütlich versammelt, im Sommer z. B. auch zu gemeinsamer Arbeit im eigenen Garten. — Man soll sich aber davor hüten, die „englische Tischzeit“ bedingungslos als gut zu preisen.

Zweiter Abschnitt.

Die allgemeine Lösung der Aufgabe.

Einleitung.

Im folgenden soll kurz dargestellt werden, nach welchen wichtigsten Gedankengängen und in welcher Reihenfolge der Städtebauer zu arbeiten hat, wenn er für eine ganze Stadt oder auch nur für einen großen Stadtteil einen Bebauungsplan aufzustellen hat. Die folgende Darstellung bezieht sich also nicht auf städtebauliche Einzelfragen — diese finden vielmehr ihre Erörterung in den Einzelabschnitten —, sondern sie bezieht sich auf die Gesamtaufgabe.

Daß wir den Verlauf der Arbeiten bei Aufstellung eines „Generalbebauungsplanes“ besonders erörtern, könnte merkwürdig erscheinen, da solche großen Aufgaben scheinbar nur selten an den Städtebauer herantreten. Aber wenn das bisher der Fall ist, so bedeutet das eben eine gewisse Rückständigkeit. Es ist bedauerlich, daß bisher nur eine kleine Zahl von Städten Pläne für ihre Gesamterweiterung, -verbesserung und -verschönerung aufgestellt haben; es ist aber ein dringendes Bedürfnis, daß sich jede Stadt mindestens insoweit ein „Programm“ für die Gesamterweiterung macht, daß sie sich über alle großen Fragen klar wird. Ein solches Programm schließt aber tatsächlich eine Entwurfaufstellung in sich, in der allerdings nicht auf Einzelheiten eingegangen zu werden braucht. Nur auf Grund eines derartigen Planes kann die Stadt die Aufgaben der Zukunft vorbereiten und rechtzeitig einleiten, als da sind Geländeankauf, Freihalten von Flächen, Verhandlungen mit der Eisenbahnverwaltung, anderen Verwaltungen und wichtigen Privaten, Erschließung von Industriegebieten, Anlage von Straßenbahnen, Herstellung von Verbindungen mit Nachbarstädten, Eingemeindungen.

Voraussichtlich wird in nächster Zukunft eine größere Zahl von Städten dazu übergehen, Generalbebauungspläne aufzustellen, denn die Bedeutung dieser Aufgaben wird immer mehr erkannt, und der Krieg hat auch in dieser Beziehung unser Gewissen geschärft. Gleichzeitig wird auch immer mehr eingesehen, daß die schlimmsten Schäden vielfach darauf zurückzuführen sind, daß es bisher an einem solchen Plane gefehlt hat. Die fehlerhafte Lage von Fa-

[1]) Man beachte hierbei: In einem guten Verkehrsmittel zweimal eine Fahrt von 30 Minuten zurückzulegen, ist bequemer und vorteilhafter als viermal eine Fahrt von 15 Minuten, weil man die zusammenhängende Zeit viel besser zum Lesen, Arbeiten oder auch Schlafen ausnutzen kann.

briken und Anschlußgleisen, auch von Friedhöfen und großen Verkehrsanlagen sind mehrfach nur möglich gewesen, weil ein Bebauungsplan nicht vorhanden war, so daß die Anlagen genehmigt worden sind, ohne daß sich die Behörden darüber klar werden konnten, welche Schäden durch die Genehmigung — oft schon nach wenigen Jahren — entstanden. Auch der richtige Zeitpunkt für Eingemeindungen und zur Gründung von Zweckverbänden kann dadurch leicht übersehen werden.

Aber auch dort, wo es sich nicht um Generalbebauungspläne handelt, sondern nur um die Erschließung von Einzelgebieten, und vielfach auch bei kostspieligen Verbesserungen (Durchbrüchen) in der Innenstadt kann die Aufgabe wahrscheinlich nicht gelöst werden, ohne daß die nachstehend angegebenen Gedankengänge — mindestens zum Teil — durchgearbeitet werden.

Die Bearbeitung jedes Gesamtplanes einer Stadterweiterung muß von einer Untersuchung ausgehen, die jeder Stadtbaurat für seine Stadt sowieso aufstellen und Jahr für Jahr ergänzen muß. Es ist dies die Klärung der wirtschaftlichen Kräfte der Stadt, und zwar der Gemeinde wie der Bewohner. Es genügen hier nicht vage Bezeichnungen, wie die, daß eine Stadt „Industriestadt", eine andere „Handelsstadt" sei, sondern es ist im einzelnen zu ermitteln, welche wirtschaftlichen Kräfte, getrennt nach den wichtigsten Berufszweigen, in der Stadt tätig sind. Nur auf Grund solcher Einzeluntersuchungen kann man sich, unter ständiger Erforschung der Klagen und Wünsche der Gewerbetreibenden jeder Art, ein Bild davon machen, welche Gewerbe und mit welchen Mitteln sie zu fördern sind, welche voraussichtlich aufsteigen werden, bei welchen die Gefahr der Abwanderung besteht, wie man neue Gewerbetreibende in die Stadt zieht. Dabei sind auch die großen staatlichen Betriebe, besonders die Eisenbahnverwaltung, die Schulen und Behörden von großer Wichtigkeit. Neben manchem andern (z. B. der Handhabung der Kommunalsteuerpolitik) sind es aber hauptsächlich städtebauliche Momente, mit denen man das gewerbliche Leben jeder Art durch ungenügende oder falsche Maßnahmen schädigen und vertreiben, durch richtige aber stärken und anlocken kann; denn was die meisten Gewerbe in erster Linie verlangen, das sind gute und billige Verkehrsmittel und billiges Gelände zum Gewerbebetrieb und zum Wohnen.

Sehr zu beachten ist dabei, daß bei den meist sehr engen kommunalen Grenzen die Gemeinde schon Betriebe verlieren kann, wenn diese auch in dem wirtschaftlich einheitlichen Gebiet bleiben, aber nach einem Vorort auswandern.

Wo Städte nahe beieinander liegen, kommt auch sehr der Wettbewerb der Nachbarstädte in Frage.

I. Die erforderlichen Flächen.

Auf Grund einer solchen Untersuchung über die wirtschaftlichen Kräfte ist dann die Ermittlung der erforderlichen Flächen vorzunehmen. Hierbei kann man nach Geschäftsviertel, Industriegebieten, Verkehrsflächen, Wohngebieten und Freiflächen unterscheiden. Statistisch fassen lassen sich dabei die Wohngebiete, Industriegebiete und Freiflächen.

Das Geschäftsviertel[1]) spielt in der Ermittlung der künftig erforderlichen Flächen keine große Rolle, weil sie an sich sehr klein ist. Man kann sich aber

---

[1]) Die Gliederung der Stadt ergibt einen Stadtteil, der den Mittelpunkt des wirtschaftlichen Lebens darstellt und überall da, wo keine Hindernisse sich der gleichmäßigen Ausdehnung der Stadt entgegenstellen, auch räumlich die Mitte bildet. Dies ist das „Geschäftsviertel". Ihren inneren Kern nehmen die Hauptverwaltungsbehörden, die Banken, Börsen, die Kontore des Großhandels und die Geschäftsräume der Großgewerbe ein. An diesen Kern schließen sich die Viertel der großen Kaufläden, Theater, Vergnügungsstätten. Dazu gesellen sich einzelne Gewerbezweige, wie z. B. das Zeitungsgewerbe.

nach Durcharbeitung der Verkehrsanlagen und der etwa im Stadtinnern erforderlichen Umgestaltungen (Durchbrüche), Ergänzungen und Neuanlagen stets ein Bild davon machen, welche Straßen künftig in den Charakter der des Geschäftsviertels hineinwachsen werden und daher von der Wohnfläche abzusetzen sind.

Bei den für **Verkehrsanlagen erforderlichen Flächen** kommt es vor allem auf die großen Transporteinrichtungen an, also auf den Wasser- und Eisenbahnverkehr. Der Straßen- und Schnellbahnverkehr kann dagegen beinahe vernachlässigt werden, weil er (in diesem Sinne) nur das relativ kleine Bedürfnis nach Aufstellbahnhöfen hat.

Von den Anlagen für den Wasserverkehr sind die Flächen der offenen Flußstrecken und Seebuchten gegeben; ob etwa Umgestaltungen erforderlich werden, ist in Verhandlungen mit den Wasserbaubehörden festzustellen. Die künftig notwendigen Hafenflächen sind nach der Verkehrsstatistik ungefähr zu ermitteln, und dann sind die Hafenanlagen (in großen Zügen) so zu entwerfen, daß sich aus dem Entwurfe die Flächen ermitteln lassen.

Der künftige Umfang der Eisenbahnanlagen kann im allgemeinen nur im Benehmen mit der Eisenbahnverwaltung festgestellt werden. Die Verkehrsstatistik gibt, obwohl sie in Deutschland sehr gut ist, Fingerzeige eigentlich nur für die Berechnung der Flächen für Ortsgüterbahnhöfe; die Statistik versagt vielfach bezüglich der Personenbahnhöfe, weil deren Größe von andern Momenten als der Verkehrsgröße abhängen kann; sie versagt ferner bezüglich des durchgehenden Güter- und des Rangierverkehrs. Es ist zweckmäßig, stets anzunehmen, daß die Eisenbahnverwaltung die ihr bereits gehörigen Flächen nicht verkaufen (vielleicht aber verpachten) wird. Darüber hinausgehend ermittelt man den Bedarf am besten unter dem Gesichtspunkt, daß neue große zusammenhängende Flächen für Eisenbahnzwecke nur in den Außengebieten erforderlich werden. Um hier die Gesamtfläche zu ermitteln, muß man sich ein (ungefähres) Bild davon machen, wie man den Verkehr der verschiedenen einmündenden Linien in wenigen Rangierbahnhöfen zusammenfassen kann, und was außerdem noch etwa an Abstellanlagen, Lokomotivstationen, neuen Ortsgüterbahnhöfen, Bedienungsstationen für Häfen und Industriegebiete erforderlich wird. Da die Einzelgröße derartiger verschiedener Bahnhofarten ungefähr bekannt ist, ist hiermit eine Berechnungsmöglichkeit gegeben.

Auf jeden Fall soll man aber bei den Verkehrsanlagen stets sehr reichlich rechnen[1]).

Bezüglich der Wasserflächen ist auch der Vergleich mit anderen größeren Städten, die ähnliche Wasserverkehrsbeziehungen haben, geeignet, gute Anhaltspunkte zu geben; bezüglich des Eisenbahnverkehrs werden solche Vergleiche aber sehr schwer durchführbar sein.

Bei den für Verkehrsanlagen freizuhaltenden Flächen ist es gleichgültig, in welchem Jahr künftig die Anlagen wirklich ausgeführt werden müssen; die Flächen müssen eben unter allen Umständen freigehalten werden und sind, bis der Verkehr von ihnen wirklich Besitz ergreift, als Freiflächen zu behandeln; sie können z. B. zu Pachtgärten ausgenutzt werden.

[1]) Im Wettbewerb „Groß-Düsseldorf" rechnete z. B. der Entwurf Schmitz-Blum mit folgenden Größen für die Verkehrsanstalten:

Hafengebiete	750 ha,
Eisenbahngebiete	250 „,
zus.	1000 ha.

Dabei waren folgende wichtigste Eisenbahnflächen ermittelt worden:

die Eisenbahnanlagen in der jetzigen bebauten Stadt	80 ha
zehn neue Ortsgüterbahnhöfe (je 5 ha)	50 „
sechs Rangierstationen (je 20 ha)	120 „
Zus.	250 ha

Die erforderliche Fläche für Wohngebiete ist aus der Bevölkerungsstatistik zu berechnen.

Diese Statistik muß aber auch die künftig in den Stadtbereich fallenden (dann wahrscheinlich eingemeindeten) Vororte, unter Umständen auch die Nachbarstädte mitumfassen. Sie muß ferner über die Einkommensverhältnisse der Bevölkerung Aufklärung geben, weil aus diesen das Erfordernis an den verschiedenen Arten von Wohnungen ermittelt werden kann. In welchen Gruppen (betr. Höhe des Einkommens) hier abzustufen ist, kann allgemein kaum angegeben werden. Es werden meist vier Stufen genügen; denn es ist ja eben das Traurige, daß die unterste Stufe erschreckend hoch ist[1]).

Bei Ermittlung des Flächenbedürfnisses für „Wohngebiete" sind zweckmäßigerweise die Flächen für Straßen (und Plätze) unmittelbar mit aufzunehmen.

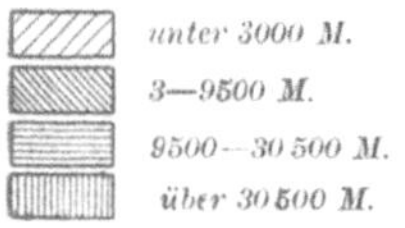

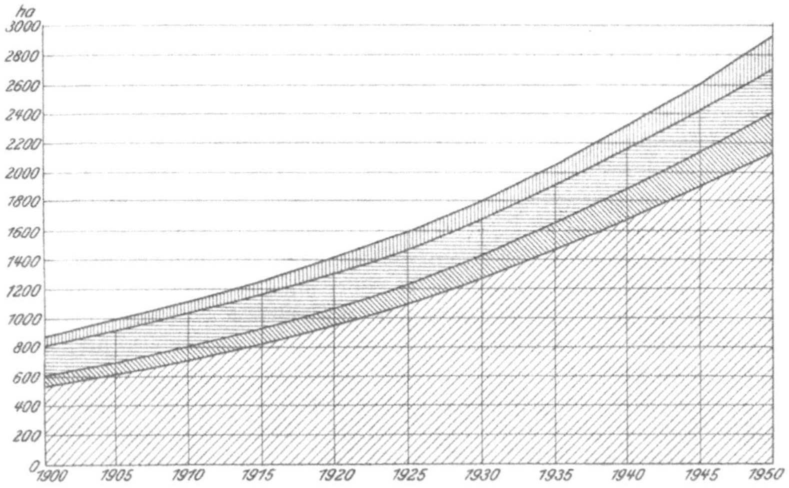

Abb. 4.

Unter dieser Voraussetzung ist die Zahl zweihundert Menschen auf 1 Hektar ein guter Mittelwert, mit dem man jedenfalls überschlägig für die Gesamtstadterweiterung rechnen kann[2]).

Die erforderliche Fläche für Gewerbebetriebe. Hier ist vorweg darauf hinzuweisen, daß viele Gewerbebetriebe innerhalb des Geschäftsviertels und der Wohngebiete liegen (vgl. den siebenten Abschnitt). Man kann also eigentlich nur das Flächenbedürfnis für die größeren Industriegebiete ermitteln. Für Orte mit

---

[1]) In Düsseldorf verteilten sich die nach Abb. 4 erforderlichen Wohnflächen auf die verschiedenen Bevölkerungsklassen in folgenden Prozentsätzen:

für Reiche (mit mehr als 30 500 M. Einkommen)	7 %
für Wohlhabende (9500 bis 30 500 M.)	10 %
für den besseren Mittelstand (3000 bis 9500 M.)	10 %
für alle übrigen (unter 3000 M.)	73 %

[2]) Im Wettbewerb „Groß-Berlin" rechneten Brix-Genzmer-Hochbahn auf 1 ha Wohnfläche:

für Arbeiter	225 Menschen,
für den Mittelstand	250 „
für bessere Bürger	150 „
für Villenbesitzer	75 „
durchschnittlich	190 Menschen.

Die nach dieser Berechnung erforderlich werdenden Bauflächen sind in Abb. 5 dargestellt.

umfangreicher Industrie kann man etwa auf 300 Bewohner 1 ha Industriegebiet rechnen, oder man kann für 1 ha Wohnfläche der gewerblichen Arbeiterbevölkerung 0,75 ha Industriefläche annehmen. Aber gerade diese Zahlen für Industrieflächen sind streng nachzuprüfen.

Die erforderlichen Freiflächen. Was alles unter „Freiflächen“ zu verstehen ist, ist im sechsten Abschnitt angegeben. Welcher Umfang hier zu verlangen ist, ist umstritten. Eine Einigung der Meinungen ist für die nächste Zeit ausgeschlossen, da diese Frage viel zu stark „Politik“ geworden ist.

Im Wettbewerb „Groß-Düsseldorf“ rechneten Schmitz-Blum: Die Freiflächen sollen insgesamt doppelt so groß sein wie die Wohnflächen. Im Wettbewerb „Groß-Berlin“ rechneten Brix-Genzmer-Hochbahn mit einer noch etwas höheren Zahl.

Alle vorstehenden Zahlenangaben sind nur ungefähre, alle bedürfen in jedem Einzelfall der strengsten Nachprüfung auf Grund der besonderen

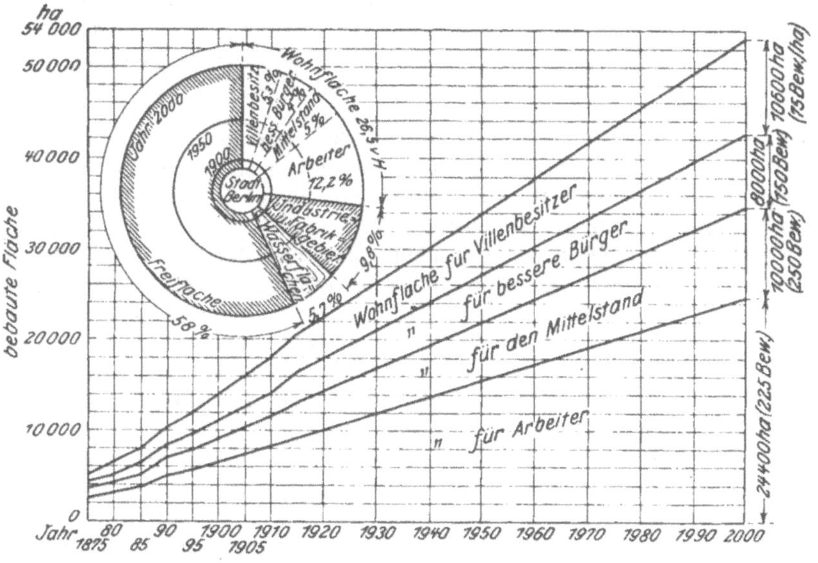

Abb. 5. Verteilung der Wohnflächen.

örtlichen Verhältnisse und der wirtschaftlichen Kräfte. Die Wissenschaft ist zu bestimmten Zahlen selbst in roher Abstufung bisher nicht gekommen. Das vorhandene statistische Material ist auch noch zuwenig durchgearbeitet, als daß in näherer Zukunft Werte ermittelt werden könnten, die von der Mehrzahl der Städtebauer als gültig anerkannt werden könnten. So groß die Schwierigkeiten, nun aber auch sein mögen, die der Berechnung der Flächenbedürfnisse im Einzelfall entgegenstehen, so ist die Ungewißheit doch nicht gefährlich für die gesunde Stadtentwicklung. Denn der weitschauende Städtebauer wird sich bemühen, für mehrere Jahrzehnte vorauszuschauen, und daraus vor allem die Stellen im Stadtplan ermitteln können, an denen etwaige Fehler der nächsten Zukunft sich später am stärksten rächen werden. Werden diese Fehler aber vermieden, dann wird in einer Reihe von Jahren die Gesamtwissenschaft vom Städtebau so weit gefördert sein, daß man dann etwaige Fehler in den heutigen Schätzungen verbessern und eine neue, bessere Schätzung aufstellen kann; außerdem aber kann in der Stadt bei ihrem jährlichen Wachstum ununterbrochen beobachtet werden, ob im Einzelfall die Dispositionen und Schätzungen richtig waren.

Die ermittelten Einzelflächen sind schließlich zusammenzurechnen, und sie werden dann auch zweckmäßigerweise in geometrischen Figuren, meist

Kreisen, darzustellen sein, die, im gleichen Maßstab in einen Stadtplan eingetragen, unmittelbar ein Bild davon geben werden, wie groß die Gesamtstadt in einem gewissen Jahr oder — richtiger gesagt — bei einer gewissen Höhe der künftigen Bevölkerung sein wird.

II. Die allgemeine Anordnung der wichtigsten Glieder.

Nach Ermittlung der erforderlichen Flächen muß folgerichtig die Verteilung der einzelnen Flächen auf das künftige Stadtgebiet erfolgen.

Beim Aufstellen eines Gesamtplanes für eine bestimmte Stadt wird man im allgemeinen in kurzen Überlegungen zu einer ungefähren Gruppierung kommen, muß dann aber sich bald der Bearbeitung von Einzelfragen zuwenden, um die bestimmenden großen (fördernden und hindernden) Momente zu klären.

Zunächst muß man die besonderen Schäden feststellen, unter denen die bisherige Entwicklung der Gesamtstadt oder einzelner Teile zu leiden hatte. Es sind das vor allem die Hindernisse, die „Barrikaden", die dem Wachstum irgendwo Schranken setzen oder den Verkehr in seinem natürlichen Lauf abschneiden und demgemäß an bestimmten Breschen ungebührlich stark zusammendrängen. In der Innenstadt wird es sich dabei hauptsächlich um zu enge und zu winklige Straßen handeln, also um Übel, die durch Durchbrüche und ähnliches bekämpft werden müssen; besonders werden aber Eisenbahnanlagen als Hemmungsmomente auftreten, ferner Friedhöfe, Exerzierplätze und planlos verteilte Industrieanlagen. Die Feststellung der Schäden führt aber sofort zu den Einzelgebieten (Innenstadt, Eisenbahnverkehr, Freiflächen, Industriegebieten) über, und es sind demgemäß nun diese im einzelnen fast unabhängig voneinander zu betrachten.

Die Eisenbahnen sind zwar vielfach schwere Hemmnisse, trotzdem muß der Städtebauer sie aber vollständig unter dem Gesichtspunkt behandeln, daß sie ein sehr wichtiger und oft der wichtigste Lebensspender für die Stadt sind. Erforderlich ist die unabhängige Bearbeitung des gesamten Eisenbahnnetzes der Stadt bis weit in die Umgebung hinaus immer im Hinblick sowohl auf den Durchgangsverkehr wie auch auf den Ortsverkehr. Es ist das eine Arbeit, die so viele Bahnhofsentwürfe und Trassierungen bedingt, daß sie nur von dem Eisenbahnfachmann gelöst werden kann (Weiteres siehe im Abschnitt 5).

Zunächst unabhängig vom Eisenbahnverkehr sind die Anlagen für den Wasserverkehr zu entwerfen. Hierbei wird man bezüglich der Verbesserung des Gleisanschlusses der vorhandenen Häfen, ihrer Erweiterungen, und vor allem beim Disponieren über neue Häfen sehr bald die gegenseitige Abhängigkeit zwischen Wasser- und Eisenbahnverkehr verspüren und danach bereits — unter gegenseitigen Zugeständnissen — Entwurfskizzen aufstellen für die zusammenhängenden Anlagen (Hafen — Hafenbahnhof — Verbindungsgleise).

Aus der Disposition für den Eisenbahn- und Wasserverkehr ergibt sich sehr vieles für die Verteilung der Industrie, vor allem für die Neuanlage der großen Industriegebiete für die „sehr störende" Industrie. Insgesamt wird man aber bei der Industrieverteilung von folgenden Gesichtspunkten ausgehen:

Verbannung der Gewerbe aus den ruhigen Stadtgebieten und der Nachbarschaft der großen Naturschönheiten,

Anlehnung an schon vorhandene Industriegebiete,

gute Lage zu den Häfen und den Güterverkehrsanlagen der Eisenbahnen,

richtige Lage zu der vorherrschenden Windrichtung,

richtige Lage bestimmter Gewerbebetriebe zu den Zuführungslinien ihrer Rohstoffe[1]).

Durch diese Überlegungen wird die grobe Disposition der Industriegebiete ziemlich sicher festgelegt werden können.

Die bisher aufgeführten Momente kann man in gewissem Sinn als „störende" bezeichnen, insofern wenigstens, als durch sie ruhige Stadtgebiete und Freiflächen beeinträchtigt würden.

Es wird also richtig sein, sich nun dem zuzuwenden, was mit Ruhe und Schönheit verbunden ist. Wichtig ist hier zunächst der Schutz der großen Monumentalschöpfungen, also in erster Linie der hervorragenden Einzelgebäude, ferner des historisch wertvoll Gewordenen, sodann der ruhigen Wohnviertel, der etwaigen großen Bauanlagen in der näheren Umgebung. Der Städtebauer muß sich also ein Bild davon machen, was alles an Einzelanlagen oder auch Stadtgebieten gegen Beeinträchtigungen zu schützen ist.

Hierzu gehören vor allem auch die Hauptglieder des künftigen Freiflächennetzes, und zwar sind das einerseits die Parkanlagen (Schmuckplätze, Flußufer) im Innern der Stadt, andrerseits die großen Naturschönheiten, besonders die Wälder und Seen, in der Umgebung. Diese beiden bilden nämlich den Grundstock für die Durchbildung des Freiflächennetzes, für dessen weitere Disposition nun wichtig sind: das Fernbleiben von sehr störenden Anlagen (Industriegebieten, Rangierbahnhöfen), die Ausnutzung von Wiesen, kleinen Waldparzellen, Bachtälern, Wasserflächen, großen Gärten, ferner die Benutzung von städtischem (auch staatlichem) und großem zusammenhängenden Privatbesitz, — alles stets im Hinblick auf schon bestehende Bebauung und auf die vorherrschende Windrichtung, immer in dem Gedanken, daß große zusammenhängende Freiflächen wirkungsvoller sind als verzettelte kleine Grünanlagen von gleichem Gesamtumfang, und daß die Verbindungen aus Parkstreifen bestehen sollten, daß dagegen Promenadenstraßen nur ein Aushilfemittel sind.

Die vorherrschende Windrichtung ist durch mehrjährige Beobachtungen zu ermitteln. Die Beobachtungen sind etwa nach Abb. 6 zeichnerisch aufzutragen. Auf jedem größeren Städtebauplan sollte diese Figur vorhanden sein.

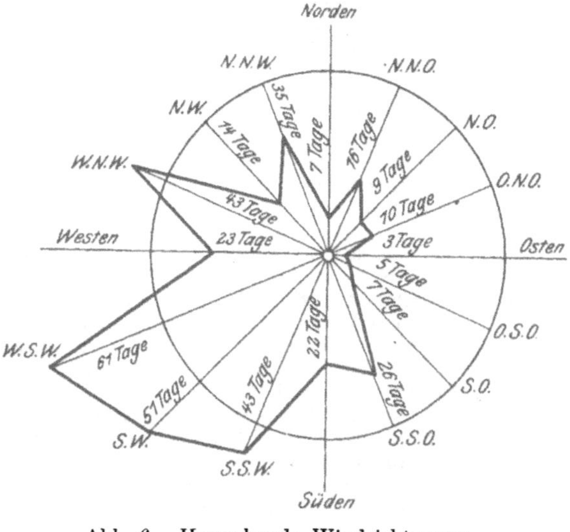

Abb. 6. Herrschende Windrichtungen.

Welche wichtigsten Gebiete bei Aufstellung eines Gesamt-Bebauungsplanes zu bearbeiten sind, dafür ist das sehr sorgfältig durchgearbeitete Programm zum Wettbewerb Groß-Düsseldorf ein gutes Beispiel. Dieses Programm besagte (unter Fortlassung einiger Punkte von rein örtlicher Bedeutung):

[1]) Man wird z. B. in Mittel- und Westdeutschland in den Großstädten den Vieh- und Schlachthof — ein mit den unmittelbar anzuschließenden Nebenbetrieben sehr umfangreicher „Gewerbebetrieb" — wohl stets nach der Nordostecke legen, denn das entspricht ebensosehr der herrschenden Windrichtung — aus SW — wie auch der Zuführung des Schlachtviehs, das wohl stets zum größeren Teil aus (nord-)östlicher Richtung kommen dürfte.

Der Plan hat den Forderungen des Verkehrs, der öffentlichen Gesundheit, der Wirtschaftlichkeit und der Schönheit zu genügen.

Die im Stadtgebiet bereits festgestellten Bebauungspläne sind, soweit es angängig erscheint, in den Plan aufzunehmen. Abänderungen sind jedoch nicht ausgeschlossen, und die Bewerber werden zu prüfen haben, inwieweit die von ihnen vorzuschlagenden Lösungen Abänderungen nötig machen.

Die Entwürfe haben Vorschläge zu enthalten für die weitere Ausbildung und Ergänzung des vorhandenen Straßen- und Verkehrsnetzes (Straßenbahnen, Stadtbahnen und Eisenbahnen). Im weiteren sollen in dem Plan die für die Schaffung von Wohnstätten und Industriebezirken zu bestimmenden Flächen bezeichnet werden unter Berücksichtigung der dafür in Betracht kommenden Verhältnisse. (bereits vorhandene Wohn- und Industrieviertel, Bahn- und Wasserverbindungen, Himmelsrichtungen, herrschende Winde, Parks und Waldgebiete.)

Die Vorschläge für die Straßen, Straßen- und Stadtbahnen sowie Eisenbahnen sollen sich auf eine Fläche erstrecken, die im Norden Kaiserswerth und Ratingen, im Osten Hilden, im Süden Benraht, im Westen Neuß in sich schließt (kleineres Erweiterungsgebiet). Die vorgeschlagenen Verkehrseinrichtungen sollen ferner so entworfen werden, daß ausreichende Verbindungen durch Straßen und Bahnen mit den großen Städten der Umgebung Duisburg, Essen, Elberfeld, M.-Gladbach, Rheydt, Crefeld sich ermöglichen lassen (größeres Erweiterungsgebiet). Auch für solche Verbindungen sind Vorschläge zu machen.

Von der Bebauung freizuhaltende Flächen sind für das Stadtgebiet Düsseldorf, für das kleinere und für das größere Erweiterungsgebiet vorzuschlagen; für das größere jedoch nur insoweit, daß eine zweckmäßige Verbindung der in ihnen vorhandenen Wald- und Wiesenflächen mit den Freiflächen der beiden anderen Gebiete geschaffen wird.

Im einzelnen ist bei den Entwürfen folgendes zu beachten:

1. Die Hauptverkehrsstraßen von der Stadt ins Land sind als die Grundlinien des Planes zu betrachten. Eine Ergänzung dieses Hauptverkehrsnetzes durch neue Straßen ist den voraussichtlichen Bedürfnissen der Zukunft entsprechend vorzusehen. Die Hauptverkehrsstraßen müssen so breit werden, daß in ihnen Straßenbahnen eigenen Bahnkörper erhalten, über und unter dem in Zukunft schnellfahrende Bahnen (Hoch- und Untergrundbahnen) Platz finden können.

2. Park- und Promenadenstraßen, die von durchgehendem Verkehr möglichst frei bleiben sollen und als Verbindungen zwischen den Freiflächen dienen können, sind vorzusehen.

3. Notwendige Durchbrüche und Straßenerweiterungen zur Verbesserung der Verbindungen der zu 1 genannten Straßen mit der inneren Stadt sind in Teilpläne einzutragen.

4. Es sind Vorschläge zu machen für die Teilung des Stadtgebietes in Industriebezirke und Wohnviertel, wobei eine veränderte Einteilung des Stadtgebietes in die verschiedenen Bauklassen und Bauzonen Platz greifen kann. Bei Anordnung der Industriebezirke ist auf guten Bahnanschluß und auf direkte oder indirekte (Umschlag durch Eisenbahnwagen) Verbindung mit dem Rhein Rücksicht zu nehmen. Neue Hafenbecken sind erforderlichenfalls vorzusehen.

Die Trennung der Industrieviertel von den Wohnvierteln durch Park- und Waldanlagen ist anzustreben. Wohnviertel mit den für die verschiedenen Klassen der Bevölkerung erforderlichen Bauformen (Einfamilienhäuser, Reihenhäuser, kleine und große Mehrfamilienhäuser), ferner Viertel für offene und geschlossene Bebauung sind im Anschluß an die vorhandene Bebauung in solchem Umfange vorzusehen, daß der voraussichtliche Bevölkerungszuwachs bis zum Jahre 1930 in ihnen Platz findet. Bei der Bemessung der Straßenbreiten und Baublocktie en sind die Regeln der Gesundheitslehre für die Schaffung gesunder Wohnungen zu beachten, daneben ist aber der Gesichtspunkt einer wirtschaftlichen Ausnutzung des Bodens nicht außer acht zu lassen. Der Flachbau ist zu begünstigen, doch wird das Einfamilienhaus für die wenig bemittelten Klassen der Bevölkerung nur in beschränktem Maße in Frage kommen können. Es können auch Vorschläge für die Schaffung neuer Ansiedlungen in größerer Entfernung von der bebauten Stadt, die durch Straßenbahnen leicht zu erreichen sind, gemacht werden.

5. Die Anlagen der Haupteisenbahnen sind für die weitere Entwicklung der Stadt an verschiedenen Punkten und in verschiedener Hinsicht ein Hemmnis. Es ist zu prüfen, in welcher Weise diesen Übelständen abzuhelfen ist, insbesondere wie die noch zahlreichen Übergänge in Schienenhöhe beseitigt werden können.

6. Für die Einführung der zur Erwägung stehenden Städtebahnen von Cöln und aus dem Industriebezirk, für die Verbindung dieser beiden Bahnen miteinander und mit der Bahn nach Crefeld sind Vorschläge zu machen.

7. Angemessen große, möglichst unter sich und mit den vorhandenen in Zusammenhang stehende Freiflächen, die als Wald-, Park- und Wiesenanlagen sowie als Ausstellungs-, Luftschiffahrts-, Flug-, Spiel- und Sportplätze dienen sollen, sind vorzusehen. Die noch nicht bebauten Bachtäler sind dabei besonders zu berücksichtigen. In erster Linie kommen für neu zu schaffende Anlagen die im Besitze der Stadt, sodann die im Besitz des Fiskus stehenden, in dritter Linie größere im Besitz von Privaten befindliche Flächen in Betracht.

III. Städtebau-„Schemata“.

In städtebaulichen Fragen spielt vielfach das „Schema“ eine Rolle, nach dem die ganze Stadt, ein Stadtviertel oder auch nur die Baublocks geformt werden mögen. Für die Gesamtstadt kann man das Ringschema dem Sternschema (Strahlenschema) gegenüberstellen.

Das Ringschema. Die große Mehrzahl der europäischen Städte war früher befestigt, und zwar bestand die Befestigung (im Gegensatz zu den neuzeitlichen Ausführungen) in einem die Stadt umschließenden Wall und Graben. Innerhalb der Stadtmauer drängten sich die Häuser bei wachsender Bevölkerung immer dichter zusammen; außerhalb wurde ringsum das Schußfeld freigehalten, und erst jenseits des Schußbereiches konnten sich Vororte ansiedeln (vgl. Abb. 7).

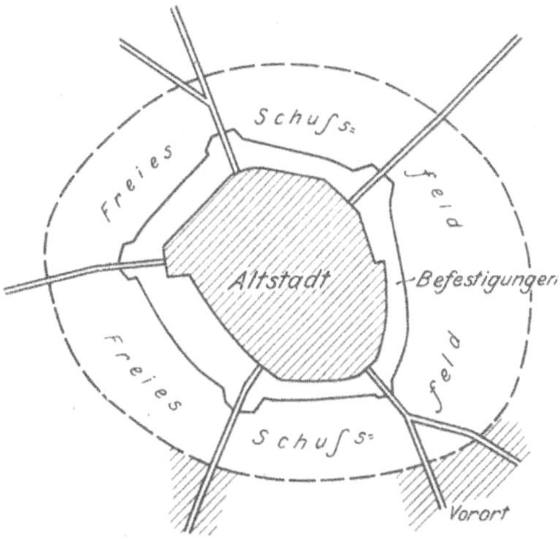

Abb. 7. Festungs-Ringschema.

Hiermit haben die Städte einen scharf begrenzten Grundriß erhalten, und zwar meist einen kreisförmigen, oder, wo die Stadt einseitig an einem großen Fluß lag (Köln), einen halbkreisförmigen. Als die Städte so wuchsen, daß sie den Ring der Festungsmauer sprengen mußten, wurde eine neue Mauer größeren Umfangs um die Stadt gelegt, und dabei wurden die alten Wallanlagen vielfach in eine Ringpromenade (Wien), eine ringförmig verlaufende Parkanlage (Bremen) oder einen großen Ringstraßenzug (Köln) umgewandelt. Hiermit war also eine ringförmige Grünanlage geschaffen, der unter Umständen einige Jahrzehnte später eine zweite, weiter außen gelegene folgte. Die Stadt nahm also den Charakter eines Kernes an, um den sich Grünflächen und Bebauung in abwechselnden Ringen herumlegten (vgl. Abb. 8).

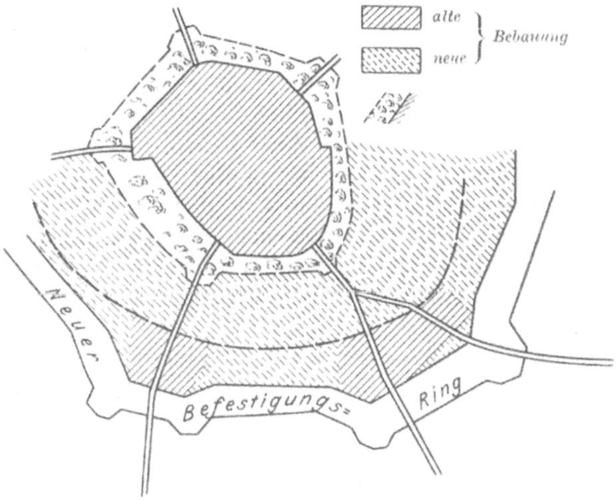

Abb. 8. Ringschema — Erweiterung.

Die Schleifung der alten Wälle hat nun an manchen Stellen zu hervorragenden Schöpfungen von Ringstraßen, Ringpromenaden u. dgl. geführt, und es ist daher verständlich, daß sich der Gedanke befestigte, ein derartiges ringförmiges Ansetzen von abwechselnd Grün und Bebauung sei das Natürliche, das Richtige, das Erstrebenswerte (es lag dabei auch der Vergleich mit dem „natürlichen“ Wachsen der Bäume nahe). Außerdem ist jede Stadt selbstverständlich in ihrem ganzen Umkreis von Freiflächen (Wäldern, Feldern, Wasser) umgeben, also von einer ringförmig geschlossenen „Freifläche“, und das hat die Vorstellung von der Natürlichkeit und Zweckmäßigkeit des „Ringes“ noch befestigt. Ein besonderer Schritt in dieser Gedankenreihe war dann der „Wald- und Wiesengürtel“, der die Stadt umgeben müsse, auf dessen Schaffung die Stadt ganz besondere Kraft verwenden müsse.

So viel Richtiges in dieser Betrachtung auch liegt, so ist das Schema der ringförmigen Stadterweiterung doch grundsätzlich verfehlt. Die Fehler liegen in folgendem:

Das Ringschema geht von nur einer Grundlage der Städtegestaltung aus, nämlich von dem Festungswall; es übersieht aber vollständig eine andere Grundlage, nämlich die Verkehrstendenz, die nicht ring-, sondern — genau entgegengesetzt — strahlenförmig wirkt. In unserer Zeit ist die Festungsmauer aber überhaupt bedeutungslos geworden, weil nur noch sehr wenige Städte Festungen sind, und weil diese außerdem keine Ringmauer, sondern weit vorgeschobene Einzelfesten haben.

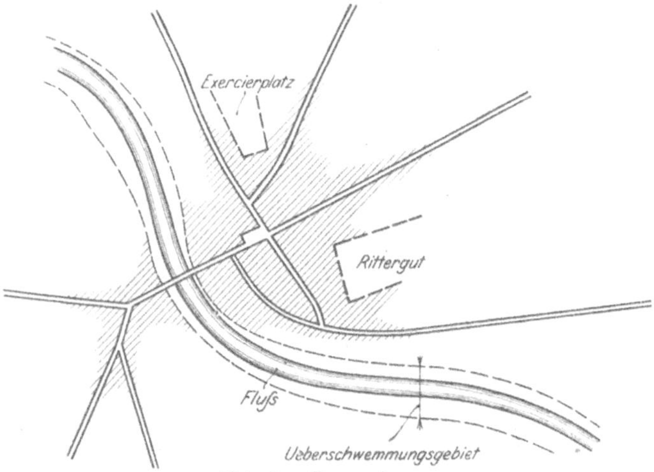

Abb. 9. Sternschema.

Das Ringschema vernachlässigt ferner die starken, großflächigen Verkehrsanlagen (Häfen, Güterbahnhöfe), die für jegliches Schematisieren starke Störungsfunktionen darstellen, für das Ringschema aber in besonders starkem Maße.

Das Ringschema rechnet ferner — etwas oberflächlich — mit nur einer Art von „Bebauung“, während mindestens zwei Arten, Wohngebiete und Gewerbegebiete, zu unterscheiden sind. Deren Anordnung hängt aber, wie an anderer Stelle ausgeführt wird, von Faktoren ab, die der Schematisierung widersprechen.

Das Sternschema. Es ist nun — trotz der vorstehenden Bemängelungen des „Schemas“ — zweckmäßig, dem Ringschema ein anderes — grundsätzlich verschiedenes — Schema gegenüberzustellen, nämlich das strahlenförmige Sternschema[1]).

Mag eine Stadt auch eine früher von der Festungsmauer umschlossene Altstadt und um diese eine „Ringpromenade“ haben, so wächst die Stadt heute „naturgemäß“ nicht mehr, indem sie Ringe um sich legt, sondern es wachsen die Wohngebiete an den zu Hauptverkehrsstraßen werdenden alten Chausseen, an den nach außen führenden Straßen- und Vorortbahnen entlang, und es wachsen die Gewerbeviertel an den Flußläufen und Güterbahnen entlang. Alle diese Hauptverkehrslinien zeigen aber nach Abb. 9 ein ungefähr strahlenförmiges Gerippe, die Stadt wächst also sternförmig.

[1]) Das strahlenförmige Schema ist in überzeugender Klarheit von Möhring-Petersen-Eberstadt in dem Wettbewerb Groß-Berlin zum Ausdruck gebracht worden.

Nun bleiben — in durchaus „natürlicher" Entwicklung — zwischen den Zacken des Sternes die Flächen frei, in denen keine Verkehrsstraßen verlaufen, und diese Flächen dringen naturgemäß wie Keile gegen die Innenstadt vor. So sehr nun natürlich auch dieses strahlenförmige Schema „Störungsfunktionen" unterliegt, so stellt es trotzdem den Grundgedanken dar, der für die Gesamtstadtentwicklung der richtige ist.

Die strahlenförmige Bildung ist nämlich bezüglich der Verkehrsverhältnisse die tatsächlich richtige, also die natürliche. Sie ist aber auch bezüglich der Gesamtfreiflächengestaltung die richtige, denn einerseits ist diese, wie an anderer Stelle ausgeführt wird, sehr stark von den Verkehrsanlagen abhängig, andrerseits muß aber der Grundton für die Freiflächenverteilung der sein, daß die einzelnen Freiflächen untereinander (durch Parkstreifen usw.) verbunden werden, und daß die Bevölkerung aus jedem Stadtgebiet durch strahlenförmig nach außen führende Promenaden usw. zum Hinauswandern eingeladen wird. Für die „Radial-Promenaden" oder „Radial-Parkstreifen" sind aber die eben erwähnten nach der Innenstadt vorstrebenden Keile die gegebene Grundlage; bei entsprechender Ausgestaltung, d. h. wenn sie bis zu den älteren innen gelegenen Parkanlagen, z. B. der Ringanlage, hingeführt werden, bilden sie durch die ganze Stadt hindurch ein sich immer wieder schließendes Netz von Grünanlagen.

Die strahlenförmige Weiterentwicklung der Großstädte wird auch dadurch begünstigt, daß im Umkreis der Stadt bestimmte Einzelflächen durch ihre natürlichen Bedingungen oder durch menschliche Einwirkung der Bebauuug lange entzogen bleiben; hierzu gehören z. B. Flächen mit sumpfigem Untergrund, Überschwemmungsgebiete, Hügel mit steilen Hängen, ferner Friedhöfe, Exerzierplätze, größere Gutshöfe, fideikommissarisch gebundener Grundbesitz, städtische und staatliche Forsten.

Der Gedanke der ringförmigen Stadterweiterung hat auch auf dem Gebiet des Verkehrswesens, besonders bezüglich der Gesamtanordnung von Straßenbahn- und Schnellbahnlinien, zu irrigen Vorstellnngen geführt, nämlich zu einer Überschätzung der „Ringbahnen". Man glaubte nämlich, daß neben Radiallinien um die Stadt herum Ringlinien gelegt werden müßten, wobei man vage Vorstellungen davon hatte, daß an den Schnittpunkten der Ringlinien mit den Radiallinien sich ein lebhafter Umsteigeverkehr entwickeln werde. Da nun offensichtlich die Ringlinien nur den Verkehr der Vororte untereinander vermitteln, und da dieser nach dem ganzen Spiel der Verkehrsbeziehungen nicht stark sein kann, so muß man den Ringlinien recht skeptisch gegenüberstehen[1]).

Aber auch dort, wo man der Netzgestaltung der wichtigsten innerstädtischen und Vorortbahnen das richtige „Schema" — also das strahlenförmige — zugrunde gelegt hat, hat man mehrfach den Fehler gemacht, daß man dies im Stadtinnern falsch durchbildete. Von den beiden wichtigsten Fehlern ist der eine der, daß man die Linien im Stadtinnern oder gar vor dem Kern der Altstadt in Kopfbahnhöfen endigen ließ. Das widerspricht aber ebensosehr den Anforderungen des Verkehrs wie denen des Betriebes, denn jener fordert die Durchführung der Linien durch das Geschäftsviertel, dieser fordert die Verminderung der

[1]) Zur Verwirrung der Anschauungen hat neben der Unkenntnis in verkehrs- und betriebstechnischen Dingen auch der Umstand beigetragen, daß gewisse wichtige Schnellbahnen (und Straßenbahnlinien) den Namen „Ringbahn" erhalten haben, so z. B. der „Innenring" in London, die „Nordringbahn" und die „Südringbahn" in Berlin. Diese Linien haben aber mit dem Ring nicht viel mehr gemein als den Namen; sie folgen verkehrspolitisch der Radialtendenz. Besonders deutlich zeigt sich das am Südring in Berlin, dessen hervorstechendstes Kennzeichen die Einführung zum Potsdamer Bahnhof, also der Bruch mit dem Ringgebilde ist; der Südring entspricht — unter Fortlassung der weniger wichtigen Richtungen seinem Verkehr nach tatsächlich vier Radialrichtungen, von denen zwei aus der Stadtbahn, zwei vom Potsdamer Bahnhof aus ausstrahlen.

Kopfbahnhöfe, die den Betrieb erschweren und verteuern und unter Umständen die Leistungsfähigkeit der ganzen Strecke herabsetzen.

Der andere Fehler geht von dem richtigen Gedanken aus, daß je zwei Radiallinien zu einer Durchmesserlinie zusammengeschlossen werden sollen, führt dann aber nach Abb. 10 alle Linien durch einen Punkt. Eine derartige Zusammenziehung ist aber verkehrs- und betriebstechnisch und stadtwirtschaftlich verfehlt.

Richtig ist vielmehr die Auseinanderziehuug, dergestallt, daß man die Schnittpunkte auseinanderzieht; will man hierbei ein „Schema“ haben, dann ist das in Abb. 11 dargestellte das richtige[1]).

Dies schließt natürlich nicht aus, daß sich an gewissen Stellen größere Knotenpunkte ergeben; das Schnellbahnnetz von Berlin wird z. B. künftig zwei Hauptzentren aufweisen, den Alexander- und den Wittenbergplatz. Einen guten Überblick über richtige Gesamttrassierung gibt der in Abb. 12 dargestellte Linienplan aus dem Wettbewerb „Groß-Berlin“ von Eberstadt-Möhring-Petersen.

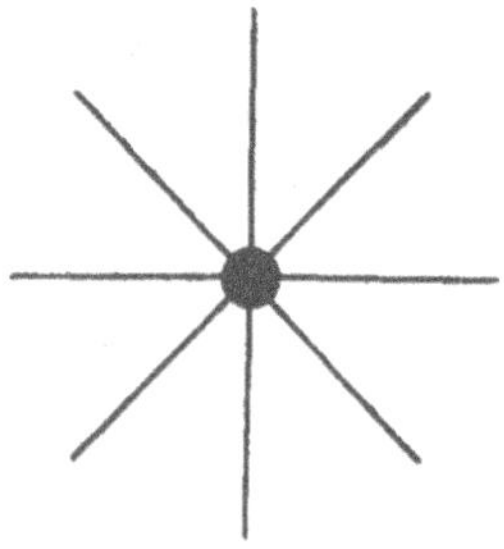

Abb. 10.

Weitere Angaben über die Führung von Stadtbahnen sind hier nicht zu geben, da sie dem Teil B (Schimpff) vorgreifen würden.

Nur eins ist noch als allgemein wichtiger Gesichtspunkt hervorzuheben:

Die Schwierigkeiten für die Finanzierung, die Trassierung, den Bau und den Betrieb von städtischen Verkehrsmitteln liegen nicht in den Außengebieten, sondern im Stadtinnern. Hier, im Stadtkern, hat also die Arbeit einzusetzen; es muß zuerst von innen nach außen gearbeitet werden, dann mag von außen nach innen herein entworfen werden.

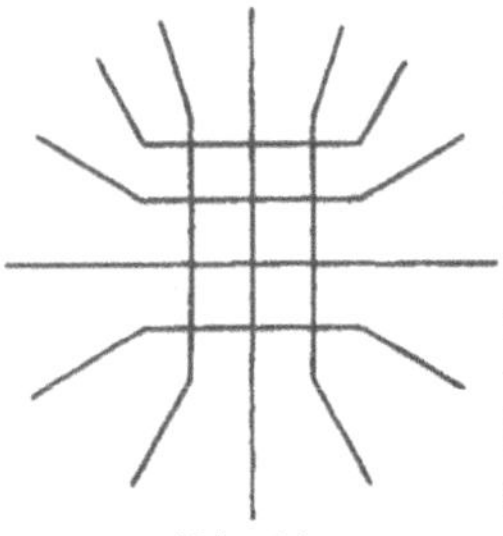

Abb. 11.

Das vorstehend über Stadt- (und Straßen-) bahnen Gesagte gilt mit gewissen selbstverständlichen Abänderungen auch von den Straßen. Man wird daraus also z. B. entnehmen können, daß „Ringstraßen“ verkehrstechnisch nur ausnahmsweise eine größere Bedeutung haben können, — möglich ist das z. B. bei den Ringstraßen, die in heutigen Großstädten den (sehr kleinen) alten inneren Stadtkern umziehen. Ob „Ringpromenaden“ oder Teilstücke von solchen zur Verbindung von Parkanlagen untereinander Bedeutung haben können, kann nur von Fall zu Fall entschieden werden, — gewisse Überschätzungen kann man oft beobachten.

Die wichtigsten Verkehrsstraßen und die wichtigsten Grünverbindungen werden jedenfalls radial verlaufen. Legt man nun dieses an sich richtige „Schema‘ zugrunde, so muß man sich doch vor zwei Fehlern hüten. Der eine Fehler ist das Zusammenlegen von Verkehr und Parkverbindung in einer „Prachtstraße“. Hierüber wird weiter unten noch zu sprechen sein. Der zweite Fehler ist der folgende: Es wurde oben gesagt, daß die aus der Stadt herausführenden, aus den städtischen Hauptstraßen sich entwickelnden Landstraßen die Träger des naturgemäßen sternförmigen Wachstums der Stadt sind. Diese Landstraßen

[1]) Eine Zusammenziehung aller — oder der wichtigsten — Schnellbahn- oder Straßenbahnlinien an einem Punkt kann bei Großstädten nur bei eigenartiger Gesamtlage der Stadt richtig sein (San Francisco). Wenn manchmal schon in Städten von noch nicht 400 000 Einwohnern der kritischste „Verkehrsplatz“ versagt, so kann das leicht daran liegen, daß die Straßenbahnlinien in zu großer Fülle an diesen Punkt herangeführt sind; eine Umlegung einzelner Linien und die Beseitigung von Abzweigungen an der kritischen Stelle kann zu einer wirkungsvollen Abhilfe führen.

(Chausseen) werden so allmählich städtische Straßen, sie erhalten dann unter Umständen auch Straßenbahnen oder Überlandbahnen. Diese Entwicklung ist naturgemäß und nicht zu unterbinden, solange der Verkehr noch nicht sehr stark ist. Dann wird aber eine Grenze erreicht, und dann kommt ein kritischer

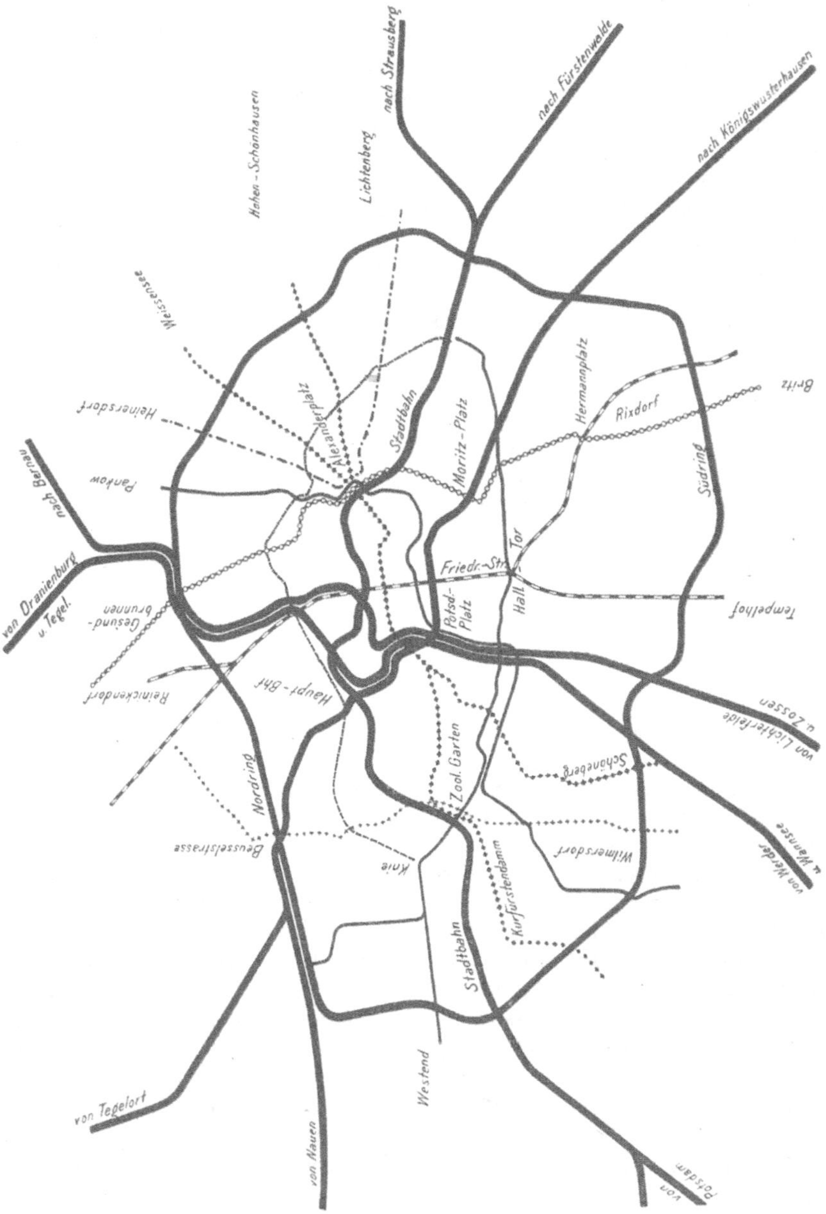

Abb. 12. Übersicht der Stadtschnellinien aus dem Wettbewerb Groß-Berlin (Eberstadt-Möhring-Petersen).

Zeitpunkt, dessen Verpassen zu schweren Fehlern wirtschaftlicher, verkehrstechnischer und schönheitlicher Natur führt.

Wenn nämlich der Verkehr so stark und so „städtisch“ geworden ist, daß er etwa nur durch eine vierspurige gut gepflasterte Straße mit eingebetteter zweigleisiger Straßenbahn befriedigt werden kann, so ergibt sich folgendes: Die alte Chaussee wird meist so schmal sein, daß sie die erforderliche Verkehrsbreite nicht hergibt;

dann muß man sie also verbreitern, und das verursacht meist hohe Grunderwerbskosten und unter Umständen auch den Abbruch von Häusern, vor allem aber wird der nie wiedergutzumachende Schaden eintreten, daß die eine oder gar beide Reihen der alten Bäume „dem Verkehr geopfert“ werden müssen. Aber auch so wird der brutale Verkehr noch nicht zu seinem Recht kommen, denn die alte Chaussee wird noch zwei Mängel aufweisen: Es werden viele Nebenwege von ihr abzweigen, die man natürlich meist nicht mehr unterdrücken kann, und dann kann weder schnell gefahren noch frei über die Straßenbahnhaltestellen verfügt werden. Sodann wird die Chaussee, besonders in den alten Dörfern, unübersichtlich, wahrscheinlich vielfach mit scharfen Knicken geführt sein, und diese Stellen wird man wegen zu hoher Kosten nicht verbessern können. Die wirtschaftlich und betriebstechnisch so günstige Anordnung der Straßenbahn auf einem besonderen Streifen wird wohl nicht durchführbar sein.

Aber selbst wenn alle Umstände der Ausgestaltung der alten Chaussee zur Hauptverkehrsstraße sehr günstig sind, wird das immer einen großen Nachteil haben: der Verkehr wird die Schönheit, die Poesie der alten Dörfer und Dorfauen vernichten.

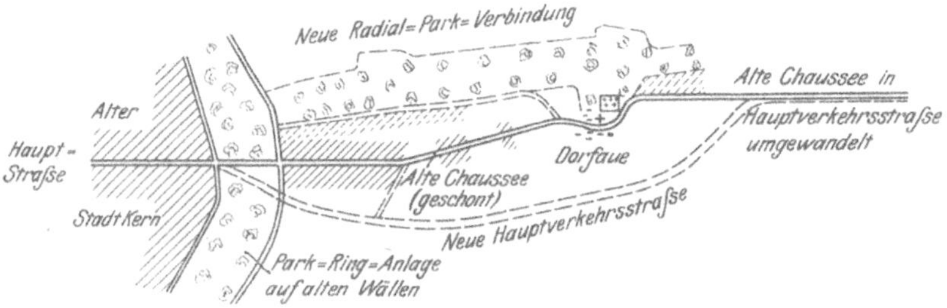

Abb. 13.

Insgesamt wird also das folgende Vorgehen richtig sein:

Man wird rechtzeitig die alte Chaussee durch eine neu anzulegende, ihr auf Neuland in einigem Abstand ungefähr parallel laufende Hauptverkehrsstraße entlasten, diese wird man dann stets in Linie, Höhe, Breite, Gliederung so ausführen können, wie es verkehrstechnisch und wirtschaftlich richtig ist, und man wird sie immer so führen können, daß die köstlichen Kleinode der alten Dorfauen und Dorfkirchen, der Gutshöfe, Förstereien usw. unberührt bleiben.

Dann kann die alte Chaussee mit ihren prächtigen Bäumen das Rückgrat für die notwendige Radial-Parkverbindung werden, besonders dann, wenn sie noch nicht zu stark zugebaut und noch nicht mit einer Klein- oder Straßenbahnlinie belegt ist, oder wenn diese nach Anlage der Straßenbahn in der neuen Hauptverkehrsstraße entfernt worden, was selbstverständlich nur zulässig ist, wenn dadurch keine großen wirtschaftlichen Werte vernichtet werden.

Ist die Chaussee aber bereits stark zugebaut, eignet sie sich also weniger zur Ausgestaltung als Park-Verbindung, dann wird man auch diese als neue Anlage auf Neuland schaffen müssen. Aus der einen Chaussee wird sich also folgerichtig die Dreiheit Hauptverkehrsstraße — Chaussee (Wohnstraße) — Parkverbindung entwickeln. Dabei sollte man aber die Dorfauen usw. unmittelbar in die Grünanlage einbeziehen (vgl. Abb. 13).

Auch bezüglich der Straßenführung und Blockgestaltung sind Schemata vorhanden. Am reinsten ist das Schema der absoluten Rechtwinkligkeit, bei dem zwei Reihen von untereinander parallelen Straßen sich rechtwinklig kreuzen (Gebiet der Friedrichstraße in Berlin, Mannheim, Nordamerika). Das Schema ist, wenn auf Teilgebiete beschränkt und ohne geometrische Starrheit durchgeführt, gar nicht schlecht; es wird aber verkehrstechnisch und schönheitlich vollständig unbrauchbar, wenn es die ganze Stadt beherrscht. Die schlimmsten Ausartungen zeigt es in amerikanischen Städten, in denen nicht einmal Flüsse, Täler, große Eisenbahnflächen das starre Schema durchbrechen. Sehr ungünstige Anlagen ergeben sich hierbei dann, wenn zwei vom Rechteck beherrschte Gebiete schiefwinklig zusammenstoßen, — wovon man sich ohne weiteres beim Betrachten amerikanischer Stadtpläne überzeugen kann.

Ein anderes Schema ist das radiale, bei dem von einem Hauptpunkt der Stadt die Straßen regelmäßig strahlenförmig ausgehen, wie es in reinster Form in dem alten Teil von Karlsruhe zum Ausdruck kommt.

Sodann spricht man noch vom dreieckförmigen Schema, das dadurch entsteht, daß eine rechteckige Gesamtanlage von Diagonalen durchschossen wird.

Im allgemeinen wird der Städtebauer seine Kenntnisse über diese Schemata darauf beschränken können, daß er weiß, daß sie existieren und daß sie — starr angewendet — falsch sind. Es ergibt sich eben ohne weiteres aus den früheren Darstellungen, daß das einheitliche Schematisieren über das ganze Stadtgebiet hinüber kaum möglich ist, und daß man zu umso verkehrteren Anordnungen kommt, je „geometrischer" man arbeitet.

Die „modernen Systeme" verspottet C. Sitte folgendermaßen:

„Moderne Systeme! — Jawohl! Streng systematisch alles anzufassen... bis der Genius totgequält und alle lebensfreudige Empfindung im System erstickt ist, das ist das Zeichen unserer Zeit ... Vom künstlerischen Standpunkt aus geht uns die ganze Sippe (der Systeme) gar nichts an, in deren Adern nicht ein einziger Blutstropfen von Kunst mehr enthalten ist. Das Ziel, welches ausschließlich ins Auge gefaßt wird, ist die Regulierung des Straßennetzes. Die Absicht ist daher von vornherein eine rein technische: Ein Straßennetz dient immer nur der Kommunikation, niemals der Kunst ..."

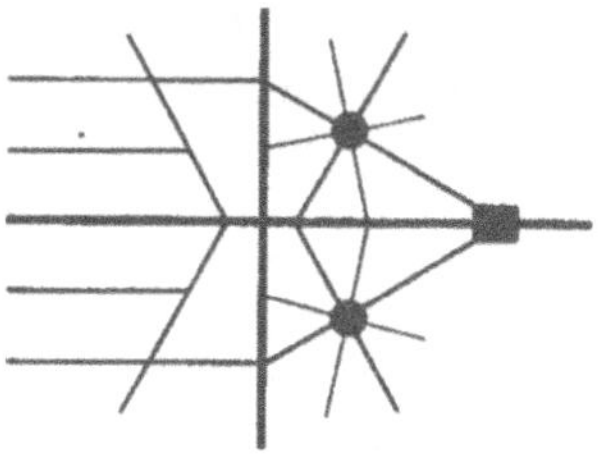

Abb. 14. Verfehlte Symmetrie.

Diese Kritik an den „Systemen" ist richtig. Unrichtig aber ist, den Verkehr dafür verantwortlich zu machen, denn dem Verkehr ist das starre System genau so feindlich wie der Kunst. — Es haben Unfähige den Verkehr vorgeschützt, um ihre gedankenlose Geometrie zu begründen.

Die nachstehende Bemerkung klingt grotesk, sie muß aber trotzdem gemacht werden: Wenn schon irgendeine Geometrie oder Symmetrie in einem Stadtviertel oder auch in einer Einzelanlage, z. B. auf einem Platz, erstrebt wird, dann muß sie auch gesehen werden können, und zwar in der Wirklichkeit, nicht nur auf dem Papier. So selbstverständlich das klingt, so ist doch oft hiergegen gesündigt worden. Man hat z. B. ein Stadtviertel, etwa nach Abb. 14, symmetrisch zu einer Hauptstraße entworfen. ohne zu bedenken, daß das vollkommen sinnlos ist, weil man die Symmetrie ja nur auf dem Papier (und vom Luftballon aus!!) sehen kann. Auch Friedhöfe sind so angelegt worden, selbst solche, wo erhebliche Höhenunterschiede vollständig gegen Symmetrie und Geometrie sprechen. Auch Plätze sind so gestaltet worden, obwohl es keine Möglichkeit gibt, den Platz voll zu überblicken, also die Symmetrie zu erkennen; — man darf auch vermuten, daß bei den vielen kreisrunden Schutzinseln ähnliche Gedankenlosigkeiten im Spiel gewesen sind.

Roth macht in seiner Dr.-Ing.-Arbeit über Stadtentwicklung und Plätze folgende geschichtliche Angaben, wobei er sich auf die Arbeiten von Brinkmann und Unwin bezieht:

In der Geschichte des Städtebaus müßte die Entwicklung des Festungsbaus einen breiten Raum einnehmen. Bis in das Mittelalter hinein stand die Sorge um die wirksame Befestigung der Stadt an der Spitze der städtebaulichen Erwägungen; Straßen und Plätze wurden so angelegt, daß die Stadt einen starken militärischen Stützpunkt abgab.

Das römische Lager (Rechteckschema mit vier Toren) wurde vorbildlich für den römischen Stadtgrundriß und für die auf römischen Grundrissen wieder aufgebauten Städte (Turin, Köln). Ein schematischer, geometrisch regelmäßiger Stadtgrundriß war für eine mittelalterliche Festungsstadt notwendig, um ein übersichtliches Straßennetz zu erhalten, das mit Feuerwaffen gut beherrscht werden konnte. Seit 1200 wurde in Frankreich und Deutschland ein quadratischer Platz als Hauptwaffenplatz in der Stadtmitte mit einem System sich rechtwinklig kreuzender Straßen und mit einer runden oder rechteckigen Form der Stadtmauer oft gewählt.

Die italienische Renaissance war (seit 1500) bemüht, die militärischen Forderungen mit den schönheitlichen in Einklang zu bringen, sie legt eine nach dem Zentralsystem entwickelte künstlerische Einheit zugrunde, eine kreisrunde Form, in der Stadtmitte ein Kreisplatz mit zentraler Kuppelarchitektur, die Hauptstraßen radial von der Platzmitte auslaufend.

Der von der italienischen Renaissance zu beherrschender Bedeutung erhobene Sternplatz wurde von der französischen Gartenarchitektur übernommen. In dem 1667 bis 1688 geschaffenen Versailler Park, der größten Schöpfung des französischen Gartenstils, wurden die von den Italienern gegebenen Elemente zur höchsten Vollendung gesteigert, eine gewaltige Hauptachse, zahlreiche senkrechte oder diagonale Queralleen in geometrisch regelmäßiger Beziehung zur Hauptallee, alle Alleen schnurgerade mit großen Perspektiven und Endabschlüssen, fast alle Schnittpunkte zu geometrisch regelmäßigen Plätzen (Stern- und Halbsternplätzen) erweitert.

Worin die besondere Schönheit derartiger Parkschöpfungen bestehen, bleibe dahingestellt; von Bedeutung für uns ist die häufige Nachahmung dieser Werke des Sonnenkönigs und die Übertragung auf den Stadtgrundriß. Diese Übertragung geschah bewußt, die Städtebauer stellten den Grundsatz auf, daß man einen Stadtplan wie einen Parkplan behandeln müsse, und daß eine Stadt ebenso wie ein Park um so mehr Plätze (Sternplätze) haben müsse, je größer sie sei. So merkwürdig diese Logik ist, so hat sie den Städtebau doch stark beherrscht. Die großartigste — aber verfehlte! — einheitliche Stadtschöpfung dieser Art ist Karlsruhe.

Sternplätze (und Straßenknotenpunkte mit vielen einmündenden Straßen) sind auch von Napoleon III.-Haussmann bei der Ausgestaltung des Pariser Stadtplans mit Vorliebe angewandt worden. Allerdings war hier nicht nur der Parkstil vorbildlich, sondern es waren auch militärische Gründe maßgebend. Napoleon fürchtete den Wankelmut der Pariser, insbesondere der Bewohner der schmutzigen, winkeligen, engen Straßen der Altstadt. Daher wurden große, breite, gerade Straßen angelegt und die wichtigsten Verkehrspunkte in möglichst geradlinige Verbindung gebracht, um die Truppen sicher und schnell nach jedem Punkt werfen zu können und um von den zentralen Straßenknotenpunkten aus die Straßen unter Geschützfeuer nehmen zu können. Gleichzeitig wurden in der Nähe dieser Plätze Kasernen gebaut; auch wurden die auf die Sternplätze führenden Straßen begradigt, verbreitert und durch neue Straßen ergänzt, — eine recht eigenartige Vermischung von Städtebau mit Politik!

Auch die Werke der alten deutschen Meister sollte man nicht vergessen. Dürer entwickelt in seiner „Befestigungslehre“ auch die Grundsätze der Stadtanlage.

Dritter Abschnitt.

Die Straßen.

Vorbemerkungen.

Im folgenden haben wir nur die städtischen Straßen zu erörtern und für diese auch nur die für die Aufstellung der Bebauungspläne maßgebenden Gesichtspunkte, insbesondere die Breiten, Arten der Straßen, die Linienführung und gewisse ästhetische Fragen. Nicht zu behandeln sind die konstruktive Durchbildung der Straßendecke und der Straßenbahngleise, die in der Straße liegenden Leitungen, die Straßenbrücken und die Landstraßen (Chausseen). Allerdings ist der Unterschied zwischen Stadt- und Landstraße ein fließender, da die Landstraßen in der Nähe der Städte immer mehr den Charakter von Stadtstraßen annehmen.

Den Zweck der Straßen kann man dahin kennzeichnen:

1. Sie führen in Verbindung mit den Höfen, Gärten, Plätzen und Parkanlagen der Gesamtstadt und jedem Einzelhaus Sonne und Luft zu.

2. Sie haben in ihrem Untergrund einen großen Teil der Leitungen aufzunehmen, die für die verschiedenartigsten Bedürfnisse der Bevölkerung erforderlich sind.

3. Sie haben den Verkehr innerhalb der Stadt zu vermitteln, soweit er nicht auf dem Wasser oder durch Eisenbahnen wahrgenommen wird.

Der Verkehr ist nach Personen- und Güterverkehr zu trennen.

Zu ersterem gehören: Fußgänger (einschließlich der Kinder und Kranken in kleinen Wagen), Radfahrer, Reiter; ferner die Personenfuhrwerke, von denen die der Allgemeinheit dienenden — billigen — Straßenbahnen und Omnibusse am wichtigsten sind. In sehr großen Städten treten noch die Stadtbahnen (Hoch- und Tiefbahnen) hinzu. Zum Güterverkehr gehören alle Lastfuhrwerke.

Die Grenze zwischen Personen- und Güterverkehr ist im Straßenverkehr ebenso eine fließende wie im Eisenbahnverkehr. Eine oberflächliche Betrachtung führt allerdings zu einer scharfen Zweiteilung, nämlich zwischen dem Menschen, der geht, und allem anderen Verkehr. Diese Zweiteilung kommt zum Ausdruck in der üblichen, aber für starken Verkehr nicht ausreichenden Gliederung der Straße in Bürgersteig und Fahrdamm.

So sehr die Hauptzwecke der Straßen gleichartig sind, so lassen sich doch nach der besonderen Bedeutung verschiedene Straßenarten unterscheiden, die kurz gekennzeichnet werden mögen.

1. Geschäftsstraßen. Sie liegen in der Geschäftsstadt. In ihnen liegen die großen Kaufgeschäfte. Oft sind selbst in Großstädten nur eine oder ganz wenige ausgesprochene Geschäftsstraßen vorhanden. Der Fuhrwerkverkehr ist in ihnen oft gering; es würde auch dem Charakter der Straße widersprechen, wenn sie einem — schnellen — Durchgangsverkehr zu dienen hätten; denn die Kauflustigen wollen sich dort, unbelästigt durch Fuhrwerke, Schaufenster besehen, in Ruhe ihre Wahl treffen, auch mit Bekannten im Gespräch stehen bleiben. Große Breite ist für die Straßen schädlich, weil sie das bequeme Besehen beider Schaufensterreihen behindert; manche Geschäftsstraße ist ungewöhnlich schmal (Hohe Straße in Köln); manche werden für den Fuhrwerkverkehr (besonders für Radfahrer und schwere Lastwagen) ganz oder zeitweise gesperrt; manche sind für Fuhrwerke überhaupt unzugänglich; letzten Endes werden sie zu „Passagen“ und „Galerien“ (Italien).

Die Geschäftsstraßen bereiten dem Städtebauer im allgemeinen keine Schwierigkeiten, nur muß er sich davor hüten, eine schmale Geschäftsstraße verbreitern zu wollen, um sie „dem Verkehr zu erschließen"; denn das ist nicht nur sehr kostspielig, sondern vernichtet unter Umständen sogar die besonderen Werte, die aus dem eigenartigen Charakter der Straße entspringen.

2. Verkehrstraßen. Da jede Straße dem Verkehr dient, können als „Verkehrsstraßen" nur solche bezeichnet werden, die einen ungewöhnlich starken Verkehr aufzunehmen haben. Dies ist aber nur der Fall, wenn die Straße außer dem Verkehr von und zu den an ihr stehenden Häusern einen erheblichen Durchgangsverkehr hat. Kennzeichnend für diesen ist neben dem großen Verkehrsumfang die wünschenswerte hohe Geschwindigkeit und, aus dieser sich ergebend, ein gewisses Gefahrenmoment. Die Verkehrsstraßen stellen gewisse (oft überschätzte) Anforderungen an die Straßenbreite und vor allem an den guten Zustand der Fahrbahnen. Sie sind also kostspielig in Bau und Unterhaltung. Der wichtigste Gesichtspunkt für die Gruppierung und Einzeldurchbildung der Verkehrsstraßen sind aber nicht etwa die hohen Ansprüche des Verkehrs, sondern vielmehr die Bescheidenheit des Verkehrs. Der geschickte Städtebauer kommt tatsächlich mit sehr wenigen Verkehrsstraßen aus und auch mit verhältnismäßig geringen Breiten; der Verkehr stellt auch nicht die Forderung der schnurgeraden Linienführung, sondern lediglich die der Übersichtlichkeit.

Die Verkehrsstraßen stufen sich natürlich nach ihrer Bedeutung stark ab, von der „Hauptverkehrsstraße" mit besonderen Streifen für Schnellverkehr und für Straßenbahnen, mit Hoch- oder Tiefbahnen bis zu der Straße, die den einzelnen Vorort erschließt und mit einem einheitlichen vierspurigen Fahrdamm auskommt.

In der Innenstadt zeigen die Hauptverkehrsstraßen deswegen meist keine besondere ihrem Zweck entsprechende Gliederung, weil sie aus alter Zeit überkommen sind, die die heutigen Forderungen des Verkehrs noch nicht kannte. Oft kann man nur an Einzelstellen, z. B. an Straßenvermittlungen und auf Plätzen, der besonderen Eigentümlichkeit der Straße Rechnung tragen, z. B. durch entsprechende Ausbildung der Einsteigeplattformen der Straßenbahnen. In der Innenstadt werden an den Verkehrsstraßen die wichtigsten öffentlichen Gebäude und die Geschäftsgebäude des Großhandels, der Banken, Gewerbe usw. liegen. In den Außenbezirken werden sich die dort notwendigen Läden usw. an den Verkehrsstraßen ansiedeln. — Die Verkehrsstraßen erhalten auch in den Außenbezirken zweckmäßig geschlossene Bauweise und unter Umständen auch höhere Bebauung, als in dem Gebiete sonst zulässig ist.

3. Wohnstraßen. Sie sind ihrer Zahl nach bei weitem die wichtigsten Straßen. Sie sollen ruhig sein, sind also durch entsprechende Linienführung dem durchgehenden Verkehr zu entziehen. Sie stellen große Anforderungen bezüglich Sonne und Luft. Weil sie in so großer Zahl notwendig werden, ist gerade bei ihnen Bescheidenheit in der Bauausführung erforderlich.

4. Prachtstraßen. Was alles unter „Prachtstraße" zu verstehen ist, steht nicht fest. Es ist ein Begriff, mit dem viel gesündigt wird; — wenn manche kleine Stadt eine „Prachtstraße" anlegen will, so darf man dahinter eine gewisse Großmannssucht vermuten. Die Momente, auf Grund deren bestimmten Straßen die Bezeichnung „Prachtstraße" beigelegt wird, sind geschichtlicher, schönheitlicher oder verkehrstechnischer Natur; man versteht darunter also eine Straße, die sich in einer dieser Beziehungen besonders auszeichnet, und verbindet damit gleichzeitig auch den Gedanken, daß die Bedeutung der Straße durch monumentale Bauten zum Ausdruck gebracht werden muß.

So sehr sich nun auch der Bauingenieur bemühen soll, die wichtigsten Prachtstraßen kennen zu lernen und sich über das Wesen ihrer Schönheit Klarheit zu verschaffen, so braucht an dieser Stelle doch nicht darauf eingegangen zu werden.

Die wenigen Fälle, in denen monumentale Prachtstraßen neu zu schaffen sind, werden nämlich stets so eigenartig liegen, daß sie allgemein in einem Lehrbuch überhaupt nicht erörtert werden können; außerdem würde aber ihre Durchbildung Sache des Künstlers sein. — Sofern aber eine „Hauptverkehrsstraße" als Prachtstraße bezeichnet wird, wird auf die spätere Erörterung der Gliederung dieser verwiesen.

Nur eines sei noch erwähnt: Vielfach hat man geglaubt, einer großen Verkehrsstraße dadurch den Charakter einer „Prachtstraße" zu verleihen, daß man ihr zu den erforderlichen Verkehsstreifen noch Promenaden (mit Baumreihen) zufügte. Da aber Verkehr und Promenade, wie weiter unten noch ausgeführt werden wird, gewisse Gegensätze sind, so scheinen derartige Gesamtanordnungen von recht fragwürdigem Wert zu sein.

Es seien hier noch einige Andeutungen über die Verkehrspolizei gegeben:

In vielen deutschen Großstädten besteht eine Trennung von Straßenbau, der einschl. Unterhaltung, Beleuchtung, Reinigung usw. naturgemäß Aufgabe der Stadt ist und damit dem zuständigen Stadtbaurat untersteht, und Straßenverkehrspolizei, die der staatlichen Polizeibehörde unterstellt ist. Es ist hier nicht der Ort zu untersuchen, ob staatliche Polizei in anderen Beziehungen Vorzüge vor städtischer Polizei besitzt; bezüglich des Straßenwesens (und der Baupolizei) muß die Trennung als gekünstelt und nachteilig bezeichnet werden. Diese Trennung von „Bau" und „Betrieb", noch dazu zwischen städtischen und staatlichen Behörden, braucht natürlich nicht immer zu Unzuträglichkeiten zu führen; sie führt aber sicher mindestens zu Verzögerungen und oft zu langwierigen Verhandlungen, die vermieden werden, wenn alles in einer Hand, also letzten Endes in der des Stadtbaurats liegt. Auch die Trennung der Verantwortung kann wie überall so auch hier ungünstig wirken.

Die Regelung und Beaufsichtigung des Straßenverkehrs liegt vielfach noch im argen; offensichtlich sind die Gesetze, die Auslegung der Gesetze durch die Gerichte, die Polizeiverordnungen in manchen Punkten noch unzureichend; viele grobe Verstöße werden nicht geahndet, so daß nicht selten eine Verwilderung besonders bei (jugendlichen) Kutschern und Radfahrern zu beobachten ist; vielfach ist die Heranziehung der Schuldigen auf Grund des Haftpflichtrechtes unzureichend; nicht selten beobachtet man auch ungenügendes Verständnis bei den Polizeibeamten, und zwar leider nicht nur bei den unteren, sondern auch bei den leitenden Beamten[1]). Da nun die Zahl der Tötungen und Verletzungen im Straßenverkehr nicht nur erschreckend hoch ist, sondern in noch erschreckenderer Weise ständig zunimmt, ist es die besondere Pflicht des Städtebauers, einerseits durch tadellose Straßen- und Platzanlagen die Gefahrquellen zu beseitigen, andererseits aber durch Belehrung, Erziehung und durch rücksichtsloses Bestrafen die Beobachtung der den Verkehr sichernden Vorschriften zu erzielen.

Die wichtigsten Punkte, nach denen die Regelung und Sicherung des Verkehrs zu erfolgen hat, seien nachstehend in aller Kürze angegeben.

Die Fußgänger untereinander können sich im allgemeinen nicht gefährden, wohl aber belästigen. Den Gefährdungen kann durch Polizeiverordnungen vorgebeugt werden (vgl. z. B. die bekannten Hutnadelerlasse). Die Belästigungen sind zum Teil unvermeidlich und müssen ertragen werden — z. B. Tragen großer Pakete, Fahren von Kinder- und Krankenwagen auf den Bürgersteigen[2]).

---

[1]) Wie gering das Verständnis stellenweise ist, beweist z. B. der Umstand, daß es Polizeiverordnungen zur Regelung des Verkehrs gibt, die den allgemein gültigen Regeln des Straßenverkehrs widersprechen. Nach meinen persönlichen Erfahrungen (z. B. als gerichtlicher Sachverständiger) dürfte so manche Polizeiverordnung rechtsungültig sein.

[2]) Kleine Kinder und Kranke, die gefahren werden müssen, sind nicht auf den Fahrdamm zu verweisen; denn sie sind dort viel zu sehr gefährdet; sie sind das Hilfloseste und

Andere Belästigungen beruhen auf Unachtsamkeit und Mangel an Erziehung Sie sind durch scharfe Polizeistrafen und strenge richterliche Bestrafungen zu bekämpfen; — leider geschieht das aber vielfach nicht.

Im Verkehr der Fuhrwerke untereinander wird die Sicherung vor allem durch das Gebot des Rechtsfahrens, also des Rechtsausweichens und des Linksüberholens erzielt, ferner durch Begrenzung der Höchstgeschwindigkeit je nach den besonderen Verhältnissen der betreffenden Stelle. — In vielen andern Ländern wird links gefahren.

Wichtig ist ferner die Abstufung der Verantwortung im Sinne der gesetzlichen Haftpflicht. Am ungünstigsten sind hier die Straßenbahnen gestellt, weil sie im Sinne des Haftpflichtgesetzes zu den „Eisenbahnen" gehören; bei jedem in deren „Betrieb" erfolgenden Unfall wird aber stets das Verschulden der Eisenbahn angenommen, es sei denn, daß sie das eigene Verschulden des Verletzten oder höhere Gewalt nachweist. Andrerseits sind die Straßenbahnen im Straßenverkehr sehr günstig gestellt, weil die andern Fuhrwerke ihnen auszuweichen haben.

Am wichtigsten in diesem Zusammenhang ist das Verhältnis der Fußgänger (einschließlich der Kinderwagen usw.) zu den Fuhrwerken (einschließlich der Radfahrer). Es erscheint zweckmäßig, hier die folgenden beiden Fälle auseinanderzuhalten:

a) An bestimmten Stellen müssen die Fußgänger unbedingt den Fahrdamm betreten. Das ist der Fall an vielen Straßenbahnhaltestellen und vor allem an den Straßenkreuzungen. An diesen ergeben sich, ebenso wie an jeder Straßenvermittlung und auf jedem Platz, Fahrdammstreifen, die als die unmittelbaren Fortsetzungen der Bürgersteige und ihre Verbindungen untereinander zu betrachten sind. Weil hier einerseits die Fußgänger verkehren müssen, und weil sie andrerseits den Fuhrwerken gegenüber die viel Schwächeren sind, ist der Verkehr auf jedem solchen Streifen nach den Anforderungen und Eigenarten des Fußgängerverkehrs zu regeln. Der Fußgänger hat hier ebensoviel „Recht" wie das Fuhrwerk; das Fuhrwerk hat also besonders vorsichtig und langsam zu fahren; der Kutscher darf keinen Fußgänger veranlassen, daß dieser laufen oder springen oder plötzlich stehen bleiben oder zurückgehen muß; der Kutscher darf sich unter keinen Umständen darauf verlassen, daß ein (bedrohter) Fußgänger auf Anruf, Läuten oder Klingeln hört; der Kutscher hat stets damit zu rechnen, daß unter den Fußgängern zahlreiche Schwerhörige und Kurzsichtige sind, und daß viele wegen Alters, Verwundung oder Krankheit nicht springen können. Aber hier lassen sich ständig die gröbsten Verstöße und Rücksichtslosigkeiten beobachten, ohne daß die Polizei genügend scharf einschreitet; — eine gewisse Besserung hat der Krieg durch die Achtung vor den Verwundeten gebracht, aber anscheinend leider nur vorübergehend. Es wäre nicht unzweckmäßig, wenn man an gefährlichen Stellen die Verbindungen zwischen den Bürgersteigen durch irgend welche Merkmale im Pflaster dauernd kennzeichnete. Auch eine Weiterbildung des Haftpflichtrechtes könnte in Frage kommen. Zu besonderer Vorsicht sind die Fuhrwerke anzuhalten, wenn sie bei Hauseinfahrten den Bürgersteig überqueren müssen; handelt es sich dabei um die Ausfahrt aus dem Haus, so hat das Fuhrwerk die volle Verantwortung zu tragen. Radfahrern ist das Überqueren des Bürgersteigs an Toreinfahrten wie überhaupt jede Mitbenutzung des Bürgersteigs unbedingt zu verbieten; diese etwa drakonisch anmutende Ansicht findet ihre Begründung darin, daß gerade unter den Radfahrern eine ungewöhnlich große Zahl von Flegeln anzutreffen ist.

---

das am meisten des Schutzes Bedürftige, was es im Straßenverkehr überhaupt gibt. Ich halte jede Polizeiverordnung für rechtsungültig, die sie vom Bürgersteig oder von Parkwegen ausschließt.

b) Anders verhält es sich, wenn der Fußgänger den Fahrdamm an Stellen betritt, an denen er hierzu nicht gezwungen ist. Hier ist er zu besonderer Vorsicht verpflichtet, und die Verantwortung ist zwischen ihm und dem Fuhrwerk in einem den Umständen des Einzelfalles entsprechenden Verhältnis geteilt.

Die Verwilderung im Straßenverkehr ist offensichtlich auch aus dem Grunde so groß geworden, weil die Polizei im allgemeinen nur dann mit Strafen einschreitet, wenn sie von Belästigten und Gefährdeten zu Hilfe gerufen worden ist, oder wenn ein Unfall tätsächlich entstanden ist. Dagegen gehen leider die Ungehörigkeiten fast alle straflos aus, die nicht unmittelbar einen Unfall ausgelöst haben. Will man aber der erschreckenden Zunahmeder Unfälle entgegentreten, so muß man das Übel an der Wurzel fassen, d. h. also jede Lässigkeit, Ungezogenheit, Roheit (ganz gleichgültig, ob dadurch ein Unfall entstanden ist oder nicht) bestrafen, und zwar hart bestrafen. Das klingt sehr hart, es ist aber der einzig mögliche Weg; es sind zahlreiche schwere Unfälle (Tötungen) z. B. durch Radfahrer verursacht worden, die durch ihr ungehöriges Benehmen (z. B. Zickzack- oder Voltenfahren) andere Fuhrwerke irre gemacht haben, so daß diese dann einen Fußgänger überfuhren.

1. Die Breite der Straßen.

A. Die Breite der Verkehrsstreifen.

Man darf behaupten, daß die Breitenabmessungen der Verkehrsstreifen fast überall zu groß sind; das gilt vor allem von den Fahrdammbreiten. Der Grund für diese Verschwendung ist teilweise die schon gerügte Großmannssucht, ferner die Überschätzung der Forderungen des Verkehrs, sodann die gedankenlose Verwechselung von Fluchtlinienabstand und notwendiger Verkehrsbreite.

Es ist nun aber jeder Zentimeter überflüssiger Fahrdammbreite als ein schwerer Fehler zu bezeichnen, denn er bringt keinen Vorteil, dagegen viele Nachteile. Hier ist zunächst der oft gehörten Behauptung entgegenzutreten, daß breite Straßen (und große Platzflächen) den Verkehr erleichtern, und daß der „Verkehr sich austoben müsse". Genau das Gegenteil ist richtig: jede Verschwendung an Breite verführt die Kutscher und Pferde zu schlechtem Fahren, zur Unaufmerksamkeit und zu Ungehörigkeiten (z. B. zu falschem Überholen und zum „Schneiden" beim Einbiegen in Seitenstraßen); je stärker und schneller der Verkehr wird, desto weniger darf er sich „austoben", desto mehr bedarf er der sicheren Führung in ganz bestimmten Bahnen. Das Geheimnis der hohen Leistungsfähigkeit mancher Straßen in London liegt in ihrer Schmalheit; sie hat Kutscher, Pferde und Schutzleute zu sehr geschicktem, äußerst vorsichtigem und doch sicherem Fahren erzogen.

Abgesehen davon, daß übermäßige Breiten Zügellosigkeit und Roheiten und dadurch große Gefahren auslösen, sind damit noch an weiteren Nachteilen verbunden: Die Wege für Fußgänger über die Fahrdämme werden länger und damit gefährlicher; die Fahrbahndecke ist fast immer das Teuerste im ganzen Straßenquerschnitt, die Kosten werden also unnütz gesteigert; jedes Zuviel an Breite im Fahrdamm geht dem Grün (z. B. den Vorgärten) verloren; die Fahr-

[1]) Nirgendwo brandet der Verkehr nach Masse und Geschwindigkeit höher als in den großen Personenbahnhöfen, und nirgendwo wird er so fest in bestimmten Bahnen geleitet, nirgendwo wird er durch die Signale und Abhängigkeiten in so feste Fesseln geschlagen wie hier. Ähnliches gilt vom Straßenverkehr: Mag man darüber hinwegsehen, wenn in Kleinstädten zu viel Pflasterflächen verschwendet werden, — in den Verkehrsstraßen der Großstädte ist jeder überflüssige Quadratzentimeter Fahrdamm um so schlimmer, je größer der Verkehr und je schwieriger die Straßenkreuzungen sind. — Was schmale Straßen leisten können, wenn Ordnung im Verkehr herrscht, haben wir im Krieg kennen gelernt.

bahndecke ist das, was am meisten Hitze und Staub erzeugt und die Atmung des Bodens am stärksten beeinträchtigt.

Es ist also Pflicht des Verkehrstechnikers, sich stets die Frage vorzulegen: nicht, wie breit muß die Straße sein?, sondern: wie schmal kann sie sein?

Da, wie oben erwähnt, ein Grund für unsere zu großen Verkehrsbreiten die Verwechslung mit dem notwendigen Fluchtlinienabstand ist, so dürfte es zweckmäßig sein, bei jeder Straße für die Breitenbestimmung zwei vollständig getrennte Überlegungen anzustellen, nämlich zuerst die erforderliche Verkehrs breite, denn den Fluchtlinienabstand zu ermitteln. Abgesehen von Verkehrsstraßen erster Ordnung, wird man immer finden, daß der Fluchtlinienabstand, um genügende Besonnung sicherzustellen, wesentlich größer sein muß, als die Verkehrsbreite (Fahrdamm und Bürgersteige); man wird also stets verkehrsfreie Streifen übrig behalten, die (mindestens in allen Wohnstraßen) mit Grün zu bedecken sind.

Zur Bestimmung der gesamten Verkehrsbreite der Straßen ist eine Sonderuntersuchung über die notwendigen Einzelbreiten erforderlich[1]). Hierbei ist nach Bürgersteigen und Fahrdämmen zu unterscheiden.

Zur nutzbaren Breite der Bürgersteige kann der unmittelbar am Fahrdamm, also an der Schrammkante entlang laufende Streifen nicht mit-

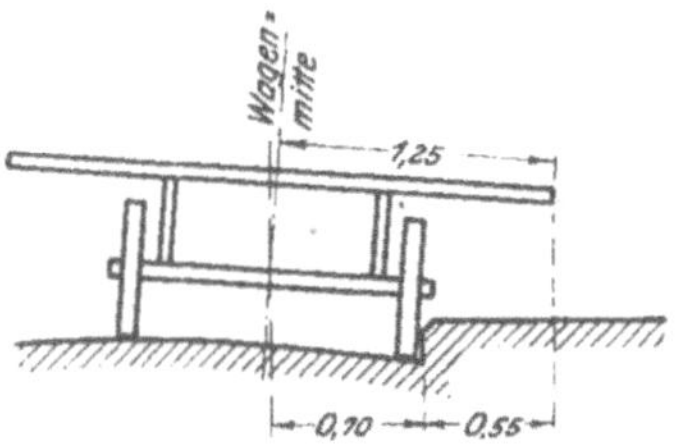

Abb. 15.

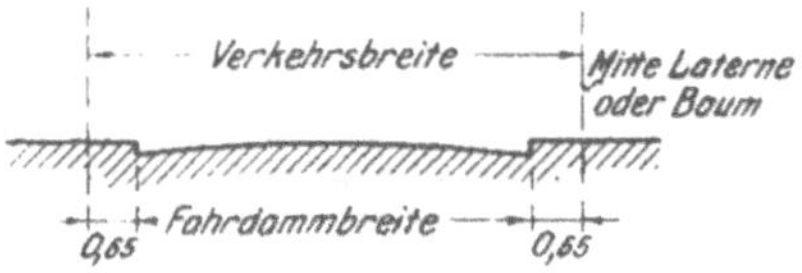

Abb. 15a.

berechnet werden, denn er ist durch die Fuhrwerke gefährdet. Der gefahrlose Raum beginnt erst in etwa 60 cm Abstand, er wird zweckmäßig durch die Laternen und Bäume usw. gekennzeichnet. Es empfiehlt sich, diese in 65 cm Abstand von der Schrammkante zu stellen. Zu ermitteln ist dann also die erforderliche Breite zwischen Laternen und Haus (oder Vorgarten). Da ein Mensch nun zum bequemen Gehen einschließlich Spielraum 75 cm braucht, so wird es zweckmäßig sein, das Maß von 75 zu 75 cm abzustufen, also 1,50 — 2,25 — 3,00 — 3,75 — 4,50 m zu wählen. Über das letzte Maß (also etwa 5 m bis zur Schrammkante) wird man selbst in stark belebten Straßen der Großstädte nicht hinausgehen[2]). Für Wohnstraßen genügen die Breiten von 1,50 und 2,25 m; dabei ist es fast immer ausreichend, wenn ein Streifen von nur 1 m Breite mit Kleinpflaster befestigt wird, denn dann können zwei Menschen bei Regenwetter trocknen Fußes bequem nebeneinander gehen; für die übrigen Flächen genügt Bekiesung oder dgl. Vergleichsweise erfordern die Bürgersteige in den Wohngebieten der ärmeren Bevölkerung mehr Breite als in denen der Wohlhabenden, weil der Verkehr der Fabrikarbeiter zu bestimmten Zeiten einen großen Strom von Fußgängern erzeugt.

---

[1]) Wir folgen hierbei der Dr.-Ing.-Arbeit Bertschingers „Breitenbemessung, Verkehrslasten und Eigengewichte der Straßenbrücken“, vgl. Verkehrst. Woche 1912, S. 1101.

[2]) In jeder größeren Stadt wird es eine Straße, meist die Hauptgeschäftsstraße, geben, deren Bürgersteigbreite für den Verkehr, nämlich in diesem Fall für den „Bummel“ nicht ausreicht; oft entspricht dem Gedränge auf der einen Straßenseite eine Öde auf der anderen. Aus diesem Gedränge kann man also keine Notwendigkeit zur Verbreiterung des Bürgersteigs ableiten.

Die Größe der Fahrbreiten richtet sich nach der der Fuhrwerke. Leider ist diese nun sehr verschieden, und nicht einmal die höchstzulässigen Breiten sind mit Gültigkeit für ganze Länder festgesetzt. In den größeren Städten gilt allerdings meist das Maß von 2,50 m als äußerste Ladungsbreite, jedoch wird vielfach darüber hinweggesehen, und es kann auch unbedenklich geduldet werden, daß Fuhrwerke mit Heu, Stroh und ähnlichen weichen, nachgiebigen, also ungefährlichen Ladungen bis zu 3,00 m breit beladen sind. In Preußen gilt sonst 2,82 m als größte zulässige Breite für Landfuhrwerke. Dr.-Ing. Bertschinger gibt folgende Zusammenstellung:

Größte Breitenabmessungen der üblichen Fuhrwerke.

A. Personenfuhrwerke.	
1. mit Pferdebespannung	
Droschken, Landauer	1,70—1,80 m
Omnibusse	1,90—2,00 „
2. Kraftwagen	
Droschken	1,55 m
Landauer	1,50—1,60—1,65 „
Desgl. starke Wagen	1,55—1,80 „
Omnibusse	1,80—2,20 „
3. Straßenbahnwagen	2,00—2,20 „
B. Lastfuhrwerke.	
1. mit Pferdebespannung	
Lieferungswagen	1,75—1,80 m
Rollfuhrwerke	1,80 „
schwere Kastenwagen	1,90—2,05 „
sehr schwere Lastwagen	2,00—2,20 „
Möbelwagen	1,80—2,50 „
2. Kraftwagen	
Lieferungswagen	1,40—1,65 m
Lastautomobile	2,00—2,20 „
Lokomobilen	1,60—2,20 „
Straßenlokomotiven	1,60—2,25 „
C. Landwirtschaftliche Maschinen.	
Zickzack-Eggen	1,90—3,75 m
Saat-Eggen	2,50—4,00 „
Wiesen-Eggen	1,50—1,95 „
Walzen	2,00—3,00 „
Sämaschinen	1,25—3,00 „
Breitsämaschinen	4,40 „
Heurechen	2,10—3,20 „
Dreschmaschinen	2,45—2,75 „

Aus der Zusammenstellung ist zunächst zu entnehmen, daß die landwirtschaftlichen Maschinen ungewöhnlich breit sind. Auf sie braucht man aber innerhalb der Städte im allgemeinen keine Rücksicht zu nehmen. Die „städtischen“ Fuhrwerke kommen dagegen meist nicht über 2,20 m hinaus, die meisten (Droschken, Lieferungswagen) sind aber schmaler (1,55 bis 1,80 m). Da man nun einerseits die Fahrdämme mindestens zweispurig anordnen wird, da aber andrerseits mehr als zwei besonders breite Fuhrwerke nur selten genau an der gleichen Stelle zusammentreffen werden, kann man die Breite danach ermitteln, daß man schmale und breite Fuhrwerke nebeneinander stellt. Man wird also bei zweispurigen Fahrdämmen mit zwei breiten Wagen (Möbelwagen je 2,50 m breit) rechnen müssen, bei einem dreispurigen Fahrdamm aber schon mit zwei breiten und einem schmalen Fuhrwerk rechnen dürfen usf.

Zu den Fuhrwerken kommen nun aber noch die Spielräume hinzu, die zwischen ihnen erforderlich werden. Als Spielraum ist das Maß von 40 cm angemessen, — 20 cm an den Außenseiten.

Würde man durchweg neben je 40 cm Spielraum die Fuhrwerkbreite von 2,50 m zugrunde legen, so wäre für (1 —) 2 — 3 — 4 — 6 Fuhrwerke die Fahrbreite (2,9 —) 5,8 — 8,7 — 11,6 — 17,4 m. Diese Zahlen sind für $n = 1$ (ein allerdings seltener Fall), wenn man auch auf landwirtschaftliche Maschinen Rücksicht nehmen muß, zu klein, sie sind andrerseits für Werte von n über 3 zu groß, weil sie nur von den wenigen breitesten Fuhrwerken ausgehen, dagegen auf die vielen schmalen Fuhrwerke keine Rücksicht nehmen. Da aber, wie oben ausgeführt, nach möglichst schmalen Fahrdämmen gestrebt werden muß, erscheint es besser, die Fahrbreite b in folgender Weise abzustufen

$n = 1 : b = 2{,}90$ m in städtischen Straßen,
$b = 4{,}00$ m auf Landstraßen und Brücken auf dem Lande;
$n = 2 : b = 2 . 2{,}5 + 2 \cdot 0{,}40 = 5{,}8$ m,
$n = 3 : b = 2 \cdot 2{,}5 + 1{,}70 + 3 \cdot 0{,}40 = 7{,}90$ m,
$n = 4 : b = 2 \cdot 2{,}5 + 2 \cdot 1{,}70 + 4 \cdot 0{,}40 = 10{,}00$ m,
$n = 6 : b = 4 \cdot 2{,}5 + 2 \cdot 1{,}70 + 6 \cdot 0{,}40 = 15{,}80$ m.

Über $n = 6$ hinauszugehen, hat keinen Sinn, da dann nur noch mehrgliedrige Fahrdämme in Frage kommen. Auf $n = 5$ ist keine Rücksicht zu nehmen[1]).

Vorstehend ist angenommen, daß die beiden äußersten Spielräume, also die an der Schrammkante des Bürgersteigs nur 20 cm groß sind. Das ist berechtigt, weil hier die Wagen durch die Schrammkante genau geführt werden; hierbei müssen die Laternen usw. genügend weit von der Schrammkante entfernt stehen. Diese Entfernung ist danach zu ermitteln, daß ein Fuhrwerk mit breiter Ladung, aber geringer Spur die Laterne noch nicht berühren darf. Geht man nun von 2,50 m Ladebreite und 1,40 m kleinster Spurweite (zwischen den Außenkanten der Felgen gemessen) aus, so ergibt sich ein größter Überstand der Ladung über der Felgen-Außenkante von 55 cm. Es erscheint danach zweckmäßig, die Laternen in 65 cm Abstand von der Schrammkante zu setzen.

Unter Annahme dieses Maßes sind nun die vorstehend berechneten Verkehrsbreiten noch umzurechnen in die Fahrdammbreiten — von Schrammkante zu Schrammkante gemessen. — Als eigentliche Fahrdammbreite ergibt sich also ein um $2 \cdot 0{,}65 = 1{,}30$ m kleineres Maß.

Man würde also erhalten für den eigentlichen Fahrdamm einer

einspurigen Straße	1,60 m
zweispurigen Straße	4,50 ,,
dreispurigen Straße	6,60 ,,
vierspurigen Straße	8,70 ,,
sechsspurigen Straße	14,50 ,,

Wenn vorstehend bestimmte Zahlen für Fahrdammbreiten angegeben worden sind, so muß doch davor gewarnt werden, diese Maße ohne genaue Nachprüfung zu übernehmen. Die Verkehrsverhältnisse liegen nämlich in den verschiedenen Städten so verschiedenartig, daß sich die Bauverwaltung jeder Stadt durch eigene Beobachtungen darüber klar werden muß, was gerade für

[1]) Dr.-Ing. Bertschinger stellt allgemein die Formel auf: $b = 1{,}6 + 2{,}40\,n$, womit man in vielen Fällen gut rechnen kann.

ihre Stadt das Richtige ist; besonders wichtig sind die Beobachtungen der Stellen, die offensichtlich zu eng bzw. zu weit sind.

Bei den weiter unten erörterten mehrgliedrigen Hauptverkehrsstraßen ist für die „Schnellfahrdämme" eine Prüfung darüber nötig, ob auf ihnen Fuhrwerke von 2,50 m Breite überhaupt verkehren. Tatsächlich sind die breitesten Kraftwagen nur 2,20 m breit. Man ist daher berechtigt, die Schnellfahrdämme schmaler zu halten, als vorstehend angegeben[1]). Auf mehrgliedrigen Straßen kann man selbstverständlich die besonders breiten Fuhrwerke auf die „Langsamfahrdämme" verweisen.

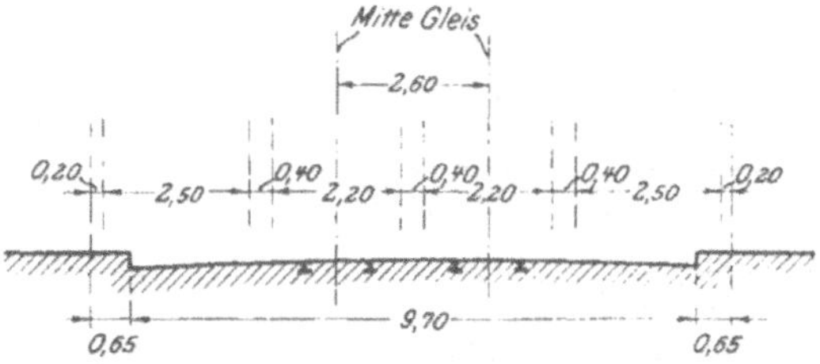

Abb. 15b. Vierspurige Straße mit zweigleisiger Straßenbahn.

Eine weitere Nachprüfung der angegebenen Zahlen ist erforderlich, wenn **Straßenbahnen** unterzubringen sind.

Für **Straßenbahnwagen** ist eine Breite von 2,20 m erforderlich; nimmt die Bahn aber den Charakter einer Überlandstraßenbahn oder einer Städtebahn an, so ist mit 2,70 m zu rechnen. Der Gleismittenabstand einer zweigleisigen Bahn beträgt also 2,60 (bzw. 3,10) m. Eine vierspurige Verkehrsstraße mit zweigleisiger Straßenbahn müßte also, da die breiten Fuhrwerke noch an der Straßenbahn vorbei müssen, 11,20 m Gesamtbreite = 9,90 m Fahrdammbreite erhalten, während oben für dieselbe Straße ohne Straßenbahn nur 10,00 bzw. 8,7 m als ausreichend ermittelt wurde. — Abb. 15b deutet etwas kleinere Abmessungen an. In dieser Erhöhung der Straßenbreite und demgemäß auch der Kosten kommt der schädliche Zwang zum Ausdruck, den die im Pflaster liegende Straßenbahn in den Straßenverkehr hineinbringt. Bei der Großen Berliner Straßenbahn beträgt der Gleismittenabstand 2,63 m. Wenn man mit 2,30 m Wagenbreite und 2,70 m Gleismittenabstand rechnet, rechnet man reichlich.

Um auf einige Beispiele hinzuweisen, sind in Abb. 16 die Maße dargestellt, die dem ersten Wettbewerb für die Straßenbrücke über den Rhein in Köln

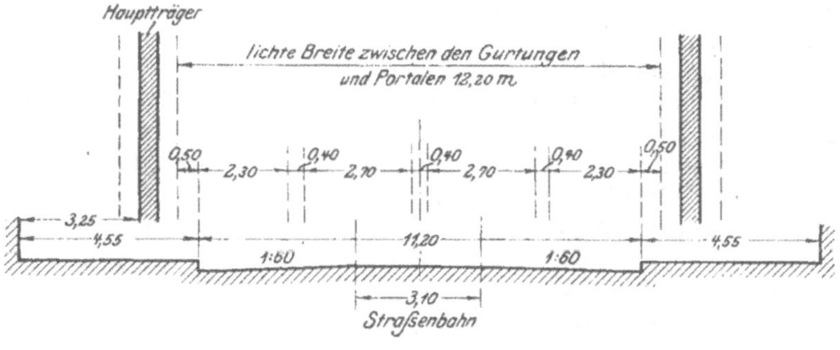

Abb. 16. Straßenbrücke in Köln (nur Entwurf).

zugrunde gelegt waren. Diese Brücke hat einen sehr großen Verkehr aufzunehmen, und zwar auch den einer zweigleisigen Straßenbahn, die in Überlandbahnen übergeht und demgemäß sehr breite Abmessungen erhalten mußte. Für die Brücke waren zunächst Hauptträger zwischen dem Fahrdamm und den

[1]) Ich persönlich würde nur mit 2,2 m Kraftwagenbreite rechnen, würde aber die trennenden Zwischenstreifen breiter als unbedingt nötig machen, um Änderungen — Verbreiterungen des Fahrdammes später vornehmen zu können.

Bürgersteigen angenommen worden, die Brücke ist aber tatsächlich als Hängebrücke mit außen liegenden Hauptträgern ausgeführt worden. Allgemein kann nachstehende Übersicht als Anhalt dienen:

Straßenart. Zahl der Fuhrwerksbreiten	Breite des „lichten Raumes“ in Höhe der Wagenkasten — Ansatz für die Berechnung	Gesamtbreite m	Fahrdammbreite zwischen den Bürgersteigkanten m
1. (Durchfahrten, Torfahrten) .	2,50 + 0,40	2,90	(1,60)1,80[1]
2. Schwacher Verkehr	2,50 + 1,70 + 0,80	5,00	3,70[2]
2. Starker Verkehr	2,50 + 2,50 + 0,80	5,80	4,50
3. Schwacher Verkehr	1,70 + 2,50 + 1,70 + 1,20	7,10	5,80
3. Starker Verkehr	1,70 + 2,50 + 2,50 + 1,20	7,90	6,60
3. Starker Verkehr mit zweigleisiger Straßenbahn	2,50 + 2,30 + 2,30 + 1,20	8,20	7,00
4. Starker Verkehr	1,70 + 2,50 + 2,50 + 1,70 + 1,60	10,00	8,70
4. Mit Straßenbahn	2,50 + 2,30 + 2,30 + 2,50 + 1,60	11,20	9,90
6. Starker Verkehr, mit Straßenbahn	(1,70 + 1,70 + 2,50 + 1,20) × 2	14,20	12,90
6. Sehr starker Verkehr, mit Straßenbahn	(1,70 + 2,50 + 2,30 + 1,20) × 2	15,40	14,10

B. Der Fluchtlinienabstand.

Der Fluchtlinienabstand der in einer Straße einander gegenüberstehenden Häuserreihen wird in den Bauordnungen vielfach von der zulässigen Häuserhöhe (Höhe des Hauptgesimses über der Straße) abhängig gemacht. Dieser Gedanke ist insofern richtig, als er eine bestimmte Kleinstmenge von Sonnenbestrahlung, von Licht- und Luftzuführung sicherstellen wird; er führt aber zu verkehrten Maßnahmen, wenn er schematisch angewandt wird.

Bei einer Gebäudehöhe h verlangen die Bauordnungen einen Fluchtlinienabstand (oft mit „Straßenbreite“ verwechselt), der der Formel entspricht:

$$b = h + x.$$

Hierin ist x in vielen Städten = 0, in einzelnen positiv, in andern aber auch negativ Durchschnittlich ergibt sich also, — dem bekannten so oft für notwendig, bzw. ausreichend gehaltenen Lichteinfall unter 45° entsprechend —, daß die „Straßenbreite“ gleich der Gebäudehöhe sein solle. Dies erfordert eine Nachprüfung.

Zunächst kann man in den Altstadtteilen das Verhältnis b = h, also den Lichteinfall unter 45° nicht erzwingen, weil das eine Entwertung der Grundstücke ergeben würde. Man muß daher auch an sehr schmalen Straßen, die aus irgend einem Grund nicht gut verbreitert werden können, eine bestimmte Geringstzahl von Stockwerken zulassen. Sodann ist es notwendig, die Häuserhöhe absolut festzulegen, dergestalt, daß auch an den breitesten Straßen über eine bestimmte Höhe und über eine gewisse Stockwerkzahl hinaus nicht gebaut werden darf. Hierbei sollte man aber Geschäfts- und Wohnstraßen nicht gleichmäßig behandeln. Es ist vielmehr zweckmäßig und auch in Ansehung von Gesundheit und Sicherheit zulässig, daß reine Geschäftsgebäude, welche Wohnungen nur für Heizer und Pförtner enthalten, auch an vergleichsweise schmaleren Straßen höher gebaut werden dürfen als Wohnhäuser. An breiten Haupt-

[1]) 1,80 m (nicht nur 1,60) mit Rücksicht auf Fuhrwerke mit ungewöhnlich großer Spur und breiten Felgen.

[2]) Im Einzelfall ist zu prüfen, ob daß Maß ausreicht.

straßen und Plätzen ist eine große Gebäudehöhe auch aus schönheitlichen Rücksichten manchmal wünschenswert. Dabei wird man sich aber natürlich mit Entschiedenheit gegen die Ausartung des amerikanischen „Wolkenkratzers" wenden.

Scheiden wir für die folgende Betrachtung Geschäftshäuser an Geschäftsstraßen aus und betrachten wir nur Wohnhäuser an Wohnstraßen, so muß man lebhafte Bedenken äußern, ob der in der Formel $b = h + x$ liegende Schematismus richtig ist. Die Hauptsache ist nämlich die Besonnung der Häuser; — wo die Besonnung ausreichend ist, ist Luft- und Lichtzufuhr ohne weiteres ausreichend (nicht aber immer umgekehrt); — wo die Besonnung ausreichend ist, ist die wichtigste Grundlage für die Gesundheit gegeben; — „wo die Sonne hinkommt, braucht der Arzt nicht hinzukommen".

Nun bestehen aber offensichtlich große Unterschiede in der Besonnung sowohl in den verschiedenen Städten, wie auch innerhalb derselben Stadt, und demgemäß scheint eine Abstufung in den erforderlichen Fluchtlinienabständen notwendig zu sein nach dem Gesichtspunkt, daß sie um so größer sein müssen, je ungünstiger die Verhältnisse für die Besonnung liegen. Die Wirkung der Sonne ist zunächst um so stärker, je südlicher die betreffende Stadt liegt. Nach Ermittlungen von Prof. Nußbaum-Hannover[1]) sollte der Fluchtlinienabstand in Bruchteilen der Gebäudehöhe betragen:

in Süddeutschland . . . . $^4/_5$ bis $^4/_4$,
in Mitteldeutschland . . . . $^6/_5$ „ $^5/_4$,
in Norddeutschland . . . . $^4/_3$ „ $^3/_2$.

Außerdem ist noch zu beachten, daß die Himmelshelligkeit im Gebirge und an der See größer ist als im Flachland. Im Flachland liegen aber gerade die Großstädte, bei denen die Sonnenwirkung noch durch Ruß und Staub beeinträchtigt wird. Von großer Bedeutung ist ferner die Nähe des Meeres, die zu starken Wolken- und Nebelbildungen Anlaß gibt.

Um einen Gegensatz zu konstruieren zwischen Städten, die nur eine Tagereise voneinander entfernt sind, so kann man behaupten, daß der Städtebauer in Oberitalien schon Schutz gegen die zu starke Sonne erzielen muß, während er in Nordwestdeutschland alle Mittel anwenden muß, um von dem zu kärglichen Sonnensegen nichts zu verlieren.

Auch innerhalb derselben Stadt sind noch Abstufungen erforderlich, je nach dem Verlauf der Straße, der Art der Häuser (ob Einzelhäuser, Gruppenhäuser, Reihenhäuser), der Anordnung der Höfe und Gärten; ferner nach der Lage in ebenem oder hügeligem Gebiet; — an einem nach Süden fallenden Hang oder in einem nach Süden sich öffnenden Kessel ist z. B. die Besonnung sehr gut, an einem nach Norden fallenden kann sie so schlecht sein, daß solch Gebiet u. U. für gesunde Bebauung überhaupt ausscheidet.

Demgemäß ist man berechtigt, jeden Schematismus in dem Verhältnis Fluchtlinienabstand—Häuserhöhe als grundsätzlich falsch zu bezeichnen. Der Städtebauer muß vielmehr zuerst für jedes Stadtgebiet die Häuserform (Höhe, Stockwerkzahl, Reihen- oder Einzelhaus) festlegen, und dann hat er für jede Straße dieses Gebietes die Mindest-Abstände der Fluchtlinien und die Mindesttiefen von Höfen und Gärten unter dem Gesichtspunkt zu ermitteln, daß nirgendwo die Besonnung unzulässig klein ist.

II. Linienführung der Straßen.

Bei der Bearbeitung der Linienführung der Straßen, also der Ausarbeitung des Straßenzuges in Richtung und Steigung ist von der verschiedenen Art der Straßen auszugehen. Hierbei haben bei den Monumentalstraßen die Rück-

[1]) Handbuch der praktischen Hygiene, Abschnitt „Hygiene der Wohnstätten".

sichten der Schönheit und des besonderen architektonischen Gedankens die ausschlaggebende Rolle zu spielen. Bei den Hauptverkehrsstraßen wird man in erster Linie die Forderungen des Verkehrs zu beachten haben, jedoch immer mit Beachtung des Umstandes, daß der Verkehr „bescheiden" ist und sich gut in andere Rücksichten einordnen läßt. Bei Geschäftsstraßen sind bestimmte Regeln überhaupt kaum aufzustellen. Bei Wohnstraßen ist zu beachten, daß Fluchtlinie und Breite des Verkehrsstreifens verschiedene Dinge sind; bei ihnen kann in eine schönheitlich richtige Fluchtlinienführung der Verkehrsstreifen stets einwandfrei eingegliedert werden, weil er sehr schmal ist, und weil der schwache Verkehr bezüglich Übersichtlichkeit und Steigungen nur niedrige Anforderungen zu stellen braucht.

Die folgende Betrachtung kann in erster Linie von den Wohnstraßen ausgehen; die besonderen Anforderungen der anderen Straßenarten werden hierbei kurz gestreift werden; im übrigen sind Einzelfragen an andern Stellen zu erörtern.

Bei der Linienführung der Wohnstraßen hat der Architekt den bestimmenden Einfluß. Er wird sich in diesem Fall vor allem von zwei Gesichtspunkten leiten lassen: von der schönheitlichen Wirkung der Straßenwand und von der Erzielung ausreichender Besonnung.

Die Rücksichten auf die Besonnung werden in der Lage der Straßen zu den Himmelsrichtungen zum Ausdruck kommen. Hier lassen sich etwa folgende Andeutungen geben: In Straßen, die (ungefähr) von Süd nach Nord

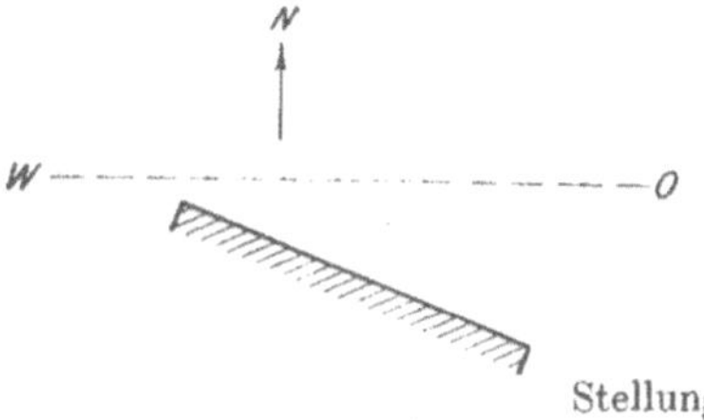

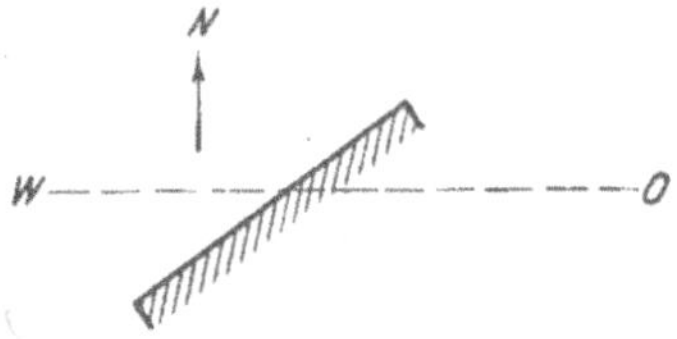

Stellung zur Sonne.

Abb. 17. Künstlerstätten. Abb. 18. Schulen.

verlaufen, hat Vorder- und Rückwand je einen halben Tag Sonne; alle Zimmer werden also — bei leidlich guter Grundrißdurchbildung — genügend durchsonnt werden. In Straßen, die (ungefähr) von West nach Ost verlaufen, haben die Südzimmer sehr gute Sonne, die Nordzimmer entbehren dieser aber vollkommen. Es wird nun auch dem tüchtigen Architekten oft nicht möglich sein, Grundrisse zu gestalten, in denen nach Norden nur unwichtige Räume (Flur, Bad, Aborte, Speisekammer, Fremdenzimmer, „Salon") liegen; auch wird es oft nicht möglich sein, die Nordzimmer durch die Südzimmer hindurch zu besonnen; — man beachte hierbei, daß in der für die Besonnung kritischsten Zeit, im Winter, die Sonne sehr tief steht. Infolgedssen sollte der Städtebauer West—Ost-Straßen nach Möglichkeit vermeiden und große Straßenzüge dieser Richtung überhaupt nur zulassen, wo zwingende Gründe des Verkehrs sie unbedingt erfordern. Das wird aber nur für sehr wenige Stellen zutreffen, da die Anlage zahlreicher Ost—West-Straßen dem „strahlenförmigen Schema" der Gesamtstadt widerspricht.

Es möge hier noch folgendes eingeschoben werden: Auch bei Gebäuden, für die man früher die reine Nordlage für erforderlich hielt, z. B. für Künstler-Stätten, ist eine geringe Neigung der Nordfront gegen Osten (vgl. Abb. 17) nicht nur zulässig, sondern sogar gut. Die „Nordräume" erhalten dann wenigstens etwas Sonne, und zwar in den Stunden, in denen in ihnen doch noch nicht gearbeitet wird; andrerseits behelligt die Abendsonne diejenigen nicht, die in den Abendstunden noch arbeiten. — Schulen stellt man zweckmäßig nicht nach Norden, sondern so nach SW (vgl. Abb. 18), daß die Klassenräume

Nachmittagsonne haben. — Reine **Südlage** ist vielfach zu empfehlen für Gasthöfe und Sanatorien; dann dürfen nach Norden aber nur Flure, Speisesäle u. dgl. liegen.

Wenn man nun die West—Ost-Straßenführung als unzweckmäßig verwerfen muß, wird man auch die als gut erkannte Süd—Nord-Straßenführung kaum durchführen können, denn innerhalb desselben Stadtteiles wird man das — ungefähre — Rechteckschema dem Bebauungsplan zugrunde legen. Allerdings kann man auch bei diesem die Schäden mildern, indem man die Süd—Nord-Straßen zahlreich, die West—Ost-Straßen aber möglichst wenig zahlreich vorsieht und dann außerdem die an ihnen liegenden Häuser durch entsprechende Grundrißbildung und Durchbrüche möglichst viel für Ost- und West-Besonnung zugänglich macht.

Insgesamt wird sich aber die Forderung ausreichender Besonnung am besten lösen lassen, wenn man die Straßen ungefähr **diagonal zu den Himmelsrichtungen** verlaufen läßt, also von SW. nach NO. und von NW. nach SO. Im allgemeinen wird dann auch die Grundrißgestaltung der Häuser unter dem Gesichtspunkt der ausreichenden Besonnung aller Räume am einfachsten durchzubilden sein, ferner auch die Anordnung der Vor- und Hausgärten

Aber zum starren „Schema“ darf diese Diagonalstellung nicht werden. Der Verlauf der Hauptverkehrsadern wird viele Abweichungen bedingen; ferner ist stets nachzuprüfen, ob die Straßenführung nicht etwa das Durchblasen kalter Winde (von NO.) zu stark begünstigt.

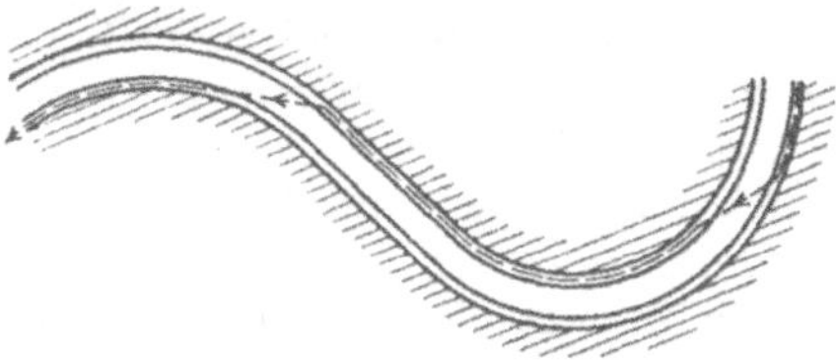

Abb. 19. Zu stark gewundene Straße.

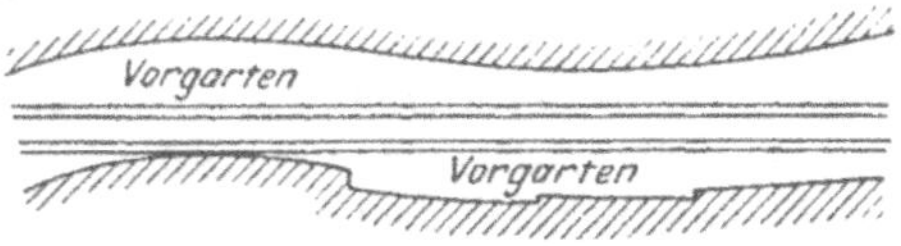

Abb. 20. Gekrümmte Straße mit geradem Fahrdamm.

Ist die Frage des ungefähren Verlaufs der Straße nach Vorstehendem geklärt, so ist die Straße nun im einzelnen in ihrer Richtung festzulegen. Hier stehen sich zwei Anordnungen gegenüber, die **gerade** und die **gekrümmte** Führung.

Vorzüge und Nachteile beider sind nach den Rücksichten auf Verkehr und Schönheit abzuwägen, wobei der letzteren unbedingt der Vorrang gebührt, weil der Verkehr bezüglich „gerade oder krumm“ überhaupt nichts Absolutes verlangt. Der Verkehr erfordert **nicht** die **gerade** Linie, er erfordert nur **Übersichtlichkeit** und **schlanke Führung**. Selbst die größten „Hauptverkehrsstraßen“ brauchen nicht schnurgerade zu sein; schwache Kurven und kleine Knicke sind sehr gut zulässig. Nur sehr stark gewundene Wege sind dem Verkehr hinderlich, weil sie zu ungehörigem Fahren verführen, und weil das Gehen auf ihren Bürgersteigen für den eiligen Fußgänger zur Qual werden kann, da dieser ständig „abzuschneiden“ versuchen wird (vgl. Abb. 19).

Mit dieser Einschränkung ist „gerade oder krumm“ für den Verkehr also gleichgültig. Man muß aber, nachdem man für das betreffende Gebiet das Straßennetz — etwa mit lauter schwach gekrümmten Straßen — entworfen hat, noch prüfen, ob das Zurechtfinden in dem Viertel genügend leicht ist.

Zu beachten ist außerdem, daß in den Wohnstraßen der Verlauf des Verkehrsstreifens mit dem Linienzug der Straßenwände durchaus nicht übereinzustimmen braucht; eine gekrümmte Straße kann z. B. einen geradlinigen Fahrdamm erhalten; — schön wird eine Lösung nach Abb. 20 meist allerdings nicht sein.

Da also die Frage „gerade oder krumm“ fast ausschließlich nach schönheitlichen Rücksichten zu entscheiden ist, so ist zunächst darauf hinzuweisen, daß die „Monumentalstraßen“ im allgemeinen der Strenge, der geschlossenen einheitlichen Straßenwand, der geraden Linie bedürfen, vor allem dann, wenn sie von einer großen Architektur als Blickpunkt beherrscht werden.

Wie die weniger bedeutungsvollen Straßen zu behandeln sind, ergibt sich am besten aus einer kurzen geschichtlichen Betrachtung: In den älteren Stadtteilen finden wir viele starke und schwache Krümmungen und außerdem vielerlei Knicke zwischen den etwa vorhandenen Geraden. Ob sich dies „Krumme“ von selbst entwickelt hat, ob es vielleicht sogar auf Fehler beim Bauen oder ob es auf Absicht zurückzuführen ist, wird sich oft nicht entscheiden lassen. Für uns ist hierbei das wesentlichste, daß auf den geschwungenen Linien und den Unregelmäßigkeiten oft die Hauptschönheit unserer alten Städtebilder beruht.

Nun wurden in der späteren Zeit, in der Zeit des Verfalls der Städtebaukunst, Stadtviertel angelegt mit lauter schnurgeraden sich rechtwinklig kreuzenden Straßen; hierbei wurde oft das Schema derart übertrieben, daß man nicht einmal auf Flußläufe, Talsenkungen, Hügel Rücksicht nahm. Die gröbste Ausartung dieses Schemas findet sich in Nordamerika; aber auch in deutschen Städten hat diese Gedankenlosigkeit viel Unheil angerichtet.

Als sich nun das gesunde Schönheitsempfinden gegen diese Scheußlichkeiten — die übrigens auch Verkehrsmängel im Gefolge haben — aufzulehnen begann und die schönen alten Städtebilder der modernen Kulturlosigkeit gegenüberstellte, verfiel der Städtebau leider mehrfach in den Fehler der Übertreibung: Weil das absolut Gerade und Rechteckige häßlich war, und weil man in dem Schönen (dem Alten) die krumme Linie und die Unregelmäßigkeit beobachtete, wurde nun alles grundsätzlich krumm und gewunden gemacht; nun konnten auch die Fahrdämme nicht mehr schlank genug geführt werden, und das Zurechtfinden wurde sehr erschwert. Wahre Schönheit erzielte man damit aber nicht, besonders dann nicht, wenn man das „Malerische“ noch steigern wollte, indem man sämtliche kleinen, an sich hübschen, und sparsam verwendet, auch ansprechenden Motive unbedingt in jedem Stadtviertel unterbringen mußte, und wenn man außerdem „Romantik“ trieb, indem man allerhand mittelalterlichen Aufputz in die neuen Straßen hineintrug. Manche Pläne von Stadtvierteln und z. B. auch von Villenkolonien jener Zeit machen den Eindruck, als ob absichtlich nach Unübersichtlichkeit und Unruhe gesucht worden wäre; mancher ist dann gleichzeitig eine Musterkarte für sämtliche überhaupt vorhandenen Motive des Städtebaus.

Von dieser Übertreibung hat sich der Städtebau jetzt freigemacht, und man kann die Frage „gerade oder krumm“ etwa so beantworten:

Beim Entwerfen wird man zunächst von der geraden Linie dort ausgehen, wo das Gelände oder andere Anlagen die krumme Linie nicht von Anfang an erfordern. Dann wird man die Linien festlegen, die dem Gelände entsprechend geschwungen verlaufen müssen, z. B. Randstraßen von Wiesentälern. Man erhält so ein Hauptgerippe mit zahlreichen geraden und wenigen krummen Linien. Dies Gerippe wird man auf seine Gesamtübersichtlichkeit prüfen und hierbei entweder Krümmungen ausmerzen und mildern oder feststellen, daß gerade Linien unbedenklich in gewundene verwandelt werden dürfen. Dann wird man die weiter nötig werdenden unbedeutenderen Straßen eingliedern und schließlich jede einzelne Straße daraufhin prüfen, ob man die Straßenwände mehr geradlinig und regelmäßig oder mehr unregelmäßig und gekrümmt ausgestaltet. Hierbei ist Maßhalten wohl der wichtigste Grundsatz.

Bezüglich der Krümmungen und der Unregelmäßigkeiten sei noch folgendes hervorgehoben:

Nicht alles, was auf dem Zeichenbrett unregelmäßig ist, wirkt auch so auf das Auge; das Auge hat vielmehr oft noch völlig den Eindruck des Regelmäßigen, wo geometrisch schon Unregelmäßigkeit vorhanden ist. Ein Blickpunkt braucht nicht haarscharf in der Straßenachse zu stehen, eine Kreuzung braucht nicht mathematisch rechtwinklig, die Parallelität braucht oft nicht geometrisch zu sein.

Andrerseits ist das Auge, wo ihm Unregelmäßigkeit geboten werden soll, schon für sehr geringe Abweichungen empfindlich und dankbar; in sehr vielen Fällen genügt eine ganz schwache Krümmung, ein ganz geringes Versetzen der Fluchten schon vollkommen, um den gewünschten Erfolg zu erzielen.

Von besonderer schönheitlicher Wirkung ist die Konkave, während die Konvexe oft wenig befriedigt. In der Konkaven stellt sich das Bild geschlossener dar, der Rahmen des Bildes ist umfassender, in der konkaven Straßenwand stellt sich jedes Haus dem Wanderer im Zusammenhang mit den Nachbarhäusern

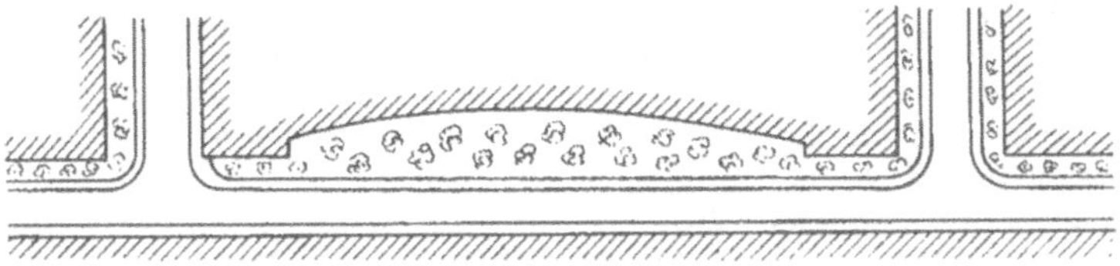

Abb. 21. Konkave Straßenwand.

vor Augen. In der Konvexen ist dagegen der Rahmen kleiner, das Bild nicht geschlossen, das Auge gleitet plötzlich von einer Häuserkante ab ins Leere. Der Eindruck höchster Schönheit ganzer Stadtbilder beruht auf der Konkaven; zu den schönsten Städten der Welt gehören die, in denen sich eine Flucht von Uferstraßen in einem Halbrund um die Bucht legt (Zürich, Luzern, Genf, Lugano, Genua). Sehr wirkungsvoll sind auch Straßen, die — nur einseitig bebaut — sich in konkaver Führung um Parkanlagen oder kleine Seen herumziehen.

Auch in geraden Straßen hat man gelegentlich — etwa nach Abb. 21 durch Vertiefung der Vorgärten — die Konkave hergestellt — eine Lösung, die, sparsam angewandt, hübsch wirken kann.

In gekrümmten Straßen ist naturgemäß die eine Seite konkav, die andere konvex. Will man hierbei den wenig schönen Eindruck der Konvexen vermeiden, so kann man die Straßenwand nach Abb. 22 brechen.

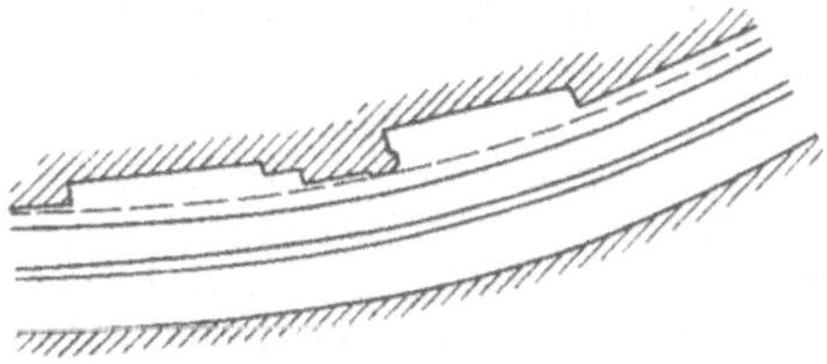

Abb. 22. Brechen der konvexen Wand.

Beiderseits konkave Straßen darf man schon als Spielerei bezeichnen.

Die Höhengliederung der Strassen richtet sich zunächst nach dem Quer- und Längsgefälle. Das Quergefälle spielt, so wichtig es für die Ausbildung der Straßendecke ist, für den Städtebau eine recht geringe Rolle. Das Längsgefälle richtet sich zunächst nach den zulässigen Steigungen. Diese sind verschieden je nach der Lage der Stadt im Tief-, Hügel- oder Gebirgsland, ferner nach der Art des Verkehrs — schwere Lastwagen, leichtes Fuhrwerk, Straßenbahnen, Fußgänger. In Städten in der Ebene wird man die Hauptverkehrsstraßen im allgemeinen nicht stärker als 1 : 40 steigen lassen, möglichst aber solche Steigungen auf kurze Strecken, z. B. auf Brückenauffahrten, beschränken. Im Hügelland und für weniger wichtige Straßen ist 1 : 30 und 1 : 25 noch zulässig. Im Gebirge ist 1 : 15 oder auch 1 : 12 oft nicht zu vermeiden. Hier liegt auch etwa die Grenze für die Betriebssicherheit von Straßenbahnen; es läßt sich aber stets nur von Fall zu Fall entscheiden, welches Gefälle für Straßenbahnen ohne besondere Sicherheitseinrichtungen (Zahnstange) noch je nach den örtlichen und betriebstechnischen Verhältnissen zulässig ist. Wie eine Umfrage bei einer Reihe von Straßenbahngesellschaften ergeben hat, sollen Straßenbahngleise in städtischen Straßen keine stärkeren Neigungen als 1 : 20 erhalten, weil stärkere Neigungen betriebsgefährlich sind.

In unbebauten Straßen ohne Querstraßen sind stärkere Neigungen bis 1 : 16 zulässig. Dies ist übrigens die Grenzneigung nach der Ausführungsanweisung zum preußischen Kleinbahngesetz, über die hinaus besondere Sicherheitsvorkehrungen erforderlich sind. Diese Sicherheitsvorkehrungen, als die namentlich elektromagnetische Schienenbremsen anzusehen sind, wirken aber nicht zuverlässig.

Es sind tatsächlich Straßenbahnen mit Neigungen bis 1 : 10 ausgeführt worden, Sie sind aber nicht als undedingt betriebssicher zu betrachten.

Die für jede Stadt für wichtige Verkehrsstraßen als richtig erkannten Höchststeigungen können überschritten werden, wenn es sich um weniger wichtige Straßen, vor allem um reine Wohnstraßen handelt, ferner wenn für dieselbe Verkehrsbeziehung eine zweite Straße mit geringerer Steigung zur Verfügung steht, — sei es auch mit einem Umweg.

Vielfach kann man auch Wege nur für Fußgänger (Fahrräder, Kinderwagen, Handkarren) anlegen und ihnen dann unbedenklich Steigungen bis 1 : 5 geben. Hierbei und bei noch stärkeren Steigungen wird man stellenweise Treppenstufen einlegen. Letzten Endes können Fußwege vollständig als Treppen (also etwa 1 : 1,5) und Straßenbahnen als Seilbahnen angelegt werden. Solche Anlagen finden sich z. B. in Lugano, Lausanne, Pittsburg; auch Seilbahnen (Schrägaufzüge) für Fuhrwerke sind nicht ausgeschlossen. Senkrechte Aufzüge für Personen und noch mehr für Fuhrwerke sind selten (Monte Carlo, ferner z. B. zum Anschluß von Tieftunneln, Hamburg, Glasgow).

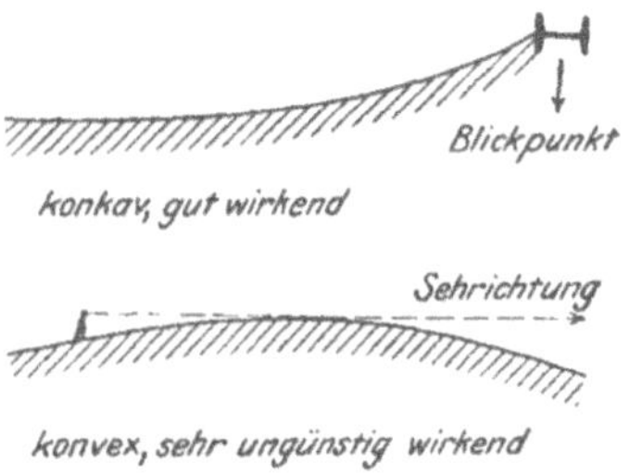

Abb. 23.

Im hügeligen Gelände kann man zu verkehrstechnisch sehr guten und gleichzeitig sehr schön wirkenden Lösungen kommen, wenn man die in Windungen heraufführende Hauptstraße durch unmittelbar in die Höhe geführte Fußwege abschneidet; solche Wege sollten zum Schieben von Fahrrädern eingerichtet sein, aber so, daß das Radfahren selbst (Bergabfahren) unmöglich gemacht wird.

Sehr wichtig ist der Längenschnitt bei geraden Straßen vom schönheitlichen Standpunkt. Auch hier ist die Konkave gut, während die Konvexe sehr schlecht wirken kann. Im konkaven Längenschnitt hat das Auge die ganze Straße und die volle Straßenwand vor sich und wird mit einer gewissen Steigerung zu dem am Endpunkt der Steigung zu schaffenden Blickpunkt hingeleitet. Im konvexen Längenschnitt übersieht das Auge dagegen nur einen Teil der Straße und gleitet vom Tangentenpunkt ab ins Leere; von diesem ab verschwinden außerdem die unteren Stockwerke immermehr, auch Menschen und Fuhrwerke erscheinen stets zuerst nur im oberen Teil und werden erst allmählich in voller Figur sichtbar (vgl. Abb. 23).

Man sollte also die Längenschnitte höchstens geradlinig, wenn irgend möglich, aber etwas konkav machen und dabei die höchsten Punkte betonen, indem dort für das Auge ein Blickpunkt und Abschluß geschaffen wird. Konvexe Längenschnitte lassen vielfach auf ungenügende Bearbeitung des Entwurfs schließen; denn es gibt tatsächlich nur wenig Fälle, in denen man zu ihrer Duldung gezwungen ist. Die konvexe Führung und vor allem das Entstehen von „Buckeln“

läßt sich allerdings bei Brücken nicht immer vermeiden; und wenn eine gerade Straße zur Überschreitung eines Flusses oder einer Eisenbahn einen „Buckel" erhalten muß, ist es auch schwer, diesen für das Auge durch ein Bauwerk zu verschleiern, da der Verkehr glatt durchgehen soll, also den freien Raum braucht. Aber man könnte dann doch wohl durch eine Teilung des Fahrdammes und Aufstellen von Mittelsäulen die Häßlichkeit mildern (Abb. 23a). Auch die entsprechende Ausbildung der auf der Brücke etwa anzuordnenden Straßenbahnhaltestelle (mit Längsinseln und architektonisch stark betonten Oberleitungsmasten) kann ein brauchbares Mittel sein[1]).

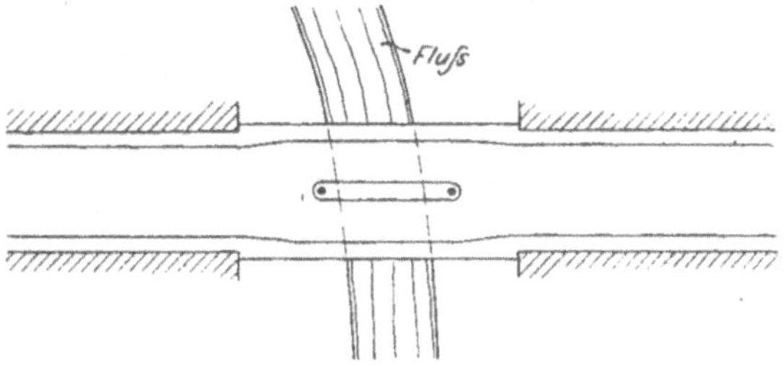

Abb. 23a.

Am besten vermeidet man aber die Häßlichkeiten dadurch vollkommen, daß man die Straßen (auch Hauptverkehrsstraßen) über solche Buckel nicht schnurgerade führt, sondern vor den „Buckel" einen kleinen Knick legt, was dem Verkehr nach den Ausführungen an anderer Stelle in keiner Weise Abbruch tut.

III. Hauptverkehrsstraßen.

Die Erörterung der Hauptverkehrsstraßen kann sich auf die Breitengliederung beschränken, da bezüglich der andern Momente keine grundlegenden Unterschiede zwischen den Hauptverkehrsstraßen und den anderen Straßen bestehen.

Als Hauptverkehrsstraßen sind auch die Straßen zu bezeichnen, die, in älteren Stadtteilen liegend, nur so breit sind, daß nur ein Fahrdamm gemeinsam für schnelle und langsame Fuhrwerke und für die Straßenbahn angeordnet werden kann. Der Fahrdamm ist in diesem Fall (ohne die geringste Zugabe!) genau für 4 oder 6 Fuhrwerkbreiten auszubilden. Die Straßenbahngleise sind hierbei wohl immer in die Mitte zu legen. An den Straßenbahnhaltestellen werden Einsteigeinseln auzulegen sein, und zwar auch dann, wenn bei sechsspurigen Straßen dadurch an der Haltestelle eine Fuhrwerkbreite verloren geht (vgl. Abb. 24). Das ist jedenfalls weniger schlimm, als wenn die Ein- und Aussteigenden durch rücksichtslose Kutscher gefährdet werden. Liegen in einer Hauptverkehrsstraße keine Straßenbahngleise, so ist es zweckmäßig, an den Kreuzungen den Fuhrwerkverkehr durch Mittelinseln zu regeln, die gleichzeitig den Fußgängern das Überschreiten des Dammes erleichtern. Sehr viel finden sich solche Mittelinseln in London, wo bekanntlich auch die Droschken-Aufstellplätze nicht am Bürgersteig entlang, sondern in der Straßenmitte liegen und den Verkehr jedenfalls gut regeln.

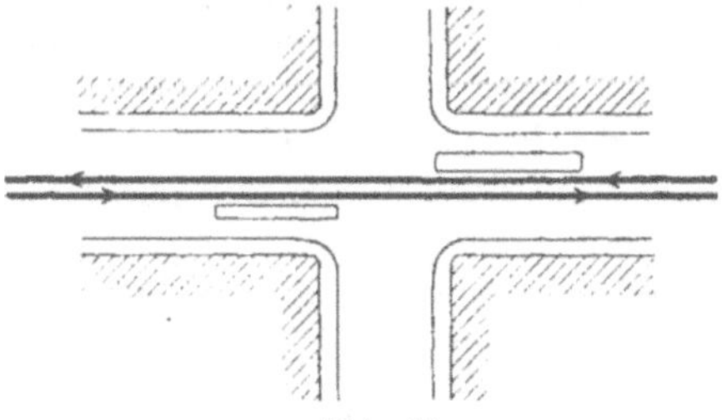
Abb. 24.

Für neue Stadtgebiete, in denen man die Straßenbreite noch richtig bemessen kann, wird man aber überhaupt keinen Fahrdamm breiter als für vier

[1]) Als wenig glücklich möchte ich die Lösung der Charlottenburger Brücke bezeichnen.

Fuhrwerkbreiten machen, man wird außerdem die Straßenbahn loslösen und ferner den Schnellverkehr vom Langsamverkehr trennen.

Die Notwendigkeit der Loslösung der Straßenbahn ergibt sich daraus, daß diese bei Lage im Fahrdamm unter allen Umständen nach irgend einer Richtung hin verkehrt liegt, und ferner daraus, daß die Konstruktion eines leistungsfähigen und dabei wirtschaftlichen Oberbaus für Straßenbahnen in hochwertigem Pflaster bisher noch nicht gelungen ist und voraussichtlich — vor allem was die Jahreskosten anbelangt — niemals gelingen wird. Außer in ganz kostspieligem Gelände ist es jedenfalls stets wirtschaftlicher, einen besonderen Streifen ausschließlich für die Straßenbahn auszusondern, — mag die Straßenbreite dadurch auch etwas breiter werden (was aber vielfach nicht einmal der Fall sein wird).

Bei der Aussonderung eines besonderen Streifens für die Straßenbahn sollte man zunächst davon ausgehen, daß die Absicht nicht nur nach der verkehrstechnischen, sondern auch nach der wirtschaftlichen Seite hin voll erreicht wird. Dies dürfte aber nur gewährleistet sein, wenn auf dem besonderen Streifen das Straßenbahngleis aus gewöhnlichen Schienen mit (eisernen) Querschwellen erbaut und dort mit geringn Mitteln gut unterhalten werden kann[1]).

Der Querschwellenoberbau erfordert eine Bettung aus Steinschlag oder Kies, die aber — ohne Beeinträchtigung der Gleisunterhaltung — eine Rasenabdeckung erhalten kann. Diese hat den Vorteil, daß sie der Staub- und Wärmeentwicklung vorbeugt; auch gewährt sie einen erfreulicheren Anblick als die Bettung; man wird die Rasenabdeckung also jedenfalls nicht grundsätzlich verwerfen dürfen.

Abb. 25. Straßenbahn neben dem Bürgersteig.

Ein derart ausgestalteter Gleisstreifen ist nun für andere Benutzung unbrauchbar; die Mitbenutzung durch Fußgänger oder Fuhrwerke würde auch dem Zweck widersprechen. Da also eine völlige Selbständigkeit besteht, braucht der Gleisstreifen in der gesamten Straßenteilung nicht in einer bestimmten Weise zu dem Fahrdamm eingegliedert zu werden. Demgemäß scheint der Gedanke nicht unberechtigt, daß man die Straßenbahn, die doch nur mit Menschen, also mit den Fußgängern in Verkehr zu treten hat, die als ein „fahrbarer Bürgersteig" anzusprechen ist, in Zusammenhang zu den Bürgersteigen oder anderen Fußwegen (Mittelpromenaden) bringt. Wird die Straßenbahn neben den Bürgersteig gelegt, so ergibt sich eine Lösung nach Abb. 25. Bei ihr kann man den Bürgersteig gegen die Straßenbahn, diese wieder gegen den Fahrdamm durch Baumreihen oder Gitter (kleine Hecken) abgrenzen. Vorzug der Anordnung ist, daß das Ein- und Aussteigen unmittelbar am Bürgersteig erfolgt; Nachteil ist, daß Kinder unter Umständen beim Spielen auf dem Bürgersteig leicht auf

[1]) Es wird allerdings auch vielfach gesagt, es sei ausreichend, wenn man die Straßenbahnschienen (also Schwellenschienen mit Rillenschienenkopf) auf dem besonderen Streifen verlege. Das scheint mir aber vom wirtschaftlichen Standpunkt noch nicht ausreichend. Die Eisenbahnen haben jedenfalls allenthalben erprobt, daß jegliche Schwellenschienen- und Langschwellenkonstruktion sehr unwirtschaftlich ist. Die Beanspruchung eines Straßenbahngleises ist aber insgesamt wohl kaum als kleiner zu bewerten als die eines Eisenbahn-Hauptgleises; der hier nach jeder Richtung hin erprobte Querschwellen-Oberbau ist also wohl auch für Straßenbahngleise das Richtige. — Es kommt nicht darauf an, gegenüber dem noch kostspieligeren unmittelbar im Pflaster liegenden Oberbau einige Ersparnisse zu erzielen, sondern bei den schwierigen wirtschaftlichen Verhältnissen der städtischen Verkehrsmittel ist das unbedingt Wirtschaftlichste das einzig Richtige.

das Gleis geraten können, d. h. nur dann, wenn der in Abb. 25 angedeutete Abschluß fehlt. Ein weiterer Nachteil ist der, daß die Fuhrwerke nicht unmittelbar an der eigentlichen Bürgersteigkante vorfahren können.

Abb. 25a zeigt die Anlage der Straßenbahngleise in einer Promenade. Hierbei erfolgt das Aussteigen zwar nach dem Fahrdamm hin, jedoch noch nicht auf dem Fahrdamm selbst, da die in der Abb. 25a angedeutete Baumreihe die Anordnung von Einsteigeplattformen ermöglicht.

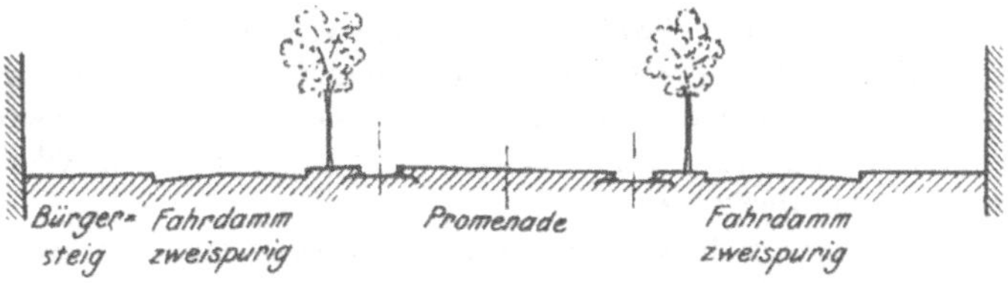

Abb. 25a. Straßenbahn in der Promenade.

Wenn mit der Loslösung der Straßenbahnen aus dem Fahrdamm auch schon viel erreicht ist, so wird dem Verkehrsbedürfnis damit aber doch noch nicht genügt. Es ist vielmehr bei den wichtigsten nach außen führenden Straßen auch noch die Loslösung des Schnellverkehrs vom langsamen Fuhrwerkverkehr nicht mehr als eine übertriebene Forderung abzulehnen. Der Kraftwagen spielt nämlich im Nachbarschaftverkehr nicht nur als Luxuswagen auf Ausflügen, sondern vor allem als notwendiges Beförderungsmittel für hochbezahlte Kräfte, ferner als Omnibus und als Geschäfts-Lieferungswagen eine so große Rolle, daß er volle Beachtung verdient. Er verträgt sich aber nicht mit den andern Fuhrwerken, weil diese langsamer und schwerfälliger sind. Es dürfte sich wohl auch kein Pflaster konstruieren lassen, das dem schnellen, aber leichten Auto und dem langsamen, aber schweren Lastwagen gleichzeitig angemessen ist, — wenigstens kein einigermaßen billiges Pflaster. Ferner wird der einzelne Fahrdamm zu breit, wenn er für jede Richtung einen Streifen für haltende, einen zweiten für langsame und einen dritten, am weitesten nach innen liegenden Verkehrsstreifen für schnellfahrende Fuhrwerke erhalten müßte. Gerade der Autoverkehr erfordert schmale Fahrdämme, damit der Weg genau vorgezeichnet ist und unschwer eingehalten werden kann, und damit außerdem das Überschreiten des Dammes durch Fußgänger trotz des schnellen Fahrens leidlich sicher ist.

Demnach erscheint es richtig, den „Ausfallstraßen" einen besonderen „Schnell-Fahrdamm" zu geben und die langsamen und haltenden Fuhrwerke auf Nebendämme zu verweisen.

Hat eine solche Straße keine Straßenbahn, so dürfte der in Abb. 26 dargestellte symmetrische Querschnitt wohl der zweckmäßigste sein. Es wird dabei auch für großen Verkehr die Anordnung von drei Spuren für den Schnell- und von je zwei Spuren für die beiden Langsam-Fahrdämme genügen. Die die Fahrdämme trennenden Streifen können Baumreihen erhalten. Jeder Trennungsstreifen würde nach dem an anderer Stelle Gesagten mindestens 1,30 m breit werden und damit an den Straßenübergängen als Schutzinsel zur Not ausreichen; eine größere Breite ist zweckmäßig. Die Streifen können im übrigen Rasenabdeckung erhalten.

Abb. 26. Straße mit Schnellfahrdamm.

Muß die Straße außer dem Schnell-Fahrdamm auch eine Straßenbahn aufnehmen, so ist es vielleicht zulässig, die Gleise unmittelbar in den Schnell-

Fahrdamm zu legen. Man wird die Lösung nach Abb. 27 nicht grundsätzlich ablehnen dürfen, wenn an Breite gespart werden muß, und wenn der voraussichtliche Verkehr sich noch in mäßigen Grenzen halten wird. Das Einlegen der Straßenbahngleise in das Pflaster des Schnell-Fahrdamms ist dann weniger kritisch anzusehen, wenn dieser Kleinpflaster erhält. Dies soll nämlich für Autostraßen recht gut sein — ich halte die Erprobungszeit für noch zu kurz, als daß ein Urteil darüber abgegeben werden könnte —, und Kleinpflaster ist gerade eine Pflasterart, die sich mit dem Straßenbahngleis noch leidlich gut verträgt. Außerdem werden die Autos tatsächlich nur die beiden mittleren Spuren befahren und nur ausnahmsweise auf die von den Gleisen eingenommenen Streifen hinüberfahren.

Wenn es sich aber um starken Verkehr handelt, wird man die Straßenbahngleise völlig für sich anordnen. Hierbei wird man zu symmetrischen und unsymmetrischen Lösungen kommen.

Ein Straßenquerschnitt mit zwei Bürgersteigen, zwei Langsam-Fahrdämmen, einem Schnell-Fahrdamm und besonderen Straßenbahnstreifen kann als das Äußerste bezeichnet werden, was für größte Verkehrsstraßen erforderlich wird. Ein derartiger Querschnitt erfordert etwa 42 bis 45 m Breite. Man darf diese Breite als das Äußerste bezeichnen, was verkehrstechnisch gerechtfertigt ist, und es muß dem Gedanken widersprochen werden, daß man besonders weitschauend handele, wenn man nun noch mehr vorsehe.

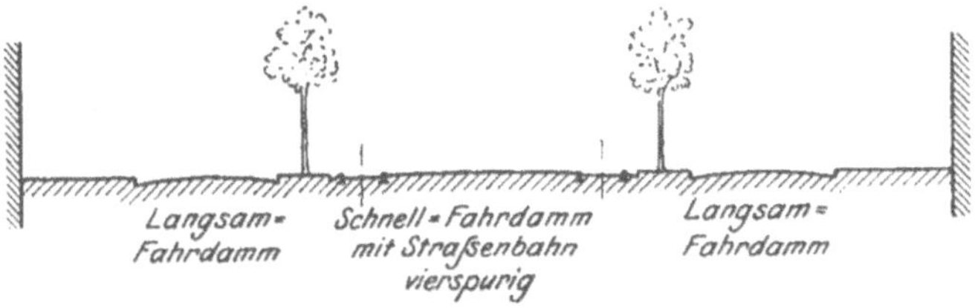

Abb. 27.

Auch die Unterbringung von weiteren Streifen für besondere Verkehrsarten erscheint unzweckmäßig. Es könnte höchstens noch den Radfahrern ein besonderer Streifen zur Verfügung gestellt werden, nämlich dann, wenn es nicht möglich ist, einen derselben Hauptverkehrsrichtung entsprechenden Radfahrweg durch eine andere, ungefähr gleichlaufende Straße oder durch einen „Radialpark" zu legen. In die Hauptverkehrsstraßen Reitwege zu legen, muß als bedenklich bezeichnet werden; denn wenn sich irgendetwas nicht verträgt, so sind es Reitpferde und Automobile; — daß es solche Straßen gibt (Kurfürstendamm und Döberitzer Heerstraße), kann man noch nicht als einen Beweis für ihre Zweckmäßigkeit ansehen.

Auch Vorgärten und „Promenaden" sind in solchen Verkehrsstraßen durchaus unangebracht. Man muß vielmehr die ganze Straße und jeden einzelnen Teil so schmal wie möglich halten; nur den trennenden Schutzstreifen kann man etwas mehr Breite gewähren, als dem Minimum entsprechen würde. Dagegen sind Baumreihen und Rasen (auf den Schutzstreifen) nicht zu bekämpfen. Sie sind sogar gut zur Trennung der einzelnen Verkehrsarten; in Nord—Süd-Straßen sind sie geradezu notwendig zur Schattenspendung.

Die Häuserfluchten brauchen den Verkehrsstreifen nicht überall völlig parallel zu verlaufen; Einsprünge sind zulässig; es ist überhaupt dem Architekten weiter Spielraum gegeben zur schönheitlichen Durchbildung der Straße, die, rein verkehrstechnisch durchgebildet und womöglich schnurgerade geführt, allerdings recht langweilig wirken kann.

IV. Straßen-Kreuzungen und -Vermittlungen.

Die Punkte, an denen mehrere Straßen zusammentreffen, bedürfen einer besonderen Ausbildung vom verkehrstechnischen, schönheitlichen und wirtschaftlichen Standpunkt.

Der Verkehr erfordert hier außer der Übersichtlichkeit Klarheit in den von den Wagen einzuhaltenden Wegen und Klarheit in den notwendigen Übergängen für Fußgänger über die Fahrdämme und möglichste Kürze für diese Übergänge. Beiden Forderungen werden schmale Fahrdämme am ehesten gerecht. Ferner erfordert der Verkehr die möglichste Beschränkung in der Zahl der Kreuzungen von wichtigen Verkehrsstraßen durch Querstraßen.

Die Wirtschaftlichkeit erfordert gut ausnutzbare Eckgrundstücke. Diesem Gesichtspunkt widersprechen zu schmale spitze Ecken. Die Schönheit erfordert neben anderem ebenfalls die Vermeidung spitzer schmaler Ecken.

Wenn der Winkel, unter dem sich zwei Straßen kreuzen, sich von dem rechten Winkel nicht stark entfernt (etwa bis zu 60°), dann werden alle erwähnten Forderungen voll befriedigt. Eine Abschrägung der Häuserecken ist verkehrstechnisch nicht nötig, eine starke Abrundung der Bürgersteigecken

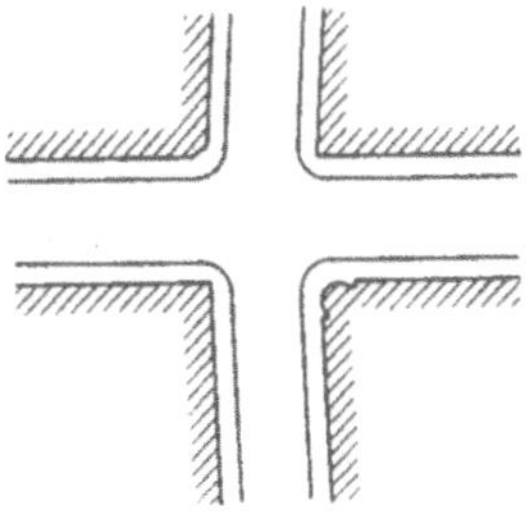

Abb. 28. Richtig.

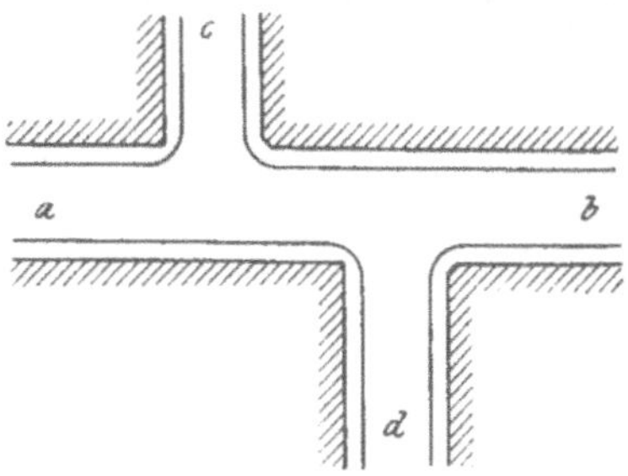

Abb. 29. Falsch.

ist verkehrstechnisch falsch; denn sie ist für den Fußgänger sehr unangenehm und verführt die Kutscher zu falschem und zu schnellem Fahren („Schneiden"); beim Einbiegen in eine Querstraße hat der Kutscher nämlich langsam zu fahren; große Halbmesser sind also nicht nur nicht überflüssig, sondern sogar schädlich. Die Ausbildung der Ecken mit einer kleinen Abschrägung kann bei Läden richtig sein — der Laden liegt dann an zwei Straßen —, sie kann auch, architektonisch oder für die Grundrißlösung des Gebäudes wertvoll sein. Eine Abschrägung aus den Anforderungen des Verkehrs heraus begründen zu wollen, ist aber falsch.

Ein geringfügiges Versetzen der Straßenkreuzungen ist verkehrstechnisch belanglos — wenn nur die Übersichtlichkeit gewahrt wird. Es kann schönheitlich sehr zweckmäßig sein, weil damit das Auge in der (verkehrstechnisch geraden) Straße einen Ruhepunkt erhält (vgl. Abb. 28).

Die in Abb. 29 dargestellte vollkommene Versetzung der („durchgehenden") Querstraße ist früher empfohlen worden, weil die Zahl der Kreuzungen dadurch geringer werde. Das ist ein Trugschluß. Die Lösung ist verkehrstechnisch falsch, weil die Übersichtlichkeit in der Straße c—d vernichtet ist, und weil der durchgehende Verkehr c—d zwecklos eine S-Kurve beschreiben muß.

Scharf spitzwinklige Kreuzungen kann man verkehrstechnisch nicht völlig befriedigend lösen. Der Vergleich zwischen Abb. 30a und 30b zeigt aber, wie man die Mängel wenigstens mildern kann. Das Abschneiden der spitzen Ecken hat auch Vorteile für die Grundrißlösung und die schönheitliche Behandlung der beiden spitzen Eckbauten.

Die verkehrstechnisch und oft auch schönheitlich schlimmsten Straßenvermittlungen sind die, bei denen Straßen verschiedenster Bedeutung in größerer Zahl wahllos an derselben Stelle zusammenlaufen, und bei denen dann außerdem

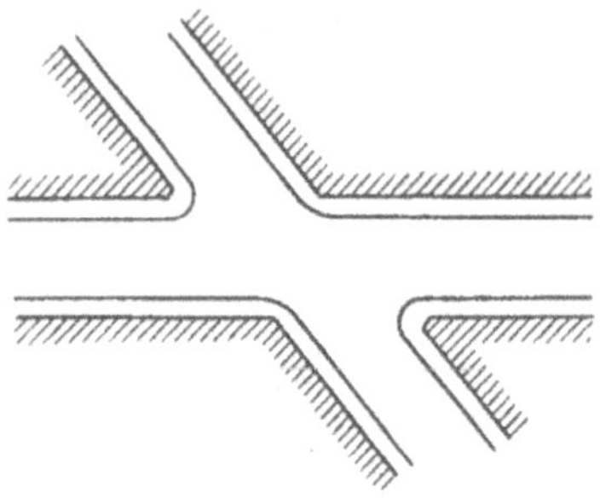

Abb. 30a. Schlechte Lösung.

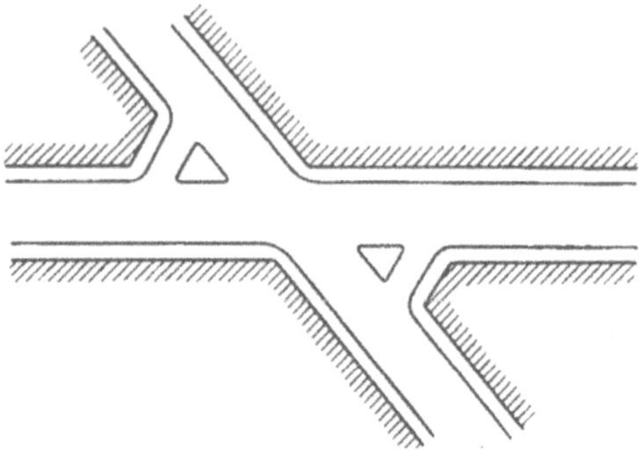

Abb. 30b. Bessere Lösung.

noch die Fluchtlinien Unregelmäßigkeiten (Rücksprünge) zeigen. Hier läßt sich nicht selten beobachten, daß die ganze Behandlung der Straßen darin besteht, an den Häusern entlang Bürgersteige zu führen und alles andere dem Verkehr zu überlassen, der sich ja „austoben" muß.

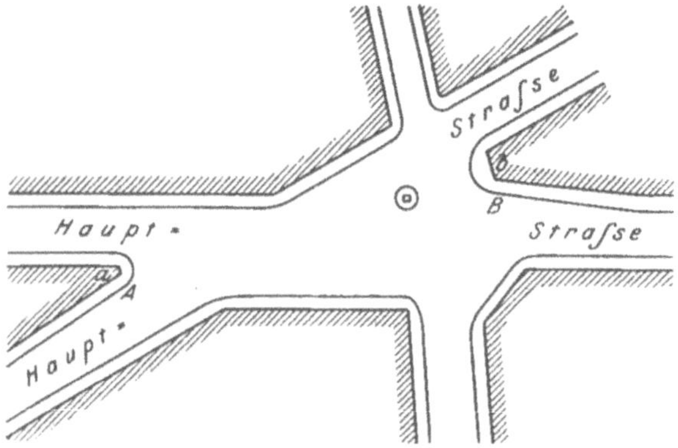

Abb. 31. Falsch.

Abb. 31 zeigt einen derartigen Straßenknotenpunkt, den man unberechtigterweise auch „Platz" nennen könnte, als Beispiel einer fehlerhaften Gesamtanlage, bei der nicht einmal der Versuch gemacht ist, die Fehler durch zweckmäßige Einzelausbildung zu mildern.

In der Gesamtanlage sind fehlerhaft: die zu starke Häufung von einmündenden Straßen, der spitzwinklige Schnitt der beiden Hauptstraßen, die trompetenartigen Straßenerweiterungen an den Stellen A und B, die mit ihnen in Verbindung stehenden sehr spitzen schmalen Ekken a und b, die architektonisch ungünstig wirken müssen.

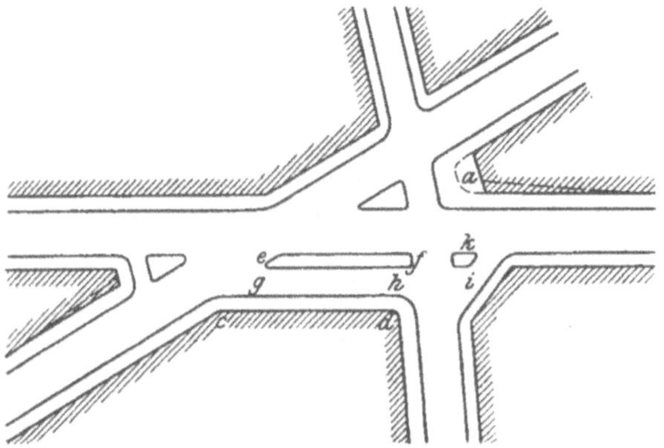

Abb. 32. Verbessert.

In der Einzeldurchbildung ist besonders zu rügen, daß die Bürgersteige gedankenlos einfach mit bestimmter gleichmäßiger Breite an den Häuserfluchten entlang geführt sind; es ist also nicht einmal der Versuch gemacht, den Fuhrwerkverkehr in richtige

Bahnen zu lenken; nur die kleine (kreisrunde!) Insel weist schüchtern wenigstens an einer Stelle den Kutschern den Weg.

Abb. 32 zeigt, wie man die schlimmsten Mängel durch entsprechende Einzellösungen zwar nicht beseitigen, aber doch wenigstens so weit mildern kann, daß der Straßenknotenpunkt auch bei starkem Verkehr wenigstens nicht mehr gefährlich ist. Die angewandten Mittel sind: straffe Durchführung der Fahrdämme in der richtigen Breite, Beseitigung der trompetenartigen Erweiterungen, die, wie angedeutet, auch in den Fluchtlinien zu beseitigen sind, Ausbildung zahlreicher Schutzinseln, deren Kanten genau den Fahrrichtungen der Fahrdämme entsprechen. Absonderung der zurückspringenden Flucht c—d durch die vorgelagerte langgestreckte Insel e—f, wobei der Fahrdamm g—h nur zum Vorfahren vor die Gebäude benutzt werden darf. — An der Stelle a wäre unter Umständen Platz für ein kleines architektonisches Schmuckmotiv. — Die Durchfahrt i könnte vielleicht fehlen und mit dem Inselchen k und dem Bürgersteig zu einer großen Bürgersteigfläche vereinigt werden.

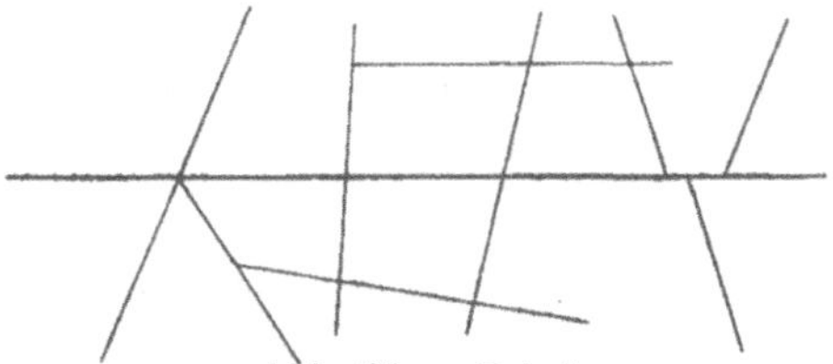

Abb. 33a. Falsch.

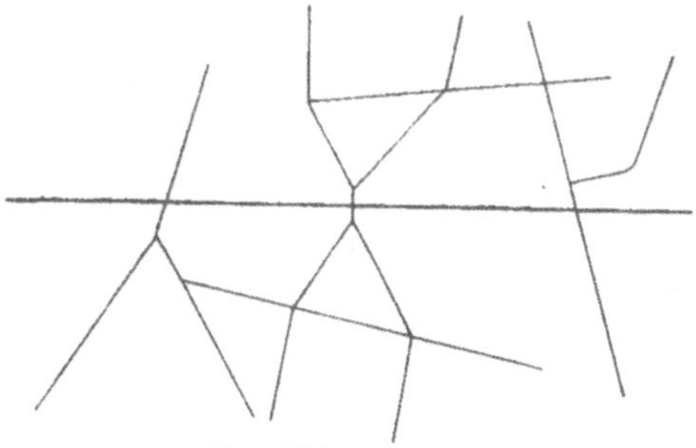

Abb. 33b. Verbessert.

Der oben erwähnte Fehler, daß vielfach Hauptstraßen durch zu viele Nebenstraßen gekreuzt werden, ist nicht selten darauf zurückzuführen, daß von den alten Chausseen sehr viele Feldwege abzweigten. Wenn man diese Feldwege dann alle einfach in das Netz der städtischen Straßen übernimmt, so erhält die Hauptstraße sehr ungünstige Verkehrsverhältnisse. In Abb. 33a ist z. B. ein altes Chaussee-Feldwege-Netz dargestellt, in Abb. 33b ein Versuch, die Feldwege im unmittelbaren Bereich der Hauptstraße zu wenigen kreuzenden Straßen zusammenzuziehen.

Eine weitere Behandlung der Straßenvermittlungen ist nicht erforderlich, weil sich wichtige weitere Gesichtspunkte aus der Erörterung der Plätze, insbesondere der Verkehrsplätze ergeben.

Vierter Abschnitt.

Die Plätze.

Einleitung.

Wenn unsere Ausführungen auch für Bauingenieure bestimmt sind, so müsesn wir bei der Erörterung der Plätze doch die schönheitlichen Momente stark betonen, hauptsächlich deswegen, weil in den Jahrzehnten des Verfalls der Städtebaukunst gerade auf dem Gebiet der Platzanlagen sehr viel gegen die Schönheit gesündigt worden ist, und zwar zu einem erheblichen Teil deswegen, weil die Forderungen des Verkehrs falsch befriedigt und vor allem erheblich überschätzt worden sind.

Auch eine kurze geschichtliche Betrachtung ist nicht zu vermeiden, denn auch der Ingenieur muß wissen, was die früheren Zeiten an Plätzen Herrliches geschaffen haben, um daraus zu lernen, wie unsere Zeit wieder zur Schönheit zurückfinden kann.

Die griechische und römische Welt schuf in ihren Städten meist nur zwei Plätze, den Marktplatz als wichtigste Kaufstätte und die Agora bzw. das Forum als die Stätte des öffentlichen Lebens.

Diese Hauptplätze waren entstanden aus den unmittelbaren Bedürfnissen des Lebens. Sie hatten also einen bestimmten Zweck zu erfüllen (was bei vielen unserer heutigen Plätze nicht der Fall ist) und waren aus diesem Zweck heraus geschaffen und mit ihrer Umgebung zu einer natürlich-harmonischen Einheit zusammengeschlossen. Auf dem Forum tagte die Ratsversammlung, dort wurden die wichtigsten Beschlüsse gefaßt und verkündet, dort sprach der Richter Recht, dort wurde den Göttern geopfert. Das Forum war die Stätte des höchsten staatlichen und zugleich auch des kirchlichen Lebens, denn Staat und Kirche war eine Einheit. Auf dem Forum versammelte sich das Volk auch zu den Festen, zu feierlichen Einzügen, zu Theater und Schaustellungen. Das Forum war demgemäß umgeben von den großen öffentlichen Bauten der Staatsgewalt und von den Tempeln. Es war der große Beratungs- und Festsaal, nach unsern Begriffen am ehesten zu vergleichen mit einem Konzertsaal, aber mit einem Saal, dessen Decke der tiefblaue Himmel des Südens war. Daß sich das öffentliche Leben so sehr unter freiem Himmel abspielte, das ist wohl das Charakteristischste für die Platzgestaltungen jener Zeit in jenen sonnigen Ländern, in denen ja auch der Hauptraum des Hauses, das Atrium, nach oben offen war. Im nordischen kalten und regenreichen Klima können natürlich die Plätze nicht eine solche Bedeutung haben; wir müssen diese wichtigen Handlungen und unsere Feste in geschlossene Räume verlegen; was den Alten das Forum war, ist uns der Sitzungssaal der Parlamente und Gerichte, der Konzertsaal, das Theater, die Kirche; nur ausnahmsweise ist uns der Marktplatz noch der Festsaal der Stadt; sogar der Markt als Kaufstätte ist bei uns vielfach in die Markthalle verlegt worden. — Hieraus kann man also schließen, daß wir kein so zwingendes Bedürfnis nach Plätzen haben, die die Stadt beherrschen, daß wir wahrscheinlich bescheidener sein könnten als die Antike.

Durch das Mittelalter hindurch hat sich südlich der Alpen das alte Forum — natürlich in gewissen Weiterbildungen — erhalten. Aber es war natürlich, daß bei der sich vollziehenden Trennung zwischen kirchlicher und staatlicher Gewalt sich neben dem Lebensmittelmarkt zwei Hauptplätze herausbildeten, der Domplatz und die Signoria. An jenem ragten Dom, Baptisterium und bischöflicher Palast empor, dieser war umgeben vom Schloß (oder dem Rathaus), mit der Wache und mit den Palästen der Großen. Als hervorragendste Beispiele sind zu nennen der Domplatz in Pisa und die Signoria in Florenz.

Nördlich der Alpen hat das rauhere Klima natürlich Änderungen hervorrufen müssen; aber in allen alten Städten können wir immer einen aus natürlichen Zwecken heraus entstanden Platz feststellen, den Marktplatz, an dem stets das Rathaus aufragt, der fast immer als schönsten Schmuck den Marktbrunnen trägt; und es entspricht durchaus dem kraftvollen, trotzigen Bürgerstolz der Zünfte, daß sie die Zunfthäuser am Marktplatz errichteten, der dergestalt eine würdige und durchaus harmonische, aus dem Zweck heraus entstandene Umrahmung erhielt; — als eines der edelsten Beispiele dieser Art darf man den Marktplatz zu Brüssel bezeichnen.

Später hat dann der Städtebau der Fürsten und der Klöster hervorragende Plätze entstehen lassen. Hinzuweisen ist besonders auf die Bauten des Barock; bei ihnen ist häufig der dreiseitig zugebaute Vorhof des Schlosses mit offener vierter Seite anzutreffen. Die Schöpfungen des Barock sind auch deshalb für den Städtebauer so wichtig, weil sie nicht allmählich entstanden, sondern weil die Gesamtanlage, Platz und Platzwandung mit allem Zubehör, aus einem Guß von einem Künstler geschaffen wurde.

Vergleicht man die früheren Platzanlagen mit ihrer Schönheit mit vielen unserer heutigen Anlagen, mit ihrer Unrast und Stimmungslosigkeit, so findet man, daß die älteren schönen Anlagen übereinstimmend eine Reihe von charakteristischen Zügen aufweisen, auf denen ihre Schönheit und Harmonie beruht.

Zunächst ist bereits betont, daß die alten Plätze aus einem bestimmten Zweck heraus geschaffen wurden, und daß diese Zweckbestimmung in der ganzen Platzgestaltung, der Größe, den Platzwandungen, der Ausschmückung zum Ausdruck kommt. Die heutigen Plätze haben aber vielfach überhaupt keinen Zweck; wie wenig Zweck die meisten haben, ergibt sich daraus, daß die Notwendigkeit sehr vieler dem Verkehr zur Last geschrieben wird, obwohl der Verkehr nur ausnahmsweise Plätze erfordert. Und wenn sich auch gelegentlich ein Platz aus Verkehrsrücksichten heraus als notwendig nachweisen läßt, so wird er wahrscheinlich verkehrstechnisch übertrieben groß sein, und für diese übertriebene Größe gibt es dann keine Begründung.

Sodann zeigen die alten Plätze große Geschlossenheit. Sie haben umrahmende einschließende Wände, die den freien Raum wirklich zu einem „Platz“ machen. In unserer Zeit aber werden nur zu oft eine Fülle von (viel zu breiten) Straßen alle nach (ungefähr) demselben Punkt geführt, und dann nennt man diese Straßenvermittlung einen Platz, obwohl er Wandungen überhaupt nicht hat, sondern aus einem Aneinanderreihen klaffender Lücken besteht. Es ist also notwendig, hier von den früheren Zeiten zu lernen, die stets nur wenige, und zwar schmale Straßen auf ihre Plätze münden ließen. Das ist auch verkehrstechnisch gut möglich, da notwendige weitere Straßen erst außerhalb des Platzes abzuzweigen brauchen. Sodann ist es bei den früheren Platzanlagen vermieden, daß der Beschauer gleichzeitig in mehrere Straßen hineinschauen konnte oder mußte. Ferner ist in jüngerer Zeit, die uns ja überhaupt die übertrieben breiten Straßen gebracht hat, oft dadurch ein „Platz“ geschaffen worden, daß man eine solche Straße nach der einen oder auch nach beiden Seiten ausgeweitet hat. Wenn man aber an einer notwendigerweise breiten Straße einen Platz anlegen soll, dann sollte der Platz, etwa ein regelmäßiger viereckiger Platz, jedenfalls mit seiner schmalen Seite sich gegen die Straße kehren, also mit seiner großen Achse senkrecht zur Straße stehen. Sodann kann man auch Hilfsmittel anwenden, um die für notwendige Straßen unentbehrlichen Lücken zu schließen oder wenigstens zu verkleinern; eine vollkommene Überbauung einer Straße, die Durchführung der Straße durch einen Torbogen ist nicht ausgeschlossen; oft aber wird man sich mit einer Verengung der Lücke begnügen können, indem man an den Eckhäusern die Bürgersteige mittels Lauben überbaut. Ob aber Kolonnaden und Säulengänge — ein in Italien und in der Antike durchaus berechtigtes Motiv — in unser Klima passen, muß dahingestellt bleiben. Dagegen kann der Abschluß durch Straßenbahnmasten, Kandelaber wirkungsvoll sein; unter Umständen wird eine hochliegende Bahn gut zum Abschluß geeignet sein, z. B. bei Bahnhofplätzen.

Von Bedeutung ist ferner die Aufstellung der Gebäude. Die Antike stellt an ihrem Forum die Fülle der staatlichen Gebäude und die Tempel auf; die christliche Welt konnte allerdings nicht mehr vielen Göttern viele Tempel errichten, sie erbaute aber neben dem einen Dom noch den Palast des Bischofs und das Baptisterium. So wurden die wichtigsten Gebäude an einer oder sehr wenigen Stellen in der Stadt vereinigt. Und außerdem konnte diese Vielzahl von Gebäuden nicht auf dem Platz aufgestellt werden, sondern sie mußten nebeneinander am Platzrand errichtet werden. Sie brauchten infolgedessen vielfach nur eine besonders reiche, also kostspielige Fassade zu haben. Dieses straffe Zusammenhalten der verfügbaren Mittel gestattete also, die wenigen zu betonenden Stellen der Stadt auch wirklich hochkünstlerisch auszugestalten. Wir dagegen zersplittern unsere Kräfte, indem wir für jedes einigermaßen wichtige Gebäude einen besonderen Platz fordern und dann auch noch das Gebäude frei auf diesen Platz stellen. Ein Beweis dafür ist z. B., daß eingebaute Kirchen bei uns äußerst selten sind. Wir halten also, obwohl wir relativ weniger Geldmittel für Kirchen usw. zur Verfügung haben, die Mittel nicht zusammen, sondern verschleudern sie. Die Folge für das Einzelbauwerk ist dann fast immer, daß, weil jede Seite sichtbar ist, also wirkungsvoll sein soll, alle Seiten schwächlich, ärmlich werden. Und wenn die Kirche auf dem freien Platz vielleicht auch noch würdig ausgestattet werden kann, so ist die Ausgestaltung der Platzwände den Privaten überlassen, die unter Umständen sehr sparsam sein müssen, und die nur selten veranlaßt werden können, sich in Bauart und würdiger Ausstattung der Gebäude an das beherrschende Gebäude anzuschließen.

Wir müssen also lernen, die notwendigen Gebäude wieder stärker an wenigen Stellen zu vereinigen und die natürlich zusammengehörigen Gebäude zu Gruppen zusammenzufassen, also z. B.: Kirche, Pfarrhaus, Schule — Bahnhof, Post, Dienstgebäude — Verwaltungsgebäude und Dienstwohnungen. Zweifellos sind in dieser Beziehung in der letzten Zeit erhebliche Fortschritte gemacht worden und große Schöpfungen entstanden.

Damit, daß die Alten ihre Gebäude, zur Platzwand zusammenfaßten und kein Gebäude auf dem Platz selbst aufstellten, erzielten sie dann außerdem das Freihalten der Platzmitte. Ihre Plätze waren also wirkliche Räume, wie es Versammlungssäle sind, auf ihnen konnte sich wirklich die Volksmenge einheitlich zusammenfinden zu ernster Beratung wie zu frohem Fest. Unsere Plätze muten dagegen an wie ein Zimmer, bei dem man Schränke mitten in den Raum gestellt hat.

Das Freihalten der Mitte führte weiter dazu, daß die Denkmäler und anderer Schmuck in erster Linie an den Wandungen entlang aufgestellt wurden. Damit erhielt nicht nur jedes Monument eine gewisse Ruhe, denn es stand abseits vom Hauptgedränge, gewissermaßen im Schutz der Wand, sondern es erhielt auch einen entsprechenden Hintergrund, gegen den es nach Form, Baustoff und Größe abgestimmt werden konnte. Wir dagegen stellen die Denkmäler in die Platzmitte, unter Umständen mitten hinein in den brandenden Verkehr, wo niemand sie in Ruhe betrachten kann, wo sie keinen Hintergrund und keinen Rahmen finden, wo sie meist stark aus dem Maßstab fallen[1]).

Auf vielen früheren Plätzen, besonders auch auf alten deutschen Marktplätzen, muß man bewundern, mit welchem Geschick Denkmäler und Brunnen auf den toten Punkten aufgestellt sind, so daß sie den Verkehr nicht behindern und von ihm nicht gefährdet werden.

I. Arten der Plätze.

Man kann die nachstehend aufgeführten und kurz erläuterten Platzarten unterscheiden:

Marktplätze. Sie bilden den Mittelpunkt des städtischen Lebens, an ihnen stehen das Rathaus und unter Umständen weitere wichtige Gebäude der städtischen Verwaltung. Auf dem Marktplatz findet auch der Markt, der Verkauf

[1]) Nicht mit Unrecht hat man ein Denkmal, mitten auf einen Platz gestellt, mit einem Gemälde verglichen, das man nicht an die Wand, sondern von der Decke herab mitten ins Zimmer gehängt hat! — Man beachte, daß auch Denkmäler, besonders Reiterstandbilder, eine Rückenseite haben.

von Lebensmitteln, Blumen usw. statt. Der Marktplatz soll aber auch der Festraum der Stadt für Empfänge, Versammlungen, für die Aufstellung von Festzügen sein. Er bedarf jedenfalls einer größeren einheitlichen, von Fahrdämmen nicht durchschnittenen Platzfläche.

In sehr großen Städten wird sich der Marktplatz in den verschiedenen Stadtgebieten mehrfach wiederholen, weil auch die städtische Verwaltung und der Markt der Dezentralisation bedarf. — Ähnlich wie die Marktplätze sind in den Hauptstädten der Staaten, Provinzen usw. die Plätze zu bewerten, an denen die obersten Behörden ihren Sitz haben. — Alle derartigen Plätze sind naturgemäße Gebilde, sie werden stets harmonisch wirken, wenn bei ihrer Anlage nicht ganz grobe Fehler gemacht werden.

Architekturplätze. Sie dienen zur Hebung der architektonisch bedeutungsvollen Bauten und geben die Möglichkeit, Gruppen von wichtigen Gebäuden zu einheitlicher erhöhter Wirkung zusammenzufassen. Außer den vorstehend erwähnten Marktplätzen usw. wird man Architekturplätze stets dort schaffen, wo größere Gebäude öffentlichen und privaten Charakters fordern, daß der Beschauer einerseits in Muße, Ruhe und Sicherheit die Architekturen auf sich wirken lassen kann, und daß andrerseits die Höhe der Gebäude in einem bestimmten Verhältnis zu der Straßenbreite bzw. der Platztiefe steht. Hierüber hat natürlich der Künstler zu bestimmen, der Verkehrstechniker hat sich ihm bezüglich der Platzgestaltung unterzuordnen, und er hat vor allem dafür Sorge zu tragen, daß der Verkehr, also die Fahrdämme so an dem Platz vorbeigeleitet werden, daß sie die Ruhe des Platzes nicht stören und die einheitliche Wirkung nicht beeinträchtigen. Die Architekturplätze sind die gegebenen Stellen für Denkmäler, Brunnen und dgl. Sie können auch Pflanzenschmuck und „dekoratives Wasser" erhalten, auch unter Umständen hohe Bäume; doch muß sich hier der Schmuck der Architektur unterordnen. Für den Ingenieur bedeutungsvoll ist dabei, daß mehr und mehr die Ingenieurhochbauten, z. B. die Eisenbahnempfangsgebäude, und selbst Wassertürme und Gasbehälter zu den größten Gebäuden in der Stadt werden; — der Bahnhofsplatz ist bei richtiger Durchbildung ein Architekturplatz für Ingenieurbauten. Für den Städtebauer allgemein ist zu beachten, daß auch Privatbauten (Banken, Warenhäuser, Verwaltungsgebäude der Großindustrie) mehr und mehr den Charakter beherrschender Monumentalbauten annehmen, daß man also auch für diese Architekturplätze schaffen sollte, um die Wirkung zusammenzufassen.

In manchen städtebaulichen Wettbewerben der letzten Jahre waren gewaltige Platzschöpfungen vorgesehen, die mehrfach als „Forum" bezeichnet worden sind (Bruno Schmitz); so könnte man wohl in den Großstädten schaffen je ein „Forum" der Stadt, der Kunst, des Staates, der Wissenschaften, der Industrie, des Handels.

Schmuckplätze. Der Begriff „Schmuckplatz" steht nicht fest. Wenn ein Platz nur angelegt werden sollte, um einen bestimmten Stadtteil zu schmücken, so kann man erhebliche Bedenken gegen seine Berechtigung haben. Wenn aber Markt- oder Architekturplätze infolge ihrer liebevollen Ausstattung mit Kleinarchitektur (Brunnen, Bänken, Denkmälern), „dekorativem" Grün und „dekorativem" Wasser sich den Namen „Schmuckplatz" erwerben, so wird sich jeder über eine solche Platzanlage freuen. Der Städtebau kann aber gut auskommen, ohne diesen Begriff anzuwenden; als eine besondere Platzart kann man den Schmuckplatz kaum gelten lassen.

Erholungsplätze. Sie dienen in erster Linie zur Erholung, zum längeren Aufenthalt und zum Spielen für kleine Kinder, außerdem aber auch für alte Leute, also für die Lebensalter-Klassen, die nicht rüstig sind und sich nicht durch weite Spaziergänge und Sport erholen können. Die Erholungsplätze für Kinder müssen in geringen Entfernungen liegen, in der sog. „Kinderwagen-entfernung"; es ist also eine große Zahl solcher Plätze über die Stadt zu verteilen. Es kann also nötig werden, besondere Plätze für diese Zweckbestimmung anzulegen, selbst wenn das Gesamt-Freiflächen-System richtig durchgebildet ist; denn auch dann können unter Umständen einzelne Wohngebiete von den Grünanlagen zu weit entfernt liegen. Im übrigen wird man sich aber stets bemühen, die Erholungsplätze unmittelbar in die Grünanlagen einzugliedern. Die Kinderspielplätze erfordern vollständiges Freihalten von Fuhrwerk-, Reiter- und Radfahrer-Verkehr; sie bedürfen einer besonderen Ausstattung für das Spielen, für das leibliche Wohl der Kinder und für den Schutz gegen Regen und Zugluft. Sie sollten durch Hecken und durch die notwendigen Bauten (Milchbuden, Regenschutzhallen) so abgeschlossen werden, daß der von ihnen ausgehende Lärm gedämpft wird. Das unmittelbare Nebeneinanderlegen von Spielplatz für kleine Kinder und von Sitzplatz für die Alten kann aber doch ganz gut sein, denn dem Spiel der Kinder zuzuschauen, ist für manchen Alten die schönste Erholung. Eine Trennung durch eine lebende Hecke ist leicht herzustellen. — In den letzten Jahren sind mehrfach hervorragend liebevoll durchgebildete Kinderspielplätze geschaffen worden; sie zeichnen sich vielfach auch durch ihren dem Kindergemüt angepaßten Schmuck aus.

Zu den Erholungsplätzen kann man auch die „Squares" rechnen, deren Begriffsbestimmung allerdings nicht feststeht.

Camillo Sitte nennt die Squares „eine in Grund und Boden verfehlte Anlage". Er beurteilt sie, wie folgt:

„Sie verschlingen in noch höherem Maße als die Alleen große Anlagesummen, ohne den gewünschten Erfolg zu erreichen. Der Fehler liegt wieder in dem hergebrachten Blockrastrum der modern geometrischen Lagepläne. Ist danach nur erst ein Bebauungsbezirk schön säuberlich durch geradlinige parallele Straßen schachbrettartig in Baublöcke zerlegt, und wünscht man irgendwo einen öffentlichen Garten oder Kinderspielplatz, so läßt man einen oder mehrere Blöcke unbebaut, übergibt sie zu mehr oder weniger anspruchsvoller Ausgestaltung dem Stadtgärtner, und der Square ist fertig."

Er geißelt dann, wie dieser Platz dem Wind, Staub und Straßenlärm schutzlos preisgegeben ist und infolgedessen nicht besucht, sondern geflohen wird. Diese scharfe Kritik ist zweifellos für manchen „Square" zutreffend, und es ist dann Aufgabe des Städtebauers, von Fall zu Fall zu erwägen, wie vielleicht durch Vertiefen des Platzes, durch sehr dichte (immergrüne) Hecken, auch durch Mauern und durch Bänke mit hohen Rückwänden der Platz etwas verbessert werden kann.

Andrerseits gibt es aber auch Squares, die richtig gelegen, nämlich dem Straßenverkehr vollständig entzogen sind und ihren Zweck gut erfüllen. Der Erholungsplatz im Blockinnern ist oft sehr zweckmäßig.

Verkehrsplätze. Wie schon erwähnt, werden vielfach Plätze als „Verkehrsplätze" bezeichnet, weil man um eine andere Begründung ihrer Existenzberechtigung verlegen sein würde. Auch bezeichnet man unter Umständen einen Platz als Verkehrsplatz, der überhaupt kein „Platz", sondern eine Straßenvermittlung ist, wie z. B. der „Potsdamer Platz" in Berlin.

Tatsächlich bedarf der Verkehr überhaupt nur an ganz wenigen Stellen eines Platzes. Der Platz — also der Raum, die Fläche, die Ruhe — widerspricht sogar dem Verkehr, denn der Verkehr ist Bewegung, und die Bewegung erfordert Linien, Bahnen, Richtungen.

Für den Verkehr läßt sich der „Platz" nur in folgenden Fällen begründen: Bei sehr großem Verkehr sind an einzelnen Stellen Aufstellungsmöglichkeiten für Droschken, Omnibusse, Straßenbahnen notwendig. Meist läßt sich aber das Bedürfnis schon durch die Straße allein befriedigen, indem die wartenden Droschken am Bürgersteig entlang (wie in Deutschland) oder in der Straßenmitte (wie in England) sich in einer langen Reihe aufstellen. Straßenbahnen und Omnibuslinien werden im Stadtinnern im allgemeinen nur an sehr wenigen Punkten der Aufstellungsmöglichkeit bedürfen, weil sie nicht im Stadtinnern endigen, sondern als Durchmesserlinien die Innenstadt durchqueren sollen. Sodann kann ein Platz dort erforderlich werden, wo zu bestimmten Zeiten ein ungewöhnlich starker Verkehr herrscht, also z. B. an Stadthallen, Theatern, Konzertsälen, Ausstellungen. Ferner wird noch „Platz" notwendig, wo der Verkehr in mehrere Arten gegliedert werden muß, was z. B. bei großen Bahn hofplätzen der Fall ist.

Diese die Notwendigkeit eines Verkehrsplatzes begründenden Ausführungen sind jedoch nicht absolut beweiskräftig, denn tatsächlich wird der Verkehrsmann den Verkehr auch dort befriedigen können, wo er nur Straßen, aber keinen Platz zur Verfügung hat. Es ist sehr bezeichnend, daß das Gebiet von Berlin, in dem die stärkste Nachfrage nach Droschken herrscht, überhaupt keinen Platz enthält; und in den amerikanischen Großstädten, deren Verkehr doch wahrlich groß ist, gibt es so wenige Verkehrsplätze, daß man eigentlich nur einen Platz als solchen bezeichnen könnte, nämlich den Platz an der „Ferry-Landing" in San Francisco; an diesem Platz liegt aber eine ganz eigenartige Verkehrsanhäufung vor.

Mag man nun aber auch die Notwendigkeit von Verkehrsplätzen höher einschätzen, als es hier geschieht, so hat man bei der Einzeldurchbildung der Verkehrsplätze jedenfalls alle Gedanken von Platz, Raum, Fläche auszuschalten; es sind vielmehr für den Fuhrwerkverkehr schmale Fahrstraßen gestreckt, klar, übersichtlich zu entwerfen, und neben ihnen sind ebenso gestreckt die Bürgersteige zu führen.

Weiteres hierüber ist unter „Bahnhofsplätze" erörtert. Nur ein wichtiges Moment sei hervorgehoben: Da der Verkehr überall, also auch auf dem Platz, übersichtliche und gestreckte, d. h. also nicht geometrisch aber ungefähr geradlinige, Bahnen verlangt, so werden alle Platzinseln durch (ungefähr) gerade Linien begrenzt werden; es werden hierbei sehr viele Platzinseln unregelmäßige Gebilde (Dreiecke, Trapeze, Fünfecke) werden; aber das schließt nicht aus, daß eine an bestimmter Stelle architektonisch erwünschte Strenge, Regelmäßigkeit oder Symmetrie hergestellt wird; denn der Verkehr ist bekanntlich bescheiden. Nur das Motiv, das wir bisher am meisten antreffen, ist wahrscheinlich immer ta sca nämlich die kreisrunde Platzinsel.

II. Platzformen.

Es ist ausgeschlossen, in diesem engen Rahmen alle Platzformen zu erörtern und zu würdigen. Wir beschränken uns daher auf die regelmäßigen Plätze und besprechen von diesen in erster Linie die falschen Formen. Diese Art der Darstellung genügt für den Bauingenieur deswegen, weil er die Plätze in erster Linie vom Standpunkt des Verkehrs durchzubilden hat, die Einzelabstimmung zwischen Platz und Platzwand aber dem Künstler überlassen muß. Es scheint uns in diesem Zusammenhang zu genügen, den Bauingenieur vor gewissen falschen geometrischen Platzformen, die aber leider sehr zahlreich sind, zu warnen.

In Abb. 34—38 sind eine Reihe der wichtigsten falschen Platzformen dargestellt. Sie sind (außer dem in Abb. 38 dargestellten Platz) sämtlich streng geometrisch und symmetrisch. Ihre Fehler bestehen darin, daß jeglicher Verkehr den Platz in der Mitte zerschneidet, daß also eine Platzwirkung kaum möglich ist, und daß die Wege für Fußgänger über den Platz hinüber gefährlich werden. Man kann diese Formen dergestalt entstanden denken, daß der Platz gewonnen ist durch Verbreitern der Straßen nach beiden Seiten hin. Besonders ungeschickt ist der in Abb. 38 dargestellte doppelt-dreieckförmige Platz; bei ihm wird die einheitliche Platzwirkung völlig vernichtet, indem die Hauptstraße

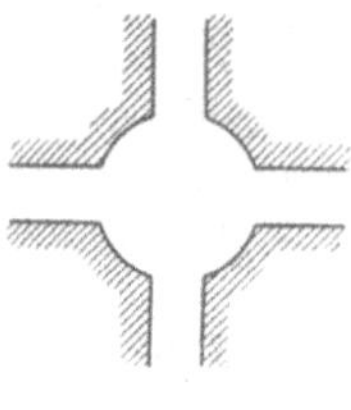
Abb. 34.

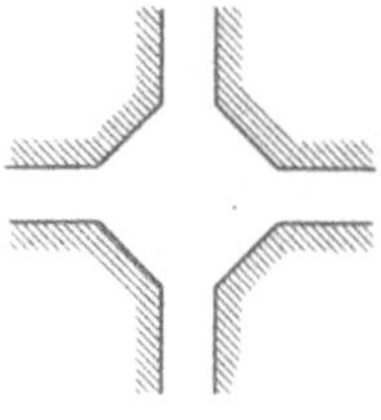
Abb. 35.

Abb. 36.

Abb. 37.

Falsche Platzformen.

nicht nur durch die Mitte, sondern noch dazu durch die längstmögliche Diagonale geführt ist; außerdem ist die aus lauter einzelnen Regelmäßigkeiten zusammengesetzte Gesamt-Unregelmäßigkeit besonders aufdringlich[1]).

Der in Abb. 39 dargestellte Sternplatz wird jetzt fast immer als verfehlt bezeichnet. Eine Ehrenrettung scheint uns aber notwendig zu sein. Die alten Sternplätze sind nämlich zum Teil durchaus ansprechend und zweckmäßig, nämlich die Sterne in großen Parkanlagen, deren Mitte durch ein großes Motiv, häufig durch das stärkste Gartenmotiv, den gewaltigen Springbrunnen, besonders betont ist. Gehen von der „großen Fontäne" strahlenförmig Alleen durch den Park nach dem Schloß, dem Kavalierhaus, einem Gartentempel usw., so kann das architektonisch einwandfrei sein, und verkehrstechnisch ist dagegen einfach deswegen nichts zu erinnern, weil „Verkehr" in solchen Parkanlagen nicht vorhanden ist.

Falsch aber war es, daß man das Motiv in die Häusermassen und den Verkehr verpflanzte. Hier wirken die Sternplätze nicht nur vielfach architektonisch sehr schlecht, sondern sie erschweren auch das Zurechtfinden; und die Dämme für den Fuhrwerkverkehr sind auf solchem Platz wahrscheinlich überhaupt nicht richtig zu disponieren; auf einzelnen Plätzen hat man es damit versucht, einen ringförmigen Fahrdamm anzulegen, auf dem sich aller Verkehr nur in der einen Richtung bewegen darf, so daß also z. B. ein Wagen von a nach b um den ganzen

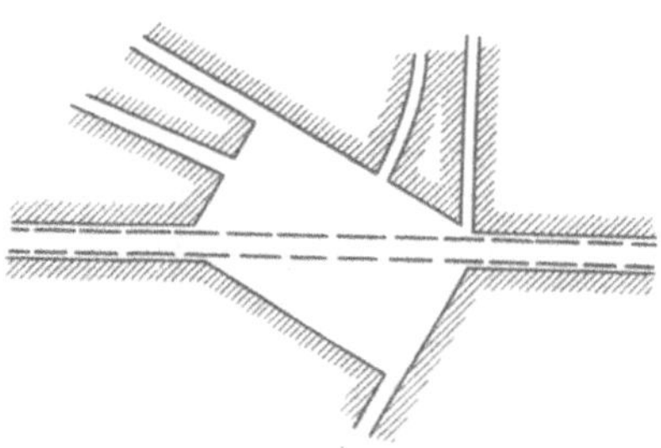
Abb. 38. Besonders ungünstige Form.

Abb. 39.

Platz herumfahren muß; bei dieser Verkehrsreglung haben offensichtlich unklare Vorstellungen über den Schleifenbetrieb an Stationen von Straßen- und Stadtbahnen eine gewisse Rolle gespielt.

---

[1]) Diese Platzform zeigt der Georgsplatz in Hannover. Bei ihm ist aber die eine Platzhälfte in sich durch gute Architektur der Platzwandungen und reichen gärtnerischen Schmuck doch zu einer harmonischen Wirkung gebracht.

Wenn man den Sternplatz also für die eigentlichen Stadtviertel ablehnen muß, so schließt das nicht aus, daß man ihn in Parkanlagen und dgl. wieder zu Ehren bringt[1]).

Während der volle Sternplatz verkehrstechnisch als verfehlt bezeichnet werden kann, werden voraussichtlich halbe Sternplätze, also fächerförmige Plätze, künftig eine größere Rolle spielen, und zwar aus folgendem Grunde: Wo Bahnanlagen oder Flüsse oder sonstige „Barrikaden" nur an wenigen Stellen von Straßen durchbrochen werden können, ist unmittelbar hinter dem Hindernis, also hinter der geschlagenen Bresche, eine Fächerung des Verkehrs erforderlich. Eine solche Platzgestaltung — man wird sie besser nur „Straßenvermittlung" nennen — ist in Abb. 40 dargestellt, und zwar in der regelmäßigen geometrischen Form, die allerdings meistens nicht anzuwenden sein wird, weil die Verkehrsbelastung der ausstrahlenden Straßen wahrscheinlich ungleichmäßig sein wird.

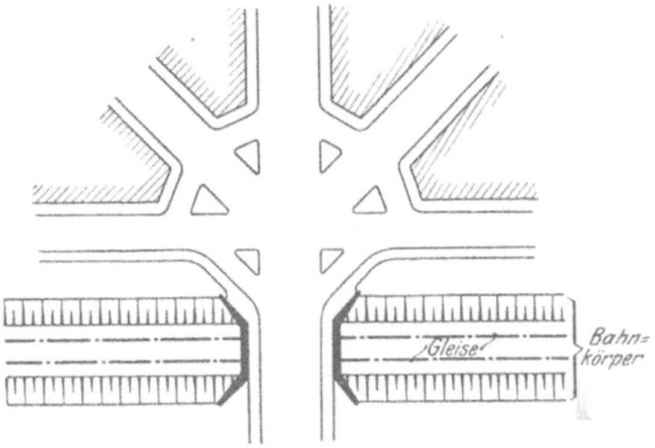

Abb. 40.

Anknüpfend an die oben erwähnten Fehlerquellen der dargestellten falschen Platzformen wird der Verkehrstechniker zu einer ungefähr richtigen Form kommen, nämlich zu einer ungefähren Gestalt, aus der der Künstler etwas gestalten kann, wenn er von folgenden Gesichtspunkten ausgeht. Nicht sich anklammern an eine bestimmte Form, denn regelmäßig und unregelmäßig kann beides schön sein; möglichst wenig Straßen auf einen Platz führen, lieber weniger wichtige Straßen vorher „abfangen"; die wenigen Fahrdämme an den Platzwandungen entlang führen, also nicht über die Platzmitte, sondern die Platzmitte als einheitliche Fläche freihalten; die am stärksten von Fuhrwerken belebte Straße möglichst an der schmalsten Seite des Platzes vorbeiführen.

III. Bahnhofvorplätze.

Die Bahnhofvorplätze werden im allgemeinen die Verkehrsplätze sein, die die größten Schwierigkeiten für die Entwurfgestaltung bereiten. Das über sie zu sagende wird aber auch auf die Plätze vor Theatern, Ausstellungen und dgl. anwendbar sein, weil es sich bei allen derartigen Plätzen um einen besonders starken Fußgänger-, Straßenbahn-, Omnibus- und Wagenverkehr zwischen der Straße und einem großen verkehrsreichen Gebäude handelt. Hierbei werden die Anforderungen an die verkehrstechnische Durchbildung des Platzes beim Bahnhofvorplatz am umfangreichsten, eigenartigsten und vielseitigsten sein, weil bei ihm auch auf einen starken und vielgestaltigen Güterverkehr (Reisegepäck, Postsachen, Expreßgut) Rücksicht zu nehmen ist, und weil außerdem ein großer Teil der Reisenden ortsunkundig, eilig und aufgeregt ist.

Jeder Bahnhofvorplatz dient zwei durchaus verschiedenen Verkehrsarten, dem gewöhnlichen, den Platz berührenden, durchgehenden Straßenverkehr und dem besonderen Verkehr zwischen Bahnhof und Stadt (Bahnhofsverkehr).

Der gewöhnliche Straßenverkehr ergibt sich daraus, daß ein Bahnhofplatz wohl nie nur Bahnhofsverkehr hat, sondern daß er gleichzeitig auch ein

[1]) Im Wettbewerb „Groß-Düsseldorf" haben dies z. B. Stübben und seine Mitarbeiter mit großem Erfolg getan.

städtischer Platz ist. Für den gewöhnlichen Straßenverkehr ist der Platz nach den allgemein gültigen Gesichtspunkten auszubilden, er ist also in schmale, gestreckte, übersichtliche Fahrdämme mit den sich von selbst aus der Fahrdammführung ergebenden Inseln aufzuteilen. Zu erwähnen ist dabei nur, daß unter Umständen der Verkehr der Gasthöfe usw. und das Endigen von Straßenbahn- und Omnibuslinien besondere Aufstellplätze für Droschken usw. wünschenswert macht.

Der Bahnhofsverkehr — also der besondere Verkehr zwischen Stadt und Eisenbahn — besteht aus folgenden Gruppen:

A. 1. Reisende als Fußgänger,
2. Reisende in Wagen (Droschken), aber ohne großes Gepäck,
3. Reisende, die die Straßenbahnen oder Omnibusse benutzen;

B. 1. Reisende mit großem Gepäck — meist in Wagen (Droschken) —, aber auch zu Fuß oder Straßenbahnen benutzend,
2. Wagen und Karren mit Gepäck, Eil- und Expreßgut,
3. Wagen mit Postsachen.

Jeder dieser Verkehre spielt sich in beiden Richtungen ab (Abfahrt und Ankunft). Für die Eisenbahn bereitet dabei die Abfertigung der Abfahrenden die größere Schwierigkeit, für den Platz ist dagegen der Ankunftverkehr der wichtigere, weil er das Aufstellen von zahlreichen Wagen erfordert.

Die Verkehrsgruppen A erfordern Eingänge vom Platz zur Fahrkartenschalterhalle und Ausgänge von den Bahnsteigen zum Platz; bei kleinen und mittleren Bahnhöfen fallen Ein- und Ausgänge zusammen; bei großen Bahnhöfen ist fast immer ein besonderer Ausgang vorhanden, der unter Umständen auch auf einen besonderen Platz (Ankunftplatz) führt. Gruppe A_1 und A_3 erfordern bequeme und sichere Zugänglichkeit mittels Bürgersteigen, Gruppe A_2 erfordert eine Vorfahrt, bei größerem Verkehr je eine Vorfahrt für Abfahrt und Ankunft.

Die Verkehrsgruppen B erfordern Vorfahrten und bequemes Ent- und Beladen unmittelbar vor den entsprechenden Abfertigungsräumen, also vor den Gepäck- (und Expreßgut- und Eilgut-) Abfertigungen und vor den Postpackkammern. Für Gruppe B_2 und B_3 ist eine allen Ansprüchen gut gerecht werdende Lösung dann leicht zu erzielen, wenn in dem Empfangsgebäude die Gepäckabfertigungen usw. Tore haben, die unmittelbar nach der Straße führen, so daß also der Gepäckverkehr zwischen der Abfertigung und den draußen haltenden Wagen die Fahrkartenschalterhalle (Haupthalle) nicht berührt. Diese Lösung ist bei den neueren Bahnhöfen meist erzielt (Koblenz, Eisenach). Die bei größerem Verkehr meist gewählte Unterbringung der Postabfertigung in einem besonderen Anbau oder in einem Nebengebäude ist für die Platzgestaltung günstig, weil der Postverkehr dann getrennte Vorfahrten erhalten kann.

Große Schwierigkeiten bereitet oft die Gruppe B_1, weil die Reisenden an der Fahrkartenschalterhalle (also am „Haupteingang“) vorfahren wollen, während das Gepäck an der Stelle verladen werden sollte, die der Gruppe B_2 entspricht. Oft benutzt Gruppe B_1 aber dieselben Vorfahrten wie Gruppe A_2, obwohl das bei großem Verkehr zu unangenehmen Störungen führen kann.

Diese in aller Kürze gekennzeichnete Gruppengliederung bezieht sich auf den Verkehr in und unmittelbar vor dem Empfangsgebäude, sie beeinflußt aber auch die Aufteilung des Gesamtplatzes, und zwar in folgender Weise:

Die Fußgänger erfordern bequeme, sichere und möglichst gestreckte Bürgersteige von den Bürgersteigen aller auf den Platz mündenden Straßen nach den Ein- und Ausgangstüren. Die Fußgänger dürfen hierbei nicht genötigt sein, die Wagenaufstellplätze überqueren zu müssen.

Die Wagen erfordern übersichtliche und gestreckte Fahrverbindungen von allen einmündenden Straßen nach allen Vorfahrten. Außerdem müssen die

Aufstellplätze an die wichtigeren Straßen und an die Vorfahrten angeschlossen werden, für welche die auf ihnen wartenden Wagen bestimmt sind. Die Aufstellplätze sind unter Umständen zu trennen je nach der Wagenart: Pferdedroschken, Kraftdroschken, Privatfuhrwerke, Gasthofwagen; die Wagen und Karren, die nur dem Gepäckverkehr (ohne Reisende), dem Expreß-, Eilgut- oder Postverkehr dienen, sollten besondere Warteplätze erhalten. — Wenn es möglich ist, wird man die Aufstellplätze abseits dergestalt anordnen, daß sie den Blicken möglichst entzogen sind; denn ihr Anblick ist meist wenig erfreulich.

Legt man die bisher verfolgte Gliederung in gewöhnlichen Straßenverkehr und in Bahnhofsverkehr zugrunde, so wird man bei folgerichtiger Durchbildung zu einer gewissen Zweiteilung des Bahnhofplatzes kommen: es wird sich nämlich der gewöhnliche Straßenverkehr in den Platzteilen entfernt vom Empfangsgebäude abspielen, während der Bahnhofsverkehr die Platzteile neben dem Empfangsgebäude in Anspruch nehmen wird. Wenn sich dann zwischen diesen beiden Teilen größere Inseln ergeben, so wird das meist zu einer im allgemeinen richtigen Gesamtgliederung führen. Dieser Gedanke ist z. B. in Abb. 41 durchgeführt: es handelt sich hier um einen mittleren Durchgangsbahnhof mit einem richtig gegliederten Empfangsgebäude mit hoch (oder tief) liegenden Gleisen und Bahnsteigen, und es ist angenommen, daß eine Straßen-Unter- oder -Überführung unmittelbar neben dem Gebäude die Bahn kreuzt. Für den gewöhnlichen Straßenverkehr ist ein eigentlicher „Platz" überhaupt nicht vorhanden, sondern lediglich die Straßenvermittlung a—b—c—d, die alle Straßen untereinander verbindet. Durch breite, der ganzen Platzanlage entsprechend langgestreckte Inseln ist der Bahnhofsverkehr von dem gewöhnlichen Verkehr getrennt. Für ihn ist je eine Vorfahrt an der Eingangs- und der Ausgangshalle, ferner ein Wagenaufstellplatz vorhanden; die Vorfahrten und Aufstellplätze für Gepäck und Post usw. sind abgesondert. — Die Insel II könnte einen Abschluß (etwa eine Hecke mit Steinbänken) erhalten, um den Einblick in den Gepäckverkehr zu verhindern, Insel I würde die noch zu erörternde Ausstattung mit Nützlichkeitsbauten zu erhalten haben, Insel III und IV könnte Schmuckanlagen erhalten.

Mit dieser Zweiteilung kommt man aber oft nicht aus, und zwar deswegen nicht, weil sie dem Straßenbahn- (und Omnibus-) Verkehr nicht genügend Rechnung trägt. Dieser gehört nämlich zu beiden Verkehrsarten, sowohl zum gewöhnlichen wie zum Bahnhofsverkehr. In Abb. 41 müßte z. B. eine von der Hauptstraße kommende und nach der Straßenunterführung weiter gehende Straßenbahnlinie dem Linienzug c—b—a folgen, und ihre Haltestelle könnte neben Insel I liegen. Das wäre aber für den Verkehr zwischen Eisenbahn und Straßenbahn nicht günstig, weil der Weg ziemlich weit ist, und weil die Reisenden den Hauptfahrdamm überschreiten müßten. Es wäre also richtiger, die Straßenbahn dichter an das Empfangsgebäude heranzuführen; in Abb. 41 könnte sie z. B. in Insel I gelegt werden, dann muß das Straßenbahngleis allerdings den Fuhrwerksverkehr zweimal kreuzen, doch wird man das oft für weniger schlimm ansehen dürfen als das Kreuzen des Fuhrwerksverkehrs durch die Straßenbahnfahrgäste.

Aus dieser Schwierigkeit wird man im allgemeinen den Ausweg durch folgende Überlegung finden: Ist der durchgehende Straßenbahnverkehr sehr bedeutend — am Bahnhofplatz ist das aber wohl nur in sehr großen Städten der Fall — dann gehört die Straßenbahnlinie und ihre Haltestelle in den Platzteil für den gewöhnlichen Verkehr; die Haltestelle muß dann aber mit besonderen Plattformen ausgerüstet werden, damit das Ein- und Aussteigen der vielen reiseungewandten Ortsfremden und der durch Gepäck Behinderten durch den Fuhrwerksverkehr nicht gefährdet wird. Im übrigen wird man die Straßenbahnen, besonders aber ihre am Bahnhof endigenden Linien vom gewöhnlichen

Straßenverkehr loslösen und näher an das Empfangsgebäude heranbringen. Zu diesem Zweck braucht man im allgemeinen nur die Inseln I, II, III etwas umfangreicher auszugestalten, so daß sie also die Straßenbahngleise unmittelbar aufnehmen können; die Straßenbahnhaltestelle diesergestalt in den „Bürgersteig" zu legen, entspricht ihrer besonderen Verkehrsbedeutung.

Hieraus ergibt sich also eine Dreiteilung des Gesamtplatzes.

Bei der Ausstattung der Bahnhofplätze sind in erster Linie die Nützlichkeitsbauten zu berücksichtigen, als da sind: Uhr, Trinkbuden, Abort, Zeitungsverkauf, Blumenhalle, Straßenbahn-Wartehalle, Anschlagsäulen, Richtungsweiser, Ankündigungstafeln; vor allem darf ein großer Stadtplan und ein Fahrplan für den Ortsverkehr nicht fehlen. Verfehlt erscheinen dagegen Springbrunnen und Denkmäler (außer solchen zur Erinnerung an den Bau der

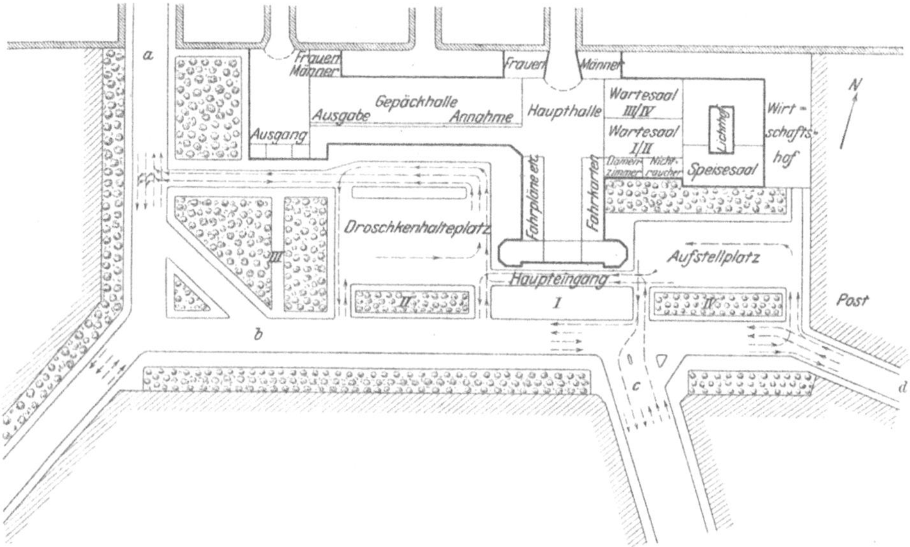

Abb. 41. Entwurf zu einem Bahnhofplatz.

Eisenbahnlinien oder solchen, die die Naturkräfte und ihre Meisterung darstellen). Gärtnerischer Schmuck ist angemessen; er darf nur die Übersichtlichkeit nicht behindern.

Über die Platzform der Bahnhofplätze läßt sich nur wenig allgemein Gültiges sagen. Sie ergibt sich aus der Lage der einmündenden Straßen, der Art des Bahnhofs (ob Kopf- oder Durchgangsbahnhof) und der Grundrißgliederung des Empfangsgebäudes; bei Durchgangsbahnhöfen ist ferner wichtig, ob unmittelbar neben dem Empfangsgebäude die Bahnanlagen von Straßen-Unter- oder -Überführungen gekreuzt werden. Das aber läßt sich wohl allgemein behaupten, daß jeder Versuch zu einer symmetrischen Gesamtausbildung notwendigerweise fehlschlagen muß. Selbst wenn nämlich der Fall denkbar wäre, daß die einmündenden Straßen alle symmetrisch verliefen, und daß ihre Verkehrsstärken dieselbe Symmetrie zeigten, so ist das wichtigste Gebäude, das Empfangsgebäude (von verschwindend wenigen Ausnahmen abgesehen) unsymmetrisch durchzubilden, weil seine Benutzung mit einem symmetrischen Grundriß unvereinbar ist. Außerdem aber wird es fast immer falsch sein, die Hauptzufuhrstraße symmetrisch auf die Hauptachse der Haupthalle hinzuführen, denn das führt notwendigerweise zu Knicken in den Fahrwegen; in Abb. 41 ist z. B. die Hauptstraße absichtlich gegen die Achse der Schalterhalle verschoben, und damit ist der Vorteil einer gestreckten Zufahrt zur Hauptvorfahrt erreicht[1]).

Angedeutet sei noch, daß die Bahnhofplätze an Durchgangsbahnhöfen fast immer „Breitenplätze" sind, von denen eine Reihe wichtiger Straßen strahlenförmig ausgehen.

Bei größeren Anlagen sind Doppelplätze zu empfehlen, also je ein Platz für die Abfahrt und die Ankunft der Reisenden. Der Ankunftplatz muß hierbei die Droschken-Aufstellplätze enthalten; er wird meist abseits liegen (vgl. Anhalter und Potsdamer Bahnhof in Berlin).

Anhang.

Besprechung eines Bahnhofplatzes.

Da der Bahnhofplatz fast immer der wichtigste Verkehrsplatz der Stadt und jedenfalls der am schwierigsten zu gestaltende ist, so ist das genauere Ein-

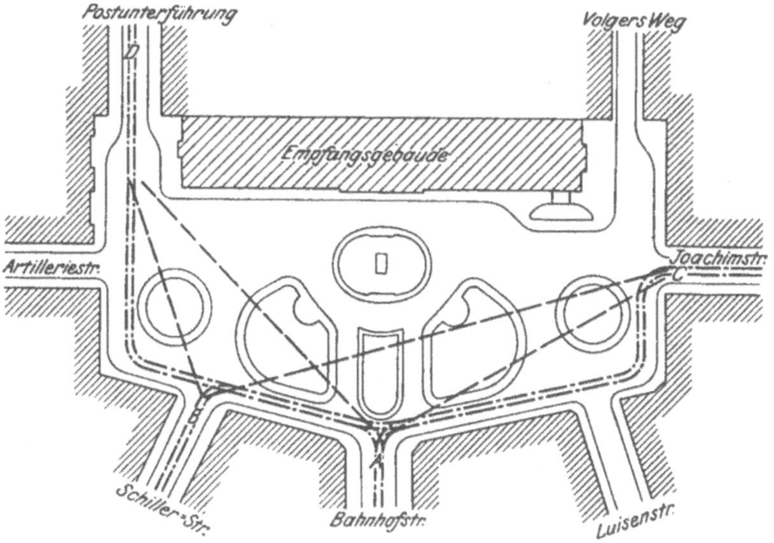

Abb. 42. Bahnhofplatz in Hannover.

gehen auf ein Beispiel angezeigt. Wir wählen hierfür den Bahnhofplatz in Hannover[2]).

Der in Abb. 42 dargestellte Bahnhofplatz ist ein Breitenplatz mit fünf einmündenden Straßen, von denen die Bahnhofstraße die wichtigste ist.

Vom „gewöhnlichen" Verkehr sind die angegebenen Verkehrsrichtungen die bedeutendsten, und zwar in der Rangfolge: A—D, A—C, B—D, B—C.

Das Empfangsgebäude stammt noch aus einer Zeit, in der man glaubte, ein solches Gebäude müsse symmetrisch sein. Aus der symmetrischen Anlage folgt eine Reihe von Schwierigkeiten und Unbequemlichkeiten, aus denen sich auch eine Vermehrung gewisser Betriebskosten ergibt. Als ungünstig sind zu bezeichnen die Trennung der Wartesäle in zwei Gruppen, desgleichen der Gepäckabfertigungen, ferner die teilweise langen Wege zwischen den einzelnen Gebäude-

[1]) Wenn hier gegen die symmetrische Form gesprochen wird, so ist das nicht dahin mißzuverstehen, daß in einem Bahnhofplatz die Regelmäßigkeit und die strenge Form falsch sei. Diese sind selbstverständlich auch ohne beherrschende Symmetrieachse möglich; auch wird man vielfach bestimmte Platzteile in sich symmetrisch ausbilden können, z. B. die Straßenmündungen.

[2]) Zeitschrift des Hann. Arch.-Vereins 1909, Heft 1, und 1911

teilen und die Belästigung der Reisenden durch den Gepäckverkehr. Als Hauptübel für die Reisenden darf hervorgehoben werden, daß das Gebäude nur die drei Türen in der Mittelhalle hat, durch die der ganze Verkehr einschließlich des Gepäck- und Expreßgutverkehrs ein- und ausgehen muß.

Der vor den drei Türen herrschende starke Verkehr wird dadurch verschlimmert, daß hier links gefahren wird. Hierin liegt eine gewisse Gefahr, denn jeder wichtige Platz muß so betrieben werden, daß sich dort jeder nach den allgemein gültigen verkehrspolizeilichen Gesetzen bewegen kann und muß. Dieses Linksfahren aber, noch dazu an einer Stelle, die von einer großen Menge Ortsunkundiger begangen werden muß, widerspricht den allgemein gültigen Bestimmungen. Die aus den Mängeln der Platzanlage sich ergebenden gefährlichen, ungehörigen und unbequemen Wege sind in Abb. 42a dargestellt.

Trotz der Mängel des Empfangsgebäudes kann man aber nicht behaupten, daß aus eisenbahnverkehrstechnischen Gründen ein Umbau des Gebäudes

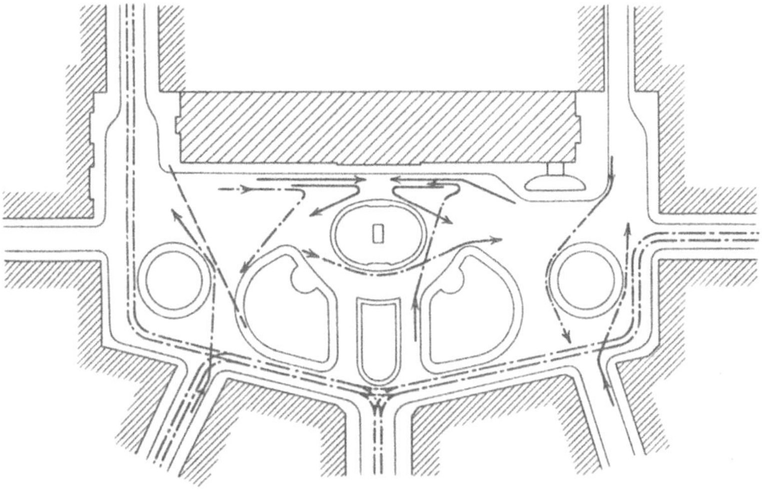

Abb. 42a. Bahnhofplatz in Hannover: Die schlechten Wege.

notwendig sei. Wohl aber war die Platzgestaltung der Umgestaltung dringend bedürftig; sie ist leider nicht durchgreifend genug gewesen, so daß der heutige Zustand besser nicht erörtert wird, sondern nur ein Vorschlag zur verkehrstechnisch richtigen Lösung gegeben sei.

Diese wird mit Naturnotwendigkeit zu gewissen Unregelmäßigkeiten führen, und da der Platz zurzeit von Symmetrie und Geometrie beherrscht wird, so kann man leicht zu der Anschauung kommen, daß die Schönheit des Ganzen oder einzelner Teile beeinträchtigt wird, wenn die Symmetrie gestört wird. Es ist also zu untersuchen, inwieweit die Symmetrie zur Schönheit des Platzes beiträgt, und ob ein Verlassen der Symmetrie an Einzelstellen zu unschönen Bildern führen wird.

Die Symmetrie des Platzes ist eine doppelte: der Gesamtplatz ist symmetrisch zu seiner Hauptachse (der Achse der Bahnhofstraße) angeordnet, und einzelne Teile (Gebäude und Inseln) sind in sich regelmäßig und zueinander symmetrisch geformt.

Von der symmetrischen Anordnung des Gesamtplatzes ist zunächst die der Platzwandungen, abgesehen vom Empfangsgebäude, tatsächlich kaum vorhanden. Selbst wenn man nämlich von der verschiedenartigen Architektur absieht, so ist die Platzwandung in der Gestalt, daß die Achse der Bahnhofstraße als Hauptachse wirkt, überhaupt nicht als geschlossene Einheit zu sehen; das verhindern die viel zu großen Sehwinkel und die hohen Bäume, die als prächtigster Schmuck des Platzes unbedingt erhalten bleiben müssen.

Ist hier die Symmetrie also nur auf dem Papier vorhanden, so ist das in noch stärkerem Maße bei den Platzinseln der Fall. Hier ist die Kreisform der beiden Springbrunneninseln für den Beschauer überhaupt nicht vorhanden, weil, abgesehen von dem sehr spitzen Sichtwinkel, die Regelmäßigkeit durch das Buschwerk verdeckt ist. Verloren geht für das Auge des Beschauers außerdem die Symmetrie zwischen je den beiden inneren größeren und den beiden äußeren kleineren Inseln. All das ist — wie so oft bei Straßen- und Platzgestaltungen — nichts als Reißbrettarbeit und mißverstandene Reißbrettschönheit.

Ist demgemäß bezüglich der Inseln und der Platzwandung (außer dem Empfangsgebäude) eine Berechtigung der Symmetrie nicht anzuerkennen, so ist andrerseits die Symmetrie des Empfangsgebäudes und der Achse der Bahnhofstraße von hoher Bedeutung. Hierbei muß man in diesem besonderen Falle davon absehen, daß die symmetrische Gestalt für ein Empfangsgebäude verfehlt ist, man muß vielmehr das Gebäude wegen seiner Größe, seines hohen Wertes und seiner den Platz beherrschenden Bedeutung als gegeben annehmen Dann muß man aber auch seine Hauptachse beibehalten, ja, man sollte sich sogar bemühen, die der Bahnhofstraße und dem Empfangsgebäude gemeinsame große Achse noch stärker zu betonen, um an dieser Stelle, an der die Symmetrie auch wirklich zu sehen ist, ein einheitliches geschlossenes Bild von strenger großstädtischer Schönheit zu schaffen. Demgemäß sollten zwischen der Bahnhofstraße und dem Empfangsgebäude auch die Fahr- und Fußwege und die Schmuck anlagen symmetrisch angeordnet werden. Das ist allerdings auch jetzt schon der Fall, jedoch wird die Schönheit dadurch beeinträchtigt, daß zu viel runde Linienführungen vorhanden sind.

Das wünschenswerte scharfe Herausarbeiten der Hauptachse muß dazu führen, daß die notwendige Gabelung der Bahnhofstraße in die beiden Hauptrichtungen für den Durchgangsverkehr (Postunterführung und Joachimstraße) unter gleichen Winkeln erfolgt (obwohl vom reinen Verkehrsstandpunkt ungleiche Winkel angezeigt wären), und hierbei wird man den Linienzug Bahnhofstraße—Postunterführung geradlinig gestalten, weil er eine höhere Verkehrsbedeutung hat. Außerdem verlangt die Symmetrie, daß der Linienzug Schillerstraße—Joachimstraße parallel zum Empfangsgebäude, also senkrecht zur Hauptachse geführt wird. Ferner müssen die Fahrwege für den Bahnhofsverkehr zwischen Bahnhofstraße und Empfangsgebäude symmetrisch zur Hauptachse liegen (und zwar entweder parallel oder schwach geneigt zu ihr).

Der Durchgangsverkehr findet nach Abb. 42b für die oben erwähnten vier wichtigsten Beziehungen klare gestreckte Wege; nur in der Richtung von der Schiller- und der Bahnhofstraße zur Joachimstraße ist je ein unwesentlicher Knick enthalten, um die Symmetrie der Hauptachse nicht zu stören. Die abgeknickte Form der Verbindung Schillerstraße—Joachimstraße ist außerdem gewählt, um sie vom Empfangsgebäude mehr zu entfernen und um einen zweiten Fahrdamm (Strahl B—C der Abb. 42) neben dem zwischen Bahnhofstraße und Joachimstraße sowieso notwendigen (Strahl A—C der Abb. 42) zu vermeiden. Die unbedeutenderen Strahlen sind in diese Hauptstrahlen so eingeführt, daß überall glatte Wege entstehen, und daß nirgendwo die Kutscher zum Linksfahren verführt werden.

Der Bahnhofsverkehr ist von allen wichtigen Beziehungen im Durchgangsverkehr vollkommen losgelöst. Nur die Straße E—F soll für den hier unbedeutenden Durchgangsverkehr mitbenutzt werden. Der Fuhrwerk-Bahnhofsverkehr soll — getrennt für Abfahrt und Ankunft — auf die beiden Platzteile rechts und links des Denkmals verwiesen werden. Wie die Abbildung zeigt, ist in diesen

Platzteilen der Fuhrwerk-Bahnhofsverkehr vom übrigen Verkehr, also auch vom Fußgänger-Bahnhofsverkehr, abgesondert; er findet dort reichliche, scharf abgetrennte Aufstellplätze und steht mit den beiden Gepäckabfertigungen in unmittelbarer Verbindung.

Die eingetragene Lage der Straßenbahn-Haltestellen ist nur als ein Vorschlag zu betrachten. Maßgebend war der Wunsch, die Haltestellen ohne

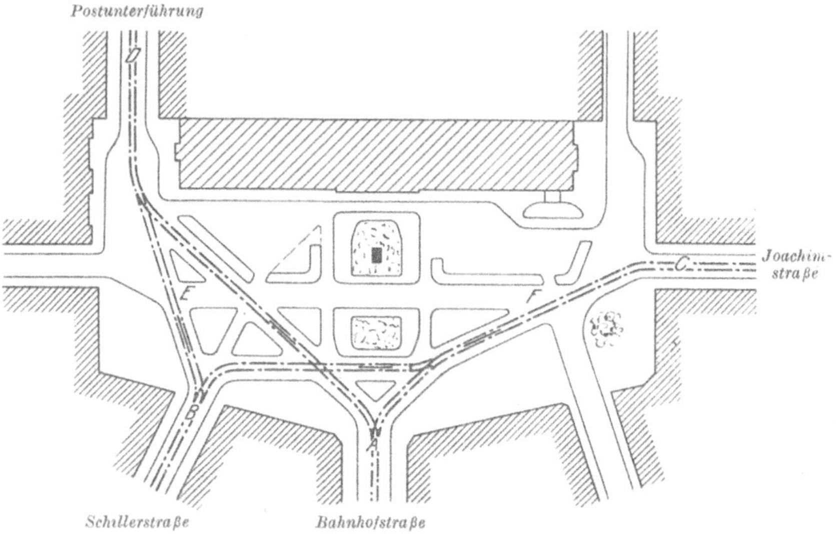

Abb. 42b.

schwierige Linienführung der Straßenbahngleise möglichst dicht an das Empfangsgebäude heranzubekommen. Es würde aber auch die abweichende Lösung möglich sein, die Haltestellen (außer der einen Linie Schillerstraße—Postunterführung) sämtlich an die dreieckförmige Platzinsel in der Achse der Bahnhofstraße zu legen. Die Insel wäre in diesem Fall etwas zu vergrößern (was durch eine geringfügige Änderung der Linienführung der Fahrdämme möglich ist) und wäre dann der gegebene Platz für eine kleine Wartehalle mit Stadtplan, Fahrplänen, Auskunftserteilung, Fernsprecher, Schreibgelegenheit usw.

Fünfter Abschnitt.

Der Fernverkehr.

I. Einleitung und Wasserverkehr.

Unter „Fernverkehr" wird im Gegensatz zu dem an anderer Stelle erörterten „Stadtverkehr" der Verkehr verstanden, der sich über die Grenzen des einheitlichen Wirtschaftsgebietes der Stadt hinaus erstreckt. Der Fernverkehr wird von Wasserstraßen, vom Meer, von Flüssen und Kanälen mit den zugehörigen Häfen und von den Eisenbahnen mit den zugehörigen Bahnhöfen bedient. Post-, Fernschreib-, Fernsprech- und Luftverkehr brauchen in diesem Zusammenhang nicht behandelt zu werden; die Erörterung der Landstraßen und des Kraftwagenverkehrs erfolgt an anderer Stelle.

Die Wasserstraßen und Eisenbahnen dienen aber vielfach auch dem Stadtverkehr; diese Fernverkehrsanlagen werden damit gleichzeitig zu Stadtverkehrsanlagen. Die Grenzen beider Verkehrsarten sind dabei oft verwischt: es fließt der Fernverkehr in den Nachbarschaftsverkehr, dieser in den Vorort-, dieser in den Stadtverkehr über; bestimmte Grenzen ergeben sich unter Umständen daraus, daß für den „Stadtverkehr" besondere Schiffe, Anlegestellen, Gleise (Vorortgleise), Stationen, Züge und vor allem auch besondere — niedrigere — Tarife bestehen. Was im folgenden bezüglich des Fernverkehrs, besonders des Eisenbahnfernverkehrs gesagt wird, trifft bezüglich der Bauanlagen und des Betriebes auch auf den Stadtverkehr zu, wenn dieser von den Fernverkehrsanstalten, z. B. den Staatseisenbahnen, mit besorgt wird.

Über den Wasserverkehr sind nur einige Bemerkungen notwendig, weil seine Anlagen und Einrichtungen im Teil III „Wasserbau" dargestellt werden. Die besonderen städtebaulichen Beziehungen (zu Industriegebieten, Freiflächen, Geschäftsviertel, Güterbahnhöfen) werden an den geeigneten Stellen erörtert werden.

Von besonderer Bedeutung ist die richtige Verteilung der Häfen in dem gesamten Stadtplan, ihre richtige Lage zu den Eisenbahngüteranlagen und die zweckmäßige Eingliederung des einzelnen Hafens in den Bebauungsplan seiner Umgebung. Da es sich hierbei nie nur um eine technische Einrichtung (Hafen) handelt, sondern da vielmehr stets mehrere verschiedenartige Anlagen (Hafen, Güterbahnhof, Freiflächen usw.) zusammentreffen, so ist es selbstverständlich, daß hier gegenseitige Zugeständnisse notwendig sind; man wird z. B. bei einer Hafenanlage nicht immer in der Lage sein, das wasserbautechnisch Richtige durchaus durchführen zu können[1]).

Sehr zu beachten ist dabei aber, daß die Häfen für ihre nähere Umgebung jedenfalls die größten und starrsten Gebilde sind, und daß das Wasser und die Anlagen für den Wasserverkehr zu den wichtigsten geschichtlichen, zu den kostspieligsten und zu den größtflächigen Motiven gehören, die im Städtebau überhaupt vorkommen.

Im übrigen trifft vieles, was im folgenden über den Eisenbahnverkehr gesagt ist, auch für den Wasserverkehr zu; nur ist dabei sehr wichtig, daß sich die Häfen oft im Eigentum und Betrieb der Städte befinden, so daß hier die Stadt selbst „Herr im Hause" ist, während die Eisenbahn stets im Eigentum und Betrieb eines andern ist. Da sich hieraus große Schwierigkeiten ergeben, besonders in den Ländern, in denen Städte und Verkehr schnell anwachsen, so muß auf das Verhältnis zwischen Stadt und Eisenbahn im folgenden mit großer Ausführlichkeit eingegangen werden[2]).

II. Das Verhältnis zwischen Stadt und Eisenbahnverwaltung.

Die Schwierigkeiten und Reibungen, die leider vielfach zwischen Städten und Eisenbahnverwaltungen entstehen, und die an manchen Stellen zu bitterer Feindschaft geführt haben, sind auf mehrere Ursachen zurückzuführen. Als erste muß dabei genannt werden, daß einerseits dem „Eisenbahner" das noch junge Gebiet des Städtebaus und daß andrerseits dem Städtebauer das Eisenbahnwesen oft recht fremd ist. Infolgedessen wird oft „aneinander vorbei"

[1]) Im Wettbewerb „Groß-Düsseldorf" zeigte z. B. in mehreren Arbeiten ein Hafen eine ungünstige Einfahrt. Dieser Fehler hatte aber große Vorzüge für die Durchbildung des Hafenbahnhofs, die Lage einer großen Güterbahn und die Schaffung einer schönen durchgehenden Uferpromenade.

[2]) Vgl. „Der Städtebau" (Zeitschrift) 1911, S. 121; der „Städtebau" (Buch von Dr. Hegemann, Teil II, S. 316; Verkehrst. Woche, eine Aufsatzreihe über „Eisenbahnen und Städtebau, Jahrgang 1912, 13 und 14.

und im weiteren Verlauf von Verhandlungen gegeneinander gearbeitet. Dieses Sich-nicht-Verstehen und der daraus entspringende Widerstreit ist besonders für die Städte sehr nachteilig, denn dadurch wird ihre gesunde und schöne Entwicklung oft auf Jahre verzögert, oft auch ganz unmöglich gemacht. Für die Eisenbahnen ist dagegen die Frage weniger schlimm, weil ihre Macht größer ist als die der Städte, und weil sich starke Verkehrsnotwendigkeiten doch schließlich durchsetzen.

Diesen Reibungen gegenüber ist es eine besondere Pflicht des Ingenieurs (Verkehrsmannes), stets darauf hinzuweisen, daß grundsätzliche Gegensätze zwischen Städten und Eisenbahnen überhaupt nicht vorhanden zu sein brauchten, daß sie vielmehr oft nur durch den Mangel gegenseitigen Verständnisses künstlich erzeugt werden. Man darf Stadt-Entwicklung und Umgestaltung der Eisenbahnanlage innerhalb der Stadt nicht anders auffassen als als eine durchaus einheitliche Aufgabe, die Städtebauer und Eisenbahner in gemeinsamer Arbeit zu einer einheitlichen, harmonisch zusammenklingenden Lösung führen müssen[1]).

Der Städtebauer muß von dem bereits früher angedeuteten Gedanken ausgehen, daß die Städte Kinder des Verkehrs sind, daß die heutigen Städte ihre Blüte den Eisenbahnen und Dampfschiffen verdanken. Vor allem ist es der Güterverkehr, der den Städten die zum Leben unerläßlichen Lebensmittel, Brenn- und Baustoffe und die Rohstoffe für die Gewerbe billig, regelmäßig und pünktlich aus aller Welt zuführt und die Erzeugnisse des städtischen Fleißes über alle Welt verteilt. Über je mehr große Fernverkehrslinien eine Stadt verfügt, je besser ihre Bahnhöfe sind, und je mehr sie zu Anschlüssen ausgenutzt werden, desto bessere Aussichten hat die Stadt, desto kraftvoller können sich ihre Gewerbe entwickeln.

Diese Bedeutung der Eisenbahnen gilt aber nicht nur für die Stadt als Ganzes, sondern auch für die einzelnen Stadtteile. Wie die Stadt Not leidet, wenn sie schlechte Fernverkehrsverbindungen hat, so leiden auch ihre Teilgebiete, wenn der den Verkehrsadern entströmende Lebensquell nicht bis in die einzelnen Teile weitergeleitet wird. Mit Fuhrwerken kann das nämlich nur in sehr beschränktem Umfang geschehen, weil diese viel zu teuer arbeiten (außerdem aber auch die Straßen stark beanspruchen und Staub und Lärm erzeugen). Während Massengüter auf der Eisenbahn zu 1—3 Pf. für den Tonnenkilometer befördert werden, kostet der Tonnenkilometer mittels Straßenfuhrwerk vielfach 25—60 Pf. oder noch mehr[2]). Es können also nur kleine bis mittlere Städte mit einem Güterbahnhof auskommen. Sobald aber in der unmittelbaren Nähe des einen Bahnhofs nicht mehr genügend Raum für alle die Gewerbe ist, die auf die Nähe der großen Transportanstalten angewiesen sind, wird es nötig, den Güterverkehr durch einen zweiten Güterbahnhof, sodann durch Anschlußgleise über mehrere getrennte Stadtteile auszubreiten. Von besonderer Bedeutung — in erster Linie in Ansehung der Verbilligung der Transportkosten und der Stärkung im Weltwettbewerb — ist der unmittelbare Gleis- (und Wasser-)

[1]) Bei den Städtebauern, denen das Eisenbahnwesen fremd ist, kann man zwei entgegengesetzte Richtungen beobachten: Die eine Richtung huldigt, wenn irgendwo eine Eisenbahnanlage hinderlich ist, dem Schlagwort: „der Bahnhof muß raus"; die andere Richtung hat vor der Eisenbahn eine unbegründet hohe Achtung, an Eisenbahnanlagen darf nicht gerührt werden, sogar Gleise untergeordnetster Bedeutung werden mit vollkommener Scheu behandelt; die Furcht davor, die Eisenbahnanlagen mit in den Kreis der städtebaulichen Bearbeitung zu ziehen, ist manchmal so groß, daß man sich mit unglücklichen Bebauungsplänen abfindet, nur um eine — vielleicht längst abbruchreife — Eisenbahnanlage unangetastet zu lassen.

[2]) In Berlin berechneten vor dem Krieg die Fuhrunternehmer nach der „Denkschrift" des „Architekten-Ausschusses" für die Beförderung von Massengütern bis auf 2,5 km Entfernung etwa 1,5 M. bis auf 7,5 km 2 M. für die Tonne.

Anschluß für das Großgewerbe — hierauf wird noch mehrfach zurückgekommen werden.

Bei den Großstädten, vielfach aber auch schon bei Mittelstädten, wird es ferner nötig, den Personenverkehr zu dezentralisieren, d. h. also Vorortstationen oder auch mehrere Hauptbahnhöfe anzulegen, um die Stadtteile gleichmäßiger zu befruchten.

Insgesamt läßt sich also für den Städtebauer das Problem des Eisenbahnverkehrs der Großstädte dahin zusammenfassen: Die viel gehörte Ansicht des einen „Zentralbahnhofs", des einen „Zentralgüterbahnhofs", des „draußen" liegenden Güterbahnhofs ist irrig; es ist vielmehr notwendig, das ganze Stadtgebiet planmäßig mit den notwendigen Eisenbahnen zu durchsetzen, also ein innerstädtisches Eisenbahnnetz des Fernverkehrs zu schaffen, das vor allem für den Güterverkehr dergestalt bis in die Innenstadt hineinzuführen ist, daß kein Punkt der Stadt weiter als etwa 3 km von einem Güterbahnhof entfernt liegt.

Wenn vorstehend vor allem vom Güterverkehr gesprochen wurde, so geschah das deshalb, weil dieser die wichtigere Verkehrsart ist. Der Güterverkehr erfordert nämlich dem Personenverkehr gegenüber die größere Zahl von Zügen, und zwar längere und schwerere Züge, er erfordert größere Bahnhöfe, nämlich Ortsgüterbahnhöfe für Stückgut-, Freilade-, Vieh-, Hafen-, Industrieverkehr und die noch größeren Betriebsbahnhöfe (Verschiebebahnhöfe); auch von den Lokomotivstationen, Werkstätten beansprucht der Güterverkehr wesentlich mehr als der Personenverkehr. Der Güterverkehr ist ferner wirtschaftlich wichtiger; er ist auch militärisch bedeutungsvoller, denn die Mobilmachungs- und Kriegstransporte benutzen in erster Linie die Güteranlagen. Die Güterlinien erfordern ferner schwächere Steigungen als die Gleise, die nur von Personenzügen befahren werden; letztere sind also bezüglich der Meisterung der Höhen handlicher als die Gütergleise. — Die Anlagen für den Personenverkehr haben vor denen für den Güterverkehr städtebaulich nur insofern Vorrang, als die Lage des Hauptpersonenbahnhofs äußerst wichtig für die ganze Stadt ist; außerdem bedürfen die Schnellzugstrecken sehr großer Halbmesser, sie sind also bezüglich der Lage sehr starr. Wie im ganzen Eisenbahnwesen, so sind auch in den Beziehungen zum Städtebau die Bahnhöfe das Wichtigste, jedenfalls wichtiger als die freien Strecken. Insbesondere beziehen sich auch die vielen Umbauten und Erweiterungen der Eisenbahnen in erster Linie auf die Bahnhöfe in den Städten; die Bahnhöfe sind daher auch der Hauptgegenstand der Verhandlungen (und Streitigkeiten) zwischen Städten und Eisenbahnen. Die Bahnhöfe sind ferner die Sammelpunkte für den Straßenverkehr, sie sind also die für den Städtebauer so wichtigen Knotenpunkte der Straßen, an ihnen liegen die wichtigsten „Verkehrsplätze". Andrerseits bilden die Bahnhöfe, und zwar wieder besonders die Güterbahnhöfe, mit ihren großen Flächen oft große Hindernisse für die Stadtentwicklung, denn sie sind viel schwerer mit Querstraßen zu durchbrechen als die verhältnismäßig recht schmalen Eisenbahnlinien.

Von großer Bedeutung für die Stadtentwicklung ist es, daß gewisse Bahnhöfe an eine bestimmte Örtlichkeit gebunden sind (und zwar sowohl aus eisenbahnverkehrstechnischen wie auch aus stadtwirtschaftlichen Gründen), während andere Bahnhöfe verlegt werden können. An die Örtlichkeit recht fest gebunden sind die Verkehrsanlagen (Personen-, Post-, Eilgut-, Ortsgüter-, Hafenbahnhöfe); verlegt (hinausgelegt) können dagegen recht oft werden die Betriebsanlagen (Verschiebe-, Abstell-, Bedienungsbahnhöfe, Lokomotivstationen, Werkstätten). Bezüglich Gebundensein und Verlegungsmöglichkeit decken sich sehr oft die Wünsche der Stadt mit denen der Eisenbahn, und gerade dies bietet eine der wichtigsten Grundlagen für das erstrebenswerte freundschaftliche Zusammenarbeiten. Durch Hinauslegen der Betriebsanlagen gewinnt die Eisenbahn im Innern den für Erweiterungen der Verkehrsanlagen erforderlichen Raum, und bei der Umgestaltung können dann die Flächen oft nach den Wünschen der Stadt gegliedert und mit Querstraßen durchbrochen werden; ferner verschwindet damit viel Rauch, Staub und Lärm aus der Stadt.

Der Städtebauer muß stets im Auge behalten, daß die Eisenbahn mehr Macht besitzt als eine Stadt.

Diese Macht entspringt nicht etwa (wie oft behauptet wird) aus dem Charakter der Eisenbahn als Staatsbahn; die Eisenbahn hat ihre besondere Macht vielmehr auch in Ländern mit reinem Privatbahnsystem; die Macht beruht nämlich auf besonderen verkehrspolitischen und technischen Eigenschaften der Eisenbahn[1]).

Zunächst dient die Eisenbahn den Allgemein-Bedürfnissen des ganzen Volkes und, soweit es sich um Hauptlinien handelt, dem internationalen Verkehr. Dem kann die Stadt nur ihre örtlichen Bedürfnisse gegenüberstellen. Hinter der Eisenbahn steht also die Macht des Staates, wenn es sich darum handelt, Hindernisse für den durchgehenden Verkehr zu beseitigen oder überhaupt nicht erst entstehen zu lassen[2]).

Zu dem starken Rückhalt an der Staatshoheit und den die Eisenbahnen stärkenden Gesetzen kommt ihre wirtschaftliche Macht hinzu. Innerhalb der einzelnen Stadt gehört die Eisenbahn zu den größten Kapitalisten, Grundbesitzern, Arbeitgebern und Bauherren. Die Umgestaltungen und Erweiterungen der Eisenbahnanlagen stellen innerhalb der Städte oft die größten und kostspieligsten Bauausführungen dar; — die Eisenbahn ist vielfach tatsächlich der größte „Städtebauer", sie muß demgemäß eine große Bedeutung bei der Entwurfaufstellung für sich in Anspruch nehmen.

Das muß sie aber außerdem auch deshalb, weil die rein technischen Verhältnisse des Baues und Betriebes bei der Eisenbahn erheblich stärker und starrer sind als bei der Straße. Es stehen sich hier z. B. gegenüber: der für Schnellzüge schon kleine Halbmesser von 500 m dem auf Straßen noch zulässigen von 15 m, die Steigung 1 : 200 der von 1 : 40, die Fläche eines kleinen Güterbahnhofs von 800 × 100 m der Fläche der städtischen Plätze. Ihrer viel größeren Beweglichkeit in Steigungen und Krümmungen entsprechend können sich die Straßen vielfach den Eisenbahnen anschmiegen, nicht aber umgekehrt die starren, großflächigen Eisenbahnanlagen den Straßen[3]).

Sodann verfügen die Eisenbahnen über einen größeren Bezirk. Die Stadt ist nur innerhalb ihrer (oft viel zu engen) Gemeindegrenzen zuständig, die Eisenbahn beherrscht dagegen einen beliebig großen Bezirk, nämlich den ganzen Bereich, der irgendwie durch Betriebsänderungen beeinflußt werden kann

---

[1]) In Deutschland wird allerdings viel darüber geklagt, daß bei Streitigkeiten zwischen Städten und Eisenbahnen die Entscheidung letzten Endes beim Staat ruht, also bei dem Eigentümer der Eisenbahnen, daß z. B. in Preußen der Minister der öffentlichen Arbeiten in letzter Instanz entscheide, also „in eigener Sache", da er „Eisenbahnminister" ist. Hierüber hat es zu heftigen Auseinandersetzungen im Landtag geführt; eine Entscheidung ist noch nicht gefallen. Unserer Ansicht nach sollte die Entscheidung auch nicht beeilt werden, da zu hoffen ist, daß die Bestrebungen um ein besseres gegenseitiges Verständnis und um freundschaftliches Zusammenarbeiten Erfolg haben werden; ist das aber erzielt, dann wird eine Gesetzesänderung wahrscheinlich entbehrt werden können. Vgl. hierzu Verkehrst. Woche 1912.

[2]) Das darf den „Eisenbahner" allerdings nicht verleiten, seinem „Werk" die Bedeutung absoluten Allgemein-Interesses zuzuschreiben, der Stadt aber nur deren „Lokal"-Interesse zuzubilligen. Was hier über „allgemein" und „lokal" gesagt ist, gilt nur in rein verkehrstechnischem Sinne. Tatsächlich besteht bezüglich des Gedeihens, der gesunden Entwicklung der Stadt, nämlich jeder Stadt, ein allgemeines, völkisches Interesse.

[3]) Eine gewisse Einschränkung dieses Gedankens bezüglich der Höhenlage wird noch erörtert werden.

Der Städtebauer kann dem dadurch begegnen, daß er nicht nur innerhalb seiner engen Gemeindegrenzen denkt, sondern für die Nachbar- und besonders für die Vorortgemeinden großzügig und vorurteilsfrei mitarbeitet.

Sehr groß ist auch die Macht der Eisenbahn in der Beziehung, daß sie unter Umständen allerdings gehindert werden kann, zu bauen, daß sie aber nicht gezwungen werden kann, zu bauen. Wo einer Eisenbahn in einer Stadt zu viele Schwierigkeiten bereitet werden, kann sie unter Umständen die Umgestaltung überhaupt unterlassen und sich durch Bauten auf anderen Stellen oder durch Betriebsumleitungen helfen. Davon kann die Stadt dann sehr große Nachteile haben, man denke hier an Zugverlegungen, Durchfahren von Schnellzügen, Versetzen einer größeren Zahl von Beamten; — alles Dinge, die die Eisenbahn selbstherrlich vornehmen kann, ohne sich irgendwie um die Stadt kümmern zu müssen.

Andrerseits kann aber die Stadt der Eisenbahnverwaltung auch sehr helfen: Was nämlich insbesondere die Umgestaltung von Eisenbahnanlagen erschwert, sind hohe Grundstückpreise, Bebauung von Flächen, die von der Eisenbahn gebraucht werden, Anlage von Straßen, Kanalisationseinrichtungen und ähnliches. Hier verzögernd und regelnd einzugreifen, ist der Eisenbahn teils gar nicht, teils nur unvollkommen möglich. Die Stadt aber kann das tun: Sobald sie sich mit der Eisenbahn über künftige Erweiterungen verständigt hat, kann sie z. B. die Bebauung so lange verzögern und die Grundstückpreise niedrig halten, bis die Eisenbahn gekauft hat; sie kann ferner z. B. die Bebauungspläne so einrichten, daß nur wenige Straßenkreuzungen erforderlich werden usw. Es liegt also durchaus in beiderseitigem Interesse, wenn in gemeinsamer Beratung frühzeitig die Richtlinien sowohl für die künftige Erweiterung und Umgestaltung der Eisenbahnen als auch für die Aufteilung des Stadtgebietes festgelegt werden. Selbstverständlich ist hier Vertrauen und Verschwiegenheit von hoher Bedeutung.

III. Die besonderen Verhältnisse des Eisenbahn-Personenverkehrs.

Von den Beziehungen des Personenverkehrs ist zunächst die wichtigste die, welche in der Bedeutung des Hauptbahnhofs zum Ausdruck kommt. Der Bahnhofplatz ist meist der wichtigste Verkehrsplatz, von ihm gehen die großen Geschäftsstraßen aus, er bildet oft den größten Knotenpunkt der Straßenbahnen, vielfach ist er ein Mittelpunkt des geschäftlichen und (durch Vermittlung der Gasthöfe) auch des gesellschaftlichen Lebens.

Die Lage des Hauptbahnhofs zur Stadt ist besonders deswegen so wichtig, weil die Gunst oder Ungunst der Lage zum Geschäftsviertel den Nah- und Nachbarschaftsverkehr stark beeinflußt. Während es nämlich für den eigentlichen Fernverkehr auf große Entfernungen ziemlich gleichgültig ist, wie der Bahnhof liegt, leiden die Geschäftsbeziehungen zur näheren Umgebung, wenn der Bahnhof zu weit entfernt liegt. Es ist daher erklärlich, daß gegen ein etwa geplantes Hinausschieben des Bahnhofs stets starker Widerspruch laut wird. Andrerseits ist aber das Hinausschieben vielfach für Stadt und Eisenbahn gleich günstig: für die Eisenbahn, weil sie den neuen Bahnhof auf billigem Gelände ohne Störung des Betriebes im alten Bahnhof bauen und unter Umständen die Umbaukosten aus dem Verkauf wertvollen freiwerdenden Geländes decken kann, für die Stadt, weil sie dadurch von einer ihrer Entwicklung schädlichen Barrikade befreit wird, und weil sie sich auf dem freiwerdenden Gelände monumental ausdehnen kann (vgl. z. B. Frankfurt a. M.). Die Frage der Bahnhofverlegung läßt sich nur von Fall zu Fall entscheiden, sie erfordert stets umfangreiche Parallelentwürfe und Berechnungen. Hierauf kann hier natürlich nicht eingegangen werden, um so weniger, als damit die Frage „Kopfbahnhof oder Durchgangsbahnhof?“ aufgerollt werden würde. Nur ein sehr wichtiger Punkt sei erwähnt, der so oft vergessen wird: Setzt eine Stadt Wünsche durch, die nur durch einen betriebstechnisch ungünstigen Bahnhof befriedigt werden können, so rächt sich das unter allen Umständen an der Stadt; denn der Verkehr flieht jede schlechte Anlage: mögen auch die vorhandenen Züge noch weiter über die Stadt, also durch den schlechten Bahnhof geleitet werden, die neu hinzukommenden Züge werden andere, bessere Wege aufsuchen, die Stadt also nicht mehr berühren; damit geht die Stadt ihrer Bedeutung als Knotenpunkt allmählich verlustig. Bei der Frage einer Bahnhofverlegung muß also unter allen Umständen gerade im Interesse der Stadt oberster Grundsatz sein: Durch die Umgestaltung muß ein betriebstechnisch wirklich guter, leistungsfähiger Bahnhof erzielt werden; dieser Hauptforderung müssen die andern Wünsche und die Rücksichten auf einzelne Erwerbskreise untergeordnet werden. Es ist dabei übrigens zu beachten, daß bei einem Verlegen man wohl immer die Möglichkeit hat, den Bahnhof an das Geschäftsviertel durch eine Hauptverkehrsstraße mit Schnellfahrdamm und besonderem Straßenbahnfahrdamm wieder anzuschließen[1]).

Neben dem Hauptbahnhof sind die Nebenbahnhöfe zu nennen, also die an den einmündenden Strecken in den Vorstädten und Vororten gelegenen Personenstationen. Sie haben allerdings meist keine Bedeutung für den Fernverkehr, weil die Schnellzüge an ihnen nicht halten; dagegen sind sie wichtig für den Nachbarschaftsverkehr. Durch diesen befruchten sie ihre Umgebung so stark, daß sie Sammelpunkte des Straßenverkehrs und daher Zielpunkte für die Verkehrsstraßen und Straßenbahnen werden. Jeder solche Bahnhof ist also von weittragender Bedeutung für die Aufstellung des Bebauungsplanes des betreffenden Stadtviertels.

IV. Die besonderen Verhältnisse des Eisenbahn-Güterverkehrs.

Wie oben erwähnt, bedarf die Stadt (Großstadt) der Dezentralisation des Eisenbahngüterverkehrs, damit kein Stadtgebiet unbefruchtet bleibt. Sogar „Villenkolonien“ dürfen nicht zu fern von einem (wenn auch nur kleinen) Güterbahnhof liegen, weil sonst die Bauanlagen zu teuer, also die Mieten und Abgaben zu hoch und die Brennstoffe zu kostspielig werden.

Nun soll aber jeder Einzelbahnhof mit jeder einmündenden Linie in Verbindung stehen. Diese aus der Stadtwirtschaft heraus sich ergebende Notwendigkeit stellt an die Eisenbahn sehr hohe Anforderungen bezüglich der Verbindungsbahnen und besonders des Rangiergeschäftes.

---

[1]) Wenn z. B. der veraltete Kopfbahnhof Braunschweig durch einen 1000 m außerhalb gelegenen Durchgangsbahnhof ersetzt wird, so werden dadurch für die Bevölkerung keine Zeitverluste, sondern Zeitgewinne entstehen, denn es kann bequem eine große Straße mit Autodamm und Schnellstraßenbahn zu dem neuen Bahnhof geführt werden, ferner wird die Abfertiguug in dem Durchgangsbahnhof schneller, außerdem werden die Züge bei der Einfahrt 4, bei der Ausfahrt 3 Minuten sparen. Vor allem aber wird Braunschweig den Durchgangsverkehr Hannover—Magdeburg und Hildesheim—Magdeburg, der sehr wichtige deutsche und internationale Verkehre enthält, behalten bzw. wieder an sich ziehen, während es sonst mit Bestimmtheit dem Schicksal entgegengehen würde, zu einem Knotenpunkt vierter Ordnung herabzusinken. — In diesem Fall ist also der nach außen verschobene Durchgangsbahnhof unbedingt besser für die Stadt als der innenliegende Kopfbahnhof; — in andern Fällen kann es umgekehrt sein.

Die Eisenbahn hat aber noch die weitere Schwierigkeit zu meistern, daß sie auch den durchgehenden, also den nicht für die Stadt bestimmten Güterverkehr zu bedienen, d. h. weiterzuleiten hat. Abgesehen von Weltstädten, ist dieser durchgehende Verkehr größer als der Lokalverkehr. Nun ist es selbstverständlich, daß das für die Weiterleitung des durchgehenden und die Zergliederung des (zu dezentralisierenden) Ortsverkehrs notwendige Rangiergeschäft einheitlich in demselben Bahnhof erledigt werden muß. Die Lage dieses Bahnhofs (oder dieser Bahnhöfe) richtet sich hauptsächlich nach der Lage der einmündenden Linien und nach den Forderungen des Durchgangsverkehrs. Aber es sollte hierbei auch der oben erwähnte wichtige städtebauliche Gesichtspunkt beachtet werden, nämlich der Wunsch, die Betriebsanlagen möglichst nach außen zu schieben.

Die Gesamtdisposition des Güterverkehrs wäre also in folgender Richtung zu bearbeiten:

Zuerst sind die für die erforderlich werdenden Rangierstationen geeigneten Stellen auszusuchen. Eisenbahntechnisch richtet sich ihre Lage nach der der einmündenden Linien, den Anforderungen des durchgehenden Verkehrs (möglichst wenig Eckverkehr!), dem Gelände und der Möglichkeit, die Verbindungsbahnen zweckmäßig führen zu können. Stadtwirtschaftlich richtet sich die Lage nach etwa schon vorhandenen größeren Industrien oder Häfen und unter Umständen nach der wünschenswerten Gesamtdisposition der Gasanstalten, Kraftwerke, Schlachthöfe und anderer städtischer Großbetriebe. Städtebaulich ist wichtig, daß jeder Rangierbahnhof in seiner Längenrichtung radial zur Gesamtstadt liegen sollte, so daß die naturgemäß radialen Hauptverkehrsstraßen an dem Bahnhof entlang geleitet werden können und nicht durch ihn quer hindurch geführt werden müssen. Von Bedeutung ist ferner, daß der Rangierbahnhof mit seinen Nebenanlagen die richtige Disposition der Freiflächen nicht stören darf.

Nach Festlegung der Rangierstationen sind die Güterumgehungs- oder Verbindungsbahnen zu trassieren. Was dabei eisenbahntechnisch zu beachten ist, braucht hier nicht erörtert zu werden. Städtebaulich sind die Umgehungsbahnen einerseits in ihrer störenden Bedeutung zu würdigen: man wird sie, wenn das eisenbahntechnisch möglich ist, nicht gerade durch Landhausgebiete, durch schöne Wiesentäler, an freien Flußufern entlang führen; anderseits sind die befruchtenden Momente zu beachten: die neuen Linien eignen sich unter Umständen sehr gut zum unmittelbaren Nebenlegen von Straßen, Schnellbahnen, Straßenbahnen mit eigenem Bahnkörper. An den neuen Linien sind die zur Dezentralisation notwendigen neuen Ortsgüterbahnhöfe anzulegen, ferner die Bedienungsstationen für Gewerbegebiete, Häfen, städtische Großbetriebe. Wollte man hierfür wieder besoneree Verbindungsgleise vorsehen, so würden die Baukosten unnötig groß, auch würde das Gesamtgebiet noch mehr von störenden Eisenbahnlinien zerschnitten werden.

In der Trassierung der Güterverbindungsbahnen berühren sich also die Interessen des durchgehenden Verkehrs aufs engste mit denen des Orts-, des Hafen-, des Industrieverkehrs, und deshalb mit denen der Gesamtstadtentwicklung.

Einen Maßstab für die Bedeutung der großen Verschiebebahnhöfe, der Güterumgehungsbahnen, der neben den Personengleisen anzulegenden neuen Gütergleise haben die Wettbewerbe Groß-Berlin und Groß-Düsseldorf ergeben. Abb. 43a zeigt das Eisenbahnnetz des einen Wettbewerbentwurfs:

Die alten „Umgehungsbahnen" sind die Gütergleise des Nordrings und des Südrings, deren größter Durchmesser etwa 13 Kilometer beträgt. An neuen Güter-Umgehungsbahnen sind je eine westliche, nördliche, östliche und südliche vorgesehen, nun mit einem größten Durchmesser von etwa 50 (fünfzig) Kilometern. In Verbindung mit den alten Umgehungsbahnen sind die älteren Verschiebebahnhöfe Spandau, Grunewald, Tempelhof, Rummelsburg,

Lichtenberg und Pankow vorhanden. Sie geben ihre Aufgaben aber immer mehr an die neuen großen Verschiebebahnhöfe ab. Von diesen ist Wustermark ebenso wie die westliche Umgehungsbahn (Nauen—Michendorf) und Niederschöneweide (an der Görlitzer Bahn) bereits seit mehreren Jahren in Betrieb. Die südliche Umgehungsbahn mit den Verschiebebahnhöfen Michendorf im Westen und einem im Osten noch anzulegenden großen Verschiebebahnhof

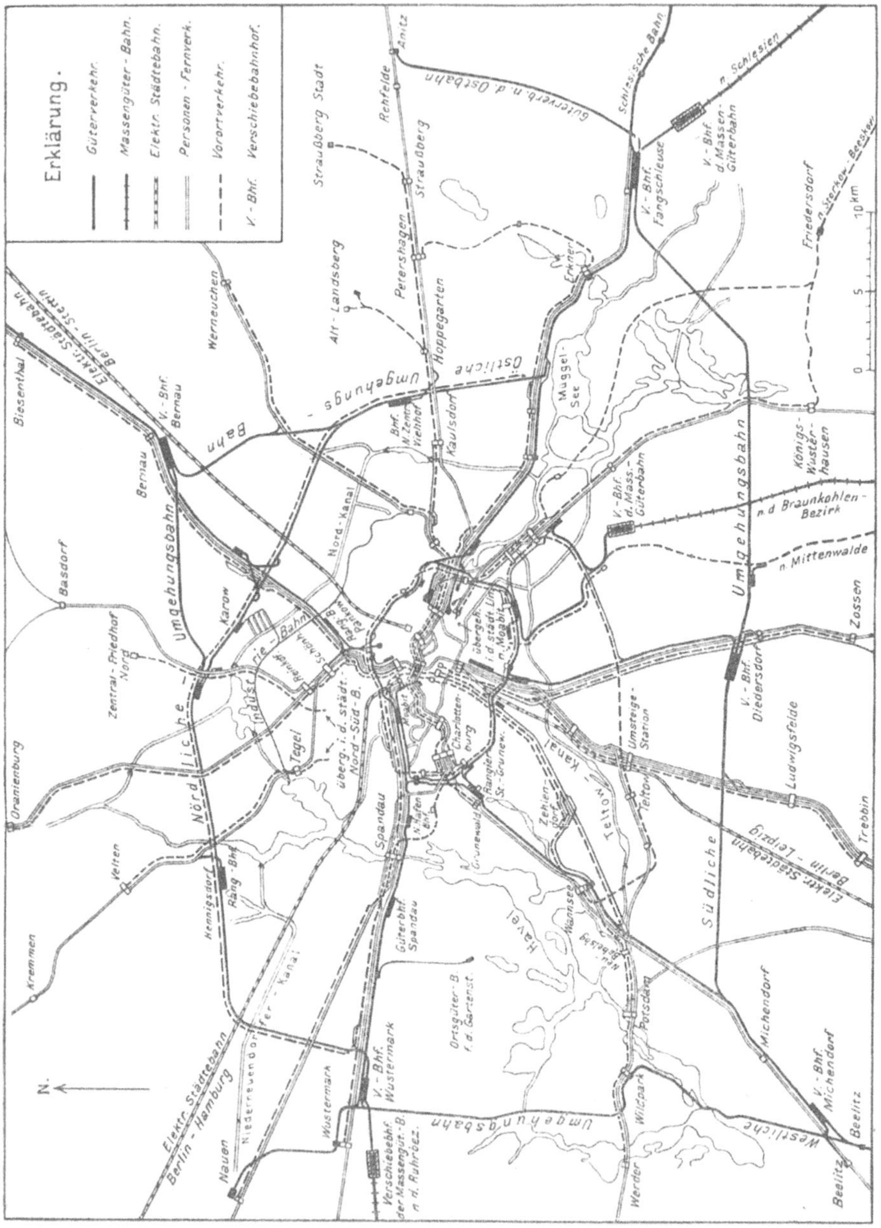

Abb. 43a. Entwurf zum Fernbahnnetz aus dem Wettbewerb Groß-Berlin.

ist im Bau, — wobei für ihren östlichen Teil eine näher an Berlin verlaufende Trasse gewählt werden dürfte, als in der Abbildung angegeben ist. Der an ihr dargestellte Verschiebebahnhof Diedersdorf (Ersatz Tempelhof) wird noch nicht angelegt. Über die Ausführung einer nördlichen und einer östlichen Umgehungsbahn ist bisher noch nichts bekannt geworden, — eine Außenlinie Nauen—Oranienburg befindet sich jedoch im Bau.

In den Wettbewerbentwürfen Groß-Düsseldorf waren in vielen Arbeiten Güter-Umgehungsbahnen vorgesehen. Eine im Norden der Stadt verlaufende Linie sollte zur

Verbindung der aus dem Industriegebiet kommenden Linien mit dem Rangierbahnhof Neuß gleichzeitig zum Anschluß eines künftigen Nordhafens — der übrigens inzwischen schon von den städtischen Körperschaften beschlossen worden ist — und zur Erschließung der nördlichen Industriegebiete dienen. Eine im Süden der Stadt trassierte Linie hätte vor allem der Vorbeileitung des von Elberfeld her zuströmenden Güterverkehrs zu dienen und außerdem die Industriegebiete in Eller und Benrath und einen künftigen Südhafen anzuschließen. Eine westliche Umgehungsbahn ist bereits vorhanden. Abb. 43b zeigt die Disposition des Güterverkehrs nach dem Wettbewerbentwurf Schmitz-Blum-Heck. Der Entwurf zeigt übrigens zwei Mängel: am Nordhafen die schon erwähnte ungünstige Hafenzufahrt, an der westlichen Güter-Umgehungsbahn den eisenbahnbetriebstechnisch richtig, städtebaulich aber falsch (nicht radial) liegenden Bedienungsbahnhof Eller.

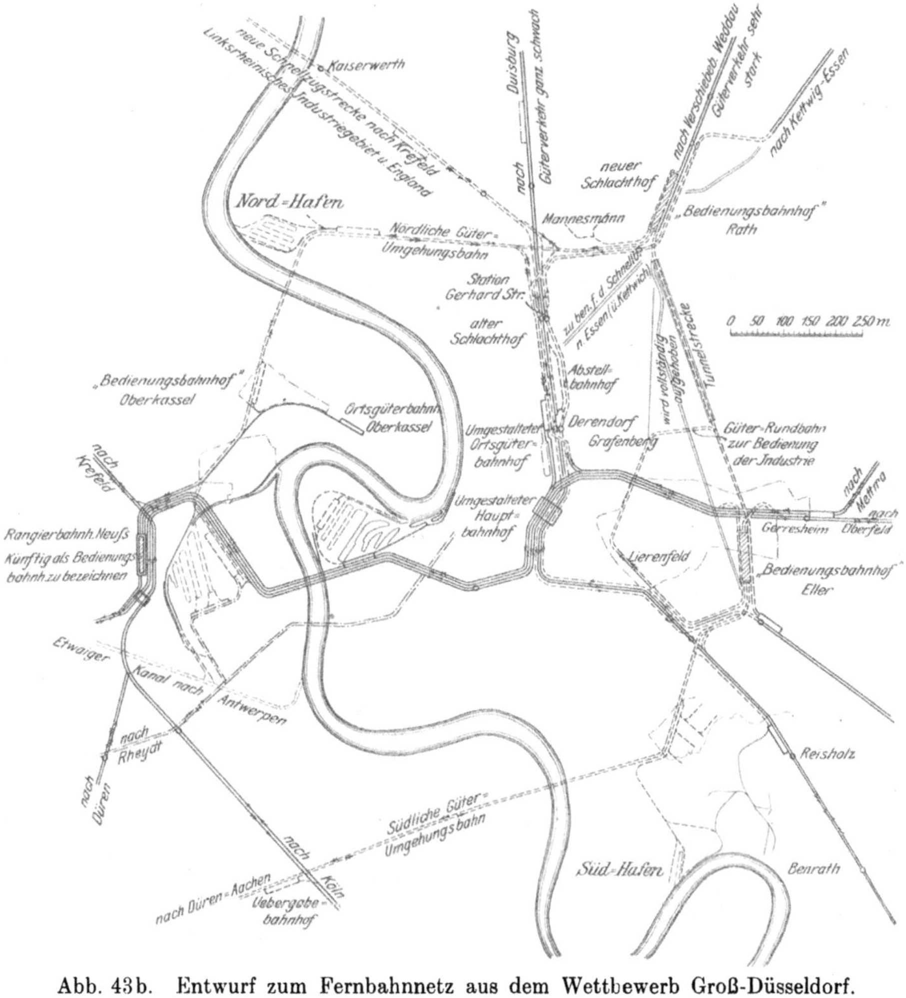

Abb. 43b. Entwurf zum Fernbahnnetz aus dem Wettbewerb Groß-Düsseldorf.

Eine besondere Betrachtung verdienen noch die Güter-Innenbahnhöfe. Wir verstehen darunter die in dem Stadtinnern in zugebauten Gebieten gelegenen Bahnhöfe. Vielfach sind dies einerseits die verkehrsreichsten und die mit ihrer Umgebung am innigsten — weil am längsten — verwachsenen, anderseits aber auch die am meisten störenden (vgl. das Grundübel Berlins: die Barrikade des Hamburg-Lehrter und Potsdam-Anhalter Güterbahnhofs). Mit dem Schlagwort: „Der Bahnhof muß raus" ist, wie erwähnt, nichts anzufangen, auch wenn der Banhof städtebaulich noch so sehr stört. Der Bahnhof muß vielmehr gerade im Interesse der Stadt erhalten bleiben, ja, es muß sogar für ausreichende Erweiterungsmöglichkeit vorgesorgt werden. Diese Erweiterungsnotwendigkeit scheint es nun auszuschließen, daß die Eisenbahn auf einen Teil ihrer Flächen verzichtet, so sehr die Stadt auch um solche Flächen zur Verbesserung unhaltbarer Zustände bitten mag. Hier muß aber eine Prüfung einsetzen, ob wirklich das Abgeben von Flächenteilen von Innenbahnhöfen stets abzulehnen ist. Man darf nämlich „Erweiterung" nicht gleichsetzen mit „Flächenvergrößerung", und man muß genauer untersuchen, worauf es im einzelnen bei der die Erweiterung bedingenden Verkehrszunahme ankommt.

Zunächst sollte man nicht „Angst vor dem Verkehr" haben. Es ist tatsächlich bei manchem Innenbahnhof nicht damit zu rechnen, daß der Verkehr ständig wächst. Es ist vielmehr klar, daß einmal ein „Sättigungspunkt" erreicht werden muß. Jeder Bahnhof hat eine bestimmte Interessensphäre, die man mit genügender Genauigkeit für die wichtigsten Verkehrsbeziehungen ermitteln kann. Bei Innenbahnhöfen ist die Interessensphäre nun entweder völlig zugebaut oder wird es in berechenbarer Zeit sein. Sie ist dann also mit Bewohnern und Gewerben gesättigt. Eine Vermehrung der Bewohner ist nicht anzunehmen; ob eine Vermehrung der Gewerbe noch möglich ist, ergibt sich aus den Bauordnungen und kann rechnerisch erfaßt werden. Jedenfalls läßt sich mit ausreichender Genauigkeit ermitteln — besonders durch richtige Bearbeitung der Statistik von andern, vor allem von größeren Bahnhöfen —, daß der Bahnhof durchschnittlich nur die Abfertigung einer bestimmten Menge von Lebensmitteln, Brennstoffen, Baustoffen usw. äußerstenfalls wird leisten müssen. Dabei ist noch zu beachten, daß wir in Großstädte heute noch Dinge mittels Eisenbahn hineinsenden. die künftig in manche Stadt sicher auf andere Weise hineingeschickt werden. Am wichtigsten ist hier die Wärme. Früher floß diese zur Licht- und Krafterzeugung und zum Heizen ausschließlich als Körper in die Stadt, z. B. zur Beleuchtung das Petroleum. Heute wird die Hauptmasse des Lichtes und ein großer Teil der Kraft als elektrischer Strom und Gas ohne Inanspruchnahme der Eisenbahn in die Innenstadt geleitet, und auch zum Heizen, z. B. zum Kochen und in vielen Gewerben verdrängt das Gas die Kohle immer mehr. Was heute ein Kohlenbahnhof leistet, das können künftig vielleicht ein Draht und eine Gasleitung leisten. Wir sind jedenfalls nicht berechtigt, mit einem endlosen Zunehmen des Kohlenstromes in die Innenstadt hinein zu rechnen. Sodann darf nicht übersehen werden, daß fast alle unsere Innenbahnhöfe zurzeit noch im Zeichen „extensiver Wirtschaft" stehen. Wir lassen sie nachts fast brach liegen, obwohl nicht einzusehen ist, weswegen unter besonderen Verhältnissen nicht auch nachts gearbeitet werden soll; das müssen in hochentwickelter Wirtschaft — und die Großstädte sind ihre Brennpunkte — doch unendlich viele Menschen tun. Selbstverständlich empfehlen wir das nicht restlos, sondern nur für „besondere Verhältnisse", z. B. für sehr hohe Bodenwerte der Bahnhoffläche und sehr große Schädigungen des Straßenverkehrs durch zu große Bahnhofgebiete. Sodann arbeiten unsere Entladeeinrichtungen noch vielfach zu langsam, man denke z. B. an das Kohlen- und Sandschaufeln, das Entladen von Ziegeln, von Briketts usw. Es dürfte nicht zweifelhaft sein, daß man hier zu Schnellentladeeinrichtungen kommen muß, dann leistet man aber auf dem gleichen Stück Gleis ein Mehrfaches des heutigen Verkehrs. Auch die Vergrößerung der Ladefähigkeit der Güterwagen wird in diesem Sinn wirken. Mehrgeschossige Güterschuppen haben wir auch erst sehr wenige. Dabei beachte man, daß die Gesamtlage von Bahnhof und Straßen wegen der notwendigen schienenfreien Durchführung von Querstraßen einen Höhenunterschied bedingt, der zu Einrichtungen für Schnellentladung und zu mehrgeschossigen Ladeanlagen herausfordert. Auch die Ladegleise weisen vielfach Mängel auf: zu große Länge, schlechter Anschluß an die Ausziehgleise, ungenügende Aufstellgleise usw. Und nun beachte man weiter, daß so viele Betriebsanlagen (Lokomotivschuppen, Kohlenlager, Rangiergleise, Oberbaulager, Werkstätten) aus der Innenstadt nicht nur heraus können, sondern unter Umständen sogar aus Betriebsrücksichten hinaus müssen; dann ist es kein Sprung ins Dunkle, wenn die Eisenbahn (nach schärfster Prüfung selbstverständlich) auf bestimmte Flächen im Interesse der gesunden Stadtentwicklung verzichtet. Hierbei braucht das Verzichten durchaus noch nicht in einem Verkaufen zu bestehen. Es ist sehr gut möglich, daß die Eisenbahn eine Aufstellung macht, derart, daß sie sich klar darüber wird: Die Flächen a werden frühestens in zehn Jahren, die Flächen b frühestens in zwanzig Jahren, die Flächen c in dreißig Jahren gebraucht; sie können dann also für entsprechend lange Zeiträume an die Stadt verpachtet werden; sehr oft wird damit der Stadt vollauf gedient sein: wenn man eine Fläche für zehn Jahre sicher hat, rentiert sich schon die Anlage von Rasen und Sträuchern für Spielplätze, oder man kann z. B. eine Schnellbahn finanzieren, wenn man sie zunächst als offene Bahn 15 Jahre auf einem geliehenen Streifen billig bauen kann und dann erst an die teure Hoch-Tiefbahn herangehen muß; und wenn Bahngelände für 30 Jahre verpachtet werden kann, dann kann die Stadt oder eine gemeinnützige Baugesellschaft sogar schon Häuschen darauf bauen, weil sich bei niedriger Pachtrate die Abschreibung herauswirtschaften läßt.

Wir haben die vorstehenden Betrachtungen aus einer früheren Veröffentlichung fast wörtlich übernommen, obwohl inzwischen die äußerst wertvolle „Denkschrift“ des „Architekten-Ausschusses Groß-Berlin“ bezüglich des Berliner Verkehrs zu wesentlich vorsichtigeren Schlußfolgerungen kommt. Sie ermittelt z. B., daß sich unter den auf dem Anhalter Bahnhof eingegangenen Wagenladungsgütern nur 16,9 % — 187 400 t jährlich, gleich 625 t täglich — befinden, die sich schütten lassen, und daß von 26 Empfängern, die ziemlich regelmäßig Schüttgüter erhalten, nur zwei täglich 100 bis 130 t erhalten, also von Schüttvorrichtungen und großräumigen Wagen Gebrauch machen könnten. Ebenso kämen die Krananlagen für Ziegel, Briketts, Röhren, Eisenteile usw. nur für größere Unternehmungen in Frage. Immerhin gebe der Vorschlag, den Anhalter Güterbahnhof umzugestalten (d. h. der Fläche nach zu verkleinern), einen guten Anhalt dafür, daß wenigstens ein Teil der Fesseln beseitigt werden kann, welche die sachgemäße Entwicklung des Straßennetzes Berlins behindert haben.

Über die Beziehungen zwischen Eisenbahn-Güterverkehr und Gewerbe und über die etwaige Anlage von städtischen Güterverteilungsbahnen vgl. Abschnitt 8.

V. Einfluß der Eisenbahnen in bautechnischer Hinsicht.

Die Eisenbahnanlagen beeinflussen rein bautechnisch betrachtet die Stadtanlage sowohl in hinderndem als auch in förderndem Sinne.

Hindernd sind die Eisenbahnlinien, weil sie starre, gerade oder schwach gekrümmte Baukörper darstellen, hindernd sind die Bahnhöfe, weil sie so große Flächen einnehmen. Behindert wird vor allem der Querverkehr, denn er muß mittels Brücken schienenfrei durchgeführt werden. Das ist schon bei einer (schmalen) freien Strecke oft schwierig und sehr teuer, bei Bahnhöfen aber manchmal wirtschaftlich unmöglich. Bei Personenbahnhöfen müssen die Querstraßen etwa 200 m, bei Güterbahnhöfen aber oft 700—800 m auseinander liegen, Verschiebebahnhöfe kann man in kleineren Abständen als

900 bis 1500 m kaum durchbrechen. Hieraus ergibt sich auch ohne weiteres, daß man in dem Bebauungsplan Stationen nie als Punkte darstellen darf, sondern stets in ihrer richtigen Fläche eintragen muß.

Der erschwerte Querverkehr zeitigt vielfach einen plötzlichen Wertabfall der Grundstücke hinter der Bahn; oft macht auch die ganze Stadtentwicklung an der Bahn wie früher an den Festungswällen Halt.

Bei der Durchbrechung der Eisenbahnanlagen kommt es vor allem auf zwei Punkte an: Die Bahnanlagen müssen so durchgebildet werden, daß die natürlich schienenfreie Straßendurchführung nur möglichst wenige Gleise zu kreuzen braucht, — das kann der Eisenbahner durch richtiges Disponieren der großen Gebäude (z. B. der Lokomotiv-, Wagen-, Güterschuppen) und der Gleise erreichen, die stumpf endigen können. Das zweite ist die richtige Abwägung der Höhenlage von Eisenbahn und Straße, auf die wir noch zurückkommen.

Fördernd sind die Eisenbahnen vor allem bezüglich des Längsverkehrs. Da die Eisenbahnen naturgemäß meist radial zur Stadt führen, geben sie Hauptrichtungen für wichtige Radialstraßen an. Parallelstraßen lassen sich bei rechtzeitigem Zusammenarbeiten an den Eisenbahnen entlang meist recht bequem erzielen; dabei wird Eisenbahn und Straße aber (mit Rücksicht auf den Querverkehr) meist in verschiedener Höhe liegen. Eine Eisenbahn, eingefaßt von zwei Parallelstraßen, kann, besonders wenn sie im Einschnitt liegt und wenn die Böschungen gut bepflanzt sind, ohne besondere Zutaten eine natürliche „Prachtstraße" und ein Einfalltor für frische Luft werden. Auch die Anlage von Radial-Parkstreifen kann unter Umständen durch eine Eisenbahnlinie begünstigt werden. Sehr segensreich können sich ferner die Eisenbahnlinien erweisen, wenn man unmittelbar neben sie und in (ungefähr) gleicher Höhe mit ihnen Schnellbahnen, Autostraßen, Schnellstraßenbahnen anordnet; diese Verkehrsmittel kreuzen dann die Straßen auch nicht mehr in Schienenhöhe, sondern auf Brücken, die sich an die Eisenbahnbrücken anlehnen, so daß dadurch nur ein geringes Mehr an Kosten entsteht.

Bezüglich der gegenseitigen Höhenlage ist davon auszugehen, daß Übergänge in Schienenhöhe ausgeschlossen werden sollten, außer wo es sich um Wege oder Bahnen mit sehr geringem Verkehr handelt. Die Frage, ob es nun vorzuziehen ist, die Eisenbahn oben (auf Dämmen) oder unten (im Einschnitt) anzuordnen, ist allgemein nicht zu entscheiden, sondern kann nur von Fall zu Fall entschieden werden, und zwar erfordert die Entscheidung stets die Aufstellung von mindestens zwei vollständigen Entwürfen (unter Umständen noch mit Varianten) mit genauen Kostenanschlägen.

Da über die sehr schwierige Frage hier nicht viel mehr als Andeutungen gegeben werden können, so möge im folgenden vorausgesetzt werden, daß in einer in der Ebene liegenden Großstadt Straßen und Eisenbahnen in gleicher Höhe liegen, und daß dieser Zustand durch Herstellung schienenfreier Kreuzungen beseitigt werden soll. Abgesehen von mancherlei zwischenliegenden Möglichkeiten sind folgende Lösungen möglich:

1. Die Straßen bleiben in alter Höhe: a) Eisenbahn wird gesenkt, b) Eisenbahn wird gehoben.

2. Die Eisenbahn bleibt in alter Höhe: a) Straßen werden gesenkt, b) Straßen werden gehoben.

Dabei ist zunächst zu prüfen, ob und inwieweit die Höhenlage der Straßen noch geändert werden kann. Während nämlich früher betont worden ist, daß die Straße viel handlicher ist als die (viel starrere) Eisenbahn, ist hier zu beachten: Sind die Straßen schon bebaut, so können sie oft nur sehr wenig in ihrer Höhe verändert werden; Straßenänderung bedeutet hier Häuserumbau oder Häuserentwertung; dann ist also die Eisenbahn weniger starr, also handlicher, und zwar umso bequemer (und billiger) zu heben oder zu senken, je weniger Gleise sie enthält. Handelt es sich aber um neu zu erschließendes Gelände, so ist es auch gewagt, die Straßen in Einschnitte oder auf Dämme zu legen; denn dadurch wird die Bebauung verzögert, auch sind unter Umständen Anliegerbeiträge kaum einzuziehen. — Außerdem sind Straßen, die auf „Stelzen" über Bahnen hinüber oder „in Löchern" unter ihnen durchgedükert werden, ästhetisch sehr bedenklich; die ruhige Linie eines Eisenbahndammes ist dann immer noch vorzuziehen, selbst wenn der Damm die Aussicht etwas verdeckt. — Längere Straßentunnel können gegen Abend von Frauen kaum begangen werden.

Man wird sich also im allgemeinen dazu bekennen dürfen, daß es richtig ist, die Höhenlage der Eisenbahn zu ändern, was allerdings anfänglich oft sehr keck anmutet. Dabei wird man sich aber möglichst auf die freien Strecken und die Personenstationen beschränken; denn die Güter- und Rangierbahnhöfe sind zu umfangreich. Wenn hierbei ein Personenbahnhof eine andere Höhenlage erhält als ein unmittelbar benachbarter Güterbahnhof, so ist das eisenbahntechnisch oft unbedenklich, da sich auf Grund der für Verbindungsgleise zulässigen starken Steigungen stets ein geschickter Gleisplan wird entwerfen lassen.

Von der eben ermittelten Voraussetzung ausgehend, daß die Straßen ihre Höhe (ungefähr) behalten mögen, darf man sich aus ästhetischen Gründen für die Tieflage der Eisenbahn bekennen. Die Eisenbahn verschwindet dann im Einschnitt, sie stört das Städtebild nicht, der Blick kann frei über sie hinweg schweifen, große Straßen- und Platzanlagen können über der Bahn geschaffen werden, die beiden durch die Bahn getrennt gewesenen Teile können zu einem einheitlichen Gebilde zusammengefügt werden, was bei Hochlage der Bahn nicht ganz erzielt werden kann, — mindestens nicht für das Auge, wohl aber für den Verkehr. Hervorragend ist z. B. die Umgebung des tiefliegenden Hauptbahnhofs Hamburg und z. B. auch die Durchführung der Eisenbahn und die Lage des Hauptbahnhofs in Edinburg, wo das prächtige Stadtbild durch die im Einschnitt liegende Eisenbahn nicht im mindesten gestört wird.

Gegen die Tieflage der Eisenbahn erheben sich aber eine Reihe von Bedenken. Zunächst ist die lichte Höhe der Eisenbahnen größer, sie beträgt nämlich 4,80 m, während man bei den Straßen mit geringeren Höhen auskommen kann. Leider begegnet man allerdings auch hier ähnlichen Übertreibungen wie bei den Straßenbreiten; es wird vielfach das Maß von 4,40 und (angeblich mit Rücksicht auf die Oberleitung der Straßenbahn) sogar 4,55 m Lichthöhe vorgeschrieben. Das ist aber, wie unzählige Straßenunterführungen in Weltstädten beweisen, zuviel. Man bedenke, daß Möbelwagen, Dreschmaschinen, Militär-Kraftwagen die größten und höchsten Fuhrwerke sind, die überhaupt vorkommen; alle diese dürfen aber nur so hoch sein, daß sie noch auf Eisenbahnwagen verladen werden können, sie können also nicht höher als 3,55 m sein; auch die Feuerwehr-Fahrzeuge brauchen nicht höher zu sein. Mit einer Lichthöhe von 3,90 m lassen sich alle durchschnittlichen Anforderungen erfüllen, auch die Straßenbahn durchführen; — die Tiefbahn in Berlin hat nur 3,30 m Lichthöhe, der Spreetunnel nur 3,15 m. Für Straßenbahnen mit Decksitzen reicht 4,65 m aus. Jede Übertreibung ist hier schädlich, äußerste Sparsamkeit ist unbedingt geboten, denn sehr oft heißt es nicht „3,90 oder 4,55", sondern: „3,90 oder gar keine Unterführung". Der Städtebauer sollte ganz allgemein danach streben, daß unvernünftig hohe Fuhrwerke ausgemerzt oder verboten werden — Heuwagen mit 4,40 m Ladehöhe brauchen in den Städten nicht zu verkehren. Es wird sich aber immer ermöglichen lassen, eine oder einige Unterführungen bis 4,20 oder 4,40 m hoch zu halten, so daß auch die wenigen ungewöhnlich hohen Fuhrwerke — z. B. solche mit Spiegelglas oder Theaterkulissen — allerdings mit

Umwegen — verkehren können. Andrerseits wird man manche Unterführung noch niedriger halten können; denn die meisten leichten Wagen, Droschken, Kraftwagen kommen schon mit 3,50 m aus, für Fußgänger (Radfahrer, Kinderwagen, Karren) reichen 2,50 m aus; — die kleinste noch als zulässig erachtete Durchganghöhe für Personen-Bahnsteigtunnel beträgt 2,30 m.

Das spricht also stark für Hochlage der Eisenbahn. Andrerseits kann eine Brücke für Fußgänger und leichtes Fuhrwerk sehr billig (unter Umständen aus Holz) über eine Bahn hinweggeführt werden, auch kann man bei der ersten Anlage hier an Breite sparen. Wegunterführungen erfordern dagegen stets die teuren Stützmauern und sollten daher stets von Anfang in einer Breite ausgeführt werden, die dem Verkehr der nächsten 2 bis 3 Jahrzehnte noch gerecht wird.

Gegen die Tieflage der Bahn spricht aber noch ein anderer sehr wichtiger Umstand, nämlich das Wasser. In recht vielen Städten liegen die Straßen so dicht über dem Grundwasser, daß eine um 5,50 m zu senkende Eisenbahn in dieses gerät; das ist aber, abgesehen von Ausnahmen (z. B. Pennsylvania-

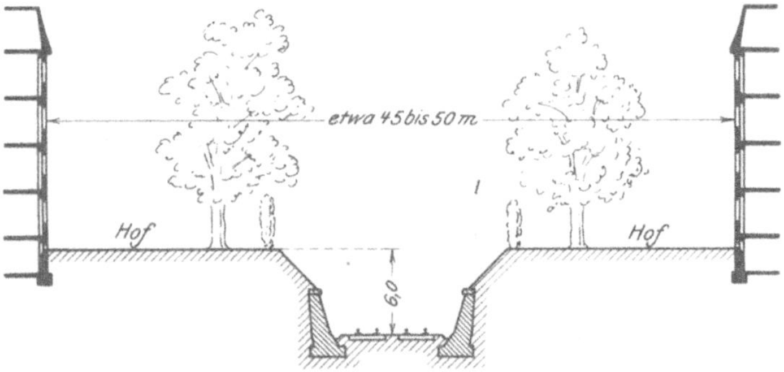

Abb. 44. Führung der Bahn durch Hinterland.

Bahn in New York) nur für kurze Teilstrecken zulässig. Nun kommt noch hinzu, daß bei den Eisenbahnen in den größeren Städten die verschiedenen Linien sich noch innerhalb der Stadt schienenfrei überkreuzen müssen; es sind dann also nicht nur drei Höhen (Wasser, Eisenbahn, Straße), sondern vier Höhen zu meistern, weil die Eisenbahn selbst zwei verschiedene Höhen einnimmt. Man wird also sehr oft von der Tieflage der Eisenbahn endgültig Abstand nehmen müssen.

Selbstverständlich muß und kann ein Bahndamm und eine Hochbahn (auf Stein- oder Eisenunterbau) schönheitlich durchaus befriedigend ausgestaltet werden.

Auf die allgemeinen ästhetischen Beziehungen möge noch kurz eingegangen werden, besonders auf die Frage, ob man die Eisenbahnen verstecken oder offen zeigen soll. Offensichtlich wird selbst der Nur-Ästhet, der Romantiker, der dem Verkehr jegliche Schönheit abspricht, dem durchaus zustimmen, daß die Empfangsgebäude u. dgl. — würdige Ausführung vorausgesetzt — eine Zierde jeder Stadt sein können. Andrerseits kann aber der Verkehrsfanatiker der Bevölkerung nicht einreden, daß ein Kohlenbahnhof schön sei, und daß man sich mit Rauch und Lärm einfach abzufinden habe. Es muß hier also eine Abstufung nach den verschiedenen Zwecken der Eisenbahnanlagen Platz greifen. Sodann ist zu beachten, daß nicht nur die Städter die Eisenbahnen sehen, sondern daß auch die Reisenden von der Bahn aus die Stadt sehen, und zwar, daß sie hier den ersten, oft den bestimmenden Eindruck von der ganzen Stadt erhalten. Die Stadt hat also ein hohes Belangen daran, sich den Reisenden vorteilhaft zu präsentieren.

Aus diesen Erwägungen darf man etwa folgendes ableiten: Die Personengleise sollen durch eine schöne Umgebung in die Stadt hineinführen, sie sollten also nicht (wie z. B. in besonders unwürdiger Weise vielfach in Berlin) zwischen Hinterhäusern und Höfen durchgeführt werden, es sei denn, daß eine würdige

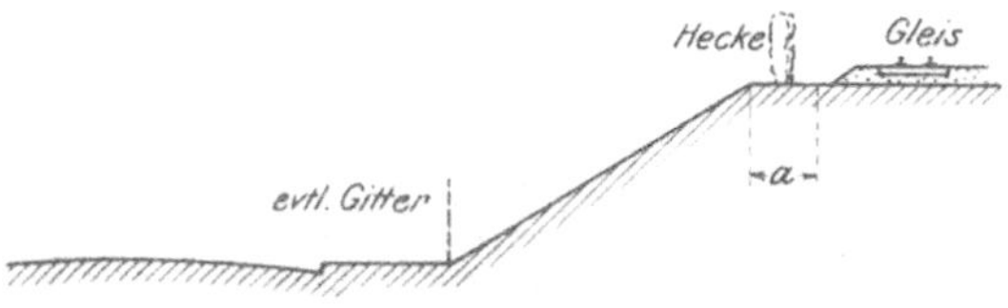

Abb. 45. Gestaltung von Eisenbahndämmen.

Ausstattung der Rückfronten durch die Baupolizei sichergestellt wird; im übrigen wird die Anlage von Parallelstraßen neben den Personenbahnen vorzuziehen sein, um so mehr als die vom Personenzugbetrieb ausgehenden Störungen verhältnismäßig gering sind. Gegen Parallelstraßen wird allerdings manchmal der Einwand erhoben, daß sie für die Stadt wirtschaftlich ungünstig seien, weil die Eisenbahn keine Anliegerbeiträge zu zahlen habe.

Anders steht es mit den Anlagen für den Güterverkehr, vor allem mit den Bahnhofanlagen, bei denen Schmutz, Staub, Rauch und Lärm unvermeidlich sind. Hier ist möglichst dichter Abschluß zweckmäßig; der Abschluß kann dabei vielfach durch entsprechende Stellung der notwendig werdenden großen Gebäude erfolgen, vor allem der Gebäude, die verhältnismäßig wenig Störungen verursachen (Wagen- und Stückgutschuppen, Lagerhäuser, Beamtenwohnhäuser, Dienst- und Übernachtungsgebäude). Sonst ist der Abschluß durch geschickte Höhengliederung und durch Hecken und anderes Grün zu erzielen. Vielfach

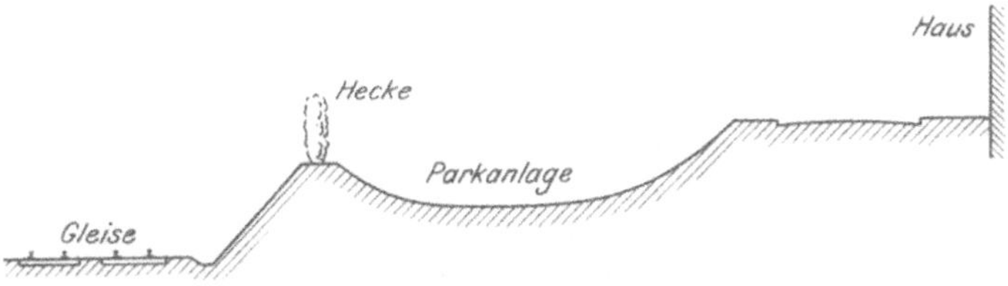

Abb. 46. Höhengliederung zwischen Straße und Eisenbahn.

dürfte es bei oben liegenden Eisenbahnanlagen zweckmäßig sein, den Damm derart zu verbreitern, daß an seinem oberen Rand, also in Gleishöhe, noch eine Hecke gepflanzt werden kann; die Böschungen selber kann man konkav ausgestalten und bepflanzen. — Die Anlage von Parallelstraßen hat, besonders wenn man die Böschungen in der eben angedeuteten Weise etwas breiter auszieht, als bautechnisch grade ausreichend ist, den Vorzug, daß eine spätere Erweiterung der Eisenbahnanlagen und die Verbreiterung der Straßen bequem ist, auch finden sich dann stets gute Baustellen für die vielen notwendigen kleinen Betriebsgebäude (z. B. Stellwerke), die in diesem Fall bei liebevoller Durcharbeitung durch einen feinsinnigen Architekten sehr feine Kunstwerke werden können (vgl. z. B. zahlreiche Stellwerke usw. am Rhein).

Abb. 44 bis 46 geben Anregungen zu zweckmäßigen Anordnungen.

Sechster Abschnitt.

Freiflächen und Grünanlagen.

„Unsere Vorfahren waren seit undenklichen Zeiten Waldmenschen, wir sind Häuserblockmenschen. Daraus allein schon erklärt sich der unwiderstehliche Naturtrieb des Großstadtbewohners hinaus ins Freie, aus der Staubmühle des Häusermeeres ins Grüne der freien Natur. Daraus erklärt sich, daß dem naturhungernden Stadtmenschen jeder Baum, jeder kleinste Gartenfleck, jeder Blumentopf heilig ist, und dieser allgemeinen Volksempfindung nach dürfte nicht ein Strauch einer sonst so nötigen Stadtbebauung geopfert werden, sondern müßte im Gegenteil möglichst viel Grünes zu dem alten Bestand noch dazugepflanzt werden.“ C. Sitte.

Einleitung.

Für die Stadt sind Freiflächen, mit Grün oder Wasser bedeckt, nicht nur ästhetisch wertvoll, sondern auch rein gesundheitlich unbedingt erforderlich. Sie sind die „Lungen der Stadt“. So richtig dies ist, so bedarf das nicht dahin aufgefaßt werden, daß das Grün der Freifläche eine bestimmte Menge Sauerstoff (oder Ozon!) erzeuge, eine bestimmte Menge Kohlensäure unschädlich mache und so die Luftverbesserung bewirke.

In dieser Weise arbeitet die „Lunge der Stadt“ nicht. Tatsächlich schwankt nämlich der Kohlensäuregehalt der Luft außerordentlich wenig, — von etwa 0,025 bis 0,036%. Ebenso schwach sind die Schwankungen im Sauerstoffgehalt — von 20,94 bis 22,88% (nach anderen Untersuchungen noch weniger). Die Waldluft enthält oft sehr hohe Grade von Kohlensäure, sie enthält auch recht viele Mikroben usw.

Wenn hierin die wohltätige Wirkung der Freiflächen also nicht beruhen kann, so müssen wir nach den wahren Ursachen forschen. Als solche darf man an erster Stelle als die unmittelbaren bezeichnen, daß die Bäume der Freiflächen Ruß, Staub und schädliche Gase von uns fernhalten, daß unser Auge vor den hastenden Bildern des Straßenverkehrs, unser Ohr vor dem Lärm bewahrt wird, daß wir unter den Bäumen Schatten und Kühlung finden; daneben mögen in den Parkanlagen ebenso wie im Wald noch geheimnisvolle Kräfte wirken, die die Wissenschaft noch nicht ergründet haben mag, die aber für uns zuträglich sind. Wichtiger als derartige unmittelbare Einflüsse dürfte aber die seelische Einwirkung sein, also die Wirkung des Grünen und des Wassers als eines Sympathiemittels. Beide erfreuen und beruhigen nämlich unser Auge, und von dem Anblick des Baumes oder des Teichspiegels spinnen wir unsere Gedanken unbewußt weiter zum Wald, zum Meer, zur teuren Mutter Natur, und das löst in uns wieder die Gedanken an Wanderungen, an gesunde, körperliche Tätigkeit aus und fordert uns ständig auf, unsern Körper im Häusermeer nicht verkümmern zu lassen, sondern möglichst oft hinauszuwandern.

Wenn diese Gedankengänge richtig sind (was sich wohl kaum beweisen läßt, sondern empfunden werden muß), so muß der Städtebauer an sie anknüpfen, er hat also sich nicht damit zu begnügen, „möglichst viel“ Grün oder „so und so viel Quadratmeter für den Kopf“ zu schaffen. Gesamtanordnung und Einzeldurchbildung muß vielmehr so sein, daß die skizzierten beruhigenden, erfreuenden und erhebenden Gedankengänge in uns ausgelöst werden. Dieser Gesichtspunkt ist deswegen so wichtig, weil zum Auslösen dieses Gedankens nicht große Grünflächen gehören, die der Städtebauer in vielen Stadtgebieten nicht mehr schaffen kann, sondern weil dazu ganz wenig — ein einziger alter schöner Baum — genügt.

Und wenn uns der eine Baum schon an den ganzen Wald erinnert und uns einlädt, in diesen hinauszuwandern, dann muß der Städtebauer diese Einladung verstärken, indem er aus der Innenstadt heraus Wege (Parkstreifen) schafft, die zum Hinauswandern und Hinausradeln, auffordern oder, mit anderen Worten, er muß den Wald in die Stadt hineinbringen, indem er, wie bereits erwähnt, von ihm aus grüne Bänder wie Fühlhörner in die Innenstadt hineinführt.

Unter Freiflächen haben wir im folgenden zu verstehen:

1. Die vollständig der Bebauung, dem Verkehr und dem Gewerbe entzogenen Günflächen, also die Wälder, Wiesen, Bachtäler, Parkanlagen;
2. die Wasserflächen, soweit sie nicht (sehr lebhaftem) Verkehr dienen;
3. die Spiel-, Sport- und Übungsplätze, von denen die letzteren allerdings teilweise staubig sind und außerdem der Bevölkerung nur bedingt zur Verfügung stehen;
4. die Friedhöfe und Urnenhaine;
5. die großen Privatgärten, deren Wert für die Allgemeinheit noch erhöht wird, wenn Privatgarten und öffentlicher Park unmittelbar aneinandergrenzen;
6. große Anstalten, bei denen relativ kleine Gebäude in große Grünflächen eingebettet sind (Krankenhäuser, Schulen, Akademien, unter Umständen auch Kasernen mit den Übungsplätzen);
7. Gärtnereien, Laubenkolonien (Pachtgärten), Baumschulen.

Es gehört also alles dazu, wo Grün, wo Wassser, wo Erholung, Ruhe und Sport; es gehört aber nicht dazu, wo Lärm, Rauch, Staub und Verkehr; z. B. kann man nicht Verkehrsstraßen und geräuschvolle Plätze dazu rechnen, auch wenn Bäume darauf stehen.

Neben dem Städtebauer sind für die Durchbildung der Freiflächen die Vertreter anderer Berufe heranzuziehen, so der Gärtner, Forstmann, Wasserbauer, Arzt, Sportsmann, Geistliche.

Der Städtebauer muß sich Kenntnisse verschaffen auf dem Gebiet der Garten- und Parkanlagen, insbesondere über die geschichtliche Entwicklung der Gärten und die verschiedenen Arten der Gärten. Es sei dieserhalb auf die Literatur (Stübben, Lange, Migge) verwiesen und nur das folgende hervorgehoben: Unsere heutigen Parkanlagen und vor allem die, die wir erst schaffen müssen, dienen ganz anderen Zwecken als die großen Gartenschöpfungen der Fürsten und der englischen Lords. Damals wurde der Park für einen, für eine Familie, für eine Hofhaltung geschaffen, jedenfalls für die ganz wenigen ganz Reichen; das „Volk" aber war und ist vielfach noch heute von der Benutzung ausgeschlossen oder darf den „Schloßpark" jedenfalls nur zum Spazierengehen gebrauchen, aber nicht zu Spiel und Sport.

Heute hat dagegen der Städtebauer für die breite Masse des Volkes und besonders für dessen ärmere Schichten zu arbeiten. Alles also, was nur der fein empfindende Ästhet als Schönheit verstehen und würdigen kann, paßt nur ausnahmsweise in unsere Freiflächen; das Volk will Wald und Wiese und Bach, wie die liebe Natur sie wachsen läßt; das Volk will die „gewöhnlichen" Blumen; das Volk versteht feine Teppichbeete und kunstvoll geschnittene Hecken nicht; das Volk will auch nicht hübsch artig auf den abgezirkelten Wegen bleiben, es will sich frei bewegen, sich lagern und austoben. Es wird also nicht richtig sein, viel Einzelkunst in die Parkanlagen hineinzustecken — so sehr das Gesamtfreiflächensystem eine Kunstschöpfung sein muß —; je mehr der Städtebauer die Natur walten läßt, desto mehr wird er dem Zwerk gerecht werden und mit desto geringeren Geldmitteln wird er auskommen, — und auch hier ist das Sparen ein wichtig Ding.

Wenn Grünanlagen nur zur Betonung von Architekturen dienen („dekoratives Grün" vor großen Gebäuden, auf Friedhöfen, auf sogenannten „Schmuckplätzen"), so handelt es sich um Einzelaufgaben, die von dem Architekten in Verbindung mit dem Gärtner zu lösen sind. Das gleiche gilt von dem „dekorativem Wasser."

I. Die Pflanzen der städtischen Grünanlagen.

Ebenso wie der Mensch in dem Häusermeer körperlich leidet, so auch die Pflanze. Sie findet in der Stadt nicht die gewohnten Lebensbedingungen, sie ist vielmehr durch manche Schädlichkeit bedroht. Die wichtigsten hiervon sind folgende: Der Schatten der Häuser macht viele Stellen für Pflanzenwuchs ungeeignet; die von der festen Straßendecke und den Häusern rückstrahlende Hitze führt zu frühem Welkwerden der Blätter; der Straßenstaub hindert die Blätter am Atmen; der Boden kann unter der festen Decke nicht durchlüften, er ist mit Gas und allerlei Schädlichkeiten durchsetzt, so daß das Wurzelwerk krankt, das außerdem nur zu oft bei dem vielen Aufreißen der Straßen brutal beschädigt wird; die Luft enthält schweflige Säure und andere schädliche Gase[1]); die Fuhrwerke und die Kinder verletzten Stamm und Äste.

Im allgemeinen treten die Schädigungen um so stärker auf, je mehr der Baum von Steinmassen und Verkehr umgeben ist, je weniger Schutz er durch die Gesellschaft anderer Pflanzen findet, je kleiner die einzelne Grünfläche ist. So sehr man also den Einzelbaum als wirksames Motiv pflegen muß, so muß man sich doch auch mit Rücksicht auf das Gedeihen der Pflanzenwelt dazu bekennen, daß die auch aus anderen Rücksichten erstrebenswerte Anordnung weniger großer, aber gut verbundener Freiflächen vor der Anordnung vieler kleiner „Schmuckplätze" den Vorzug verdient.

An Laubbäumen scheinen besonders die mit glatten Blättern gut geeignet zu sein, in erster Linie Ulmen, Linden, Platanen, Kastanien, Ahorne. Nadelhölzer sind leider schwer zu halten, obwohl gerade diese und andere immergrüne Pflanzen den Vorzug haben, auch im Winter grün zu sein[2]). Sehr wichtig sind für den Städtebauer die bodenbedeckenden Pflanzen. Von ihnen ist Rasen zwar am schönsten, aber, wenn er gut wirken soll, teuer in der Unterhaltung; er gedeiht außerdem nicht im Schatten. Vor allem muß man sich in Deutschland davor hüten, Rasen einfach nach englischem Vorbild anzulegen und zu benutzen; denn das englische Klima ist dem Gedeihen des Rasens wesentlich günstiger als das deutsche. Sedum spurium, von Gärtnern warm empfohlen, ist anscheinend noch zu wenig bekannt; gegen Efeu haben viele Menschen als gegen eine „Friedhofpflanze" ein unberechtigtes Vorurteil. Teppischbeete werden (nach meiner persönlichen Ansicht) vielfach zu stark bevorzugt; so sehr sie berechtigt sein mögen als „dekoratives Grün" vor Denkmälern, Gebäuden usw., so wenig scheint solche Kunst dort angebracht zu sein, wo man viel Natürlicheres anordnen könnte; außerdem erfordern sie hohe Geldmittel, die manche Stadt auf die Pflege anderer Grünanlagen besser verwenden würde.

---

[1]) In der Nähe von Zinkhütten stirbt z. B. jeglicher Baumwuchs ab.

[2]) Meiner Ansicht nach sollte man mit Nadelhölzern umfangreichere Versuche machen. Wenn z. B. auf eine Tannengruppe dieselben Kosten verwendet werden wie auf ein Teppichbeet, so müßte man doch wohl Erfolge erzielen können. Auch Hecken scheint man mir in vielen Gegenden zu wenig zu kennen. In Westdeutschland haben sich Ligusterhecken bewährt, weil sie bei nicht allzu starkem Frost auch im Winter grün bleiben und ihre alten Blätter erst im Frühjahr abwerfen.

II. Pflanzenschmuck der Straßen und Plätze.

A. Baumreihen — Alleen.

Die üblichste Bepflanzung der Straßen ist die mit Baumreihen. Hierbei werden die Bäume je nach Breite und Einteilung der Straße in einer Reihe (an der einen Bürgersteigkante entlang) oder in zwei Reihen (an beiden Bürgersteigen) oder in drei und noch mehr Reihen angeordnet. Bei großer Straßenbreite ist das Motiv einer besonderen „Allee" sehr beliebt gewesen, und zwar dient hierbei die Allee entweder nur dem Fußgänger oder auch (bei genügender Breite) auf je einem besonderen Streifen auch dem Reit- und Radfahrverkehr. In derartig breiten Alleen werden die einzelnen Verkehrsstreifen durch die Baumreihen getrennt, wobei unter Umständen die Baumreihen wieder durch Rasenstreifen, Girlanden und dergl. zusammengefaßt werden.

So schön nun auch viele Alleen sein mögen, so erscheint es doch zweckmäßig, an die Spitze dieser Erörterung eine Kritik zu setzen. In dem Anhang zu Camillo Sittes „Städtebau" heißt es über die Allee:

„Eine echte Barockidee zum Zweck der perspektivisch großartigen Auffahrt zum Hauptportal barocker Schloßbauten. — Eine echte Handwerksburschenidee von der Landstraße her . . . Jede Allee ist langweilig; aber keine Großstadt kann sie ganz entbehren, denn ihr endloses Häusermeer braucht alle nur erdenklichen Formen zur Unterbrechung des ewigen Einerleis . . . Die moderne geometrische Stadtbaurichtung hat nicht einmal Geschick genug bewiesen, um dieses ihr doch sinnesverwandte Motiv auch nur halbwegs richtig zu verwenden. Man nahm einfach unverhältnismäßig breite Ringstraßen und Avenuen an und pflanzte beiderseits eine ununterbrochen fortlaufende Allee . . . Damit ist aber das gerade Gegenteil von dem getan, was das Streben des Städtebaukünstlers sein muß, denn es läßt sich leicht nachweisen, daß hierdurch bei einem Maximum von Kosten ein Minimum von Erfolg erzielt wird . . ."

Dieser kraftvollen Ablehnung der Allee gegenüber wird nun aber wohl jeder eine Reihe von Alleen kennen, die ihm wegen ihrer Schönheit ans Herz gewachsen sind. Zur Aufklärung dieses Widerspruchs diene folgendes:

Wir bezeichnen mit dem Wort „Alleen" gedankenlos ebenso städtische Straßen mit Baumreihen wie Chausseen, wie Baumgänge in Parkanlagen, und weil jeder von uns unter den letzteren hervorragende Schöpfungen kennt, übertragen wir gar zu leicht das sympathische Gefühl auf die äußerlich allerdings ähnliche, in ihrem Wesen jedoch grundverschiedene Anlage, die im Häusermeer und dem Verkehr der Stadt liegt. Prüfen wir uns nun selbst, welche Alleen als die schönsten in unserem Gedächtnis stehen, so finden wir, daß es ausschließlich Alleen sind, die von dem Häusermeer losgelöst sind, die durch Parkanlagen führen, die höchstens von Villen begleitet werden, die frei sind von lärmendem Verkehr. Das sind also Grünanlagen, die in anderes Grün eingebettet sind, die aus ihm herauswachsen, die seine Wirkung in irgendeiner Weise durch ihre größere Strenge steigern sollen, die aus der Natur auf eine Architekturschöpfung hinüberleiten sollen. Hiermit soll nicht behauptet werden, daß alle solche Alleen sehr glückliche Lösungen bedeuten, geometrische Übertreibungen sind zahlreich vorgekommen; oft werden wir uns dazu bekennen können, daß eine Allee, die zum Mittelbau eines Schlosses, zu einem großen Springbruunen hinführt, zwar sehr schön ist, daß aber eine nicht geometrische Lösung, daß eine langgestreckte Wiese mit Baumumrahmung noch schöner wäre.

Außer diesen wirklichen Alleen, deren sich der Stadtbewohner von seiner Kindheit, von Reisen usw. her mit Liebe erinnert, sieht er nun, aus seinem Häusermeer herauswandernd, als erstes und nur zu oft als einziges Grün die Bäume der Landstraße, und diese bilden nun wieder eine „Allee“ und, wenn sie groß und gesund sind, auch eine recht schöne Allee, die außerdem durch anheimelnde Dorfauen führen mag.

Es ist also erklärlich, daß der Stadtbewohner leicht zu der Ansicht kommt, jede Allee, also auch die mit Baumreihen bepflanzte Verkehrsstraße sei schön, richtig, erstrebenswert. Dazu kommt der sinnfällige Vorteil der Schattenspendung, ferner bei mehrteiligen Straßen der Vorteil der gegenseitigen Abgrenzung der verschiedenen Verkehrsstreifen und dann der (verzeihliche) Trugschluß, daß Baumreihen überhaupt die einzige Möglichkeit für Straßenbepflanzungen seien, — und das vereinigt sich dann zu dem Ergebnis, daß wir jede Baumreihe in Straßen für schön und nützlich halten, und daß wir uns sogar vortäuschen, solch eine mit Baumreihen bepflanzte Straße sei etwas ähnliches oder gar dasselbe wie ein Park[1]).

Führen uns diese Gedankengänge schon dazu, die Baumreihen in Straßen etwas skeptischer anzuschauen, so kommen noch folgende Umstände hinzu, die wir von Fall zu Fall eingehend zu würdigen haben: Baumreihen können in schmalen Straßen (Abb. 47) die unteren Geschosse der Häuser zu stark verdunkeln (vgl. Miete, Städtebau, Vorträge); sie sammeln in stark belebten Verkehrsstraßen große Menge von Staub auf ihren Blättern an, die dem Baum selbst schaden und bei Wind die Staubplage vermehren; ferner können sie unter Umständen wertvolle Architekturen verdecken, ebenso auch die Aussicht aus den Häusern über einen Fluß oder Park hinüber[2]). Die Abb. **48** zeigt den Querschnitt einer Nordsüdstraße. Inwieweit er auch für andere Straßen zweckmäßig ist, kann hier nicht ohne weiteres entschieden werden.

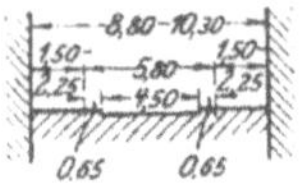

Abb. 47.

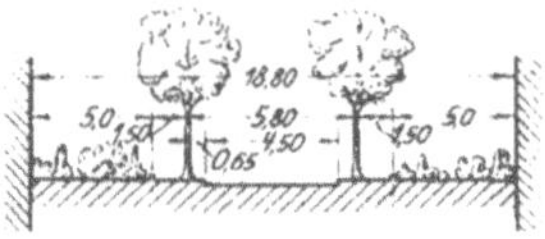

Abb. 48. Nord-Süd-Straße.

Ferner finden die Baumreihen in den Straßen keine günstigen Lebensbedingungen vor, sie kranken also und können nur unter hohem Geldaufwand leidlich gesund erhalten werden. Dabei ist zu beachten, daß die „geometrischen“ Baumreihen einer gewissen Regelmäßigkeit bedürfen; jeder einzelne kränkelne Baum fällt also sofort durch Kleinheit, frühes Welkwerden, frühe Entlaubung unangenehm auf; außerdem aber unterliegen die einzelnen Baumreihen in derselben Straße verschiedenen Lebensbedingungen, weil Regen und Wind und vor allem die Sonne verschieden stark auf sie einwirken. — Insgesamt kann man also mit einem gewissen Recht behaupten, daß es überhaupt sinnwidrig ist, den Baum, das Kind der Natur, in die Großstadtstraße zu verpflanzen, wo er notwendigerweise krank werden muß, daß es dann aber noch sinnwidriger sei, von diesen teils leicht kränkelnden, teils schwer kranken Bäumen zu verlangen, daß sie sich gleichmäßig entwickeln sollen.

Andererseits aber ist nicht zu leugnen, daß Baumreihen in vielen Fällen, besonders in an und für sich verpfuschten Stadtgebieten, immer noch das beste Mittel sind, um die Straßen wenigstens etwas zu verschönern, Schatten zu spenden, Anklänge der Natur in die Steinmassen zu bringen (vgl. Stübben, S. 536).

Man darf als Ergebnis etwa folgende Gesichtspunkte über Baumreihen in den Straßen zusammenstellen: Erhalten die Straßen keine übertriebenen,

---

[1]) Eine deutsche Großstadt hat z. B. die Mittelstreifen — „Promenaden“ — von breiten Verkehrsstraßen mit eingerechnet, als sie nachweisen wollte, daß sie genügend Freiflächen für Kinderspielplätze habe.

[2]) In vielen Städten am Rhein werden z. B. die Baumkronen der Uferpromenaden ganz flach geschnitten, so daß der freie Ausblick nicht gehindert wird; dadurch wird auch eine sehr starke Schattenwirkung erzielt, so daß diese Alleen sich im heißen Sommer durch erfrischende Kühle auszeichnen. Ähnliches findet sich mehrfach in trefflichen Ausführungen an den Schweizer Seen.

sondern nur solche Breiten, wie sie nach den Ausführungen an anderer Stelle unbedingt erforderlich sind, so wird das Bedürfnis nach Baumreihen überhaupt abnehmen.

Dasselbe ist der Fall, wenn man die für den Verkehr nicht erforderliche Breite planmäßig zu Vorgärten und Schmuckstreifen verwendet (vgl. Abb. 49 u. 50), Insbesondere läßt das Bedürfnis nach Baumreihen in den Straßen stark nach, wenn man das System der Grünflächen, vor allem bezüglich der Radial-Parkstreifen richtig entwickelt.

Vor jeder Anpflanzung soll man sich durchaus klar darüber werden, daß die Baumreihen unverhältnismäßig viel kosten, trotzdem aber kränkeln werden.

Man soll nirgendwo Bäume pflanzen, wo sie im ständigen Schatten stehen würden, also z. B. nicht auf der Südseite der von O nach W gerichteten Straßen.

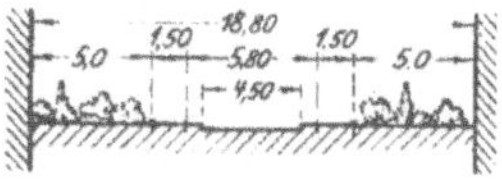

Abb. 49. Vorgärten, keine Baumreihen.

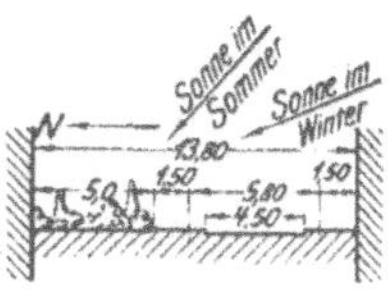

Abb. 50. Ost-West-Straße.

Man soll nirgendwo Symmetrie erstreben, wo sie sich doch nie erreichen läßt, weil die Bäume sich infolge verschieden guter Lebensbedingungen verschieden entwickeln werden.

Man soll zwei und mehr Reihen nur in breiten Straßen (von 20 bis 30 m Fluchtlinienabstand ab) anordnen; bei schmaleren Straßen soll man sich mit einer Reihe (auf der Sonnenseite) begnügen, — übrigens eine Anordnung, vor der man sich vielfach (offensichtlich wegen der Unsymmetrie) zu scheuen scheint.

Es ist bedenklich, in zugebauten Straßen nachträglich Bäume zu pflanzen, weil diese dort von Jugend auf ungünstige Lebensbedingungen vorfinden; dagegen soll man die alten, lebensstarken Bäume der Landstraßen aufs sorgfältigste schonen, wenn die Landstraßen zu Stadtstraßen umgewandelt werden müssen.

Straßen, die von N nach S gerichtet sind, bedürfen vielfach der Bäume als Schattenspender. In Straßen, die von O nach W verlaufen, würde eine Baumreihe auf der Südseite stets im Schatten sein, eine Baumreihe auf der Nordseite würde aber den (dort anzuordnenden) Vorgärten das Licht fortnehmen, außerdem den Bürgersteig beschatten, während in der kälteren Jahreszeit der nördliche Bürgersteig schön durchsonnt werden sollte.

Sogenannte „Promenadenstraßen" wird man bei neuen Stadtplänen überhaupt vermeiden, weil das, was mit ihnen doch nicht erreicht werden kann, durch Parkstreifen vollständig erzielt wird.

So sehr dies alles aber auch gegen Baumreihen in städtischen Straßen spricht, so gilt doch auch hier der Satz: Jeder in der Stadt vorhandene gesunde Baum ist ein Heiligtum, also auch jede Baumreihe; man muß sie hegen und fördern, selbst wenn man die Gesamtanordnung für unrichtig hält; vernichten darf man sie auf keinen Fall, es sei denn, daß man mit Bestimmtheit etwas Besseres an ihre Stelle setzen kann.

B. Der Einzelbaum (die Baumgruppe).

Während die Baumreihe in unseren Städten so stark vertreten ist, bringen wir dem Einzelbaum (und der Baumgruppe) vielfach eine ungenügende Beachtung entgegen. Das ist sehr bedauerlich, denn der Einzelbaum ist nicht nur ein sehr fruchtbares Motiv, sondern er kann auch ein Träger der Geschichte und der Poesie sein; ein einziger schöner Baum kann uns zurückversetzen in die Tage der Kindheit, er ruft uns oft die schönsten Tage unseres Lebens ins Gedächtnis zurück; nicht ohne Grund haben unsere Vorfahren die Gottheit in heiligen Eichen verehrt, nicht ohne Grund begleitet so manchen das Gedächtnis an die Dorflinde durch das ganze Leben; nicht ohne Grund klingt der Einzelbaum in manchem Volksliede wieder; nicht ohne Grund ist der Einzelbaum ein so häufiges Motiv der besten Landschaftsmaler[1]).

Leider hat die Zeit, die im Städtebau unmittelbar hinter uns liegt, den Einzelbaum nicht geachtet . . . Camillo Sitte sagt: „. . . selbst die bloß malerische Auffassung eines Baumes, als des erquickenden Grüns im Grau der endlosen Stein- und Mörtelmassen, wurde von den Reißbrettmenschen der alten geometrischen Schule des Städtebaues nicht anerkannt. Statt bei Lageplanverfassungen grundsätzlich jeden schönen, noch lebensfähigen alten Baum zu schonen, gerade so wie ein altes ehrwürdiges Denkmal der Geschichte oder Kunst . . ., wurde all das schonungslos und massenhaft ausgerottet. Es könnten aus modernen Stadtregulierungen Beispiele in Menge beigebracht werden, wo alte Brunnen mit herrlichen Baumgruppen . . . in allererster Linie der Reißschiene des Stadtgeometers mit seinen langweiligen geraden, gleichbreiten Straßengängen zum Opfer fielen. Gerade solche Einzelheiten sind aber ein unersetzlicher Verlust: denn man kann künstlich diese frische Naturwüchsigkeit des allmählich von selbst Gewordenen nicht ersetzen. . .“

Leider können wir aber noch ständig beobachten, wie alte Bäume geopfert werden (und nur zu oft wird dabei der moderne „Verkehr“ als der gebieterisch Fordernde hingestellt, d. h. nur von solchen Leuten, die vom Verkehr nichts verstehen). Wie anders sind dagegen die (nüchternen!?) Amerikaner, die z. B. in Boston im Brennpunkt ihres Stadtverkehrs ihrem wichtigsten städtischen Verkehrsmittel nicht eine jener alten Ulmen geopfert haben, unter denen das erste Blut im Freiheitskriege geflossen ist.

Es ist unbedingte Aufgabe des Städtbauers, alte Bäume wie unersetzliche Erbstücke um jeden Preis zu erhalten und in das neue Stadtbild harmonisch einzufügen. Dies geschieht durch geschickte Straßenführung, etwa durch eine Einziehung der Straßenwand oder durch eine Straßenkrümmung oder durch eine Verschiebung einer Straßenmündung und sollte immer so ausgeführt werden. daß der Baum ein eigenes Plätzchen für sich erhält, ein totes Winkelchen, in dem auch eine Ruhebank aufgestellt werden mag. — Die Schönheit alter Bäume wird häufig noch dadurch gesteigert, daß unter ihrem Schutz von altersher sich kleine Bauwerke erhalten haben, z. B. ein Dorfbrunnen; — auch diese muß der Städtebauer schonen und ehren.

Sobald man die Bedeutung des (alten) Einzelbaums für das Straßen- und Platzbild erkannt hat, wird man in richtiger Gedankenfolge auch dazu kommen, beim Entwerfen von neuen Straßen usw. nicht nur die vorhandenen Bäume zu schonen, sondern auch das Anpflanzen neuer Einzelbäume und Baumgruppen vorzusehen. Und dies Mittel ist jedenfalls mehr als eine Allee geeignet, das Straßenbild zu verschönern; denn die Kosten sind wesentlich niedriger und alle aus der Regelmäßigkeit der Allee entspringen den Nachteile und Kostenerhöhungen fallen fort. Einzelbäume und Baumgruppen können nämlich stets dort gepflanzt werden, wo sie günstige Lebensbedingungen (Sonne, kein festes Pflaster) finden, es können für dieselbe Straße die verschiedenartigsten, also die für jede einzelne Stelle geeignetsten Bäume ausgewählt werden, sie können in Zusammenhang gebracht werden mit Rücksprüngen in der Bauflucht, mit dem Gründer Vorgärten, mit hervorragenden Bauten (als Umrahmung), mit den Bäumen, deren Kronen aus Privatgärten über die Straßen hinüberreichen. — Bei einem Minimum von Kosten ergibt sich eine Fülle von Schaffensmöglichkeiten.

Auch im Winter bietet der Einzelbaum und die Baumgruppe meist einen erfreulichen Anblick; eine entlaubte Allee, mag sie im Blätterschmuck noch so gut wirken, wird aber entlaubt stets mindestens langweilig wirken.

---

[1]) Vgl. Camillo Sitte, Anhang.

C. Vorgärten und Schmuckstreifen.

Bei der Mehrzahl der Straßen wird nur ein verhältnismäßig schmaler Streifen für den Verkehr notwendig; die überschießenden Flächen sind zu Grünanlagen zu verwenden.

Als solche sind die Vorgärten der Häuser die älteren und bekannteren Mittel. Der Vorgarten ist ein Schmuck der Straße, eine Steigerung der Schönheit des Hauses; er bildet die Überleitung von der öffentlichen Straße zu dem Haus, er schützt es gegen Lärm und Staub, er gibt Gelegenheit zur Anordnung von angenehmen Sitzplätzen, die in Form von Terrassen und Erkern mit den Wohnräumen zusammenhängen oder auch selbständig angelegt werden können.

All'dem kann aber der Vorgarten nur gerecht werden, wenn er genügende Tiefe hat und sehr sorgfältig unterhalten wird. Als geringste zulässige Tiefe sind 5 m zu bezeichnen, es ist aber zweckmäßig, nicht weniger als 6 m zu wählen; größere Tiefen als 10 m wird man nur bei vornehmen Häuserreihen ausführen (vgl. Abb. 51), weil es im übrigen besser ist, die verfügbare Fläche dem (für die Bewohner wertvolleren) Hintergarten zuzuschlagen. Muß man die Möglichkeit offenhalten, später die Verkehrsbreite der Straße zu verbreitern, so ist der künftige Straßenquerschnitt zu untersuchen.

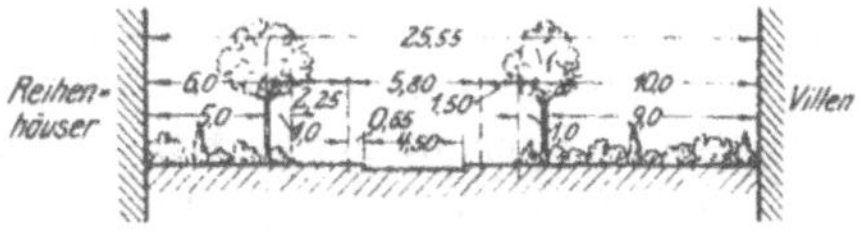

Abb. 51. Straße mit tiefen Vorgärten.

Ebenso wie bei den Alleen kann auch bei den Vorgärten die Regelmäßigkeit schädlich wirken. Von der in sehr vielen Städten üblichen Anordnung gleichbreiter Vorgärten auf beiden Seiten der Straße ist oft zu vermuten, daß sie falsch ist; im Gegensatz hierzu ist zu prüfen, ob nicht die unregelmäßige Ausgestaltung richtiger ist, insbesondere ob es nicht zweckmäßig ist, nur eine Vorgartenreihe anzuordnen. Der Grenzfall, in dem letzteres unbedingt nötig ist, ist wieder die von O nach W gerichtete Straße, und zwar besonders dann, wenn man jeder Vorgartenreihe nur weniger als 5 m Breite geben könnte. Es ist hier richtig, auf der ständig im Schatten liegenden Südseite keinen Vorgarten anzuordnen (die Häuser finden ihr Grün auf ihrer sonnigen Rückseite im Hintergarten); dagegen wird man auf der Nordseite die Vorgärten umso breiter halten.

Da die Vorgärten die Überleitung zu dem Haus bilden und mit diesem harmonisch zusammenklingen müssen, ist für sie eine strengere architektonische Behandlung angezeigt. Von Bedeutung ist hierbei, ob es sich um geschlossene oder um offene Bauweise handelt. Bei Reihenhäusern ist ein Zusammenhang zwischen Vor- und Hintergarten nicht vorhanden, bei allein stehenden Häusern (oder kleineren Häusergruppen) gehen Vor- und Hintergarten ineinander über, besonders dann, wenn zwischen den Häusern nicht die törichten schmalen „Bauwiche", sondern wirkliche Gartenflächen freigehalten werden. — Beim Reihenhaus lehnt sich der Vorgarten an das Haus an, das Einzelhaus steht im Garten.

Die Gliederung und Bepflanzung des Vorgartens richtet sich um so stärker nach der Architektur und der Gliederung des Hauses, je schmaler der Vorgarten ist; eine eigentliche landschaftliche Behandlung ist nur bei großer Tiefe möglich, aber auch dann nicht immer das richtige. Strenge Linien ergeben sich ohne weiteres aus der Führung des Weges (und der Vorfahrt) von der Straße zum Haus, ferner aus der Lage von Sitzplätzen auf Terrassen, Balkonen usw.; die Verteilung von Blumen, Teppischbeeten usw. sollte mit den Flächen des Hauses zusammenklingen, seine Pfeiler und Ecken geben die Stützpunkte für Kletterpflanzen. Je schmaler der Garten ist, desto niedriger müssen im allgemeinen die Pflanzen gehalten werden; schön gepflegter Rasen, immergrüne Pflanzen,

Blumen, wechselnd nach der Jahreszeit, auch tropische Gewächse und am Haus Schlingpflanzen sind die gegebenen Motive. Die Schönheit läßt sich steigern, wenn der Vorgarten zum Haus ansteigt.

Sehr wichtig ist der Abschluß der Vorgärten gegen die Straße und untereinander. Der Abschluß scheint notwendig, weil es sich um Privatbesitz handelt, aber die Verschönerung der Straße erheischt das Offenlassen für das Auge; der völlige Abschluß gegen Sicht würde auch die Architektur des Hauses verdecken. Diese kurzen Andeutungen genügen, um zu zeigen, daß hier Kompromisse nötig sind, daß man nicht alle Anforderungen erfüllen kann, daß eine allgemeine Lösung nicht möglich ist, daß vielmehr der Künstler von Fall zu Fall je nach dem Charakter von Straße, Häusern, Bewohnern die richtige Einzellösung suchen muß. Allgemein lassen sich folgende Winke geben: Der völlige Abschluß durch Mauern widerspricht dem Zweck des Vorgartens; Mauern auf kurze Strecken können dagegen zum Schutz gegen die Einsicht in die Sitzplätze und gegen Zugluft günstig sein; durchlaufende Eisengitter — „hinter denen die Pflanzen wie die wilden Tiere im Käfig hocken" — sind skeptisch anzusehen; Holzgitter sind nicht zu beanstanden; unauffällige Drahtgitter sind zulässig, wenn für das Auge nicht sie, sondern lebende Hecken aus immergrünen Pflanzen den Abschluß bilden.

In England und Amerika hat man auf den regelrechten Abschluß vielfach überhaupt verzichtet und hat auch die Vorgärten (und Hausgärten) gegenseitig vielfach überhaupt nicht oder für das Auge des Vorübergehenden kaum erkennbar abgegrenzt. Hiermit lassen sich sehr gute Wirkungen erzielen, besonders wenn die Gärten einheitlich durchgebildet werden —; dann stehen die Häuser nicht am einzelnen kleinen Gärtchen, sondern in dem einen großen Garten. Schutz gegen Sicht und Zugluft für die Sitzplätze im Vorgarten läßt sich auch hierbei gut erreichen; daß das Fehlen des Abschlusses zu Eingriffen in das Privateigentum führt, ist nach den Erfahrungen in Amerika kaum zu befürchten; — man muß den Mut haben, dem Volk etwas mehr Vertrauen entgegenzubringen. An den leider noch viel zu wenigen Stellen, an denen man in Deutschland diesen Mut gehabt hat, sind bisher Mißstände wohl kaum beobachtet worden.

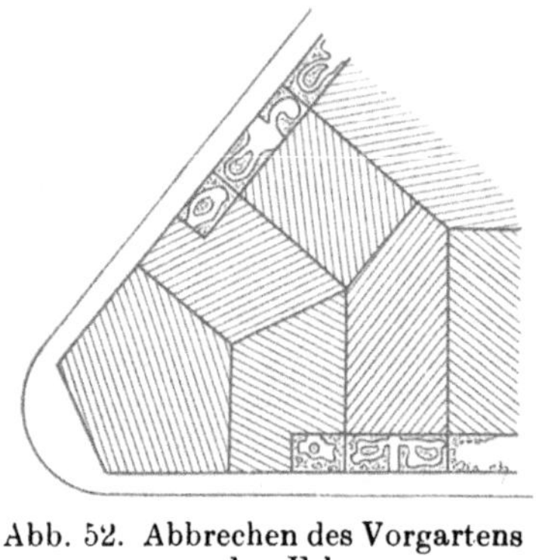

Abb. 52. Abbrechen des Vorgartens vor der Ecke.

Die Vorgärten wird man unter Umständen nicht bis an die Straßenecke durchlaufen lassen, sondern kurz vor der Ecke abbrechen. Dies Abbrechen ist besonders dann richtig, wenn der Vorgarten schmal ist, wenn die Ecke spitzwinklig ist, und wenn das Eckhaus, was ja vielfach der Fall ist, Läden enthält.

Abb. 52 zeigt eine von Genzmer vorgeschlagene sehr ansprechende Lösung, bei der auch die Vorteile erreicht sind, daß die Ecke besser bebaubar ist, und daß die schräge Eckseite eine breitere Fläche hat, also ästhetisch günstiger wirkt als eine schmale Eckfront.

Leider haben die Vorgärten einen großen Mangel: sie wirken nur gut, wo sie sehr gut unterhalten werden, und das kostet viel Zeit und Geld. In den Wohnvierteln der ärmeren Bevölkerung machen die Vorgärten daher vielfach einen trostlosen Eindruck, oft dienen sie auch als Wirtschaftshof, Arbeitsraum, Lagerstätte. Einige Abhilfe hiergegen ist allerdings durch polizeiliche Maßnahmen zu erzielen, doch sollte man sich davon nicht allzuviel versprechen. Wesentlich mehr Erfolg verspricht, ebenso wie beim Blumenschmuck der Balkone, die Erziehung (besonders der Mädchen) in der Schule, ferner die Veranstaltung von Vorgartenwettbewerben, die Belohnung für schöngehaltene Gärten, die Abgabe von Samen, Pflanzen, Dünger und die ständige Belehrung durch die Stadtgärtnerei.

Wenn nun auch zu hoffen ist, daß auf dem Wege der Volkserziehung im Laufe der Zeit noch erhebliche Fortschritte gemacht werden, so muß man für die nähere Zukunft doch noch mit großen Unzuträglichkeiten rechnen. Da scheint es am besten zu sein, wenn man statt der privaten Vorgärten öffentliche Grünstreifen in den Straßen anlegt. Für diese ist es zwar wichtig, aber nicht von ausschlaggebender Bedeutung, ob sie auf städtischem oder privatem Grund liegen, und ob sie unmittelbar an den Häusern entlang laufen oder von ihnen durch einen schmalen Gehweg getrennt sind. Von den Vorgärten unterscheiden sie sich nach ihrer Anlage jedenfalls durch die Betonung der durchgehenden Längenrichtung. Für ihre Pflanzen sind die bodenbedeckenden Pflanzen und niedrige Sträucher und Blumen am wichtigsten; hohe Bäume sind bei entsprechender Straßenbreite natürlich auch anzuordnen, sie brauchen aber nicht als „Allee" zu wirken. Einen Abschluß durch Gitter sollte man zunächst jedenfalls überall fortlassen und ruhig abwarten, ob er zum Schutz der Pflanzen wirklich notwendig wird.

Private Vorgärten und öffentliche Grünstreifen können auch nebeneinander in derselben Straße vorkommen.

Die nachträgliche Anlage durchgehender Grünstreifen in Straßen mit an und für sich verfehltem Querschnitt ist oft ein gutes Mittel, Fehler früherer Zeit wenigstens einigermaßen wieder gutzumachen; man kann dadurch z. B. kränkelnden Baumreihen etwas bessere Lebensbedingungen verschaffen.

Anhang:

Hausgärten.

Da die Beziehungen zwischen Hausgärten und Blockeinteilungen an anderer Stelle erörtert werden, und da ihre eigentliche Anlage nicht Aufgabe des Städtebauers, besonders nicht des Ingenieurs ist, so sind hier nur einige Hinweise zu geben, die an die Erörterung der Vorgärten unmittelbar anknüpfen. Es bestehen zwischen beiden Gärten nämlich Unterschiede, die auch im Städtebau zum Ausdruck kommen, die auch dann noch vorhanden sind, wenn beide Gärten bei freistehenden Häusern zu einer einheitlichen Anlage zusammenfließen. Während der Vorgarten zum Teil zur Straße mitgehört und für das Auge Allgemeingut sein soll, ist beim Hausgarten der Charakter als Privatbesitz zu betonen. Hausgärten erfordern also einen stärkeren Abschluß gegen Sicht, gegen unberechtigten Eintritt, gegen Zugluft. Bei ihnen sind also hohe abschließende Mauern dann berechtigt, wenn die Gärten an wenig schönen Nebenstraßen, an geräuschvollen Verkehrsstraßen, an zugigen Plätzen liegen. Es ist also verfehlt, die alten hohen Mauern der alten Privatgärten, der Friedhöfe und der der Öffentlichkeit freigegebenen großen Gärten niederzureißen und durch Gitter zu ersetzen. Camillo Sitte schrieb über die geplante „Verschönerung der Heugasse" in Wien, an der entlang man die den Schwarzenberggarten schützende Mauer durch ein „elegantes" Gitter ersetzen wollte: „.... die alte Mauer wirkt förmlich altitalienisch monumental, und die mächtigen Baumkronen ragen weit über den Bürgersteig neben ihr in die Straße hinein, so daß es auch am Anblick des Grünen durchaus nicht fehlt; aber was nützt das alles, das gute, alte Motiv wird heute nicht mehr verstanden, es soll den Modeformen um jeden Preis zum Opfer fallen. Wer aber hat ein höheres Anrecht auf einen solchen Garten: der eilends die Straße Vorbeigehende, der kaum einen flüchtigen Blick durch das moderne Gitter hineinwirft, oder die Menge seiner ständigen Besucher, welche stundenlang darin Ruhe und Erholung suchen und in seiner geschützten Abgeschlossenheit auch finden?"

III. Das Wasser in den Freiflächen.

Im Städtebau tritt uns das Wasser zunächst in seiner Bedeutung für den Verkehr und für gewerbliche Betriebe verschiedener Art gegenüber.

Wenn das Wasser hier nun unter „Freiflächen" und „Grünanlagen" erörtert wird, während auf seine Bedeutung für Gewerbe und Verkehr nicht näher eingegangen wird, so geschieht das deswegen, weil Wasserverkehr und Wasserwirtschaft umfangreiche Sondergebiete der Bauingenieurwissenschaften sind die im Rahmen des Gesamtwerkes an anderer Stelle erörtert werden. Wir haben es in unserem Zusammenhang vor allem mit der Bedeutung des Wassers als eines der wichtigsten verschönernden und belebenden Motive des Städtebaus und eines der Hauptglieder der Freiflächen zu tun; und diese Bedeutung des Wassers muß in der Stadt auch dort zum Ausdruck kommen, wo das Wasser in erster Linie dem Gewerbe und dem Verkehr dient. Vorbedingung hierfür ist, daß die Gewässer sichtbar sind, also nicht durch Umzäumung oder Abdeckung versteckt werden, und daß sie sauber gehalten werden.

Die Gewässer, die zu gewerblichen Zwecken benutzt werden, sind zweckmäßig danach einzuteilen, ob die Benutzung durch die Stadt oder durch Private erfolgt, und ob durch den Gewerbebetrieb die Gefahr der Verschmutzung des Wasserlaufes gegeben ist. Am kritischsten sind Gewässer, die starker Verschmutzung durch Privatbetriebe ausgesetzt sind. Die von ihnen zu befürchtenden Schädlichkeiten werden am besten durch Abkauf oder Ablösung der Gerechtsame endgültig beseitigt — gleiches gilt von solchen Mühlgräben, die durch ihren Stau Nachteile für die Umgebung herbeiführen können. — Zu lösen ist diese Frage im Zusammenhang mit der Verteilung der Gewerbeviertel und der Hinauslegung der störenden Industrie. Wo die Gefahr der Verschmutzung gering ist — und das ist bei vielen Gewerbebetrieben, z. B. auch bei den Ableitungsgräben aus landwirtschaftlich benutzten Flächen der Fall — wird man die Wasserläufe vielfach als belebendes, verschönerndes Motiv ausnutzen können; „schmutziges" Wasser, in schnellem Lauf sprudelnd dahinfließend zwischen Grün und Steinen, ist für das Auge, wenn der Grad der Verschmutzung nicht sehr hoch ist, noch immer „klares" Wasser. Auch die allgemeinen städtischen Abwässer wird man nach entsprechender Vorklärung unter Umständen in offenen Gräben führen können. In dem Wettbewerb Groß-Düsseldorf ist angeregt worden, in dem Hügelland der Umgebung Wasser zum Spülen der offen zu führenden Abwasserläufe in kleinen Sammelbecken aufzuspeichern; die Sammelbecken, die natürlich nur reines Wasser enthalten, waren hierbei sehr geschickt derart gruppiert und gegliedert, daß sie sich für den Rudersport trefflich eigneten.

Inwieweit bei der städtebaulichen Behandlung der Gewässer die Forderungen des Verkehrs zu berücksichtigen sind, hängt von der Schiffbarkeit ab. Je besser diese ist, desto mehr wird der Verkehr das beherrschende Motiv sein müssen; wo aber die „Schiffbarkeit" etwa nur für kleine Nachen vorhanden ist, müssen die Rücksichten auf die Schönheit die ausschlaggebenden sein. Hierbei ist aber auch bei den gut schiffbaren und stark belebten Gewässern zu beachten, daß im allgemeinen eine starke Konzentration des Verkehrs, d. h. der Lösch- und Ladetätigkeit, nur an bestimmten Stellen, nämlich in den Häfen und an den Kaistraßen vorhanden ist, während der größere Teil der Wasserflächen und der Ufer nicht zum Laden und Löschen dient. Dieser größere Teil kann also sehr gut so gestaltet und umrahmt werden, daß das Wasser in seiner Bedeutung als belebendes und schönheitliches Motiv voll zur Geltung kommt. Hier wird sich bei vielen Städten sogar die höchste Schönheit offenbaren, — die Schönheit, die der Stadt ihr besonderes Gepräge verleiht. Aber auch die Ufer, die dem

Ladeverkehr unmittelbar dienen und daher mit Kaistraßen und auch mit Schuppen, Lager häusern. Krahnen ausgerüstet werden müssen, können meistens durchaus ansprechend ausgestaltet werden, insbesondere dann, wenn die eigentliche Ladestraße tiefer liegt als die ihr parallel laufende öffentliche Straße. Ebenso wie bei den vorher erwähnten Wasserläufen ist auch bei den dem Verkehr dienenden Gewässern die Begrenzung durch Privatgrundstücke möglichst zu vermeiden.

Sehen wir nun von der Bedeutung des Wassers für Verkehr und Gewerbe ab, und würdigen wir es als schönheitliches und Freiflächenmotiv, so ist zunächst zu bemerken, daß die Gewässer ähnlich wie die Grünanlagen sich nach Größe, Art Gestalt abstufen von den großen, den Wäldern vergleichbaren Flächen der Meeresbucht des Sees oder des Stromes bis herab zum Teich, Quell, Bächlein, die man mit dem Einzelbaum vergleichen könnte. Ebenso beobachten wir die Parallele mit den Grünanlagen bezüglich des Grades von Natur und Kunst, die in den Gewässern vorwalten; von den rein „natürlichen" Wasserläufen, Teichen, Seen führt eine lange Stufenreihe hinüber zu den Kunstschöpfungen der Wasserbecken, Wasserkünste, Brunnen und schließlich zu dem rein „dekorativen Wasser", das letzten Endes nur Zubehör einer Architektur ist. Auf die künstlerische Ausgestaltung der Gewässer braucht hier nicht eingegangen zu werden, weil sie Sache des Architekten ist; es mag nur erwähnt werden, daß ähnlich wie bei den Grünanlagen viel Kunst viel Geld kostet, und daß es den Bedürfnissen der unteren Volkskreise — für die der Städtebau in erster Linie zu schaffen hat — nicht entspricht, wenn in die Gewässer viel Einzelkunst hineingesteckt wird. Dagegen sei auf folgendes hingewiesen:

Der Städtebauer sollte es sich angelegen sein lassen, das Wasser auch auszunutzen, um die Bevölkerung mit den Wasserpflanzen und Wassertieren bekannt zu machen; denn er wird damit die Bevölkerung, insbesondere die Großstadtkinder der Natur näherbringen und die Freude an der Natur beleben. Von noch größerer Bedeutung ist die Rücksichtnahme auf Sport und Gesundheit. Die Gewässer sind daher daraufhin zu prüfen, für welche Art Sport sie sich eignen oder mit geringen Kosten geeignet gemacht werden können. Der Segelsport erfordert große Flächen und ist ziemlich kostspielig; der Rudersport ist wesentlich billiger und kann auch auf sehr schmalen Wasserläufen betrieben werden. Schwimm- und Badeanstalten am offenen Wasser wird man durch künstliche Becken zu ergänzen sich bestreben, damit sie auch im Winter benutzt werden können. Das Schlittschuhlaufen ist am sichersten und außerdem am ehesten und längsten möglich, wenn Wiesen und dergl. nur mäßig hoch mit Wasser überstaut werden. Da nun auch für sehr viele Sommersports die große Wiese am geeignetsten ist, wird sich der Städtebauer bemühen, in den Freiflächen große Wiesen zu schaffen, die bequem überstaut werden können: man hat dann auch die Möglichkeit, die Wiesen oder einen Teil derselben gelegentlich im Sommer unter Wasser zu setzen, sei es daß man dies zur Frischhaltung des Rasens wünscht, sei es daß man für besonders heiße Zeiten „Plantschwiesen" herstellen will.

Hier zeigt sich schon deutlich die Zusammengehörigkeit von Wasser und Grünflächen. Tatsächlich muß der Städtebauer sich auch bemühen, beide stets zu einer Einheit zusammenzufassen. Ob hierbei das Wasser oder das Grün vorherrscht, hängt von dem Größenverhältnis ab, jedoch mit der Einschränkung, daß das Wasser auch schon als kleines Bächlein einer ganzen Grünanlage einen besonderen Charakter verleihen kann; das ist sehr wichtig, weil der Städtebauer dadurch in den Stand gesetzt wird, mit sehr bescheidenen Mitteln (wenig Wasserverbrauch) unter Umständen große Wirkungen zu erzielen. Insbesondere sollten, abgesehen von der Eingliederung kleiner Seen und Zierteiche in die Parkanlagen, alle kleinen Bachläufe in Grünanlagen eingebettet werden; man kann hier unter Umständen ohne besondere Kosten nur durch Fernhalten des Verkehrs und durch geschickte gegenseitige Gruppierung von Bach, öffentlicher Grünanlage und Privatgärten Hervorragendes schaffen.

Hieraus ergibt sich auch schon der Gedanke, daß man auch die nicht dem Verkehr oder dem Gewerbe dienenden Gewässer möglichst nicht durch Privatgrundstücke begrenzen, sondern der Allgemeinheit erschließen sollte. Die unmittelbar am Wasser entlang führenden Wege sind nicht nur in Seebädern die schönsten und beliebtesten Spazierwege; bekannt ist, daß die besuchtesten Fußpfade des Grunewalds an den Seen entlang führen. Auch im Harz, also in der absoluten Natur, gehören die Pfade zu den schönsten, die an den alten Zuleitungsgräben für die Bergwerke entlangführen, — es zeigt sich hier übrigens sehr deutlich, in wie starkem Maße ein ganz kleines Wässerchen einem weitausgedehnten hochstämmigen Forst eine besondere Note verleihen kann. Das unmittelbare Angrenzen von Privatgrundstücken an das für die Gestaltung der Freiflächen wichtige Wasser wird man nur zulassen, wenn dadurch schöne Spazierwege der Allgemeinheit nicht entzogen werden, und wenn außerdem Sicherheit besteht, daß die an das Wasser grenzenden Grundstücke stets gutgehaltene Gärten sein werden; ist dies der Fall, so können sich daraus die reizvollsten Städtebilder ergeben.

IV. Die Gruppierung der Freiflächen.

Obwohl bereits früher bei der Erörterung der Gesamtstadtanlage die Gruppierung der Freiflächen erörtert und diese Frage auch schon an mehreren anderen Stellen gestreift worden ist, so sei hier doch noch einmal im Zusammenhang kurz darauf eingegangen.

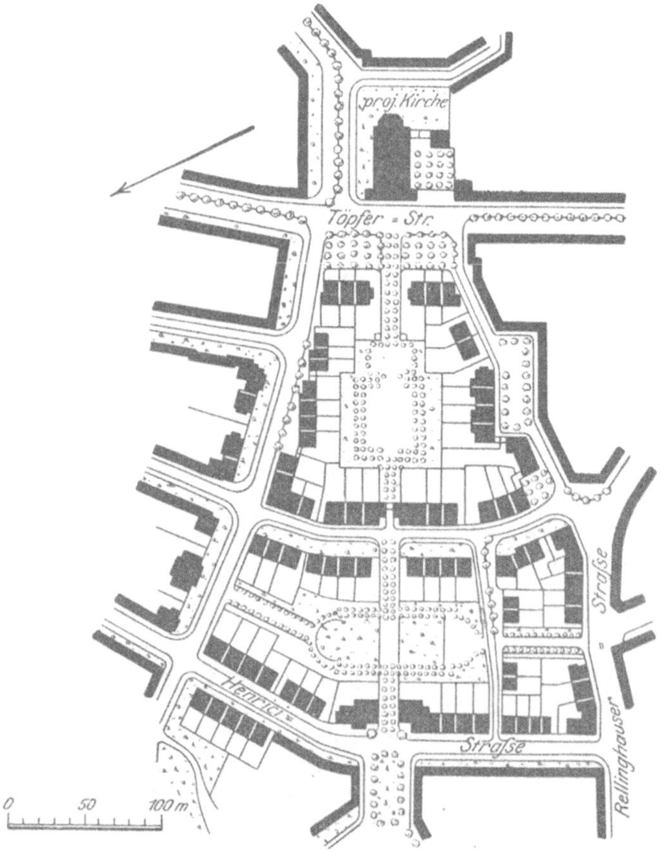

Abb. 53. Freiflächengruppierung (Essen).

Vorher mögen noch einige Gedanken über die Höhengliederung von Freiflächen eingeschaltet werden. Auch hier ist die Konkave ein geeignetes Mittel, die Schönheit der Freifläche zu erhöhen und die Grünflächen größer erscheinen zu lassen. Wiesen kann man fast immer tief legen und ihre Umrandungen schwach konkav ansteigen lassen. Auch die Anordnung von Gartenanlagen in Terrassen dergestalt, daß die innere immer tiefer liegt, kann sehr wirkungsvoll sein. Die tiefe Anordnung von Wiesen entspricht in trockenen Gebieten auch den Lebensbedingungen des Rasens (Zuführung der nötigen Feuchtigkeit). — Die Schönheit von Wasserflächen beruht neben anderen Momenten auch darauf, daß sie sich an der tiefsten Stelle befinden und sich daher dem Auge gut darstellen. Da die Augenhöhe des Menschen nur etwa 1,5 m beträgt, lassen sich schon durch ganz geringfügige Vertiefungen gute Wirkungen erzielen. Straßen kann man an Freiflächen unter Umständen so vorbeiführen, daß man von der Straße in die Freifläche hinuntersieht. Dies ist ein Motiv, das sich z. B. bei der Erschließung von Festungswerken mit geringen Kosten anwenden läßt.

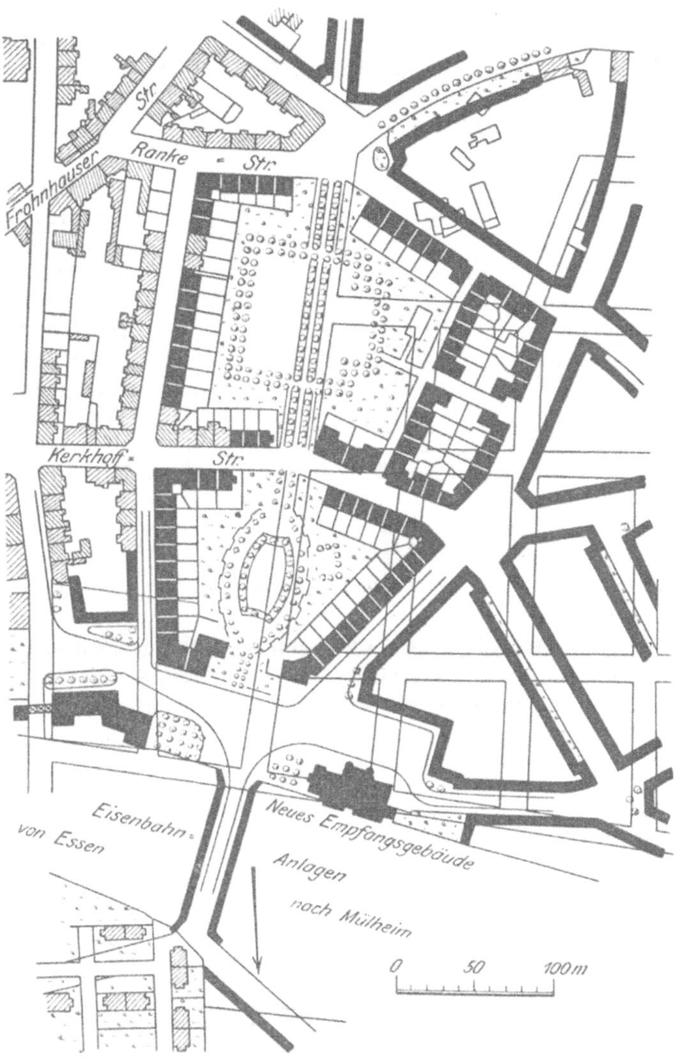

Abb. 54. Freiflächengruppierung (Essen).

Bezüglich der Lage der Freiflächen (Grünanlagen und Gewässer) zueinander kann man, besonders im Hinblick darauf, wie der Städtebauer beim Entwerfen arbeiten muß, drei Arten unterscheiden:

1. die Freiflächen innerhalb des bereits bebauten Gebietes,
2. die in den Außengebieten gelegenen oder zu schaffenden Freiflächen,
3. die Verbindungen zwischen diesen beiden Arten.

Die innerhalb des bereits bebauten Stadtgebietes liegenden Freiflächen sind — infolge der Sünden früherer Zeiten — meist außerordentlich klein, außerdem vielfach schlecht gruppiert und in sich schlecht ausgestattet. Aufgabe des Städtebauers ist zunächst, alles an Grün und Wasser Vorhandene zu erhalten, ferner jede einzelne Anlage in sich möglichst zweckmäßig auszugestalten, sodann Verbindungen zwischen den einzelnen Teilen herzustellen. Neue Freiflächen in der Innenstadt ohne ungewöhnlich hohen Geldaufwand zu gewinnen, wird nur ausnahmsweise möglich sein, im allgemeinen wohl nur dann, wenn man „Großbetriebe" (Häfen, Bahnhöfe, Kasernen, Fabriken) verlegen kann. Bei der außerordentlichen räumlichen Beschränktheit muß man sich gerade hier besonders bemühen, das wenige vorhandene Grün zu einer einheitlichen Wirkung zusammenzufassen; man wird also Privatgärten und öffentliche Parkanlagen

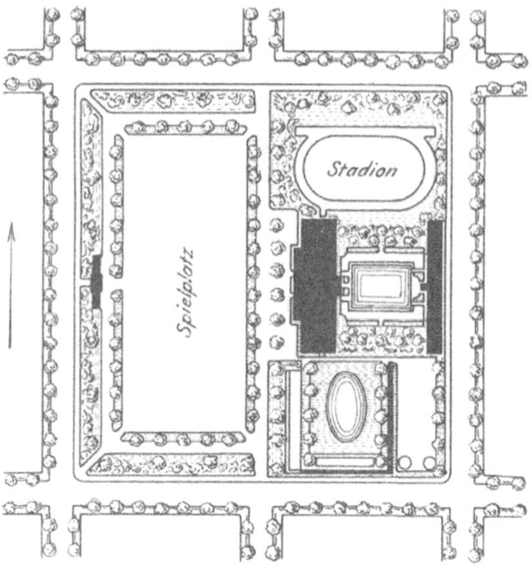

Abb. 55. Davis Square, Chicago.

möglichst ineinander übergehen lassen und hieran auch die Grünstreifen in Wohnstraßen unmittelbar angliedern. Abgesehen von älteren derartigen Anlagen (z. B. Parc de Monceaux in Paris) sind bei jüngeren Stadterweiterungen hervorragende Schöpfungen dieser Art entstanden. Die Abb. 53 und 54 zeigen zwei mustergültige Lösungen aus Essen (Verfasser Dr.-Ing. Schmidt). Eine sehr geschickte Zusammenfassung von verfügbaren und durch eine Flüßchenverlegung gewonnenen Flächen zu einer durchgehenden Parkanlage ist die Ringanlage in Hamm i. W. (Verfasser Stadtbaurat Krafft). Eine zweckmäßige Ausgestaltung von kleinen Freiflächen zeigt Abb. 55 (Davis Square in Chicago).

Die Freiflächen der Außengebiete, also der noch nicht bebauten Gebiete, bereiten insofern keine großen Schwierigkeiten, als hier städtische Bebauung eben noch nicht vorhanden ist und das Gelände außerdem noch billig ist. Der Städtebauer braucht also bei der Bearbeitung dieser Außengebiete nur auf die großen Vrkehrsanlagen und die zu schaffenden Industriekomplexe Rücksicht zu nehmen. Er wird zunächst die Gebiete zu künftigen Freiflächen bestimmen, die bereits landschaftliche Vorzüge aufweisen (Seen, Wälder, große Wiesen, Gutshöfe mit ihren Parkanlagen). Sodann wird er weiter forschen, auf welchen Gebieten sich Wald, Wiese und Wasser mit den geringsten Kosten wird schaffen lassen, wobei unter Umständen Hand in Hand mit der Wasserversorgung der Stadt zu arbeiten sein wird. Eine große Rolle spielen dabei die Eigentumverhältnisse: in erster Linie ist städtischer Besitz, in zweiter Linie staatlicher, in dritter großer Privatbesitz ins Auge zu fassen und möglichst bald durch die Stadt zu erwerben. Die Finanzierung wird hierbei erleichtert, wenn man nur einen Teil — aber den wesentlich größeren! — zur Freifläche bestimmt, den andern aber

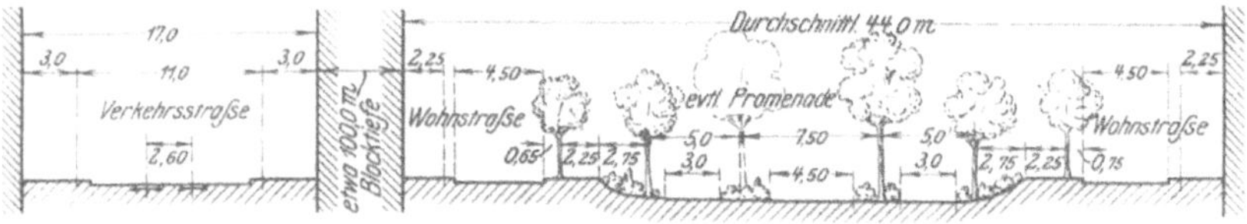

Abb. 56. Trennung von Verkehr und Grünanlage.

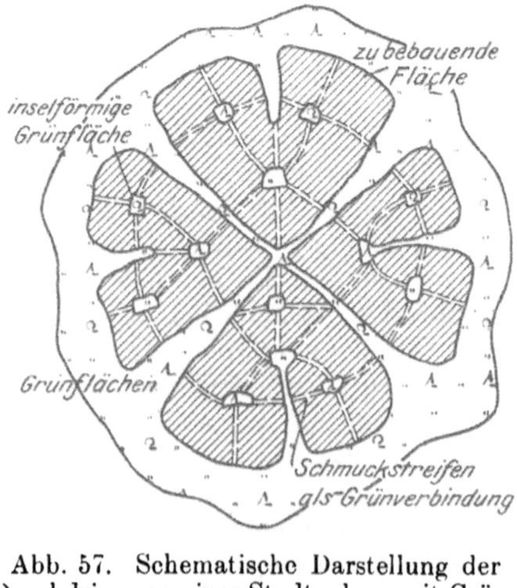

Abb. 57. Schematische Darstellung der Durchdringung einer Stadtanlage mit Grünflächen.

für die Bebauung erschließt; — mit der Wertsteigerung, die ein kleiner Teil durch Aufschließung erfährt, kann man oft ein großes Gesamtgelände bezahlen. „Aufschließung", nämlich durch Vorortbahnen und (schnellfahrende!) Straßenbahnen ist nämlich auch für die Freiflächen der Außengebiete erforderlich, weil sie sonst ihrem Zwecke nicht ordentlich gerecht werden können.

Allerdings sollen die Hauptverbindungen zu den großen Freiflächen der Außengebiete nicht in Bahnen bestehen, die vielmehr nach Abb. 56 getrennt davon angelegt werden sollten, sondern in Grünverbindungen, damit die Bevölkerung zum Hinauswandern eingeladen wird und nicht genötigt ist, noch besonders Geld aufzuwenden. Wie diese Verbindungen insgesamt zu gruppieren sind, ist früher erörtert; Abb. 57 zeigt eine ähnliche Anordnung. Die Verbindungen sind durchzubilden nach allen äußeren Freiflächen für Fußgänger, nach allen größeren Freiflächen und allen wichtigen Sportplätzen außerdem für Radfahrer, Wege für Reiter und für Equipagen wird man dagegen nur wenige anzulegen haben. Die Grünverbindungen werden in Planung und Finanzierung meist die schwierigsten Teile des Freiflächensystems sein, da bei ihnen allenthalben die wichtigen anderen städtebaulichen Momente als Hindernisse auftreten werden; es wird z. B. meist kaum möglich sein, eine Radial-Parkverbindung durch eine größere Bahnhoffläche hindurchzubringen. Im allgemeinen werden die Schwierigkeiten von außen nach dem Stadtinneren zu wachsen; je weiter nach innen, desto schmaler müssen (und können) die Verbindungsstreifen daher sein. Für die Anordnung der Verbindungen sind zwei Ausgangspunkte gegeben: der eine liegt an einem Park der Innenstadt (unter Umständen an der „Ringpromenade"), der andere an einer größeren äußeren Freifläche. Die allgemeine Richtung wird sehr oft einer Hauptverkehrsader parallel sein; der Parkstreifen sollte aber vom Verkehr duch mindestens einen Häuserblock getrennt sein (vgl. Abb. 58). Bezüglich der Ausbildung muß man sich schlimmstenfalls mit einer baumbepflanzten verkehrsarmenS traße begnügen; wenn aber irgendwie etwas Breite gewonnen werden kann, soll man einen wirklichen Parkstreifen schaffen, durch den sich ein Fußpfad hindurchschlängelt, — ein geschickter Gärtner kann schon bei 30 m und sogar bei noch geringerer Breite treffliche Wirkungen erzielen. Parkstreifen, die durch Wohngegenden der ärmeren Kreise führen, wird man zwischen die Vorderfronten legen, bei solchen aber, die durch Landhaus- (oder auch Reihenhaus-) Viertel der Wohlhabenden führen, ist die Lage zwischen den Rückfronten vielfach vorzuziehen, weil der Parkstreifen dann ruhiger ist und außerdem mit den Privatgärten zu einheitlicher Wirkung gut zusammengefaßt werden kann. Ein treffliches Beispiel hierfür ist der Spazierweg von Wiesbaden nach Sonnenberg. Dieser Spazierweg zeigt auch den großen Vorzug, daß sich ein kleiner Bach durch den Parkstreifen schlängelt. Zwei treffliche Beispiele von Grünverbindungsstreifen zeigen die Abb. 59 und 60. Der in Abb. 61 dargestellte Schnitt durch eine Glacis-

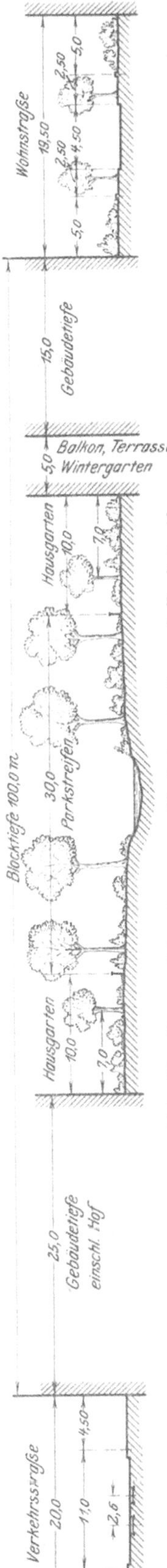

Abb. 58. Gegenseitige Lage von Verkehrsstraße und Parkstreifen.

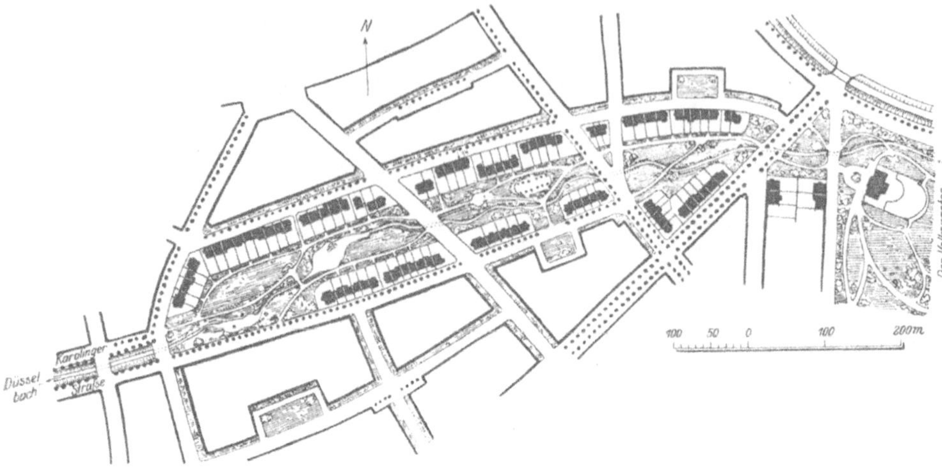

Abb. 59. Parkverbindungsstreifen.

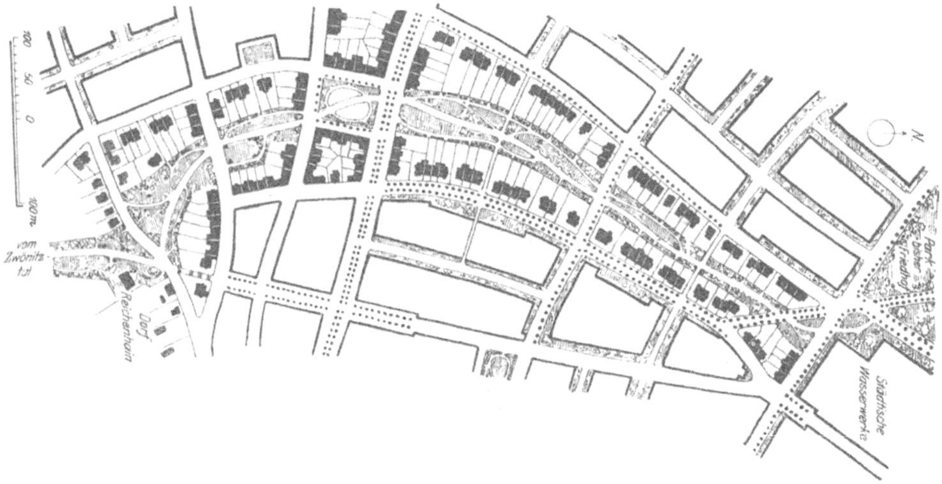

Abb. 60. Parkverbindungsstreifen.

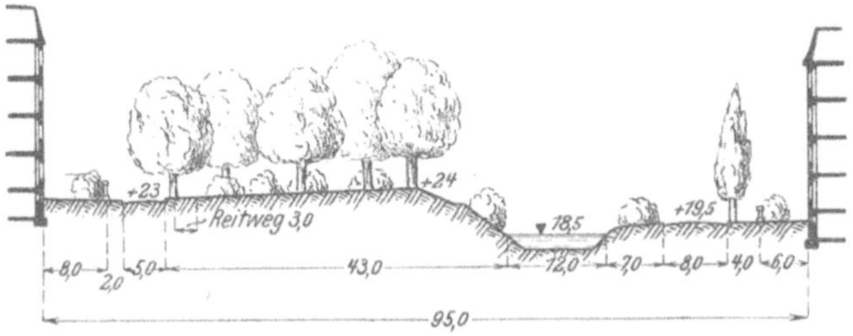

Abb. 61.

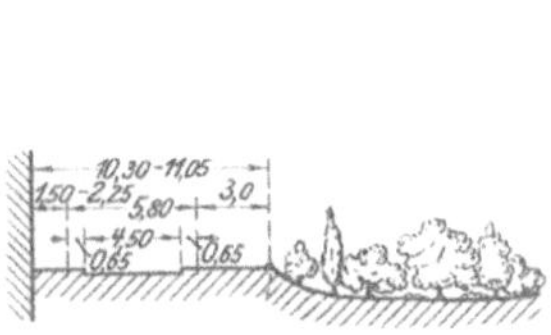

Abb. 62.

Querschnitte zu Grünverbindungen.

Promenadenstraße ist ebenfalls sehr gut und wird mit entsprechenden den Örtlichkeiten anzupassenden Abänderungen gute, reizvolle Lösungen ergeben. Abb. 62 und 63 zeigen weitere Beispiele.

In Abb. 64 ist das System der Grünanlagen im Süden von Chicago dargestellt, das von der rührigen Südparkkommission entworfen worden ist, sich aber allerdings dem Rechteckschema und der weit fortgeschrittenen Bebauung anpassen mußte.

Abb. 65 zeigt die Durchdringung eines ganzen neuzuschaffenden Stadtteils in Berlin mit einem radialen Grünstreifen. Der Grünstreifen wurzelt in dem bekannten, nach Westen verbreiterten Viktoriapark und setzt ihn nach Süden strahlenförmig fort. Nach Überbrückung der Eisenbahnanlagen (deren

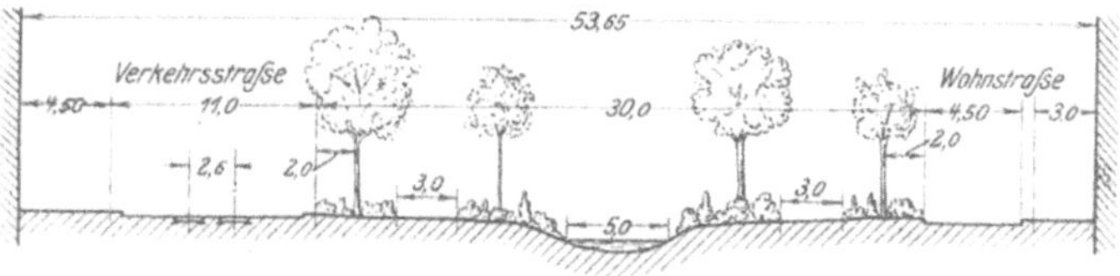

Abb. 63. Querschnitt einer Grünverbindung.

Entfernung nicht möglich ist) hätte der Parkstreifen später unter Umgestaltung der (leicht änderungsfähigen) militärischen Anlagen weiter nach Süden ins Freie fortgeführt werden können. Der Gedanke ist aber nicht zur Ausführung gekommen.

Das unserer Überzeugung nach beste Freiflächensystem zeigt von allen Großstädten Hannover (vgl. 66): die Stadt (1914 über 400 000 Einwohner) ist im Norden und Osten von einem Hochwald, der Eilenriede umgeben. Diese stößt von Nordosten in einem großen Keil, der durchaus Waldcharakter zeigt, bis auf nur 800 m zum Stadtmittelpunkt vor. In ähnlicher Weise ist von Südost das Überschwemmungsgebiet (Wiese) der Leine gegen die Stadtmitte vorgestoßen und am stadtseitigen Ende durch einen Park betont. Von Nordwest dringen die Parkanlagen Herrenhausens bis tief in die Stadt ein und finden hier außerdem noch eine Fortsetzung in einem (nicht mehr belegten) Friedhof. Die neuen Friedhöfe, die Rennbahn, das Rathaus und andere Monumentalbauten, die Landhausviertel sind in einer hervorragenden Weise in diese der Gesamtstadt das Gepräge gebenden Grünflächen eingegliedert. In Hannover-Linden gibt es keinen Punkt, von dem man weiter als zehn Minuten bis zu den großen Wald- und Wiesenflächen zu gehen hätte!

Einer besonderen Ausgestaltung bedürfen die Freiflächen, wenn Nachbarstädte sehr dicht beieinanderliegen (ohne aber eine wirtschaftliche und städtebauliche Einheit zu bilden). Es ist in diesem Fall zuerst für jede der einzelnen Städte ihr Freiflächensystem in je einem Sonderentwurf durchzubilden, und dann sind die Sonderentwürfe derart miteinander in Einklang zu bringen, daß sie sich zwischen den einzelnen Städten zu richtig zusammenhängenden, also die einzelnen Städte trennenden Schutzflächen ver-

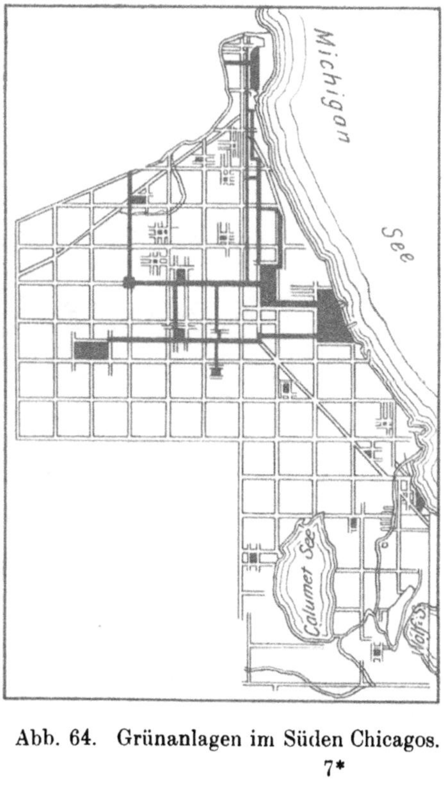

Abb. 64. Grünanlagen im Süden Chicagos.

einigen. Diese Frage hat z. B. in dem Wettbewerb Groß-Düsseldorf eine große Rolle gespielt. Sie ist jetzt für den gesamten rechtsrheinischen Teil des Regierungsbezirkes Düsseldorf einheitlich in Angriff genommen worden (vgl.

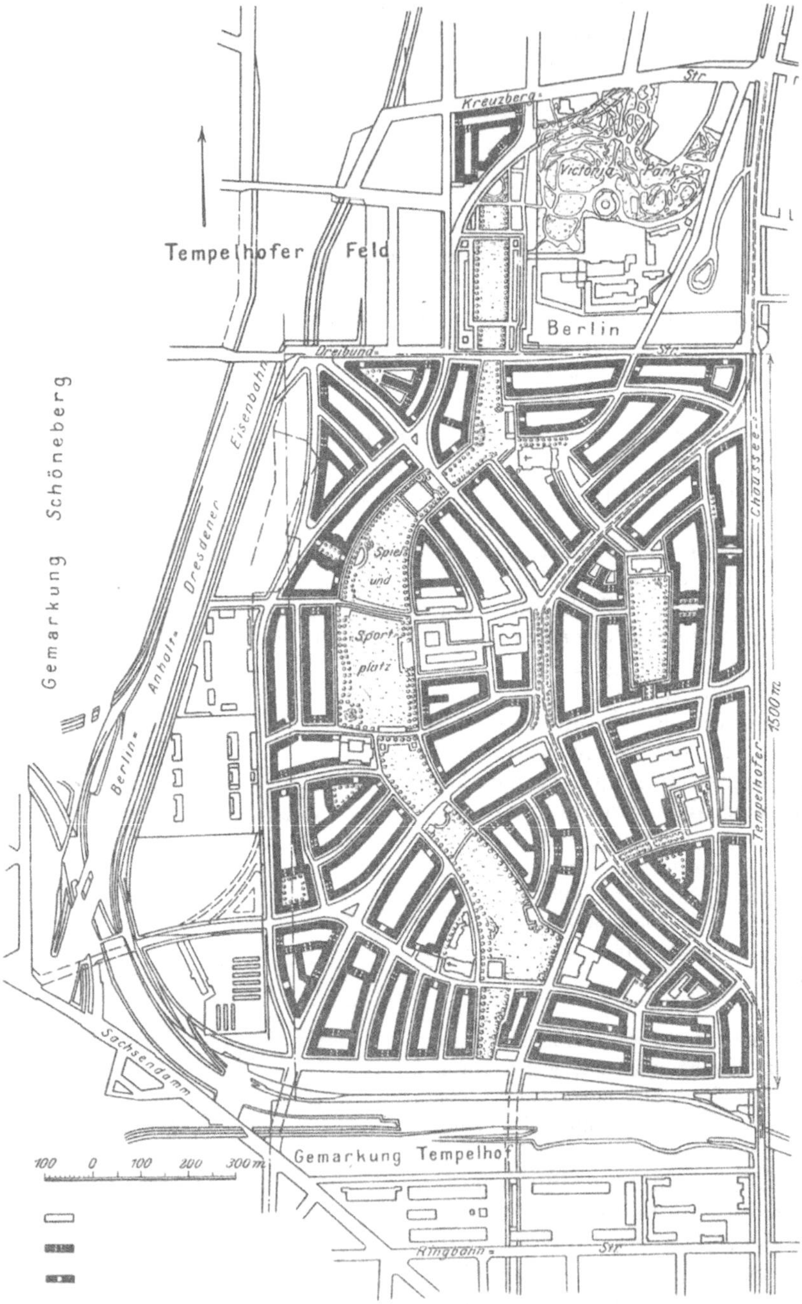

Abb. 65. Parkstreifen im Tempelhofer Feld (nicht ausgeführt).

die hierüber von Dr.-Ing. Schmidt-Essen bearbeitete „Denkschrift betreffend Grundsätze für Aufstellung eines Generalsiedlungsplanes" für dieses Gebiet).

Die Aufgabe erstreckt sich jedoch nicht nur auf die Schaffung großer,

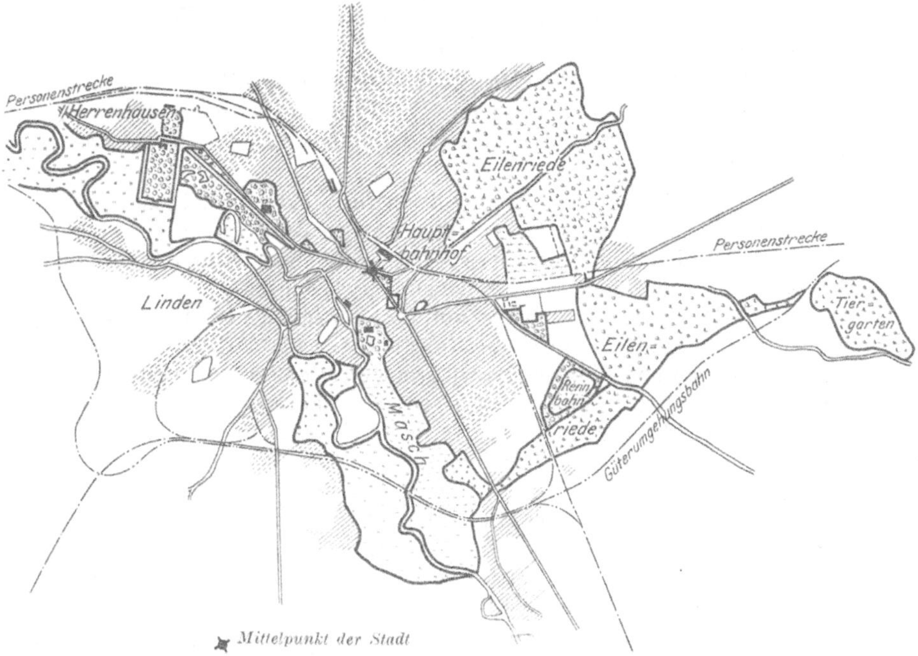

Abb. 66. Freiflächen Hannovers.

durch Wanderwege untereinander verbundener Grünanlagen, sondern auf die Gesamtgestaltung von Bebauung, Industrie, Verkehr und Freiflächen. — Hier im rheinisch-westfälischen Industriebezirk dürften überhaupt die größten städtebaulichen Aufgaben zu meistern sein! —

Siebenter Abschnitt.

Die Wohnungen.

„Eine Stadt ist nicht gesünder, als die höchste Sterblichkeitsziffer in irgendeinem Stadtviertel oder Häuserblock anzeigt, und eine Stadt ist nicht schöner als ihre häßlichste Mietskaserne. Die Hinterhöfe einer Stadt und nicht ihre Schmuckplätze sind der wahre Maßstab ihres Wertes und ihrer Kraft.“

Einleitung.

Wenn die Erörterung der Wohnungen einem so späten Abschnitt vorbehalten wurde, so geschah dies, weil die Lösung der Wohnungsfrage die vornehmste Aufgabe des Städtebaus ist und weil sie mit Erfolg nur von dem in Angriff genommen werden kann, dem die andern Gebiete des Städtebaus nicht unbekannt sind.

Wie ein großer Teil unserer Bevölkerung am Wohnungselend zugrunde geht, ist im ersten Abschnitt auseinandergesetzt worden, ebenso, daß hier wohl eines der wichtigsten und schwierigsten Probleme der gesamten inneren Politik vorliegt. Es kommt aber für den Städtebauer nicht nur darauf an, menschenwürdige und gesunde Wohnungen zu angemessenem Preis zu schaffen, sondern er (und mit ihm die Stadt, der Staat, die Menschenfreunde) müssen sich bemühen, die ärmeren Volkskreise der Städte und Gewerbebezirke zu einem gesunden, sittlichen, vernünftigen Wohnen zu erziehen.

Die Aufgabe darf also nach keiner Richtung hin einseitig oder eng aufgefaßt werden. Sie erstreckt sich vielmehr, abgesehen von den bereits erörterten Fragen, auf folgende Gebiete:

die billige Beschaffung von Bauland, das gesund ist und ohne Schwierigkeiten bebaut werden kann; dabei ist also die Lage zu den Himmelsrichtungen, die Höhenlage, der Untergrund, das Grundwasser, die Lage zu Industriegebieten, die Nähe von Freiflächen zu beachten;

die Verteilung des Baulandes auf die verschiedenen Bevölkerungsgruppen, die vernünftige Mischung (nicht die sozial falsche Absonderung) der verschieden zahlungsfähigen Bevölkerungsklassen, die Ansiedlung der in den verschiedenen Arbeitsgebieten tätigen Bevölkerung in der Nähe jedes Arbeitsgebietes, gleichzeitig aber auch in der Nähe von Freiflächen;

im Anschluß hieran die Einteilung des Baulandes in die verschiedenen Bauklassen;

die Erschließung jedes Wohngebietes durch die zweckentsprechenden Verkehrsmittel;

die Herstellung aller zur Versorgung der Wohnungen erforderlichen Anlagen (Wasser, Gas, Elektrizität);

die Anregung der Bautätigkeit durch entsprechende, das Bauen nicht unnütz verteuernde Bauordnungen, durch billige Baugeldbeschaffung, durch Bauberatung;

die Erziehung der Bewohner zu einer angemessen hohen Lebenshaltung, d. h. also bei den unteren Bevölkerungsschichten zu einer höheren als der bisherigen Lebenshaltung durch Belehrung, Wohnungsaufsicht, nötigenfalls durch Strafen.

Da die uns sehr wichtig erscheinende Erziehung zum besseren Wohnen sonst nur selten erwähnt wird, so möge hier auf folgendes hingewisen werden:

Das Wohnungselend ist in Deutschland, besonders in den östlichen Großstädten. schlimmer als in den Ländern, neben denen wir uns im Wettbewerb behaupten müssen, weil Deutschland seine Industrie viel rascher entwickelt hat, und weil die Überganszeit in die Jahrzehnte fällt, in der Deutschland noch recht arm war, und weil gerade in der kritischen Zeit schwere Fehler begangen worden sind, die sich in dem Emporwuchern der Mietskaserne rächten. Während sich der Deutsche in den schlechtesten Mietskasernen zusammendrängen ließ, hat der Engländer stets den Anspruch auf das Kleinhaus erhoben. Dann hat die Mietskaserne in vielen Städten Deutschlands so allgemein schlechte Wohnsitten erzeugt, daß große Schichten der Bevölkerung für ein besseres Wohnen kein Empfinden mehr haben; sie nehmen das Zusammendrängen der ganzen Familie in einem Raum, das Schlafgängerwesen, die ungenügende Lüftung, die scheußlichen Abortverhältnisse, die engen Höfe als etwas Selbstverständliches hin. In diesem Sinne führt Dr. Kuczynski, der bekannte Vorkämpfer für die Verbesserung der Wohnverhältnisse, aus:

„Schuld (an dem Wohnungselend) trägt aber insbesondere auch die Anspruchslosigkeit der Mieter. Sie ist es, die in letzter Reihe erst die hohen Bodenpreise ermöglicht, die zu der intensiven Ausnutzung des Bodens und zur Kleinheit der Wohnungen führen. Ein Beispiel mag dies erläutern. Der Militärfiskus verkaufte in einem Berliner Vorort ein 2⅓ ha großes Gelände für den Preis von 2 Millionen Mark. Er konnte diesen Preis verlangen. weil der Käufer in der Lage war, nach Erlegung von ¼ Millionen Mark Straßenbaukosten das Gelände in Form von 30 Baustellen zu einem Gesamtpreis von 3 Millionen Mark weiter zu verkaufen. Die Bauunternehmer aber konnten diesen Preis (von 1800 M. f. d. Quadratrute) zahlen oder vielmehr schuldig bleiben (die Anzahlungen betrugen insgesamt nur 30 000 M. oder 1% des gesamten Kaufpreises), weil sich 1000 Familien fanden, die bereit waren, jedes Jahr einen Monat lang zu arbeiten, um die Zinsen der 3 Millionen Mark aufzubringen und weitere zwei Monate zu arbeiten, um auf engstem Raum dürftigste Unterkunft zu finden.

Die billigsten Wohnungen kosten hier 27 M. im Monat. Sie bestehen aus Stube, Küche (ev. mit Speisekammer), Korridor und Abort. Sie liegen im vierten Stockwerk im Hinterhaus. Auf den niedrigeren Stockwerken und im Vorderhaus sind die Wohnungen desselben kleinsten Typs wesentlich teurer. Hier kosten sie bis zu 35 M. im Monat. Nach einer Stichprobe mißt (bei einem Mietpreis von 27—35 M.) die Stube 17,2—21,6 qm, die Küche 8,6—12,1 Quadratmeter, die Nebenräume (Korridor, Abort, ev. Speisekammer und Loggia) 3,0 bis 8,7 qm, die ganze Wohnung 29,4 bis 37,7 qm. Die Gesamtfläche der Wohnräume (Stube und Küche) beträgt 26,3—32,6 qm. Der Mietpreis für 1 qm Wohnfläche beträgt reichlich 1 M., d. h. mindestens ebenso viel wie in den Luxuswohnungen im Bayerischen Viertel. Während aber dort Bad, Zentralheizung, Warmwasserversorgung und Fahrstuhlbenutzung im Mietpreis inbegriffen sind, entbehren diese kleinen Wohnungen jeglichen Komforts, sogar der Badeeinrichtung. Zur Charakteristik der Grundrisse aber sei nur erwähnt, daß in einem Teil dieser (im Jahre 1912 erbauten) Wohnungen Küche und Abort derart miteinander verbunden sind, daß sich die Tür des (1—2 qm großen) Aborts auf die Küche öffnet.

Der Kaufpreis der 30 Baustellen betrug 3 Millionen Mark' die Baukosten der 30 Häuser 5—5½ Millionen Mark. Hätten die Baustellen statt 3 Millionen Mark nur 1 Million Mark gekostet, so würden die Mieter für den gleichen Mietpreis statt einer Stube zwei erhalten können. Und wenn sie für einen solchen Mietpreis zwei Stuben verlangen würden — in den Großstädten Westdeutschlands, Belgiens, Englands, Amerikas verlangen sie dafür mehr —, so wäre der Kaufpreis eben entsprechend niedriger gewesen. So aber leben jetzt auf diesem Fleckchen Erde, der noch vor kurzem der Stärkung unserer Wehrkraft geweiht war, 1000 Familien zusammengepfercht, um Tausende von Kindern in die Welt zu setzen, die in diesen Wohnungen, sofern sie nicht schon von der ersten Hitzwelle dahingerafft werden, größtenteils für den Kampf ums Dasein und insbesondere für die Verteidigung des Vaterlandes untauglich werden..."

Die Erziehung zu besserem Wohnen muß in der Schule einsetzen und sollte vor allem auch in den Fortbildungsschulen beachtet werden; in erster Linie müßten die Mädchen entsprechend belehrt und erzogen werden. Sodann kann die amtliche Wohnungsaufsicht, vielleicht noch mehr aber die private Wohnungspflege viel Gutes leisten durch Belehrung der Familienmütter und der heranwachsenden Mädchen, durch Belehrungen und vor allem durch Unterstützung in der Führung des Haushaltes bei Krankheit und durch Fürsorge für die Säuglinge. Ferner wird es vielfach gut sein, den Familien die Pflege der Alten abzunehmen durch Errichtung von Altenhäusern und die Aufsicht über die Kinder zu erleichtern durch Einrichtung von Kleinkinderbewahranstalten; dem Unwesen der „Schlafburschen" wird am besten wohl durch den Bau von Ledigenheimen vorgebeugt, womit Städte, Staats- und Gewerbebetriebe vielfach sehr gute Erfahrungen gemacht haben.

Gelingt es uns — natürlich nur in jahrzehntelanger Arbeit —, die Familie durch derartige Maßnahmen zu einer leidlich hohen Lebenshaltung zu erziehen, so ist ferner darauf zu achten, daß die Wohnung auch vernunftgemäß benutzt wird. Hier sind drei Hauptfehler zu überwinden: Der erste liegt in den vielfach noch sehr schlechten Möbeln, die leider nur zu oft nicht so hergestellt werden, wie es sich für die unteren Volkskreise paßt. Auf diesem Gebiet sind glücklicherweise Arbeiten im Gang, die schon manchen schönen Erfolg gezeitigt haben und sicher die Wohnungskultur und damit auch die Freude an der Wohnung heben werden.

Der zweite Fehler ist die Furcht vor der Sonne, die unsere meisten Frauen beherrscht, weil die Sonne die Möbel ausbleicht. Gegen diese gesundheitsschädliche Furcht kann nur ununterbrochene Aufklärung wirken; außerdem sollten grundsätzlich nur sonnenechte Farben für Möbelstoffe verwandt werden; — aber hier wird sehr viel gesündigt.

Der dritte Fehler ist der wichtigste; er findet seinen Ausdruck in dem Wort: „Die gute Stube." Sehr beherzigenswert schreibt ein Arzt: „... Mit Recht setzen sich unsere Wohnungsinspektoren nicht nur dafür ein, daß jeder Mieter eine helle, genügend große und lüftbare Wohnung erhält, sondern sie verlangen auch, daß der Mieter die einzelnen Räume zweckmäßig verwende. Diese Forderung stellt keine Ansprüche an den Beutel, sie wendet sich nur an den gesunden Menschenverstand. Leider hegt der Mittelstand eine Reihe von Vorurteilen mit großer Zähigkeit, die der Gesundheit hinderlich sein müssen. Selbst in kleinen, stark besetzten Wohnungen will man auf die „gute Stube", die jetzt meistens „Salon" genannt wird, nicht verzichten. Noch dazu sucht man zu diesem Zweck womöglich das hellste und größte Zimmer aus, während die Schlafräume nach engen Höfen hinaus liegen.

Diese „Salons", die nur bei feierlichen Gelegenheiten Verwendung finden, zwingen die Familie nicht nur zum Zusammendrängen, sie sind meist auch die Stapelplätze aller denkbaren Arten von Hausgräueln. Während man in den anderen Zimmern oft noch auf haltbare Möbel hält, versammelt man hier alle nur irgendwie erhältliche Talmiware! Wäre der „Salon" wenigstens ein Erholungsraum für alle Familienmitglieder, aber auch das ist er nicht. Und doch werden seinetwegen oft die Schlafzimmer überfüllt, werden Kranke häufig nicht ausreichend isoliert, hocken die Kinder zu eng zusammen. Vor allem aber mußte leider ziemlich häufig von den Wohnungsinspektoren festgestellt werden, daß dem Salon zuliebe Eltern mit erwachsenen Kindern oder erwachsene Kinder verschiedenen Geschlechts in einem Zimmer zusammenschlafen. In solchen Fällen hat der Wohnungsinspektor sein wohltätiges Amt nachsichtslos durchzuführen, indem er das „Umbetten", das heißt eine Neuordnung der Schlafstellen in der Behausung, veranlaßt und erzwingt."

Sodann ist noch zu beachten, daß zur „Wohnung" nicht nur die eigentlichen Wohnräume gehören, sondern auch die erforderlichen Wirtschaftsräume, vor allem die Küche, ferner Hof, Keller, Bodenraum; außerdem sollten wir uns dazu bekennen, daß wir für die Mehrzahl der Wohnungen ein Gärtchen, u. U. vielleicht auch nur einen Balkon verlangen müssen. Ferner bedarf die Wohnung mancher Bevölkerungskreise noch einer Werkstatt; — vielfach sind auch Ställe angezeigt.

Es ist nicht nur Sache unserer für den Bauingenieur bestimmten Darstellung, im einzelnen den Wohnungsbau zu erörtern, denn er ist Aufgabe des Architekten. Wir müssen uns aber mit den wichtigsten Häuserarten, ihren Vorzügen und Nachteilen, der Möglichkeit ihrer Anwendung insoweit bekannt machen, als dies für die Verteilung der verschiedenen Bauklassen, die Gestaltung der Baublocks, die Führung der Straßen usw. erforderlich ist.

I. Einfamilienhaus und Mietkaserne.

Um nun das Element der Wohnviertel, das Wohnhaus, richtig würdigen zu können, scheint eine kurze geschichtliche Betrachtung und zunächst die Gegenüberstellung der beiden Extreme, der Mietkaserne und des Einfamilienhauses, zweckmäßig zu sein.

Eberstadt teilt die Entwicklung der städtischen Bauweise in Deutschland in drei Perioden ein: „Die erste ist die des mittelalterlich-kommunalen Städtebaus, die im 12. und 13. Jahrhundert einsetzt; die zweite die des landesfürstlichen Städtebaus, die im 16. und 17. Jahrhundert beginnt; die dritte die der Gegenwart, deren Ausbildung wir um das Jahr 1860 ansetzen können." Auf die erste Periode braucht in diesem Zusammenhang nicht eingegangen zu werden. In der zweiten ging die Absicht (des Landesherrn) dahin, den Bau herrschaftlicher vornehmer Häuser in den Außenbezirken der Residenz unmöglich zu machen; die reichen Leute sollten in der Innenstadt wohnen, der Glanz der Residenz sollte erhöht werden, das Schloß sollte der Mittelpunkt einer vornehmen Umgebung sein. In dieser Zeit baute der Grundeigentümer sein Haus im allgemeinen für sich selbst. Dann setzte mit dem Anfang der dritten Periode ein vollständiger Umschwung ein. Es kamen die Bauspekulanten auf, die nicht mehr für ihr eigenes Wohnbedürfnis, sondern zum Vermieten bauten; neben vielfach recht unsolider Bauweise wurde die Ausnutzung des Bodens gewaltig gesteigert. Dies hat seine Ursache in dem plötzlich außerordentlich stark eintretenden Zustrom von Menschen in den großen Städten, und hat in Deutschland seinen schärfsten Ausdruck in Berlin gefunden, wo als Typus der neuzeitlichen städtischen Bauweise die Mietkaserne ausgebildet wurde, die dann bestimmenden Einfluß auf die Entwicklung anderer deutscher Städte erhalten hat[1]). Charakteristisch für einen Groß-Berliner Baublock in den sechziger und siebziger Jahren war die große Tiefe von 150—250 m. Diese Baublockabmessungen wurde von der Schachbrettform der Bebauungspläne der ersten Hälfte des vorigen Jahrhunderts übernommen. Während diese Blöcke jedoch in ihrem Innern weiträumige, sonnige Gärten zeigten, wurde in den sechziger Jahren damit begonnen, das Innere für die Bebauung auszuschlachten. Dadurch entstanden die Hofwohnungen als Kleinwohnungen, welche ein Anhängsel der Vorderflügel bilden. Andere erklären, daß ursprünglich beabsichtigt gewesen sei, diese Blöcke durch Straßen zweiter Ordnung aufzuteilen, die Entwicklung sei jedoch so rasch gegangen, daß es dazu nicht mehr kam. Wie dem auch sein mag, der Erfolg bildet kein Ruhmesblatt in der Baugeschichte Berlins.

Abb. 67. Baublock mit Mietkasernen.

Die Baupolizeiordnungen waren so unglücklich, daß selbst in Außengebieten sechsstöckige Mietkasernen (neben einstöckigen Bauernhäusern!) entstanden; außerdem bildeten sich unter ihrer Herrschaft die nicht lüftbaren, viel zu engen Höfe und die Hofwohnungen aus.

Abb. 67 stellt einen charakteristischen Baublock dar, der im großen ganzen innerhalb fünf Bauperioden entstanden ist: Der erste Teil stammt von der Zeit vor 1880; der zweite Teil von der Zeit von 1880 bis 1885, der dritte Teil von 1886 bis 1890, der vierte Teil von 1891 bis 1895 und der südliche Teil aus den Jahren 1901 bis 1905. Ein einziger solcher Baublock zeigt alle Nachteile früherer Bauordnungen; er weist nicht weniger als 62 Höfe auf mit zum größten Teil unwürdigen Wohnungsverhältnissen. Der Block hat eine mittlere Tiefe von 150 m und zeigt zum Teil zweifache Hinterhausbebauung.

Ein Fortschritt in der Blockbildung trat für Berlin dadurch ein, daß die Bestimmung der sogenannten Hofgemeinschaft aufgestellt wurde. Diese Bestimmung besagt, daß bei der Berechnung der hinteren Höhe der Gebäude die Hälfte der Tiefe des Nachbargrundstücks in Rechnung gezogen wird. Die Folge dieser Bestimmung war, daß die übliche Hofbebauung mit großen kahlen Brandmauerflächen dadurch wesentlich eingeschränkt wurde, daß die Besitzer einzelner benachbarter Grundstücke bzw. die Terraingesellschaften hier im eigensten Interesse es für vorteilhaft hielten, verschiedene Gebäude um einen größeren

[1]) Vgl. Magistratsbaurat Wolf: „Schöneberg als Wohnstadt."

Hofraum zu gruppieren. Die Quergebäude sind dadurch noch nicht vermieden[1]).

Die schlechte Mietkaserne ist mit ihren Nachteilen so bekannt, daß wir hier nicht weiter darauf einzugehen brauchen. Wir wollen diesem schlechtesten Typ vielmehr nun den besten Typ, nämlich das gute Einfamilienhaus gegenüberstellen. Ob hierbei dies Einfamilienhaus freisteht oder als Reihenhaus in der Häuserzeile, ist für die folgende Erörterung belanglos; wir machen hierauf ausdrücklich aufmerksam, weil nicht selten die Begriffe „Einfamilienhaus" und „Einzelhaus" miteinander verwechselt werden.

Gegenüber dem Haus mit mehreren Mietwohnungen hat das Einfamilienhaus folgende Vorzüge[2]): Jede Familie hat die freie Verfügung über das ganze Anwesen (Haus, Hof, Vorgarten, Garten), sie kann sich gegen ungewünschte Beeinflussung schützen und sich nötigenfalls gegen die Nachbarn vollständig abschließen; sie ist auch bezüglich der Ruhe, der Wärme, der Lüftung, der Sauberkeit nicht von fremden Menschen abhängig; ferner können die Wohnräume mit dem Garten in zweckentsprechende Verbindung gebracht werden, so daß der Garten und die Veranden auch wirklich eifrig benutzt werden; die Ausstattung mit Nebengelassen kann stets ausreichend sein. Vor allem aber hat das Einfamilienhaus den Vrozug, daß es am ehesten Eigentum der es bewohnenden Familien sein kann, und oft wird es auch in der Absicht gebaut, die dauernde Wohnstätte der Familie zu bilden, die die Familie auch dann noch äußerlich zusammenhält, wenn die herangewachsenen Kinder das Elternhaus verlassen haben; in dieser Beziehung wohnt dem Einfamilienhaus ein hoher sittlicher Wert inne, es ist keine Handelsware, sondern ein Familiengut, das demgemäß auch von Anlang an so gut wie möglich gebaut und ausgestattet, das ständig aufs liebevollste instand gehalten und mit den Fortschritten der Technik versehen wird.

Diesen Vorzügen stehen nur wenige Nachteile des Einfamilienhauses gegenüber: die Kosten für die Haushaltung werden etwas erhöht, desgl. u. U. die für die Heizung; das Haus entspricht nicht dauernd dem Raumbedürfnis der Familie, da die Zahl der Familienmitglieder veränderlich ist; das Alleinwohnen wird von Ängstlichen als eine gewisse Gefahr angesehen; es fehlt die Gelegenheit zur Aussprache mit den Flurnachbarn; es ist nicht möglich, Kinder und Kranke durch Flurnachbarn beaufsichtigen zu lassen; das Haus kann u. U. nur schwer und nur mit Verlust verkauft werden, besonders dort, wo das Wohnen im Eigenhaus wenig üblich ist. Dieser letztgenannte Nachteil macht den Erwerb eines Hauses für alle Bevölkerungskreise zu einem Risiko, die mit einem Wechsel der Wohnung zu rechnen haben; hierzu gehören aber nicht nur die Beamten des Staates, der Provinzen, der Großunternehmungen, Banken usw., sondern auch Handwerker und Arbeiter sind u. U. genötigt, innerhalb derselben Stadt die Wohngegend zu wechseln. Mit Rücksicht hierauf sollte einerseits der Bau von Einfamilienhäusern, die zum Vermieten bestimmt sind, begünstigt werden, andrerseits aber auch das Bauen von Mehrfamilienhäusern innerhalb der im wesentlichen dem Einfamilienhaus bestimmten Gebiete gestattet werden, — selbstverständlich dürfen das dann aber nicht „verschämte Mietkasernen" werden.

Für das Wohnen im Mehrfamilienhaus wird noch der Vorzug in Anspruch genommen, daß in der „Etagenwohnung" alle Räume in der gleichen Ebene

[1]) Quergebäude können auch, wenn richtig gehandhabt, in hygienischer und künstlerischer Hinsicht vorteilhaft ausgebildet werden. Voraussetzung ist jedoch bei der Anlage solcher guter Quergebäude die Schaffung tiefer Baublöcke mit zusammenhängenden Quergebäuden, ohne jegliche Mittel- und Seitenflügel, so daß seitliche Durchlüftungen möglich sind.

[2]) Prof. Nußbaum, Hygiene des Wohnungswesens.

liegen, während man im Einfamilienhaus mit Treppensteigen rechnen muß. Diese Behauptung ist zwar nicht ganz unrichtig, sie bedarf aber der Einschränkung. Zunächst liegen auch in der Etagenwohnung gewisse Räume meist nicht auf der Etage (z. B. die Mädchenkammern), andere wichtige Nebenräume können auf der Etage nicht untergebracht werden und sind daher — überhaupt nicht vorhanden (Rumpelkammer, Kofferraum, Putzraum, Ausklopfbalkon). Sodann ist aber die Verteilung der Räume auf zwei Etagen sicher kein Nachteil, besonders dann nicht, wenn unten die „Wohn“-, oben die „Schlaf“-Räume liegen. Leider gibt es aber Einfamilienhäuser, deren Haupträume infolge zu kleiner Grundstücke in drei oder sogar vier Stockwerken untergebracht sind; auch die Verlegung der Küche in das Kellergeschoß darf (mit gewissen Ausnahmen für die Wohnungen der sehr bemittelten Klassen) als eine verfehlte Anordnung bezeichnet werden.

Um zu beweisen, daß die Mietkaserne kein notwendiges Übel ist — untrennbar verknüpft mit den Begriffen „Industrie“ und „wirtschaftlich Schwache“ —, braucht man aber nicht auf England, Amerika, Belgien hinzuweisen. Es ergibt sich das vielmehr schon aus der Gegenüberstellung der Wohnweise in den verschiedenen Gegenden Deutschlands. Wenn aus den Zuständen Berlins Beweise für die Unentbehrlichkeit der Mietkaserne abgeleitet werden, so müßte sie in unserem größten und am schnellsten wachsenden Industriebezirk, dem rheinisch-westfälischen Bezirk, auch entstanden sein.

Wie groß hier nämlich der Prozentsatz der wirtschaftlich Schwachen ist, ergibt sich aus folgender Zusammenstellung:

Die Zahl der Steuerpflichtigen nach ihrem Einkommen im Jahre 1910

Stadt	Einwohnerzahl am 1. 12. 10	Es hatten in % ein Einkommen von Mark:					
		900 bis 3000	3000 bis 6500	6500 bis 9500	9500 bis 30 500	30 500 bis 100 000	über 100 000
Oberhausen . . .	89 900	95,49	3,66	0,38	0,42	0,05	0,004
Mülheim	112 580	93,00	5,32	0,67	0,83	0,14	0,04
Duisburg	229 483	92,16	5,89	0,82	0,88	0,21	0,04
Essen.	294 653	92,15	5,94	0,77	0,93	0,16	0,05
Barmen	169 214	90,83	5,95	1,12	1,54	0,46	0,10
Elberfeld	170 195	88,45	7,77	1,38	1,76	0,52	0,12
Düsseldorf . . .	358 728	87,91	8,19	1,51	1,82	0,45	0,12

Nun hat aber Beigeordneter Dr.-Ing. Schmidt-Essen in der schon erwähnten Denkschrift nachgewiesen, daß in dem Industriebezirk das Kleinhaus sich durchaus behauptet, die vielgeschossige Mietkaserne aber kaum entstanden ist (vgl. Abb. 68b). Die Denkschrift führt folgendes aus:

Die richtige Siedelungsweise kann nur dann erreicht werden, wenn als Ideal die Befriedigung aller hingestellt wird. Zu der befriedigenden Lösung kommt man aber nicht durch alleinige Verfolgung des im ersten Empfinden auftauchenden ästhetischen Gedankens. Vor allem muß die Form des richtigen Haustyps festgestellt, dann muß die Frage der Grundrente, die Beleihungs- und Tilgungsfrage gelöst werden, die zum Teil den Verdienst der Massen in durchaus unzulässiger Weise zum Nachteile ihrer übrigen Lebenshaltung in Anspruch nehmen und das Wohnungswesen ungünstig beeinflussen. Diese Fragen stehen überall in Deutschland im Vordergrunde der Erörterung. Sie müssen und werden befriedigend gelöst werden. Allem Anscheine nach wird nicht die Reichshauptstadt, sondern der rheinisch-westfälische Industriebezirk in seiner elastischen Tatkraft auch hierbei die Führung übernehmen müssen.

Zunächst ist festzustellen, ob die ortsübliche Hausform einwandfrei ist in gesundheitlicher und nationalökonomischer Hinsicht, indem zunächst die boden-

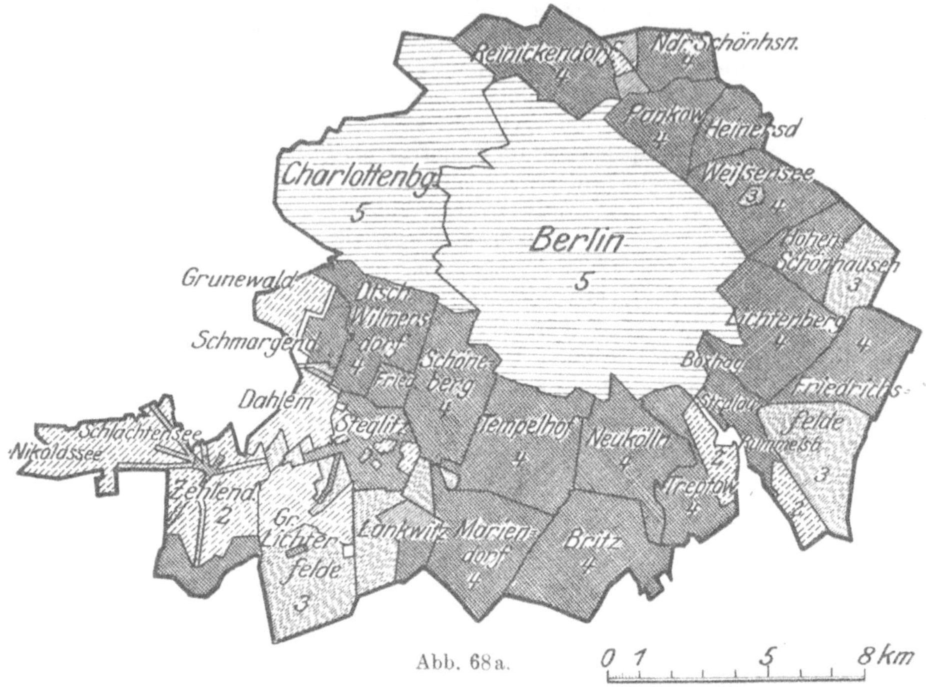

Abb. 68a.

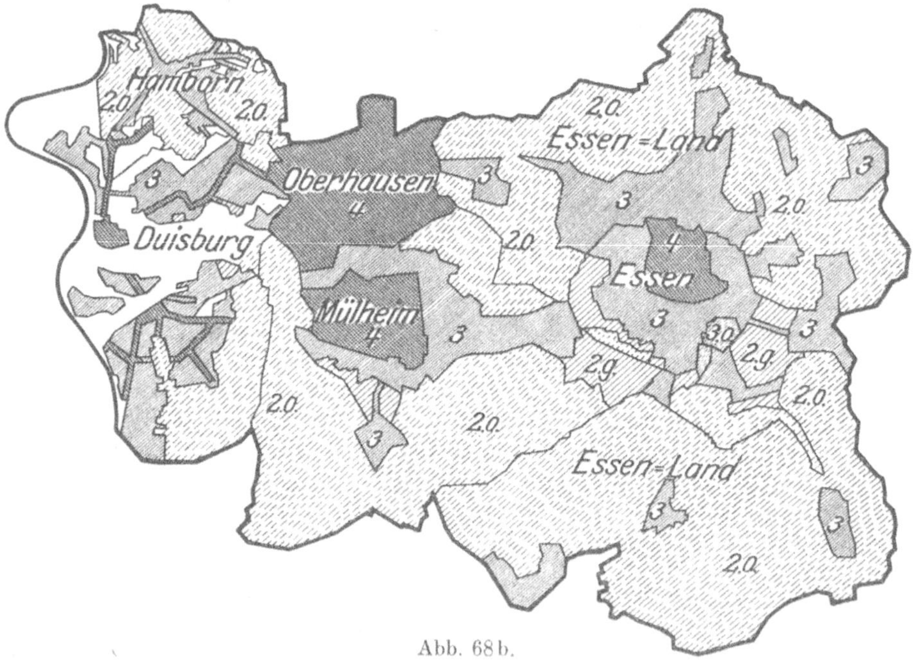

Abb. 68b.

Zahl der Hauptgeschosse in Berlin und in Rheinland-Westfalen.

ständige Hausform beachtet wird. Dann sind, falls erforderlich, Vorschläge zu machen zu ihrer zweckentprechenden Umgestaltung.

Ein Blick in die Vergangenheit des Industriebezirks zeigt, daß das ursprüngliche Wohnhaus das ein- oder zweigeschossige war: das sogenannte „Dreifensterhaus“, in welchem eine, höchstens zwei Familien Unterkommen fanden. Bei dem Aufschwung des Kohlenbergbaues und der Eisenindustrie wuchs die Bevölkerung durch ganz außerordentlichen Zugang und durch die Vermehrung in sich sehr stark. Zur Unterbringung dieser Bevölkerung reichten die vorhandenen Bauten nicht aus. Man belegte sie zunächst stärker mit Menschen, dann wurden Dachgeschosse ausgebaut, Geschosse aufgesetzt, Flügelbauten entstanden, allerdings noch nicht in dem Umfange, wie sie z. B. in den Großstädten Berlin und Breslau sich zeigen, sondern Flügelbauten von 6—10 m Tiefe. Der typische Wohnblock des Ostens, beherrscht von den mächtigen fünfgeschossigen Vorderhäusern mit Flügelanbauten und Hinterhäusern in mehrfacher Fortsetzung, erschien in Rheinland-Westfalen nicht. Man fürchtete den Einfluß des Bergbaues. Außerdem schuf der Westen keine großen Baugesellschaften, die ganze Häuserblocks als Spekulationsobjekte entstehen lassen. Im Westen warf sich das Kapital auf andere naheliegende Spekulationen und überließ den Hausbau dem Kleinunternehmertum, den Genossenschaften oder den Werken, offenbar auch, weil die vielen Kleinwohnungen und die fluktuierende Bevölkerung die Verwaltung der Häuser sehr erschweren.

Dreifensterhaus

mit 1 Wohnung auf der Etage — mit 2 Wohnungen auf der Etage

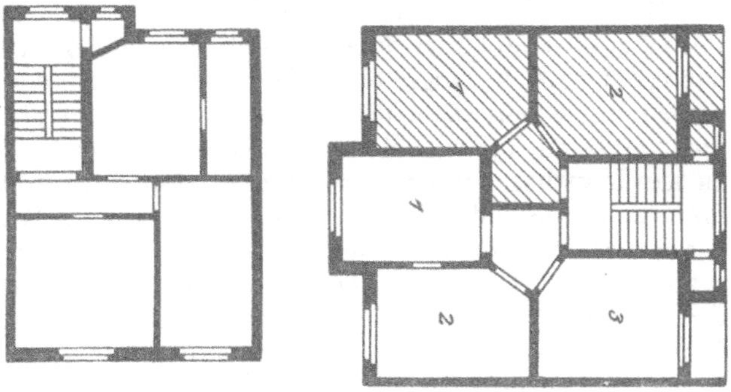

Abb. 69. Eingebaute Wohnhäuser im rheinisch-westfälischen Industriebezirk.

In dem Bezirk herrscht daher jetzt noch entsprechend der Urform der Häuser, den kleinen zur Verfügung stehenden Baukapitalien, dann wegen der Furcht vor den Einflüssen des Bergbaues auf zu ausgedehnte und zu hohe Häuser, endlich infolge des Einflusses der Kleinbaukolonien der Werke das gut durchlüftbare zwei- und dreigeschossige Haus von 11 m Tiefe mit fast quadratischem Grundriß auf schmaler Parzelle mit höchstens vier Fenster Front vor. Dieser Haustyp ist gut (vgl. Abb. 69). Er gestattet in der einfachsten Weise die Unterbringung von höchstens zwei Familien, beim sogenannten Dreifensterhaus sogar nur einer Kleinwohnung von drei Zimmern und Zubehör in einem Geschoß bei vollständiger Abtrennung der Wohnungen, wobei drei bis vier, durchschnittlich sechs, höchstens acht Familien in dem Hause untergebracht werden. Dieses ortsübliche Haus kann ohne Schwierigkeit die Straßenausbaukosten der nach wirtschaftlichen Grundsätzen aufgestellten Bebauungspläne tragen. Bei langgestreckten Baublocks bis zu 55 m Tiefe der Schmalseiten entstehen im Innern des Blocks dauernd große wirkungsvolle zusammenhängende Freiflächen. In den jetzigen Ortslagen soll es höchstens drei, im übrigen soll es höchstens zwei Vollgeschosse erhalten[1]).

Nach Ausführungen von Prof. Nußbaum sind mit Rücksicht auf die vielseitigen Ansiedelungsbedürfnisse folgende Ansiedlungsmöglichkeiten zu berücksichtigen:

---

[1]) Bei diesen Ausführungen mußte andeutungsweise auch schon auf das Mehrfamilienhaus hingewiesen werden, immerhin aber nur auf das kleine Mehrfamilienhaus das doch noch einen Gegensatz zur Mietkaserne bildet. Diese Abweichung von dem strengen Gedankengang schien uns geboten, um später ähnliche Ausführungen nicht besonders bringen zu müssen.

1. Landhausviertel für das freiliegende oder zu künstlerisch wirkenden Gruppen zusammengefaßte vornehme Einfamilienhaus;

2. ähnliche Viertel für bescheidene (bürgerliche) Einfamilienhäuser, die in geschlossener Reihe langgestreckte Gruppen bilden oder die Baublocks rings umschließen;

3. Gebiete für das Mehrfamilienhaus in seinen reichen wie in seinen einfacheren Formen;

4. Gebiete für das eigentliche Miethaus.

Einschränkende Verordnungen für die Höhe, Geschoßzahl und Tiefe des letzteren sind zwar durchaus nötig und erwünscht, aber sie müssen den örtlichen und zeitlichen Verhältnissen, z. B. dem Werte des Baulandes, der Höhe der Baukosten, den Gepflogenheiten, Wünschen und Ansprüchen der in Betracht kommenden Bevölkerungsschichten sorgfältig angeschmiegt werden, um wirtschaftliche Nachteile hintanzuhalten.

Leider sind einzelne Vorkämpfer für das Einfamilienhaus in dem Kampf gegen die Mietkaserne in Übertreibungen verfallen, die der guten Sache schaden und daher richtiggestellt werden müssen.

Zunächst hat man vielfach Einzelbeobachtungen sehr schlechter Zustände verallgemeinert und dabei außerdem Sondererscheinungen als für die Mietkaserne typisch hingestellt, die mit ihr nicht notwendigerweise verbunden zu sein brauchen; man hat also stets die schlechte Mietkaserne geschildert, aber vergessen, daß eine Mietkaserne nicht notwendigerweise schlecht angeordnet zu sein braucht; man hat verschwiegen, daß es auch Mietkasernen gibt, die eine brauchbare Gesamtanordnung aufweisen. Ferner hat man ungünstige Wohnverhältnisse in den Einzelwohnungen von Mietkasernen (zu dichte Belegung, Schlafburschen-Unwesen, Verwahrlosung der Wohnung, unsittliche Zustände) der Hausform, also der Mietkaserne, zur Last gelegt, ohne zu prüfen, ob die Mängel nicht auf andere Ursachen (übergroße Armut, Krankheit, schlechte Erziehung) zurückzuführen sind, ob sie also nicht auch im Einfhmilienhaus entstanden wären.

Gegen diese Übertreibungen und Verallgemeinerungen zuungunsten der Mietkaserne hat eine Gegenbewegung eingesetzt, die teilweise von den Hauseigentümern, teilweise von wissenschaftlich arbeitenden Sachverständigen ausging[1]). Diese Gegenbewegung hat jedenfalls die Erkenntnis gezeitigt, daß unter der Herrschaft vernünftiger Bauordnungen auch Mietkasernen (wenn nicht einwandfreie, so doch erträgliche) Wohnungen liefern können; aber — und das ist ja immer wieder zu betonen — „einwandfreie" Wohnungen können wir für die unteren Schichten in den nächsten Jahrzehnten überhaupt noch nicht schaffen, wir müssen uns vielmehr mit den „erträglichen" begnügen. Sodann hat die Gegenbewegung gezeigt, daß auch in Einfamilienhäusern teilweise höchst ungünstige Wohnverhältnisse herrschen, so z. B. in gewissen Gebieten Bremens, ferner in England und Amerika, den vielgepriesenen Ländern des Einfamilienhauses, — übrigens eine Kennzeichnung dieser Länder, die nur sehr bedingt richtig ist. Ferner sind die übertriebenen Behauptungen, daß die hohen Grundstückpreise und der „Bodenwucher" die Grundursache des Wohnungselends seien, auf ihren wahren Kern zurückgeschraubt worden; die übertriebenen Angriffe gegen die Häuser- und Boden-„Spekulanten" werden seltener laut, mehr und mehr setzt sich die Erkenntnis durch, daß die „Häuserspekulanten" doch sehr wichtig für die Milderung der Wohnungsnot sind; denn ohne ihre Arbeit — mag sie auch veranlaßt sein durch die Hoffnung auf hohe Gewinne — wäre ja wahrscheinlich das Angebot an Wohnungen noch kleiner, die Wohnungsnot also

[1]) Gegen Eberstadt wendet sich z. B. sehr heftig A. Voigt in „Kleinhaus und Mietkaserne".

doch wohl noch größer. Auch darüber hat man jetzt wohl Klarheit gewonnen, daß das immer weitere Anziehen der Steuerschraube gegenüber den Boden- und Häuser-„Spekulanten“ zur Verbilligung der Wohnungen jedenfalls nicht führen kann. — Mag an vielen Stellen von den Spekulanten viel gesündigt worden sein — der Städtebauer hat den Anklagen jedenfalls kühl gegenüberzustehen, er hat jedesmal zu prüfen, was richtig, was dagegen Verallgemeinerung und Übertreibung ist.

Übertreibungen sind dann noch zugunsten des Einfamilienhauses vorgekommen. Insbesondere sind vielfach seine Gesamtkosten niedriger angegeben worden, als sie tatsächlich sind. In der Frage „Mietkaserne gegen Einfamilienhaus“ (Kleinhaus) spielen natürlich die Kosten eine sehr große Rolle. Hier wird man nun zunächst annehmen müssen, daß die Kosten für die gleiche Wohnung in der Mietkaserne deswegen erheblich niedriger sein müssen als im Kleinhaus, weil in jener ein erheblicher Teil der Kosten (für Fundamente, Treppen, Dach, Rohrleitungen, Grund und Boden, Straßenfläche, Straßenausrüstung) sich auf eine große Zahl von Wohnungen verteilen. Dieser Gedanke ist allerdings richtig; immerhin ist die Kostenerhöhung für das Kleinhaus nicht sehr beträchtlich, vorausgesetzt, daß man wirklich Gleiches mit Gleichem vergleicht. Man kann nämlich, ohne den Wohnwert oder die Sicherheit herabzusetzen, das Kleinhaus bezüglich der Mauerstärken, der Treppenbreite, der Verwendung von Holz usw. erheblich sparsamer ausstatten als die Mietkaserne. Indem sie diesen richtigen Gedanken überspannten, haben sich nun die Vorkämpfer für das Einzelhaus die Übertreibung zuschulden kommen lassen, daß sie behaupteten, das Kleinhaus könne für eine Summe geschaffen werden, für die das Haus tatsächlich nicht gebaut werden kann. Diese Behauptungen wurden vielfach in einer scheinbar wissenschaftlichen Form mit genauen Kostenanschlägen belegt, und zweifellos sind dadurch viele Baulustige und Körperschaften und Einzelpersonen, denen die Milderung des Wohnungselends am Herzen lag, getäuscht worden. Rückschläge sind natürlich nicht ausgeblieben, wenn wirklich solche billigen Eigenheime mit der geringen Summe nur halbfertig oder zu leicht, also schlecht erbaut werden konnten. Es ist also dringend geboten, daß der Städtebauer genau ermittelt, welcher Gesamtbetrag zur Schaffung eines derartigen Hauses tatsächlich erforderlich ist, und hierbei sind außer den Kosten für Grunderwerb und den Anliegerbeiträgen auch die Kosten für Umwehrung und Einrichtung von Hof und Garten, für die Grundmauern (sogar diese hat man manchmal vergessen!) und für die gesamte Ausstattung des Hauses mit Kochgelegenheit, Heizung, Bad, Kanalisation, Gas, Elektrizität usw. zu berücksichtigen. Glücklicherweise haben sich der Schaffung von Eigenheimen so tüchtige künstlerisch und wirtschaftlich arbeitende Architekten angenommen, daß die gefährlichen Übertreibungen mehr und mehr verstummen[1]).

Die gesamte Frage wird gut beleuchtet durch die nachstehend mit Abkürzungen wiedergegebenen Leitsätze des Regierungsbaumeisters Wehl:

[1]) Das an vielen Stellen mit großer Energie und großer Liebe versuchte Seßhaftmachen der Arbeitnehmer ist allerdings an manchen Stellen von Erfolg begleitet gewesen; es haben sich aber auch Nachteile herausgestellt. Wo man den gering gelohnten ungelernten Arbeiter zum Hauseigentümer gemacht hat, ist er vielfach zum „Hausagrarier“ geworden, der in sein Haus — „Einfamilienhaus“ — Mieter (Familien oder Schlafgänger) aufnahm und bezüglich der Miete ausbeutete. Infolgedessen sollte das Seßhaftmachen im Eigenhaus sich beschränken auf die bereits besser gelohnten Kräfte (gelernte Arbeiter, Vorarbeiter, Monteure, Maschinisten); und auch bei diesen ist jedesmal zu prüfen, ob diese Kreise dauernd in der Lage sein werden, das Eigenhaus auch ohne Abvermieten behaupten zu können. Wo das nicht der Fall ist, erscheint es vielleicht zweckmäßiger, das Zweifamilien-Reihenhaus (mit zwei Wohnungen übereinander) zugrunde zu legen. — Die vom Großgewerbe vielerwärts geschaffenen Wohnkolonien sind meist keine wirtschaftlich selbständigen Schöpfungen; vielmehr werden die Anlagekosten durch die Mieten nicht voll verzinst.

„Bei Baustellengrößen (für Einfamilienhäuschen) von 120—200 qm und Frontlängen von 6—7 m spielen die Bodenpreise und Pflasterkosten für die Wirtschaftlichkeit eine verhältnismäßig untergeordnete Rolle und beanspruchen nur 5—15% des späteren Mietwerts.

Dagegen spielen die Kosten der Straßenberohrung eine sehr erhebliche Rolle, so daß z. B. einseitiger Anbau an verkehrsgesperrten Wohnstraßen unwirtschaftlich wäre.

Die heutigen baupolizeilichen Erleichterungen für Kleinhäuser haben die Grenze des im Interesse der Lebensdauer und der Beleihung des Gebäudes sowie der Gesundheit der Bewohner Zulässigen erreicht, vielfach sogar schon überschritten.

Solange Erwerb, Besitz und Beleihung jeglichen Hausbesitzes, vor allem aber von Kleinhäusern dem Baugewerbe und dem privaten Kleinkapitalisten keinen Anreiz zur Betätigung zu bieten vermögen, wird das Kleinwohnhaus auch nicht in der Lage sein, die Wohnungsfrage etwa auf genossenschaftlicher oder gemeinnütziger Basis zu lösen.

Die allerkleinsten Wohnungen sind nur im Zinshause hinreichend billig zu erstellen. Die untere Grenze des Einfamilienhauses erfordert sehr kleine Zimmer, sehr geringen Luftraum, enge Treppen usw. Die geringste Jahresmiete brauchbarer Einfamilienhäuser beträgt etwa 400 M. (vor dem Krieg), setzt also schon bessergestellte Besitzer oder Mieter voraus.

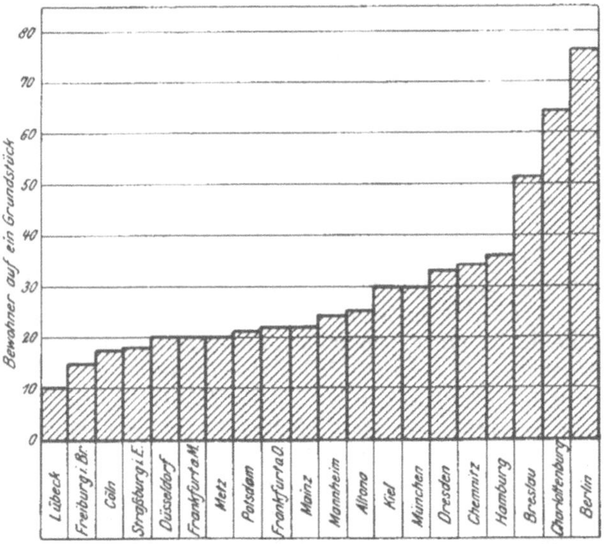

Abb. 70. Wohndichtigkeit in einigen Großstädten nach der Grundstücks- und Wohnungszählung vom 1. 12. 05.

Es ist in der Praxis noch nicht nachgewiesen, daß Kleinwohnungen im Einfamilienhause f. d. Kubikmeter umbauten beziehungsweise bewohnten Raumes billiger erstellt und erhalten werden können als im Miethause. Bei den theoretischen Berechnungen wurden bisher die relativ hohen Kosten für Einfriedigungen, Gartenanlagen usw. in der Regel vergessen. Solide Bauweise in Kleinhäusern erfordert alles in allem einen in der Praxis nachgewiesenen Mindestaufwand von 20 M. f. d. Kubikmeter. Billigere Bauweise rächt sich später.

Die Wohnsitte des Einfamilienreihenhauses kann sich bei uns erst dann einbürgern, wenn das private Unternehmertum in der Lage sein wird, bezugsfertige Häuser mit normalem Verdienst abzusetzen und einschließlich der Hypothekenregulierung verkaufsreif zu liefern. Zweitstellige Hypotheken werden in der Regel gar nicht gebraucht, weil der Terrainverkäufer mit seinem Restkaufgeld einer erststelligen Hypothek von $^6/_{10}$ den Vorrang einräumen würde. Ein Privatmann, der beim Erwerbe so kleiner Objekte nicht mindestens 25% des Wertes als Anzahlung leisten kann, sollte eigentlich nicht als Käufer und Eigentümer auftreten, sondern besser Mieter bleiben.

Das Einfamilienhaus ist zweifellos die beste Wohnform, jedoch gerade den breiten unbemittelten Bevölkerungsschichten, welchen man Besserung der

Wohnverhältnisse bringen möchte, leider nicht erreichbar. Das vier- bis fünfstöckige (?) Zinshaus vermag, zumal bei geeigneten Bebauungsplänen und Vermeidung von Quergebäuden und Seitenflügeln, die billigsten (aber auch hygienisch einwandfreien) kleinsten Wohnungen mit einer Jahresmiete von 2 M. f. d. Kubikmeter Luftraum zu liefern."

Wie sich in den verschiedenen Städten Deutschlands das Kleinhaus gegenüber der Mietkaserne verhält, kann aus den Abb. 70 und 71 entnommen werden.

Als Schlußergebnis in der Frage „Einfamilienhaus oder Mietkaserne" ergibt sich etwa:

Wir können einerseits für die untersten breiten Schichten leider das Einzelhaus (noch?) nicht schaffen, da dies an den Kosten scheitert. Wir haben andrerseits in vielen Städten leider die Mietkaserne, und zwar leider vielfach in ihren

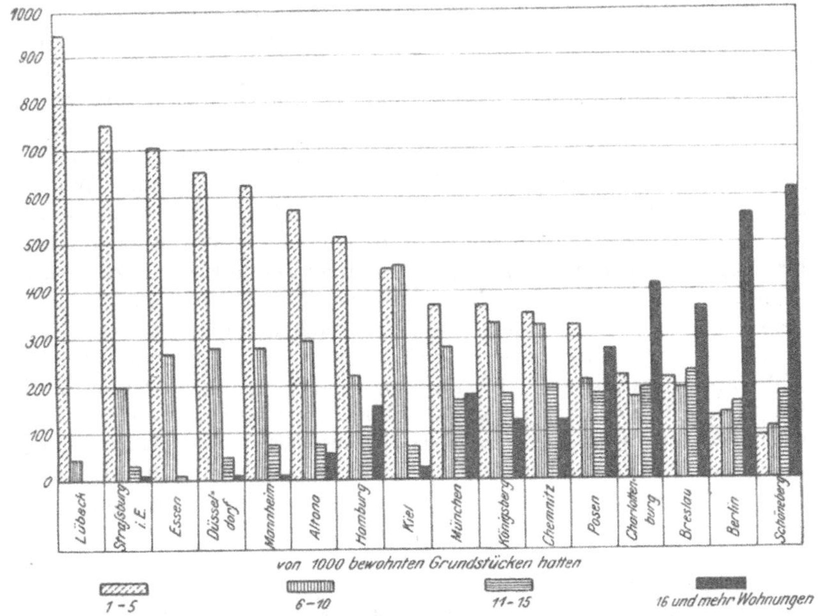

Abb. 71. Die bewohnten Grundstücke nach der Zahl ihrer Wohnungen in einigen Großstädten nach der Grundstücks- und Wohnungszählung vom 1. 12. 05.

schlechtesten Formen; in diesen Städten sind außerdem leider große Flächen bereits für den Bau von Mietkasernen (wenn auch jetzt besseren) vorbereitet, vielfach schon mit fertigen Straßen versehen und teilweise schon bebaut. Wir dürfen aber unter keinen Umständen mit rauher Hand in die gesamten geschichtlich gewordenen Wertverhältnisse eingreifen, die Folge würde nämlich nicht etwa nur der Zusammenbruch der „Spekulanten", sondern der Zusammenbruch des Hypothekenmarktes sein; die Folge würde das Darniederliegen der Bautätigkeit sein, wir würden also ein großes Übel (unzulängliche Wohnungen) durch ein noch größeres (keine Wohnungen) ablösen. Größte Vorsicht, kühles Rechnen, behutsames Abbauen ist also dringend geboten.

Jedoch, so wichtig es ist, die gesamten Jahreskosten für die Wohnung in den verschiedenen Hausformen genau zu ermitteln und alle Vergleichsberechnungen auf durchaus gleicher Grundlage durchzuführen, so falsch es, ist beim Einfamilienhaus Kostenteile zu vergessen, so ist es doch nicht richtig, wenn man die Wohnungsfrage nur als ein Rechenexempel auffaßt: ein Wohnraum im fünften Stock des Hofgebäudes einer Mietkaserne ist, auch bei absoluter Gleichheit aller Faktoren (Fläche, Höhe, Ausstattung) doch etwas ganz anderes, nämlich viel geringerwertig als ein Wohnraum im Eigen-Kleinhaus.

Je kleiner das Haus, desto größer die Möglichkeit, unsere durch den wirtschaftlichen Aufschwung entwurzelten Volksgenossen und unsere aus dem Felde heimgekehrten Helden wieder festzuwurzeln in der Heimaterde.

II. Hausform, Blockbildung, Bauordnung.

Der vorstehende Abschnitt war der Gegenüberstellung Einfamilienhaus gegen Mietkaserne gewidmet. Da wir nun das Einfamilienhaus für die untern Schichten nicht erreichen können, die Mietkaserne aber (ohne in Übertreibungen zu verfallen) bekämpfen müssen, so müssen wir nach Hausformen suchen, die zwischen den beiden Polen liegen; wir werden also voraussichtlich zu der Form des „Mehr-Familien-Hauses" als der für Deutschland geeigneten kommen.

Jede Wohnung muß nun nach Zahl der Räume und Ausstattung der wirtschaftlichen Lage der Kreise, für die die Wohnung bestimmt ist, angepaßt sein. Die Gesamtbevölkerung ist also, wie schon mehrfach erwähnt, nach ihrem Einkommen abzustufen, und hiernach ist der Bedarf nach Wohnungen der verschiedenen Arten zu ermitteln. Da die überwiegende Mehrzahl der Wohnungen für die Ärmsten und Armen zu schaffen ist, wird es richtig sein, von den Mindestforderungen auszugehen, die wir an eine Wohnung stellen müssen. Hinsichtlich der Zahl der Räume ergibt sich vorläufig als mindestens zu fordern die Zahl drei, damit für Eltern, Mädchen und Knaben getrennte Schlafräume vorhanden sind; — das ist aber eine Forderung, auf deren Befriedigung wir für die untersten Schichten zunächst vielfach noch nicht rechnen können. Unter die Zahl von drei Räumen kann allerdings herabgegangen werden bei allen Familien, deren Kinder noch jung oder schon dem Elternhaus entwachsen sind. Es ist also nicht als grundsätzlich falsch — unsittlich! — zu bezeichnen, wenn ein erheblicher Prozentsatz der Kleinwohnungen nur zwei Räume enthält; bei größeren Siedlungen von Genossenschaften oder Großbetrieben kann das z. B. durchaus angemessen sein, besonders dann, wenn eine einheitliche Leitung in der Lage ist, die Wohnungen nach Zahl und Alter der Kinder und der etwa in der Wohnung mit vorhandenen Großeltern zu verteilen.

Zu den „Räumen" ist u. U. auch die Küche mitzurechnen; die Küche als „Wohnküche" oder „Küchenstube" auszugestalten, ist ein gutes Mittel, eine Wohnung ohne erhebliche Kostenerhöhung um einen Raum zu vergrößern. Es darf allerdings nicht verschwiegen werden, daß gegen die Wohnküchen mehrfach Bedenken erhoben worden sind; — vielleicht richten diese sich aber gegen schlechte Einzelanlagen, während von tüchtigen Architekten Wohnküchen einschließlich der gesamten Ausstattung entworfen und ausgeführt worden sind, die den höchsten Anforderungen entsprechen. In Westdeutschland ist die Wohnküche weit verbreitet und auch beim sog. unteren Mittelstand sehr beliebt.

Die Stockwerkhöhe soll möglichst klein gewählt werden. Eine Lichthöhe von 2,25 bis 2,75 m genügt. Die oberen Stockwerke brauchen kleinere Höhen als die unteren, weil sie bessere Besonnung haben.

Inwieweit Räume im Dachgeschoß — „Bodenkammern" — als „Raum" zu bewerten sind, richtet sich nach der Ausgestaltung des Dachgeschosses. Da diese für Kleinwohnungen und auch für die Wohnungen des Mittelstandes, in denen Mädchenkammern, Fremdenzimmer, Plättstuben und dgl. vielfach im Dachgeschoß liegen, sehr wichtig ist, so erscheint es angebracht, hierüber einige Angaben zu machen[1]):

---

[1]) Wir folgen hierbei der erwähnten Denkschrift von Dr.-Ing. Schmidt.

Vorschriften über das Dachgeschoß beziehen sich entweder darauf, daß nur ein Teil der Dachgeschoßfläche ausgebaut werden, und daß keine oder nur eine selbständige Wohnung im Dachgeschoß eingerichtet werden darf. Beide Bestimmungen bezwecken, die Behausungsziffer herunterzudrücken und mit der Ausnutzungsmöglichkeit des Grund- und Aufrisses der Gebäude den Bodenpreis zu beschränken. Sie geben aber zu berechtigten Bedenken Anlaß, wenn man berücksichtigt, daß das deutsche hohe und steile Dach durch die klimatischen Verhältnisse begründet und berechtigt wird und es unwirtschaftlich und unnatürlich ist, die Räume zur Unbenutzbarkeit für Wohnzwecke zu verdammen, da über den dort anzulegenden Wohnräumen stets noch genügend Hohlraum für den erforderlichen Bodenraum vorhanden ist. Die beabsichtigte Verbesserung des Wohnungswesens durch Herabdrücken der Behausungsziffer erreicht man durch Streichung eines Vollgeschosses.

Zunächst ist festzustellen, daß da, wo Dachgeschosse bewohnt werden dürfen, an sie dieselben Anforderungen bezüglich der Wände, Decken, Fenstergrößen, Zugänglichkeit und Feuersicherheit zu stellen sind wie an sonstige Wohnungen, und daß unter dieser Vorbedingung die Dachgeschoßwohnung über dem zweiten, auch noch über dem dritten Vollgeschoß nicht wesentlich ungesunder genannt werden kann als die Wohnung im dritten oder vierten Vollgeschoß, worüber sich ein unbewohntes Dachgeschoß befindet. Im Gegenteil liefern derartig ausgebaute Dachgeschosse unter den gemachten Voraussetzungen bei ihrer freien Lage, guten Durchlüftbarkeit und Besonnung gesundere Wohnstätten als Erdgeschoßwohnungen, die häufig im Schatten liegen und an staubiger Straße schlechten Luftwechsel haben.

Läßt man die Dachgeschosse ganz oder teilweise ausbauen, so werden sie hiermit als „bewohnbar" anerkannt, und die Unterscheidung der Bewohnbarkeit als selbständige Wohnung oder als Zubehörraum zu einer Vollgeschoßwohnung läßt sich in einer Polizeiverordnung tatsächlich nicht rechtfertigen. Eine solche Verordnung kann niemals das Verständnis der Bevölkerung finden. Sie ist und bleibt ein Palliativ schlimmster Sorte, ist auch praktisch nicht durchführbar weder mit Hilfe der Polizei noch mit Hilfe der Wohnungs-Inspektion. So muß die Behörde nach und nach zu einer stillschweigenden Duldung der Überschreitung einer auf die Dauer undurchführbaren Maßnahme kommen, was nicht dazu beiträgt, die Achtung vor ihr zu fördern.

Auch die Vorschrift, daß nur gewisse Teile der Dachgeschoßfläche als Räume zum dauernden Aufenthalt von Menschen ausgebaut werden dürfen, führt bei Kleinwohnungen zu ganz unnötigen Konflikten zwischen Theorie und Praxis. Jedes Haus muß ein Dach haben. In unserer Breite ist das steile Dach bodenständig, eingebürgert, daher praktisch und bildet einen Schmuck des Städtebildes. In diesen Dachräumen lassen sich mit verhältnismäßig geringen Kosten einwandfreie Wohnräume schaffen, deren Miete billiger ist als diejenige der Vollgeschosse. Solch billigere Räume müssen aber zur Lösung der Wohnungsfrage auf dem Markte sein. Es liegt kein Hindernis vor, große Flächen mit zweigeschossiger Bauweise zu belegen, wobei die Dachgeschosse zu Voll- oder Teilwohnungen unbedenklich ganz ausgebaut werden können.

Zu beachten ist auch die schönheitliche Seite: Die Beschränkung des Ausbaus der Dachgeschosse führt zu den schmucklosen Kasten, welche die Städtebilder so trostlos macht. Läßt man die Dachgeschosse unter der Vorschrift bestimmter Profile, die den Dachcharakter unter allen Umständen wahren, voll ausbauen, so erhält die Dachform Inhalt und Zweck.

Läßt man die Dachgeschosse nicht ausbauen, dann kann bei einem plötzlichen Bevölkerungszuschuß, dem der Wohnhausbau nicht Rechnung trägt, der Zwang eintreten, ihren Ausbau nachträglich zuzulassen, und dann können in dem verpfuschten Dach nun gesunde Wohnungen nicht mehr geschaffen werden.

Wesentlich kritischer als die Benutzung des Dachgeschosses zum Wohnen ist die des Kellergeschosses anzusehen. Ihr Hauptnachteil beruht in dem hohen Feuchtigkeitsgehalt. Selbst wenn der Fußboden nur wenig tiefer als das Erdreich liegt und die Mauern gegen das Eindringen von Bodenfeuchtigkeit vollständig gesichert sind, entsteht in den Kellern während der warmen Jahreszeit doch eine sehr große Feuchtigkeit. Dem sonst noch befürchteten Lichtmangel kann durch entsprechende bauliche Maßnahmen und große Gebäudeabstände begegnet werden. Ein Vorzug des Kellers ist sein hoher Wärmeschutz, der sich besonders im Sommer angenehm fühlbar macht.

Wo man Wohnräume und Werkstätten im Kellergeschoß nicht entbehren kann, sollten nach Prof. Nußbaum folgende Bedingungen gestellt werden:

Der Fußboden darf nicht tiefer als 0,50 m in das Erdreich hinabgreifen.

Wände und Fußboden müssen vollkommen gegen das Eindringen von Erdfeuchtigkeit gesichert sein.

Der Gebäudeabstand muß so groß gewählt werden, daß der in dem betreffenden Stadtviertel vorgeschriebene Lichteinfallwinkel auch der Unterkante der Kellerfenster gesichert ist.

Die Glasfläche muß in Wohn- und Schlafzimmern mindestens $^1/_9$ der Fußbodenfläche betragen.

Die Außenwände der Kellerwohnung müssen Sonnenlage erhalten.

In Überschwemmungsgebieten dürfen Kellerwohnungen nicht angelegt werden.

Ausgehend von der kleinsten Wohnung von drei bzw. zwei Räumen ist dann nach oben abzustufen entsprechend dem größer werdenden Betrag, den die wirtschaftlich Bessergestellten für die Wohnung aufwenden können. Hierbei handelt es sich um Wohnungen von drei (bis vier) Räumen für die unteren Gruppen des sog. Mittelstandes (Werkführer, kaufmännische Angestellte, mittlere Beamte), dann um Wohnungen von vier bis sechs Räumen für die oberen Gruppen des Mittelstandes (bis hinauf in die Schicht der höheren Beamten) und dann um die relativ kleine Zahl von Wohnungen über sechs Räume (ohne Küche und Nebenräume) für die wohlhabenden Klassen. Ein weiteres Eingehen auf diese Frage, insbesondere auf die Gestaltung der größeren Wohnungen ist nicht erforderlich, da dies in das Gebiet des Architekten gehört; erwähnt sei nur noch, daß für jede soziale Bevölkerungsschicht auch Wohnungen (in den entsprechenden Stadtgebieten und den entsprechenden Häusern) zu schaffen sind, die zwar an Ausstattung und Bequemlichkeit gleiche Behandlung verlangen, aber erheblich weniger Räume zu enthalten brauchen, weil sie von Einzelstehenden oder von kinderlosen Ehepaaren bewohnt werden; besonders in den Großstädten besteht eine sehr lebhafte Nachfrage nach zwar kleinen, aber „vornehmen" Wohnungen.

Wichtig ist dagegen für den Bauingenieur als Städtebauer, wie die verschiedenen Wohnungen in Ein-, Zwei- — Mehrfamilien- — Häusern unterzubringen sind, und ob das einzelne Haus nach allen Seiten freistehend gebaut wird, oder ob die Häuser unmittelbar aneinandergereiht werden. Schalten wir für den letzteren Fall das (große) Mehrfamilienhaus mit (großen) Seitenflügeln aus, also die Häuserform, die schon stark an die (schlechte) Mietkaserne anklingt, dann erhalten wir das Reihenhaus und haben nun die beiden Häuserformen Einzelhaus und Reihenhaus als die für unsere Betrachtung besonders lehrreichen und ausreichenden Häuserformen kennen zu lernen.

Das freistehende Haus ist die Hausform, die vielfach als die beste bezeichnet wird. Bei dieser Hausform, d. h. bei der „offenen Bauweise" kann jedes Haus für sich gestaltet und in die Umgebung, den Garten, richtig hineingestellt werden. Alle Räume können so angeordnet und durchgebildet werden, daß sie gut durchsonnt werden, die Luft kann das ganze Haus umspülen (vgl. Abb. 72). Diesen Vorzügen stehen aber erhebliche Nachteile gegenüber, die das freistehende Haus vielfach als nicht zweckmäßig, oft als unmöglich erscheinen lassen.

Zunächst dringt das Verkehrsgeräusch durch jede Öffnung der Häuserreihe in das Blockinnere, raubt dem Ruhebedürftigen jede Gelegenheit, eine gesicherte Stätte für geistige Arbeit, Erholung und Schlaf zu finden. Andrerseits gelangt das im Innern der gewerblich ausgenutzten Baublöcke entstehende Geräusch bei der offenen Bauweise auf weite Strecken zur Wirkung, während es bei geschlossener Umbauung eines Blocks nicht aus ihm hervorzutreten vermag.

Ferner leidet die Reinheit der Luft in den Innengärten und Höfen sowohl unter dem Verkehrsstaub wie unter dem Staub und den Abgasen der Gewerbebetriebe, während durch die geschlossene Bauweise beides auf die Entstehungsorte beschränkt zu werden pflegt.

Außerdem entsteht durch die Zwischenräume leicht Zugluft, die die Benutzung der Gärten beeinträchtigt.

Gegen ein Übermaß von Weiträumigkeit sprechen aber vor allem wirtschaftliche Erwägungen, jedoch nicht nur solche, die sich auf die Anlagekosten erstrecken. Es ist vielmehr zu beachten[1]):

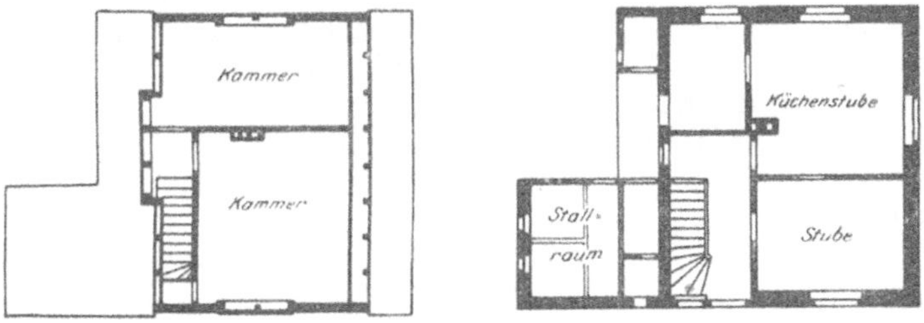

Abb. 72. Freistehendes Haus.

Die Heizung ist beträchtlich teurer (40 bis 50%?). Selbst wenn man die Ansprüche an die Breite der Verkehrsstreifen in der früher erörterten Weise auf Mindestmaße beschränkt und billige Befestigungsarten in den Außengebieten anwendet, verteuern doch die für städtische Straßen durchaus notwendigen Leitungsnetze für Trinkwasser, Brauchwasser und Abwasser, Gas und elektrischen Strom die Gesamtherstellung der Straßenanlagen so sehr, daß sie mit Dorfstraßen keinen Vergleich gestatten. Da die Kosten der Straßen wie der in ihnen verlegten Leitungsnetze mit ihrer Länge wachsen, so muß die Dichte der Besiedlung städtischer Straßen zunehmen mit der Abnahme des wirtschaftlichen Könnens ihrer Bewohner, wenn nicht ein erhebliches Steigen der Wohnungsmieten hervorgerufen werden soll. Denn die Straßenkosten müssen auf die Zahl der Wohnungen verteilt werden.

Jener Leitungsnetze bedürfen wir für das städtische Wohnhaus unbedingt, und wir werden streben müssen, den von ihnen gebotenen Komfort allgemein zur Durchführung zu bringen und ihm noch den der Sammelheizung zu gesellen, um die Arbeitslast der Haushaltungen auf ein möglichst niederes Maß herabzusetzen. Denn die gesamte Lage der „Dienstbotenfrage" weist den weitaus größten Teil der Bürgerfamilien darauf hin, das Bedürfnis nach Dienstboten einzuschränken. Diese Einschränkung ist aber ohne Nachteil nur dann möglich, wenn es gelingt, die Mehrzahl der Haushaltungsarbeiten so zu erleichtern und

[1]) Vgl. Prof. **Nußbaum**, Hannover, in der Zeitschrift für Heizung, Lüftung und Beleuchtung, X. Jahrg. Nr. 14.

zu verfeinern, daß die Hausfrauen und Haustöchter sie selbst zu leisten vermögen.

Auf alle Fälle ist es richtiger, die Bevölkerung in geräumigen, mit jenem Komfort ausgestatteten Wohnungen unterzubringen, als einer zu kleinen oder zu stark belegten Wohnung eine weiträumige Lage zu geben. Die Überspannung der Weiträumigkeit kann leicht zum Gegenteil von dem führen, was man erreichen wollte.

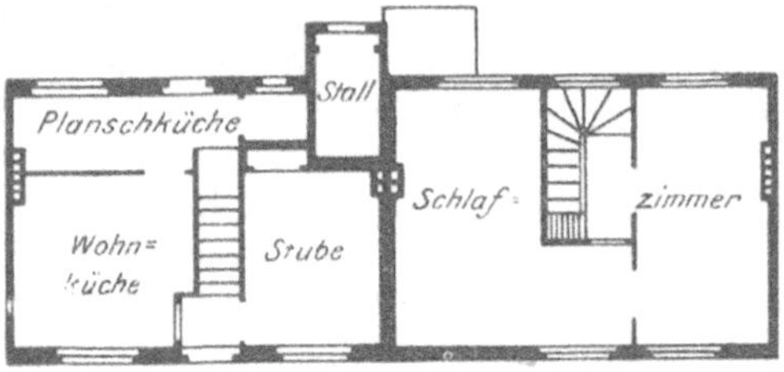

Abb. 73. Reihenhaus in Duisburg.

In seiner reinsten Form tritt uns das Reihenhaus dann entgegen, wenn eine größere Zahl ungefähr gleichartiger Häuser nebeneinanderstehen und wenn die Häuser ungefähr gleiche Tiefe und keine Seitenflügel haben. Jedes Haus hat dann einen rechteckigen, u. U. quadratischen Grundriß, und die Häuser schließen sich zu einem langgestreckten Rechteck zusammen (Abb. 73). Der dadurch entstehende Block wird ebenfalls die Form des langgestreckten Rechtecks aufweisen, und im Blockinnern werden die Höfe und Hausgärten sich zu einer einheitlichen Fläche zusammenschließen. Es entsteht damit eine insgesamt sehr zweckmäßige Blockform.

Die Blocktiefe für Reihenhausbebauung ist nach der Art der Bewohner und der Wohnungen abzustufen.

Für die kleinsten Wohnungen ergibt sich als zweckmäßige Tiefe des Hauses das Maß von 10 m. Es können dann bei 12 m Front in jedem Stock zwei kleinste Wohnungen untergebracht werden. Man wird dann höchstens $^4/_{10}$ des Grundstückes bebauen lassen; für Hof und Garten ergibt sich also zusammen eine Tiefe von 15 m, und der ganze Block wird 2 . (10 + 15) = 50 m tief.

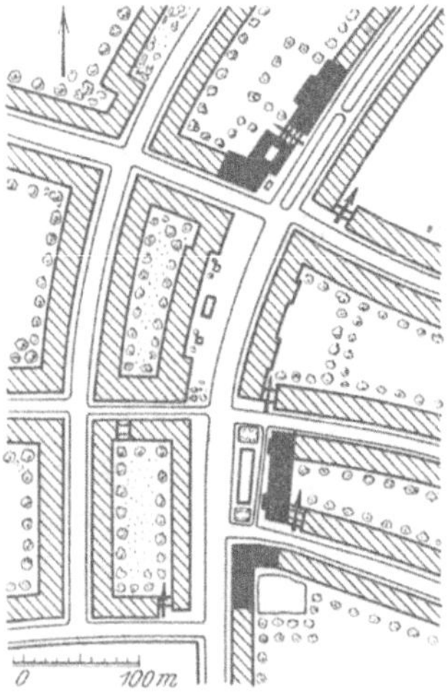

Abb. 74.

Seitenflügel sind dann aber zu verbieten; es ist vielmehr eine durchgehende hintere Baufluchtlinie festzusetzen.

Wohnungen von vier bis sechs Zimmern erhalten Haustiefen von etwa 16 m. Das ergibt, nach den gleichen Grundsätzen berechnet, eine Blocktiefe von 80 m.

Wo die Grundstückspreise dies noch gestatten, wird man selbstverständlich die Blocktiefen größer wählen, muß dann aber auch Sorge tragen, daß die Innenfläche dauernd freibleibt. Es werden dann entweder die Privatgärten vergrößert, oder es kann auch im Blockinnern eine größere gemeinsame Freifläche mit Spielplatz, Bleiche usw. angelegt werden; das leitet dann also zu den früher erörterten Innenparks hinüber. Zur Lüftung des Blockinnern wird man die Häuserreihen an einzelnen Stellen durchbrechen. Man kann damit, sofern im Innern ein Park oder gutgehaltene Privatgärten liegen, reizende Straßenbilder schaffen. Beispiele zeigen die Abb. 53, 54 und 74.

Bei großen Wohnungen (etwa von 8 Zimmern an) kann mit Seitenflügeln gerechnet werden. Diese haben allerdings erhebliche Nachteile und werden in der Denkschrift von Dr.-Ing. Schmidt grundsätzlich abgelehnt:

Die Flügelbauten an Wohngebäuden werden fast überall falsch beurteilt. Die Arbeiterbevölkerung verlangt zur Befriedigung ihres Wohnbedürfnisses

Zwei-, Drei- und Vierzimmer-Wohnungen, die ohne Flügelbauten errichtet werden. Die Fünfzimmerwohnung des Mittelstandes läßt sich auf den gleichen geschlossenen, rechteckigen, meist sogar quadratischen Grundriß bequem unterbringen auch ohne Flügelanbauten. Bei der Sechs- und Siebenzimmerwohnung müssen aus wirtschaftlichen Gründen meistens schon die Dachzimmer aushelfend hinzutreten. Wachsen die Bedürfnisse noch höher, so tritt schon das im Mietpreis annähernd gleich hohe Einfamilienhaus, der beste Wohntyp, ein.

Wirtschaftliche Gründe sprechen gegen die Flügelbauten; der Kostenaufwand zu ihrer Herstellung entspricht nicht der aus ihnen gezogenen Rente.

Die Nachteile der Flügelbauten sind bekannt. Sie bedingen das sogenannte Berliner Zimmer und liefern Räume, die nur einseitig lüftbar sind. Sie nehmen

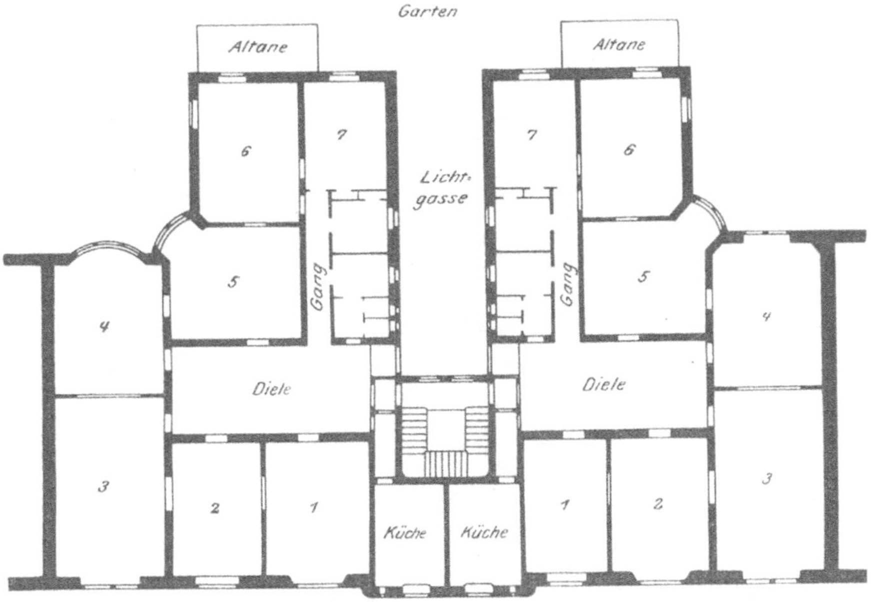

Abb. 75. Anwendung von Lichtgassen zur Erhellung der Nebenräme (Nussbaum).

häufig den Zimmern der Hoffront die Sonne, verschlechtern die Durchlüftung und Besonnung des Blockinnern, machen es häßlich und erhöhen die Behausungsziffer.

Wenn auch die Zweckmäßigkeit der Flügelbauten für gewerbliche Betriebe, Geschäfts- und Kontorhäuser anerkannt werden muß, kann dies für die Wohnhäuser nicht geschehen, und eine Bauordnung, welche bedingungslos die Flügelbauten für alle Gebäudetypen zuläßt, muß als falsch bezeichnet werden.

Prof. Nußbaum, der Flügelbauten für kleinere und mittlere Wohnungen grundsätzlich bekämpft, hat für größere Wohnungen Grundrisse angegeben, in denen die Mängel der Flügelbauten und gleichzeitig die bekannten engen Lichthöfe (Lichtschächte) vermieden sind. Er legt statt der Lichthöfe „Lichtgassen" an, ordnet an diesen aber nur untergeordnete Räume an, so daß alle Hauptträume gut belichtet sind. Abb. 75 zeigt einen derartigen Grundriß. Werden solche Häuser nach Abb. 79a zu einem Block derart zusammengefügt, daß die Gärten eine einheitliche Fläche bilden, so kann man gegen Hausgrundriß und Gesamtanlage kaum etwas einwenden.

So sehr man die Reihenhäuser als eine sehr geeignete Hausart bezeichnen muß, so darf die geschlossene Bauweise, der durchgehende Reihenbau, doch nicht als das stets Richtige bezeichnet werden. Die schematische Anwendung

Abb. 76. Aus einem Bebauungsplan für Königsberg (Beuster).

ist auch hier falsch. Zunächst kann beim durchgehenden Reihenbau der häßliche Brandgiebel in seiner endlosen Wiederkehr die Straße sehr entstellen, und man hat natürlich fast immer damit zu rechnen, daß viele Lücken erst in später Zukunft geschlossen werden. Der durchgehende Reihenbau entspricht auch vielfach nicht den Geländeverhältnissen, nämlich überall dort nicht, wo das Gelände wellig ist, die Straßen also starke Steigungen aufweisen.

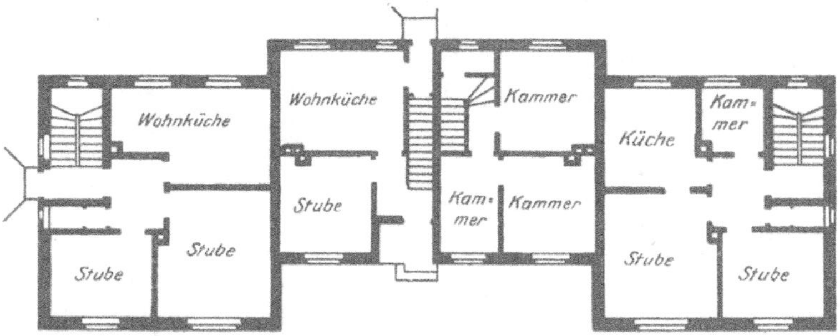

Abb. 77. Sechsfamilien-Reihenhaus (Verband sächs. Industrieller).

Die Durchbrechung des Reihenbaus braucht aber durchaus nicht zum Einzelhaus (u. U. Mehr-Familien-Einzelhaus) zu führen, sondern das Richtige ist der Gruppenbau, der z. B. in Essen in großem Umfang angewandt worden ist, und zwar mit vollem wirtschaftlichen und schönheitlichen Erfolg. Der Gruppenbau zeigt die Vorzüge des eingebauten Hauses, ermöglicht eine freiere Grundrißentwicklung für die Eckhäuser und verbessert die Durchlüftung des Blockinnern. Er schmiegt sich außerdem den Bodenwellen sehr gut an. Abb. 77 zeigt den Grundriß eines Gruppenhauses in der Form des Sechsfamilien-Reihenhauses. In Abb. 78 ist ein Doppelwohnhaus dargestellt, bei dem für jede Wohnung auch ein Stall vorgesehen ist.

Eine Weiterbildung des einfachen Reihenhausblocks ergibt sich, wenn auf vorhandenen größeren Baublöcken kleine und mittlere Wohnungen geschaffen werden sollen. Man wird dann nicht etwa an die Vorderhäuser Seitenflügel und Quergebäude angliedern, wie das auf den zu großen Baublocks in Berlin usw. zu schlechten Mietkasernen geführt hat, sondern man wird das Blockinnere durch bescheidene Nebenstraßen (Privatstraßen) erschließen und an diesen wieder Reihenhäuser errichten. Hierbei wird man u. U. den Häusern im Blockinnern eine geringere Stockwerkzahl zuweisen als den Randhäusern an den Hauptstraßen. Ferner sollte man dann im Blockinnern (wie bei den einfachen Blocks) zusammenhängende Parkanlagen schaffen. Abb. 79 zeigt eine derartige Anordnung. Wohnungen, so im Innern der Blocks in Grün eingebettet und dem Straßenlärm und -schmutz entzogen, werden sich sicher Freunde erwerben, sobald erst solche Anordnungen mehrfach ausgeführt sind; bisher haftet ihnen manchmal das törichte Vorurteil vom „Hinterhaus“ an.

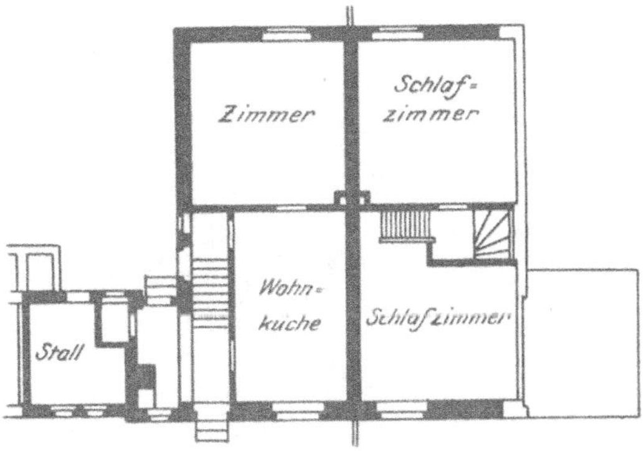

Abb. 78. Doppelwohnhaus in der Kolonie Gewerkschaft Emscher Lippe.

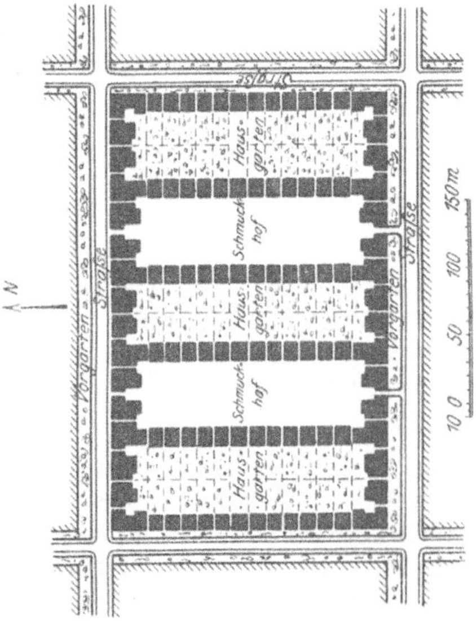

Abb. 79. Baublockunterteilung durch Nebenstraßen und Schmuckhöfe.

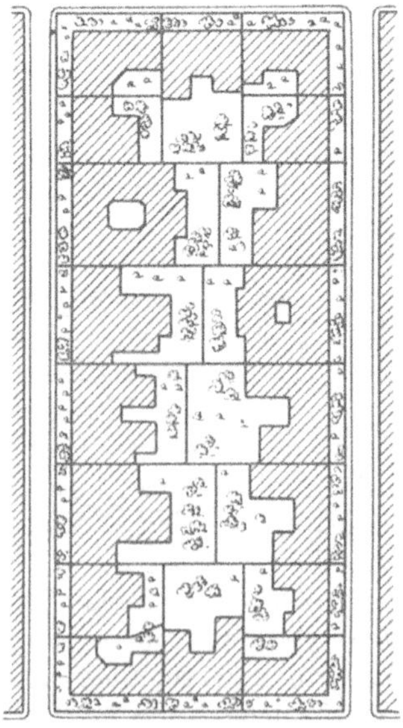

Abb. 79a. Baublock zu Abb. 75 (Nussbaum).

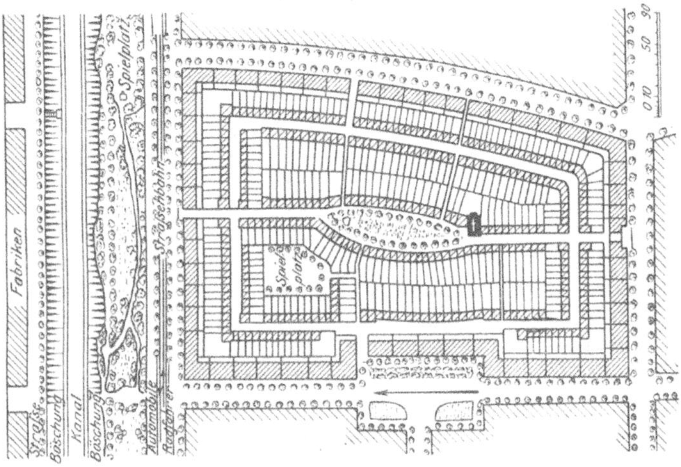

Abb. 80. Blockeinheit nach Möhring-Petersen-Eberstadt.

Abb 81a. (Nicht gut.)

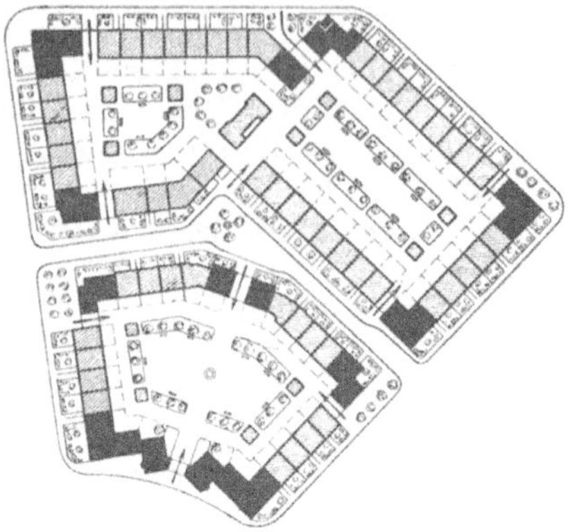

Abb. 81b. (Gut.)

In Fortbildung derartiger Gedanken haben Möhring-Petersen-Eberstadt im Wettbewerb Groß-Berlin als Grundlage für die städtische (Berliner) Geländeaufteilung eine größere Einheit aufgestellt, die sie als „Blockeinheit“ bezeichnen. Die Ausgestaltung dieser Blockeinheit gewährt die Möglichkeit, befriedigende Formen der Bauweise durchzuführen. Die Art der Bebauung war in dem Sonderfall dadurch bestimmt, daß das Gelände zur Hochbauklasse (Klasse I) gehörte, die fünf Vollgeschosse vorsieht. Bei der von den Verfassern vorgeschlagenen „gemischten Bauweise“ erhalten nach Abb. 80 die die Blockeinheit umschließenden Hauptstraßenzüge die fünfgeschossige Bebauung. An den Wohnstraßen ist die Bebauung abgestuft — nämlich nach dem Blockinnern zu niedriger werdend; die Gärten bilden zusammenhängende Flächen; die Innenstraßen sind mit den Hauptstraßen durch Torfahrten und Öffnungen in den Randhäuserreihen verbunden; die quer hindurchgehende Straße weitet sich zu einer Art Dorfanger aus, der mit Gartenanlagen geschmückt ist; eine Reihe gemeinnütziger und öffentlicher Anlagen und Bauten würde hier Platz finden. Durch genaue Berechnungen haben die Verfasser nachgewiesen, daß tiefe Baublocks mit breiten Straßen und Mietkasernen nicht mehr Menschen aufnehmen können als diese nach jeder Richtung hin wesentlich bessere Lösung.

Auch die in Abb. 81a—81b dargestellten verschiedenartigen Aufteilungen desselben Blocks zeigen in ihrer Gegenüberstellung die schlechte und die richtige Lösung.

Im allgemeinen wird für Wohnhäuser die Zahl von drei Vollgeschossen als die obere Grenze bezeichnet werden können. Das Haus würde dann also Keller, Erdgeschoß, zwei Obergeschosse und Dachgeschoß aufweisen. In einem Mehrfamilienhaus würden also drei Wohnungen übereinander anzuordnen sein, ausnahmsweise könnte dann noch das (entsprechend ausgebaute) Dachgeschoß eine Wohnung aufnehmen. Dieses dreigeschossige Haus wird auch in den Großstädten, und zwar auch in der Nähe der Geschäftsviertel, wirtschaftlich nicht nur erreichbar sein, sondern wahrscheinlich die wirtschaftlichste Hausform darstellen. Nach den Erfahrungen in den westlichen Städten wird diese Hausform auch für die Städte, und zwar für ihre künftigen „engbebauten“ Gebiete die richtige sein, in denen heute noch die Mietkaserne mit fünf Vollgeschossen herrscht. In Hannover z. B. hat die Bevölkerung gegen das Wohnen im dritten Obergeschoß eine so große Abneigung, daß es in den besseren Stadtgegenden kaum lohnt, ein solches Geschoß auszuführen[1]).

Die Schärfung unseres Gewissens durch den Krieg und die staatlichen Umwälzungen hat endlich zu einer grundsätzlichen Änderung der Ansichten über die Bauordnungen und die Baupolizei geführt. Während früher im allgemeinen die Vorschriften von der vielgeschossigen Mietkaserne ausgingen und die hohen an diese zu stellenden Anforderungen auch dem Kleinhaus unterlegten und für dieses höchstens Vereinfachungen vorsahen, gehen jetzt die einzelnen Bundesstaaten dazu über, daß sie entweder vom Kleinhaus ausgehen und für das vielgeschossige die notwendigen erhöhten Anforderungen stellen, oder daß sie zwei oder drei Grundformen (Kleinhaus — Mittelhaus —

[1]) Diese Ausführungen beziehen sich aber nur auf Wohnhäuser. Sie sind also nicht gültig für Geschäfts- und Fabrikgebäude. Sie gelten demgemäß auch nicht für die Geschäftsstadt und die Gewerbeviertel, sondern nur für die Wohngebiete; und bezüglich der Häuser, die an den großen, die Wohngebiete durchschneidenden Verkehrsstraßen liegen, gelten unsere Erörterungen nur mit Einschränkungen. Man wird nämlich an den Verkehrsstraßen zweckmäßigerweise eine größere Höhe zulassen (ein Stockwerk mehr) und gleichzeitig meist auch nach der geschlossenen Bauweise streben, denn das entspricht dem Charakter der Straße, dem höheren Bodenwert, den höheren (von den Anliegern aufzubringenden!) Straßenbaukosten und auch dem Charakter der Häuser, deren Erdgeschoß im allgemeinen nicht zum Wohnen dienen wird.

Großhaus) zugrunde legen. Da die Vorschriften in schneller Entwicklung begriffen sind, muß auf das Studium in den Zeitschriften (Zentralblatt der Bauverwaltung) verwiesen werden.

Ferner sei noch nachstehende, das Siedlungswesen allgemein behandelnde Verordnung mitgeteilt, die den Geist der neuen Zeit atmet:

Das bayerische Verkehrsministerium hat für Kleinwohnungen im Februar 1918 die folgenden (auszugsweise wiedergegebenen) Richtlinien aufgestellt.

Da für die Herstellung von Kleinwohnungsbauten in nächster Zeit mehr noch als bisher größte Sparsamkeit geboten ist, so werden die für Projektierung und Veranschlagung von Kleinwohnungssiedelungen und -einzelbauten maßgebenden Gesichtspunkte zusammengefaßt und in nachstehenden Grundsätzen zur Beachtung bekannt gegeben.

Dabei wird den ausführenden Dienststellen zur pflichtgemäßen Erwägung anheimgegeben, ob nicht noch in anderen Richtungen Ersparungen erzielt werden können, ohne den wohnungsverbessernden Bestrebungen, von denen auch diese Richtpunkte geleitet sind, Eintrag zu tun.

Hauptverkehrsstraßen eignen sich sowohl der Grunderwerbungs- und Straßenherstellungskosten wegen, wie auch wegen Verkehrslärm und Staub, nicht zur Anlage von Kleinwohnungen, doch sollen diese nicht weitab von solchen Straßen liegen. Dies läßt sich durch Abzweigung von Wohnstraßen erreichen. Auch platzartig sich erweiternde Sackgassen und weite Wohnhöfe können bei tiefen Grundstücken in Betracht kommen.

Von großer Wichtigkeit ist weiter die Rücksichtnahme auf die Lage der Arbeitsstätten, Verkehrsgelegenheiten zu diesen, Kirchen, Bildungs- und Erholungsstätten, auf welche die Siedelungsbewohner angewiesen sind.

Da die zweckmäßige Gestaltung des Bebauungsplanes die wirtschaftlich wichtigste Frage ist, die aber nicht nach irgendeinem Muster gelöst werden kann, sondern von der Eigenart der Örtlichkeit bestimmt wird, so soll schon die Erwerbung und Aufschließung von Gelände nie ohne sachverständigen Beirat erfolgen. Die Herstellung des Bebauungsplans erfordert die Heranziehung eines erfahrenen Architekten.

Als nächste Vorfragen sind die besonderen Bedürfnisse der künftigen Bewohner zu würdigen: Ob Hausgärtchen und in welcher Größe solche beigegeben werden sollen, ob außer solchen auch Ackerland zur Verfügung gestellt werden soll, ob Ställe für Kleinvieh vorzusehen sind, ob Einfamilienreihenhäuser oder Mehrfamilienhäuser mit höchstens sechs Wohnungen gebaut werden sollen, wie groß die Fläche der Wohnung, die Zahl der Räume vorzusehen ist, ob Wohnküchen in der bayerischen Art, oder Küchen nach fränkischer Art gewünscht werden. Ob und wie weit die Wünsche befriedigt werden können, und bis zu welchem Maße in der Weiträumigkeit der Bebauung gegangen werden kann, ob geschlossen oder offen gebaut werden kann, ob Reihen- oder Gruppenhäuser zu errichten sind, wird sich erst nach wiederholter rechnerischer Prüfung des Aufwandes und seiner Verzinsung bzw. der Berücksichtigung der für die Wohnungen zu fordernden Mieten ergeben. Bodenausnützung und Schutz gegen Abkühlung gehen beim Reihenhaus am weitesten. Hinterhäuser, Seiten-, Mittel- und Quergebäude sind unter allen Umständen zu vermeiden.

Die Siedelung soll sich der baulichen Eigenart der Gegend anpassen. Auf die Erhaltung alter Baumbestände und sonstiger Naturdenkmäler ist bei Aufstellung der Pläne Bedacht zu nehmen.

Innerhalb einer Kleinwohnungssiedelung sind nur Wohnstraßen und Wohnwege erforderlich. In Verbindung mit diesen ist auf Einschaltung von Ausweich- und Wendestellen, Spielplätzen und öffentlichen Anlagen in einer dem Verkehr und der Bevölkerungsdichtigkeit angemessenen Größe Rücksicht zu nehmen.

Die Straßen sind der Befestigungskosten und der Herstellungskosten von Kanälen, Wasser- und Gasleitungen wegen nicht über dringende Notwendigkeit in die Länge zu ziehen, der Abstand der Gebäudefluchtlinien dagegen soll mit Rücksicht auf Besonnung, Schutz gegen lästige Nachbarschaft, Lärm und Staub nicht zu schmal bemessen werden.

Größte Sparsamkeit hat hinsichtlich der Breitenbemessung der befestigten Fahr- und Gehbahnen zu walten. Für erstere genügen 2,50 m, wenn Ausweichstellen vorhanden sind, für letztere 1 m. Nicht ausgebaute Teile der Straßen können an der Sonnenseite als Vorgärten oder Grünplätze verwendet werden, an der Nordseite haben Vorgärten wenig Wert. Bepflanzung mit Bäumen ist nur in breiten Straßen zweckdienlich.

Die Anordnung von mehr als zwei Wohnungen im gleichen Geschoß an einem Treppenhaus ist unwirtschaftlich, da der Mehrbedarf an Vorplätzen dem Minderbedarf an Treppenfläche die Wage hält und eine Wohnung undurchlüftbar wird.

Eine Kleinwohnung sollte im allgemeinen vier Räume und zwar Wohn- bzw. Kochraum, Schlafraum der Eltern und zwei Schlafräume für Kinder beiderlei Geschlechts mit einer ohne Gang und Abort gemessenen Gesamtfläche von mindestens 45 qm umfassen. Weiter soll jede Wohnung Keller und Speicheranteil besitzen.

Bei nur teilweiser Unterkellerung ist der Keller an der Straßenseite anzuordnen, um das Einlagern von Brennstoffen, Kartoffeln usf. zu erleichtern.

Die zu überbauende Fläche ist möglichst vollständig für den Wohnzweck auszunützen. Deshalb ist die Stellung aller größeren Einrichtungsgegenstände, wie Betten, Sitzbänke, Schränke, in die Grundrisse einzuzeichnen.

Die Räume sollen nicht alle an der gleichen Seite des Hauses liegen, damit eine Querdurchlüftung möglich ist. Nicht querlüftbare Wohnungen sollen nicht gegen Norden liegen.

Für jede Wohnung soll womöglich nur ein Kamin angelegt, dieser aber zu 0,25/0,25 bemessen werden.

Als Treppenbreite zwischen den Wangen gemessen genügt im höchstens sechswohnigen Mehrfamilienhause 0,90 m, im Einfamilienhause ist die Treppe möglichst gedrängt zu behandeln. Sie kann hier in Wohnküche oder Flur eingebaut werden und erfordert höchstens 0,70 m Breite. Die Steigung kann in letzterem Falle bis 0,20 m angenommen werden. Gerade Treppen sind gewendelten vorzuziehen.

Für das Einfamilienhaus ist eine eigene Waschküche erwünscht; von mehr als acht Familien sollte eine Waschküche nicht benützt werden müssen. Je größer die Zahl der auf eine Waschküche angewiesenen Familien ist, um so mehr empfiehlt es sich, dieselbe in einem eigenen Gebäude zu schaffen.

Im Keller untergebrachte, von mehreren Familien benützte Waschküchen müssen Zugang vom Freien erhalten.

Die Herstellung bewohnbarer Dachkammern ist im Mehrfamilienhause nicht zu empfehlen; wo sie hergestellt werden, sind für sie eigene Aborte vorzusehen.

Anhang.

Die Gartenstadt.[1]

Die Auflehnung gegen das Zusammendrängen der Menschen in der Großstadt und gegen ihren sittlichen und körperlichen Niedergang, zugleich Auflehnung gegen die Mietkaserne hat ihren vollkommensten Ausdruck gefunden in der Gartenstadtbewegung.

Der Begriff „Gartenstadt" steht noch nicht ganz fest; er ist aber in der Satzung der Deutschen Gartenstadt-Gesellschaft in folgender Weise skizziert:

„Eine Gartenstadt ist eine planmäßig gestaltete Siedlung auf wohlfeilem Gelände, das dauernd dem Obereigentum der Gemeinschaft erhalten wird, derart, daß jede Spekulation mit dem Grund und Boden dauernd unmöglich ist. Sie ist ein neuer Stadttypus, der eine durchgreifende Wohnungsreform ermöglicht, für Industrie und Handwerk vorteilhafte Produktionsbedingungen gewährleistet und einen großen Teil seines Gebietes dauernd dem Garten- und Ackerbau sichert. — Das Endziel einer fortschreitenden Gartenstadtbewegung ist eine Innenkolonisation, die durch planmäßiges Begründen von Gartenstädten eine Dezentralisation der Industrie und damit eine gleichmäßigere Verteilung des Gewerbelebens über das Land erstrebt."

Als Gartenstädte können sowohl selbständige Siedlungen, die also nicht in unmittelbarer Nähe einer Großstadt liegen, als auch Vorstädte und Vororte von Großstädten gelten; Voraussetzung ist nur, daß die Siedlung gemäß den im folgenden erörterten Gedanken geschaffen, finanziert, ausgestattet und betrieben wird. Vorab sei bemerkt, daß die auf spekulativer Grundlage geschaffenen „Villenkolonien", wie etwa Nikolassee, nicht als Gartenstädte zu bezeichnen sind, weil sie nur auf zahlungskräftige Bewohner zugeschnitten sind. Die Übergänge sind aber natürlich fließend.

Von Bedeutung sind die folgenden geschichtlichen Vorgänge:

Das oben erwähnte Buch Howards fand in England einen solchen Widerhall, daß bereits im Jahre nach seinem Erscheinen die „Garden City Association" gegründet wurde[2]). Ihre Ziele sind die Bekämpfung der Übervölkerung der Städte und der Entvölkerung des platten Landes.

Die Gesellschaft tritt ein:

für die Gründung neuer Städte auf dem Land nach dem Vorbild der Gartenstadt Letchworth,

für die Gründung von Gartenvorstädten in der Nähe von Großstädten nach dem Vorbild von Hampstead,

für die Gründung von Gartendörfern nach dem Vorbild von Port Sunlight und Bournville,

für den Erwerb von baufreien Flächen und die Entwicklung bestehender Städte und Dörfer im Sinn der Gartenstadt,

für die Verlegung der Fabriken aufs platte Land,

für das Schaffen von Bauernstellen in der Nähe der Städte.

Schon vorher hatten in England hochherzige Großindustrielle (Lever und Cadbury) für ihre Arbeiter die mustergültigen Dörfer Port Sunlight und Bourn-

---

[1]) Als wichtigste Schriften sind zu nennen: Th. Fritsch: „Die Stadt der Zukunft" (1896); Ebenezer Howard: „To morrow" (1898); H. Kampffmeyer: „Die Gartenstadt bewegung" (1909); die Veröffentlichungen der Deutschen Gartenstadt-Gesellschaft und die Vereinszeitschrift „Gartenstadt". Auch auf die Arbeiten der Heimstätten A.-G. ist zu verweisen, die in Karlshorst, Schlachtensee Hervorragendes geschaffen hat und die Sicherung der Zahlung durch Abschluß von Lebensversicherungen eingeführt hat.

[2]) Vgl. Kampffmeyer a. a. O.

ville geschaffen, die beide von Künstlern entworfen worden sind und der Arbeiterbevölkerung, die vorher im Wohnungselend verkam, nicht nur gute Wohnungen, sondern auch angenehmes geselliges Leben verschafften. Wenn für diese Siedlungen auch zunächst von ihren Stiftern große Summen hergegeben werden mußten, so haben beide doch stets betont, daß die Ausgabe sich durch die erhöhten Leistungen der Arbeiter und durch ihr gesteigertes Interesse am Gedeihen des Betriebes sehr gut bezahlt gemacht habe. Cadbury sagt: „Nichts macht sich für einen Unternehmer besser bezahlt, als die Arbeiter in gesunde ländliche Gegenden mit guter Wohnung, gutem Lohn und mit Gelegenheit zur Gartenarbeit zu versetzen."

Auf Grund der Erfolge von Port Sunlight und Bournville schuf die englische Gartenstadt-Gesellschaft (50 km von London entfernt an der großen Nord-Bahn) die Gartenstadt Letchworth (Architekten Parker und Unwin), die nicht etwa nur Wohnungen, sondern auch Fabriken enthält. Der Erfolg Letchworths ließ dann in einem Vorort von London an einer Schnellbahn die Gartenstadt Hampstead entstehen. Weitere Gründungen sind im Entstehen begriffen.

In Deutschland sind ähnliche Schöpfungen wie Port Sunlight ebenfalls von Großindustriellen errichtet worden; es sei z. B. auf die Kruppschen Ansiedlungen hingewiesen. Die „Deutsche Gartenstadt-Gesellschaft" bildete sich 1902. Ihr Hauptziel ist oben mitgeteilt worden; ihre Bestrebungen sind im einzelnen auf folgende Punkte gerichtet:

a) „Die Gartenstadtbewegung knüpft an die Tendenz der Abwanderung gewerblicher Betriebe aus der Großstadt an, in der die Industrie mit einer zu hohen Grundrente sowie mit Produktions- und Transportschwierigkeiten belastet und die Beschaffung guter und billiger Wohnungen für Minderbemittelte zur Unmöglichkeit wird. Anstatt der isolierten Ansiedelung einzelner Betriebe in unmittelbarer Nachbarschaft der Großstadt empfiehlt sie die gemeinschaftliche Ansiedelung mehrerer Betriebe mit ihrer Arbeiterschaft auf billigem Neuland in geeigneter Verkehrslage. Sie gelangt so zur Gründung neuer Siedelungen, die gewerblichen Betrieben beste Verkehrs- und Produktionsbedingungen und allen Bewohnern, auch den Minderbemittelten, billige, gesunde und schöne Wohnungen bieten werden.

Als Träger solcher Gründungen denkt sie sich gemeinnützige Terraingesellschaften großen Stils oder Genossenschaften, die eine gemeinnützige Bodenhaltung gewährleisten und durch Bebauungsplan und Bauordnung eine zweckentsprechende und gesunde Terrainerschließung sichern.

b) Die Gesellschaft sieht in der privaten Initiative den Pionier des allgemeinen Fortschritts, der wirtschaftliche und soziale Neubildungen zu schaffen vermag und den Beweis für die Möglichkeit ihrer allgemeineren Verwirklichung durch öffentliche Körperschaften liefert.

Die Gesellschaft betont das praktische Ansiedelungsexperiment als wichtigstes Ziel ihrer Tätigkeit.

c) Die Gesellschaft ist überzeugt, daß die Errungenschaften der Privatinitiative nur begrenzten Kreisen zugutekommen, während gesetzgeberische Maßregeln (staatlicher oder kommunaler Art) breiteren Volksschichten — wenn auch weniger schnell und durchgreifend — zu nützen geeignet sind.

Die Gesellschaft ist daher bestrebt, mit Organisationen, die gesetzliche Reformen erstreben, sowie öffentlichen Körperschaften in der Richtung einer Ansiedelungs- und Wohnungsreform zusammen zu arbeiten.

d) Die Gesellschaft empfiehlt, Siedelungen auf Grund und Boden zu errichten, der möglichst zum landwirtschaftlichen Nutzungswert erworben wird. Denn nur ein solcher kann in Verbindung mit einer gemeinnützigen Bodenhaltung die wirtschaftliche Grundlage für eine wirklich gesunde Stadtgestaltung liefern. Nur hier ist die nötige Weiträumigkeit der Bebauung sowie die Erhaltung einer baufreien Zone zu erreichen.

Für Gründungen im engeren Anschluß an größere Städte (Gartenvorstadt, Industriekolonie) wird selten die gleiche Vorbedingung billigsten Landes zu erfüllen sein. Hier muß nach Lage der Verhältnisse möglichst Vollkommenes zu erreichen gesucht werden.

e) Die Weiträumigkeit der Bebauung und Durchsetzung einer Stadt mit privaten und öffentlichen Gärten ist eine gebieterische Forderung der Volksgesundheit und der Kultur an den Städtebau. Diese Forderung ist aber nicht gleichbedeutend mit der des alleinstehenden Einfamilienhauses. Neben dem Einzelhaus kommt der Reihenhausbau in Frage, der bei mäßiger Gebäudehöhe, genügendem Abstand der Häuserreihen und ausreichender Größe des Blockinneren den weitgehendsten Anforderungen Genüge leisten kann.

f) Die Sicherung, daß Grundrentensteigerungen der Allgemeinheit zugute kommen, ist eine Forderung der Gerechtigkeit und ein Mittel, das die Befriedigung kultureller und hygienischer Bedürfnisse einer Siedelung ermöglicht.

Der Gemeinbesitz an Grund und Boden, gepaart mit einem ausreichenden Besitz an Wohnungen, die sich entweder in Händen der Gründungsgemeinschaft oder anderer gemeinnütziger Korporationen befinden, ist das sicherste Mittel gegen eine Aneignung der steigenden Grundrente durch einzelne.

Bei der Abgabe von Grund und Boden an einzelne kommen daher beim Wohnungsbau nur Rechtsformen in Frage, welche eine Kontrolle über die Preisbildung bzw. einen Rückfall des Grund und Bodens an die Gemeinschaft sichern. Als solche bewährten sich das Erbbaurecht und das Wiederkaufsrecht nach Ulmer System (Wiederkaufspreis gleich ursprünglichem Preis abzüglich Abnutzung, zuzüglich Besserung).

Bei der Abgabe von Grund und Boden zu industriellen Zwecken erheischt vielleicht die Praxis größeres Entgegenkommen. Als Mindestforderung müssen dann aber bauliche Bindungen gelten, welche die spekulative Verwertung des Geländes für Wohnhausbau verhindern.

Auf jeden Fall sieht die Deutsche Gartenstadt-Gesellschaft in dem Ausschluß jeder Spekulation mit Grund und Boden und in einer gemeinnützigen Regelung der Wohnungs- und Bodenpreise eine unerläßliche Vorbedingung für eine gesunde Entwicklung der Erwerbs- und Wohnungsverhältnisse.

Es ist noch zu erwähnen, daß neuerdings den Minderbemittelten das Eigenhaus nicht als Eigentum, sondern mietweise überlassen wird auf Grund eines Vertrages, der von der Baugenossenschaft nicht gelöst werden kann, wohl aber von dem Mieter. Dies geschieht einerseits, um den Mietern die Selbstverantwortlichkeit und ihre Vorzüge zugute kommen zu lassen, andrerseits aber, um bei nicht ausreichender Arbeitsgelegenheit die Freizügigkeit zu sichern, die von den gewerblichen Arbeitern gefordert wird.

Der erste Erfolg der Gesellschaft war die Gründung der Gartenstadt Hellerau bei Dresden[1]), die von Künstlern wie Muthesius, Fischer, Riemerschmidt geschaffen wurde. Weitere ähnliche Siedlungen sind inzwischen entstanden.

Achter Abschnitt.

Die Gewerbeviertel.

Die richtige Einordnung und Verteilung der Gebiete des gewerblichen Lebens (der Industriegebiete, Industriekomplexe) ist im Städtebau aus folgenden Gründen besonders wichtig:

1. Wie erwähnt, leben die Städte in erster Linie von der gewerblichen Tätigkeit. Diese verdient also besondere Rücksicht, vor allem muß dahin gestrebt werden, daß die Arbeitsbedingungen ständig verbessert werden, so daß die Gewerbe ständig billiger erzeugen können, also wettbewerbsfähiger werden.
2. Dies ist aber nur möglich, wenn der Grund und Boden billig zur Verfügung gestellt werden kann, wenn für gute Verkehrsmittel im Güter- und Personenverkehr, und zwar im Nah- und Fernverkehr, gesorgt wird, und wenn die gewerblichen Arbeiter in nicht zu großer Entfernung gesund angesiedelt werden können. Das beeinflußt also die Bodenpolitik, die Disposition der Verkehrsanstalten und die Verteilung der Bauklassen und die Abstufung der Wohngebiete.
3. Die gesunde Ansiedlung der Arbeiter einerseits, die von der Industrie ausgehenden Störungen andererseits beeinflussen stark die Durchbildung der Freiflächen.

---

[1]) Vgl. Dohrn: „Die Gartenstadt Hellerau“, Verlag Diederichs, Jena.

Obwohl nun alles, was befruchtend (positiv wirkend) ist, viel wichtiger ist als das Störende (negativ, abstoßend Wirkende), ist es in diesem Fall für die folgende Betrachtung doch am besten, vom Negativen, von den Störungen der Industrie auszugehen.

Es erscheint nämlich auf den ersten Blick als das einfachste und beste, wenn man alle Gewerbe in einem Industriebezirk ansiedelt. Das ist aber schon in kleineren Städten kaum möglich, weil man hier neben dem einen Gewerbeviertel auch in der Geschäftsstadt und in den Wohnvierteln der unteren Bevölkerungsklassen gewisse Gewerbe zulassen muß. Für Großstädte aber wäre die (oft gedankenlos empfohlene) Anlage eines Industriegebietes vollständig verfehlt, denn sie bedeutet Konzentration von Verkehr, Erhöhung der Bodenpreise, Konzentration von Fabrikbevölkerung, sie würde also verkehrstechnisch, bodenpolitisch und sozial ungünstig wirken. Man muß vielmehr bei der Industrie die auch in anderen Beziehungen städtebaulich so heilsame Dezentralisation erzielen.

Sobald man dies nun in Angriff nimmt, kommt man aber mit dem Einheitsbegriff „Gewerbe" (oder „Industrie") nicht mehr aus; denn der Gewerbe sind gar viele, und sie stellen die verschiedenartigsten Ansprüche bezüglich der Lage zu den Geschäfts- und Wohnvierteln, der Verkehrsanlagen, der Grundstückgrößen, der Bodenpreise, der Arbeiterwohnungen usw.

Bei der erforderlichen Gliederung der Gewerbe (nach städtebaulichen Rücksichten) wird man aber wohl immer mit folgenden Gedankengängen auskommen:

α) Nach dem Grad der Störungen eingeteilt, ist jedes Gewerbe umso unangenehmer für die Umgebung — und zwar wächst die Störung relativ mit der Vornehmheit der Umgebung —,
 je größer die für die einzelnen Betriebe erforderlichen Flächen sind,
 je mehr Fuhrwerktransporte verursacht werden,
 je mehr Eisenbahn- oder gar Wasseranschluß notwendig wird,
 je mehr Belästigungen durch Lärm, Rauch, Schmutz, Geruch entstehen.

β) Nach dem Grad der an den Verkehr zu stellenden Anforderungen sind die Gewerbe danach einzuteilen, ob sie
 mit den (teuren) Fuhrwerktransporten allein auskommen
 oder Eisenbahnanschluß (mit seinen niedrigeren Transportkosten) erfordern
 oder auch noch (mittelbaren oder unmittelbaren) Wasseranschluß erfordern.

Offensichtlich deckt sich diese „verkehrstechnische" Abstufung mit der Werthöhe der erzeugten Waren, die wieder mit der Stückgröße der zugeführten Rohstoffe und der abzusendenden Fertigwaren in Beziehungen steht: je kleinstückiger, desto höherwertig, desto mehr Möglichkeit, mit Fuhrwerktransport auskommen zu können.

Hiernach kann man folgende Gruppen von Gewerben unterscheiden:

1. Die nichtstörenden Gewerbe. Sie haben geringes Flächenbedürfnis, bedürfen keines Eisenbahnanschlusses, noch weniger des Wasseranschlusses. Sie verursachen keine oder nur geringe Belästigungen durch Rauch, Lärm, Geruch. Diese Gewerbe stellen in erster Linie hochwertige Güter her (Kleider, Wäsche, Hüte, Nahrungsmittel, Hausgerät, Möbel, Luxusgegenstände, Drucksachen). Sie arbeiten vielfach in mehrgeschossigen Fabriken; manche von ihnen sind an Kaufgeschäfte angegliedert; vielfach führen sie hauptsächlich Ausbesserungen oder Anschlagarbeiten (z. B. Glaser- oder Schlosserarbeiten) aus. Ein Teil dieser Gewerbe bedarf der Lage in der Innenstadt, weil nur dort die nötige Kundschaft zusammenströmt, ein anderer Teil muß (ebenso wie

kleine Läden für den Tagesbedarf) über alle Wohnviertel zerstreut sein. Städtebaulich verursachen diese Gewerbe keine besonderen Schwierigkeiten, weil sie keine eigenartigen Anforderungen an den Bebauungsplan stellen.

2. Die wenig störenden Gewerbe. Sie haben größeres Flächenbedürfnis, verursachen viele Fuhrwerktransporte und eine gewisse Belästigung durch Rauch, Lärm usw. Eisenbahnanschluß ist für sie erwünscht, Wasseranschluß aber noch nicht nötig. Diese Gewerbe sind im Interesse einer gesunden Dezentralisation in den weniger ruhigen Stadtvierteln nicht zu verbieten. Sie sind möglichst in der Nähe der Güterbahnhöfe anzusiedeln.

3. Die sehr störenden Gewerbe. Sie haben großes Flächenbedürfnis und erfordern sehr niedrige Bodenpreise. Sie verursachen starke Belästigungen. Eisenbahnanschluß ist notwendig, Wasseranschluß sehr erwünscht. Diese Gewerbe sind in einzelnen, wenigen, großen, in sich geschlossenen Bezirken anzusiedeln.

Nach dieser Gliederung der Gewerbe in drei Gruppen wäre das Stadtgebiet in vier Gruppen zu gliedern:

1. Gebiete, in denen Industrie vollständig verboten ist: ruhige Wohnviertel, Landhaussiedlungen. Hier wird man auch noch andere „störende Betriebe" ausschließen oder beschränken (Krankenhäuser, Wirtschaften, Tanzlokale und dgl.).
2. Gebiete, in denen die „nicht störende" Industrie zugelassen wird.
3. Gebiete, in denen die „wenig störende Industrie noch zugelassen wird: z. B. Nähe der Güterbahnhöfe, und vor allem Gebiete, die zur folgenden Gruppe 4 gehört haben, aus denen die „sehr störenden" Gewerbe aber verbannt werden sollen.
4. Gebiete, die für die „sehr störende" Industrie reserviert sind, also die großen „Industriekomplexe" mit den dazu gehörigen Verkehrsanstalten.

In welche Gruppe ein bestimmter Gewerbezweig je nach seinen Ansprüchen und den von ihm ausgehenden Störungen einzuordnen ist, ist Sache der Bauordnung. Strittige Fragen wären also ähnlich zu behandeln wie die baupolizeilichen Streitsachen.

Wie nun die Gewerbe städtebaulich zu behandlen sind, wird am besten an den „sehr störenden" erläutert, weil sie am schwierigsten (anspruchvollsten) sind.

Hierbei muß zunächst noch darauf hingewiesen werden, daß zu diesen Gewerben auch gewisse Großbetriebe der Stadt selbst gehören, in erster Linie die Gasanstalten, Elektrizitätswerke, Vieh- und Schlachthöfe, Müllbeseitigungsanlagen, ferner auch noch die Pumpwerke der Wasserversorgung und Kanalisation; — die Pumpwerke verursachen allerdings nur wenig Störung, sie werden sogar oft zweckmäßig in Freiflächen eingebettet, sie erfordern aber meist die Zuführung erheblicher Kohlenmengen, also Gleisanschluß. Hinzuzurechnen sind ferner gewisse Großbetriebe des Staates: Eisenbahnwerkstätten, Bauhöfe der Wasserbauverwaltung, auch Militärwerkstätten.

Es ist also erforderlich, die Gesamtmasse aller „sehr störenden" Gewerbe (der privaten, städtischen, staatlichen) zu ermitteln und die Flächen zu bestimmen, die innerhalb bestimmter Zeiträume hierfür an „Industriekomplexen" erforderlich werden.

Wie erwähnt, sind das Wichtigste niedrige Erzeugungskosten, d. h. in diesem Fall niedrige Transportkosten, also zunächst unmittelbarer Gleisanschluß.

Dieser kann aber nur erzielt werden im Zusammenarbeiten mit der Eisenbahnverwaltung, denn diese ist nicht nur für „Privatanschlußbahnen" die staatliche Aufsichtsbehörde, sondern sie hat auch allein darüber zu bestimmen, an welchen Punkten des Eisenbahnnetzes und in welcher Einzeldurchbildung sie Privatanschlüsse zulassen kann. Im allgemeinen muß die Eisenbahnverwaltung es nun ablehnen, daß Privatanschlußgleise auf der „freien Strecke" abzweigen; gelegentlich ist das allerdings zulässig auf schwach belasteten Strecken oder an reinen Güterzuglinien; es ist aber ausgeschlossen, wenn durch den Anschluß wichtige Hauptpersonengleise berührt oder gar gekreuzt werden. Da nun außerdem jede Anschlußbedienung von der freien Strecke aus teuer, umständlich, vielleicht auch nicht ungefährlich ist, so ist es einleuchtend, daß die Eisenbahnverwaltung dahin streben muß, die Anschlüsse in größerer Zahl an einen Rangier- oder Güterbahnhof anzugliedern. Wenn man nun an einer bestehenden Strecke einen (wenn auch nur kleinen) Bedienungsbahnhof für angeschlossene Industrien anlegen wollte, so würde das zwei Nachteile haben: die Anlage würde im Bau und vor allem im Betrieb recht teuer werden, außerdem aber müßten die Gewerbe die Güter, welche aus irgendeinem Grunde nicht über Privatanschlußgleise zugestellt werden können, in einem vielleicht weit entfernten öffentlichen Güterbahnhof abfertigen. Zur Herabminderung der Kosten ist es also erforderlich, den Bedienungsbahnhof mit einem Güterbahnhof für den öffentlichen Verkehr zusammenzulegen. Solche Bahnanlage wird dann aber schon sehr großflächig (vielleicht 900 m lang und 200 m breit), sie ist also städtebaulich schon schwer unterzubringen; sie muß außerdem eisenbahnbetriebstechnisch folgerichtig in das Gesamtgüternetz der Stadt eingefügt werden.

Jeder Industriekomplex ist also unter oft sehr schwierigen Verhandlungen in das Gesamtbild einzugliedern.

Außer dem Eisenbahnanschluß sollen nun die Gewerbe, wenigstens zum Teil, auch Wasseranschluß erhalten.

Hier ist unmittelbarer und mittelbarer Anschluß zu unterscheiden. Ersterer ist vorhanden, wenn zwischen Fabrikhof und Schiff unmittelbar geladen werden kann; dazu gehört aber auch das Laden (über öffentliche Straßen hinüber) mittels Seil- oder Hängebahnen, Gurtförderer oder ähnlicher Zwischenfördermittel. Dieser unmittelbare Anschluß kann naturgemäß nur verhältnismäßig wenigen Gewerben gewährt werden, weil sonst die von bestimmten Privaten benutzte Kailänge zu groß wird. Der unmittelbare Anschluß ist aber tatsächlich auch nur für bestimmte Gewerbe (z. B. Silos, Mühlen, Kohlenlager, Gasanstalten) erforderlich, während sehr viele andere Gewerbe sich ohne wirtschaftlichen Schaden mit dem mittelbaren Anschluß begnügen können, nämlich damit, daß die Güter zwischen Schiff und Fabrikhof mittels Eisenbahnwagen umgesetzt werden. Die Fabrik kann hierbei noch im eigentlichen Hafengebiet liegen, sie kann aber auch in einem vom Hafen getrennten Industriekomplex liegen; nur muß dann ein gut trassiertes Verbindungsgleis zwischen beiden vorhanden sein. Ein Hafen kann also sehr wohl mehrere Industriekomplexe bedienen; jeder Industriekomplex erfordert aber meist einen eigenen Bedienungsbahnhof.

Man muß also mit der Zahl der Industriegebiete haushälterisch umgehen und muß jedes einzelne in sich groß anlegen. Nichts ist verkehrter als die Industrie in kleine und kleinste Fetzchen verzetteln zu wollen. Das Trassieren der Anschlußgleise gehört genau so zum Bebauungsplan wie die Festlegung der Straßen, es ist sogar wichtiger, weil die Anschlußgleise nur schwache Steigungen (1 : 80, vielleicht herunter bis 1 : 40, ausnahmsweise 1 : 25) vertragen und große Halbmesser (in Deutschland mindestens 100 m, besser 140 m) erfordern.

Wichtig ist hierbei noch die Frage der Eisenbahntarife. Zu unterscheiden sind dabei der eigentliche „Tarif", von der „Tarifstation" gerechnet, an den die Industrie angeschlossen ist, und die „Anschlußfrachten" und Zustellungsgebühren. „Tarifstationen" sind (fast) alle Güterbahnhöfe für den öffentlichen Verkehr. Von ihnen aus rechnen die Tarife gleichmäßig für das ganze Bahnnetz.

Da hierin (fast) immer ein großer Vorteil liegt, muß die Stadt stets danach streben, daß jeder Bedienungsbahnhof „Tarifstation“ wird. Wenn alles nach der eben erläuterten Weise gruppiert wird, wenn insbesondere der Bedienungsbahnhof mit einem öffentlichen Güterbahnhof zusammenfällt, wird die Eisenbahnverwaltung der Einrichtung der „Tarifstation“ sicher zustimmen; sie wird sich aber mit Recht dagegen sträuben, für ein paar unbedeutende abseits liegende Anschlußgleise eine Tarifstation einzurichten. Die Höhe der Anschlußfrachten (Bahnhoffrachten, Zustellungs- oder Bedienungsgebühren) richtet sich nach den der Eisenbahn tatsächlich entstehenden (ungefähren) Selbstkosten, wobei aber ein grobes Abstufen nicht zu vermeiden ist. Es ist zur Verringerung der Transportkosten also dringend geboten, daß alle Zustellungen so einfach wie möglich werden.

Unter Umständen kann es zweckmäßig werden, wenn die Stadt den Eisenbahnbetrieb in dem Hafen oder dem Industriegebiet selbst übernimmt. Auch die Übertragung des Betriebes an eine „Gleisgenossenschaft“ kann vorteilhaft sein, z. B. an eine besondere Aktiengesellschaft, die aus den beteiligten Gewerbetreibenden mit oder ohne Beteiligung der Stadt gebildet wird. Liegt hierbei ein Hafen von einem an ihn anzuschließenden Industriekomplex ziemlich entfernt, so gewinnt das Unternehmen den Charakter einer Privatbahn (gesetzlich als Neben- oder meist wohl als Kleinbahn zu behandeln), die unter Umständen auch nach Vororten und Nachbarstädten weiterführt. Das würde also eine „Stadtbahn“ oder „Vorortbahn“ für den Güterverkehr sein, die der Eisenbahnverwaltung den für diese wenig angenehmen Verteilungsverkehr abnimmt. Solche „Güterverteilungsbahnen“ stehen allerdings erst in den Anfängen ihrer Entwicklung, sie haben aber in Industriegegenden große Zukunftsaussichten; vorbereitet wird eine derartige Bahn zum Anschluß des Hinterlandes von Neuß-Rheydt an den Rheinhafen Neuß; sie soll elektrischen Betrieb erhaten und auch dem Personenverkehr dienen. — Sodann ist noch auf die Überführung von Vollbahnwagen auf Rollböcken von Schmalspurbahnen hinzuweisen, wobei man von der Möglichkeit sehr kleiner Halbmesser Gebrauch machen kann.

Die Schaffung neuer, nach vorstehenden Andeutungen mit besten (billigsten) Transportmöglichkeiten ausgestatteter Industriegebiete bietet auch die Möglichkeit, einen bestimmten Schaden auszumerzen oder wenigstens zu mildern, den bezüglich der Industrieverteilung ungenügende Voraussicht vielfach hat entstehen lassen. Wo nämlich Stadterweiterungen nicht genügend großzügig geplant worden sind, oder wo z. B. die zu engen Gemeindegrenzen die Einwirkung auf das naturgemäße Erweiterungsgebiet verhinderten, hat sich die Industrie nicht selten wahl- und regellos im Umkreis der Städte angesiedelt, und es sind dann die Anschlußgleise oft in großer Zahl und großer Länge ausgeführt worden. Mit dem Anwachsen der Städte ergaben sich hieraus große Schwierigkeiten, weil man nun allenthalben beim Entwerfen von notwendigen Straßenzügen, von Freiflächen usw. auf die wild zerstreuten Gewerbebetriebe und ihre Anschlußgleise stößt. Ein Schulbeispiel hierfür ist der Stadtteil Oberbilk in Düsseldorf.

Wenn man in solche verpfuschte Gebiete wirklich Ordnung hineinbringen will, kommt man ohne energische Schnitte nicht aus; man ist gezwungen, einzelne besonders störende Gewerbebetriebe zu zerschneiden, was oft der völligen Aufhebung gleichkommt, und die besonders störenden Anschlußgleise aufzuheben, was wieder der Aufhebung des Gewerbebetriebes gleichkommt, falls kein Ersatz durch neue Gleise geschaffenwerden kann.

Bestehende Industrien zu verlegen scheint aber eine äußerst harte Maßregel zu sein, deren Durchführung entweder die Industrie oder den Stadtsäckel schwer zu belasten scheint. Es kommt nun darauf an, die Verlegung ohne wirtschaftliche Schädigung durchzuführen. Der Mittel, die hierbei anzuwenden sind, gibt es mehrere. Am wichtigsten ist dabei: Die Verlegung muß planmßig eingeleitet und über längere Zeiträume hingezogen werden, ein erheblicher Teil vorhandener Werte müßte also in der Zwischenzeit doch abgeschrieben werden, außerdem kann dann das bisherige Fabrikgelände in bestimmten Zeitstufen zu Wohnungen nutzbar gemacht werden. (Eine plötzliche Verlegung mehrerer großer Betriebe verursacht oft erhebliche Zinsverluste, weil das freigewordene Gelände meist nicht sofort bebaut werden kann.) Ferner wird man bei der Betriebsverlegung in erster Linie mit den sowieso geplanten Erweiterungen beginnen. Hauptsache aber ist, daß die Stadt in den neuen Industriegebieten billiges Gelände und beste Transportverhältnisse zur Verfügung stellt, außerdem auch gute Straßenbahnverbindungen und zweckmäßig gelegene Wohnviertel für die Arbeiter. So wird sich immer ein Weg finden, ohne daß die Industrie geschädigt wird; — aber ein planvolles und einmütiges Zusammenarbeiten ist dabei nötig.

Die Industriekomplexe treten, ebenso wie die Anlagen für den Güterverkehr, in eine bestimmte Beziehung zu den Freiflächen. Einerseits sind sie sich feindlich, stoßen sich also gegenseitig ab, andererseits aber sollte die Industrie die Freiflächen auch zu sich heranziehen. Da über den ersten Punkt an anderer Stelle gesprochen wird, sei hier nur des zweiten gedacht:

Es ist erwünscht, die Industriegebiete gegen die Nachbarschaft derart abzuschließen, daß die Störungen nicht hinübergreifen. Die geeigneten Abschlußmittel sind hohe Gebäude und Grünstreifen. Hohe Gebäude, von denen selbst keine Störungen ausgehen, müssen in jedem Industriegebiet sowieso vorhanden sein, vor allem Verwaltungs- und Dienstgebäude; aber auch zahlreiche Lager- und Fabrikgebäude verursachen weder Schmutz noch Lärm. Es ist wichtig, gerade derartige Bauten am Rand, also als Schutz zu errichten. Schönheitlich können sie sogar sehr gut wirken, wie so mancher neue Fabrikbau zeigt. Außer solchen Bauten können auch Grünstreifen als Abschluß dienen, Gebäude sind aber wirkungsvoller, besonders wenn sie hoch sind. Grünstreifen wirken nur dann genügend, wenn sie dicht und hoch sind; sie sind unter Umständen dann recht wirkungsvoll, wenn vorhandene Höhenunterschiede entsprechend ausgenutzt werden können. Solche abschließenden Grünstreifen müssen in das übrige Freiflächensystem richtig eingegliedert werden; man wird sie als „Radial-Parkstreifen", aber nur in Ausnahmefällen ansprechen dürfen.

Gegen die von Industrievierteln ausgehenden Rauchbelästigungen hilft auch hohe Randbebauung kaum. Hauptsache ist hier vielmehr die richtige Lage der Industrie zu der vorherrschenden Windrichtung, ferner die Verwendung guter Kohle und guter Feuerungen. In dieser Beziehung kann auch die Stadt unter Umständen einen wirksamen Einfluß ausüben, z. B. durch Begünstigung der Zuführung von harter Kohle und unter Hilfe durch die Staatsverwaltung durch polizeiliche Maßnahmen; — gewisse amerikanische Städte, die infolge der Verwendung weicher Kohle sehr stark unter Ruß litten, sind durch zielbewußtes Vorgehen nahezu rußfrei geworden.

Literaturverzeichnis.

Abele, Weiträumiger Städtebau und Wohnungsfrage. 1900.
Adickes u. A., Die Notwendigkeit weiträumiger Bebauung bei Stadterweiterungen. 1895.
Adler, F., Wohnungsverhältnisse und Wohnungspolitik der Stadt Frankfurt a. M. zu Beginn des 20. Jahrhunderts. 1904.
Altenrath, Neuzeitliche Baupflege.
American country houses of to-day.
Bauern- und einfache Bürgerhäuser, Preisgekrönte Entwürfe zu — (Königl. Regierung in Minden).
Baumert, Zum preußischen Wohnungsgesetzentwurf. 1905.
Beetz, G. E., Das eigene Heim und sein Garten. 7. Aufl., 1913.
Beetz, M., Kleinwohnungshäuser.
Berlepsch-Valendàs, Die Gartenstadtbewegung in England. 1912.
— — Bodenpolitik und Wohnungsfürsorge einer deutschen Mittelstadt.
Brachmann, Das ländliche Arbeiterwohnhaus.
Bredt, F. W., Die Heimatsschutzgesetzgebung der deutschen Bundesstaaten. 1912.
Brinkmann, A. E., Platz und Monument. 1912.
— Deutsche Stadtbaukunst in der Vergangenheit. 1911.
v. Conradi, K., Einfamilienhäuser.
Eberstadt, R., Handbuch des Wohnungswesens und der Wohnungsfrage. 1910.
— Die Spekulation im neuzeitlichen Städtebau 1907.
— Rheinische Wohnverhältnisse und ihre Bedeutung für das Wohnungswesen in Deutschland. 1913.
— Unser Wohnungswesen und die Notwendigkeit der Schaffung eines preußischen Wohnungsgesetzes.
— Neue Studien über Städtebau und Wohnungswesen. 1912.
Endell, Die Schönheit der Großstadt.
Enke, E., Der Hausgarten. 1907.
Gartenstadtbewegung, Die deutsche. Zusammenfassende Darstellung über den heutigen Stand. 1911.
Gebhardt, Kleine Häuser, Arbeiterhäuser und Villen.
Gemünd, W., Bodenfrage und Bodenpolitik. 1911.
— Die Grundlagen zur Besserung der städtischen Wohnverhältnisse. 1913.
Geßner, A., Das deutsche Miethaus. Beitrag zur Städtekultur der Gegenwart. 1909.
Gretzschel, Jahrbuch der Wohnungsreform.
— und Rings, Die Praxis der Wohnungsreform. 1912.
Groß-Berlin, Die preisgekrönten Entwürfe des Wettbewerbs. 1911.
Gurlitt, C., Historische Städtebilder.
Haase, O., Das Problem der Wohnungsgesetzgebung. 1913.
Haberland, G., Der Einfluß des Privatkapitals auf die bauliche Entwicklung Groß-Berlins 1912.
Hegemann, W., Ein Parkbuch. Amerikanische Parkanlagen. 1911.
— Der Städtebau. 3 Bde. 1912/13.
Howard, Ebenezer, Gartenstädte in Sicht!
Kampfmeyer, H., Die Gartenstadtbewegung. 1913.
Kelm, A., Beiträge zur Wohnungsreform, unter besonderer Berücksichtigung des Kleinwohnungsbaus. 1911.
Kleinwohnungswesen in Westfalen, 10 Jahre planmäßige Förderung des —. (Westf. Verein z. Förderung d. Kleinwohnungswesens.)
Konviczka, Familienhäuser.
Koßmann, Arbeiterwohnhaustypen.
Lange, W., u. O. Stahn, Gartengestaltung der Neuzeit.
— Land- und Gartensiedelungen. 1910.
Lichtwark, A., Park- und Gartenstudien. 1909.

Maaß, H., Der deutsche Volkspark der Zukunft. 1913.
— Zwischen Straßenzaun und Baulinie. Vorgartenstudien. 1910.
Migge, Leberecht, Die Gartenkultur des 20. Jahrhunderts.
Monographien deutscher Städte. Herausgegeben von E. Stein.
Muthesius, H., Landhäuser. 1912.
— Landhaus und Garten.
Naumann, Friedrich, Wohnungsnot unserer Zeit.
Nitze, Ph., Die Entwicklung des Wohnungswesens von Groß-Berlin. 1913.
Nußbaum, Das Wohnhaus und seine Hygiene.
Oehmke, Th., Gesundheit und weiträumige Stadtbebauung. 1904.
Pohle, L., Die Wohnungsfrage. 2 Bde. 1910.
Schmidt, Dr.-Ing., Denkschrift betr. Grundsätze zur Aufstellung eines Generalsiedelungsplanes für den Reg.-Bez. Düsseldorf. 1912.
Schultze-Naumburg, P., Kulturarbeiten. 1. Hausbau. 1912. 2. Gärten. 1909. 3. Dörfer und Kolonien. 4. Städtebau. 1909. 5. Kleinbürgerhäuser. 1911. 6. Schloß. 1910. Ergänzungsbilder zu Bd. 2. 1910.
Scott, Houses and gardens.
Sitte, C., Der Städtebau. 1909.
Stadt, Die schöne deutsche. 3 Bde. 1912/13.
Städtebauliche Vorträge aus dem Seminar für Städtebau an der Kgl. Hochschule zu Berlin.
Stübben, J., Der Städtebau. 1907.
Unwin, R., Grundlagen des Städtebaus. Aus dem Englischen von Mac Lean. 1910.
Voigt u. Geldner, Kleinhaus und Mietkaserne.
Villen, Moderne, und Landhäuser.
Volkmann, H., Die künstlerische Verwendung des Wassers im Städtebau. 1911.
Werner, Mietswohnung oder Eigenheim.
Wohnungsfürsorge in deutschen Städten. Bearbeitet vom Kaiserlichen Statistischen Amt 1910.

Aus dem sehr starken in und nach dem Krieg erschienenen Schrifttum seien. hervorgehoben[1]):

Altenrath, Schlafgängerwesen. 1919. Heymann, Berlin.
Eberstadt, Kleinwohnungen in Brüssel und Antwerpen. 1919. Fischer, Jena.
de Fries, Wohnstädte der Zukunft. 1919. Bauwelt, Berlin.
Leyser, Typisierung im Bauwesen. 1918. Laube, Dresden.
Muthesius, Kleinhaus und Kleinsiedlung. 1918. Bruckmann, München.

Gutkind, Neues Bauen. Grundlagen für praktische Siedlungstätigkeit. 1919. Bauwelt, Berlin.
Eberstadt, Handbuch des Wohnungswesens und der Wohnungsfrage. 4. Auflage. 1920. Fischer, Jena.

[1]) Genaue Angaben siehe Zentralblatt der Bauverwaltung 1919, S. 123 und 1920, S. 87.

B. Die städtischen Verkehrsmittel

von

G. Schimpff †

Vorbemerkung.

Dem Verfasser dieses Teiles, Herrn Professor Schimpff, war es nicht mehr vergönnt, das Erscheinen seines Werkes zu erleben. Ein tragisches Geschick hatte schon einige Jahre vor dem Krieg die Schaffenskraft dieses um das Städtische Verkehrswesen so hochverdienten Mannes gelähmt. Mit ungeheurer Willenskraft hielt er sich aufrecht, bis er, körperlich durch die Hungerblockade, seelisch durch die Schmach von Versailles gebrochen, dahingerafft wurde. So hat sich auch an ihm das Wort erfüllt: „Ja, der Krieg verschlingt die Besten.“ Aber wenn er auch dahingegangen ist, — seine Arbeiten bleiben und werden in dem für die Ertüchtigung unsres Volkes so wichtigen Großstadtfragen so manches zum Wiederaufbau des Vaterlandes beitragen.

Ehre seinem Angedenken.

Die von Schimpff fast fertiggestellte Handschrift wurde für die Herausgabe von Herrn Regierungsbaumeister Munke durchgesehen und ergänzt, dem für diese mühevolle Arbeit auch hier bestens gedankt sei.

Otzen. Blum.

Erster Abschnitt.

Der Stadtverkehr und seine Wege.

A. Der Stadtverkehr.

1. Die Entstehung des Stadtverkehrs.

Bis zum Ende des 18. Jahrhunderts war das Bedürfnis nach Ortsveränderung innerhalb der Städte sehr gering. Eine Trennung von Wohn- und Arbeitsstätte war noch nicht vorhanden. Der Kaufmann, der Handwerksmeister und seine Gesellen und Lehrlinge wohnten im Hause des Geschäfts- oder Werkstattbetriebes. Auch die wenig zahlreichen Beamten fanden Wohnungen in der Nähe der Verwaltungsgebäude, wie des Rathauses und Gerichtes. Die räumlichen Entfernungen in der Stadt waren gering. Das gelegentliche Bedürfnis nach Beförderungsmitteln, z. B. zur Teilnahme an Festlichkeiten, wurde durch Sänften und einige Lohnfuhrwerke befriedigt. Zur Versorgung der Stadt mit Lebensmitteln dienten die eigenen Fuhrwerke der Bauern aus den umliegenden Dörfern.

Durch die Anlage der Eisenbahnen wurde der Übergang vom Ackerbau, dem Handwerk und dem Kleinhandel zur Großindustrie und dem Welthandel, die Vereinigung der Warenerzeugung an einzelnen Stellen und die Zusammendrängung der Bevölkerung in den Städten angebahnt und damit die Grundlage des heutigen Wirtschaftslebens geschaffen. Als eine der wichtigsten Folgen ergibt sich die Trennung der Wohnstätte von der Arbeitsstätte. Der Großkaufmann, der Industrielle wohnt nicht mehr auf seiner Betriebsstätte, und sein Heer von Angestellten, das nach Hunderten und Tausenden zählt, verteilt sich über die ganze Stadt. Die Verwaltungskörper wachsen und mit ihnen die Zahl der Beamten, die wieder überall ihre Wohnungen suchen.

Die älteren Wohngebäude im Stadtinnern entsprechen nicht mehr den Ansprüchen der wohlhabenderen Bevölkerung. Für diese werden neue Wohnviertel am Rande der Stadt geschaffen. Die gesteigerte Berufstätigkeit macht es erwünscht, die wichtigsten Arbeitsstätten im Schwerpunkt der Stadt zu vereinigen. Die veralteten Wohngebäude werden abgerissen und durch moderne Geschäftshäuser, Warenhäuser und Vergnügungsstätten ersetzt. Die Innenstadt bildet sich zur Geschäftsstadt um. Die veralteten Wohnungen am Rande der Geschäftsstadt werden von der gering bezahlten Bevölkerung bezogen. Fabriken werden nach außen verlegt, ihnen folgt ein Teil der Arbeiterbevölkerung, während der größere Teil in den alten Behausungen im Stadtinnern wohnen bleibt. So gliedert sich die Stadt allmählich in drei voneinander getrennte Gebiete, die Geschäftsstadt im Kern, das sich ringförmig um die Geschäftsstadt legende Wohngebiet und der mehr oder weniger weiträumig angelegte, sogenannte offene Wohnbezirk, der sich, den alten Landstraßen folgend, strahlenförmig entwickelt. Die Stadt wächst allmählich mit den nächstgelegenen Dörfern zusammen. Diese werden zu Vorstädten, die weiter draußen gelegenen zu Vororten, das sind unselbständige Siedlungen, deren Einwohner tagsüber in der Großstadt beschäftigt sind oder doch von ihr wirtschaftlich abhängen.

Die Flächengröße der Stadt, die räumliche Trennung von Wohnung und Arbeitsstätte, die Vereinigung der Verwaltungsgebäude, der Büros, Warenhäuser und Vergnügungsstätten in der Innenstadt, der Drang nach Licht und Luft macht eine große Zahl von Ortsveränderungen erforderlich, die wir in ihrer Gesamtheit als Verkehr bezeichnen. Er gibt dem toten Stadtgebilde erst das Leben, verleiht ihm den eigenartigen Reiz, der jeden von neuem fesselt, der eine Großstadt oder eine Weltstadt nach längerer Pause wieder betritt.

Von dem Umfang eines solchen modernen Stadtverkehrs bekommt einen Begriff, wer sich an einem Wochentage nachmittags gegen 5 Uhr in einer der Straßen aufstellt, die in Neuyork zum Rathausplatz, dem Abfahrtspunkt für zahlreiche Straßen- und Schnellbahnen, führen. Da wälzt sich eine unabsehbare schwarze Menschenwoge heran, die ganze Straßenbreite füllend und unaufhörlich aus den Häusern und Nebenstraßen sich ergänzend. Alle streben wenigen Zielen zu. Eine lange Reihe wartender Straßenbahnwagen, ein Treppenaufgang oder ein Tunneleingang nimmt sie auf. – Ein anderes Bild. Der Bahnsteig einer Berliner Vorortstation am Abend eines schönen Sommersonntags. Kopf an Kopf drängt sich die Menge, schiebt sich ein breiter Menschenstrom die Bahnsteigtreppe herauf. Ein leerer Zug fährt vor, die Türen werden aufgerissen, im Nu ist jeder Sitzplatz besetzt, und doppelt so viele Menschen stehen im Gang, so daß es kaum möglich ist, die Türen zu schließen. Der Zug rollt davon, und noch immer steht die Menge dichtgedrängt auf dem Bahnsteig, geduldig den nächsten Zug erwartend.

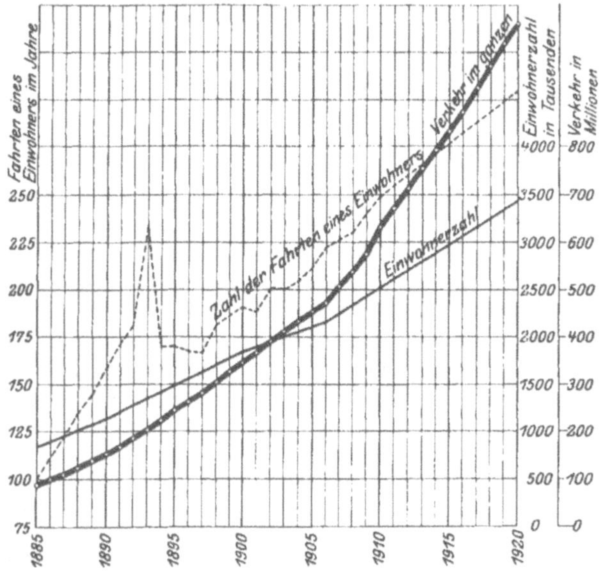

Abb. 1. Entwicklung der Bevölkerung und des Verkehrs in Chicago 1895 bis 1920.

Aber nicht immer geht es so geordnet her. Wenn bei besonderen Anlässen die Beförderungsmittel nicht zureichen, und der Unwille der Menschenmassen erregt ist, so durchbricht der Verkehr wohl die künstlich errichteten Schranken. Zäune werden niedergerissen, Gleise von den Menschenmassen überflutet, Gebäude zerstört, und ohnmächtig sieht sich der Betriebsbeamte den auf ihn ein stürmenden Menschenmassen gegenüber, er ist nicht imstande, die Verkehrswogen in die geordneten Bahnen zu lenken.

2. Größe des Verkehrs.

Die Größe des Gesamtverkehrs, d. h. die Gesamtzahl der Ortsveränderungen innerhalb einer Stadt wächst mit der Größe der Stadt, und zwar, theoretisch genommen, mit dem Quadrat der Einwohnerzahl. Statistisch läßt sich aber die Zahl der innerhalb einer Stadt ausgeführten Ortsveränderungen oder Reisen nicht erfassen. Die Statistik kennt nur die Zahl der Fahrten auf den öffentlichen Beförderungsmitteln. Die Zahl der Fahrten ist naturgemäß geringer als die Zahl der Reisen, weil nicht bei jeder Ortsveränderung ein Beförderungsmittel benutzt wird. Aber auch für die Fahrten gilt annähernd das Gesetz, daß ihre Zahl proportional dem Quadrat der Einwohnerzahl ist. Durch die Trennung der Wohnung und Arbeitsstätte, die sich mit wachsender Größe der Stadt immer mehr ausprägt, kommt ein weiteres Moment hinzu, das die Zahl der Fahrten vermehrt.

Wird die Gesamtzahl der Fahrten durch die Einwohnerzahl des betreffenden Ortes oder richtiger des Einflußgebietes seiner Beförderungsmittel geteilt, so ergibt sich die Zahl der Fahrten auf den Kopf der Bevölkerung. Aus den vorhergegangenen Erwägungen folgt, daß die Zahl der Fahrten auf den Kopf der Bevölkerung mit der Größe der Stadt wächst. Die Richtigkeit dieses Satzes ergibt sich ohne weiteres, wenn die Entwicklung des Verkehrs in ein und derselben Stadt betrachtet wird. Beispiele geben die Zahlentafeln 1 und 2 und Abb. 1*).

Die Zahl der Fahrten ist in Städten gleicher Einwohnerzahl nicht dieselbe; der Verkehrsumfang einer Stadt ist vielmehr abhängig von der Form des Stadt-

Zahlentafel 1.

Entwicklung des Verkehrs in Groß-Berlin in den Jahren 1904—1913.

Jahr	Einwohnerzahl Millionen	Zunahme %	Zahl der Fahrten überhaupt Mill.	Zahl der Fahrten auf den Kopf der Bevölkerung.	Zunahme %
1904	3,078	3,23	728	237	
1905	3,177	3,23	801	252	10,01
1906	3,289	3,50	880	268	9,90
1907	3,404	3,50	928	273	5,46
1908	3,485	2,38	943	270	1,53
1909	3,559	2,14	1011	284	7,28
1910	3,653	2,62	1084	297	7,21
1911	3,775	3,35	1160	307	7,00
1912	3,890	3,04	1209	311	4,19
1913	4,026	3,50	1308	325	3,53

Zahlentafel 2.

Entwicklung des Straßenbahnverkehrs in Groß-Düsseldorf in den Jahren 1904—1913.

Jahr	Einwohnerzahl	Zunahme %	Zahl der Fahrten überhaupt Mill.	Zahl der Fahrten auf den Kopf der Bevölkerung
1904	287 000	5,5	24,3	85
1905	303 000	3,3	26,5	87
1906	313 000	1,0	33,6	107
1907	316 000	4,4	39,2	124
1908	330 000	11,3	41,8	127
1909	367 000	1,3	47,4	129
1910	372 000	3,5	55,6	149
1911	385 000	4,7	66,9	173
1912	403 000		77,0	191
1913	421 000	2,9	82,8	197

Anmerkung: In Spalte 3 drückt sich nicht die reine Zunahme der Bevölkerung, sondern auch die Vergrößerung des Einflußgebietes der Straßenbahn aus.

*) In Abbildung 1 sind die Einwohner- und Verkehrszahlen bis 1915 ermittelt, von da an geschätzt.

gebildes, von der Dichte der Besiedlung, von der Hauptbeschäftigung der Einwohner, von der Anziehungskraft der Stadt auf den Fremdenverkehr und von einer Reihe ähnlicher, örtlicher Ursachen. In den Industriestädten Nordwestdeutschlands ist der Straßenbahnverkehr daher weit stärker als in den reinen Kaufmannsstädten des Ostens mit einer rein landwirtschaftlichen Umgebung. Dies zeigt die Gegenüberstellung des Straßenbahnverkehrs deutscher Großstädte in Zahlentafel 3.

Zahlentafel 3.
Straßenbahnverkehr deutscher Großstädte 1913.

Stadt	Einwohnerzahl des Einflußgebietes der Straßenbahn.	Zahl der Fahrten im ganzen Millionen	Zahl der Fahrten auf den Kopf der Bevölkerung
Leipzig	830 000	135,9	164
München	622 000	125,5	202
Cöln	592 000	113,1	191
Dresden	588 000	130,4	222
Breslau	543 000	94,0	172
Frankfurt a. M.	442 000	114,9	260
Nürnberg-Fürth	432 000	49,2	114
Düsseldorf	421 000	82,8	197
Chemnitz	305 000	33,5	116
Stuttgart	303 000	57,4	201
Magdeburg	297 000	36,3	139
Bremen	261 000	42,1	161
Königsberg	260 000	28,0	108
Stettin	250 000	23,8	95
Karlsruhe	142 000	18,0	134

Den Umfang des Gesamtverkehrs in den Weltstädten von Europa und Nordamerika zeigt Zahlentafel 4.

Zahlentafel 4.
Gesamtverkehr in den Weltstädten im Jahre 1907.
(Aus Wittig: Die Weltstädte und der elektrische Schnellverkehr.)

Stadt	Einwohnerzahl Millionen	Zahl der Fahrten auf den Kopf der Bevölkerung
Groß London	7,220	312
Groß Neuyork	4,340	401
Groß Paris	3,885	268
Groß Berlin	3,210	305
Chicago	2,140	383
Philadelphia	1,470	410
Groß Boston	1,320	494

Über den Verkehr an einzelnen Punkten von Weltstädten geben nachstehende Zahlen Auskunft: In London wurden im Jahre 1912 die Fuhrwerke gezählt, die an verschiedenen Punkten der Geschäftsstadt innerhalb 12 Stunden vorbeifahren. Die Zahlen sind folgende:

Piccadilly	31 335
London Bridge	17 253
Westminster Bridge	17 204
Blackfriars Bridge	16 307
Tower Bridge	13 010

Auf der London Bridge wurden in derselben Zeit 111 000 Fußgänger gezählt.

Für Berlin liegen folgende Zählungen vor, die sich auf die Zeit von 6 Uhr morgens bis 10 Uhr abends beziehen. An der Ecke der Friedrichstraße und der Straße Unter den Linden wurden an einem Tage mit gutem Wetter 19000 Fuhrwerke und 134000 Fußgänger gezählt, am Potsdamer Platz 27000 Fuhrwerke und rund 170000 Fußgänger. Im verkehrsreichsten Teil der Leipziger Straße, zwischen Jerusalemer- und Markgrafenstraße. wurden 117000 Fußgänger gezählt.

In Chicago wurden auf den zur Geschäftsstadt führenden Straßen- und Hochbahnen im Jahre 1909 täglich 432000 Personen in einer Verkehrsrichtung gezählt.

In einzelnen Bureaugebäuden der Geschäftsstadt Groß Berlins werden bis zu 2500 Angestellte beschäftigt. Die gleiche Zahl Angestellter findet sich in den größten Warenhäusern. Die Zahl der täglichen Besucher eines großen Warenhauses kann auf 50000 geschätzt werden. Sie verteilt sich auf etwa 5 Verkaufsstunden, während die Angestellten das Gebäude gleichzeitig betreten und verlassen.

Die vielstöckigen amerikanischen Geschäftsgebäude beherbergen bis zu 15000 Angestellte.

Welch gewaltige Zusammendrängung des Verkehrs das Anwachsen der Fabrikbetriebe zur Folge hat, dafür nur ein Beispiel: In den Siemens-Betrieben am Nonnendamm in Berlin wurden im Jahre 1913 27000 Personen beschäftigt. Hiervon fuhren 19000 mit der Eisenbahn nach der Arbeitsstätte; 16000 kamen aus dem Norden Berlins, 3000 aus Spandau.

Von der Anziehungskraft einzelner Punkte auf den Verkehr einer Weltstadt können nachfolgende Zahlen einen weiteren Begriff geben:

Den Flugplatz Berlin-Johannistal besuchten an einem Tage 80000 zahlende Personen. Hierzu kommt noch eine erhebliche Zahl von „Zaungästen".

Den Zentralfriedhof in Wien suchten am Allerheiligentage 1912 rund 160000 Personen auf.

3. Gliederung des Verkehrs.

Der Verkehr zwischen der Wohn- und Arbeitsstätte wird Wohnverkehr genannt. Sein Umfang richtet sich nach dem Grad der Trennung von Wohnung und Arbeitsstätte[1]).

Der Wohnverkehr ist, entsprechend der gegenseitigen Lage von Wohnbezirken und Geschäftsstadt, überwiegend radial gerichtet. Nur der Arbeiterwohnverkehr hat bisweilen eine tangentiale Richtung, wenn Wohnung und Arbeitsstätte beide in den Außenbezirken, aber getrennt voneinander, liegen.

In englischen und amerikanischen Großstädten herrscht die ungeteilte Arbeitszeit vor. Der Beginn der Arbeitszeit ist in der Regel um 8 oder 9 Uhr morgens, der Schluß um 5 oder 6 Uhr nachmittags. Eine kurze Mittagspause dient zur Einnahme einer Mahlzeit in der Nähe der Arbeitsstätte. Infolge dieser gleichmäßigen Zeiteinteilung drängt sich der Wohnverkehr in die Zeit von 7 bis 9 Uhr vormittags und von 5 bis 7 Uhr nachmittags zusammen. Auch in den deutschen Großstädten gewinnt die ungeteilte Arbeitszeit immer mehr Boden. Die Zeiteinteilung ist dann eine ähnliche wie in England und Amerika. In den Fabriken wird nach der Einführung des Achtstundentages mit einer einstündigen Mittagspause gewöhnlich von 7 bis 4 Uhr gearbeitet. Hierzu kommen die etwaigen Überstunden.

Im geschäftlichen Leben bildet die Regel in Deutschland noch heute die getrennte Arbeitszeit mit einer zwei- bis dreistündigen Mittagspause zwischen 12 und 3 Uhr mit einem Beginn der Arbeitszeit um 8 oder 9 Uhr morgens und einem Schluß um 7 oder 8 Uhr abends. In diesem Falle muß der Weg zwischen

[1]) Die Geschäftsstadt von London beschäftigt etwa 400000 Personen, die von Berlin und Chicago je etwa 250000, die von Hamburg etwa 150000.

Wohnung und Arbeitsstätte täglich viermal zurückgelegt werden. Im Berg- und Hüttenwesen wird der 24stündige Werktag in 3 Schichten von je 8 Stunden eingeteilt, mit Schichtwechseln beispielsweise um 6 Uhr morgens, 2 Uhr mittags und 10 Uhr abends.

Der gleichmäßige Beginn und Schluß der Arbeitszeit stellt außerordentliche Anforderungen an die Leistungsfähigkeit der Beförderungsmittel. Während einer kurzen Zeitspanne können sie den Verkehr nicht bewältigen, während des größten Teiles des Tages werden sie schlecht ausgenutzt. Eine kleine Besserung läßt sich durch die Staffelung der Arbeitszeit in größeren oder benachbarten Betrieben erzielen, wobei sich Beginn und Schluß der Arbeitszeit je auf etwa 1 Stunde verteilen.

Der Verkehr zwischen den einzelnen Arbeitsstätten wird Geschäftsverkehr genannt. Er dauert von 9 Uhr morgens bis 7 Uhr abends in etwa gleichmäßiger Stärke an, füllt also die Tiefen der Wellen des Wohnverkehrs aus. Seine Größe ist im Verhältnis zum Wohnverkehr nur gering, sie ist vor allem abhängig von der räumlichen Ausdehnung der Geschäftsstadt. Eine ausgesprochene Richtung läßt sich bei ihm nicht feststellen.

Unter dem Begriff des Marktverkehrs werden verschiedene Verkehrsarten zusammengefaßt. Sein Zweck ist der Einkauf von Lebensmitteln und Gebrauchsgegenständen, seine Zielpunkte sind die offenen Märkte, die Großmarkthallen, die Warenhäuser und Ladengeschäfte. Nur die beiden letztgenannten finden sich stets in der Innenstadt, die Marktplätze und Markthallen der Großstadt liegen meistens in den Außenbezirken, zum Teil bedingt durch die Rücksicht auf Gleis- und Wasseranschluß. Der Großverkehr der Händler mit Lebensmitteln liegt in den frühen Morgen- und Vormittagsstunden, der Schwerpunkt des Ladenverkehrs der Kunden in den Nachmittagsstunden. Die radiale Richtung überwiegt.

Der Besuchsverkehr ist ein Verkehr zwischen zwei Wohnstätten. Sein Umfang ist nicht erheblich, seine Richtung in der Hauptsache tangential. Er fällt besonders in die Nachmittagsstunden.

Von erheblicher Bedeutung in großen Städten ist der Vergnügungsverkehr. Da die Vergnügungsstätten meist in der Innenstadt oder in ihrer Nähe liegen, so ist die Richtung eine radiale. Dieser Verkehr fällt in die Nachmittags- und Abendstunden.

Der Ausflugsverkehr sucht die Erholungs- und Vergnügungsstätten im Umkreis der Stadt auf. Fast gleichartig ist der Verkehr nach Ausstellungen, Sport- und Flugplätzen. Sein Umfang ist sehr bedeutend, er ist vom Wetter und von besonderen Veranstaltungen abhängig.

Einen ähnlichen Charakter trägt der Friedhofsverkehr, dessen Zielpunkt ebenfalls am äußeren Rande der Bebauung liegt. Auch ist er an einzelnen Tagen besonders stark, namentlich zu Allerheiligen oder am Totensonntage.

An den Werktagen finden sich alle genannten Verkehrsarten, wobei der Wohnverkehr bei weitem überwiegt. Sein Anteil am Gesamtverkehr steigt mit der Größe der Stadt und beträgt in Weltstädten mehr als die Hälfte. An den Festtagen fehlt der Wohn- und Geschäftsverkehr sowie der Marktverkehr fast vollständig. An seine Stelle tritt (aber mit wesentlich geringerem Umfang) in den Vormittagsstunden der Kirchenbesuch.[1]) An den Nachmittagen herrscht der Besuchs- und namentlich der Ausflugsverkehr vor, der in Großstädten mit landschaftlich schöner Umgebung einen gewaltigen Umfang annimmt.

[1]) An sich ist der Kirchenbesuchsverkehr dem Umfange nach erheblich. Er beansprucht aber die städtischen Beförderungsmittel nur wenig, da die meisten Kirchenbesucher in der Nähe ihrer Kirche (Pfarrbezirk) wohnen.

Aus der Schilderung der Einzelteile des Stadtverkehrs geht hervor, daß der Verkehr innerhalb der Stadt nicht in allen Richtungen gleich stark ist, sondern daß die radiale Richtung weit überwiegt und daß daneben der tangentiale oder Ringverkehr nur eine untergeordnete Rolle spielt.

4. Zeitliche Verschiedenheit des Verkehrsumfanges.

Aus der vorher geschilderten Zusammensetzung des Verkehrs folgt, daß er sich nicht gleichmäßig über den Tag verteilt; es ergeben sich vielmehr große Verschiedenheiten in den einzelnen Tagesstunden. Je größer die Stadt, desto mehr prägt sich der Einfluß des Wohnverkehrs in dem gesamten Verkehrsbilde aus. Zur Zeit des Arbeitsbeginnes wälzt sich ein gewaltiger Verkehrsstrom, aus den Wohngebieten kommend, den Arbeitsstätten zu. Zur Zeit des Arbeitsschlusses folgt ein gleich großer Verkehrsstrom in entgegengesetzter Richtung. Bei getrennter Arbeitszeit treten diese gewaltigen Verkehrsströme viermal am Tage auf, bei zusammenhängender Arbeitszeit nur zweimal täglich. Sie erzeugen die sogenannten Verkehrsspitzen. In den Zwischenzeiten entstehen Tiefpunkte der Verkehrslinie. Diese prägen sich um so schärfer aus, je weniger die übrigen Verkehrsarten in der Stadt entwickelt sind.

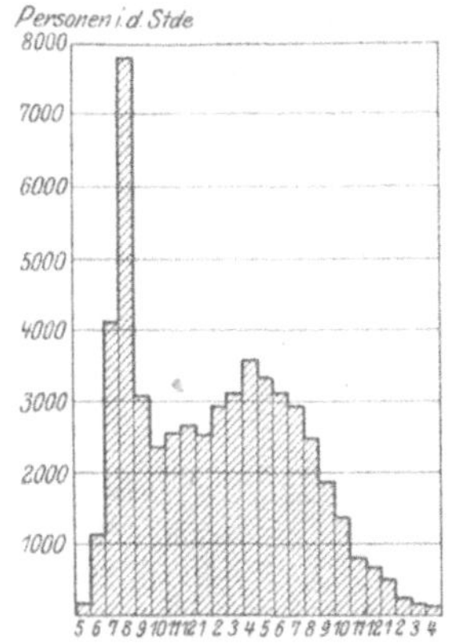

Abb. 2. Stundenverkehr der Straßenbahn in der Königstraße Ecke Klosterstraße von Berlin am Sonnabend den 12. November 1910.

Um die zeitlichen Schwankungen des Verkehrs im Laufe eines Tages darzustellen, wird ein Punkt einer radialen Verkehrslinie herausgegriffen. Wagerecht wird die Zeit, senkrecht die Zahl der den Punkt stündlich durchfahrenden Personen aufgetragen. Beispiele geben die Abbildungen 2—6.

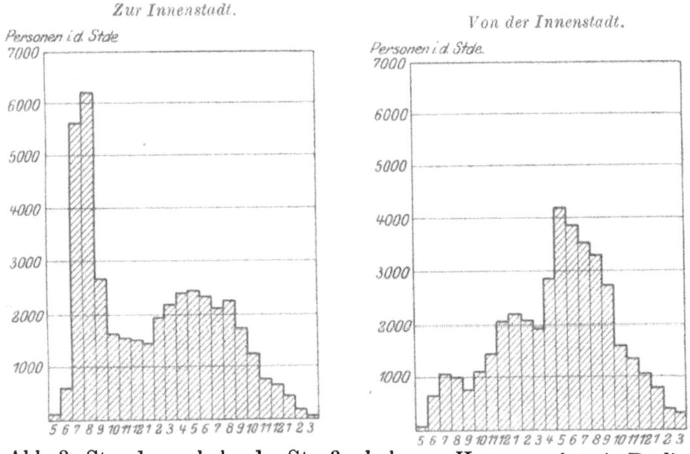

Abb. 3. Stundenverkehr der Straßenbahn am Hermannplatz in Berlin am Sonnabend, den 12. November 1910.

In den Darstellungen des werktäglichen Straßenbahnverkehrs in Berlin prägen sich deutlich die 4 Spitzen des von der getrennten Arbeitszeit abhängigen Wohnverkehrs aus. Der Wohnverkehr der Wannseebahn zeigt bereits den Einfluß der ungeteilten Arbeitszeit, der in dem Londoner Verkehrsbild noch schärfer zum Ausdruck kommt. An den Sonntagen überwiegt der Ausflugsverkehr.

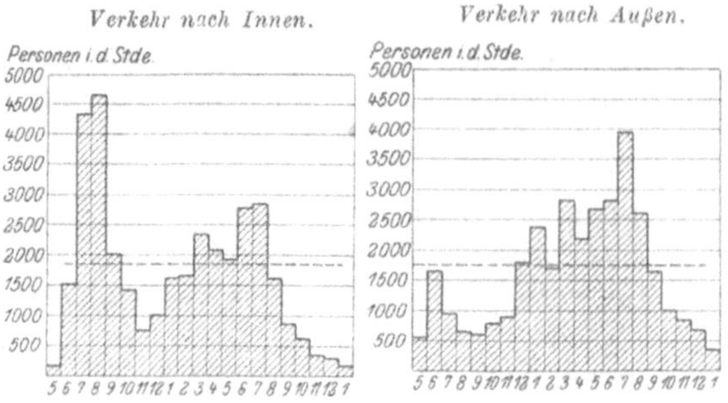

Abb. 4. Stundenverkehr der Wannseebahn (werktags). Strecke Großgörschen-Straße—Friedenau.

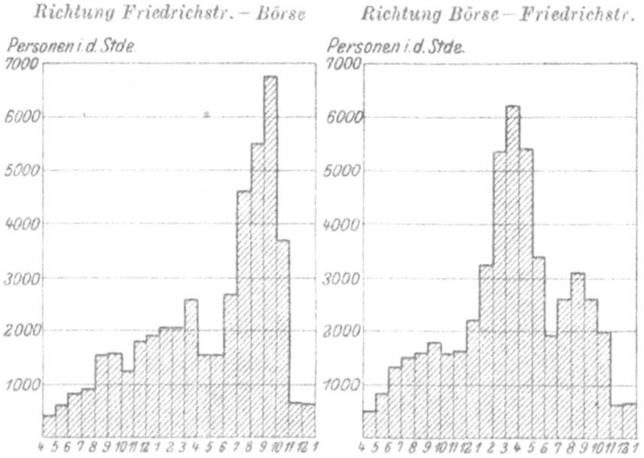

Abb. 5. Stundenverkehr der Berliner Stadtbahn, Festtagsverkehr. August 1892.

Aber auch der Verkehr an den einzelnen Tagen der Woche ist nicht gleich groß. Den größten Verkehr hat gewöhnlich der Sonntag, den schwächsten der Freitag. Ein Beispiel zeigt Abbildung 7. Aber auch der Verkehr in den einzelnen Monaten des Jahres ist nicht gleich groß. Beispiele zeigen die Abbildungen 8—10, die sich sämtlich auf Verkehrsmittel in Groß Berlin beziehen. Der Omnibus, Straßenbahn- und Stadtbahnverkehr zeigt in den einzelnen Monaten keine sehr erheblichen Abweichungen vom Jahresdurchschnitt. Große Abweichungen zeigt dagegen der Schnellbahnverkehr. Hier ist der Verkehr in den Wintermonaten am größten. Dabei spielt wohl die Heizung der Züge eine gewisse Rolle. In den Sommermonaten macht sich der Einfluß der Schulferien und die dadurch bedingte, teilweise Entvölkerung Berlins, namentlich des wohlhabenden Westens, geltend. Dieser Einfluß, der übrigens auch beim Omnibus, bei der Straßenbahn und der Stadtbahn erkennbar ist, macht sich bei der Hochbahn und der Schöneberger Untergrund bahn besonders stark bemerkbar, weil ihre Fahrgäste hauptsächlich im Westen wohnen.

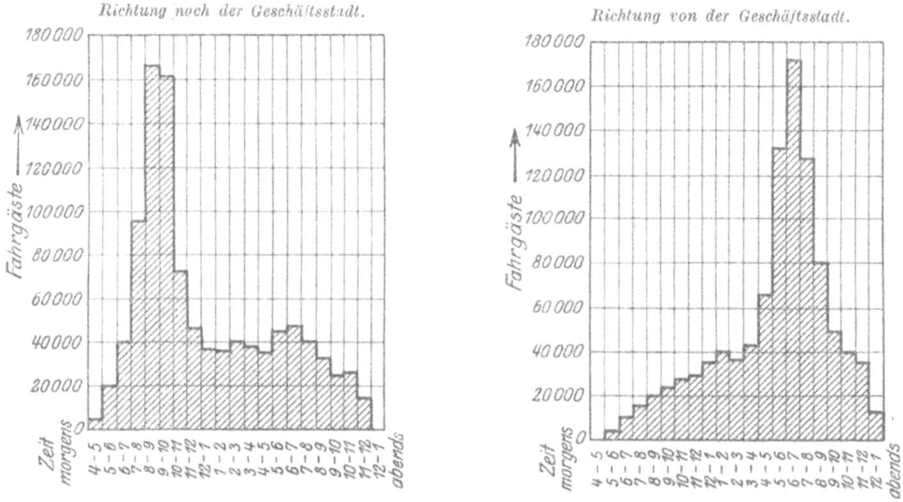

Abb. 6. Stündliche Schwankungen des Gesamtverkehrs nach und von der Geschäftsstadt in London.

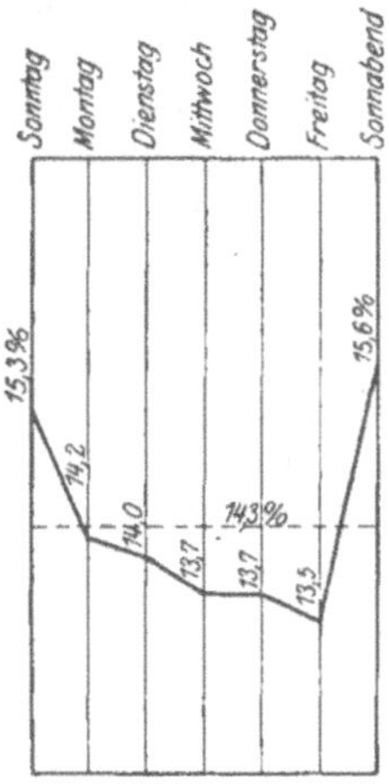

Abb. 7. Wochentägliche Schwankungen des Verkehrs der Großen Berliner Straßenbahn.

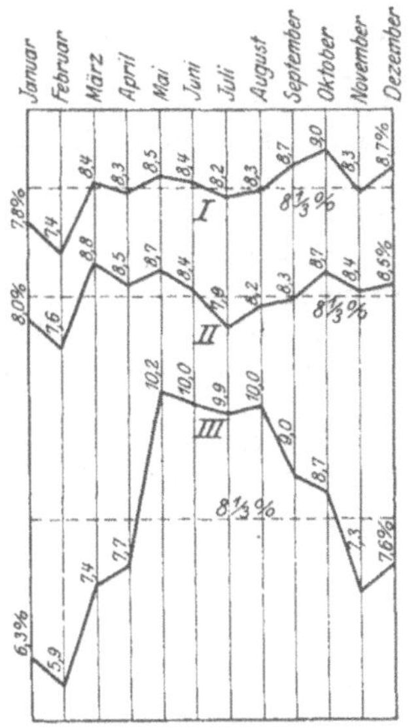

Abb. 8. Monatliche Schwankungen des Omnibus- und Straßenbahnverkehrs in Groß-Berlin 1913.

I. Omnibusverkehr.
II. Straßenbahnen.
III. Berliner Ostbahnen.

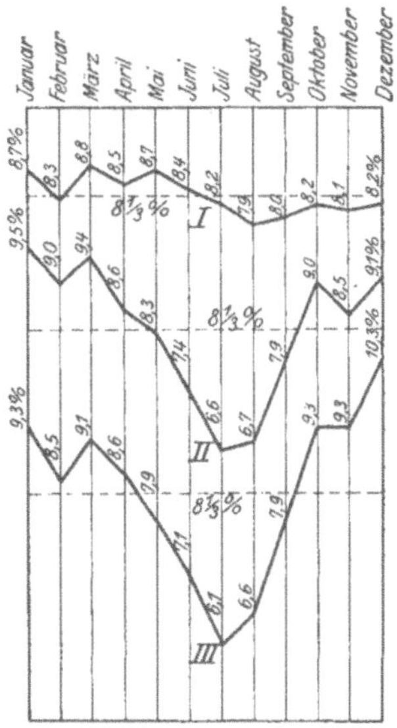

Abb. 9. Monatliche Schwankungen des Schnellbahnverkehrs in Groß-Berlin 1913.

I. Stadtbahn.
II. Hoch- und Untergrundbahn.
III. Schöneberger Untergrundbahn.

Ein ganz anderes Bild zeigen die Verkehrsmittel, bei denen der Ausflugsverkehr eine große Rolle spielt. Dies gilt für die Berliner Ostbahnen in Abb. 8 und den Berliner Eisenbahnvorortverkehr in Abb. 9. Hier überwiegt der Sommerverkehr bedeutend. Die Verkehrsspitze des Mai ist auf das Pfingstfest zurückzuführen.

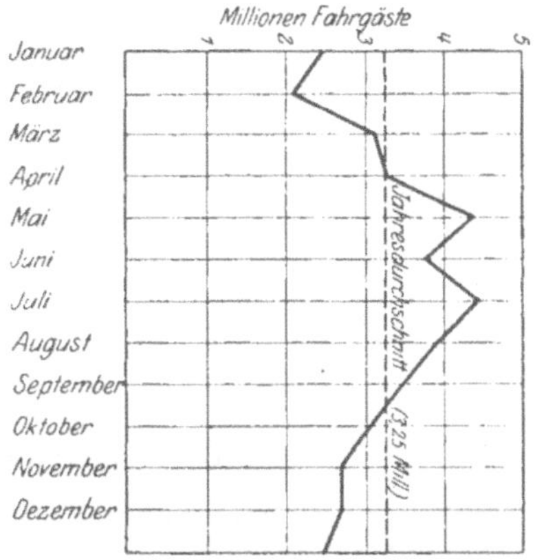

Abb. 10. Monatliche Schwankungen des Berliner Eisenbahn-Vorortverkehrs.

5. Örtliche Verkehrsverteilung.

Zunächst möge eine Durchmesserlinie betrachtet werden. Der weitaus größte Teil des Verkehrs ist nach und von dem Stadtmittelpunkt gerichtet. Hieraus geht hervor, daß die Stärke des Verkehrs von außen nach innen zunehmen muß. Der Verkehr wächst aber in der Regel nicht genau in dem Maße, wie die Entfernung vom Stadtmittelpunkt abnimmt, sondern stärker, so daß die Linie der örtlichen Verkehrsverteilung eine gekrümmte Form annimmt, wie dies Abb. 11 verdeutlicht. Die Gründe für diese Form der Verkehrsverteilung sind zweierlei Art. Es werde ein Streifen von gleichmäßiger Breite beiderseits der Verkehrslinie aus der Stadt herausgeschnitten und zunächst angenommen, daß sich die Wohndichte gleichmäßig über die ganze Stadt verteilt. Wer nicht weit von der Innenstadt wohnt, wird während der Mittagspause nach Hause und wieder zur Stadt fahren, er wird auch eher geneigt sein, abends eine Vergnügungsstätte aufzusuchen und seine Angehörigen werden sich leicht entschließen, zum Einkauf selbst von kleineren Gegenständen den Weg zur Stadt zu nehmen, während der weiter draußen Wohnende durcharbeiten oder die

Mittagsmahlzeit in der Geschäftsstadt einnehmen, auch sich nicht so schnell für den Besuch einer Vergnügungsstätte entscheiden und seine Einkäufe auf dem Wege nach und von der Arbeitsstätte mit besorgen wird. Hieraus ergibt sich, daß die Zahl der Fahrten auf den Kopf der Bevölkerung von außen nach innen zunimmt und daß daher die Anzahl der Fahrten stärker wachsen muß als der Abnahme der Entfernungen von der Innenstadt entspricht. Der zweite Grund für die Form der Verkehrslinie ist der, daß die Dichte der Besiedlung von außen nach innen zunimmt[1]).

Ein theoretisches Bild der örtlichen Verkehrsverteilung auf einer Durchmesserlinie gibt Abb. 12. Der Werktagsverkehr ist am größten am Rande der

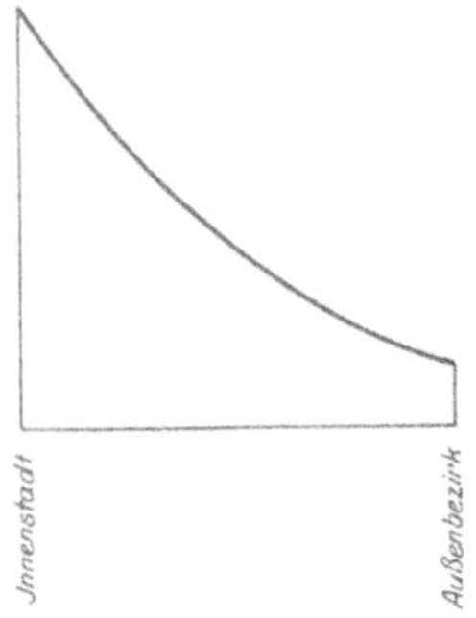

Abb. 12 a. Schema der örtlichen Verkehrsverteilung auf einer radialen Verkehrslinie.

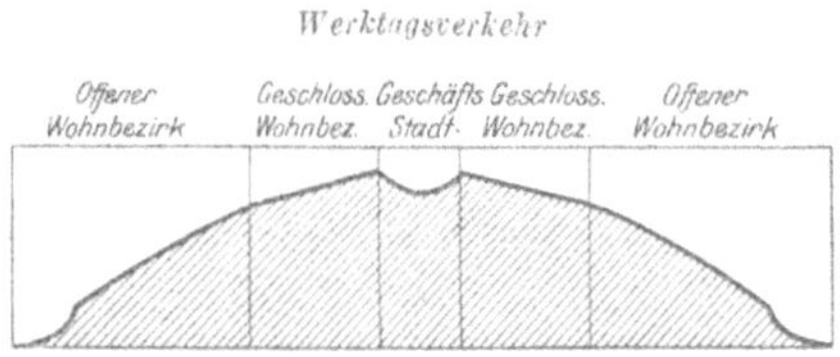

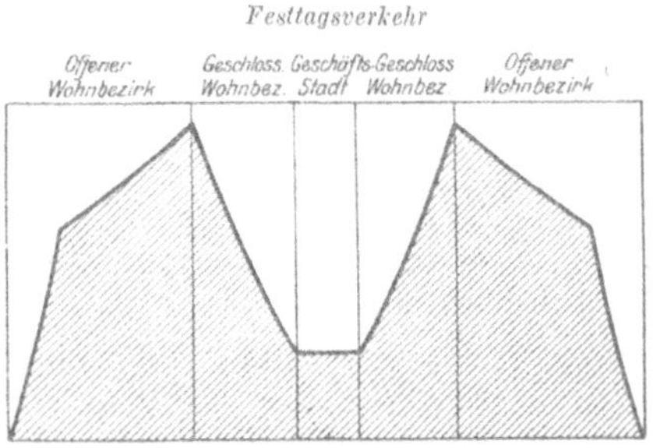

Abb. 12 b und c. Schema der örtlichen Verkehrszusammensetzung auf einer Durchmesserlinie.

Innenstadt, der Festtagsverkehr am größten am Rande des geschlossen bebauten Wohnbezirks. Abb. 13 und 14.

Bei einer ringförmig geführten Linie ist eine gleichmäßige Verteilung des Verkehrs über die ganze Strecke anzunehmen. Kleine Unterschiede werden sich dabei vorfinden; so wird der Verkehr in der Nähe der Kreuzungsstellen mit Radiallinien am stärksten sein und dazwischen abnehmen.

6. Reisedauer, Reiselänge und Reisegesetz.

Die Dauer einer Reise im Stadtverkehr soll im allgemeinen 30 Minuten nicht überschreiten. Dieser Satz gilt allgemein und besonders von den Reisen im Wohnverkehr, da diese täglich zurückgelegt werden. Ein täglich viermaliger Weg von je 30 Minuten Dauer bedeutet bereits einen Zeitaufwand von 2 Stunden. Kann der Weg von der Wohnung zur Arbeitsstätte bei schönem Wetter in einem Parkstreifen zurückgelegt werden, so ist er eine Erholung. Bei schlechtem Wetter oder großer Hitze in einem überfüllten Verkehrsmittel kostet er oft mehr Nervenkraft als die Arbeit selbst. Nur bei zusammenhängender Arbeitszeit ist eine Verlängerung der Zeitdauer für die Zurücklegung des Weges von der Wohnung zur Arbeitsstätte auf 45 Minuten zulässig, da der Weg nur noch zweimal täglich zurückgelegt wird.

Der gesamte Zeitaufwand für eine Reise zerfällt in die eigentliche Fahrt,

---

[1]) Zwar wächst die Entfernung der einzelnen Strahlenlinien von innen nach außen und damit auch die Breite des Verkehrsbandes jeder einzelnen Linie. Dies hat aber bald eine Grenze; es bleiben zwischen den einzelnen Siedlungsstreifen keilförmige Freiflächen stehen.

in den Ab- und Zugang und die Wartezeit. Auf die eigentliche Fahrt dürfen $^2/_3$ der Gesamtzeit entfallen, das sind also 20, bzw. 30 Minuten.

Die durchschnittliche Reisegeschwindigkeit auf Straßenbahnen beträgt 12,5 km in der Stunde, in 20 Minuten werden also 4,17 km zurückgelegt, in 30 Minuten 6,25 km. Die mittlere Reisegeschwindigkeit auf Stadtbahnen beträgt 25 km in der Stunde. In 20 Minuten werden daher 8,33, in 30 Minuten 12,5 km zurückgelegt. Auf Vorortbahnen beträgt die durchschnittliche Reisegeschwindigkeit 37,5 km in der Stunde. In 20 Minuten werden daher 12,5 km, in 30 Minuten 18,75 km zurückgelegt. Die größte Fahrtlänge im Wohnverkehr beträgt also auf Straßenbahnen rund 5 km, auf Stadtbahnen rund 10 km, auf Vorortbahnen rund 15 km. Größere Fahrtlängen gelten als Ausnahmefälle.

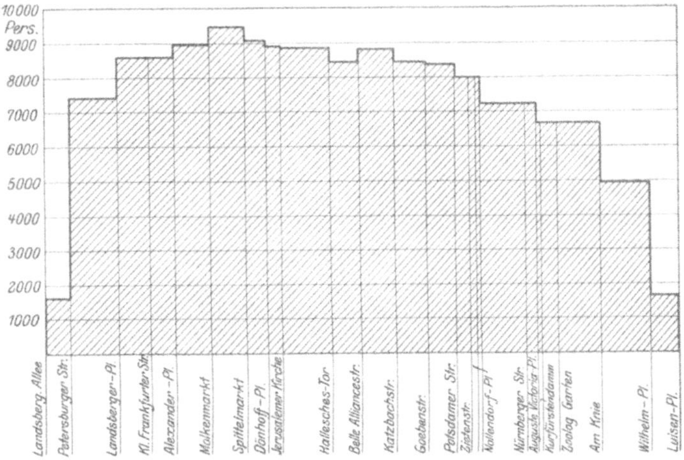

Abb. 13. Örtliche Verkehrsverteilung der Linie 64 der Großen Berliner Straßenbahn (Bahnhof Landsberger Allee—Charlottenburg, Luisenplatz) am Sonnabend, den 12. November 1911.

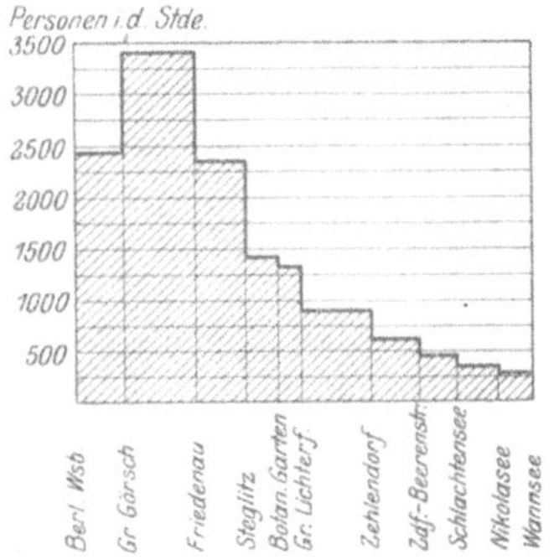

Abb. 14. Örtliche Verkehrsverteilung auf der Berliner Wannseebahn.

Noch größere Entfernungen werden im Ausflugsverkehr zurückgelegt. Sie sind abhängig von der Entfernung der landschaftlich schönen Punkte von der Stadt und betragen in Groß-Berlin bis zu 30 km.

Im Geschäftsverkehr ist die mittlere Fahrtlänge bedeutend geringer als im Wohnverkehr; sie beträgt auf Straßenbahnen etwa 1,5 km, auf Stadtbahnen etwa 2,5 km. Die Zahlen im Markt-, Laden-, Besuchs- und Vergnügungsverkehr liegen zwischen den Zahlen für den Wohn- und den Geschäftsverkehr.

Zahlentafel 5.

Mittlere Fahrtlänge im Straßenbahnverkehr im Jahre 1913.

Stadt	Einwohnerzahl des Einflußgebiets der Straßenbahn	Mittlere Fahrtlänge km
Berlin	3 964 000	3,65
Wien	2 133 000	4,45
Hamburg	1 328 000	3,6
Leipzig	830 000	3,65
München	622 000	3,1
Cöln	592 000	3,0
Dresden	588 000	3,63
Breslau	543 000	4,2
Frankfurt am Main	442 000	3,3
Nürnberg-Fürth	432 000	2,95
Düsseldorf	421 000	3,45

Hieraus ergeben sich je nach der Größe der Stadt mittlere Fahrtlängen auf Straßenbahnen von 2 bis 4 km, auf Stadtbahnen von 4 bis 7 km, auf Vorortbahnen von 7 bis 10 km. Zahlentafel 5 zeigt die mittlere Fahrtlänge im Straßenbahnverkehr einer Reihe deutscher Großstädte.

Die durchschnittliche Fahrtlänge auf dem Gesamtnetz ergibt noch keinen Anhalt dafür, wie sich der Verkehr tatsächlich auf die verschiedenen Reiselängen verteilt. Es ist ohne weiteres klar, daß die Zahl der Fahrten mit der Länge der Fahrt abnimmt, daß also die Zahl der kürzesten Fahrten verhältnismäßig am stärksten ist. Dies folgt aus ähnlichen Erwägungen, wie sie weiter oben über die örtliche Verkehrsverteilung auf Halbmesserlinien angestellt wurden.

Die unterste Grenze für die Benutzung der städtischen Verkehrsmittel liegt bei Straßenbahnen bei etwa 1,0 km, bei Stadtbahnen bei etwa 1,5 km. Kürzere Fahrten kommen nur vereinzelt vor. Anhaltspunkte für die tatsächliche Verteilung des Verkehrs auf die verschiedenen Fahrtlängen geben die Zahlen der in den einzelnen Preisstufen gelösten Fahrscheine.

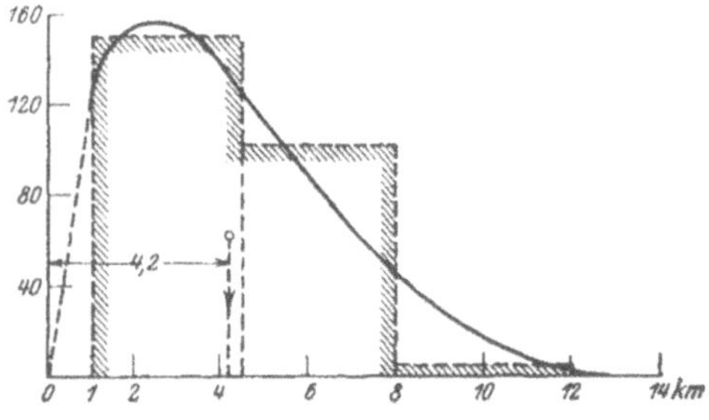

Abb. 15. Verteilung des Verkehrs auf Fahrscheine der Städtischen Straßenbahn in Wien im Jahre 1913. Mittlere Fahrtlänge 4,2 km.

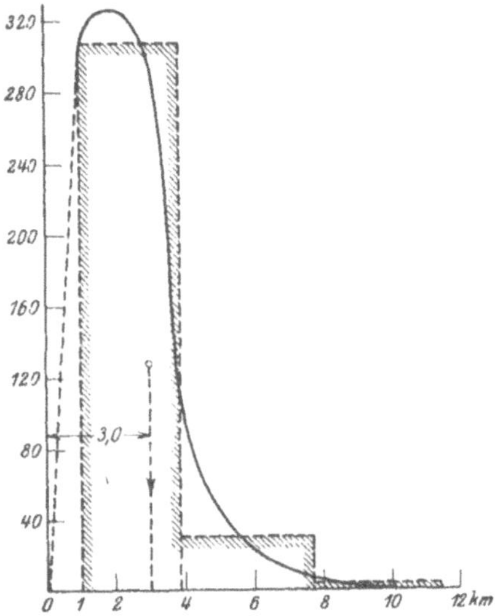

Abb. 16. Verteilung des Verkehrs auf Fahrscheine der Städtischen Straßenbahn in Düsseldorf im Jahre 1913. Mittlere Fahrtlänge 3,0 km.

Werden vom Koordinatenanfang aus wagerecht die Entfernungen aufgetragen, und wird über den Geltungsgrenzen jeder Fahrscheinsorte ein Rechteck errichtet, dessen Inhalt dem Anteil der betreffenden Fahrscheinsorte am Gesamtverkehr entspricht, so ergibt sich ein Bild der Verteilung des Verkehrs auf die einzelnen Fahrscheinsorten. Die wagerechte obere Begrenzung der Rechtecke ist unter der Annahme richtig, daß sich der Verkehr innerhalb jeder Fahrscheinsorte gleichmäßig auf die in Frage kommende Fahrscheinsorte verteilt. Das Bild der Verkehrsverteilung ist aber kein natürliches, sondern durch die künstlichen Fahrpreisstufen beeinträchtigt. Wird auf dem Bahnnetz ein Einheitsfahrpreis erhoben, so verschwinden die Stufen, und an ihre Stelle tritt eine stetige Kurve. Diese Kurve muß durch den Koordinatenanfang gehen, weil niemand ein Beförderungsmittel für unendlich kleine Fahrten benutzt und muß die wagerechte Achse an der Stelle schneiden, die der größten Fahrtmöglichkeit auf dem Bahnnetz entspricht. Die Kurve hat erst Gültigkeit von der kleinsten Entfernung an, auf der das Beförderungsmittel überhaupt benutzt wird. Der Inhalt der Rechtecke ist $=100$, da die prozentuale Verteilung des Verkehrs aufgetragen wurde, und ebenso groß ist der Inhalt der Fläche, die von der wagerechten Achse, der Ordinate 1 und der Kurve eingeschlossen ist.

Der Abstand des Schwerpunktes dieser Fläche von der senkrechten Achse ist die mittlere Fahrtlänge.

Abb. 15 zeigt die Verteilung des Verkehrs auf Fahrscheine der Städtischen Straßenbahn in Wien, Abb. 16 die der Städtischen Straßenbahn in Düsseldorf. Beide Kurven sind aus den im Jahre 1913 gültigen Tarifen abgeleitet, gelten aber naturgemäß unabhängig von dem jeweiligen Tarif für den Verkehr des betreffenden Bahnnetzes.

Die eigenartige Form dieser Kurven läßt erkennen, daß der Personenverkehr einer Stadt ganz bestimmten, allgemein gültigen Gesetzen unterworfen sein muß. Untersuchungen hierüber hat Lill angestellt. Er findet, daß zwischen der Gesamtzahl und der Länge der Reisen, die von den Einwohnern einer Stadt ausgeführt werden, ein bestimmtes Gesetz besteht, das er das Reisegesetz nennt. Es drückt sich in der Formel aus: $x \cdot y = M$, wobei x die Länge der einzelnen Reisen, y die Zahl der Reisenden ist, die einen Weg von x km zurücklegen. M nennt Lill den Reisewert des Ortes. Dies ist die Gleichung einer kubischen Parabel

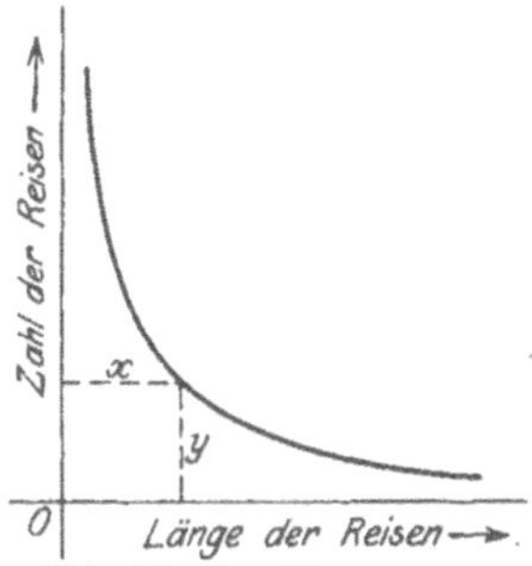

Abb. 17. Das Reisegesetz.

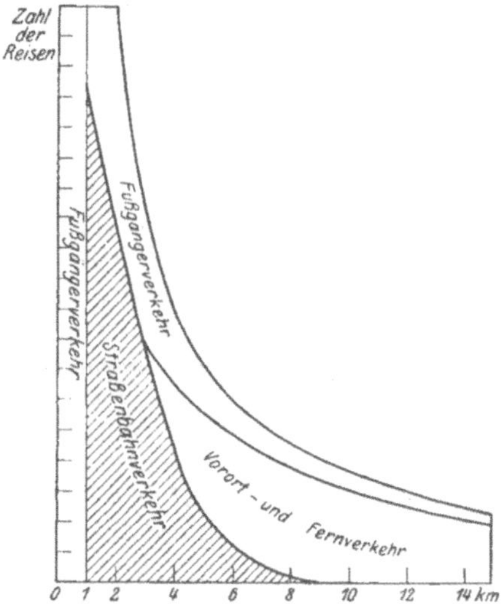

Abb. 18. Verteilung der Reisen auf Fußwege, Fahrten im Straßenbahn-, Vorort- und Fernverkehr.

mit den Koordinatenachsen als Asymptoten (Abb. 17). Ein Beweis für die Richtigkeit dafür, daß die Kurve zu den Koordinatenachsen asymptotisch verlaufen muß, geht aus folgender Betrachtung hervor: Als Reise im Sinne des Gesetzes ist jede Ortsveränderung, also auch jeder Schritt im Zimmer anzusehen, und es ist augenscheinlich, daß die Zahl dieser Schritte, also der sehr kleinen Reisen, außerordentlich groß ist. Auf der anderen Seite reist niemand unendlich weit.

Das Reisegesetz[1]) umfaßt alle Reisen, die von den betreffenden Einwohnern innerhalb und außerhalb der Stadt zurückgelegt werden. Da die Reisen im allgemeinen aus zwei Fußwegen und einer dazwischen liegenden Fahrt bestehen, so muß die Kurve für die Begrenzung der Fahrten gegen die Kurve, die die Reisen zur Darstellung bringt, zurückbleiben. Das Gesetz gilt also nicht für ein einzelnes Beförderungsmittel im Innern der Stadt.

Die Abb. 15—17 geben uns Gelegenheit zu einer bildlichen Darstellung der Verteilung des Gesamtverkehrs einer Stadt auf Fußwege, Fahrten auf den Straßenbahnen und Fahrten auf den Vorort- und Fernbahnen. Es ist aber nicht ohne weiteres möglich, die Kurve der Abb. 15 oder 16 in die Abb. 17

[1]) Die Grundgesetze des Personenverkehrs. Eine Studie von Eduard Lill. Zeitschrift für Eisenbahnen und Dampfschiffahrt 1889. Seite 697 und Lill, Das Reisegesetz und seine Anwendungen auf den Eisenbahnverkehr. Wien 1891.

einzutragen, denn in der Darstellung beider Kurven besteht ein Unterschied. In der Abb. 17 stellt eine beliebige Ordinate y die Zahl der Reisenden dar, die auf eine Entfernung von x km reisen, einschließlich derer, die weiter fahren. In den Abb. 15 und 16 stellt jede Ordinate nur die Zahl der Reisenden dar, die x km weit fahren, während die Reisenden, die weiter als x km fahren, durch die Summe aller Ordinaten rechts von y ausgedrückt werden. Um eine Darstellung im Sinne der Abb. 17 zu erhalten, ist es nötig, als Ordinate im Punkte x den Inhalt des von der Kurve der Abb. 15 oder 16 begrenzten Flächenteiles aufzutragen, der rechts von x liegt. Dies ist in Abb. 18 geschehen.

B. Die Verkehrsmittel.

1. Geschichtlicher Überblick.

a) Beförderungsmittel ohne Schienen.

In Berlin machte sich schon gegen Ende des 18. Jahrhunderts ein lebhafter Ausflugsverkehr nach den Vororten bemerkbar. Ihm dienten die sogenannten Torwagen, ursprünglich einfache, ungefederte Wagen mit einer Plane als Dach. Ihre Bauweise wurde im Jahre 1825 durch den Hofagenten Kremser verbessert. Diese Torwagen oder Kremser, wie sie für die Folge genannt wurden, hatten keinen festen Tarif, der Fahrpreis wurde zwischen Kutscher und Fahrgästen verabredet. Diese Wagen haben sich bis zum heutigen Tage erhalten, wenn auch ihre Bedeutung gegenüber den leistungsfähigeren Beförderungsmitteln der Neuzeit fast ganz geschwunden ist.

Der Pferdeomnibus war das erste Beförderungsmittel, das dem neuentstandenen Verkehrsbedürfnis der werdenden Großstädte diente. Die ersten Omnibusse wurden im Jahre 1819 in Paris in Betrieb genommen; im Jahre 1829 folgte London, 1839 Hamburg und 1846 Berlin.

In den Orten, wo die innere Stadt den Straßenbahnen verschlossen blieb (Paris, London), gewann der Omnibus eine Art Monopolstellung und entwickelte sich zu großer Bedeutung. Wo die innere Stadt für Straßenbahnen freigegeben wurde, erstand dem Omnibus ein scharfer Wettbewerb, der in manchen Städten, wie in Hamburg, zur Beseitigung des Omnibus, in anderen, wie z. B. Wien, zur Unwirtschaftlichkeit des Omnibusbetriebes führte. In Berlin konnte sich der Omnibus neben der Pferdebahn nur deshalb behaupten, weil zwei wichtige Straßenzüge, die Friedrichstraße und die Straße Unter den Linden, den Pferdebahnen nicht freigegeben wurden. Als dann in Berlin die Pferdebahnen den ihnen zuströmenden Verkehr nicht mehr bewältigen konnten und an die Omnibusse abgeben mußten, entwickelten sich diese zu neuer Blüte. In dem Augenblick, wo die elektrischen Straßenbahnen an die Stelle der Pferdebahnen traten, schien die letzte Stunde des Omnibus gekommen. Als aber die Fortschritte im Kraftwagenbau auch die Herstellung eines vollkommenen Automobilomnibusses ermöglichten, erschien auch der Omnibus den Straßenbahnen gegenüber wieder wettbewerbsfähig.

Eine besondere Abart des Kraftomnibus sind die sogenannten gleislosen Bahnen. Das sind elektrische Fahrzeuge, die auf dem Straßenkörper ohne Schienen verkehren und ihren Strom einer Oberleitung entnehmen. Diese Betriebsart hat ein gewisses, beschränktes Anwendungsgebiet gefunden.

b) Straßenbahnen.

Die Straßenbahnen verdanken ihre Entstehung dem Verkehrsbedürfnis in den weiträumig gebauten amerikanischen Großstädten, in denen ein Omnibusbetrieb des mangelhaften oder fehlenden Pflasters wegen nicht möglich war.

So wurde die erste Pferdeeisenbahn im Jahre 1832 in Neuyork erbaut. Die erste Pferdeeisenbahn Deutschlands wurde im Jahre 1865 in Berlin eröffnet. Es war die Linie Kupfergraben—Charlottenburg der Berliner Pferdeeisenbahngesellschaft. Andere deutsche Großstädte folgten, und bald hatte jede größere Stadt Deutschlands ihre eigene Pferdeeisenbahn.

Die außerordentlich großen Linienlängen in den amerikanischen Städten erschwerten die wirtschaftliche Anwendung des Pferdebetriebes, und so gewann dort der Kabelbetrieb, der zuerst in San Franzisko wegen der großen Steilheit der Straßen eingeführt worden war, rasch in den meisten Großstädten Eingang. Auch in Deutschland ergaben sich mit der wachsenden Ausdehnung der Großstädte bald wirtschaftliche Grenzen für die Anwendung des Pferdebetriebes. Die Vorortlinien wurden daher als Dampfstraßenbahnen ausgeführt, während in Frankreich hierfür Druckluftbetriebsmittel zur Anwendung kamen.

Die elektrische Bahn ist eine Erfindung von Werner Siemens; ihre erste Ausführung wurde auf der Berliner Gewerbeausstellung im Jahre 1879 öffentlich vorgeführt. Es war dies eine schmalspurige Anlage auf eigenem Bahnkörper mit einer zwischen den Fahrschienen liegenden Leitungsschiene. Die Rückleitung des Stromes geschah durch die Fahrschiene. 1881 wurde die erste elektrische Straßenbahn für den öffentlichen Verkehr in Berlin-Lichterfelde in Betrieb gesetzt. Hin- und Rückleitung des Stromes erfolgte durch die Fahrschiene. Im Jahre 1882 wurde die Straßenbahn von Charlottenburg nach dem Spandauer Bock für elektrischen Betrieb eingerichtet. Da hier die Benutzung der im Pflaster liegenden Schienen für die Stromleitung untunlich war, wurde eine doppelpolige Oberleitung mit einem auf der Leitung laufenden Stromabnehmer verwendet. 1884 folgte die Straßenbahn von Sachsenhausen nach Offenbach. Als Stromleitung wurde ein an Masten aufgehängtes Schlitzrohr verwendet, in dem ein Stromabnehmerschiffchen lief. Alle diese Bahnen waren Ausführungen der Firma Siemens & Halske. Ihre weitere Verbreitung scheiterte aber an der Ungefügigkeit der damaligen Oberleitung.

Der amerikanischen Firma Thompson-Houston gelang es, die Stromzuführung dadurch zu vereinfachen, daß eine Stromabnehmerrolle von unten gegen einen über Gleismitte ausgespannten Draht gepreßt wurde. In dieser Form kam die elektrische Bahn nach Deutschland zurück und erhielt ihre erste Ausführung seitens der Allgemeinen Elektrizitätsgesellschaft bei der Straßenbahn in Halle. Diesem Beispiel fogte eine Reihe anderer deutscher Großstädte.

Aber noch immer bestanden ästhetische und sicherheitspolizeiliche Bedenken gegen die Zulassung der Oberleitung. Sie führten in den Weltstädten der Vereinigten Staaten zum Einbau von Stromleitungsschienen in die von den Kabelbahnen her vorhandenen Kanäle. Auch in Deutschland wurde diese unterirdische Stromzuführung stellenweise vorgeschrieben. Daneben wurden umfangreiche Versuche mit Akkumulatorenwagen, Teilleitersystemen und Gaskraftwagen gemacht. Als sich schließlich alle diese Systeme nach Aufwendung vieler Millionen als unwirtschaftlich erwiesen, wurde die Oberleitung überall gestattet.

Inzwischen hatten sich die elektrischen Straßenbahnen in den Groß- und Mittelstädten Deutschlands, der Vereinigten Staaten und der übrigen Länder weiter entwickelt. An die innerstädtischen Linien reihten sich Vorortbahnen und in industriereichen Gegenden wuchsen allmählich die Straßenbahnnetze der einzelnen Städte zu einem gemeinsamen Netz zusammen. In den Vereinigten Staaten führten die Ausdehnungsbestrebungen der Straßenbahnen ebenfalls zu einem Zusammenschluß der verschiedenen Netze. Die größere Entfernung der einzelnen Städte voneinander brachte es aber mit sich, daß diese Verbindungslinien, Interurban Railways oder Städtebahnen, nicht wie gewöhnliche Straßenbahnen ausgerüstet und betrieben wurden, sondern auf eigenem

Bahnkörper geführt und für größere Fahrgeschwindigkeiten eingerichtet wurden. Heute sind die östlichen Staaten der Union mit einem dichten Netz von derartigen Städtebahnen überzogen. Sie haben fast den ganzen Nachbarortverkehr an sich gezogen und bereiten den Eisenbahnen einen empfindlichen Wettbewerb.

Die Besorgnis vor der wirtschaftlichen Gefährdung der Eisenbahnen ist wohl der Grund, daß die Konzessionen für derartige Städtebahnen in Deutschland nur ausnahmsweise erteilt wurden, und so finden wir diese Bahnart nur vereinzelt im Westen Deutschlands. Abb. 19 zeigt die Entwicklung der deutschen Straßenbahnen in dem 50jährigen Zeitraum von 1865 bis 1915. Die Länge der Gleise im Jahre 1915 betrug rund 5400 km, und auf jeden Einwohner Deutschlands entfielen jährlich 44 Fahrten auf der Straßenbahn.

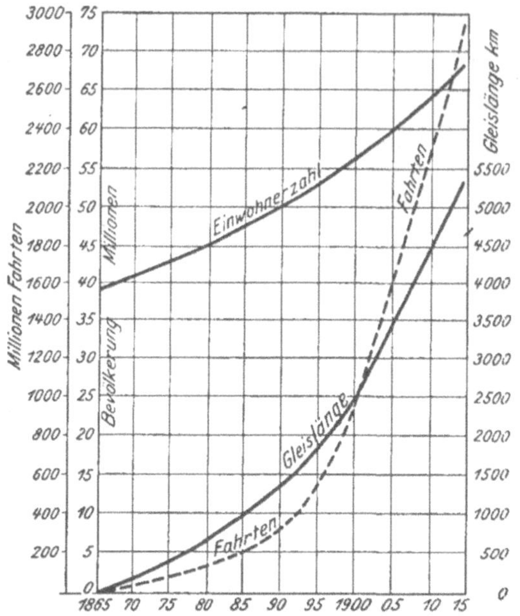

Abb. 19. Entwicklung der deutschen Straßenbahnen 1865 bis 1915.
1. Einwohnerzahl. 2. Gleislänge km. 3. Fahrten.
(Zeitschrift für Kleinbahnen 1915, S. 365 und 370.)

c) Stadt- und Vorortbahnen.

Die Stadt- und Vorortbahnen sind Teile des Hauptbahnnetzes oder doch als solche entstanden und erst allmählich zu innerstädtischen Verkehrsmitteln geworden. In den Zeiten, als es noch keine Straßenbahnen gab, war der Nahverkehr zwischen der Stadt und den benachbarten Ortschaften lediglich auf die Eisenbahnen angewiesen. In dem Maße, wie die Orte in der Umgebung der Großstädte ihre wirtschaftliche Selbständigkeit verloren und zu Teilen der Groß- oder Weltstadt wurden, wurde aus dem Nahverkehr der Vorortverkehr. Auch nach der Einführung der Pferdeeisenbahnen und später der elektrischen Straßenbahnen behielt der Eisenbahnvorortverkehr seine Bedeutung für die Beförderung der Großstadtbewohner.

Der Vorortverkehr wurde auch im Bannkreise der Weltstädte ursprünglich auf denselben Gleisen wie der Fernverkehr und mit denselben Zügen bedient. Später wurden besondere Vorortzüge eingerichtet, und ihre Zahl wuchs in der Regel bald so sehr, daß es nötig wurde, den Vorortverkehr vom Fernverkehr völlig zu trennen und für ihn, wenigstens streckenweise, besondere Gleise anzulegen. Auf diese Art entstand, allmählich immer weiter fortschreitend, eine betriebliche und räumliche Trennung des Vorortverkehrs vom Fernverkehr. Die Gestaltung der Anlagen für den Vorortverkehr nahm selbständigere Formen an, besondere Gesichtspunkte, für ihre Ausgestaltung machten sich geltend.

Die Vorortlinien endeten, ebenso wie die Fernlinien, zumeist in Kopfbahnhöfen am Rande der Innenstadt. Es entstand daher das Bedürfnis, mit den Bahnlinien tiefer in die Innenstadt einzudringen. Dieses Bedürfnis erfüllten die sogenannten Stadtbahnen, die die einzelnen Vorortlinien verbinden und eines Durchführung der Vorortzüge durch die Innenstadt ermöglichen. London erhielt seine erste Stadtbahn, die Metropolitanbahn, im Jahre 1865; die erste festländische Stadtbahn wurde in Be lin im Jahre 1882 eröffnet, 1900 folgte Wien und 1906 Hamburg.

Berlin bietet das beste Beispiel für die Anlage eines Stadt- und Vorortbahnnetzes und seine allmähliche Loslösung vom Fernbahnnetz. Heute ist fast auf allen Vorortlinien der Vorortverkehr vom Fernverkehr getrennt und hat für sich besondere Gleispaare erhalten.

In Paris dient die Gürtelbahn vorwiegend örtlichen Verkehrsinteressen, hat aber infolge ihrer Linienführung als Außenring für den Stadtverkehr nur untergeordnete Bedeutung, obwohl ein Teil ihrer Züge in den Westbahnhof und den Bahnhof Saint Lazare eingeführt wird. Als besondere, selbständige Vorortbahn ist noch die Sceaux-Linie zu nennen. Auf den elektrisch betriebenen Linien nach Versailles und Juvisy sind für den Vorortverkehr besondere Gleise vorhanden. Im übrigen wird der Vorortverkehr auf den Ferngleisen abgewickelt, doch ist eine Trennung vom Fernverkehr in Verbindung mit der Einführung des elektrischen Betriebes geplant.

In London besteht als selbständige Stadtbahn die Metropolitan- und Metropolitan District Eisenbahn. Als Hauptaufgabe dieser Stadtbahn war ursprünglich die Verbindung der Fernbahnhöfe untereinander gedacht. Dieser Zweck tritt aber heute hinter der Bedienung des Ortsverkehrs vollständig zurück. Über diese Stadtbahn werden die Züge einiger ihr angegliederter Vorortbahnen geleitet. Eine Überführung von Vorortzügen der Fernbahnen bestand zuzeiten des Dampfbetriebes ebenfalls, wurde aber gelegentlich der Einführung des elektrischen Betriebes auf der Stadtbahn beseitigt.

Die zahlreichen, in London einmündenden Fernbahnen bewältigen fast alle einen ausgedehnten Vorortverkehr auf ihren Stammlinien und einer Reihe weiter draußen anschließender Zweiglinien. Doch sind besondere Vorortgleise bisher noch nirgends zur Ausführung gekommen. Die London-Brighton- und Südküstenbahn besitzt eine als Halbring gebaute elektrisch betriebene Verbindungsbahn Viktoria-Londonbrücke, an die einige in gleicher Weise betriebene Zweiglinien anschließen.

In Neuyork gehen vom Zentralbahnhof an der 42. Straße drei Bahnlinien aus, die Hauptlinie der NeuYork-, New Haven- und Hartford-Bahn nach Boston, die Hauptlinie der Neuyorker Zentralbahn nach Albany und die sogenannte Harlem-Zweiglinie dieser Gesellschaft. Die beiden zuerst genannten wichtigen Fernbahnen sind im Vorortgebiet viergleisig ausgebaut, ohne daß eine scharfe Trennung der beiden Verkehrsarten stattfindet. Die an dritter Stelle genannte zweigleisige Linie hat für den Fernverkehr nur geringe Bedeutung, vermittelt aber bis White Plains einen lebhaften Vorortverkehr. Im Endbahnhof selbst ist der Vorortverkehr vom Fernverkehr getrennt und jeder Verkehrsart ein besonderes Stockwerk zugewiesen. Die Long Islandbahn besitzt eine Reihe von Linien örtlicher Bedeutung, die als Vorortlinien anzusehen sind. Sie schließen zumeist an das Schnellbahnnetz an.

Besonders umfangreiche Anlagen für den Vorortverkehr hat die Illinois-Zentralbahn in Chicago geschaffen. Sie besitzt eine eigene viergleisige, nur dem Vorortverkehr dienende Strecke von Chicago nach Woodlawn, die sich weiter in drei Außenlinien nach Homewood, Blue Island und Süd-Chicago gabelt.

Die Nordwestbahn bewältigt den Vorortverkehr auf den Ferngleisen; eine selbständige Vorortbahn nach Evanston schließt an die Nordwesthochbahn an.

Weniger umfangreiche Anlagen für den Vorortverkehr finden sich in Boston, Philadelphia, Pittsburg und San Franzisko.

d) Stadtschnellbahnen.

Das Verkehrsbedürfnis der Weltstädte ließ sich durch die elektrischen Straßenbahnen einerseits und durch die Vorort- und Stadtbahnen andererseits nicht restlos befriedigen. Die Reisegeschwindigkeit der Straßenbahn reichte mit der wachsenden Ausdehnung der Städte nicht mehr zu, um Wohnung und Arbeitsstätte mit einem erträglichen Zeitaufwande zu verbinden. Wenn die Vorort- und Stadtbahnen auch die erforderliche größere Reisegeschwindigkeit besaßen, um die Außengebiete schnell mit dem Stadtinnern in Verbindung zu bringen, so war das aus den Bedürfnissen des Fernverkehrs geborene Vorortbahnnetz doch zu weitmaschig und die Zahl der in das Stadtinnere eindringenden Stadtbahnen so gering, daß große Teile der Geschäftsstadt und des Wohngebietes ohne ein derartiges Schnellverkehrsmittel waren. Es erschien daher notwendig, neben den beiden vorhandenen noch ein weiteres Beförderungsmittel einzuschalten, das eine ähnliche Reisegeschwindigkeit hatte wie die vorhandenen Stadt- und Vorortbahnen und die von diesen nicht berührten Stadtgegenden erschließen konnte. Das neue Beförderungsmittel mußte zudem eine große Leistungsfähigkeit haben, um die gewaltige, ihm zuströmende Verkehrsflut zu bewältigen. So entstanden die sogenannten Stadtschnellbahnen als neues selbständiges Unternehmen neben den Straßenbahnen und den Stadt- und Vorortbahnen. Ihre Entstehung verdanken sie erst der Möglichkeit der elektrischen Zugförderung, die den Bahnen die erforderliche Schmiegungsfähigkeit gab und sie in Bau und Linienführung unabhängig von der Rücksicht auf die Dampflokomotiven machte.

Das Bedürfnis nach besonderen, vom Fernverkehr losgelösten Stadtschnellbahnen trat zuerst in den weiträumig gebauten Weltstädten in den Vereinigten Staaten von Amerika hervor, insbesondere in Neuyork. Dort wurde Anfang der 70er Jahre des vorigen Jahrhunderts mit der Anlage einer Reihe von Hochbahnlinien begonnen. Mitte der 80er Jahre entstanden die ersten Röhrenbahnen in London. Heute besitzen fast sämtliche Weltstädte ein in raschem Ausbau befindliches Schnellbahnnetz. In Deutschland finden wir Schnellbahnnetze in Berlin und Hamburg, eine einzelne Linie in Elberfeld-Barmen. Ein umfangreiches Schnellbahnnetz besitzen Paris und London, eine einzelne Linie Liverpool und Glasgow. Von den amerikanischen Weltstädten haben ein vollständiges Schnellbahnnetz Neuyork, Boston, Chicago und Buenos Aires. Eine einzelne Schnellbahnlinie ist in Philadelphia vorhanden, in Cleveland im Bau.

e) Wasserverkehr.

Die Weltstädte und die meisten Großstädte liegen am Meere oder an schiffbaren Wasserläufen (London, Neuyork, San Franzisko, Boston, Buenos Aires, St. Petersburg, Stockholm, Hamburg, Philadelphia, Paris, Berlin, Köln), und eine solche Lage ist geradezu eine Vorbedingung für die Entwicklung einer Weltstadt. Die das Stadtgebiet durchziehenden großen Wasserflächen sind in zweierlei Hinsicht von Bedeutung für den Verkehr. Einmal erschweren sie ihn, indem sie sich der Weiterführung der strahlenförmigen Verkehrslinien entgegenstellen, und zweitens können sie ihn erleichtern, indem sie selbst die Träger strahlenförmiger Beförderungsmittel werden. Insoweit der Personenverkehr sich der Wasserflächen bedient, können diese beiden Arten des Verkehrs als erzwungener und freiwilliger Wasserverkehr bezeichnet werden. Der erzwungene Wasserverkehr bedient sich der Fähren, die meist Fahrzeuge großen Fassungsraumes sind. Der freiwillige Wasserverkehr benutzt kleinere Fahrzeuge, Personendampfer. Der Fährverkehr dauert das ganze Jahr hindurch in annähernd gleicher Stärke an und wird allerdings im Winter durch Nebel und Eisgang oft behindert; der Verkehr der Personendampfer ist von der Witterung stark abhängig und wird häufig im Winter ganz eingestellt. Bei den Personendampfern spielt der Ausflugsverkehr eine große Rolle. Beispiele von einem Fährverkehr in großem Umfange finden wir in Neuyork und San Franzisko, wo die Fähren zum Teil auch den Fernverkehr vermitteln ferner in Boston, Philadelphia und Hamburg,

Beispiele für den Verkehr mit Personendampfern in Hamburg, Paris, Berlin und Köln.

Die Mängel des Fährbetriebes haben dazu geführt, an seine Stelle andere Verkehrsarten zu setzen. Hochbrücken sind in der Regel wegen der Rücksichten auf die Schiffahrt unausführbar, und so entstand die Schwebefähre, bei der auf einer sehr hoch über dem Wasserspiegel angeordneten Brückenfahrbahn ein Wagen läuft und an Seilen eine in Geländehöhe dicht über dem Wasserspiegel liegende, den eigentlichen Verkehr vermittelnde Plattform trägt. Schwebefähren werden bis zu einer Stützweite von 400 m ausgeführt. Sie sind für Personen- und Wagenverkehr zu gebrauchen; ihre Leistungsfähigkeit ist gering, die Gefahr des Zusammenstoßes mit Schiffen groß. Sie sind daher nur vereinzelt angewendet worden.

Einen vollkommeneren Verkehrsweg stellen die Unterwassertunnel dar. Beispiele sind die Straßentunnel in London und Hamburg, der Straßenbahntunnel unter dem Bostoner Hafen, die Schnellbahntunnel in Neuyork und Paris.

2. Eigenschaften der verschiedenen Verkehrsmittel.

Der Wert der verschiedenen Arten der städtischen Verkehrsmittel beruht in dem Fassungsraum des einzelnen Fahrzeugs, in der Reisegeschwindigkeit und in der Leistungsfähigkeit, d. h. der Zahl der in einem bestimmten Zeitraume zu befördernden Personen. Der Fassungsraum des Fahrzeugs ist in letzter Linie maßgebend für die Beförderungskosten für eine Person, also für die Fahrpreise.

Eine Zusammenstellung dieser Werte gibt Zahlentafel 6. In ihr ist die Leistungsfähigkeit auf eine einzelne Spur, bei Bahnen also auf ein Gleis einer zweigleisigen Linie bezogen. Durch Vermehrung der Zahl der Spuren wird die Leistungsfähigkeit vervielfacht.

Zahlentafel 6.

Leistungsfähigkeit und Reisegeschwindigkeit der verschiedenen Stadtbeförderungsmittel.

Lfd. Nr.	Bezeichnung	Fassungsvermögen des Fahrzeugs, Personen	Fassungsvermögen des Zuges Personen	Zahl der Züge (Einzelfahrzeuge) in der Stunde	Leistungsfähigkeit, Personen in der Stunde	Reisegeschwindigkeit, km in der Stunde.
1	Pferdedroschke	4	—	360	1 440	8—10
2	Kraftdroschke	4	—	520	2 080	15—30
3	Pferdeomnibus	30	—	120	3 600	6—8
4	Kraftomnibus	40	—	180	7 200	10—15
5	Pferdeeisenbahn	30	—	90	2 700	8—10
6	Elektrische Straßenbahn	40	80	150	12 000	10—15
7	Schnellstraßenbahn . . .	50	150	50	7 500	15—25
8	Dampfeisenbahn	60	720	18	13 000	15—30
9	Elektrische Stadtbahn .	200	1600	40	64 000	20—30
10	Elektrische Vorortbahn .	125	1000	32	32 000	30—45
11	Personendampfer	500	—	20	10 000	8—10
12	Fährdampfer.	1000	—	15	15 000	6—8

Die mit Pferden gezogenen Beförderungsmittel, die Pferdedroschke und der Pferdeomnibus, haben eigentlich nur noch geschichtliche Bedeutung. Die Zahlen sind eingefügt, um die Entwicklung des Verkehrswesens zu verdeutlichen. Das Gleiche gilt von der dampfbetriebenen Stadt- und Vorortbahn. Die hier eingetragenen Zahlen entstammen dem Betrieb der Berliner Stadtbahn.

Die Angaben der Zahlentafel über die Leistungsfähigkeit der verschiedenen Beförderungsmittel beziehen sich auf die normale Besetzung der Wagen. Bei einer Überfüllung der Wagen tritt keine Erhöhung der Leistungsfähigkeit ein, weil mit der Verlängerung des Haltestellenaufenthaltes die Zugfolge sich verzögert.

Die Angaben über die stündliche Leistungsfähigkeit einer Straßenbahn sind das Ergebnis von Beobachtungen auf der Leipziger Straße in Berlin. Sie ist die stärkst belastete Straßenbahnlinie Berlins und eine der stärkst belasteten Straßenbahnstrecken überhaupt. Hier ist eine Zugfolge von rund 150 Wagen in der Stunde tatsächlich erreicht worden.

Durch Verwendung zweigeschossiger Straßenbahnwagen kann die Leistungsfähigkeit einer Straßenbahnlinie nahezu verdoppelt werden.

Auf verkehrsreichen Straßen der Innenstadt wird die in der Zahlentafel angegebene Reisegeschwindigkeit der Straßenbahn nicht erreicht; es treten vielmehr starke Verlangsamungen ein, verursacht durch andere, die Straßenfahrbahn benutzende Fahrzeuge, namentlich Lastwagen und durch die Hemmnisse an den Straßenkreuzungen. Dadurch sinkt die Reisegeschwindigkeit der Straßenbahn an diesen Stellen oft bis auf 5 km in der Stunde. Das sind natürlich Krankheitszust nde.

Am freiesten können sich alle Beförderungsmittel entfalten und die ihnen angemessene Fahrgeschwindigkeit entwickeln, wenn jedem ein besonderer Fahrdammstreifen zugewiesen wird. Die Straßenbahn, die in das Straßenpflaster eingebettet, höchstens 15 km Reisegeschwindigkeit erreicht, kann dann — je nach der Entfernung der Überfahrten und Haltestellen — eine Reisegeschwindigkeit bis zu 25 km erzielen. Sie wird zur Schnellstraßenbahn. Freilich ist ein solcher Ausbau der Straßen heute nur noch in den Außenbezirken möglich.

Auf den Schnellstraßenbahnen sind geräumigere Wagen am Platze als auf den innerstädtischen Linien. Unter der Voraussetzung, daß die Züge aus drei Wagen zu je 50 Personen bestehen, ergibt sich der Fassungsraum eines Zuges zu 150 Personen. In einem solchen Betriebe wird sich eine Zugfolge von 72 Sekunden, also eine Zugzahl von 50 in der Stunde unschwer erreichen lassen, woraus sich eine Leistungsfähigkeit von 7500 Personen in der Stunde ergibt.

Die Leistungsfähigkeit elektrischer Stadtbahnen hängt wesentlich von der Wagenbreite und dem dadurch bedingten Fassungsvermögen des Zuges, bezogen auf die Längeneinheit, ab. Versuche haben ergeben, daß die Abfertigungsdauer der Züge auf den Haltestellen von der Zuglänge abhängt. Für die Zugfolge ist aber die Aufenthaltsdauer auf den Stationen in letzter Linie maßgebend. Die größte Leistungsfähigkeit läßt sich bei einer Zuglänge von etwa 160 m erreichen. Diese ist daher hier zugrunde gelegt worden. Mit Zügen von dieser Länge lassen sich bei zweckmäßig gebauten Wagen, wie Beobachtungen auf der Neuyorker Untergrundbahn gezeigt haben, Zugfolgen von 90 Sekunden erreichen. Der Fassungsraum eines Wagens von 20 m Länge und 2,9 m äußerer Breite beträgt rund 200 Personen, und hieraus berechnet sich das Fassungsvermögen eines Zuges von 8 Wagen zu 1600 Personen und die stündliche Leistungsfähigkeit eines Gleises zu $40 \cdot 1600 = 64000$ Personen.

Mit den auf den deutschen Schnellbahnen üblichen Betriebsmitteln lassen sich derartige hohe Leistungen nicht erzielen. Wird der Wagen der Hamburger Hochbahn von 12 m Länge, 2,6 m Breite und einem Fassungsraum von 100 Personen zugrunde gelegt und die Zuglänge, den vorhandenen Bahnsteigen entsprechend, zu 10 Wagen bemessen, so ergibt sich der Fassungsraum eines Zuges zu 1000 Personen und bei einer Zugfolge von 112 Sekunden = 32 Zügen in der Stunde eine Leistungsfähigkeit von 32000 Personen in der Stunde, das ist die Hälfte der amerikanischen Zahl.

Bei der längeren Fahrtdauer auf elektrischen Vorortbahnen verlangt jeder Fahrgast einen Sitzplatz. Auf 20 m Wagenlänge lassen sich bei 2,9 m Wagenbreite etwa 125 Sitzplätze unterbringen. Infolge der Mitführung von Traglasten wird der Aufenthalt auf den Stationen etwas verlängert, so daß höchstens 32 Züge in der Stunde abgefertigt werden können. Die größte Leistungsfähigkeit ergibt sich zu 32 00 Personen in der Stunde.

Die Reisegeschwindigkeit der elektrischen Stadt- und Vorortbahn hängt im wesentlichen von der Stationsentfernung ab. Die bei den Stadtbahnen angegebenen Zahlen beziehen sich auf die hier üblichen Stationsentfernungen von 500 bis 800 m. Größere Stationsentfernungen von 800 bis 1600 m finden sich nur auf Vorortbahnen. Auf ihnen können daher größere Reisegeschwindigkeiten bis zu 55 km erzielt werden (Abb. 152 S. 272).

3. Beziehungen zwischen größter Stundenleistung und Jahresleistung. Platzausnutzung.

Die größte Leistungsfähigkeit eines Verkehrsmittels wird nur während einzelner Tagesstunden zu den Zeiten des stärksten Verkehrs ausgenutzt. Die Jahresleistung ergibt sich unter Berücksichtigung der Schwankungen des Verkehrs im Laufe des Tages, der Woche und des Jahres.

Der Verkehr der stärkst belasteten Stunde ist das zwei- bis dreifache, im Mittel das 2,5fache, des Tagesdurchschnittes, bezogen auf 18 Betriebsstunden. Die Tagesleistung eines Verkehrsmittels beträgt also im Durchschnitt das 18 : 2,5 = 7,2fache der Stundenleistung.

Der stärkste Verkehr eines Wochentages ist das 1,1fache des Wochendurchschnitts und der stärkste Monatsverkehr das 1,1 bis 1,4-fache, im Durchschnitt das 1,25fache, des Jahresverkehrs. Hieraus ergibt sich die mögliche Jahresleistung, wenn der größte Stundenverkehr mit 365 . 7,2 : 1,1 . 1,25 = rund 2000 multipliziert wird. Dieser Wert gilt jür eine Fahrtrichtung und ist für beide Fahrtrichtungen zu verdoppeln.

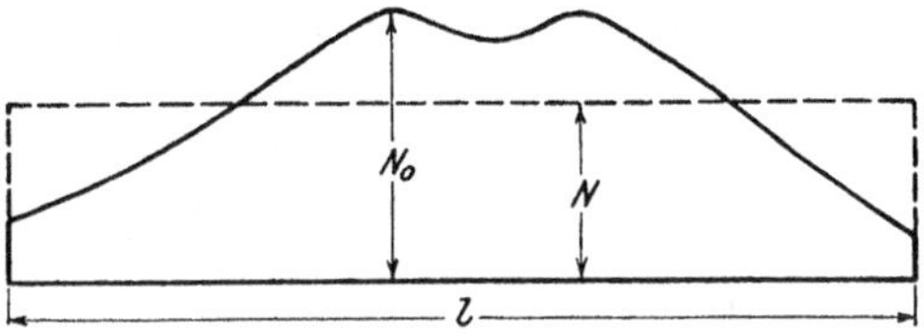

Abb. 20. Örtliche Verkehrsverteilung.

Dies ist die Zahl der Personen, die im Laufe des Jahres über denjenigen Punkt einer Bahnlinie befördert werden können, der den stärksten Verkehr aufzunehmen hat; das ist in der Regel ein Punkt am Rande der Geschäftsstadt. Die Leistungsfähigkeit des gesamten Beförderungsmittels ergibt sich hieraus unter Berücksichtigung der örtlichen Verkehrsverteilung, der Gesamtlänge der Bahn und der durchschnittlichen Fahrtlänge. In Abb. 20 ist die örtliche Verkehrsverteilung einer Durchmesserlinie bildlich dargestellt. Die Höchstzahl der durch einen Punkt der Bahnlinie beförderten Personen sei N_0. Der von der Grundlinie und der Kurve der Verkehrsverteilung eingeschlossene Flächenraum stellt die Anzahl der auf der Bahnlinie beförderten Personenkilometer dar. Durch Verwandlung dieser Fläche in ein Rechteck über l ergibt sich die Verkehrszahl N, die einer gleichmäßigen Verteilung der Reisenden über die Gesamtlänge der Bahn entspricht. Der Inhalt des Rechteckes N . l ist also ebenfalls die Anzahl der gefahrenen Personenkilometer. Das Verhältnis N zu N_0 ist davon abhängig, wie weit sich die Bahnlinie nach außen in schwach besiedeltes Gelände erstreckt. Es ist bei Durchmesserlinien größer als bei Halbmesserlinien, die am Rande der Geschäftsstadt endigen, und schwankt etwa zwischen den Grenzen 0,7 und 0,3. Das Verhältnis der mittleren Fahrtlänge l_1 ist ebenfalls von der Ausdehnung der Linie abhängig und schwankt beispielsweise bei den deutschen Großstadtstraßenbahnen zwischen 0,27 und 0,6. Wird mit N_1 die Gesamtzahl der auf der Bahn beförderten Reisenden bezeichnet, so ist das Produkt $N_1 . l_1$ ebenfalls gleich der Zahl der auf der Bahn beförderten

Personenkilometer. Es ist also $N_1 . l_1 = N . l$ und $N_1 = N . l : l_1$. Ist beispielsweise $N = 0{,}5\,N_0$ und $l_1 : l = 0{,}4$, so ist $N_1 = N_0 . 0{,}5 : 0{,}4 = 1{,}25\,N_0$.

Bei Vorortlinien, die am Rande der Geschäftsstadt endigen, ist der Zwischenverkehr der Vorortstationen unter sich so gering, daß er gegen den Verkehr der Anfangsstation vernachlässigt werden kann. Dann ist $N_1 = N_0$.

Der Wert N wird als kilometrischer Jahresverkehr der Bahn bezeichnet und häufig als Maßstab für die Leistung einer Bahn benutzt.

Platzausnutzung. Während der Zeiten des stärksten Stundenverkehrs sind sämtliche verfügbaren Plätze eines Zuges besetzt. Diese günstige Ausnutzung der Plätze läßt sich aber im Betriebe nicht dauernd durchführen. Zunächst ist die volle Besetzung nur an dem Punkt der Bahn vorhanden, wo der größte Verkehr herrscht, beispielsweise am Rande der Geschäftsstadt. An anderen Punkten der Bahn ist der Verkehr geringer, und da es nicht möglich ist, sich der örtlichen Verkehrsverteilung durch allmähliche Verlängerung und Verkürzung der Züge oder durch den Fahrplan voll anzupassen, so ist die durchschnittliche Ausnutzung der Plätze im Verlauf einer Fahrt kleiner als 1. Ferner fällt der Hauptverkehr in beiden Fahrtrichtungen zeitlich nicht zusammen. Die Rücksicht auf den Wagenumlauf führt dazu, daß die Wagen in der Gegenrichtung gerade während der Zeit des Spitzenverkehrs sehr schwach besetzt sind. Schließlich ist es nicht möglich, zu den Zeiten des schwächsten Verkehrs die Zahl und Länge der Züge so zu verringern, daß auch hier jeder Platz besetzt wird. Aus alledem ergibt sich eine durchschnittliche Platzausnutzung, nämlich das Verhältnis der beförderten Personenkilometer zu den gefahrenen Platzkilometern von 0,20 bis 0,30. Der Wert von 0,3 setzt bereits eine Überfüllung der Wagen in den Hauptverkehrsstunden voraus. Diese Verhältniszahlen beziehen sich auf sämtliche Plätze, Sitz- und Stehplätze zusammengenommen. Da die Zahl der Sitzplätze 35 bis 75% aller Plätze ausmacht, so ergeben sich, auf die Sitzplätze bezogen mittlere Platzausnutzungen von 30 bis 70%.

4. Beziehungen zwischen den Beförderungsmitteln und der Größe der Stadt.

a) Einwohnerzahl und Reisegeschwindigkeit.

Die Lebensfähigkeit eines Stadtgebildes hängt einmal von ihrer Verbindung mit der Außenwelt ab, die durch die Fernbahnen für Personen- und Güterverkehr und durch die Wasserwege gegeben sind, zweitens aber von den innerstädtischen Beförderungsmitteln. Sie bieten erst die Möglichkeit, die räumlichen Entfernungen in der Stadt zu überwinden, Wohnungen, Arbeitsstätten, Verkaufsstellen und Vergnügungsstätten einander näher zu bringen. Maßgebend hierfür ist nicht die räumliche, sondern die zeitliche Entfernung. Je größer eine Stadt, je größer ihre Einwohnerzahl ist, desto schneller müssen die Beförderungsmittel sein, damit der für die Zurücklegung der Entfernungen gebrauchte Zeitaufwand eine angemessene Größe nicht überschreitet. Der Zeitaufwand zur Zurücklegung eines Weges soll nicht mehr als eine halbe Stunde betragen. Dies gilt von Wegen ganz allgemein und besonders von dem Wege zwischen Wohnung und Arbeitsstätte, der täglich mehrmals zurückgelegt wird.

In Deutschland herrscht die getrennte Arbeitszeit vor. Dann muß der Weg zwischen Wohnung und Arbeitsstätte täglich viermal zurückgelegt werden, und wenn für jeden Weg 30 Minuten erforderlich sind, so beträgt der tägliche Zeitaufwand dafür schon zwei Stunden.

Kann der Weg bei schönem Wetter in einem Parkstreifen zurückgelegt werden, so ist er eine Erholung. Bei Regen und Sturm, in einem überfüllten Bahnwagen, mitten im Lärm der Straße ist der Weg nicht mehr eine Erholung; er kostet selbst Nervenkraft, darf daher nicht noch verlängert werden. Nur bei zusammenhängender Arbeitszeit, wenn der Weg nur zweimal zurückgelegt zu werden braucht, ist eine Verlängerung auf 45 Minuten zulässig[1]).

Ein Fußgänger legt in der Stunde 4 km zurück. In 30 Minuten kann er einen Weg von 2 km machen. Die Wege in einer Stadt können also sämtlich zu Fuß zurückgelegt werden, wenn die größte vorkommende Entfernung nicht mehr als 2 km beträgt.

In Mittelstädten pflegt sich ein besonderer, als Arbeitsstätte in Betracht kommender Stadtkern nicht auszubilden. Wege von einem Endpunkt der Stadt zum anderen sind daher häufig. Die äußerste Größe für eine Stadt ohne Beförderungsmittel ist also ein Kreis mit einem Durchmesser von 2 km und einem Flächeninhalt von 3 qkm. Bei einer Wohndichte von 150 Einwohnern auf das Hektar beherbergt eine solche Stadt 45000 Einwohner, bei 200 Einwohnern auf das Hektar 60000 Einwohner. Abb. 21.

Bei einer Einwohnerzahl von etwa 50000 liegt also die Grenze für die Notwendigkeit von Verkehrsmitteln, insbesondere von Straßenbahnen. Nur wenn die Stadt eine von der Kreisform stark abweichende Form mit einseitigen Längenentwicklungen hat, kann schon bei geringerer Ausdehnung ein Beförderungsmittel notwendig werden.

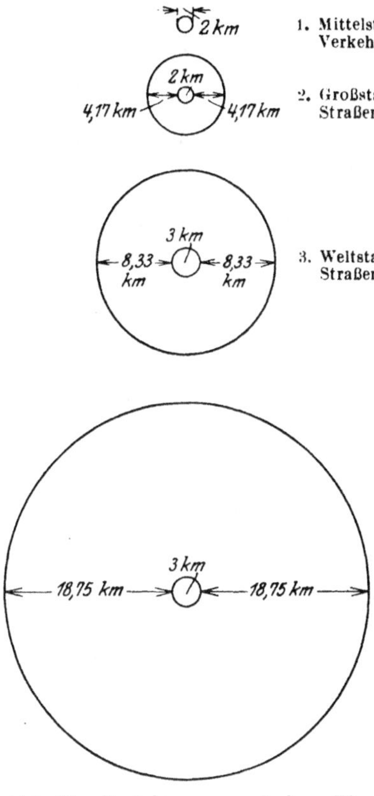

Abb. 21. Beziehungen zwischen Einwohnerzahl und Reisegeschwindigkeit der Beförderungsmittel.

Wird zu einer Reise in der Stadt ein öffentliches Massenbeförderungsmittel benutzt, so geht für den Ab- und Zugang und das Warten Zeit verloren. Wird hierfür ein Drittel des gesamten Zeitaufwandes angesetzt, so bleiben für die eigentliche Fahrt 20 oder 30 Minuten übrig, je nachdem, ob der gesamte Zeitaufwand zu 30 oder 45 Minuten angenommen wird.

Es soll nun untersucht werden, welche Ausdehnung ein Stadtgebilde haben kann, in dem als Beförderungsmittel entweder nur Straßenbahnen oder neben den Straßenbahnen Stadt- und Vorortbahnen bestehen.

Es wird angenommen, daß das Stadtgebilde aus einem Kern besteht, der die Geschäftsstadt enthält, und einer um den Kern sich legenden Ringfläche, die das Wohngebiet darstellt. In Wirklichkeit ist das Wohngebiet nach außen sternförmig begrenzt. Die Kreisringfläche wird also unbebaute Gebiete einschließen. Dem soll dadurch Rechnung getragen werden, daß die Einwohnerzahl der Ringfläche, auf das Hektar bezogen, zu 150 angenommen wird. Der Durchmesser der Geschäftsstadt soll bei Großstädten 2 km, bei Weltstädten 3 km betragen.

[1]) Im Vorortverkehr der Weltstädte kommen regelmäßige Reisewege von 60 Minuten Dauer häufig vor. Hier handelt es sich aber nicht mehr um das zusammenhängende Stadtgebiet.

Als Ausgangspunkt einer Reise zwischen Wohnung und Arbeitsstätte wird ein Punkt am äußeren Umkreis des Stadtgebietes, als Endpunkt der auf demselben Halbmesser belegene Punkt am Rande der Geschäftsstadt betrachtet. Es wird also gefordert, die gesamte Breite des Wohnringes in 20 Minuten zu durchfahren.

Die mittlere Reisegeschwindigkeit auf der elektrischen Straßenbahn beträgt 12,5 km. In 20 Minuten können 4,17 km zurückgelegt werden. Eine um einen Kreis von 2 km Durchmesser gelegte Ringfläche von 4,17 km Breite hat einen Inhalt von 78 qkm. Bei 150 Einwohnern auf das Hektar kann diese Ringfläche eine Einwohnerzahl von rund 1 Million aufnehmen. Mit elektrischen Straßenbahnen läßt sich also (unter der Voraussetzung der getrennten Arbeitszeit) eine Stadt von rund 1 Million Einwohnern gerade noch bedienen.

Die mittlere Reisegeschwindigkeit auf Schnellstraßenbahnen beträgt 22,5 km. Mit Schnellstraßenbahnen wäre es also möglich, ein sehr viel größeres Stadtgebilde lebensfähig zu gestalten. Da die Schnellstraßenbahn aber besondere Anforderungen an den Bebauungsplan stellt (breite Straßen, Querstraßen in größeren Entfernungen), so kommt die durchgehende Anwendung von Schnellstraßenbahnen nur für neu zu entwerfende Stadtgebilde in Frage. Bei vorhandenen Städten kann die Schnellstraßenbahn lediglich im Stadterweiterungsgebiet Anwendung finden und hier dazu dienen, einzelne weiter auswärts belegene Bezirke der Besiedlung zu erschließen.

Die mittlere Reisegeschwindigkeit der Stadtbahnen beträgt 25 km. In 20 Minuten können 8,33 km zurückgelegt werden. Eine um einen Kreis von 3 km Durchmesser gelegte Ringfläche von 8,33 km Breite hat einen Inhalt von 270 km. Bei 150 Einwohnern auf das Hektar kann diese Ringfläche eine Einwohnerzahl von 4 Millionen aufnehmen. Mit elektrischen Stadtbahnen läßt sich also bei getrennter Arbeitszeit eine Stadt von 4 Millionen Einwohnern gerade noch bedienen.

Die mittlere Reisegeschwindigkeit von elektrisch betriebenen Vorortbahnen beträgt 37,5 km. In 30 Minuten können 18,75 km zurückgelegt werden. Eine um einen Kreis von 3 km[1]) Durchmesser gelegte Ringfläche von 18,75 km Breite hat einen Inhalt von 1223 qkm. Bei 100[2]) Einwohnern auf das Hektar kann diese Ringfläche eine Einwohnerzahl von rund 12 Millionen aufnehmen. Mit elektrisch betriebenen Vorortbahnen läßt sich also bei zusammenhängender Arbeitszeit eine Stadt von rund 12 Millionen Einwohnern gerade noch bedienen. Ein größeres zusammenhängendes Stadtgebilde läßt sich mit den heutigen Beförderungsmitteln nicht mehr lebensfähig gestalten. Wohl aber können einzelne Vororte in größerer Entfernung von der Geschäftsstadt (bis zu 30 km) als Wohngebiete in Frage kommen[3]).

b) Einwohnerzahl und Bahnlänge.

Es entsteht nun die Frage, welche Bahnlänge notwendig ist, um den Verkehr einer Stadt zu bedienen. Diese Frage kann, was die Straßenbahnen anbetrifft, ziemlich genau beantwortet werden, weil der Bau der Straßenbahnen überall mit der Bevölkerungszahl Schritt gehalten hat.

Aus Zahlentafel 7 ergibt sich, daß die Bahnlänge, auf 10000 Einwohner

---

[1]) Es wird angenommen, daß auch die 12 Millionen-Stadt mit einer Geschäftsstadt von 3 km Durchmesser auskommt. Dies ist natürlich nur möglich, wenn die Geschäftsstadt in die Höhe entwickelt wird.

[2]) Bei so großen Stadtgebilden wird die Ringfläche so große Freiflächen (Seen, Wälder, Parks usw.) einschließen, daß nur mit einer Einwohnerzahl von 100 auf das ha gerechnet werden kann.

[3]) Vgl. das Schema: Die ideale Stadtanlage und ihr Schnellbahnnetz in dem Buche des Verfassers „Wirtschaftliche Betrachtungen über Stadt- und Vorortbahnen“ Tafel I.

bezogen, zwischen 0,8 und 2,6 km schwankt. Die Größe dieser Zahl nimmt mit wachsender Einwohnerzahl ab. Dies hat seinen Hauptgrund darin, daß in den größeren Städten ein Teil des Verkehrs von den Stadt- und Vorortbahnen übernommen wird. Freilich ist die Länge des Straßenbahnnetzes in den Städten mit gleich großer Einwohnerzahl nicht immer die gleiche; sie schwankt je nach der Form und Dichte der Besiedlung.

In den weiträumig gebauten amerikanischen Städten ist die Bahnlänge, auf 10000 Einwohner bezogen, erheblich größer. Entsprechend der weiträumigeren Siedlung finden sich hier Straßenbahnen schon in kleinen Städten von 15000 Einwohnern. In den Städten, in denen der Gesamtverkehr durch die Straßenbahn bewältigt wird, kommen auf 10000 Einwohner 3,5 bis 5 km Bahn. In den Weltstädten, wo die Straßenbahn nur einen Teil des Verkehrs bewältigt, ist diese Zahl kleiner. Sie beträgt in Neuyork 2,5 km, in Boston 2,7 km. Das sind zwei- bis dreimal so große Zahlen, wie wir sie in Deutschland finden.

Zahlentafel 7.

Beziehungen zwischen Einwohnerzahl und Netzlänge der Straßenbahnen im Jahre 1913.

Stadt	Einwohnerzahl des Einflußgebietes der Straßenbahn	Bahnlänge km	Bahnlänge für 10 000 Einwohner km
Berlin	3 964 000	314	0,8
Wien	2 133 000	242	1,1
Hamburg	1 328 000	189	1,4
Leipzig	830 000	129	1,6
München	622 000	95	1,5
Dresden	588 000	115	2,0
Breslau	543 000	69	1,1
Frankfurt am Main	442 000	90	2,0
Nürnberg-Fürth	432 000	50	1,2
Düsseldorf	421 000	75	1,8
Chemnitz	305 000	38	1,2
Stuttgart	303 000	67	2,2
Magdeburg	297 000	41	1,4
Bremen	261 000	50	1,9
Königsberg	260 000	44	1,7
Stettin	250 000	35	1,4
Danzig	170 000	41	2,4
Karlsruhe	142 000	20	1,4
Münster	90 000	11	1,2
Freiburg	83 000	16	1,9
Brandenburg	54 000	14	2,6
Trier	49 000	11	2,2

Bezüglich der Stadtbahnen geben uns die vorhandenen Bahnlängen keinen zuverlässigen Maßstab über das wirkliche Bedürfnis, weil der Ausbau des Schnellverkehrsnetzes in den meisten Weltstädten mit dem Bedürfnis nicht Schritt gehalten hat, sondern hinter ihm zurückgeblieben ist. Groß-Berlin mit 4222000 Einwohnern besitzt zurzeit 447 km Stadt- und Vorortbahnen. Hiervon entfallen 70 km auf die Stadt- und Ringbahn und 377 km auf die Vorortbahnen. Das Stadtschnellbahnnetz umfaßt bisher nur 36 km. Hierzu kommen 27 km im Bau begriffene und genehmigte Bahnen, nach deren Ausführung sich das Schnellbahnnetz auf 63 km vergrößern wird. In Groß Berlin kommen daher auf 10000 Einwohner 1,06 km Stadt- und Vorortbahnen und 0,16 km Stadtschnellbahnen einschließlich der im Bau begriffenen und genehmigten Strecken, zusammen 1,22 km Stadtbahnen.

Professor Dr. Giese berechnet das künftige Schnellbahnnetz von Groß Berlin im ersten Ausbau zu 174 km, im zweiten Ausbau zu 218 km. Dieses

Schnellbahnnetz ist für eine Bevölkerung von 10 Millionen Menschen bestimmt. Es würden sich dabei 0,22 km Schnellbahn für 10000 Einwohner ergeben und einschließlich der bestehenden 447 km Stadt- und Vorortbahnen 0,67 km Stadtbahnen für 10000 Einwohner.

Die Hamburger Stadt- und Vorortbahn hat einschließlich der Linie Ohlsdorf—Poppenbüttel eine Länge von 31 km. Die im Betriebe befindlichen Stadtschnellbahnen einschließlich der Langenhorner und Walddörfer Bahn umfassen 66 km Bahn. Bei 1328000 Einwohnern entfallen auf 10000 Einwohner 0,24 km Stadt- und Vorortbahnen und 0,50 km Stadtschnellbahnen, zusammen 0,74 km Stadtbahnen. Nicht berücksichtigt ist hierbei der Vorortverkehr auf den von Hamburg ausgehenden Fernbahnen, weil hier keine besonderen Vorortgleise vorhanden sind.

Das im Betriebe befindliche Schnellbahnnetz von Paris hat eine Länge von rund 100 km. Bei einer Einwohnerzahl von 4215000 entfallen auf 10000 Einwohner 0,24 km Bahnlänge.

Groß London besitzt etwa 100 km Stadtschnellbahnen. Bei 7,3 Millionen Einwohnern kommen auf 10000 Einwohner nur 0,14 km Bahnlänge. Wird nur die Einwohnerzahl der Grafschaft mit 4,9 Millionen berücksichtigt, so entfallen 0,21 km auf 10000 Einwohner.

In Neuyork, das im Jahre 1910 4,7 Millionen Einwohner zählte, waren 107 km Stadtschnellbahnen im Betriebe und 169 km im Bau begriffen oder genehmigt. Das sind zusammen 276 km Stadtschnellbahnen. Auf 10000 Einwohner entfallen also 0,22 km und unter Berücksichtigung der im Bau begriffenen und genehmigten Linien 0,58 km Schnellbahnen. Die Neuyorker Zahl ist deshalb bemerkenswert, weil Neuyork unter den amerikanischen Weltstädten das vollkommenste Schnellbahnnetz besitzt.

Wird die Größe des Stadtschnellbahnnetzes in den einzelnen Weltstädten verglichen, so steht Neuyork mit 0,58 km für 10000 Einwohner an der Spitze. Hierauf folgt Hamburg mit 0,50 km. In weitem Abstande folgt Paris mit 0,24, Berlin mit 0,15 und London mit 0,14 km. Dabei ist zu berücksichtigen, daß das Neuyorker Schnellbahnnetz für eine weit größere Bevölkerungszahl bestimmt ist. Es umfaßt Außenstrecken, die über wenig besiedeltes Gelände führen und als Aufschließungsbahnen zu betrachten sind. Auch Hamburg ist mit dem Bau der Langenhorner und der Walddörfer Bahn über das gegenwärtige Verkehrsbedürfnis weit hinaus geeilt. Andererseits wird in Berlin auch nach Eröffnung der im Bau begriffenen und genehmigten Strecken noch immer ein empfindlicher Mangel an Stadtschnellbahnen bestehen. Hiernach kann für die Stadtschnellbahnen eine Bahnlänge von 0,25 bis 0,4 km für 10000 Einwohner als angemessen gelten. Hierzu kommt etwa die doppelte Länge an Vorortbahnen, so daß sich im ganzen rund 1 km Stadtbahnen für eine Weltstadt als angemessen ergeben. Werden hierzu 1,5 km Straßenbahnen gerechnet, so ergeben sich im ganzen 2,5 km Bahnen für 10000 Einwohner als angemessen und ausreichend zur Bedienung eines Weltstadtverkehrs.

5. Das Verkehrnetz als Ganzes.

a) Verteilung des Verkehrs auf die verschiedenen Beförderungsmittel.

In den Mittelstädten und Großstädten bis zu etwa 200000 Einwohnern wird das Verkehrsbedürfnis durch die elektrische Straßenbahn allein befriedigt. In den größeren Städten ist die Straßenbahn hierzu nicht mehr imstande. Es treten Stadt- und Vorortbahnen, Stadtschnellbahnen und Omnibusse, unter Umständen auch Dampfer, hinzu. Der Verkehr verteilt sich dann auf die verschiedenen Beförderungsmittel. Diese Verteilung hängt von dem Ausbau der einzelnen Verkehrsnetze ab. Die Verteilung des Verkehrs in einer Reihe von Weltstädten geht aus den Zahlentafeln 8 und 9 hervor. In ihnen sind Omnibus, Dampfer und Droschken zu einer Zahl zusammengefaßt. Die Droschkenfahrten treten gegen die Fahrten auf Omnibussen und Dampfern vollständig zurück. Sie können in den amerikanischen Weltstädten ganz vernachlässigt werden. In London ist der Verkehr auf Dampfern sehr gering. Auch in Paris und Berlin tritt er gegen den Omnibusverkehr zurück. In den amerikanischen Weltstädten gab es 1907 keine Omnibusse und verschwindend wenig Droschken. Die angegebenen Zahlen beziehen sich also nur auf die Dampfer.

Infolge der geringen Ausdehnung des Netzes ist der Schnellbahnverkehr in Berlin noch wenig entwickelt. Sein Anteil am Gesamtverkehr betrug im Jahre 1913 erst 5% und wird nach Eröffnung der im Bau begriffenen und genehmigten Linien schätzungsweise 12% betragen. Auch der Anteil der Stadt- und Vorortbahnen am Gesamtverkehr Groß-Berlins ist auffallend gering trotz der verhältnismäßig großen Länge des Bahnnetzes. Dies kommt daher, weil die Vorortbahnen zum großen Teil durch wenig besiedeltes Gelände führen und schlecht ausgenutzt werden.

Der große Anteil des Omnibusverkehrs am Gesamtverkehr in London und Paris ist darauf zurückzuführen, daß in beiden Orten die innere Stadt den Straßenbahnen so gut wie verschlossen ist. Auch in Berlin hat der Omnibus einen verhältnismäßig großen Verkehr, weil, wie erwähnt, zwei wichtige Verkehrsadern der Innenstadt, die Friedrichstraße und die Straße Unter den Linden.

Zahlentafel 8.

Fahrten auf den Kopf der Bevölkerung im Jahre 1907.

Stadt	Einwohnerzahl Millionen	Stadt- u. Vorortbahnen	Stadtschnellbahnen	Straßenbahnen	Omnibusse, Droschken, Dampfer	Zusammen
Groß London	7,220	104	50	81	77	312
Groß Neuyork	4,340	18	144	167	72	401
Groß Paris	3,885	42	59	93	74	268
Groß Berlin	3,210	84	13	144	64	305
Chicago	2,140	42	67	260	14	383
Philadelphia	1,470	88	75	227	20	410
Groß Boston	1,320	76	136	221	61	494

Zahlentafel 9.

Verteilung des Verkehrs auf die verschiedenen Beförderungsmittel im Jahre 1907.

Stadt	Einwohnerzahl Millionen	Stadt- u. Vorortbahnen %	Stadtschnellbahnen %	Straßenbahnen %	Omnibusse, Droschken, Dampfer %
Groß London	7,220	33,3	16,1	26,0	24,6
Groß Neuyork	4,340	4,6	35,7	41,6	17,8
Groß Paris	3,885	15,6	22,1	34,6	27,7
Groß Berlin	3,210	27,4	4,3	47,2	20,8
Chicago	2,140	11,0	16,9	67,9	3,7
Philadelphia	1,470	21,5	18,2	54,9	4,9
Groß Boston	1,320	15,3	27,6	44,8	12,2

den Straßenbahnen nicht freigegeben sind. Die Verteilung des Verkehrs in London, Neuyork und Paris mit ihren ausgebauten Schnellbahnnetzen läßt erkennen, daß eine Verteilung des Gesamtverkehrs je zur Hälfte auf die Bahnen auf eigenem Bahnkörper und auf die Straßenverkehrsmittel als natürliche Verteilung angesehen werden kann. Diese Verteilung tritt erst ein, wenn das Stadtbahnnetz vollständig ausgebaut ist, nicht aber für die Zeit des Ausbaues.

b) Wettbewerb.

Die Bewältigung des Stadtverkehrs wurde anfangs gewöhnlich privaten Unternehmungen überlassen, und so entstanden zahlreiche Einzelunternehmungen. Ja, nicht einmal die gleichartigen Beförderungsmittel waren von Anfang an in einer Hand vereinigt. So entstanden z. B. in Philadelphia 93 Straßenbahnunternehmungen, in London 22 Omnibusunternehmen. Diese Unternehmungen bereiteten einander den schärfsten Wettbewerb. Tatsächlich ist aber ein Wettbewerb gleichartiger Verkehrsmittel in einer Stadt nicht durchführbar, insbesondere nicht auf Schienenwegen. Mehrere Warenhäuser können inbezug auf Einkauf, Lage und Absatzgebiet vollständig gleichgestellt sein; ich kann gleichwertige Waren in ihnen erhalten. Handelt es sich dagegen um die Verbindung zweier Hauptverkehrspunkte der Stadt, so kann nur eine Gesellschaft die Hauptstraße zwischen beiden Punkten benutzen. Die übrigen Gesellschaften sind auf Nebenstraßen angewiesen. Eine Gesellschaft hat also wirtschaftlich einen Vorsprung vor den übrigen und wird diesen Vorsprung dazu benutzen, die anderen Gesellschaften weiter zu schwächen. Es ist auch nicht möglich, daß die verschiedenen Gesellschaften unter sich den Verkehr nach den verschiedenen Himmelsrichtungen verteilen. In der Innenstadt werden sie zusammenkommen; sie sind auf gegenseitige Benutzung der Gleise angewiesen. Es ergibt sich dann sehr bald, daß ein Zusammenarbeiten, insbesondere die Einrichtung eines Umsteigeverkehrs, beiden Gesellschaften dienlich ist, und damit ist ein Zusammenschluß angebahnt.

Bei Beförderungsmitteln ohne Schienen ist ein Wettbewerb schon eher möglich. Da aber das Fassungsvermögen einer Hauptstraße immerhin beschränkt ist, so hat auch der Wettbewerb seine Grenzen. Da sich die Reisegeschwindigkeit der Wagen dem ganzen Straßenverkehr anpassen muß, so kann der Wettbewerb nur in der Wagenfolge, in der Ausstattung der Wagen und in den Fahrpreisen bestehen. Er hat also seine Grenzen.

Für den Zusammenschluß spricht noch weiter die Rücksicht auf die Betriebs- und Unterhaltungskosten. Größere Unternehmen arbeiten weit wirtschaftlicher wie kleine. So hat denn der Wettbewerb gleichartiger Verkehrsmittel fast überall einem Zusammenschluß Platz gemacht. In Philadelphia besteht heute nur noch eine Straßenbahngesellschaft, und ebenso ist es in den meisten anderen Städten.

Sehr scharfe Formen hat der Wettbewerb der verschiedenartigen Verkehrsmittel untereinander in den Weltstädten angenommen. Der Grund dafür liegt hauptsächlich darin, daß die Verkehrsmittel nicht gleichzeitig, sondern nacheinander entstanden. Zunächst gab es nur dampfbetriebene Vororteisenbahnen und innerstädtische Pferdeeisenbahnen, die beide einen ganz verschiedenen Wirkungskreis hatten. Hierzu kam der Pferdeomnibus in den nicht mit Gleisen belegten Straßen. Als die Dampfbahnen in der Form von Stadtbahnen in die Innenstadt eindrangen, bereiteten sie der Pferdebahn stellenweise einen starken Wettbewerb. Die elektrischen Straßenbahnen drangen weiter in die Vororte und verursachten mit ihrer größeren Reisegeschwindigkeit den Dampfbahnen einen empfindlichen Wettbewerb. Der Pferdeomnibus, der sich stellenweise neben den Pferdeeisenbahnen behaupten konnte, mußte den elektrischen Straßenbahnen gegenüber das Feld räumen. Aber nun entstand der Kraftomnibus, der wieder den elektrischen Straßenbahnen einen scharfen Wettbewerb bereitete. Namentlich die elektrische Schnellbahn entzog dann den Straßenbahnen einen großen Teil des Verkehrs.

Der Wettbewerb hat vielfach zu heftigen Wirtschaftskämpfen geführt, die zum Teil auf dem Rechtswege ausgefochten wurden, zum Teil in Tarifkämpfen, seltener auf dem Gebiet des Fahrplans und der Ausstattung der Wagen. Allmählich ist aber in den meisten Städten die Einsicht durchgedrungen, daß sich die Verkehrsunternehmen durch den Wettbewerb nur schädigen, weil das Endziel des freien Wettbewerbs, die Vernichtung des Gegners, im Verkehrswesen nicht zu erreichen ist. Die Verkehrsgesellschaften haben eingesehen, daß eine gegenseitige Verständigung unter gerechter Teilung des Verkehrs für alle das Ersprießlichste ist und daß ein Zusammenwirken der verschiedenartigen Beförderungsmittel im Interesse aller Beteiligten liegt. So ist das Endziel die Vereinigung des Verkehrs in einer Hand.

c) Zusammenwirken der verschiedenen Verkehrsmittel.

α) Stadtbahn und Straßenbahn.

Beim Fehlen eines Stadtbahnnetzes drängt sich der Verkehr der von außen strahlenförmig zusammenlaufenden Straßenbahnlinien in den zur Geschäftsstadt führenden Hauptverkehrsstraßen zusammen. Hier entstehen starke Überlastungen und Verkehrsstockungen. Von der Leistungsfähigkeit dieser Hauptverkehrsstraßen hängt die Leistungsfähigkeit des ganzen Bahnnetzes ab. Betriebsverstärkungen auf den Strahlenlinien lassen sich nicht durchführen, wenn die Hauptstraße den Mehrverkehr nicht aufnehmen kann. Wird jedoch der starke Verkehr der Stammlinie von der leistungsfähigeren Stadtbahn aufgenommen, so ist auch der Straßenbahnverkehr auf den Zubringerlinien wieder entwicklungsfähig.

Die Straßenbahn ist also auf das Zusammenwirken mit der Stadtbahn angewiesen.

Aber auch die Stadtbahn kann ohne das Straßenbahnnetz nicht bestehen. Sie kann nicht alle Teile des Stadtgebietes bedienen; dazu ist ihr Bau zu kostspielig. Sie muß sich daher auf einzelne Stammlinien oder Hauptverkehrsadern beschränken und die Verteilung des Verkehrs auf die von ihr nicht berührten Gebiete den Straßenbahnen überlassen. Dies gilt sowohl für die Geschäftsstadt wie namentlich für die Außenbezirke. Die Straßenbahn wird hier zur Zubringerin der Stadtbahn und auf einer Reise von der Wohnung zur Arbeitsstätte wird zunächst die Straßenbahn, dann die Stadtbahn und vielleicht dann nochmals die Straßenbahn benutzt. Vorbedingung für ein solches Zusammenwirken ist die Abkürzung der gesamten Reisezeit. Sie wird erreicht durch eine möglichst große Reisegeschwindigkeit der Straßenbahn und durch zweckmäßige Gestaltung der Umsteigebahnhöfe. Die Straßenbahn muß also im Vorortgebiet auf eigenem Bahnkörper geführt und als Schnellstraßenbahn betrieben werden. Auch durch entsprechende Tarifmaßnahmen (Umsteigefahrscheine) wird das Zusammenwirken der verschiedenen Beförderungsmittel begünstigt.

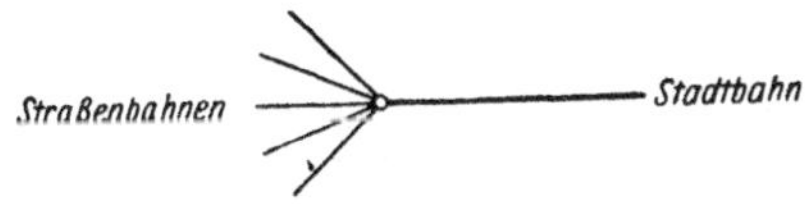

Abb. 22. Schema der Strahlenbildung.

Durch diese Art der Verkehrsteilung ist es möglich, die verkehrsschwachen Außenstrecken der Stadtbahn vorläufig wegzulassen und in den Außengebieten lediglich Straßenbahnen zu bauen, die dann strahlenförmig an den Endpunkt der Stadtbahn herangeführt werden, Abb. 22. Diese Art der Verkehrsteilung ist z. B. in Boston verwirklicht, wo sich Straßenbahn und Schnellbahn in einer Hand befinden. Die gleiche Verkehrsteilung ist für Philadelphia geplant. Der Verkehrsbeamte von Philadelphia, Herr Twining[1]), hat für das Zusammenwirken

[1]) Archiv für Eisenbahnwesen 1918, S. 105.

von Straßenbahn und Schnellbahn ein Schema ersonnen, das in Abb. 23 wiedergegeben ist. Er teilt die Stadt in die kreisförmige Geschäftsstadt und in eine Anzahl von Ringflächen ein. Die erste Ringfläche entspricht dem geschlossenen Wohnbezirk. Hieran schließt sich das offene Wohngebiet und hieran das Vorortgebiet. In der Geschäftsstadt und im geschlossenen Wohngebiet

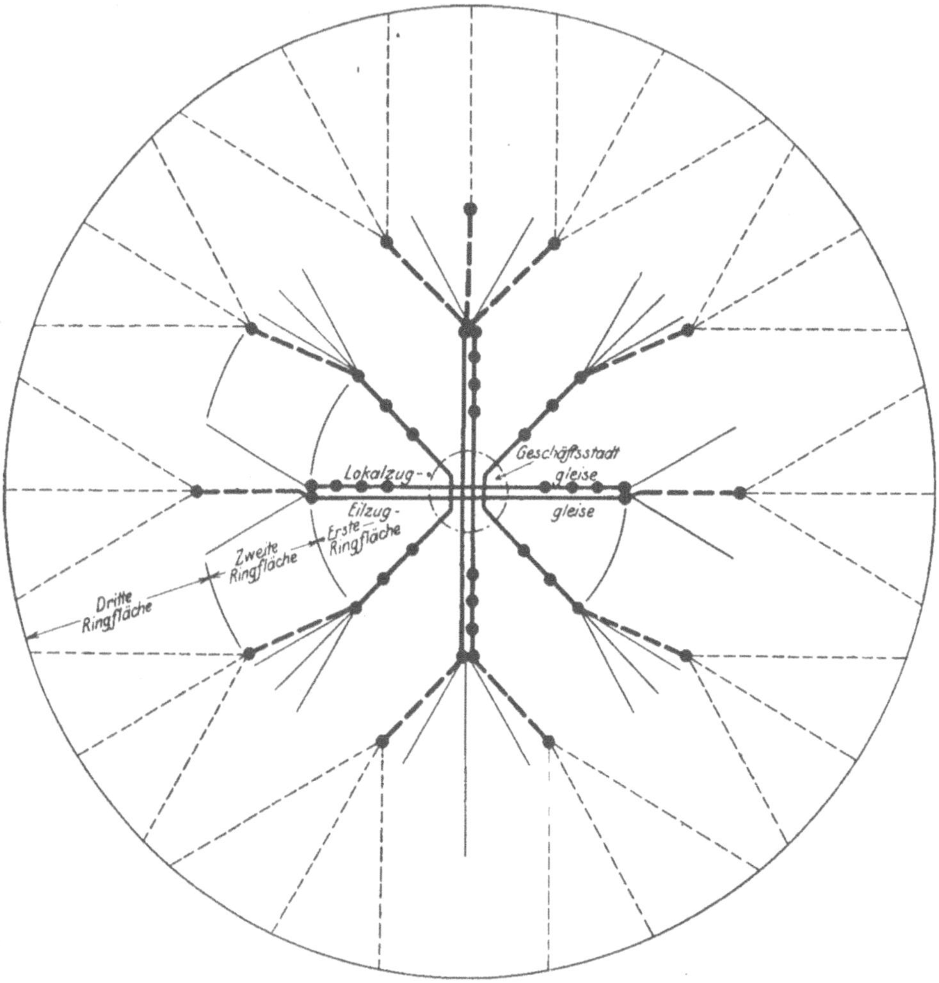

Abb. 23. Schema eines vereinigten Bahnnetzes (Stadtbahn und Straßenbahn) nach Twining.

sollen die Stadtbahnen viergleisig ausgebaut werden und Eilzüge auf besonderen Gleisen ohne Zwischenstationen verkehren. Am Rande der geschlossenen Wohnstadt soll eine Anzahl von Straßenbahnen strahlenförmig an die Stadtbahn anschließen. Am Rande des offenen Wohngebietes endet die Stadtbahn. An ihren Endbahnhof schließt wieder strahlenförmig eine Anzahl von Straßenbahnen an, die das Vorortgebiet erschließen. Der stufenweise Ausbau der Stadtbahnen ist durch gestrichelte Linien angedeutet.

Da in amerikanischen Weltstädten die durchgehende Arbeitszeit allgemein eingeführt ist, darf eine Fahrt im Wohnverkehr 30 Minuten beanspruchen. Der Durchmesser des ersten Kreisringes wird so bemessen, daß hier die Straßenbahn imstande ist, den Gesamtverkehr zu übernehmen. Bei einer Reisegeschwindigkeit von 12,5 km kann der Ring einen Durchmesser von 6 km erhalten, ohne daß für eine Fahrt vom Rande der Geschäftsstadt bis zum Rande des Ringes die zulässige Fahrzeit von 30 Minuten überschritten wird.

Im Verkehr zwischen der Geschäftsstadt und der zweiten Ringfläche sollen Stadtbahn und Straßenbahn nacheinander benutzt werden. Wird die Reisegeschwindigkeit der Stadtbahn zu 25 km, die der (Schnell-) Straßenbahn zu 22,5 km in der Stunde angenommen, so kann der zweite Ring ebenfalls eine Breite von 6 km haben, ohne daß die Fahrzeit von 30 Minuten für eine Fahrt vom Rande der Geschäftsstadt bis zum Rande des Ringes überschritten wird. Die Eilzuggleise sind also für diesen Verkehr noch nicht erforderlich.

Für den Verkehr zwischen der Geschäftsstadt und dem dritten Ringe wird ebenfalls die Benutzung der Stadtbahn und der Straßenbahn vorausgesetzt, Es müssen nun aber die Eilzuggleise ausgebaut werden, mit deren Hilfe die Reisegeschwindigkeit auf 37,5 km in der Stunde gesteigert werden kann. Wird die Reisegeschwindigkeit der Straßenbahn wieder zu 22,5 km angesetzt, so kann der dritte Ring eine Breite von 4 km erhalten. Twining rechnet allerdings mit 8 km, indem er etwas höhere Reisegeschwindigkeiten annimmt und eine etwas größere Gesamtfahrzeit zuläßt.

Die Anlage der Stadtbahn soll nicht etwa die Beseitigung der Straßenbahngleise in dem von ihr bedienten Verkehrsgebiet zur Folge haben; Stadtbahn und Straßenbahn bestehen hier vielmehr nebeneinander, zum Teil sogar in denselben Straßen. Infolgedessen tritt zwischen beiden Beförderungsmitteln eine Verkehrsteilung ein. Taylor, der Amtsvorgänger von Twining, hat über die Verteilung des Verkehrs zwischen einer in derselben Straße verlaufenden Stadtbahn und Straßenbahn Beobachtungen angestellt und kommt unter der Voraussetzung, daß die Tarife beider Verkehrsmittel dieselben sind, zu der in Zahlentafel 9 angegebenen Verkehrsverteilung.

Bei Berechnung der Zeitersparnis muß auf den Weg nach und von den Haltestellen, sowie auf die mittlere Wartezeit Rücksicht genommen werden. Bei gleichen Tarifen erhält das billigere Verkehrsunternehmen einen größeren Anteil vom Verkehr.

Zahlentafel 9.
Verteilung des Verkehrs auf Stadtbahn und Straßenbahn.

Zeitersparnis bei Benutzung der Stadtbahn Minuten	Von dem Verkehr entfallen auf Straßenbahn %	Stadtbahn %
1,5	85	15
5,0	57	43
8,5	37	63
12,0	23	77
15,5	13	87
19,0	7	93

β) Omnibus und Schienenwege.

Auf ebenen Straßen und bei gutem Pflaster (Asphalt) ist der Omnibus an Reisegeschwindigkeit und Schmiegungsfähigkeit der Straßenbahn überlegen. Es ist daher häufig die Erwartung ausgesprochen worden, daß die Straßenbahn aus unseren Städten wieder verschwinden und durch den Kraftomnibus ersetzt werden wird. Diese Erwartung wird sich kaum erfüllen. Die Betriebskosten des Omnibus waren vor dem Kriege etwa doppelt so groß als die der Straßenbahn, und da der Kraftwagen wohl dauernd auf ausländische Brennstoffe angewiesen sein wird, so wird sich dieses Verhältnis auch in Zukunft wenig ändern. Der Omnibus ist daher nur da wirtschaftlich, wo auf eine gute Platzausnutzung gerechnet werden kann, also in der Innenstadt, wo der gleichmäßige Geschäftsverkehr überwiegt, bei Bedarfsfahrten im Ausflugsverkehr und schließlich zur Verbindung von Vororten bei schwach entwickeltem Wohnverkehr, aber lebhaftem Geschäfts- und Marktverkehr.

Für den Verkehr in der Innenstadt ist der Omnibus überall da von großer Bedeutung, wo die Enge der Straßen einen Straßenbahnverkehr nicht zuläßt (Paris, London). Ein Zusammenwirken von Straßenbahn und Omnibus ist in der Weise denkbar, daß der Omnibus, von der Innenstadt kommend, so weit in die geschlossene Wohnstadt eingeführt wird, als noch auf einen lebhaften Geschäftsverkehr gerechnet werden kann und hier an einem Straßenbahnknotenpunkt endigt.

Wo der Verkehr auf Außenlinien so gering ist, daß die Anlage einer Straßenbahn nicht wirtschaftlich wäre, kommt der Omnibus als Zubringerlinie und als Vorläufer der Straßenbahn in Frage.

Wo das Schnellbahnnetz Teile der Innenstadt unberührt läßt und da, wo Quer- und Ringlinien im Schnellbahnnetz fehlen, kommt der Omnibus als innerer Zubringer zu den Schnellbahnlinien in Frage.

γ) Fähren und Schienenwege.

Die Fähre ist kein selbständiges Beförderungsmittel, vielmehr auf das Zusammenwirken mit anderen Verkehrsmitteln angewiesen.

Um die Einschaltung der Fähren in eine Hauptverkehrslinie möglichst bequem zu gestalten, müssen gute Übergangsmöglichkeiten geschaffen werden. Die Schnellbahnhöfe und die Straßenbahn müssen also möglichst nahe an die Fähren herangebracht werden. Der Übergangsverkehr muß sich ohne Benutzung der Straße abwickeln. Die aus dem Wohngebiet kommenden Straßenbahnlinien sind strahlenförmig an die Endpunkte der Fähren heranzuführen.

Zweiter Abschnitt.

Stadt- und Vorortbahnen.

A. Linienführung.

1. Die einzelne Linie.

In der Regel wird es nicht möglich sein, das Bedürfnis nach einem Schnellverkehr durch eine einzige Linie zu befriedigen. Es wird vielmehr ein aus einer Anzahl von Linien bestehendes Bahnnetz nötig sein. Aus diesem Netz soll zunächst die einzelne Linie herausgeschält und für sich betrachtet werden.

Die älteren Stadt- und Vorortbahnen waren Dampfbahnen; bei ihrer Linienführung waren weniger die Bedürfnisse des städtischen Verkehrs, die damals noch nicht erforscht waren, als vielmehr die zufällig vorhandenen Freiflächen maßgebend, die wegen des Dampfbetriebes und der Ersparnis an Baukosten aufgesucht wurden. Die älteren Vorortbahnen sind meistens aus Fernbahnen durch Verdoppelung der Gleise entstanden. Für ihre Linienführung waren also die Gesichtspunkte des Fernverkehrs, nicht die des Stadtverkehrs maßgebend. Da aber die Fernlinien in der Regel strahlenförmig verliefen, war ihre Linienführung auch für den Vorortverkehr günstig.

Eigentümlich ist es, daß bei den älteren Stadtbahnen die Führung als Ring bevorzugt wurde; es kommt dies wohl daher, daß die ältesten Bahnen dieser Art (wie die Berliner Ringbahn) als Güterumgehungsbahnen gebaut wurden, um eine Verbindung der einzelnen Fernbahnlinien außerhalb der Stadt zu ermöglichen, und daß der Personenverkehr bei diesen Bahnen nur Nebensache war. Aber es ist sonderbar, daß der Ringliniengedanke später auch auf die reinen Stadtbahnen übertragen wurde (Wien und Hamburg)

Manche Fehler in der Linienführung der älteren Stadtbahnen sind durch die Bebauung ausgeglichen worden, die den vorhandenen Stadtbahnlinien in der Regel schnell folgt. Ringlinien wurden dadurch lebensfähig gemacht, daß sie in Verbindung mit Strahlenlinien betrieben wurden.

Erst der Übergang zur elektrischen Betriebsweise, der die Bahnen unabhängig in der Linienführung machte, räumte mit den Ringlinien endgültig auf.

Stadtbahnlinien sind Schnellbahnlinien, sie sollen schnell von einem Punkte der Stadt zu einem andern führen, und deshalb ist die geradlinige Führung eine wichtige Forderung. Umwege sind nur zulässig, um einzelne Bauhindernisse oder verkehrslose Freiflächen zu umgehen.

Der Hauptverkehr einer Stadt ist strahlenförmig gerichtet, und da die Stadt- und Vorortbahn die stärksten Verkehrsströme aufnehmen soll, so kommt für sie nur eine strahlenförmige Linienführung in Frage.

Strahlenlinien können Durchmesser- oder Halbmesserlinien sein. Viele ältere Schnellbahnen, namentlich die aus Fernlinien entstandenen Vorortbahnen sind Halbmesserlinien und enden stumpf am Rande der Innenstadt. Dies ist aber für den Verkehr sehr lästig, da er auf dem Wege nach den einzelnen Punkten der Geschäftsstadt vom Bahnhof aus einen längeren Fußweg zurücklegen oder gar ein Straßenverkehrsmittel benutzen muß. Auch erschweren Kopfbahnhöfe die Betriebsführung und vermindern die Leistungsfähigkeit der Bahn. Deswegen müssen alle Schnellbahnlinien, wenn die örtlichen Verhältnisse es zulassen, als Durchmesserlinien gebaut werden.

Schnellbahnlinien sollen die Verkehrsknotenpunkte der Innenstadt miteinander verbinden. Hieraus ergibt sich die Notwendigkeit, sie im Zuge einer Hauptverkehrsstraße zu führen. Die Schnellbahn zur Ersparnis von Baukosten in eine parallele Nebenstraße zu verlegen, ist bedenklich, denn schon ein Querweg von 100—200 m kann zur Folge haben, daß sich der Verkehr den in der Hauptstraße entlangführenden Straßenbahn- oder Omnibuslinien zuwendet. Auch im Gebiet der geschlossen gebauten Wohnstadt muß die Schnellbahn in der Hauptverkehrsstraße liegen, denn diese ist zugleich Geschäftsstraße, und so wird die Schnellbahn auch dem Geschäftsverkehr nutzbar gemacht. Im Gebiet der offenen Bauweise und der Vororte bestehen für die Linienführung weniger strenge Forderungen; eine Seitenabweichung von der Verkehrsstraße ist unbedenklich. Sie ist häufig durch die Rücksicht auf eine möglichst wirtschaftliche Bauweise (Erdbau) geboten.

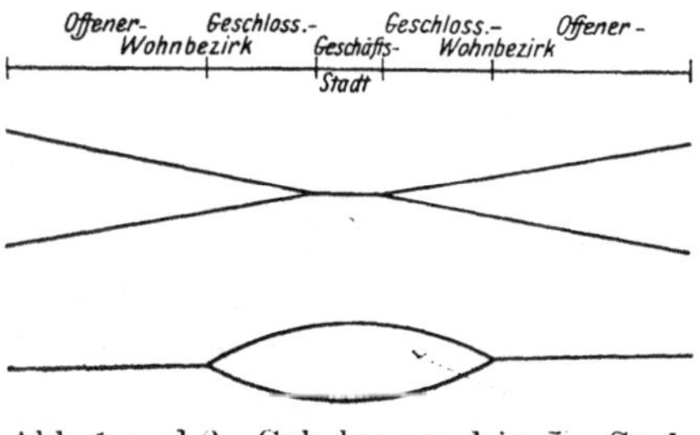

Abb. 1 und 2. Gabelung und innere Spaltung einer Stadtbahn.

Es kann zweckmäßig sein, zwei Linien streckenweise miteinander zu vereinigen; auf diese Weise entsteht die Gabelung nach Abb. 1 oder die innere Spaltung nach Abb. 2. Die Gabelung, oder mit anderen Worten die Vereinigung zweier Linien in der Geschäftsstadt kann zweckmäßig sein, um der kostspieligen

Innenstrecke den für ihre Ertragsfähigkeit nötigen Verkehr zuzuführen. Hierbei entsteht aber die Frage, ob diese eine Linie den ihr zuströmenden Verkehr auch auf die Dauer wird bewältigen können. Ist dies unmöglich, so werden die Gabelungspunkte nachträglich durch eine zweite Stammlinie verbunden.

Die innere Linienspaltung ergibt eine gleichmäßige Verkehrsverteilung über die einzelnen Zweige; auf der stark belasteten Innenstrecke sind 2 Linien, von den schwächer belasteten Außenstrecken ist nur je eine vorhanden. Diese Linienführung kann zweckmäßig sein, wenn der Verkehr im Außengebiet nicht zureicht, um eine zweite Außenlinie lebensfähig zu machen. Sobald eine solche zweite Außenlinie später lebensfähig wird, wird der eine der beiden Innenstränge nach außen über die Knotenpunkte verlängert.

Abb. 3. Verschlingung zweier Linien.

In beiden Fällen entsteht als Endbild die Verschlingung zweier Linien nach Abb. 3. Diese Verschlingung bietet besondere Vorteile, weil dadurch die einzelnen Punkte der Innenstadt und der Außengebiete vollkommener miteinander in Verbindung gebracht werden, als dies durch die Anordnung zweier Parallellinien geschieht.

Die einfache Gabelung einer Linie in zwei Außenlinien ist mit den Anforderungen des Verkehrs und des Betriebes in der Regel gut vereinbar. Eine mehrfache Gabelung ist vom Übel. Der Verkehr wird entweder auf der gemeinsamen Innenstrecke so stark, daß sie ihn nicht bewältigen kann, oder er wird auf den einzelnen Außenstrecken so schwach, daß sie nicht lebensfähig sind.

Vielfach ist vorgeschlagen worden, den Endpunkt einer einzelnen Linie in der Geschäftsstadt oder im Außengebiet als Schleife zu formen, um auf diese Weise möglichst zahlreiche Punkte des betreffenden Gebiets dem Schnellbahnverkehr zu erschließen. Die innere Schleife ist unzweckmäßig, weil sie sich in das später zu beschreibende Liniennetz nicht organisch einfügt und weil jede Schleifenführung einen Umweg, also einen Zeitverlust, bedeutet. Die äußere Schleife hat ebenfalls den Nachteil des Umweges und erschwert zudem die mit dem allmählichen Wachstum der Stadt erforderlich werdende Fortsetzung der Bahn.

Vorhandene Hindernisse haben dazu geführt, zwei Strahlenlinien, deren Durchführung durch die Innenstadt nicht möglich ist, zu einer Hakenlinie zu vereinigen (so mehrfach in Neuyork). Betriebstechnisch ist diese Art der Linienführung der Anordnung zweier Kopfbahnhöfe vorzuziehen, verkehrstechnisch ist sie ein Notbehelf.

Für den Abstand der Haltestellen sind zwei verschiedene Gesichtspunkte maßgebend. Je enger die Haltestellen liegen, desto kürzer sind die Zuwege, und desto mehr wird die Benutzung der Stadtbahn erleichtert, um so geringer ist aber auch die Reisegeschwindigkeit, die bei einem Schnellverkehrsmittel möglichst groß sein soll. Als günstigster mittlerer Stationsabstand ergibt sich ein solcher von 800 m. Nur wenn die Schnellbahn zugleich den Verkehr auf der Straßenoberfläche ersetzen soll, ist ein geringerer mittlerer Stationsabstand zweckmäßig; er beträgt beispielsweise in Paris 500 m. Der mittlere Stationsabstand soll aber nicht gleichmäßig über die ganze Länge der Bahn verteilt, sondern von innen nach außen abgestuft werden. Zweckmäßig ist für die Geschäftsstadt ein Stationsabstand von 500—600 m, ausnahmsweise sind Abstände von 400 m noch zulässig, weil bei dieser Entfernung eine Fahrgeschwindigkeit von 50 km in der Stunde gerade noch erreicht wird. Kürzere Stationsabstände verringern die Reisegeschwindigkeit unverhältnismäßig. Im Gebiet der offenen Bauweise kann die Haltestellenentfernung bis auf 1500 m steigen.

2. Das Liniennetz.

Die einzelnen Stadtbahnlinien sind in der Weise zu einem Netz zu vereinigen, daß eine Anzahl von Durchmesserlinien entsteht, die sich in der Innenstadt gegenseitig überschneiden. An die Schnittpunkte zweier Linien kommen Umsteigebahnhöfe.

Zusammenführung dreier Linien an einem Punkte ist für die Netzbildung zweckmäßig, wird aber in baulicher Beziehung häufig unübersichtlich.

Am einfachsten erscheint die Anordnung eines Rechtecknetzes nach Abb. 5, das sich mit dem Strahlennetz der Außenbezirke gut vereinigen läßt.

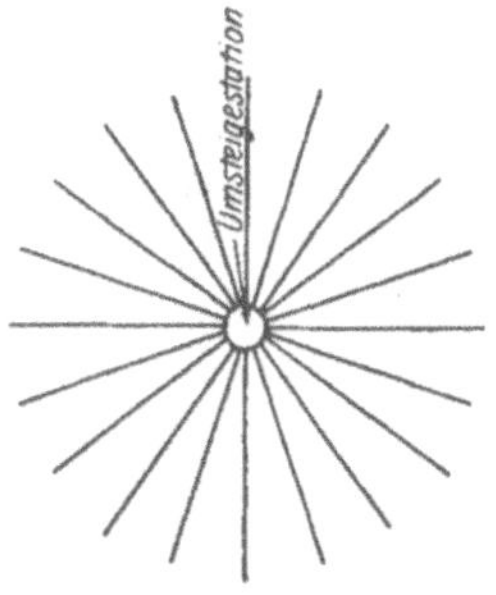

Abb. 4. Unrichtige Form der Netzbildung.

Diese Netzbildung hat den Nachteil, daß sich die parallelen Linien nicht überschneiden; um von einer Parallellinie auf die andere zu gelangen, ist also ein zweimaliges Umsteigen notwendig. Um diesen Übelstand zu vermeiden, hat Cauer vorgeschlagen, den Netzplan so umzugestalten, daß sich zwei parallele Linien je einmal überschneiden, Abb. 8[1]). Eine noch größere Vollkommenheit würde erreicht werden, wenn sich die parallelen Linien zweimal überschneiden, also nach Abb. 3 miteinander verschlungen werden.

In Abb. 9 ist versucht worden, die einfache Gabelung zum Ausgangs-

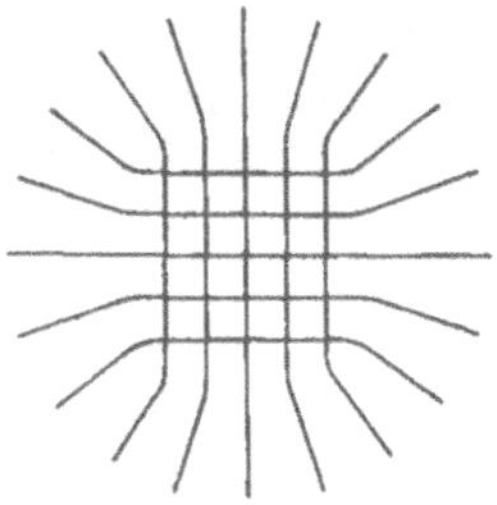
Abb. 5. Netzbildung mit rechtwinkliger Kreuzung der Stadtbahnlinien.

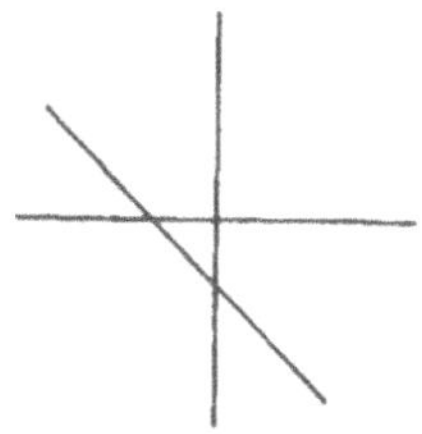
Abb. 6. Netzbildung von Stadtbahnlinien mit schräger Kreuzung.

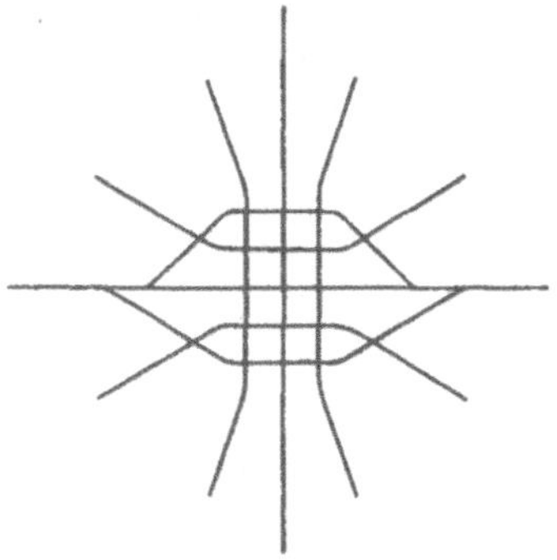
Abb. 7. Netzbildung von Stadtbahnlinien mit Linienspaltungen.

punkt der Netzbildung zu machen. Die Linien A—B und C—D schneiden sich im Stadtmittelpunkt rechtwinklig. In den am Rande der Geschäftsstadt liegenden Punkten A, B, C und D verzweigen sie sich in je zwei Strahlenlinien. Durch die Punkte A, B, C und D wird außerdem je eine Linie geführt, die die Innenstadt an dieser Stelle berührt. Das Rechtecknetz wird also durch die von den Punkten A, B, C und D ausgehenden Schräglinien durchdrungen und abgesehen von den 4 im Rechteckschema verlaufenden Linien kommt jede Bahnlinie mit jeder anderen zum Schnitt.

In Abb. 10 ist versucht worden, die äußere Gabelung mit der Verschlingung zweier Linien zu einem Schema zu vereinigen. Den Ausgangspunkt des Schemas bilden wieder die sich im Stadtmittelpunkt rechtwinklig schneidenden Linien A, B, C und D, die sich an den Punkten A, B, C und D nach außen verzweigen. Die weiteren durch die Punkte A, B, C und D geführten Linien sind nun aber

[1]) In Abb. 8 ist zur Ergänzung der Strahlenlinien eine Ringlinie vorgesehen, welche die Gabelungspunkte aller Strahlenlinien miteinander verbindet.

nicht, wie in Abb. 9, zueinander paarweise parallel, sondern außen miteinander verschlungen. Nun kreuzen alle Linien des Netzes einander, zum Teil sogar zweimal.

Der Abstand paralleler Linien in der Innenstadt soll nicht geringer als der für diesen Teil gewählte Haltestellenabstand von 500—600 m sein.

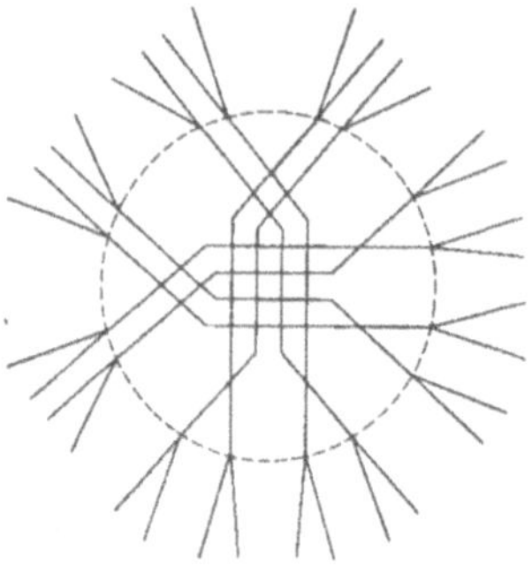

Abb. 8. Netzplan nach Cauer.

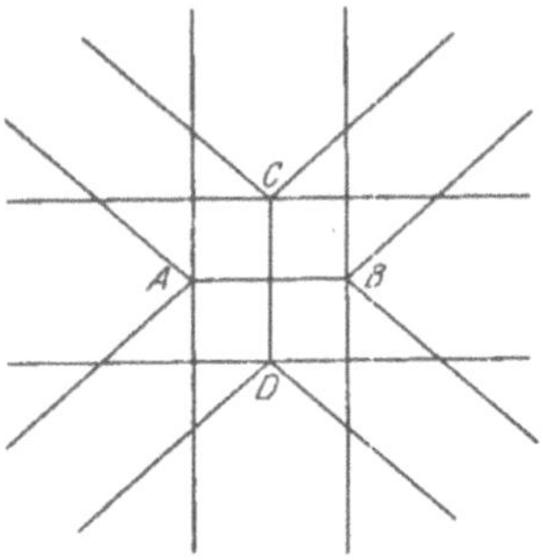

Abb. 9. Netzplan mit Linienspaltungen.

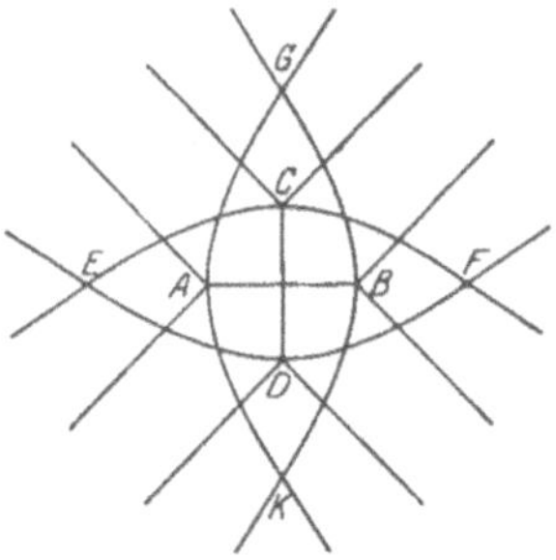

Abb. 10. Netzplan mit Linienspaltungen und Verschlingungen.

Zu den Hauptverkehrspunkten einer Stadt gehören auch die Fernbahnhöfe, und es ist daher notwendig, sie in innige Verbindung mit dem Stadtbahnnetz zu bringen. In unmittelbarer Nähe jedes Fernbahnhofs ist daher ein Stadtbahnhof anzulegen und ein Übergang von Bahnsteig zu Bahnsteig ohne Benutzung der Straße herzustellen. Auch ist es gut, den äußeren Endpunkt einer Stadt- oder Vorortbahn an einen Fernbahnhof heranzuführen, um so dem sonst schwach benutzten äußersten Teil der Stadtbahn Verkehr zuzuführen. Diese Umsteigbahnhöfe dienen dann dazu, den Fernverkehr mit Hilfe des Stadtbahnnetzes zu verteilen und die Endbahnhöfe zu entlasten.

3. Spurweite.

Die Spurweite von Stadtbahnen ist stets die normale von 1,435 m. Schmalere Spur verringert die Leistungsfähigkeit der Bahn und erschwert die Unterbringung der elektrischen Antriebe zwischen den Rädern. Eine breitere Spur könnte zur Erhöhung der Leistungsfähigkeit in Frage kommen, ist aber bisher nirgends angeordnet worden.

4. Neigungen.

Die Neigungen der Stadtbahnen dürfen mit Rücksicht auf die Benutzung von elektrisch angetriebenen Wagenzügen erheblich stärker gewählt werden als bei Vollbahnen üblich. Neigungen von $25\,^0/_{00}$ (1:40) sind unbedenklich und solche von $50\,^0/_{00}$ (1:20) noch zulässig, wenn durch sie der Übergang von der Hochbahn zur Tiefbahn oder die Ausbildung der Kreuzungsstellen erleichtert wird. Ohne zwingende Notwendigkeit sollten aber so starke Neigungen nicht ausgeführt werden. Es muß berücksichtigt werden, daß die Stärke der Motoren und damit auch das Zuggewicht durch die stärkste auf der Bahn vorkommende Neigung bedingt wird. Stärkere Neigungen als $25\,^0/_{00}$ für die Bergfahrt sollten daher vermieden werden, je geringer die Bahnneigung, desto gleichmäßiger und sicherer ist der Betrieb.

Ist die Höhenlage der Bahn von örtlichen Rücksichten unabhängig, so ist es zweckmäßig, die Schienenoberkante der freien Strecke tiefer als die der Bahnhöfe zu legen und beiderseits der Bahnhofswagerechten Rampen anzuschließen, die die Anfahrbeschleunigung und die Bremsverzögerung unterstützen und dadurch eine Verminderung des Zuggewichtes oder eine Ersparnis an Betriebskosten verursachen.

5. Krümmungen.

Der Wunsch, die Stadtbahnen einem winkligen Straßennetz anzupassen, führt leicht zur Wahl scharfer Bögen. Bei Verwendung von Drehgestellwagen sind schärfere Bögen als bei Hauptbahnen zulässig. Es sollte hierbei aber nicht zu weit gegangen und immer bedacht werden, daß scharfe Bögen einen starken Verschleiß an Oberbau und Betriebsmitteln herbeiführen, daß sie die Reisegeschwindigkeit herabdrücken und infolge ihrer Unübersichtlichkeit auch die Betriebssicherheit vermindern. Krümmungen unter 200 m Halbmesser sollten daher tunlichst, solche unter 125 m Halbmesser völlig vermieden werden. Ausgeführt sind Krümmungen noch bis zu 30 m Halbmesser herab.

Da die Stadtbahnen stets von gleichartigen Betriebsmitteln mit ein- und derselben Geschwindigkeit befahren werden, so lassen sich Überhöhung, Spurerweiterung und Übergangsbögen der Bauweise der Fahrzeuge und der an der betreffenden Stelle vorkommenden Fahrgeschwindigkeit genau anpassen.

In den Haltestellen sollen die Gleise geradlinig angelegt werden, da gekrümmte Gleise die Übersicht erschweren.

6. Widerstände.

Der Widerstand eines aus elektrischen Triebwagen bestehenden Zuges auf gerader, ebener Bahn kann nach der Formel $w\ (\text{kg/t}) = 2{,}4 + \frac{V^2\ (\text{km/Std.})}{1300}$ berechnet werden. Genauere Werte ergibt die Formel von Franck. Bei ihr wird der Widerstand in den Grundwiderstand und den Luftwiderstand zerlegt. Der Grundwiderstand ist $W_1\ (\text{kg}) = 2{,}5 \cdot G\ (\text{t})$, worin G das Zuggewicht bedeutet. Der Luftwiderstand ist $W_2\ (\text{kg}) = F \cdot 9{,}45 \cdot \frac{V^2\ (\text{km/Std.})}{1000}$. Der Wert F bestimmt sich nach folgender Formel: $F\ (\text{qm}) = F_1 + 0{,}32 \cdot n + 0{,}015\ G\ (\text{t})$, wobei F_1 die Stirnfläche des ersten Wagens in Quadratmeter, n die Zahl der folgenden Wagen und G das Zuggewicht in Tonnen ist.

Bei eingleisigen Tunnelbahnen tritt ein erhöhter Luftwiderstand ein, weil der Zug, wie ein Kolben wirkend, die Luft vor sich herschiebt und hinter sich einen luftverdünnten Raum schafft, der eine Saugwirkung ausübt. Die Größe des Luftwiderstandes ist abhängig von dem gegenseitigen Verhältnis des Wagenquerschnittes zum Tunnelquerschnitt. Versuche auf der City- und Süd-London-Bahn, wo

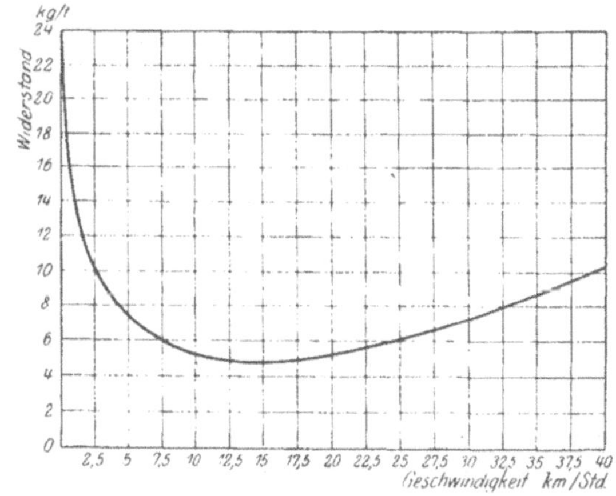

Abb. 11. Zugwiderstand auf der City- und Süd-London-Bahn.

dieses Verhältnis 2:3 ist, haben die in Abb. 11 dargestellte Abhängigkeit des Widerstandes von der Fahrgeschwindigkeit ergeben. Die während der Anfahrt aufgenommene Schaulinie zeigt einen im ersten Augenblick der

Bewegung mit einem hohen Werte einsetzenden bis zu einer Geschwindigkeit von 15 km abnehmenden Widerstand. Dies ist keine der Tunnelbahn eigen-

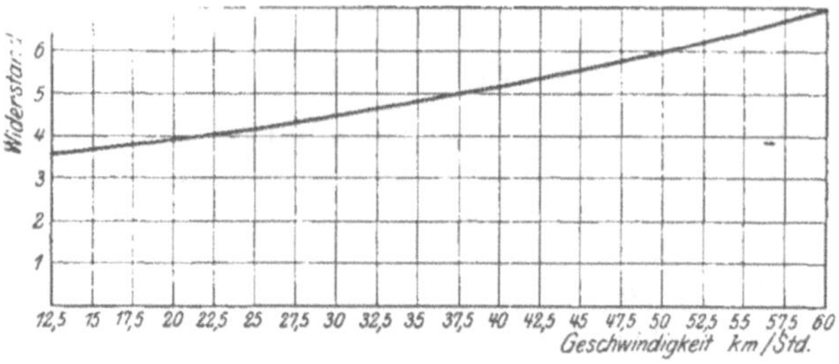

Abb. 12. Zugwiderstand auf der Neuyorker Untergrundbahn.

tümliche Erscheinung. Sie ist in ähnlicher Weise bei jeder Bewegung eines Fahrzeuges aus der Ruhe zu beobachten[1]).

7. Zahl der Gleise.

Stadtbahnen werden in der Regel zweigleisig angelegt. Ein viergleisiger Ausbau kommt in Frage, wenn für die Linienführung in der Innenstadt nur wenige, aber verhältnismäßig breite Straßenzüge zur Verfügung stehen. Er hat den Zweck, die Leistungsfähigkeit der Strecke zu vergrößern. Längere Vorortbahnen werden viergleisig ausgebaut, um auf ihnen Eilzüge verkehren zu lassen, die nicht auf allen Stationen halten. Hier ist also nicht die Erhöhung

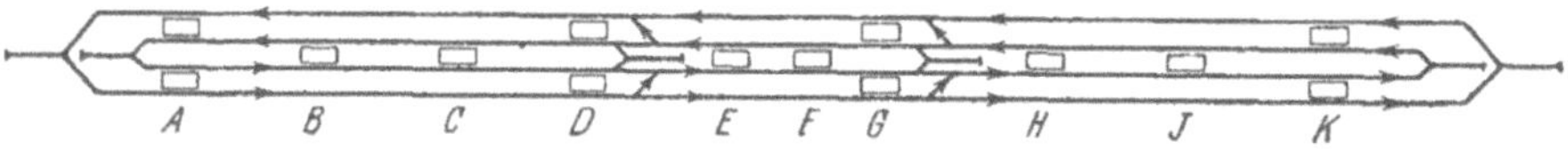

Abb. 13. Viergleisiger Ausbau einer Vorortbahn, Richtungsbetrieb, Eilzuggleise außen.

der Leistungsfähigkeit, sondern die Erhöhung der Reisegeschwindigkeit der Grund für den viergleisigen Ausbau. Auf den 4 Gleisen kann Richtungsbetrieb oder Linienbetrieb stattfinden. Für die Wahl zwischen beiden Betriebsarten und für die Benutzung der Gleise bei Richtungsbetrieb gelten folgende Gesichts-

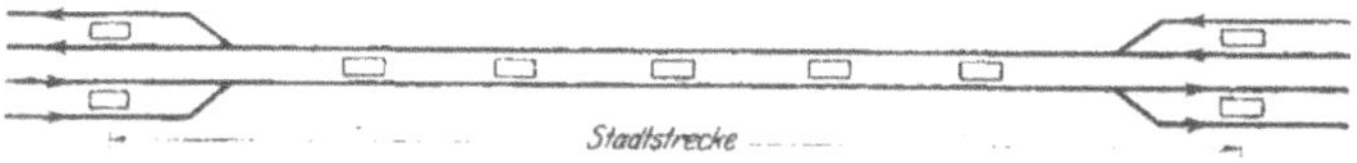

Abb. 14. Viergleisige Vorortbahn mit zweigleisiger Stadtstrecke.

Punkte: Richtungsbetrieb ist überall da geboten, wo ein lebhafter Übergang von Reisenden zwischen den Eilzügen und den Lokalzügen zu erwarten steht, sowie da, wo Züge einen Teil ihrer Fahrt auf den Eilzuggleisen, einen Teil auf den Lokalgleisen zurücklegen sollen. Der Betrieb läßt sich z. B. nach Abb. 13 so denken, daß Lokalzüge zwischen den Stationen A und B pendeln, daß andere Züge von A bis D durchfahren, von D an auf jeder Station bis G halten und von G in der gleichen Weise nach A zurückkehren, und daß eine dritte Art Züge von A bis G durchfährt und von G an auf allen Stationen bis zum Endpunkt der Vorortbahn anhält. Richtungsbetrieb wird auch dann notwendig, wenn nach Abb. 14 Teile der Strecke, z. B. die Innenstadtstrecke (auf der auch die Eilzüge

[1]) Vgl. von Glinski.

überall halten sollen), oder das äußerste Teilstück der Vorortstrecke nur zweigleisig angelegt wird.

Für die gegenseitige Lage der Lokal- und Eilzuggleise ist besonders die Rücksicht darauf maßgebend, ob und welche Züge auf Zwischenstationen kehren sollen. Meist werden dies die Lokalzüge sein; dann gehören die Lokalgleise in die Mitte (Abb. 13). Auch Rücksichten auf die Anordnung der Bahnsteige können maßgebend sein. In Amerika z. B., wo Außenbahnsteige bevorzugt werden, liegen stets die Lokalgleise nach Abb. 15 auf der Außenseite. Dann müssen aber Lokalzüge, die auf Zwischenstationen kehren, die Eilzuggleise kreuzen, was betriebsgefährlich ist. In allen anderen Fällen, d. h. also, wenn der Eilzugbetrieb von dem Lokalzugbetrieb vollständig getrennt werden kann, ist Linienbetrieb nach Abb. 16 am Platze.

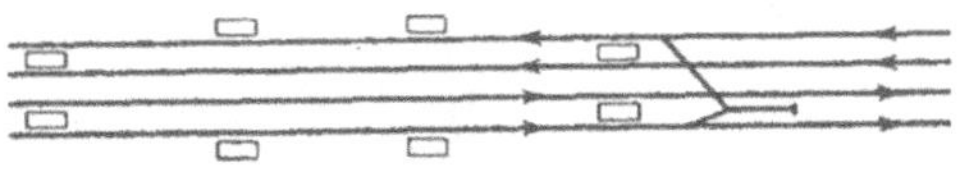

Abb. 15. Viergleisiger Ausbau einer Vorortbahn, Richtungsbetrieb, Eilzuggleise innen.

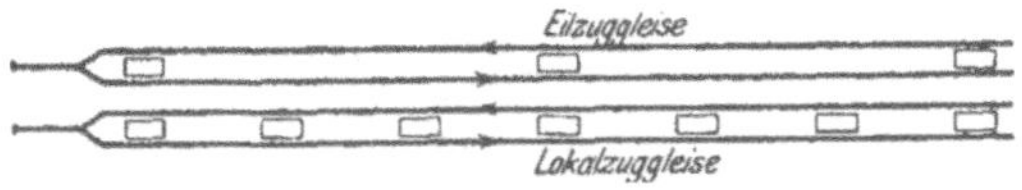

Abb. 16. Viergleisiger Ausbau einer Vorortbahn, Linienbetrieb.

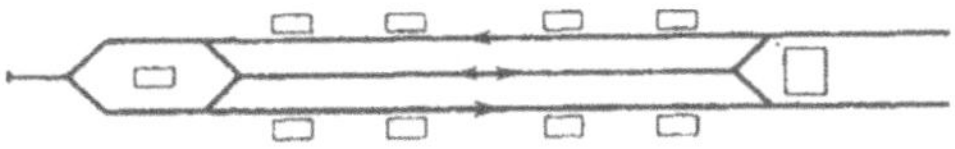

Abb. 17. Dreigleisiger Ausbau einer Vorortbahn.

In Amerika sind zahlreiche Stadtbahnen dreigleisig angelegt worden, indem man die beiden Eilzuggleise zu einem einzigen vereinigt, das morgens von 7—9 in der Richtung zur Innenstadt, nachmittags von 5—7 in umgekehrter Richtung, in den Zwischenzeiten aber überhaupt nicht benutzt wird (vgl. Abb. 17). Das Eilzuggleis liegt in der Mitte zwischen den Lokalzuggleisen und erhält in der Regel keine Zwischenstationen. Wo solche erforderlich werden, werden sie über den Lokalstationen angelegt und das Eilzuggleis beiderseits rampenförmig zu ihnen hochgeführt.

8. Lage der Gleise in der Straße.

In der Regel werden die beiden Gleise einer Stadtbahn nebeneinander in dieselbe Höhe gelegt; in engen Straßen kann es namentlich bei Tiefbahnen zweckmäßig sein, jedes Gleis in einem besonderen Straßenzug zu führen oder beide Gleise in derselben Straße untereinander anzulegen. Viergleisige Bahnen werden in engeren Straßen paarweise untereinander angelegt. Die Gleise werden linienweise oder richtungsweise nebeneinander gelegt, je nachdem, ob die Gleispaare linienweise oder richtungsweise betrieben werden. Bei Linienbetrieb werden die Lokalzuggleise der Straßenoberfläche am nächsten gelegt, weil sie mehr Haltestellen bekommen wie die Eilzuggleise.

9. Gleiskreuzungen und Abzweigungen, Planübergänge.

Plankreuzungen verschiedener Gleise sind unzulässig. Sie sind durch schienenfreie Überschneidungen zu ersetzen. Manche ältere amerikanische Hochbahnen haben noch zahlreiche Plankreuzungen; solche Bahnanlagen müssen aber als minderwertig gelten. Zusammenführungen zweier Gleise auf freier Strecke sind zu verwerfen. An den Gabelungspunkten sind daher Haltestellen anzulegen und die Gleise stets erst hinter dem Bahnsteig zusammenzuführen.

Planübergänge sind grundsätzlich auszuschließen, auch im Vorortgebiet, da sie mit der engen Zugfolge und der großen Fahrgeschwindigkeit unvereinbar sind.

10. Umgrenzung des lichten Raumes und Gleisabstand.

Bei Stadtbahnen, die ganz oder streckenweise unter der Erdoberfläche geführt werden, ist es erwünscht, die lichte Höhe des Bahnkörpers gering zu wählen, weil die Baukosten mit der größeren Tiefe der Baugrube stark wachsen, besonders dann, wenn die Bahn ins Grundwasser taucht. Auch bei sonstigen Stadtbahnen ist eine geringe Lichtraumhöhe wünschenswert, um mit kurzen Längen der Zufahrtsrampen zu den Überschneidungsbauwerken auskommen zu können. Es ist daher erforderlich, die Höhe der Lichtraumumgrenzung gegen das bei Hauptbahnen vorgeschriebene Maß (4,8 m) so weit einzuschränken, wie es die Rücksicht auf die Bauart der Betriebsmittel eben zuläßt.

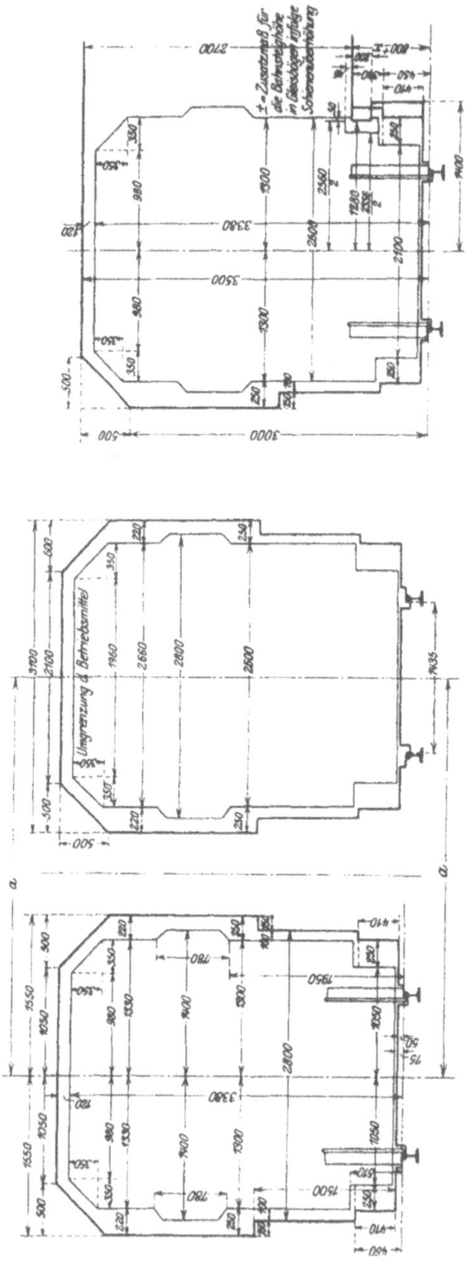

Abb. 18. Umgrenzung des lichten Raumes und der Betriebsmittel der Hamburger Hochbahn. 1 : 75. a = 3,6 m bei Mittelsäulen, sonst 3,1 m.

Die Höhe des Wagenfußbodens über Schienenoberkante hängt von der Stärke der unter dem Wagenkasten anzubringenden Motoren ab. Die neueren amerikanischen Stadtbahnen haben sehr geräumige und schwere Wagen und benötigen zu ihrem Antrieb Motoren bis zu 160 PS Leistung. Um diese Motoren unterzubringen, muß der Wagenfußboden mindestens 1250 mm über Schienenoberkante liegen. Für Wagen von 12 m Länge, wie sie auf deutschen Bahnen üblich geworden sind, genügen Motoren von 100 PS Leistung. Ihre Unterbringung erfordert das Maß von 1050 mm über Schienenoberkante. Um bei 1050 mm Höhe des Wagenfußbodens dem Wagenkasten eine angemessene Kopfhöhe zu geben, muß die Gesamthöhe des Wagens auf 3,4 m, die Höhe der Lichtraumumgrenzung auf 3,5 m bemessen werden. Größere Höhen der Lichtraumumgrenzungen finden sich bei den amerikanischen Stadtbahnen, bei deren Bau keine Rücksicht auf das Grundwasser genommen zu werden brauchte. Hier finden sich lichte Höhen von 4,2 bis 4,4 m.

Die Wagenbreite ist möglichst reichlich zu wählen, weil von ihr die Leistungsfähigkeit der Bahn abhängt. Bei der Berliner Hoch- und Untergrundbahn beträgt die äußere Wagenbreite 2,3 m. Diese Breite gestattet nur die Anordnung von 3 Sitzplätzen nebeneinander und einem Längsgang. Bei der Hamburger Hochbahn und den nicht der Hochbahngesellschaft gehörigen Berliner Schnellbahnen wurde die Wagenbreite auf rund 2,6 m bemessen, um 4 Sitzplätze nebeneinander anbringen zu können. (Abb. 18).

Bei den neueren amerikanischen Stadtbahnen ist die Kastenbreite noch größer, nämlich zu 2,9 m bemessen worden, um mehr Raum für Stehplätze zu gewinnen. Es ist aber kaum anzunehmen, daß dieses Maß schon die äußerste Grenze bildet. Die Durchgangswagen der europäischen Eisenbahnen haben äußere Kastenbreite von 3,1 m. Dieses Maß dürfte etwa die obere Grenze für einen ruhigen Lauf regelspuriger Betriebsmittel sein.

Die Breite der Lichtraumumgrenzung muß beiderseits mindestens 0,2 m Spielraum gegen den Wagenkasten haben, in Bögen ist auf den Ausschlag der Wagenkästen Rücksicht zu nehmen.

Der Gleisabstand in der Geraden ist mindestens so groß zu wählen, daß sich die Lichtraumumgrenzungen der benachbarten Gleise nicht überschneiden, also gleich der Breite der Lichtraumumgrenzung; bei Anordnung von Mittelsäulen vergrößert sich der Gleisabstand um die Säulenbreite. Bei Bemessung der Breite des Bahnkörpers muß an die Anordnung von Gehwegen für die Bahnbediensteten gedacht werden. Der Gehweg, dessen Breite 0,5 bis 0,6 m betragen soll, wird bei Tunnelstrecken mit Mittelstützen gewöhnlich zwischen beide Gleise, sonst gewöhnlich beiderseits der Gleise angelegt.[1]) Hieraus ergeben sich bei 2,6 m breiten Wagen Gleisabstände von 3 bis 3,6 m, je nachdem, ob der Gehweg außerhalb oder zwischen den Gleisen liegt und Gesamtbreiten des Bahnkörpers von 7, bzw. 6,6 m. Auf amerikanischen Stadtbahnen finden sich Gleisabstände bis zu 3,8 m und Gesamtbreiten des zweigleisigen Bahnkörpers von 8,2 m.

B. Raddrücke, Oberbau. Leitungsschienen.

Die Wirtschaftlichkeit von Stadtbahnen hängt besonders davon ab, daß die Baukosten des Bahnkörpers in mäßigen Grenzen gehalten werden. Da die Kosten eiserner Viadukte wesentlich von den Achslasten der Fahrzeuge abhängen, so müssen diese tunlichst niedrig gewählt werden; dies läßt sich am besten mit Drehgestellwagen erreichen. Abb. 19 zeigt den Lastenzug der Hamburger Hochbahn, der als vorbildlich für Gleichstrombahnen gelten kann. In Hamburg werden alle Wagen eines Zuges angetrieben. Werden die Wagen länger und schwerer oder wird der Antrieb an wenigen Stellen des Zuges vereinigt, so werden die Achslasten höher. In Paris beträgt z. B. der größte Raddruck 6 t, bei den neueren amerikanischen Stadtbahnen bis zu 7 t. Hierbei beträgt die Länge der Wagen etwa 20 m.

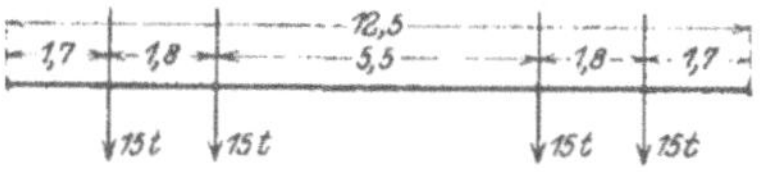

Abb. 19. Schema der Achslasten der Hamburger Hochbahn.

Auf Wechselstrombahnen sind die Raddrücke verhältnismäßig größer, weil die Motoren schwerer sind und das Gewicht der Transformatoren dazu kommt. Auf der Hamburger Stadtbahn betragen die Achsdrücke der 5 m langen Wagen bereits 7 t.

[1]) Auf der Berliner Nordsüdbahn, die ohne Mittelstützen ausgeführt wurde, liegt der Gehweg zwischen den Gleisen. In Tunnelmitte ist in Abständen von etwa 10 m eine senkrechte Endstütze für den Streckenläufer angebracht, die von der Tunneldecke bis zur Sohle durchgeht.

Es ist nicht nötig, bei Stadtbahnen ebenso wie bei Vollbahnen mit einer künftigen Erhöhung der Radlasten zu rechnen, da sie bei der Verwendung von Triebwagen nicht zu befürchten steht. Wird mit unbeschränkt langen Zügen aus lauter Triebwagen gerechnet, so ist damit die denkbar ungünstigste Belastung berücksichtigt.

Die geringe Größe der Raddrücke im Verhältnis zum normalen Lastenzug der Vollbahnen darf nicht dazu führen, für Stadtbahnen einen leichten Oberbau zu wählen, es ist vielmehr zu berücksichtigen, daß bei der engen Zugfolge die Unterhaltungsarbeiten erschwert sind; sie können eigentlich nur in der Hauptzugpause, in der Nacht, erfolgen und werden dadurch sehr verteuert. Daher sind die Unterhaltungsarbeiten durch Wahl eines kräftigen Oberbaues zu vermindern. Zu wählen ist eine Schiene mit einem Metergewicht von 30 bis 50 kg und einem Schwellenabstand von im Mittel 60 bis 75 cm. In den Bögen werden die Schienen aus verschleißfestem Stahl hergestellt; die Abnutzung wird außerdem durch Anordnung von Leitschienen vermindert. Die Bettung sollte aus bestem Steinschlag sein, da die bei Kiesbettung unvermeidliche Staub-

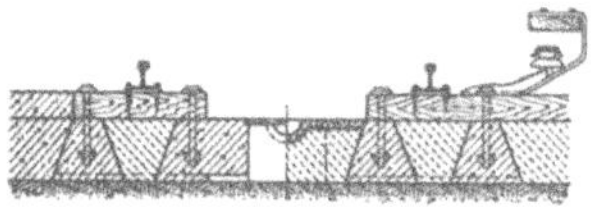

Abb. 20. Oberbau der Hudson- und Manhattan-Röhrenbahn in den Bahnhöfen von Neuyork.

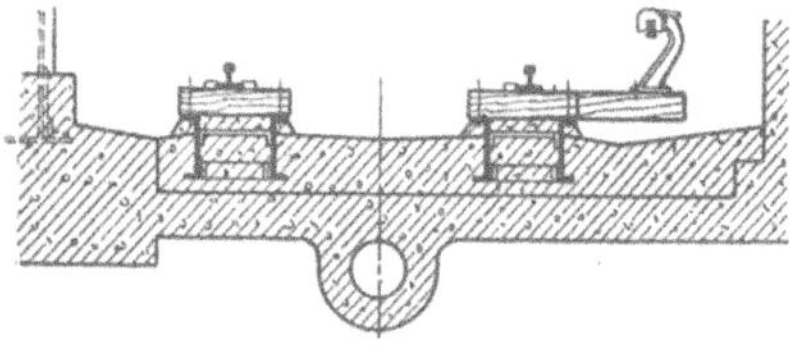

Abb. 21. Oberbau der Schnellbahn von Philadelphia im Tunnel.

entwicklung dem unter dem Wagen liegenden Triebwerk nachteilig ist. Bei dem in Deutschland üblichen Spartränkungsverfahren ist es unbedenklich, auch bei Tiefbahnen teerölgetränkte Holzschwellen zu verwenden, da sich der Teergeruch der frischen Schwellen bald verliert. Soll der Teerölgeruch ganz vermieden werden, so sind andere Tränkweisen (Kupfervitriol, Chlorzink, Sublimat) zu wählen.

Gegen die Verwendung eiserner Schwellen bestehen sonst keine Bedenken elektrotechnischer Natur, auch ist die Rostgefahr in trockenen Tunneln nicht groß; in feuchten Tunneln sind eiserne Schwellen ausgeschlossen.

Bei stark befahrenen Tiefbahnen hat die Verwendung von Steinschlagbettung in den Haltestellen manche Übelstände ergeben. Hier gelangen allerlei Abfälle in die Bettung. Sie geraten in der warmen Jahreszeit in Fäulnis und verbreiten einen üblen Geruch. Das von den Motoren abtropfende Öl, vermischt mit dem durch die Züge aufgewirbelten Staub, überzieht Bettung und Schwellen mit einer öligen Kruste, auf der das von den Bahnsteigen abfließende Wasser in Form von Pfützen zurückbleibt. Um diese Übelstände zu vermeiden, sind an diesen Stellen andere Bauweisen gewählt worden, die sich leichter rein halten lassen.

Abb. 20 zeigt den Oberbau der Hudson- und Manhattan-Röhrenbahn in Neuyork. Auf einer durchlaufenden Betonschwelle liegen in Abständen von 60 cm kurze Holzschwellenstücke. Sie sind mit eisernen, in den Beton eingelassenen Bolzen festgeschraubt. Auf den Holzschwellen sind die Schienen mit Schwellenschrauben befestigt.

Auf der Schnellbahn von Philadelphia, Abb. 21, liegen die Schwellenstücke nicht auf dem Beton, sondern auf U-Eisen auf, die ihrerseits auf ihre ganze Länge in Beton eingebettet sind. Der Hohlraum zwischen der Holzschwelle und dem Beton wird mit Schotter ausgefüllt.

Die guten Erfolge mit der Unterbettung aus Beton haben Veranlassung gegeben, diese Bauweise auch auf die freie Strecke auszudehnen.

Ein Mittelweg zwischen der gewöhnlichen Steinschlagbettung und der Betonunterbettung wurde bei den neueren Londoner Röhrenbahnen, Abb. 22, eingeschlagen. Die Holzschwellen sind in ihrem mittleren Teile in Beton eingebettet, ihre Enden sind in Steinschlag verlegt. Hierdurch soll der Vorteil der Nachgiebigkeit mit der leichteren Reinhaltung vereinigt werden.

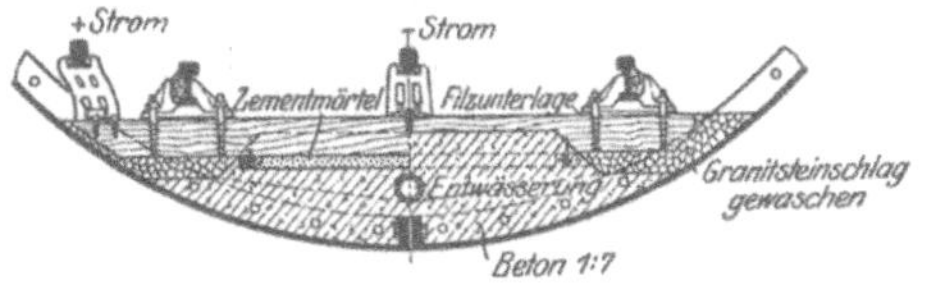

Abb. 22. Oberbau der Bakerstraße und Waterloo-Röhrenbahn.

Die Fahrschienen sind mit den Einrichtungen zur Rückleitung des elektrischen Stromes zu versehen.

Bei den Weichen wird gewöhnlich der Herzstückwinkel 1:7 angewendet, nur für Weichen in den Hauptgleisen, die mit größerer Geschwindigkeit befahren werden, sind spitzere Herzstückwinkel erwünscht.

Die meisten Stadtbahnen werden mit Gleichstrom von 650 bis 850 Volt Spannung betrieben, da diese Stromart bei dichter Zugfolge wirtschaftlicher ist als Wechselstrom. Bei dieser Spannung lassen sich die zur Fortbewegung

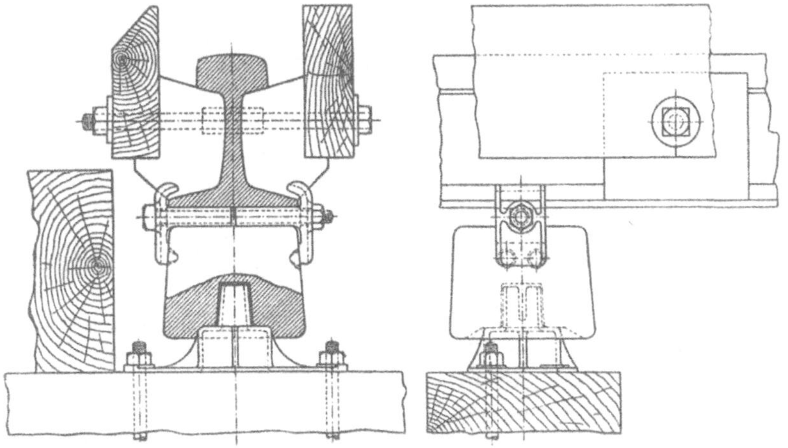
Abb. 23. Stromschiene der Manhattan-Hochbahn in Neuyork.

langer und schwerer Züge erforderlichen Stromstärken in einer Oberleitung wirtschaftlich nicht mehr fortleiten und mit den üblichen Stromabnehmerbügeln nicht mehr auf das Fahrzeug übertragen, da die obere Grenze für die Stromabnahme in diesem Falle bei 150 Amp. liegt. Auch läßt sich die Oberleitung im Tunnel schlecht anbringen und würde eine größere Bauhöhe bedingen.

Aus diesen Gründen wird zur Stromleitung in der Regel eine seitliche Schiene angeordnet. Die englischen Bahnen haben gewöhnlich zwei Leitungsschienen, je eine für einen Pol, um die bei Schienenrückleitung unvermeidlichen, abirrenden Ströme auszuschließen.

Die Leitungsschienen werden gewöhnlich aus weichem Eisen hergestellt mit im Mittel 0,1$^0/_0$ Kohlenstoff und einer Leitungsfähigkeit gleich $^1/_7$ des Kupfers, während die Leitungsfähigkeit des gewöhnlichen Schienenstahls $^1/_{10}$ des Kupfers beträgt. Das Gewicht der Leitungsschienen wird gleich dem der Fahrschiene gewählt. Beispiele für Querschnitt und Anordnung der Stromschienen geben die Abb. 23 bis 25.

Der gebräuchlichste Querschnitt der Stromschiene ist das gewöhnliche Breitfußprofil. Die Oberkante der Stromschiene liegt dann 150 bis 170 mm über der Fahrschiene und 500 bis 600 mm seitlich der Fahrkante. Die Stromschienen ruhen auf Isolatoren aus Hartgummi, Porzellan oder umgesschmolzenem Granit[1]). Die Befestigung der Schienen auf Isolatoren geschieht durch eiserne

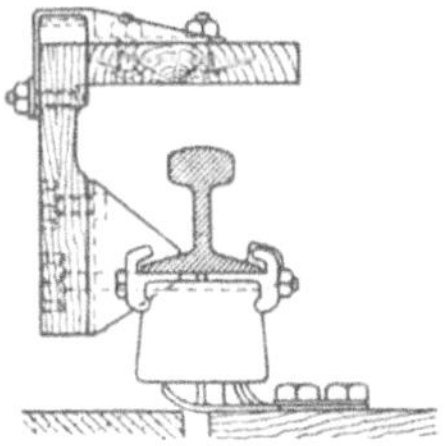

Abb. 24. Stromschiene der Untergrundbahn in Neuyork.

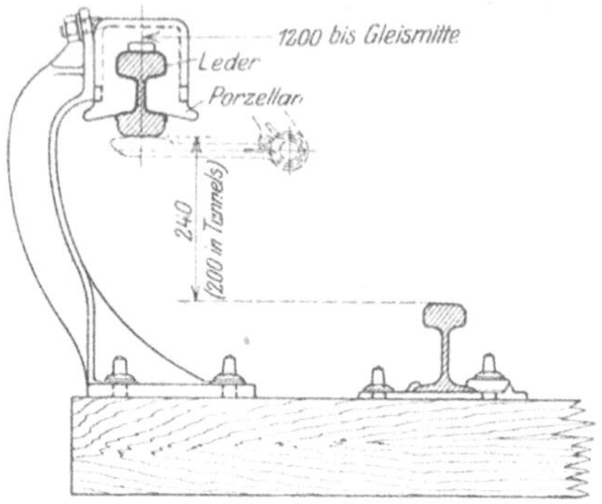

Abb. 25. Stromschiene der Hamburger Hochbahn.

Klammern, die ein Abheben der Schiene ermöglichen. Die Isolatoren werden in Abständen von 1,8 bis 2,4 m auf hölzernen Querschwellen von etwas größerer Länge befestigt.

Abb. 23 zeigt die Leitungsschiene der Manhattan-Hochbahn in Neuyork, Abb. 24 die der Untergrundbahn in Neuyork und in Abb. 25 ist die Stromschiene der Hamburger Hochbahn dargestellt. Die Schiene ist von oben am Isolator aufgehängt. Die Berührung des Stromabnehmers erfolgt von unten. Diese Anordnung hat den Vorzug, daß die Berührung zwischen Stromschiene und Stromabnehmerschuh nicht durch Schnee und Eis erschwert werden kann.

Die Stromschiene wird stets auf der dem Gehweg abgewendeten Seite des Gleises angeordnet. An den Weichen muß beiderseits eine Stromschiene angebracht werden, um die Stromzuführung nicht zu unterbrechen.

Um eine zufällige Berührung der Stromschiene zu verhindern, werden seitlich oder über ihr hölzerne Schutzbretter angeordnet. Der Stromabnehmer in Form eines gußeisernen Schuhes ist gewöhnlich an den Drehgestellen der Triebwagen befestigt. Die Höhenlage der Stromschiene wird in den Tunnelstrecken etwas höher gewählt als auf den offenen Strecken, um auf diese Weise die Wagenbeleuchtung selbsttätig einzuschalten.

C. Der Bahnkörper.

1. Vergleich der verschiedenen Bauweisen.

Für Bahnen im offenen Gelände und da, wo die Linie rechtzeitig in den Bebauungsplan eingetragen und vielleicht der erforderliche Grund und Boden bei der Umlegung der Grundstücke freiwillig abgetreten ist, kommt Erdbau als die billigste Bauweise des Bahnkörpers in Frage, und zwar Erddamm oder Einschnitt. In beiden Fällen können Böschungen ganz oder teilweise durch

[1]) Granit w... len, mit einem glasigen Bindemittel vermischt und erwärmt. Bei 1000° wird d... eigig und läßt sich formen.

Stützmauern ersetzt werden, wodurch die Grunderwerbskosten verringert, die Baukosten aber erhöht werden.

Hochbahnen werden auf eigenem Grund und Boden meist als gewölbter Viadukt, in Straßen meist als eiserner Viadukt hergestellt. Eine besondere Form der Hochbahn mit eisernem Viadukt ist die Schwebebahn, die bei der Stadtbahn in Elberfeld-Barmen zur Anwendung gekommen ist.

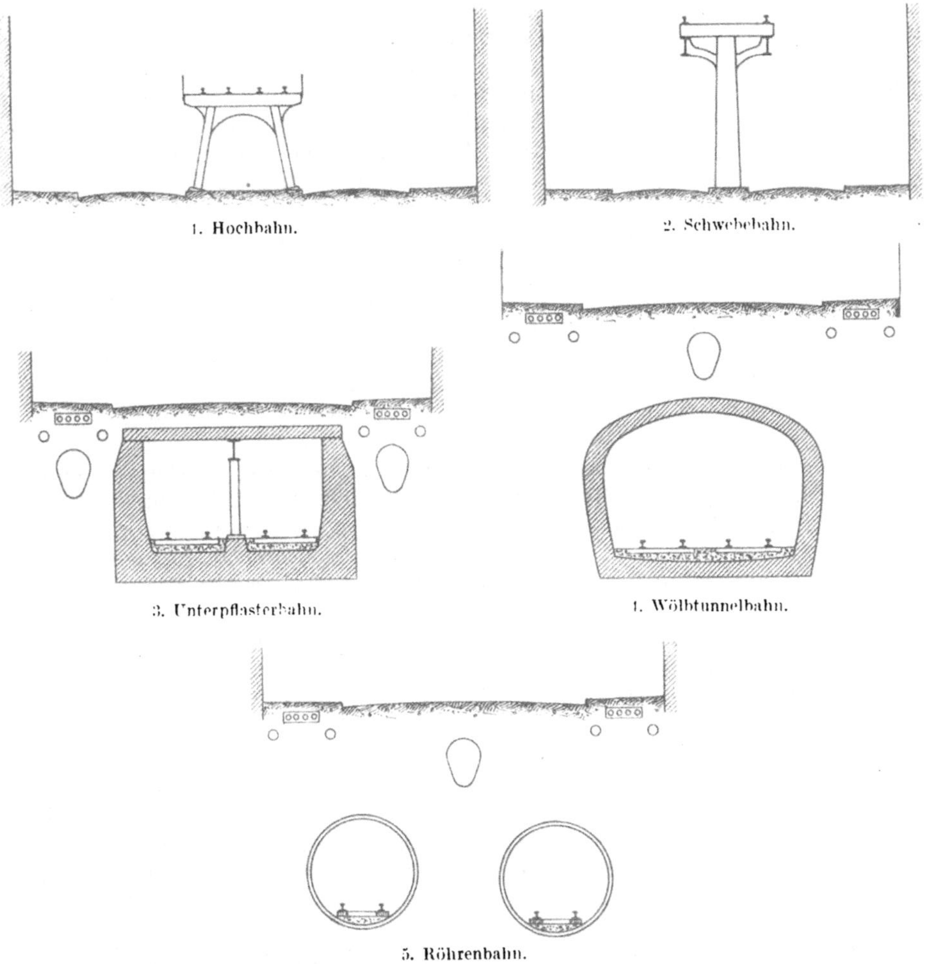

Abb. 26. Die verschiedenen Bauweisen von Stadtbahnen in städtischen Straßen.

Bei den Tiefbahnen sind drei Bauweisen zu unterscheiden: Die unmittelbar unter der Straßenoberfläche liegende Unterpflasterbahn, die sehr tief liegende Untergrund- oder Röhrenbahn und die gewöhnliche Wölbtunnelbahn in mittlerer Lage.

Hochbahnen sind in der Anlage erheblich billiger als Tiefbahnen; sie sollten daher überall da bevorzugt werden, wo sie technisch möglich sind. Abb. 26 zeigt Straßenquerschnitte mit verschiedenen Bahnsystemen. Eine Führung über privates Gelände kommt innerhalb des bebauten Ortsteiles nur ausnahmsweise und auf kurze Strecken in Frage, da die hohen Grunderwerbskosten sie in der Regel verbieten werden. Standhochbahnen lassen sich nur in breiten Straßen ausführen und erleiden dadurch in ihrer Linienführung erhebliche Beschränkungen. In engen Straßen würden sie zu viel Licht wegnehmen. Für ihre Zulassung gilt bei uns die Regel, daß eine Linie vom First oder Dachgesims des Hauses nach der Unterkante eines Fensters im Erdgeschoß des gegenüberliegenden Hauses die Fahrbahntafel nicht schneiden darf. In Neuyork füllt die Hochbahn stellenweise die ganze Straßenbreite aus, wodurch das Erdgeschoß und erste Stockwerk der Häuser zu Kellerräumen werden. Die Schwebebahn mit ihrem schmaleren Bahnkörper ist auch noch in weniger breiten Straßen zulässig.

Aber auch in Straßen mit genügender Breite wird gegen die Anlage von Hochbahnen häufig ein heftiger Widerstand geltend gemacht, und dabei zum Teil die Belästigung der Anwohner durch das Geräusch des Bahnbetriebes, vor allem aber die angebliche Schädigung des Straßenbildes durch die Hochbahn ins Feld geführt. Wenn auch diese ästhetischen Bedenken in der Regel völlig eingebildet sind, so haben sie doch häufig dazu geführt, die Anlage von Hochbahnen zu verbieten.

Die Schwebebahn hat vor der Standhochbahn den weiteren Vorzug, daß sie etwas billiger in der Ausführung und wegen der Zulässigkeit schärferer Bögen freier in der Linienführung ist. Dagegen hat sie den Nachteil, daß die Weichen verwickelt und betriebstechnisch nicht einwandfrei sind, und daß die Bauweise des eisernen Viaduktes auch auf die Außenstrecken ausgedehnt werden muß, wo bei Standbahnen der billige Erdbau zulässig wäre.

Eine in einer Tiefe bis zu 25 m geführte Tunnelbahn ist nur da zulässig, wo sich in dieser Tiefe feste Bodenschichten vorfinden, die ein Nachsinken des Bodens infolge des Tunnelbaues nicht befürchten lassen. Die Röhrenbahn hat vor der Unterpflasterbahn und der Wölbtunnelbahn den Vorzug der freieren Linienführung, da sie von der Richtung der Straßen vollkommen unabhängig ist; die Unterpflasterbahn und die Wölbtunnelbahn sind an Straßen von genügender Breite gebunden; die Unterpflasterbahn muß zudem noch auf die im Straßenkörper vorhandenen Leitungen Rücksicht nehmen, deren Veränderung oder Verlegung große Schwierigkeiten und Kosten verursacht. Gelegentlich kommt auch eine Führung der Unterpflasterbahnen über Privatgelände vor, jedoch müssen in diesem Falle die Häuser gewöhnlich niedergelegt und über dem fertigen Tunnel neu errichtet werden.

Der Bau der Unterpflasterbahnen, der von der Oberfläche her betrieben wird, bringt gewöhnlich starke Belästigungen der Anwohner mit sich, die hauptsächlich in der zeitweisen Unterbrechung des Straßenverkehrs und in der Entziehung des Grundwassers durch dessen Absenkung bestehen. Bei Röhrenbahnen, die stets bergmännisch gebaut werden, kommen derartige Belästigungen kaum vor. Für Wölbtunnel gilt: Je tiefer die Lage, desto geringer die Belästigung des Straßenverkehrs.

Der Höhenunterschied zwischen Straße und Bahnsteig ist für den Ertrag einer Bahn von Bedeutung, weil die Anziehungskraft der Bahn von ihm beeinflußt wird. Bei den Hochbahnen ist er durch die Rücksicht auf die Durchführung von kreuzenden Straßen unter dem Bahnkörper bedingt, für die in der Regel 4,4 m lichte Höhe gefordert werden. Bei 0,6 m Bauhöhe der Unterführung und 1 m Höhe des Bahnsteigs über S. O. ergeben sich 6 m Höhenunterschied. Bei der Schwebebahn beträgt er infolge des Wegfalls der Fahrbahn und der Räder unter dem Wagenkasten nur etwa 4,6 m. Bei der Unterpflasterbahn stellt er sich bei 3,5 m Höhe der Lichtraumumgrenzung und 1 m Bauhöhe für Tunneldecke und Straßenpflaster auf 3,5 m; bei den Wölbtunnel- und Röhrenbahnen ist er von der Tiefenlage der Bahn abhängig und beträgt bis zu 25 m.

Ein großer Höhenunterschied zwischen Straße und Bahnsteig macht die Anbringung von Aufzügen oder beweglichen Treppen notwendig, wodurch die Bau- und Betriebskosten erhöht werden. Nachteile der Tiefenlage sind ferner die schwierigere Lüftung und die Erhöhung der Gefahr bei Brandfällen.

In der Regel wird bei dem Schnellbahnnetz einer Großstadt nicht eine einzige der vorgenannten Bauweisen allein vorkommen, sondern es ist unter den zur Verfügung stehenden Bauweisen je nach der Örtlichkeit und den verfügbaren Mitteln zu wählen. In den engen Straßen der inneren Stadt wird sich meist eine Hochbahn verbieten und die Herstellung als Tiefbahn der zu erwartenden starken Benutzung wegen wirtschaftlich möglich sein; in den breiten Hauptstraßen des Wohngebietes kommt die Bauweise als Hochbahn in Frage und im unbebauten Außengelände der Erdbau. Rampen müssen dann zwischen den verschiedenen Bauweisen vermitteln. Aber auch die Höhenlage der Tiefbahn wird häufig keine einheitliche sein; im Zuge von Unterpflasterbahnen können tiefliegende Strecken notwendig werden bei der Durchquerung von hochliegenden Stadtteilen, wie des Montmartre in Paris oder bei der Unterfahrung von kreuzenden Tiefbahnen, Hauptsammlern und Flußläufen. Ob hierfür die Bauweise als Wölbtunnel oder als Röhre zur Anwendung kommt, hängt von der Tiefenlage und den Bodenverhältnissen ab.

2. Erdbau.

Die Bauweisen des im Erdbau ausgeführten Bahnkörpers der Vorortbahnen unterscheiden sich kaum von den bei sonstigen Eisenbahnen üblichen Bauformen. Im Berliner Vorortgebiet wurden die Eisenbahnen ursprünglich in Geländehöhe angelegt; die kreuzenden Straßen erhielten Planübergänge. Als diese mit der Zunahme des Verkehrs nicht mehr zulässig waren, wurden die

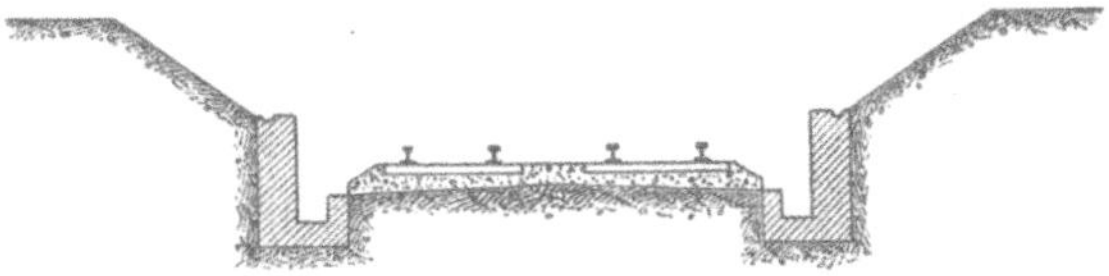

1 : 220.

Abb. 27. Einschnitt mit seitlichen Futtermauern.

vorhandenen oder neu anzulegenden Straßen unter oder über dem Bahnkörper durchgeführt, oder es wurde bei Gelegenheit des viergleisigen Ausbaues der ganze Bahnkörper hochgelegt. Hier liegen dann also Fernbahn und Vorortbahn auf gemeinsamem Erdkörper. Aus dieser Vereinigung ergibt sich eine Ersparnis an Baukosten.

Bei neu zu erbauenden Bahnen wird man stets die Straßen in Geländehöhe belassen und die Bahn entweder als Hochbahn oder als Einschnittbahn ausführen. Welche von beiden Bauarten zu wählen ist, hängt von der Höhenlage des Geländes, der Notwendigkeit der Kreuzung von Wasserläufen, von der Tiefenlage des Grundwassers und schließlich auch von ästhetischen Gesichtspunkten ab. Eine Tiefbahn tritt viel weniger in Erscheinung als eine Hochbahn und zerschneidet vor allen Dingen das Straßenbild nicht. Andererseits ist die Fahrt auf der Hochbahn reizvoller.

Die Baukosten der Hochbahnen sind häufig geringer als die der Tiefbahnen, namentlich dann, wenn Aushubboden aus Wasserläufen für die Dammschüttung zur Verfügung steht.

Die Einschnittbahn kann später mit Leichtigkeit in eine Unterpflasterbahn verwandelt werden, indem die etwa schon vorhandenen Stützmauern hochgeführt und oben durch eine Decke verbunden werden. Kommt daher eine solche Möglichkeit in Frage, so sollten beim Bahnbau die Grundmauern der künftigen Seitenwandungen gleich mit ausgeführt werden. Diese Mauern können zur Ersparnis der Einschnittbreite bis zur Höhe der Fensterbrüstungen der Wagen hochgeführt werden (Abb. 27), ohne die Beleuchtung des Wageninnern zu beeinträchtigen.

Unter der Voraussetzung, daß man sich bereits im Gebiet der städtischen Kanalisation befindet und daß diese tief genug liegt, werden die Bahngräben in diese entwässert; sonst müssen Pumpwerke an den tiefsten Stellen angelegt werden.

3. Gewölbter Viadukt.

Der gewölbte Viadukt wird in der Regel zwar etwas teurer sein als eine Erdschüttung zwischen 2 Stützmauern. Diese Bauweise wird aber trotzdem vorgezogen, weil durch die Herstellung als Viadukt benutzbare Räume entstehen, die bei Führung über Privatgelände an die früheren Grundbesitzer und jetzigen Anlieger vermietet werden und ihnen Ställe oder Lagerräume ersetzen, bei der Führung längs städtischer Straßen aber als Läden vermietet werden. Auf die künftige Benutzung der Gewölberäume ist schon beim Bau Rücksicht zu nehmen. In den Pfeilern (Abb. 28) sind genügend weite Zwischenöffnungen herzustellen,

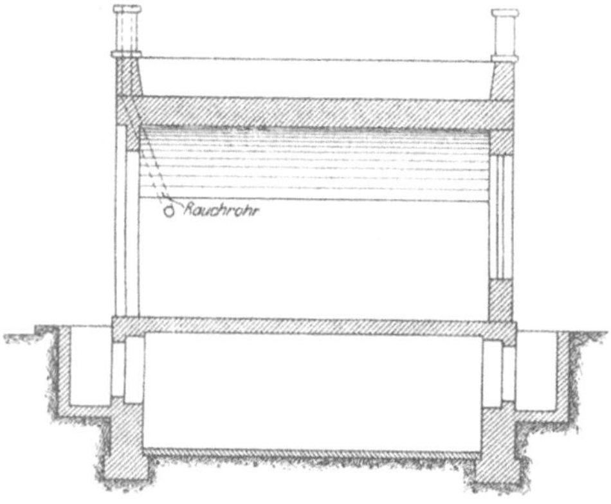

1 : 200

Abb. 28. Gewölbter Viadukt mit Unterkellerung und Ladenausbau.

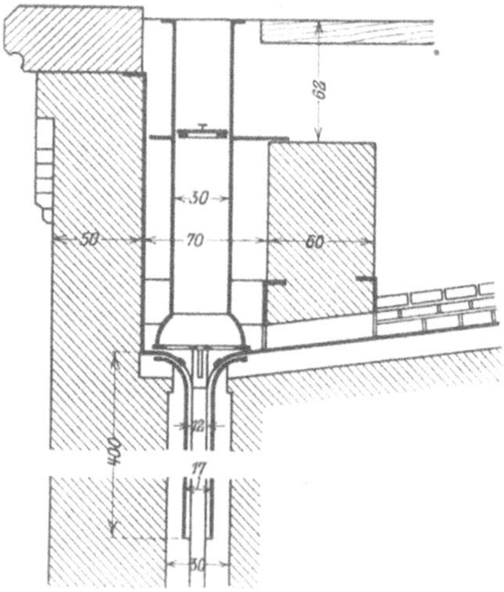

1 : 50

Abb. 29. Gewölbeentwässerung.

um mehrere Gewölberäume zusammen benutzen zu können. Um die Heizung zu ermöglichen, werden in den Pfeilern in der Nähe der Stirnwand Rauchröhren angelegt, die bis Oberkantegeländer hochgeführt werden. Ergibt die Höhe der Gewölberäume die Möglichkeit der Anlage einer Zwischendecke, so ist auf deren Gewicht und Belastung bei der Bemessung der Pfeiler und Grundmauern Rücksicht zu nehmen. Kommen Läden in Frage, so sind die Viadukträume sogleich zu unterkellern und für Wasserzuführung und Entwässerung, Versorgung mit Gas und elektrischem Licht, auf die Lichtzuführung zu den Kellern und auf die Anlage von Aborten Rücksicht zu nehmen.

Besondere Sorgfalt muß auf die Entwässerung des über dem Mauerwerk liegenden Bettungskörpers verwendet werden. Die Entwässerung kann nur durch die Pfeiler erfolgen; in ihnen sind daher senkrechte Schächte auszusparen, die mit Tonröhren ausgefüttert und an die Kanalisation angeschlossen werden. Die Schächte münden in Höhe der Abdeckschicht der Gewölbe, darüber werden Hauben angebracht, die bis zur Schwellenoberkante herausragen und oben durch einen Deckel geschlossen werden. Abb. 29.

Für Hochbahnen, die über dem Mittelstreifen einer breiten Straße errichtet werden, kommt die Ausführung in Eisenbeton in Frage. Ein Beispiel zeigt Abb. 30.

An den Kreuzungsstellen mit Straßen und Wasserläufen muß der gewölbte Viadukt unterbrochen und durch eine eiserne Brücke ersetzt werden, wenn die Lichthöhe zur Durchführung des gewölbten Viaduktes nicht zureicht. Bei den

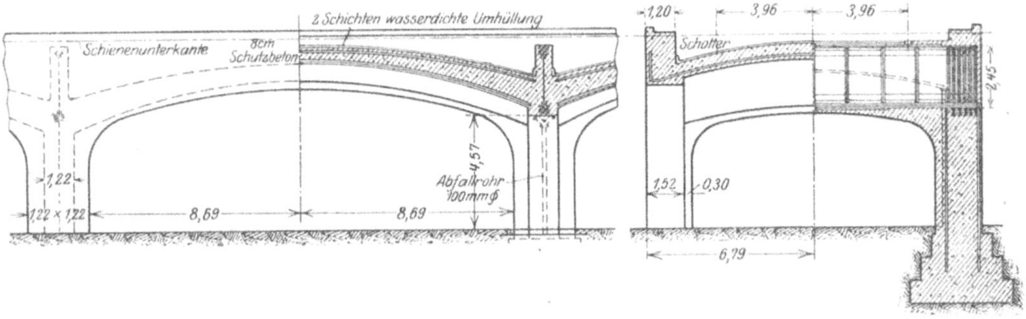

Abb. 30. Hochbahnviadukt aus Eisenbeton in Boston (Längs- und Querschnitt).

Straßenunterführungen wird dabei stets, bei den Flußbrücken in der Regel eine dichte Fahrbahn gewählt und die Bauhöhe durch niedrige Querträger und eiserne Schwellen verringert.

An allen Gabelungs- und vielen Kreuzungsstellen kommen Überschneidungsbauwerke unter sehr spitzem Winkel vor. Sie werden aus eisernen Brücken mit offener Fahrbahn gebildet. Der großen Stützweiten und beschränkten Bauhöhen wegen werden fast stets Fachwerkträger mit untenliegender Fahrbahn gewählt. Liegen auf dem Bauwerk Weichen, so können unter Umständen Brücken mit einer über und einer unter der Fahrbahn liegenden Trägerwand in Frage kommen. (Gleisdreieck der Berliner Hochbahn.)

4. Eiserne Hochbahn.

Beim Bau der amerikanischen Hochbahnen wurden angestrebt, die Fahrbahn möglichst lichtdurchlässig zu machen und daher eine sogenannte offene Fahrbahn gewählt. Jedes Gleis wird durch in 1,5 -2 m Entfernung liegende Längsträger unterstützt; auf diesen liegen in Abständen von 0,5 - 0,6 m hölzerne Querschwellen und darauf die Schienen. Eine vollständige Abdeckung der Fahrbahn mit Bohlentafeln ist nicht vorgesehen, sondern nur ein schmaler Gehsteg aus 2 oder höchstens 3 Bohlen. Auch auf ein Geländer ist meist verzichtet. Bei den Hochbahnen in Berlin und Hamburg ist dagegen eine dichte Fahrbahn gewählt, die sich über die Hauptträger hinweg auf die für den zweigleisigen Bahnkörper nötige Breite erstreckt und seitlich durch ein Geländer abgeschlossen ist. Für die ganze Fahrbahn sind nur 2 Hauptträger vorhanden.

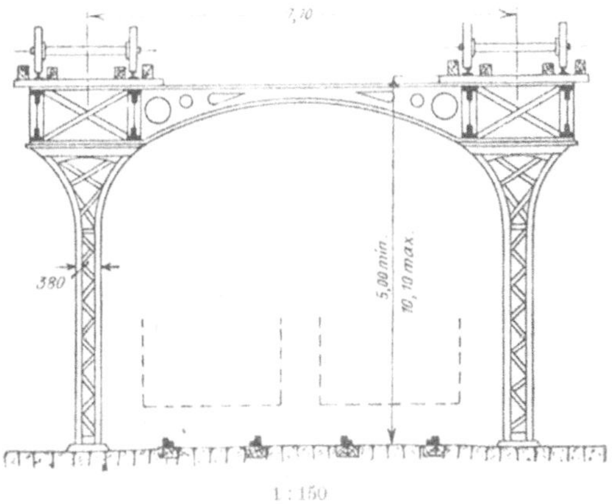

Abb. 31. Zweigleisiger Viadukt der Manhattan-Hochbahn in Neuyork.

Die Stützentfernungen der Hochbahn werden zu 10—25 m gewählt, je nach der Höhe des Viaduktes und der Tiefenlage des guten Baugrundes.

Bei den älteren amerikanischen Hochbahnen sind die Säulen meist fest im Boden verankert und laufen oben in kurze Querträgerstücke aus (Abb. 31), die Längsträger sind teils mit diesen Eisenquerträgerstücken fest verbunden,

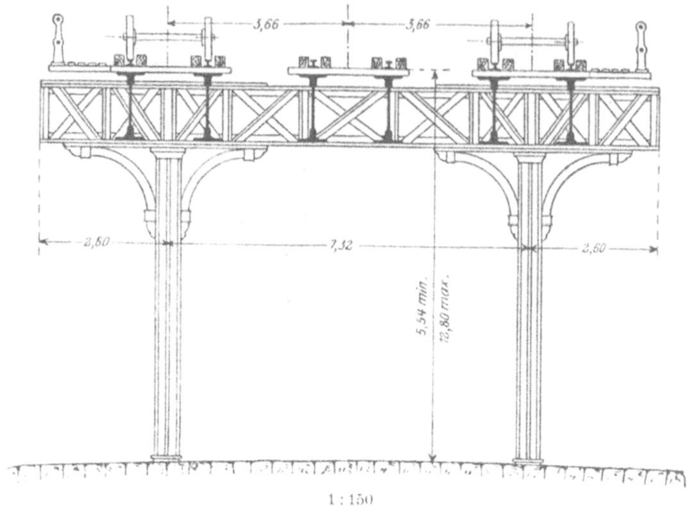

Abb. 32. Dreigleisiger Viadukt der Manhattan-Hochbahn in Neuyork.

teils beweglich auf sie aufgelagert. In der Regel ist für jedes Gleis eine Stützenreihe vorgesehen und die einzelnen Viaduktstränge liegen entweder jeder für sich an der Bordkante der Straße oder in der Mitte der Straße in einem solchen

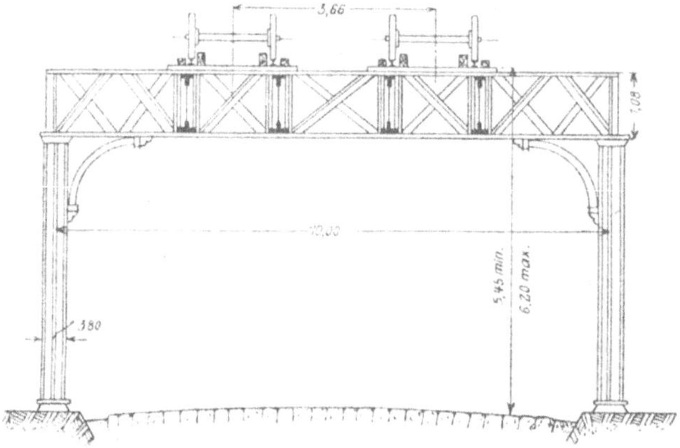

Abb. 33. Zweigleisiger Viadukt der Manhattan-Hochbahn in Neuyork.

Abstande, daß zwischen den Säulenreihen 2 Straßenbahngleise Platz finden. Die Querträgerstücke sind dann durch einen Versteifungsträger verbunden. Bisweilen ist aber auch ein mittleres Querträgerstück eingeschaltet, das die Längsträger eines dritten, den Eilzügen dienenden Gleises aufnimmt (Abb. 32).

Bei neueren Bauweisen sind die Säulen mit den Querträgern zu Pendelportalen verbunden. Die Längsträger ruhen ebenfalls teils fest, teils beweglich auf den Querträgern auf; in gewissen Abständen sind je 2 Portale mit festen Füßen miteinander durch eine wagerechte Versteifung verbunden und nehmen die Bremskräfte auf (Abb. 33).

Auf den älteren Strecken der Berliner Hochbahn sind die Hauptträger als Fachwerkträger ausgebildet und ihre Untergurte mit den Stützen bogenförmig verbunden; auch zwischen den beiden Hauptträgern ist eine bogenförmig begrenzte Verbindung. Je zwei Stützenpaare sind durch die Hauptträger fest verbunden, dann folgt ein eingehängtes Trägerpaar. Die Stützen und mit ihnen

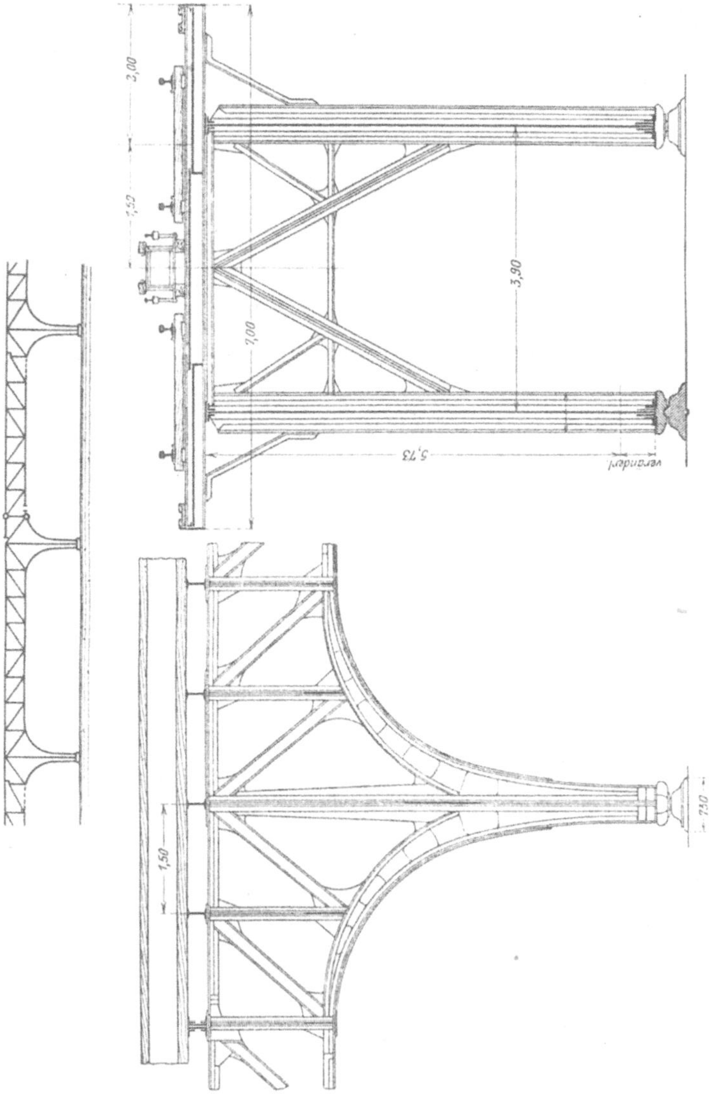

1 : 100.

Abb. 34. Viadukt der Berliner Hochbahn, Oststrecke.

die Hauptträger sind zum Teil senkrecht, zum Teil gegeneinander nach innen geneigt, die Schrägstellung gibt dem Bahnkörper von unten her ein gefälligeres Aussehen und ermöglicht zugleich, die Säulenfüße zur Verbreiterung des Durchgangs etwas weiter zu stellen. Auf den Knotenpunkten der Binder, deren Felderteilung rd. 1,5 m beträgt, liegen die aus Walzeisen gebildeten Querträger. Auf der Oststrecke (Abb. 34) ist der Oberbau mit Hilfe von schalldämpfenden Zwischenlagen von Holz und Filz unmittelbar auf diese Querträger gelegt; zwischen die Querträger sind stehende Tonnenbleche von 3 mm Stärke gespannt,

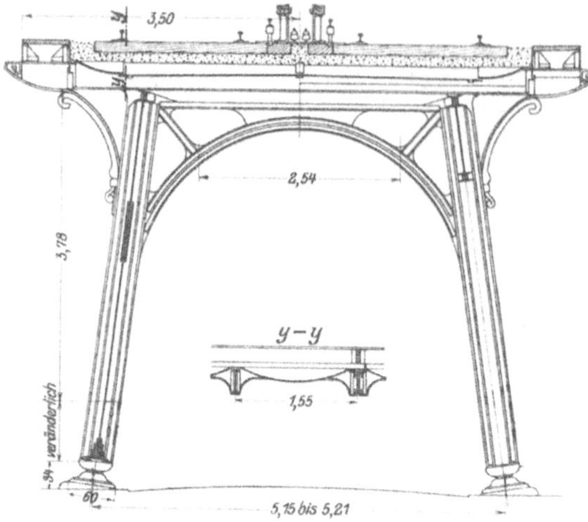

1 : 100

Abb. 35. Viadukt der Berliner Hochbahn. Weststrecke.

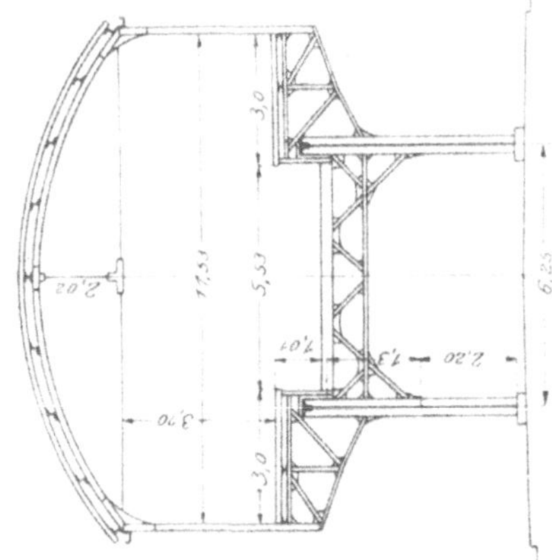

1 : 250

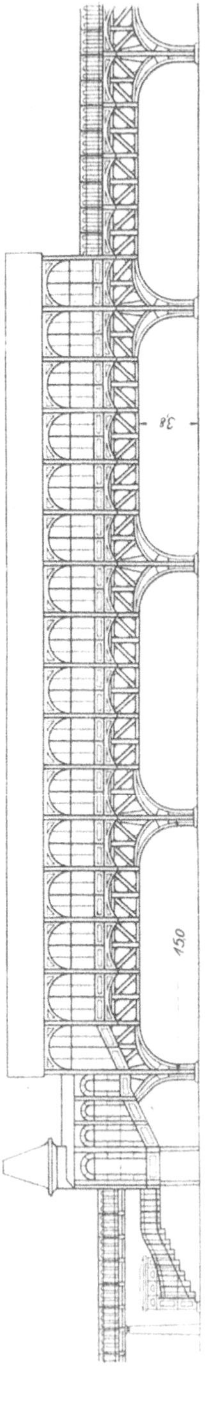

Abb. 38. Haltestelle der Berliner Hochbahn, Oststrecke.

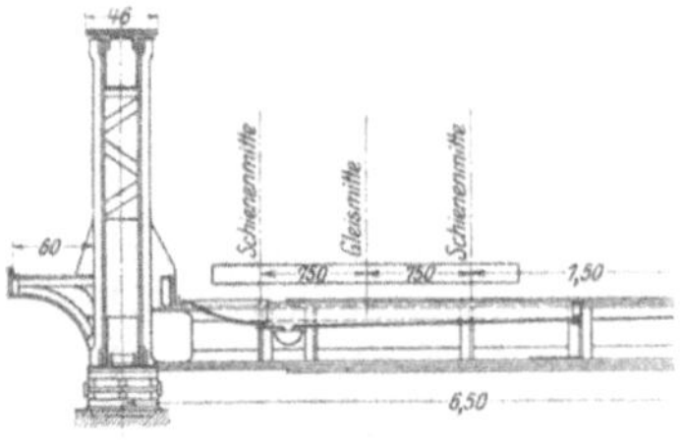

1 : 100

Abb. 36. Berliner Hochbahn. Straßenkreuzung.

1 : 250.

Abb. 37. Viadukt der Berliner Hochbahn, Nordstrecke.

der Raum zwischen den Tonnenblechen und der Schienenunterkante wurde mit Kies aufgefüllt. Diese Fahrbahn hat sich nicht bewährt, die Schalldämpfung erwies sich als nicht ausreichend und die feste Verbindung zwischen Ober- und Unterbau als lästig. Auf der Weststrecke (Abb. 35) wurden daher die Tonnenbleche von 6 mm Stärke nach unten gewölbt und in der bei Eisenbahnbrücken üblichen Bauweise zur Aufnahme des Bettungskörpers benutzt. Auf der Schönhauser-Allee-Linie (Abb. 37) sind die Hauptträger als Blechträger ausgebildet, aber ebenfalls mit den Stützen bogenförmig verbunden.

An den Straßenunterführungen mußte der Viadukt unterbrochen werden, da er nicht die genügende Durchfahrtshöhe hat. Beiderseits der Straße sind Steinpfeiler hochgeführt, die zur Auflagerung des Viaduktes und einer über die Querstraße gespannten eisernen Brücke mit untenliegender Fahrbahn und Hauptträgern aus Fachwerk oder Blech dienen (Abb. 36). An den Haltestellen der Oststrecke (Abb. 38) geht der Viadukt ohne Änderung seiner Grundform durch und trägt auf seiner Außenseite Konsolen, auf denen die Außenbahnsteige und die Seitenwände der Bahnsteighallen ruhen. Bei den Bahnhöfen

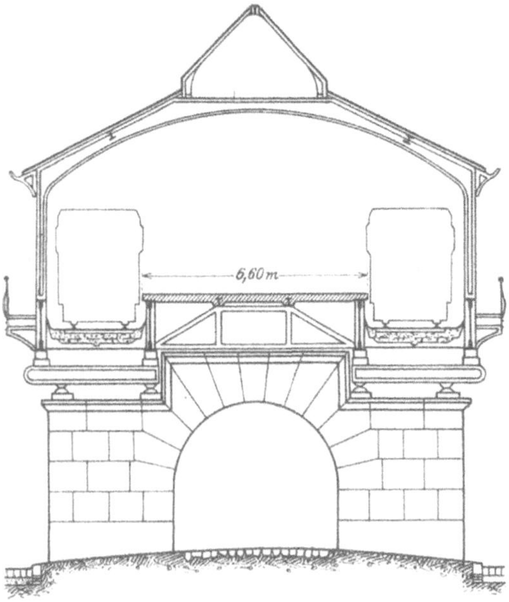

1 : 200

Abb. 39. Haltestelle der Berliner Hochbahn, Nordstrecke.

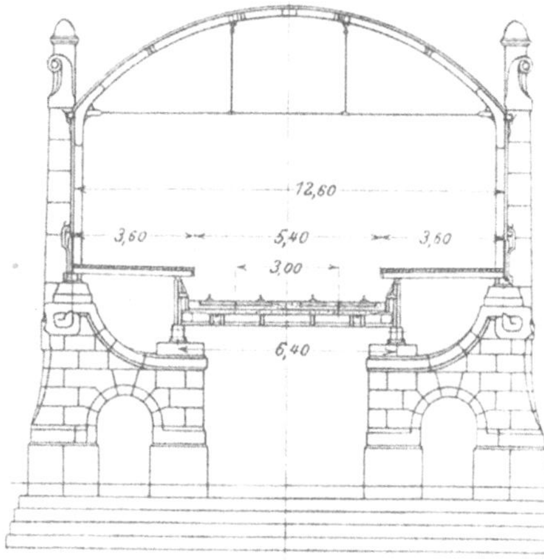

1 : 250

Abb. 40. Haltestelle der Berliner Hochbahn, Weststrecke.

der Weststrecke (Abb. 40) bestehen die Unterbauten aus Steinpfeilern, auf denen die Hauptträger des Bahnkörpers, die Längsträger des Bahnsteigs und die Hallenwände ruhen. Auf der Schönhauser-Allee-Linie (Abb. 39), wo Mittelbahnsteige angewendet sind, ist der zweigleisige Viadukt in den Haltestellen in zwei eingleisige Baukörper aufgelöst, deren Hauptträger auf Steinpfeilern ruhen. Die Hallenwände sind auf den Hauptträgern gelagert. Der Mittelbahnsteig ruht bei größerer Pfeilerentfernung (Bahnhof Nordring) auf besonderen Trägern, während er bei kleineren Spannweiten (Bahnhof Danziger Straße) sich durch Zwischenkonstruktionen auf die inneren Hauptträger der Fahrbahn stützt.

Bei der Hamburger Hochbahn wurden die statisch unbestimmten Bauweisen des Berliner Hochbahnviaduktes mit ihren großen wagerechten Auflagerkräften verlassen, und zwar hauptsächlich der tiefen Lage des guten Baugrundes wegen, daneben aber wohl auch zur Erleichterung der Entwurfsarbeit. Die Bremskräfte sind zu den an den Straßenkreuzungen stehenden Steinpfeilern oder zu besonderen Bremsportalen geleitet und die dazwischenliegenden Säulenpaare als Pendelportale ausgebildet. Zwischen je zwei Bremsauflagern ist dann der ganze Viadukt an einer Stelle zur Erzielung des Wärmeausgleichs aufgeschnitten, und dieser Schnitt erstreckt sich auch auf Fahrbahn und Oberbau. Die Hauptträger sind je nach ihrer Stützweite und Höhenlage als Blechträger (Abb. 41) oder als Fachwerkträger (Abb. 42) ausgebildet worden.

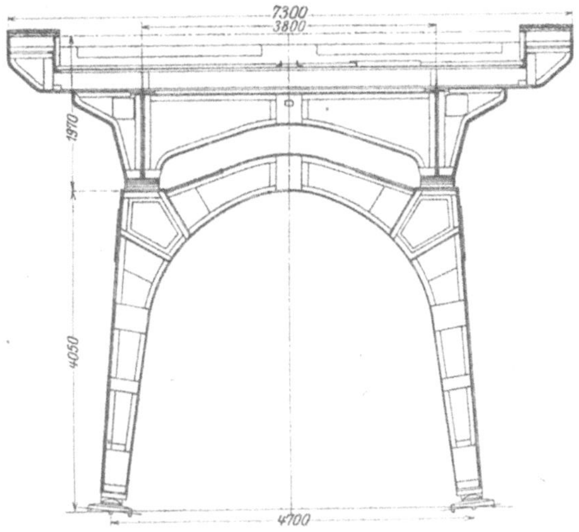

1 : 100.

Abb. 41. Hamburger Hochbahn. Blechträger-Viadukt.

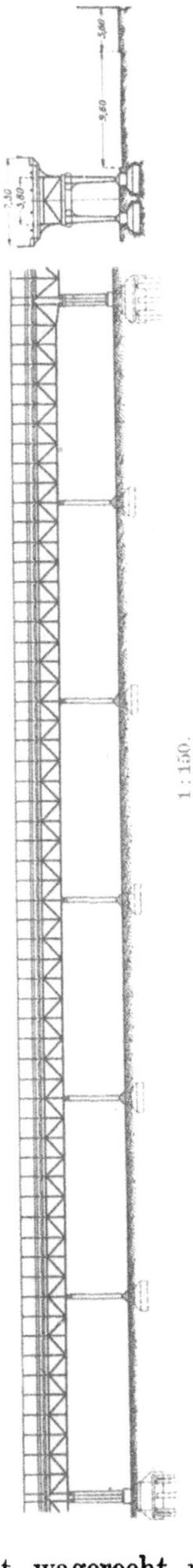

1 : 150.

Abb. 42. Hamburger Hochbahn, eiserner Fachwerk-Viadukt.

Bei den Haltestellen der Hamburger Hochbahn wurde angestrebt, die Erschütterungen des Bahnbetriebes von dem eigentlichen Hochbau, d. h. den Raum umschließenden Wänden des Erdgeschosses, den Bahnsteigen und der Halle, fernzuhalten, um Rissebildungen zu vermeiden. Deswegen wurden die den Bahnkörper tragenden Teile von den übrigen Bauteilen möglichst getrennt.

Ein Teil der Hochbahnstrecken der A. E. G. Schnellbahn wird nach Abb. 43 u. 44 mit nur einer Mittelstütze ausgeführt. Diese Bauweise hat gegenüber der zweistieligen den Vorteil, daß sie sich leichter der gewünschten Einteilung der Straßenoberfläche anschließt. Beispielsweise können die Straßenbahngleise unmittelbar beiderseits der Stützenreihe angeordnet werden. Die Anlage der Hochbahn wird dadurch bei Straßenbreiten möglich, in denen eine zweistielige Hochbahn kaum noch ausführbar wäre.

Bei der Langenschen Schwebebahn ruht die Fahrschiene auf einem T-Träger, und die Wagen hängen an eisernen Rahmen, die die Fahrschiene und den Längsträger umgreifen und oben in einem Drehgestell endigen. Die Hauptträger sind bei der Elferfelder Bahn dreiwandige Fachwerkträger, deren Form von Rieppel angegeben wurde. Der Hauptträger steht senkrecht, ein zweiter Träger steht wagerecht und bildet den oberen Flansch des senkrechten Trägers. Ein weiterer wagerechter Träger liegt in der Höhe des Untergurtes des senkrechten Trägers; seine Gurtungen werden durch die Schienenträger gebildet. Die Träger ruhen in Abständen von 20—30 m auf Pendelrahmen. Diese Pendelrahmen bestehen über der Wupper (Abb. 45) aus 2 schrägen Spreitzen, über der Straße

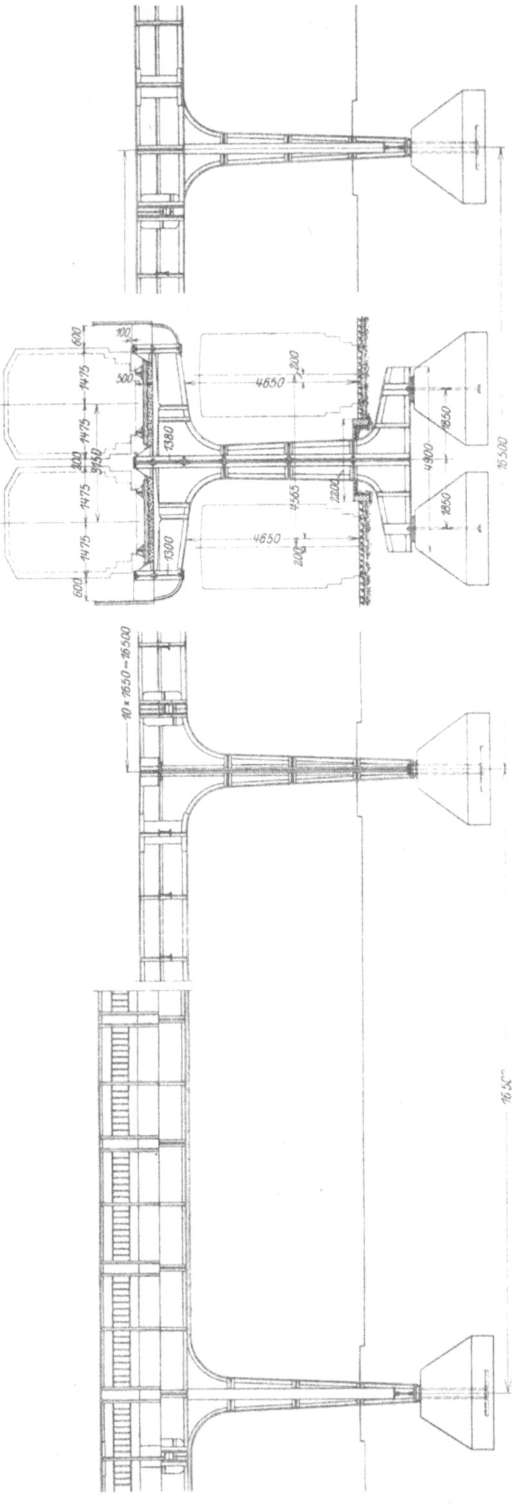

Abb. 43. Einstieliger Hochbahnviadukt. Seitenansicht.

Abb. 44. Einstieliger Hochbahnviadukt. Querschnitt.

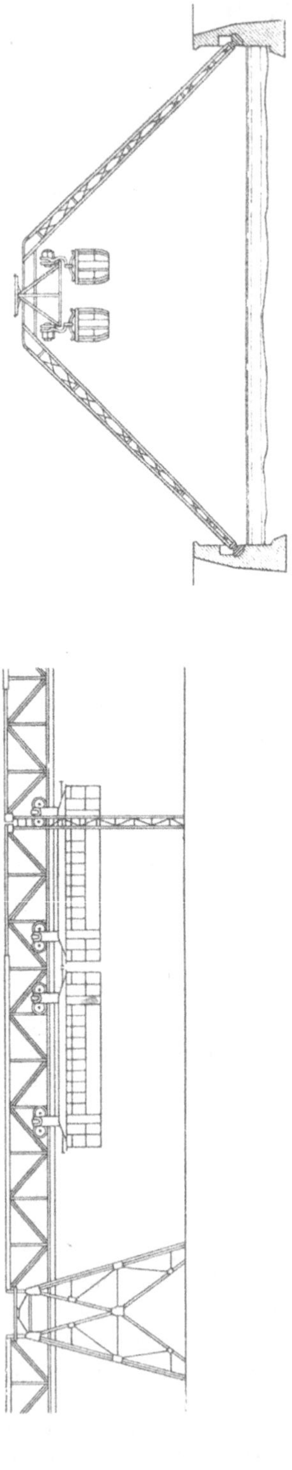

Abb. 45. Schwebebahn Elberfeld—Barmen, Viadukt über die Wupper.

(Abb. 46) aus einem halbkreisförmigen Portal mit senkrechten Stützen, die an den Bordkanten stehen. Alle 200—300 m sind zwei Portale dicht nebeneinander angeordnet und miteinander zu einem Bremsportale verbunden.

Bei der für Berlin vorgeschlagenen Bauweise (Abb. 48) stehen die Stützen in der Mitte des Fahrdammes auf kleinen, 1,75 m breiten Inseln.

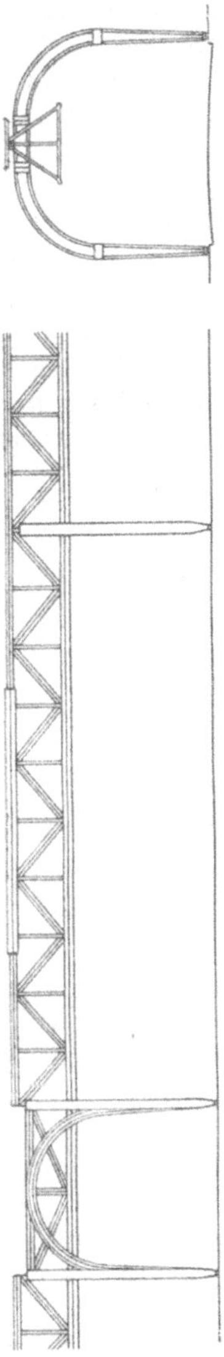

Abb. 46. Schwebebahn Elberfeld—Barmen, Viadukt über die Straße.
1 : 500

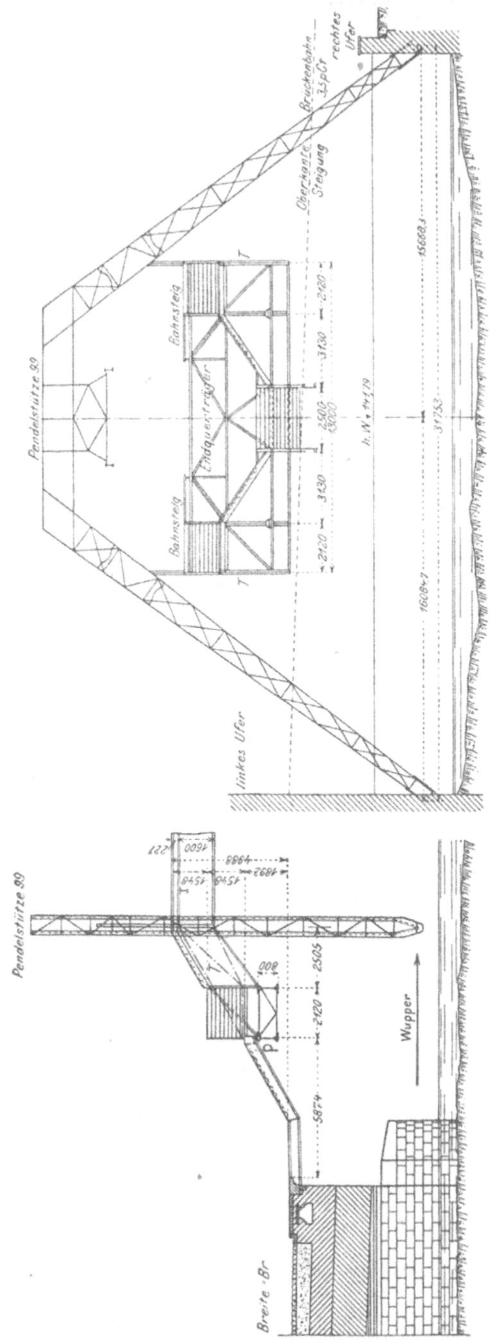

Abb. 47. Schwebebahnhaltestelle.
1 : 300.

Die Hauptträger sind als Blechträger ausgebildet, wodurch der Eisenbau ein ruhigeres, monumentaleres Aussehen erhält.

Straßenkreuzungen verursachen an der Bauweise der Schwebebahn keine Änderung, nur muß beiderseits ein Lademaß angebracht werden, um **hoch** beladene Fuhrwerke vor der Berührung mit dem Schwebebahnwagen zu schützen.

An den Haltestellen (Abb. 47) geht der Bahnkörper unverändert durch und die Bahnhofshalle ist um ihn herumgebaut.

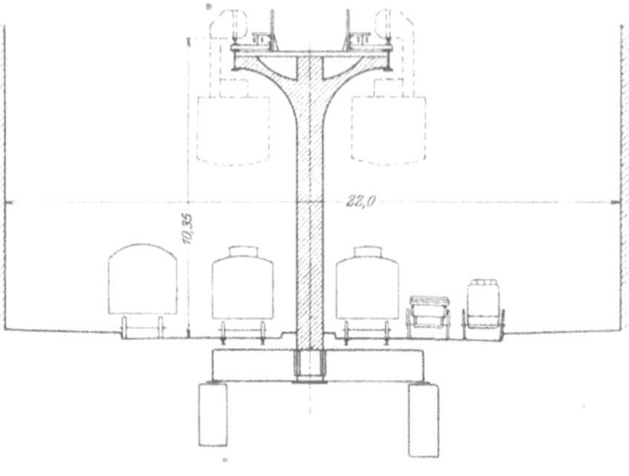

Abb. 48. Schwebebahn. Vorschlag für Berlin.

Bauausführung der Hochbahnen. Bei der Bauausführung muß zunächst der Lichtraum und der Platz für die Stützen und Pfeiler freigemacht werden. Dies erfordert meist eine Veränderung der Straßenoberfläche (Verschiebung von Bordkanten und Straßenbahngleisen. Beseitigung von Bäumen und kleineren Baulichkeiten). Auch für die Fundamente der Pfeiler und Stützen muß häufig erst der Platz durch Verlegung von städtischen Leitungen geschaffen werden. Erfolgt die Gründung auf Betonpfählen, so wird ein umfangreicherer Erdaushub mit seinen Belästigungen für den Straßenverkehr vermieden.

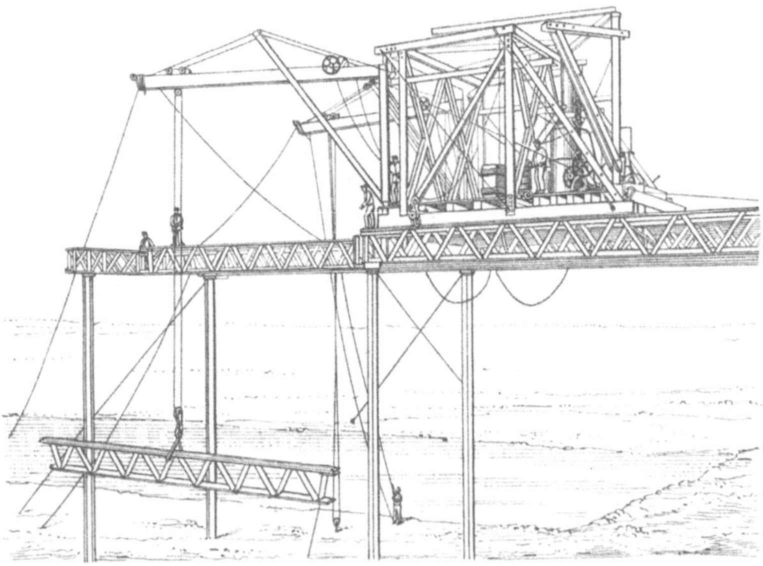

Abb. 49. Aufstellung von Hochbahnviadukten in Nordamerika.

Nach Fertigstellung der Stützen, Fundamente und Pfeiler wird die Eisenkonstruktion in üblicher Weise aufgestellt. Die Nietung geschieht meist mit Druckluft, obwohl das Geräusch für die Anwohner sehr störend ist. Der Strom für die Luftpumpen wird gelegentlich der Straßenbahnoberleitung entnommen. Ist die Straßenbreite beschränkt, so wird auch wohl die Eisenkonstruktion vom fertigen Teil des Viaduktes aus aufgestellt, wobei ein auf dem Viadukt sich fortbewegender Auslegerkran verwendet wird. Auf diese Weise wurden z. B.

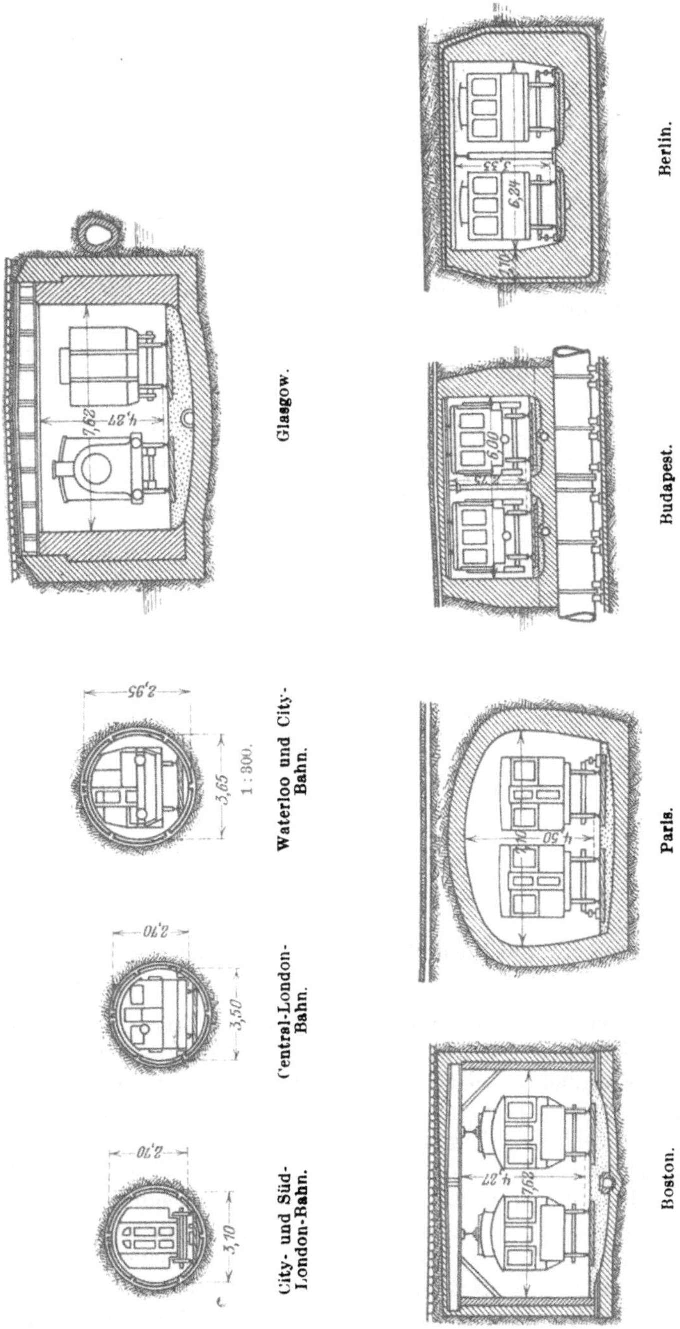

Abb. 50. Zusammenstellung der Querschnitte einiger Tiefbahnen.

in Boston (Abb. 49) in einer Nacht 3 4 Felder der Hochbahn aufgestellt, deren Längsträger und Portale gleich fertig vernietet auf die Baustelle gebracht wurden. Für Bauwerke mit größeren Spannweiten, z. B. Straßenunterführungen, sind feste Rüstungen notwendig.

5. Tiefbahnen.

a) Tieftunnel- oder Röhrenbahnen. (Abb. 50.) Zusammenstellung der Querschnitte einiger Tiefbahnen. Die kreisförmige Gestalt der Tunnelwand wird durch den allseitig wirkenden Druck erforderlich, häufig aber auch gewählt, um die Bauausführung mit Schildvortrieb zu erleichtern. Zur Verringerung des Erdaushubs, der bei der tiefen Lage des Tunnels einen erheblichen Teil der Baukosten ausmacht, und zur Erleichterung der Bauausführung, deren Schwierigkeiten mit der Zunahme des Röhrendurchmessers erheblich wachsen, wird gewöhnlich für jedes Gleis ein besonderer Tunnel hergestellt. Hierbei ergibt sich als Vorteil die Unabhängigkeit der beiden Längenprofile voneinander, und die Möglichkeit, beide Gleise übereinanderzulegen.

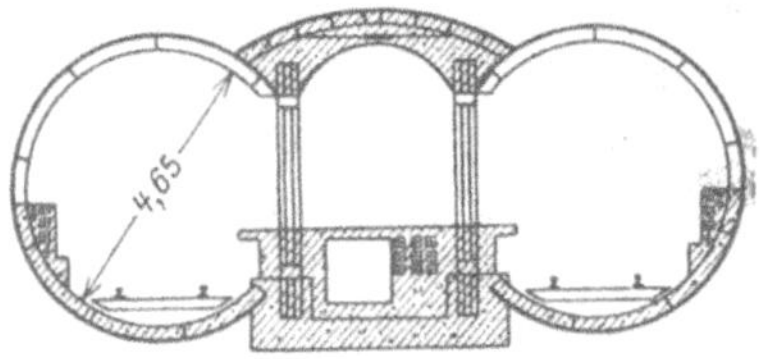

Abb. 51. Haltestelle Christopherstraße der Hudson- und Manhattan-Röhrenbahn in Neuyork.

Die inneren Durchmesser der in England gebauten Tunnel betragen 3,1 bis 3,75 m. Das kleinste Maß von 3,1 m hat die älteste Londoner Röhrenbahn, die City- und Süd-London-Bahn. Hierbei bekamen aber die Betriebsmittel un-

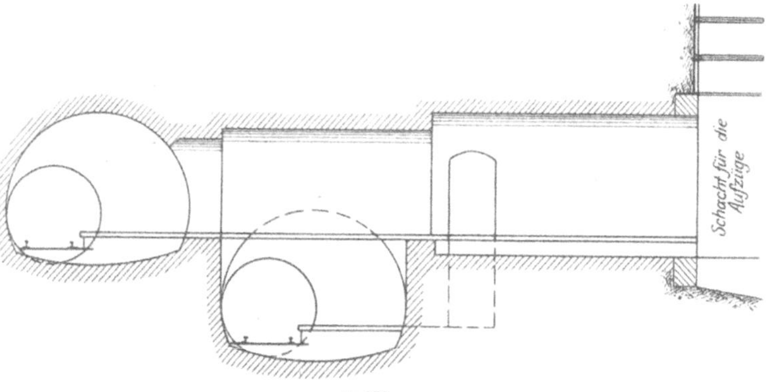

Abb. 52. Haltestelle der City- und Süd-London-Bahn.

genügende Abmessungen, und so wurden bei den späteren Ausführungen die Abmessungen allmählich vergrößert. Die im Zuge der Neuyorker Untergrundbahn bei Flußkreuzungen verlegten Eisenröhren haben einen Durchmesser von 4,54 m. Bei der Great Northern- und City-Bahn wurde der Tunneldurchmesser auf 4,88 m bemessen. Der Tunnel unter dem Fort-Point-Kanal im Zuge der Bostoner Untergrundbahn hat einen inneren Durchmesser von 5,71 m.

Die Ausbildung der Stationen ist verschieden, je nachdem die beiden Gleistunnel in gleicher oder in verschiedener Höhe liegen. Bei gleicher Höhenlage beider Tunnel, Abb. 51, werden die gegeneinander gekehrten Seitenwandungen durchbrochen; dazwischen wird eine besondere Wölbdecke eingebracht. Das unter dieser Wölbdecke belegene Erdreich wird ausgehoben und der entstehende Raum zur Anlage des Bahnsteiges benutzt. Liegen die Tunnelröhren in verschiedener Höhe, Abb. 52, so wird für Gleis und Bahnsteig je ein größerer Tunnelquerschnitt hergestellt.

Bei den älteren Röhrentunneln ist die Wandung stets aus Eisen hergestellt worden. Sie besteht nach Abb. 53 aus Ringen von 0,5—0,6 m Breite und jeder

Ring aus einer Anzahl von Platten von je 1 – 1,5 m Länge. Die Platten erhalten an ihren Rändern Rippen, mit denen sie zusammengeschraubt werden, nötigenfalls unter Verwendung eines Dichtungsmittels (Kupfer, Blei, Holz, Pappe, Teerstricke). Die Platten wurden früher ausschließlich aus Gußeisen hergestellt, das zugleich den Vorzug größerer Rostbeständigkeit hat. Neuerdings werden sie häufig aus Flußeisen gepreßt, namentlich dann, wenn der Tunnel im schwimmenden Gebirge liegt und Biegungsbeanspruchungen erleidet.

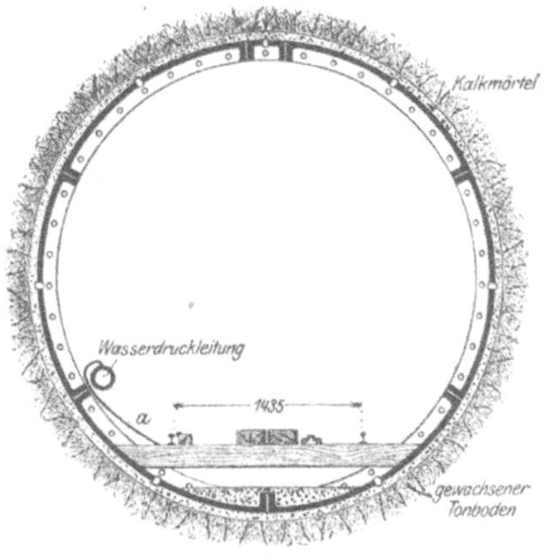

Abb. 53. Tunnelquerschnitt der City- und Süd-London-Bahn.

Der Tunnelvortrieb geschieht mit Benutzung eines Schildes, der sich mit Druckwasserpressen gegen die fertige Tunnelwandung stützt. Die Tunnelwandung wird unter dem Schutz des Schildschwanzes hergestellt. Sind die eisernen Platten zu schwer, um sie mit der Hand tragen zu können, so werden sie mit Hilfe eines Kranes versetzt.

Jede Platte hat in der Mitte eine Öffnung, durch die Zementmörtel in den hinter dem Tunnelschild sich bildenden Hohlraum zwischen der Wandung und dem Erdkörper eingespritzt wird. Hierdurch wird die Eisenwandung von außen vor Rost geschützt. Innen wird die Eisenwandung verputzt oder vermauert, und wenn nötig, Ballast eingebracht, um dem Auftrieb im schwimmenden Gebirge zu begegnen. Ein unbedingt zuverlässiger Abschluß des Eisens gegenüber dem Zutritt von Rost und Wasser wird durch die Umhüllung nicht gewährleistet, und dadurch entsteht die Gefahr der Vergänglichkeit. Daher

Abb. 54. Querschnitt des Tunnels unter dem Fort-Point-Kanal in Boston.

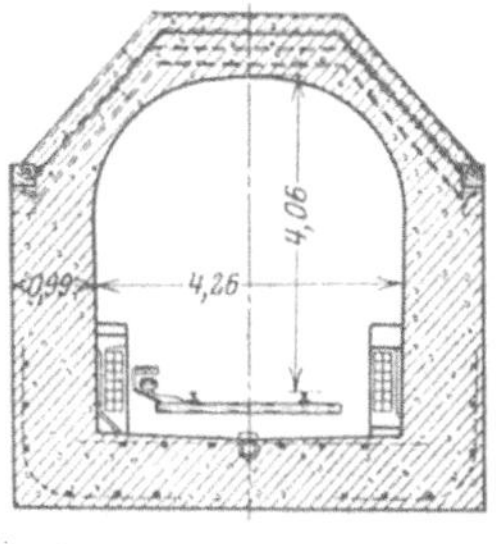

Abb. 55. Eingleisiger Betontunnel der Hudson- und Manhattan-Röhrenbahn in Neuyork.

ist das Streben berechtigt, das Eisen durch einen unvergänglichen Baustoff zu ersetzen. Als solcher kommt Mauerwerk und Beton in Frage. Der einfachste, aber auch teuerste Ausweg ist der, innerhalb der Eisenwandung eine vollständig tragfähige Wandung aus Mauerwerk herzustellen, die auch beim Verrosten der Eisenwandung den Tunnel erhält. Ein billigerer Weg ist der, unter dem Schutz des Schildschwanzes die Tunnelwandung aus Mauerwerk oder Beton herzustellen. Da das frische Mauerwerk den Druck der zum Vortrieb des Schildes dienenden Pressen nicht ertragen kann, so werden darin gußeiserne Stempel eingebettet, die den Druck auf das dahinter liegende schon abgebundene Mauerwerk übertragen. Bei starkem Drucke wird der Beton durch Eiseneinlagen verstärkt. Die äußere Tunnelwandung braucht in diesem Falle nicht notwendig einen kreisrunden Querschnitt zu haben; eine abweichende Form zeigt Abb. 55.

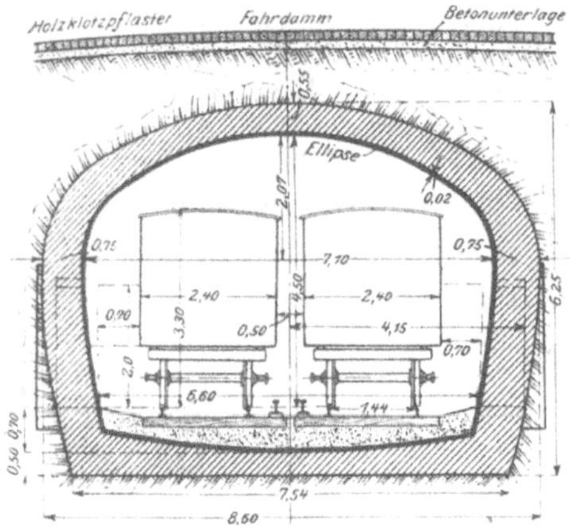

1. Pariser Stadtbahn. Zweigleisiger Tunnel.

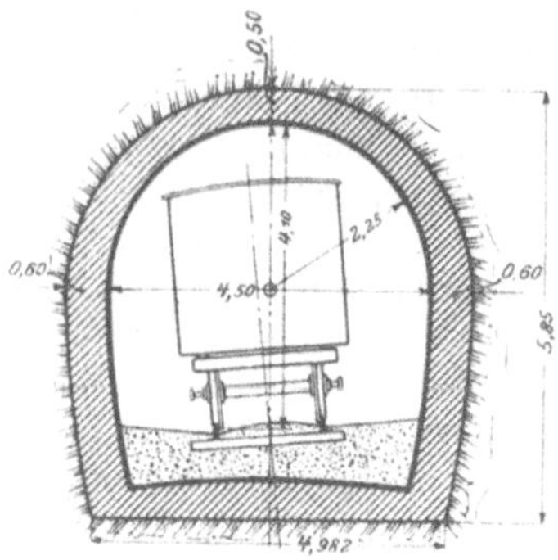

2. Pariser Stadtbahn. Eingleisiger Tunnel.

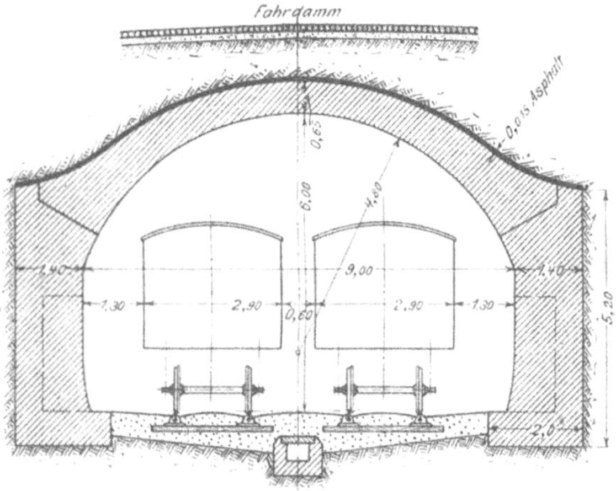

3. Paris. Sceaux-Linie. 1 : 150.

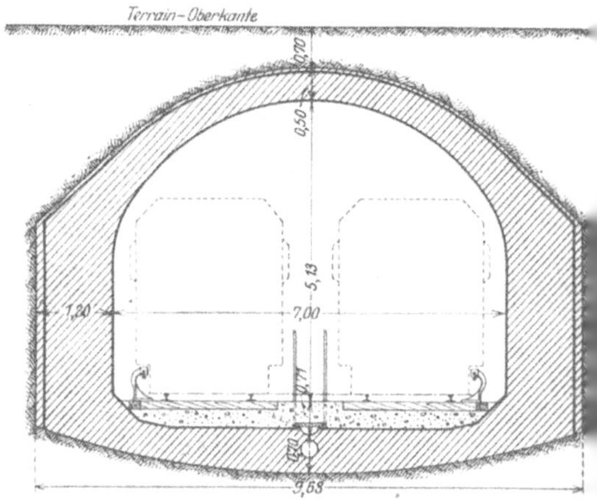

4. Hamburger Hochbahn. Flachliegender Tunnel. 1 : 150

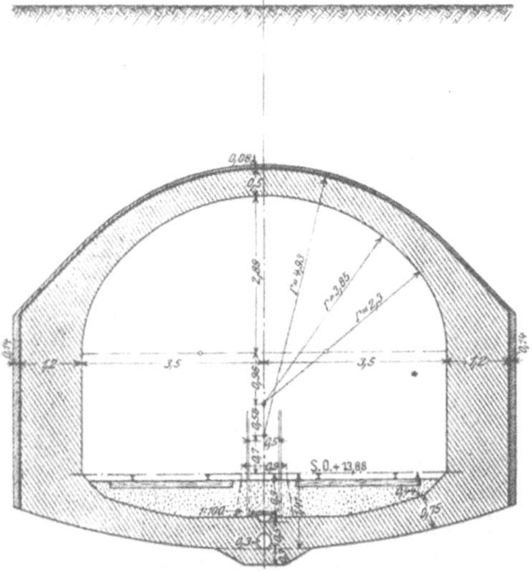

5. Hamburger Hochbahn. Tiefliegender Tunnel.

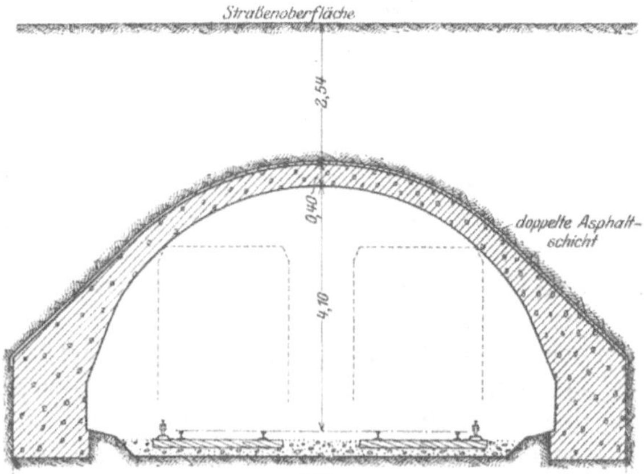

6. Wilmersdorf.

Abb. 56. Wölbtunnelquerschnitte.

Derartige Tunnelwandungen aus Eisen oder Beton lassen sich nur in wasserundurchlässigem Boden herstellen. Wo Wasserandrang zu befürchten ist, muß das Mauerwerk von außen eine undurchlässige Schutzschicht erhalten. Zu diesem Zweck wird zunächst eine Tunnelröhre aus Holz hergestellt und diese von innen mit der Abdeckschicht versehen und dann innerhalb der hölzernen Rohre der Mauerwerkskörper hergestellt. In dieser Weise ist der Tunnel unter dem Fort-Point-Kanal im Zuge der Dorchester Schnellbahn in Boston ausgeführt worden, Abb. 54. Die hölzerne Tunnelwandung besteht aus einzelnen Platten von 142 cm Länge, 25 cm Breite und 23 cm Dicke. Jede Platte wird an der benachbarten durch je 6 eiserne Stifte von 37 cm Länge und 12 mm Durchmesser befestigt. Die Stifte werden durch die Wasserpressen, die den Vorschub

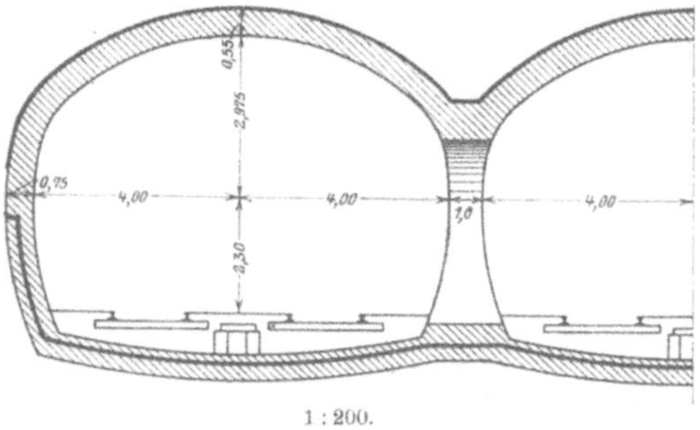

Abb. 57. Viergleisiger Wölbtunnel der Orléans-Bahn in Paris.

des Schildes bewirken, in vorgebohrte Löcher eingepreßt. Nach Fertigstellung der hölzernen Röhre wird eine Lage von getränktem Jutegewebe von innen gegen das Holz genagelt, dann werden zwei weitere Lagen mit Asphalt aufgeklebt.

Die Angriffspunkte für die Bauausführung bilden die Stationen. Die dort erforderlichen Aufzugs- oder Treppenschächte werden zuerst niedergebracht, und von ihnen aus die Tunnel nach beiden Richtungen vorgetrieben. Hier müssen also alle Baustoffe eingeführt und die ausgehobenen Erdmassen entfernt werden. Die ausgehobenen Erdmassen werden auf der Schachtsohle in einen Behälter entleert und durch ein Becherwerk nach oben befördert.

b) Wölbtunnel. Der Tunnelquerschnitt (Abb. 56) unterscheidet sich wenig von der bei Gebirgstunneln üblichen Form; nur wo sich der Tunnel stellenweise der Erdoberfläche nähert, erhält die Wölbdecke eine gedrückte Form und wird nach einer Ellipse gestaltet. Viergleisige Tunnel werden gewöhnlich in zwei zweigleisige mit gemeinsamer Mittelmauer aufgelöst (Abb. 57). Bei geringer Überdeckungshöhe und bei hohem Gebirgsdruck finden sich auch wohl zwei eingleisige Tunnel mit gemeinsamer Mittelwand.

Die Bauausführung geschieht entweder in offener Baugrube (Hamburger Hochbahn) oder tunnelmäßig. Die tunnelmäßige Ausführung macht aber in bebautem Gelände große Vorsicht nötig, da sonst Sackungen des Erdreichs und Beschädigungen von Gebäuden unvermeidlich sind. Unterschieden werden grundsätzlich zwei Bauweisen, die als entsprechend abgeänderte Anwendungen der belgischen und deutschen Bauweise zu bezeichnen sind. Bei der belgischen Bauweise (Abb. 58) wird zunächst ein Sohlstollen in der Tunnelachse hergestellt und hierauf die ganze obere Hälfte ausgebrochen und das Gewölbe ausgemauert, dann wird das Gewölbe in bekannter Weise unterfangen. Bei der deutschen Methode (Abb. 59 u. 60) werden zuerst Schlitze für die beiden Widerlager ausgehoben und diese hergestellt. Hierbei muß man sich zahlreicher Aufbruchstellen bedienen. Nach Beendigung des Erdaushubs erfolgt die Ausmauerung rückwärts

a) Gewöhnliche Bauweise.

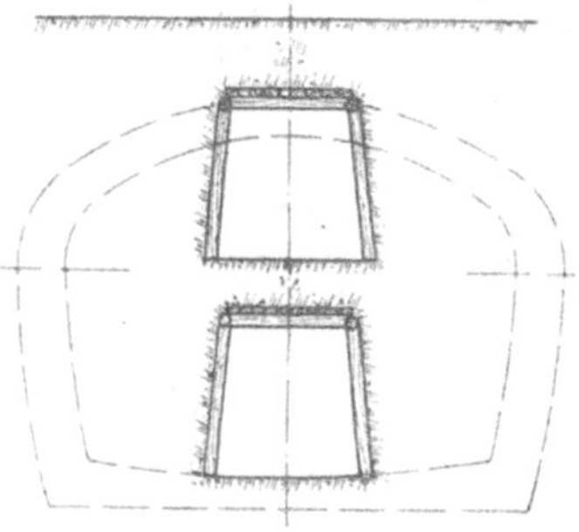

1. First- und Sohlstollen.

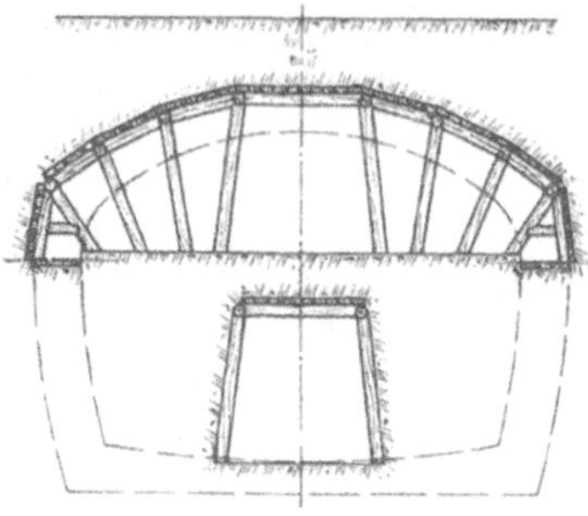

2. Zimmerung.

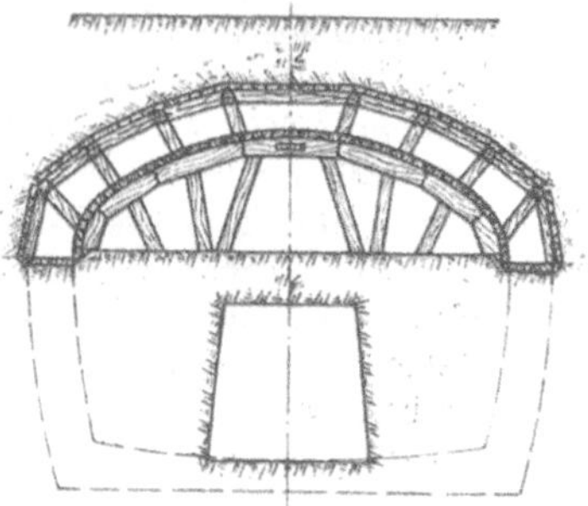

3. Einrüstung.

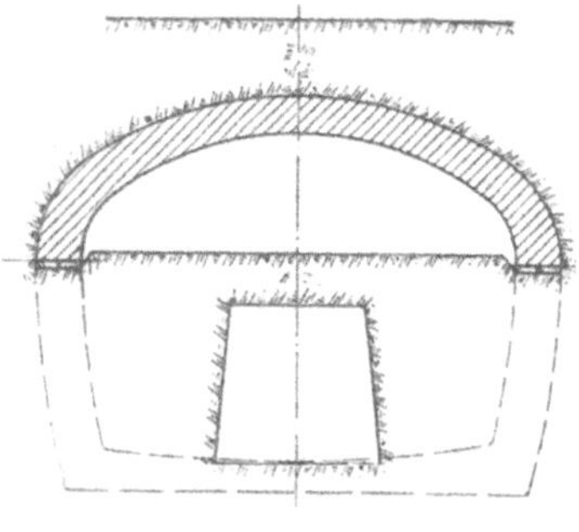

4. Gewölbe fertig.

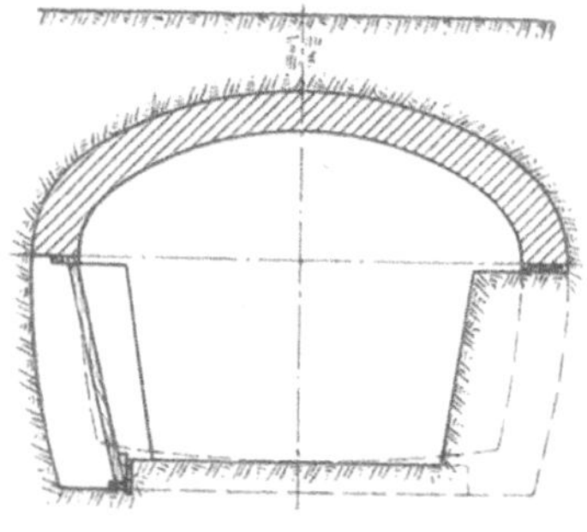

5. Unterfangung des Gewölbes.

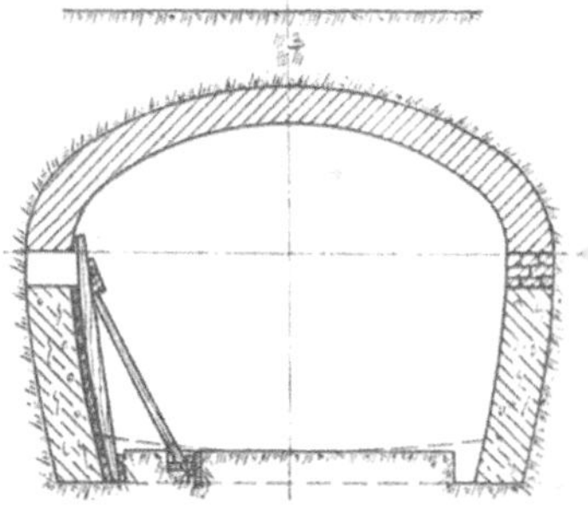

6. Herstellung der Widerlager.

b) Bauweise ohne Sohlstollen.
Streifenweise Unterfangung des Gewölbes bei schlechtem Baugrund.

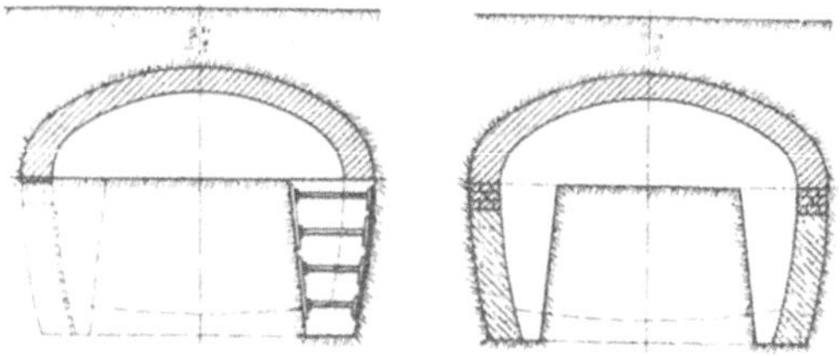

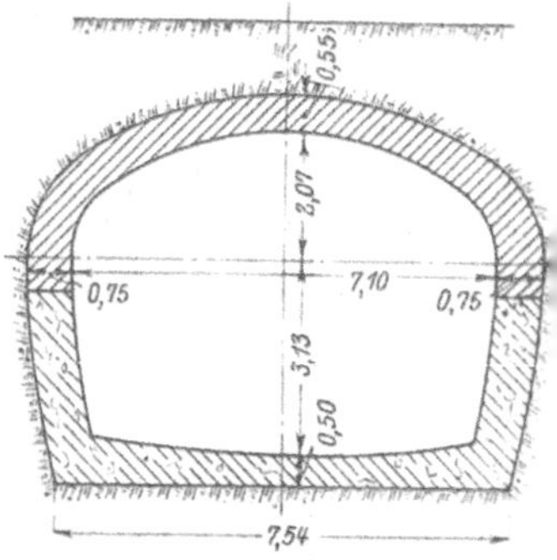

7. Fertiger Tunnel.

Abb. 58. Bauausführung des Wölbtunnels in belgischer Bauweise (Pariser Stadtbahn).

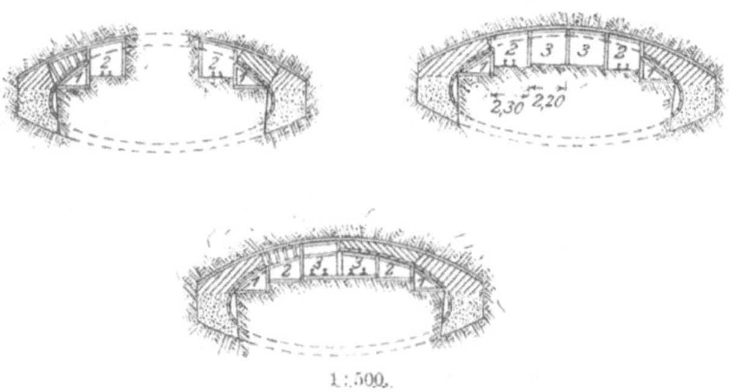

1:500.

Abb. 59. Anwendung der deutschen Bauweise auf den Bau einer Haltestelle (Pariser Stadtbahn).

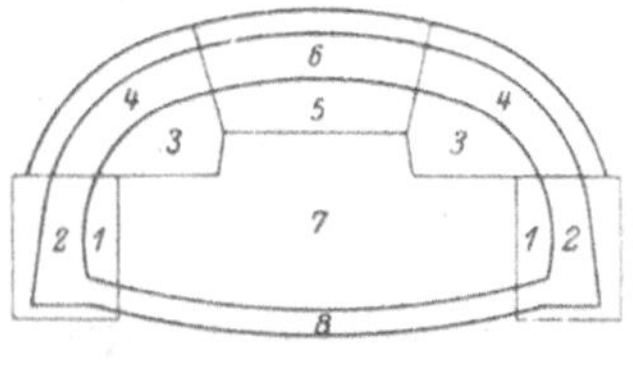

Abb. 60. Bauausführung von Wölbtunneln in deutscher Bauweise.

nach der Aufbruchstelle hin. Nach Fertigstellung der Widerlager wird die obere Hälfte des Tunnels von einem Firststollen aus aufgebrochen, das Gewölbe hergestellt und zuletzt der zwischen den Widerlagern stehengebliebene Erdkern beseitigt. Da es sich meist um mildes Gebirge handelt, das nicht geschossen

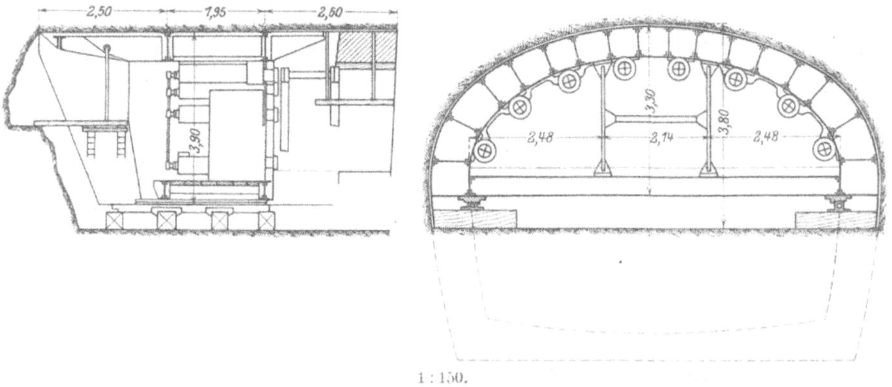

Abb. 61. Schildvortrieb in Verbindung mit belgischer Bauweise (Pariser Stadtbahn).

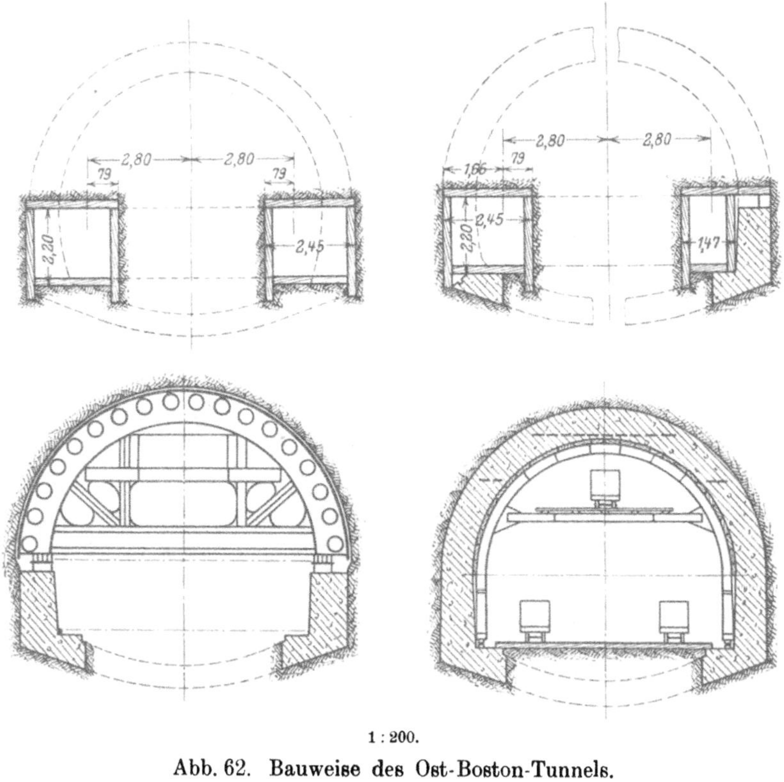

Abb. 62. Bauweise des Ost-Boston-Tunnels.

zu werden braucht, hat die Beseitigung des Erdbodens unter dem fertigen Gewölbe keine Bedenken. Für den Aushub der oberen Tunnelhälfte ist wiederholt der Schildvortrieb nach Abb. 61 benutzt worden in der zuerst von Chagnaud bei dem Hauptsammler von Clichy angewendeten Bauweise. Dieser Schildvortrieb hat sich beim Bau der Pariser Stadtbahn wenig bewährt, weil der Boden

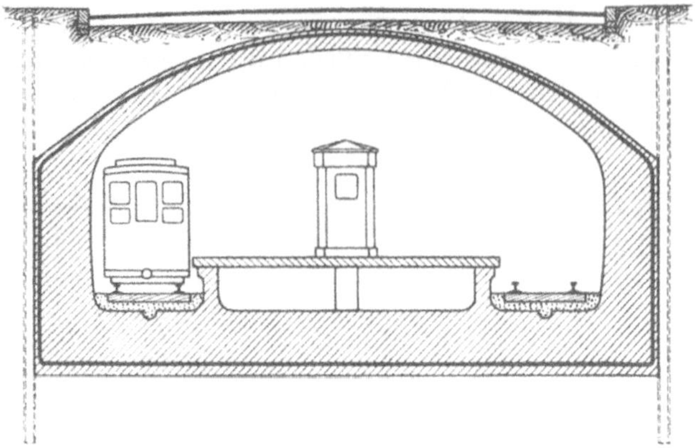

1 : 200.
1. Bahnhof Inselbrücke der Berliner Hochbahn.

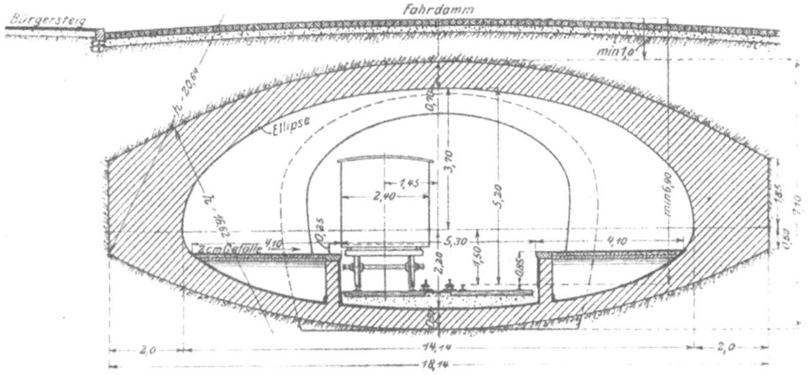

2. Pariser Stadtbahn.

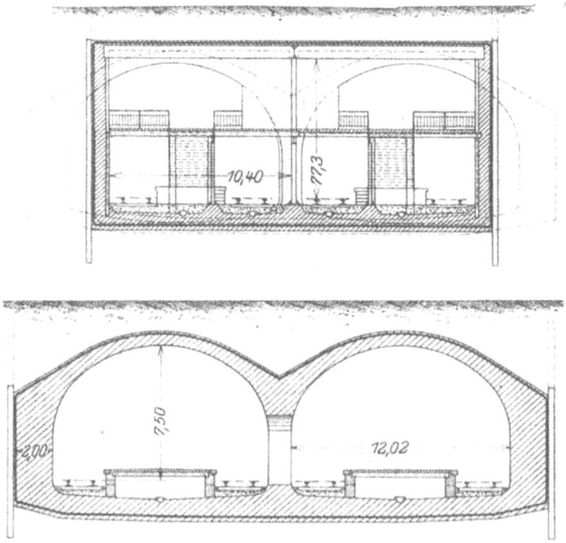

1 : 400.
3. Hamburger Hochbahn. Haltestelle Hauptbahnhof.

Abb. 63. Stationsanlagen mit gewölbter Decke.

über dem Schild mit dem Straßenpflaster nachsackte. Besser gelungen ist seine Anwendung in Boston in festem Ton (Abb. 62).

In Abb. 63 sind einige Stationsanlagen mit gewölbter Tunneldecke gegeben.

c) Unterpflasterbahnen. Die Unterpflasterbahnen (Abb. 64) zeigen eine Reihe von eigenartigen Bauweisen, deren Durchbildung in Deutschland besonders

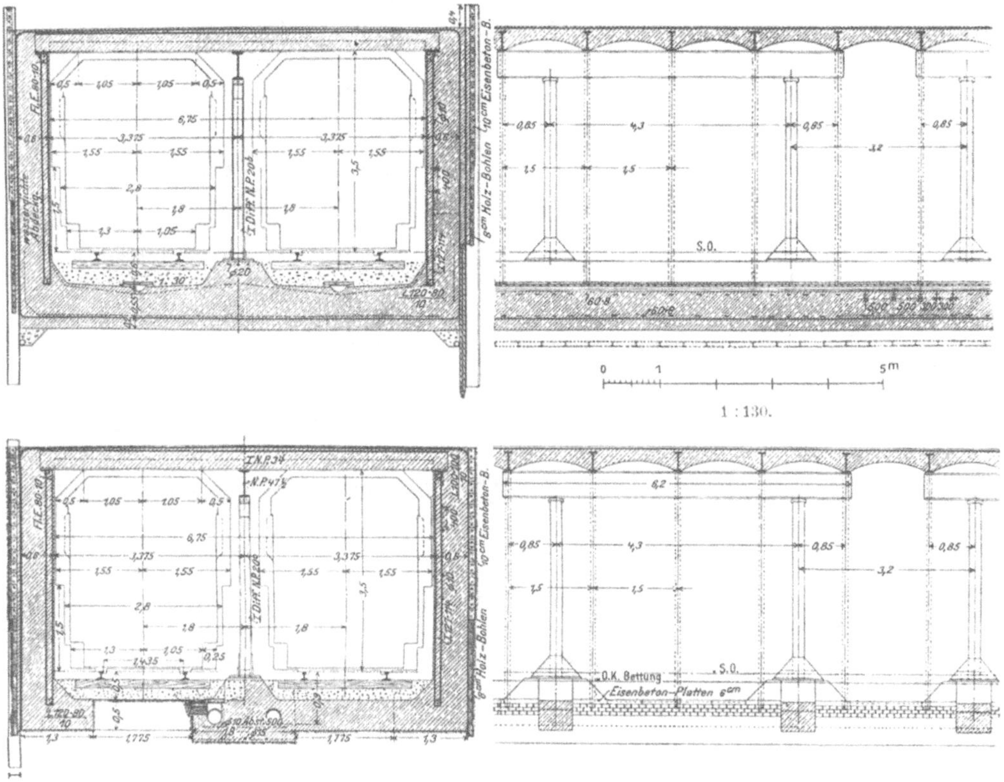

Abb. 64. Unterpflasterbahnstrecken der Hamburger Hochbahn mit und ohne durchgehende Sohle.

der Firma Siemens & Halske zu verdanken ist. Sie haben in den Vereinigten Staaten von Amerika, namentlich in Neuyork, wertvolle Weiterbildungen erfahren[1]).

Die Überdeckung über dem Tunnelkörper schwankt zwischen 0,7 und 2,7 m als Mindestmaße. Die geringere Überdeckung wird gewählt, um das Eintauchen des Bahnkörpers in das Grundwasser zu verringern; sie macht die Beseitigung fast aller im Zuge der Bahn liegenden Leitungen erforderlich. Bei Überdeckungen von 2,7 m können dagegen alle Leitungen, sogar größere Schmutzwasserkanäle, über den Tunnel hinweggeführt werden. Auch lassen sich über dem Tunnel unterirdische Fußwege zur Verbindung beider Straßenseiten anordnen, wodurch die Ausbildung der Stationen erleichtert wird. In der einfachsten Form werden die Wände des Bahntunnels aus Mauerwerk oder Beton, die Decke aus I-Eisen in 1,5—1,8 m Abstand mit dazwischengelegten scheitrechten oder bogenförmigen Kappen aus Beton ausgeführt. Taucht die Bahn ins Grundwasser oder treten bei einer größeren Tiefenlage starke wagerechte Kräfte auf, so muß eine Sohle aus Beton hergestellt werden, die bei großem Wasserdruck die Form

[1]) Vgl. die Aufsätze von Musil im Organ für die Fortschritte des Eisenbahnwesens 1913 bis 1917.

eines umgekehrten Gewölbes erhält oder als wagerechter Betonbalken mit Eiseneinlagen ausgeführt wird.

Eine mittlere Stützenreihe wird angeordnet, um an Eigengewicht der Decke zu sparen. Die Stützen stehen in Entfernungen von 4—6 m und ruhen auf der Betonsohle oder auf besonderen Grundmauern. Auf der Stützenreihe liegen Unterzüge, die die Deckenträger aufnehmen. Die mittlere Stützenreihe hat den Nachteil, daß Weichen nachträglich nicht eingelegt werden können. Die Stützen werden daher in der Nähe der Stationen, wo Weichen in Frage kommen können, am besten fortgelassen.

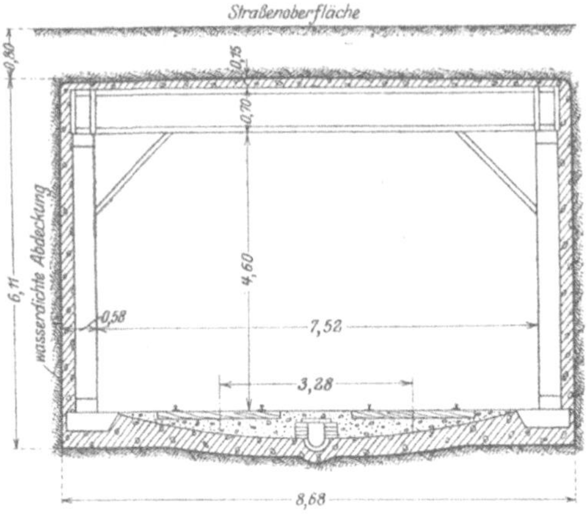

1 : 150.

Abb. 65. Straßenbahntunnel in Boston (Park-Str. Subway), normaler Querschnitt.

Häufig ist eine Einschränkung der Gesamtbreite des Bauwerkes erwünscht, entweder um mit Rücksicht auf den Straßenverkehr die Baugrube möglichst schmal halten zu können, oder um auch in engeren Straßen noch einen Bahntunnel herstellen zu können, ohne zu kostspieligen Veränderungen oder Unterfangungen der Hausgrundmauern gezwungen zu sein. In solchen Fällen wird der Tunnel entweder in gemischter Eisen- und Betonbauweise oder aus Eisenbeton hergestellt. Bei der gemischten Eisen- und Betonbauweise werden für Wände und Decke eiserne Halbrahmen oder unter Einbeziehung der Sohle eiserne Vollrahmen aufgestellt und zwischen den Rahmen Kappen aus Beton hergestellt, vgl. Abb. 65. Die Ecke zwischen den Wand- und Deckenträgern wird entweder steif ausgebildet oder statisch als Gelenk betrachtet. Die Rahmenbauweise empfiehlt sich überall da, wo große wagerechte Kräfte zu erwarten stehen, weil die auftretenden Kräfte sofort von dem Rahmen aufgenommen werden. Bei der Bauweise aus Eisenbeton werden Rundeisen, in Amerika verdrehte oder geriffelte Vierkanteisen in Abständen von 150—250 mm verwendet. Ausführungsbeispiele zeigen die Abb. 66a und 66b. Beim Tunnel im Zuge der Vierten Avenue in Brooklyn hat die Decke eine Stärke von 60—70 cm, die Widerlager eine solche von 50—55 cm und die Sohle eine solche von 30—60 cm erhalten.

Im allgemeinen empfiehlt es sich, die Innenwandungen des Tunnels möglichst glatt herzustellen, da durch Vorsprünge und Nischen das Geräusch der Zugfahrt außerordentlich verstärkt wird.

Kreuzungen mit tiefer liegenden Bahnen und Überschneidungsbauwerke werden gewöhnlich in der Weise ausgeführt, daß die Wände des obenliegenden Bahnkörpers durch Einlage von eisernem Fachwerk tragend ausgebildet werden. Die Fahrbahn wird durch Einlage von breitflanschigen I-Eisen in den Beton hergestellt. Es ist aber auch ausreichend, Wände und Sohle des Tunnels an der Kreuzungsstelle aus Eisenbeton herzustellen. Die gleiche Bauweise wird auch angewendet, wo eine spätere Unterfahrung durch eine kreuzende Tiefbahn zu erwarten steht, sowie für die wagerechten Zwischendecken zweigeschossiger Tunnel.

Ist der Raum zwischen der Lichtraumumgrenzung und der Tunnelwandung nicht breit genug, damit dort ein Mensch stehen kann, und ist auch kein durch eine Säulenreihe geschützter Mittelgang vorhanden, so müssen in Abständen von etwa 50 m Rettungsnischen von mindestens 1 m Breite und 0,5 m Tiefe eingebaut werden. Bei dünnen Tunnelwandungen erschweren diese Nischen die Bauausführung sehr.

Bauausführung der Unterpflasterbahnen. Infolge der geringen Tiefenlage der Unterpflasterbahnen greift ihre Bauausführung in den Bestand

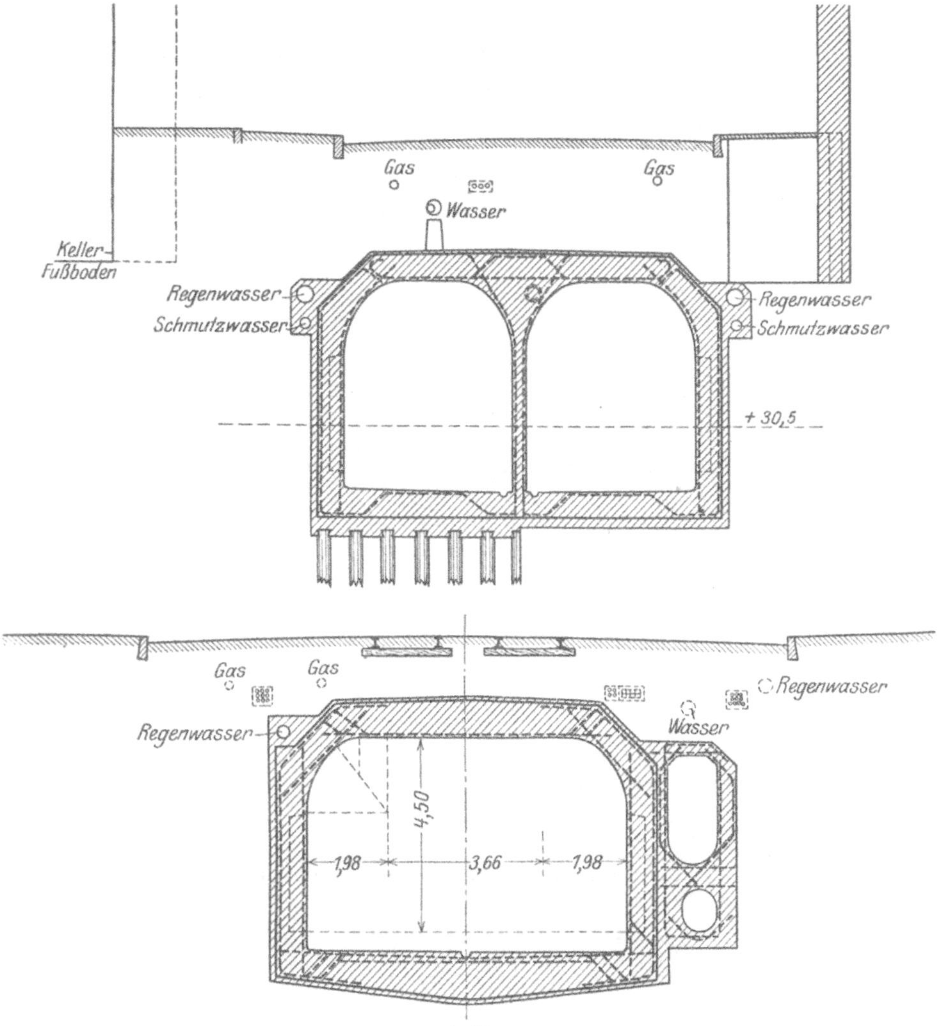

Abb. 66a und b. Straßenbahntunnel in der Boylstonstraße in Boston.

der Straßen erheblich ein. Nur in dem Falle, wo die Herstellung des Bahnkörpers vor oder gleichzeitig mit der Anlage der Straße erfolgen kann, entstehen keine besonderen Schwierigkeiten. In allen anderen Fällen müssen zunächst die Leitungen beseitigt werden, die in den künftigen Tunnelquerschnitt fallen. Diese Leitungsverlegungen sind oft sehr umfangreich und schwierig und daher recht kostspielig. Um häufige Kreuzungen des Bahnkörpers zu vermeiden, werden alle Leitungen beiderseits, also doppelt, angelegt[1]). Bisweilen werden auch wohl

[1]) In Berlin sind in breiteren Straßen, wie sie für Untergrundbahnen hauptsächlich in Frage kommen bereits doppelte Leitungen, und zwar unter den Bürgersteigen vorhanden, um bei Ausbesserungen Dammaufbrüche zu vermeiden.

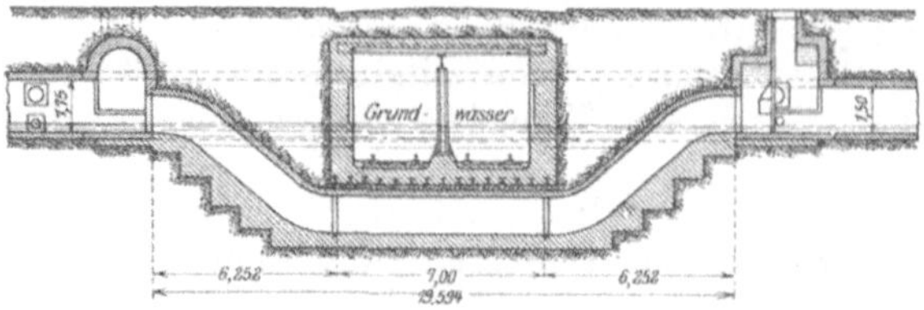

1 : 400.

Abb. 67. Dückerung des Sammelkanals in der Hohenstauffenstraße in Schöneberg.

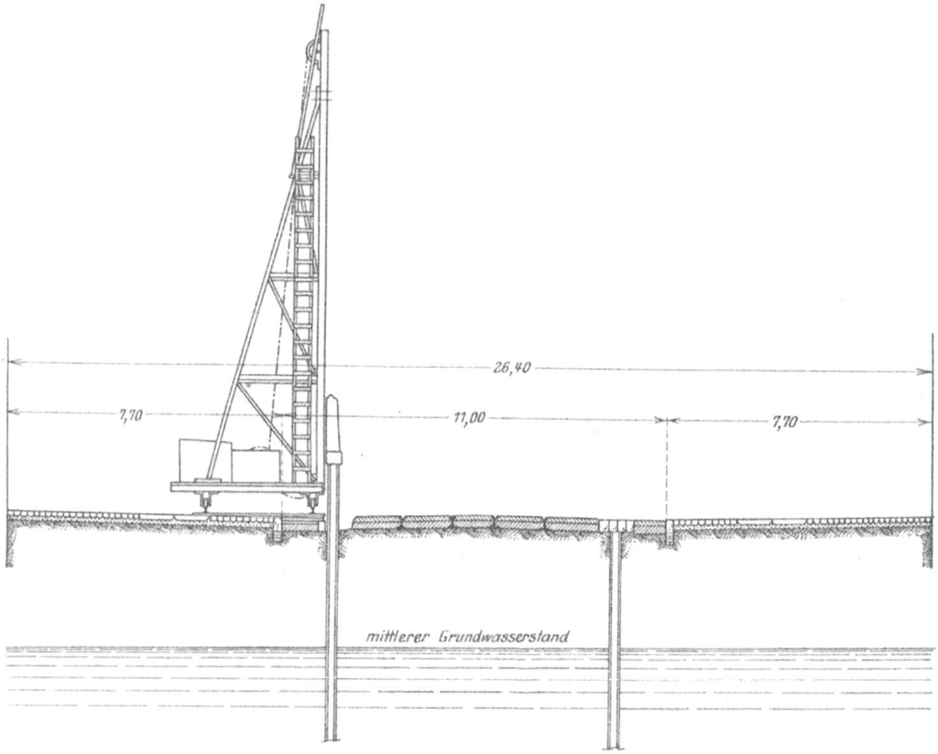

1. Einrammung der Pfosten für die Bohlwände.

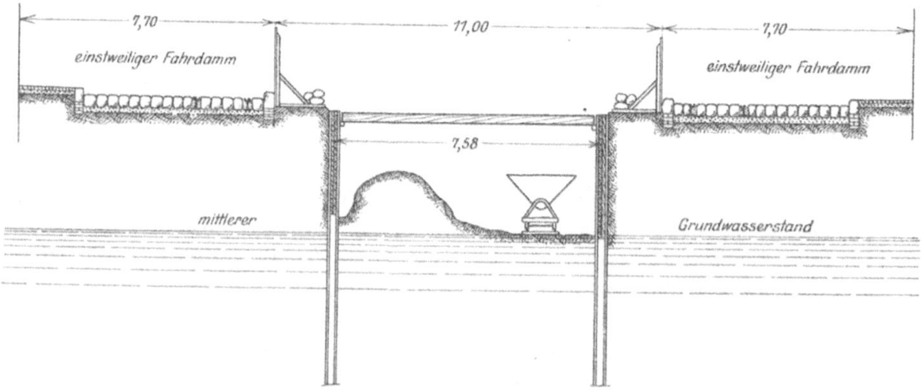

2. Bodenaushub bis zum Grundwasser.

Abb. 68. Bauausführung der Schöneberger Unterpflasterbahn.

in Verbindung mit dem Bau des Bahntunnels begehbare Kanäle für die Wasser- und elektrischen Leitungen angeordnet. Wo Leitungen den Bahnkörper kreuzen müssen, werden in die Decke Leitungskästen eingebaut. Entwässerungsleitungen müssen bei hochliegendem Bahntunnel als Dücker (Abb. 67) unter dem Bahn-

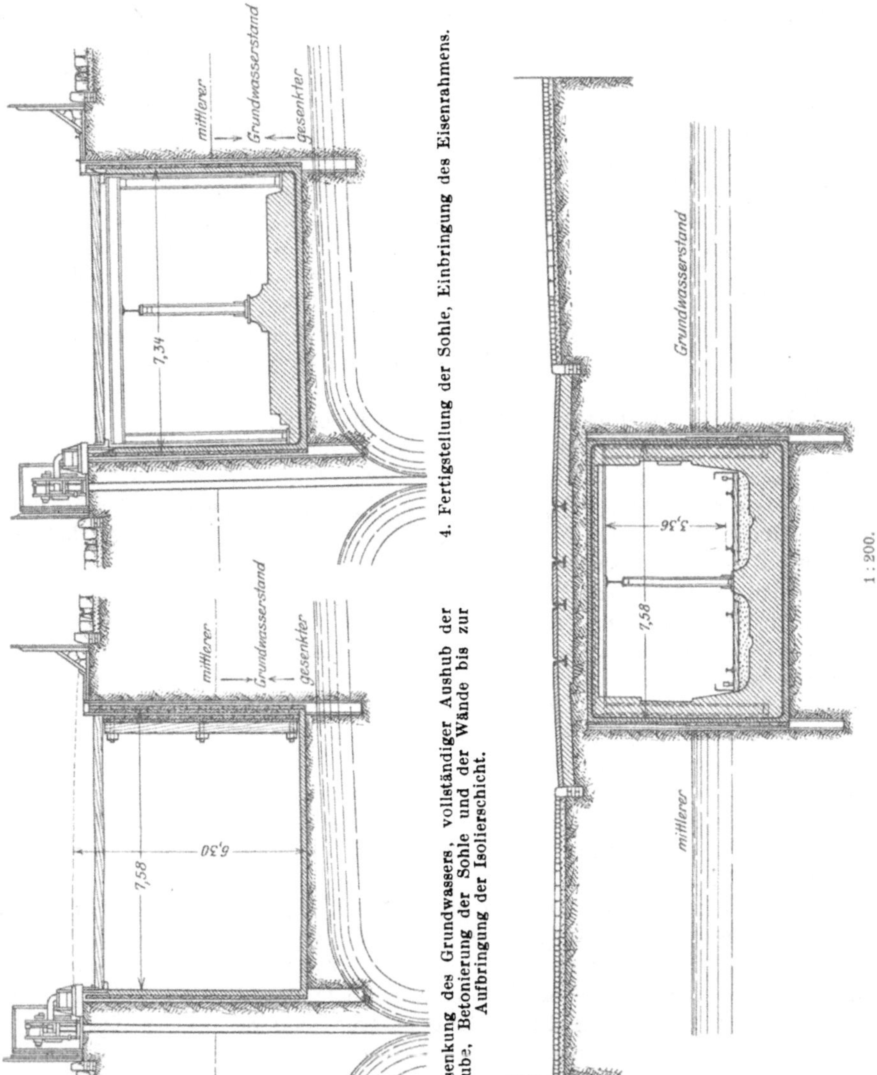

3. Absenkung des Grundwassers, vollständiger Aushub der Baugrube, Betonierung der Sohle und der Wände bis zur Aufbringung der Isolierschicht.

4. Fertigstellung der Sohle, Einbringung des Eisenrahmens.

5. Fertiges Bauwerk.

1 : 200.

Abb. 68. Bauausführung der Schöneberger Unterpflasterbahn.

körper hindurchgeführt werden; sie werden beiderseits mit Schlammfängen und Einsteigeschächten und einer Vorrichtung zum Spülen versehen. Bei Hauptsammlern der Kanalisation wird eine Unterdückerung gewöhnlich nicht gestattet; die Stadt Berlin verbietet die Unterdückerung von Schmutzwasserkanälen überhaupt und läßt sie nur für Notauslässe zu.

Die Bauausführung gestaltet sich verschieden, je nachdem die Baustelle dem Straßenverkehr entzogen werden kann oder nicht. Bei der Anlage in breiten Straßen kann meist die Baugrube in ihrer vollen Breite ausgehoben werden. Die Baugrube wird in der Regel mit Spundwänden eingefaßt. Diese werden

14*

entweder in gewöhnlicher Weise aus Holz oder Eisen hergestellt, oder es werden nach Abb. 68 in Abständen von etwa 1,5 m I-Eisen eingerammt. Zwischen die Flansche dieser I-Eisen werden hölzerne Bohlen oder Tafeln aus Eisenbeton eingebracht. Die ganze Wand samt den Eisenträgern bleibt auch nach der Bauausführung stehen. Um die I-Eisen wiedergewinnen zu können, wurde zuerst bei der Schöneberger Untergrundbahn (Abb. 67) ein abweichendes Verfahren eingeschlagen. Hier wurden vor den Flanschen der I-Eisen (nach dem Innern der Baugrube zu) Wände aus wagerechten 4—5 m langen Holzbohlen niedergebracht und mit den I-Trägern durch Hakenschrauben verbunden, die den Trägerflansch lose umfassen. Dann können die Träger nach Fertigstellung des Bauwerks herausgezogen werden, wobei sich die Haken lösen, während die am Mauerwerk festhaftenden Bohlen in ihrer Lage verbleiben. Man kann aber auch die Bohlen zwischen die Trägerflansche legen und dann über den inneren Flansch von Bohlwand zu Bohlwand einen Eisenblechstreifen nageln, der den Träger vor der Berührung mit dem Beton schützt. Zur Absteifung der Spundwände werden während des Aushebens der Baugrube in Höhe der Straßendecke wagerechte Steifen aus Holz oder ausziehbaren Mannesmannröhren eingebracht; dann wird der Bahnkörper in der offenen Baugrube hergestellt.

Der Aushub der Erdmassen geschieht auf dreierlei Art; entweder von Hand oder mit Löffelbaggern, die auf der Baugrubensohle laufen, oder durch seitlich der Baugrube auf Schienen laufende Auslegerkräne, die mit Greifern versehen sind. Der Boden wird gewöhnlich in Kippwagen geladen, deren Gleise in den beiden ersten Fällen in der Baugrubensohle, im dritten Fall seitlich der Baugrube auf der Straßenoberfläche liegen. Die in der Baugrube liegenden Gleise werden an geeigneten Stellen auf Rampen zur Straßenoberfläche hinaufgeführt und der Boden dann gewöhnlich in Straßenhöhe auf Fuhrwerke geladen und von diesen abgefahren. An Stelle der Rollbahnen haben sich auch Pferdekippkarren gut bewährt.

Bei Bauten in engen Straßen wird in gleicher Weise mit der Herstellung der Spundwände begonnen; alsdann wird in dem Raum zwischen den Spundwänden stückweise ein Trägerrost mit doppeltem Holzbohlenbelag eingebracht, der den Straßenverkehr während der Bauausführung tragen muß. Unter dem Schutz dieser Decke wird dann die Baugrube hergestellt. An der Decke müssen alle die Baugrube kreuzenden, nicht zu verlegenden Leitungen vorübergehend aufgehängt werden.

Sind die Rohrleitungen für Gas und Wasser schon älter und nicht mehr völlig betriebssicher, so empfiehlt es sich, sie durch neue, womöglich flußeiserne Leitungen zu ersetzen. Ein Bruch von Wasser- oder Gasrohren in der Baugrube muß unbedingt vermieden werden, da er unabsehbare Folgen haben kann. Lassen sich die endgültigen Entwässerungskanäle erst im Zusammenhang mit den Tunnelwänden ausführen, so werden vorübergehende Entwässerungsleitungen aus geschlossenen Holzrinnen oder verzinkten Eisenröhren in der Baugrube angelegt.

Die Angriffspunkte für den Bodenaushub bilden Straßenverbreiterungen und Plätze, oder, wo solche nicht vorhanden sind, verkehrsschwache Querstraßen. An diesen Stellen werden offene Baugruben bis zur Tiefe der Bauwerksohle hergestellt. Neben der Baugrube wird ein Kran zur Hochförderung des Bodens errichtet. Hier endigt die in der Baugrube verlegte zur Bodenbewegung dienende Schmalspurbahn. Die Mulden werden von dem Kran hochgehoben und in Straßenfuhrwerke entleert. Statt der Schmalspurbahn werden auch Bandförderer verwendet und in Verbindung damit Becherwerke zur Hochförderung des Bodens benutzt.

Um Bodenförderung und Abfuhr voneinander unabhängig zu machen, werden auch wohl hochliegende Holzbehälter errichtet, in die der Boden zunächst entleert wird und aus denen dann die Straßenfuhrwerke gefüllt werden. Läßt sich eine Verladung des Bodens an der Stelle, wo er aus der Tiefe nach oben gefördert wird, aus Raummangel nicht ermöglichen, so wird der Boden durch oberirdische Förderbänder zu einer geeigneten Aufladestelle geschafft.

Wo Wasserläufe vorhanden sind, ist eine Bodenbeförderung auf dem Wasserwege anzustreben, weil sie die Straßen entlastet und billig ist. In Paris wurden, um die Seine zu erreichen, besondere Seitenstollen von erheblicher Länge ausgeführt.

Die Lösung des Bodens geschieht in der Regel von Hand, doch werden bei tiefen Baugruben und geeigneten Bodenmassen auch wohl besonders niedrig gebaute Löffelbagger verwendet. Die übliche Absteifung der Baugrube mit Gesperren in 3—4 m Abstand würde bei dieser Art des Bodenaushubs durchaus hinderlich sein. Deswegen werden zur Absteifung der Wände und zum Tragen der Decke schwere eiserne Hilfsträger verwendet. Diese Hilfsträger werden in Abständen von etwa 12 m quer über die Baugrube gelegt und durch Längsträger verbunden. Gegen diese Längsträger werden die Bohlwände abgesteift. Ist es bei breiten Baugruben nicht möglich, die Querträger von Wand zu Wand freitragend anzuordnen, so werden als Zwischenstützpunkte in Tunnelmitte Pfahlbündel eingeschlagen.

Besondere Schwierigkeiten entstehen dann, wenn der Boden aus Fels besteht. Die Sprengungen müssen mit der größten Vorsicht ausgeführt werden, um ungünstige Einwirkungen auf die benachbarten Rohrleitungen und Gebäude und auf den Straßenverkehr zu vermeiden. Schmale Baugruben werden auch im Felsen sogleich in voller Breite ausgehoben, breite Baugruben zunächst in halber Breite.

Eine besondere Schwierigkeit der Bauausführung bildet die Rücksicht auf die Standsicherheit der benachbarten Gebäude. Es ist von Wichtigkeit, daß während der Bauausführung die Spannungsverhältnisse in den unter den Hausgrundmauern lagernden Bodenschichten nicht verändert werden. „Hierbei ist anzunehmen, daß sich der Druck der Grundmauern bei trockenem Boden unter einem Winkel von 30° gegen die Wagerechte nach allen Seiten ausbreitet[1]). Auf diese Druckverhältnisse ist bei der Berechnung der Aussteifungen der Baugrube Rücksicht zu nehmen. Die üblichen Annahmen über die Verteilung des Erddrucks versagen hier meist. Der Erddruck tritt am stärksten im oberen Teile der Baugrube auf; hier müssen daher die Aussteifungen am kräftigsten sein.

Sind die Gebäude auf unsicherem Baugrunde errichtet, so empfiehlt sich eine Verdichtung oder Versteinerung des Bodens vor Herstellung der Tunnelbaugrube. Eine Verdichtung des Bodens kann durch Einrammen von Pfählen erreicht werden, eine Versteinerung durch Einpressen von Zementmörtel. Zu diesem Zweck werden Rohre in den Boden eingetrieben und in diese Rohre der Mörtel unter allmählichem Hochziehen der Rohre hineingedrückt.

Bei unsicherem Baugrunde wird es unter Umständen nötig, die Baugrube streifenweise auszuheben und den Bahnkörper, ähnlich wie bei der neuen österreichischen Tunnelbauweise, streifenweise auszuführen. Diese Art der Bauausführung ist aber sehr kostspielig.

Lassen sich die von den Hausgrundmauern ausgehenden Drücke nicht mit voller Sicherheit durch die Aussteifung der Baugrube und den fertigen Tunnel aufnehmen, so daß ein Nachgeben des Baugrundes zu befürchten steht, so empfiehlt es sich, die Hausgrundmauern tiefer herunterzuführen. Diese Maßnahme ist auch dann erforderlich, wenn die Hausmauern auf Pfahlrost gegründet sind und das Holzwerk bereits zu faulen begonnen hat. Die Vertiefung der Grund-

[1]) Vgl. Musil, Organ für die Fortschritte des Eisenbahnwesens 1916, Seite 242ff.

mauern kann abschnittsweise durch unmittelbare Tieferführung in Schlitzen geschehen. Zweckmäßiger ist aber gewöhnlich eine Unterfangung in der Weise, daß ein wagerechter Trägerrost unter die Grundmauern gelegt wird und die Querträger seitlich der Grundmauern auf tiefer geführten Einzelstützen gelagert werden. Diese Einzelstützen können als Mauerwerkspfeiler im Schachtbau, als Brunnen, eingerammte oder gegossene im Erdboden hergestellte Eisenbetonpfähle ausgeführt werden.

Eine besonders mühsame Arbeit ist die Unterfahrung bestehender Tiefbahntunnel. Ist die Kreuzung von vornherein vorgesehen und der bestehende Bahntunnel so ausgeführt, daß er sich frei tragen kann, so werden zunächst die Widerlagsmauern des unteren Tunnels in Stollen ausgeführt; nachdem das obere Bauwerk auf diese Widerlager abgestützt ist, wird der zwischen den Widerlagern verbleibende Erdkern ausgehoben. Etwaige, zwischen dem neuen Widerlager und dem alten Tunnelkörper verbliebene Hohlräume werden vor dem Ausheben des Erdkernes durch Einspritzen von Zementmörtel ausgefüllt.

Ist der vorhandene Tunnelkörper nicht tragfähig, so muß ein anderes Verfahren Platz greifen. Ist keine durchgehende Sohle vorhanden, so wird sie unter den Betriebsgleisen nachträglich hergestellt. Die Schwellen der Betriebsgleise werden mit Trägern unterfangen, der Boden unter den Trägern wird stückweise ausgehoben, ein Rost aus I-Eisen eingebracht, dann werden die Räume zwischen den Trägern mit Beton ausgefüllt.

Der untere Bahnkörper wird in eingleisige Tunnel aufgelöst, und es werden zunächst die Wände dieser Tunnel in Stollen ausgeführt, und zwar bis etwa 1 m unter der Sohle des bestehenden Bauwerks. Dann werden die Widerlagsmauern und die Sohle des oberen Tunnels durch Träger unterfangen. Diese Träger werden auf die neuen Tunnelwände abgestützt und schließlich der Raum zwischen den Trägern der alten Bauwerksohle und den neuen Tunnelwänden mit Beton ausgefüllt. Hierauf wird der Erdkern zwischen den neuen Tunnelwänden entfernt.

Ist genügend Bauhöhe vorhanden, so wird auch wohl der neue Bahnkörper unter dem oberen Bauwerk tunnelmäßig ausgeführt.

Die Baumaschinen (z. B. die Betonmischmaschinen) müssen in engen Straßen auf hohen Gerüsten über der Straße aufgestellt werden, da in der Tunnelbaustelle selbst meist dafür kein Raum sein wird; elektrischer Antrieb aller Maschinen ist eine selbstverständliche Forderung.

Die Zuführung der Baustoffe bereitet häufig große Schwierigkeiten. Auch hier können Förderbänder gute Dienste leisten.

Um einem Entmischen des Betons auf weiten Förderwegen vorzubeugen, werden in Amerika fahrbare Betonmischmaschinen verwendet, die auf Schienen über der Baugrube laufen. Der Beton gleitet durch Schüttrinnen an die Verbrauchsstellen. Zur Verdichtung des Betons werden gewöhnlich Druckluftstampfer benutzt. Die Schalungen werden häufig aus Blech hergestellt, wodurch glatte Wandungen erzielt werden.

Taucht der Bau ins Grundwasser, so müssen bei wenig durchlässigem Baugrund (Ton, Lehm oder Mergel) die umschließenden Spundwände möglichst dicht hergestellt werden. Das in der Sohle der Baugrube hochquellende Wasser wird durch Gräben an tiefe Stellen geleitet und dort ausgepumpt. In durchlässigem Boden (Sand und Kies) wird neuerdings stets eine Grundwasserabsenkung angewendet; vgl. Abb. 68. Sie hat vor der Bauausführung im Grundwasser folgende Vorzüge: Ein wasserdichter seitlicher Abschluß der Baugrube ist nicht erforderlich, und daher werden die Rammarbeiten, die in bebautem Gelände stets Belästigungen der Anwohner, oft auch Beschädigungen der Straßenanlage und Rohrbrüche hervorrufen, sehr eingeschränkt. Die Arbeit im Trocknen wird billiger und besser als die im Wasser; an die Stelle von Naßbaggern treten Trockenbagger, an Stelle von Schüttbeton wird Stampfbeton verwendet.

Die Ersparnisse an Baukosten durch die Grundwassersenkung betragen bis zu 300000 M. für das Kilometer doppelgleisigen Tunnels. Die Ausführung mehrstöckiger Bauwerke im Grundwasser wird erst durch die Grundwasserabsenkung möglich.

Innerhalb oder besser außerhalb dicht neben der Baugrube werden Rohrbrunnen von beispielsweise 150 mm Durchmesser niedergebracht und einzeln oder gruppenweise mit Kreisel- oder Dreikolbenpumpen verbunden, die während der ganzen Dauer der Bauausführung in Betrieb gehalten werden. Die Abstände der Pumpen hängen von der Durchlässigkeit des Baugrundes und den vorhandenen Wassermengen ab. Auf diese Weise gelingt es, den Grundwasserspiegel in der Baugrube und in deren Nähe bis zu 6 m zu senken, so daß vollständig im Trocknen gearbeitet werden kann. Sind größere Senkungen des Wasserspiegels notwendig, so müssen die Rohrbrunnen in mehreren Stockwerken von je 4—5 m angeordnet werden.

Ausgeführt sind Grundwasserabsenkungen bis zu 10 m bei Tiefbahnen und bis zu 22 m bei Schleusenbauten.

Die Grundwasserabsenkung veranlaßt häufig Beschwerden der Nachbaren. Nach Beendigung der Bauarbeiten stellt sich der frühere Grundwasserstand erst ganz allmählich wieder ein, so daß die Hofbrunnen längere Zeit kein Wasser geben. Sind Gebäude auf Bodenschichten flach gegründet, die durch Wasserentziehung ihr Volumen vermindern (Moor, sogenannte Infusorienerde und weicher Ton), so sind Sackungen der Grundmauern und Beschädigungen der Gebäude unausbleiblich. Auch kann bei unsachgemäßer Anlage der Brunnen Fließsand mit hochgepumpt werden, so daß unter den Gebäudegrundmauern Hohlräume entstehen (Schneidemühl).

Von Wichtigkeit ist es, daß die Pumpenanlage während der Bauausführung nicht versagt, da sonst die Gefahr vorliegt, daß der Boden vom Grundwasser in die Baugrube gespült wird und dadurch ebenfalls Hohlräume unter den benachbarten Hausgrundmauern entstehen. Es empfiehlt sich daher, die an sich nötige Maschinenanlage zu verdoppeln.

Bei Tiefbauten ist es besonders wichtig, das Eindringen von Grund- und Tagewasser in das Mauerwerk zu verhüten. In vollkommener Weise geschieht dies folgendermaßen: Die Baugrubensohle wird zunächst mit einer 15 cm starken Betonschicht versehen, und ebenso werden auch gegen die Spund- oder Bohlwände 15 cm starke, senkrechte Mauern vorgesetzt und nach der Baugrube zu glatt geputzt. Hierauf kommt die Isolierschicht, bestehend aus einer mehrfachen Lage aus getränkter, aber nicht besandeter Pappe mit einem dazwischenliegenden Aufstrich aus einer Asphaltisoliermasse. An Stelle der Pappe können auch Isolierplatten mit einer Juteeinlage verwendet werden. Das eigentliche Sohlen- und Widerlagermauerwerk wird nun in die so geschaffene wasserdichte Wanne eingebracht. Nach Herstellung der Tunneldecke wird die Isolierschicht auch über diese gezogen und in üblicher Weise mit einer Schutzschicht versehen, so daß das ganze Bauwerk von einer undurchlässigen Haut umgeben ist.

Werden lange Mauerkörper ohne durchgehende Fugen hergestellt, so bekommen sie erfahrungsgemäß Risse, die auch der Schutzschicht gefährlich werden können. Daher wurden bei den Untergrundbahnstrecken in Hamburg in Abständen von etwa 50 m durchgehende Fugen hergestellt und an diesen Stellen in die Isolierschicht Zinkblechstreifen eingeklebt.

d) Unterfahrung von Häusern. Damit sich Erschütterungen und Geräusche des Bahnbetriebes nicht auf das Gebäude übertragen, ist es nötig, den Bahnkörper vollständig unabhängig von den Grundmauern zu machen. Die Grundmauern des Gebäudes werden nach Abb. 69 tiefer als das Tunnelmauerwerk geführt; der Raum zwischen dem Tunnelbaukörper und den Grundmauern wird durch eine Schicht groben Kieses ausgefüllt. Eine gleiche dämpfende Kiesschicht kommt zwischen die Tunneldecke und die auf den beiderseitigen Grundmauern frei aufruhende Balkendecke des Gebäudes. Gewöhnlich liegen die tragenden Grundmauern beiderseits des zweigleisigen Tunnels; ist aber diese Entfernung für die Gebäudekonstruktion zu groß, so wird der Tunnel in zwei eingleisige Bauwerke aufgelöst, zwischen denen eine Gebäudegrundmauer niedergebracht wird.

Abb. 69. Unterfahrung des Hotels Fürstenhof am Leipziger Platz in Berlin.

Diese Bauweise wird sowohl dann angewendt, wenn bestehende Häuser unterfahren werden, als auch dann, wenn die Gebäude über dem Tunnel gleichzeitig mit der Bahnanlage neu errichtet werden. Die Unterfangung der Hausgrundmauern ist so teuer, daß es meist günstiger ist, die Gebäude niederzulegen und über dem Tunnel neue zu errichten.

e) Lüftung der Tunnel[1]). Notwendigkeit der Lüftung. Bei Tiefbahnen tritt die Notwendigkeit der künstlichen Erneuerung der Luft um so stärker auf, je tiefer die Bahn unter der Erdoberfläche liegt, je stärker die Benutzung der Bahn und je größer die Außenwärme ist. Die Verschlechterung der Luft wird nicht durch einen übermäßigen Gehalt an Kohlensäure, sondern durch die Wärme, den Wassergehalt und die Beimengung übelriechender Gase erzeugt. Die Ursachen sind in der Erwärmung der Elektromotoren und Widerstände, den Ausatmungen und Ausdünstungen der Menschen, den durch die Abnutzung erzeugten Eisenstaub, den mangelhaften Abfluß der Spülwässer, unter Umständen auch in der Schwellentränkung zu suchen. Das Bedürfnis nach Erneuerung der Luft macht sich sowohl in den überfüllten Wagen wie in den Haltestellen geltend. Verbesserung der Luft in den Wagen kann aber nur mittelbar durch Verbesserung der Luft im Tunnel erzielt werden. Der Bedarf eines Menschen an frischer Luft beträgt 50 bis 80 cbm in der Stunde. Hiernach läßt sich unter Zugrundelegung der zu den Zeiten des stärksten Verkehrs gleichzeitig im Tunnel anwesenden Menschen, die dem Tunnel zuzuführende Luftmenge berechnen. Die Berechnung ergibt gewöhnlich, daß die Tunnelluft in 15 bis 30 Minuten einmal zu erneuern ist.

---

[1]) Vgl. Brugsch und Briske, Elektrische Kraftbetriebe und Bahnen 1914, S. 493, und Musil, Organ für Eisenbahnwesen 1917, S. 287.

Natürliche Lüftung. Liegt der Tunnel im Grundwasser, so wird dadurch eine Kühlung erzeugt und durch den Wärmeunterschied eine natürliche Lüftung begünstigt. Ebenso günstig für den Luftaustausch wirkt der Unterschied zwischen der kalten Außenluft und der warmen Tunnelluft im Winter. Eine weitere Lüftung geschieht durch die fahrenden Züge, die wie ein Kolben die Luft vor sich hertreiben und hinter sich ansaugen. Dies gilt namentlich für eingleisige Tunnel. Beträgt der Wagenquerschnitt die Hälfte des Tunnelquerschnittes, so ergibt sich eine Luftgeschwindigkeit von 67 bis 75 $^0/_0$ der Zuggeschwindigkeit. Zur Verbesserung der Lüftung werden daher zweigleisige Tunnel durch Scheidewände in eingleisige Tunnel zerlegt. Bei viergleisigen Tunneln mit Richtungsbetrieb genügt eine Trennwand in der Mitte. Die Bewegung der Züge ruft aber auf den Bahnsteigen leicht unerträgliche Zugluft

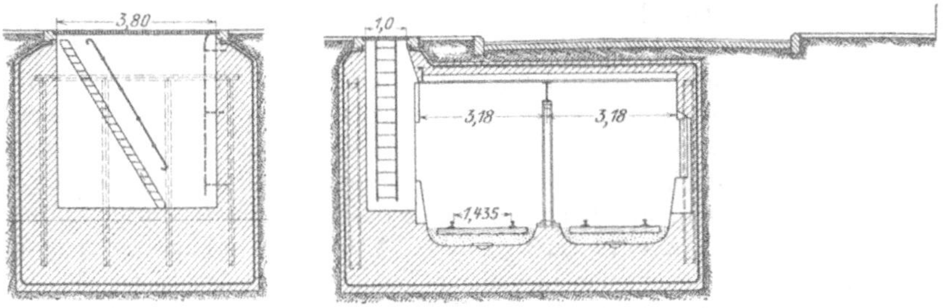

1 : 200.

Abb. 70. Entlüftungsschacht und Nottreppe der Schöneberger Unterpflasterbahn.

hervor. Ein Schutz der Haltestellen vor der Zugluft wird dadurch erzielt, daß am Anfang des Bahnsteiges zwischen Bahnsteig und Tunnel auf etwa 10 m Länge eine Wand ausgeführt wird; dann vollzieht sich der Luftausgleich allmählich. Vollständig vermieden wird die Zugluft in den Haltestellen, wenn die Tunneldecke seitlich der Zugangstreppe fortgelassen und auf diese Weise ein breiter Treppenschacht hergestellt wird.

Bei flachliegenden Tunneln genügt der natürliche Luftausgleich in Verbindung der Lüftung durch die Züge. Um den Ausgleich zwischen Tunnel- und Außenluft herzustellen, genügen aber die Treppenöffnungen der Stationen in der Regel nicht. Es müssen weitere Luftöffnungen auf freier Strecke geschaffen werden. Auf 100 cbm Tunnelinhalt sind 0,5—1 qm Luftöffnungen nötig. Die Luftöffnungen auf der freien Strecke werden in einfacher Weise dadurch hergestellt, daß in der Tunneldecke Öffnungen ausgespart werden, die mit Gittern verschlossen werden. Sie liegen am besten in Grünstreifen oder münden in Anschlagsäulen oder Brunnen. Besser sind seitliche Öffnungen in den Tunnelwänden, die zugleich als Nottreppen verwendet werden können. Bei den Tiefbahnstrecken der Hochbahngesellschaft in Berlin sind derartige Öffnungen in Abständen von 300 m angelegt. Abb. 70.

Die Lüftung wird am zweckmäßigsten so angeordnet, daß die frische Luft in die Stationen eintritt und in den Öffnungen der freien Strecke ausgestoßen wird. Um dies zu erreich en, werden die Ausströmungsöffnungen auf der freien Strecke mit Jalousieklappen versehen, die sich nur bei innerem Überdruck öffnen.

Künstliche Lüftung. Die natürliche Lüftung durch die fahrenden Züge reicht auch bei flach liegenden Tunneln bei großer Wärme und bei sehr starkem Verkehr, sowie bei einer Verqualmung des Tunnels nicht aus; sie versagt beim Stillstand der Züge infolge von Betriebsstörungen. Um auch für solche Fälle gerüstet zu sein, ist eine künstliche Lüftung erforderlich. Unumgänglich notwendig ist sie bei tiefliegenden Tunneln, die nur spärliche Verbindungen mit der Außenluft haben, also namentlich bei Röhrenbahnen und bei Flußuntertunnelungen.

Die künstliche Lüftung geschieht durch Absaugen der verbrauchten Luft oder durch Einpressen von Frischluft. Das Absaugen ist in der Regel die einfachste Lösung; die Frischluft tritt hierbei durch die Treppenöffnungen der Stationen ein. Das Einpressen der Luft ist die vollkommenere Lösung, weil die Luft hier durch ein Filter von Staub gereinigt und nach Bedarf auch angefeuchtet werden kann.

Bei der Gesamtanordnung der künstlichen Lüftung muß auf den Lauf der Züge Rücksicht genommen werden, weil sonst die von dem fahrenden Zuge verursachte Luftgeschwindigkeit die Wirkung der künstlichen Lüftung umkehren kann. Die Luft muß daher stets in der Fahrtrichtung eingeblasen und abgesaugt werden. Das Einpressen und Absaugen der Luft geschieht durch elektrisch angetriebene Windräder, deren Geschwindigkeit gewöhnlich dreifach abgestuft werden kann. Sie sind entweder dauernd in Tätigkeit oder werden von benachbarten Stationen oder Blockwärtern nach Bedarf eingeschaltet. Die Luftleitungen werden aus verzinktem Eisenblech oder aus Eisenbeton hergestellt. Bei zweigleisigen Flußkreuzungstunneln wird die Frischluft, ähnlich wie bei Gebirgstunneln, an den Eingängen des Tieftunnels durch Düsen eingeblasen und die verbrauchte Luft aus der Mitte des Tunnels durch einen besonderen Kanal abgesaugt, der unter der Tunneldecke oder unter den Gleisen angeordnet und bis zu einem Eingang des Tunnels durchgeführt ist.

Auf der Neuyorker Untergrundbahn sind Windräder mit einem Durchmesser von 1,50—2,15 m verwendet worden. Sie haben einen Kraftbedarf von 15—30 PS und leisten 14000—28000 cbm Luft in der Minute.

Bei den älteren Röhrenbahnen in London wird die Luft auf den Haltestellen mit Hilfe der 1,4 qm Querschnitt besitzenden Treppenspindeln abgesaugt. Die frische Luft strömt durch die Treppen und Aufzugsschächte ein. Bei der Zentral-London-Bahn wird in alle Haltestellen Luft eingepreßt, der ein Teil Ozon auf 2 Millionen Teile Luft zugesetzt wird. Der Ozon hat die Eigenschaft, alle Gerüche zu binden. Zur Zuführung dienen Windräder mit 7,5 PS Leistung, die 500 cbm Luft in der Minute zuführen. $^2/_3$ der Luft wird der Haltestelle zugeführt und strömt 2,2 m über dem Bahnsteig aus, $^1/_3$ der Luft wird am Ende der Haltestellen in den Tunnel eingeblasen. In der Nachtpause findet eine dreimalige Erneuerung des gesamten Luftinhaltes des Tunnels in der Weise statt, daß die Luft an einem Ende der Bahn durch ein Windrad von 6,1 m Durchmesser abgesaugt wird, das in der Minute 28000 cbm leistet. Zum Antrieb dient ein Motor von 200 PS. Abb. 71.

f) Entwässerung. Bei Tiefbahnen ist es nötig, für die Entwässerung des Bahnkörpers besondere Sorge zu tragen. Wenn auch bei sorgsamer Ausführung das Eindringen von Grund- und Tagewasser in den Tunnel nicht zu befürchten steht, so kann doch gelegentlich auch durch äußere Einflüsse Wasser in den Tunnel gelangen und muß aus diesem entfernt werden. Besonders wichtig ist es, das zur Spülung der Bahnsteige benutzte Wasser schnell abzuführen, da es sonst einen üblen Geruch erzeugt. Da in den meisten Fällen der Tunnel keine Vorflut bei den städtischen Entwässerungsleitungen haben wird, so empfiehlt es sich, an den tiefsten Stellen Pumpensümpfe anzulegen, die durch Handpumpen entwässert werden. Gelegentlich werden auch wohl elektrisch betriebene Pumpen aufgestellt, die durch Schwimmer selbsttätig eingeschaltet werden.

g) Beleuchtung der Tunnel. Die unterirdischen Stationsanlagen entbehren meist des Tageslichtes und müssen daher während der ganzen Betriebszeit künstlich beleuchtet werden. Die Beleuchtung muß so reichlich sein, daß es möglich ist, an allen Stellen des Bahnsteigs zu lesen. Am besten geeignet ist die mittelbare Beleuchtung durch Lampen, die über spiegelnden Glocken aufgehängt sind und ihr Licht gegen die weiße Tunneldecke werfen. Auch der Tunnel zwischen den Stationen muß künstlich erleuchtet werden, um die Begehung durch Streckenwärter und durch die Fahrgäste stecken gebliebener Züge zu ermöglichen. Die Beleuchtung darf nicht unmittelbar vom Fahrstrom aus gespeist werden, da dann beim Versagen des Betriebstromes auch der Tunnel dunkel werden würde. Es sind daher besondere Lichtleitungen zu legen, die von Akkumulatoren-Batterien gespeist werden. Am zweckmäßigsten ist es, zwei getrennte Stromquellen und zwei getrennte Leitungsnetze anzulegen, die je die Hälfte der Lampen speisen.

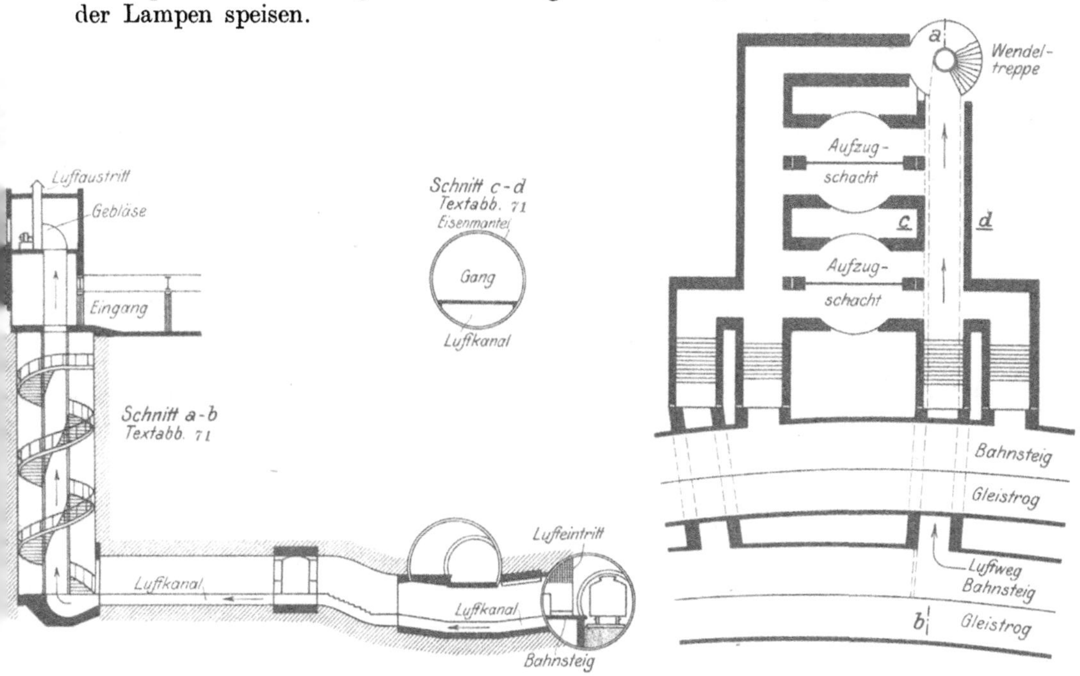

Abb. 71. Lüftanlage einer Röhrenbahn in London.

h) Kreuzung von Wasserläufen. Als Bauweisen kommen folgende in Frage: 1. tunnelmäßiger Bau mit Schildvortrieb, nötigenfalls unter Zuhilfenahme von Druckluft; 2. Versenkung von oben, in einzelnen Stücken, wenn nötig, ebenfalls unter Druckluft oder Bau in einzelnen Stücken unter Taucherglocken, sowie Vereinigung dieser beiden Verfahren; 3. Bau in offener Baugrube; 4. Bau in gedeckter Baugrube; 5. Gefriergründung.

Nach der ersten Bauweise sind Straßen- oder Bahntunnel in London, Neuyork, Boston, in Berlin (Spreetunnel zwischen Stralau und Treptow) und in Hamburg, und Dücker unter dem Kaiser-Wilhelm-Kanal bei Kiel ausgeführt worden. Die zweite Bauweise ist u. W. zuerst beim Bau von Kanalisationsanlagen in Hamburg angewendet worden, dann bei der Seine-Kreuzung der Pariser Stadtbahn (Linie Nr. 4) und bei der Kreuzung des Harlemflusses durch die Neuyorker Untergrundbahnen. Die dritte Bauweise finden wir bei der Spreekreuzung der Strecke Spittelmarkt—Alexanderplatz der Berliner Hoch- und Untergrundbahn. Die vierte Bauweise ist beim Spreetunnel im Zuge der Schnellbahn Gesundbrunnen—Neukölln zur Anwendung gekommen. Gefriergründung ist wegen ihrer langwierigen und schwierigen Bauweise und wegen der ungünstigen Einwirkung des Frostes auf frisches Mauerwerk bisher nicht versucht worden.

Die Wahl zwischen den verschiedenen Bauweisen ist abhängig von dem Baugrunde, von der Strömung des Wassers und von der Möglichkeit einer ganzen oder teilweisen Sperrung des Wasserlaufs. Tunnelmäßiger Bau ist unabhängig von den Verhältnissen des Stromes, kommt aber in bebauten Stadtteilen nur bei festem Boden, Ton oder Lehm in Betracht. Bei Schildvortrieb in Sandboden sind Sackungen des Erdreiches zu befürchten, die Hausgrundmauern gefährlich werden können. Die unter 2 bis 4 genannten Bauweisen machen die teilweise Sperrung des Wasserlaufs notwendig und werden durch starke Strömung erschwert. Die Bauweise unter 3 setzt die Senkung des Grundwassers voraus und ist nur dann möglich, wenn die Flußsohle mit einer undurchlässigen Schlammschicht bedeckt ist, die die Verbindung zwischen dem Flußwasser und dem Grundwasser unterbricht. Dies ist bei der Spree der Fall. Bauweise 4 kann mit Grundwasserabsenkung oder unter Zuhilfenahme von Druckluft ausgeführt werden.

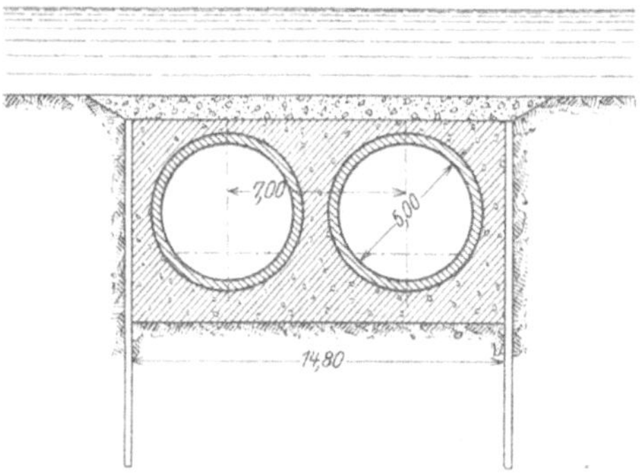

1 : 400.

Abb. 72. Flußkreuzung mit von oben versenkten Rohren.

Besonders schwierig gestaltet sich der Bau in Schlammboden. Hier können nur Kiesschüttungen helfen, die dem Tunnelbau vorangehen. Große Erschwernisse verursacht das Antreffen von Fels, da es Sprengungen nötig macht.

Die Art der Bauausführung ist auch für die Höhenlage der Bahn an der Kreuzungsstelle maßgebend. Bei der Ausführung von oben her (2 und 3) genügt es, zwischen Tunneldecke und Flußsohle einen Raum von mindestens 0,5 m Stärke vorzusehen, der mit spezifisch schweren Steinen, z. B. Basaltschotter, ausgefüllt wird. Diese Steinschicht soll den Tunnel gegen Freilegung durch die Strömung und Unterspülung schützen. Beim Schildvortrieb des Tunnels mit Druckluft muß der Zwischenraum zwischen Tunneldecke und Flußsohle eine Stärke von wenigstens 4—5 m haben, um Aufbrüche der Druckluft zu vermeiden. Diese tiefe Lage des Tunnels ist für die Höhen- und Neigungsverhältnisse der Bahn ungünstig. Bauweise 4 kann auch bei Verwendung von Druckluft mit geringer Überdeckung ausgeführt werden.

In allen Fällen ist es nötig, den Tunnel so schwer zu machen, daß er dem Auftrieb durch das Wasser widerstehen kann. Nötigenfalls ist künstlicher Ballast einzubringen. Es empfiehlt sich, die überlagernde Erd- oder Steinschicht nicht mit in Rechnung zu ziehen.

Über die tunnelmäßige Bauweise mit Schildvortrieb ist nichts Besonderes zu sagen, da sie sich von der unter dem Lande üblichen nicht wesentlich unterscheidet.

Bei der Versenkung oder dem stückweisen Bau unter Taucherglocken wird zunächst eine Rinne in der Flußsohle ausgebaggert, nötigenfalls zwischen zwei Spundwänden. In diese Rinne wird, wenn der Baugrund keine genügende Tragfähigkeit hat, zunächst eine Schicht von magerem Schüttbeton ausgeführt, die das Auflager für den eigentlichen Tunnelkörper bildet. Die einfachste Ausführung des Tunnels ist die, daß flußeiserne Röhren auf dem Lande zusammengesetzt, schwimmend über die Baustelle gebracht und durch Einlassen von Wasser versenkt werden. Die Grenzen für die Länge der einzelnen Schüsse sind einmal durch den Durchmesser und das Gewicht der Röhren gegeben, zweitens aber durch die Rücksichten auf die Schiffahrt, nämlich die Möglichkeit einer ganzen oder teilweisen Sperrung des Flußlaufs. Die Schwierigkeiten liegen in der späteren Vereinigung der Stücke unter Wasser und wachsen mit dem Durchmesser und dem Gewicht der Stücke. Die Genauigkeit der Versenkung läßt sich zwar durch Führungsgerüste vergrößern; trotzdem läßt sich aber bei größeren Rohrdurchmessern nur schwer erreichen, daß die einzelnen Rohrstücke, deren Verschiebung auf der Flußsohle nicht leicht ist, so genau herunterkommen, daß sie durch Taucher zusammengeschraubt werden können. Ist es nicht möglich, die Stücke unter Wasser zusammenzusetzen, dann müssen unter Taucherglocken Zwischenstücke eingebaut werden, die die Fugen überbrücken. Schließlich wird das eiserne Rohr von außen einbetoniert und dann entweder ausgepumpt oder von innen mit Druckluft gefüllt.

Nun wird die Innenseite der Rohre mit einer wasserdichten Auskleidung versehen und ein Ring aus Mauerwerk eingebracht. Es empfiehlt sich, diesen Ring so stark zu machen, daß er den äußeren Druck allein aushält, wenn der flußeiserne Mantel durch Rost zerstört ist. Das fertige Bauwerk stellt Abb. 72 dar.

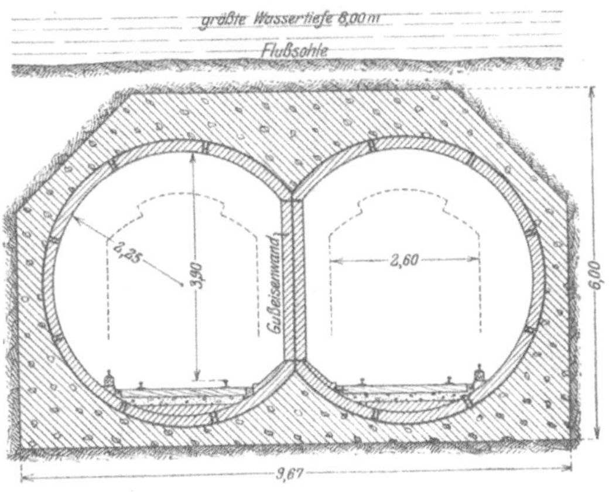

1 : 150.

Abb. 73. Querschnitt des Tunnels unter dem Harlem-Flusse im Zuge der Neuyorker Untergrundbahn.

Die eben beschriebene Bauweise wurde bei der Kreuzung des Harlemflusses durch den viergleisigen Tunnel der Untergrundbahn im Zuge der Lexington-Avenue angewendet. Der Fluß hat eine Breite von 378 m, es wurden 5 Tunnelstücke von je 67 m Länge versenkt. Sie bestanden aus seitlich abgeplatteten flußeisernen Rohren mit 10 mm Wandstärke. Die 4 Rohre sind durch eiserne Fachwerkrahmen miteinander verbunden. Zunächst wurde eine Baugrube von 24 m Breite und 9 m Tiefe ausgebaggert und in der Sohle der Baugrube ein 1 m über die Sohle herausragender hölzerner Pfahlrost hergestellt. Vor dem Einbringen wurden über dem Rohrstück 4 wagerechte, 20 m lange Blechrohre von 3,2 m Durchmesser angebracht. Diese Rohre hingen mit den Tunnelröhren zusammen und dienten zur Regelung der Versenkung. Das Gewicht eines Tunnelstücks betrug 715 t, der Auftrieb 705 t. Beim Versenken wurden die einzelnen Tunnelstücke unter Wasser durch 4 Bolzen von 90 cm Länge und 13 cm Durchmesser verbunden, deren Eingreifen durch Taucher beobachtet wurde. Dann wurden die an den Rohrenden angebrachten Flansche unter Wasser verschraubt, die Rohre außen mit Beton umhüllt und ausgepumpt. Schließlich wurde über der Trennfuge von innen ein Deckblech angebracht.

Die Breite des Harlemflusses im Zuge der zweigleisigen Neuyorker Untergrundbahn beträgt 180 m. Der Tunnel wurde aus zwei flußeisernen, kreisförmigen Rohren mit einer gemeinsamen Zwischenwand und mit Betonumkleidung gebildet (Abb. 73). Für die Bauausführung wurde das Bauwerk in drei Teile zerlegt. Der erste Bauabschnitt von 60 m Länge wurde unter einer hölzernen Taucherglocke ausgeführt, deren Teile an Ort und Stelle versenkt und durch Taucher befestigt wurden (Abb. 74). Die Taucherglocke wurde mit Boden überschüttet, um dem Auftrieb zu begegnen. Zunächst wurde der Boden betoniert, dann die eiserne Röhre montiert und schließlich mit Beton umkleidet. Im weiteren Verlauf der Bauausführung wurde die obere Hälfte der eisernen Röhre selbst als Taucherglocke benutzt. Nachdem die hölzernen Wände wie beim ersten Bauabschnitt unter Wasser hergestellt waren, wurden die Eisenplatten

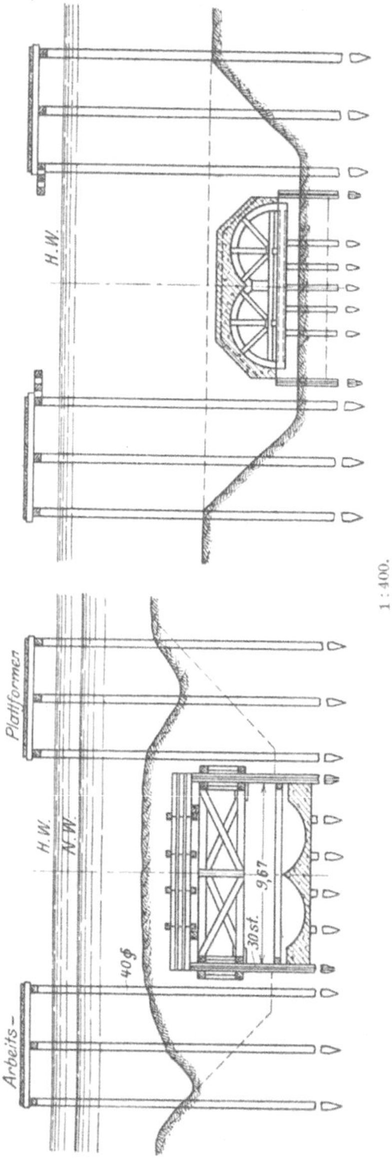

Abb. 74 Bauausführung des Harlem-River-Tunnels im Zuge der Neuyorker Untergrundbahn.

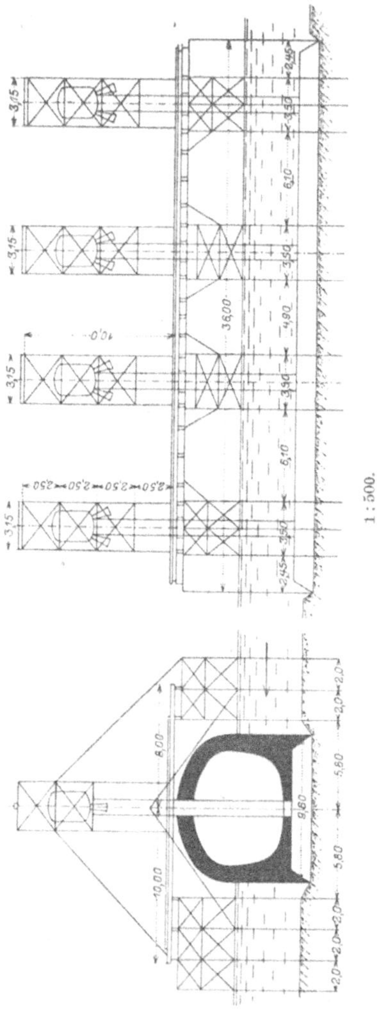

Abb. 75. Kreuzung der Seine durch die Stadtbahnlinie 4. Senkgerüst.

der oberen Hälfte auf einem Gerüst über Wasser zusammengesetzt; hierbei wurden Tafeln von abwechselnd 27 und 3,6 m Länge gebildet, von denen die kürzeren die Luftschleusen tragen sollten. Hierauf wurde der Beton aufgebracht; er erhielt an den Stirnseiten einen Abschluß durch senkrechte Bleche. Nun wurden die einzelnen Tafeln an Führungsseilen heruntergelassen und die Zwischenräume unter Wasser durch Taucher gedichtet. Dann wurde der Erdboden aufgebracht und nun unter Anwendung von Druckluft die obere Tunnelhälfte unterfangen und die untere Tunnelhälfte hergestellt. Zuletzt wurde die untere Hälfte der eisernen Platten verlegt.

Der Hauptlauf der Seine hat an der Stelle, wo die Stadtbahnlinie 4 ihn kreuzt, eine Breite von rund 120 m. Der Tunnel wurde in drei Stücke von je 40 m Länge zerlegt, die nach Abb. 75 gestaltet wurden und unten in Senkkästen auslaufen. Der Baukörper bestand aus eisernen Fachwerkträgern, die in Abständen von 1,2 m angeordnet und mit Beton ausgefüllt wurden. Abb. 76. Der Senkkasten wurde, wie üblich, außen und innen mit Flußeisenplatten geschlossen und der Tunnelkörper innen mit 4 cm starken Gußeisenplatten ausgekleidet, die mit den Fachwerkträgern verschraubt wurden. An der Baustelle wurde zunächst eine Baugrube bis 5 m unter Niedrigwasser ausgebaggert, dann wurden beiderseits der Baugrube Pfahlreihen geschlagen, auf denen das Versenkgerüst errichtet wurde; hierauf wurden die Senkkästen schwimmend eingebracht und zunächst bis zur Sohle der Baugrube versenkt. Nun wurde der Tunnelkörper aufgebracht und die weitere Versenkung bis zur erforderlichen Tiefe vorgenommen und schließlich der Hohlraum der Senkkästen in bekannter Weise ausgemauert.

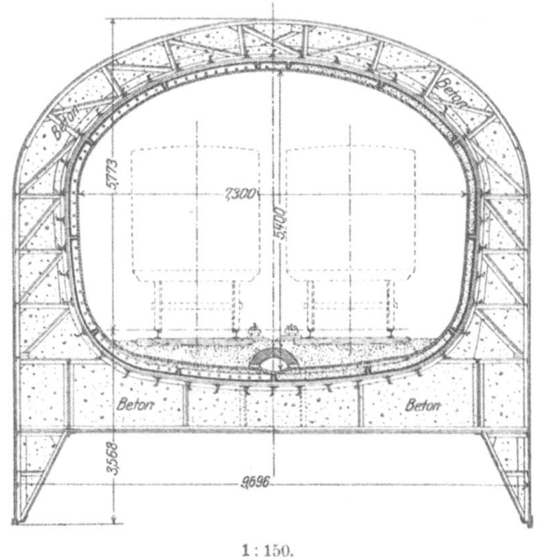

Abb. 76. Kreuzung der Seine durch die Stadtbahnlinie 4. Tunnelquerschnitt und Senkkasten.

Nachdem die 3 Tunnelstücke versenkt waren, handelte es sich darum, den je 1,5 m breiten Zwischenraum zwischen ihnen auszufüllen. Um dies zu ermöglichen,

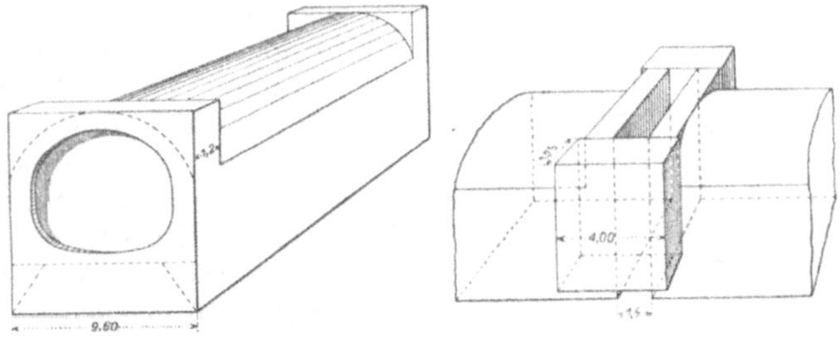

Abb. 77. Kreuzung der Seine durch die Stadtbahnlinie 4. Seitliche Verbindung zweier Senkkästen.

waren bereits bei der Ausführung der Gewölbe rechteckige Stirnmauern hergestellt worden. Abb. 77. Es wurden dann seitlich der Zwischenräume Betonmauern von 4 m Länge und 1,75 m Stärke unter Taucherglocken bis zur Höhe der Stirnmauern ausgeführt, so daß nunmehr die Zwischenräume an allen vier Seiten abgeschlossen und nur noch von oben offen waren; dann wurden Taucherglocken von oben auf das den Spalt umgebende Mauerwerk aufgesetzt, das Wasser unter der Glocke aus dem Tunnel ausgepumpt und das fehlende Tunnelstück unter gewöhnlichem Luftdruck ausgeführt. Schließlich wurde die Flußsohle über dem Tunnel wiederhergestellt.

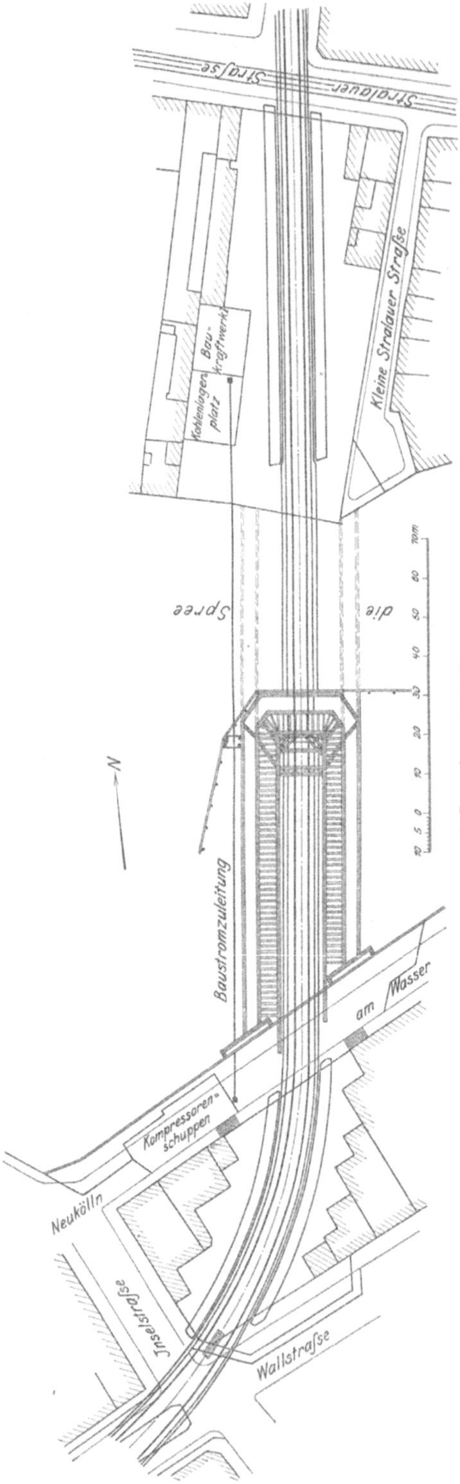

1. Lageplan. 1 : 2000.

Die Spree hat an der Stelle, wo sie durch die Untergrundbahnlinie Spittelmarkt—Alexanderplatz gekreuzt wird, eine Breite von rund 130 m. Die Bauausführung (Abb. 78) erfolgte in der Weise, daß zunächst in der südlichen Hälfte des Flußbettes eine trockene Baustelle von 70 m Länge und 21 m Breite durch einen 4,5 m starken Fangedamm hergestellt wurde. Dann wurde in 5 m Abstand von dem Fangedamm eine hölzerne Spundwand eingetrieben und innerhalb der Spundwand die eigentliche Baugrube ausgehoben, wobei gleichzeitig das Grundwasser durch 60 Mammutpumpen um weitere 6 m gesenkt wurde. Nun konnte der Bau des Tunnelstücks im Trockenen erfolgen. Nach der Flußseite hin wurde das Tunnelinnere durch eine Mauer abgeschlossen, dann wurden die Spundwände 1 m unter Oberkante Mauerwerk abgeschnitten, hierauf wurde der fertige Tunnel mit Eisenplatten abgedeckt, um einen guten Schutz der Isolierschicht gegen schleppende Anker und Stakeisen zu haben, die Steinpackung aufgebracht und schließlich der Fangedamm beseitigt. Am äußeren Ende des Bauwerkteiles war ein Querfangedamm errichtet worden; die Spitze des abschließenden Fangedammes blieb bestehen, so daß sich das Ende des Bauwerkes auf einer Insel im Strom befand. Nachdem die Schiffahrt über dem fertigen Bauwerkteil wieder eröffnet worden war, wurde der nördliche Teil des Flußbettes in gleicher Weise abgesperrt, die neuen Fangedämme mit der stehengebliebenen Insel verbunden, der Kopf des ersten Fangedammes beseitigt, und nun wiederholte sich der Bauvorgang des ersten Teiles, wobei der Kopf des ersten Bauabschnittes freigelegt, die Abschlußmauer beseitigt und das neue Tunnelmauerwerk mit dem vorhandenen verbunden wurde. Als die Bauausführung so weit gediehen war, erfolgte ein Wassereinbruch

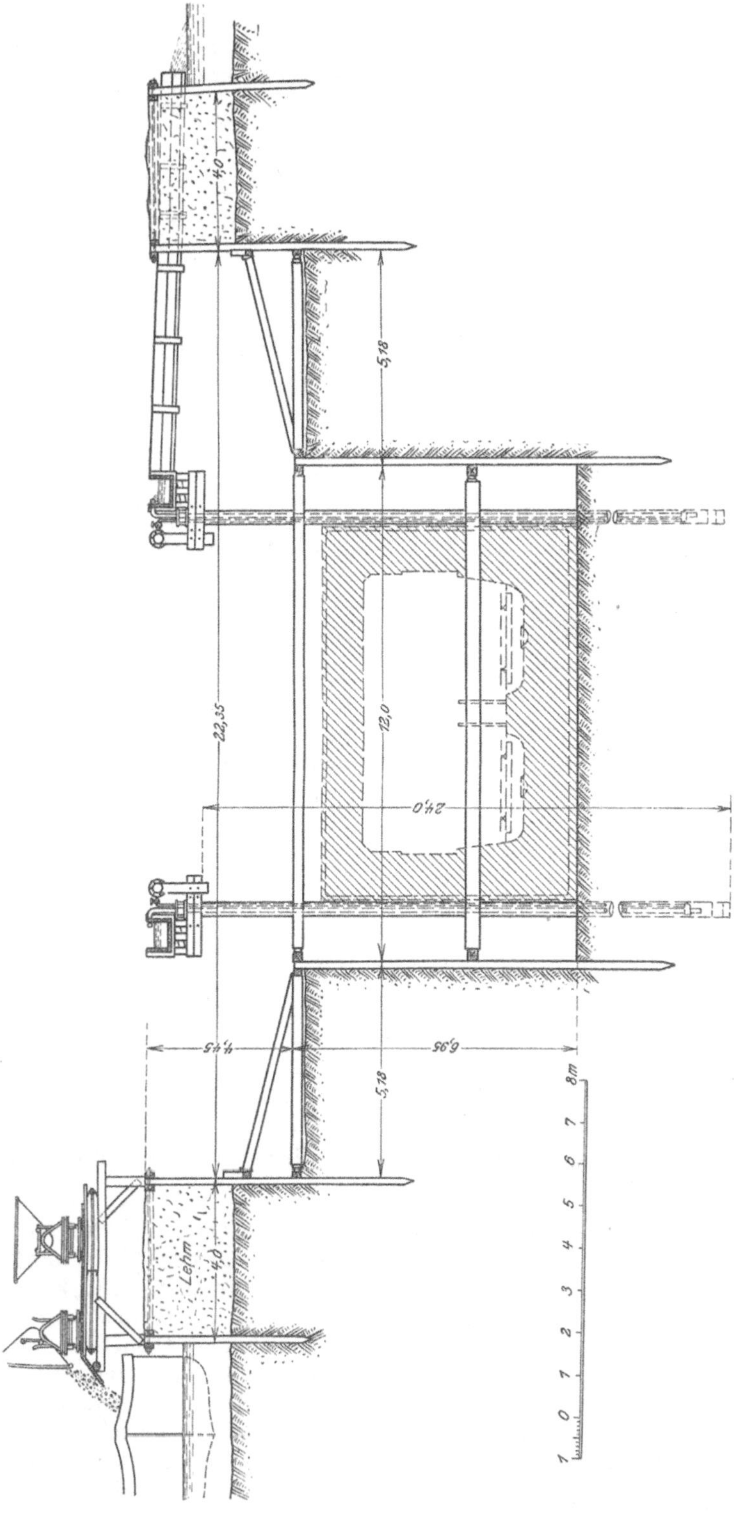

2. Querschnitt. 1:100.

Abb. 78. Kreuzung der Spree durch die Linie Spittelmarkt—Schönhauser Allee.

im bereits fertiggestellten Tunnel, der die Baustelle, das fertige Tunnelstück und den anschließenden im Betrieb befindlichen Tunnel unter Wasser setzte. Die Untersuchung ergab, daß das nördliche Ende des fertigen Tunnels auf 16 m Länge unterspült worden war, sich gesenkt hatte und von dem nicht unterspülten Tunnelstück abgerissen war. Die Ursache des Wassereinbruchs ist

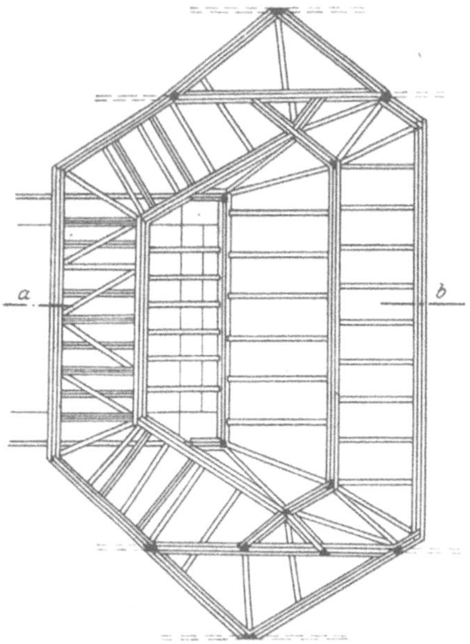

3. Abschluß des Fangedammes des ersten Bauabschnittes.

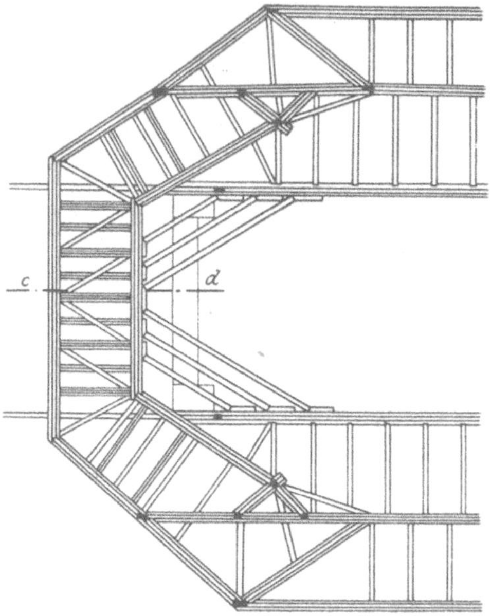

4. Abschluß des Fangedammes des zweiten Bauabschnittes.

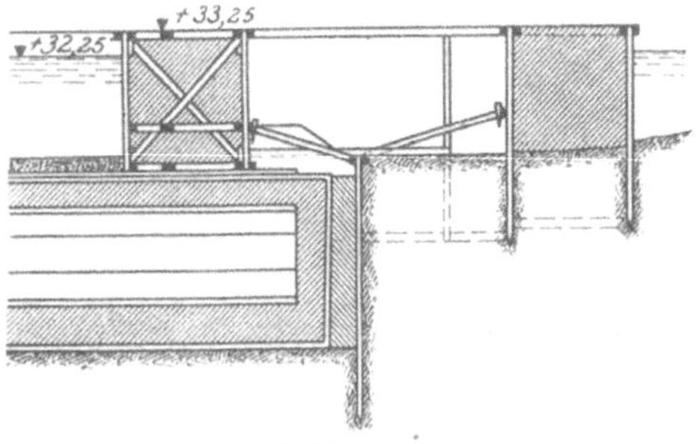

5. Schnitt a—b.

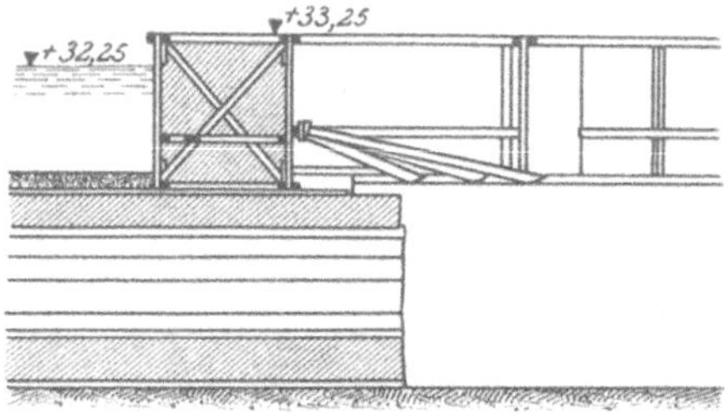

6. Schnitt c—d.

Abb. 79. Kreuzung der Spree durch die Linie Spittelmarkt—Schönhauser Allee.

nicht einwandfrei festgestellt worden. Es ist aber sicher, daß eine allmähliche Unterspülung und Freilegung der Fangedämme infolge der stärkeren Strömung des eingeengten Spreewassers nicht die Ursache gewesen sein kann; denn fortlaufende Messungen sicherten gegen eine derartige Überraschung. Es wird angenommen, daß eine Quellenbildung die unmittelbare Ursache gewesen ist, und daß durch diese Quellenbildung der sehr feinsandige Baugrund in Bewegung gebracht wurde. Nachdem dort ein Hohlraum entstanden war, strömte das Spreewasser hinein und vergrößerte ihn erheblich.

Um eine Wiederholung eines solchen Vorfalls tunlichst auszuschließen, wurde nach Fertigstellung der nördlichen Tunnelhälfte ein riesiges Segeltuch über die Flußsohle gebreitet. Schließlich wurde aus Fangedämmen eine neue

Insel in der Flußmitte hergestellt, das beschädigte Tunnelstück freigelegt und erneuert.

Trotz des eingetretenen Unfalles muß der hier zum ersten Mal angewendete Bauvorgang doch als zweckmäßig anerkannt werden. Vielleicht wurde die Gefahr der Unterspülung in der so harmlos erscheinenden Spree unterschätzt.

Die Linie Gesundbrunnen-Neukölln kreuzt die Spree zwischen Jannowitz- und Waisenbrücke. Die Bahnlinie liegt in einem S-förmigen Bogen; die Kreuzung erfolgt in einem spitzen Winkel und hat infolgedessen eine Länge von rund 175 m. Wegen der Nähe der beiden Straßenbrücken mit ihren beschränkten Durchfahrtsverhältnissen war eine stückweise Sperrung des Wasserlaufs in größerer Breite unmöglich. Die Firma Siemens & Halske, der der Bau von der A. E. G. Schnellbahn übertragen war, arbeitete daher gemeinsam mit der A. E. G. Bauleitung für diesen Bau ein neues Verfahren aus, bei dem nur ganz kurze Stücke der Flußbreite der Schiffahrt entzogen wurden. Abb. 80.

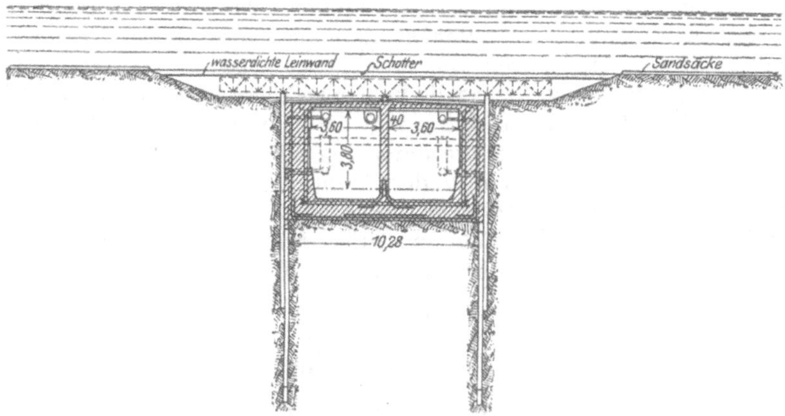

Abb. 80. Querschnitt der Spreekreuzung im Zuge der A. E. G.-Schnellbahn Gesundbrunnen-Neukölln.

Den Anfang machte auch hier eine Ausbaggerung der Flußsohle, und zwar in einer Breite von 20 m und einer Tiefe von 1,1 m. Zu beiden Seiten des geplanten Tunnelbaues wurden je zwei Pfahlreihen geschlagen, die die Baumaschinen und fahrbaren Bühnen tragen sollten. In einem Abstand von 10,5 m wurden eiserne Spundwände gerammt und dicht über der Baugrube abgeschnitten. Innerhalb der Spundwände wurden zwei Reihen Rohrbrunnen in Abständen von je 5 m zum Zweck der Grundwasserabsenkung eingebracht und oben verschlossen, so daß sie später bei dem Vorbau der Grundwassererhaltung an diese angeschlossen werden konnten. Von den Gerüsten aus wurden dann die Gitterträger für die Schutzdecke des Tunnels montiert. Dort wo sie auf den abgebrannten Spundwänden auflagern sollten, erhielten sie zur Druckverteilung einen U-förmigen Holm mit Holzfutter, darüber zur besseren Verbindung kurze Querträgerstücke. In Höhe des unteren Flansches wurde eine Holzdielung mit Asphaltdichtung angebracht. Das so vorbereitete Traggerüst für die Schutzdecke wurde dann hinabgelassen und mit Schüttbeton von etwa 1,1 m Höhe umhüllt. Zur bequemen Handhabung war das Trägergerüst in einzelne Platten von rund 10 m Länge eingeteilt, die falzartig ineinander griffen. Über den Beton wurde noch eine Steinschüttung aufgebracht. Damit waren alle Arbeiten über Wasser beendet und der Spreelauf in ganzer Breite der Schiffahrt wieder freigegeben.

Von den an den Wänden des Spreetunnels befindlichen Baugruben aus, die zum Abbau und Wiederaufbau der Ufermauern dienten, wurde unter gleichzeitiger Grundwassersenkung der Aushub der eigentlichen Tunnelbaugrube in Angriff genommen. Der Tunnel selbst wurde in ähnlicher Weise wie in Straßen üblich ausgeführt. Zunächst wurde eine dünne Sohle betoniert, an den seitlichen Spundwänden eine senkrechte Betonschicht angebracht und die Dichtungsschicht auf Sohle und Wände aufgeklebt; dann wurde der Sohlenbeton und die Seitenwände auf 1,5 m Höhe eingebracht. Die ursprüngliche Absicht, die Abdeckschicht von unten an die Schutzdecke anzukleben, ließ sich nicht durchführen, weil die Schutzdecke zu naß war und andauernd tropfte. Es wurden daher die Deckenträger auf einem Gerüst ausgelegt, das mit Winden hochgehoben werden konnte. Über sie wurde mit Hilfe einer Rabitzdecke die Dichtungsschicht gespannt und dann diese halbfertige Decke hochgehoben und auf die Eisen in der Seitenwand abgestützt. Die Decke wurde in einzelnen Stücken hergestellt, deren Länge zwischen 8 und 24 m schwankt. Um einen Anschluß der Dichtungsschicht einer Deckenplatte an die der nächsten herstellen zu können, wurde die Asphaltpappe jenseits des äußersten Deckenträgers um wagerecht hervorragende Bohlen herumgezogen. Dieser vorspringende Teil jeder Deckenplatte wurde von unten mit Holzkonsolen unterstützt, bis nach dem Emporwinden der Decke die Bohlen zwischen Schutzdecke und Tunneldecke festgeklemmt waren, so daß sie nicht mehr herabsinken konnten. Die Naht der Dichtungsschicht konnte dann von unten überklebt werden. Nach dem Hochwinden der Decke konnte der Beton der Seitenwände und der Decke hergestellt werden. Der Anschluß der Dichtungsschicht der Decke an die der Seitenwände konnte natürlich nur von außen mit Hilfe eines im oberen Teile der Seitenwände ausgesparten Ganges hergestellt werden.

D. Bahnhofsanlagen.

1. Personenbahnhöfe.

a) Allgemeine Gesichtspunkte. An die Bahnhöfe für Stadtbahnen werden folgende zwei Anforderungen gestellt: Es sind große Menschenmengen glatt abzufertigen; der Zeitaufwand für den Weg vom Eingang bis zur Abfahrtstelle des Zuges und umgekehrt soll gering sein. Die Anlage muß daher folgende Bedingungen erfüllen: Sie muß im ganzen weiträumig und gedrängt, sowie außerordentlich übersichtlich sein: Die gute Übersichtlichkeit soll sowohl für den Reisenden wie für den Abfertigungsbeamten vorhanden sein. Beim Eintritt in den Bahnhof soll der Reisende den Fahrkartenschalter und den Zugang zu seinem Bahnsteig sofort überblicken können. Die Treppen sind geradlinig zu führen, alle Richtungsänderungen sind zu vermeiden, besonders gewundene und rückläufige Treppen; auch beim Versagen der Beleuchtung soll der Ausgang leicht gefunden werden können. Grelle Helligkeitswechsel auf dem Wege von der Straße zum Bahnsteig sind zu vermeiden. Gegenströmungen sind auszuschließen, die Wege der abfahrenden und ankommenden Reisenden sind voneinander und von denen des Umsteigeverkehrs zu trennen. Die wagerechte Entfernung vom Eingang zum Zugschwerpunkt soll kurz sein. Damit der Weg auch in senkrechter Hinsicht kurz wird, soll der Höhenunterschied zwischen Straße und Bahnsteig gering sein. Auf dem Bahnsteig sind alle die Übersicht beschränkenden Einbauten tunlichst zu vermeiden; dies gilt auch von den Säulen, die die Tunneldecke oder das Bahnsteigdach tragen; die Gleise sind auf Bahnsteiglänge geradlinig zu führen.

Bei der Gestaltung des Bahnhofs ist auch darauf Rücksicht zu nehmen, daß die Züge in kurzen Abständen aufeinanderfolgen.

Die Schalterhallen werden entweder in Straßenhöhe, in Bahnsteighöhe oder in mittlerer Höhenlage angelegt. Bei Raummangel werden sie auch wohl ganz fortgelassen und durch ein in der Straße stehendes Schalterhäuschen ersetzt. Die Zahl der Schalter richtet sich nach der Art der von der Bahn ausgegebenen Fahrkarten. Wenn der Massenverkehr an den Werktagen auf Wochen- oder Monatskarten erfolgt und ein Massenausflugsverkehr an den Festtagen nicht vorkommt, genügt für gewöhnlich ein Schalter, nur am ersten Werktage des Monats oder der Woche ist ein zweiter Schalter für die Zeitkarten zu öffnen. Die Fahrkartenprüfung geschieht an den Ein- und Ausgängen des Bahnsteiges; die Anordnung ist so zu treffen, daß zu den Zeiten schwächsten Verkehrs ein Bahnsteigschaffner genügt. Bei sehr schwachem Verkehr können Fahrkartenausgabe und Bahnsteigsperre auch in der Weise vereinigt werden, daß die Fahrkartenausgabe in den Durchgang der Sperre verlegt wird. Dies ist ohne weiteres da möglich, wo ein Einheitsfahrpreis besteht und daher überhaupt keine Fahrtausweise ausgegeben zu werden brauchen. Bei den amerikanischen Stadtbahnen, wo der Einheitsfahrpreis durchgeführt ist, werden zwar Fahrkarten ausgegeben, aber beim Betreten des Bahnsteigs in einen Glaskasten geworfen und dort zerschnitten, der Bahnhofsausgang wird durch eine Schiebetür geschlossen, die von dem den Eingang überwachenden Beamten bedient wird.

Falls eine Gepäckbeförderung auf der Bahn stattfindet, ist die Schalterhalle mit einer Gepäckabfertigung zu versehen. Dann muß auch der Ausgang durch die Schalterhalle führen. Ist keine Gepäckabfertigung vorhanden, so wird eine Gelegenheit zur Aufbewahrung von Handgepäck wenigstens im Stadtinnern als Annehmlichkeit empfunden.

Abortanlagen werden auf Stadtbahnstationen in der Regel für entbehrlich, auf Vorortstationen dagegen für notwendig erachtet. Bahnhofswirtschaften sind nur da erforderlich, wo bei Vorortstrecken längere Zugpausen vorkommen, auf Stadtbahnen sind sie ganz entbehrlich. Bei Vorortbahnen genügt auch wohl die Aufstellung einer kleinen Erfrischungsbude auf dem Bahnsteig.

An Diensträumen sind erforderlich: ein Aufenthaltsraum, ein Geräteraum, ein Beamtenabort in guter Verbindung mit der Fahrkartenausgabe — der Aufenthaltsraum sollte Tageslicht erhalten, da hier die schriftlichen Arbeiten der Station erledigt werden müssen —; ferner ein Raum auf dem Bahnsteig, der die Sicherungsanlagen enthält (Blockdienstraum), sowie ein Dienstraum für den Aufsichtsbeamten; diese beiden Räume können auch vereinigt werden. Für die Reisenden ist auf dem Bahnsteig ein heizbarer Warteraum vorzusehen, der auch mit dem Windfang des Bahnsteigs räumlich vereinigt werden kann. Auf Untergrundbahnhöfen sind Warteräume entbehrlich. Zur Ausstattung des Bahnsteigs gehören ferner eine Anzahl Bänke, die zum Schutz gegen Zugluft mit hohen Rücken- und Seitenwänden versehen werden; notwendig ist ein Bücher- und Zeitungsstand. Auf dem Bahnsteig müssen sich eine Anzahl Schilder befinden, die in gut lesbarer Schrift den Namen der Station tragen, bei Dunkelheit sind sie von außen oder von innen zu beleuchten. Auch können die einzelnen Stationen durch verschiedenartige Farbengebung der Tunnelwände, der Bahnsteigbuden, Bänke und Säulen gekennzeichnet werden. Die Anbringung von Reklamen sollte nicht zugelassen werden, da sie die Kenntlichmachung der Stationen behindern. Der Bahnhof ist mit mehreren gut sichtbaren Uhren auszurüsten.

Die Breite der Treppen richtet sich nach der Verkehrsstärke. Von Wichtigkeit ist, ob die Treppe in einer oder in beiden Richtungen begangen wird, und ob es sich um einen Durchgangs- oder einen Endbahnhof handelt, wo eine vollständige Zugentleerung stattfindet. Bei Umsteigebahnhöfen sind besonders geräumige Treppenanlagen notwendig. Die Breite der Treppen wird gewöhnlich in den Grenzen von 2,5 und 5 m gewählt. Nur ausnahmsweise kommen größere Treppenbreiten bis 8 m vor, die am besten durch Zwischengeländer geteilt werden. Über die Zweckmäßigkeit von Zwischengeländern zur Trennung von Zu- und Abgang gehen die Meinungen auseinander.

In Höhenabständen von 1,5—2 m werden gewöhnlich Podeste von 1 m Breite eingeschaltet. Sie sollen zum Ausruhen dienen, können aber diesen Zweck bei Stadtbahnen nicht erfüllen, da der fortlaufende Menschenstrom doch keine Verlangsamung der Bewegung zuläßt, sie stören daher mehr als sie nützen und werden am besten weggelassen, namentlich bei Treppen, die nur nach unten begangen werden. Zweckmäßig ist es jedoch, bei größeren Höhenunterschieden längere wagerechte oder schwach geneigte Strecken einzuschalten.

Die Treppen sind womöglich so anzuordnen, daß sie nicht am Ende des Bahnsteigs, sondern in dessen Mitte gegenüber dem Zugschwerpunkt beginnen und enden. Diese Forderung wird leider selten erfüllt, da sich die Anordnung der Treppen am Ende des Bahnsteigs meistens baulich einfacher gestaltet.

Bei Höhenunterschieden zwischen Straße und Bahnsteig bis zu 9 m begnügt man sich mit einfachen Treppen; die Höhe läßt sich scheinbar verringern, indem die Schalterhalle in eine mittlere Höhe gelegt wird. Bei größeren Höhenunterschieden werden neben den festen auch noch bewegliche Treppen angeordnet und bei Höhenunterschieden von mehr als 12 m Personenaufzüge, die ohne besonderes Entgelt benutzt werden dürfen. Dann haben die Treppen untergeordnete Bedeutung und können als Wendeltreppen ausgeführt werden. Bei Tiefbahnen erhält jeder Bahnsteig gewöhnlich 2 Schächte, von denen der eine einen Aufzug, der andere eine Wendeltreppe aufnimmt. Die Aufzüge werden für 30—60 Personen bemessen; sie bekommen an 2 gegenüberliegenden Wänden Türen, von denen die eine als Eingang, die andere als Ausgang dient.

Zur Beschleunigung der Abfertigung ist es erwünscht, die Bahnsteigoberkante möglichst in Höhe des Wagenfußbodens zu legen, so daß gar keine oder nur eine geringe Stufe entsteht. Bei der Berliner und Hamburger Stadtbahn, die als Hauptbahnen gebaut sind, liegen die Bahnsteige 76 cm, die Wagenfußböden 128 cm über S.-O., so daß die Einschaltung einer Zwischenstufe erforderlich wird. Bei der Berliner Hochbahn beträgt der Unterschied zwischen Bahnsteig und Wagenfußboden 165 mm, bei der Hamburger Hochbahn dagegen 250 mm, weil einige Bahnhöfe in Krümmungen liegen und der Wagenkasten über den Bahnsteig hinweggreifen muß, damit in den gekrümmten Bahnsteigen kein wagerechter Zwischenraum zwischen Bahnsteigkante und Wagenfußboden entsteht. Die Höhe der Bahnsteige über S.-O. beträgt in beiden Fällen 800 mm.

Bei Stationen mit starkem Verkehr ist die Wangenmauer des Bahnsteigs 1 m gegen die Bahnsteigkante zurückzurücken, damit sich Reisende, die bei starkem Gedränge vom Bahnsteig heruntergestoßen werden, vor dem einfahrenden Zuge unter den Vorsprung des Bahnsteiges retten können.

Die Bahnsteige können Außen- oder Mittel- (Insel-) Bahnsteige sein. Außenbahnsteige haben den Vorzug, daß der Bahnkörper durch die Stationen unverändert hindurchgeht und daß keine Krümmungen in den Gleisen entstehen. Ferner können die Bahnsteige zunächst kurz sein und bei wachsendem Verkehr ohne Schwierigkeiten verlängert werden. Weiter ist in schmalen Straßen die Gestaltung der Zugänge sowohl für Hoch- wie für Tiefbahnen besonders einfach, da sie unmittelbar von den Bürgersteigen aus erfolgen können, während bei Mittelbahnsteigen entweder eine Insel im Straßenfahrdamm oder eine zweigeschossige Bahnhofsanlage mit einem in halber Höhe liegenden Quergang erforderlich ist. Mittelbahnsteige haben den Vorteil größerer Übersichtlichkeit der Gesamtanlage und bringen eine Ersparnis an Abfertigungspersonal, bisweilen auch an Bahnsteigschaffnern. Der gesamte Breitenbedarf für den Bahnhof wird geringer, weil der Mittelbahnsteig schmaler sein kann als die beiden Außenbahnsteige zusammen. Wenn die Gleise der freien Strecke nicht un-

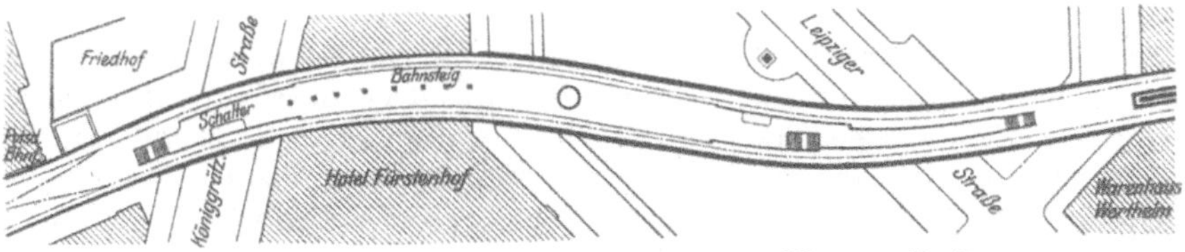

Abb. 81. Untergrundbahnhof Leipziger Platz in Berlin 1 : 300

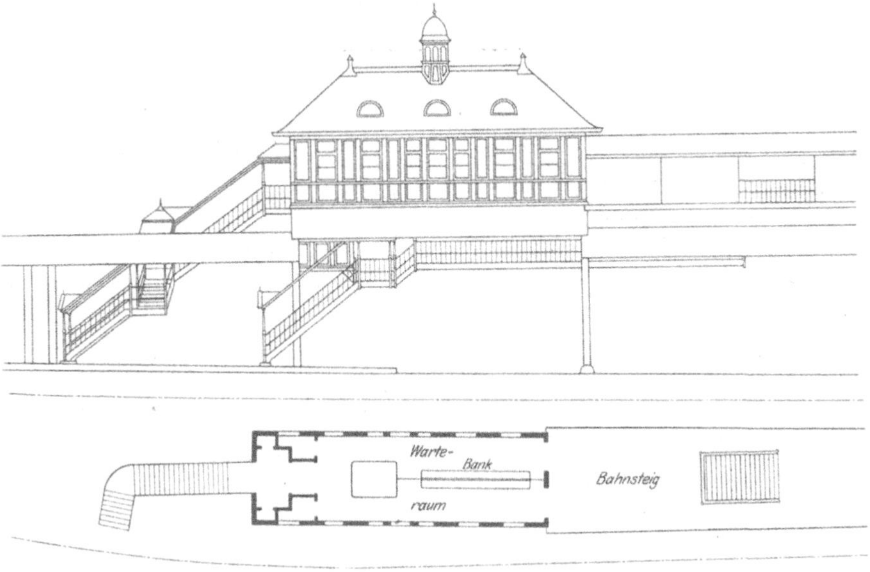

Abb. 82. Station City Square der Bostoner Hochbahn. 1 : 400.

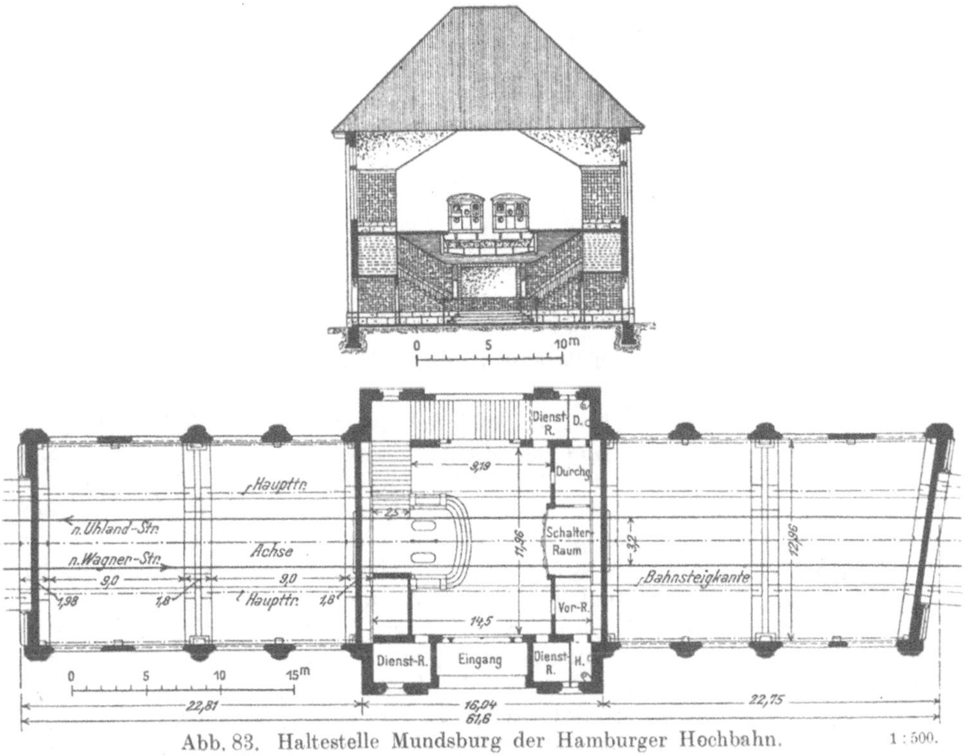

Abb. 83. Haltestelle Mundsburg der Hamburger Hochbahn. 1 : 500.

mittelbar nebeneinander liegen, sondern durch einen Zwischenraum getrennt sind, z. B. bei Röhrenbahnen, sind Mittelbahnsteige überhaupt das Gegebene. In neuerer Zeit werden daher Mittelbahnsteige immer mehr bevorzugt.

Die Länge der Bahnsteige muß etwas größer sein als die der Züge; die Nutzbreite beträgt bei Außenbahnsteigen 3—4 m, bei Innenbahnsteigen 5—7 m. Bei Außenbahnsteigen sollten die Treppenmündungen und die Bahnsteigbuden stets außerhalb des lichten Raumes des Bahnsteigs liegen; bei Innen-

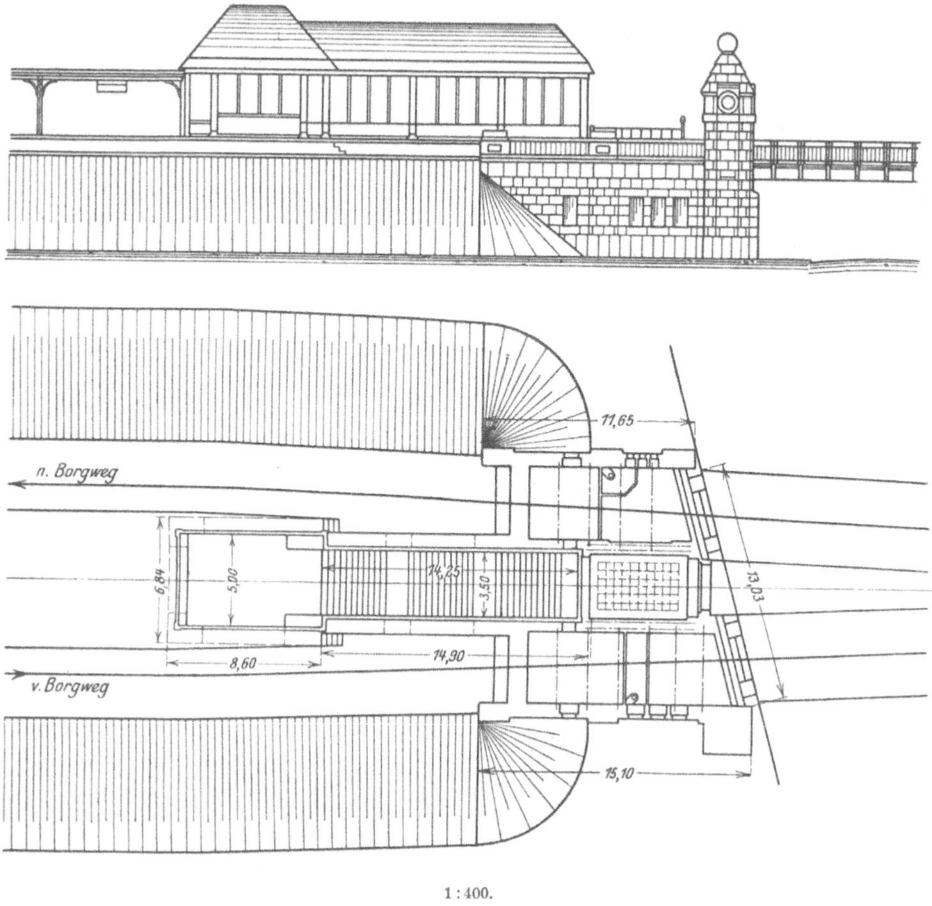

Abb. 84. Haltestelle Flurstraße der Hamburger Hochbahn.

bahnsteigen muß der durch sie in Anspruch genommene Streifen zugeschlagen werden. Die Bahnsteige sind bei offenen Bahnen zu überdachen, die Länge der Überdachung beträgt gewöhnlich $^1/_2$—$^5/_4$ der Zuglänge. Die Anordnung von Säulen sollte möglichst vermieden werden, wenigstens in den verkehrsreichen Bahnhöfen der Innenstadt. Deshalb werden hier geschlossene Hallen bevorzugt, während in den Außenbezirken Bahnsteigdächer zugelassen werden. Beispiele für die Gesamtanlage von Stadt- und Vorortstationen geben die Abb. 38—40 und 81—91. Abb. 38—40 zeigen normale Berliner Hochbahnstationen mit Außen- und Innenbahnsteigen. Abb. 81 eine Berliner Tiefbahnstation. Abb. 82 zeigt einen Bahnhof der Bostoner Hochbahn mit Mittelbahnsteig und einem einfachen Bahnsteigdach. Abb. 83 zeigt einen Bahnhof der Hamburger Hochbahn mit Außenbahnsteigen und Zugangstreppe in Bahnsteigmitte, Abb. 84 eine Vorortstation der Hamburger Hochbahn im Erdkörper und Abb. 85 bis 90 Stationen im Berliner Vorortgebiet. Abb. 90 stellt einen normalen Bahnhof der Pariser Untergrundbahn mit Außenbahnsteigen und einem in halber Höhe liegenden Quergang dar. Abb. **93** stellt den Bahnhof einer Londoner Röhrenbahn dar. Die Gleise liegen in verschiedener Höhe, so daß sie ohne verlorene Steigung zugänglich sind. Abb. 92 gibt den nach ähnlichen Grundsätzen gestalteten Musterentwurf einer Tiefbahnstation in Philadelphia wieder. Um den Raum für die Zugangstreppen im Bürgersteig zu gewinnen, ist die Erdgeschoßwand des angrenzenden Gebäudes entsprechend zurückgerückt.

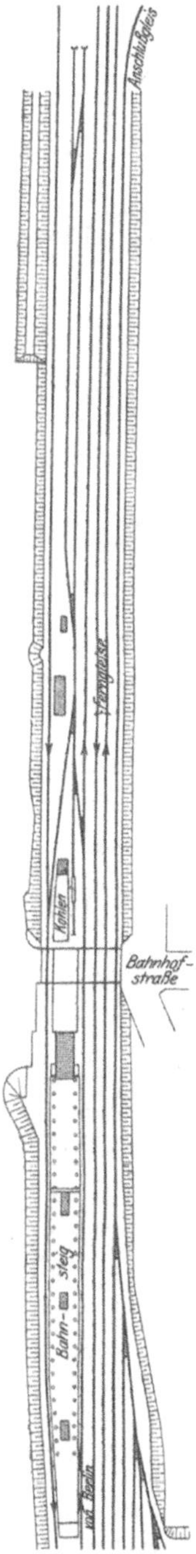

1 : 4000.

Abb. 85. Berliner Vorortstation. Bahn hochliegend (Friedrichshagen).

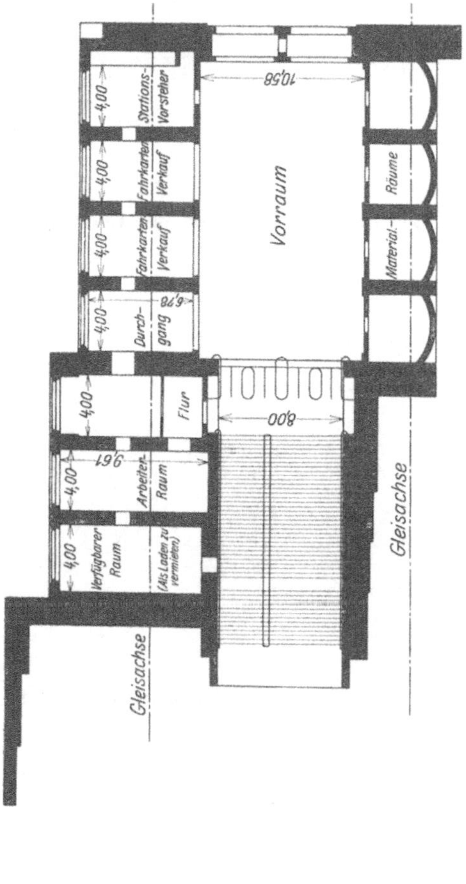

1 : 500.

Abb. 86. Grundriß der im Viadukt untergebrachten Abfertigungsräume der hochliegenden Vorortstation.

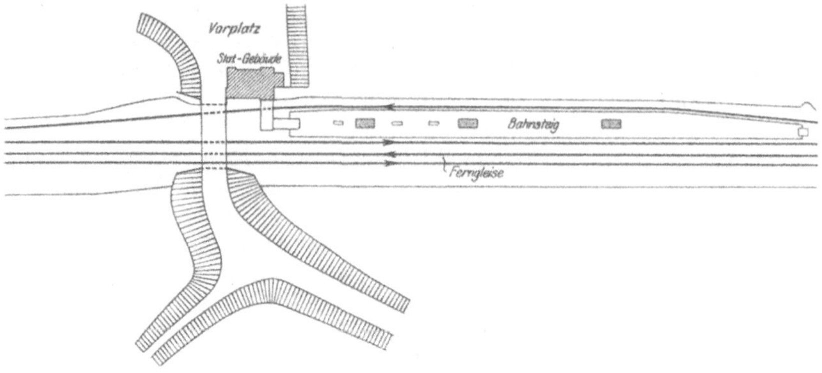

1 : 3000.

Abb. 87. Berliner Vorortstation. Bahn gegen die Straße tiefliegend. Empfangsgebäude seitlich (Sadowa).

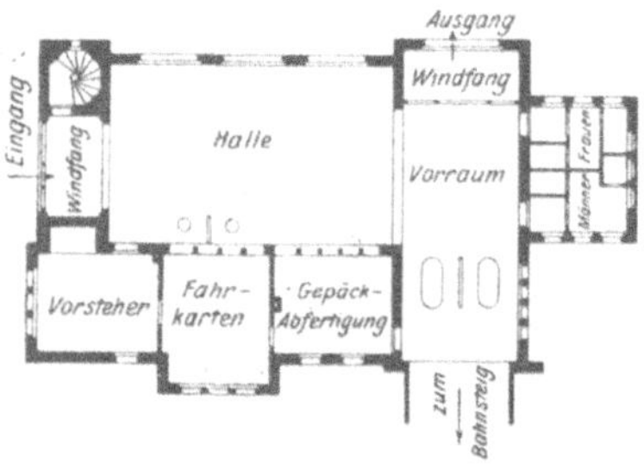

1 : 500.

Abb. 88. Grundriß des Empfangsgebäudes zu Abb. 87.

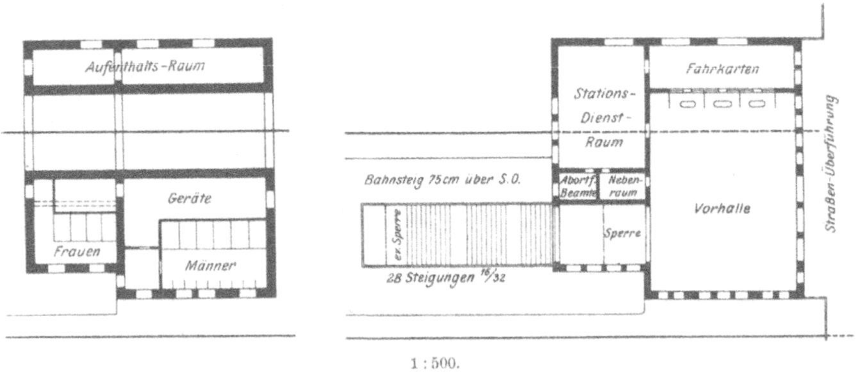

1 : 500.

Abb. 89. Berliner Ringbahnstation. Gebäude über der Bahn.

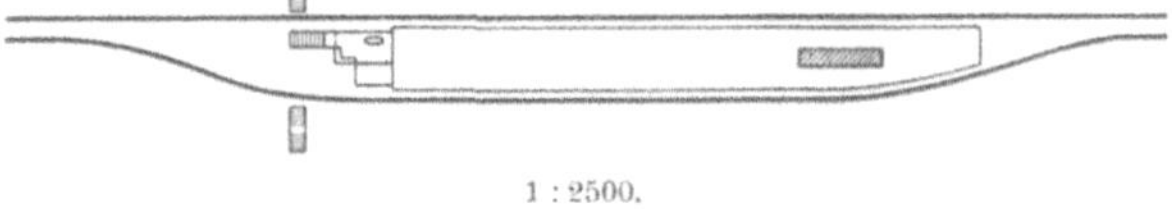

1 : 2500.

Abb. 90. Berliner Vorortstation. Bahn in Geländehöhe (geringer Verkehr).

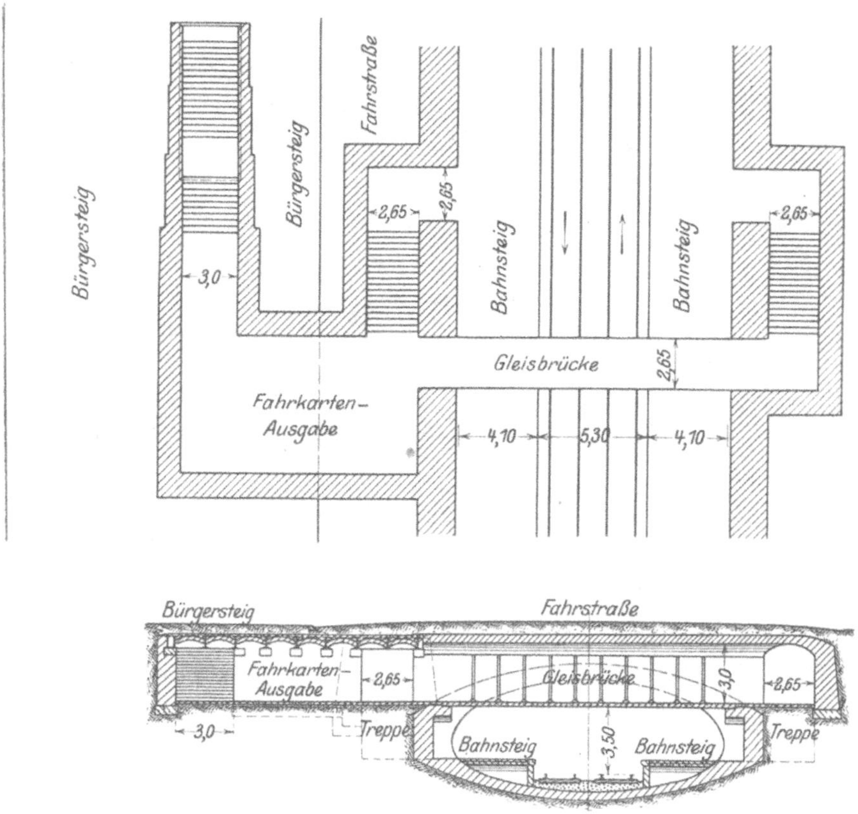

Abb. 91. Station der Pariser Stadtbahn. 1 : 400.

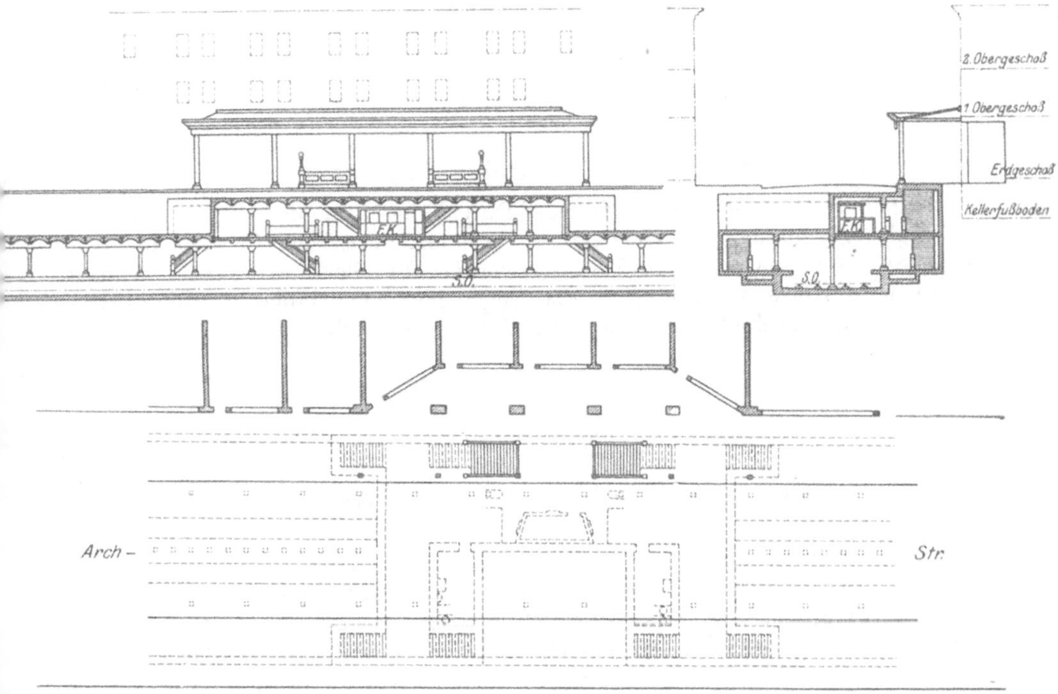

Abb. 92. Unterpflasterbahnhaltestelle in der Geschäftsstadt von Philadelphia, Entwurf. 1 : 600.

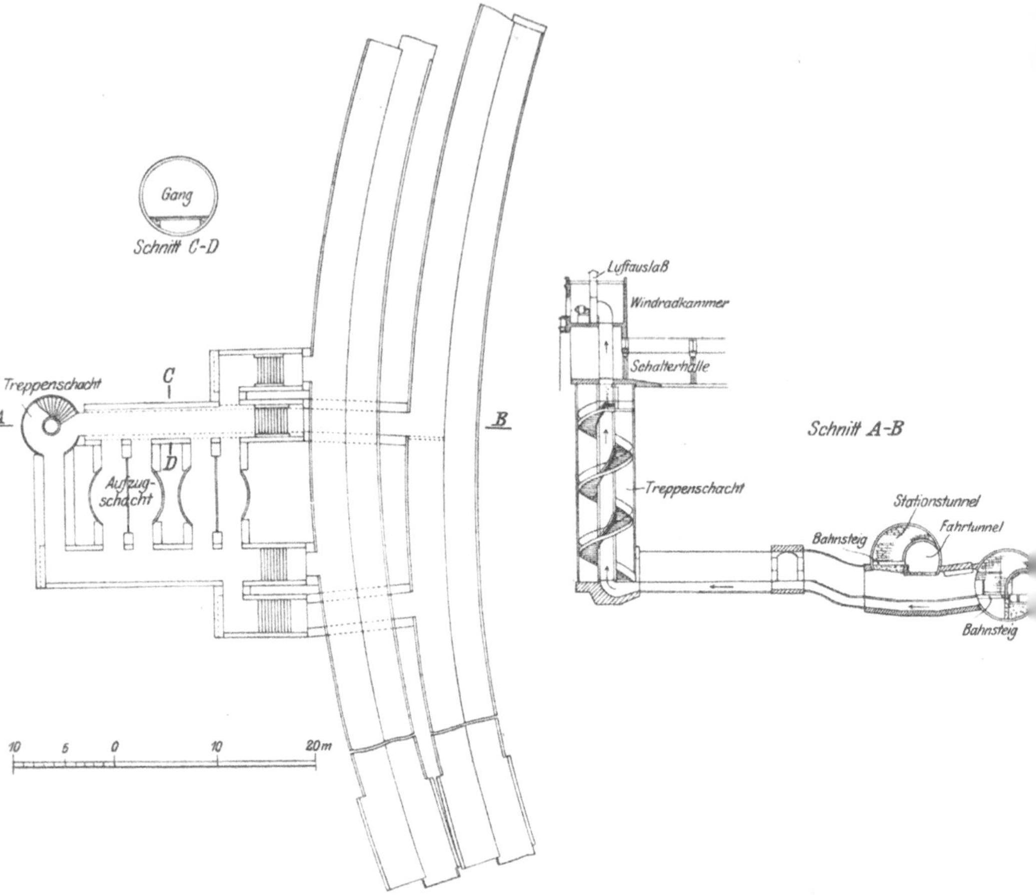

1 : 750.

Abb. 93. Bahnhof einer Londoner Tiefbahn.

b) Gegenseitige Anordnung der Bahnsteige und Gleise.

α) Durchgangsbahnhöfe. Bei Durchgangsbahnhöfen werden die Gleise zweigleisiger Bahnen in der Regel unverändert durch den Bahnhof hindurchgeführt. Bei sehr starkem Verkehr werden die Gleise verdoppelt, Abb. 94. Auf diese Weise ist es möglich, den Zügen hier einen längeren Aufenthalt zu geben, ohne die Zugfolge auf der ganzen Bahn dadurch zu verzögern. Bei vier-

Abb. 94. Zwischenbahnhof mit Verdoppelung der Bahnsteiggleise.

gleisigen Bahnen mit je besonderen Gleisen für den Lokalverkehr und den Eilzugverkehr ergeben sich zweierlei Haltestellen: einfache Haltestellen nur für den Lokalverkehr und Doppelhaltestellen für beide Verkehrsarten. Bei Linienbetrieb und Anordnung von Mittelbahnsteigen erhalten die e.nfachen Haltestellen einen Bahnsteig zwischen den Lokalgleisen, die Doppelhaltestellen je einen Bahnsteig zwischen beiden Gleispaaren. Beim Übergang von einer Zugart zur anderen findet Bahnsteigwechsel statt. Bei Richtungsbetrieb und außen liegenden Lokalgleisen erhalten die einfachen Haltestellen zwei Außenbahnsteige. Die Doppelstationen erhalten jür jede Fahrtrichtung einen Mittelbahn-

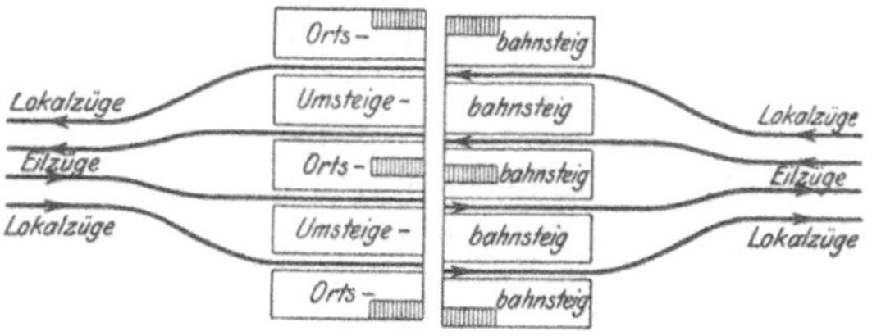

Abb. 95. Zwischenbahnhof einer viergleisigen Stadtschnellbahn mit getrennten Bahnsteigen für den Orts- und Umsteigeverkehr.

steig. Diese Bahnsteige dienen sowohl dem Ortsverkehr wie dem Umsteigeverkehr, der ohne Bahnsteigwechsel stattfindet. Da nach den Erfahrungen bei der Neuyorker Untergrundbahn der Umsteigeverkehr in diesem Falle erheblich ist, so empfiehlt sich eine Trennung des Ortsverkehrs vom Umsteigeverkehr. Dann müssen nach Abb. 95 5 Bahnsteige angeordnet werden. Die Bahnsteige zwischen dem Lokal- und dem Eilzuggleis dienen dem Umsteigeverkehr, die übrigen Bahnsteige dem Ortsverkehr.

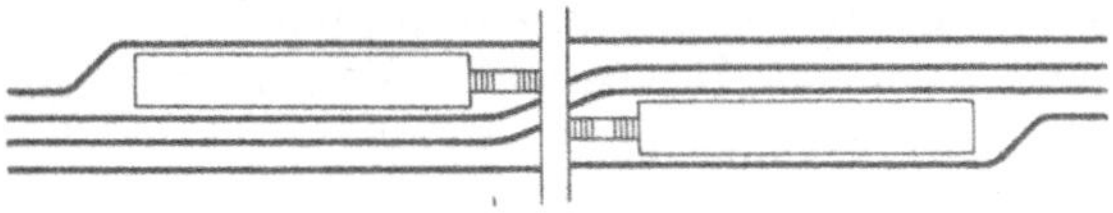

Abb. 96. Zwischenbahnhof einer viergleisigen Stadtbahn mit verschränkten Bahnsteigen.

Bei viergleisigen Bahnen in engen Straßen müssen die Bahnsteige nötigenfalls gegeneinander verschränkt werden, Abb. 96. Reicht die Straßenbreite hierfür nicht zu, so müssen die Gleise übereinander angeordnet werden.

Bei Zwischenendstationen, auf denen ein Teil der Züge wendet, werden in der Verlängerung des Inselbahnsteigs 1—2 Kehrgleise angeordnet und durch Weichen nach Abb. 97 und 98 mit den Hauptgleisen verbunden. Die Ab-

Abb. 97. Zwischenstation mit Kehrgleis.

Abb. 98. Zwischenstation mit Kehr- und Rückstellgleis.

zweigungsweichen werden so nahe wie möglich an den Bahnsteig herangeschoben, damit das Aus- und Einsetzen von Zügen in der kürzesten Zeit geschehen kann und das Bahnsteiggleis schnell wieder für den nachfolgenden Zug frei wird. Der Gleisabstand der beiden Hauptgleise muß ein Vielfaches des normalen Gleisabstandes sein; nötigenfalls muß ein Zuschlag für Deckenstützen oder Signalmaste gegeben werden. Die Kehrgleise sollen Zuglänge mit einem Zuschlag von etwa 20 m haben; sie werden wohl auch zu einem Vielfachen der Zuglänge (mit demselben Zuschlag) bemessen, um sie als Rückstellgleise für Aushilfszüge zu benutzen.

Um die Durchführung der im Stadtinnern erforderlichen langen Züge auf schwach benutzte Vorortsstrecken zu vermeiden, werden Zugwechselstationen eingerichtet, auf denen die längeren Züge gegen kürzere eingetauscht werden. Diese Zugwechselstationen werden mit zunehmender Dichte der Besiedlung und des Verkehrs allmählich weiter nach außen geschoben. Sie sind also so zu gestalten, daß sie leicht in gewöhnliche Durchgangsstationen verwandelt werden können. Auch wird der Betrieb häufig so geführt, daß zu den Zeiten des stärksten Verkehrs die Züge durchgehen, in den schwachen Verkehrsstunden ausgewechselt werden. Dann wird der Bahnhof zeitweise als Durchgangsstation, zeitweise als Wechselstation benutzt.

Abb. 99. Zugwechselstation mit Richtungsbetrieb.

Abb. 100 zeigt die bei der Berliner Hochbahn gebräuchliche Anordnung. Beiderseits des Inselbahnsteigs sind Stumpfgleise angeordnet, von denen das eine als Kehrgleis, das andere als Rückstellgleis für einen Ersatzzug dient. Der vom Stadtinnern (links) kommende Zug fährt, nachdem die Reisenden ausgestiegen sind, in eines der rechts gelegenen Stumpfgleise. Der für den Vorort bestimmte kürzere Zug fährt dann aus einem links liegenden Stumpfgleise vor, und die Reisenden steigen ein. Ebenso ist der Vorgang in umgekehrter Richtung. Die Gleise werden also gewissermaßen richtungsweise benutzt. Diese Anordnung hat manche Mängel. Zunächst ist sie unübersichtlich. Der aus dem Zuge aussteigende Reisende sucht vergeblich nach seinem Anschlußzuge. Der Gesamtaufenthalt zwischen der Ankunft des einen und der Abfahrt des Anschlußzuges beträgt etwa $2^1/_2$ Minuten. Dieser Zeitraum erscheint den Reisenden, die gewohnt sind, alle 2 Minuten eine andere Station zu durchfahren, unerträglich lange. Besonders unbequem wird die Sache, wenn der Zugwechsel in beiden Fahrtrichtungen zeitlich zusammenfällt. Dann sind Verwirrungen unter den Reisenden und Irrtümer ortsunkundiger Personen unausbleiblich.

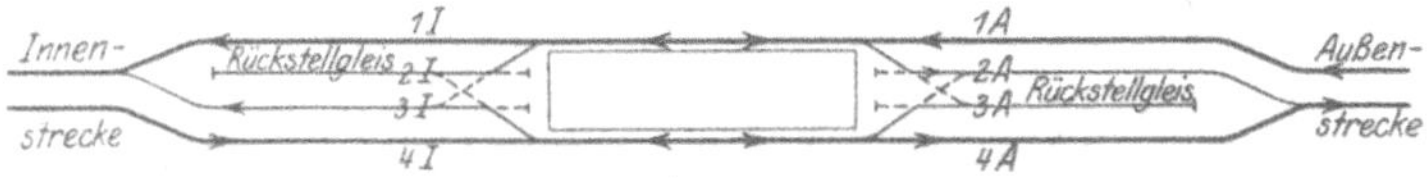

Abb. 100. Zugwechselstation mit Linienbetrieb.

Zweckmäßiger erscheint daher eine linienweise Benutzung der Gleise, Abb. 100. Der vom Stadtinnern kommende Zug fährt in Gleis 4, der vom Vorort kommende Zug gleichzeitig in Gleis 1 ein. Beide Züge tauschen ihre Reisenden aus und fahren nach etwa $1^1/_2$ Minuten Aufenthalt in umgekehrter Richtung zurück. Die Stumpfgleise 2 I und 3 A dienen zur Aufstellung von

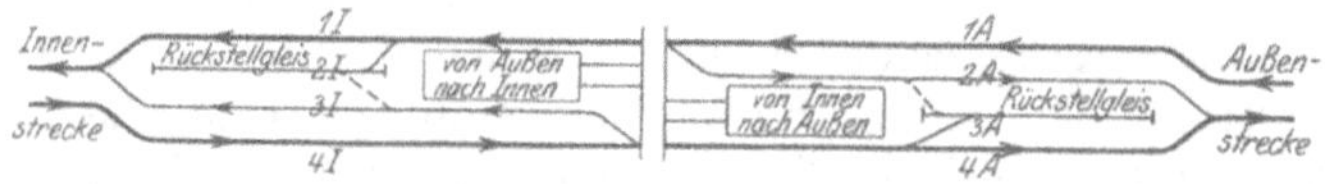

Abb. 101. Zugwechselstation mit Linienbetrieb und getrennten Umsteigstellen.

Ersatzzügen, die eingeschaltet werden, wenn einer der beiden planmäßigen Züge ausbleibt. Die Anordnung ist vollkommener als die zuerst dargestellte, weil der Zugaufenthalt um je 1 Minute gekürzt ist. Sie hat aber den Nachteil, daß die Fahrpläne beider Fahrtrichtungen in Abhängigkeit gebracht werden, so daß sich Verspätungen von einer auf die andere Richtung übertragen und durch sie auch die Aufenthaltszeiten im Umsteigeverkehr verlängert werden. Ferner sind die Gegenströmungen der Reisenden unbequem. Eine vollkommenere Gleisanordnung zeigt Abb. 101. Sie ist ebenfalls nach dem Linienbetrieb angeordnet. Die Umsteigestellen für die beiden Fahrtrichtungen sind aber räumlich getrennt.

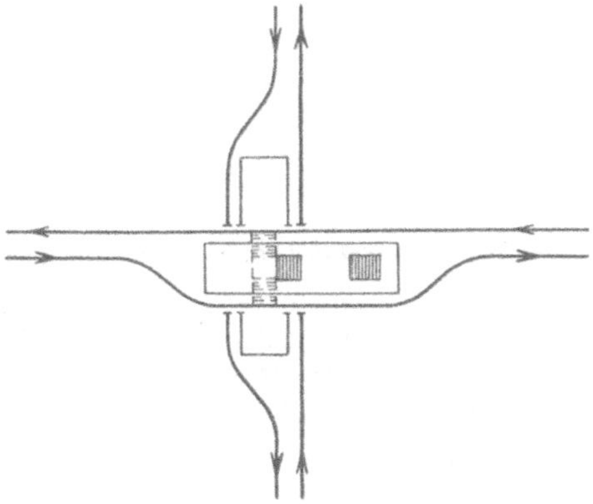

Abb. 102. Turmstation.

Ein vom Stadtinnern kommender Zug fährt auf der rechten Bahnsteigseite in Gleis 4 A vor. Die Reisenden steigen aus und finden den Anschlußzug bereits an der gegenüberliegenden Bahnsteigkante vor. Der Anschlußzug fährt dann aus Gleis 2 A aus. Der vom Stadtinnern kommende leer gewordene Zug rückt in Gleis 3 I vor und erwartet hier die Ankunft des von außen eintreffenden Zuges, der auf Gleis 1 I einfährt. Nachdem die Reisenden umgestiegen sind, fährt der nach dem Stadtinnern bestimmte Zug aus Gleis 3 I aus. Der von außen kommende leer gewordene

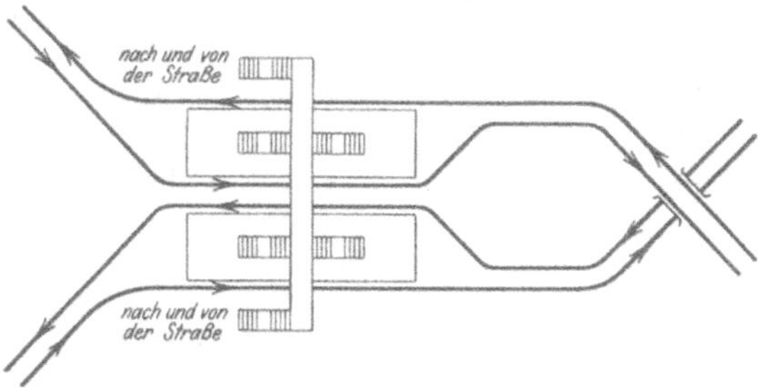

Abb. 103. Kreuzungsbahnhof. Parallelstation mit Linienbetrieb.

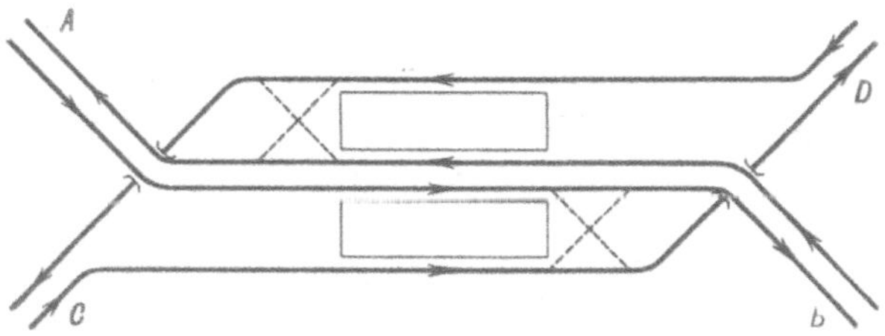

Abb. 104. Kreuzungsbahnhof. Parallelstation mit symmetrischem Richtungsbetrieb.

Zug rückt nach Gleis 2 A vor, um hier die Ankunft eines vom Stadtinnern kommenden Zuges abzuwarten. Die Stumpfgleise 2 I und 3 A dienen zur Aufstellung von Ersatzzügen, können aber auch als Kehrgleise dienen, wenn der Bahnhof als Zwischenstation benutzt werden soll.

Obwohl neben den Bahnsteigen 3 Gleise liegen, ist der Breitenbedarf kaum größer als bei Abb. 99, weil die Bahnsteige, die nur dem Übergang von einem Zuge zum anderen zu dienen haben, sehr schmal gehalten werden können.

β) Kreuzungsbahnhöfe. Bei Kreuzungen zweier Linien kommt die rechtwinklige und die schräge Kreuzung vor. Die rechtwinklige Kreuzung führt zur Anlage einer Turmstation nach Abb. 102, die schräge Kreuzung zur

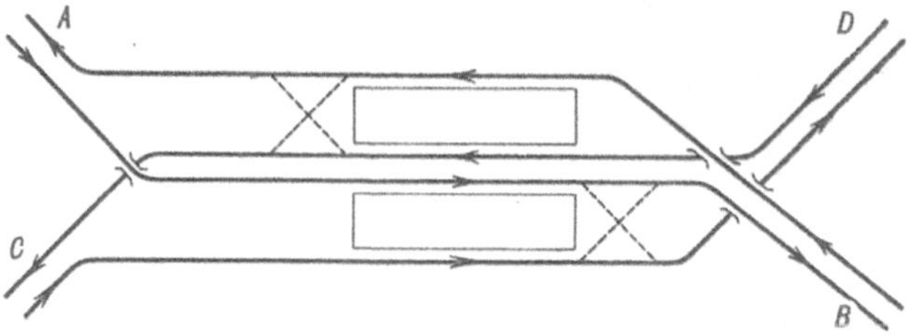

Abb. 105. Kreuzungsbahnhof. Parallelstation mit verschränktem Richtungsbetrieb.

Anlage einer Parallelstation mit Linienbetrieb, Abb. 103, mit symmetrischem oder verschränktem Richtungsbetrieb, Abb. 104 und 105. Bei der Turmstation und der Parallelstation mit Linienbetrieb muß der gesamte Umsteigeverkehr den Bahnsteig wechseln und im ersten Falle einen Treppenlauf, im zweiten Falle deren zwei überwinden. Bei der Parallelstation mit Richtungsbetrieb erfolgt der Übergang von A nach D und von B nach C und umgekehrt ohne Bahnsteigwechsel. Der Eckverkehr von A nach C und von B nach D ist auf den Bahnsteigwechsel angewiesen. Abb. 106. Ist der Eckverkehr bedeutend, so hat die Parallelstation mit Richtungsbetrieb vor der Turmstation in bezug auf den Umsteigeverkehr keine Vorzüge. Die Turmstationen werden aber gern vermieden, weil sie unübersichtlich sind, und weil der Höhenunterschied zwischen Straße und Bahnsteig für eine der beiden Bahnen ziemlich groß wird. Die Parallelstation mit Linienbetrieb hat vor der mit Richtungsbetrieb betriebs-

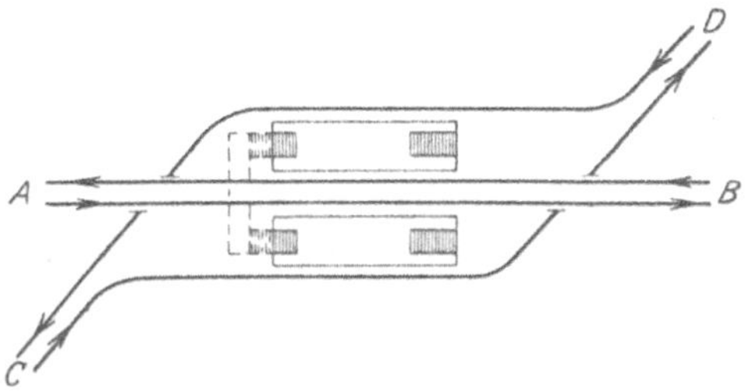

Abb. 106. Kreuzungsstation mit Richtungsbetrieb.

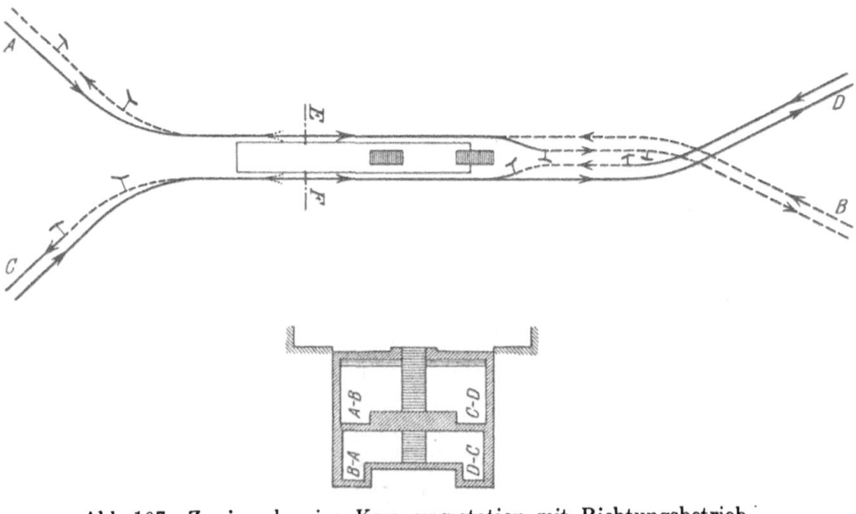

Abb. 107. Zweigeschossige Kreuzungsstation mit Richtungsbetrieb.

und verkehrstechnisch nur Nachteile und kommt nur in Frage, wo eine andere Lösung baulich unmöglich ist.

Reicht die Straßenbreite für eine eingeschossige Anlage nicht aus, so wird eine zweigeschossige Station nach Abb. 107 angelegt, wobei jedesmal zwei gleichgerichtete Gleise in dieselbe Höhenlage kommen.

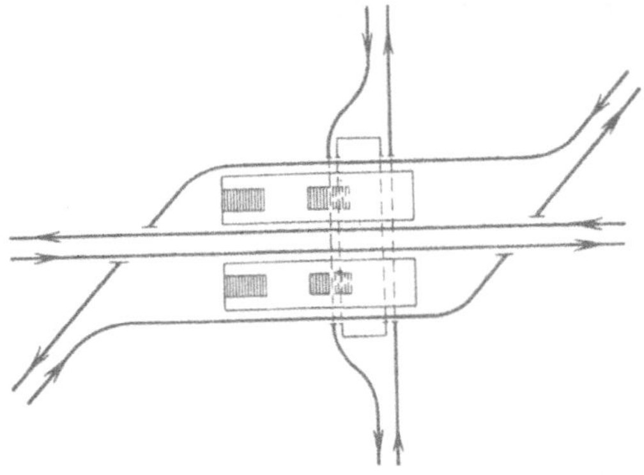

Abb. 108. Kreuzungsstation dreier Linien. Ausbildung als Turmstation.

Für die Zusammenführung dreier Linien in einem Punkte kommen folgende Lösungen in Betracht: 1. Die Vereinigung einer Parallelstation mit einer Turmstation nach Abb. 108; 2. eine Parallelstation nach Cauer (Abb. 109) in der Weise, daß die dritte hinzukommende Linie die beiden anderen umgreift und um ein Stockwerk höher liegt, so daß ihr Bahnsteig in die Höhe des Verbindungsganges kommt. 3. als Turmstation in Sternform nach Abb. 111. Die Anordnung hat den Nachteil, daß die Verbindungstreppen unübersichtlich werden und daß die Entfernung der Bahnsteige von der Straßenoberfläche sehr groß wird;

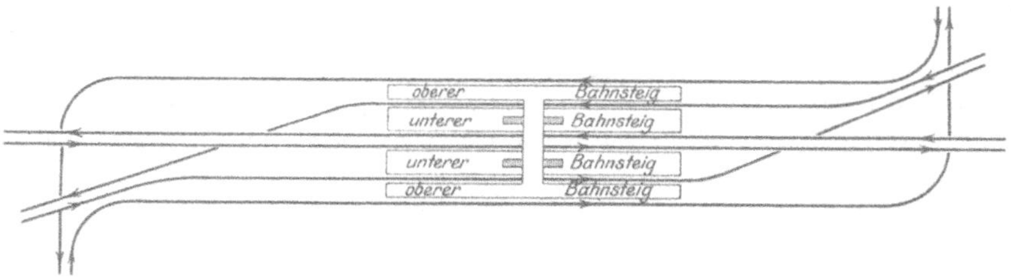

Abb. 109. Kreuzungsstation dreier Linien. Zweigeschossige Anlage mit Richtungsbetrieb.

4. eine Turmstation in Dreiecksform nach Abb. 110. Die Gesamtanlage ist baulich einfacher und übersichtlicher; sie hat freilich den Nachteil, daß die wagerechten Wege länger werden, dafür läßt sich aber eine Trennung des Ortsverkehrs vom Umsteigeverkehr durchführen. Dem Ortsverkehr dient ein in Dreiecksmitte angeordnetes Empfangsgebäude. Die Zugänge münden in Bahnsteigmitte. Der Umsteigeverkehr vollzieht sich über Treppen an den Bahnsteigenden.

γ) Berührungsbahnhöfe. Stellen, an denen sich zwei Bahnlinien berühren, kommen bei Stadtbahnnetzen bisweilen vor (in Hamburg z. B. am Berliner Tor, in Barmbek und in Ohlsdorf). In solchen Fällen wird meist Linien-Betrieb das einzig Mögliche sein; oft ist sogar die Berührung der beiden Bahnen eine sehr innige, und ein kürzerer oder längerer Quergang ist notwendig, der ohne Benutzung der Straße von Bahnsteig zu Bahnsteig führt. Abb. 112. Wenn irgend möglich, sollten jedoch auch bei Berührungsbahnhöfen die zusammengehörigen Gleise paralleler Richtungen so genähert werden, daß der Übergang von Bahnsteigkante zu Bahnsteigkante ohne Treppensteigen erfolgt. Dies läßt sich durch ein zweigeschossiges Bauwerk nach Abb. 113 erreichen.

δ) Trennungs- und Anschlußbahnhöfe. An der Stelle, wo sich eine Schnellbahnlinie in zwei Zweige gabelt, ist ein Trennungs- oder Anschlußbahnhof zu errichten. Der Unterschied zwischen beiden Anlagen ist nur ein betriebstechnischer. Beim Trennungsbahnhof gehen die Züge der Stammstrecke abwechselnd auf eine der beiden Zweigstrecken über, beim Anschlußbahnhof bildet eine der beiden Zweigstrecken die unmittelbare Verlängerung der Stammstrecke, und alle Züge der Stammstrecke gehen auf ihr weiter, während die Züge der anderen Zweigstrecke sämtlich an diesem Punkte beginnen und enden. Ist der Verkehr auf beiden Zweigen gleich stark, und die Zugdichte auf der

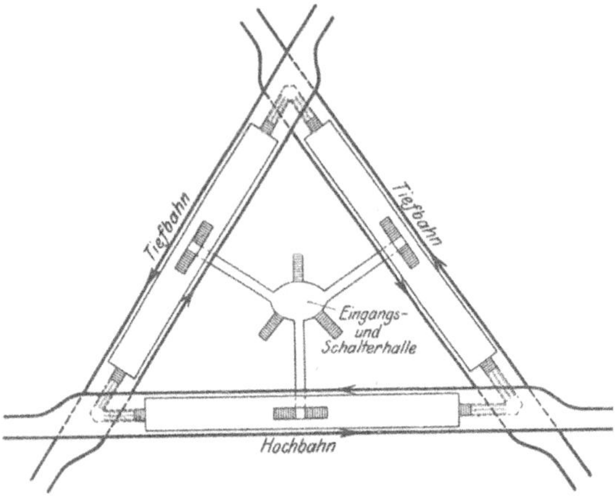

Abb. 110. Kreuzungsstation dreier Linien in Dreiecksform.

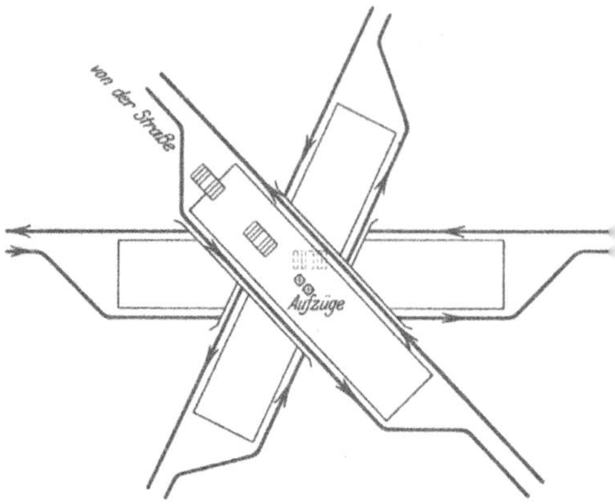

Abb. 111. Kreuzung dreier Linien in Form einer reinen Turmstation.

Stammstrecke groß, so ist es zweckmäßig, die Züge der Stammstrecke abwechselnd auf beiden Zweigstrecken durchzuführen. Ist der Verkehr auf einer Zweigstrecke verhältnismäßig gering, so ist es zweckmäßig, diese Zweigstrecke

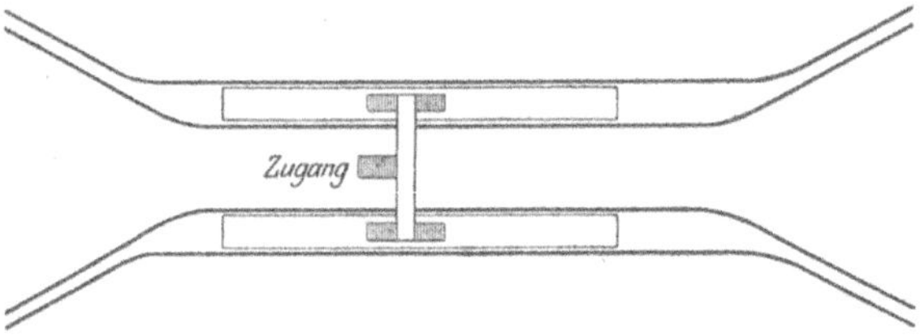

Abb. 112. Berührungsstation mit Linienbetrieb.

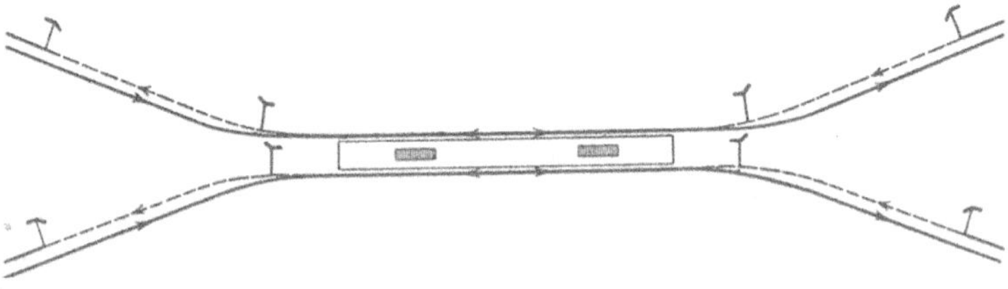

Abb. 113. Berührungsstation. Zweigeschossige Anlage mit Richtungsbetrieb.

als Pendellinie zu betreiben. Bei sehr ungleicher Länge der Zweigstrecken empfiehlt es sich aus demselben Grunde, die Züge der Stammstrecke auf der kürzeren Zweigstrecke durchzuführen und die längere Zweigstrecke als Anschlußlinie zu betreiben. Schließlich kommt Anschlußbetrieb in Frage, wenn der Zugabstand auf der Stammstrecke so groß ist, daß seine Verdoppelung auf den Zweigstrecken untunlich wäre.

Da sich die Verkehrsentwicklung meist nicht voraussehen läßt, ist es zweckmäßig, den Bahnhof so zu gestalten, daß sowohl ein Zugübergang als auch eine Zugendigung stattfinden kann. Häufig wird auch im Laufe eines Tages mehrmals ein Wechsel zwischen beiden Betriebsarten stattfinden.

Zunächst ist die Frage zu prüfen, ob eine spätere Fortsetzung einer der Zweiglinien in der Richtung der Stammlinie in Frage kommt. Dann muß der

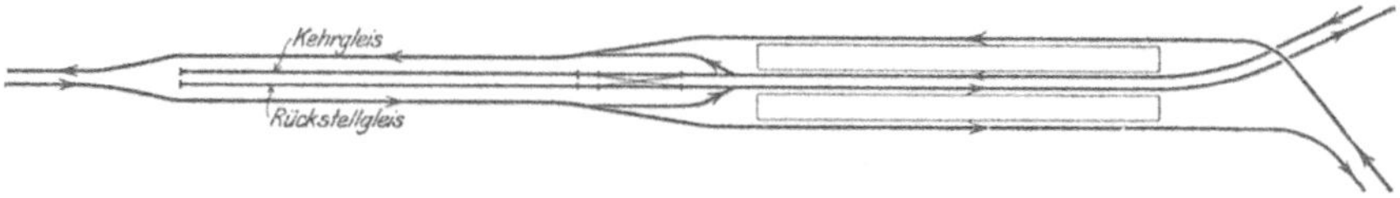

Abb. 114. Anschlußstation mit Zugübergang und Rückstellgleis.

Entwurf von dem endgültigen Zustand als Kreuzungsbahnhof ausgehen, wobei die Hauptgleise der zunächst nicht zur Ausführung kommenden Bahnlinie soweit hergestellt werden, wie sie als Kehr- oder Rückstellgleise benötigt werden.

Die vollkommenste Lösung zeigt Abb. **114**. Sie entsteht aus dem Kreuzungsbahnhof mit symmetrischem Richtungsbetrieb, Abb. **104**, durch Fortlassung

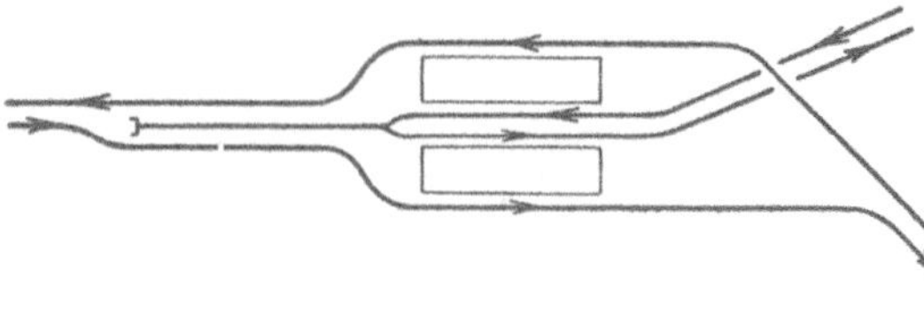

Abb. 115. Anschlußstation.

der von C kommenden Strecke. Die Gleise der durchgehenden Hauptlinie liegen außen, die der Zweiglinie innen. In ihrer Verlängerung liegen die Kehr- und Rückstellgleise. Die Gleisverbindungen sind so angeordnet, daß der Bahnhof sowohl als Trennungsstation wie als Anschlußstation benutzt werden kann.

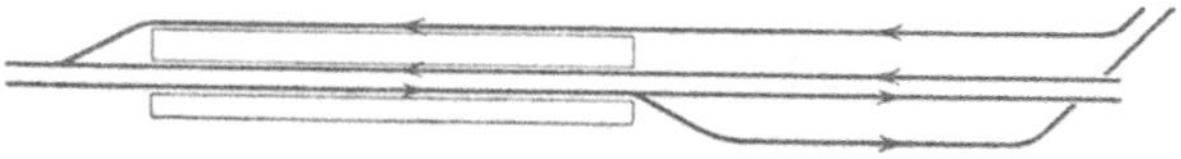

Abb. 116. Gabelungsbahnhof.

Durch Weglassung der Verbindungsgleise entsteht eine reine Anschlußstation nach Abb. 115.

Reine Trennungsbahnhöfe sollten nur da errichtet werden, wo ein Anschlußbetrieb überhaupt nicht in Frage kommen kann. Die einfachste Anordnung der Gleise zeigt Abb. 116. Sie hat den Vorzug, daß alle Weichen erst nach dem Halten des Zuges durchfahren werden, so daß die Züge mit unverminderter Geschwindigkeit in den Bahnhof einfahren können. Nachteilig ist dagegen, daß Züge verschiedener Fahrtrichtung von derselben Bahnsteigkante abfahren, was zu Irrtümern Veranlassung gibt, und daß sich Zugstockungen auf einer der beiden Zweiglinien rückwärts auf die Stammstrecke übertragen. Die Anordnung ist daher nicht besonders zweckmäßig.

Anschlußbahnhöfe kommen auch da in Frage, wo eine Schnellstraßenbahn an eine Schnellbahn anschließt. Als vollkommenste Lösung gilt auch hier ein unmittelbarer Übergang der Reisenden von Bahnsteigkante zu Bahnsteigkante, wie er in Abb. 117 möglich ist. Die Schnellbahn ist hier als Tiefbahn gedacht; die Schnellstraßenbahn steigt auf einer Rampe zur Oberfläche empor und gabelt sich gegebenenfalls auf der Oberfläche.

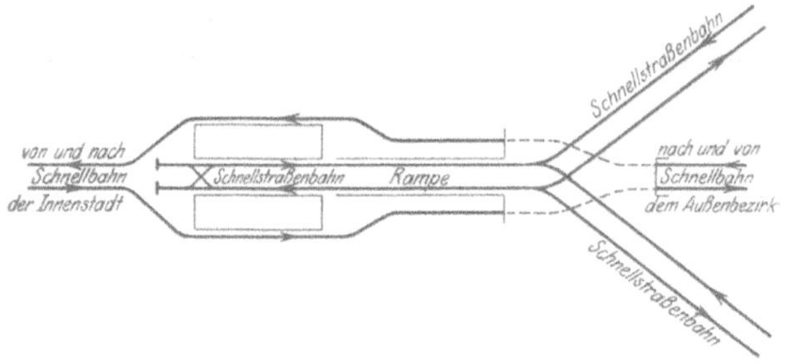

Abb. 117. Anschlußbahnhof für den Übergang zwischen Schnellbahn und Schnellstraßenbahn. Parallelstation mit Richtungsbetrieb.

Ist es nicht möglich, die Schnellstraßenbahn auf einer Rampe in die Höhe der Schnellbahngleise zu bringen, so müssen Treppen den Höhenunterschied zwischen dem Bahnsteig der Schnellbahn und dem Einsteigplatz der Schnell-

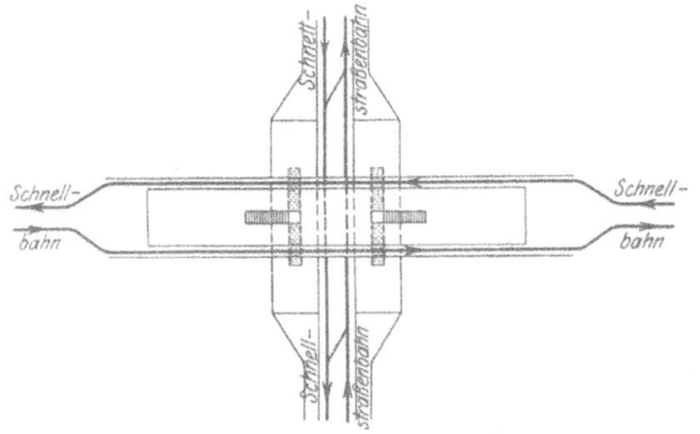

Abb. 118. Anschlußbahnhof für den Übergang zwischen Schnellbahn und Schnellstraßenbahn in Form einer Turmstation.

straßenbahn vermitteln. Abb. 118 zeigt eine Lösung in Form einer Turmstation. Hierbei ist angenommen, daß je eine von Norden und Süden kommende Schnellstraßenbahn an den Bahnhof einer Schnellbahn herangeführt ist. Die beiden Schnellstraßenbahnen können betriebstechnisch zu einer Durchgangslinie vereinigt werden.

ε) Endbahnhöfe. Bei den Endbahnhöfen werden 3 Formen unterschieden:

1. Kopfform, bei der die Hauptgleise stumpf endigen;
2. Durchgangsform, bei der die Gleise über den Bahnsteig hinaus verlängert sind;
3. Schleifenform.

Bei der Wahl zwischen den 3 Formen ist zunächst auf die Örtlichkeit Rücksicht zu nehmen. Kopfbahnhöfe erfordern den wenigsten Raum, Bahnhöfe in Durchgangsform haben eine größere Längenentwicklung, und Anlagen in Schleifenform sind nur unter Plätzen oder mit Umfahrung eines Häuserblocks möglich.

Ferner ist darauf Rücksicht zu nehmen, ob der Endbahnhof auf absehbare Zeit Endbahnhof bleiben oder die Bahn später über ihn hinaus fortgesetzt werden wird. Eine bleibende Endbahnhofanlage kommt nur da in Frage, wo die Bahn ausnahmsweise eine Halbmesserlinie ist, d. h. am Rande der Geschäftsstadt endet, und da, wo sich der Weiterführung der Bahn ein dauerndes Hindernis entgegenstellt, z. B. die Meeresküste. Die äußeren Endigungen der Schnellbahn werden fast stets vorübergehende Anlagen bleiben, weil mit dem Wachstum der Stadt auch die Bahn stückweise verlängert wird.

Weiter ist für die Gestaltung des Endbahnhofs die Rücksicht auf die Leistungsfähigkeit der Bahn maßgebend. Hierin weisen die 3 Formen wesentliche Unterschiede auf. Es ist davon auszugehen, daß die auf der freien Strecke mögliche Zugfolge durch den Endbahnhof nicht beeinträchtigt wird; ehe eine Entscheidung getroffen wird, ist nach Eintragung der Signale eine genaue Berechnung der durch den Bahnhof bedingten Zugfolge anzustellen[1]). Dabei ist von der Voraussetzung auszugehen, daß das Einfahrtsignal auf Fahrt gestellt wird, ehe sich der einfahrende Zug auf Bremslänge genähert hat.

Abb. 119. Kopfstation mit Mittelbahnsteig.

Die einfache Kopfform mit einem Mittelbahnsteig ist in Abb. 119 dargestellt, die Gleise werden abwechselnd benutzt. Durch die Zugkreuzung am Eingang des Bahnhofs wird die Leistungsfähigkeit stark beeinträchtigt, weiter aber

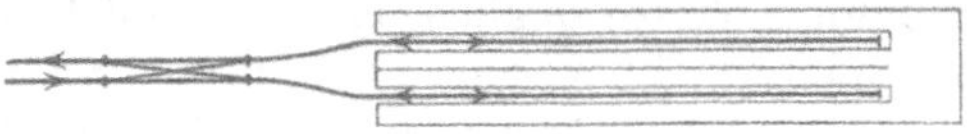

Abb. 120. Kopfstation mit 3 Bahnsteigen.

noch dadurch, daß in Kopfgleise besonders langsam und vorsichtig eingefahren werden muß.

Soll das Gegenströmen der aus- und einsteigenden Reisenden auf dem Bahnsteig vermieden werden, so werden nach Abb. 120 beiderseits der Gleise Bahnsteige angeordnet, dann ergibt sich aber der Nachteil, daß die Abfahrt

Abb. 121. Kopfstation mit Rückstellgleisen.

von verschiedenen Bahnsteigen stattfindet und die Reisenden auf dem Kopfsteig durch Zeigerwerke oder bewegliche Schranken nach dem zunächst abfahrenden Zuge geleitet werden müssen. Die Einschaltung von Rückstellgleisen für Einsatzzüge zeigt Abb. 121.

Die Anordnung eines Endbahnhofs in Durchgangsform ist in den Abb. 122 und 123 wiedergegeben. Selbst wenn die Zwischenbahnhöfe Inselsteige haben,

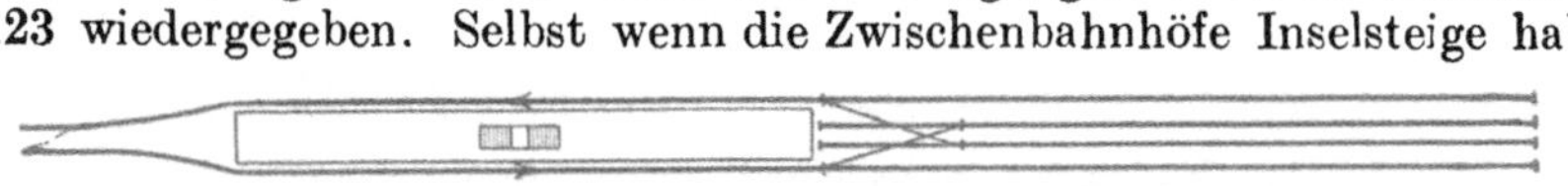

Abb. 122. Endstation in Durchgangsform mit Mittelbahnsteig.

kann es doch zweckmäßig sein, für den Endbahnhof Außensteige zu wählen, um ein Gegenströmen der Reisenden auf dem Bahnsteig auszuschließen. Übrigens ist dieses Gegenströmen bei Abb. 122 nicht so bedenklich wie bei Abb. 119, weil hier der ankommende Zug nicht sogleich wieder gefüllt wird.

---

[1]) Vgl. Brecht, Glasers Annalen.

Die in den Abb. 122 und 123 punktiert angegebene Gleisverbindung wird angelegt, um in den verkehrsschwachen Zeiten das Umsetzen zu ersparen.

Die Leistungsfähigkeit der beiden in Abb. 122 und 123 dargestellten Lösungen bleibt hinter der der freien Strecke noch um ein weniges zurück, weil der Aufent-

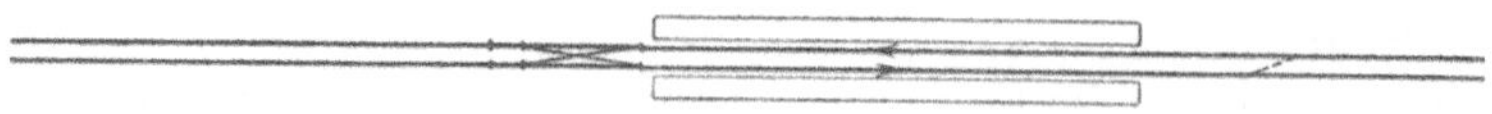

Abb. 123. Endstation in Durchgangsform mit Seitenbahnsteigen.

halt auf den Endstationen, wo der Zug sich vollständig leert und wieder füllt, länger dauert wie auf den Zwischenstationen. Um dem Rechnung zu tragen, wird die Zahl der Bahnsteiggleise nach Abb. 124[1]) verdoppelt. (Bei Bahnhöfen in Kopfform hat eine Vermehrung der Bahnsteiggleise nicht den entsprechenden Erfolg, weil mit ihnen auch eine Vermehrung der Zugkreuzungen verbunden ist und diese den erreichten Vorteil wieder aufheben.)

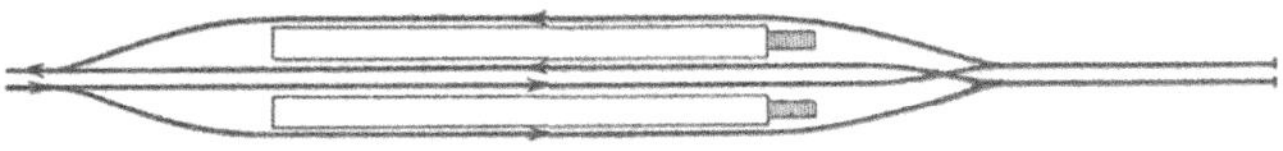

Abb. 124. Endstation in Durchgangsform mit Verdoppelung der Gleise.

Endbahnhöfe in Schleifenform kommen nur da in Frage, wo an eine spätere Fortführung der Bahn nicht zu denken ist. Sie sind beim Pariser Stadtbahnnetz überall angewendet, weil dort eine Fortführung der Bahnen in die Vororte nicht gewünscht wurde. Zur Verringerung des Raumbedarfs der Schleife wird

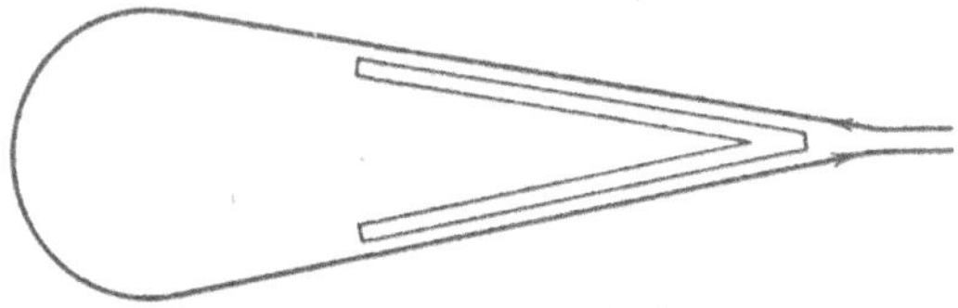

Abb. 125. Endstation in Schleifenform.

hier häufig ein schärferer Krümmungshalbmesser als sonst zugelassen (in Paris 30 m). Schleifenendbahnhöfe haben den Vorzug, daß der zeitraubende und im Betrieb unbequeme Wechsel der Fahrtrichtung fortfällt; ihre Leistungsfähigkeit gibt denen der Durchgangsbahnhöfe kaum etwas nach; nötigenfalls wird auch

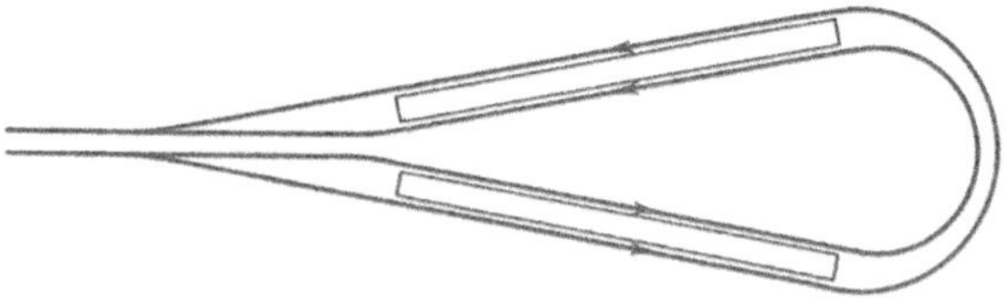

Abb. 126. Endstation in Schleifenform mit Verdoppelung der Gleise.

ihre die Gleiszahl verdoppelt. Die Abb. 125 und 126 zeigen Endbahnhöfe in Schleifenform, wie sie in Paris ausgeführt worden sind. Die Bahnsteiganlagen für Ankunft und Abfahrt sind voneinander vollständig getrennt. Bei diesen Bahnhöfen macht die Anordnung von Rückstellgleisen gewisse Schwierigkeiten, da diese nicht gern in den scharfen Bogen gelegt werden.

---

[1]) Ähnlich wurden die Endbahnhöfe der Brooklyner Brücken-Hochbahn gestaltet.

Abb. 127 zeigt einen der Ankunft und Abfahrt gleichzeitig dienenden Schleifenbahnhof, der als gemeinsamer Endbahnhof zweier zu einer Schleife

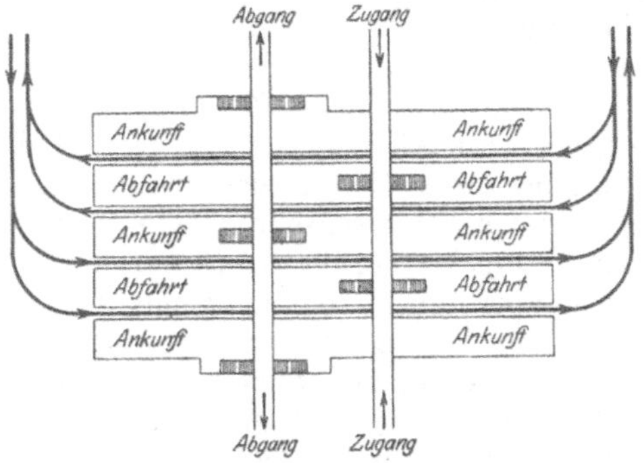

Abb. 127. Gemeinsamer Endbahnhof zweier Stadtbahnen in Schleifenform.

vereinigten Stadtbahnen dient (Vorbild: Hudson- und Manhattan-Röhrenbahn in Neuyork). Für jede Fahrtrichtung sind zwei Bahnsteiggleise vorhanden. Der Bahnsteig zwischen beiden Gleisen dient als Zugang, die Bahnsteige beiderseits der Gleise als Ausgang.

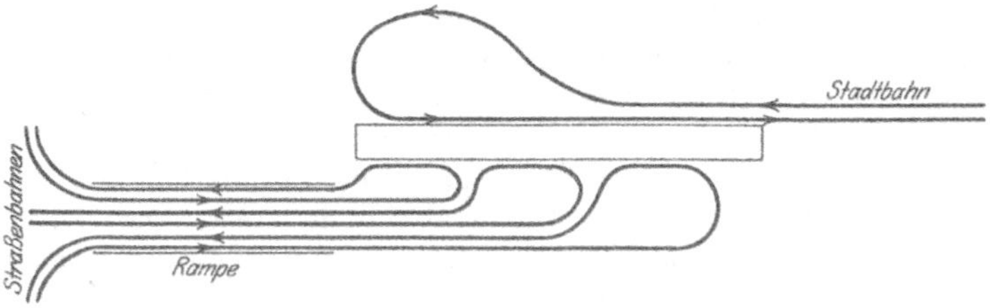

Abb. 128. Umsteigestation in Schleifenform.

Eine besondere Form der Endbahnhöfe bilden die Umsteigebahnhöfe, die den Übergang zwischen der Stadtbahn und anderen Verkehrsmitteln, Straßenbahnen oder Fähren vermitteln. Auch in solchen Fällen wird von der Anwendung von Schleifen gern Gebrauch gemacht. Um das Treppensteigen im Übergangsverkehr zu ersparen, wird die Straßenbahn auf einer Rampe in die Höhe der Stadtbahn gebracht. Ein Beispiel zeigt Abb. 128.

2. Abstellbahnhöfe.

Die Abstellanlagen dienen zur Unterbringung der Betriebsmittel während der nächtlichen Zugpause und in den verkehrsschwachen Stunden, zur inneren und äußeren Reinigung, zur Prüfung der elektrischen Ausrüstung und zur Abstellung kleinerer Schäden. Die Zahl der im Betrieb befindlichen Züge ist bei Stadtbahnen im Verhältnis zur Bahnlänge sehr groß, so daß die Abstellanlagen verhältnismäßig umfangreich werden.

Zur Erleichterung und Verbilligung der Untersuchung werden die Abstellanlagen für mehrere Linien oder sogar für das ganze Netz an einem Punkte vereinigt.

Des großen Geländebedarfes wegen müssen die Abstellbahnhöfe in die Außenbezirke verlegt werden. Bei längeren Bahnlinien werden außerdem kleinere Abstellanlagen auf den Endbahnhöfen angeordnet, um die Leerfahrten vor Betriebsbeginn und nach Betriebsschluß einzuschränken. Dazu werden die Bahnsteig-Kehr- und Rückstellgleise benutzt. Der Zugumlauf wird dann so eingerichtet, daß dieselben Wagenzüge nicht mehrere Nächte hintereinander auf der kleinen Abstellanlage bleiben, sondern nach einer solchen Übernachtung stets wieder dem Hauptabstellbahnhof zugeführt werden. Die Hauptreinigung wird in den verkehrsschwachen Vormittagsstunden von 9—12 Uhr vorgenommen, weil sie bei Tageslicht besser als bei Dunkelheit ausgeführt wird. Mit ihr wird vielleicht auch eine gründliche Prüfung vereinigt, während in der nächtlichen Betriebspause eine kleinere Reinigung und Prüfung stattfindet. Die Prüfung erstreckt sich in der Hauptsache auf die Regelung der Bremsen, das Putzen der Kollektoren, die Auswechselung scharf gelaufener Kohlenbürsten, die Säuberung oder den Ersatz der Berührungsteile der Steuerungen und schließlich auch auf die Luftpumpen und Stromabnehmer. Gleichzeitig müssen auch alle kleineren Schäden an den Wagenkästen und den Zug- und Stoßvorrichtungen ausgebessert werden. Der Abstellbahnhof soll mit den Kehrgleisen des nächstgelegenen Personenbahnhofs in schienenfreier Verbindung stehen. Um diese Verbindung zu erleichtern, wird der Abstellbahnhof auch wohl zwischen den beiden Hauptgleisen angeordnet. Eine solche Lage ist aber nicht sonderlich erwünscht, weil die Zugänglichkeit von der Straße und die Erweiterungsfähigkeit darunter leiden, daher ist die Anlage auf einem Grundstück seitlich der Bahn vorzuziehen. Auch bei Hoch- und Tiefbahnen wird der Abstellbahnhof zur Verringerung der Baukosten in Geländehöhe gelegt. Zur Verbindung des Abstellbahnhofs mit der Bahnstrecke genügt ein Verbindungsgleis; bisweilen wird es verdoppelt, um nicht bei Entgleisungen den ganzen Betrieb der Bahn lahm zu legen. Von den Verbindungsgleisen aus müssen sämtliche Gleise des Abstellbahnhofs unmittelbar, d. h. ohne Zurücksetzen zugänglich sein, damit das Einsetzen der Züge beim Betriebsbeginn in kürzester Zeit möglich ist.

Die Wagenzüge bleiben im Abstellbahnhof unverändert, eine Absonderung der Beiwagen von den Triebwagen findet also nicht statt. Die Gleise des Abstellbahnhofs müssen also sämtlich für die normale Zuglänge bemessen sein, wobei auf die künftige Verkehrsvermehrung Rücksicht zu nehmen ist. Da die Untersuchung der elektrischen Ausrüstung geschlossene Räume erfordert, so werden für alle auf dem Betriebsbahnhof aufzustellenden Wagen Schuppenstände vorgesehen. Es empfiehlt sich, zwischen den Verteilungsweichen und den Schuppentoren eine Zuglänge einzuschalten, damit die grobe Reinigung des Wageninnern im Freien geschehen kann. Die Schuppengleise endigen stumpf. Sollen auf dem Abstellbahnhof Zugverstärkungen vorgenommen werden, so ist eine beiderseits mit Weichen versehene Gruppe von mindestens 3 Gleisen erforderlich, damit das An- und Absetzen von Verstärkungen an jedem Ende geschehen kann. Kommen Wagen mit einseitig angeordneten Führerständen vor, so ist eine Drehscheibe erforderlich; diese ist auch bei Ringbahnen zweckmäßig, um eine gleichmäßige Abnutzung der Radkränze herbeizuführen.

An Gebäuden sind auf dem Abstellbahnhof erforderlich: ein Stellwerk mit einem Stationsdienstraum; der Wagenschuppen, mit dem eine Betriebswerkstatt vereinigt wird; Räume für das Zugpersonal, den Schirrmeister, die Wagenputzer und Werkstattarbeiter, ein Magazin, ein Verwaltungsgebäude, Aborte, Heizanlage.

Der Wagenschuppen ist mit Rücksicht auf seinen wertvollen und schwer zu ersetzenden Inhalt durchaus feuersicher herzustellen. Holz und freies Eisen sind zu vermeiden. Als Baustoffe kommen nur ummanteltes Eisen oder Eisenbeton in Frage. Der Gleisabstand wird zu 4,5—5,5 m bemessen. Es empfiehlt sich, die Gleise in ihrer ganzen Länge mit Gruben zu verstehen, um die Prüfung der elektrischen Ausrüstung und der Bremsen überall vornehmen zu können. Eine Unterkellerung des Raumes zwischen den Gleisen hat nur dann einen Wert, wenn diese Bauweise billiger als die Herstellung von Gruben wird, oder wenn sich besondere Vorteile für die Heizung ergeben. Die Tagesbeleuchtung geschieht am besten durch senkrechte Glasflächen, die Beheizung durch Dampf oder warme Luft oder eine Vereinigung beider Heizarten. Die Frischluft wird im Sommer aus dem Freien, im Winter aus dem Schuppen entnommen. Die Dampfleitungen oder die Ausströmungen der Luftkanäle werden in oder zwischen den Gruben angelegt, damit die warme Luft die Wagen von unten trifft und das Laufwerk schnell abtaut und trocknet. Außerdem müssen noch an den Umfassungswänden Heizkörper aufgestellt werden. Es empfiehlt sich, die Heizung reichlich zu bemessen, damit auch das Wageninnere beim Betriebsbeginn

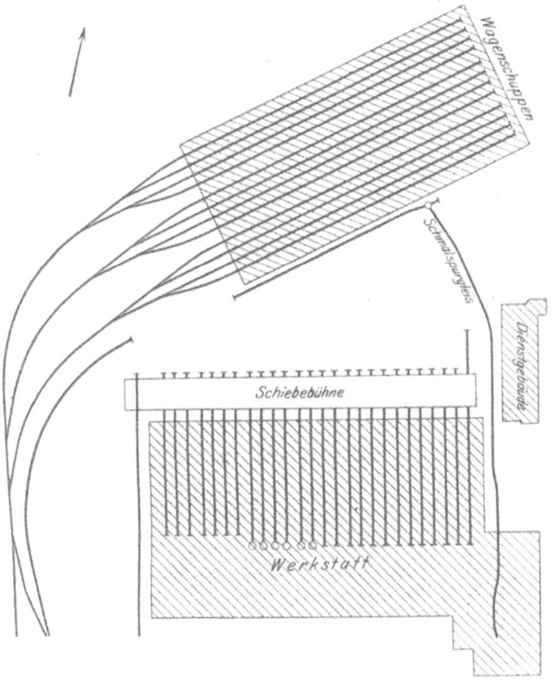

Abb. 129. Abstellbahnhof Grunewald der Berliner Hochbahn.

genügend vorgewärmt ist und die elektrische Heizung der Wagen nur die Wärmeverluste im Laufe des Tages zu ersetzen hat.

Für die innere Reinigung der Wagen und die Prüfung der Bremsen müssen Druckluftstutzen vorhanden sein, für die äußere Reinigung Schlauchanschlüsse für kaltes und warmes Wasser. Ist der Schuppen nicht unterkellert, so lassen sich auch die in den Wagenschuppen für Fernbahnen üblichen Wasserrinnen anwenden. Elektrische Leitungsschienen müssen im Wagenschuppen vermieden werden; statt dessen wird eine blanke Oberleitung angeordnet und der Strom mit Bambusstangen, die auf der Oberleitung gleiten, den Stromabnehmern der Wagen zugeführt.

Ein Schuppengleis soll die ausbesserungsbedürftigen Wagen aufnehmen. Um einen Motor auswechseln zu können, wird in der Grube ein auf einem Schmalspurgleis fahrbarer Hebetisch und ein Kran zum Herausheben des Motors angebracht. Neben diesem Gleis werden einige Werkbände und etliche kleinere Werkzeugmaschinen (Drehbänke, Bohrmaschinen, Schmirgelräder u. dgl.) aufgestellt, um kleinere Ausbesserungen am Wagen und seiner Ausrüstung vornehmen zu können. In besonderen abgeschlossenen Räumen bescheidenen Umfangs wird die Glaserei, Klempnerei, Schreinerei und Sattlerei untergebracht.

Das Magazin dient zur Aufbewahrung der Betriebsmaterialien. Besonders groß ist der Bedarf an verschiedenen Ölsorten (für die Schmierung der Achslager und der Motorlager, für die Zahnräder der Motoren, für die Transformatoren bei Wechselstrombahnen; gewöhnlich wird auch noch Sommer- und Winteröl verlangt). Ein geräumiger Ölkeller unter dem Magazin oder als besondere Bauanlage wird daher notwendig.

Das Verwaltungsgebäude enthält die Räume der Wagenmeister und Werkmeister. Die Räume für die übrigen Bediensteten, die in Umkleide-, Speise-, Wasch- und Baderäumen bestehen, können entweder an verschiedenen Stellen des Abstellbahnhofs als selbständige Gebäude angeordnet oder als Anbauten an den Wagenschuppen behandelt oder in einem einzigen Wohlfahrtsgebäude vereinigt werden.

Abb. 129 zeigt den Abstellbahnhof Grunewald der Berliner Hoch- und Untergrundbahn. Der Wagenschuppen hat eine Breite von 52,74 m und eine Länge von 109,14 m. Er enthält 12 Gleise für je 8 Wagen, bietet daher im ganzen für 96 Wagen Raum. Der Schuppen ist vollständig unterkellert, die Kellersohle liegt 1,5 m unter Schienenoberkante. Die Schienen sind niedrige Kranschienen. Darunter liegt eine der Isolation dienende teerölgetränkte Holzlangschwelle, die von breitflanschigen T-Eisen getragen wird. Die T-Eisen ruhen auf Mauerpfeilern. Der Fußboden in Schienenhöhe besteht aus Holzbohlen.

3. Werkstätten und Magazine.

Die Hauptwerkstatt dient der Hauptprüfung der Betriebsmittel, die nach einem Lauf von 30000—50000 km, also bei 200 km Tagesleistung alle 5—8 Monate stattfindet, und der Ausbesserung größerer Schäden nach Betriebsunfällen, ferner den etwaigen Umbauten der Betriebsmittel und schließlich der Erneuerung des Anstrichs. Die Hauptprüfung umfaßt im wesentlichen folgende Arbeiten: Abdrehen der Radreifen, Erneuerung der Achsbuchsenführungen und der Achslager, Erneuerung der Bremsklötze, Instandsetzung und Erprobung der gesamten Bremsausrüstung, Erneuerung der Motorlager und Abdrehen der Kollektoren, Erneuerung der Stromabnehmerschleifstücke, Auswechseln der Berührungsflächen an Fahrschaltern und Schützen, Gangbarmachen von Türschlössern, Erneuern der Trittbretter, Nacharbeiten der Leitungskupplungen, Waschen von Polstern und Gardinen, Aufpolieren der Bänke. Alle Wicklungen elektrischer Apparate und Maschinen werden zweckmäßig nach gründlicher Reinigung neu lackiert. Sind in den Motoren Kurzschlüsse vorgekommen, so müssen die Anker- oder Feldspulen neu gewickelt werden. Bei Wechselstrombahnen erfordern auch die auf den Wagen befindlichen Transformatoren manche Arbeit in den Werkstätten. Es wird nur eine Hauptwerkstatt für das ganze Netz angelegt und mit dem größten Abstellbahnhof verbunden. Damit man von allen Linien in die Hauptwerkstatt gelangen kann, sind nötigenfalls Verbindungsgleise vorzusehen, die auch für den Austausch von Betriebsmitteln zwischen den einzelnen Linien vorteilhaft sind. Eine unmittelbare Einfahrt von den Betriebsgleisen in die Werkstattsgleise ist nicht erforderlich, sie können auch durch ein Ausziehgleis oder eine Schiebebühne zugänglich gemacht werden. Elektrische Leitungen werden im Gebiet der Werkstatt nicht vorgesehen und die Wagen nötigenfalls durch Spills oder besser durch Kabelanschlüsse an Steckdosen bewegt.

Mit Rücksicht auf die benachbarte Hauptwerkstatt werden in den betreffenden Abstellbahnhof die Anlagen der Betriebswerkstatt erheblich eingeschränkt oder fallen bis auf die Werkbänke überhaupt fort. Auch die Ausbauvorrichtung für Motoren im Wagenschuppen kann fortfallen, wenn die benachbarte Werkstatt Einrichtungen zur schnellen Auswechselung eines Motors oder Drehgestelles besitzt.

Für die Hauptwerkstätten der Stadtbahnen wird stets die geschlossene Form gewählt, so daß nur ein Gebäude errichtet wird, höchstens werden Schmiede, Gelbgießerei und Abkocherei abgesondert und in einem zweiten Gebäude vereinigt. Die Wagenaufstellgleise der Hauptwerkstatt sind für etwa 7—8% des gesamten Wagenparkes zu bemessen. Eines der Gleise der Wagenhalle wird mit einer Kastenhebevorrichtung ausgestattet, die es ermöglicht, die Drehgestelle unter dem Wagenkasten herauszufahren. Sind am Wagenkasten keine Ausbesserungen vorzunehmen, so wird ein Ersatzdrehgestell eingesetzt und der Wagen wieder dem Betrieb zugeführt; ist auch der Wagenkasten ausbesserungsbedürftig, so wird er auf einfach gebaute Werkstattuntergestelle gesetzt und einem der übrigen Stände zugeführt. Die Kastenhebevorrichtung wird auch wohl weggelassen; dann werden alle Wagenstände mit einfachen Hebeböcken versehen. Ein Teil dieser Hebeböcke ist zweckmäßig ohne Querträger, mit verschiebbaren Greifern (Bauart Kudruff) und mit elektrischem Antrieb zu wählen.

Die Drehgestelle gelangen über kleine Drehscheiben zu den Reparaturgleisen. Diese sind zum Teil mit Gruben ausgerüstet und von einem Laufkran überspannt. Der Laufkran hebt die Motoren heraus und bringt sie in die elektrische Werkstatt; er dient ferner zum Hochheben der Drehgestellrahmen, die dann an anderer Stelle auf Pfosten abgesetzt werden, und schließlich zum Hochnehmen der Radsätze, die in die Dreherei kommen. In der Dreherei müssen folgende Werkzeugmaschinen vorhanden sein: eine oder mehrere Radsatzdrehbänke, eine Achsschenkelschleifbank, mehrere Leitspindeldrehbänke, von denen einzelne zum Binden (Bandagieren) von Ankern eingerichtet sein müssen, eine Stoßmaschine, mehrere Fräs- und Bohrmaschinen, eine stehende (sogenannte Karussell-) Drehbank zum Ausdrehen von Radreifen und Motorgehäusen, eine hydraulische Presse zum Ab- und Aufpressen der Ankerkerne auf die Wellen. Erwünscht ist noch eine Keilnutenstoßmaschine für die Befestigung der Zahnräder auf den Achsen, sowie die erforderlichen Werkzeugschleifmaschinen.

In der elektrischen Werkstatt wird der Anker, wenn die Motorgehäuse nicht zum Aufklappen eingerichtet sind, auf einer besonderen Bank aus dem Gehäuse herausgenommen. Zur Erneuerung der Anker- oder Feldspulen sind Wickelböcke vorhanden, ferner ein Schellack- und ein Paraffinbad zum Eintauchen der neugewickelten Spulen u. dgl., ein Trockenraum mit Vakuumeinrichtung und ein gut eingerichteter Prüfstand mit besonderen Abteilungen für Isolationsprüfung und den Probelauf der Motoren; wenn Luftdruckbremsen vorhanden sind, ist ein Bremsprüfstand erforderlich. Die Werkstatt enthält ferner die nötigen Werkbänke, einige kleinere Drehbänke und Bohrmaschinen, Stanzen für Bleche, Scheren für Preßspan u. dgl. Soweit nicht kostspielige Einrichtungen notwendig sind, die nicht ausgenutzt werden können, empfiehlt es sich im allgemeinen, auch die kleinsten Arbeiten in der Werkstatt selbst auszuführen, da nur dadurch der Werkmeister einen tieferen Einblick in die Bewährung und Brauchbarkeit der elektrischen Einrichtungen erhält.

Werkführerraum, Werkzeugausgabe, Werkzeugschlosserei und Lehrlingswerkstatt werden in der Regel als Einbauten in den Hauptwerkstattraum behandelt und durch Glaswände abgetrennt.

Die Schmiede ist durch ein Gleis mit der Dreherei zu verbinden. In ihr befinden sich neben den nötigen Schmiedefeuern ein Radreifenfeuer, wenn möglich mit Gasanschluß, mehrere Lufthämmer, eine Blechschere und ein Federglühofen. In der Nähe der Schmiede wird zweckmäßig die Gelbgießerei und die Abkocherei angeordnet. Der Kessel der Abkochvorrichtung ist bisweilen so groß, daß ein ganzes Drehgestell in ihn versenkt werden kann, ohne es auseinander zu nehmen.

In der Gießerei sind vorzusehen: Formmaschinen für oft gebrauchte Teile, ein Kerntrockenofen und ein kippbarer Schmelzofen, ferner ein Sandstrahlgebläse zum Abputzen der Gußstücke.

Die Holzbearbeitungswerkstatt, die Klempnerei, Glaserei und Sattlerei werden durch Wände von dem übrigen Werkstattsraum abgetrennt.

In der Holzbearbeitungswerkstatt sind vorzusehen: eine Bandsäge, eine Kreissäge, eine Fräsmaschine für Zapfenlöcher, eine Abrichthobelmaschine, eine Poliermaschine, ein Leimkocher.

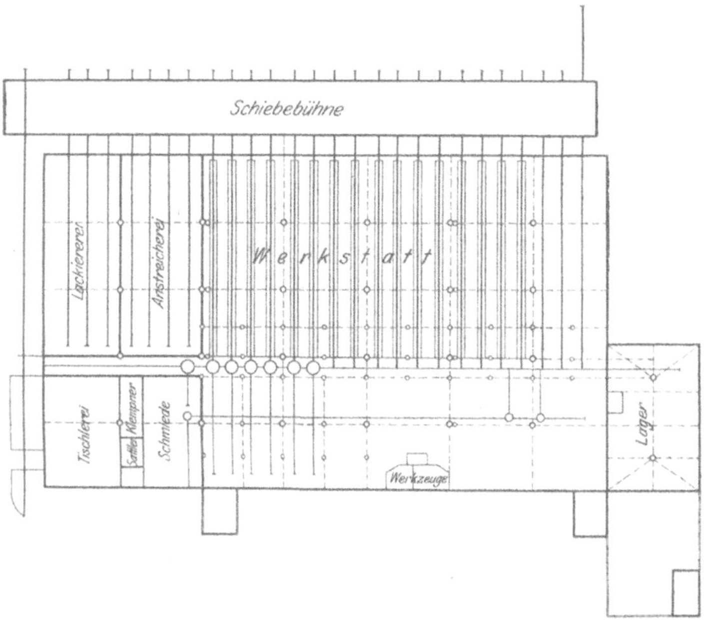

1 : 1500.

Abb. 130. Hauptwerkstatt Grunewald der Berliner Hochbahn.

Die Lackiererei ist möglichst staubdicht von den andern Räumen abzuschließen und mit einer besonderen Dampfheizung auszurüsten, die, wenn nötig, auch im Sommer in Betrieb genommen werden kann.

Das Magazin für die Werkstattsmaterialien ist bei elektrischen Bahnen sehr umfangreich, namentlich wenn die Ausrüstung der Wagen von verschiedenen Firmen stammt. Gewöhnlich werden hier auch die Vorräte an Leitungsmaterial untergebracht, die ebenfalls viel Raum beanspruchen. Eine mehrgeschossige Anlage mit Hauptbahngleisanschluß, Anfahrt für Straßenfuhrwerk und einem Aufzug wird notwendig.

Das Öllager wird am besten als ein besonderer, unterirdischer Bau angeordnet. Es sind große Behälter vorzusehen, die mindestens eine Wagenladung fassen, und zwar für Achslageröl, Motorlageröl, Öl für Zahnräder, Transformatorenöl, Petroleum, kleinere Behälter (Fässer) für Schmierfette, Benzin, Spiritus, Leinöl, Lacke, Sikkativ usw.

Das Verwaltungsgebäude und die Räume für die Bediensteten (Aufenthalts-, Umkleide- und Waschräume, Brause- und Wannenbäder, Aborte) werden mit denen des Abstellbahnhofs vereinigt; bei größeren Werkstattanlagen ist eine Speisewirtschaft erforderlich, außerdem aber Speisesäle für die Arbeiter, die sich ihr Mittagessen selbst beschaffen. Zu diesen Räumen gehört eine Wärmküche.

Die eigentlichen Werkstattsgebäude werden in der Regel eingeschossig angelegt; bei Raummangel kann man einen Teil der elektrischen Werkstatt in ein Obergeschoß verlegen und hier die Arbeiten an den leichteren Gegenständen ausführen.

Reichliche Beleuchtung durch senkrechte Glasflächen ist ein Haupterfordernis, am besten bewähren sich Sägedächer mit Nordlicht. Die künstliche Beleuchtung der Räume erfolgt durch hochkerzige Glühlampen; außerdem sind die Arbeitsplätze und Werkzeugmaschinen einzeln durch Glühlampen zu beleuchten und reichlich Steckanschlüsse vorzusehen. Eine feuersichere Bauweise ist hier nicht so unbedingt erforderlich wie beim Wagenschuppen; freies

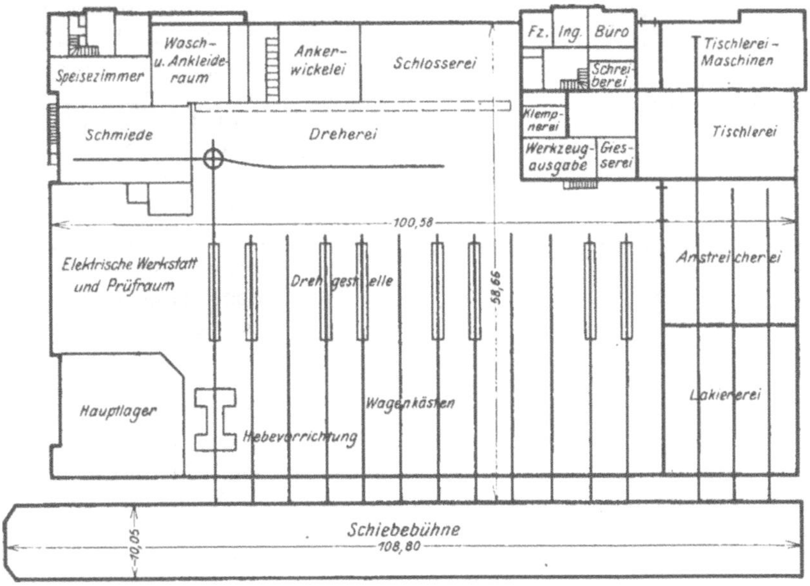

1 : 1000.

Abb. 131. Hauptwerkstatt Barmbek der Hamburger Hochbahn.

Eisenwerk ist zulässig, wohl aber muß für eine ausgedehnte Feuerlöscheinrichtung mit Hydranten und leicht erreichbaren Schläuchen gesorgt, müssen Löschgeräte beschafft und ein Teil der Werkstattsarbeiter in ihrer Handhabung unterrichtet werden (Werkstattsfeuerwehr). Als Fußboden hat sich am besten Holzpflaster auf Betonunterlage bewährt, in der Schmiede Lehmschlag.

Die Heizanlage für die Werkstatt wird mit der für den Wagenschuppen vereinigt. In eines der Werkstattgleise ist eine Gleiswage einzubauen, um die Achsdrücke oder besser noch die Raddrücke der Wagen feststellen zu können. Hiermit wird eine Vorrichtung vereinigt, die den Druck der Stromabnehmer gegen die Stromleitungen zu messen gestattet.

Abb. 130 zeigt die Hauptwerkstatt Grunewald der Berliner Hochbahn. Das Gebäude hat eine Länge von 116,50 m und eine Breite von 67 m mit 19 Gleisen, die von einer Schiebebühne aus zugänglich sind. In der Längsrichtung durchschneidet ein Transportgleis den ganzen Raum. Von den 19 Gleisen sind 15 mit Arbeitsgruben und Hebeböcken ausgerüstet. Die ersten 6 Gleise kreuzen das Transportgleis. An den Kreuzungsstellen sind Drehscheiben eingebaut. Die Drehgestelle gelangen auf diesen 6 Gleisen in den südlich des Transportgleises gelegenen Raum, der die Werkzeugmaschinen enthält. Die 10 folgenden stumpf endigenden Gleise dienen für kleinere Arbeiten an den Drehgestellen, ihnen sind Werkbänke und Arbeitsmaschinen vorgelagert. Die letzten 3 Gleise, die keine Gruben erhalten haben, dienen für Arbeiten an den Wagenkästen. Hieran reiht sich die elektrische Werkstatt.

Ein Teil der Werkstattsgleise und das Transportgleis sind mit Laufkränen überspannt. In der Verlängerung des Werkstattsraumes liegen nach Westen die Anstreicherei mit 4 Gleisen zu je 3 Wagen und die Lackiererei mit 3 Gleisen zu je 3 Wagen. Die Trennung ist erfolgt, weil der Lackanstrich besonders vor Staub geschützt werden soll. Auf der andern Seite des Transportgleises liegen die Schmiede, Klempnerei, Sattlerei und Holzbearbeitungswerkstatt; östlich ist das Magazin angebaut.

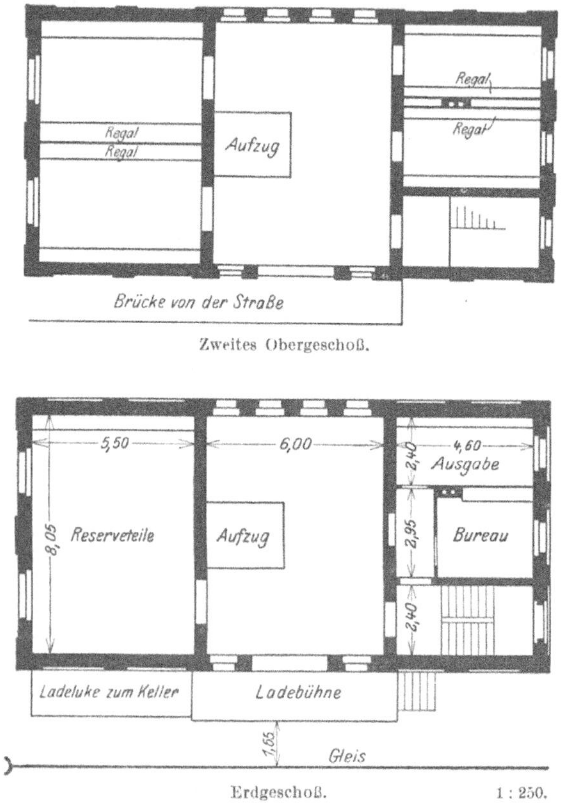

Abb. 132. Magazin der Hamburger Stadtbahn in Ohlsdorf.

Die Hauptwerkstatt Barmbek der Hamburger Hochbahn (Abb. 131) liegt hinter dem Wagenschuppen und ist gleichfalls durch eine Schiebebühne zugänglich. Das Gebäude hat eine Breite von 101 m und eine Tiefe von 59 m. Es ist eine dreischiffige Anlage, deren Schiffe senkrecht zu den Gleisen verlaufen. In die eigentliche Reparaturhalle führen 12 Gleise, die unter dem Mittelschiff größtenteils mit Arbeitsgruben versehen sind; hieraus ergeben sich 23 Reparaturstände. In dem höheren Mittelschiff läuft ein Kran von 22 m Weite. Das westlichste Gleis hat unmittelbar hinter der Einfahrt eine Kastenhebevorrichtung. Hier werden die Drehgestelle unter den Wagen ausgebaut und nach dem Mittelschiff gefahren, dort nimmt der Kran die Motoren heraus und schafft sie in die unmittelbar benachbarte elektrische Werkstatt. Die Drehgestelle gelangen weiter auf eine Drehscheibe; von dieser führt ein Gleis links zur Schmiede und rechts zur Dreherei und mechanischen Werkstatt. Die elektrische und mechanische Werkstatt sind gegen die Wagenhallen nicht abgegrenzt. In abgesonderten Räumen sind dagegen die Holzbearbeitungswerkstatt, die Anstreicherei und Lackiererei mit je 3 Ständen, die Schmiede, das Magazin, die Klempnerei, Werkzeugausgabe und Gießerei untergebracht. An der Straßenfront liegen die Bureauräume, sowie die Umkleide-, Speise-, Wasch- und Baderäume für die Werkstattsarbeiter.

Abb. 132 zeigt das im Jahre 1906 errichtete Magazin der Werkstatt Ohlsdorf der Hamburger Stadtbahn. Es ist dreigeschossig angelegt; die lichte Stockwerkshöhe beträgt 2,5 m. Jedes Stockwerk hat einen Mittelraum für schwere Lasten, durch den auch der Lastenaufzug hindurchgeht, sowie 4 langgestreckte

Räume, die an ihren beiden Längswänden mit Holzregalen versehen sind und zur Aufbewahrung kleinerer Gegenstände dienen. Im Erdgeschoß sind 2 Bureauräume untergebracht. Die Kellerräume dienen teilweise zur Lagerung von Gummi, das etwas Feuchtigkeit braucht. An der einen Längsfront befindet sich im Erdgeschoß eine Ladebühne und davor das Anschlußgleis. Das Gebäude liegt im Bahneinschnitt unmittelbar neben einer Straßenüberführung. Von der Straße führt eine Brücke zum Mittelraum des obersten Stockwerks.

Das Magazin war auch als Lagerraum für die Leitungsmaterialien bestimmt; obwohl diese aber inzwischen anderweitig untergebracht worden sind, reicht es auch für die Werkstattsmaterialien nicht mehr aus, namentlich haben sich die Mittelräume als zu klein erwiesen. Auch die Altmaterialien, die ziemlich viel Raum wegnehmen, ließen sich im Magazin bald nicht mehr unterbringen.

E. Betriebsmittel.

Die Züge der Stadt- und Vorortbahnen führen in Europa gewöhnlich zwei Wagenklassen; in der höheren Wagenklasse sind die Sitze gepolstert. In Amerika ist nur eine Wagenklasse üblich. Auf den Stadtschnellbahnen ist gewöhnlich nur eine Wagenklasse vorhanden. Wo zwei Wagenklassen bestehen, wird ihre Vereinigung angestrebt.

Die Teilung in 2 Wagenklassen erschwert die Zugbildung; verschlechtert die Platzausnutzung und verlängert den Zugaufenthalt auf den Stationen. Dasselbe gilt von der Trennung der Wagen in solche für Raucher und Nichtraucher. Da das Rauchen bei überfüllten Wagen für die Mitreisenden unbequem ist und zur Verschlechterung der Luft beiträgt, sollte es überall verboten werden.

Zur Beschleunigung der Abfertigung muß der Höhenunterschied zwischen Bahnsteig und Wagenfußboden möglichst gering gewählt werden. Bei den Schnellbahnen schwankt er meist zwischen 150 und 250 mm. In diesem Falle beträgt der Zeitaufwand für das Aus- und Einsteigen einer Person etwa 1 Sekunde. Bei Stadt- und Vorortbahnen liegt der Wagenfußboden meist, wie bei Hauptbahnen üblich, 1280 mm, der Bahnsteig 750 mm über S.O. Der Höhenunterschied von 530 mm macht eine Zwischenstufe erforderlich, die den Höhenunterschied hälften soll. Hierdurch steigt der Zeitaufwand für das Aus- und Einsteigen auf 2 Sekunden; bei niedrigen Bahnsteigen steigt er bis auf 5 Sekunden.

Die Türen können Dreh- oder Schiebetüren sein. Drehtüren lassen sich nur bei einem größeren Höhenunterschied zwischen Wagenfußboden und Bahnsteig anwenden. Sie erfordern eine breitere Lichtraumumgrenzung oder eine Einschränkung der Wagenbreite. Damit sie nicht zu schwer und unhandlich werden, dürfen sie nicht breiter als 0,75 m sein. Sie erlauben also nur je einer Person den Durchgang; sie sind leicht zu handhaben und ihre Zahl ist daher unbeschränkt. Schiebetüren lassen sich so breit machen, daß sie 2 Personen gleichzeitig als Durchgang dienen. Sie lassen sich schwieriger handhaben. Man beschränkt ihre Zahl daher und unterscheidet 2 Wagenformen, Wagen mit zahlreichen Drehtüren von 0,6—0,7 m Weite und Wagen mit wenigen Schiebetüren von 0,9—1,2 m Weite. Liegen die Bahnsteige alle auf derselben Seite, so werden die Schiebetüren so angeordnet, daß sie in der Fahrtrichtung aufgehen; sonst rollt eine schon geöffnete Tür beim Bremsen wieder zu.

Die Leistungsfähigkeit der Bahn hängt bei einmal gewählter Zug- und Bahnsteiglänge von der Wagenbreite ab. Bei den Stadt- und Vorortbahnen wurde die Wagenbreite nach den Regeln für Hauptbahnen gewählt. Sie beträgt 2,6 m bei Wagen mit seitlichen Drehtüren, und 3,1 m bei Wagen ohne Türen in den Seitenwänden. Bei Stadtschnellbahnen wurde die Wagenbreite zunächst gering bemessen, um die Tunnelbaukosten zu verringern; allmählich aber ebenfalls bis auf 3,1 m gesteigert.

Die Länge der Wagen bestimmt sich aus Betriebsrücksichten. Maßgebend ist die kleinste, zu den Zeiten schwachen Verkehrs und auf Außenstrecken angemessene Zugeinheit und der Überstand der Wagen in den Bögen. Ähnlich wie bei der Wagenbreite ist auch hier eine allmähliche Steigerung von ursprünglich 12 m bis auf etwa 20 m zu verzeichnen.

Der lichte Abstand zwischen zwei Wagen sollte so gering wie eben möglich bemessen werden, weil der tote Raum zwischen zwei Wagen einen Verlust an Zuglänge bedeutet. Die normalen Zug- und Stoßverrichtungen der Hauptbahnen sind in dieser Beziehung besonders ungünstig, da sie etwa 1,5 m Raum beanspruchen. Wagen, die während des ganzen Betriebstages zusammenbleiben, werden daher durch Kurzkupplung verbunden.

Die lichte Höhe der Wagenkästen sollte an den Türen mindestens 2,2 m, in Wagenmitte mindestens 2,5 m betragen. Ausgeführt sind freilich Wagen mit 0,3 m geringeren Lichthöhen. Die Höhe des Wagenfußbodens über der Schienenoberkante ergibt sich aus dem Raumbedarf der Motoren und schwankt zwischen 950 und 1280 mm. Hieraus ergibt sich eine Gesamthöhe der Wagen von 3,20—3,80 m. Zugunsten der Wagenlüftung wird dieses Maß bis auf 4,2 m erhöht.

Um die Gesamthöhe der Wagen und damit die Tunnelbaukosten zu ermäßigen, ist bei einigen älteren Tunnelbahnen der Wagenfußboden tiefer als die Oberkante der Motoren gelegt worden, so daß diese und die Treibräder in den Wagenkasten einschneiden. Über den Drehgestellen sind dann erhöhte Plätze angeordnet worden, die teils als Führerabteile, teils auch für Reisende dienen. Diese Bauweise ist ungünstig, weil sie die Ausnutzung des Wagenraumes erschwert und die Anordnung einer durchgehenden Zugstange verbietet.

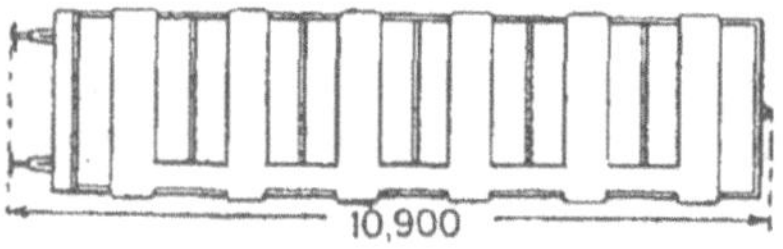

Abb. 133. Wagen der Berliner Stadt- und Ringbahn 3. Klasse.

Die Wagengrundrisse haben sich aus 2 Urformen entwickelt, dem Abteilwagen nach Abb. 133 und dem einräumigen Wagen mit offenen Endbühnen nach Abb. 137. Auf Vorortlinien mit ihren längeren Fahrzeiten wünscht jeder Fahrgast einen Sitzplatz zu erhalten, auf Stadtbahnen wird diese Forderung nicht gestellt. Vorortwagen werden daher häufig als Abteilwagen mit innerem Seitengang gebaut, wobei der ganze verfügbare Raum für Sitzplätze ausgenutzt wird. Auf Stadtbahnen wird die Zahl der Sitzplätze verringert, um möglichst viel Raum für Stehplätze zu gewinnen. Das gegenseitige Verhältnis der Sitz- und Stehplätze wird dann so bemessen, daß zu den Zeiten des normalen Verkehrs jeder Reisende einen Sitzplatz erhält, während zu den Zeiten des stärksten Verkehrs die Stehplätze in Anspruch genommen werden. Da der Durchschnittsverkehr $\frac{1}{2}$ bis $\frac{1}{4}$ des Spitzenverkehrs beträgt, so braucht auch nur die Hälfte bis ein Viertel der Plätze aus Sitzplätzen zu bestehen.

Auf Bahnen, die im Freien geführt werden, sind Quersitze beliebt, weil sie das Hinaussehen ermöglichen. Auf Tunnelbahnen sind Quersitze zwecklos. Bei einer Kastenbreite von 2,6 m lassen sich 4 Sitzplätze und ein Gang in der Wagenbreite anordnen, bei geringerer Wagenbreite nur 3 Sitzplätze. In diesem Fall wird durch eine Anordnung von Querbänken keine Vermehrung der Sitzplätze erreicht.

Von Wichtigkeit ist es, den Weg der Fahrgäste im Wageninnern möglichst zu verkürzen, sonst drängen sich die Fahrgäste an den Wagentüren, während das Innere des Wagens leer bleibt. Aus diesem Grunde und um die Zahl der auf eine Tür entfallenden Plätze zu verringern, soll die Zahl der Türen möglichst reichlich bemessen werden. Eine gleichmäßigere Verteilung der Reisenden auf das Wageninnere kann auch dadurch erreicht werden, daß für das Aus- und Einsteigen je besondere Türen bestimmt werden. Dies ist aber nur durchführbar, wenn sich mindestens 3 Türen in der Längswand befinden. Für einen Sitzplatz sind 0,4 qm, für einen Stehplatz 0,25 qm erforderlich. Eine stärkere Besetzung der Wagen gilt als Überfüllung. Sie sollte vermieden werden, da sie die Leistungsfähigkeit der Bahn verringert.

Der Hamburger Stadtbahnwagen (Abb. 134) besteht aus 2 kurz gekuppelten Hälften von je 14 m Kastenlänge, die Gesamtlänge beträgt rund 30 m. Der Wagen enthält 12 Abteile dritter und 4 Abteile zweiter Klasse und bietet Sitzplätze für 130 Personen, nämlich 94 dritter und 36 zweiter Klasse. Jede Wagenhälfte wird von einem Drehgestell und einer Laufachse getragen.

Abb. 136 stellt den für den Pariser Vorortverkehr bestimmten Wagen dar. Der Wagen hat auf Querbänken 16 Sitzplätze 1. Klasse und 48 Sitzplätze 2. Klasse, sowie 36 Klappsitze, wo-

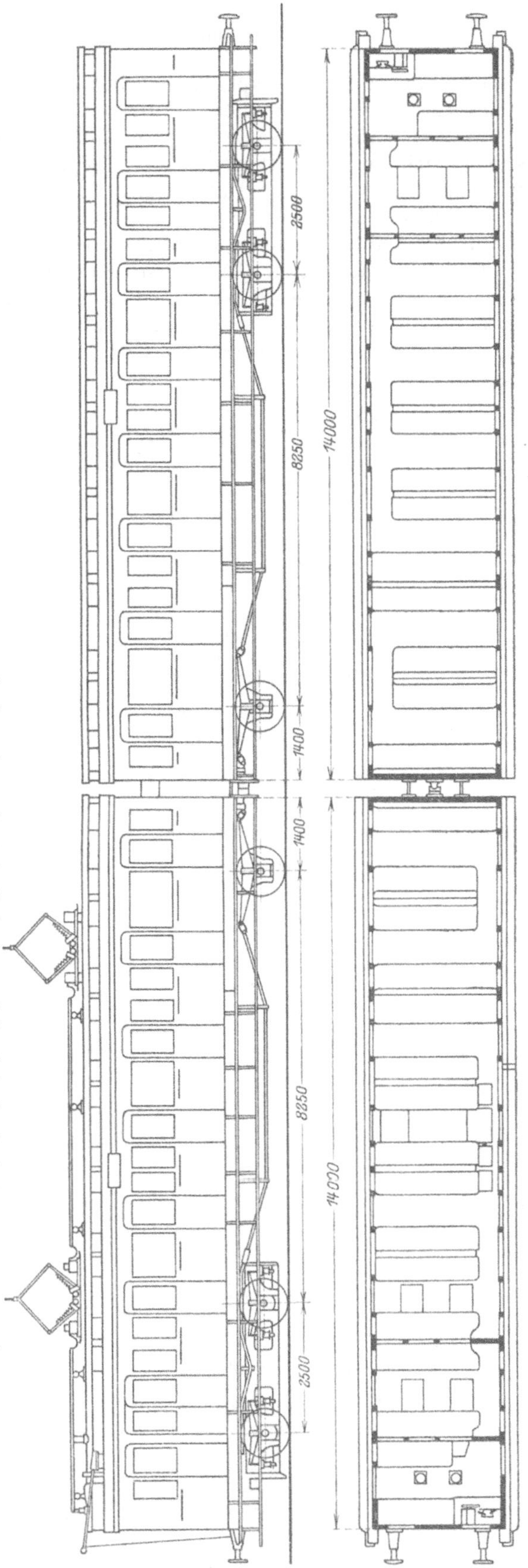

1:135.

Abb. 134. Wagen der Hamburger Stadtbahn.

durch die Gesamtzahl der Sitzplätze auf 100 steigt. Die Seitenwände haben je 5 Schiebetüren, von denen eine für Reisende 1. Klasse, drei für Reisende 2. Klasse und eine für den Wagenführer bestimmt sind. Neben dem Führerabteil befindet sich an einem Wagenende ein Gepäckraum. Die zuerst gebauten Wagen erhielten 2 zweiachsige Drehgestelle. Bei den später gebauten Wagen wurden die Drehgestelle zur Verringerung des Achsdruckes dreiachsig ausgeführt.

In Abb. 135 und 138-139 sind die vierachsigen Triebwagen und Beiwagen der Pariser Stadtbahn dargestellt. (Die zuerst beschafften Wagen waren zweiachsig und erheblich kürzer). Beide Wagen haben Quersitze, die Wagenbreite von 2,4 m erlaubte jedoch nur die Anordnung von 3 Sitzen. In jeder Längswand sind 3 doppelflügelige Schiebetüren von je 1,2 m lichter Weite, von denen die

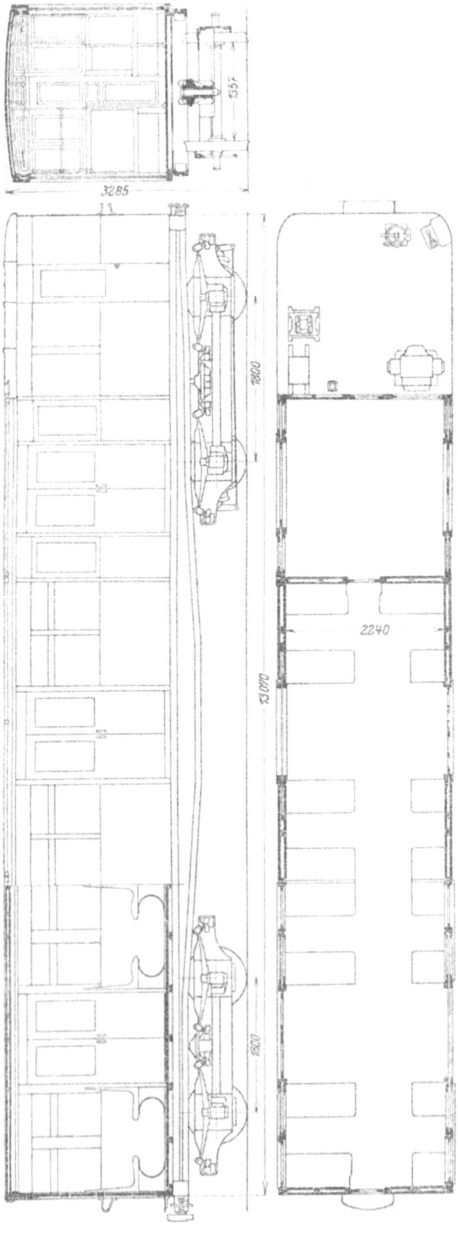

1 : 100.

Abb. 135. Triebwagen der Pariser Stadtbahn.

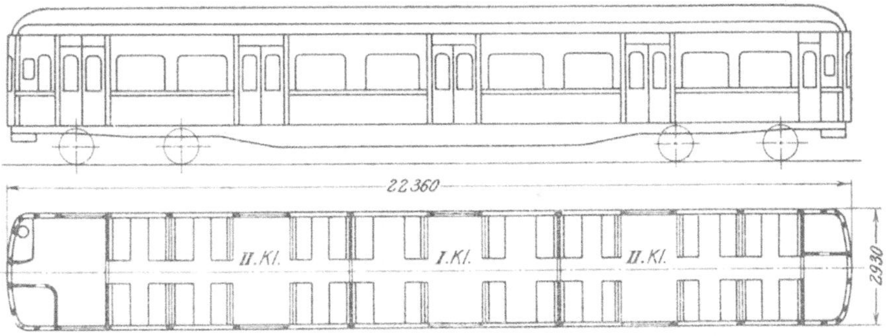

Abb. 136. Triebwagen für den Pariser Staatsbahn-Vorortverkehr.

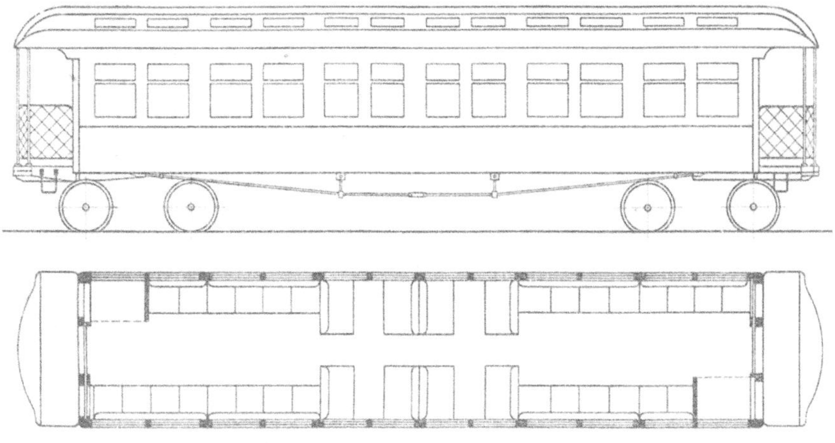

1 : 133.

Abb. 137. Wagen der Manhattan-Hochbahn in Neuyork.

beiden äußeren zum Einsteigen, die mittlere zum Aussteigen dienen sollen. In der Nähe der Schiebetüren sind die Sitze weggelassen, um Raum für Stehplätze zu gewinnen.

Abb. 137 stellt den für Dampfbetrieb erbauten und später für elektrischen Betrieb umgeänderten Wagen der Manhattan-Hochbahn dar. Die Türen sind Schiebetüren und befinden sich in den Stirnwänden. Davor liegt eine offene Plattform von 75 cm Weite, die an den Seiten durch eiserne Gittertüren abgeschlossen wird. Öffnungen in der Plattform ermöglichen den Übergang von einem Wagen zum andern. Die Türen schlagen nach innen, sie werden von Schaffnern, die auf den Plattformen stehen, durch Hebel bewegt, und zwar für je 2 aneinanderstoßende Plattformen gleichzeitig. Die erste und letzte Tür eines Zuges wird nicht benutzt. Im Wageninnern des 2,6 m breiten Wagens sind in der Mitte Querbänke, in der Nähe der Tür Längsbänke angeordnet. Dieselbe Wagenform wird mit kleinen Abänderungen auch auf der Brooklyner und der Chicagoer Hochbahn verwendet.

Der Wagen der Berliner Hochbahn (Abb. 140) hat bei 2,26 m äußerer Breite nur Längssitze erhalten. In jeder Längswand sind 2 Schiebetüren angelegt, die zuerst nahe am Wagenende angebracht, später etwas mehr zur Wagenmitte verschoben wurden.

Der in Abb. 141 dargestellte Hamburger Hochbahnwagen ähnelt dem Berliner Hochbahnwagen; die größere Wagenbreite von 2,56 m erlaubte hier in der Mitte die Anordnung von Querbänken.

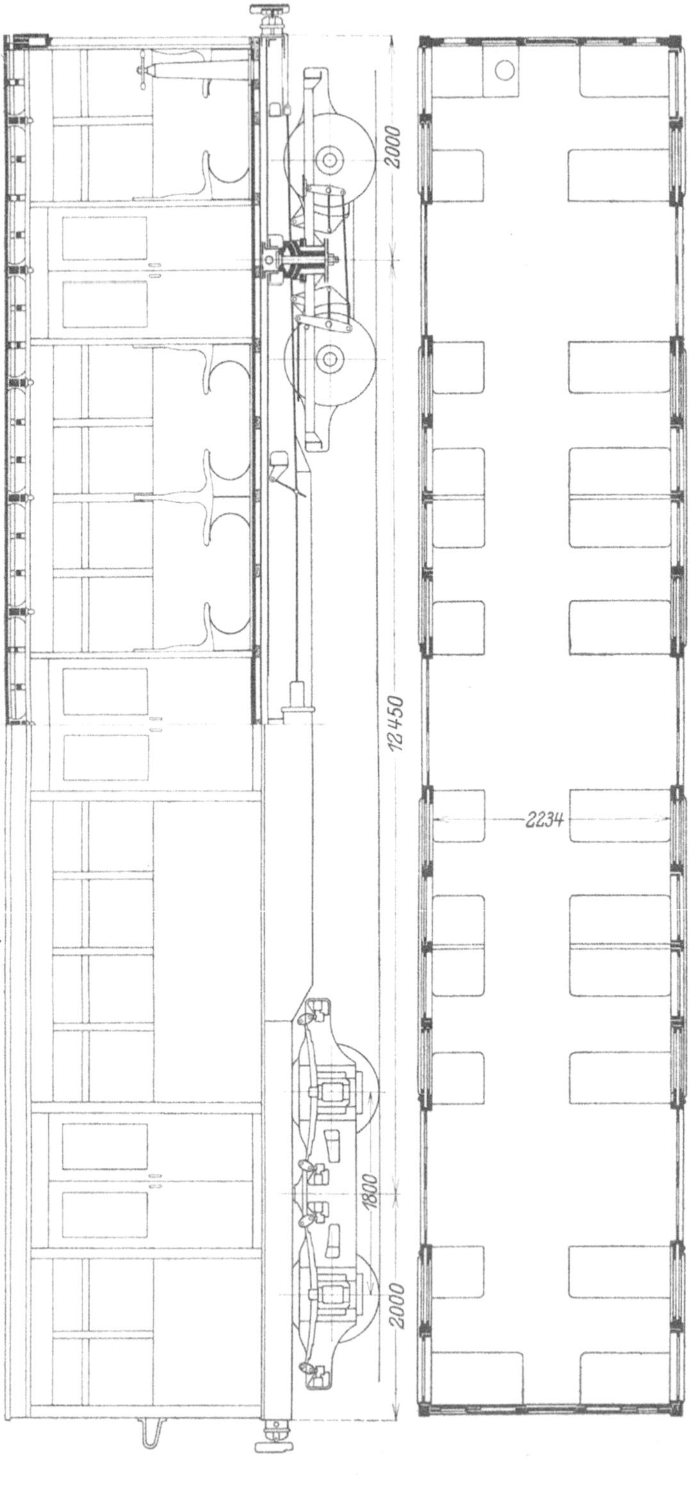

1 : 64.

Abb. 138. Beiwagen der Pariser Stadtbahn.

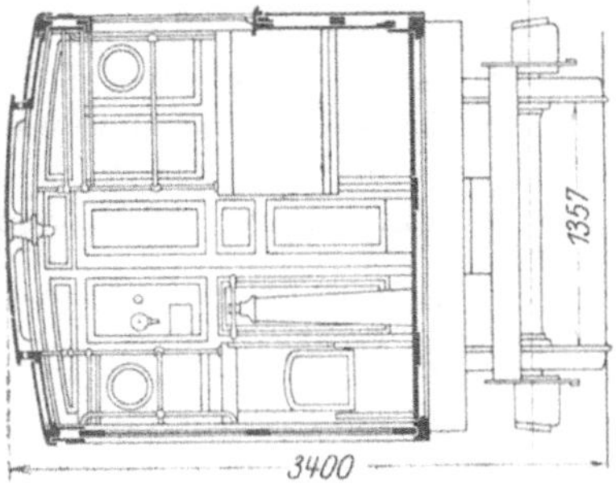

1 : 64.

Abb. 139.
Beiwagen der Pariser Stadtbahn.
(Querschnitt zu Abb. 138.)

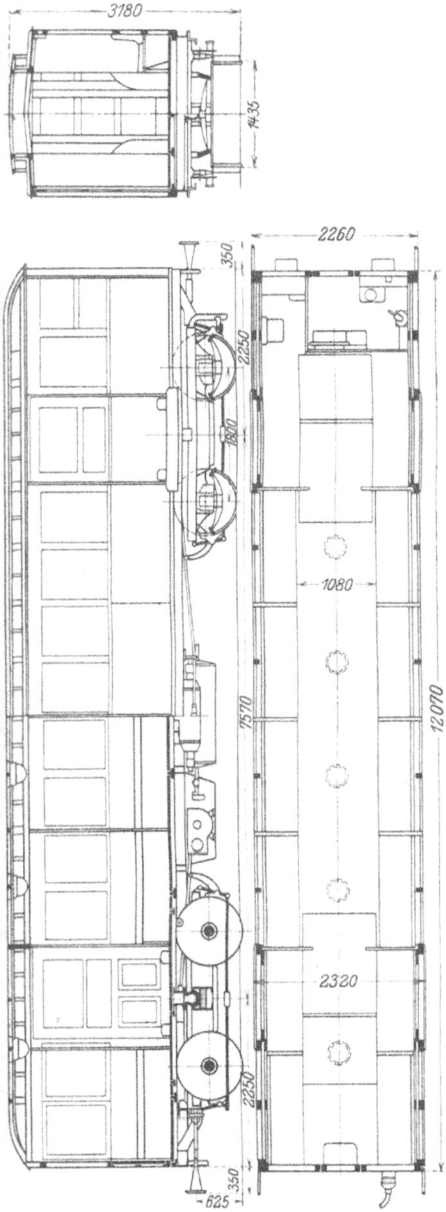

1 : 100.

Abb. 140. Wagen der Berliner Hochbahn.

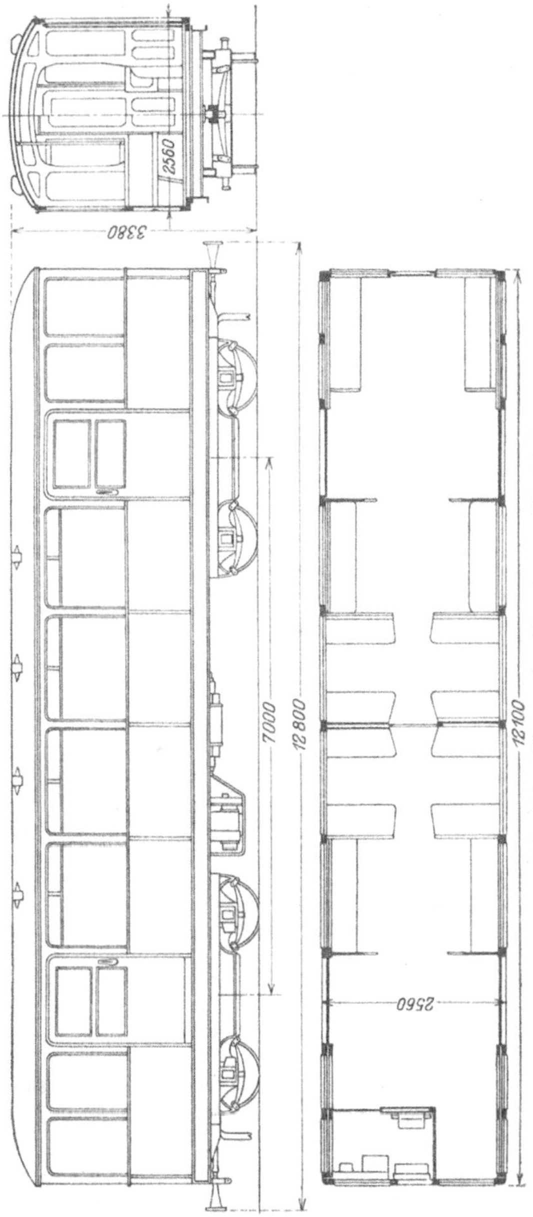

1 : 100.

Abb. 141. Wagen der Hamburger Hochbahn.

Für die Neuyorker Untergrundbahn wurden zunächst Wagen beschafft, die den Hochbahnwagen Abb. 137 im wesentlichen glichen, nur daß die Endbühnen verglast und mit Schiebetüren in den Längsseiten versehen waren. Diese erhielten zunächst eine Weite von 737 mm, die aber bald auf 965 mm vergrößert wurde. Der Wagengrundriß ist in Abb. 142 dargestellt. Die Wagenform bewährte sich

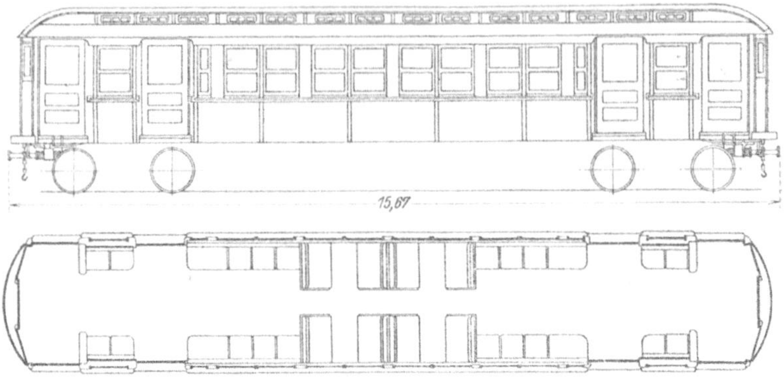

1 : 150.

Abb. 142. Wagen der Neuyorker Untergrundbahn.

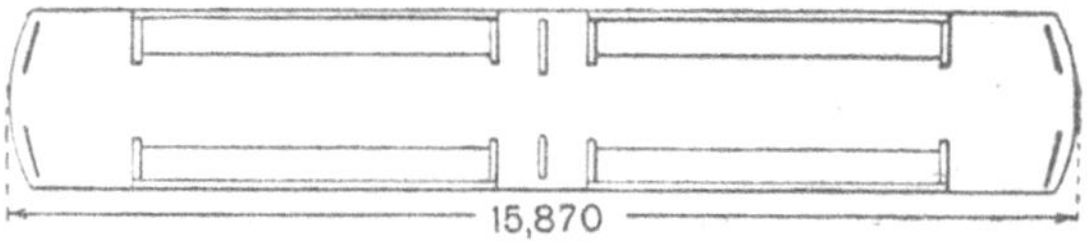

Abb. 143. Wagen der Neuyorker Interborough-Schnellbahn.

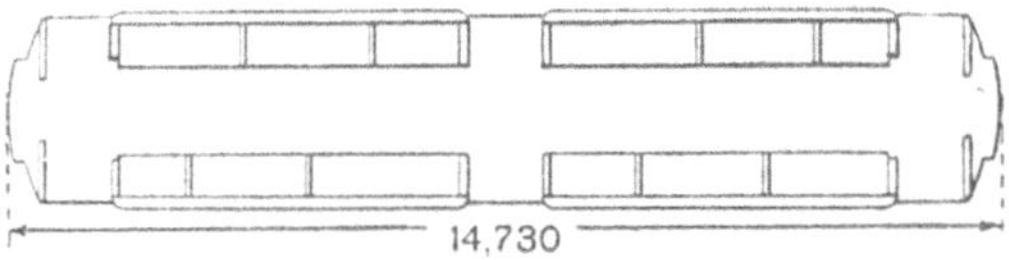

Abb. 144. Wagen der Neuyorker Hudson- und Manhattanbahn.

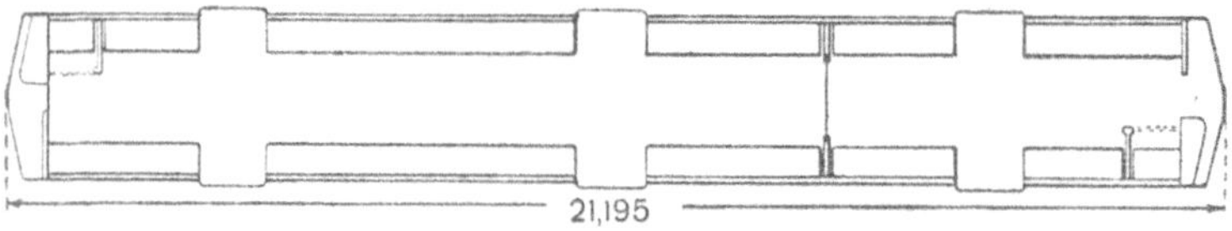

Abb. 145. Wagen der Bostoner Schnellbahn.

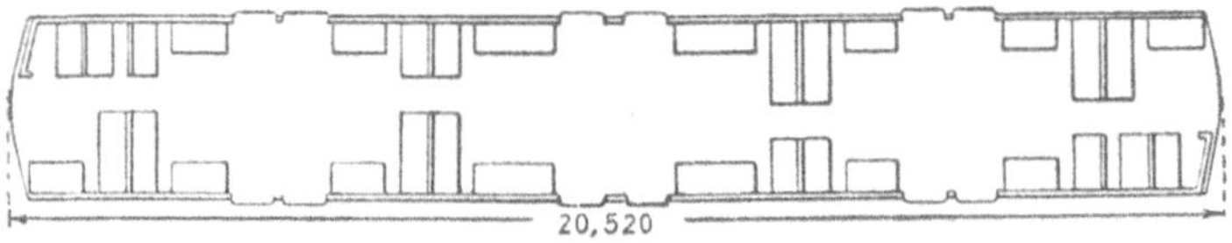

Abb. 146. Wagen der Neuyorker städtischen Schnellbahn.

aber nicht, weil auf den Umsteigestationen zwischen Lokal- und Eilzügen der größte Teil der Fahrgäste wechselt. Die Wagen wurden daher nach dem Vorschlag von Bion J. Arnold umgebaut und erhielten unter Fortfall von 4×2 Längssitzen je eine fernere Schiebetür von derselben Weite, die nur zum Ausgang benutzt werden sollte. Durch auf dem Bahnsteig angebrachte feste Schranken sollte das Aus- und Einsteigen geregelt werden. Bei den später beschafften Wagen nach Abb. 143 wurde die Ausgangstür in die Mitte des Wagens gelegt.

In den Abb. 144 bis 147 sind eine Anzahl Wagengrundrisse weiterer Stadtschnellbahnen dargestellt. Der Wagen der Hudson- und Manhattan-Bahn gleicht im wesentlichen dem zuletzt dargestellten Wagen der Neuyorker Unter-

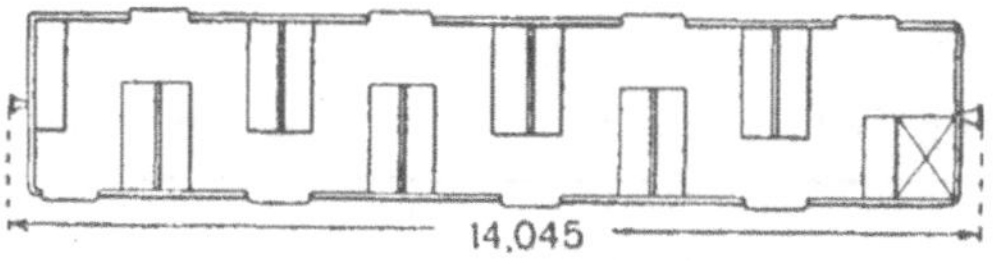

Abb. 147. Wagen der Berliner A.-E.-G.-Schnellbahn.

grundbahn; nur haben die Türen eine geringere Weite. Der Wagen der Bostoner Hochbahn hat bei 21,2 m Länge 3 Türen in jeder Längswand erhalten. Dieselbe Anzahl der Türen besitzt der fast ebenso lange Wagen der Neuyorker städtischen Schnellbahn. In der Nähe der Türen sind Längssitze, dazwischen und an den Wagenenden Quersitze angeordnet.

Beim Wagen der A. E. G. Schnellbahn sind die Türen in beiden Längswänden gegeneinander versetzt. Unmittelbar an der Tür befindet sich ein Raum für Stehplätze, gegenüber und seitlich der Tür je eine Bank mit Quersitzen.

Zahlentafel 1.

Stadtbahnwagen.

Bezeichnung der Bahn *	Kastenlänge m	Gesamtlänge m	Äußere Breite m	Zahl der Sitzplätze	Zahl der Stehplätze	Zahl der Plätze	Auf 1 m Wagenlänge entfallen Sitzplätze	Auf 1 m Wagenlänge entfallen Plätze	Leergew. t	Gewicht für den Sitzplatz kg	Gewicht für den Plätze kg
Hamburger Stadtbahn	2 . 14,0	29,85	2,60	130	26	156	4,3	5,2	63	465	404
Pariser Vorortbahn . .	22,36	23,12	2,30	100	62	162	4,4	7,0	73	730	450
Pariser Stadtbahn:											
Triebwagen	13,32	13,74	2,26	25	45	70	1,8	5,1	30	1200	429
Beiwagen	12,45	12,87	2,42	37	40	77	2,9	6,0	20	540	256
Berliner Hochbahn: .											
Triebwagen	12,00	12,70	2,30	31	31	62	2,4	4,9	24	770	387
Beiwagen	12,00	12,70	2,30	38	36	74	3,0	5,8	14	370	189
Hamburger Hochbahn .	12,10	12,80	2,56	34	57	91	2,6	7,1	24	700	264
A. E. G. Schnellbahn:											
Triebwagen	13,55	14,05	2,53	41	54	95	2,9	6,7	31	760	328
Beiwagen	13,55	14,05	2,53	41	54	95	2,9	6,7	17	420	180
Neuyork Manhattan Hochbahn	12,30	14,34	2,65	44	45	89	3,10	6,2	25	570	280
Neuyork Untergrundbahn:											
Triebwagen	13,60	15,87	2,62	52	64	116	3,3	7,3	32	615	276
Beiwagen	13,60	15,87	2,62	52	64	116	3,3	7,3	17	327	147
Neuyork Hudson- und Manhattan Bahn:											
Triebwagen	14,73	14,73	2,71	44	64	108	3,0	7,3	31	710	158
Beiwagen	14,73	14,73	2,71	44	64	108	3,0	7,3	17	287	387
Neuyork städtische Schnellbahn	20,52	20,52	3,05	78	94	172	3,8	8,4	38	490	222
PhiladelphiaSchnellbahn	15,11	15,11	2,76	52	65	117	3,4	7,7	31	600	258
Boston Cambridge Schnellbahn	21,20	21,20	2,90	72	93	165	3,4	7,8	40	555	242

In Zahlentafel 1 sind die Hauptabmessungen und Gewichte der beschriebenen Wagen zusammengestellt. Zahlentafel 2 gibt die aus der Anordnung der Türen und Sitzbänke sich ergebenden für die Zugabfertigung wesentlichen Werte wieder.

Für die Leistungsfähigkeit der Bahn ist die auf 1 m Wagenlänge sich ergebende Zahl der Plätze maßgebend. Sie ist, wie ersichtlich, in erster Linie von der Kastenbreite abhängig. Den höchsten Wert hat die Neuyorker städtische Schnellbahn mit ihren 3,05 m breiten Wagen.

Die Zahl der Sitzplätze beträgt bei den Abteilwagen der Berliner und Hamburger Stadtbahn etwa 3/4 aller Plätze. Bei den Stadtschnellbahnen sind die Sitzplätze 36 bis 53%, im Mittel 44% aller Plätze.

Zahlentafel 2.

Anordnung der Türen und Sitzplätze von Stadtbahnwagen.

Bahnanlage	Nutzbare Bodenfläche	Sitzplätze	Stehplätze	Plätze	Sitzplatz v. H.	Türöffnungen in v. H. der Zuglänge	Mittlerer Weg f. d. Fahrgast im Wagen in m	Anzahl der Fahrgäste auf eine Tür
Berliner Stadt- und Ringbahn	24,5	50	18	68	73	35,8	1,3	11,3
Hamburger Stadtbahn	32,4	65	26	91	72	34,7	1,3	11,4
Pariser Vorortbahn	60,5	100	62	162	61	19,9	2,5	40,5
Pariser Stadtbahn: Triebwagen	21,3	25	45	70	36	25,1	2,0	23,3
„ „ Beiwagen . .	24,7	37	40	77	48	31,1	2,1	25,7
Berliner Hochbahn	22,7	35	31	66	53	18,9	3,2	33,0
Hamburger Hochbahn	27,8	34	57	91	37	18,0	3,0	45,5
Berliner A. E. G. Schnellbahn .	30,0	41	54	95	43	25,7	1,8	23,8
Manhattan Hochbahn	28,8	44	45	89	49	12,5	4,3	44,5
Neuyork Interborough	34,6	48	62	110	44	23,8	2,3	36,7
Neuyork Hudson & Manhattan Bahn	33,6	44	64	108	41	20,4	2,2	36,0
Neuyork städtische Schnellbahn	54,8	78	94	172	45	22,8	2,4	57,3
Boston Cambridge Schnellbahn	52,0	72	93	165	44	16,2	3,1	55,0

In bezug auf die Weite der Türöffnungen im Verhältnis zur Zuglänge stehen die Berliner und Hamburger Stadtbahnen unerreicht da. Die Türöffnungen betragen hier mehr als 1/3 der Zuglänge. Am ungünstigten sind die Wagen der Manhattan-Hochbahn gebaut, da hier die Weite der Türöffnungen nur 1/8 der Zuglänge ausmacht. Bei den Wagen mit seitlichen Schiebetüren schwankt das Verhältnis der Türöffnungen zur Zuglänge von 1/6 bis 1/3.

Mit der Zahl und Weite der Türöffnungen verringert sich auch der Weg, der beim Ein- und Aussteigen zurückzulegen ist. Naturgemäß stehen auch hier die Abteilwagen mit 1,3 m am günstigsten, die Wagen der Manhattan-Hochbahn mit 4,3 m am ungünstigten da, von den Schiebetürwagen hat der der A. E. G. Schnellbahn die günstigsten, der der Berliner Hochbahn die ungünstigsten Verhältnisse.

Für die Bewertung der Wagengrundrisse spielt schließlich noch die Zahl der auf eine Tür angewiesenen Fahrgäste eine Rolle. Wenn auch die Weite der Drehtüren der Abteilwagen nur etwa 1/2 so groß ist als die Weite der breitesten Schiebetüren, so stehen doch die Abteilwagen, bei denen nur 11 Plätze auf eine Türöffnung kommen, sehr viel günstiger da, als die Wagen mit Schiebetüren, bei denen bis zu 57 Fahrgäste auf eine Tür angewiesen sind.

Das Führerabteil schränkt den nutzbaren Wagenraum ein. Es wird daher gern so klein wie möglich gemacht. Bei der Anwendung einer Zugsteuerung ist der Raumbedarf der elektrischen Einrichtung sehr gering. Es genügt eine Raumgröße von beispielsweise 0,8 m zu 1,2. Haben die Führerabteile voll Wagenbreite, so werden die nicht gebrauchten für die Personenbeförderung freigegeben; alle Handkurbeln (Fahrschalter, Fahrtrichtungswender, Handbremse, Luftdruckbremse) werden dann abnehmbar oder feststellbar eingerichtet und die sonst benötigten Apparate (Schalter und Stromzeiger) in verschließbaren Schränken untergebracht. Bei Wechselstrombahnen erfordert auch noch der Hochspannungsschaltraum einigen Platz. Bei der Neuyorker Untergrundbahn ist die verglaste Plattform als Führerstand eingerichtet; sie ist gegen das Wageninnere durch eine Tür abgeschlossen. Wird das Führerabteil als solches nicht benutzt, so wird die Tür herumgeschlagen und verschließt die elektrischen Apparate. Bei der Hamburger Stadtbahn sind die beiden äußersten Abteile als Führer- und Dienstabteil eingerichtet; Fahrschalter und Bremshebel liegen in einer Art Wandschrank.

Die Wagenkästen wurden anfänglich stets aus einem Holzgerippe hergestellt und außen mit Holz oder Blech, innen mit Holz oder Stoffen bekleidet. Ein Brandunglück auf der Pariser Stadtbahn zeigte die Notwendigkeit, brennbare Stoffe beim Wagenbau tunlichst zu vermeiden und gab den Anlaß, die Wagenkästen aus Eisen herzustellen. Derartige eiserne Wagenäksten sind bei den neueren amerikanischen Tiefbahnen und bei der A. E. G. Schnellbahn zur Anwendung gekommen. Die Seitenwände werden tragend hergestellt und die Türöffnungen als steife Rahmen ausgebildet, so daß besondere Längsträger entbehrlich werden. Zur inneren Auskleidung wird unverbrennliche Pappe benutzt. Der Wagenfußboden wird aus Formeisen hergestellt und mit einer Korkestrichmasse überzogen. Bei der geschilderten Ausführung und unter Verwendung von Preßblechen wird ein eiserner Wagenkasten bis zu 20% leichter als ein hölzerner Kasten; dies bedeutet für einen Beiwagen eine Gewichtsersparnis von etwa 10%, für einen Triebwagen eine solche von 5%.

Von der Hamburger Stadtbahn abgesehen, sind alle Wagen Drehgestellwagen. Der Raddurchmesser schwankt zwischen 750 und 1000 mm, der Radstand der Drehgestelle zwischen 1650 und 2500 mm. Bei Triebdrehgestellen sind Raddurchmesser und Radstand größer als bei Laufdrehgestellen. Der Antrieb geschieht durch Motoren von 75—700 PS Leistung, von denen zwei auf einem Drehgestell Platz finden. Wird jeder Wagen angetrieben, so genügen 2 Motoren, sind aber außerdem noch Beiwagen vorhanden, so reichen 2 Motoren unter Umständen nicht aus, und es müssen 3 oder 4 Motoren gewählt werden. Der Antrieb der Achsen erfolgt mit Zahnrädern (Übersetzungsverhältnis 1:2 bis 1:2,5).

Zahlentafel 3.

Elektrische Ausrüstung von Stadtbahnwagen.

Bezeichnung der Bahn	Ungünstigste Verhältniszahl zwischen Trieb- und Beiwagen	Leistung d. Wagenantriebs PS	Gewicht des vollbesetzten Triebwagens t	Gewicht des vollbesetzten Beiwagens t	Zuggewicht für d. Triebwagen t	Zuggewicht für d. PS kg
Hamburger Stadtbahn	1:0	360	70	—	70	167
Pariser Vorortbahn	1:0	640	85	—	85	133
Pariser Stadtbahn	3:2	350	35	26	53	150
Berliner Hochbahn	1:1	280	31	19	50	180
Hamburger Hochbahn	1:0	200	31	—	31	155
A. E. G. Schnellbahn	—	—	38	24	—	—
Manhattan Hochbahn	1:0	250	32	—	32	128
Neuyork Untergrundbahn	3:2	400	39	24	55	138
Neuyork Hundson & Manhattan Bahn	3:2	320	39	25	56	175
Neuyork städtische Schnellbahn	1:0	280	51	—	51	180
Philadelphia Schnellbahn	1:0	250	39	—	39	156
Boston Cambridge Schnellbahn	1:0	400	52	—	52	130

Für die Zugförderungskosten ist das auf einen Platz entfallende Zuggewicht von Bedeutung. Wie aus Zahlentafel 3 hervorgeht, ist dieser Wert bei der Hamburger Stadtbahn und der Pariser Vorortbahn sehr viel höher als bei den übrigen Bahnen. Bei der Hamburger Stadtbahn rührt dies von dem höheren Gewicht der Wechselstromausrüstung her, bei den Pariser Vorortbahnen ist die große Wagenlänge und die große Fahrgeschwindigkeit von 80 km die Ursache. Bei den Stadtschnellbahnenwagen schwankt, unter Berücksichtigung der Zugbildung aus Triebwagen und Beiwagen, das auf einen Platz entfallende Wagengewicht nur in engen Grenzen. Bei der Pariser Stadtbahn ergeben sich 360, bei der Berliner Hochbahn 288, bei der Hamburger Hochbahn 264, bei der Manhattan Hochbahn 280, bei der Neuyorker Untergrundbahn 224, bei der Hudson- und Manhattan-Bahn 294, bei der Neuyorker städtischen Schnellbahn 222, bei den Schnellbahnen von Philadelphia und Boston 258 und 242 kg für den Platz. Der Mittelwert ist 260 kg.

Da bei den meisten Stadtbahnen die Beschleunigung und die mittlere Stationsentfernung keine großen Unterschiede aufweisen, so läßt sich ein bestimmtes, nur in engen Grenzen veränderliches Zahlenverhältnis zwischen Zugkraft und Zuggewicht feststellen. Die in Frage kommenden Zahlen sind in Zahlentafel 3 zusammengestellt. Als Mittelwert ergeben sich 155 kg.

Während der Anfahrt können die Motoren vorübergehend das 2- bis 2,5-fache ihrer Stundenleistung hergeben, die Durchschnittsbelastung darf aber nur einen Bruchteil der Stundenleistung, etwa das 0,5- bis 0,6fache betragen. Durch künstliche Lüftung kann die Leistung der Motoren gesteigert werden.

Die übrige elektrische Ausrüstung (Schützen oder Relais der Zugsteuerung, Fahrtwender, Widerstände, Transformatoren) wird unter dem Wagenkasten angebracht. Nur die durch einen kleinen Motor angetriebene Luftpumpe kommt auf ein Drehgestell, da sich sonst ihr Geräusch und ihre Schwingungen im Wageninnern unangenehm bemerkbar machen.

Alle elektrischen Leitungen werden in Metallrohren verlegt und hölzerne Teile durch eine Lage von Asbest und Blech vor der Entzündung durch elektrischen Strom geschützt.

Die Heizung ist elektrisch; die Schaltung wird so eingerichtet, daß die Heizung nur bei ausgeschalteten Motoren Strom bekommt, damit der Heizstrom Kraftwerk und Leitungen nicht belastet.

Die Stromabnehmer für 3. Schiene werden am nicht abgefederten Teil der Drehgestelle befestigt; sie bestehen aus weichem Gußeisen oder Stahlguß und werden entweder durch ihr eigenes Gewicht auf die Leitungsschiene gedrückt oder von unten mit Federn gegen sie angepreßt. Für die Größenbemessung gilt eine Belastung von 100 Amp. für 50—75 qcm.

Wird die Bahn mit Oberleitung betrieben, so sind Bügelstromabnehmer in Scherenform üblich, die durch Luftdruck gegen die Leitung gepreßt werden. Der eigentliche Schleifbügel besteht aus Aluminium und ist nur kurz und daher sehr leicht, so daß seine Masse den Ungleichheiten der Stromleitung gut folgen kann. Die Stromabnehmer sind entweder durchschlagbar, oder es wird für jede Fahrtrichtung ein besonderer Abnehmer angewendet. Sie werden mit Druckluft gegen die Leitung gerpeßt, der Anpressungsdruck beträgt 10—15 kg je nach der Fahrgeschwindigkeit, die Belastung einer Berührungsstelle zwischen Fahrdraht und Bügel beträgt 100—150 Amp.

F. Betrieb.

Das Ziel einer wirtschaftlichen Betriebsführung ist es, sich den Verkehrsschwankungen tunlichst anzupassen. Diese Anpassung kann durch Veränderung der Zugstärke und des Zugabstandes erfolgen.

Die Veränderung der Zugstärke stellt gewisse Anforderungen an die Zugbildung. Bei den ersten elektrisch betriebenen Stadtbahnen, der Westseiten und Lake Street-Hochbahn in Chicago, der Brooklyner Hochbahn und der

Pariser Stadtbahn wurden die Züge wie bei Straßenbahnen aus einem Triebwagen und einer Anzahl von Anhängewagen gebildet. Auf der Endstation mußte der Triebwagen um die Anhängewagen herumfahren, oder es mußte, dem Lokomotivwechsel bei Dampfbetrieb entsprechend, ein Triebwagenwechsel stattfinden; beide Formen der Zugumbildung sind unbequem und zeitraubend, erschweren die Gleisgestaltung der Endbahnhöfe und setzen die Leistungsfähigkeit der Bahn herab. Nur bei der Pariser Stadtbahn ergaben sich keine Schwierigkeiten, weil hier die Endbahnhöfe in Schleifenform angelegt waren. Eine Veränderung der Zugstärke ist zwar theoretisch möglich, indem die Zahl der Anhängewagen vermehrt oder vermindert wird, praktisch aber kaum durchführbar, da die Anhängewagen nicht selbst beweglich sind.

Wird bei dieser Art der Zugbildung eine Anpassung an die Schwankungen des Verkehrs durch Veränderung der Wagenzahl vorgenommen, so ist die Folge eine Änderung des auf den Motor entfallenden Zuggewichtes. Es wird am größten gerade zu den Zeiten des stärksten Verkehrsandranges, wo die Vergrößerung der Stationsaufenthalte die möglichste Abkürzung der reinen Fahrzeit erwünscht macht. Die Folgen sind dann Zugverspätungen oder Überlastung der Motoren.

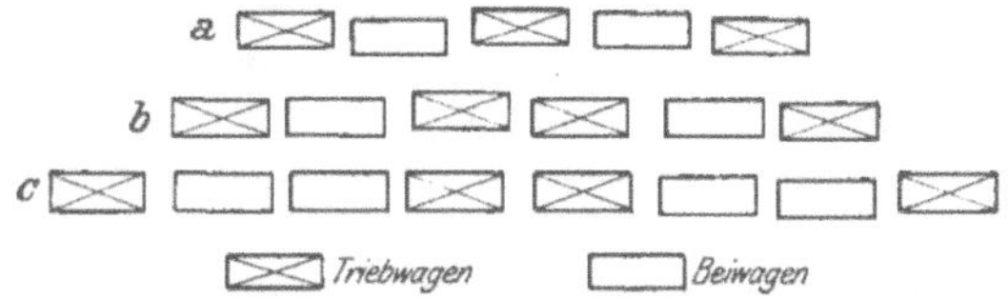

Abb. 148. Zugbildung aus Triebwagen und Beiwagen.

Um die Schwierigkeiten der Zugumbildung an den Endstationen zu umgehen, wurde zuerst bei der Waterloo- und City-Bahn in London an jedes Ende des Zuges ein Triebwagen gesetzt, aber immer nur der in der Fahrtrichtung voranlaufende Triebwagen benutzt, der andere leer nachgezogen, eine natürlich sehr unwirtschaftliche Betriebsweise.

Da erfand Sprague die Zugsteuerung; er stellte eine beliebige Anzahl Triebwagen zu einem Zuge zusammen und steuerte die Fahrschalter aller dieser Wagen gleichzeitig von einem kleinen Fahrschalter an der Spitze des Zuges; etwas später kam Westinghouse mit einer ähnlichen Zugsteuerung, indem er zur Bewegungsübertragung zwischen dem Steuerschalter und den Fahrschaltern Druckluft benutzte, und schließlich die General Electric Co., welche die Hauptfahrschalter in einzelne Relais oder Schützen auflöste. Die Zugsteuerung von Sprague ist zuerst auf der Südseitenhochbahn in Chicago in der Weise angewendet worden, daß alle Wagen Antriebe erhielten; hierdurch war die Veränderung der Zugstärke in beliebiger Weise möglich, indem auf der Endstation oder unterwegs einzelne Wagen oder Wagengruppen ab- oder angesetzt wurden. Die Zugsteuerung der General Electric Co. wurde von der Union E.-G. in Deutschland eingeführt, dann von der A. E. G. übernommen, später wurde auch von den Siemens-Schuckert-Werken eine ähnliche Steuerung durchgebildet. Heute ist die Zugsteuerung wegen ihrer Vorzüge eine selbstverständliche Forderung für den Betrieb von Stadtbahnen.

Bei der Hamburger Stadtbahn sind alle Wagen mit Antrieben versehen (wenn man den kurzgekuppelten Doppelwagen, von dem neuerdings nur noch eine Hälfte Motoren hat, als einen Wagen betrachtet). Ebenso ist es bei den Pariser Vorortbahnen, der Hamburger Hochbahn, der Manhattan-Hochbahn, der Neuyorker städtischer Schnellbahn und den Schnellbahnen von Philadelphia und Boston. Bei den übrigen Stadtbahnen werden die Züge aus Triebwagen und Beiwagen zusammengesetzt, wobei Triebwagen und Beiwagen miteinander abwechseln. Verschiedene Zugbilder dieser Art sind in Abb. 148 zusammengestellt. In Abb. 148a bilden 3 Wagen den Stamm des Zuges, und durch Verstärkungen um je 2 Wagen können Züge von 5, 7, 9 Wagen usw. gebildet werden. Die Verstärkungen sind aber für sich nicht verwendbar, wenn man nicht ein Schieben von Zügen mit dem Beiwagen voran gegen federnde Zug- und Stoßvorrichtungen zulassen will, eine Frage, die sich nicht allgemein beantworten, sondern nur auf Grund von Versuchen bei gegebenen Neigungen und Krümmungen lösen läßt. Bei der Zusammenstellung nach Abb. 148b besteht der Zug aus lauter Einheiten von 3 Wagen, und jede Einheit ist für sich beweglich; schließlich können auch Einheiten von 4 Wagen nach Abb. 148c gewählt werden.

Die Frage, wie die Antriebe über den Zug zu verteilen sind, und ob lediglich Triebwagen oder Triebwagen und Beiwagen beschafft werden sollen, kann folgendermaßen beantwortet werden: Als Ausgansgpunkt ist der auf einen Zug entfallende Verkehr in der schwächstbelasteten Tagesstunde zu wählen. Für diesen Verkehr muß die „Einheit“ der Zugbildung (1 bis 4 Wagen) bemessen werden. Für die Verteilung der Antriebe über diese Einheit gilt die Erwägung, daß wenige größere Motoren billiger zu beschaffen und zu unterhalten sind als viele kleinere. Ist nach Zahlentafel 3 oder besser auf Grund genauer theoretischer Rechnungen aus Fahrdiagrammen die Anzahl der Pferdestärken bestimmt worden, die zum Antrieb der Einheit notwendig sind, so wird die Stärke der einzelnen Motoren so groß gewählt, wie der Raum unter dem Wagenkasten es zuläßt, und hiernach die Zahl der angetriebenen Achsen bestimmt. Ergibt die Untersuchung, daß zu Zeiten des schwächsten Verkehrs einer oder zwei Wagen ausreichen, so ist es klar, daß alle Wagen mit Antrieben versehen werden müssen. Ergeben sich zwei Motoren für den Wagen, so werden beide Motoren auf e i n e m Triebdrehgestell untergebracht; das andere ist dann ein Laufdrehgestell.

Sind mehr als zwei Wagen notwendig, so werden die Motoren so verteilt, daß einer oder zwei Wagen der Einheit Beiwagen werden, weil dann die Kosten der elektrischen Ausrüstung am geringsten sind.

Es ist augenscheinlich, daß das Vorhandensein zweier Wagenklassen und von Raucher- und Nichtraucherabteilen die Veränderung der Zugstärke sehr erschwert.

Die Zuglänge sollte nicht über 160 m gesteigert werden. Bei längeren Zügen wird die Stationsanlage unübersichtlich und die Abfertigung erschwert.

Der Zugabstand auf eigentlichen Stadtbahnen soll nicht über 5 Minuten betragen, da der Geschäftsverkehr gewohnt ist, die Sadtbahn ohne Kenntnis des Fahrplans zu benutzen. Auf Vorortstrecken, auf denen der Wohnverkehr überwiegt und die Benutzung der Bahn Gewohnheitssache ist, sind Zugabstände von 10 Minuten zulässig, in den Außenbezirken auch wohl solche von 20 Minuten. Die engste Zugfolge beträgt im allgemeinen 2 Minuten, unter besonders günstigen Verhältnissen auf reinen Stadtbahnen ohne Abzweigungen $1\frac{1}{2}$ Minute, so daß der Fahrplan auf Stadtbahnen in den Grenzen von 2 bzw. $1\frac{1}{2}$ und 5 Minuten, auf Vorortbahnen in den Grenzen von 2—10 Minuten schwanken kann. Dem Sonntagsfahrplan wird auf den Stadtstrecken ein Zugabstand von 10 Minuten, auf Vorortstrecken ein solcher von 20 Minuten zugrunde gelegt; an schönen Sommersonntagen und bei besonderen Anlässen wird auch hier die Zugfolge bis auf 2 Minuten verdichtet.

Auf den Kehrstationen muß der Zug in das Kehrgleis vorziehen, der Führer muß den Zug in seiner ganzen Länge durchschreiten und ihn dann in das Abfahrgleis setzen. Bei Bemessung der Wendezeit muß dieser Zeitaufwand in Rechnung gestellt werden. Es empfiehlt sich aber, die Wendezeit darüber hinaus und nicht zu knapp zu bemessen, um kleine Unregelmäßigkeiten auszugleichen zu können. Damit sich Verspätungen in einer Fahrtrichtung nicht infolge Ausbleibens der Kehrzüge auf die Gegenrichtung übertragen, werden auf den Endstationen in den Rückstellgleisen Reservezüge vorgesehen, die nötigenfalls Ersatz für verspätete Züge bilden. In gleicher Weise werden auch die Zwischenendstationen am Anfang der Stadtstrecke mit Reservezügen aus-

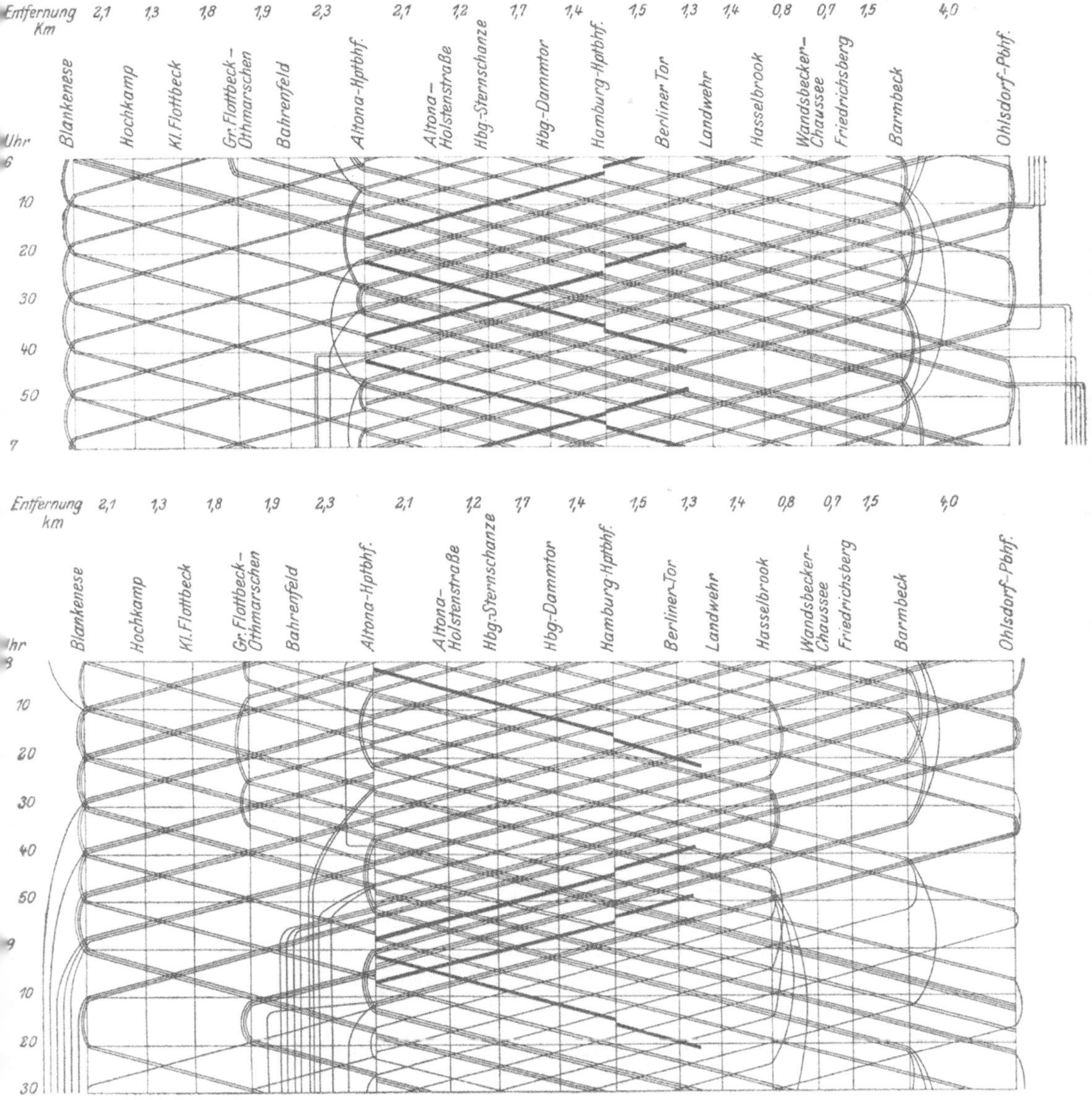

Abb. 149. Werktagsfahrplan der Hamburger Stadtbahn (Ausschnitt).

gerüstet, um verspätet eintreffende Vorortzüge durch planmäßige Züge ersetzen zu können.

Den Abstufungen der Verkehrsansprüche von der Innenstadt nach den Außenbezirken kann auf verschiedene Weise genügt werden. Die am häufigsten angewendete Betriebsart besteht darin, in Zwischenendstationen Züge kehren zu lassen und auf diese Weise die Abstufungen von 5, 10 und 20 Minuten herzustellen. Die zweite Möglichkeit ist die, auf Zwischenstationen Zugteile abzuhängen oder anzusetzen; ein drittes Verfahren besteht darin, die von der Stadt kommenden langen Züge auf einer Zugwechselstation kehren zu lassen und auf dieser kurze Züge einzusetzen, die den Verkehr auf der schwächer belasteten Außenstrecke bedienen.

In den Abb. 149 und 150 sind Ausschnitte aus dem Werktags- und Sonntags-

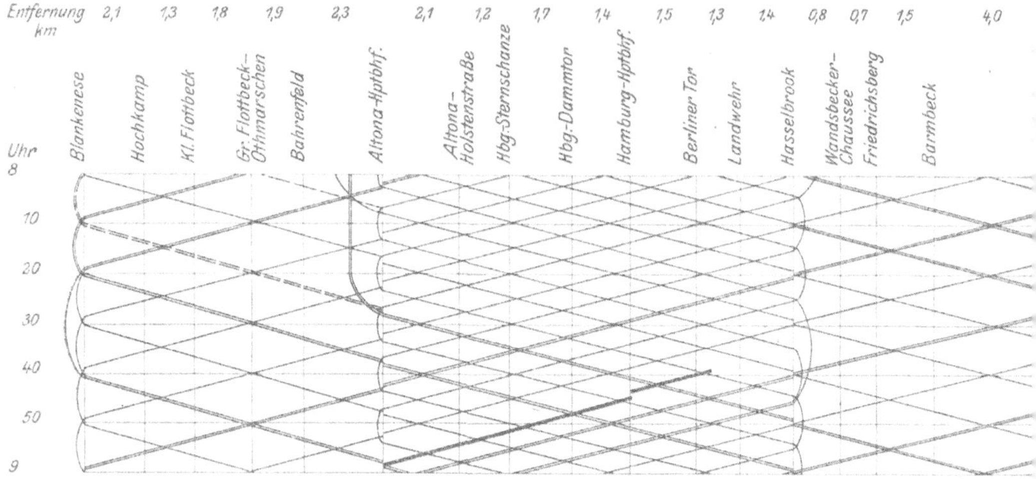

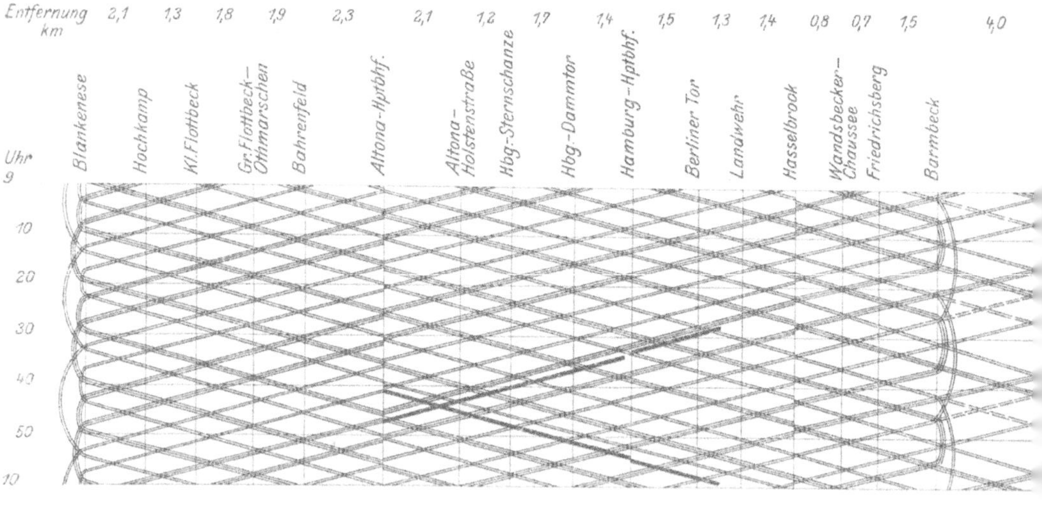

Abb. 150. Sonntagsfahrplan der Hamburger Hochbahn.

fahrplan der Hamburger Stadtbahn Blankenese—Ohlsdorf gegeben. Auf der Strecke Altona—Hasselbrook ist 5-Minuten-Betrieb, auf den Außenstrecken 10- und 20-Minuten-Betrieb, wobei einzelne Züge in Großflottbek-Othmarschen und in Barmbeck wenden. Auf der Strecke Altona—Berliner Tor verkehren auf denselben Gleisen Dampfzüge der Hamburger Vorortstrecke (Altona—Aumühle). An ihrer Stelle fallen elektrische Züge aus, wodurch der Zugumlauf ein unregelmäßiger wird. Der Umlauf ist durch Verbindungsstriche an den Kehrstationen dargestellt. Die Zahl der Linien in jeder Fahrt gibt die Anzahl der zu einem Zuge zusammengestellten Doppelwagen wieder; sie schwankt zwischen 1 und 4, die Zuglänge also zwischen 30 und 120 m.

Die Anfahrbeschleunigung und Bremsverzögerung wird bei Stadtbahnen möglichst hoch gewählt, um eine große Reisegeschwindigkeit zu erzielen. Außerdem hängt auch die Zugfolge und damit die Leistungsfähigkeit einer Stadtbahn davon ab, wie lange sich der Zug innerhalb der Station befindet, und diese Zeit wird bei gegebenem Stationsaufenthalt um so geringer, je größer Anfahrbeschleunigung und Bremsverzögerung sind. Die durch das Wohlbefinden der Reisenden bedingte obere Grenze liegt bei 1 m/sek^2. Diese Zahl wird für die Bremsverzögerung gewählt, die mittlere Anfahrbeschleunigung wird aber nicht so hoch bemessen, um den Energiebedarf bei der Anfahrt in mäßigen Grenzen zu halten und die Motoren nicht zu groß und zu schwer werden zu lassen. Gewählt wird daher die mittlere Anfahrbeschleunigung meist in den Grenzen von 0,5—0,67 m/sek;^{2} die größte Fahrgeschwindigkeit wird gewöhnlich zu 50—60 km angenommen.

Zur Ersparnis an Strom wird der Zug bis zur zulässigen Höchstgeschwindigkeit beschleunigt und der Strom dann abgeschaltet; der Zug läuft mit abnehmen-

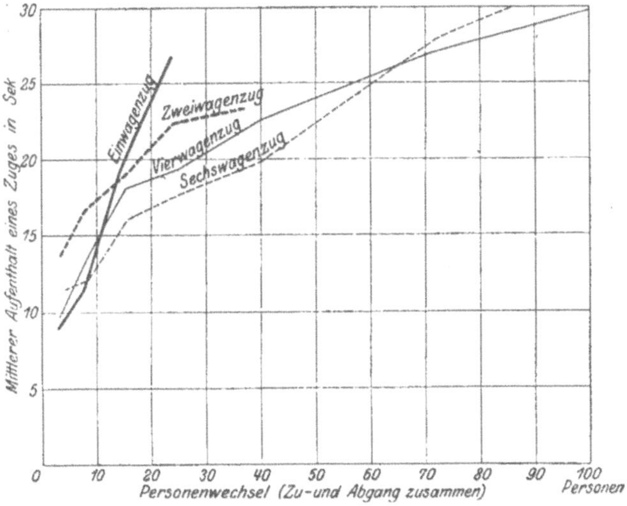

Abb. 151. Haltestellenaufenthalt auf der Berliner Hochbahn.

der Geschwindigkeit und einer Verzögerung von 0,045 m/sek^2 aus, und die durch Bremsung zu vernichtende Energie wird geringer. Der Stationsaufenthalt wird beeinflußt von der Wagenform, der Größe und Anzahl der Türen, dem Höhenunterschied zwischen Bahnsteig und Wagenfußboden, der Zahl der Wagenklassen, der Trennung in Raucher- und Nichtraucherabteile, der Zuglänge und schließlich der Art der Übermittlung des Abfahrtsbefehls an den Wagenführer.

In Zahlentafel 4 ist der durch das Aus- und Einsteigen der Reisenden verursachte Stationsaufenthalt bei den verschiedenen, weiter oben besprochenen Wagen zusammengestellt. Hierbei wurde für das Aus- und Einsteigen einer Person beim Fehlen von Zwischenstufen zwischen Bahnsteig und Wagenfußboden 1 Sekunde, beim Vorhandensein einer Zwischenstufe 2 Sekunden eingesetzt. Dabei muß beachtet werden, daß durch die breiten Schiebetüren gleichzeitig 2 Personen treten können, während die schmalen Drehtüren nur einer Person auf einmal den Durchgang gestatten. Die Zahlen sind berechnet unter der Voraussetzung, daß die Hälfte, ein Drittel oder ein Viertel der auf eine Tür angewiesenen Reisenden das Abteil verlassen und ebenso viele wieder hinzusteigen. Ein derartiger Wechsel der Reisenden wird auf Stationen mit lebhaftem Verkehr häufig beobachtet. Die ungünstigsten Zahlen weisen die Manhattan-

Hochbahn, die Pariser Vorortbahn, die Neuyorker städtische Untergrundbahn und die Bostoner Hochbahn auf, die günstigsten Zahlen die Pariser Stadtbahn, die A. E. G. Schnellbahn und die Berliner Hochbahn. Bei Überfüllungen der

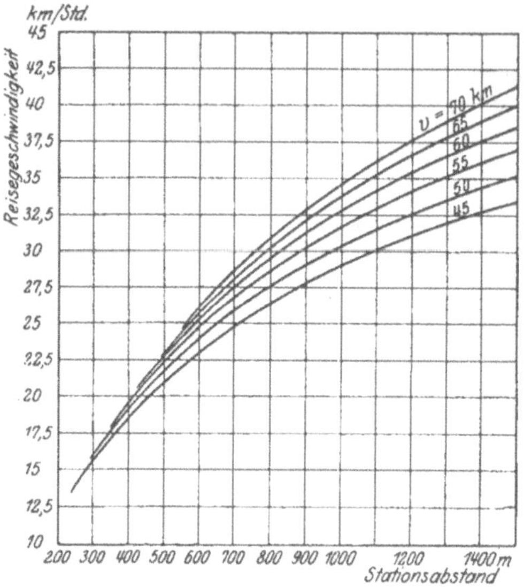

Abb. 152. Beziehungen zwischen Stationsabstand und Reisegeschwindigkeit bei Stadt- und Vorortbahn.

Wagen verlängert sich der Stationsaufenthalt erheblich, da durch das dichte Gedränge im Wagen das Aus- und Einsteigen erschwert wird.

Zahlentafel 4.

Mittlerer Stationsaufenthalt bei den verschiedenen Wagenformen.

Bezeichnung der Bahn	1/2	1/3	1/4
Hamburger Hochbahn	22	15	11
Pariser Vorortbahn	40	27	20
Pariser Stadtbahn	12	8	6
Berliner Hochbahn	16	11	8
Hamburger Hochbahn	23	15	12
A. E. G. Schnellbahn	12	8	6
Manhattan Hochbahn	44	29	22
Neuyork Interborough	18	12	9
Neuyork Hudson & Manhattan Bahn	18	12	9
Neuyork städtische Schnellbahn	29	19	15
Boston Cambridge	28	19	14
Im Durchschnitt	24	16	12

Bei Anwendung zweckmäßig gebauter Wagen kann der mittlere Stationsaufenthalt zu 25 Sekunden bemessen werden. Bei einer Anfahrbeschleunigung von 0,5 m/sek^2 und einer Bremsverzögerung von 1,0 m/sek^2 ergeben sich die in Abb. 152 dargestellten Abhängigkeiten zwischen Stationsabstand, Fahrgeschwindigkeit und Reisegeschwindigkeit. Die tatsächlich auf verschiedenen Stadtbahnen vorkommenden Fahr- und Reisegeschwindigkeiten sind in Zahlentafel 5 zusammengestellt.

Über die Beziehungen zwischen Zuglänge und Stationsaufenthalt hat Giese[1]) Beobachtungen auf der Berliner Hochbahn angestellt. Ein Teil dieser

[1]) Giese, Schnellstraßenbahnen

Zahlentafel 5.

Fahr- und Reisegeschwindigkeit verschiedener Stadtbahnen.

Bezeichnung der Bahn	Höchstgeschwindikeit km/Std.	Mittlerer Haltestellenabstand m	Mittlere Reisegeschwindigkeit km/Std.
Berliner Stadt- Ring- und Vorortbahnen	60	2600	32,5
Berliner Stadt- und Ringbahn	45	1500	25,3
Berliner Stadtbahn Charlottenburg-Stralau-Rummelsburg	45	1130	23,3
Berliner Stadtbahn, Teilstrecke Friedrichstraße—Schlesischer Bahnhof	45	1000	21,8
Hamburger Stadtbahn	50	1560	30
Berliner Hochbahn, ganzes Netz	50	769	24,9
Berliner Hochbahn, Teilstrecke Leipziger Platz—Alexanderplatz	50	526	21,0
Hamburger Hochbahn	50	799	28,2
Pariser Stadtbahn	36	505	21,0
Londoner Stadtbahnring	43,5	773	21,7
Zentral-London-Bahn	35	775	24,0
Süd-London-Bahn	?	1400	35,0
London, Linie Viktoria—Krystallpalast	?	1400	29,3
Neuyork, Hochbahn	31	560	19,1
Chicago, Schleifenhochbahn	26	300	13,0

Zahlentafel 6.

Mittlerer Aufenthalt eines Zuges in Sekunden.
Berliner Hochbahn.

Zugbildung	Personenwechsel (Zu- und Abgang zusammen) 0—5 Personen	6—10 Personen	11—20 Personen	21—30 Personen	31—50 Personen	51—100 Personen	101—200 Personen	mehr als 200 Personen	Durchschnittswert
Einwagenzug	8,9	11,5	19,2	26,7	—	—	—	—	12,1
Zweiwagenzug	13,6	16,6	18,9	22,3	23,3	—	—	—	17,5
Vierwagenzug	9,7	13,7	17,1	19,3	22,6	26,9	32,6	50,6	20,2
Sechswagenzug	11,5	12,7	16,0	17,7	19,8	27,9	44,4	42,7	20,2
Durchschnittswert	11,1	14,5	17,4	19,7	21,3	27,4	39,0	43,5	18,3

Beobachtungen ist in Abb. 151 und Zahlentafel 6 wiedergegeben. Der Stationsaufenthalt ist hier in seiner Abhängigkeit von der Gesamtzahl der aus- und einsteigenden Personen dargestellt. Bei geringer Personenzahl (unter 8) ist der Einwagenzug am günstigsten, der Zweiwagenzug mit einem Raucher- und einem Nichtraucherwagen am ungünstigsten. Bei größerer Personenzahl sinkt der Aufenthalt mit der Länge der Züge, weil sich die Reisenden auf eine größere Zahl von Türen verteilen. Bei einer Personenzahl von über 65 hat aber der Vierwagenzug einen kürzeren Aufenthalt als der Sechswagenzug, weil durch das Hin- und Herlaufen an dem langen Zuge ein größerer Aufenthalt entsteht. Bei einem Aufenthalt von 20 Sekunden erlaubt der Einwagenzug einen Personenwechsel von 15, der Zweiwagenzug von 18, der Vierwagenzug von 28, der Sechswagenzug von 41. Auf eine Tür entfallen alsdann bei den 4 Zuggattungen 7,5, 4,5, 3,5 und 3,5 Personen. Wäre auf der Berliner Hochbahn nur eine Wagenklasse vorhanden und das Rauchverbot durchgeführt, so würden sich die Zahlen wesentlich anders darstellen.

Das Zugpersonal kann auf 2 Beamte beschränkt werden, den Wagenführer und einen Schaffner oder Zugführer. Der Zugführer erhält ebenfalls seinen Platz im ersten Wagen, um einzuspringen, falls der Wagenführer dienstunfähig wird. Er soll den Wagenführer bei der Beobachtung der Signale unterstützen. Im Auslande hat gewöhnlich jeder Wagen einen Schaffner, der die Wagentüren bedient. In Ermangelung von Wagenschaffnern müssen auf den Stationen

Türschließer vorhanden sein; die Frage, was von beidem zweckmäßiger ist, hängt von dem Verhältnis der Zugzahl zur Stationszahl ab. Die Regelung des Verkehrs auf den Bahnsteigen und das Geben des Abfahrtszeichens geschieht durch einen Aufsichtsbeamten; bei schwachem Verkehr kann dieser auch wegfallen, das Abfahrtszeichen gibt dann der Zugführer. Bei sehr starkem Verkehr kann für jede Bahnsteigkante ein Aufsichtsbeamter erforderlich werden; bei schwächerem Verkehr kann dem Beamten auch die Blockbedienung übertragen werden.

Bei neueren Stadtbahnen erfolgt das Öffnen und Schließen der Schiebetüren durch Druckluft, und zwar entweder durch den Wagenführer, den Zugführer oder die Schaffner der einzelnen Wagen. Die Auslösung erfolgt auf elektrischem Wege. Nach der Schließung sämtlicher Türen erscheint im Führerstande ein Zeichen, das den Befehl zur Abfahrt darstellt. Die Einrichtung ist so getroffen, daß die Türen auch während der Betätigung der Druckluft mit der Hand geöffnet oder geschlossen werden können, so daß ein Einklemmen von Gliedmaßen oder Kleidungsstücken nicht zu befürchten ist.

Durch die elektrische Übertragung des Abfahrzeichens wird es möglich, die Zuglänge bis auf etwa 200 m zu steigern.

Bisher war von der einzelnen Linie die Rede. Das Liniennetz kann in der Weise behandelt werden, daß jede Linie für sich unabhängig von den andern betrieben wird, und diese Betriebsweise wird von vielen empfohlen, damit jede Linie ihre volle Leistungsfähigkeit behält. Bei Linienspaltungen und Gabelungen können die Zweiglinien für sich betrieben werden, wobei die Reisenden umsteigen müssen, oder Züge der Stammlinie gehen auf die Zweiglinie über. Dann entstehen die sogenannten Linienverkettungen, sie beeinträchtigen die Leistungsfähigkeit der Bahn, weil an den Stellen, wo die Züge aus 2 Richtungen zusammenkommen, niemals auf unbedingte Pünktlichkeit beider Züge gerechnet werden kann. Häufige Linienspaltungen verbieten sich auch, weil sonst die Zugfolge auf der gemeinsamen Innenstrecke zu eng oder auf den Außenstrecken zu selten wird. Wenn daher überhaupt Linienverkettungen zugelassen werden, so sollten sie sich auf 2 Linien, d. h. auf die einmalige Vereinigung und Gabelung beschränken.

G. Sicherungswesen.

Die große Fahrgeschwindigkeit und die enge Zugfolge machen die Einführung vollkommener Sicherungsanlagen notwendig. Unter Übertragung der auf Hauptbahnen üblichen Sicherungsanlagen wurde in Deutschland auf Stadtbahnen der sogenannte Vierfelderblock angewendet und eine große Sicherheit und beschleunigte Bedienung durch Mitwirkung des Zuges bei der Signalstellung erreicht, und zwar in der Weise, daß der Zug hinter sich die Signale auf „Halt“ stellt. Die Stationen werden stets mit Ein- und Ausfahrtsignalen ausgerüstet, so daß der Bahnhof Blockstrecke wird und der Stationsblock 8 Felder erhält, von denen die beiden mittleren durch eine Doppeltaste bedient oder ganz vereinigt werden können. Da die Bedienung des Blocks durch Drehen der Induktorkurbel und die Bewegung der Signalhebel (die Signale werden von Hand auf Fahrt gestellt und nach dem Auf-„Halt“-Fallen des Signals wird der Signalhebel zurückgelegt) viel Zeit erfordert, die für die Zugfolge verloren geht und außerdem bei einigermaßen dichter Zugfolge einen besonderen Blockwärter reforderlich macht, so hat die Firma Siemens & Halske bei der Hamburger Hochbahn zuerst den Grundsatz der ausschließlichen Bedienung des Blocks durch Menschenhand verlassen und einen sogenannten halbselbsttätigen Blockapparat aufgestellt, bei dem die Tätigkeit des denkenden Menschen nicht ganz ausgeschaltet, aber doch wesentlich vereinfacht ist. Der Induktor, der den Strom für die Blockbedienung erzeugt, ist durch eine feste Stromquelle (Akkumulatorenbatterie und Gleichstrom-Wechselstrom-Umformer) ersetzt, und dieser Strom besorgt nicht nur die Bedienung der Blockfelder, sondern stellt auch die Signale nach dem Freiwerden der Blockstrecke wieder auf Fahrt. Eingeschaltet wird der Strom durch einfaches Niederdrücken der Blocktaste. Die Signalstellung erfolgt unmittelbar durch die Blockriegelstange; jede Blocktaste ist mit einer Festhaltevorrichtung verbunden, welche die niedergedrückte Taste in ihrer unteren Lage so lange festhält, bis alle Blockfelder des Stromkreises bedient sind. Diese Festhaltevorrichtung hat selbst die Form eines Blockfeldes und nimmt den Platz eines solchen im Blockkasten ein. Ihre Druckstange ist mit denen der beiden benachbarten Felder, nämlich des Blockend- und des Blockanfangfeldes gekuppelt, wodurch ein sechsfeldriger Block entsteht. Auf die Abzweigstellen ist die halbselbsttätige Blockeinrichtung nicht ausgedehnt worden. Hier sind vielmehr die auf Fernbahnen üblichen normalen Blockeinrichtungen und elektrische Signal- und Weichenstellvorrichtungen in Anwendung.

Ein vollständig selbsttätiges Blocksystem, das nach den Angaben von Brown von der Westinghouse-Gesellschaft erbaut wurde, ist auf den meisten ausländischen Schnellbahnen durchgeführt und auf Veranlassung von Kemmann mit einigen Abänderungen auch auf der Berliner Hochbahn eingeführt worden. Der Wegfall jeglicher Bedienung soll nicht nur die Betriebskosten verringern, sondern eine größere Betriebssicherheit erzielen, wozu eine Verbindung mit einer selbsttätigen Auslösung der Zugbremse beiträgt; vor allem aber soll durch den Wegfall der Bedienungszeit die Leistungsfähigkeit der Bahn gesteigert werden. Von den beiden Fahrschienen des Gleises ist die eine in gewöhnlicher Weise an den Stößen leitend verbunden und dient zur Rückleitung des Betriebsstromes, die andere ist isoliert, so daß der Spannungsunterschied zwischen beiden Schienen 2—4 Volt beträgt. Sie ist außerdem durch Isolierlaschen in Streckenabschnitte geteilt, die den Blockstrecken entsprechen. Am Anfang und Ende jedes Streckenabschnittes befindet sich zwischen den Fahrschienen ein Relais, das durch die Räder des darüberfahrenden Zuges kurzgeschlossen wird. Durch diese Relais wird der Signalstrom geschlossen oder geöffnet und durch diesen Strom werden die Signale auf Halt oder Fahrt gestellt. Die Blockstrecken überschneiden sich um $1\frac{1}{2}$fache Bremsstrecke, bei 50 km Fahrgeschwindigkeit also um 144 m, so daß ein Signal erst auf Fahrt gestellt wird, wenn der Schluß des vorauffahrenden Zuges 144 m über das nächste Signal hinaus ist. Mit den Signalen sind Anschläge verbunden, die bei der Haltstellung des Signals emporragen und an ein Ventil am ersten Fahrzeug anschlagen, dessen Bewegung die Luftdruckbremse auslöst. Der Signalstrom hat eine Spannung von etwa 60 Volt, bei Gleichstrombahnen wird Wechselstrom, bei Wechselstrombahnen Gleichstrom verwendet. Eigentliche Blockapparate sind nicht vorhanden, den Stellwerkswärtern werden die Züge an den Abzweigungsstellen durch Fernzeiger und auf durchscheinenden Gleisbildern vorgemeldet. An den Abzweigstellen werden die Signale durch den Gleisstrom in die Haltstellung gebracht, der Wärter kann aber den Signalhebel erst zurücklegen, wenn der Zug den Gefahrpunkt verlassen hat.

Die Weichen und Signale werden durch elektrische Kraft oder mit Druckluft bewegt, die Druckluft wird elektrisch gesteuert. Die Signale werden auf offener Strecke als Armsignale ausgebildet. In Tunneln werden Lichtsignale gewählt; gewöhnlich liegen 2 Glühlampen nebeneinander, die eine hinter einer roten, die andere hinter einer grünen Glasscheibe, und eine der beiden Glühlampen erhält Strom. Man wendet aber auch feste Lichter an, vor denen eine Blende mit einem rot- und einem grünverglasten Ausschnitt bewegt wird.

Vorsignale sind bei Stadtbahnen von geringem Wert, da sie bei der engen Zugfolge doch meist in Warnstellung vorgefunden werden und der Wagenführer dagegen abgestumpft wird. Auf den Bahnsteigen wird die Richtung des nächsten Zuges durch eine Tafel bezeichnet, die von einem Angestellten von Hand bedient wird. Bei sehr enger Zugfolge und vielen Abzweigungen werden erhellte Glastafeln benutzt, die gleichzeitig die Richtung mehrerer nacheinander ankommender Züge und durch Zahlen die Reihenfolge der Züge angeben.

Leistungsfähigkeit der Bahn in ihrer Abhängigkeit von der Signalordnung[1]). Die Leistungsfähigkeit einer Stadtbahn drückt sich durch die Zahl der auf einem Gleise in der Stunde beförderten Plätze aus. Die Zahl dieser Plätze ergibt sich aus der Zahl der Züge und dem Fassungsraum eines Zuges. Der Fassungsraum eines Zuges bestimmt sich aus seiner Länge und der auf 1 m Zuglänge entfallenden Plätze. Die Zuglänge ist wiederum von der Länge der Bahnsteige abhängig, die Zahl der auf die Längeneinheit entfallenden Plätze von der Breite der Wagen und der Lichtraumumgrenzung. Für die Zuglolge maßgebend ist die für das Durchfahren einer Station erforderliche Zeit. Der ankommende Zug muß in dem Augenblick, wo er sich dem Einfahrtsignale bis auf Bremslänge genähert hat, das Signal in der Fahrtstellung vorfinden, und dies setzt voraus, daß der Schluß des vorhergegangenen Zuges das Ausfahrtsignal um eine bestimmte Sicherheitslänge überschritten hat. Hierzu kommt noch der Zeitaufwand für die Bedienung der Signale (Zurücklegen des Ausfahrtsignalhebels, Blockbedienung und Ziehen des Einfahrtsignals).

Der Bahnsteig sei 10 m länger als der Zug, das Ausfahrtsignal befinde sich unmittelbar am Ende des Bahnsteigs 5 m vor der Zugspitze. Die Sicherheitsstrecke zwischen dem Schluß des ausfahrenden Zuges und dem Ausfahrsignal wird auf beispielsweise 15 m bemessen. Für die Stellung des Einfahrtsignals gilt die Forderung, daß es auf Bremslänge vor dem Bahnsteig stehen soll, damit ein das Einfahrtsignal überfahrender Zug noch vor dem Bahnsteig zum Halten gebracht werden kann. Diese Bremslänge ist abhängig von der Fahrgeschwindigkeit und der Bremsverzögerung. Bei einer größten Fahrgeschwindigkeit von 50 km in der Stunde und einer Stationsentfernung von 800 m beträgt die Auslaufgeschwindigkeit 45 km in der Stunde = 12,5 m in der Sekunde. Die Bremsverzögerung wird zu 1,0 m/sek² und die Anfahrbeschleunigung zu 0,5 m/sek², der Stationsaufenthalt zu 25 Sekunden angenommen. Dann ergibt sich die Bremszeit zu 12,5 Sekunden und der Bremsweg zu $12{,}5^2/2 = 78{,}1$ m. Das Einfahrsignal steht also 78,1 m vor dem Bahnsteiganfang, 83,1 m vor dem Ende des haltenden Zuges, und der Zug befindet sich im Augenblick der Signalstellung noch 78,1 m vor dem Signal. Die Zuglänge werde mit Z bezeichnet, dann be-

Zahlentafel 7.

Theoretische Zugfolgezeit für Zuglängen Z von 30—210 m. Auslaufgeschwindigkeit V_e = 45 km/st = 12,5 m/sek.

Zuglänge Z m	Einfahrzeit $t_e =$ Sek.	Aufenthaltszeit t_a Sek.	Ausfahrzeit $t_r =$ Sek.	Zugfolgezeit $= t_e + t_a + t_r$ Sek.
30	21,5	25	13,5	60
60	24	25	17,5	66,5
90	26,5	25	20,5	72
120	29	25	23,0	77
150	31,5	25	26,0	82,5
180	34	25	28,0	87
210	36,5	25	30,0	91,5

[1]) Vgl. u. a. Elektrische Kraftbetriebe und Bahnen, 1907, S. 691, 1908, S. 101, 1913, S. 553 und 1916, S. 217, ferner Organ für Eisenbahnwesen 1918, S. 205. Zeitschrift für Kleinbahnen 1918, S. 173.

rechnet sich die Ausfahrzeit t_r, d. h. die Zeit vom Augenblick der Abfahrt bis zur Freigabe des Ausfahrsignals zu $\sqrt{2(Z+15)/0,5} = 2\sqrt{Z+15}$ Sekunden Die Einfahrzeit t_e setzt sich zusammen aus der Bremszeit von 12,5 Sekunden und einer im Beharrungszustande verbrachten Zeit von $(Z+83,1)/12,5$ Sekunden. Dann ergeben sich für Zuglängen von 30—210 m die in Zahlentafel 7 zusammengestellten Zugfolgezeiten. Noch nicht berücksichtigt ist in diesen Zahlenwerten die Signalstellzeit t_s, die bei handbedienten Blockanlagen zu 15 Sekunden, bei dem halbselbsttätigen Block zu 5 Sekunden angenommen werden kann. Weiter muß noch ein Zuschlag zum Ausgleich kleiner Unregelmäßigkeiten gegeben werden, der zu 10 Sekunden angenommen werden soll.

Bei selbsttätigen Blockanlagen wird das Einfahrsignal auf 1,5fache Bremslänge vor dem Bahnsteigende angeordnet. Es ist hier zulässig, den Zug mit voller Geschwindigkeit bis an das Signal heranzuführen, auch wenn dieses auf Halt steht, da der Zug durch die selbsttätige Fahrsperre zum Halten gebracht wird, wenn das Signal nicht rechtzeitig auf Fahrt geht. Auf diese Weise wird der im Beharrungszustande zurückgelegte Weg von 83,1 m auf die Hälfte 41,6 m verringert und die Einfahrzeit t_e um $41,6/12,5 =$ rund 3,5 Sekunden verkürzt.

Es ist nun möglich, die Strecke zwischen dem Einfahrtsignal und dem Beginn des Bahnsteigs durch weitere sogenannte Nachrücksignale zu teilen, die auf Fahrt gehen, wenn der ausfahrende Zug einen Teil des Bahnsteigs geräumt hat. Durch Anordnung zweier derartiger Nachrücksignale läßt sich die Zugfolge um 9 Sekunden verringern. Hiernach ergeben sich bei handbedienten, halbselbsttätigen und selbsttätigen Blockeinrichtungen ohne und mit Nachrücksignalen die in Zahlentafel 8 zusammengestellten Zugfolgezeiten.

Zahlentafel 8.

Zugfolgezeiten.

Zuglänge m	Zugfolge Sekunden handbedienter Block	halbselbsttätiger Block	selbsttätiger Block ohne Nachrücksign.	selbsttätiger Block mit Nachrücksign.
30	85	75	66	57,5
60	91,5	81,5	73	64
90	97	87	78,5	69,5
120	120	62	83,5	74,5
150	107	97	89	80
180	110	100	91,5	82,5
210	116,5	106,5	98	89

Bei handbedientem Block läßt sich also bei den in Frage kommenden Zuglängen eine Zugfolge von 120 Sekunden gleich 2 Minuten, bei selbsttätigem Block eine Zugfolge von 90 Sekunden gleich $1\frac{1}{2}$ Minuten durchführen. Hierbei wird allerdings vorausgesetzt, daß der Stationsaufenthalt von 25 Sekunden niemals überschritten wird, weil jede Verlängerung des Stationsaufenthaltes den nächstfolgenden Zug zum vorzeitigen Halten bringt und durch das Wiederanfahren Zeit verloren geht.

Wird ohne Signale auf Sicht gefahren, so vermindern sich die in der letzten Spalte angegebenen Zugfolgezeiten auf etwa $\frac{3}{4}$, freilich auf Kosten der Reisegeschwindigkeit und der Betriebssicherheit.

Auf 1 m Zuglänge entfallen bei 2,6 m breiten Wagen 7 Plätze, bei 3,1 m breiten Wagen 9 Plätze. Der sich hieraus ergebende Fassungsraum der Züge von 30 bis 210 m Länge ist in Zahlentafel 9 zusammengestellt.

Zahlentafel 9.

Fassungsraum von Stadtbahnzügen.

Zuglänge m	Fassungsraum eines Zuges Personen Wagenbreite 2.6 m	Wagenbreite 3.1 m
30	210	270
60	420	540
90	630	810
120	840	1080
150	1050	1350
180	1260	1620
210	1470	1890

Hieraus ergiebt sich die in Zahlentafel 10 uud 11 angegebene Leistungsfähigkeit von Stadtbahnen:

Zahlentafel 10.

Stündliche Leistungsfähigkeit einer Stadtbahn. Handbedienter Block.

Zuglänge m	Zahl der Züge in der Stunde	Leistungsfähigkeit Personen in der Stunde Wagenbreite 2,6 m	Wagenbreite 3,1 m
30	42	8820	11340
60	39	16380	20560
90	37	23310	29970
120	35	29400	37800
150	33	34650	44550
180	32	40320	51840
210	31	45570	58590

Zahlentafel 11.

Stündliche Leistungsfähigkeit einer Stadtbahn. Selbsttätiger Block mit Nachrücksignalen.

Zuglänge m	Zahl der Züge in der Stunde	Leistungsfähigkeit Personen in der Stunde Wagenbreite 2,6 m	Wagenbreite 3,1 m
30	62	13020	16740
60	56	23520	30240
90	51	32130	41310
120	48	40320	51840
150	45	47250	60750
180	43	54180	69660
210	40	58800	75600

H. Anlagen für den Gepäck- und Güterverkehr.

Auf reinen Stadtbahnen findet ein Gepäckverkehr in der Regel nicht statt, dagegen kann er auf Vorortbahnen nicht gut ausgeschlossen werden. Er ist jedoch dem Umfang nach gering, so daß eine kleine Gepäckabfertigung in Verbindung mit der Fahrkartenausgabe genügt; die wenigen Gepäckstücke werden von Bahnbediensteten über die Treppen befördert; Gepäckaufzüge sind entbehrlich. Die Abfertigungsbestimmungen werden so getroffen, daß die Beförderung mit einem bestimmten Zuge nicht gewährleistet wird. Die Gepäckbeförderung wird in den Stunden des stärksten Verkehrs ausgeschlossen. In den weniger belasteten Tagesstunden werden bestimmte Züge zur Gepäckbeförderung benutzt und für das Gepäck (vielleicht auch für die Post) ein sonst von Personen benutztes Abteil des ersten Wagens eingerichtet, dessen Bänke hochgeklappt werden.

Eine Vorbedingung für die Großstadtbildung ist eine möglichst gleichmäßige Verteilung von Ortsgüterbahnhöfen über das Stadtgebiet, damit die Wege für die Beförderung von Lasten innerhalb der Stadt kurz werden und keine starke Verteuerung der Massengüter und geringwertigen Lebensbedürfnisse (Kartoffeln u. dgl.) durch die Fuhrwerksbeförderung eintritt. Der Gedanke liegt nahe, für diese Verteilung der Güter innerhalb des Stadtgebietes die Stadt- und Vorortbahnen zu benutzen; die Beförderung von Güterzügen auf ihren Gleisen wird aber nur in Ausnahmefällen möglich sein, weil die enge Zugfolge der Personenzüge die Einschaltung von Güterzügen verbietet, die Nachtpause für den Betrieb der Güterzüge in der Regel zu unbequem liegt, und weil die Lichtraumumgrenzung der Stadtbahn von der für Vollbahnen gewöhnlich abweicht. Es kann jedoch zweckmäßig sein, Vorortbahnen dreigleisig auszuführen, d. h. ein drittes, lediglich für den Güterverkehr bestimmtes Gleis neben die Personengleise zu legen, weil die Anlage einer dreigleisigen Bahn billiger ist als die einer zweigleisigen und einer eingleisigen Bahn.

Die Beförderung innerstädtischer Güter (hierbei handelt es sich in der Hauptsache um Stückgutsendungen und Pakete) durch die Stadt- und Vorortbahnen ist ebenfalls kaum durchführbar. Eine Beförderung mit den Personenzügen läßt sich ohne Verlängerung der Zugaufenthalte nicht ermöglichen, und die Einschaltung von besonderen Eilgüterzügen oder einzelnen Eilgutwagen, die an besonderen Stellen be- und entladen werden, ist wegen der großen baulichen Kosten dieser Lagestellen kaum wirtschaftlich.

J. Bau- und Betriebskosten, Tarife und Einnahmen[1]).

Überschlägige Zahlen für die Baukosten des Bahnkörpers sind in Zahlentafel 12 zusammengestellt. Sie beziehen sich auf die Zeit vor dem Kriege. Dabei

Zahlentafel 12.
Baukosten von Stadtbahnen.
Die Zahlen beziehen sich auf die Zeit vor dem Kriege.

	Baukosten des Bahnkörpers in M. für das km	Baukosten einer Haltestelle als Zuschlag zu den Kosten des Bahnkörpers in M.
1. Erddamm	300 000— 500 000	125 000—200 000
2. Einschnitt	600 000— 900 000	125 000—200 000
3. Gewölbter Viadukt	800 000—1 200 000	250 000—350 000
4. Eiserner Viadukt		
a) in der Straße	1 000 000—1 500 000	200 000—300 000
b) mit weitgespannten Brücken	2 500 000—5 000 000	— —
5. Schwebebahnviadukt	900 000—1 200 000	250 000—350 000
6. Wölbtunnelbahn	1 000 000—4 000 000	500 000—750 000
7. Unterpflasterbahn		
a) hergestellt beim Bau der Straße	1 500 000—2 000 000	300 000—400 000
b) auf dem Mittelstreifen von breiten Straßen	2 000 000—3 000 000	400 000—600 000
c) in engen Straßen	4 000 000—6 000 000	— —
d) Zuschlag für den Bau im Grundwasser	2 000 000—4 000 000	600 000—800 000
8. Tieftunnelbahn	3 000 000—5 000 000	800 000—1 200 000

[1]) Dieser Gegenstand ist in dem Werke des Verfassers: „Wirtschaftliche Betrachtungen über Stadt- und Vorortbahnen“ ausführlich behandelt.

Zahlentafel 13.

Baukosten der Ausrüstung einer Stadtbahn in Mark für das Kilometer.
Die Zahlen beziehen sich auf die Zeit vor dem Kriege

1. Oberbau	80 000—100 000
2. Sicherungsanlagen	25 000— 75 000
3. Stromerzeugungsanlagen	150 000—300 000
4. Stromverteilungsanlagen	75 000—150 000
5. Betriebsstätten	75 000—150 000
6. Betriebsmittel	300 000—600 000

ist angenommen, daß die Bahnhöfe für eine Zuglänge von 150 m angelegt werden. Die Kosten der Ausrüstung zeigt Zahlentafel 13. Hierbei ist mit einem Jahresverkehr von 2—4 Millionen Reisenden für das Kilometer Bahnlänge gerechnet worden. Bei stärkerem Verkehr erhöhen sich insbesondere die Kosten der Stromerzeugungsanlagen, Stromleitungen, Betriebsstätten und Betriebsmittel. Die Grunderwerbskosten sind in allen diesen Zahlen nicht mit einbegriffen; sie müssen auf Grund der örtlichen Verhältnisse besonders geschätzt werden. Werden die Betriebskosten von Stadt- und Vorortbahnen zunächst ohne Rücksicht auf die Verzinsung des Anlagekapitals ermittelt, so stellten sich vor dem Kriege die Kosten für das Platzkilometer bei einem kilometrischen Jahresverkehr von 2—4 Millionen Reisenden auf 0,3—0,35 Pf. Bei einer Platzausnutzung von 20—30% ergaben sich Betriebskosten für das Personenkilometer von 1,0 bis 1,75 Pf. Hierzu kommt die Verzinsung und etwaige Tilgung des Anlagekapitals. Da die Baukosten von Stadtbahnen in weiten Grenzen schwanken, und außerdem die Ausnutzung der Bahn, d. h. der kilometrische Jahresverkehr eine große Rolle spielt, so lassen sich allgemein gültige Zahlen mit kurzen Worten nicht geben. Wir wollen uns daher auf die Andeutung beschränken, daß die Verzinsung auf das Personenkilometer bezogen, den Betrag von 1,0—1,5 Pf. nicht übersteigen darf, da sonst an eine Rentabilität des Bahnunternehmens unter den in Deutschland möglichen Tarifen überhaupt nicht zu denken ist. Petersen gibt die Regel, daß der zu erwartende Verkehr (Zahl der Jahresreisenden) mindestens gleich den Baukosten in Mark sein soll, damit ein Ertrag möglich bleibt. Eine Bahn, deren durchschnittliches Anlagekapital 4 Millionen Mark für das Kilometer ist, müßte hiernach also einen kilometrischen Jahresverkehr von mindestens 4 Millionen Reisenden haben, um einen Ertrag abzuwerfen. Alle diese Zahlen beziehen sich auf die Zeit vor dem Kriege.

Bei den Stadt- und Vorortbahntarifen ist zu unterscheiden zwischen dem normalen Einzelkartentarif und den Tarifermäßigungen. Ermäßigungen werden gewährt für Kinder (halber Fahrpreis), für Arbeiter (entweder in der Form der Arbeiterwochenkarten, die zu 6 Hin- und 6 Rückfahrten berechtigen, oder in Form von Frühkarten, bei denen die Fahrt bis 7 oder 8 Uhr morgens angetreten sein muß). Ferner werden an jedermann Zeitkarten ausgegeben, die zur beliebigen Benutzung der Bahnstrecke berechtigen, über die sie lauten; die Zahl der täglichen Fahrten auf Zeitkarten schwankt je nach der Entfernung zwischen 2 und 4. Eine weitere Ermäßigung bilden die Nebenkarten, das sind Zeitkarten, die für Familienangehörige bestimmt sind und zum halben Preis ausgegeben werden, ferner die Schülerkarten und Schülernebenkarten. Die Zeitkarten gelten meist für einen Kalendermonat.

Für den Tarif der Einzelkarten sind eine ganze Reihe von verschiedenen Formen in Anwendung. Der im Eisenbahnfernverkehr übliche Kilometertarif ist für Stadt- und Vorortbahnen wenig geeignet, weil die Zahl der Verkehrsbeziehungen und damit die der Fahrkarten zu groß ist. Für ihn tritt der Stationstarif ein, bei dem an Stelle des Kilometers die Stationsentfernung als Einheit gilt. Die weiteren Reisen werden oft dadurch begünstigt, daß der für die Stationsentfernung zu zahlende Betrag allmählich geringer wird. Für örtlich begrenzte

Netze werden Einheitstarife erhoben, die also für die kürzeste oder längste Fahrt gezahlt werden, z. B. in den Vereinigten Staaten von Amerika (5 cts. = 21 Pf.) und auf der Pariser Stadtbahn (25 cent. = 20 Pf. in I. Klasse und 15 cent. = 12 Pf. in II. Klasse). Es werden wohl auch mehrere Tarifformen vereinigt, indem für kurze Entfernungen Stationssätze berechnet werden, während für das ganze Netz ein Einheitssatz gefordert wird.

Mit Rücksicht auf die in Deutschland übliche Münzeinheit und den Wettbewerb der Straßenbahnen wurden die billigsten Einzelkarten für die untere Wagenklasse zu 10 Pf. ausgegeben; der der Preisberechnung zugrundeliegende Kilometersatz wurde zu 2—2,5 Pf. gewählt, so daß für 10 Pf. 4—5 km zurückgelegt werden konnten. Die tatsächliche Fahrtlänge ist meist etwas geringer. als die größte Geltungslänge der Fahrkarte; die Ausnutzung beträgt 70—80%.

Den Preisen der Arbeiterwochenkarten wurden die Selbstkosten der Beförderung (ohne Berücksichtigung der Verzinsung) zugrundegelegt und Preise von 1—1,5 Pf. für das Kilometer erhoben. Die Preise der Zeitkarten werden nach Kilometern oder nach Stationszahlen abgestuft. Ihre Einführung auf Stadt- und Vorortbahnen ist bedenklich, weil sie, wenn sie erhebliche Preisnachlässe gegen die Einzelkarten bieten, in großer Zahl gelöst werden und dadurch das Erträgnis stark herabdrücken (bei billigen Zeitkartenpreisen werden 50% aller Fahrten auf Zeitkarten ausgeführt).

Bei Bemessung der Tarife muß von den voraussichtlichen Selbstkosten der Beförderung ausgegangen und nach Festsetzung der Preissätze für Einzelkarten und Arbeiterwochenkarten geprüft werden, ob und inwieweit die Ausgabe von Zeitkarten zulässig erscheint. Wird durch ihre Einführung der Ertrag des Unternehmens in Frage gestellt, so ist eine Beschränkung auf Schülerkarten angezeigt.

Dritter Abschnitt.

Straßenbahnen.

A. Linienführung.

1. Spurweite, Zahl der Gleise, Krümmungen, Neigungen, Widerstände.

Für elektrische Straßenbahnen kommen als Spurweite nur die normale von 1,435 m und die Meterspur in Frage. Schmalere Spurweiten sind ausgeschlossen, weil der Raum zwischen den Rädern für die Unterbringung der Motoren nicht zureichen würde, und weil die Standsicherheit der Wagen zu gering wird. Die Meterspur wurde eine Zeitlang bevorzugt, weil sie schärfere Bögen zuläßt und weil bei Benutzung von Landstraßen außerhalb der Ortschaften der für die Bahn benutzte Fahrbahnstreifen schmaler ist als bei Vollspur und daher die Benutzung schmalerer Wege eher gestattet wurde. Die Meterspur hat den Vorteil, daß die Straßenfuhrwerke nicht in die Versuchung kommen, die Schienen als Fahrbahn zu benutzen. Weitere Vorzüge hat die Schmalspur nicht. In den städtischen Straßen ist für die Zulässigkeit der Benutzung schmaler Fahrdämme nicht die Spurweite, sondern der von den Wagenkasten in Anspruch genommene Raum maßgebend. Die Wagenkastenbreite beträgt bei innerstädtischen Bahnen 2—2,2 m, ist also unabhängig von der Spurweite. Bei Anwendung von Schwellenschienen bringt die schmalere Spur keine Ersparnis an Baukosten. Vollspur hat vor der Meterspur den Vorteil, daß die Wagen ruhiger laufen, daß also Betriebsmittel und Oberbau mehr geschont werden und daß höhere Fahrgeschwindigkeiten möglich sind. Der breitere Raum zwischen den Rädern erlaubt größere Motoren. Es ist also möglich, mit einer geringeren Zahl von Motoren auszukommen oder aber einem Triebwagen mehr Beiwagen mitzugeben als bei Schmalspur. Vollspur wird daher heute überall bevorzugt und selbst Schmalspurbahnen gehen gelegentlich zur Vollspur über (Spandauer Straßenban, Teltower Kreisbahn).

Der kleinste Krümmungshalbmesser im Innern der Städte sollte zu 25 m gewählt, dann aber auch überall durchgeführt werden, um mit zwei Arten von Bogenschienen auszukommen. Daneben sollten dann nur noch Bogen über 100 m Halbmesser angewendet werden, die aus geraden Schienen gebildet werden können. Ausnahmsweise sind Krümmungshalbmesser von 15 m zulässig. Schärfere Bögen, bis 12 m Halbmesser, können angewendet werden, wenn alle Wagen Lenkachsen oder Drehgestelle haben; zwischen dem Halbmesser r und dem festen Radstand R der Wagen besteht folgende Beziehung:

$$r = 12{,}5\ \text{m},\quad R = 1{,}55\ \text{m}$$
$$r = 15\ \text{m},\quad R = 1{,}8\ \text{m}$$
$$r = 18\ \text{m},\quad R = 2{,}2\ \text{m}$$
$$r = 20\ \text{m},\quad R = 2{,}2\ \text{m}$$
$$r = 25\ \text{m},\quad R = 3{,}0\ \text{m}.$$

Von der Größe des festen Radstandes R ist die Gesamtlänge des Wagens abhängig. Sie soll nicht mehr als 4,5 R betragen.

Außerhalb der Ortschaften und auf eigenem Bahnkörper werden möglichst große Krümmungshalbmesser gewählt, um die Fahrgeschwindigkeit an diesen Stellen nicht ermäßigen zu müssen. Hier gelten die Regeln für nebenbahnähnliche Kleinbahnen.

Die Einschaltung von Übergangsbögen zwischen den Geraden und dem Bogen empfiehlt sich, da sie einen ruhigeren Gang der Wagen gewährleistet; örtlicher Schwierigkeiten wegen wird aber der Übergangsbogen häufig weggelassen. Die Überhöhung des äußeren Schienenstranges ist bei Straßenbahngleisen nicht durchführbar, jedoch sollte vermieden werden, daß der äußere Schienenstrang tiefer liegt als der innere. Eine Spurerweiterung ist wegen der kurzen Radabstände nicht nötig, sie ist auch nicht in demselben Maße möglich wie bei Eisenbahnen, weil die Straßenbahnräder kleinere Abmessungen haben als die Eisenbahnräder. Auf Spurerweiterung wird daher verzichtet, dagegen muß eine Spurrillenerweiterung um 3—5 mm eintreten, da sich sonst die innere Seite des Radflansches an der Leitschiene oder der Leitkante der Rillenschiene festklemmt.

Der Abstand zweier Gleise in der geraden Strecke soll 0,4 m größer als die Wagenbreite sein. Der normalen Wagenbreite entspricht daher ein Gleisabstand von 2,5—2,6 m. Eine Wagenbreite von 2,4—2,6 m, die auf amerikanischen Straßenbahnen üblich ist und in Deutschland für Vorortlinien in Frage kommt, erfordert einen Gleisabstand von 2,8—3,0 m. In Bögen kommt der Überstand der Wagen hinzu. Sollen zwischen beiden Gleisen Auslegermaste aufgestellt werden, so muß der lichte Abstand des Wagenkastens von dem Mast 0,4 m betragen. Hieraus ergeben sich Gleisabstände von 3,0—3,6 m.

Der Abstand der Gleismitte von der Bordkante soll mindestens gleich der halben Kastenbreite sein. Am besten wird er halb so groß wie der Gleisabstand gewählt, also in der Regel zu 1,25 m.

Straßenbahnen im Innern der Städte werden zweigleisig angelegt; auf Außenstrecken ist die Fahrgeschwindigkeit und die engste Wagenfolge dafür maßgebend, ob eine Bahn eingleisig mit Ausweichen oder zweigleisig anzulegen ist. Bei der für Straßenbahnen üblichen Reisegeschwindigkeit von 10—15 km liegt bei einer Zugfolge von 10 Minuten die wirtschaftliche Grenze zwischen zweigleisiger und eingleisiger Anlage; die Ersparnis des einen Gleises der freien Strecke wird durch das Mehr an Unterhaltung der Weichen gerade ausgeglichen.

Eine zweigleisige Anlage hat den Vorzug, daß sich die Verspätungen in der einen Fahrtrichtung nicht auf die andere übertragen, und daß daher auch die planmäßige Reisegeschwindigkeit um 2—3 km höher sein kann als bei eingleisiger Anlage; außerdem kann die Zugfolge bei besonderen Gelegenheiten beliebig gesteigert werden, während bei eingleisiger Anlage die Zahl der Ausweichen Beschränkungen auferlegt. Daher werden zweigleisige Anlagen bei einer Zugfolge von 10 Minuten und darunter stets bevorzugt. Werden Außenstrecken eingleisig angelegt, so muß stets dafür gesorgt werden, daß der zweigleisige Ausbau ohne Schwierigkeiten und ohne Verschiebung des 1. Gleises möglich bleibt. Etwaiger Grunderwerb ist stets auf zwei Gleise auszudehnen.

Für die Hauptstrecken in der Innenstadt ist bisweilen ein viergleisiger Ausbau erwogen worden, um die Leistungsfähigkeit zu steigern; doch macht die Anlage der Haltestellen hierbei so große Schwierigkeiten, daß viergleisige Bahnanlagen bisher stets auf kurze Strecken beschränkt blieben. Sind die Straßen der Innenstadt für die Durchführung zweier Gleise zu schmal, so werden auch wohl die beiden Gleise einzeln in Parallelstraßen gelegt. Diese Linienführung ist aber unübersichtlich und sollte daher tunlichst vermieden werden.

Mit den Steigungen ist man bei Straßenbahnen nicht frei, sondern von den vorhandenen Neigungen der für die Linienführung gewählten Straßen abhängig. Im bebauten Ortsteil wird es nur selten möglich sein, die Neigungsverhältnisse des Fahrdammes steiler Straßen zu verbessern. Steile Straßen müssen daher gegebenenfalls umgangen werden. Außerhalb des bebauten Ortsteils ist die Straßenbahn an die Neigung der vorhandenen Straße nicht gebunden, und kann erforderlichenfalls auf eigenen Bahnkörper übergehen.

Ausgeführt sind Neigungen bis 1:10. Bei so starken Neigungen sind aber besondere Sicherheitsmaßnahmen erforderlich. Als solche gelten:

1. Die Beschränkung auf einen Anhängewagen oder auf Triebwagen allein.
2. Eine besonders sorgfältige Reinhaltung der Schienen.
3. Eine Verminderung der Fahrgeschwindigkeit und ihre stetige Überwachung, Einlegung von Zwangshaltestellen.
4. Die Anwendung besonderer Bremsen (durchgehende Luftdruckbremsen; Schienenbremsen usw.).

Alle diese Vorsichtsmaßregeln sind aber nicht imstande, einen vollständig sicheren Betrieb zu gewährleisten, wie zahlreiche Unfälle auf Steilstrecken beweisen. Wenn Nebel, Laubfall oder Glatteis die Schienen schlüpfrig machen, ist die Gefahr des Durchgehens der Wagen sehr groß. Auch für die Bemessung der Stärke der Motoren sind starke Neigungen ungünstig. Die Grenze für eine Betriebssicherheit ohne besondere Schutzvorkehrungen liegt bei einer Neigung von 1:15. Es empfiehlt sich aber nicht, an diese Grenze heranzugehen; vielmehr sollten Neigungen unter 1:20 in einem Straßenbahnnetz unbedingt vermieden werden. Anzustreben ist eine Höchstneigung von 1:25.

Bei Bahnen auf eigenem Bahnkörper sind größere Neigungen zulässig, weil sich hier besondere Schutzvorkehrungen anwenden lassen. Zu nennen sind: Zangenbremsen (Pöstlingbergbahn bei Linz) und Zahnstange (Filderbahn bei Stuttgart, Barmer Bergbahn, Triest-Opcina). Bis zu einer Neigung von 1:10 genügen Zahnradbremsen; bei stärkeren Neigungen ist Zahnradantrieb erforderlich.

Der Widerstand eines Fahrzeuges auf einem Straßenbahngleis ist erheblich größer als auf eigenem Bahnkörper. Der Grund hierfür liegt einmal darin, daß die Gleise auf der Straße nicht so rein gehalten werden können wie auf eigenem Bahnkörper, weil auch Straßenfuhrwerke die Schienen befahren und Straßenschmutz auf ihnen festdrücken, und insbesondere, weil durch sie die Spurrille mit Straßenschmutz, Steinen, Schnee und Eis gefüllt wird. Hierzu kommt der durch den elektrischen Antrieb verursachte Widerstand. Es ist deshalb für einen elektrisch angetriebenen Wagen auf Straßenbahngleisen mit einem Grundwiderstand von 10 kg für die Tonne zu rechnen, dieser Wert ist aber bei Schneefall bis auf 25 kg zu erhöhen. Für den Anhängewagen ist der Grundwiderstand kleiner wie für den Triebwagen, weil hier die durch den elektrischen Antrieb bedingte Erhöhung des Widerstandes wegfällt, und weil die Räder des Triebwagens das Gleis schon gereinigt haben; zu rechnen ist mit 5 kg für die Tonne. Zu dem Grundwiderstand kommt bei größeren Geschwindigkeiten noch der Luftwiderstand, der wegen der geringeren Abmessungen der Stirnflächen entsprechend kleiner als bei Stadtbahnen anzunehmen ist. Eine Rolle spielt auch die Verglasung der Stirnfläche und ihre Form.

Die Stirnfläche eines Triebwagens wird mit 5—6 qm, die der Beiwagen mit je 0,4 qm eingesetzt und der Luftwiderstand nach der Formel: $w_l = B \cdot C \cdot V^2$, wobei B die Summe der Stirnflächen der Wagen in Quadratmeter, C = 0,0053 kg/qm und V die Geschwindigkeit in km/Stunde ist.

Die Zusatzwiderstände in den Bögen sind bei den geringen Halbmessern erheblich, besonders bei festem Radstande, und von der Länge des Radstandes abhängig.

Nach Hamelink[1]) ist der Bogenwiderstand $w_r = \frac{k_1 \cdot R + k_2 \cdot s}{r}$, worin R der Radstand in Metern, s die Spurweite in Metern und r der Krümmungshalbmesser in Metern ist. Die Werte k_1 und k_2 sind keine reinen Konstanten, sondern abhängig von der Reibung zwischen Rad und Schiene. Bei einem Reibungsbeiwert von ¼ ist $k_1 = 190$, $k_2 = 80$. Bei einem Reibungsbeiwert von ⅙ ist $k_1 = 110$, $k_2 = 50$.

Versuche von Adler auf der großen Berliner Straßenbahn haben bestätigt, daß der Reibungswiderstand in großem Maße von dem Zustand der Schienen abhängt. Eine Benetzung der Schienen mit Wasser oder eine Schmierung mit Graphit ergab eine Verringerung des Bogenwiderstandes auf weniger als die Hälfte. Bei verunreinigten, nicht geschmierten Schienen ergab sich ein Wert von $k_1 = 204$, $k_2 = 51$ und als Mittelwerte bei trockenen und feuchten Schienen $k_1 = 158$, $k_2 = 33$.

Für die Berechnung der Stärke des Wagenantriebes sind die Grund- und Bogenwiderstände nicht von erheblicher Bedeutung, da der Steigungswiderstand und der Widerstand beim Anfahren (die Beschleunigungsarbeit) meist sehr viel größer sein werden. Gerechnet wird mit Beschleunigungen von 0,4—0,6 m/sek².

2. Lage der Gleise in der Straße und auf eigenem Bahnkörper.

a) In bebautem oder zur Bebauung bestimmtem Gelände. Bei Neuanlagen von Straßen ist zu erwägen, ob Straßenbahnen für sie in Frage kommen und die Straße danach zu gestalten. Bei vorhandenen Straßen ist zu prüfen, ob die Durchführung einer Straßenbahn möglich ist, und ob und welche Veränderungen an der Einteilung der Straße zwischen den festliegenden Baufluchten notwendig werden. Zu rechnen ist hierbei für Straßenbahnwagen und für Straßenfuhrwerke mit einem Fahrbahnstreifen von je 2,5 m Breite, für Vorortbahnwagen mit 3 m Breite.

Es ist durchaus fehlerhaft, die Straßenbahngleise den vorhandenen Bordkanten anzupassen und parallel mit den Bordkanten zu verlegen, denn auf diese Weise kommen ganz unnötige Krümmungen in die Straßenbahngleise herein. Das umgekehrte Verfahren ist richtig. Die Straßenbahngleise als das starrste Gebilde sind unabhängig von den Bordkanten nur nach den bestehenden Haus-

[1]) Zeitschrift für Kleinbahnen 1918, S. 471.

fluchten zu entwerfen, und dann sind die Fahrdämme und Bordkanten den Straßenbahngleisen anzupassen. Es ist zu berücksichtigen, daß jede Krümmung im Straßenbahngleis auf der einen Seite den Zugwiderstand, d. h. den Stromverbrauch, auf der anderen Seite die Abnutzung der Betriebsmittel und Schienen, also die Unterhaltungskosten vergrößert. Jede unnötige Gleiskrümmung ist also eine Geldvergeudung.

Die geringste Fahrdammbreite, bei der eine Durchführung von Straßenbahngleisen möglich erscheint, ist 5 m. Müssen beide Fahrtrichtungen durch die Straße geleitet werden, so werden 2 Gleise angelegt und hin und wieder durch Weichen verbunden, um haltende Fuhrwerke umfahren zu können. Bei einzelnen schmaleren Fahrdammstücken können Gleisverschlingungen angewendet werden.

Zwei Gleise stören in so schmalen Fahrdämmen viel weniger wie ein Gleis, das in beiden Richtungen befahren wird.

Sind die Straßenbahnfahrdämme schmaler als 5 m, so wird es nötig, die beiden Gleise der Straßenbahn in Parallelstraßen zu verlegen. Die beiden Straßen dürfen dann von Fuhrwerken nur in der Fahrtrichtung befahren werden wie die Straßenbahn. Bei Fahrdämmen von 7,5 m Breite, durch die 2 Gleise hindurchgeführt werden sollen, wird der Fuhrwerksstreifen auf die Seite gelegt, auf der ein Halten von Fuhrwerken am meisten in Frage kommt. Werden beide Gleise durch verschiedene Straßen geführt, so wird das Gleis bei 5 m breitem Fahrdamm auf die, in der Fahrtrichtung gesehen, rechte Seite gelegt, bei 7,5 m breitem Fahrdamm in die Mitte. Die Führung von Straßenbahnen durch so schmale Straßen ist aber stets ein Notbehelf und nur zulässig bei geringem Straßenverkehr und wenig dichter Zugfolge. Sie sollte tunlichst vermieden werden, selbst wenn die Straßenbahn dadurch gezwungen wird, kleine Umwege zu machen, oder es sollte die künftige Verbreiterung der betreffenden Straße auf mindestens 10 m Fahrdammbreite angestrebt werden.

Bei 10 m Fahrdammbreite werden die Gleise in die Mitte gelegt, so daß an beiden Seiten ein Streifen für haltende Fuhrwerke übrig bleibt; eine solche Breite genügt für Straßen mit wenig lebhaftem Verkehr. Hauptverkehrsstraßen sollten eine Fahrdammbreite von 15 m haben, damit zwischen dem haltenden Fuhrwerk und den Straßenbahnwagen noch ein Fuhrwerk durchfahren (überholt) werden kann.

Noch besser ist eine Breite von 17 m, damit an den Straßenbahnhaltestellen Inseln von 1 m Breite eingelegt werden können.

In noch breiteren Straßen[1]) sind besondere Einteilungen der Fahrtwege nötig. Bisweilen sind die Straßenbahngleise zwischen Bürgersteig und Fahrdamm verlegt worden, um das Aus- und Einsteigen bequem zu machen (Abb. 153). Diese Anordnung hat verschiedene Nachteile. Beim Verkehr zwischen einem haltenden Fuhrwerk und dem Hause muß das Straßenbahngleis gekreuzt werden, Abzweigungen in Querstraßen gestalten sich schwierig. Zusammenstöße mit Fuhr-

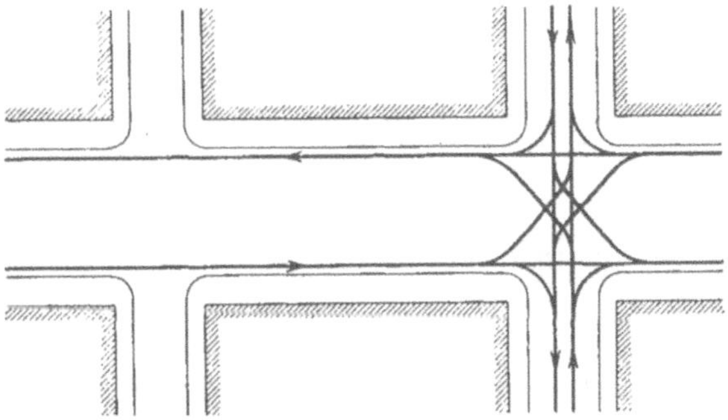

1 : 1250.

Abb. 153. Lage der Straßenbahngleise neben den Bürgersteigen.

[1]) Vgl. Deutsche Bauzeitung 1898, S. 314.

werken an Straßenkreuzungen sind leicht möglich, weil der Straßenbahnwagen von den Häusern verdeckt wird.

Eine andere Anordnung ist die Lage der Straßenbahngleise beiderseits eines Mittelstreifens (Mittelpromenade); (Abb. 154). Wird auf den Straßenbahn-

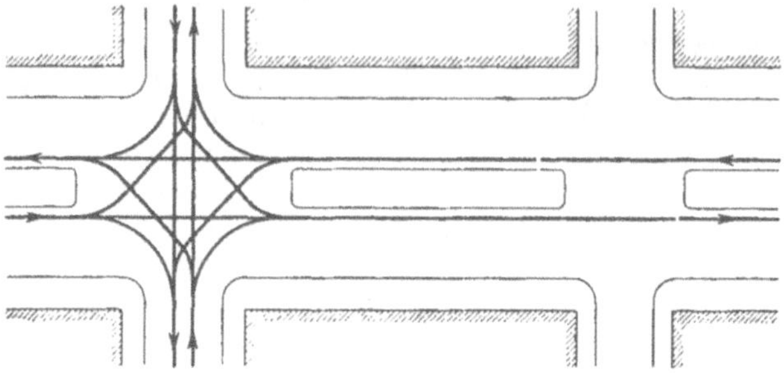

1 : 1250.

Abb. 154. Lage der Straßenbahngleise beiderseits eines Mittelstreifens.

gleisen rechts gefahren, so ist das Aus- und Einsteigen von der Mittelpromenade aus erschwert, weil sich die Türen rechts in der Fahrtrichtung befinden. Um es zu erleichtern, muß an solchen Stellen links gefahren werden (Hamburg). Die vollkommenste Lösung ist die, daß der Straßenbahnwagen auf einen eigenen

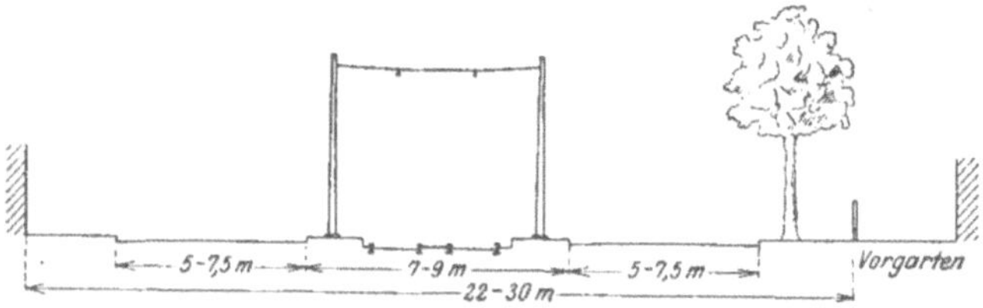

Abb. 155. Straßenquerschnitt mit Straßenbahn auf eigenem Bahnkörper in Straßenmitte.

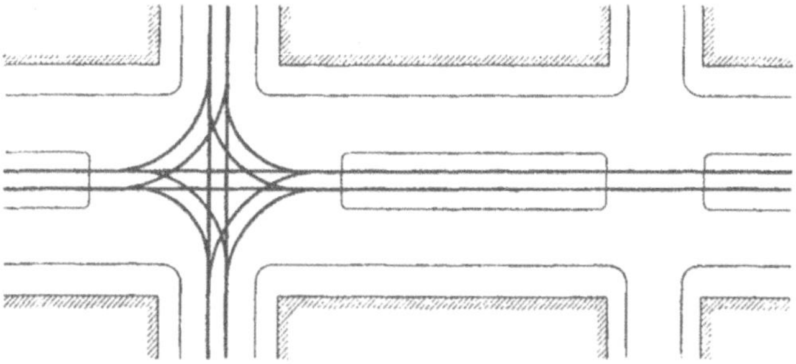

1 : 1250.

Abb. 156. Lage der Straßenbahngleise auf besonderem Mittelstreifen.

Mittelstreifen verwiesen wird (Abb. 155 u. 156); hierzu genügen äußerstenfalls 17 m Fahrbahnbreite, besser sind 22 m. Diese Anordnung hat folgende Vorzüge:

1. Die Straßenbahnanlage wird in Bau und Unterhaltung billiger und der Zugwiderstand geringer (Wegfall der Spurrille und des Pflasters),
2. größere Fahrgeschwindigkeit,
3. Verminderung der Gefahr von Zusammenstößen mit Straßenfuhrwerken und des Überfahrens von Personen,
4. ungefährdetes Aus- und Einsteigen vom Mittelstreifen aus,
5. einfache Gestaltung von Abzweigungen in Querstreifen.

Der wichtigste Vorzug des eigenen Bahnkörpers ist die Erhöhung der Fahrgeschwindigkeit und die damit verbundene Vergrößerung der Reisegeschwindigkeit, weil die Straßenbahn hierdurch in die Möglichkeit versetzt wird, weit größere Geländeflächen der Besiedlung zu erschließen[1]).

Handelt es sich um den allmählichen Ausbau einer Landstraße zu einer Hauptverkehrsstraße im Stadterweiterungsgebiet, so läßt sich der in Abb. 155 dargestellte symmetrische Straßenquerschnitt mit in der Mitte liegenden Straßenbahngleisen nicht ausführen. Zweckmäßig erscheint dann folgender Vorgang: Die Straßenbahn, von der in der Regel zunächst nur ein Gleis auszuführen ist, wird seitlich der Landstraße neben den Straßengraben gelegt. Das bei fortschreitendem Anbau der Straße herzustellende zweite Gleis wird an die Stelle des nach Kanalisation der Straße wegfallenden Straßengrabens gelegt. Beim endgültigen Ausbau der Straße wird der vorhandene Straßenkörper zum Schnellfahrdamm. Jenseits der Baumreihe, bzw.

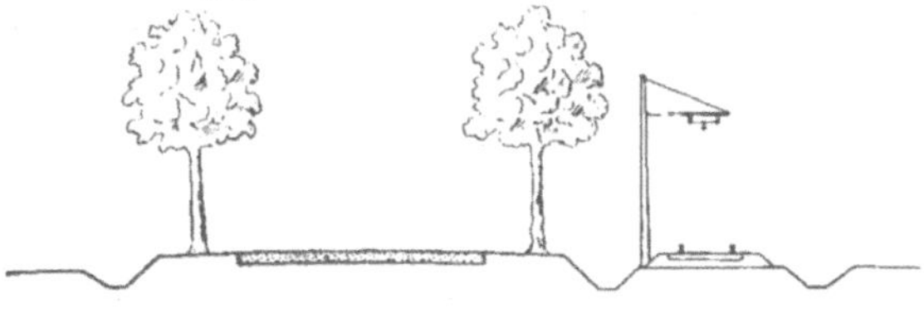

Abb. 157. Allmählicher Ausbau einer Landstraße. Straßenbahn seitlich des Straßengrabens.

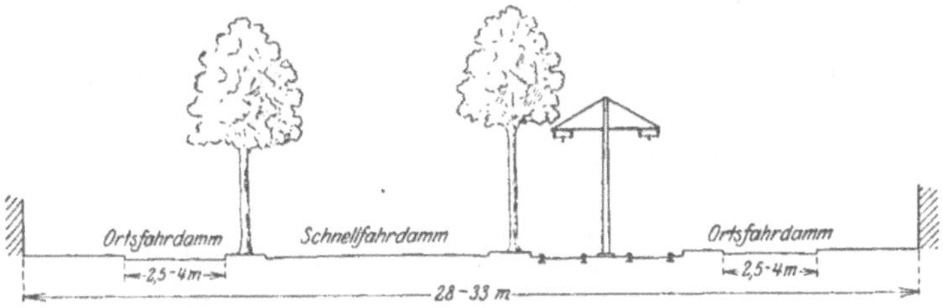

Abb. 158. Allmählicher Ausbau einer Landstraße zu einer Verkehrsstraße. Endgültiger Zustand,

jenseits des Straßenbahnkörpers wird je ein Ortsfahrdamm von 2,5—4 m Breite angelegt, dann folgen die Bürgersteige. Es ergibt sich eine Gesamtbreite der Straße von 28—33 m. Den stufenweisen Ausbau der Straße zeigen die Abb. 157 und 158.

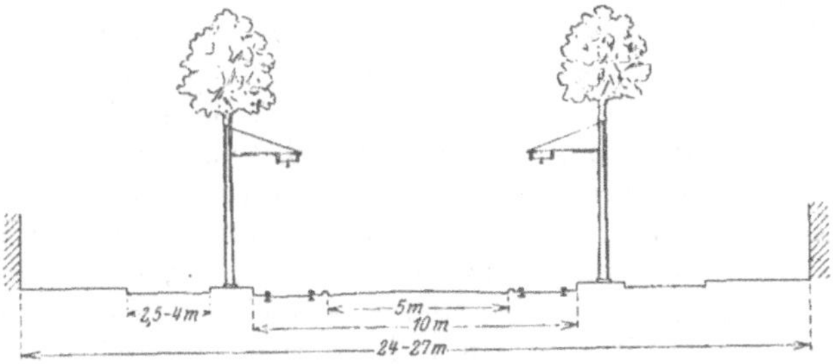

Abb. 159. Ausbau einer breiten Landstraße zu einer Hauptverkehrsstraße.

Beträgt der lichte Abstand der Baumreihen mindestens 11 m, so ist ein einfacherer, aber nicht so vollkommener Straßenquerschnitt möglich, Abb. 159. Die beiden Straßenbahngleise werden beiderseits des gewöhnlich 5 m breiten Pflasterstreifens zwischen diesen und die Baumreihen gelegt und durch einen erhöhten Pflasterstreifen gegen den Fahrdamm abgegrenzt. Beiderseits der

[1]) Vgl. Giese, Schnellstraßenbahnen.

Baumreihen werden die Ortsfahrdämme angelegt; die Gesamtbreite beträgt 24–27 m.

Die häufig vorgeschlagene Anlage der Straßenbahngleise beiderseits der Baumreihen nach Abb. 160 empfiehlt sich nicht, weil der allmähliche Übergang von der eingleisigen zur zweigleisigen Bahnanlage schwierig ist. Alle Verbindungen zwischen beiden Straßenbahngleisen müssen den Straßenfahrdamm kreuzen, was freilich auch ein Nachteil der Anordnung nach Abb. 159 ist.

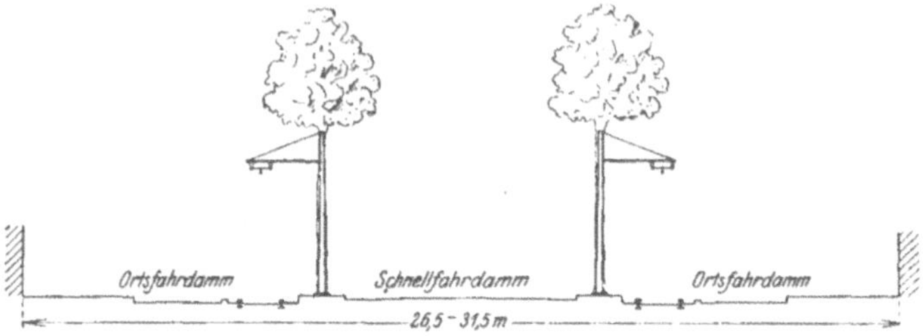

Abb. 160. Ausbau einer Landstraße zu einer Hauptverkehrsstraße.

Im Gebiet des Bebauungsplanes kann eine Führung der Bahn auf eigenem Bahnkörper, d. h. im Inneren der künftigen Häuserblocks vorteilhafter sein wie die Führung auf einer Verkehrsstraße. Auf dem eigenen Bahnkörper wird eine größere Reisegeschwindigkeit erreicht, weil die Rücksicht auf die Einmündungsstellen der Querstraßen wegfällt. Unumgänglich notwendig ist es in diesem Falle die Querstraßen, deren Zahl natürlich beschränkt werden muß, schienenfrei zu kreuzen. Wenn die Oberflächengestaltung nicht zwanglos solche schienenfreien Kreuzungen zuläßt, wird die Bahn als „halbe Einschnittsbahn“ angeordnet. Die für Verkehrswege erforderliche Grundfläche wird nicht größer als bei der Führung der Bahn auf der Straße, weil der von ihr benutzte Fahrbahnstreifen fortfällt, und das Mehr an Baukosten wird durch die größere Reisegeschwindigkeit und die mit ihr verbundene Wertsteigerung des Außengeländes ausgeglichen.

Gegenüber der Führung auf einem besonderen Straßenstreifen hat freilich die Führung im Inneren der Häuserblocks manche Nachteile. Durch den Bahneinschnitt wird die Anlage der städtischen Leitungen erschwert und verteuert. Der Bebauungsplan kann sich nicht strahlenförmig von den Straßenbahnhaltestellen ausbreiten, die Hauptverkehrsstraße wird entwertet.

b) Außerhalb des Bebauungsgeländes. Auf längeren Brücken werden die Straßenbahngleise häufig beiderseits unmittelbar neben der Bordkante in das Pflaster eingelegt; es genügt dann eine Fahrbahnbreite von 7,5 m, wobei der gleisfreie Mittelstreifen zum Überholen von Fuhrwerken benutzt wird.

In Parkanlagen ist es zweckmäßig, beide Gleise seitlich der Fahrbahn zwischen dieser und dem Fußweg anzuordnen und den Straßenbahnkörper gegen den Fahrdamm durch einen Bordstreifen oder eine Hecke abzuschließen.

Eine Führung der Straßenbahn auf Landstraßen empfiehlt sich nicht, und zwar aus folgenden Gründen: Die Gefahr der Zusammenstöße mit Kraftfahrzeugen ist groß. Die Zweige der Chausseebäume sind für den Betrieb mit Oberleitung hinderlich; durch den Laubfall im Herbst werden die Schienen schlüpfrig. Die Unterhaltungskosten des Oberbaues sind höher als auf eigenem Bahnkörper. Die Notwendigkeit, sich den Bögen und Neigungen der Straße anzupassen, bringt ebenfalls Betriebsschwierigkeiten mit sich. Die Rücksicht auf die Tragfähigkeit vorhandener Brücken kann die Gewichte der Betriebsmittel beschränken. Besonders nachteilig können zahlreiche Einmündungen von Seitenstraßen werden; wegen der Chausseebäume sind sie oft recht unübersichtlich und zwingen zu starker Einschränkung der Fahrgeschwindigkeit. All diesen Nachteilen steht als einziger Vorzug die leichte Erreichbarkeit der Haltestellen gegenüber. Die Führung auf eigenem Bahnkörper ist daher in der Regel vorteilhafter, namentlich dann, wenn es sich um längere Überlandbahnen handelt.

Eine Führung der Bahn unmittelbar neben der Landstraße, wie in Abb. 157, empfiehlt sich außerhalb des für den Anbau in Frage kommenden Gebietes nicht besonders, und zwar aus folgenden Gründen:

Durch den Bahnkörper werden die Grundstücke von der Straße abgetrennt. Es müssen also entweder zahlreiche Zufahrten über die Bahngleise hinweg geschaffen, oder es muß neben dem Bahnkörper ein Parallelweg angelegt werden. Stehen an der Straße einzelne Häuser (Wirtshäuser oder Bauernhöfe), so geht der ganze Verkehr zwischen den Häusern und der Straße über den Bahnkörper.

Aus diesem Grunde ist es in der Regel am zweckmäßigsten, die Bahn zwar parallel zur Straße, aber in einer Entfernung von etwa 100 m zu führen. Bei einem solchen Abstande werden die an der Straße belegenen oder neu zu errichtenden Bauernhöfe von der Bahn nicht getroffen. Auch die Herumführung der Bahn um die Ortschaften wird durch diese Linienführung erleichtert.

Ist die Geschwindigkeit der Bahn größer als 30 km in der Stunde, so können von den Aufsichtsbehörden Schranken an den Kreuzungen mit wichtigen Wegen gefordert werden.

3. Das Bahnnetz.

Das Straßenbahnnetz hat die Aufgabe, die verschiedenen Punkte einer Stadt so miteinander zu verbinden, daß ein beliebiger Punkt der Stadt von einem anderen mit möglichst geringen Umwegen unter möglichst seltenem Wagenwechsel erreicht werden kann.

Bei der Linienführung ist die Straßenbahn nicht frei, sondern von dem Straßennetz abhängig. Sie findet in der Regel ein Straßennetz vor, das ihren Zwecken nur unvollkommen dient und dessen Mängel bei der Führung der Straßenbahn eben in den Kauf genommen werden müssen. Nur in den seltensten Fällen wird es möglich sein, im Interesse des Straßenbahnverkehrs umfassende Straßendurchbrüche und Straßenverbreiterungen vorzunehmen.

Es entsteht zunächst die Frage, sollen für die Führung der Straßenbahn Hauptstraßen oder Nebenstraßen gewählt werden? Die Antwort lautet, daß womöglich Hauptstraßen gewählt werden sollen, weil auf diese Weise die Straßenbahn dem Verkehr am besten dient und ihrerseits auch die höchsten Einnahmen erhält. Freilich ist es zweckmäßig, nicht alle Hauptstraßen mit Straßenbahnen zu belegen, sondern eine Trennung in Straßenbahnstraßen und Kraftwagenstraßen vorzunehmen. Beide Verkehrsarten sollten nur da in einer Straße vereinigt werden, wo die Straßenbreite eine Trennung der Verkehrsarten und die Zuweisung eines besonderen Streifens an die Straßenbahn zuläßt.

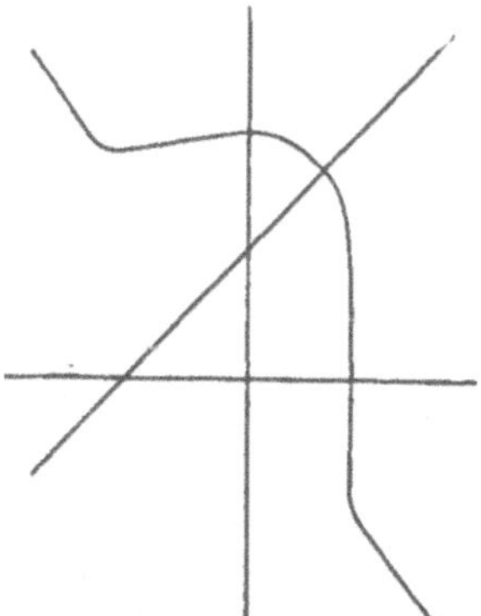

Abb. 161. Straßenbahnnetz einer mittleren Stadt.

Bei der Netzbildung der Straßenbahnen sind zwei verschiedene Grundsätze zu unterscheiden, von denen der eine auf Mittel- und Großstädte bis zu etwa 200 000 Einwohnern, der andere auf Groß- und Weltstädte über 200 000 Einwohner zutrifft. Im ersten Falle wird jede Straßenbahnlinie getrennt für sich geführt (Abb. 161). Eine Vereinigung zweier Linien kommt nur notgedrungen auf kurze Strecken da vor, wo das Straßennetz dazu zwingt. Der Verkehr zwischen den einzelnen Bahnlinien ist zum Umsteigen genötigt. Im zweiten

Falle werden über dieselbe Straßenstrecke mehrere Linien geführt, die sich an den Knotenpunkten verzweigen und zahlreiche durchgehende Verbindungen ohne Umsteigen ermöglichen. Dieser Grundsatz ist folgerichtig in Groß-Berlin durchgeführt, wo der Umsteigeverkehr so gut wie ausgeschlossen ist. Daher beträgt die Zahl der über die einzelnen Gleisstrecken der Großen Berliner Straßenbahn geführten Linien durchschnittlich 4,7. In den kleineren deutschen Städten ist dieser Grundsatz nicht so folgerichtig durchgeführt. Es bestehen zwar zahlreiche Linienverkettungen, die die wichtigsten Verkehrsbedürfnisse durch direkte Linien befriedigen. Daneben werden aber zahlreiche weniger wichtige Verkehrsbeziehungen durch Umsteigen befriedigt. Daher beträgt die durchschnittliche Liniendichte auf dem Bahnnetz der Wiener Straßenbahn 1,6, in Hamburg 2,2; in den deutschen Großstädten über 400 000 Einwohner schwankt sie zwischen 1,3 und 2,2.

Den Hauptrichtungen des Verkehrs entsprechend, ist die Linienführung in den Außengebieten im wesentlichen strahlenförmig. Wie bei den Schnellbahnen entstehen aber Schwierigkeiten bei der Zusammenführung der Strahlen in der Innenstadt. In den Anfangszeiten des Straßenbahnverkehrs war eine Zusammenführung aller Linien an einen Hauptverkehrspunkt im Stadtinnern beliebt. Dieser Punkt war die Hauptumsteigestelle. Mit der weiteren Ausgestaltung der Bahnnetze erwies sich aber die Zusammenführung aller Linien an einem Punkte als unzweckmäßig, weil dieser Punkt überlastet wurde und weil der Weg über ihn gewöhnlich einen großen Umweg bedeutete. Es erschien daher zweckmäßiger, die Überschneidungen der einzelnen Linien auf verschiedene Stellen der Innenstadt zu verteilen.

Die parallele Durchführung zweier Linien ist unzweckmäßig, weil der Verkehr von einer Linie zur anderen nur mit zweimaligem Umsteigen geschehen kann. Zweckmäßiger ist es, wenn jede Linie alle anderen wenigstens einmal schneidet. Auch die zweimalige Überschneidung oder Verschlingung zweier Linien nach Abb. 3 Seite 174 kann zweckmäßig sein, weil sie Umwege im Umsteigeverkehr vermeidet.

Das Verkehrsbedürfnis einer kleineren Stadt kann häufig durch zwei sich rechtwinklig kreuzende Linien befriedigt werden. Dieser Netzplan ist aber nicht recht erweiterungsfähig. Beim Hinzutritt von Schräglinien nach Abb. 162

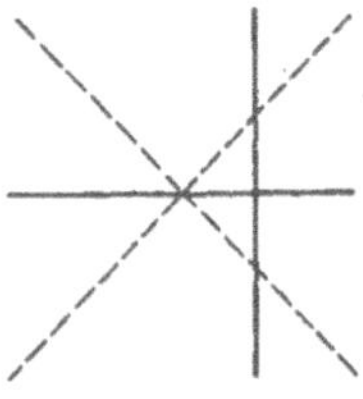

Abb. 162. Netzbildung aus zwei sich rechtwinklig kreuzenden und zwei Schräglinien.

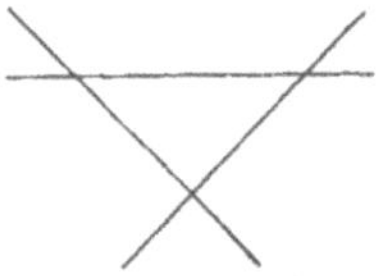

Abb. 163. Netzbildung in Dreieckform.

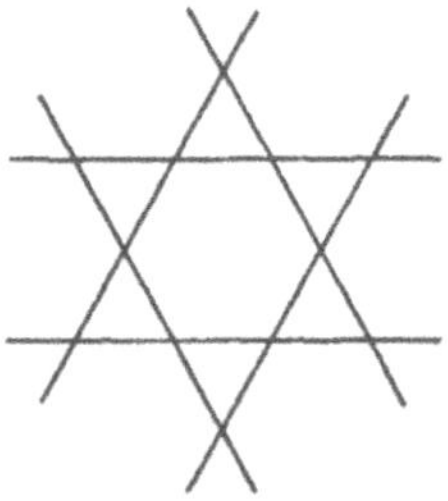

Abb. 164. Netzbildung in Form eines sechseckigen Sternes.

entsteht ein unorganisches Gebilde. Besser entwickelt sich der Netzplan aus dem Dreieck, das nach Abb. 163 aus der Durchdringung dreier Linien entsteht. Wird ein zweites Dreiecknetz darüber gelegt, so entsteht der sechseckige Stern nach Abb. 164, und wenn die parallelen Linien miteinander verschlungen werden, ein Netzplan nach Abb. 165.

Bei allen diesen Netzplänen ist jede Linie von den anderen unabhängig.

Abb. 166 zeigt den Netzplan der Straßenbahnen von Detroit. Das Straßennetz der Stadt besteht, wie in allen amerikanischen Großstädten, aus einem Rechteckschema, das aber hier durch Diagonalstraßen durchschnitten wird. Die

Diagonalstraßen sind nicht bis zum Stadtmittelpunkt durchgeführt, die auf ihnen hereingeführten Straßenbahnlinien endigen auf einer gemeinsamen 4 Häuserblöcke umspannenden Schleife.

In Städten mit einseitiger Längenentwicklung kann das Verkehrsbedürfnis unter Umständen durch eine Hauptlinie befriedigt werden, die nach Abb. 167 von kurzen Zweiglinien durchschnitten wird.

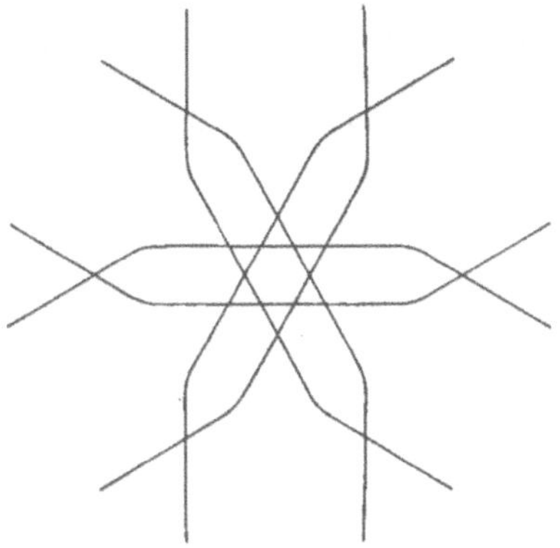

Abb. 165. Netzbildung mit Verschlingung der parallelen Linien.

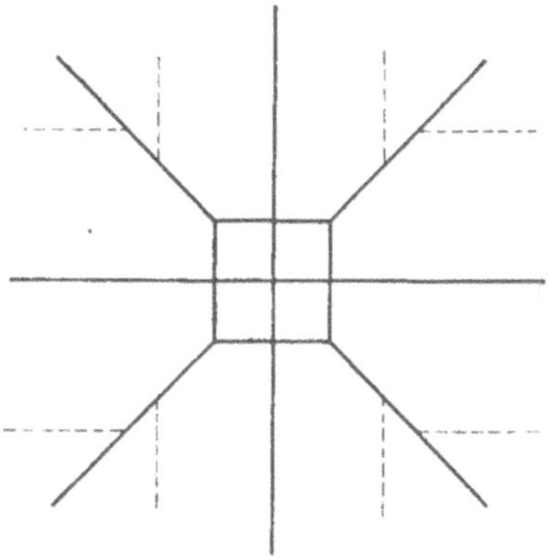

Abb. 166. Schema des Straßenbahnnetzes von Detroit.

In größeren Städten wird die Zahl der strahlenförmig in das Stadtinnere hereinführenden Straßen nicht immer zureichen, um jeder der im Außenbezirk verlaufenden Strahlenlinien einen eigenen Weg in das Stadtinnere zu sichern. Dann werden die Linien in den Außenbezirken zu mehreren in den Hauptstraßen zusammenlaufen und die Innenstadt an den ehemaligen Toren erreichen, wie dies in Abb. 168 dargestellt ist. In der Innenstadt verzweigen sich die Linien, um möglichst viele Punkte der Innenstadt ohne Umsteigen erreichen zu können. Wenn die Zahl der in den Hauptverkehrsstraßen zusammenkommenden Strahlenlinien nicht allzu groß ist, so ist eine derartige Linienverkettung für die Verkehrsabwicklung günstig. Am Umkreis der Stadt entstehen zahlreiche Hauptverkehrspunkte, von denen aus viele Punkte der Stadt ohne Umsteigen zu erreichen sind. Ist aber die Zahl der auf die Hauptverkehrsstraße mündenden Strahlenlinien zu groß, so entstehen auf den Hauptverkehrsstraßen infolge der zu dichten Wagenfolge Stockungen (Potsdamer Straße in Berlin, Burstah in Hamburg).

Abb. 167. Straßenbahnnetz in einer Stadt mit Längsentwicklung.

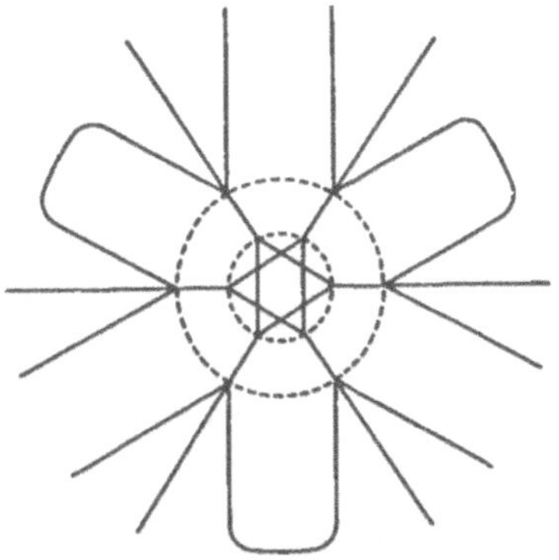

Abb. 168. Straßenbahnnetzplan für eine Großstadt.

Bei größeren Städten ist es nicht möglich, den Verkehr lediglich durch Strahlenlinien zu bedienen. Es müssen Ringlinien dazukommen, die freilich für den Verkehr in der Regel keine so große Bedeutung haben wie die Strahlenlinien.

Bei Weltstädten ist es zweckmäßig, die Geschäftsstadt mit einer Ringlinie zu umgeben. Hierzu kommen dann Außenringe mit wachsendem Abstand von der Innenstadt.

Ist in größerer Entfernung von der Stadt streckenweise ein Bedürfnis nach ringförmigen Linien vorhanden, so können zwei Strahlenlinien nach Abb. 168 mit einem Ringstück zu einer Schleifenlinie verbunden werden. Die Schleifenlinie wird dann zweckmäßigerweise als einseitiger Ring nach Abb. 169 betrieben. Freilich ist in einem solchen Falle stets die Frage zu prüfen, ob nicht die radiale Fortsetzung der beiden Strahlenlinien nach Abb. 170 ohnehin in Frage kommt. denn in diesem Falle entstehen leicht Schwierigkeiten, weil durch die Spaltung der Linien die Zugfolge auf den Außenstrecken allzu sehr beschränkt wird.

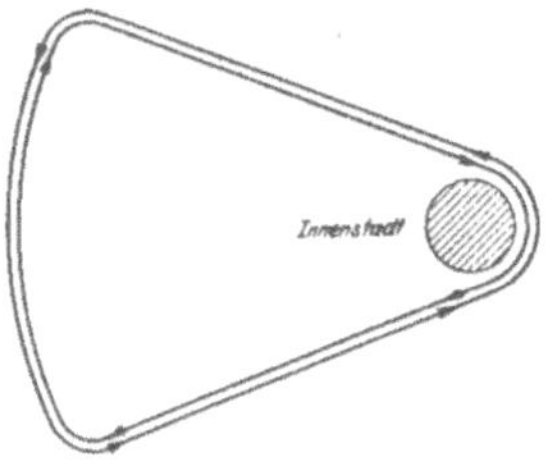

Abb. 169. Einseitiger Straßenbahnring.

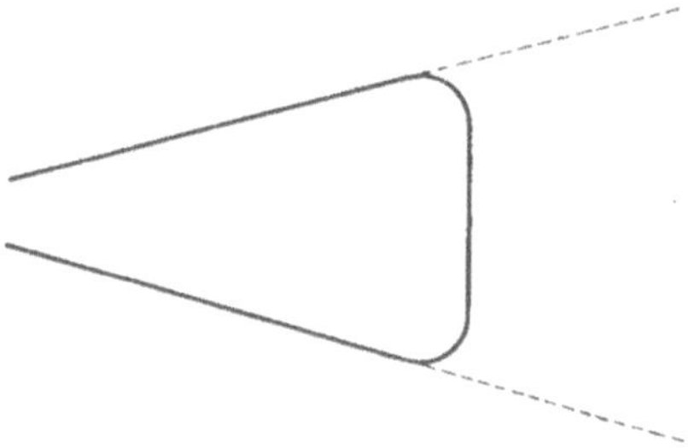

Abb. 170. Schleifenlinie.

Wird ein größerer Vorort durch eine einzelne Strahlenlinie mit dem Stadtinneren verbunden, so muß im Vorort selbst eine Verzweigung stattfinden, damit die Wege zu den Straßenbahnhaltestellen nicht zu groß werden. In diesem Falle kann eine äußere Schleife nach Abb. 171 (Berlin-Grunewald) zweckmäßig sein. Sie wird abwechselnd in beiden Richtungen betrieben.

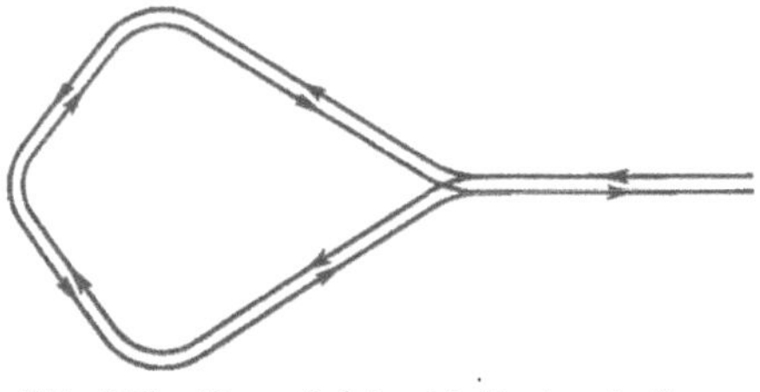

Abb. 171. Doppelgleisschleife im Außengebiet.

Abb. 172 zeigt als Beispiel das Schema des Straßenbahnnetzes von Köln. Es besteht aus zwei parallel zum Rhein und zwei senkrecht zum Rhein verlaufenden Linien, zwei von der Uferbahn ausgehenden Halbringen und einer Anzahl vom Dom ausgehender Strahlenlinien.

Bisher ist angenommen worden, daß es sich um eine nach allen Seiten unbegrenzte Stadt handelt, die die Durchführung von Durchmesserlinien überall gestattet. Wird die Stadt einseitig von einem Hindernis begrenzt, so müssen die von der entgegengesetzten Seite hereinkommenden Linien in der Geschäftsstadt endigen (Chicago, Philadelphia). Hierbei sind Schleifenendigungen am Platze, die um einen Häuserblock herumgeführt werden.

Ist die innere Stadt ihrer engen Straßen wegen den Straßenbahnen unzugänglich, so enden die Straßenbahnlinien einzeln am Rande der Geschäftsstadt (Paris, London). Ist eine Ringstraße vorhanden, so werden die von außen strahlenförmig hereinkommenden Linien nach Abb. 173 über die Ringstraße geführt, und zwar entweder als Durchmesserlinie über eine der beiden Ringhälften oder als Schleifenlinie über den ganzen Ring. Hierbei entstehen auf der Ringlinie starke Zusammendrängungen des Verkehrs (Wien). In Leipzig, wo ebenfalls zunächst das Ringschema Anwendung fand, ist nachträglich die Durchdringung der Innenstadt durch drei Gleisstrecken zugelassen worden.

Der Abstand paralleler Linien ist naturgemäß in der Innenstadt am geringsten; er beträgt hier 200—300 m. Nach außen hin wächst er allmählich und beträgt im Gebiet der geschlossenen Wohnstadt 400—800 m. Im offenen Wohn-

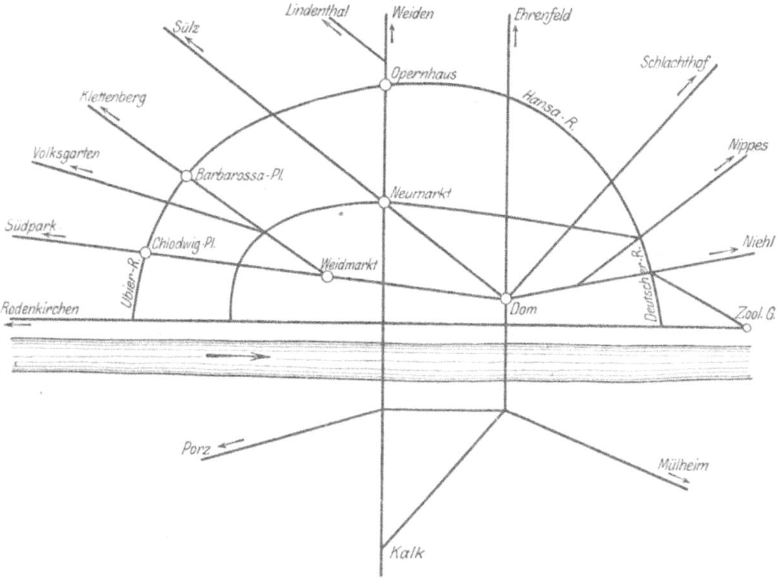

Abb. 172. Vereinfachtes Schema des Straßenbahnnetzes von Köln.

gebiet gehen die Linien noch weiter auseinander. Dann beschränkt sich aber die Bebauung auf je einen Streifen von 600 m beiderseits der Straßenbahnlinien; zwischen den Streifen verbleiben die keilförmig dem Stadtinneren zustrebenden Freiflächen. Der Abstand der Ringlinien beträgt 2—3 km.

Ein Maßstab für die Dichte und Verzweigung des Straßenbahnnetzes bildet die Maschenweite, das ist die Netzlänge, geteilt durch die Zahl der Knotenpunkte. Je geringer die Maschenweite, desto dichter und vollkommener ist das Straßenbahnnetz.

Die Maschenweite beträgt auf dem Netz der Großen Berliner Straßenbahn 0,9 km, in Wien 1,6 km, in Hamburg 2,0 km. In den deutschen Großstädten über 400 000 Einwohner schwankt sie zwischen 1,7 und 3,0 km. Den kleinsten Wert hat Breslau, den größten Köln. Hierbei spielt freilich auch die Länge der verzweigungslosen Außenlinien eine Rolle.

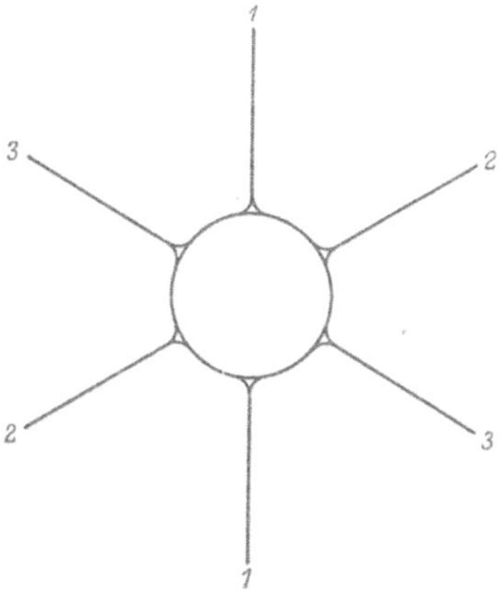

Abb. 173. Straßenbahnnetz mit Ringstraße.

4. Ausbildung der Knotenpunkte.

An Kreuzungen von Straßen, die mit Gleisen belegt sind, entsteht eine Gleiskreuzung nach Abb. 174. Soll an dieser Stelle eine Verbindung beider Strecken stattfinden, so werden bis zu 4 doppelte Gleisbögen nach Abb. 175 angeschlossen. Durch Weglassung einzelner Gleisstränge aus diesem Bilde entsteht die einseitige oder zweiseitige Abzweigung nach Abb. 176 u. 177. Abb. 178 zeigt die einfache

Gabelung und Abb. 179 eine solche mit Verbindungsbogen. Sie setzt bereits eine platzartige Erweiterung der Straße voraus. Die einzelnen Dreieckseiten zwischen den Überschneidungspunkten a, b und c müssen so groß gemacht werden, daß

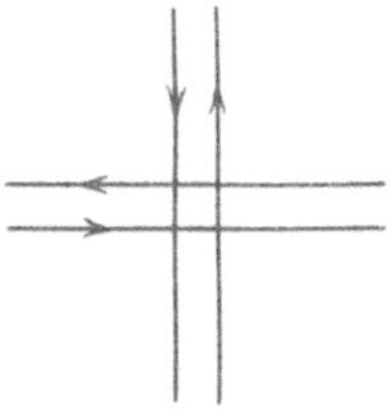

1 : 1000.

Abb. 174. Gleiskreuzung.

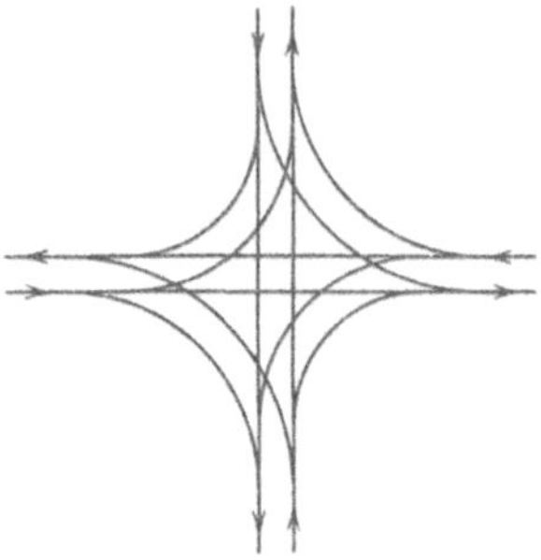

1 : 1000.

Abb. 175. Gleiskreuzung mit 4 Verbindungsbögen.

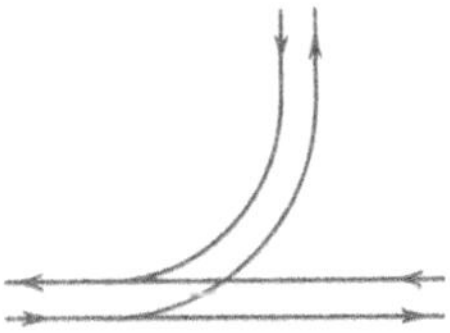

1 : 1000.

Abb. 176. Einseitige Abzweigung.

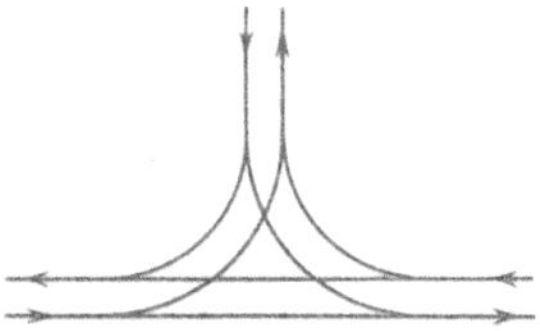

1 : 1000.

Abb. 177. Doppelte Abzweigung.

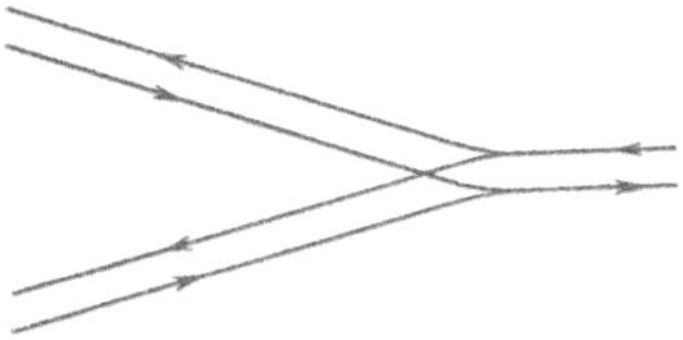

1 : 1000.

Abb. 178. Gabelung.

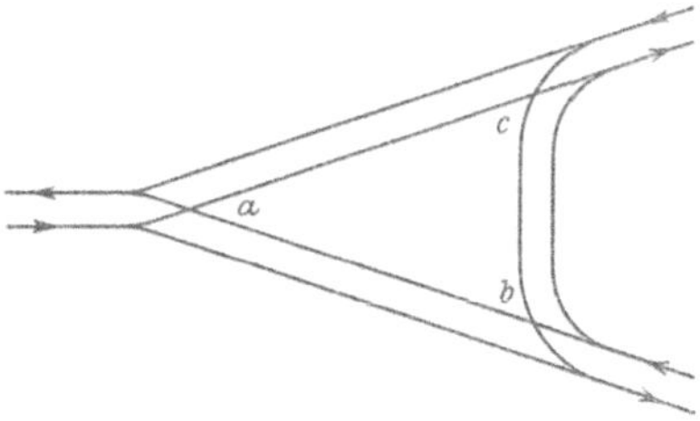

1 : 1000.

Abb. 179. Gabelung mit Verbindungsbogen.

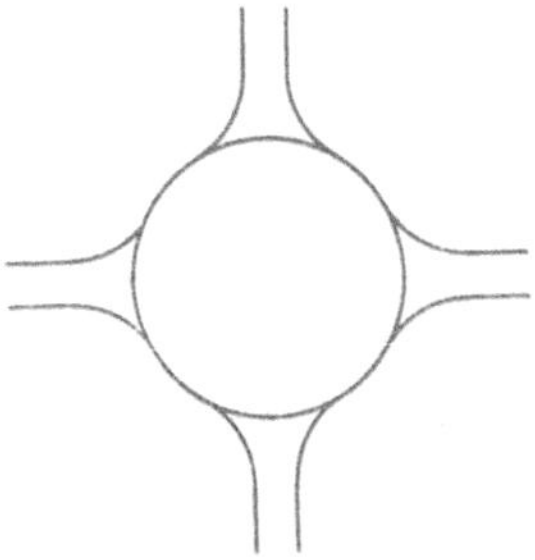

1 : 1000.

Abb. 180. Kreuzung in Form eines Ringgleises.

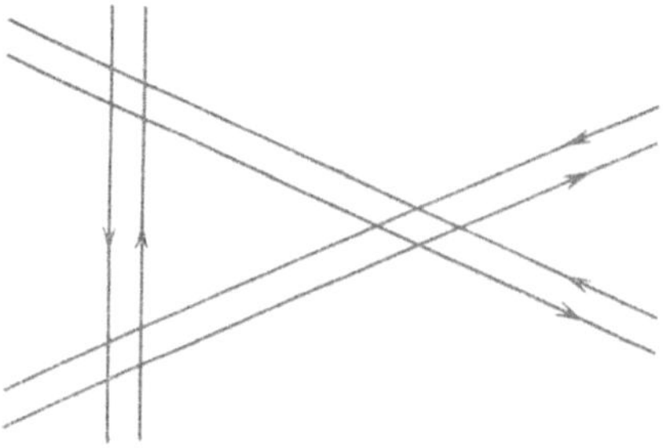

1 : 1000.

Abb. 181. Zusammenführung dreier Linien.

auf jeder Seite der längste vorkommende Straßenbahnzug Platz findet, um eine glatte Abwickelung des Betriebes zu gewährleisten.

Auf Plätzen kann die Kreuzung mit Verbindungsbögen nach Abb. 175 durch ein Ringgleis ersetzt werden, in das alle 8 Gleise einmünden (Abb. 180). Die Lösung hat den Vorzug der einfacheren Bauweise (8 Weichen, keine Kreuzung gegen 16 Weichen und 4 Kreuzungen), besitzt aber eine geringere Leistungsfähigkeit[1]).

[1]) Glasers Annalen.

Zusammenführung dreier Linien, etwa nach Abb. 181, kommt nur auf Plätzen in Frage. (In der Abbildung sind alle Verbindungsbögen weggelassen. Über die Längenabmessungen der Dreieckseiten gilt das bei Abb. 9 Gesagte.)

Es empfiehlt sich, an den Knotenpunkten auch über das augenblickliche Bedürfnis der Linienführung hinaus Verbindungsbögen anzulegen, um Linienveränderungen ohne große Baukosten ausführen zu können und um bei Unfahrbarkeit einzelner Gleise (infolge von Straßenunfällen u. dgl.) die Wagen über andere Wege umleiten zu können.

5. Gleisanordnung der Endpunkte.

Die Endpunkte von Straßenbahnen sollten, wo angängig, stets als Schleifen ausgebildet werden, weil auf diese Weise alle Verschubbewegungen, sowie das Umhängen der Plattformgitter, vermieden werden[1]). Bei sehr breiten Straßen kann die Schleife (Abb. 182) in der Straße selbst liegen, sonst wird das Gleis um einen Häuserblock nach Abb. 183 herumgeführt oder eine Platzanlage dazu benutzt. Bei äußeren Endpunkten im freien Gelände wird die Schleife gegebenenfalls auf eigenem Bahnkörper verlegt.

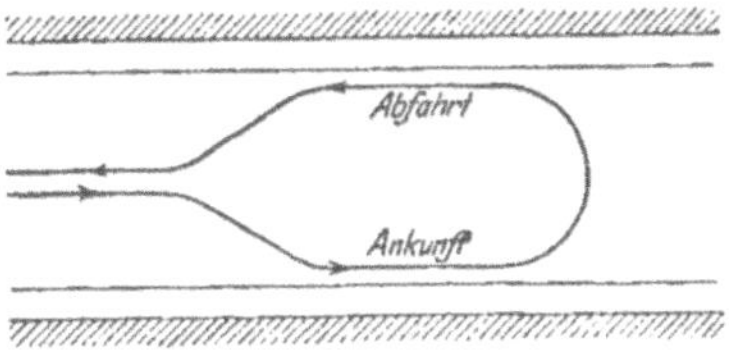

1 : 2000.

Abb. 182. Endschleife in breiter Straße.

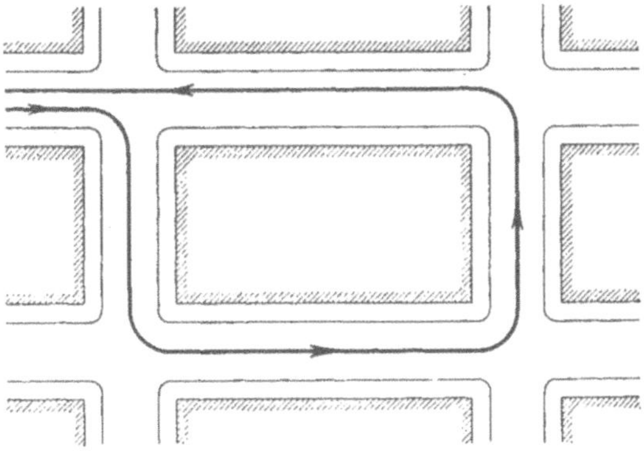

1 : 1250.

Abb. 183. Endschleife mit Umfahrung eines Häuserblocks.

Ist ein Massenverkehr zu erwarten, so wird die Zahl der Schleifengleise nach Abb. 184 vermehrt. Um für einen plötzlich auftretenden Massenandrang genügend Wagen aufstellen zu können, wird auch wohl der Innenraum der Schleife mit Stumpfgleisen ausgefüllt (Abbild. 185).

Läßt sich eine Schleife aus örtlichen Rücksichten nicht ausführen, so muß die stumpfe Endigung an ihre Stelle treten. Sie wird bei eingleisigen Bahnen nach Abb. 186, bei zweigleisigen Bahnen nach Abb. 187 oder 188 gestaltet. Die Anordnung wird stets so getroffen, daß der Triebwagen um den stehenbleibenden Anhängewagen herumfährt.

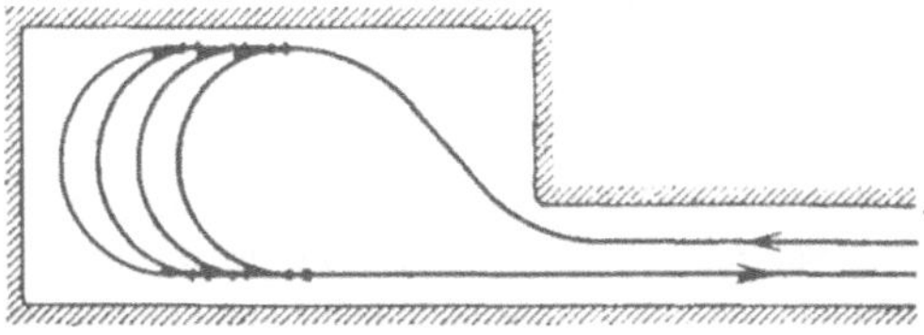

Abb. 184. Endschleife mit Vermehrung der Gleiszahl.

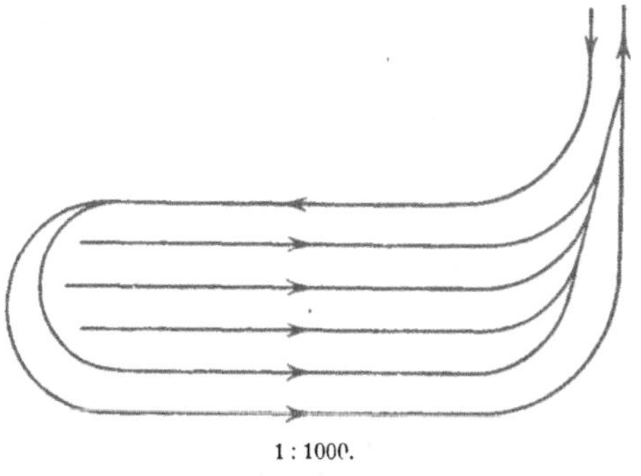

1 : 1000.

Abb. 185. Endschleife der Straßenbahn bei der Ausstellung in Buffalo.

[1]) Zahlreiche Beispiele aus Groß-Berlin finden sich in der Verkehrstechnischen Woche.

Soll ein Teil der Wagen an einem Zwischenpunkt der Linie kehren, so gestaltet sich die Gleisanordnung sinngemäß nach Abb. 189, 190 oder 191. Derartige Gleisanordnungen sind als Abstellgleise für Einsetzwagen besonders auch da

Abb. 186. Stumpfe Endigung einer eingleisigen Straßenbahn.

Abb. 187. Stumpfe Endigung einer zweigleisigen Straßenbahn.

Abb. 188. Stumpfe Endigung einer zweigleisigen Straßenbahn.

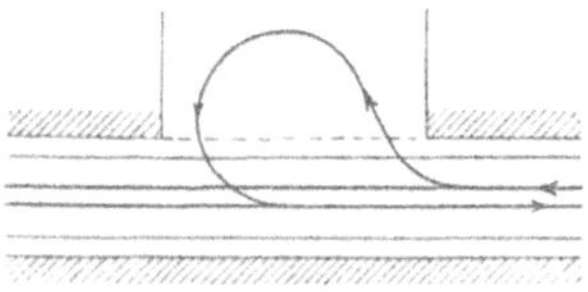

Abb. 189. Zwischenendigung in Schleifenform.

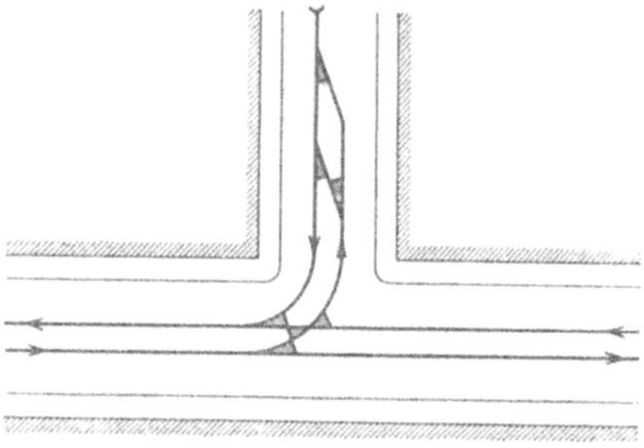

Abb. 190. Zwischenendigung mit Seitengleis.

Abb. 191. Zwischenendigung mit Mittelgleis.

am Platze, wo zeitweise ein Massenandrang stattfindet, z. B. in der Nähe von Theatern und sonstigen Vergnügungsstätten.

Schließlich können Nebengleise nach Abb. 191 zweckmäßig sein, um an Zwischenpunkten einer Linie Beiwagen ab- und anzusetzen.

6. Ausbildung der Haltestellen.

Ausweichstellen in eingleisigen Bahnen werden am besten nach Abb. 192 gestaltet, bei der keine Weichenkrümmung spitz befahren wird. Die Länge der Ausweichen ist je nach dem zu erwartenden Verkehrsumfang auf 2—3 Zuglängen zu bemessen. Die Entfernung der Ausweichstellen richtet sich nach dem Fahrplan, sie sind zugleich Haltestellen.

Abb. 192. Ausweiche einer eingleisigen Bahn.

Der Abstand der Haltestellen wird in der Innenstadt zu 200—300 m, in den Wohnbezirken zu 400—600 m gewählt und von innen nach außen allmählich abgestuft. Gewöhnlich werden die Haltestellen an Straßenkreuzungen angelegt, und es entsteht die Frage, ob man sie vor oder hinter der kreuzenden Straße anordnen soll. Vom Standpunkt des Publikums ist die Lage hinter der Straßenkreuzung von Vorteil, weil der aus der Nebenstraße Kommende den Wagen vor dem Halten sieht und noch erreichen kann, und weil beim Zusammenlauf von Gleisen an Knotenpunkten alle nach einer Richtung führenden Wagen an derselben Stelle abfahren. Betriebstechnisch ist dagegen die Haltestelle vor der Straßenkreuzung vorzuziehen, und zwar aus folgenden Gründen:

1. Wenn der Straßenbahnwagen vor der Straßenkreuzung zum Halten gebracht wird, ist die Gefahr des Zusammenstoßes mit Straßenfuhrwerken geringer;
2. das Gleiche gilt für die Zusammenstöße mit andern Straßenbahnwagen an Knotenpunkten;
3. mehrere Straßenbahnzüge können hintereinander halten, ohne die Querstraße zu versperren.

Aus diesen Gründen wird der Anlage vor der Straßenkreuzung gewöhnlich der Vorzug gegeben.

Es empfiehlt sich, in weitgehendem Maße an den Haltestellen Wartehäuschen zu errichten; besonders wichtig sind sie an den Knotenpunkten, auf freien Plätzen und in den Außenbezirken, wo dem auf die Straßenbahn wartenden Fahrgast kein Schutz durch Toreinfahrten der Häuser oder Ladeneingänge geboten wird. Solche Wartehallen müssen eine Grundfläche von mindestens 1,5 zu 2,5 m, besser 2 zu 3 m haben. Ihre Grundrißform wird nach Abb. 193 oder 194 gestaltet.

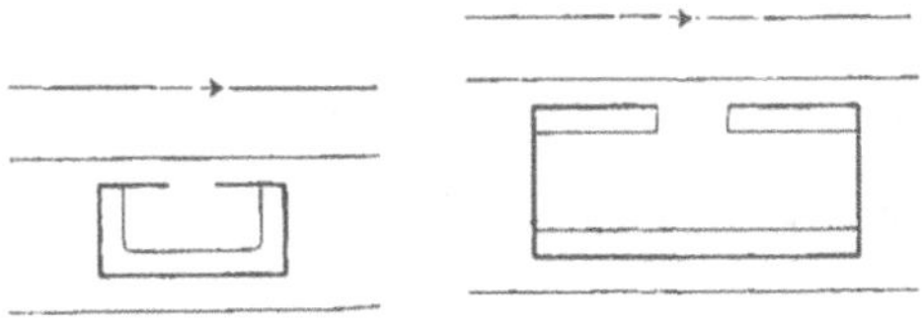

Abb. 193 u. 194. Grundrisse von Wartehallen.

In den Verkehrsstraßen der Innenstadt bildet das Überschreiten des Fahrdammes auf dem Wege vom Bürgersteig zum Straßenbahnwagen und umgekehrt eine große Gefahr. Es sollten daher an den Haltestellen der Straßenbahn, wenn irgend angängig, Inseln von 1—1,5 m Breite angeordnet werden. Ihre Länge richtet sich nach der Zahl der gleichzeitig haltenden Straßenbahnzüge. Sind solche Inseln vorhanden, so kann ein gefahrloser Augenblick zum Überschreiten des Fahrdammes ausgewählt werden. Erlaubt die normale Fahrdammbreite die Einschaltung der Inseln nicht, so ist sie an dieser Stelle unter Einschränkung der Bürgersteige entsprechend zu vergrößern.

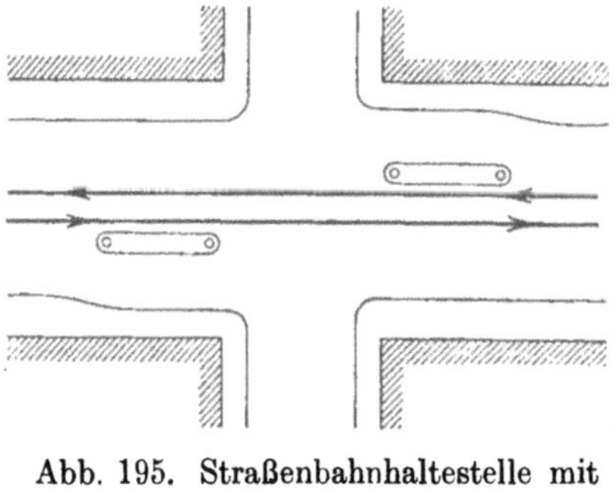
Abb. 195. Straßenbahnhaltestelle mit Warteinseln.

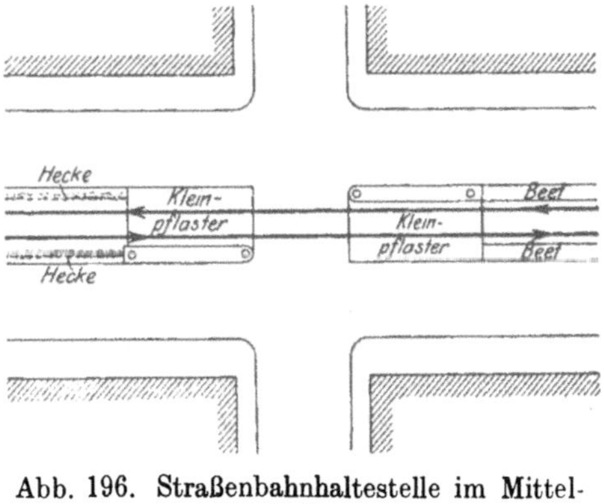

Abb. 196. Straßenbahnhaltestelle im Mittelstreifen.

Abb. 195 zeigt eine derartige Haltestelle mit in den Fahrdamm eingebetteten Straßenbahnschienen, Abb. 196 für eine Bahn auf eigenem Bahnkörper in Straßenmitte. Hier werden die Gleise auf die Länge der Haltestelle eingepflastert. Bei Einschnittbahnen werden die Haltestellen stets vor die Straßenkreuzung gelegt, um sie für den einfahrenden Zug übersichtlich zu gestalten, Abb. 197.

Abb. 198 zeigt die Anordnung der Gleise auf einem Bahnhofsvorplatz. Die Gleise sind aus der durchgehenden Straße abgeschwenkt und in eine Platzinsel gelegt. Auf diese Weise wickelt sich der Übergang zwischen Empfangs-

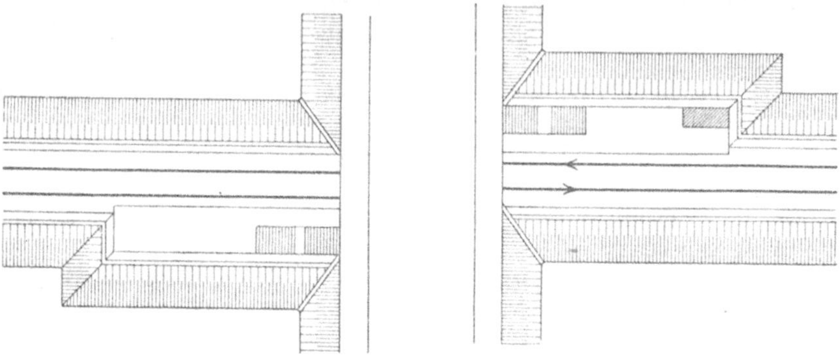

1 : 1000.

Abb. 197. Haltestelle einer halb im Einschnitt liegenden Bahn.

gebäude und Straßenbahn ohne Berührung durch den übrigen Straßenverkehr ab. Freilich kreuzt der durchgehende Fuhrwerksverkehr an zwei Stellen die Straßenbahngleise.

Abb. 199 stellt die Anordnung der Haltestellen an einer platzartig erweiterten Straßenkreuzung dar.

Abb. 200 zeigt die Anordnung einer Haltestelle auf einem Torplatz am Eingang zur Innenstadt. Der Torplatz liegt im Zuge einer breiten Ringstraße, auf der ebenfalls Straßenbahnverkehr stattfindet. Außerhalb des Ringes liegt die Straßenbahn auf eigenem Bahnkörper, innerhalb des Ringes im Pflaster. Auf dem Torplatz erweitert sich der Bahnkörper zu einer Insel, auf der sich der Hauptstraßenbahnverkehr abwickelt. Die Insel hat beiderseits Wartehäuschen. Nur beim Übergang zwischen der Strahlenlinie und der Ringlinie, der wegen der vorhandenen Gleisverbindungen nicht erheblich sein wird, ist ein Überschreiten des Fahrdammes notwendig.

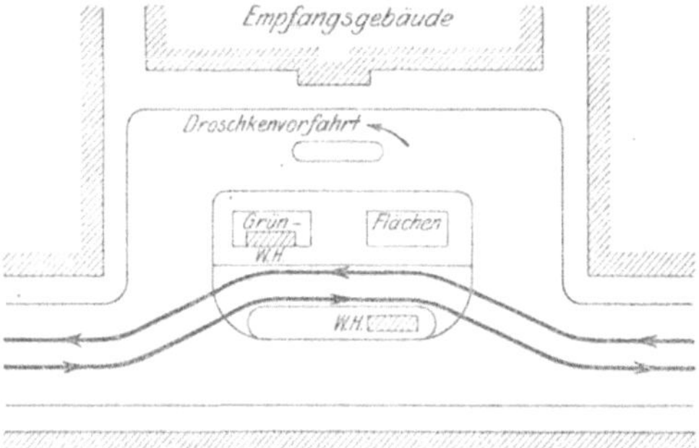

Abb. 198. Straßenbahnhaltestelle auf einem Bahnhofsvorplatz.

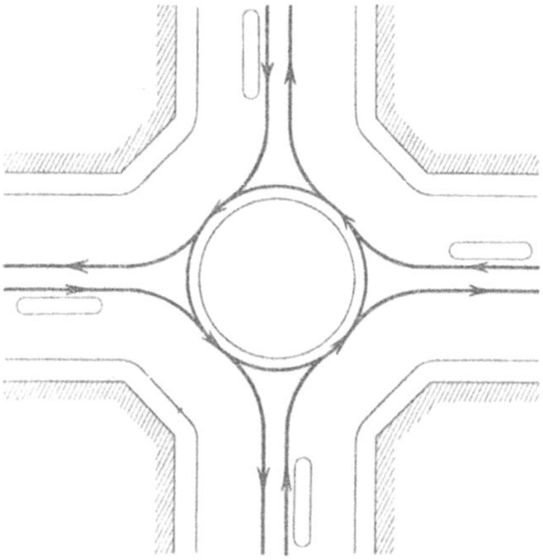

Abb. 199. Straßenbahnhaltestelle auf einem Straßenkreuzungsplatz.

Abb. 201 zeigt die Anordnung der Straßenbahnhaltestellen auf einem Dreieckplatz, auf dem sich drei Linien kreuzen. Den Mittelpunkt des Straßenbahnverkehrs bildet die in Platzmitte eingelegte Insel. Außerhalb der Gleise sind außerdem 4 schmale Zungensteige angeordnet. Durch die Mittelinsel wird der Fuhrwerksverkehr erschwert, weil die Fuhrwerke der zwei sich gabelnden Straßen die Insel richtungsweise umfahren müssen.

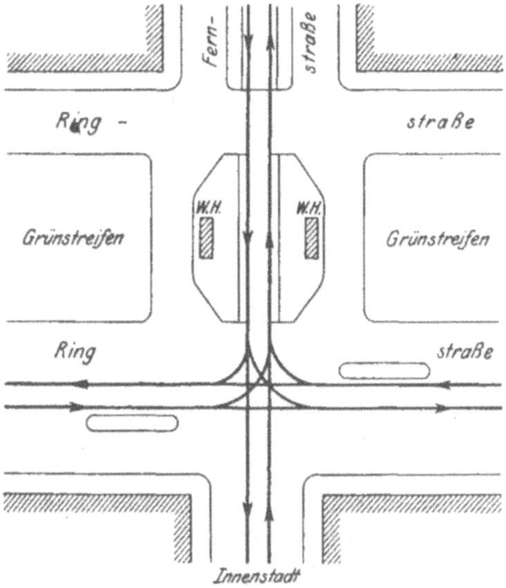

Abb. 200. Straßenbahnhaltestelle auf einem Torplatz.

Besondere Vorkehrungen sind an den Endhaltestellen mit sehr lebhaftem Verkehr (Ausflugspunkten, Friedhöfen, Rennbahnen, Ausstellungen u. dgl.) er-

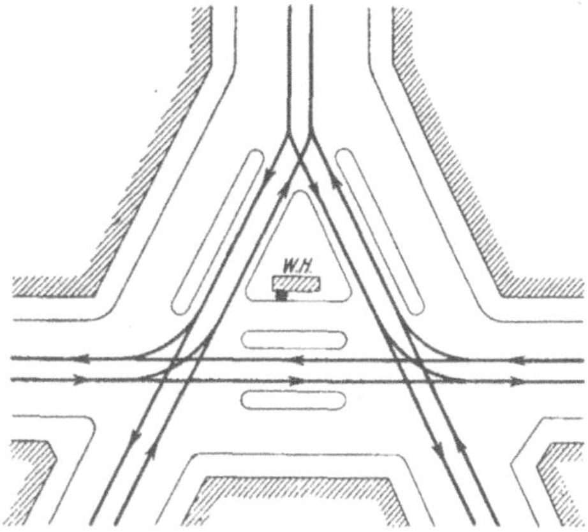

Abb. 201. Straßenbahnhaltestelle auf einem Dreieckplatz.

forderlich, um dem Massenansturm auf die ankommenden Wagen zu begegnen.

Abb. 202 zeigt eine derartige Anordnung in Schleifenform. Die ganze Anlage ist eingezäunt und darf nur an den dafür bestimmten Stellen betreten und verlassen werden. Für die ankommenden Wagen ist ein besonderer Bahnsteig vorgesehen. Die leeren Wagen fahren in eines der Abfahrgleise, deren Zahl den vorhandenen Linien entspricht. Zwischen ihnen liegen Bahnsteige, die voneinander durch Schranken getrennt sind. Seitlich der Gleise liegt eine Wartehalle; an sie schließen sich eingefriedigte Pferche für je eine Linie an. Jeder Pferch faßt so viele Personen, als in einem Wagen Platz finden. Ist er gefüllt, so wird er geschlossen. Die übrigen Reisenden müssen in der Wartehalle bleiben. Nach Ankunft eines leeren Wagenzuges wird der Pferch geöffnet, geleert und wieder geschlossen, um von neuem gefüllt zu werden. Besteht ein Einheitsfahrpreis, so empfiehlt es sich, die Fahrscheine in der Wartehalle auszugeben, um die Abfertigung in den Wagen zu erleichtern.

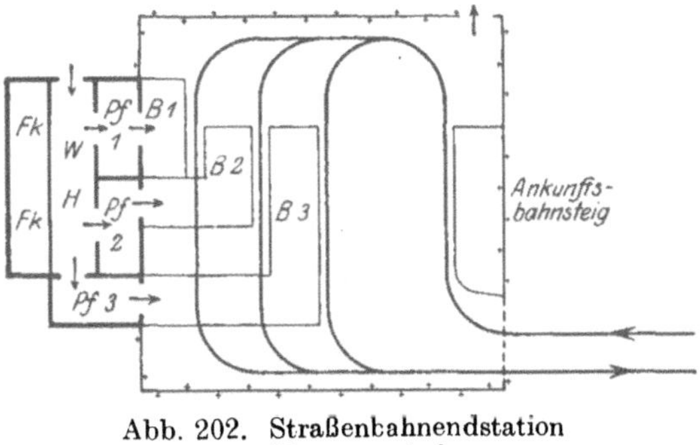

Abb. 202. Straßenbahnendstation für Massenverkehr.

Bei sehr lebhaftem Verkehr ist das Überschreiten der Gleise unzulässig. Dann werden die Bahnsteige schienenfrei zugänglich gemacht (Zentralfriedhof in Wien).

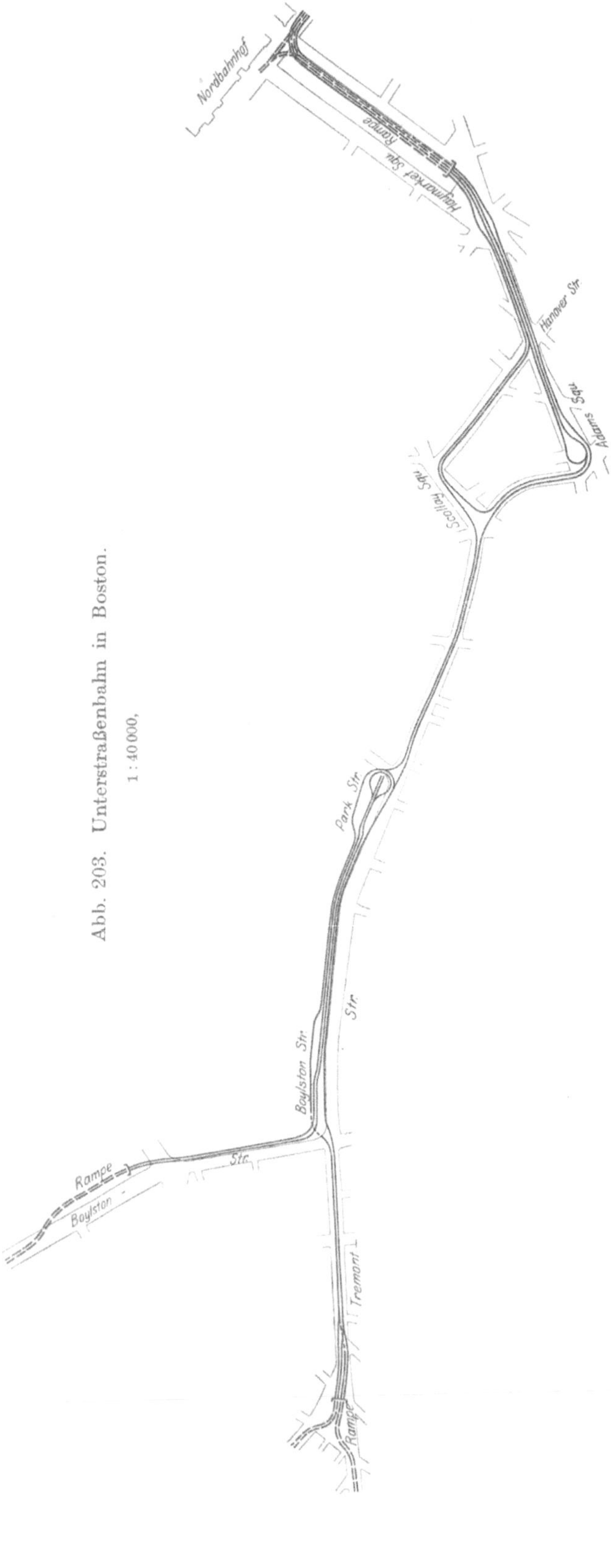

Abb. 203. Unterstraßenbahn in Boston. 1:40000.

7. Führung der Straßenbahn unter der Erdoberfläche.

Die Straßenbahnen werden in der Regel auf der Erdoberfläche geführt. Ausnahmen können eintreten, wenn das Gelände für die Führung oberirdischer Verkehrswege zu steil ist, und um verlorene Steigungen in durchgehenden Verkehrswegen zu vermeiden. Die Straßenbahnen folgen dann entweder Straßentunneln (Neapel, Triest, Projekte für San Franzisko), oder es werden besondere Straßenbahntunnel angelegt (Genua, London, Kingsway-Tunnel, Boston, Neuyork, 4. Avenue)[1]). Weiter sind hier auch die Straßenbahntunnel zu erwähnen, die zur Kreuzung von Wasserläufen dienen (mehrere Straßenbahntunnel unter dem Chicagofluß in Chicago, Tunnel unter dem Hafen von Boston, Spreetunnel zwischen Stralau und Treptow) und schließlich die Tunnel zur Unterfahrung von Prachtstraßen, die dem Straßenbahnverkehr nicht freigegeben sind (Lindentunnel in Berlin).

Zur Entlastung der Hauptstraßen der Innenstadt vom Straßenbahnverkehr und zur Vergrößerung der Reisegeschwindigkeit der Straßenbahnen der Innenstadt werden sogenannte Unterstraßenbahnen angewendet, die sich von den früher genannten kurzen Tunnelstücken wesentlich dadurch unterscheiden, daß sie unterirdische Haltestellen mit starkem Personenverkehr besitzen. Die bedeutendste und bekannteste An-

[1]) In gleicher Weise dienen auch Straßenbahnviadukte zur Überschreitung von Tälern (Milwaukee) und großen Bahnhofsanlagen.

lage dieser Art findet sich in Boston. Hier wurde in den Jahren 1894—1898 im Zuge der Tremontstreet, Hanover-, Cornhill- und Washingtonstreet der in Abb. 203 dargestellte 2,7 km lange Straßenbahntunnel erbaut. Der Tunnel wurde im Mittelstück zweigleisig, in den beiden anschließenden Strecken viergleisig angelegt, wobei die Innengleise 2 Endstationen in Schleifenform erhielten, die eine an der Parkstreet, die andere, unter Umfahrung eines Häuserblocks angelegte, am Scollay Square. Der Tunnel wurde im März 1900 (d. h. vor Eröffnung der Schnellbahn) von im ganzen 51 Straßenbahnlinien benutzt, von denen 15 mit stündlich 123 Wagen in jeder Richtung die Durchgangsgleise, 27 mit stündlich 206 Wagen die Schleife an der Parkstreet und 9 mit stündlich 38 Wagen die Schleife am Scollay Square benutzten (es werden nur Triebwagen, keine Anhängewagen verwendet). In den Jahren 1900—1909 sind die Durchgangsgleise des Tunnels zum Schnellbahnbetrieb benutzt, dann aber nach Anlage eines besonderen Schnellbahntunnels unter der Washingtonstreet ihrer ursprünglichen Bestimmung zurückgegeben worden. Durch die Einrichtung des Tunnelbetriebes wurde die Reisegeschwindigkeit in den betreffenden Straßenzügen, die zuzeiten des stärksten Verkehrs stellenweise auf 3 km in der Stunde herabgesunken war, durchweg auf 10—12 km erhöht und zugleich die Leistungsfähigkeit der Bahnanlage in der Tremontstreet von stündlich 200 auf 330 Wagen in jeder Richtung gesteigert. Große Schwierigkeiten bot dagegen die Abfertigung auf dem Bahnhof Parkstreet. Er wird im Jahresverkehr von 27 Millionen Reisenden benutzt, von denen 58% ab- oder zugehen, 42% umsteigen. Namentlich macht die Abfertigung auf dem Abfahrtsschleifengleis während der Stunden stärksten Verkehrs große Schwierigkeiten. Bei einer Wagenfolge von durchschnittlich 17 Sekunden werden auf diesem Gleise stündlich 10 000 Personen befördert. Die Bahnsteiglänge erlaubt die gleichzeitige Aufstellung von 5 Wagen. Um eine glatte Abwicklung des Verkehrs zu ermöglichen, befindet sich an jedem Bahnsteigende ein großes Schild mit der Bezeichnung der 27 Linien. Wenn sich ein Wagen der Station nähert, leuchtet hinter dem Namen der Linie eine Zahl (1—5) auf, die die Abfahrtstelle bezeichnet. Inzwischen sind Bahnsteiglänge und Richtungstafel auf 8 Abfahrtstellen vergrößert worden.

Daß sich trotz der geschilderten Schwierigkeiten die Unterstraßenbahn in Boston nach der Auffassung der maßgebenden Persönlichkeiten bewährt hat, geht daraus hervor, daß das Unterstraßenbahnnetz von Boston nachträglich erheblich erweitert worden ist durch eine 2,5 km lange Linie, die vom südwestlichen Endpunkt des jetzigen Straßenbahntunnels durch die Boylstonstreet nach der Vorstadt Back Bay führt und durch eine allerdings nur 700 m betragende Verlängerung des jetzt am Scollay Square endigenden Ostbostontunnels, der einen Durchgangsverkehr der Straßenbahnwagen zwischen Ostboston und Cambridge ermöglichen soll (Abb. 203). Den Querschnitt mit Luftschacht zeigt Abb. 204.

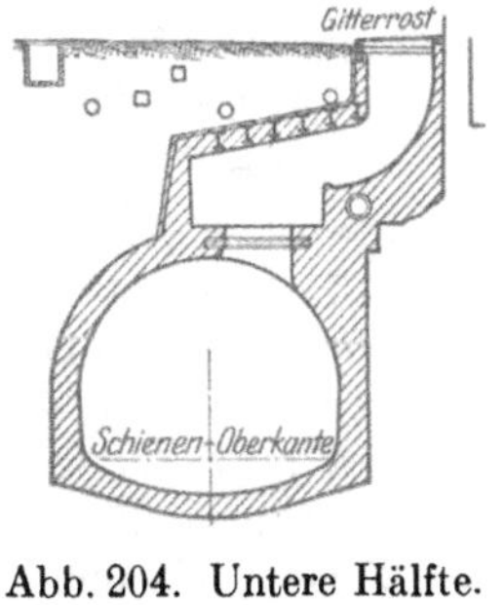

Abb. 204. Untere Hälfte. Luftkammer der Unterstraßenbahn nach Ostboston.

Eine weitere Unterstraßenbahnanlage ist in den Jahren 1903—1910 in Philadelphia in Verbindung mit dem Schnellbahntunnel in der Marketstreet errichtet worden. Zwischen dem Schuylkill und dem Rathaus auf eine Länge von 1,5 km ist ein viergleisiger Tunnel erbaut worden, dessen Außengleise dem Schnellbahnverkehr und dessen Innengleise dem Straßenbahnverkehr dienen. Die Straßenbahngleise sind in einer Schleife um das Rathaus herumgeführt. Der Zweck der Anlage war auch hier die Entlastung der Straßenoberfläche.

Für die Anlage von Unterstraßenbahnen gelten folgende Gesichtspunkte:

1. Plankreuzungen sind grundsätzlich zu verbieten und durch schienenfreie Kreuzungen zu ersetzen.
2. Zusammenführung zweier Gleise, d. h. Linienverkettungen sind zu widerraten, da sie betriebsgefährlich sind und die Leistungsfähigkeit der Bahn herabsetzen; werden sie dennoch zugelassen, so sind Zusammenführungen zweier Gleise auf der freien Strecke zu vermeiden und wie bei Schnellbahnen nur hinter Bahnsteigen zulässig.
3. Die Lichtraumumgrenzung eines Gleises muß die Wagenbreite um $2 \times 0{,}4$ m übersteigen, ihre lichte Höhe muß mit Rücksicht auf die Durchführung der Oberleitung und der Stromabnehmer 3,8—4 m betragen. Wo Decksitzwagen in Frage kommen, ist die lichte Höhe auf 4,5—4,8 m zu bemessen
4. Auf den Rampen sind Neigungen von 1:30 ohne weiteres zulässig, steilere Neigungen bis 1:20 nur da, wo das Bahnnetz ohnehin derartige Neigungen hat.
5. Die Ausmündungsstellen der Rampen sind besondere Gefahrpunkte für den Straßenverkehr. Sie dürfen niemals an einer Querstraße liegen.
6. Die Stationen erhalten Außenbahnsteige. Inselbahnsteige wie in Boston sind bei der in Deutschland üblichen Art des Verschlusses der Endbühnen nicht zulässig.
7. Die Bahnsteige der Stationen müssen so lang sein, daß mehrere (mindestens 3) Züge hintereinander halten können. Werden zahlreiche Betriebslinien durch den Tunnel geführt, so sind die Bahnsteige sehr geräumig anzulegen (Bahnsteigbreite 5—10 m) und die Richtung der nächsten Wagen und ihre Abfahrtstelle vor ihrem Eintreffen auf der Station kenntlich zu machen.
8. Dienen Stationen mit starkem Verkehr gleichzeitig dem Ab- und Zugang, so entstehen durch das Gegenströmen der Reisenden besondere Schwierigkeiten, denen nur durch außergewöhnliche bauliche Maßnahmen begegnet werden kann.
9. Die Fahrgeschwindigkeit im Tunnel darf nicht größer sein, als sie auf der Oberfläche bei der gleichen Wagenfolge zugelassen wird (bei enger Wagenfolge 12—15 km). Soll sie größer bemessen werden, so sind selbsttätige Sicherungsanlagen notwendig.
10. Soll die Fahrgeschwindigkeit im Tunnel größer sein, als für Oberflächen-Straßenbahnen üblich (25 km), so müssen die Betriebsmittel hierfür besonders eingerichtet werden (durchgehende Zugstange, durchgehende Bremse, deren Betätigung unabhängig von der Wagengeschwindigkeit ist, größerer Raddurchmesser).

Die Frage, ob es zweckmäßig ist, die Straßenbahnen in der Innenstadt unter die Erde zu verlegen, kann folgendermaßen beantwortet werden:

Wenn die Straßenoberfläche nicht mehr imstande ist, den Verkehr zu bewältigen, so ist zunächst zu prüfen, ob nicht die Anlage einer Schnellbahn wenigstens in Zukunft in Frage kommt. Schnellbahntunnel sind nicht teurer, aber leistungsfähiger als Straßenbahntunnel; sie entlasten daher die Straßenoberfläche wirksamer und verzinsen sich leichter. Nur da, wo Schnellbahnen nicht in Betracht kommen, sind Unterstraßenbahnen zulässig. Wohl aber kann in Frage kommen, die für den Betrieb von Schnellbahnen bestimmten Tunnel zunächst für den Verkehr mit Straßenbahnwagen einzurichten[1]).

Bei der Anlage von Unterstraßenbahnen ist jedesmal zu prüfen, ob die Oberflächengleise beibehalten oder beseitigt werden sollen. Die Beantwortung dieser Frage hängt in der Hauptsache von der Breite der Straße und der Stärke des

[1]) In dieser Weise ist z. B. das Unterstraßenbahnnetz von Providence geplant.

übrigen Straßenbahnverkehrs ab. Eine streckenweise Beibehaltung der Oberflächengleise kann zweckmäßig sein, weil dadurch Abzweigungen in der Unterstraßenbahn erspart werden können.

Um die Schwierigkeiten des Straßenbahnverkehrs in der Leipziger Straße in Berlin zu beheben und einen Bahnverkehr durch die Straße Unter den Linden zu ermöglichen, schlug die Große Berliner Straßenbahn im Jahre 1908 die Herstellung von Straßenbahntunneln in diesen beiden und den angrenzenden Straßenzügen vor. Diese Vorschläge wurden aber fallen gelassen, nachdem von Kemmann und Blum auf die Mängel der Entwürfe und die einem solchen Unternehmen entgegenstehenden Schwierigkeiten hingewiesen worden war. Die Schwierigkeiten lagen hier insbesondere in dem Bestehen der zahlreichen Abzweigungen, an deren Stelle Tunnelabzweigungen unzulässig erschienen, in der Schwierigkeit, geeignete Stellen für die Rampen für den Übergang zur Oberfläche zu finden, und in der Unmöglichkeit, genügend weiträumige Stationsanlagen herzustellen.

B. Das Gleis.[1]

1. Gesamtanordnung.

Auf eigenem Bahnkörper wird der gewöhnliche Breitfußschienenoberbau mit Querschwellen aus Holz oder Eisen angewendet, wobei dem geringeren Raddruck entsprechend leichtere Schienenformen als bei Vollbahnen Verwendung finden können. Gebräuchlich sind die Querschnittsformen 10 und 11 der preußischen Staatsbahnen (die von den Staatsbahnen selbst nicht mehr verwendet werden) mit einem Metergewicht von 31,16 und 27,55 kg.

Liegt die Bahn auf einem besonderen Bahnkörper innerhalb der Straße, so wird der von den Gleisen in Anspruch genommene Streifen gewöhnlich mit Rasen belegt. Der Rasen, dessen Oberfläche 5—6 cm tiefer als die Schienenoberkante liegt, muß kurz gehalten werden, damit die Halme nicht zwischen Rad und Schiene geraten, zerquetscht werden und die Schienen schlüpfrig machen. Er muß daher regelmäßig geschnitten und bei trockenem Wetter gesprengt werden. (Jährliche Kosten 20 Pf. für das Quadratmeter.) Ein mit Rasen belegter Bahnkörper wird von den Fußgängern nicht betreten, und die Staubentwicklung wird vermieden, was für Betrieb und Unterhaltung der Bahn wichtig ist. Zur Verwendung kommt hier ein Schwellenschienenoberbau ohne Leitschienen. Er wird auf Packlage oder auf Längsschwellen von Eisenbeton verlegt und mit Kies verfüllt. Über den Kies kommt eine Mutterbodenschicht zur Aufnahme des Rasens.

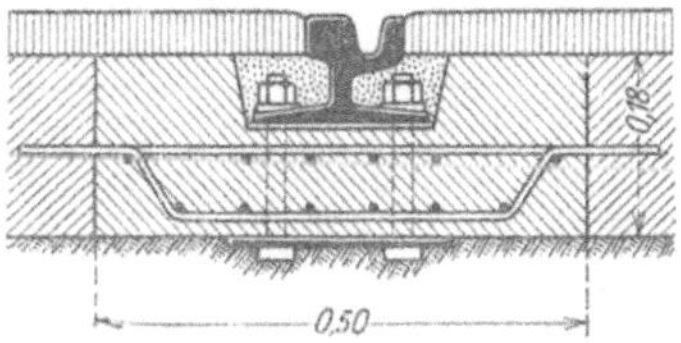

Abb. 205. Langschwelle aus Eisenbeton mit auswechselbarer Schiene.

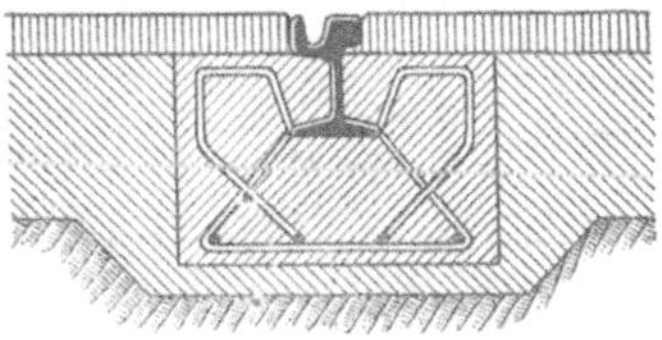

Abb. 206. Langschwelle aus Eisenbeton mit Einbettung der Schiene.

Für eingepflasterte Gleise kommen lediglich Schwellenschienen in Betracht, deren in der Pflasterebene liegende Oberfläche aus Fahrkopf, Spurkranzrille und Leitschiene gebildet ist und deren gegenseitige Lage durch Spurstangen

[1]) Eine ausführliche Darstellung des Straßenbahnoberbaues findet sich in dem Buche von Trautvetter, Elektrische Straßenbahnen. Diesem Werke ist auch ein Teil der folgenden Abbildungen entnommen.

aus Flacheisen gewahrt wird. Sie werden, wenn die Straßenbefestigung aus Steinpflaster besteht, gewöhnlich auf Packlage verlegt, wenn die Straßenbefestigung Asphalt oder Holzpflaster ist, dient Beton als Schienenunterlage. Die Stoßwirkungen der Räder, das eindringende Wasser und der Frost bewirken häufig eine Zerstörung des Betons, namentlich in der Nähe der Schienenstöße. Um dies zu vermeiden, wird die Schiene nach Abb. 205 auf Längsschwellen aus Eisenbeton verlegt und der Schienenfuß mit ihnen verschraubt, oder es werden Schienensteg und Fuß nach Abbildung 206 in einen Eisenbetonbalken eingebettet. In beiden Fällen können niedrige Schienen verwendet werden, da die Eisenbetonschwelle ihre Tragfähigkeit verstärkt. Die zuerst dargestellte Anordnung ermöglicht das Auswechseln der Schienen, ohne die Betonschwelle zu zerstören.

2. Schienenformen.

Für eingepflasterte Gleise kommen 2 Grundformen in Frage, nämlich die einteilige sogenannte Phönixschiene und die zweiteilige sogenannte Haarmannschiene. Für beide Schienenformen hat der Verein Deutscher Straßenbahn- und Kleinbahnverwaltungen 4 Normalprofile aufgestellt. Form, Abmessungen und Gewichte der Phönixschiene zeigt Abb. 207 und Zahlentafel 1. Die obere Abrundung des Schienenkopfes erfolgt wie bei Hauptbahnen mit einem Halbmesser von 225 mm. Die Wände der Spurkranzrille sind 6:1 geneigt, die Rillenweite wird 9 mm unter Schienenoberkante gemessen. Die Leitschiene ist 3 mm niedriger als die Fahrschiene, da sie nur einer geringen Abnutzung unterworfen ist.

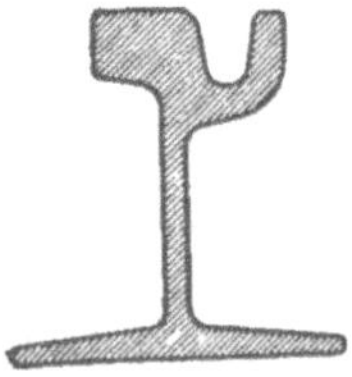

Abb. 207. Phönix-Rillenschiene.

Für die Auswahl unter den verschiedenen Formen ist der Raddruck, namentlich aber die Stärke des Verkehrs, d. h. die Wagenfolge maßgebend. Es ist zu bedenken, daß die Unterhaltung und Erneuerung des Oberbaues eingepflasterter Gleise besonders kostspielig ist, weil für alle Arbeiten am Oberbau das Pflaster in der Nähe der Schienen aufgebrochen

Zahlentafel 1.
Normalprofile einteiliger Rillenschienen.

Normalprofil	Höhe mm	Fußbreite mm	Gesamte Kopfbreite mm	Breite des Fahrkopfes mm	Höhe des Fahrkopfes mm	Rillenweite mm
1	150	140	92	47	27	31
2	160	150	97	51	29	31
3	160	180	103	56	33	31
4	180	180	103	56	33	31

Rillentiefe mm	Stärke d. Leitschiene mm	Stegstärke mm	Querschnitt mm^2	Gewicht kg/m	Widerstandsmoment cm^3
35	14	11	5460	42,8	208,2
40	15	12	6310	49,2	250,6
40	16	12	7180	56,0	299,0
40	16	12	7410	57,8	342,5

werden muß. Es ist daher wirtschaftlich, trotz der verhältnismäßig geringen Raddrücke, eine schwere Schiene zu wählen, die ruhig liegt und geringe Unterhaltungsarbeiten verursacht, auch wenn dadurch die Anlagekosten der Bahn erheblich vergrößert werden. Im übrigen werden in Asphalt und Holzpflaster die niedrigeren Profile auf Unterlagen von Beton und Eisenbeton, im Steinpflaster die 180 mm hohen Schienen auf Packlageunterbettung gewählt. Für die Auflagerung der Eisenbetonschwellen werden auch noch besonders niedrige

Schienen von nur 10 cm Höhe und einem Metergewicht von 38 kg hergestellt. Es ist von Wichtigkeit, daß die Schiene etwas höher ist als die Pflastersteine. Aus diesem Grunde hat das Hüttenwerk Phönix eine noch höhere Schiene, Profil 38, mit einer Höhe von 200 mm, einer Fußbreite von 180 mm und einem Metergewicht von 60 kg hergestellt, die für sehr schweren Verkehr und 18 cm hohe Pflastersteine bestimmt ist, und u. a. von der Kölner Straßenbahn da verwendet wird, wo schwere Vorortwagen auf den Straßenbahngleisen verkehren.

Für Bogengleise werden die Rillenschienen mit einer um 3 mm größeren Rillenweite und verstärkter Leitschiene hergestellt (Zahlentafel 2). Die Bogenschienen müssen im Walzwerk gebogen werden; ein Biegen auf der Baustelle kommt nur bei großen Halbmessern (über 100 m) in Frage.

Zahlentafel 2.
Normalprofile für Bögen einteiliger Rillenschienen.

Normalprofil	Höhe mm	Fußbreite mm	Gesamte Kopfbreite mm	Breite des Fahrkopfes mm	Höhe des Fahrkopfes mm	Rillenweite mm
1a	150	140	102	47	27	34
2a	160	150	109	51	29	34
3a	160	180	116	56	33	34
4a	180	180	116	56	33	34

Rillentiefe mm	Stärke der Leitschiene mm	Stegstärke mm	Querschnitt mm²	Gewicht kg/m	Widerstandsmoment cm³
35	21	11	5860	45,7	214,8
40	24	12	6730	52,4	258,8
40	26	12	7670	59,8	307,2
40	26	12	7820	61,5	356,0

Die vom Osnabrücker Eisen- und Stahlwerk hergestellten Haarmannschienen mit besonderer Leitschiene, Abb. 208 und Zahlentafel 3, haben den Vorzug, daß durch die Anwendung des Wechselsteges eine Verstärkung der Stoßverbindung eintritt, und daß in Bögen die Rillenweite verändert werden kann, ohne daß es einer besonderen Schiene bedarf, dagegen den Nachteil, daß zwischen Fahrschiene und Leitschiene Wasser eindringt, das schließlich unter den Schienenfuß gerät. Das hier eingedrungene Wasser ist aber der größte Feind einer guten Unterhaltung des Straßenbahnoberbaues.

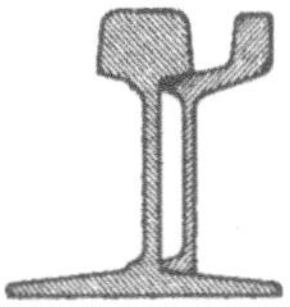
Abb. 208. Wechselsteg-Schiene mit Leitschiene von Haarmann.

Zahlentafel 3.
Normalprofile zweiteiliger Rillenschienen.

Normalprofil	Höhe mm	Fußbreite mm	Gesamte Kopfbreite mm	Breite des Fahrkopfes mm	Höhe des Fahrkopfes mm	Rillenweite mm	Rillentiefe mm
1	150	140	98	47	35	31	35
2	160	150	102	51	40	31	40
3	160	180	112	56	40	31	40
4	180	180	112	56	40	31	40

Stärke der Leitschiene mm	Stegstärke mm	Widerstandsmoment Fahrsch. cm³	Widerstandsmoment Leitsch. cm³	Einzelgewicht Fahrsch. kg/mm	Einzelgewicht Leitsch. kg/mm	Gesamtgewicht kg/mm
20	8	182,7	44,3	33,3	15,1	48,4
20	9	223,7	49,4	39,5	16,6	56,1
25	10	252,2	70,2	46,2	19,4	65,6
25	10	307,6	67,7	47,5	20,4	68,2

Die Schienenlänge beträgt für gewöhnlich 15 m; es werden 6 Spurstangen auf die Schienenlänge angewendet. Der Schienenstoff ist meist gewöhnlicher Flußstahl, doch werden für stark befahrene Gleise und für scharfe Bögen Schienen aus verschleißfestem Material (besonders Mangan- und Titanstahl) verwendet.

Melaun stellt Schienen her, die aus verschiedenartigem Material zusammengesetzt sind. Für den Kopf wird ein Schienenstahl von 100 kg Festigkeit, für Steg und Fuß Flußeisen von 40 kg Festigkeit verwendet. In die Form, die zur Herstellung des Blockes dient, aus dem die Schiene gewalzt werden soll, wird zunächst der Stahl und, nachdem dieser erstarrt ist, das weiche Flußeisen gegossen.

3. Stoßverbindungen.

Die vollständig in Pflaster eingebetteten Gleise sind nur geringen Wärmeschwankungen ausgesetzt. Eine Längsverschiebung der Schienen wird durch die Reibung an dem Pflaster verhindert. Ein seitliches Ausweichen der Schienen (Ausbeulen des Gleises) ist unmöglich. Aus diesen Gründen können die Wärmelücken an den Schienenstößen fortfallen und die Schienenenden dicht aneinanderstoßen.

Bei den Stoßverbindungen muß auf die Anbringung der Kupferbügel für die Stromrückleitung Rücksicht genommen werden. Sie bestehen aus Kupferdraht, Kupferseil oder einer Reihe von Kupferstreifen und gehen entweder über die Lasche hinweg (offener Bund) oder liegen in der Laschenkammer, dem freien Raum zwischen Schienensteg und Laschensteg (verdeckter Bund). Wird die Verbindung der Schienen untereinander durch Verflüssigung von Metall hergestellt, so sind Kupferverbindungen entbehrlich.

Die einfachste Schienenverbindung ist der Stumpfstoß mit U-förmigen Laschen (Abb. 209). Verwendet werden gewöhnlich 6 Laschenbolzen in einem gegenseitigen Abstande von 120 mm, Bolzendurchmesser 22 mm, Lochdruchmesser im Schienensteg 28 mm. Die Gesamtlänge der Lasche beträgt 760 mm.

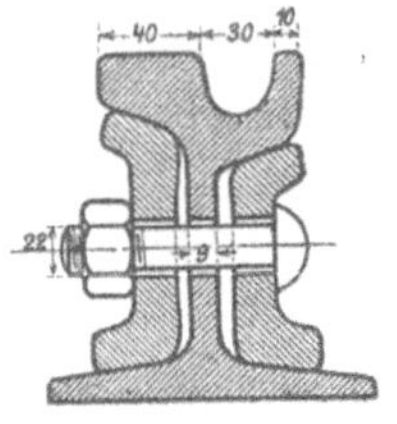

Abb. 209.
Stumpfstoß.

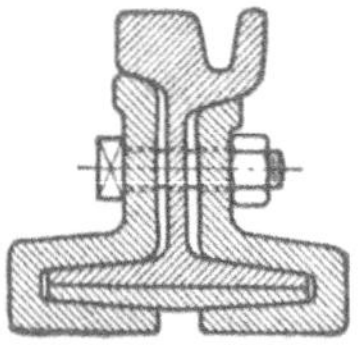

Abb. 210.
Fußlaschenstoß.

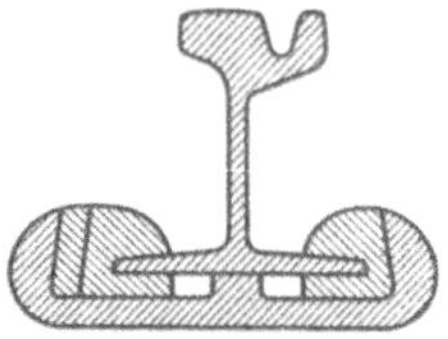

Abb. 211.
Schienenschuh von Scheinig und Hofmann in Linz.

Da ein Überwachen der Laschenbolzen und ihr Nachdrehen die jedesmalige Entfernung des Pflasters notwendig machen würde, so werden unter die Schraubenmuttern Federplatten gelegt, die ein Lockerwerden der Schraubenmuttern verhindern. Am besten bewährt haben sich nach Busse[1]) die Zweiloch-Spannplatten der Bochumer Stahlindustrie von 7—8 mm Dicke.

Für stärkeren Verkehr sind Fußlaschen vorzuziehen. Ein gutes Anliegen der Fußlaschen wird durch Einschieben von Keilplatten unter den Schienenfuß erreicht (Abb. 210).

Der Schienenschuh von Scheinig & Hofmann in Linz (Abb. 211) ist eine Art Fußlasche. Er besteht aus 2 Klemmstücken, die beiderseits den Schienenfuß umfassen, dem Sohlenstück und dem zwischen ihnen liegenden Keil. Die Klemmstücke werden aus Martinstahl gewalzt, die Nut für den Schienenfuß wird eingefräst. Um Walzfehler auszugleichen, werden zwischen Klemmstücke

[1]) Niederschrift des Internationalen Straßenbahn- und Kleinbahnvereins 1910.

und Schienenfuß Zinkblechstreifen von 0,1 mm Stärke eingesetzt. Dann werden die Klemmstücke durch Schrauben aufgepreßt. Das Sohlenstück ist aus Stahlguß; es wird in rotwarmem Zustande umgelegt und nun der aus Martinstahl gewalzte Keil eingetrieben.

Der Schmidtsche Halbstoß oder die Stoßfanglasche nach Abb. 212 ist in der Weise ausgebildet, daß der halbe Schienenkopf auf eine Länge von 500 mm

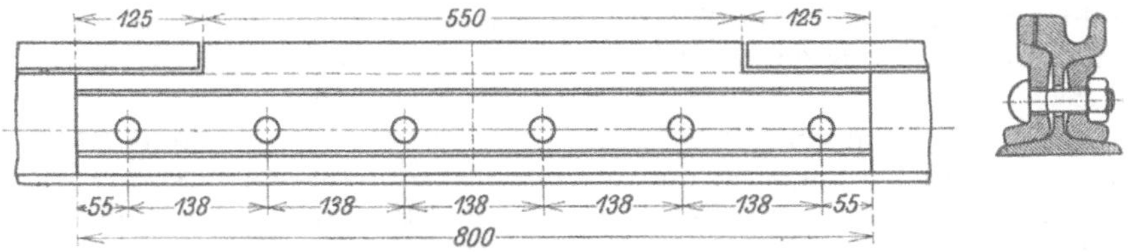

Abb. 212. Schmidtscher Halbstoß.

ausgeschnitten und durch die entsprechend hochgeführte Außenlasche ersetzt wird. Er setzt eine sorgfältige Unterhaltung der Betriebsmittel (öfteres Abdrehen der Radstreifen) voraus.

Eine große Verbreitung hat in neuerer Zeit der Melaunstoß (Abb. 213) gefunden. Bei ihm wird die gesamte Schienenkopffläche auf 480 mm Länge durch

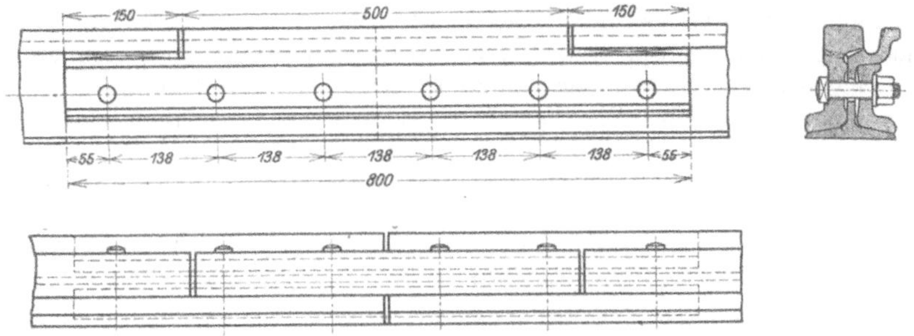

Abb. 213. Melaunstoß.

die Außenlasche ersetzt. Ein besonderer Vorzug dieser Stoßverbindung ist, daß sie auch bei abgenutzten Gleisen nachträglich eingebaut werden kann, ohne die Schienen aus dem Pflaster herauszunehmen. Die Schienenköpfe werden durch das autogene Schneidverfahren ausgeschnitten[1]).

Umgossene und geschweißte Stöße. Da Wärmelücken bei eingebetteten Gleisen entbehrlich sind, so können die Schienenenden durch Verflüssigung von Metall fest miteinander verbunden werden[2]). Es ergibt sich dabei der Vorzug, daß die Schienenstöße, die hohe Unterhaltungskosten und eine vorzeitige Abnutzung des Gleises verursachen, gänzlich verschwinden. Es ist dabei aber von Wichtigkeit, daß sich wenigstens auf und in der Nähe der Fahrfläche Härte und Gefüge des Schienenstoffes nicht ändern. Denn wenn hier etwa der Schienenstoff durch Verbrennen des Kohlenstoffs weicher und lockerer wird, bilden sich sehr bald Schlagstellen im Gleis.

Die Verfahren gelingen nur bei sehr sorgfältiger Ausführung; auch müssen während des Verfahrens die Schienenköpfe scharf gegeneinander gepreßt werden, damit hier jede Stoßlücke verschwindet.

[1]) Weiterbildungen des Melaunstoßes durch die Firma Ingwer Block & Co. siehe Buchwald, Organ für Eisenbahnwesen 1918, S. 92.

[2]) Nach Buchwald a. a. O. wird durch die bei fester Verbindung der Schienenstöße auftretenden Wärmespannungen die Tragfähigkeit des Oberbaues um 20% vermindert, aber auch bei eingebetteten Schienen mit verschraubten Stößen treten Wärmespannungen auf.

Bei starr verbundenen Stößen ist es in Pflasterstraßen ratsam, in größeren Abständen, etwa alle 300 m, Ausdehnungsstöße einzulegen, die am besten in der Form des Schmidtschen Halbstoßes, jedoch mit längerem Blatt, ausgebildet werden.

Für die Stoßumgießung nach Falk wird Gußeisen in einem fahrbaren Kupolofen erwärmt; um den mit Sandstrahlgebläse gereinigten Stoß wird eine Form aus Gußeisen gelegt, fest geschraubt und mit 60—80 kg Gußeisen ausgefüllt. Hierbei wird die Festigkeit des Schienenstoffes offenbar ungünstig beeinflußt, denn es zeigten sich häufig Schlagstellen an den Stößen, auch reißen die Schienen bisweilen unmittelbar neben dem Gußstück.

Bei dem Verfahren von Goldschmidt wird nur die untere Hälfte der Schiene mit Eisen umgossen und die obere Hälfte zusammengeschweißt. Besonders geeignet für dieses Verfahren ist die Melaunsche Schiene mit hartem Kopf und weichem Steg und Fuß. In einem Tiegel wird Aluminiumpulver mit Eisenoxyd gemischt und die Mischung (Thermit) mittels einer Zündmasse angezündet. Unter Entwicklung einer Wärme von 3000 Grad verbindet sich das Aluminium mit dem Sauerstoff des Eisenoxyds, und das Eisen wird geschmolzen. Beim Ausgießen des Tiegels wird der untere Teil der Form mit Eisen gefüllt, der obere Teil mit dem leichteren, flüssigen Aluminiumoxyd, das den oberen Teil der Schiene erhitzt und verschweißt.

Bei der elektrischen Schienenschweißung nach dem Verfahren der Akkumulatorenfabrik A.-G., Berlin, werden Flachlaschen von 50 cm Länge an mehreren Stellen mit Schienenkopf und Schienenfuß verschweißt. Die Schienenköpfe werden hierbei durch Eintreiben von Keilen zwischen Schienenkopf und Laschenende aneinandergepreßt. Das Verfahren ist auch bei alten abgenutzten Stößen beliebiger Bauart anwendbar. Der elektrische Strom wird der Oberleitung entnommen und in einem Motorgenerator in Gleichstrom von 50 Volt Spannung umgewandelt. Die Stromstärke beträgt 300—500 Amp., den positiven Pol bilden die Schienen, den negativen ein Kohlestift; zwischen beiden entsteht ein Lichtbogen, der die Schweißung bewirkt.

Nach Herstellung der festen Verbindung werden die Fahrflächen der Schienen mit dem Kulinschen Feilhobel oder der elektrisch angetriebenen Feilmaschine der Carowerke für Blechindustrie, Berlin-Charlottenburg, glatt gehobelt.

4. Weichen und Kreuzungen.

Weichen und Kreuzungen werden in der Regel vollständig aus verschleißfesten Schienen zusammengebaut. Auch die Leitschienen werden aus besonderen Schienen gebildet, die entsprechend behobelt sind. (Die an der Fahrschiene angebrachte Leitschiene wird also abgehobelt oder es werden Haarmannsche Schienen verwendet.) Fahrschiene und Leitschiene werden auf einer gemeinsamen Unterlagsplatte fest verschraubt. Auch unter den Weichenzungen, den Herz- und Kreuzungsstücken werden solche Grundplatten angewendet. An all den Stellen, wo sehr schräge Schnitte von Schienen vorkommen, ergeben sich Spitzen des Schienenkopfes, die durch den Steg nicht mehr unterstützt werden und daher im Betrieb bald niedergedrückt werden würden. Um dies zu vermeiden, wird der Schienensteg vor dem Zuschneiden der Schienen so bearbeitet (abgebogen), daß er die äußerste Spitze des Fahrkopfes unterstützt. Zweckmäßig ist es, möglichst weitgehend von autogenen oder elektrischen Verschweißungen Gebrauch zu machen. Um die Schienenspitze an den Herz- und Kreuzungsstücken zu schonen, werden Spurkranzaufläufe aus Martinstahl in die Spurrillen eingelegt. Von Wichtigkeit ist es, gerade für Weichen und Kreuzungen das allerfesteste Material und die beste Bauweise zu wählen, weil diese Teile besonderer Abnutzung unterworfen sind und die Auswechselung im Pflaster sehr teuer ist. Beispielsweise müssen die stark befahrenen Kreuzungen in Berlin alle 3 Jahre erneuert werden, und die Auswechselung einer solchen Kreuzung mit doppelgleisigen Bogenverbindungen kostete vor dem Kriege jedesmal 60 000 M.

Der Herzstückwinkel hat den Wert 1:4 bis 1:6, der Halbmesser des abzweigenden Gleises schwankt zwischen 20 und 50 m. Abb. 214 zeigt eine ein-

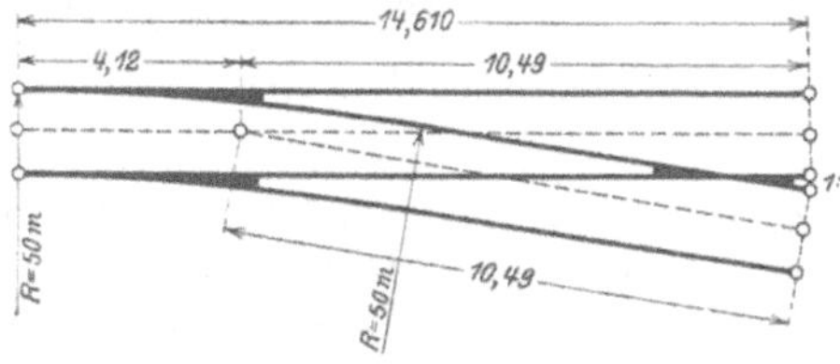

Abb. 214. Einfache Weiche.

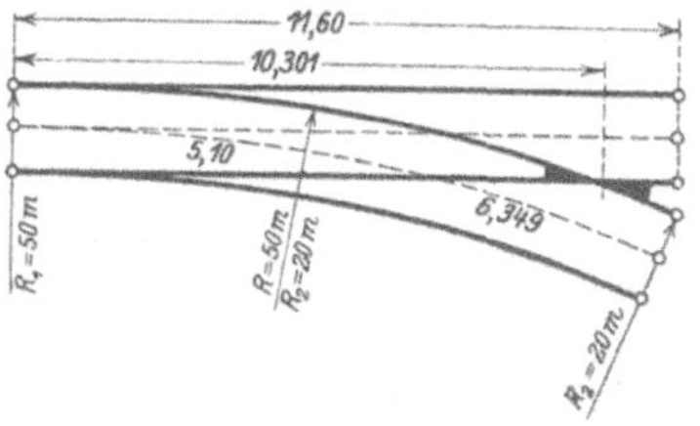

Abb. 215. Bogenweiche.

fache, gerade Weiche mit Herzstückwinkel 1:6 und 50 m Halbmesser und Abb. 215 eine Bogenweiche mit Herzstückwinkel 1:4 und Halbmessern von 50 und 20 m. Bei beiderseitigen Abzweigungen werden unsymmetrische Doppelweichen verwendet, einfache Kreuzungsweichen kommen bisweilen vor.

Unterschieden werden Weichen mit festen und mit beweglichen Zungen. Feste Zungen werden in Verbindung mit Spurkranzaufläufen da angewendet, wo die Weiche stets mit der Spitze befahren wird. Die beweglichen Weichen-

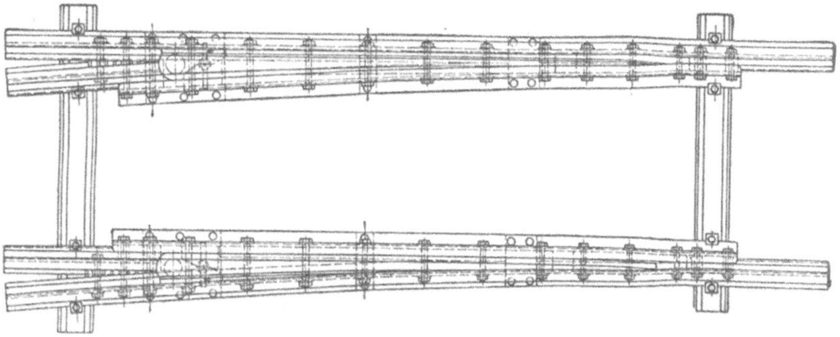

Abb. 216. Anordnung zweier beweglicher Weichenzungen (Grundriß).

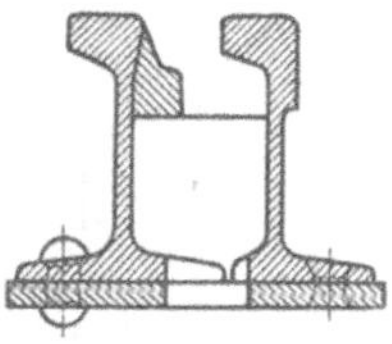

Schnitt durch die Zungenspitze.

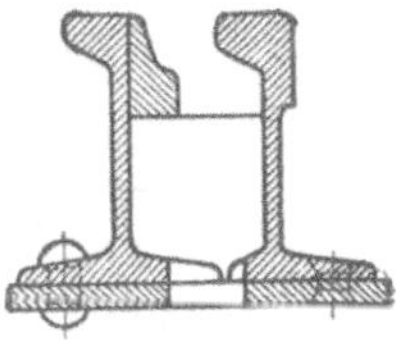

Schnitt durch die Zungenmitte.

zungen werden aus Tiegelstahl oder Martinstahl geschmiedet. Sie haben eine Länge von 2—5 m und eine Höhe von 30—60 mm und liegen gewöhnlich in ganzer Länge auf einem Gußstück, dem Gleitstuhl, auf, das mit den Schienen fest verschraubt ist. Alle Berührungs- und Gleitflächen werden bearbeitet, gehobelt oder gefräst. Dabei werden Backenschiene und Leitschiene etwas unterschnitten, so daß die nach unten breiter werdende Zunge unter die Schienen unterschlägt. Eine Weiche mit beweglichen Zungen ist in Abb. 216 dargestellt. Der Zungendrehpunkt wird in der Weise ausgeführt, daß ein Drehstuhl, in den die Zungenwurzel schwalbenschwanzförmig eingreift, in den Gleitstuhl eingebaut wird (Abb. 217). Statt der schwalbenschwanzförmigen Ausbildung wird auch eine Keilbefestigung gewählt. Unmittelbar hinter dem Drehstuhl wird zwischen die beiden auseinandergehenden Schienen ein Kasten eingebaut, der oben durch ein Gußstück geschlossen wird. Nach Abheben des Gußstückes kann der Drehstuhl seitlich erreicht und die Zungenbefestigung gelöst werden.

Sollen Weichen mit größerer Geschwindigkeit befahren werden, so läßt sich die gewöhnliche Bauart mit Drehstuhl nicht anwenden. Nach dem Vorbild der für Vollbahnen gebräuchlichen Weichen mit federnden Zungen hat der Bochumer Verein für Bergbau und Gußstahlfabrikation Straßenbahnweichen eingeführt, bei denen der Drehstuhl weggelassen und die Zunge aus einem Stück mit der Fahrschiene gebildet ist.

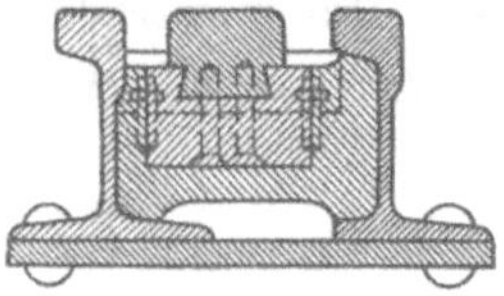

Abb. 217. Zungendrehpunkt.

Werden die Weichen nur in einer Richtung spitz befahren, wie z. B. an den Ausweichstellen eingleisiger Bahnen, so werden die Zungen, die durch ein in einem Kasten liegendes Gestänge verbunden sind, durch Federn oder besser durch ein Gewicht (Abb. 219) an die eine Backenschiene angepreßt und in der Gegenrichtung von dem Fahrzeug aufgeschnitten. Werden die Weichen dagegen in beiden Fahrtrichtungen spitz befahren, so müssen die — ebenfalls durch eine Stange gekuppelten — Zungen umgestellt werden. Das

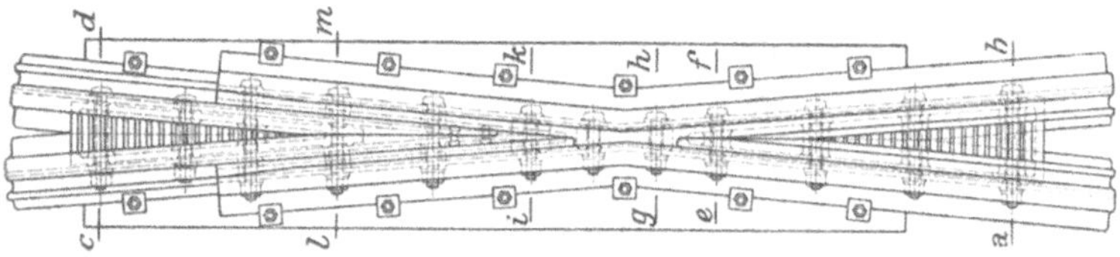

1 : 20.

Abb. 218. Herzstück.

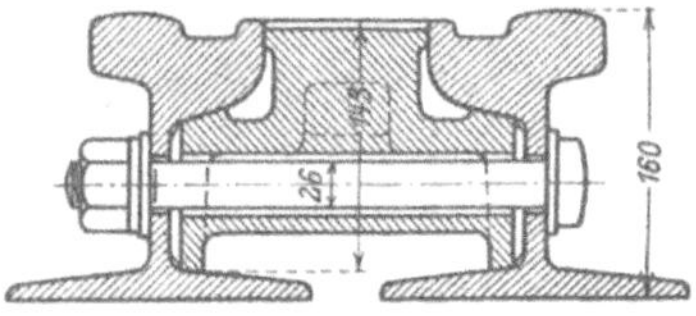

Schnitt a—b.

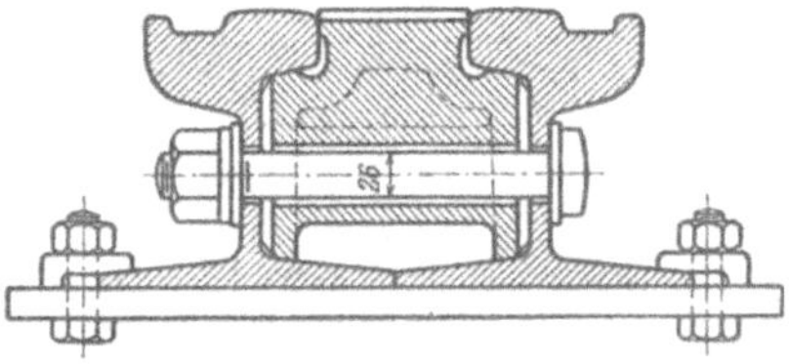

Schnitt $c-d$.

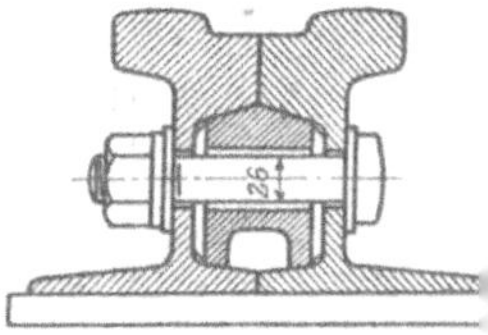

Schnitt e—f.

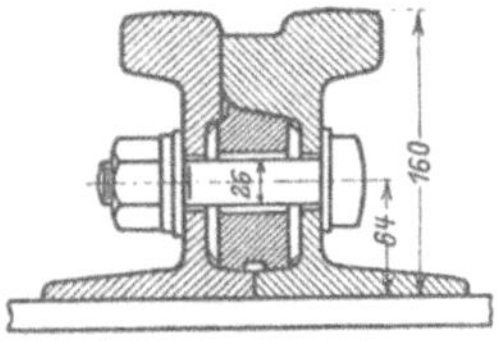

Schnitt g—h.

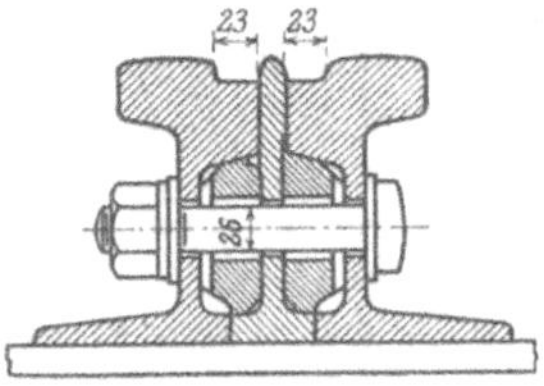

Schnitt i—k.

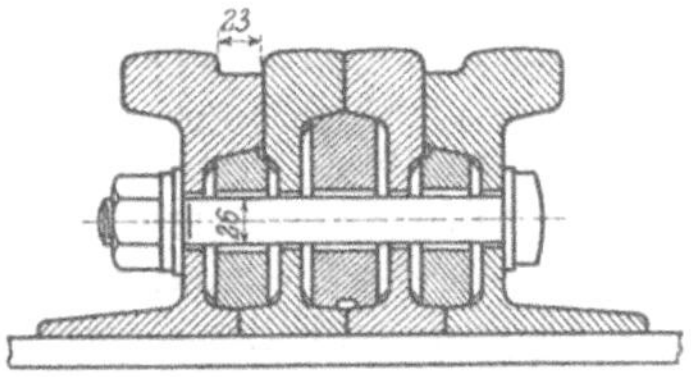

Schnitt l—m.

1 : 8,5.

Umstellen geschieht durch den Wagenführer mittels einer Stange, die an ihrem unteren Ende breit ausgeschmiedet ist. Die Zungen werden in den Endstellungen durch eine unter dem Drehstuhl liegende Feder festgehalten, damit sie sich nicht unter dem Fahrzeuge von selbst umstellen. Eine größere Betriebssicherheit wird durch ein Gewicht erreicht, das sich in einem Kasten zwischen den Zungen befindet und vom Schaffner mit einem Haken umgelegt wird. Bei Weichen mit federnden Zungen ist ein solches Gewicht unerläßlich. Bei starkem Betrieb geschieht die Umstellung der Zungen mittels eines besonderen Gestänges, das unter dem Pflaster bis zum Bürgersteig läuft und dort von einem Weichensteller bedient wird.

Um mehrere (3) Weichen gleichzeitig durch einen Beamten bedienen zu können, hat die städtische Straßenbahn in Wien am Praterstern ein Weichenstellwerk errichtet, das von der Firma Stephan von Götz und Söhne in Wien ausgeführt ist. Die Umstellung der Weichen geschieht durch Druckluft von 0,6 und 1 Atm. Überdruck; die Druckzylinder, die das Umstellen bewirken, liegen seitlich von den Weichen in besonderen Kästen unter dem Pflaster.

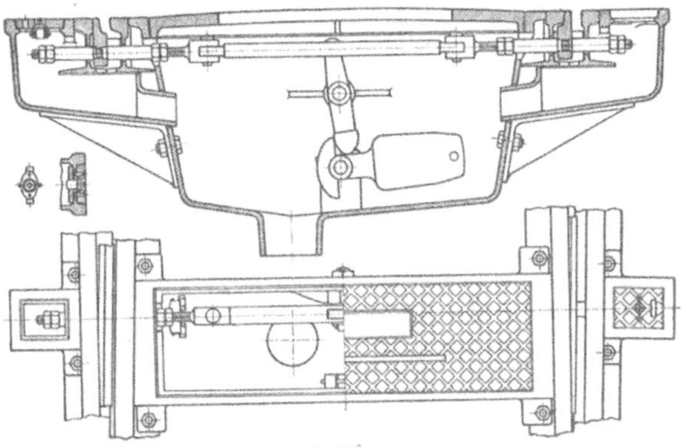

Abb. 219. Gewichtsstellvorrichtung für Straßenbahnweichen. (Maschinenfabrik Deutschland.)

Die elektrischen Weichenstellvorrichtungen verfolgen den Zweck, den besonderen Weichensteller zu sparen und das Anhalten und Wiederanfahren vor der Weiche unnötig zu machen. Bei den Stellvorrichtungen der Siemens-Schuckertwerke befindet sich in der Oberleitung 12 bis 18 m vor der Weiche ein isolierter Kontakt. Die Schaltung wird meist so angeordnet, daß beim Befahren des Kontaktes mit Fahrstrom die Weiche umgestellt, beim Befahren ohne Fahrstrom die Weiche nicht verändert wird. Die Weichenstellung erfolgt somit durch Betätigung des Fahrschalters seitens des Wagenführers. Die Weichenstellstange ist mit einem Gewichtshebel verbunden, so daß die Weiche auch mit der Hand umgestellt oder aufgeschnitten werden kann. Mit diesem Gewichtshebel ist ein Doppelkernzugmagnet gekuppelt, der in dem vom Oberleitungskontakt herkommenden durch den Wagen geschlossenen Stromkreis liegt und durch dessen Betätigung die Weiche umgestellt wird. Dieser Magnet und die sonstigen Schaltapparate sind gewöhnlich in einem kleinen Schalthäuschen auf dem Bürgersteig vereinigt; von hier aus geht das Weichengestänge unter dem Pflaster hinweg. Bei Dunkelheit wird die Stellung der Weiche durch ein Lichtsignal angezeigt. Damit nicht etwa die Weiche während des Befahrens bereits durch den folgenden Wagen umgestellt wird, ist ein Relais vorhanden, das die vorzeitige Umstellung der Weiche verhindert.

Die Ausführung der Allgemeinen Elektrizitätsgesellschaft ist ganz ähnlich; die Bewegung der Weichen erfolgt durch eine Schwinge, die in ihrer Endlage durch je eine Feder festgehalten wird und durch einen einfach wirkenden Magneten.

Kreuzungen mit Eisenbahngleisen sollten als für beide Betriebe gefährlich grundsätzlich vermieden werden; allenfalls können in Industrievierteln Kreuzungen mit den ebenerdig liegenden Zustellungsgleisen gestattet werden.

Der Kreuzungswinkel beträgt 65—90°. Ein Einschneiden der Vollbahnschienen wird in der Regel nicht zugelassen, da es zu Schienenbrüchen Veranlassung gibt, und weil beim Wandern der Vollbahnschienen Verdrückungen der ganzen Kreuzung eintreten. Es wird daher auch jede feste Verbindung des Straßenbahngleises mit dem Hauptbahngleis verboten. Im Bereich der Kreuzung wird eine besondere Leitschiene angewendet; Fahrschiene und Leitschiene werden durch eine Grundplatte oder besser durch eine eiserne Längsschwelle in Trogform miteinander verbunden. Diese geht unter den Vollbahnschienen hindurch. Der Straßenbahnwagen muß durch einen Spurkranzauflauf so viel gehoben werden, daß der Spurkranz über die Vollbahnschiene hinweggeführt wird. Er muß dann auch noch die 41 mm breite Spurkranzrille der Hauptbahn überspringen. Bei rechtwinkliger Kreuzung verlieren die Straßenbahnräder auf eine längere Strecke jegliche Führung, bei schiefwinkliger Kreuzung wird der Straßenbahnwagen einseitig gehoben. In beiden Fällen ist also die Ent-

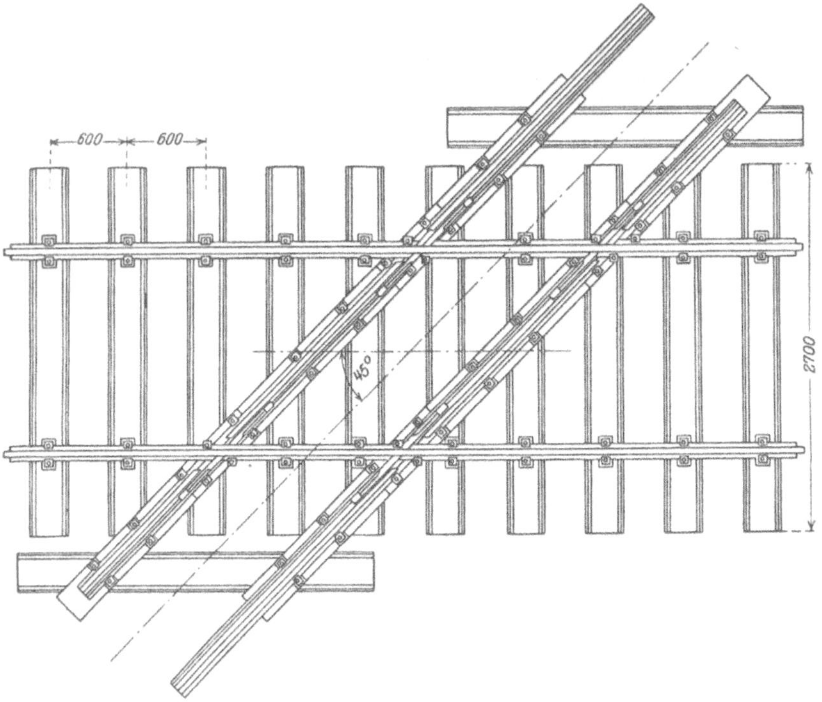

Abb. 220. Hauptbahnkreuzung.

gleisungsgefahr ziemlich groß, und das Befahren der Kreuzung macht sich den Fahrgästen sehr unangenehm bemerkbar. Eine schiefwinklige Vollbahnkreuzung ist in Abb. 220 dargestellt.

5. Leitungskanäle.

Bei den in den nordamerikanischen Städten als Vorläufer der elektrischen Bahnen erbauten Kabelbahnen wurde für die Durchführung des Triebkabels ein gemauerter Kanal in Gleismitte angelegt, der oben in einen schmalen Schlitz ausmündete. Durch diesen schmalen Schlitz wurde der Greifer geführt, mit dem sich der Wagen an das Kabel anhängt. Nach Einführung des elektrischen Betriebes sind die Kabelkanäle zur unterirdischen Stromzuführung benutzt worden, und weitere Strecken wurden nach der gleichen Bauweise ausgeführt, da die Stadtbehörden in manchen Städten (Neuyork, Washington) die Anwendung der Oberleitung verboten. Diese Verbote erfolgten teils aus ästhetischen Rücksichten, teils wegen der vermeintlichen Gefahren der Oberleitung. Abb. 221 zeigt den Leitungskanal in der Amsterdam Avenue in Neuyork. Auf einem durchgehenden Betonfundament sind in Abständen von 1 m Gußeisenböcke aufgestellt, die sowohl die Z-förmigen Schlitzschienen wie auch die Fahrschienen tragen. Zwischen Fahrschiene und Böcken liegt eine hölzerne Langschwelle, um ein weicheres Fahren zu verursachen. Der Raum zwischen den Böcken ist mit Beton ausgefüllt, wobei der eiförmige Kanal freigelassen ist. In diesem Kanal befinden sich die an Porzellanisolatoren angebrachten T-förmigen Stromleitungsschienen (+- und —-Pol). In Abständen von 27 m sind Untersuchungsöffnungen hergestellt, in der Abbildung sind diese Untersuchungsöffnungen geschnitten. Der Schlitz hat eine Weite von 20 mm, der Stromabnehmer eine Dicke von 15 mm.

Die erste unterirdische Stromzuführungsanlage wurde im Jahre 1889 von der Firma Siemens & Halske in Budapest ausgeführt. Hier wurde der Schlitz

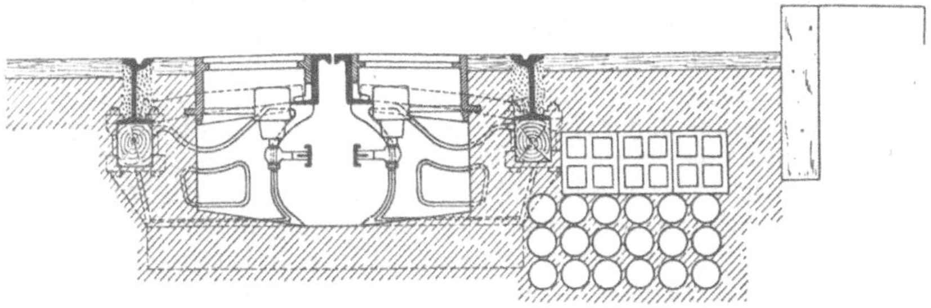

1 : 30.

Abb. 221. Stromleitungskanal in der Amsterdam Avenue in Neuyork.

nicht in Gleismitte angeordnet, sondern die ohnehin nötige Spurrille eines Schienenstranges dazu benutzt, so daß der Kanal unter eine Fahrschiene zu liegen kam. Fahrschiene und Leitschiene sind auf den alle 1,2 m angeordneten Gußeisenböcken befestigt und bilden die Wandungen des 33 mm weiten Schlitzes (Abb. 222). Der Kanal hat eine Breite von 23 und eine Tiefe von 33 cm.

Die europäische Form hat vor der amerikanischen den Vorteil, daß die Zahl der Metallstreifen und Schlitze in der Pflasterfläche nicht weiter vermehrt wird, dagegen den Nachteil, daß bei Gleisdreiecken ein Wechsel in der Seitenlage des Schlitzkanals eintreten muß, und daß die Anordnung von Weichen schwieriger wird.

Nach dem Vorbild der Budapester Anlage sind auch in andern europäischen Städten unterirdische Stromzuführungen zur Ausführung gekommen, da sich aber Betriebsschwierigkeiten, namentlich bei starkem Schneefall und Regen, zeigten, wurden sie fast überall wieder beseitigt.

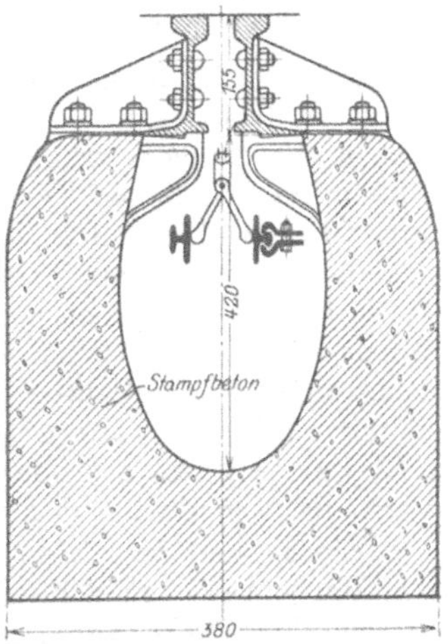

1 : 13.

Abb. 222. Stromleitungskanal in Budapest.

6. Unterhaltung des Oberbaues.

Die Unterhaltung des Straßenbahnoberbaues wird durch die Einpflasterung der Gleise und durch den übrigen Straßenverkehr erschwert. Die Unterhaltungsarbeiten erstrecken sich im wesentlichen auf die Reinhaltung der Gleise, die Erhaltung einer festen Gleislage und die Erneuerung der Gleise.

Wind und Straßenverkehr füllen die Schienenrille mit Staub und Schmutz. Dadurch wird der Fahrwiderstand erhöht. Bei einer Reinigung der Straßenoberfläche durch Kehrmaschinen wird die Rille nicht mit gereinigt, sie muß daher besonders ausgeräumt werden. Diese Reinigung muß, je nach der Stärke des Verkehrs, ein- bis dreimal wöchentlich erfolgen. Sie geschieht gewöhnlich mit der Hand, mit Besen oder mit Kratzen, die in einen Behälter auslaufen. Neuerdings werden hierzu besondere Schienenreinigungswagen benutzt. Von diesen Wagen aus wird der Schmutz in der Schienenrille durch Einträufeln von

Wasser aufgeweicht, durch Kratzeisen gelöst und durch ein Rohr in einen Kessel gesaugt, in dem sich eine Luftleere befindet. Die beweglichen Teile der Weichen werden mit Fett oder Graphit geschmiert; die Bogenschienen werden mit Graphit geschmiert oder mit Wasser benetzt, um den Fahrwiderstand zu verringern und das Kreischen beim Befahren zu vermeiden.

Der Schnee ist der gefährlichste Gegner des Straßenbahnbetriebes. Ist die Spurrille mit Schnee gefüllt und dieser festgefahren und gefroren, so ist ein Straßenbahnbetrieb fast unmöglich; der Schnee muß daher von den Straßenbahngleisen rechtzeitig entfernt und der schon in der Rille befindliche Schnee durch Salz aufgetaut werden. Es genügt nicht, die Gleiszone allein zu reinigen, weil dann das Straßenfuhrwerk diese aufsucht und den Straßenbahnbetrieb behindert. Es ist daher nötig, die ganze Fahrbreite zu reinigen. Die Schneeräumung geschieht beispielsweise (Wiener Straßenbahn) in der Weise, daß an den Triebwagen schräge Holzbretter angehängt werden, die den Schnee zunächst von den Schienen beiseite schieben. Diese Bretter werden in Kisten längs der Strecke aufbewahrt und vom Wagenpersonal eingehängt. Ferner sind die Triebwagen mit Kratzen ausgerüstet, die Schiene und Rille reinigen. Die als Pflugscharen ausgebildeten Schneepflüge werden an die Stirnwand von leerfahrenden Triebwagen oder besonderen Lasttriebwagen angehängt und reinigen die Gleiszone. Staffelförmig dahinter fahrende Schneefegemaschinen reinigen den übrigen Fahrdamm.

Die zur Schneebeseitigung dienenden Fahrzeuge werden zugleich zum Salzstreuen eingerichtet. Im Wageninnern befindet sich über jeder Schiene ein Salzbehälter, und durch ein Rührwerk wird dafür gesorgt, daß das Salz sich nicht klumpt.

Zur Vermeidung von Staubbildung und zur Unterhaltung des Rasens ist es in der trockenen Jahreszeit nötig, den Bahnkörper zu besprengen, namentlich in den Außenbezirken, wohin die städtischen Sprengwagen nicht kommen. Diesem Zweck dienen Triebwagen, die mit einem Wasserbehälter ausgestattet sind. Bei städtischen Straßenbahnen wird diesen Triebwagen wohl auch die Sprengung der ganzen Straße übertragen. Die vierachsigen Sprengwagen der Stadt Köln haben einen walzenförmigen, liegenden Wasserbehälter von 10 cbm Inhalt. Unter dem Behälter befinden sich zwei mit dem natürlichen Wasserdruck arbeitende Brausen, die den Bahnkörper besprengen. Seitlich des Behälters sind zwei weitere Brausen angebracht, ihnen wird das Wasser durch eine von je einem besonderen Motor angetriebene Schleuderpumpe zugeführt. Diese Brausen dienen der Straßenbesprengung.

Ein besonderer Feind des Straßenbahnoberbaues ist das Wasser, das in den Raum zwischen Schiene und Pflaster eindringt, die Bettung verschlammt und durch Gefrieren zersprengt. Es muß dafür gesorgt werden, daß kein Wasser zwischen Schiene und Pflaster eindringt.

Das in der Gleiszone aufkommende Niederschlagswasser sammelt sich in der Spurrille und muß von hier abgeführt werden. Hierzu dienen gußeiserne Entwässerungsstutzen, die an allen Tiefpunkten an den Weichen und im übrigen in Abständen von 80—200 m (je nach der Längsneigung der Straße) angeordnet werden. In sie fließt das Rillenwasser durch eine Öffnung von 12 cm Länge und 2 cm Breite. Die Entwässerungsstutzen münden in Sammelkästen, die an die Kanalisation angeschlossen werden.

Eine der lästigsten Erscheinungen im Straßenbahnbetriebe ist die Riffelbildung, das ist eine wellenförmige Abnutzung der Fahrflächen der Schienen. Der Keim dieser Erscheinung entsteht häufig bereits im Walzwerk. Durch Torsionsschwingungen der Walzen wird der Schienenstoff ungleichmäßig dicht, beim Richten erhält die Oberfläche Eindrücke.

Die Hauptursachen sind aber im Straßenbahnbetriebe zu suchen, insbesondere in einem abwechselnden Rollen und Gleiten der Räder. Veranlaßt wird es durch die im Betriebe auftretenden aus mannigfachen Ursachen herrührenden Schlingerbewegungen der Fahrzeuge. Ein solches abwechselndes Rollen und Gleiten tritt außerdem beim Anfahren und Bremsen, sowie in Bögen infolge des ungleichen Weges der auf den Achsen starr befestigten Räder auf.

Am stärksten ist die Riffelbildung, wenn die Schienen lose auf ihrer Unterlage ruhen und auch seitlich Spielräume gegen das Pflaster haben. Durch das Befahren der wellenförmig abgenutzten Schienen werden Schwingungen in den Schienen verursacht, die ein weiteres Losrütteln zur Folge haben. Es entsteht ein dröhnendes Geräusch und ein erhöhter Fahrwiderstand.

Abhilfe kann nur durch Abschleifen der Fahrfläche erfolgen. Zu diesem Zwecke wird eine Schleifvorrichtung in einen besonderen Wagen eingebaut und das abzuschleifende Gleis mit diesem Wagen befahren[1]).

Als ein wirksames Mittel gegen die Entstehung der Riffeln wird die feste Verschraubung der Schiene mit der Unterlage oder ihre Einbettung in Eisenbeton, sowie eine sorgsame Unterhaltung des Laufwerkes der Wagen bezeichnet.

Der Straßenbahn obliegt gewöhnlich die Unterhaltung des Pflasters zwischen den Schienen und beiderseits der Gleise auf eine Breite von 50—75 cm. Dieser Teil des Straßenpflasters wird durch die Bewegung der Schienen und durch das Befahren der Straßenbahngleise durch Straßenfuhrwerke besonders angegriffen und erfordert daher größere Aufwendungen für die Unterhaltung.

Eine Lockerung der Verbindung zwischen Schienen und Pflaster ist gewöhnlich das Zeichen dafür, daß die Unterbettung der Schienen abgenutzt ist. Um die Unterbettung auszubessern, muß ein Pflasterstreifen beiderseits der Schienen aufgenommen werden. Dann wird die Bettung unter dem Schienenfuß, wie bei Eisenbahnquerschwellen üblich, nachgestopft, zerbröckelter Beton erneuert und der Schienenfuß frisch mit Asphalt untergossen. Bei dieser Gelegenheit werden, wenn erforderlich, auch die Laschen ausgewechselt.

Die Lebensdauer des Straßenbahnoberbaues ist im Vergleich zu der bei Hauptbahnen verhältnismäßig gering. Dies hat seine Ursache in der großen Fahrleistung, die auf ein Bahnkilometer entfällt, in den häufig recht ungünstigen Neigungs- und Richtungsverhältnissen der Bahn, schließlich auch in den Schwierigkeiten der Unterhaltungsarbeiten. Im allgemeinen ist für gerade Gleise mit einer Liegedauer von 8—12 Jahren zu rechnen. Für Weichen, Kreuzungen und scharfe Bögen sinkt sie bis auf wenige Jahre.

Um die Auswechselungsarbeiten auf stark befahrenen Straßen abzukürzen, müssen die zur Einwechselung kommenden Weichen und Kreuzungen vorher in der Werkstatt zusammengebaut werden.

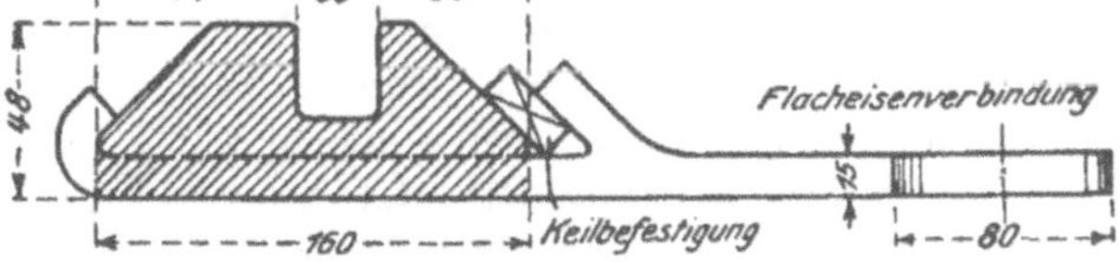

Abb. 223. Schiene für Notgleise.

Unterhaltungsarbeiten kleineren Umfanges und solche in stark befahrenen Straßen werden gewöhnlich in der nächtlichen Betriebspause ausgeführt. In diesem Falle ist eine Ablenkung des Straßenbahnverkehrs und eine Sperrung der Straße nicht erforderlich. Umfangreiche Erneuerungsarbeiten müssen aber gewöhnlich am Tage vorgenommen werden. Ist es nicht möglich, die Wagen

[1]) Die Bahnen der Stadt Cöln, S. 211.

über andere Straßen umzuleiten und ist ein eingleisiger Betrieb untunlich, so müssen Notgleise nach Abb. 223 verlegt werden. Diese Notgleise sind zur Auflagerung auf Pflaster bestimmt. Sie haben einen breiten Fuß, um den Flächendruck zu verringern und schräge Seitenwandungen, um ihre Kreuzung durch Fuhrwerke zu erleichtern. Die Notgleise werden mit den Fahrgleisen durch Kletterweichen verbunden.

C. Betriebsstätten.

Die Betriebsstätten zerfallen, wie bei den Stadtbahnen, in Abstellbahnhöfe, Werkstätten und Magazine. Die bei den Stadtbahnen gemachten Ausführungen treffen auch für die Betriebsstätten von Straßenbahnen zu, und es soll daher hier nur das Abweichende besprochen werden.

1. Abstellbahnhöfe.

Die Abstellbahnhöfe dienen außer zur Unterbringung der für die Personenbeförderung bestimmten Wagen auch zur Aufstellung der Sprengwagen, Schneepflüge, Turmwagen, Rettungswagen und sonstigen Wagen. Sie werden des billigeren Grunderwerbs wegen möglichst in den Außenbezirken angelegt, am besten an einem gemeinsamen Endpunkt mehrerer Linien oder, wo dies nicht angängig ist, zwischen 2 Betriebslinien, so daß der Abstellbahnhof von jeder Linie durch ein kurzes Anschlußgleis erreicht wird. Liegt der Abstellbahnhof am Endpunkt der Linien, so bildet er den ganzen Tag über den Anfangs- und Endpunkt des Betriebes; andernfalls sind Leerfahrten zwischen dem Betriebsendpunkt und dem Abstellbahnhof unvermeidlich. Die ersten Fahrten morgens beginnen und die letzten Nachtfahrten enden auch dann im Abstellbahnhof, und Anhängewagen werden erforderlichenfalls bei der Vorbeifahrt der Züge am Abstellbahnhof an- oder abgesetzt. Sind Ringlinien vorhanden, die die Außenbezirke überhaupt nicht berühren, so muß mindestens ein Abstellbahnhof näher zum Stadtinnern angelegt werden.

Die Abstellbahnhöfe werden für je 100—300 Wagen bemessen; es ergeben sich für Großstädte etwa 5, für Weltstädte bis 20 Abstellbahnhöfe.

Bei billigem Grund und Boden werden die Gebäude des Abstellbahnhofs eingeschossig, bei teuerem Geländepreis mehrgeschossig angelegt. Liegt der Abstellbahnhof auf geneigtem Gelände, so werden zwei Wagenschuppen übereinander gelegt und jedem eine unmittelbare Einfahrt von der Straße gegeben, sonst werden bei mehrgeschossigen Wagenschuppen (in Neuyork bis zu 4 Stockwerken) die nicht in Geländehöhe liegenden Stockwerke durch Rampen oder Aufzüge und Schiebebühnen zugänglich gemacht. Die Wagenhallen werden aber auch mit Werkstatts-, Magazin-, Aufenthalts-, Bureauräumen oder Dienstwohnungen überbaut. Daß bei mehrgeschossigen Anlagen die Beleuchtungsverhältnisse der Wagenhallen ungünstig werden, macht wenig aus, da die Hauptarbeit in den Wagenschuppen nachts stattfindet.

Die Schuppengleise erhalten einen Abstand von 3,2—4,5 m (das größere Maß gilt bei Säulenstellungen); am gebräuchlichsten sind 3,5 m. Der Wandabstand wird zu 2,5—3 m bemessen, um hier noch Werkbänke, Gestelle für Wagenschilder u. dgl. aufstellen zu können. Die Torweite soll beiderseits 0,4 m größer sein als die Wagenbreite.

Die Triebwagen und Anhängewagen werden im Abstellbahnhof gewöhnlich getrennt; dies ergibt sich oft ohne weiteres daraus, daß die Anhängewagen in den späten Abendstunden nicht mehr gebraucht werden. Für die Anhängewagen wird bisweilen ein offener Schuppen errichtet. Sind für Sommer und Winter verschiedenartige Betriebsmittel im Gebrauch, so werden die nicht gebrauchten Wagen in einfacher gebauten Wagenhallen oder in den oberen Stockwerken der mehrgeschossigen Anlagen untergebracht; in offenen Schuppen würden sie während der langen Zeit des Stillstehens zu sehr leiden. Liegen die Gleise des Wagenschuppens in Geländehöhe, so erhält jedes Schuppengleis eine Einfahrt von der Straße bzw. dem Vorhof aus. Im geschlossenen Wohnbezirk wird auch wohl der Vorhof an der Straße mit einem Wohnhause oder dem Verwaltungsgebäude überbaut.

Bei Straßen mit einigermaßen lebhaftem Verkehr empfiehlt es sich, die Gleisentwicklung in den Vorhof zu legen, damit bei Verschubbewegungen die Straße nicht berührt wird. Zum Drehen der Wagen muß auf dem Vorhofe eine Drehscheibe oder ein Schleifengleis vorhanden sein; das Schleifengleis ist vorzuziehen. An der rückwärtigen Seite des Wagenschuppens enden die Gleise gewöhnlich stumpf. Verschiedene Verwaltungen ziehen jedoch vor, das für den Abstellbahnhof bestimmte Grundstück so zu wählen, daß es an zwei Straßenfronten liegt. Dann werden die Gleise durch den Wagenschuppen hindurchgeführt und hinter ihm zu einer Ausfahrt zusammengezogen. Als Vorteil ergibt sich, daß keine Gegenbewegungen der Wagen im Abstellbahnhof stattfinden, dagegen wird durch die Trennung der Ein- und Ausfahrt der Betrieb erschwert und die Länge der Anschlußgleise vergrößert.

Jedes Schuppengleis erhält eine Grube von $\frac{1}{3}$—$\frac{1}{4}$ seiner Länge. Die Gruben werden gewöhnlich unmittelbar neben den Toren angelegt; diese Stelle dient dann der Untersuchung, die nicht mit Gruben versehenen Teile der Gleise dienen zur Reinigung und Aufstellung. Die Wagen müssen also bei stumpf endigenden Gleisen in der umgekehrten Reihenfolge ihres Eintreffens morgens in denDienst gestellt werden. Soll dieser Mißstand vermieden werden, so sind die stumpfen Enden der Gleise durch eine Schiebebühne zu verbinden. Sie wird von den ankommenden Wagen benutzt, und die Untersuchungsgruben liegen dann im hinteren Teil der Gleise. Die zuerst angekommenen Wagen stehen nach ihrer Untersuchung und Reinigung unmittelbar hinter den Schuppentoren zur Ausfahrt bereit. Zweckmäßig ist es, zwischen der Schiebebühne und der Rückwand eine reichliche Wagenlänge frei zu lassen und dort die Ausbesserungsstände anzuordnen.

Der Oberbau im Wagenschuppen besteht aus Schienen ohne Rille, die Oberleitung wird in ihn hineingeführt, an den Toren unterbrochen und diese Stelle bei geöffnetem Tor überbrückt. Der Fußboden liegt in Schienenunterkante, für Wagen mit Unterleitungs-Stromabnehmern jedoch etwa 0,6 m unter Schienenunterkante. Im Anschluß an die Gruben wird ein Teil des Schuppens unterkellert und dient als Sand- und Salzlager. Hier ist auch eine Sandtrockenanlage einzubauen. Der trockene Sand wird in Behälter geschafft, die sich neben den Ausfahrtstoren zwischen je 2 Gleispaaren befinden. Von dort aus füllen die Fahrer ihre Behälter (täglicher Sandverbrauch bei großen Abstellbahnhöfen bis 5 cbm).

Zum Aufbau des Gebäudes eignet sich am besten Eisenbeton. Ist die Stadt jedoch im raschen Wachstum begriffen und die Bahnhofsanlage als eine vorübergehende zu betrachten, so wird der besseren Wiederverwendbarkeit wegen Eisenfachwerk gewählt.

Die Räume der Betriebswerkstatt, des Magazins und die sonstigen Nebenräume liegen, wenn sie nicht in einem Obergeschoß untergebracht werden, entweder am stumpfen Ende der Gleise oder der Länge nach neben der Wagenhalle. Die letztgenannte Anordnung wird bei größeren Anlagen bevorzugt Sie ermöglicht es, den vorderen Teil des Anbaues als Lackier- oder Montagewerkstatt auszubilden und mit einer Einfahrt zu versehen. Das dem Anbau zunächst liegende Schuppengleis dient als Reparaturgleis und erhält in seiner ganzen Länge eine Grube. Das Magazin wird gern in die Mitte des Anbaues gelegt, um die Wege nach den einzelnen Wagenständen zu verkürzen. Der großen Zahl des Fahrpersonals wegen ist der Raumbedarf für Umkleide-, Aufenthalts-, Wasch- und Baderäume erheblich. Die eigentlichen Verwaltungsräume werden gewöhnlich in einem besonderen Gebäude untergebracht. Es enthält den Dienstraum für den Bahnhofsvorsteher, die Kasse, das Abrechnungszimmer für die Schaffner und häufig einen Schalterraum für das Lösen von Zeitkarten.

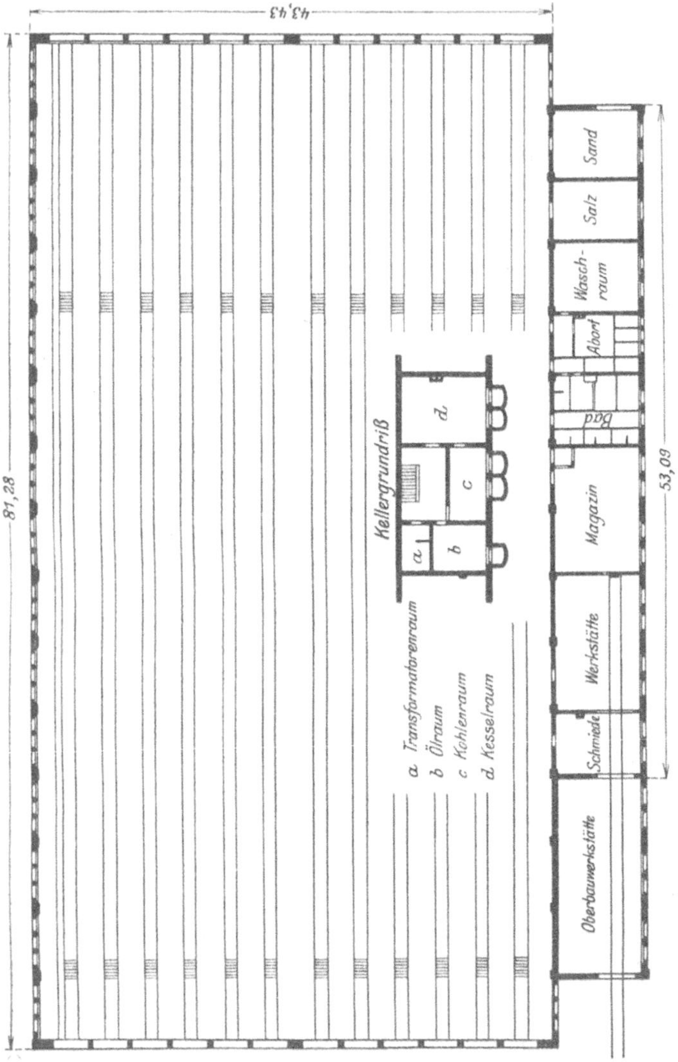

1:600.

Abb. 224. Abstellbahnhof an der Waldhofstraße in Mannheim. Wagenhalle mit Anbauten.

In den oberen Geschossen sind mindestens 2 Dienstwohnungen, eine für den Bahnhofsvorsteher, die andere für den Pförtner vorzusehen. Wenn der Raum es erlaubt, werden weitere Dienstwohnungen für je einen Werk- und Wagenmeister eingerichtet.

Abb. 224 und 225 zeigen die Wagenhalle des Abstellbahnhofs an der Waldhofstraße in Mannheim. Sie bietet Raum für 96 Wagen, angebaut sind eine Betriebswerkstatt, ein Magazin und eine Oberbauwerkstatt. Im Keller unter dem Magazin sind Kesselhaus und Kraftwerk untergebracht. Die Gleise sind auf 60 m unterkellert, die Unterkellerung hat eine Tiefe von 1,5 m und ist aus

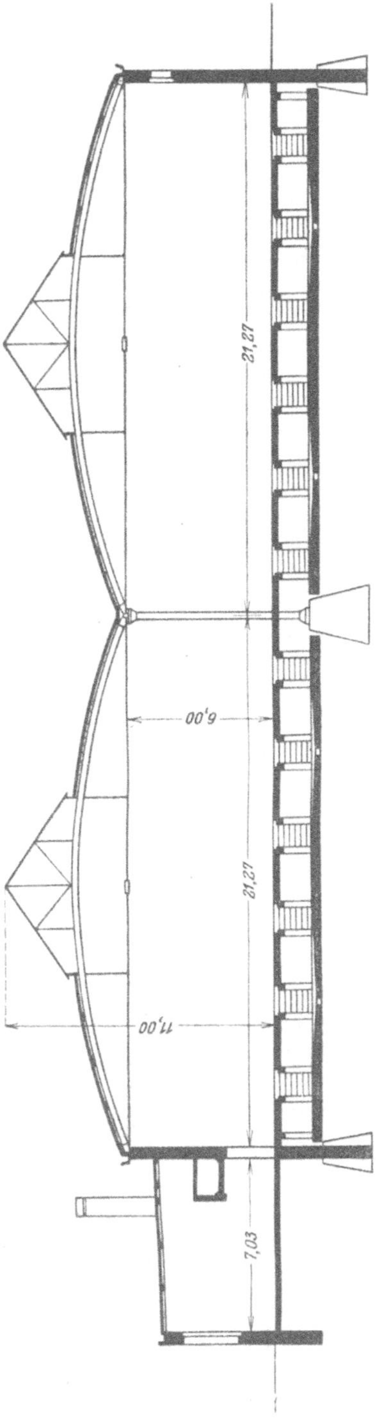

1 : 300.

Abb. 225. Abstellbahnhof an der Waldhofstraße in Mannheim. Querschnitt durch die Wagenhalle.

Eisenbeton hergestellt. Abb. 226 gibt das zugehörige Verwaltungsgebäude wieder. Bemerkenswert ist die Anordnung von Schließfächern (nach Muster der bekannten Postschließfächer) in der Wand zwischen Schaffnerraum und Kasse, in die die Schaffner ihre Tageseinnahmen einlegen. Die Obergeschosse enthalten 4 Dienstwohnungen mit je 3 Zimmern.

Abb. 227 zeigt den Bahnhof der Großen Berliner Straßenbahn in der Gradestraße zu Britz. Er ist für 200

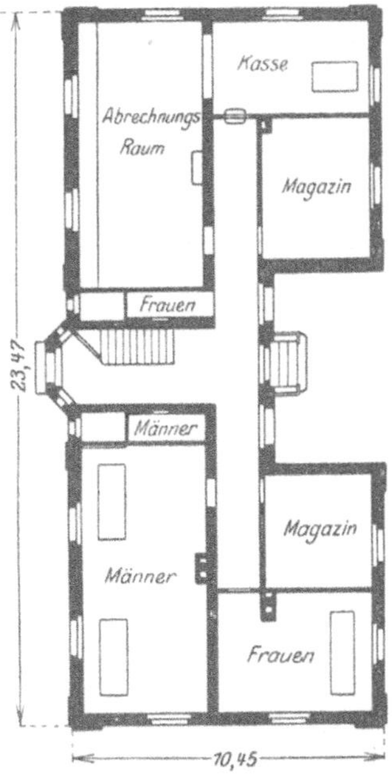

1 : 300.

Abb. 226. Abstellbahnhof an der Waldhofstraße in Mannheim. Verwaltungsgebäude. Erdgeschoß-Grundriß.

Wagen bestimmt, kann aber auf das Doppelte erweitert werden. Ursprünglich war eine Trennung der Ein- und Ausfahrt vorgesehen und das Grundstück hiernach ausgewählt worden; bei der Ausführung wurde jedoch die besondere Ausfahrt weggelassen.

Abb. 228 und 229 stellt den Bahnhof derselben Gesellschaft an der Siegfriedstraße in Lichtenberg dar, der für 500 Wagen bestimmt und wohl der größte Straßenbahnabstellbahnhof in Europa ist.

Die Abb. 230 und 231 zeigen Längs- und Querschnitt des zweigeschossigen Wagenschuppens der Aachener Kleinbahn an der Scheibenstraße in Aachen. Der Schuppen hat Einfahrten von der Oberstraße und der Peliserkerstraße. Der Höhenunterschied beider

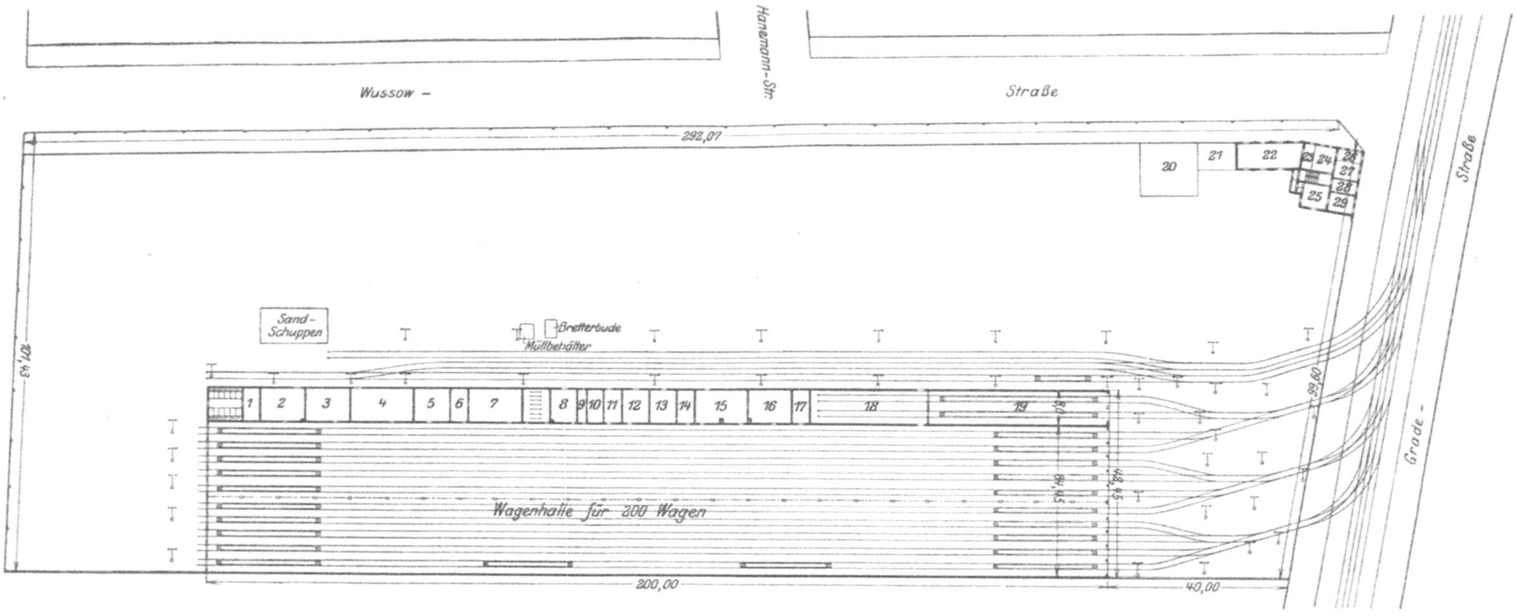

1 : 1700.

Abb. 227. Abstellbahnhof der Großen Berliner Straßenbahn in der Gradestraße in Britz.

1. Heu. 2. Sand. 3. Decken und Läufer. 4. Umformer. 5. Umkleideraum für Wagenputzer. 6. Waschraum. 7. Umkleideraum für Schlosser. 8. Heizanlage. 9. Durchgang. 10. Fahrer. 11. Salz. 12. Materialien. 13. 14. Magazin. 15. Schlosser. 16. Stellmacher. 17. Ingenieure. 18. Lackiererei. 19. Montierraum.

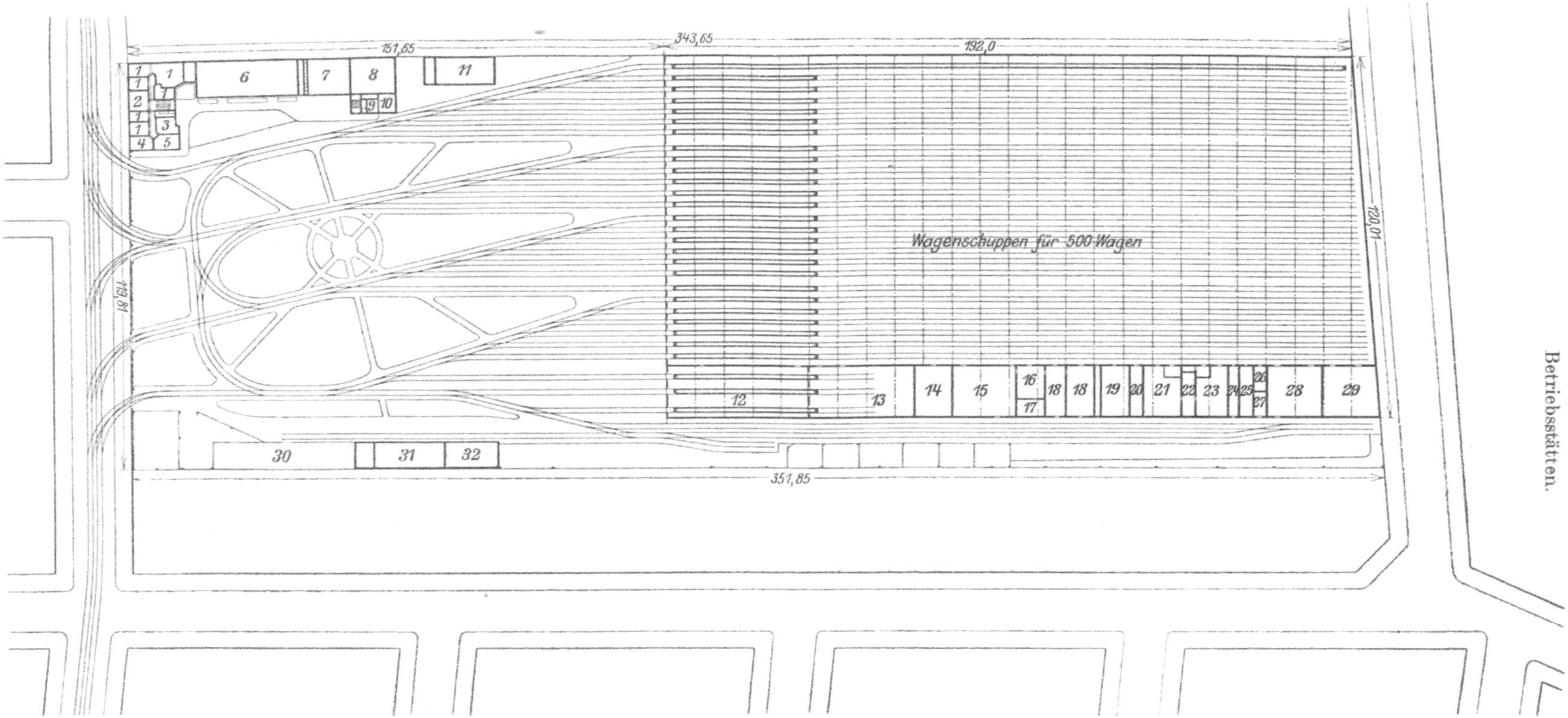

1 : 2000.

Abb. 228. Abstellbahnhof der Großen Berliner Straßenbahn in der Siegfriedstraße in Lichtenberg.

1. Büro. 2. Publikum. 3. Assistent. 4. Inspektor. 5. Vorsteher. 6. Schlosser. 7. Fahrer. 8. Wirtschaft. 9. Speisenkammer. 10. Küche. 11. Umformer. 12. Montageraum. 13. Lackiererei. 14. Stellmacher. 15. Schmiede. 16. Wagenmeister. 17. Ingenieur. 18. Magazin. 19. Decken und Läufer. 20. Abort. 21. Umkleideraum für Schlosser. 22. Waschraum. 23. Umkleideraum für Wagenputzer. 24. Öl. 25. Verfügbar. 26. Kleiderablage. 27. Glühstoff. 28. Fahrschule. 29. Verfügbar. 30. Sandtrockenfläche. 31. Sand. 32. Salz.

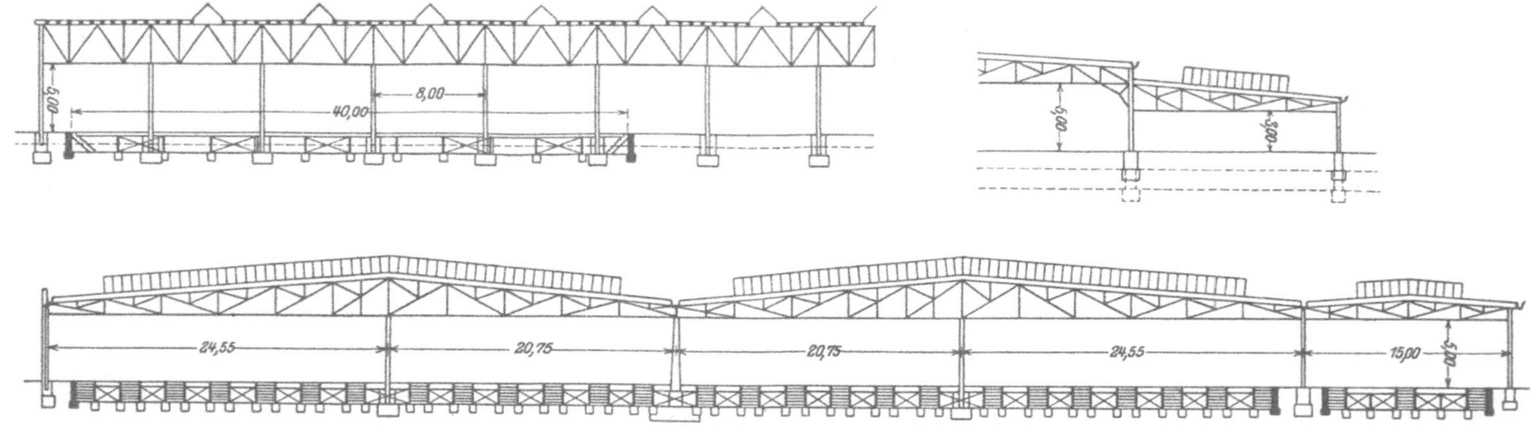

1 : 600.

Abb. 229. Abstellbahnhof der Großen Berliner Straßenbahn in der Siegfriedstraße in Lichtenberg. Schnitt durch die Wagenhalle.

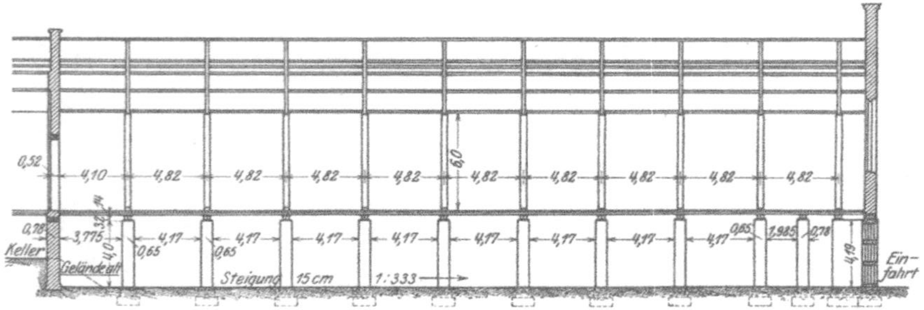

Abb. 230. Zweigeschossiger Wagenschuppen der Aachener Kleinbahn an der Scheibenstraße in Aachen. Längsschnitt.

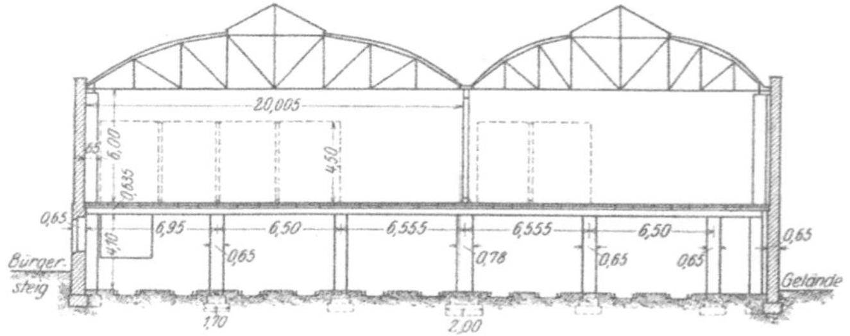

Abb. 231. Zweigeschossiger Wagenschuppen der Aachener Kleinbahn an der Scheibenstraße in Aachen. Querschnitt.

Einfahrten beträgt 4,8 m. Der Betonfußboden des Obergeschosses wird von Steinpfeilern und Unterzügen aus I-Eisen getragen. Die Schienen liegen unmittelbar auf dem Trägerrost. Der Querschnitt der Pfeiler beträgt 0,75/0,65 m. Der Abstand der Pfeiler ist senkrecht zu den Gleisen 6,55 m, parallel zu den Gleisen 4,82 m. Zwischen je zwei Pfeilerreihen liegt im Untergeschoß ein Gleispaar. Der innere Abstand der beiden Gleise beträgt 2,5 m. Im Obergeschoß

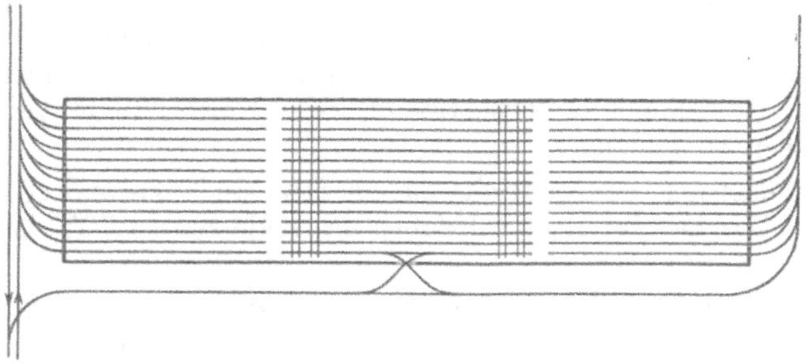

1 : 3000.

Abb. 232. Abstellbahnhof an der 146. Straße in Neuyork.

daben die Gleise einen Abstand von 2,9 m. Der Gleisabstand ist ziemlich knapp, er reicht für die Wagen von 1,95—2,10 m Kastenbreite eben noch zu. Untersuchungsgruben sind nicht vorhanden.

Abb. 232 zeigt den Abstellbahnhof an der 146. Straße in Neuyork. Er ist von der 7. Avenue und der Lenox Avenue zugänglich. Beide Teile hängen aber nicht zusammen, da sich zwischen ihnen die Betriebswerkstatt befindet. Der Gebäudeteil an der 7. Avenue ist viergeschossig, der an der Lenox Avenue zunächst eingeschossig angelegt. Die Gesamtanlage bietet für 700 Wagen Raum.

2. Werkstätten und Magazine.

Nach den preußischen Bau- und Betriebsvorschriften sind die Triebwagen mindestens alle 6 Monate einer Untersuchung zu unterziehen, die sich namentlich auch auf die genügende Isolation der elektrischen Einrichtungen und den gebrauchsfähigen Zustand aller Apparate zu erstrecken hat. Außerdem sind die Triebwagen mindestens alle 2 Jahre, die Anhängewagen alle 3 Jahre einer Hauptuntersuchung zu unterziehen. Hierbei ist der Wagenkasten hoch zu nehmen, die Achsen und Lager sind herauszunehmen und auf ihre genügende Stärke hin nachzumessen.

Tatsächlich wird es nötig, die Hauptuntersuchungen in kürzeren Zwischenräumen vorzunehmen, namentlich im Anfang des Betriebes. Bei der Wiener Straßenbahn erfolgte sie zunächst alle 3 Monate, später alle 6 Monate, zuletzt alle Jahre. Je öfter die Hauptuntersuchung vorgenommen wird, desto geringer wird naturgemäß die Bedeutung der Zwischenuntersuchungen. Die Zwischenuntersuchungen werden in der Regel in den auf den Abstellbahnhöfen befindlichen Betriebswerkstätten vorgenommen, die Hauptuntersuchungen in der Hauptwerkstatt. Werden für die Zwischenuntersuchungen je 3 Tage, für die Hauptuntersuchung je 10 Tage gerechnet, und wird angenommen, daß jede einmal im Jahre stattfindet. so ergibt sich ein Reparaturstand von 1% in den Betriebswerkstätten, von 3,3% in der Hauptwerkstatt.

Diese Zahlen beziehen sich auf Triebwagen; für Anhängewagen dauert die Untersuchung nur die Hälfte der Zeit, und dementsprechend beträgt die Zahl der erforderlichen Reparaturstände auch nur die Hälfte.

Hierzu kommt die Ausbesserung einzelner Schäden. Kleinere Schäden werden in den Betriebswerkstätten (in den Nachtpausen), größere in den Hauptwerkstätten beseitigt. Nach Aufzeichnungen bei der Kölner Straßenbahn kommen größere Schäden jährlich bei 210% der Triebwagen und 40% der Anhängewagen vor. Ihre Beseitigung dauert im Mittel bei Triebwagen 4 Tage, bei Anhängewagen 3 Tage. Hieraus ergibt sich ein Reparaturstand von 2,8% der Triebwagen und 0,4% der Anhängewagen. Hauptuntersuchung und Ausbesserung zusammen erfordern also in der Hauptwerkstatt einen Reparaturstand von 6% der Triebwagen und 2% der Anhängewagen. Dies sind Jahresdurchschnittszahlen. Mit Rücksicht auf die zeitweise Häufung der Schäden an den Wagen, beispielsweise bei starkem Frost, empfiehlt es sich, diese Zahlen um 50% zu erhöhen, also mit einem Reparaturstand von 9% der Triebwagen und 3% der Anhängewagen zu rechnen.

Die Erneuerung des Anstrichs dauert etwa 15 Tage und soll alle 3 Jahre stattfinden. Die Lackiererei muß daher imstande sein, 1,7% aller Wagen aufzunehmen.

Bei der Größenbemessung der Hauptwerkstatt muß auf die voraussichtliche Vermehrung des Wagenparkes Rücksicht genommen und die Anlage erweiterungsfähig gemacht werden.

Viele Straßenbahnen pflegen der Hauptwerkstatt außerdem noch den Zusammenbau der neubeschafften Wagen, den Umbau älterer Wagen und womöglich gar den Neubau von Betriebsmitteln (Wien, viele Straßenbahnen in den Vereinigten Staaten von Amerika, Straßen-Eisenbahn-Gesellschaft in Hamburg mit eigener Wagenbauanstalt) zu übertragen, um eine gleichmäßigere Beschäftigung zu erzielen und um die Zahl der Werkstattangestellten so weit vermehren zu können, daß aus ihnen der Mehrbedarf an Fahrern und Schaffnern an den Tagen stärkeren Betriebes mit Sicherheit gedeckt werden kann. Die Zahl der Werkstattsarbeiter ergibt sich aus folgendem Beispiel: Die Wiener Straßenbahn besaß am 1. Juli 1913 1254 Triebwagen, 1446 Anhängewagen, in den Betriebswerkstätten 50 Unterbeamte, 300 Facharbeiter und 1100 Hilfsarbeiter, in der Hauptwerkstatt 900 Arbeiter.

Die Hauptwerkstatt besteht, wie bei den Stadtbahnen, aus Wagenhalle, Dreherei, Holzbearbeitung, Klempnerei, Sattlerei (für Leder- und Stoffarbeiten), elektrischer Werkstatt und Schmiede. Von den Gleisen der Wagenhalle wird ein Teil mit festen oder beweglichen Hebevorrichtungen ausgerüstet, um bei den Hauptuntersuchungen den Wagenkasten vom Untergestell zu trennen. Bei den Ausbesserungen werden Wagenkasten und Untergestell in der Regel nicht getrennt.

Die Hauptwerkstatt wird bei kleineren und mittleren Anlagen mit einem Abstellbahnhof vereinigt, bei größeren Bahnnetzen aber für sich angelegt. Außer den Betriebsmitteln hat sie die Oberleitung und den Oberbau zu unterhalten. Es ist stets wirtschaftlich, ausgebaute Oberbauteile, insbesondere Weichen und Kreuzungen, durch Nacharbeiten und Einsetzen von Ersatzstücken in eigener Werkstatt wieder brauchbar zu machen. Manche Straßenbahnen stellen auch ihren eigenen Bedarf an Weichen und Kreuzungen selbst her; die Oberbauwerkstatt muß dann außer den erforderlichen Schienenbiege-, Hobel- und Fräsmaschinen einen geräumigen Schnürboden besitzen, auf dem ganze Weichen und Kreuzungen aufgezeichnet und zusammengebaut werden.

Die Werkstätten werden bisweilen in aufgelöster Form, meist aber in geschlossener Form als ein einziges Gebäude hergestellt. Ist des Bodenpreises wegen eine mehrgeschossige Anlage notwendig, so werden in das Obergeschoß die elektrische Werkstatt, bisweilen auch die Holzbearbeitungswerkstatt, ferner die Sattlerei, Klempnerei und oft sogar die Lackiererei verwiesen, für die dann ein Wagenaufzug notwendig wird. Die eigentliche Wagenhalle wird der Lichtzuführung wegen nicht überbaut.

Der Gleisabstand in der Wagenhalle beträgt wie in den Abstellbahnhöfen 3,5 m; nur wenn die Werkzeugmaschinen für die Eisenbearbeitung unmittelbar neben den Gleisen aufgestellt werden sollen, wird der Gleisabstand vergrößert (bis zu 7,5 m). Für die Herausnahme der Achsen und Motoren bei zweiachsigen Wagen werden Achssenken angewendet; die Beförderung der Radsätze und der Motoren nach den zugehörigen Werkstattsräumen erfolgt oft durch Hängebahnen.

Viele Straßenbahnen besitzen Vorrichtungen, um die Räder abzudrehen oder abzuschmirgeln, ohne sie von dem Wagen zu entfernen; die Fräs- oder Schmirgelmaschinen befinden sich in Gruben und werden angehoben, nachdem der Wagen über die Grube gefahren ist; die Umdrehung der Wagenräder geschieht durch Reibungsrollen. Auf diese Weise kann jede kleine Unebenheit an den Rädern beseitigt und jeder scharfgelaufene Spurkranz schnell durch Abschmirgeln oder Abfräsen geglättet werden. Die Bahn Wien—Baden fräst ihre Räder auf diese Weise regelmäßig alle 3 Monate (nach 15000 km) ab.

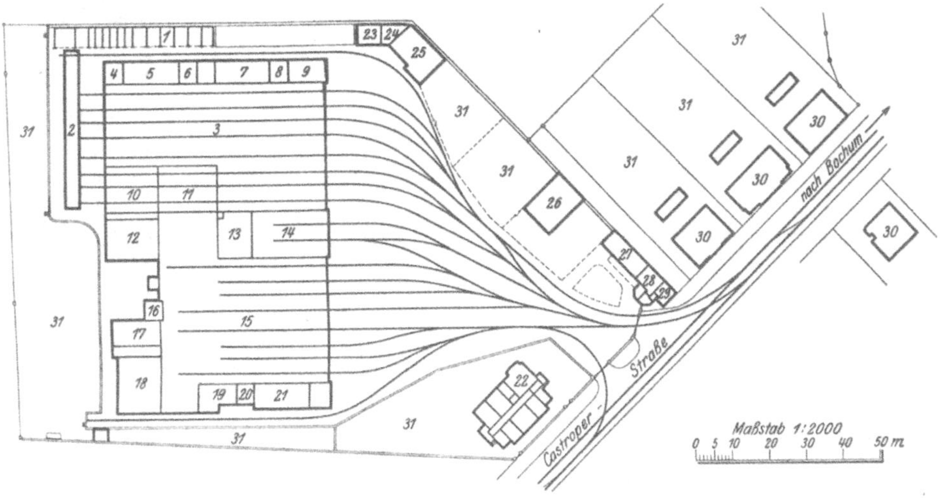

Abb. 233. Betriebsbahnhof und Hauptwerkstatt der Westfälischen Straßenbahn in Gerthe.

1. Lagerplätze. 2. Schiebebühne. 3. Wagenhalle. 4. Personalräume für Frauen. 5. Sandlager, darüber Salz. 6. Kohlenraum 7. Bahnmeistereilager. 8. Bahnmeister. 9. Kraftwagenschuppen. 10. Lackiererei. 11. Malerei. 12. Personalräume für Männer. 13. Prüfraum. 14. Schreinerei. 15. Hauptwerkstatt. 16. Meisterstube. 17. Batterie. 18. Umformer. 19. Schmiede. 20. Lagerverwalter. 21. Lager. 22. Verwaltungsgebäude. 23. Schuppen für Oberleitungsgerät. 24. Müllraum. 25. Unterrichtsgebäude. 26. Meisterwohnhaus. 27. Fahrpersonal. 28. Kassenschaffner. 29. Pförtner. 30. Beamtenwohnhaus. 31. Garten.

Die Räume des Hauptmagazins können nötigenfalls in den Obergeschossen des Werkstattsgebäudes untergebracht werden, abgesehen natürlich von den schweren Gegenständen, die ebenerdig, in Kellerräumen oder, wenn sie es vertragen (Oberbaumaterialien), im Freien gelagert werden. In den Magazinen werden meist auch die Wintermäntel der Fahrbeamten aufbewahrt und unterhalten. Hiermit verbinden manche Straßenbahnen eine eigene Uniformschneiderei.

Abb. 233 zeigt Betriebsbahnhof und Hauptwerkstätte der Westfälischen Straßenbahn in Gerthe. Wagenhalle und Hauptwerkstatt sind zu einem Rechteckgebäude vereinigt. Die Wagenhalle ist von vorn durch Gleiseinfahrten, von rückwärts durch eine Schiebebühne zugänglich. Um den Hauptwerkstattsraum lagern sich Schreinerei, Ankerwickelei, Wasch- und Baderäume, Meisterstube, Schmiede und Lager. In einem Anbau ist das Unterwerk untergebracht, das den vom Elektrizitätswerk Westfalen gelieferten Strom für Bahnzwecke umformt.

Abb. 234 zeigt die Hauptwerkstatt der Dortmunder Straßenbahnen an der Immermannstraße in Dortmund. Die Mitte des rechteckigen Gebäudes nimmt eine Schiebebühne ein. Auf der einen Seite der Schiebebühne liegen

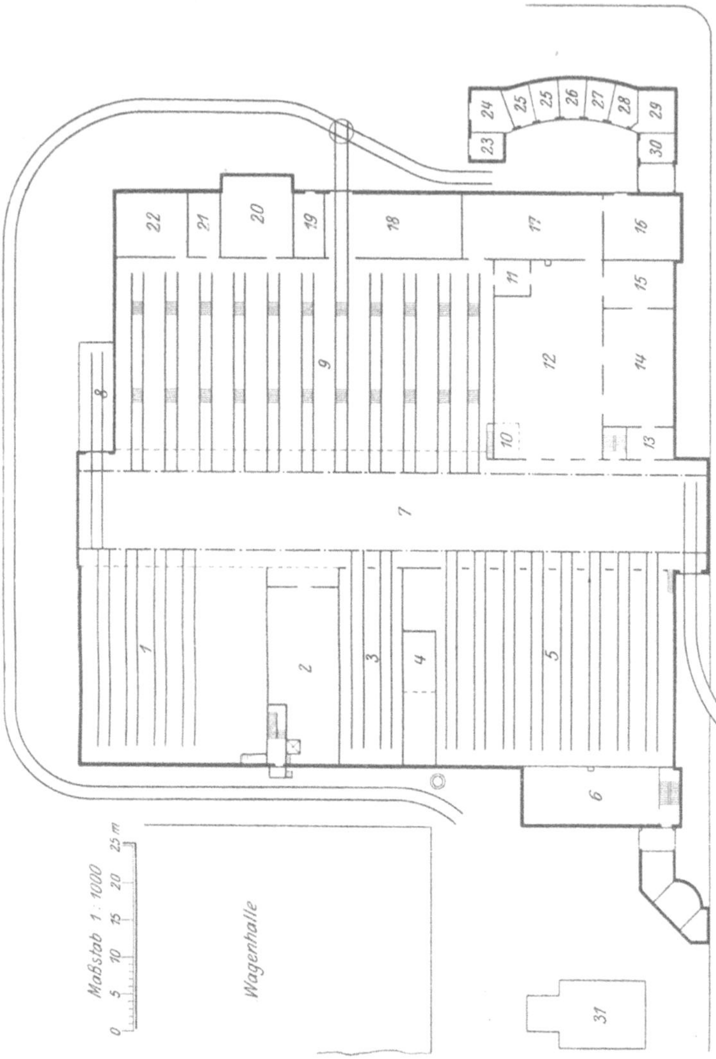

Abb. 234. Hauptwerkstatt der Dortmunder Straßenbahnen in Dortmund.

1. Schreinerei. 2. Magazine. 3. Abheizraum. 4. Luftkammer. 5. Lackiererei. 6. Kleiderkammer. 7. Schiebebühne. 8. Abspritzraum. 9. Wagenhalle. 10. Meisterstube. 11. Werkzeugmacher. 12. Dreherei. 13. Prüfraum. 14. Ankerwickelei. 15. Fahrschalter. 16. Oberleitungswerkstatt. 17. Schmiede. 18. Weichenschlosserei. 19. Kleineisenzeug. 20. Mannschaftsraum. 21. Klempnerei. 22. Unterrichtsraum. 23. Turmkraftwagen. 24. Pferdestall. 25. Geräte. 26. Turmwagen. 27. Störungswagen. 28. Personenkraftwagen. 29. Fahrer. 30. Kraftwagen. 31. Verwaltungsgebäude.

Wagenhalle, Dreherei, Schmiede, Oberbauwerkstatt und elektrische Werkstatt, auf der anderen Seite Lackiererei, Magazin und Schreinerei. Ringförmig um einen kleinen Hof lagert sich eine Anzahl Schuppen. Sie enthalten die Gerätewagen, die bei Schäden an der Oberleitung benutzt werden[1]).

D. Betriebsmittel.

Die elektrischen Straßenbahnen werden mit Einzelwagen und Wagenzügen betrieben. Ein Zug hat höchstens 3 Wagen. Gewöhnlich wird nur der erste Wagen elektrisch angetrieben, doch werden neuerdings für schwere Züge auch Zugsteuerungen verwendet, bei denen jeder Wagen mit Motoren ausgerüstet

1) Mustergrundrisse von Straßenbahnwerkstätten vgl. Bieber, E. K. B. 1918, S. 249.

ist. Die Breite der Wagen beträgt gewöhnlich 2—2,2 m, in Amerika bis 2,4 m. Für Vorortbahnen kommen auch breitere Wagen von 2,6 m in Frage. Die Länge der Wagen und ihr Fassungsraum richten sich nach den Anforderungen des Verkehrs; da dieser von der Einwohnerzahl abhängt, so läßt sich auch sagen, daß sich die Wagengröße nach der Größe der Stadt richtet. Für Vorortstrecken werden gewöhnlich größere Wagen gewählt wie für Stadtstrecken. Bei bestehenden Bahnnetzen ist man häufig durch den Gleisabstand in den Bögen an bestimmte Wagenlängen gebunden. Die kleineren Wagen werden zweiachsig, die größeren vierachsig erbaut.

1. Gesamtanordnung.

Die gebräuchlichsten Wagenformen sind der geschlossene Wagen, bestehend aus einem mittleren Wagenkasten und zwei tiefer liegenden Endbühnen und der offene Wagen mit durchlaufendem Wagenfußboden. Eine dritte, weniger gebräuchliche Bauweise ist die eines geschlossenen Wagens mit Mitteleingang. Zweigeschossige oder Decksitzwagen sind besonders in England und Amerika gebräuchlich. Sie werden ebenfalls mit Mitteleinstieg ausgeführt. Erwünscht ist eine möglichst tiefe Lage des Wagenfußbodens, um das Aus- und Einsteigen zu erleichtern. Die Notwendigkeit, die Räder und Motoren unter dem Wagenkasten unterzubringen, setzt hierin eine Grenze. Die Räder können gegebenenfalls einige Centimeter in den Wagenfußboden einschneiden, wenn darüber Sitzplätze angeordnet werden. Die Raddurchmesser betragen gewöhnlich 750—850 mm, bei Vorortbahnwagen bis 1000 mm.

Die Endbühnen der Wagen liegen eine Stufe tiefer als der Wagenkasten, nämlich 500—750 mm über Schienenoberkante und sind ihrerseits von der Straßenfläche aus mit einer oder zwei Zwischenstufen zugänglich. Die Längsträger der Endbühnen werden konsolartig von unten am Wagenkasten befestigt. Die Endbühnen sind meist etwas schmaler als der Wagenkasten und nach den Enden hin zugespitzt, um den Überstand in den Bögen zu vermindern. Hierdurch wird auch der Luftwiderstand verringert, wenn die Plattform verglast ist.

Bei den Wagen mit Mitteleingang wird in Wagenmitte ein freier Raum angeordnet und dieser Raum gewöhnlich durch Querwände mit Schiebetüren vom eigentlichen Wageninnern abgesondert. Auf diese Weise entstehen zwei getrennte Wagenräume. Es werden zwei Bauweisen unterschieden. In dem einen Falle geht der Wagenfußboden wagerecht durch; der Eingang erhält zwei Zwischenstufen. Im zweiten Falle ist der Wagenfußboden in der Mitte tiefer gelegt. Dies wird durch Kröpfung der Längsträger und Ausbildung der Türöffnung als steifen Rahmen erreicht. Die Höhe des Mittelflurs läßt sich bis auf 250 mm verringern, so daß keinerlei Zwischenstufen erforderlich sind. Zwischen dem Mittelflur und dem Wageninnern wird dann eine Stufe angeordnet, oder es wird der Wagenfußboden von der Mitte nach den Enden ansteigend ausgebildet. Um den Wagenkasten im ganzen möglichst tief zu legen, werden besonders niedrige Räder (von 670 mm Durchmesser) und besonders flach gebaute Motoren verwendet, oder es wird der Unterstützungspunkt des Drehgestelles so weit nach außen gerückt, daß er in die Stirnwand fällt, so daß der Motor außerhalb des Wagenkastens angeordnet werden kann. Beide Hilfsmittel sind aber nicht nachahmenswert, weil durch sie die Wagengewichte und Unterhaltungskosten vergrößert werden.

Bei Triebwagen wird an beiden Stirnwänden ein kleines Abteil für den Wagenführer vorgebaut, das von Reisenden nicht benutzt und gegebenenfalls etwas höher gelegt wird.

Die Breite der Sitzplätze wird in Deutschland zu 0,5 m, in Amerika zu 0,45 m bemessen; für einen Stehplatz wird eine Grundfläche von 0,25 qm gerechnet. Die Sitze werden bei geschlossenen Wagen gewöhnlich in der Längsrichtung angeordnet; erst bei einer Wagenbreite von 2,6 m (in Amerika von 2,4 m) ergeben Querbänke mit 4 Plätzen in der Breite und einem Mittelgang von 0,5 m Weite eine bessere Ausnutzung des Wageninnern und werden daher bevorzugt. Bei offenen Wagen werden Quersitze gewählt, weil die Zugluft weniger fühlbar ist, wenn sie von vorn oder von hinten kommt, als wenn sie den Körper von der Seite trifft. Auch bei den Verwandlungswagen, d. h. solchen geschlossenen Wagen, die durch Herablassen der Fenster in offene umgewandelt werden können, sind aus dem gleichen Grunde Quersitze üblich. Die amerikanischen Verwandlungswagen, bei denen Fenster und Seitenwände in die Decke geschoben werden können, haben sich in Deutschland nicht einzuführen vermocht. Bei Sommerwagen werden die Seitenwände gewöhnlich ganz fortgelassen und die einzelnen Bankreihen von einem durchlaufenden Trittbrett zugänglich gemacht, wodurch das Ein- und Aussteigen erleichtert wird. Die Quersitze werden entweder in Abteilform angeordnet, so daß immer 2 Sitze Rücken an Rücken aneinanderstoßen, oder die Sitze werden mit umklappbaren Rücklehnen versehen, so daß alle Personen in der Fahrtrichtung sitzen. Im ersten Falle beträgt die Abteilweite 1,5—1,7 m, im zweiten Falle die Teilung der Bänke 0,75—0,9 m, so daß die Raumausnutzung in beiden Fällen die gleiche ist. Die Anordnung von einzelnen Sitzreihen ist aber beliebter, da die meisten Reisenden lieber vorwärts als rückwärts fahren.

Die lichte Höhe der Wagenkästen beträgt gewöhnlich an der Seite 2 m, in der Mitte (im Lüftungsaufbau) 2,5 m, die Gesamthöhe der Wagen 3,2—3,8 m.

Bei den zweigeschossigen oder Decksitzwagen müssen die Sitze beider Stockwerke ineinandergeschachtelt werden, um die Gesamthöhe des Wagens niedrig zu halten. Am einfachsten und vollkommensten ist dies in der Weise möglich, daß die Sitze des Obergeschosses in zwei Längsreihen Rücken an Rücken über dem Lüftungsaufbau des Untergeschosses angeordnet werden. Im Untergeschoß werden Längssitze angeordnet und die lichte Höhe im Lüftungsaufbau auf 2 m, über den Sitzen auf 1,6 m eingeschränkt. Auf diese Weise läßt sich die Gesamthöhe des Decksitzwagens auf 4,4 m ermäßigen, ohne die Kopfhöhe unzulässig einzuschränken. Das Obergeschoß wird meist so eingerichtet, daß es im Sommer offen ist und im Winter verglast werden kann.

Die Decksitzwagen erhalten in der Regel Mitteleinstieg und zwei vom Mittelflur aus zugängliche Treppen, von denen die eine zum Aufstieg, die andere zum Abstieg benutzt wird.

Die Wagenkästen werden in der Regel aus Hartholz (Eiche) gefertigt und außen mit Eisenblech von 1,5—2 mm Stärke bekleidet. Die Eckverbindungen müssen sehr kräftig ausgeführt werden (Verstärkungen durch Winkeleisen), weil die wagerechten Kräfte beim Anfahren und Bremsen Verbiegungen hervorrufen. Die Wagen erhalten gewöhnlich besondere Längsträger aus Holz oder Eisen. Auch bei den Straßenbahnwagen gewinnt das Eisen als Baustoff der Wagenkästen allmählich Eingang; namentlich lassen sich Wagen mit tiefliegendem Mittelflur nur aus Eisen zweckmäßig gestalten. Die Wände werden tragend angeordnet, auch die Blechwand unterhalb der Fenster wird zu einem Teil des Tragwerkes gemacht. Holz wird nur zur Befestigung der Fenster und zur inneren Verkleidung benutzt. Die offenen Wagen haben stets ein eisernes Untergestell.

Die Längswände werden bei Vorortwagen mit Quersitzen senkrecht ausgeführt, bei Straßenbahnwagen mit Längssitzen dagegen geschweift, d. h. nach unten 0,2—0,25 m eingezogen, damit der Straßenbahnwagen in Höhe der Räder anderer Fuhrwerke weniger Raum einnimmt.

Das Dach wird mit Segeltuch gedeckt. Größere Fensterscheiben in den Seitenwänden werden fest angebracht, kleinere werden zum Herablassen eingerichtet. Die Scheiben, gewöhnlich Spiegelscheiben, werden in Gummifalze verlegt, um das Klirren zu vermeiden. Als Türen sind ein- oder zweiflügelige Schiebetüren im Gebrauch. Die Plattformen erhalten eine Länge von 1—1,5 m, die Eingänge der Plattformen eine Weite von 0,75—0,9 m. Auf Linien mit starkem Verkehr werden Wagen benutzt, die getrennte Ein- und Ausgänge haben. Hierbei ist die Breite des Trittbrettes verdoppelt und auf der Plattform in 0,75 m Entfernung von der Wagenwand eine Schranke errichtet.

Die Stirnwände der Plattformen werden bei Vorortbahnwagen und in kleinen Städten gewöhnlich verglast, um dem Fahrer und den Fahrgästen Schutz vor Wind und Wetter zu geben und die Zugluft im Wageninnern beim Öffnen der Wagentür zu verringern. In Großstädten hat sich die Verglasung nicht bewährt, weil sie dem Fahrer bei Regenwetter die Aussicht erschwert und ihn daran hindert, Warnungsrufe zu geben, weil sie das Stellen von Weichen von der Endbühne aus erschwert und weil ihre Scheiben bei Zusammenstößen mit andern Fuhrwerken besonders gefährdet sind. Bei offenen Wagen werden entweder ebenfalls die Plattformen verglast, oder es wird vor der ersten Bankreihe eine Glasschutzwand eingezogen.

In die Brüstungen der Plattformen werden die Fahrschalter, Bremsen und Sandstreuer eingebaut. Die Einsteigeöffnungen der offenen Plattformen werden durch Scheren- oder Einhängegitter, die der geschlossenen Plattformen durch Falten- oder Schiebetüren abgeschlossen; diese Verschlüsse werden auf der Seite des anderen Gleises (links) stets verschlossen gehalten, auf der Außenseite (rechts) im Stadtinnern gewöhnlich offengelassen, auf Außenstrecken ebenfalls geschlossen oder es wird an ihre Stelle ein Ledergurt eingehängt.

Die Zug- und Stoßvorrichtungen werden unten am Wagenkasten oder an den Endbühnen befestigt. Durchgehende Zugstangen finden sich selten. Die Zug- und Stoßvorrichtungen bestehen aus der Pufferbohle, die den Anprall zweier aufeinanderfahrender Wagen aufnimmt, und der Kupplung. Diese wird gewöhnlich aus einer Stange gebildet, die mit Rücksicht auf die Krümmungen um ihren Befestigungspunkt am Wagen drehbar ist, aber auch in der Mittellage festgestellt werden kann. Sie läuft in eine Hülse aus. Zwischen die Hülsen beider Stangen wird ein Verbindungsstück eingesetzt und dadurch die Kupplung bewirkt. Besser ist eine Verbindung der beiden Kuppelstangen durch Pufferteller und Schrauben nach Abb. 235 (Düsseldorfer Straßenbahn).

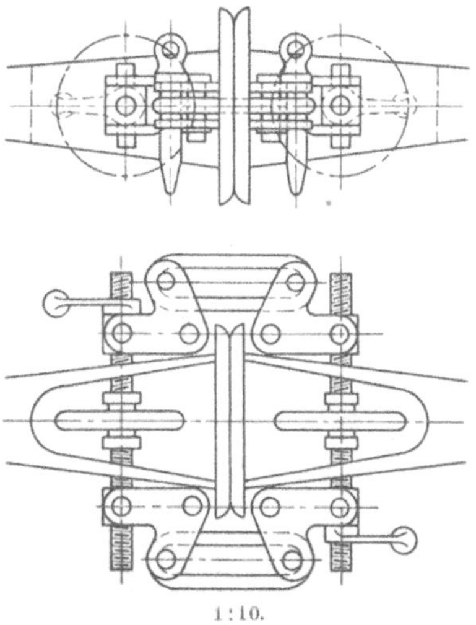

Abb. 235. Vereinigte Zug- und Stoßvorrichtung (Düsseldorf).

Die Straßenbahnen führen in der Regel nur eine Wagenklasse, in Belgien und Frankreich sind zwei Wagenklassen üblich. Das Wageninnere wird durch eine mehr oder weniger vollkommen ausgebildete Seitenwand geteilt und die höhere Klasse durch Auflegen von Kissen auf die Bänke gebildet. Vorortbahnen haben in Deutschland bisweilen zwei Wagenklassen. In den Südstaaten der Vereinigten Staaten und in den Schutzgebieten finden sich getrennte Abteilungen für Weiße und Farbige.

Die Trennung in zwei Klassen gestaltet sich am einfachsten bei Wagen mit Mitteleinstieg.

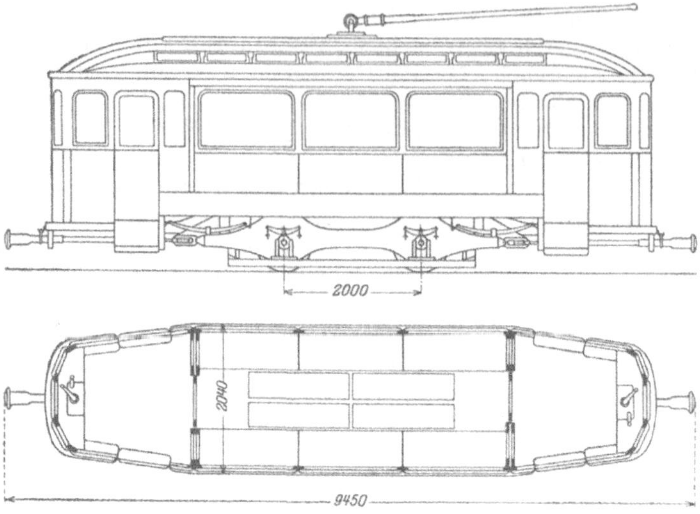

1 : 100.

Abb. 236. Zweiachsiger Triebwagen der Kölner Straßenbahn.

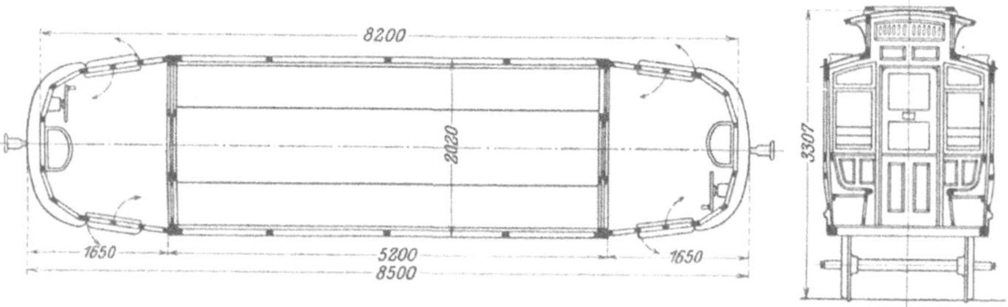

1 : 100.

Abb. 237. Zweiachsiger Triebwagen der Kölner Vorortbahn.

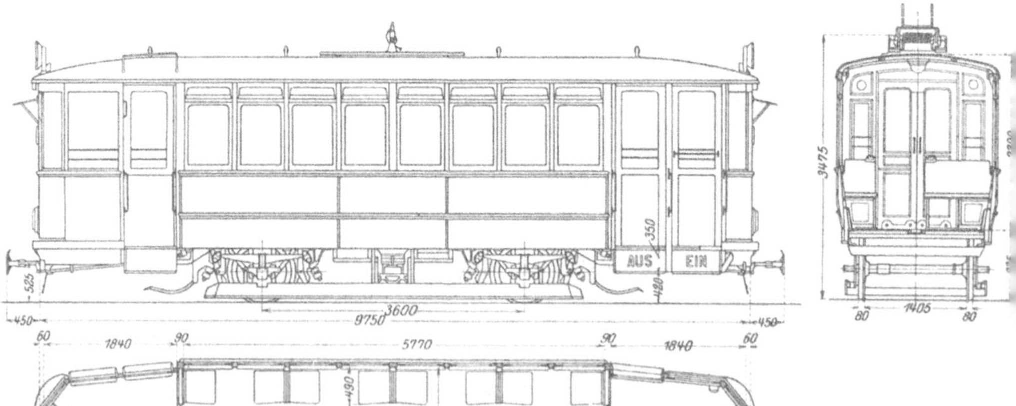

1 : 100.

Abb. 238. Triebwagen der Städtischen Straßenbahn in Wien mit Lenkachsen und getrenntem Ein- und Ausstieg.

Beispiele von Straßenbahnwagen, aus denen sich insbesondere die Einteilung der Sitze und die Anordnung der Eingänge ersehen läßt, enthalten die Abb. **236—248**. Abb. **236** und **237** ist als Beispiel eines mittelgroßen Triebwagens anzusehen, wie er sich mit kleinen Abänderungen in den meisten Mittel- und Großstädten findet. Der Wiener Wagen, Abb. **238**, hat getrennte Ein- und

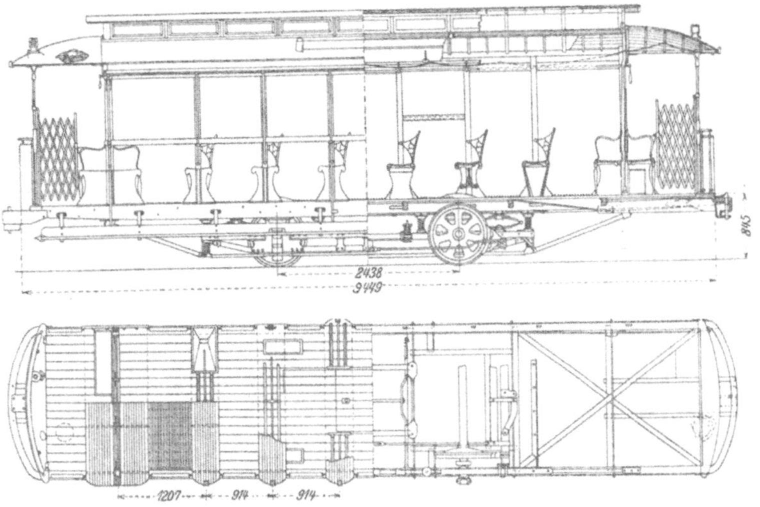

1 : 100.

Abb. 239. Sommerwagen der Straßenbahn in Neuyork.

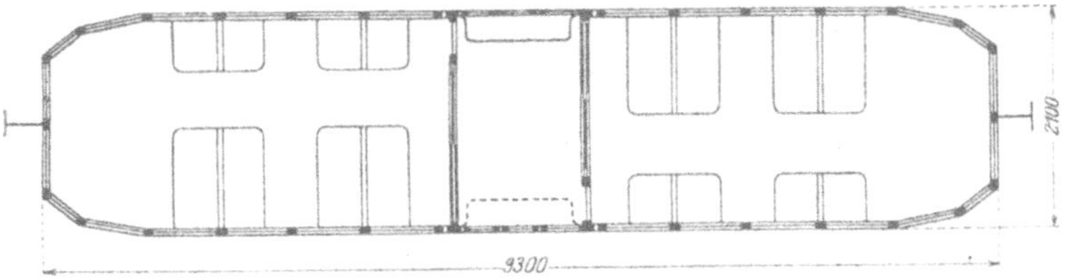

1 : 100.

Abb. 240. Zweiachsiger Anhängewagen mit Mitteleinstieg.

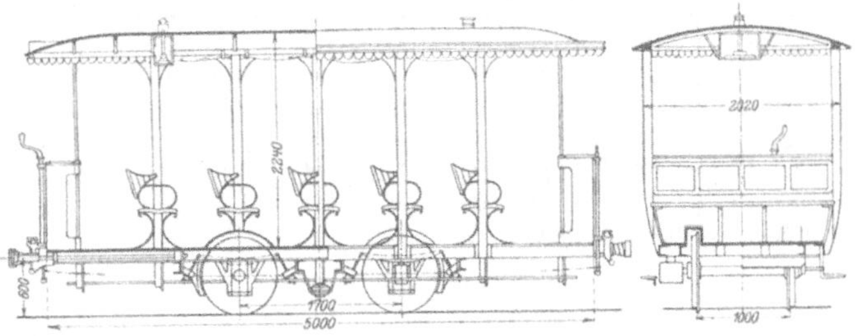

1 : 100.

Abb. 241. Zweiachsiger offener Anhängewagen.

Ausgänge auf der Plattform. Offene Triebwagen, wie sie in Abb. **239** dargestellt sind, sind nur in Amerika gebräuchlich. Abb. **240** zeigt einen Anhängewagen mit Mitteleinstieg, mittlerer Plattform und 2 getrennten Abteilen und Abb. **241** einen in Deutschland sehr gebräuchlichen, offenen Anhängewagen.

Der vierachsige Triebwagen der Großen Berliner Straßenbahn, Abb. **242** ist mit Quersitzen und vollständig herablaßbaren Fenstern versehen und kann auf diese Weise in einen offenen Wagen verwandelt werden. Ähnliche Formen zeigen Abb. 243—245. Abb. 246 zeigt einen amerikanischen Wagen mit tief liegendem Mittelflur. Abb. 247 und 248 geben Beispiele des zweigeschossigen Wagens.

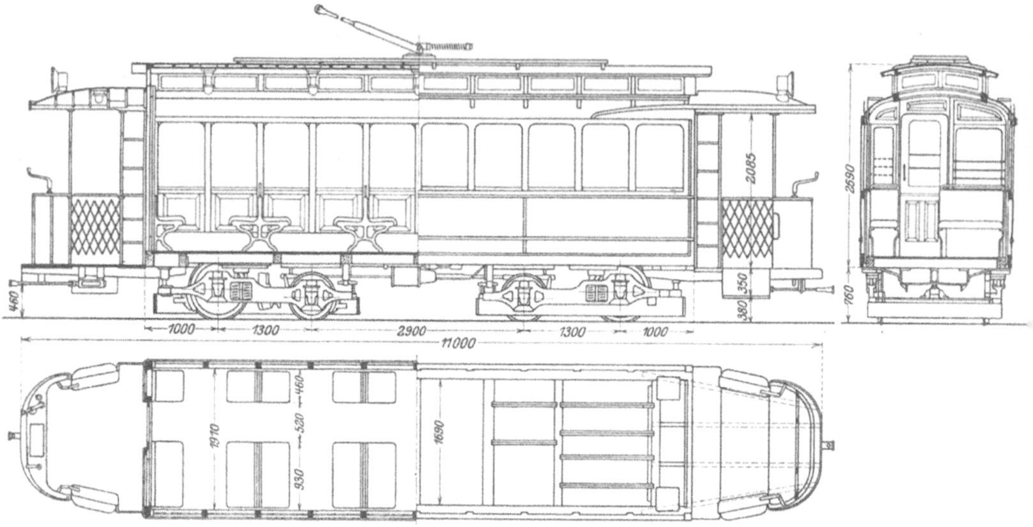

1 : 100.

Abb. 242. Vierachsiger Triebwagen der Großen Berliner Straßenbahn.

In Zahlentafel 4 sind die Längsabmessungen, Platzzahlen und Gewichte einiger Straßenbahnwagen zusammengestellt.

Zahlentafel III 4.

Straßenbahnwagen.

A. Zweiachsige Wagen.

Bezeichnung der Bahn	Kastenlänge mm	Gesamtlänge mm[1])	Platzzahl Sitzplätze	Stehplätze	zusammen	Wagengewicht (leer) im ganzen t	für den Sitzplatz kg	für den Platz kg	Bemerkung
Kölner Straßenbahn. .	4700	8700	18	18	36	9,87	550	275	
Kölner Vorortbahnen .	5200	8200	20	15	35	11,5	575	330	
Wiener Straßenbahn .	5950	9750	22	20	42	12,6	570	300	
Große Berliner Straßenbahn	5490	8290	24	16	44	4,8	200	120	geschlossen. Beiwagen mit herablaßbar. Fenstern
Kölner Vorortbahnen .	9600	9600	22	22	44	7,7	350	175	Beiwagen mit Mitteltür
Wiener Straßenbahn .	9300	9300	24	22	46	8,07	336	175	
B. Vierachsige Wagen.									
Große Berliner Straßenbahn	7500	10800	30	15	45	13,0	435	290	mit Quersitz u. herabl. Fenstern
Kölner Vorortbahnen .	7700	11300	28	20	48	20,0	715	420	
Rheinische Bahngesellschaft Düsseldorf-Cref.	9100	11700	36	14	50	27,5	760	550	
Bonn-Siegburg-Königswinter	9900	14130	36	24	60	21,8	605	360	
Lokalbahn Wien-Baden	10500	13000	44	30	74	27,5	650	370	Gleichstrom u. Wechselstromausrüstung
Straßenbahn St. Louis	13720	13720	68	—	—	20,4	300	—	Anhängewagen mit Mitteltür

[1]) Zwischen den Brüstungswänden gemessen.

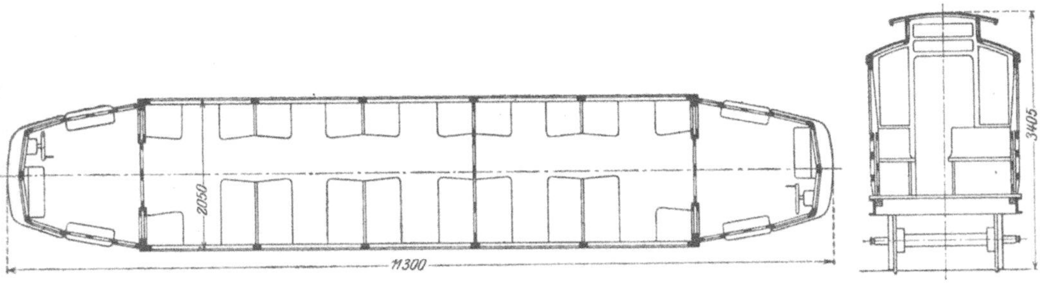

1 : 100.

Abb. 243. Vierachsiger Triebwagen der Kölner Vorortbahnen.

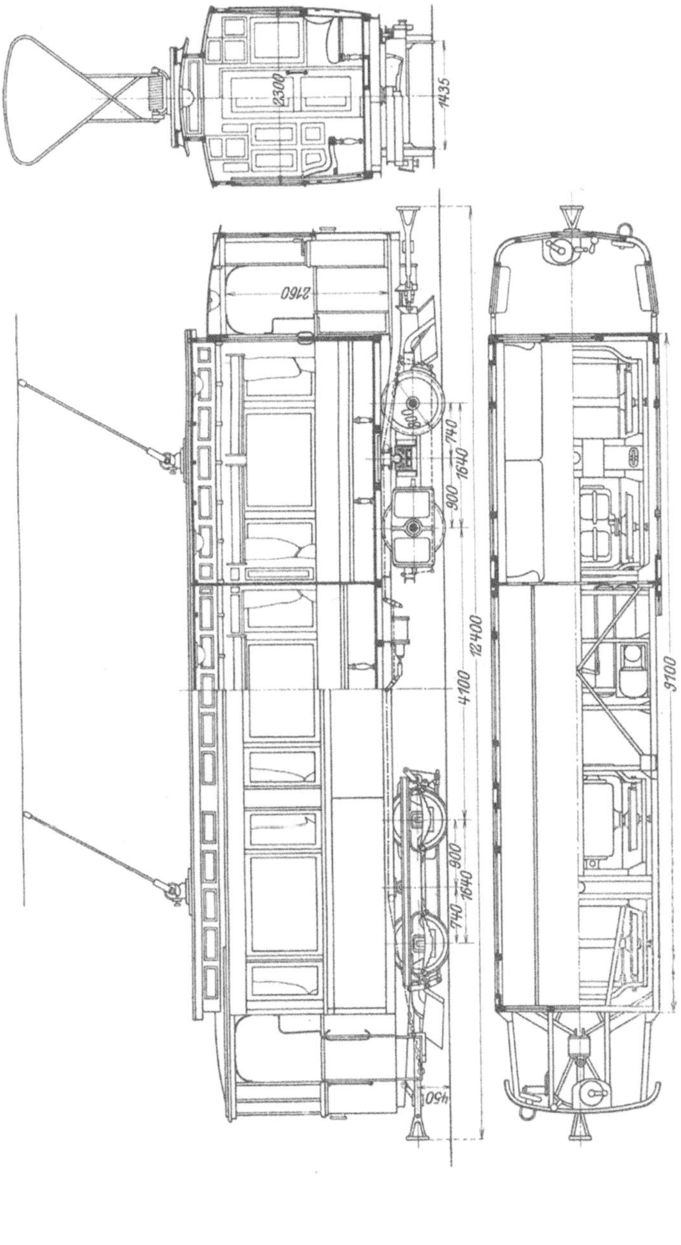

1 : 100.

Abb. 244. Vierachsiger Triebwagen der Rheinischen Bahngesellschaft.

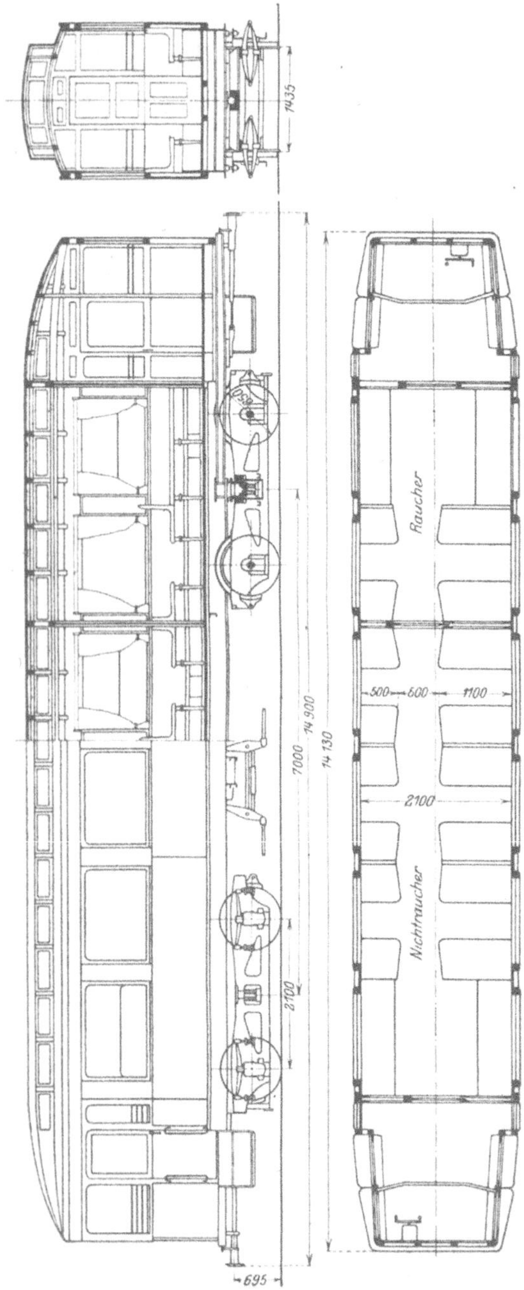

1 : 100.

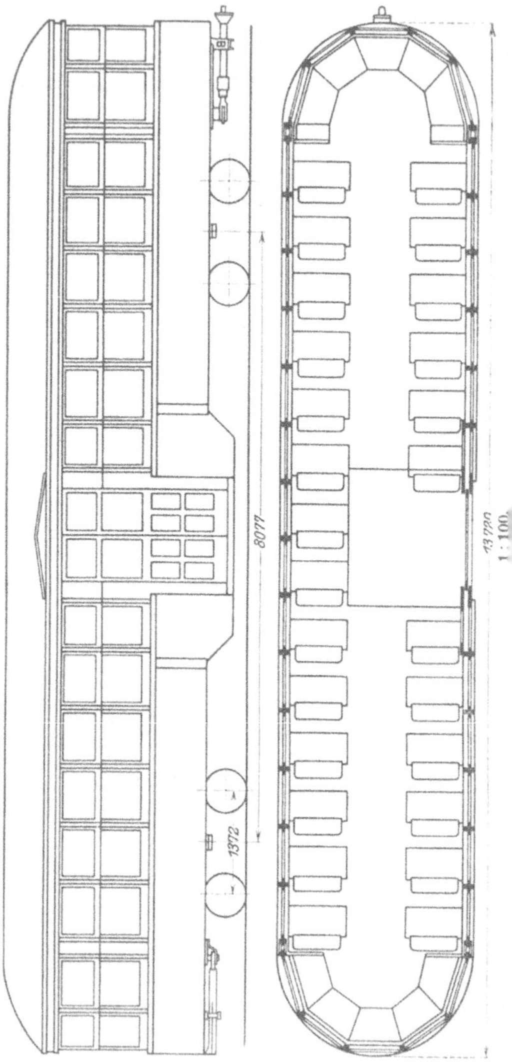

1 : 100.

Abb. 245. Triebwagen der Vorortbahnen Bonn—Siegburg und Bonn—Königswinter.

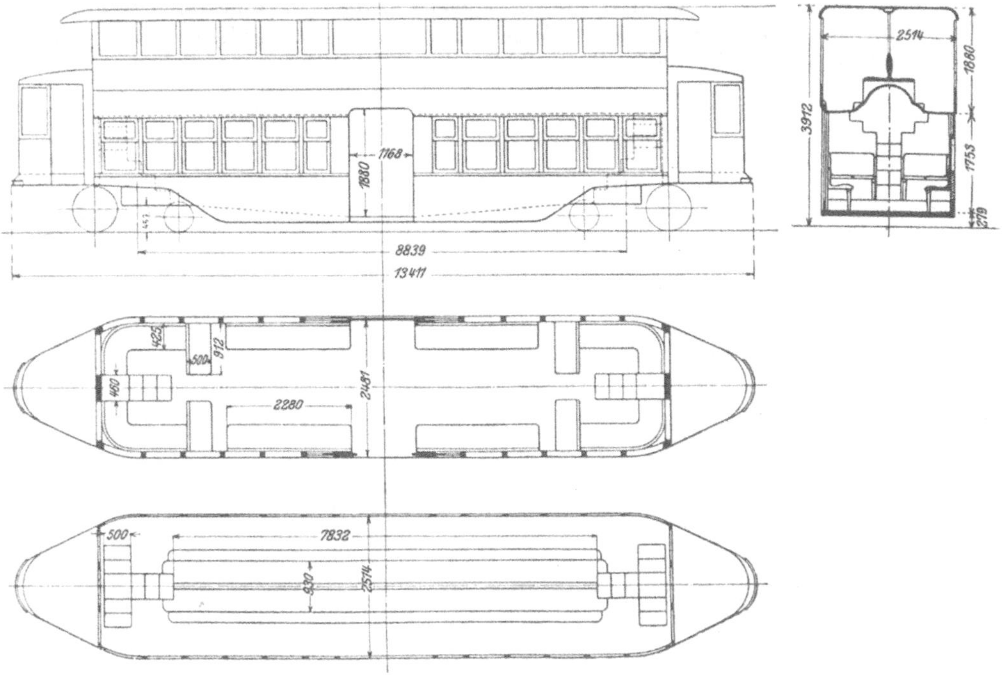

1 : 133.

Abb. 247. Decksitz-Triebwagen der Neuyorker Straßenbahn mit 88 Sitzplätzen.

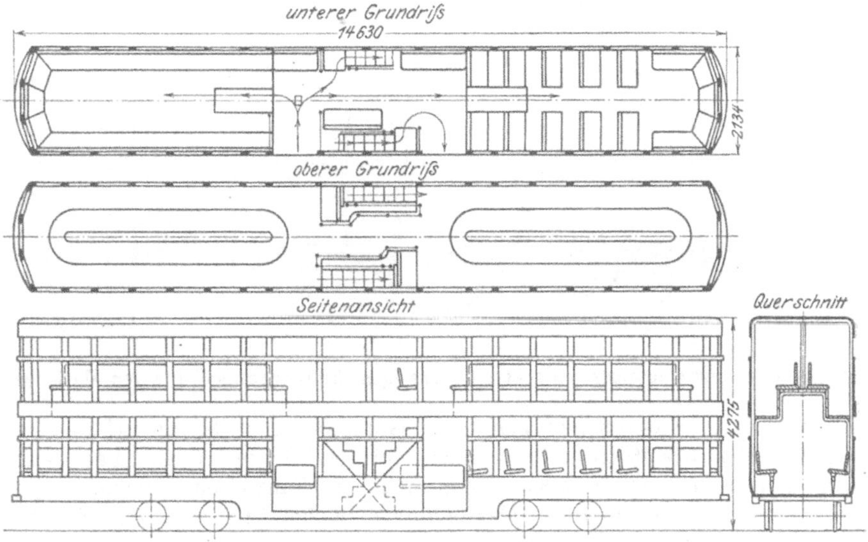

Abb. 248. Zweigeschossiger Anhängewagen der Straßenbahn in Pittsburg.

Zur Beförderung von Eilgütern, namentlich Gemüse, Obst und Milch, auf Vorortlinien dienen Personenwagen mit einem Gepäckabteil. Dieses Abteil wird gewöhnlich an einem Ende des Wagens angeordnet und durch eine Querwand von dem übrigen Teil des Wagens abgetrennt. Es erhält in beiden Längsseiten je eine breite Schiebetür.

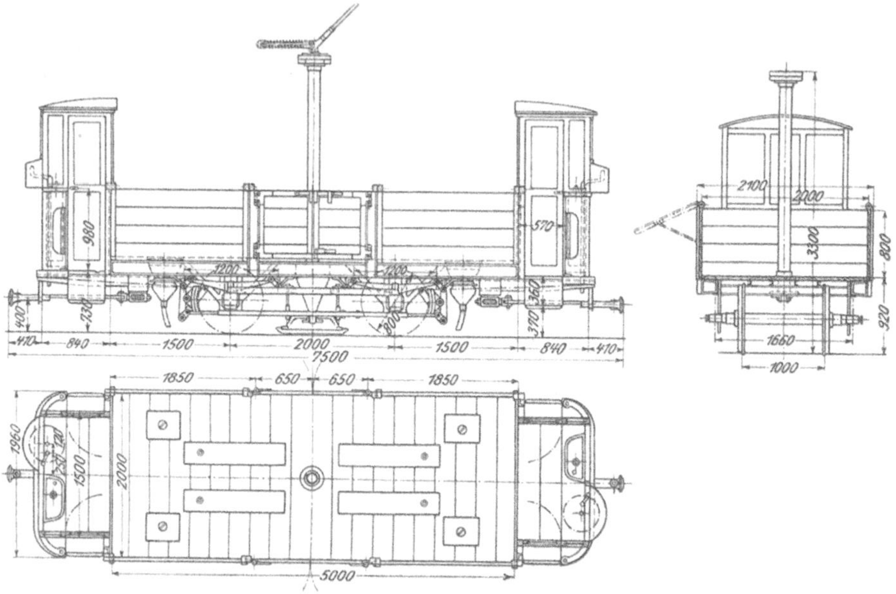

Abb. 249. Offener Güterwagen (Triebwagen) der Stuttgarter Straßenbahn.

Für die Stückgutbeförderung werden geschlossene Güterwagen benutzt, die an jedem Ende einen Führerstand haben. Außerdem sind antrieblose, geschlossene und offene Güterwagen im Gebrauch, die sich von den auf neben-

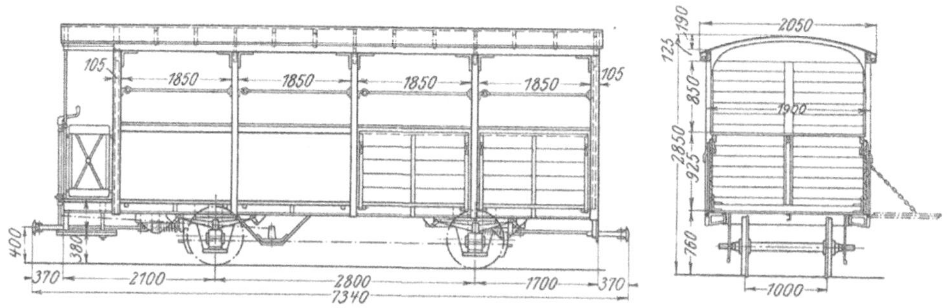

Abb. 250. Zweigeschossiger gedeckter Güterwagen (Anhängewagen) für den Marktverkehr.

bahnähnlichen Kleinbahnen benutzten Güterwagen in bezug auf die Wagenkästen nicht wesentlich unterscheiden, während Untergestelle, Laufwerk und Kupplungen den bei Straßenbahnen üblichen Bauweisen gleichen.

Für die Beförderung von Massengütern, Kohle, Steinen u. dgl. sind Selbstentlader in Form von Kastenkippern, Muldenkippern oder in Talbotscher oder Goosensscher Bauart im Gebrauch. Die Beförderung der Güterzüge geschieht gewöhnlich durch Triebwagen, seltener durch elektrische Lokomotiven.

Abb. 249 stellt einen offenen Triebwagen der Stuttgarter Straßenbahn dar. Der Wagen hat an jedem Ende einen geschlossenen Führerstand. Er ist für die Beförderung von Massengütern und Stückgütern eingerichtet. Zum Entladen von Schüttgut sind die Wände aufklappbar gemacht, beim Verladen großer Gegenstände werden sie ganz abgenommen. In der Mitte jeder Seitenwand sind doppelflügelige Drehtüren angebracht. Der Antrieb erfolgt durch zwei Motoren von je 40 PS Leistung. Das Eigengewicht des Wagens ist 7,8 t, das Ladegewicht 5 t, die Bodenfläche 10 qm, der Kasteninhalt 8 cbm.

Abb. 250 zeigt einen zweigeschossigen Anhängewagen für die Beförderung von Marktkörben. Das Obergeschoß wird durch Vorlegestangen abgeschlossen, das untere durch Klappen, die im herabgelassenen Zustande als Trittbretter dienen. Das Eigengewicht des Wagens ist 3,4 t, die Tragfähigkeit 2 t, die Bodenfläche jedes Geschosses 10,9 qm.

An manchen Orten wird die Straßenbahn zur Beförderung von Postsendungen nach und von den Bahnpostämtern benutzt. Hierzu dienen Wagen von beispielsweise 4 m Kastenlänge und zwei Endbühnen. Das Wageninnere ist durch eine Mittelwand geteilt; das kleinere Abteil dient der Briefbeförderung, das größere der Paketbeförderung. Beide Abteile sind mit Wandregalen und Klapptischen versehen. Ein derartiger Wagen, für eine Tragfähigkeit von 3,5 t berechnet, kann 6500 Pakete aufnehmen.

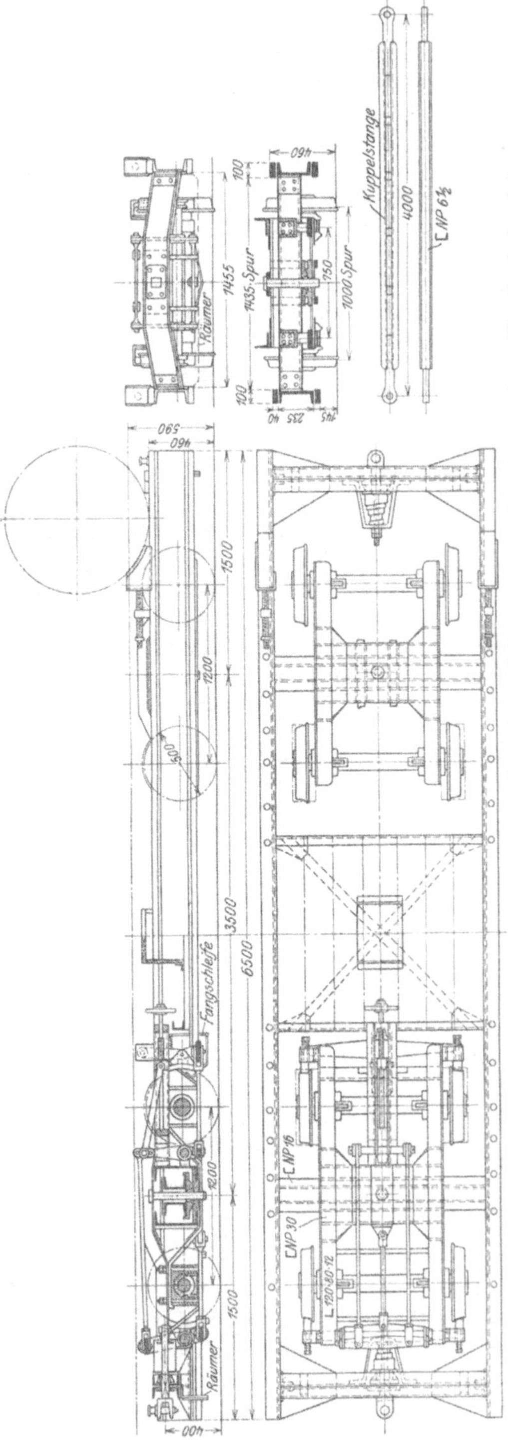

Abb. 251. Rollwagen zur Beförderung von normalspurigen Güterwagen auf meterspurigen Straßenbahngleisen.

In Industrievierteln, die keinen Gleisanschluß besitzen und wegen ungünstiger Geländeverhältnisse einen solchen auch nicht erhalten können, hat sich die Zustellung der Güterwagen mit Hilfe von Straßenbahngleisen bewährt. Die Güterwagen werden auf Rollwagen gestellt, die auf den Straßenbahngleisen laufen. Abb. 251 stellt einen derartigen Rollwagen für Meterspur dar. Er besteht aus zwei durch Querträger verbundenen Längsträgern aus U-Eisen. Der ganze Rost ruht auf zwei Drehgestellen. Auf den oberen Flanschen der U-Eisen ist je eine flache Schiene angebracht, die die Vollbahnräder trägt. Die Gesamtlänge der Rollwagen beträgt 6,5—7,5 m, die Höhe der Flacheisenschienen über Oberkante Straßenbahnschiene 45 cm, der Durchmesser der Räder des Rollwagens 50 cm. Vollbahngleis und Straßenbahngleis stoßen mit einem Höhenunterschiede von 45 cm stumpf gegeneinander. Der Rollwagen wird durch eine Kuppelstange mit einem elektrischen Triebwagen oder einer Lokomotive verbunden und so über die Straße befördert. Er kann bei seinem kleinen Radstande von 1,2 m die schärfsten, auf Straßenbahnen vorkommenden Bögen von 12,5 m Halbmesser durchfahren, während bei unmittelbarem Gleisanschluß Bögen unter 100 m Halbmesser unzulässig sind.

2. Untergestelle und Laufwerk.

Bei Straßenbahnwagen finden sich zweiachsige Untergestelle mit festen Achsen und Lenkachsen, ferner einachsige und zweiachsige Drehgestelle.

Die Entscheidung über die anzuwendende Form hängt zunächst von der Wagenlänge ab. Der Überstand der Wagenenden über die Achsen oder die Drehzapfen darf mit Rücksicht auf den ruhigen Gang der Wagen ein bestimmtes Maß nicht überschreiten. Die Kastenlänge soll nicht mehr als das Dreifache, die Gesamtlänge nicht mehr als das Vierfache des Achsabstandes sein. Das gilt für normale Straßenbahngeschwindigkeiten bis zu 20 km. Für schneller fahrende Wagen sind größere Achsstände erforderlich, daher sind vierachsige Wagen besonders am Platze. Der Achsstand selber ist von dem Halbmesser des kleinsten vorkommenden Bogens abhängig. Die Beziehungen zwischen Bogenhalbmesser und festem Radstand wurden bereits früher (Seite 282) mitgeteilt. Bei freien Lenkachsen kann der Radstand das 1½fache, bei einachsigen Drehgestellen das Zweifache dieser Werte betragen.

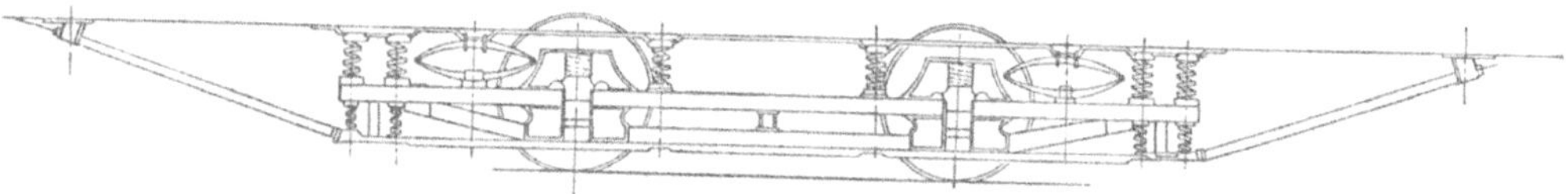

1 : 60.

Abb. 252. Untergestell von Peckham.

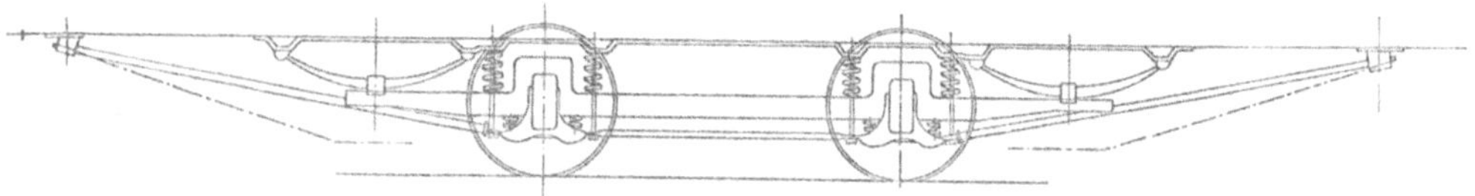

1 : 60.

Abb. 253. Untergestell von Brill.

Der Wagenkasten ist gegen die Achsen abzufedern. Diese Abfederung kann zwischen Wagenkasten und Untergestell und zwischen Untergestell und Achsen oder auch an beiden Stellen gleichzeitig angeordnet werden. Für die Abfederung werden Schraubenfedern, Schneckenfedern und Blattfedern verwendet. Schrauben- und Schneckenfedern beanspruchen wenig Platz, sie sind sehr nachgiebig und ermöglichen ein weiches Fahren, haben aber nur geringe Seitensteifigkeit und schwingen lange nach, wodurch unruhige Fahrt und Nicken des Wagenkastens hervorgerufen werden. Blattfedern erfordern mehr Raum und sind wesentlich steifer in der Querrichtung; sie dämpfen die Schwingungen rasch, verursachen aber hartes Fahren. Durch gleichzeitige Anwendung beider Arten von Federn werden ihre Vorzüge vereinigt. Dabei werden die Blattfedern an die äußeren Enden der Untergestelle verwiesen, die Wickelfedern in der Nähe der Achsen angebracht.

Abb. 252 und 253 zeigen zwei Bauarten amerikanischer Untergestelle mit Blatt- und Schraubenfedern. Sie haben zahlreichen deutschen Ausführungen zum Vorbild gedient.

Abb. 254 zeigt ein deutsches Untergestell, das gegen die Achsen mit Blattfedern abgefedert ist. Auf eine Abfederung zwischen Wagenkasten und Untergestell ist verzichtet. Es werden hier nur Filz- oder Gummiplatten zwischengelegt. Die Anwendung der Blattfedern zwischen Achsbuchse und Untergestellrahmen ermöglicht die Einschaltung von Federgehängen nach dem Muster der Vollbahnwagen und macht die Achsen zu freien Lenkachsen, wobei sich die Achse um einen ideellen Punkt, der sich senkrecht über ihr befindet, drehen kann. Diese Anordnung hat einen Nachteil, der sich bei den scharfen Bögen der Straßenbahnen besonders fühlbar macht. Seines weiteren Weges halber hat das äußere Rad das Bestreben, hinter dem inneren Rad zurückzubleiben. Infolgedessen stellt sich, wenn die Achslagerung es gestattet, zwar die zweite Achse radial ein, die erste Achse weicht aber noch mehr als der Wagenkasten von der radialen Richtung ab. Um dies zu vermeiden, werden die beiden Achsen zwangläufig miteinander

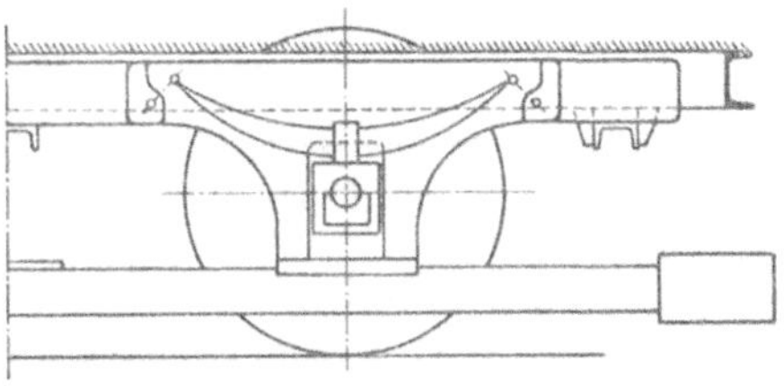

Abb. 254. Untergestell der Vereinigten Maschinenfabrik Augsburg und Nürnberg.

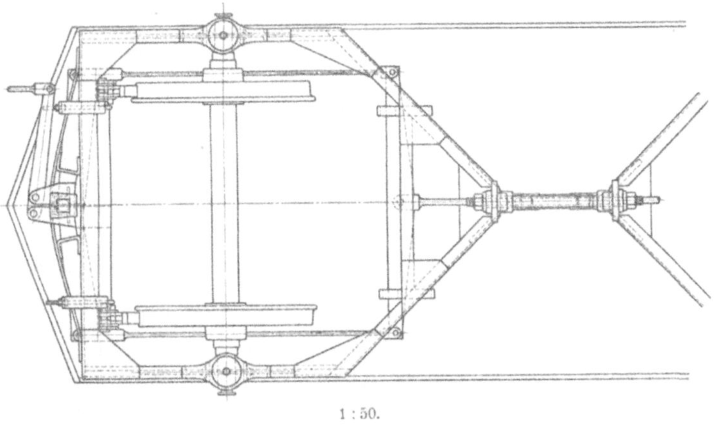

Abb. 255. Untergestell mit Lenkachsen der Vereinigten Maschinenfabrik Augsburg und Nürnberg.

verbunden, indem jede Achse in einen besonderen Rahmen gelagert wird. Diese beiden Rahmen werden nach Abb. 255 so verbunden, daß durch die Radialeinstellung der zweiten Achse auch die erste gezwungen wird, sich radial zu stellen. Die Rückstellung der Achsen in der Geraden wird durch Federn bewirkt. Ein Drehzapfen wird nicht angeordnet, statt dessen ist eine Rundführung mittels Rollen zwischen Drehgestellrahmen und Wagenkasten eingerichtet. Die senkrechten Kräfte werden an dieser Stelle durch Spiralfedern übertragen, während die Achse durch Blattfedern gegen den Drehgestellrahmen abgefedert ist.

Der radialen Einstellung der Achsen setzen sich dann Schwierigkeiten entgegen, wenn sich die eine in der Geraden, die andere im Bogen befindet. Es wurde daher[1]) die radiale Einstellung der Achsen nicht durch ihre zwangläufige Verbindung, sondern durch Verlegung des Drehpunktes nach der Wagenmitte hin zu erreichen gesucht [2]). Nach Abb. 256 bilden die Fliehkraft R_1 des Wagenkastens und die auf das Rad wirkende Reaktion R ein Kräftepaar, das die radiale Einstellung der Achse begünstigt. Hierbei wird der Drehpunkt wirklich ausgeführt und durch einen Drehzapfen gebildet, während die senkrechten Kräfte zwischen Wagenkasten und Drehgestellrahmen durch Pendelstützen übertragen werden. Durch diese Pendelstützen wird die Rückstellung des Drehgestells in der Geraden bewirkt.

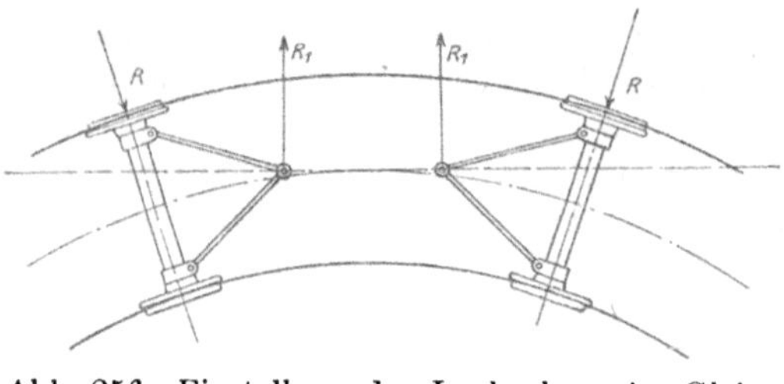

Abb. 256. Einstellung der Lenkachsen im Gleisbogen.

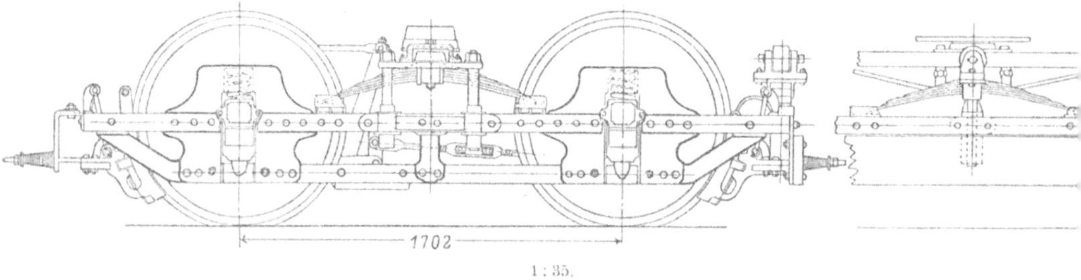

Abb. 257. Zweiachsiges Drehgestell von Peckham.

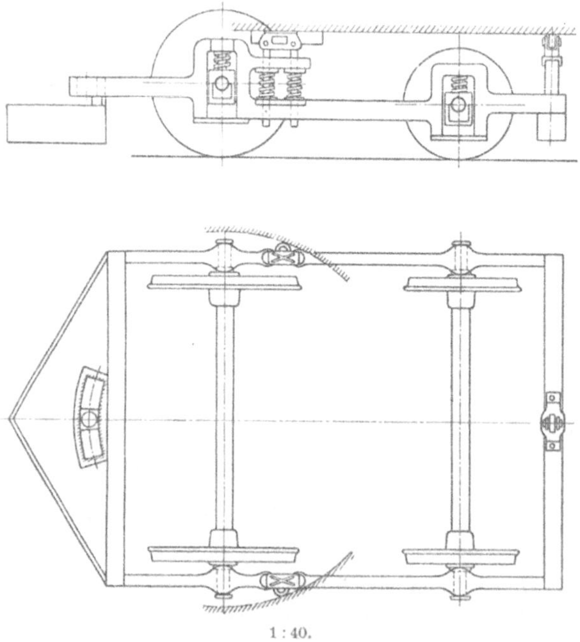

Abb. 258. Einseitig belastetes Drehgestell.

Zweiachsige Drehgestelle werden gewöhnlich in derselben Weise wie bei Eisenbahnwagen ausgeführt, mit Wiege und Wiegebalken, die gegeneinander abgefedert werden, und schrägen Gehängen zur Verbindung von Drehgestellrahmen und Wiegebalken. Eine Vereinfachung kann dadurch eintreten, daß nach Abb. 257 die Wiege unmittelbar mit Blattfedern auf den Längsträger des Drehgestelles abgestützt wird. Da der Raum zwischen Wiege und Achsen für

[1]) Elektrische Bahnen 1904, Heft 13.

[2]) Elektrische Bahnen und Betriebe 1905, Heft 8.

die Unterbringung der Motoren nicht zureicht, müssen diese außerhalb der Achsen gelagert werden.

Symmetrisch gebaute Drehgestelle haben den Nachteil, daß die Unterkante Wagenkasten höher als das Rad liegen muß, damit die Räder unter dem Kasten ausschwingen können. Um den Wagenkasten auch bei Drehgestellen tiefer legen zu können, wurden die einseitig belasteten Drehgestelle erbaut, bei denen der Drehpunkt unmittelbar über der einen Achse, der Triebachse, liegt. Ein solches Drehgestell ist in Abb. 258 dargestellt. Um Raum für den Motor zu gewinnen, ist der Drehzapfen weggelassen und durch 3 Bogenführungen ersetzt, die zugleich das Auflager für den Wagenkasten bilden. Die Laufräder, die unter dem Wagenkasten hervorschwingen, erhalten einen geringeren Durchmesser.

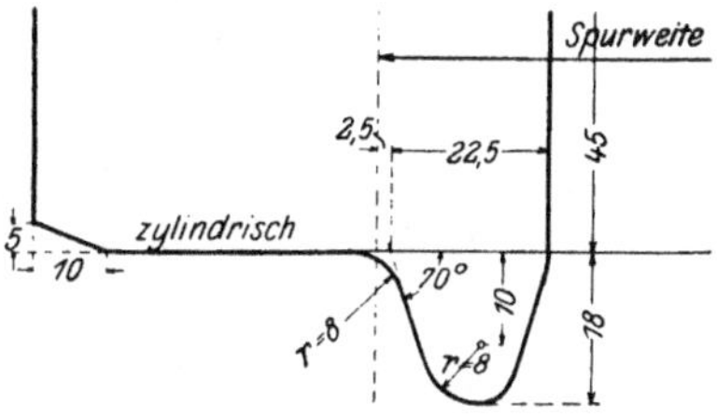

1 : 2.

Abb. 259. Radreifen der Gelsenkirchener Straßenbahn.

Diese Drehgestelle laufen verhältnismäßig unruhig und sind durch die einachsigen Drehgestelle fast verdrängt worden[1]).

Die Räder erhalten zylindrische Laufflächen, die Breite des Radreifens beträgt 70—85 mm, die Höhe des Spurkranzes 17—25 mm und seine Breite 20—25 mm. Ein Beispiel für die Formgebung ist in Abb. 259 dargestellt. In Deutschland sind Räder mit schmiedeeisernen oder aus Hartguß hergestellten Radsternen und mit warm aufgezogenen Reifen aus Martin- oder Bessemerstahl in Gebrauch, in Amerika Hartgußräder mit gehärteten Laufkränzen. Die Achsen werden aus Martinstahl geschmiedet und erhalten in der Regel Durchmesser von 100 mm für Triebwagen, von 80 mm für Anhängewagen. Neben den gewöhnlichen Lagern haben sich auch Kugel- und Walzenlager bewährt, bei denen die Zapfenreibung geringer ist.

3. Elektrische Ausrüstung.

Als Stromabnehmer sind der Bügel und die Rolle am verbreitetsten. Der Bügel wird mit einem Druck von 2—4 kg an die Leitung gepreßt, und es können bis zu 100 Amp. an einer Berührungsstelle abgenommen werden, bei der Rolle beträgt der Anpressungsdruck 8—12 kg und die zulässige Stromstärke 300 Amp. Während in Deutschland früher die aus Amerika eingeführte Rolle vorherrschte, wird neuerdings dem Bügel der Vorzug gegeben, da er betriebssicherer ist und einfachere Leitungsanordnungen gestattet. Die Unterhaltungskosten sind bei beiden Stromabnehmerformen etwa die gleichen.

Die Zahl der Wagenmotoren beträgt gewöhnlich 2; bei vierachsigen Wagen erhält in der Regel jedes Drehgestell einen Motor; angetrieben werden die beiden Innenachsen, weil das erste Wagenrad auf schlüpfrigen Schienen leichter gleitet wie das zweite. Bei Straßenbahnen wird ganz überwiegend Gleichstrom von 500 Volt Spannung verwendet, auf Außenstrecken auch Gleichstrom von 1000 Volt Spannung. Dem Verhältnis der Spannung auf der Außenstrecke zu der auf den Stadtstrecken entspricht dann auch die Fahrgeschwindigkeit. Die Außenstrecken werden auch wohl mit einfachem Wechselstrom gespeist (Wien—Baden), und zwar der einfacheren Stromverteilung wegen. Dann muß aber der Wagen Schaltanlagen für beide Stromarten mitführen und seine elektrische Ausrüstung wird verwickelt, schwer und teuer.

---

[1]) Eine ausführlichere Darstellung der zweiachsigen Drehgestelle findet sich in dem Werke von Schimpff: „Die Straßenbahnen in den Vereinigten Staaten von Amerika.“

Die Stärke der Motoren schwankt gewöhnlich zwischen 20 und 40 PS. Dies ist die sogenannte Stundenleistung, die auf dem Prüffeld gemessen wird. Bei Bahnen mit starken Steigungen kommen größere Motoren vor, ebenso bei Vorort- und Überlandbahnen wegen der größeren Zu gewichte und höheren Fahrgeschwindigkeiten, und zwar bis etwa 90 PS. Das Verhältnis zwischen Zuggewicht und Stärke der Antriebe zeigt Zahlentafel 5.

Zahlentafel 5.

Verhältnis zwischen Zuggewicht und Stärke der Antriebe.

Bezeichnung der Bahn	Wagenzahl eines Zuges	Achsenzahl des Triebwagens	Leergewicht des Triebwagens t	Leergewicht des Beiwagens t	Gesamtgewicht des Wagenzuges voll besetzt t	Zahl und Stärke der Motoren PS (Stundenleistung)	Auf ein PS kommen kg Zuggewicht	Größte Fahrgeschwindigkeit km in der Stunde	Bemerkungen
A. Stadtverkehr									
Große Berliner Straßenbahn	2	2	8,14	6,07	19,25	2 . 23 = 46	419	—	
Große Berliner Straßenbahn	2	4	13,0	6,07	24,67	2 . 30,4 = 60,8	405	—	
Berlin-Charlottenburger Straßenbahn	3	2	8,14	6,07	27,98	2 . 23 = 46	608	—	Die Züge aus 3 Wagen sind nicht sehr zahlreich
Berlin-Charlottenburger Straßenbahn	3	4	13,0	6,07	33,40	2 . 30,4 = 60,8	550	—	
Kölner Straßenbahn	3	2	9,87	5,49	28,65	2 . 35 = 70	409	—	
Kölner Straßenbahn	3	2	10,32	6,40	31,67	2 . 40 = 80	396	—	
Frankfurter Straßenbahn	2	2	9,0	5,5	20,0	2 . 20 = 40	500	—	
Frankfurter Straßenbahn	3	2	10,0	7,0	32,5	2 . 35 = 70	464	—	Die elektrische Bremse wird als Betriebsbremse benutzt
Frankfurter Straßenbahn	4	2	12,7	7,0	45,2	2 , 60 = 120	377	—	
Aachener Kleinbahn	3	2	10,5	4,6	28,0	2 . 54 = 108	259	50	Starke Steigung.
B. Vorortverkehr									
Kölner Vorortbahnen	4	2	11,5	7,7	47,4	2 . 60 = 120	395	35	
Kölner Vorortbahnen	4	4	20,0	12,8	75,1	4 . 43 = 172	437	35	
Frankfurt-Homburg	3	2	17,3	10,5	49,0	2 . 80 = 160	306	45	
Rheinische Bahn, Vorortverkehr Düsseldorf-Lörick	3	2	13,0	7,0	37,7	2. 65 = 130	290	—	
Rhein sche Bahn, Fernverkehr Düsseldorf-Crefeld	3	4	27,5	18,2	74,9	4 . 85 = 340	221	—	
Salzburg Landesgrenze	4	4	7,0	9,5	60,0	2 . 86 = 172	349	—	
Bonn-Siegburg-Königswinter	4	4	21,8	13,0	88,0	4 . 85 = 340	259	50	Die Züge bestehen aus 2 Triebwagen u. 2 Beiwagen
Rheinuferbahn, Köln-Bonn	4	4	27,0	18,5	108,0	4 . 130 = 520	208	60	
Wien-Baden	3	4	27,5	17,0	63,0	4 . 40 = 160	393	50	Wechselstrom

Werden zunächst die reinen Straßenbahnen betrachtet (A), so mögen die Berlin-Charlottenburger Straßenbahn, bei der Dreiwagenzüge immerhin nur in geringem Umfang vorkommen und die Aachener Kleinbahn, diese wegen ihrer großen Steigungen, ausscheiden. Die übrigen Bahnen zeigen eine gute Übereinstimmung. Auf ein PS Stundenleistung der Motoren kommen 400—500 kg Zuggewicht. Dieser Wert ist etwa dreimal so hoch wie bei den reinen Stadtbahnen, was sich aus der geringeren Fahrgeschwindigkeit und dem geringeren Luftwiderstand ohne weiteres erklärt. Bei den unter B zusammengestellten Vorortbahnen zeigen sich Werte von 400 bis herab zu 220 kg; und wir nähern uns mit der höheren Fahrgeschwindigkeit allmählich den für Stadtbahnen vorkommenden Werten. Fast den gleichen Wert zeigt auch die Rheinuferbahn Köln-Bonn, die als elektrische Vollbahn außerhalb unserer Betrachtungen liegt und nur des Vergleichs wegen angeführt ist.

Die Motoren sind gewöhnlich vierpolige Hauptstrommotoren, und zwar neuerdings stets Wendepolmotoren; nur bei Steilbahnen mit Stromrückgewinnung werden Nebenschlußmotoren verwendet. Die Motoren treiben die Wagenachsen mit Zahnrädern an — Übersetzungsverhältnis den bei Straßenbahnen vorkommenden Höchstgeschwindigkeiten entsprechend, gewöhnlich 1:4, bei Vorortbahnen bis herab zu 1:2,5 — und sind an dem Rahmen des Untergestells oder Drehgestells federnd aufgehängt. Die Steuerung der Hauptstrommotoren geschieht durch Parallel- und Hintereinanderschaltung, sowie durch Vorschalten von Widerständen; die Widerstände werden gewöhnlich unter dem Wagenkasten aufgehängt. Zur Handhabung der Steuerung dient der auf der Plattform angebrachte Fahrschalter, er besitzt 2 Schaltwalzen, die eine für Vorwärts- und Rückwärtsfahrt, die andere für die verschiedenen Schaltstufen. Das Gesamtgewicht der elektrischen Ausrüstung beträgt 60—35 kg für das PS; die höchste Zahl gilt für geringe, die niedrigste für große Leistungen.

4. Bremsen, Sandstreuer, Schutzvorrichtungen.

a) Handbremsen. Bei Straßenbahnen sind trotz der geringeren Geschwindigkeit die Bremsen von gleicher, vielleicht sogar noch von größerer Wichtigkeit als bei Eisenbahnen, weil bei den Gefahren, die der Straßenverkehr mit sich bringt (Zusammenstöße mit Straßenfuhrwerken und Überfahren von Personen) kurze Bremswege besonders wichtig sind, und weil die Straßenbahnschienen durch den Straßenschmutz, den Laubfall und durch Schnee und Glatteisbildung leicht schlüpfrig werden. Es werden daher fast stets zwei unabhängig voneinander wirkende Bremsen angewendet, von denen die eine eine durchgehende Bremse ist. Jeder Wagen muß mit einer Handbremse versehen sein, es sind Spindelbremsen, deren Übersetzungsverhältnis sich nach dem Wagengewicht richtet und bei Triebwagen meist 1:100 beträgt. Die Bremskette wickelt sich beim Bremsen auf der Bremsspindel auf und steht durch Hebelübersetzung mit 4 oder 8 Bremsklötzen in Verbindung. Eine Verbesserung ist die Ackley-Bremse. Hier wickelt sich die Kette auf eine Trommel, die mit einer Zahnradübersetzung von 1:3 von der Bremsspindel angetrieben wird. Die Trommel hat einen zylindrischen Teil von großem Durchmesser und einen allmählich schmaler werdenden kegelförmigen Teil. Zunächst wickelt sich die Bremskette auf den zylindrischen Teil auf, so daß das tote Spiel des Bremsgestänges und der Weg der Bremsbacken bis zum Anliegen schnell überwunden wird und mit der Abnahme des Trommeldurchmessers und der Zunahme der Übersetzung die weitere Bremswirkung sich steigert. Der Nachteil der Handbremse beruht in der durch ihre Handhabung verursachten körperlichen Ermüdung der Fahrer; sie ist daher bei schweren Fahrzeugen oder Zügen als Betriebsbremse nicht mehr anwendbar.

b) Pratzenbremsen. Auf Steilbahnen werden bisweilen Pratzenbremsen angewendet, sie bestehen aus gezahnten Schuhen, die in seitlich der Schiene befindliche Holzlangschwellen eingepreßt werden. Nachteile sind: Schnelle Abnutzung der Holzschwellen, Stoßwirkungen beim Einsetzen der Bremse.

c) Elektrische oder Kurzschlußbremse. Die Motoren werden als Generatoren geschaltet, in ihren Stromkreis die Wagenwiderstände eingeschaltet und allmählich kurz geschlossen. Diese Bremsung hat folgende Nachteile:

1. Sie wirkt nur auf den Triebwagen, nicht auf den Anhängewagen.
2. Die Motoren, die sonst während der Zeit der Bremsung ruhen und sich

abkühlen können, werden auch während dieser Zeit belastet und müssen entsprechend größer bemessen werden.

3. Die Bremswirkung ist bei unverändertem Widerstand proportional dem Quadrat der Geschwindigkeit. Sie setzt also scharf ein und läßt allmählich nach. Bei geringen Geschwindigkeiten wirkt die Bremse überhaupt nicht; der Wagen läßt sich mit ihr also nicht zum Stillstand bringen, namentlich nicht auf Gefällstrecken. Die elektrische Bremse wird daher hauptsächlich als Gefahrbremse benutzt, um durch einfaches Drehen des Fahrschalters eine schnelle Verzögerung herbeizuführen.

d) Elektromagnetische oder Wirbelstrombremse. Um die Wirkung der elektrischen Bremse auf die Anhängewagen auszudehnen, werden diese mit Reibungsscheiben aus weichem Eisen versehen, von denen die eine auf der Achse befestigt, die andere verschiebbar aufgehängt ist. Die verschiebbare Scheibe ist mit einem Magnetsystem versehen, das von dem Gerneratorstrom der Motoren erregt wird. Durch die Kraftwirkung des erzeugten Magnetfeldes werden beide Scheiben gegeneinandergepreßt, wodurch mechanische und (durch Wirbelströme) elektrische Reibung erzeugt wird.

Die Benutzung des Motorenstromes zum Bremsen hat den Nachteil, daß beim Gleiten der Räder des Triebwagens keine Bremsung des Anhängewagens eintritt, weil kein Strom erzeugt wird. Für solche Fälle muß daher der Bremsstrom der Oberleitung oder einer auf dem Anhängewagen aufgestellten Akkumulatorenbatterie entnommen werden.

e) Elektromagnetische Schienenbremsen. Schienenbremsen haben besondere Bedeutung als Notbremsen für Steilbahnen, und zwar sowohl für Trieb- wie für Anhängewagen. Die gewöhnlichen Schienenbremsen, die nach dem Grundsatz des Vorlegekeils arbeiten, sind betriebsgefährlich, und es sind daher solche Schienenbremsen vorzuziehen, die sich durch elektromagnetische Wirkung auf den Schienen festsaugen.

Bei der Schienenbremse der Magnetbremsengesellschaft in Berlin-Tempelhof (Abb. 260) ist der Bremsschuh federnd am Untergestell aufgehängt. In der Ab-

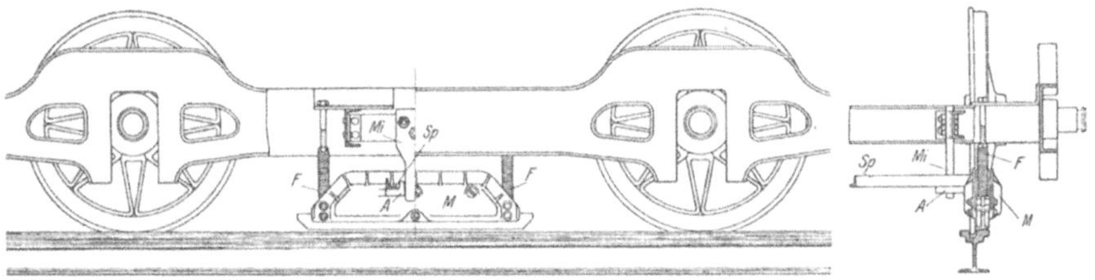

Abb. 260. Schienenbremse der Magnetbremse G. m. b. H.

bildung bedeutet M den Magneten, F die Aufhängefedern, A den Anschlag und Mi den Mitnehmer, durch den die wagerechte Bremskraft auf das Untergestell übertragen wird. In einem Bremsschuh werden 2—4 Magnete von je 2000—3500 kg Zugkraft eingebaut. Es kann also hier eine das Wagengewicht stark übersteigende Kraft ausgeübt werden. Die wagerechte Hemmung beträgt je nach der Geschwindigkeit bei trockenen Schienen 40—25% der Zugkraft der Magnete, bei schlüpfrigen Schienen $\frac{1}{4}$—$\frac{1}{5}$ dieser Werte. Die Elektromagnete werden entweder durch den Generatorstrom der Motoren oder auch durch den Leitungsstrom erregt. Ähnliche Bremsen werden auch von Westinghouse hergestellt.

Abb. 249, S. 336, zeigt die Anbringung einer Magnetbremse an einem Straßenbahnwagen. Die Bremsschuhe sind hier an einem besonderen Traggestell aufgehängt, das unmittelbar auf den Achsbuchsen ruht. Jede Bremse ist mit zwei Magneten von je 3000 kg ausgerüstet. Die Zugkraft beider Bremsen beträgt mithin 12000 kg bei einem Wagengewicht von 12800 kg.

f) Luftdruckbremsen. Die Vorzüge der Luftdruckbremsen sind: Die Bremswirkung ist unabhängig von der Fahrgeschwindigkeit und genau begrenzt, so daß bei normalem Schienenzustand ein Feststellen der Räder infolge zu scharfen Bremsens nicht eintreten kann; eine Ermüdung des Wagenführers findet nicht statt. Luftdruckbremsen werden daher neuerdings sehr bevorzugt und bei großen Zuggewichten oder hohen Fahrgeschwindigkeiten stets angewandt. Bei Straßenbahnen finden gegenüber der bei Vollbahnen üblichen Bauweise Vereinfachungen statt, die infolge der geringeren Wagenzahl der Züge und der geringeren Fahrgeschwindigkeit zulässig erscheinen.

Die Knorr-Bremse A. G. in Berlin, die eine Reihe der gebräuchlichsten Bauarten von Luftdruckbremsen für Straßenbahnen (Böker, Christensen) vereinigt hat, führt beispielsweise folgende Bauarten von Luftdruckbremsen für Straßenbahnen aus:

1. Die unmittelbar wirkende, nicht selbsttätige Bremse (Regelbauart für leichte Betriebe und ebene Strecken, auf denen Zugtrennungen nicht zu befürchten sind). In der Bremsleitung befindet sich für gewöhnlich atmosphärische Luft. Die Druckluft wird von dem Behälter des Triebwagens in die Leitung entsandt, sobald der Steuerhebel umgelegt wird, und setzt die Einkammer-Bremszylinder der einzelnen Wagen unmittelbar in Tätigkeit. Die Anhängewagen erhalten daher keinen Hilfsluftbehälter.

2. Selbsttätig wirkende Zweikammerluftdruckbremse. Diese Bremse wirkt bei Zugtrennungen und kann auch von den Anhängewagen aus in Tätigkeit gesetzt werden. In der Leitung befindet sich für gewöhnlich Druckluft.

3. Die selbsttätig wirkende Einkammerluftdruckbremse mit Funktionsventilen. Diese Bauart entspricht der auf Vollbahnen üblichen. Die Anhängewagen erhalten Hilfsbehälter, die von der Hauptleitung aus gefüllt werden. Die Bauart der Funktionsventile ist gegen die der Vollbahnen vereinfacht. Diese Bremse besitzt den Vorzug schnellster Wirkung.

4. Die vereinigte unmittelbar wirkende und selbsttätige Luftdruckbremse. Die selbsttätigen Bremsen haben den Nachteil großen Luftverbrauchs, weil bei jeder noch so geringen Bremsung der ganze Bremszylinderinhalt entleert wird. Die Luftpumpen müssen für größere Leistungen bemessen werden, und der Betrieb ist teurer. Es wird daher eine Vereinigung der Bauarten 1 und 3 hergestellt. bei der die Betriebsbremsungen durch unmittelbare Wirkung der Druckluft hervorgerufen werden. Außer der hierfür nötigen Zugleitung ist noch eine zweite Leitung vorhanden, die mit Druckluft gefüllt ist. Sobald diese Leitung durch Zugtrennung oder durch eine vom Anhängewagen aus erfolgte Bremsung geleert wird, werden durch besondere Gefahrbremsventile die Bremszylinder der Anhängewagen mit den Hilfsbehältern in Verbindung gebracht.

Die Druckluft wird entweder durch eine Achsenluftpumpe oder durch eine Motorluftpumpe erzeugt. Die Achsenluftpumpe wird von einem auf der Wagenachse sitzenden Exzenter oder von einem Zahnradvorgelege dauernd angetrieben und, wenn der Behälter gefüllt ist, selbsttätig auf Leerlauf gestellt. Geschieht der Antrieb der Pumpe durch einen Motor, so ist die Einrichtung so getroffen, daß der Motor bei gefülltem Luftbehälter von selbst ausgeschaltet, bei gesunkenem Luftdruck selbsttätig wieder eingeschaltet wird. Doch kann er auch vom Führerstande aus- und eingeschaltet werden. Achsluftpumpen haben den Nachteil, daß, wenn bei langsamer Fahrt mehrere Bremsungen kurz hintereinander stattgefunden haben, und wenn nicht genügend große Luftbehälter vorhanden sind, der Luftvorrat erschöpft sein kann und die Bremsung versagt; bei schwereren

Betrieben und solchen mit starken Neigungen werden daher Motorluftpumpen vorgezogen.

Außer der genannten Firma stellen u. a. auch die Siemens-Schuckert-Werke Luftdruckbremsen für elektrische Bahnen her.

g) Sandstreuer. Bei den oft schlüpfrigen Schienen der Straßenbahnen sind Sandstreuer besonders wichtig. Die Ausmündung des Rohres muß unmittelbar vor dem Rade liegen. Der Behälter kann sich im Wagenkasten oder auf dem Führerstande befinden; die Sandausströmung wird durch einen Hebel vom Führerstande aus betätigt. Der Sandstreuer wird auch mit den Kraftbremsen verbunden, so daß er bei einer Schnellbremsung selbsttätig eingeschaltet wird; bei Luftdruckbremsen kann die Streuwirkung durch den Luftdruck erhöht werden.

h) Schutzvorrichtungen. Um das Überfahren von Personen zu vermeiden oder in seiner Wirkung abzuschwächen, werden an der Stirnwand des ersten Wagens Schutzkörper angebracht, die den Anprall weicher machen, und Fangkörbe, die den Körper auffangen sollen; auch diese Fangkörbe stehen mit der Schnellbremse in Verbindung und werden bei ihrer Einschaltung auf das Pflaster niedergedrückt.

5. Besondere Fahrzeuge.

Für die Unterhaltung (regelmäßige Untersuchung) der Oberleitung und zur schnellen Behebung von Schäden bei Drahtbrüchen dienen die Hilfs- oder Turmwagen. Das sind mit Pferden bespannte oder als Kraftfahrzeuge gebaute Straßenwagen, die auf den Abstellbahnhöfen in steter Betriebsbereitschaft gehalten werden. Auf dem Wagen befindet sich ein hölzernes Turmgerüst, das senkrecht beweglich ist und oben in eine überkragende Plattform ausläuft. Die Plattform ist mit einem Geländer versehen und dient als Arbeitsbühne.

Dem gleichen Zweck dienen mechanische Leitern, die mit Spurrädern versehen sind und an einen Triebwagen angehängt werden können. Sie sind mit einem Straßenräderpaar versehen; durch Kippen werden die Spurräder ausgehoben und das Straßenrad eingeschaltet.

Die Schneepflüge, Salzstreuwagen, Schienenreinigungswagen, Sprengwagen und Schienenschleifwagen wurden bereits bei der Unterhaltung des Oberbaues besprochen.

E. Güterbeförderung auf Straßenbahnen.

Die Straßenbahnen dienen fast ausschließlich der Personenbeförderung. Die Übernahne des Güterverkehrs erwies sich zum Teil nicht als wirtschaftlich, zum Teil wurde er durch die Konzessionsbedingungen künstlich eingeschränkt, um keinen, die Staatsbahn schädigenden Wettbewerb entstehen zu lassen. Der Krieg hat hierin Wandel geschaffen. Der große Mangel an Zugtieren und Kraftwagen machte eine Beförderung auf Straßenbahngleisen dem Straßenfuhrwerk gegenüber wettbewerbsfähig, und die Staatseisenbahnverwaltung war infolge des Wagenmangels nicht imstande, allen an sie herantretenden Anforderungen zu genügen und daher geneigt, den Kleinbahnen in der Güterbeförderung Zugeständnisse zu machen.

An vielen Orten angestellte Versuche, gewöhnliche Straßenfuhrwerke durch Straßenbahnwagen zu ziehen, mißlangen. Nur eine Beförderung auf Straßenbahnwagen erwies sich als technisch durchführbar.

Bei der Güterbeförderung auf Straßenbahnen sind zwei Beförderungsweisen zu unterscheiden, die Verteilung der mit der Staatsbahn ankommenden Güter in der Stadt und eine selbständige Beförderung zwischen Erzeuger und Verbraucher. Die Verteilung der Güter in der Stadt geschieht in der Weise, daß die Straßenbahn Anschlüsse an die Güterbahnhöfe erhält und die Güter entweder auf Kleinbahnbetriebsmittel umlädt oder die Güterwagen der Hauptbahn auf Rollwagen befördert. Im ersten Falle handelt es sich hauptsächlich um die Verteilung von Massengütern, namentlich von Brennstoffen, die einzelnen Verbrauchern oder Kleinhändlern zugeführt werden, im zweiten Falle um den Ersatz eines technisch nicht ausführbaren Vollbahngleisanschlusses.

Auch bei der straßenbahnseitigen Beförderung von Gütern zwischen Erzeuger und Verbraucher handelt es sich hauptsächlich um Brennstoffe. Eine große Zahl von Kleinbahnen im rheinisch-westfälischen Industriegebiet hat Anschlußgleise an die Kohlenzechen ausgeführt und hier eine unmittelbare Beladung der Kleinbahnwagen mit Hilfe der vorhandenen, für Staatsbahnwagen bestimmten Verladeeinrichtungen ermöglicht. Einzelne Verbraucher in den Städten (Gaswerk, Elektrizitätswerk, Schlachthof, Fabriken) haben Gleisanschlüsse erhalten, so daß ihnen die Kohlen unmittelbar von der Zeche ohne Umladung zugeführt werden können.

Bei Verbrauchern mit geringerem Bedarf wird es für zulässig erachtet, die Kohle auf die Straße zu schütten und von dort abfahren zu lassen.

Auch eine Beförderung von Lebensmitteln mit der Straßenbahn ist in umfangreicher Weise eingerichtet worden. Zur Beladung genügen die in den ländlichen Vororten bestehenden, im regelmäßigen Betrieb nicht benutzten Ausweichgleise oder besondere, hierfür angelegte Nebengleise, in den Städten sind die Markthallen an die Straßenbahn angeschlossen worden.

Auch eine Beförderung anderer Gegenstände mit der Straßenbahn ist in beschränktem Umfange durchgeführt worden. Tatsächlich finden sich die meisten der in den Statistiken der Eisenbahnverwaltung angeführten Versandgegenstände in den Versandlisten der Straßenbahnen wieder.

F. Betrieb.

1. Fahrgeschwindigkeit.

Die auf den einzelnen Teilen des Bahnnetzes zulässige größte Fahrgeschwindigkeit wird von den Aufsichtsbehörden festgesetzt. In den engeren Straßen der Innenstadt werden gewöhnlich 15 km, auf den breiteren Verkehrsstraßen 20 km, im Außengebiet 25 km und auf eigenem Bahnkörper 30 km zugelassen. Eingeschränkt wird die Fahrgeschwindigkeit in Krümmungen, Neigungen und an besonderen Gefahrpunkten.

In Krümmungen ist die Verringerung der Fahrgeschwindigkeit bedingt durch den Bogenwiderstand, die Fliehkraft und die Unübersichtlichkeit; sie ist auch von der Bauart der Betriebsmittel und der Möglichkeit der Überhöhung des äußeren Schienenstranges abhängig. In Ermangelung behördlicher Vorschriften können folgende Grenzwerte gelten:

Halbmesser r in m	V km/Std.
12,5	4
15	6
20	9
25	11
30	13
40	16
50	18
75	22
100	25
150	30

Auf Gefällstrecken muß die Geschwindigkeit mit Rücksicht auf die Betriebssicherheit vermindert werden. Folgende Beziehungen erscheinen angemessen:

Gefälle ‰	V km/Std.
100	4
80	6
60	10
50	13
40	18
30	24
25	30

Beim Zusammentreffen von Gefällen und Bögen muß die Geschwindigkeit weiter verringert werden.

Auf Steigungen ist die Fahrgeschwindigkeit durch die Rücksicht auf die Belastung der Motoren begrenzt. Es muß berücksichtigt werden, daß die Motoren in der Lage sind, während kurzer Zeit ein Vielfaches ihrer normalen Leistung herzugeben. Eine genaue Feststellung der auf Steigungen zulässigen Fahrgeschwindigkeit kann aus der Charakteristik der einmal gewählten Motoren abgeleitet werden. Bei Bahnen im Hügelland wird umgekehrt die auf den Steigungen gewünschte Fahrgeschwindigkeit der Leistung der Motoren zugrundegelegt. Als Anhaltspunkte können folgende Werte dienen:

Steigung ‰	V km/Std.
100	4
80	10
60	16
50	19
40	22
30	25
20	28
10	30

2. Reisegeschwindigkeit.

Die Reisegeschwindigkeit ist zunächst, theoretisch betrachtet, abhängig von dem Aufenthalt in den Haltestellen, der Anfahrbeschleunigung und der Bremsverzögerung. Hierzu kommen die Hemmungen durch den übrigen Straßenverkehr.

Der Aufenthalt auf den Haltestellen ist, ebenso wie bei den Stadtbahnen, von dem Umfang des Verkehrs, der Länge des Zuges und der Bauart der Betriebsmittel abhängig. Eine Rolle spielt hierbei namentlich die Höhe und Zahl der Stufen an den Plattformen der Straßenbahnwagen und die Weite des Durchganges.

Bei Straßenbahnen ist der Aufenthalt aber außerdem noch von einer Reihe anderer Umstände abhängig. Eine Rolle spielt das Wetter, die Gewöhnung der Fahrgäste und die Anordnung der Haltestellen. Bei Regenwetter übt das Zuklappen und Aufspannen des Schirmes eine verzögernde Wirkung aus. Eine wohlhabende Rentnerbevölkerung bewegt sich langsamer als die arbeitenden Klassen. Von einer Insel im Fahrdamm aus geht das Ein- und Aussteigen weit schneller vor sich, als wenn zwischen dem schützenden Bürgersteig und dem Straßenbahnwagen der belebte Straßenfahrdamm überschritten werden muß.

Über den Aufenthalt der Straßenbahnwagen in Groß-Berlin hat Giese umfangreiche Ermittlungen angestellt, wobei die in großer Zahl vorhandenen Wagen mit getrennten Ein- und Ausgängen unberücksichtigt geblieben sind.

Zahlentafel 12.

Berliner Straßenbahnen.

Mittlerer Aufenthalt eines Straßenbahnzuges in Sekunden.

Zugbildung	Personenwechsel (Zu- und Abgang zusammen)							Durchschnittswert
	1—3 Personen	4—6 Personen	7—9 Personen	10—12 Personen	13—15 Personen	mehr als 12 Personen	mehr als 15 Personen	
Ein Triebwagen	6,3	10,4	15,1	19,9	—	27,7	—	11,6
Triebwagen und Beiwagen . .	6,1	9,5	12,0	15,8	18,0	—	25,7	11,7

Zahlentafel 13.

Berliner Straßenbahnen.

Mittlerer Aufenthalt für eine Person in Sekunden.

Zugbildung	Personenwechsel (Zu- und Abgang zusammen)							Durchschnittswert
	1—3 Personen	4—6 Personen	7—9 Personen	10—12 Personen	13—15 Personen	mehr als 12 Personen	mehr als 15 Personen	
Ein Triebwagen	3,14	2,18	1,88	1,76	—	1,70	—	2,08
Triebwagen und Beiwagen . .	2,91	1,85	1,52	1,39	1,29	—	1,13	1,53

Die Ergebnisse der Beobachtungen sind in den Zahlentafeln 12 und 13 zusammengestellt. Aus den Beobachtungen werden folgende Schlüsse gezogen:

Der Mindestaufenthalt eines Straßenbahnwagens (auch wenn nur eine Person aus- und einsteigt) beträgt 5 Sekunden. Hierbei ist der Aufenthalt bei Zügen aus zwei Wagen ebenso groß (nicht größer) wie bei einzeln fahrenden Triebwagen. Bei größerem Personenandrang ist der Aufenthalt bei Zweiwagenzügen geringer, weil sich hierbei die Zahl der Aus- und Einsteigestellen verdoppelt. Der mittlere Aufenthalt eines Zuges beträgt bei einzeln fahrenden Triebwagen 12,8 Sekunden, bei Zweiwagenzügen 13,2 Skeunden. Im Stadtinnern sind die Werte etwas größer, im Außengebiet geringer als die Durchschnittszahl.

Nach Zahlentafel 13 beträgt der größte, für eine Person erforderliche mittlere Aufenthalt etwa 3 Sekunden. Dieser Wert sinkt bei größerem Personenwechsel und erreicht bei etwa 20 Personen den geringsten Wert mit 1,4 Sekunden. Bei Zügen aus zwei Wagen ist der Durchschnittswert für das Einsteigen einer Person geringer als bei einzeln fahrenden Triebwagen, was sich aus der Verdoppelung der Ein- und Aussteigestellen unschwer erklärt. Er ist aber nicht halb so groß, weil durch das Hin- und Herlaufen zwischen den beiden Wagen ein gewisser Zeitaufwand entsteht.

Der durchschnittliche Haltestellenaufenthalt in Groß-Berlin wurde zu 9 Sekunden ermittelt. Hierbei sind auch die durchfahrenen Haltestellen einbezogen.

Die in Groß-Berlin mit seiner behenden Bevölkerung gefundenen Zahlen lassen sich nicht ohne weiteres auf andere, weniger arbeitsame Städte übertragen. Es empfiehlt sich daher, mit einem mittleren Aufenthalt der Straßenbahnwagen von 12—15 Sekunden zu rechnen.

Auch über die Anfahrbeschleunigung und Bremsverzögerung hat Giese Beobachtungen angestellt. Als Anfahrbeschleunigung wurden folgende Werte ermittelt: Bei einzeln fahrenden Triebwagen 0,75 m/sek^2, bei Zügen mit einem Anhängewagen 0,55 m/sek^2, bei Zügen mit zwei Anhängewagen 0,40 m/sek^2, im Mittel 0,60 m/sek^2. Die Bremsverzögerung betrug bei einzeln fahrenden Triebwagen 1,1 m/sek^2, bei Triebwagen mit einem Anhänger 1,0 m/sek^2, bei Triebwagen mit zwei Anhängern 0,9 m/sek^2, im Mittel 1,0 m/sek^2.

Auch die in Berlin gefundenen Beschleunigungen lassen sich nicht verallgemeinern. Wattmann[1]) gibt die durchschnittliche Beschleunigung zu 0,3 bis 0,4 m/sek² an.

Einem mittleren Haltestellenaufenthalt von 13,5 Sekunden, einer Beschleunigung von 0,45 m/sek² und einer Bremsverzögerung von 1 m/sek² ergeben sich die in Abb. 261 u. 262 dargestellten Beziehungen zwischen Haltestellenabstand, Fahrgeschwindigkeit und Reisegeschwindigkeit. Auf eingleisigen Strecken ist die Reisegeschwindigkeit geringer, weil zur normalen Fahrzeit ein Zuschlag gegeben werden muß, damit sich nicht jede Verspätung sofort auf die Gegenrichtung überträgt. Diese Verringerung der Reisegeschwindigkeit beträgt 2 bis 3 km in der Stunde.

Die auf dem Groß-Berliner Straßenbahnnetz aus den Fahrplänen sich ergebenden Reisegeschwindigkeiten schwanken zwischen 10,6 und 20,5 km. Die

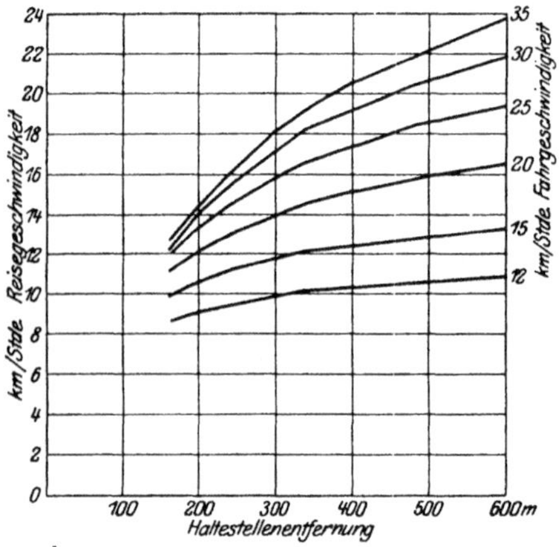

Abb. 261. Verhältnis zwischen Fahrgeschwindigkeit und Reisegeschwindigkeit. Nach Wattmann.

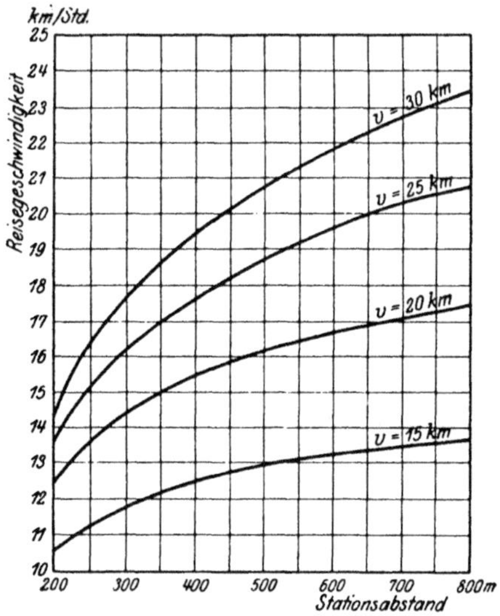

Abb. 262. Beziehungen zwischen Stationsabstand und Reisegeschwindigkeit bei Straßenbahnen.

kleinere Zahl bezieht sich auf die Innenstrecken, die größere auf die Außenstrecken. Tatsächlich wurden auf Außenstrecken auf eigenem Bahnkörper Fahrgeschwindigkeiten bis zu 22,7 km beobachtet.

In Köln beträgt die fahrplanmäßige mittlere Reisegeschwindigkeit in der Innenstadt 10,2 km, auf der Ring- und Uferstraße 14 km, auf den Vorortbahnen 20 km. In Aachen beträgt die durchschnittliche Reisegeschwindigkeit auf dem Stadtnetz 11,5 km, auf dem Außennetz 14,8 km, auf einzelnen Landstraßen 16,4 km, auf eigenem Bahnkörper bis zu 18 km.

In den engen und den vom Straßenbahnverkehr überlasteten Straßen der Innenstadt sinkt die Reisegeschwindigkeit erheblich unter die angegebenen Durchschnittswerte. Hier sind während der Hauptverkehrsstunden Reisegeschwindigkeiten von 4—5 km nichts Ungewöhnliches.

Der Wagenfolge auf den einzelnen Linien wird am besten ein 10-Minuten-Schema für jede Betriebslinie zugrunde gelegt, da es sich dem Gedächtnis leicht einprägt und die Benutzung der Bahn ohne Fahrplan erleichtert. Auf den eigentlichen Stadtstrecken wird die Wagenfolge auf 5 Minuten verdichtet, und es werden nötigenfalls zu den Zeiten des stärksten Verkehrs noch weitere Wagen

[1]) Internationaler Straßenbahn- und Kleinbahnkongreß 1910.

dazwischen geschoben, in den Außenbezirken genügt in der Regel ein 20-Minuten-Verkehr. Eine noch weitere Verringerung der Zugfolge, etwa auf 40 Minuten, ist nur auf Vorortbahnen zulässig; ein solcher Fahrplan ist schon unbequem, weil dieselben Fahrzeiten nur alle 2 Stunden wiederkehren.

Den Schwankungen des Verkehrs in den einzelnen Tagesstunden und den Ungleichheiten der örtlichen Verkehrsverteilung wird einmal durch die schon erwähnte Veränderung des Wagenabstandes sowie durch Einsetzen von Teilstreckwagen auf den meist belasteten Innenstrecken, ferner aber durch die Veränderung der Wagenzahl der einzelnen Züge Rechnung getragen. Zu den Zeiten des schwächsten Verkehrs fahren die Triebwagen allein, nach Bedarf werden 1—2 Anhängewagen mitgegeben. Mit Rücksicht auf die Verkehrsverhältnisse in den Straßen der Innenstadt ist häufig die Mitführung von Anhängewagen auf einen beschränkt oder ganz verboten.

Werden die Hauptverkehrsstraßen von mehreren Linien benutzt, so entsteht hier eine engere Wagenfolge. Einem 5-Minuten-Verkehr entspricht eine Zahl von 12 Zügen in der Stunde. Es könnten somit bei einer größtmöglichen Zugfolge von 150 Zügen 12 Linien durch dieselbe Straße geführt werden. Dann würde aber für Einsetzwagen während der Hauptverkehrsstunden kein Raum mehr bleiben. Aus diesem Grunde und um eine glatte Verkehrsabwicklung zu gewährleisten, empfiehlt es sich, die regelmäßige Wagenfolge nicht über 60 in der Stunde zu steigern, also nicht mehr als 5 Linien mit 5-Minutenfolge oder 10 Linen mit 10-Minutenfolge durch eine Straße zu leiten. Dann ist zu den Zeiten des stärksten Verkehrs Verdoppelung der Zugzahl auf jeder Linie möglich.

Der Betrieb beginnt in den frühen Morgenstunden, 5—6 Uhr, und endet spät nachts, 12—1 Uhr. In manchen Weltstädten werden einige besonders wichtige Linien die ganze Nacht hindurch betrieben.

Die Platzausnutzung (d. h. das Verhältnis der Personenkilometer zu den gefahrenen Platzkilometern) beträgt bei Straßenbahnen 25—50%, und zwar gelten die niederen Zahlen für kleine Städte, die größeren für Weltstädte. Je größer die Stadt und das Bahnnetz ist, desto günstiger ist die Platzausnutzung, weil mit der Größe der Stadt auch der Anteil des Geschäftsverkehrs wächst und weil in den Groß- und Weltstädten die Verkehrsansprüche das Platzangebot während eines großen Teiles des Tages zu übersteigen pflegen. Diese Platzausnutzung beruht auf der behördlicherseits über die normale Sitz- und Stehplatzzahl zugelassenen Überfüllung. Vor dem Kriege war in Preußen, je nach der Bauart des Wagens, eine Überfüllung von 10—15%, in Österreich eine solche von 27% zugelassen. Während des Krieges sind wesentlich stärkere Überfüllungen stillschweigend zugestanden worden, und dadurch ist die auf die normale Platzzahl bezogene Platzausnutzung um 10—15% gestiegen.

Ziel und Weg müssen am Wagen erkennbar sein, und diese Bezeichnungen müssen um so deutlicher und ausführlicher sein, je größer die Zahl der Linien in der Stadt überhaupt und auf einzelnen Straßenbahnstrecken ist. An den beiden Enden des Wagendaches wird senkrecht zur Fahrtrichtung ein Schild angebracht, dessen Aufschrift den Endpunkt der Fahrt angibt und bei Dunkelheit von außen beleuchtet wird. Transparente und Leinenschilder hinter Glas sind bei Tage schlecht sichtbar.

3. Linienschilder.

Ist die Zahl der Linien nicht allzu groß, so empfiehlt es sich, diese Schilder verschieden zu färben und dadurch die Linien zu unterscheiden. Bei Benutzung der fünf Farben weiß, gelb, rot, grün, blau können 25 Farbenzusammenstellungen gebildet werden. Weiße Schilder mit demEndpunkt der Linie werden auch wohl an der vorderen Brüstungswand angebracht, wo sie besonders gut in die Augen fallen. Die Längswände erhalten ausführliche Angaben über den

Lauf des Wagens. Außerdem wird jede Linie mit einer Zahl oder einem Buchstaben bezeichnet, die weithin sichtbar am Wagen angebracht sein müssen, und zwar sowohl von vorne und hinten, wie von der Seite. Es eignen sich hierzu Laternen mit Milchglasscheiben und schwarzer Schrift oder Blechschilder, die bei Dunkelheit durch eine besondere Lampe beleuchtet werden.

Bisweilen findet sich eine Bezeichnung der Linien durch geometrische Figuren (Quadrat, Kreis, Dreieck, Ring, Stern, Kreuz). Ferner muß ein Schild im Innern des Wagens vorhanden sein, das den Beginn und Endpunkt der Fahrt und die wichtigsten Zwischenpunkte anzeigt.

Sehr übersichtlich ist die Linienbezeichnung in Wien durchgeführt. Unterschieden werden Durchmesserlinien, die die Grenzstraßen der Innenstadt (Ring, Kai, Lastenstraße) berühren, Halbmesserlinien, die am Rande der Innenstadt enden, und Linien, die streckenweise ringförmig oder tangential geführt sind, also eine Anzahl Radiallinien schneiden. Die Durchmesserlinien haben Buchstaben erhalten, und durch den Zusatz R, K oder L wird angegeben, welche der drei genannten, die Innenstadt begrenzenden Straßenzüge der Wagen durchfährt. Die tangential geführten Linien haben niedrige Zahlen, die Halbmesserlinien hohe Zahlen erhalten.

4. Signale und Sicherungsanlagen.

Bei Bahnen auf eigenem Bahnkörper werden in der Regel Stirn- und Schlußlampen, ähnlich wie bei den Haupt- und Nebenbahnen, von den Aufsichtsbehörden gefordert. Bei reinen Straßenbahnen sind Schlußlampen nicht gebräuchlich; Stirnlampen sind aber auch hier erforderlich, wenn die Straßen nicht oder nur schlecht beleuchtet sind. Gewöhnlich wird eine einzelne Stirnlampe an der vorderen Brüstungswand angebracht. Sind für Außenstrecken auf eigenem Bahnkörper hell leuchtende Stirnlampen erforderlich, so werden sie für die Straßenstrecken, wo sie mehr stören wie nützen würden, abgeblendet oder ausgeschaltet.

Auf den eigentlichen Straßenbahnen, und zwar sowohl auf zweigleisigen wie auf eingleisigen Strecken sind durchgehende Sicherungsanlagen der geringen Fahrgeschwindigkeit wegen entbehrlich. Auch auf zweigleisigen Tunnelstrecken wird in der Regel auf Sicht gefahren, nur an unübersichtlichen Stellen und beim Zusammenlauf zweier Gleise sind (selbsttätige) Blocksignale erforderlich.

Es empfiehlt sich, die Endpunkte der Straßenbahnlinien mit Fernsprechern auszurüsten, damit die Schaffner bei Verspätungen und Betriebsstörungen Nachricht an die Betriebsleitung geben und Verhaltungsmaßregeln von dort erhalten können. Zweckmäßig ist es, an verschiedenen Stellen des Netzes Kontrolluhren aufzustellen, die der Schaffner bedienen muß und aus deren Streifen zu ersehen ist, ob die Fahrzeit eingehalten wurde (Wiener Straßenbahn).

Unübersichtliche Kreuzungen werden durch Wärter gesichert. Diese Wärter haben auch den Auftrag, Zusammenstöße zwischen Straßenfuhrwerken und Straßenbahnen zu verhindern, müssen also straßenpolizeiliche Befugnisse erhalten.

Auf eingleisigen Strecken müssen die Ausweichstellen mit Fernsprechanlagen versehen werden, damit die Schaffner beim Ausbleiben des Gegenzuges Verhaltungsmaßregeln einholen können. Es empfiehlt sich, in der Betriebsleitung einen besonderen Beamten (train despatcher) anzustellen, der mit Hilfe der Fernsprechanlage den Betrieb in Störungsfällen zu leiten hat.

Müssen Umbaustrecken vorübergehend eingleisig befahren werden, so werden bei lebhaftem Verkehr Sichtsignale aufgestellt, die von einem Beamten bedient werden und das Befahren der eingleisigen Strecke regeln. Am einfachsten geschieht dies durch einen Kasten in Würfelform mit zwei roten und zwei grünen Scheiben, die bei Dunkelheit von innen erleuchtet werden.

Unübersichtliche eingleisige Strecken werden durch Lampensignale gesichert. An jedem Ende der eingleisigen Strecke hängt eine Glühlampe, die aufleuchtet, wenn ein Zug die Strecke befährt. Bei lebhafter Zugfolge werden auch wohl mehrere Glühlampen angewendet; die Zahl der brennenden Glühlampen gibt dann an, wieviele Züge auf der eingleisigen Strecke fahren.

Auf den eingleisigen Strecken der Kölner Vorortbahnen[1]), die mit größerer Geschwindigkeit befahren werden, ist eine ähnliche selbsttätige Sicherungsanlage in Gebrauch, die durch Flügelsignale ergänzt ist.

An jedem Ende der eingleisigen Strecke befindet sich eine Glühlampe und ein den Hauptbahnsignalen gleichendes Formsignal. Im Ruhezustand sind die Glühlampen in Haltestellung. Betritt ein Zug die eingleisige Strecke, so leuchten die Glühlampen auf, und das Signal geht auf Fahrt. Nach der Vorbeifahrt des Zuges fällt das Signal auf Halt. Nach der Ausfahrt aus der eingleisigen Strecke erlöschen die Lampen. Betreten zwei Züge gleichzeitig die eingleisige Strecke von beiden Seiten, so leuchten die Lampen auf, die Signale bleiben aber auf Halt stehen. Statt eines Zuges kann auch eine Zuggruppe die eingleisige Strecke befahren.

Die Betätigung der Signale und Lampen geschieht durch Relais, die vom Bahnstrom gespeist werden. Die Einschaltung der Relais geschieht durch Quecksilberkontakte, die ihrerseits eingeschaltet werden, wenn ein Stromabnehmer den Fahrdraht anhebt. Die Kontakte können aber auch mit der Hand eingeschaltet werden, so daß auch Dampfzüge die Strecke befahren können.

G. Bau- und Betriebskosten, Tarife und Rentabilität.

Vorbemerkung: Die nachfolgenden Zahlen beziehen sich auf die Zeit vor dem Kriege. Für die Gegenwart gültige Zahlen lassen sich nicht geben, da zurzeit alle Preise starken Schwankungen unterworfen sind.

1. Baukosten.

Die Baukosten der Straßenbahnen schwanken in weiten Grenzen, sie sind abhängig von dem zur Verwendung kommenden Schienenprofil und der Güte der Unterbettung, von dem Werte des aufzubrechenden und wiederherzustellenden Pflasters sowie von der Stärke des Verkehrs. Eine gewisse, wenn auch nicht erhebliche Rolle spielt ferner die Spurweite. Die nachfolgenden Zahlen können daher nur einen ganz allgemeinen Anhalt bieten[2]). Sie beziehen sich auf Vollspurgleis.

a) Oberbau. Ein Kilometer Doppelgleis einschließlich Schienenrückleitung kostet nach dem Gewicht der Schiene und der Güte des Pflasters

a) Beschaffung der Schienen: 25000—48000 M.,

b) Verlegung einschließlich Erneuerung des Pflasters: 10000—100000 M.

Zu den Preisen unter a ist für Weichen und Kreuzungen ein Zuschlag zu machen, der je nach der Maschenweite des Netzes und der Entfernung der Ausweichstellen bei eingleisigen Bahnen zu 5—20% zu schätzen ist, sowie ein weiterer Zuschlag von 5—10% für Gleise in den Betriebsstätten.

Die unter b genannten Preise ermäßigen sich bedeutend, wenn die Verlegung der Straßenbahngleise bei der Herstellung des Straßenpflasters mit erfolgt. Es sind dann nur die geringen Mehrkosten der Pflasterung infolge Einlegens der Straßenbahnschienen zu veranschlagen, die auf 10—20% dieser Zahlen zu schätzen sind.

---

[1]) Zeitschrift für Kleinbahnen 1915, S. 541.

[2]) Ausführlichere Preisangaben finden sich in „Osthoff-Scheck“, Kostenberechnungen für Ingenieurbauten.

Zu den unter a und b genannten Kosten kommen noch die für Leitungsverlegungen, für die sich allgemein gültige Zahlen nicht angeben lassen.

1 km Einfachgleis auf eigenem Bahnkörper ausschließlich Herstellung des Unterbaues, aber einschließlich der Schienenrückleitungen kostete 20000 bis 30000 M., hierzu für Ausweichen ein Zuschlag von 5—10%.

b) Oberleitung. 1 km Oberleitung für Doppelgleis mit einfacher Aufhängung kostete 10000—18000 M. Der niedrige Preis bezieht sich auf Gittermaste und einfachen Fahrdraht, der hohe auf Rohrmaste und doppelten Fahrdraht. 1 km Oberleitung für Einfachgleis mit einfacher Aufhängung kostete 6000—15000 M. Der niedrige Preis bezieht sich auf Gittermaste mit Auslegern und einfachem Fahrdraht, der hohe auf Rohrmaste mit Querdrähten und doppeltem Fahrdraht.

1 km Oberleitung für Doppelgleis mit Vielfachaufhängung kostete 12000 bis 20000 M. Der niedrige Preis bezieht sich auf Tragwerk aus verzinktem Stahlseil ohne Hilfstragdraht, der hohe auf Tragwerk aus Silyziumbronze mit Hilfstragdraht.

1 km Oberleitung für Einfachgleis mit Vielfachaufhängung kostete 8000 bis 12000 M.

Durch zahlreiche und scharfe Bögen und Gleisverzweigungen sowie durch den Schutz oder die Verlegung von Schwachstromanlagen werden die Kosten der Oberleitung erheblich vergrößert.

1 km unterirdische Stromzuführung für Doppelgleis kostete 120000—160000 Mark (als Zuschlag zu den Kosten des Oberbaues).

Für die Kosten der Speiseleitungen lassen sich allgemein gültige Zahlen nicht geben, da sie von der Lage der Speisepunkte und der Belastung der Strecke abhängig sind.

c) Betriebsstätten. Die Kosten der Betriebsstätten (Abstellbahnhöfe und Werkstätten) sind von der Zahl der zu beschaffenden Wagen abhängig. In Großstädten waren 30000—50000 M. für das Kilometer Bahnlänge zu rechnen.

Die Kosten der Abstellbahnhöfe (ohne Grunderwerb) betrugen 5000—7000 M. für den unterzustellenden Wagen; hierzu ist für Werkstattsanlagen ein Zuschlag von 10—25% zu machen.

d) Betriebsmittel. Die Gesamtkosten der Betriebsmittel für Großstädte, bezogen auf das Kilometer Bahnlänge betrugen 20000—60000 M. Im einzelnen kostete ein Triebwagen für das Kilogramm 1,5 M., ein geschlossener Anhängewagen für das Kilogramm 1 M., und ein offener Anhängewagen für das Kilogramm 0,8 M. Beispielsweise kostete ein Triebwagen mit 16 Sitz- und 14 Stehplätzen und einem Gewicht von 7,5 t 10000 M.; ein solcher mit 20 Sitz- und 14 Stehplätzen und einem Gewicht von 8,2 t 13000 M., ein vierachsiger Triebwagen mit 36 Sitz- und 12 Stehplätzen mit einem Gewicht von 13 t 18000 M. und ein geschlossener Anhängewagen für 16 Sitz- und 14 Stehplätze mit einem Gewicht von 4 t 4300 M.

Hiernach betrugen die Anlagekosten eines städtischen Bahnnetzes 100000 bis 300000 M. für das Bahnkilometer (zweigleisige Bahn). In diesen Zahlen sind Kraftwerke und Speiseleitungen nicht einbegriffen. Nach der Kleinbahnstatistik für 1910 betrug das durchschnittliche kilometrische Anlagekapital der Straßenbahnen des Deutschen Reiches 248500 M., in Preußen 251000 M. Hierin spielt aber das hohe Anlagekapital der Großen Berliner Straßenbahn eine große Rolle, die preußischen Bahnen ausschließlich der Großen Berliner Straßenbahn hatten ein kilometrisches Anlagekapital von 160000 M. Hohe Anlagekosten hatten u. a. Dresden mit 410000 M. und Nürnberg mit 330000 M.; besonders niedrige Saarbrücken mit 50000 M. und Ulm mit 58000 M. (Hier handelt es sich um eingleisige Bahnen mit Meterspur[1]).)

---

[1]) Vgl. auch Günther: Die kommunalen Straßenbahnen Deutschlands. Berlin 1913.

2. Betriebskosten.

Als Beispiel für die Kosten eines großstädtischen Straßenbahnbetriebes vor dem Kriege seien die der Düsseldorfer städtischen Straßenbahn angeführt. Die reinen Betriebsausgaben (ohne Abgaben, Zinsen und Abschreibungen) betrugen für das Wagenkilometer 20,8 Pf.

Es wurden etwa doppelt so viele Triebwagenkilometer wie Anhängewagenkilometer gefahren. Werden die einzelnen Betriebsausgaben nach bestimmten Annahmen auf die Triebwagen und die Anhängewagen verteilt[1]), so ergeben sich folgende Zahlen:

Zahlentafel III 6.

Betriebskosten der Düsseldorfer Straßenbahn im Rechnungsjahr 1911 in Pfennigen für das Wagenkilometer.

	Triebwagen	Anhängewagen
1. Gehälter und Löhne des Fahrpersonals	12,8	6,4
2. Zugkraft	7,0	3,5
3. Unterhaltung der Betriebsmittel	2,7	0,9
4. Unterhaltung der Gleise	1,8	0,9
5. Unterhaltung der Leitungen	0,4	—
6. Unterhaltung der Gebäude	0,1	0,1
7. Allgemeine Unkosten	1,8	0,9
Zusammen	26,6	10,7

Unter Berücksichtigung einer Abgabe von 500000 M. an die Stadtkasse erhöhen sich die Ausgaben für das Wagenkilometer auf 23,9 Pf., für das Triebwagenkilometer auf 30,3 Pf. und für das Anhängewagenkilometer auf 14,4 Pf. Durch Hinzurechnung der Abschreibungen erhöhen sich die Betriebskosten für das Wagenkilometer um 5,7 Pf., also von 23,9 auf 29,6 Pf., und unter Zugrundelegung einer 4proz. Verzinsung des Buchwertes (9,5 Mill. Mark) kommen weitere 1,6 Pf. hinzu, so daß sich die Gesamtkosten auf 31,2 Pf. für das Wagenkilometer stellen. Die Zahlen beziehen sich auf zweiachsige Wagen mit 20 Plätzen im Wageninnern und einer Gesamtzahl von 35 Plätzen. Sie können als gute Durchschnittswerte für ähnliche Verhältnisse gelten. Für größere oder kleinere Wagen ändern sich die Gehälter und Löhne des Fahrpersonals und die allgemeinen Unkosten nicht, die übrigen Kosten etwa im Verhältnis der Wagengewichte.

Bei der guten Ausnutzung der Gleisanlage, wie sie der dichte Großstadtverkehr mit sich bringt, spielt die Verzinsung des Anlagekapitals keine erhebliche Rolle; auf Außenlinien, die nur einen schwachen Verkehr haben, können aber die Kosten der Verzinsung der Bahnanlage auf das Wagenkilometer bezogen, bis zur zwei- bis dreifachen Höhe der reinen Betriebskosten anwachsen. Eine wesentliche Ersparnis kann bei kleinen Wagen und geringem Verkehr dadurch herbeigeführt werden, daß der Schaffner fortfällt und der (Einheits-) Fahrpreis in einen Zahlkasten entrichtet wird, wobei der Wagenführer die richtige Einzahlung zu überwachen hat. Hierdurch vermindern sich die Gehälter und Löhne des Fahrpersonals bei den Triebwagen auf die Hälfte.

Statt auf die Wagenkilometer lassen sich die Ausgaben auch auf die beförderten Personen beziehen. Werden wieder die Betriebszahlen der Düsseldorfer Straßenbahn zum Muster genommen, so ergeben sich folgende Ausgaben für die beförderte Person:

---

[1]) Es ist bei Straßenbahnen üblich, an Stelle der Triebwagen- und Anhängewagenkilometer sogenannte Rechnungswagenkilometer einzuführen und hierbei die Anhängewagenkilometer je nach dem Gewichtsverhältnis zwischen Anhängewagen und Triebwagen zur Hälfte oder zu einem Drittel einzusetzen.

Reine Betriebsausgaben	4,9 Pf.
einschließlich der Abgabe	5,7 „
mit Abschreibungen.	7,0 „
mit Verzinsung.	7,4 „

Wird die durchschnittliche Fahrtlänge mit 3,0 km eingesetzt (was einer durchschnittlichen Platzausnutzung von 36% entsprechen würde), so ergeben sich für das Personenkilometer folgende Sätze:

Reine Betriebskosten	1,7 Pf.
einschließlich der Abgabe	1,9 „
mit Abschreibungen.	2,3 „
mit Verzinsung.	2,5 „

3. Tarife, Einnahmen und Rentabilität.

Die ursprünglichen Tarife der Pferdeeisenbahnen waren verhältnismäßig hoch. Es wurden Einheitssätze von 4—5 Pf. für das Kilometer erhoben. Mit dem Wachstum der Städte und der steigenden Bedeutung der Straßenbahnen für das Wohnungswesen konnten aber so hohe Sätze auf die Dauer nicht aufrecht erhalten werden, und mit der starken Verkehrszunahme ging eine allmähliche Herabsetzung der Tarife Hand in Hand, zugleich aber die Einführung von Preisermäßigungen in Form von Zeitkarten. Das Endziel dieser Bewegung war der 10-Pf.-Einheitstarif mit beliebiger Umsteigeberechtigung, und wo ein solcher Tarif bei der Umwandlung der Pferdebahnen in elektrische Bahnen noch nicht bestand, wurde seine Einführung gewöhnlich von dem Wegeunterhaltungspflichtigen als Bedingung für die Zustimmung zur Betriebsumwandlung gestellt und von den Straßenbahnverwaltungen, die die Betriebsausgaben bei elektrischem Betriebe stark unterschätzten, gewöhnlich auch rückhaltlos zugestanden. Statt des erhofften Gewinnes brachten aber diese niedrigen Tarife den meisten Straßenbahnen Verluste, und so setzte denn sehr bald eine rückläufige Bewegung in der Tarifpolitik ein. Am schnellsten voran gingen hier die kommunalen Straßenbahnen, die in ihren Tarifen durch keinerlei Verträge gebunden waren, und die privaten Straßenbahngesellschaften folgten allmählich nach, indem sie bei bestimmten an sie herantretenden Wünschen der Wegeunterhaltungspflichtigen die Tariferhöhung als Gegenleistung forderten.

Die infolge des Krieges eingetretene starke Steigerung der Ausgaben für Löhne und Betriebsstoffe hat überall zu einer namhaften Erhöhung der Straßenbahntarife gezwungen, auch da, wo sie vertraglich festgelegt waren. Eine endgültige Regelung der Tarife ist erst nach dem Wiedereintritt normaler Preisverhältnisse zu erwarten. Auch nach Erhöhung der Fahrpreise haben manche Bahnen den Grundsatz des Einheitstarifs beibehalten, weil er bei ausgedehnten Netzen und starkem Verkehr die Ausgabe der Fahrscheine sehr vereinfacht. Die meisten Bahnen haben aber Preisabstufungen eingeführt.

Ein eigentlicher Kilometertarif kommt für Straßenbahnen nicht in Frage, weil die Zahl der Haltestellen und damit die der Verkehrsbeziehungen zu groß ist. An seine Stelle tritt ein Zonen- oder Teilstreckentarif, dem ein Kilometertarif zugrunde liegt. Das ganze Netz wird in eine Reihe von Teilstrecken geteilt, deren Anfangs- und Endpunkte tunlichst mit Knotenpunkten zusammenfallen. Die Länge dieser Zonen wird entweder gleichmäßig für das ganze Netz bemessen oder es werden in der Innenstadt längere, auf den Außenbezirken kürzere Zonen gewählt, weil auf den Außenstrecken Gleise und Wagen schlechter ausgenutzt werden und die Betriebskosten daher hier höher sind. Die Länge der einzelnen Zonen schwankt bei den verschiedenen Bahnnetzen zwischen 0,5 und 2 km. Die Preise der Einzelkarten sind nun entweder in der Weise gebildet, daß sich der Preis nach der Anzahl der durchfahrenen Teilstrecken bemißt, oder aber es tritt mit wachsender Fahrtlänge eine Ermäßigung des Preises ein.

Da die Zahl der Fahrten auf größere Entfernungen meist ziemlich gering ist, wird häufig für längere Reisen, unabhängig von der Zahl der Teilstrecken, ein Einheitstarif erhoben. Für Kinder unter 6 oder 10 Jahren werden Karten zum halben Fahrpreis ausgegeben oder es wird ein niedriger Einheitstarif erhoben.

Neben den Einzelkarten werden von den meisten Straßenbahnen Zeitkarten ausgegeben, obwohl gegen ihre Einführung dieselben Gründe sprechen wie bei Stadtbahnen. Ja, diese Gründe treffen für Straßenbahnen, die für den Fußgänger so bequem zu erreichen sind, in noch höherem Maß zu. Zählungen haben ergeben, daß für persönliche Streckenkarten mit durchschnittlich 6 täglichen Fahrten zu rechnen ist; bei persönlichen Karten, die für das ganze Bahnnetz gelten und besonders von Geschäftsreisenden gelöst werden, sind im Durchschnitt 8—13 tägliche Fahrten festgestellt worden. Unpersönliche Karten, die von allen Angestellten eines Geschäftes oder von allen Mitgliedern eines Hausstandes benutzt werden können, bringen etwa doppelt so viele Fahrten wie die persönlichen Karten.

Um eine Benutzung der Zeitkarten im Ausflugsverkehr unmöglich zu machen, schließen viele Verwaltungen ihre Gültigkeit an den Sonn- und Festtagen oder wenigstens an den Nachmittagen aus.

Den Preisen der Zeitkarten werden gewöhnlich die Zoneneinteilungen des Netzes zugrunde gelegt oder es werden nur Zeitkarten für ganze Betriebslinien oder Liniengruppen ausgegeben; daneben bestehen noch Zeitkarten, die auf dem ganzen Bahnnetz gelten. Die Preise der Monatskarten betragen gewöhnlich das 50 bis 100fache der einzelnen Fahrt. Da aber die Zahl der monatlichen Fahrten auf Linienkarten bis zu 150 beträgt, so ergeben die Zeitkarten Preisermäßigungen bis auf $1/3$ des normalen Fahrpreises. Der Erlös für eine Fahrt sinkt dann häufig unter die Selbstkosten der Beförderung.

Der Anteil der Fahrten auf Zeitkarten am Gesamtverkehr wächst im allgemeinen von Jahr zu Jahr und ist um so stärker, je größer die Preisermäßigung auf Zeitkarten ist. Bei den deutschen Großstadtstraßenbahnen schwankt der Anteil der Fahrten auf Zeitkarten am Gesamtverkehr zwischen 10 und 35%.

Weitere Preisermäßigungen betreffen die Schüler- und Arbeiterwochenkarten. Die meisten Straßenbahnen geben Schülerkarten für einen Monat oder ein Jahresdrittel aus, deren Preisberechnung eine Ermäßigung des Preises für eine Einzelfahrt auf die Hälfte oder ein Drittel zugrunde liegt. Die Schüler haben keinen Anspruch auf einen. Sitzplatz. Der Anteil der Schülerkarten ist meist sehr gering.

Arbeiter-Wochenkarten oder Frühkarten werden nicht von allen Straßenbahnverwaltungen ausgegeben.

Die Arbeiterwochenkarten berechtigen gewöhnlich zu zwei Fahrten täglich, häufig mit einer zeitlichen Beschränkung (Hinfahrt bis 8 Uhr morgens, Rückfahrt nach 3 Uhr nachmittags). Sie gewähren gegenüber den Einzelfahrpreisen Ermäßigungen von 16—50%. Der Anteil der Arbeiterwochenkarten am Gesamtverkehr beträgt bis zu 8%.

Manche Bahnen, die keine Arbeiter- oder Frühkarten ausgeben, verkaufen statt dessen Monatskarten oder Fahrscheinhefte, die für 12 bis 25 Fahrten gelten und mit denen Ermäßigungen bis zu einem Drittel des normalen Fahrpreises verbunden sind. Von diesen Karten wird viel Gebrauch gemacht, unter Umständen werden bis zu 80% der Einzelfahrten auf derartige Karten zurückgelegt.

Umsteigeverkehr. Die Einteilung des Netzes in Teilstrecken ermöglicht auch die Einrichtung des Umsteigeverkehrs zwischen den einzelnen Betriebslinien durch Ausgabe vom Umsteigekarten, die zum einmaligen oder mehrmaligen Wagenwechsel berechtigen. Für die Zulassung des Umsteigeverkehrs können dieselben Gründe angeführt werden wie bei Stadtbahnen. Für Straßenbahnen kommt noch hinzu, daß durch die Umsteigeberechtigung das Drängen nach der Einrichtung direkter Linien fortfällt. Durch den Umsteigeverkehr wird fast stets die Platzausnutzung auf dem ganzen Netz verbessert.

Die Umsteigeberechtigung ist gleichmäßig für alle Arten von Fahrkarten zu gewähren. Auf Zeitkarten ist es in der Regel gestattet, alle die betreffenden Straßenstrecken durchfahrenden Wagen der verschiedenen Linien zu benutzen. Auf Netzen mit Einheitsfahrpreisen werden für gewöhnlich keine Umsteigefahrscheine ausgegeben, oder es wird im Umsteigeverkehr ein Zuschlag von 5 Pf. erhoben.

Die Einnahme für die beförderte Person schwankte vor dem Kriege bei den deutschen Straßenbahnen zwischen 11 und 8 Pf. Hieraus ergaben sich Einnahmen für das Wagenkilometer von 42—25 Pf.

Betriebseinnahmen, Betriebsausgaben und Ertrag einiger deutscher Großstadtstraßenbahnen vor dem Kriege sind in Zahlentafel 7 zusammengestellt. Die durchschnittliche Verzinsung des Anlagewertes dieser Bahnen betrug 6%

Zahlentafel 7.

Betriebseinnahmen, Betriebsausgaben und Rentabilität deutscher Großstadtbahnen 1913.

Stadt und Bahn	Platzausnutzung °/₀	Einnahme für den Fahrgast Pf.	Einnahme für das Wagenkilometer Pf.	Einnahme für das Platzkilometer Pf.	Ausgabe für das Platzkilometer Pf.	Betriebsziffer °/₀	Verzinsung der Anlagekosten %
Große Berliner Straßenbahn	44	9,52	41,73	1,17	0,68	58,2	6,60
Straßeneisenbahngesellschaft Hamburg	45	10,91	38,91	1,36	0,83	61,0	3,98
Große Leipziger Straßenbahn	31	9,57	31,28	0,85	0,52	59,5	5,91
Leipziger Elektrische Straßenbahn	31,6	9,52	25,30	0,71	0,45	61,9	4,07
Dresden	36	9,55	35,19	0,95	0,59	62,3	7,50
München	35	9,79	43,72	1,10	0,70	63,2	9,59
Köln	31	9,24	37,44	1,19	0,76	63,7	6,23
Frankfurt	35	9,42	33,42	0,96	0,66	68,7	9,32
Städtische Straßenbahn Breslau	—	7,79	29,90	0,79	0,54	68,4	7,44
Elektrische Straßenbahn Breslau	32	9,47	25,53	0,68	0,38	55.9	4,85
Düsseldorf	36	7,61	30,89	0,79	0,57	71,6	0,20
Nürnberg—Fürth	23	9.44	28,18	0,74	0,43	57,7	4,60

Vierter Abschnitt.

Omnibusse.

A. Allgemeines.

Der hier und da noch bestehende Betrieb mit Pferdeomnibussen ist mit den heutigen Anforderungen an Geschwindigkeit und Leistungsfähigkeit eines Personenbeförderungsmittels nicht mehr vereinbar und daher im Verschwinden begriffen. Die Allgemeine Berliner Omnibusgesellschaft hat die Zahl ihrer Pferdeomnibuslinien in den Jahren 1907—1913 von 35 auf 22 und die Zahl der Wagen von 577 auf 450 vermindert. In Wien bestanden vor dem Kriege noch

3 Pferdeomnibuslinien. Wir brauchen uns daher mit dem Pferdeomnibus nur nebenbei zu beschäftigen. Als Kraftomnibusse kommen in Frage:

1. Wagen mit Verbrennungs- (Benzin- oder Benzol-) Motoren. — Dampf- (Serpollet- und Benzin-) Wagen — elektrische Triebwagen sind über Versuche nicht hinausgekommen.
2. Akkumulatorenwagen.
3. Wagen mit Stromabnahme von einer elektrischen Oberleitung, sogenannte gleislose Bahnen.

Über den Umfang des eigentlichen, innerstädtischen Kraftomnibusbetriebes können folgende, aus dem Jahre 1912 stammende Zahlen einen Anhalt bieten: In Berlin wurden 9 Omnibuslinien mit zusammen 81,8 km Länge betrieben, die Zahl der Wagen betrug 207. In Paris war die Zahl der Linien 48 und ihre Länge 280 km, die Zahl der Wagen rund 1000. In Groß-London betrug die Gesamtlänge der Betriebslinien 541 km, davon 376 km im Bezirk des Grafschaftsrates (denen 213,5 km Straßenbahnlinien gegenüberstehen). Die Zahl der Wagen war 2527. In Berlin und London ist der Kraftwagenbetrieb in steter, starker Zunahme begriffen.

B. Linienführung.

An die Linienführung der Straßen stellen die Omnibusse keine wesentlich strengeren Anforderungen als irgend ein anderes Straßenfuhrwerk. Der Betrieb mit Akkumulatorenwagen läßt Steigungen bis zu 20‰, der mit Verbrennungsmotoren solche von 50‰ zu. Gleislose Bahnen können auch bei 100‰ Straßenneigung noch gefahrlos betrieben werden. Vereinzelt findet sich auch stärkere Neigungen. So hat die 2 km lange Linie vom Bahnhof zur Stadt Judenburg in Steiermark eine größte Neigung von 160‰. Eine schlanke Führung der Straße ist wünschenswert, wenn größere Geschwindigkeiten entwickelt werden sollen. Die Fahrdammbreite bei Stadtstraßen, durch die Kraftomnibusse geführt werden, sollte mindestens 11 m betragen, doch sind auch schmalere Fahrdammbreiten zulässig. Wegen des Wegfalls der Gleise ist die Linienführung der Omnibusse sehr viel freier und schmiegsamer als die der Straßenbahnen. Es ist daher auch leichter, sie an Verkehrsknotenpunkte heranzuführen und als Zubringerlinien für Schnellbahnen zu benutzen. Fehler, die in bezug auf die Linienführung bei der Inbetriebsetzung neuer Linien gemacht worden sind, und die sich in schlechter Wagenbesetzung äußern, können ohne Schwierigkeiten und (von gleislosen Bahnen abgesehen) ohne Kosten verbessert werden. Während der Betrieb von Straßenbahnlinien durch Neupflasterungen, Erneuerung der Gleise, durch den Bau von Kanalisationsanlagen und Untergrundbahnen stark beeinträchtigt wird, können Omnibuslinien in solchen Fällen leicht in Seitenstraßen abgelenkt werden.

Während Pferdeomnibusse meist nach Bedarf zu halten pflegen, bekommen Kraftomnibusse feste Haltestellen.

C. Fahrbahn und Oberleitung.

Kraftomnibusse setzen vorzügliche Beschaffenheit der Straßen voraus; am besten eignen sich Asphalt- und Holzpflaster, die jedoch nur im Innern der Städte in Frage kommen; weniger gut ist Kopfsteinpflaster, da es die Fahrt unruhig macht. Auf Landstraßen ist ein gutes Schotterbett auf Packlage erforderlich; eine einfache Beschotterung ohne Packlage ist unzureichend. Immerhin ist auch bei guten Schotterstraßen die Abnutzung erheblich, namentlich dann, wenn die Wagen stets denselben Fahrbahnstreifen befahren, wie es bei gleislosen Bahnen leicht vorkommt. Teerschotterstraßen sind etwas günstiger. Bei gewöhnlichen Schotterstraßen ist eine Staubbindung durch lösliche Öle und dgl. notwendig. Ganz besonders wird Kleinpflaster empfohlen.

Die Rollwiderstände betragen:

Auf Asphalt	20 kg/t
„ gutem Steinpflaster.	20—35 „
„ trockener Schotterstraße	20—25 „
„ feuchter „	25—35 „
„ schlammiger „	35—45 „

Die Oberleitung der gleislosen Bahn[1]) wird stets doppelpolig ausgeführt; die beiden Leitungen liegen neben oder übereinander in einem Abstand von 15—50 cm. Bei übereinander liegenden Leitungen wird die obere geerdet, um zugleich als Schutzdraht für kreuzende Schwachstromleitungen zu dienen. Die Drähte werden an Auslegermasten aus Holz, Eisen oder Eisenbeton befestigt. Die Ausleger erhalten eine Länge bis zu 5 m, so daß bei Straßenbreiten bis zu 10 m die Leitung in Straßenmitte kommt.

Die Stromabnehmer der Wagen sind sehr lang (bis zu 5,5 m) und drehbar befestigt, damit andern Straßenfuhrwerken ausgewichen werden kann. Schiemann verwendet Gleitschuhe, die von unten gegen die Leitung gepreßt werden, Stoll vierräderige Wägelchen, die auf der Leitung laufen und vom Wagen nachgezogen werden. Bei der Bauart Lloyd Köhler läuft der zweiräderige Stromabnehmerwagen auf der oberen Leitung und berührt die untere Leitung mit 2 Schleifstücken.

Beim Begegnen der Wagen werden bei Stoll die Stromabnehmer ausgetauscht, bei Schiemann zieht der eine Wagen seinen Stromabnehmer ab und läßt den andern vorbeifahren. Bei enger Wagenfolge wird auf jeder Straßenseite eine Oberleitung angeordnet und am Ende der Linie werden die beiden Leitungen zu einer Schleife zusammengezogen.

D. Betriebsmittel.

Die Omnibusse haben geschlossene oder offene Wagenkästen; die geschlossenen Wagen werden häufig auch mit Decksitzen ausgeführt; bei gleislosen Bahnen sind der Stromabnehmer wegen keine Decksitze möglich. Der Einstieg erfolgt entweder von der Seite oder von hinten; in diesem Falle ist gewöhnlich eine offene Endbühne vorgelagert, die für Stehplätze dient und die Treppe zum Oberdeck enthält. Abb. 1 und 2 zeigt Grundrißformen der Wagen der Neuen Automobilgesellschaft in Berlin-Oberschöneweide, Abb. 3 und 4 Ansichten solcher Wagen.

Die Sitze werden entweder als Längs- oder Quersitze angeordnet. Maßgebend für die Entscheidung ist besonders die zur Verfügung stehende Wagenbreite. Muß der Wagen einen gewundenen Weg durch enge, verkehrsreiche Straßen zurücklegen, so sollte die Kastenbreite nicht über 2 m gewählt werden. Dann ergeben Längssitze die beste Ausnutzung des Wageninnern. Für Wagen, die auf breiten Straßen verkehren, sind größere Wagenbreiten von 2,3—2,5 m zulässig. In solchen Fällen werden Quersitze gewählt. Auf dem Verdeck ist der durch den Treppenaufgang bedingte seitliche Gang für die Sitzanordnung maßgebend, auch hier werden Querbänke bevorzugt.

Ein glattes, quer über das Wagendeck reichendes Verdeck erhält eine Höhe von etwa 3 m über der Straßenoberfläche, so daß der Kopf einer auf dem Verdeck stehenden Person 4,8 m über der Straßenoberfläche sich befinden würde. Das macht die Durchfahrt des Wagens unter einem 4,4 m hohen Überführungs-

[1]) Die gleislosen Bahnen werden in Band 9 ausführlich behandelt.

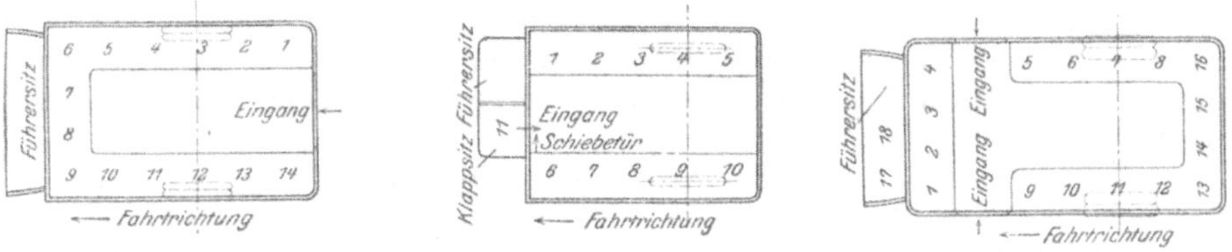

Abb. 1. Wagengrundrisse (Neue Automobil-Gesellschaft). Einstöckige Wagen.

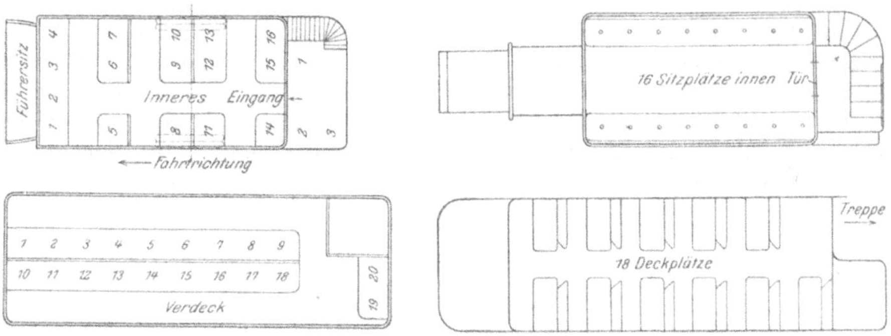

Abb. 2. Wagengrundrisse (Neue Automobil-Gesellschaft). Zweistöckige Wagen.

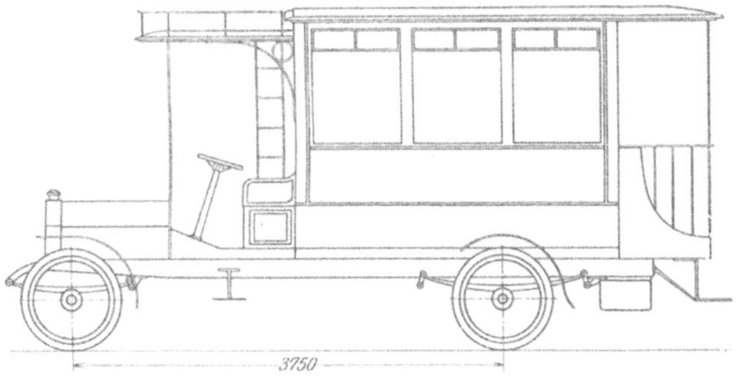

1 : 75.

Abb. 3. Automobil-Omnibus der Neuen Automobil-Gesellschaft
mit 13—15 Sitzplätzen im Wageninnern.

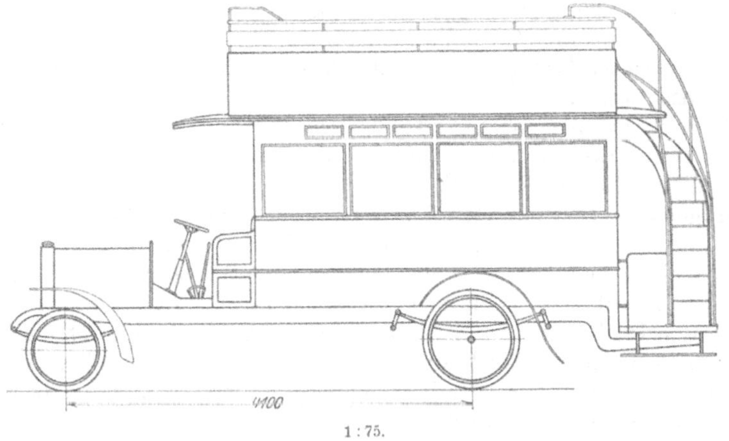

1 : 75.

Abb. 4. Decksitz-Omnibus der Neuen Automobil-Gesellschaft mit 34 Plätzen.

bauwerk gefährlich. Kommen derartige Stellen vor, so müssen, wie bei zweistöckigen Straßenbahnwagen Gänge und Sitze der beiden Stockwerke ineinander geschachtelt werden, Abb. 5. Hierdurch werden etwa 0,4 m an Höhe gewonnen.

Offene Decksitze lassen sich bei strenger Kälte und bei Regenwetter nicht benutzen, und das Fassungsvermögen der Wagen sinkt gerade in der Zeit, wo der Andrang am größten ist. Es ist daher erwünscht, das Verdeck zu schließen. Das ist bei Wagen mit glattem Deck nicht möglich, weil der Wagen eine Gesamthöhe von etwa 4,9 m erreichen würde, und die Sicherheit gegen Umkippen bei starkem Wind und bei Bogenfahrten zu gering wird. Dagegen lassen sich die Wagen mit den ineinander geschachtelten Gängen und Sitzen mit einem Verdeck versehen, ohne daß die zulässige Gesamthöhe von 4,3 m überschritten wird. In Wien ist eine von dem Direktor der städtischen Straßenbahnen entworfene Wagenform (Abb. 6) mit geschlossenem Verdeck in Gebrauch, bei dem unten wie oben Seitengänge angeordnet sind und die Sitze des Obergeschosses be-

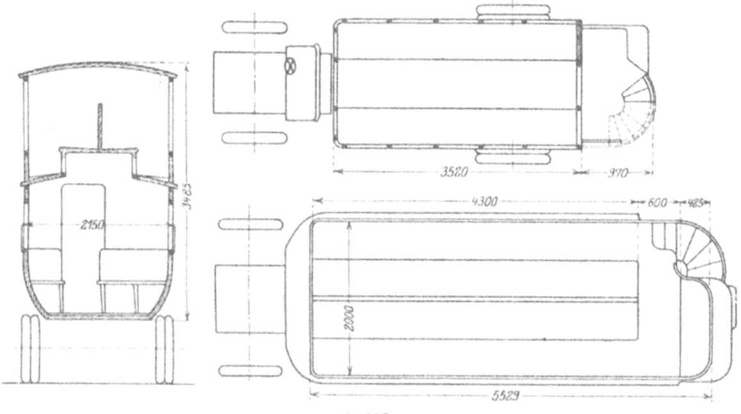

Abb. 5. Zweigeschossiger Kraftomnibus mit geschlossenem Oberdeck.

quemer erreicht werden können als bei dem Wagen 5. Der Wagen hat oben 15, unten 14, zusammen also 29 Plätze. Die Sitzbänke sind muldenförmig angeordnet. (Der im unteren Gange liegende, einzelne Sitzplatz wurde angeordnet, weil das Hinterrad in den Wagenkasten einschneidet und kann bei entsprechend größerer Spurweite wegfallen.) Durch die Anordnung des unteren Seitenganges wird mehr Raum für die Treppe gewonnen und diese bequemer. Da auch hier Sitz und Gang wechselseitig übereinander liegen, läßt sich die gesamte Höhe auf 4,3 m einschränken.

Die Bauweise der Wagen ist so zu gestalten, daß tunlichste Gewichtsersparnis mit größter Haltbarkeit vereinigt wird. Dies wird durch Verwendung leichter, aber fester Baustoffe, sowie durch feste Eckverbindungen erreicht.

Die Allgemeine Berliner Omnibusgesellschaft baut ihre Wagenkästen aus Eschenholz, das vor dem Biegen gekocht wird. Seitenwände und Fußböden werden als Halbrahmen nach Art der Schiffsspanten hergestellt. Das Dach in gleicher Weise auszubauen, geht nicht an, wenn es eine Laterne erhalten soll. Deshalb müssen Dachspriegel und Wandpfosten in diesem Fall durch ein Metallstück verbunden werden. Alle Eckverbindungen werden durch Winkeleisen gesichert. Die Dachlatten sind aus Pappelholz, darüber kommt eine Leinwandbekleidung und auf diese bei Decksitzwagen ein abnehmbarer Lattenrost.

Die Seitenwände unterhalb der Fenster werden mit Blech von 1 mm Durchmesser bekleidet. Hierfür, sowie für alle Eckverbindungen kommt Duralumin der Dürener Metallwerke in Frage. Es ist dies eine Aluminiumverbindung vom spezifischen Gewicht 2,85 mit der Festigkeit des Flußeisens und einer Dehnung von rund 20%. Der Preis des Duralumins betrug im Frieden etwa das Sechsfache des Eisens, woraus sich Mehrkosten von etwa 700 M. für den Wagen ergaben.

Duralumin wird in Form von Platten, Winkel- und U-Form hergestellt. Es läßt sich im kalten Zustande biegen und bohren, aber nicht warm bearbeiten. Eine Herstellung ganzer Wagenkästen aus Duralumin ist bisher nicht versucht worden, kann aber wohl in Frage kommen.

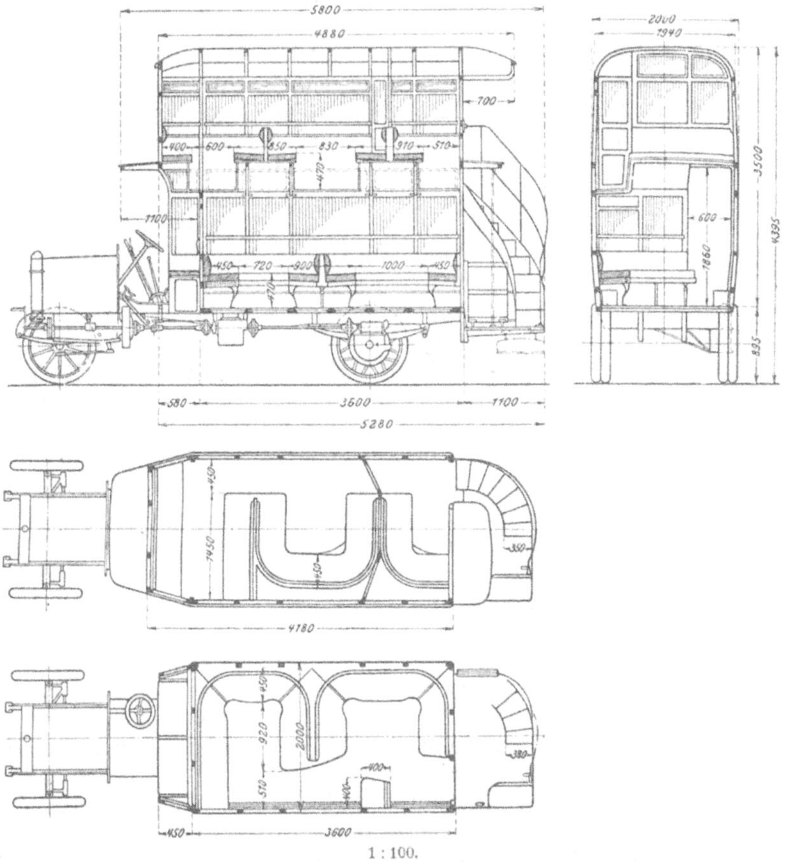

1 : 100.

Abb. 6. Zweigeschossiger Kraftomnibus mit geschlossenem Oberdeck, Bauart Spängler. (Wiener städtische Omnibuslinien.)

Ein Wagenkasten aus Eschenholz und Duralumin mit 16 Sitz- und 3 Stehplätzen im Wageninnern, 4 Stehplätzen auf der Endbühne und 20 Decksitzen wiegt 1400 kg.

Die Untergestelle werden gewöhnlich aus gepreßtem Stahlblech gefertigt; die Londoner Omnibusgesellschaft hat Untergestelle aus dünnen, hochkantigen Stahlblechrahmen mit Holzfutter hergestellt, die besonders leicht sind, sich aber nur für gutes Pflaster eignen. Die Allgemeine Berliner Omnibusgesellschaft hat die Längsträger der Untergestelle versuchsweise aus Eschenholz mit Duralumin-Blechbekleidung hergestellt. Auf dem Untergestell ruht der Wagenkasten mit Blattfedern. Die aus Stahlguß gefertigten Räder sitzen lose auf den Achsen, deren stark beanspruchte Teile aus Nickelstahl gefertigt werden.

Die Räder haben ohne Bereifung einen Durchmesser von 650—850 mm und mit Bereifung einen solchen von 750—950 mm. Die Reifen haben eine Breite von 90—120 mm. Während anfänglich Luftreifen verwendet wurden, werden neuerdings Vollreifen bevorzugt. Auf Schotterstraßen sind Luftreifen nicht verwendbar, da sie eine saugende Wirkung auf die Straßendecke ausüben. Die Laufräder erhalten gewöhnlich einfache, die Treibräder Zwillingsbereifung. Um das Gleiten der Räder auf schlüpfrigem Asphalt oder Holzpflaster zu vermeiden, werden die Reifen der Hinterräder mit einer Rille von 8 mm Breite und Tiefe versehen.

Zur Erzielung guter Lenkfähigkeit wird das Wagengewicht auf Vorder- und Hinterachse im Verhältnis 1:2 bis 2:3 verteilt. Der Radstand schwankt gewöhnlich in den Grenzen von 3,5—4 m. Angetrieben werden meist die Hinterräder, da bei Vorderradantrieb der Wagen leicht schleudert. Bei elektrischen Wagen für starke Steigungen werden alle 4 Räder angetrieben.

Die Verbrennungsmotoren sitzen, wie bei Kraftwagen üblich, über der drehbaren Vorderachse, und zwar vor oder unter dem Führerstand. Die Motoren haben gewöhnlich 4 Zylinder und sind stehend angeordnet. Die Umlaufzahl beträgt 600—900 in der Minute. Durch Drosselung kann die Umdrehungszahl vorübergehend auf $\frac{1}{4}$ erniedrigt und durch erhöhte Brennstoffzufuhr um $\frac{1}{4}$ erhöht werden, beides unter unwirtschaftlichem Brennstoffverbrauch. Es sind 3 oder 4 Geschwindigkeitsstufen vorhanden, die durch Einrückung verschiedener Übersetzungen gebildet und beim Anfahren nacheinander eingeschaltet werden. Die Übertragung der Bewegung auf die Treibräder geschieht durch eine Welle mit kardanischem Gelenk (sogenannte Kardanwelle), die senkrechte und wagerechte Bewegungen zuläßt. Der Antrieb der Räder geschah zuerst durch Zahnräder. Das Rad hat einen inneren Zahnkranz an der Felge und wurde von einem innen liegenden Zahnrad aus Bronze mit einer Übersetzung von 1:3 angetrieben. In neuerer Zeit wird der unmittelbare Antrieb mittels Differentialtriebwerks bevorzugt. Die Übersetzung wird in die Stufenschaltung gelegt.

Der Benzinbehälter wird am Untergestell befestigt und sein Vorrat für eine halbe oder ganze Tagesleistung bemessen. (Benzinverbrauch 0,08 l für Pferdestärke und Kilometer, spezifisches Gewicht des Benzins 0,7 des Benzols 0,85.)

Es sind 2 oder 3 unabhängig voneinander wirkende Bremsen vorhanden. Eine mit dem Fuß betätigte Bandbremse wirkt auf das Getriebe, die zweite, eine mit der Hand betätigte Backenbremse, greift am Bremskranz der Hinterräder an. Eine dritte Bremsung kann durch die Abdrosselung des Motors bewirkt werden, der dann als Luftpumpe wirkt. Die Beleuchtung des Wageninnern geschieht durch Akkumulatoren. Die Batterie wiegt nur 45 kg.

Die Leistung der Motoren schwankt zwischen 20 und 60 PS, die Höchstgeschwindigkeit der Wagen zwischen 20 und 30 km. Die erreichten Beschleunigungen betragen im Mittel 0,4 m/sek^2 und die Bremsverzögerungen 0,6 m/sek^2. Die Gewichte der ersten für London gelieferten Wagen waren recht hoch, 6—7 t. Bei den neueren Wagen ist es gelungen, das Gewicht erheblich zu vermindern. Die neueren Wagen der Allgemeinen Berliner Omnibusgesellschaft mit 43 Plätzen wiegen nur noch 4,2 t. Hiervon entfallen auf das Untergestell mit einem 42 PS-Motor 2,8 t. Die Londoner Holz-Eisen-Untergestelle haben das gleiche Gewicht. Die Anschaffungskosten sind erheblich, sie betrugen vor dem Kriege 3—5 M. für das Kilogramm.

Die elektrischen Akkumulatorenwagen, wie sie beispielsweise auf der 3 km langen städtischen Omnibuslinie Stephansplatz—Volksoper in Wien benutzt wurden (geliefert von den Daimler-Tudor-Werken in Wiener Neustadt), ähnelten in ihrer Bauweise den beschriebenen Wagen mit Verbrennungsmaschinen. Sie boten Raum für 19 Personen (12 Sitzplätze, 1 Notsitz, 6 Stehplätze) und hatten 2 Motoren von je 20 PS Leistung, die je ein Vorderrad antrieben. Die Motoren sind bei dieser Bauart in die Räder eingebaut und bilden gleichsam die Nabe. Die Magnetsterne sitzen fest auf der Achse, um dieselben dreht sich

1 : 75.

Abb. 7. Oberleitungs-Omnibus Bauart Stoll mit seitlichem Einstieg und 16 Sitzplätzen.

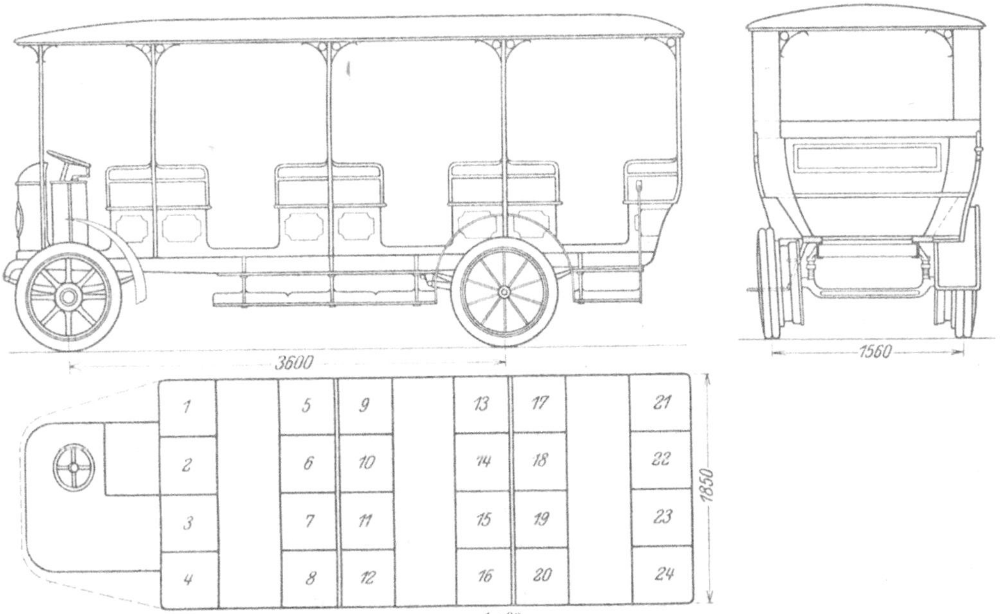

1 : 60.

Abb. 8. Offener elektrischer Omnibus der österreichischen Daimler-Tudor-Omnibus-Gesellschaft mit 24 Sitzplätzen.

in 2 Kugellagern der Anker, an dessen Metallgehäuse sich unmittelbar die Speichen der Räder anschließen. Die Stromzuleitungskabel liegen in der hohlen Achse. Die Batterie bestand aus 44 Zellen und hatte ein Fassungsvermögen von 244 Ampèrestunden bei fünfstündiger Entladung. Sie reichte für 40 km aus und mußte dann in einer Ladestation ausgewechselt werden, ihr Gewicht betrug 880 kg, das gesamte Wagengewicht 3300—3400 kg, davon entfielen 1530 kg auf die elektrische Ausrüstung.

Da das Fassungsvermögen dieser Wagen sich für den innerstädtischen Verkehr als zu gering erwiesen hatte, sind später zweigeschossige Wagen in Betrieb genommen worden, die den in Abb. 6 dargestellten Wagen ähnelten Sie hatten 33 Sitzplätze, das Wagengewicht betrug rund 6000 kg.

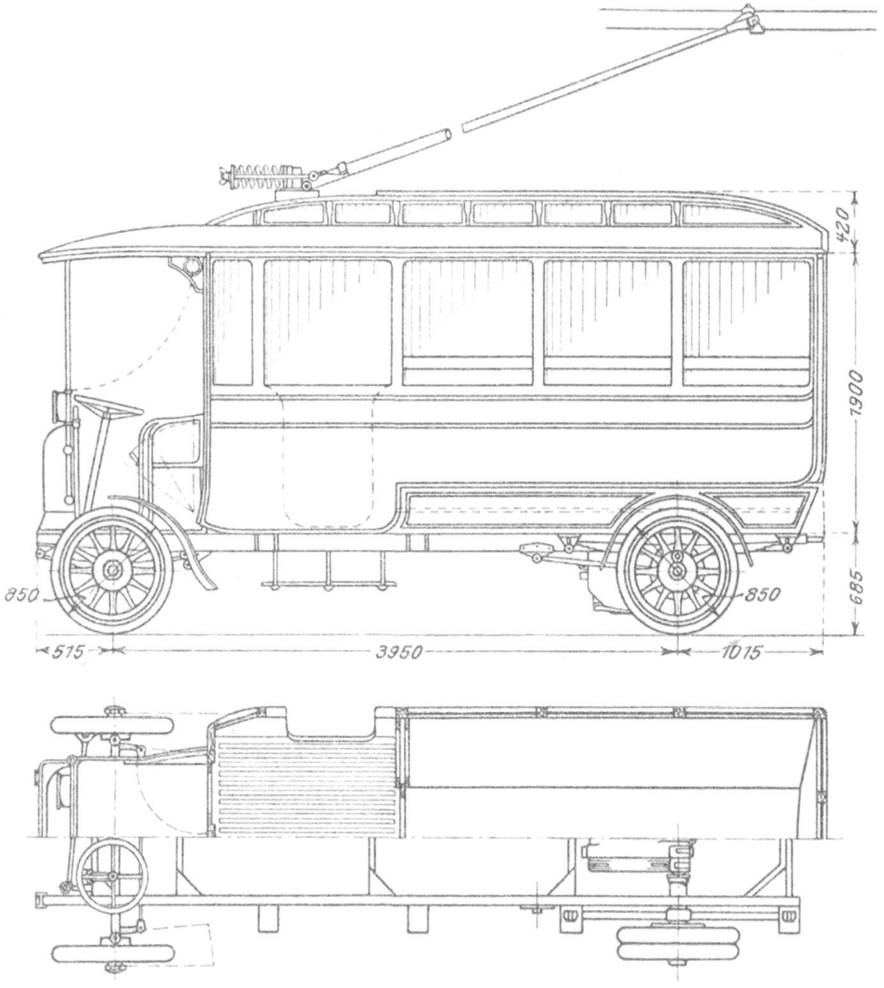

1 : 60.

Abb. 9. Oberleitungs-Omnibus Bauart Schiemann.

Die Oberleitungswagen, Bauart Stoll (Abb. 7 und 8), sind geschlossene Omnibusse mit 12—19 Sitz- und 2—12 Stehplätzen und einem Wagengewicht von nur 2900—3500 kg. Angetrieben werden hier die Vorderräder, und zwar jedes durch einen eingebauten Motor von 20 PS Leistung. Die Motoren arbeiten mit einer Spannung von 500—600 Volt und sind imstande, dem Wagen eine Geschwindigkeit von 25—30 km zu geben.

Die Oberleitungswagen, Baurat Schiemann (Abb. 9), haben ein Gewicht von 3000—3300 kg bei einem Fassungsvermögen von 22—24 Personen (12—14

Sitzplätze und 10 Stehplätze). Der Motor von 15—25 PS Leistung liegt abgefedert über der Vorderachse und treibt mittels Schneckengetriebes mit Übersetzung 10:1 und Kardanwelle die Hinterachse an, deren Räder durch Mitnehmerfedern bewegt werden. Die größte Geschwindigkeit beträgt 20 km. Zum Betriebe wird Gleichstrom von rund 500 Volt Spannung oder einfacher Wechselstrom von 1000 Volt Spannung benutzt. In diesem Falle wird ein Repulsionsmotor mit einer Spannung bis zu 100 Volt gewählt. Der Puls ist 50, um den Drehstrom von Überlandleitungen, unter Phasenspaltung benutzen zu können. Das Gewicht der Wechselstromwagen ist rund 300 kg höher wie das der Gleichstromwagen. Es sind 3 Bremsen vorhanden, nämlich eine auf das Getriebe wirkende Fußbremse, die als Handbremse ausgebildete Radbremse und die elektrische Kurzschlußbremse.

Zahlentafel IV 1.
Zusammenstellung von Omnibussen.

Bezeichnung des Wagens	Zahl der Sitzpl.	Zahl der Stehpl.	Zusam.	Antrieb PS	Gewicht t	Bemerkungen
1. Pferdeomnibus der Allgemeinen Berl. Omnibusges.	15	6	21	—	2,1	Zweispänner ohne Decksitze
2. Kraftomnibus der Allg. Berl. Omnibusgesellschaft	16+20 =36	7	43	42	4,2	Decksitzwagen
3. Mecklenburg. Kraftwagengesellschaft Bützow geb. v. Büsings	21	11	32	18 u. 24	5	
4. Akkumulatoren-Omnibus der Bauart Daimler-Tudor-Stoll der Gemeinde Wien	12+1	6	19	2. 20 =40	3,3 —3,4	
5. Oberleitungsomnibus der Bauart Stoll	15	6	21	2. 12 =24	2,8	
6. Oberleitungsomnibus der Bauart Schiemann	12—14	10	22—24	15	3—3,3	

E. Betriebsstätten.

Da die Omnibuslinien in der Hauptsache im Stadtinnern verkehren, ist die Auswahl geeigneter Grundstücke für die Betriebsstätten schwierig. Zur Unterbringung der Wagen sind Wagenschuppen zu errichten, die zu den Endpunkten mehrerer Linien günstig liegen und für 50—100 Wagen bemessen werden. In den Wagenschuppen werden die Wagen zur Nacht aufgestellt, nachgesehen und gereinigt, sowie mit Benzin gefüllt. Müssen die Benzinbehälter am Tage nachgefüllt werden, so wird hierbei ebenfalls eine Untersuchung des Laufwerks vorgenommen, die des Tageslichts wegen wertvoller ist wie die Nachtuntersuchung. Zum Zweck der Untersuchung werden die einzelnen Wagenstände unmittelbar hinter den Einfahrtstoren mit Gruben versehen und beiderseits der Gruben U-Eisengleise in den Fußboden eingebettet. Die Gruben werden mit Bohlen überdeckt, wenn sich kein Wagen über ihnen befindet. Es ist zweckmäßig, die Wagen rückwärts in die Schuppen zu fahren, um hierbei ihre Lenkfähigkeit zu prüfen und bei der Ausfahrt keine Zeit zu verlieren.

Für die Lagerung von Benzin sind die polizeilichen Vorschriften zu beachten. Die Benzinbehälter werden unter Flur, oft unter dem Hofe angelegt und so bemessen, daß darin ein größerer Vorrat Platz finden kann. Zur Hebung des Benzins in die Rohrleitung werden nicht oxydierende Gase, Stickstoff und Kohlensäure oder die Abgase eines Benzinmotors benutzt. Die Rohrleitungen führen zu den einzelnen Wagenständen; die Wagenbehälter werden durch Hanfschläuche angeschlossen, da Gummischläuche vom Benzin angegriffen werden.

Die Bauweise der Wagenschuppen muß der großen Feuersgefahr wegen durchaus feuersicher sein. Für gute Feuerlöscheinrichtungen ist Sorge zu tragen. Verbindungstüren dürfen erst 0,3 m über dem Fußboden beginnen, damit brennendes Benzin nicht hindurchfließen kann.

Jeder Wagenschuppen ist mit einer Betriebswerkstatt zu versehen, in der kleinere Schäden sofort behoben werden können. Hier müssen außerdem die Akkumulatorenbatterien aufgehoben werden, die zur Beleuchtung der Wagen dienen.

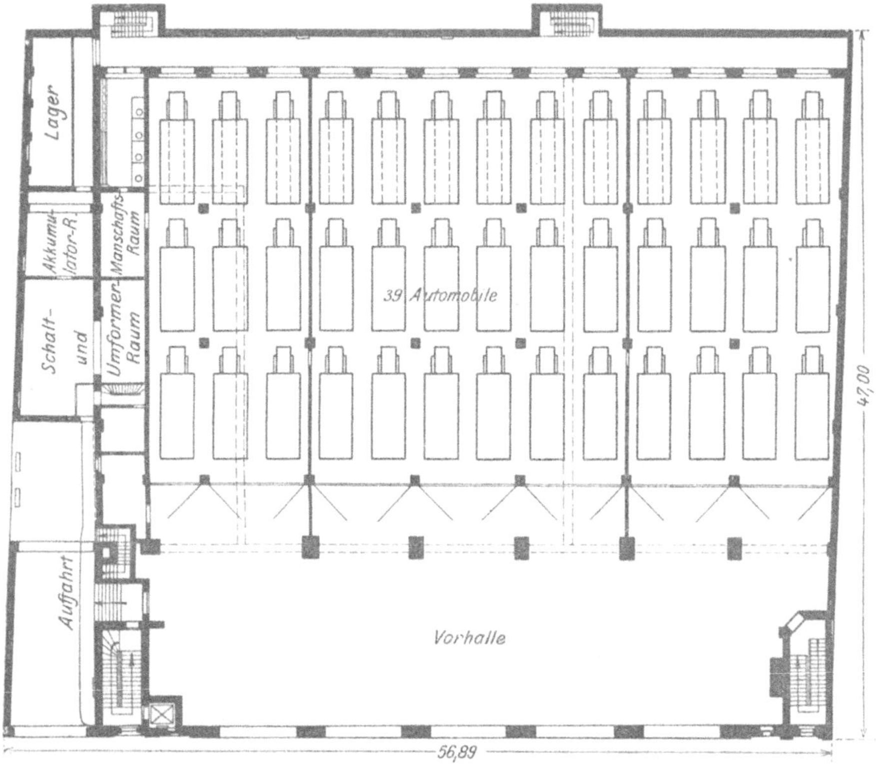

1 : 50.

Abb. 10. Wagenhalle und Hauptwerkstatt der Allgemeinen Berliner Omnibus-Gesellschaft in der Jasmunder Straße. Grundriß des Untergeschosses.

Die Hauptwerkstatt wird mit dem größten oder dem Betriebsschwerpunkt nächsten Wagenschuppen verbunden. Ein besonderer Teil des Wagenschuppens wird für die Untersuchung und Ausbesserung bestimmt. Hier müssen Hebezeuge zur Hochnahme der Wagenkästen, zum Herausnehmen der Motoren und Benzinbehälter vorhanden sein. Die eigentliche Werkstatt zerfällt in die Stellmacherei, mechanische Werkstatt und Lackiererei. Da bei Automobilfahrzeugen die Unterhaltung des Laufwerks weitaus den größten Teil der Unterhaltungsarbeiten ausmacht, so ist die mechanische Werkstatt der umfangreichste Teil. Um die Erfahrungen des eigenen Betriebes nutzbringend zu verwerten, ist es zweckmäßig, sich die wichtigsten Ersatzteile aus den geeigneten Baustoffen selbst herzustellen und ein reichliches Lager zu unterhalten, aus dem zugleich die Betriebswerkstätten versorgt werden; auch eine Schmiede muß vorhanden sein. Die Schäden an den Gummireifen werden in einer besonderen Werkstatt ausgebessert. Neuerdings gehen die Omnibusgesellschaften dazu über, ihre Betriebsmittel selbst zu bauen und nur die Motoren, Räder, Reifen und größeren Preßteile zu beziehen.

Die Hauptuntersuchungen müssen häufig, etwa alle 3 Monate vorgenommen werden. Der Untersuchungs- und Ausbesserungsstand ist zusammen auf 15 bis 20% der im Betrieb befindlichen Wagen anzunehmen; im Anfang des Betriebes ist er erfahrungsgemäß höher. Es empfiehlt sich, eine Anzahl Ersatz-Untergestelle im Vorrat zu halten, um bei größeren Ausbesserungen die Wagenkästen weiter verwenden zu können. In den Abb. 10 und 11 ist die Wagenhalle und

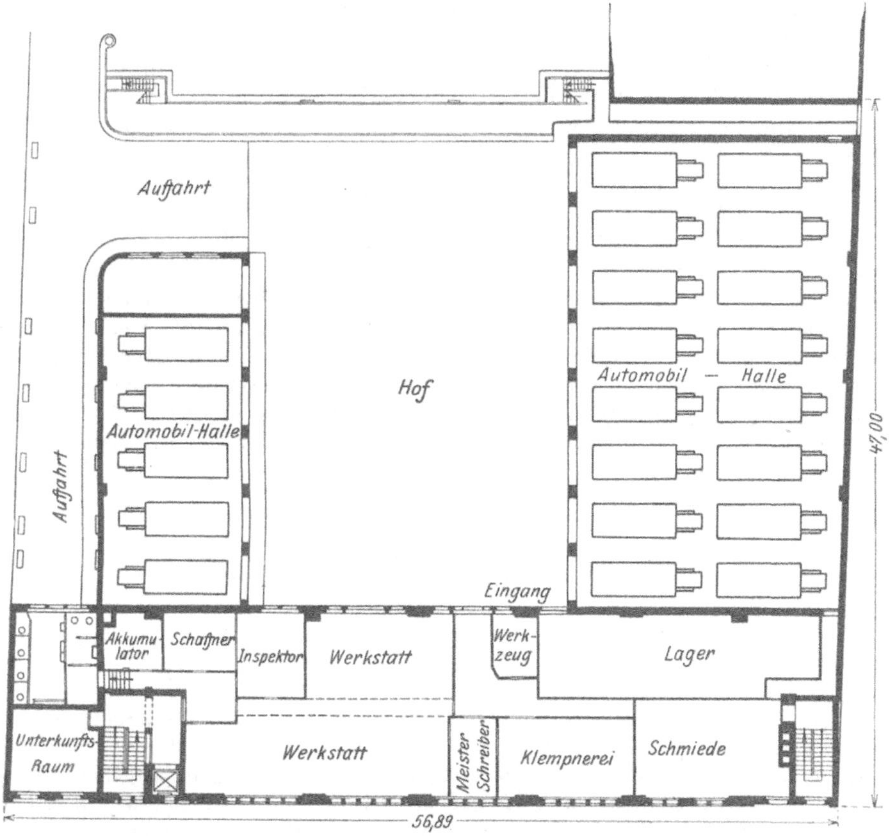

1 : 500.

Abb. 11. Wagenhalle und Hauptwerkstatt der Allgemeinen Berliner Omnibus-Gesellschaft in der Jasmunder Straße. Grundriß des Obergeschosses.

Hauptwerkstatt der Allgemeinen Berliner Omnibusgesellschaft in der Jasmunder Straße dargestellt. Die Anlage ist zweigeschossig. Das Untergeschoß enthält 3 nebeneinanderliegende Wagenhallen, das Obergeschoß Wagenhalle und Werkstatt. Im Untergeschoß gelangen die Wagen zunächst in einen unter der Werkstatt gelegenen Vorhof, der nach der Straße zu offen ist, und von da in die eigentliche Wagenhalle, in der 3 Wagen hintereinander aufgestellt werden können. Die Standbreite beträgt 3,5 m.

Das Obergeschoß ist von der Straße aus durch eine 1:10 geneigte Rampe zugänglich; von hier gelangen die Wagen auf einen großen Hof, der von zwei Seiten von den Untersuchungsschuppen begrenzt ist, während an der dritten Seite die über dem unteren Vorhof liegende Werkstatt anstößt; Schmiede und Magazin sind in die Werkstatt eingebaut.

F. Betrieb.

Der Betrieb der Omnibusse wird nach denselben Grundsätzen gehandhabt wie bei den Straßenbahnen. Er läßt sich noch leichter dem Verkehrsbedürfnis anpassen als bei diesen. So z. B. können Ausflugslinien in der Weise betrieben werden, daß die Wagen an Festtagen mit gutem Wetter in den frühen Nachmittagsstunden hinaus- und in den Abendstunden hereinfahren, während die Linien zu den übrigen Zeiten überhaupt nicht betrieben werden. In der gleichen Weise werden Rennplätze und Sportplätze bedient.

Über die Fahrplanbildung gilt das bei den Straßenbahnen Gesagte. Bei den Pferdeomnibussen beträgt die Fahrgeschwindigkeit 8—10 km, die Reisegeschwindigkeit 6—8 km, bei den Kraftomnibussen die Fahrgeschwindigkeit 16—25 km, die Reisegeschwindigkeit 10—12 km. Diese Zahlen gelten für die Innenstadt.

Die engste Wagenfolge in den Hauptverkehrsstraßen beträgt in London gewöhnlich 3 Wagen, ausnahmsweise auch 4 Wagen in der Minute.

Ein Betrieb mit Anhängewagen ist zwar technisch möglich, indem die Kupplungen mit Lenkvorrichtungen ausgestattet werden, die die Anhängewagen zwingen, dieselben Bögen zu durchlaufen wie die Triebwagen, und er ist auch wirtschaftlich, weil die Betriebskosten der leichten und antriebslosen Anhängewagen geringer sind als die der Triebwagen. Er hat aber im dichten Großstadtverkehr den Nachteil, daß er den Omnibusbetrieb schwerfällig macht und die Gefahr der Zusammenstöße mit anderen Fuhrwerken steigert. Aus diesem Grunde wird er für innerstädtische Linien kaum gestattet. Auf Landstraßen kommt er nur dann in Frage, wenn die Straße geteert ist, da sonst die Staubplage im Anhängewagen unerträglich wird.

G. Bau- und Betriebskosten.

Die Baukosten für die Oberleitung der gleislosen Bahnen betrugen vor dem Kriege 8000—12000 M. für das Kilometer einspuriger Strecke, 16000—20000 M. für das Kilometer zweispuriger Strecke.

Die Beschaffungskosten der Omnibusse betrugen 15000—20000 M. für den Wagen; gleich große Anhängewagen kosten 5000 M. Die Kosten der Betriebsstätten können ohne Grunderwerb zu 6000—8000 M. für den Wagenstand geschätzt werden. Die gesamten Anlagekosten für gleislose Bahnen betrugen 22000—50000 M. für das Kilometer; die niedrige Zahl gilt für einspurige Strecke und 30-Minuten-Betrieb, die höhere für zweispurige Strecke und 10-Minuten-Betrieb.

Bei den Betriebskosten spielen die Ausbesserungskosten des Getriebes und die Erneuerungen der Gummireifen eine erhebliche Rolle. Sie pflegen namentlich in der ersten Zeit des Betriebes außerordentlich hohe zu sein und den Ertrag der Unternehmung ungünstig zu beeinflussen und erst allmählich mit der zunehmenden Betriebserfahrung zu sinken. Auch das Wagengewicht und der Zustand der Straßen spielen dabei eine wichtige Rolle. Ein Satz Gummireifen kostete bis zu 2000 M. Die Gummifabriken gewährleisten eine Betriebsdauer von 20000 km, die wirklichen Betriebsleistungen betragen unter mittleren Verhältnissen 25000—40000 km, so daß mit einem Gummiverbrauch von 5—8 Pf. für das Kilometer zu rechnen war.

Bei dem starken Verschleiß der Wagen ist ihre Lebensdauer eine nicht sehr hohe. Mit Rücksicht hierauf und auf die Gefahr des Veraltens der Bauweisen müssen die Abschreibungen reichliche sein; die Allgemeine Berliner Omnibusgesellschaft rechnete z. B. mit einer Lebensdauer der Wagen von 300000 km.

Hiernach sind Abschreibungen von jährlich 10—16% angemessen, was auf das Wagenkilometer umgerechnet 4—6 Pf. ausmachte.

Die Betriebskosten der gleislosen Bahnen stellten sich im Vergleich zu Straßenbahnen verhältnismäßig hoch, da es sich meist nur um sehr kleine Betriebe mit schlechter Ausnutzung von Personal und Betriebsmitteln handelte. Obwohl Schaffner für gewöhnlich nicht mitgeführt und die Fahrscheine durch den Wagenführer ausgegeben wurden, stellten sich die Gehälter und Löhne des Fahrpersonals auf 10—15 Pf. für das Wagenkilometer. Für den Stromverbrauch waren je nach dem Strompreis 5—7 Pf. für das Wagenkilometer zu rechnen, für die Unterhaltung der Oberleitung 0,5—1 Pf., für die Gummibereifung 6—7 Pf., für die Unterhaltung der Wagen und Gebäude 5—6 Pf., für allgemeine Verwaltung 2—3 Pf., so daß sich die reinen Betriebskosten auf 28,5—39 Pf. für das Wagenkilometer stellten.

Für die Abnutzung der Straßen wird in der Regel keine Gebühr erhoben, obwohl deren Unterhaltungskosten durch den Bahnbetrieb erheblich steigen. Diese Mehrkosten der Straßenunterhaltung können sich auf 6—8 Pf. für das Wagenkilometer belaufen.

Auf der 5,2 km langen gleislosen Bahn Neuenahr—Ahrweiler—Walporzheim, die mit Anhängewagen betrieben wurde, betrugen die Betriebskosten für das Triebwagenkilometer im Jahre 1911 38,0 Pf. Hierin sind die Kosten des Fahrpersonals mit 8,5 Pf., der Stromverbrauch mit 5,8 Pf. und die Gummibereifung mit 7 Pf. enthalten. Bei einem Anlagekapital von 150000 M. und einer Leistung von 57371 Triebwagenkilometern kamen für Verzinsung 11,8 Pf. für das Wagenkilometer dazu.

Auf einer 1,8 km langen, der Gemeinde Steglitz gehörigen gleislosen Bahn, die mit 3 Wagen von je 19 Sitzplätzen mit einem Gewicht von 3500 kg betrieben wurde, waren die Betriebsergebnisse des Jahres 1912 folgende:

Gehälter und Löhne des Fahrpersonals . .	5,2 Pf.
Stromkosten	3,5 „
Unterhaltung der Oberleitung	0,5 „
Gummibereifung	3,5 „
Unterhaltung der Wagen	3,4 „
Verwaltungskosten	0,4 „
Zusammen	16,5 Pf.

Für Abschreibungen werden 3,1 Pf. und für Verzinsung 3 Pf. gerechnet.

Die Heilbronner Straßenbahn betrieb eine 5,5 km lange Linie mit 4 Wagen. Die Betriebsergebnisse für das Wagenkilometer stellten sich 1911 folgendermaßen:

Gehälter und Löhne des Fahrpersonals . .	4,4 Pf.
Stromkosten	6,0 „
Gummibereifung	3,5 „
Unterhaltung der Wagen	3,4 „
Verwaltungskosten	3,3 „
Zusammen	20,5 Pf.

Die Zahlen des Steglitzer und Heilbronner Betriebes sind als außergewöhnlich günstige zu bezeichnen. Nach einer Zusammenstellung von Dr. Eisig[1]) bewegten sich die Betriebsausgaben bei 12 gleislosen Bahnen zwischen 16,5 und 53,7 Pf. für das Wagenkilometer und betrugen im Mittel 34,3 Pf. Werden für Abschreibungen und Verzinsungen die ebenfalls der Zusammenstellung ent-

[1]) Vierzehnte Versammlung des Vereins Deutscher Straßenbahn- und Kleinbahnverwaltungen 1913.

nommenen Mittelwerte von 8,4 und 8,8 Pf. hinzugesetzt, so ergeben sich 51,5 Pf. für das Wagenkilometer.

Ein Vergleich zwischen der elektrischen Straßenbahn und der gleislosen Bahn ergibt, daß die Betriebskosten der gleislosen Bahn bei einer Wagenfolge von 30 Minuten geringer werden als die der Straßenbahn; bei engerer Zugfolge sind sie höher.

Die Betriebskosten von Kraftomnibussen gibt Th. Wolff[1]) allgemein zu 65—68 Pf. für das Wagenkilometer an. Die Betriebskosten der von Bützow ausgehenden Überlandlinien der mecklenburgischen Kraftwagengesellschaft, die den Verkehr nach mehreren Badeorten vermitteln und nur im Sommer betrieben werden, betrugen für das Wagenkilometer:

Gehälter	17,3 Pf.
Allgemeine Unkosten	10,2 „
Abschreibungen	9,5 „
Brennstoff	8,4 „
Gummi	7,8 „
Unterhaltung der Wagen	12,0 „
Zusammen	65,2 Pf.

1 kg Benzin kostete 22 Pf.

Die Betriebskosten der bayerischen Motorpostlinien betrugen im Jahre 1912:

Gehälter und Löhne des Fahrpersonals	11,5 Pf.
Brennstoff	6,8 „
Schmiermittel	1,7 „
Gummi	5,5 „
Unterhaltung der Wagen	9,6 „
Allgemeine Unkosten	2,0 „
Zusammen	37,1 Pf.
Hierzu Abschreibungen	8,3 „
Zusammen	45,4 Pf.

Die Allgemeine Berliner Omnibusgesellschaft verausgabte im Rechnungsjahr 1911 für den Kraftomnibusbetrieb 3257828 M. Bei 7,5 Millionen Wagenkilometern ergeben sich für das Wagenkilometer 43,3 Pf. Hierzu kommen 305316 M. Abschreibungen = 5,7 Pf. für das Wagenkilometer. Die allgemeinen Unkosten betrugen 672000 M., von denen schätzungsweise 40% = rund 270000 M. auf den Kraftwagenbetrieb zu rechnen sind, was auf das Wagenkilometer bezogen 3,6 Pf. ausmacht; zusammen ergeben sich also (ohne Zinsen) die Betriebskosten für das Wagenkilometer zu 52,6 Pf. Diese Zahl ist nur als angenähert zu betrachten, da der Kraftwagenbetrieb von der Gesellschaft nicht getrennt verbucht wird.

In Paris stellten sich die Betriebsausgaben der Kraftomnibusse sehr hoch, sie werden für das Jahr 1912 zu 86 Pf. für das Wagenkilometer angegeben; Schuld daran ist vor allem das hohe Wagengewicht von 7,5—8,5 t.

In London betrugen im Rechnungsjahr 1912 die Betriebsausgaben der Kraftomnibuslinien durchschnittlich 43 Pf. für das Wagenkilometer. Für Straßenbenutzung hatten die Gesellschaften 1,8 Pf. für das Wagenkilometer zu zahlen.

Hiernach lassen sich also die Kosten von größeren Kraftomnibusbetrieben einschließlich der Abschreibungen zu etwa 50 Pf. für das Wagenkilometer angeben.

---

[1]) Verkehrstechnische Woche 1910—1913, S. 233.

H. Tarife und Einnahmen.

Die Tarife des Pferdeomnibusbetriebes haben eine ähnliche Entwicklung durchgemacht wie die der Pferdebahnen. Ursprünglich waren sie ziemlich hoch, so daß die Allgemeine Berliner Omnibusgesellschaft in den ersten Jahren ihres Betriebes 15—16 Pf. für das Personenkilometer einnahm (1875: 15,65 Pf.). Ebenso wie bei den Straßenbahnen wurden die Fahrpreise allmählich heruntergesetzt, so daß der Erlös für die Fahrt im Jahre 1895 10,81 Pf. betrug.

Als nach Einführung des elektrischen Betriebes auf der Straßenbahn sich die Gunst des Publikums diesem neuen Beförderungsmittel zuwandte, war die Omnibusgesellschaft gezwungen, ihre Fahrpreise stark herunterzusetzen, um nicht allen Verkehr zu verlieren. Da inzwischen auch einige Wettbewerbsunternehmungen entstanden waren, die mit Einspännerwagen kurze Linien von 2—3 km Länge betrieben und hierfür einen Einheitspreis von 5 Pf. erhoben, wurden von der Allgemeinen Omnibusgesellschaft Teilstrecken von 1,5—2,5 km Länge zum Preise von 5 Pf. eingeführt und 1908 auch Monatskarten zum Preise von 6 M. für eine Linie, 8 M. für 2 Linien, 12 M. für das ganze Netz. Auf diese Weise wurde zwar wieder eine ausreichende Benutzung der Linien erzielt, das Ergebnis des 5-Pf.-Tarifs war aber ein Sinken der Einnahmen auf 5,8—5,7 Pf. für die Fahrt, und bei den gesteigerten Löhnen und Futtermittelpreisen reichten die Einnahmen bald nicht mehr zu, um die Betriebskosten zu decken. Eine Erhöhung des Fahrpreises schlug fehl, und die Gesellschaft suchte ihr Heil in der Einführung von Kraftomnibussen, die jedoch in den ersten Jahren der hohen Unterhaltungskosten wegen Verluste brachten.

Es war von vornherein klar, daß gleich niedrige Tarifsätze für den Kraftwagenbetrieb nicht in Frage kommen konnten, einerseits wegen der größeren Betriebskosten, andererseits wegen der höheren Leistung, nämlich der größeren Fahrgeschwindigkeit. Für die Kraftwagen wurden für Teilstrecken von durchschnittlich 3 km Länge 10 Pf. erhoben, entsprechend einem Einheitspreis von 3,3 Pf. für das Kilometer. Für die ganze Strecke von durchschnittlich 9,8 km Länge wurden 15 Pf. erhoben.

Die Einnahmen der Allgemeinen Berliner Omnibusgesellschaft betrugen im Jahre 1911 im Pferdebetrieb 5,69 Pf. und im Kraftbetrieb 11,31 Pf. für die beförderte Person. Bei einer durchschnittlichen Wagenbesetzung von 5,83 Personen für das Wagenkilometer ergab sich eine Einnahme von 65,9 Pf. für das Kraftwagenkilometer. Das Erträgnis reichte aus, um eine Dividende von 7% zu verteilen. Auch in London begannen die Kraftomnibusse in den letzten Jahren vor dem Kriege nach anfänglichen finanziellen Mißerfolgen allmählich ein einigermaßen befriedigendes Wirtschaftsergebnis zu zeigen. Die durchschnittlichen Betriebseinnahmen aller Gesellschaften betrugen im Rechnungsjahr 1912 54 Pf. für das Wagenkilometer und ergaben über die Deckung der Betriebskosten und Abschreibungen hinaus bei einigen Gesellschaften einen kleinen Ertrag.

Die in den Außenbezirken geführten, als Zubringerlinien zu betrachtenden Kraftomnibuslinien und gleislosen Bahnen müssen erheblich höhere Fahrpreise fordern, um bei einem verhältnismäßig schwachen Verkehr und schwacher Wagenbesetzung (Platzausnutzung 20—25%) einigermaßen ausreichende Erträgnisse zu liefern. Die bayerischen Motorpostlinien hatten einen Kilometertarif von 5—6 Pf. für die ganzjährig betriebenen Linien und von 8—10 Pf. für die Sommerlinien und erzielten im Jahre 1911 eine Durchschnittseinnahme von 60,1 Pf. für das Wagenkilometer; die mecklenburgischen Kraftwagenlinien ergaben bei einem Kilometertarif von 8 Pf. eine Einnahme für das Wagenkilometer von 74,0 Pf. und beide Unternehmungen warfen eine gute Rente ab; aber diese Zahlen lassen sich auf städtische Zubringerlinien mit ihrem ganz anders gearteten Verkehr nicht übertragen.

Die gleislosen Bahnen erhoben teils Einheitspreise von 10—20 Pf., teils Kilometersätze von 6—8 Pf. Die Einnahmen der 12 betrachteten Linien schwankten zwischen 18 und 43 Pf. für das Wagenkilometer und betrugen im Mittel 34,3 Pf. Sie reichten aber nicht aus, um einen Ertrag abzuwerfen, denn die reinen Betriebskosten betrugen durchschnittlich ebensoviel, so daß nicht einmal die Abschreibungen aus den Einnahmen gedeckt werden konnten und von einer Verzinsung des Anlagekapitals überhaupt keine Rede war.

Da die Betriebskosten städtischer Kraftwagenlinien selbst unter günstigen Verhältnissen etwa doppelt so hoch sind wie bei Straßenbahnen mit Anhängewagenbetrieb, so muß der Erlös aus den Fahrgeldeinnahmen auch etwa doppelt so hoch sein wie bei Straßenbahnen. Dies kann bei innerstädtischen Strecken nur durch günstige Wagenbesetzung, also Beschränkung des Betriebes auf stark benutzte Linien, auf Außenstrecken aber nur durch die Wahl eines entsprechend hohen Tarifes erzielt werden.

Über die Ausnutzung der Plätze in den Kraftwagen der Allgemeinen Berliner Omnibusgesellschaft liegen Zählungen nicht vor. Immerhin läßt sich aus der Fahrgeldeinnahme schließen, daß durchschnittlich 45% aller Plätze besetzt waren. Dies ist ein außerordentlich günstiges Ergebnis, wenn berücksichtigt wird, daß die Verdeckplätze bei schlechtem Wetter ausscheiden.

Fünfter Abschnitt.

Wasserverkehr.

A. Fahrzeuge, Fahrplan und Tarif.

Die in den amerikanischen Großstädten benutzten Fähren (Abb. 1) sind große Raddampfer von 35—50 m Länge und 10—12 m Breite, die durch Balanciermaschinen angetrieben werden und in beiden Richtungen fahren. Da sie auch dem Fuhrwerksverkehr dienen, haben sie in der Mitte eine Fahrbahn für 2 Wagenbreiten, und rechts und links davon eine Kajüte, sowie häufig über den Kajüten je ein Oberdeck. Bei einigen Fähren, die auch dem Eisenbahnfernverkehr dienen, ist das Oberdeck bis zu den Enden des Schiffes verlängert, um von ihm aus unmittelbar die Bahnsteige betreten zu können.

Abb. 1. Fähre im Hafen von Neuyork.

Die Hafen-Dampfschiffahrts-Gesellschaft in Hamburg betreibt im Hafen 8 Querfähren und eine Rundfähre, sowie 2 Vorortlinien nach Blankenese und nach Finkenwärder. Die Hafenfähren sind das einzige Beförderungsmittel für den Personenverkehr innerhalb des Hafens und vermitteln zugleich den starken Arbeiterverkehr von und nach den Werften (soweit er sich nicht des Elbtunnels bedient). Der Tagesverkehr auf allen Linien beträgt durchschnittlich 65000 Personen, die auf 66 Schiffen befördert werden, der Jahresverkehr also rund 20 Mill.

Für den Massenverkehr der Arbeiter in den Morgen- und Abendstunden sind Dampfer für 525 Personen[1]) nach Abb. 2 im Gebrauch. Sie haben auf dem Hauptdeck 2 Kajüten und über den Kajüten ein Oberdeck. Die Abmessungen sind folgende: Länge 25 m, Breite 7,1 m, Bordhöhe 2,8 m, Tiefgang 2,2 m. Die Maschinen haben eine Stärke von 300 PS_i; die große Maschinenkraft ist des Eisganges wegen notwendig. Für den Hafenverkehr ist ferner eine gute Lenkfähigkeit erforderlich sowie der häufigen Zusammenstöße wegen die Anbringung von Wallschienen, von denen die Dampfer zwei übereinander haben.

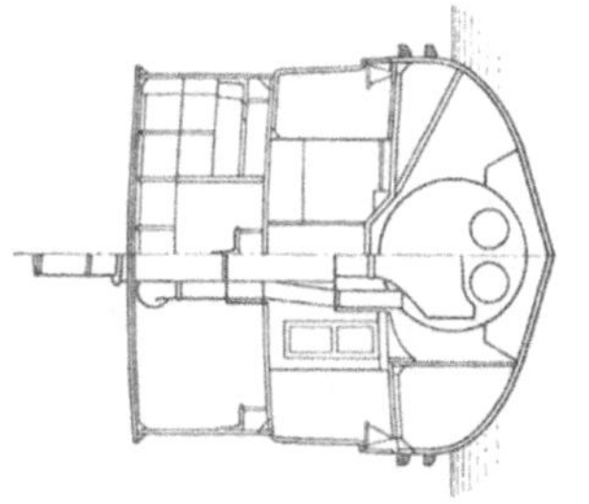

Für den Verkehr während der übrigen Tagesstunden dienen Schiffe nach Abb. 3 ohne Oberdeck mit einer Kajüte auf dem Hauptdeck. Diese Fahrzeuge fassen 215 Personen. Die Abmessungen sind: Länge 19 m, Breite 5,8 m, Maschinenkraft 130 PS_i.

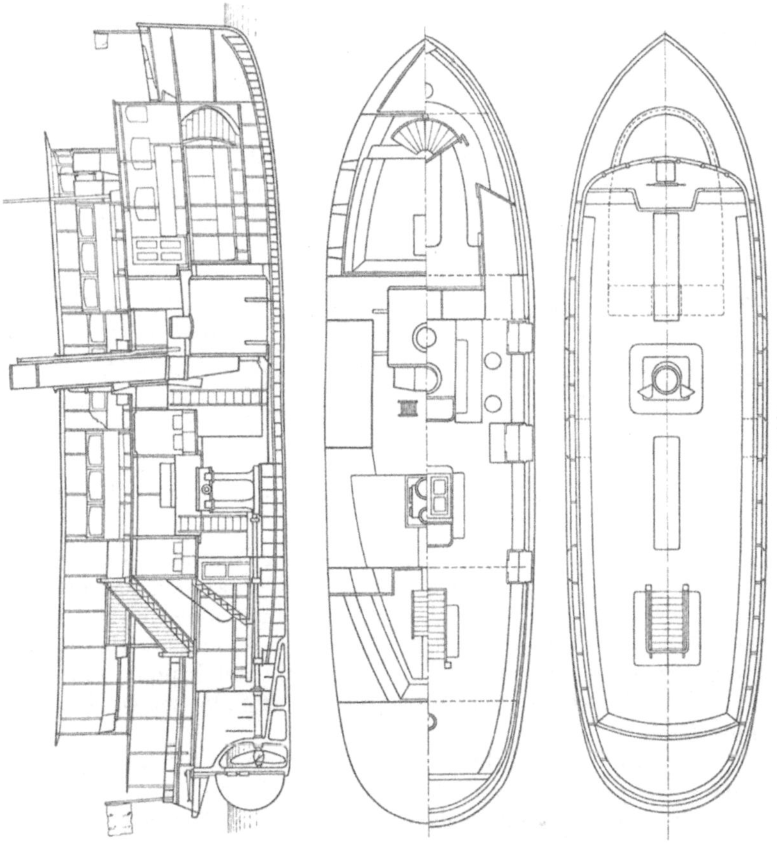

1 : 250.

Abb. 2. Fährdampfer der Hafendampfschiffahrts-Gesellschaft in Hamburg für 525 Personen.

Für den Vorortverkehr dient eine Schiffsform (Doppelschraubendampfer) nach Abb. 4, bei ihr ist das Vorderdeck ohne Aufbauten. Die Abmessungen sind: Länge 36 m, Breite 7 m, Bordhöhe im Mittel 2 m, Tiefgang 2,1 m, Personenzahl 550.

1) Zur Ermittelung der zulässigen Personenzahl werden die Deckflächen nach Abzug der Aufbauten gemessen und die ermittelte Grundfläche in 0,45 qm geteilt; die unter Deck befindlichen Kajüten werden nicht mit vermessen.

Die Schiffe entwickeln Fahrgeschwindigkeiten von 19—27 km und Reisegeschwindigkeiten im Hafen von 11 km, im Vorortverkehr von 12—15 km, je nach der Tide. Die Fähren werden am Tage in Abständen von 6—20 Minuten, nachts alle 30 oder 60 Minuten betrieben. Auf den Vorortlinien findet Werktags ein Stunden-, Sonntags ein Halbstundenverkehr statt. Im Hafenverkehr werden für die einfache Fahrt 5 Pf., für die Rundfähre 10 Pf. erhoben. Die Fahrt nach Blankenese (15 km) kostet 50 Pf., gleich 3,3 Pf. für das Kilometer, die Fahrt nach Finkenwärder (6 km) 25 Pf., gleich rund 4 Pf. für das Kilometer. Auf der Blankeneser Linie werden auch Zeitkarten ausgegeben; die Monatskarte kostet 12 M., die Saisonkarte 40 M., Nebenkarten 7 und 25 M.

Die Alsterdampfschiffahrts-Gesellschaft in Hamburg betreibt auf der Alster 3 Längslinien von durchschnittlich 4 km Länge und 3 Fähren. Die Dampfer haben eine Länge von 20—22 m, eine Breite von 4—4,5 m, einen Tiefgang von 1,4 m und eine Maschinenstärke von 65 PS_i. Sie haben 2 Kajüten, ein Vorder- und ein Hinterdeck und fassen 150—210 Personen. Die Fahrgeschwindigkeit

Abb. 3. Kleiner Fährdampfer der Hafendampfschiffahrtsgesellschaft in Hamburg für 215 Personen.

beträgt auf der nur 2 m tiefen Alster 13 km (im tiefen Wasser 18—22 km), die Reisegeschwindigkeit 9—10 km. Die einzelnen Linien werden tagsüber alle 10 Minuten, in den frühen Morgen- und späten Abendstunden alle 15—20 Minuten, nachts alle 20—30 Minuten betrieben. Der Betrieb wird durchschnittlich 18 Tage im Jahre durch Eis unterbrochen. Es wird ein Einheitsfahrpreis von 10 Pf. erhoben, der auch zum Umsteigen berechtigt. Jahreskarten kosten 40 M., Nebenkarten 25 und 20 M.

Die Spree-Havel-Dampfschiffahrts-Gesellschaft Stern unterhält im Sommer einen lebhaften Ausflugsverkehr auf der Spree und Havel. Die Schiffe sind besonders auf den starken Massenverkehr und für schnelles Aus- und Einsteigen eingerichtet. Die größeren Schiffe (Abb. 5 und 6) haben ein Hauptdeck mit Längs- und Querbänken, beiderseits in der Reeling 2 Öffnungen zum Aus- und Einsteigen und unter Deck 2 Kajüten. Die Hauptabmessungen der drei gebräuchlichsten Arten sind folgende:

	1.	2.	3.
Personenzahl	430	360	306
Länge	33 m	30 m	28 m
Breite	6,2 m	5,7 m	5,5 m
Bordhöhe	0,95 m	1,05 m	0,9 m
Tiefgang	1,4 m	1,4 m	1,4 m
Maschinenkraft . . .	2 × 125 PS.	2 × 100 PS.	2 × 100 PS.

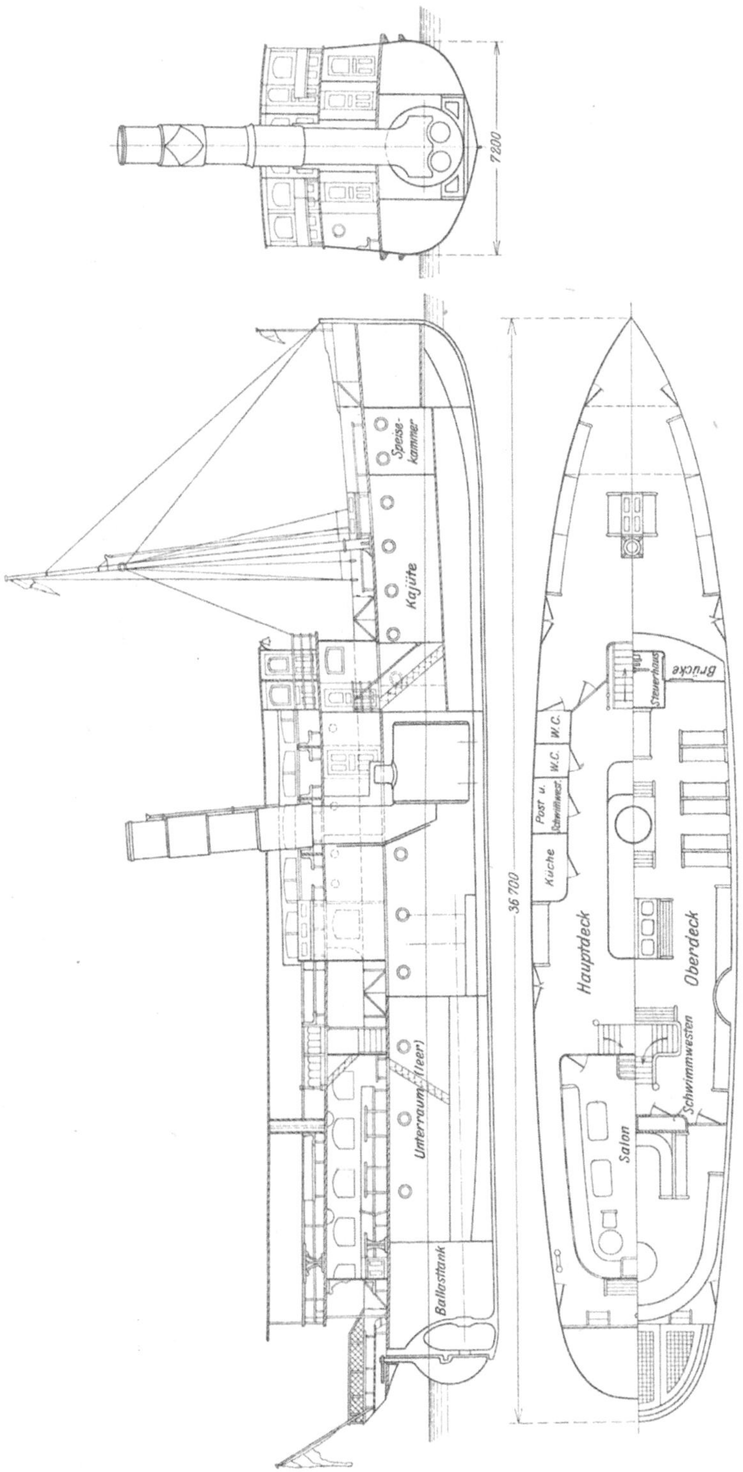

1 : 250.

Abb. 4. Vorortdampfer der Hafendampfschiffahrtsgesellschaft in Hamburg für 550 Personen.

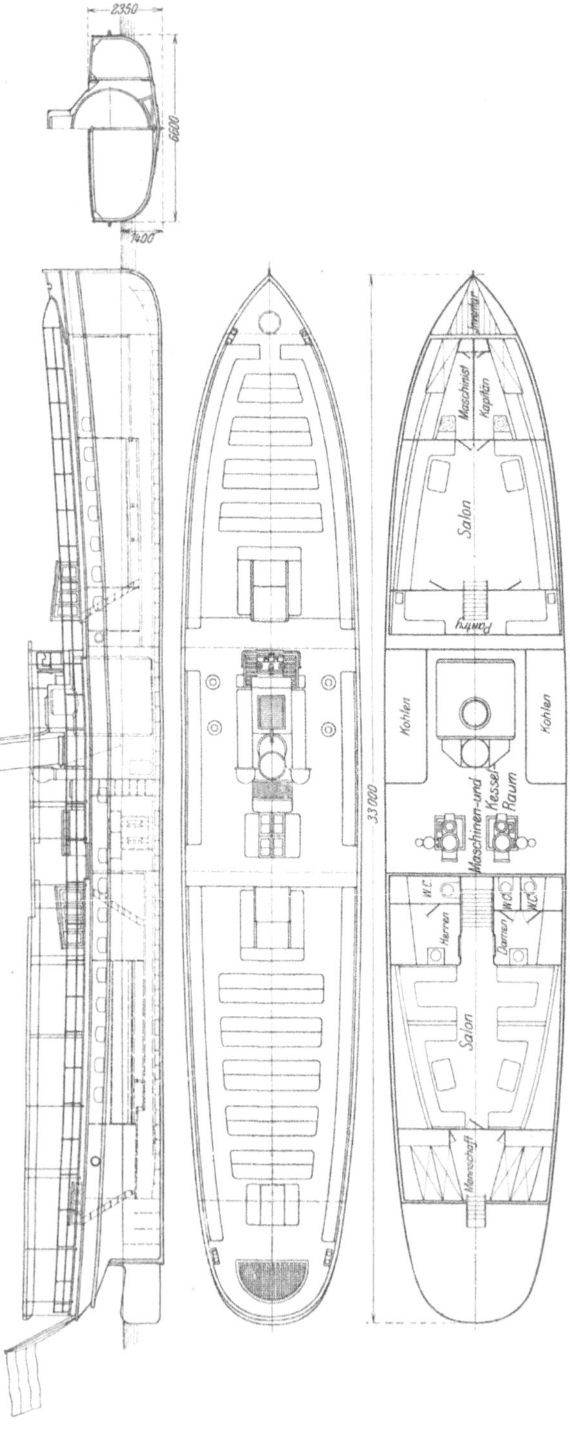

1 : 240.

Abb. 5. Ausflugsdampfer der Spree-Havel-Dampfschiffahrtsgesellschaft Stern in Berlin für 430 Personen.

Außerdem sind noch zahlreiche kleinere Schiffe von 46—277 Personen Fassungsvermögen vorhanden. Die gesamte Flotte umfaßt 66 Schiffe. Die

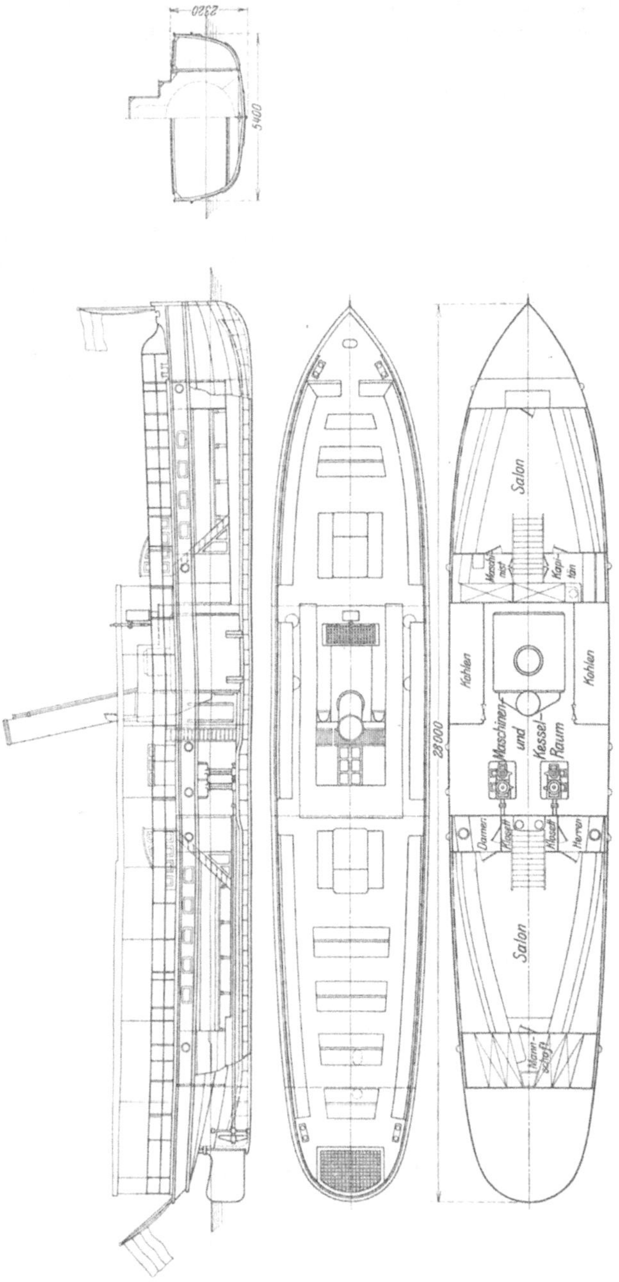

1 : 250.

Abb. 6. Ausflugsdampfer der Spree-Havel-Dampfschiffahrtsgesellschaft Stern für 300 Personen.

großen Schiffe sind Doppelschraubendampfer, die kleinsten Motorboote mit einem Fassungsvermögen bis zu 150 Personen.

Der Fahrplan sieht in der Regel an Werktagen einen Stundenverkehr, an den Sonntagen einen halbstündigen Verkehr vor; nach Bedarf werden die Fahrten vermehrt. Die der Maschinenkraft entsprechende Fahrgeschwindigkeit der

Schiffe beträgt 20—23 km, es werden jedoch nur 12 km zugelassen, und es ergibt sich eine Reisegeschwindigkeit von 8—10 km. Die Fahrpreise betragen auf den am stärksten benutzten Strecken 4—5 Pf. für das Kilometer; für längere Strecken werden billigere Fahrpreise berechnet. Tageskarten, die zur beliebigen Benutzung der Dampfer berechtigen, kosten 2 M. Kinder bezahlen halbe Fahrpreise. Die Gesellschaft befördert jährlich rund 3 Millionen Personen gegen einen Durchschnittsfahrpreis von 29 Pf.

B. Gestaltung der Landeanlagen.

Bei der Planung von Landeanlagen ist auf die Richtung und Stärke der Strömung, auf die Unterschiede in den Wasserständen, auf den verschiedenen Tiefgang der Schiffe je nach der Belastung und schließlich auf den Eisgang Rücksicht zu nehmen. Fährbetten lassen sich nur im ruhigen Wasser benutzen. Bei starker Strömung können die Schiffe nur mit dem Bug gegen den Strom gerichtet an Landebrücken anlegen. Bei Eisgang müssen die Landeanlagen

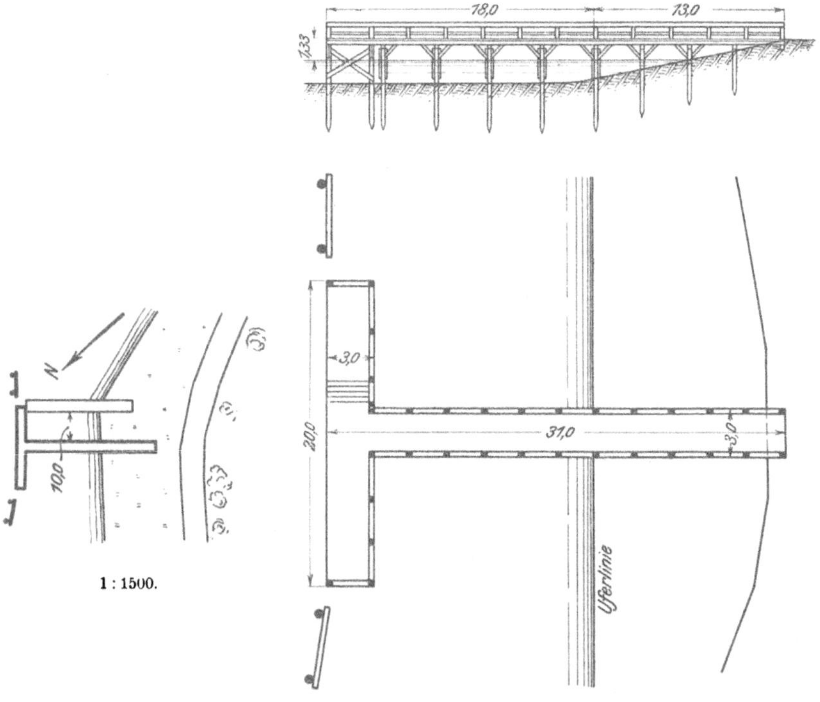

1 : 500.

Abb. 7. Landebrücke in Treptow.

entfernt werden, wenn sie nicht durch Eisbrecher geschützt sind. Ungeschützte Pfähle dürfen im Winter nicht stehen bleiben.

Bei der Gestaltung der Verkehrsanlagen muß auf den zeitweisen großen Andrang Rücksicht genommen und das Gegenströmen der Aus- und Einsteigenden vermieden werden. Die Landeanlagen werden häufig auf der Landseite abgeschlossen und die Zugänge erst geöffnet, wenn das Schiff angelegt hat, um ein gefährliches Drängen auf den Stegen zu vermeiden. Bei starkem Verkehr werden die Fahrkarten an Land an besonderen Schaltern oder in Wirtschaften verkauft, beim Betreten der Landeanlagen geprüft und beim Verlassen abgenommen. Bei schwachem Verkehr geschieht der Fahrkartenverkauf an Bord.

Auf der Wasserseite sind die Landeanlagen gut zu beleuchten. Um eine Beschädigung durch das anfahrende Schiff zu vermeiden, werden beiderseits Reibepfähle oder Dalben angeordnet.

Für größere Fähren, die in beiden Richtungen bewegt werden, werden Fährbetten senkrecht zum Ufer angelegt oder der Höhenunterschied zwischen Ufer und Schiffsdeck wird durch eine bewegliche Klappe oder Brücke ausgeglichen, die die ganze Schiffsbreite einnimmt und sich mit ihrem freien Ende auf den Schiffskörper legt. In Neuyork sind zweigeschossige Landeanlagen vorhanden, deren Obergeschoß dem Eisenbahnfernverkehr dient, während das Erdgeschoß für den Straßen- und Ortsverkehr bestimmt ist.

Kleinere Fähren legen gewöhnlich seitlich an Landebrücken an.

Personendampfer können unmittelbar an Kaimauern anlegen, wenn der Wasserstand nur geringen Schwankungen unterworfen ist und wenn die Wassertiefe an der Mauer ausreicht (am Jungfernstieg in Hamburg).

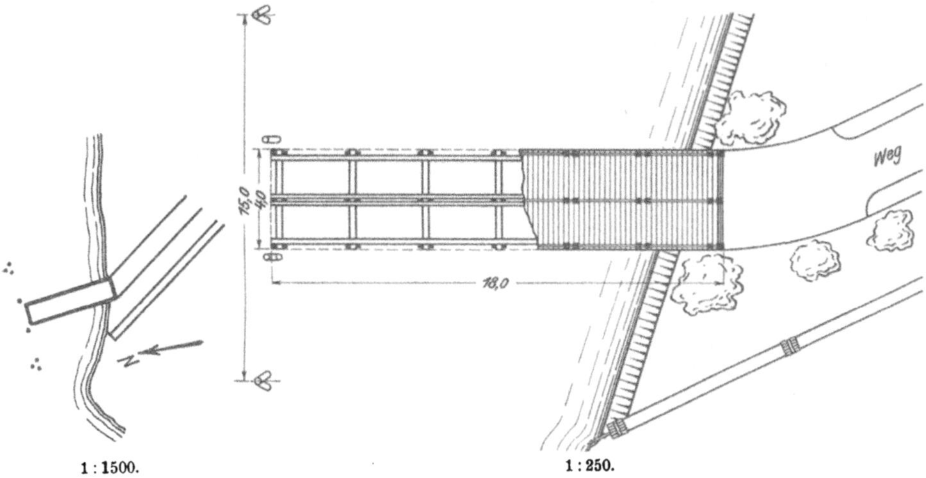

Abb. 8. Landebrücke Alter Tornow bei Potsdam.

In kanalisierten Flüssen wird zwischen dem Ufer und der Fahrstraße des Dampfers gewöhnlich eine hölzerne Landebrücke aus Pfählen, Längs- und Querbalken und einem 5—6 cm starken Bohlenbelag erbaut, die an den beiden Längsseiten mit Brüstungen versehen und nur vor Kopf offen ist. Beispiele zeigen die Abb. 7 und 8, Anlagen der Spree-Havel-Dampfschiffahrts-Gesellschaft Stern. Abb. 7 ist eine einfache Landebrücke für schwächeren Verkehr; sie läuft vorne in einen Quersteig von 20 m Länge aus, von dem ein Teil 75 cm niedriger liegt, um als Zugang für kleinere Schiffe zu dienen. Abb. 8 zeigt eine Anlage für stärkeren Verkehr, bei der Ab- und Zugang durch eine Längsschranke getrennt sind.

Die Landeanlage am Bahnhof Wannsee (Abb. 9) ist für starken Verkehr bestimmt und zerfällt in die dreiteilige Brücke für den Verkehr der Durchgangslinie Spandau—Potsdam und die einteilige Brücke für die Wannsee-Fähre. Von der dreiteiligen Brücke ist der Mittelgang für die Ankunft, die beiden Seitengänge sind für die Abfahrt nach Potsdam und nach Spandau bestimmt. Das landseitige Ende der Brücke ist überdacht; hier befindet sich auch die Fahrkartenausgabe. Da bei starkem Landwinde mit einem Absinken des Wassers um 0,6 m gerechnet werden muß, sind Pontons zum Ausgleich des Höhenunter-

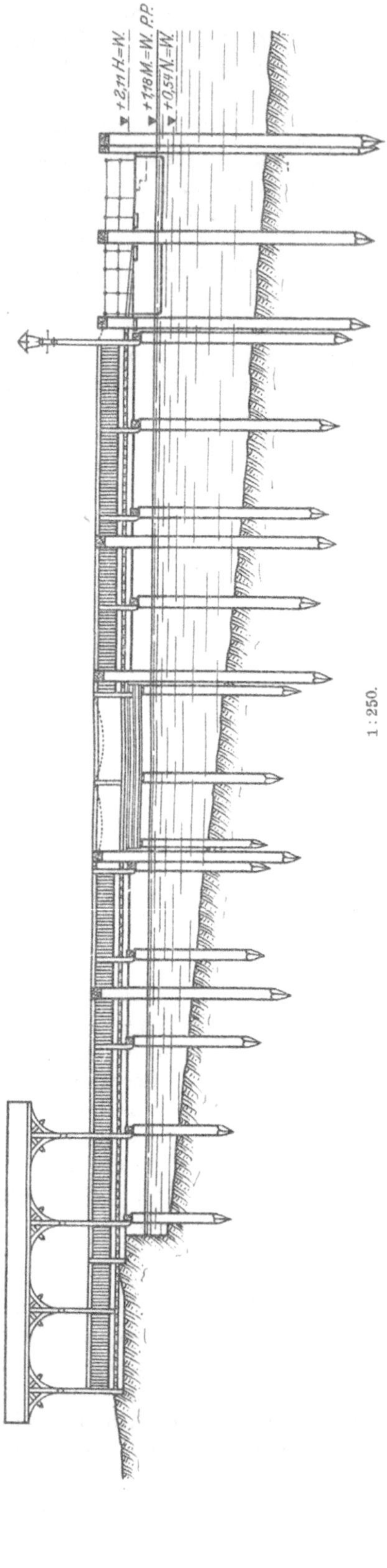

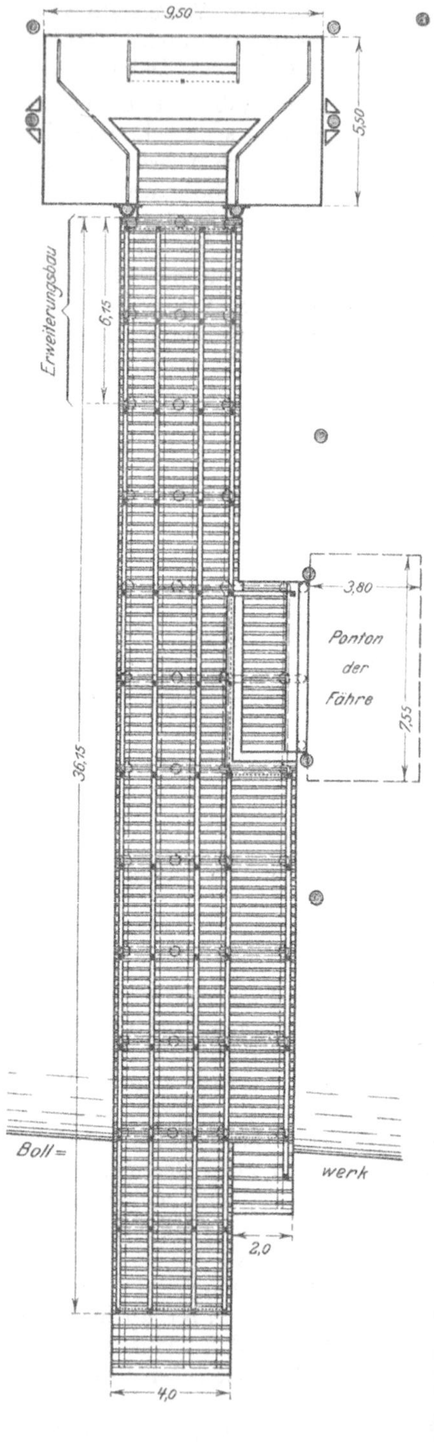

1 : 250.

Abb. 9. Landebrücke am Bahnhof Wannsee.

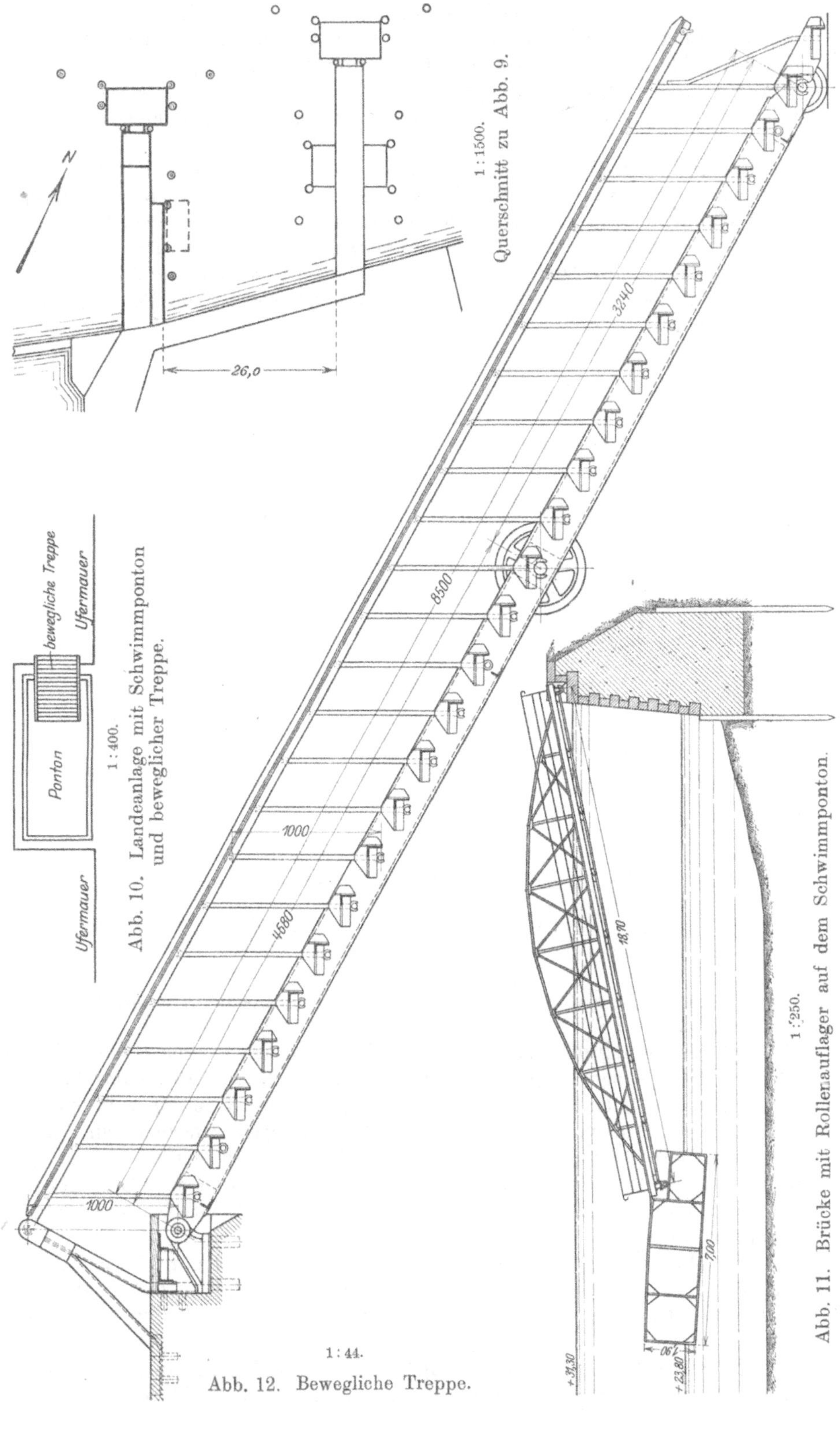

1 : 1500. Querschnitt zu Abb. 9.

1 : 400. Abb. 10. Landeanlage mit Schwimmponton und beweglicher Treppe.

1 : 44. Abb. 12. Bewegliche Treppe.

1 : 250. Abb. 11. Brücke mit Rollenauflager auf dem Schwimmponton.

schiedes angewendet. Ein Teil des vorderen Pontons ist um 3 Stufen vertieft, um das Anlegen von kleineren Schiffen zu gestatten. Die Länge des Pontons erlaubt, beide Ein- und Ausgänge der Dampfer gleichzeitig zu benutzen. Bei sehr starkem Verkehr wird eine zweite seitlich in 26 m Abstand belegene Landebrücke benutzt, um die beiden Hauptrichtungen voneinander trennen zu können.

Bei größeren Unterschieden des Wasserstandes werden Schwimmbäume oder Pontons benutzt. Schwimmbäume sind nur bei vorübergehenden Anlagen gebräuchlich; sie bestehen gewöhnlich aus einem auf leeren Petroleumfässern gelagerten hölzernen Floß. Für dauernde Anlagen benutzt man geschlossene eiserne Pontons; ihre Oberfläche bildet ein Lattenrost oder eine Asphaltschicht auf glattem Blech oder eine Betondecke auf Wellblech. Die Pontons werden an Pfählen geführt oder verankert.

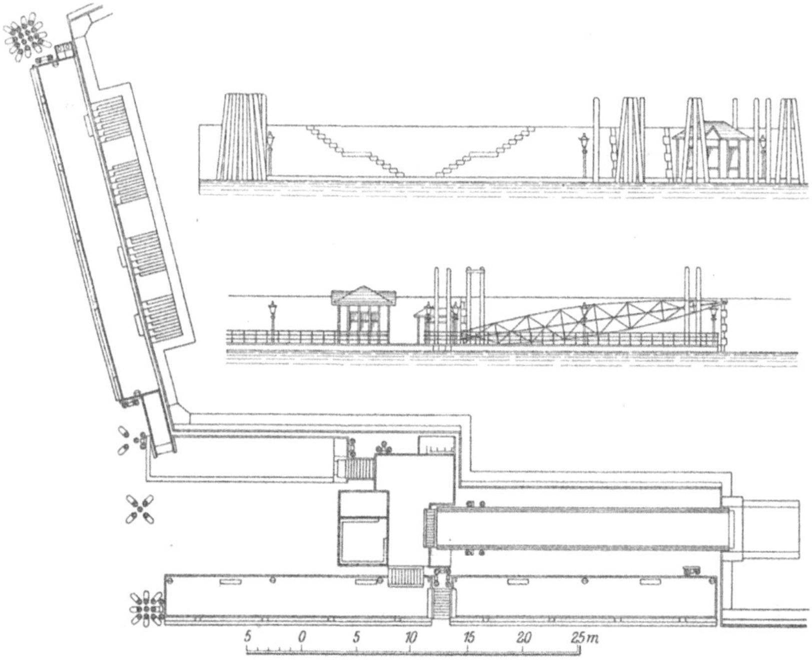

1 : 667.

Abb. 13. Beispiel einer Landeanlage mit Schwimmponton und Brücke.

Die Verbindung mit dem Ufer geschieht durch eine eiserne Brücke, die am Ufer drehbar gelagert ist und auf dem Ponton mit Rollen läuft (Abb. 11). Die Neigung beim tiefsten Wasserstand darf nicht mehr wie 1:5 betragen; bei steileren Neigungen als 1:8 muß die Laufbahn mit Querrippen versehen sein. Reicht der wagerechte Abstand für eine Brücke nicht aus, so werden Treppen angewandt (Abb. 12), bei denen Wange und Geländer durch eine Geradführung verbunden und die Stufen gelenkig aufgelagert sind, so daß sie bei jeder Neigung wagerecht liegen.

Bei sehr geringem Verkehr wird auch wohl parallel zur Ufermauer eine Treppe angeordnet und der Ponton vor die Treppe gelegt, so daß er stets von einer Stufe aus betreten werden kann. Die Benutzung setzt eine gewisse Vertrautheit voraus.

Ein Beispiel für eine Landeanlage, bei der der Zugang sowohl durch eine Brücke wie auch durch eine feste Treppe erfolgt (und die übrigens auch dem

Güterverkehr dient), zeigt Abb. 13. Auf dem einen Ponton befindet sich ein Häuschen mit der Fahrkartenausgabe, auf dem andern eine Abortanlage.

Die größte Landeanlage in Europa sind die St.-Pauli-Landungsbrücken in Hamburg (Abb. 14). Sie dienen sowohl dem Lokalverkehr wie auch dem Fernverkehr (Nordseebäder) und sind besonders für die Bewältigung großer Menschenmassen gebaut. Auf dem Lande befindet sich ein Abfertigungsgebäude, ähnlich einem Eisenbahnempfangsgebäude mit Fahrkartenausgabe, Gepäckabfertigung, Wartesälen und Aborten. Die schwimmende Landeanlage ist zweigeschossig. Das Obergeschoß dient dem Personenfernverkehr, das Untergeschoß dem Lokalverkehr und der Gepäckbeförderung. Hier sind auch Warteräume, Verkaufsstände und Bureauräume eingebaut. Zur Verbindung des schwimmenden Teiles mit dem Lande dienen 5 Brücken für den Personenverkehr, von denen zwei zum oberen Stockwerk, drei zum untern Stockwerk führen und zwei Gepäckbrücken.

Abb. 15 zeigt eine — ebenfalls zweigeschossige — ältere Landeanlage in Neuyork an der Ecke der 13. Avenue und 23. Straße. Der an der Straßenfront gelegene Teil des Gebäudes dient dem Fernverkehr; er enthält die Vorhalle mit Fahrkartenausgabe und Gepäckabfertigung und den durch die Sperre abgetrennten Wartesaal. Vom Wartesaal führen Treppen nach oben. Hinter diesen Räumen liegt im Erdgeschoß eine Fahrstraße und an ihr die Brükken, die zu den beiden Fährbetten führen. Die Brücken sind beiderseits durch Schiebetore begrenzt. Im Obergeschoß liegen über den breiteren unteren Brükken je 2 schmale Brücken, die

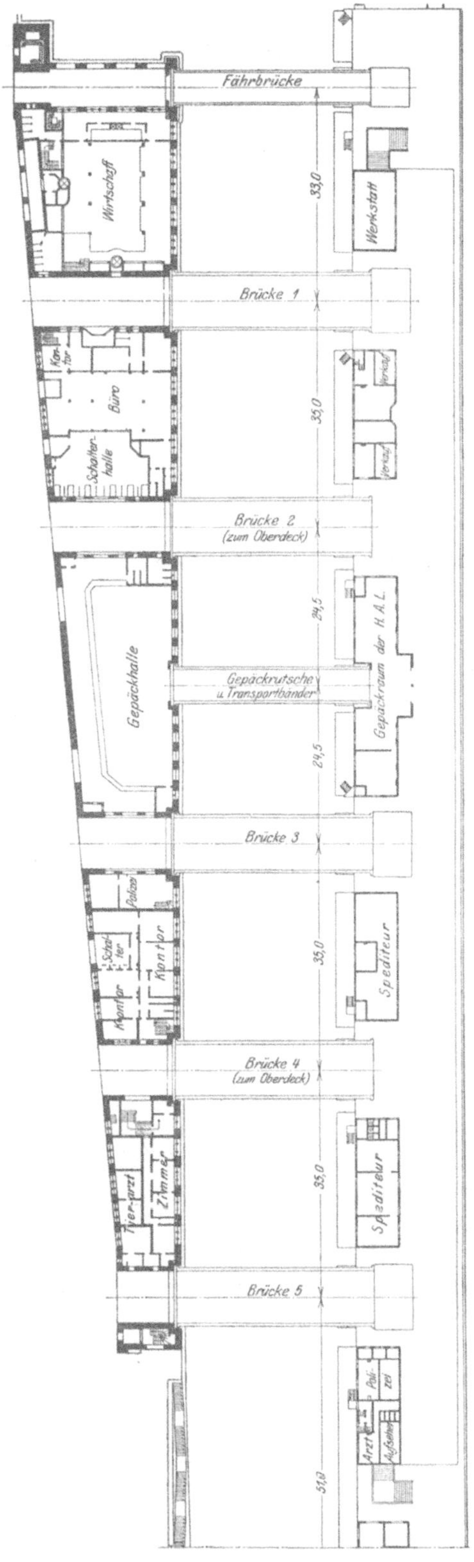

1 : 1000.

Abb. 14. St. Pauli-Landungsbrücken in Hamburg.

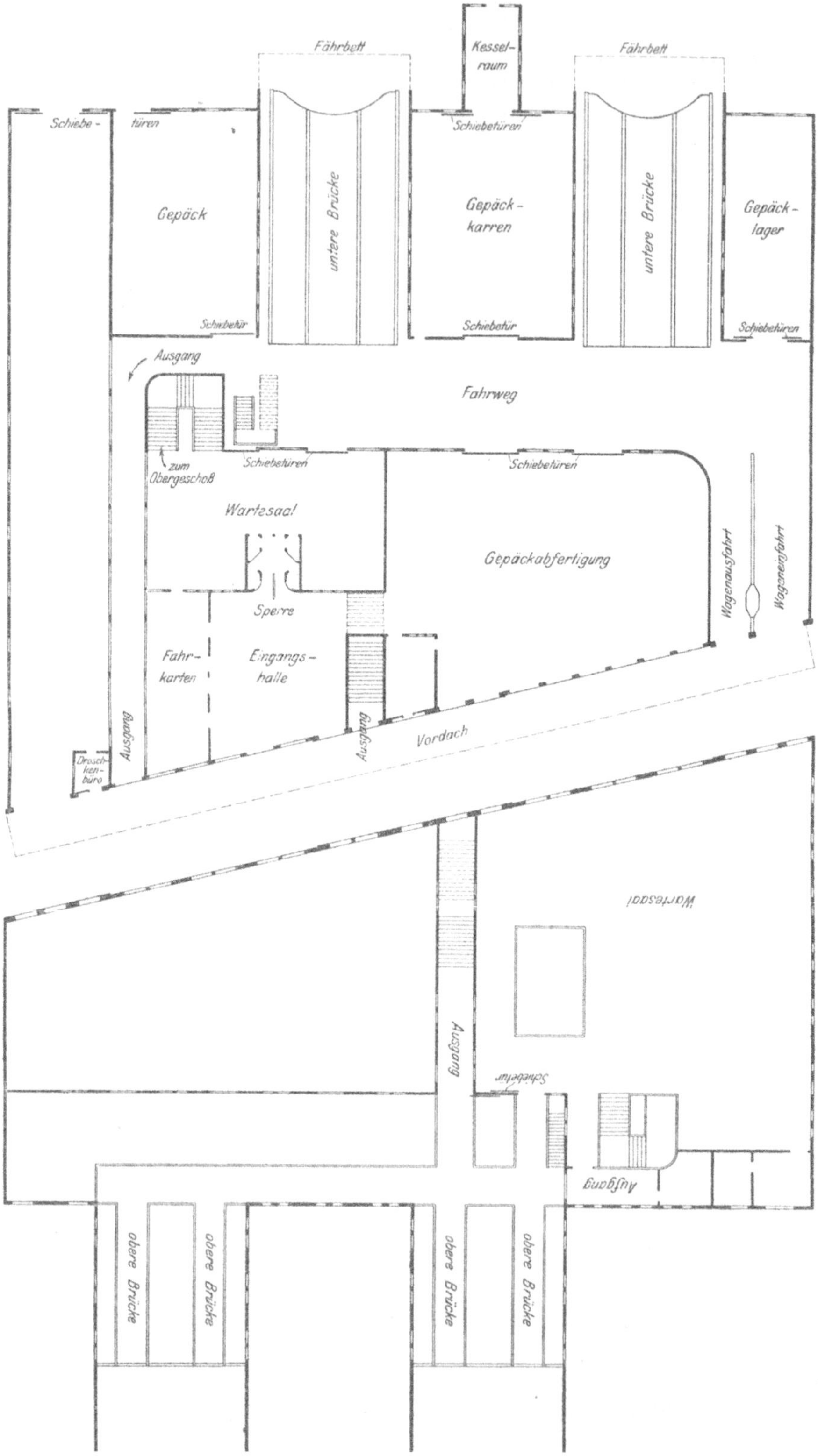

1 : 600.

Abb. 15. Landeanlage an der 23. Straße in Neuyork.

den Zugang zu den seitlich der unteren Fahrstraße liegenden Oberdecks des Fährdampfers vermitteln. Das Gepäck verbleibt im Untergeschoß; die Gepäckkarren werden auf die Fahrstraße des Fährbootes gefahren. Vom Obergeschoß führt eine Ausgangstreppe unmittelbar zur Straße. Der Ortsverkehr ist bei dieser Fähranlage ziemlich gering, so daß die Unübersichtlichkeit des unteren Zugangs zu den Fähren nicht allzu schwer ins Gewicht fällt.

Sechster Abschnitt.

Verkehrspolitik.

A. Gesetzliche Bestimmungen und technische Vorschriften.

Die Grundlagen der Verkehrspolitik bilden die gesetzlichen Bestimmungen. Diese sollen daher hier kurz besprochen und auch die technischen Vorschriften in diesem Zusammenhange erwähnt werden.

Aus der großen Fülle von gesetzlichen Bestimmungen, die auf städtische Verkehrsmittel Anwendung finden, sollen hier diejenigen herausgegriffen werden, die sich auf Bahnanlagen, d. h. Stadtbahnen und Straßenbahnen beziehen.

Stadtbahnen können als Vollbahnen gebaut und betrieben werden. Dann gelten für sie das Gesetz über die Eisenbahnunternehmungen vom 3. November 1838 und die Bundesratsbestimmungen für die Eisenbahnen Deutschlands, insbesondere die Eisenbahnbau- und Betriebsordnung. Die Bestimmungen dieser Vorschriften können aber für Stadtbahnen recht unbequem werden, besonders die über Umgrenzung des lichten Raumes, Krümmungen und Neigungen sowie über die Tragfähigkeit des Oberbaues. Bei den eigenartigen, auf Stadtbahnen üblichen Betriebsmitteln ist auch die Einhaltung dieser Bedingungen weder notwendig noch zweckmäßig. Sie erschweren vielmehr die Linienführung und verteuern den Bau. Stadtbahnen sollten daher grundsätzlich nicht als Hauptbahnen, sondern als Kleinbahnen gebaut werden. Diesem Begriff, der durch das preußische Gesetz über Kleinbahnen und Privatanschlußbahnen vom 28. Juni 1892 geprägt worden ist, ordnen sich auch die Straßenbahnen unter. Das Gesetz umschreibt in § 1 den Begriff der Kleinbahn in der Weise, daß es sich um Eisenbahnen von geringer Bedeutung für den allgemeinen Eisenbahnverkehr handelt, insbesondere um solche Bahnen, die den örtlichen Verkehr innerhalb eines Gemeindebezirkes oder benachbarter Gemeindebezirke vermitteln. Zur Genehmigung von Kleinbahnen ist der Regierungspräsident, in Berlin der Polizeipräsident zuständig, sie geschieht im Benehmen mit der betreffenden Eisenbahndirektion. Beide Behörden haben auch die Aufsicht über den Betrieb. Die Genehmigung zur Anlage und zum Betriebe wird auf Grund einer polizeilichen Prüfung erteilt, die sich auf die Betriebssicherheit, den Schutz gegen schädliche Einwirkungen, die Befähigung des Personals und die Wahrung der Verkehrsinteressen erstreckt. Soweit für das Bahnunternehmen ein öffentlicher Weg benutzt wird (und das wird bei städtischen Bahnanlagen fast immer zutreffen, weil auch die Aufstellung von Stützen und die Durchfahrung des Untergrundes unter den Begriff der Benutzung fällt), ist die Zustimmung des Wegeunterhaltungspflichtigen, d. h. also der Gemeinde, notwendig. Als Grundsatz gilt, daß der Bahnunternehmer die Unterhaltung des von ihm benutzten Wegestreifens zu besorgen hat. Der Wegeunterhaltungspflichtige kann (und wird wohl fast stets) seine Zustimmung von der Zahlung eines Entgelts für die Wegebenutzung abhängig machen und sich den Erwerb der Bahn nach einer bestimmten Frist unter angemessener Entschädigung des Unternehmers vorbehalten. Diese Bestimmungen, das Recht des Wegeunterhaltungspflichtigen, insbesondere das sogenannte Ankaufs- oder Heimfallrecht ist aus bestehenden Verträgen mit Straßenbahngesellschaften in das Gesetz übernommen worden. Diese Bestimmungen haben bewirkt, daß heute viele Straßenbahnnetze, die ursprünglich von Privatgesellschaften angelegt wurden, Eigentum der Gemeinden geworden sind.

Für den Fall, daß die Gemeinde unannehmbare Forderungen stellt, kann ihre Zustimmung auch von den Aufsichtsbehörden ergänzt werden; diese bestimmen also dann das gegenseitige Verhältnis zwischen Bahn und Stadtgemeinde, namentlich auch die Entschädigungspflicht und die Konzessionsdauer.

Die Festsetzung der Beförderungspreise wird für 5 Jahre dem Unternehmer überlassen. Für die folgende Zeit unterliegen sie der Genehmigung der Aufsichtsbehörden, wobei auf die wirtschaftliche Lage des Unternehmens und eine angemessene Verzinsung und Tilgung Rücksicht zu nehmen ist. Das Planfeststellungsverfahren ist in der Weise geregelt, daß der Plan während zwei Wochen auszulegen ist, und daß nach Ablauf dieser Frist eine öffentliche Verhandlung stattzufinden hat, bei der über die etwa gemachten Einwendungen, beschlossen wird. Übrigens kann von einer Planfeststellung abgesehen werden, wenn Nachteile oder erhebliche Belästigungen für die Anlieger und den öffentlichen Verkehr nicht zu erwarten stehen.

Zur Eröffnung des Betriebes bedarf es einer besonderen Genehmigung.

Die Ausführungsanweisung vom 13. August 1898 (bei der zum ersten Male zwischen nebenbahnähnlichen Kleinbahnen und Straßenbahnen unterschieden ist) enthält Bestimmungen über Erneuerungsrücklagen und die Bildung eines Reservefonds. Von Wichtigkeit sind ferner die Bau- und Betriebsvorschriften für Straßenbahnen mit Maschinenbetrieb vom 26. September 1906. Als Spurweite wird neben der Normalspur nur eine solche von 1000, 750 und 600 mm zugelassen. Die Längsneigung soll in der Regel nicht stärker als 1:15 sein, stärkere Neigungen werden nur auf kurze Strecken und nur dann zugelassen, wenn die Ungefährlichkeit durch einen Probebetrieb nachgewiesen ist. In diesem Falle hat die Eisenbahndirektion besondere Sicherheitsvorschriften zu erlassen. Der Halbmesser der Krümmungen soll nicht unter 15 m betragen. Schärfere Krümmungen sind nur dann zulässig, wenn nachgewiesen wird, daß die Betriebsmittel sie anstandslos durchfahren können. Die Weite der Spurrille soll auf öffentlichen Straßen mindestens 30 und höchstens 40 mm betragen; die Schlitze für die unterirdische Stromzuführung dürfen im geraden Gleis höchstens 30 mm, in Krümmungen höchstens 45 mm weit sein. Zwischen den Fahrzeugen und festen Gegenständen, die mehr als 1 m Höhe haben, muß ein lichter Zwischenraum von mindestens 400 mm vorhanden sein. Ein gleicher Lichtraum wird zwischen zwei sich begegnenden Wagen gefordert. Die Entfernung der Bordkante von der Gleismitte soll mindestens gleich der halben Wagenbreite sein. Die Sitzplätze müssen eine Breite von mindestens 500 mm haben. Endlich sind noch Bestimmungen über die Gestaltung der Kraftwerke, über die Stärke der Radreifen, über die Abnutzung der Spurkränze, Abfederung der Untergestelle federnde Zug- und Stoßvorrichtungen, Bahnräumer, Trittbretter, Abschluß der Plattformen, Sandstsreuer, Notbeleuchtung, Heizung und Glockensignale gegeben. Über die Bremsen wird bestimmt, daß Triebwagen außer der Handbremse noch eine Kraftbremse haben müssen, und daß Züge von mehr als zwei Wagen mit durchgehenden Bremsen zu versehen sind. Ein Teil der übrigen deutschen Bundesstaaten hat, dem Beispiel Preußens folgend, ähnliche gesetzliche Vorschriften erlassen.

Weiter sind von Bedeutung die Bestimmungen des Verbandes Deutscher Elektrotechniker, die zwar keine Gesetzeskraft haben, aber in ganz Deutschland öffentlich anerkannt sind, und deren Erfüllung von den Aufsichtsbehörden verlangt zu werden pflegt. In Betracht kommen folgende:

1. Vorschriften für die Errichtung und den Betrieb elektrischer Starkstromanlagen. Sie enthalten Bestimmungen über die Baustoffe, deren elektrische Belastung und über die anzuwendenden Bauweisen.
2. Sicherheitsvorschriften für elektrische Straßenbahnen und straßenbahnähnliche Kleinbahnen. Sie enthalten Bestimmungen über die Verwendung von einheitlichen Zeichen auf Plänen, über Isolier- und Befestigungskörper, Leitungen und Apparate, Gestaltung der Kraftwerke, Bau der Strecke und Betriebsvorschriften.
3. Kupfer-Normalien.
4. Normalien für Leitungen.
5. u 6. Vorschriften für die Ausführung elektrischer Starkstromanlagen bei Kreuzungen und Näherungen von Eisenbahnanlagen sowie von Telegraphen- und Fernsprechleitungen.

Das österreichische Lokalbahngesetz vom 8. August 1910 teilt die Bahnen niederer Ordnung in 2 Gruppen: die Lokalbahnen und die Kleinbahnen. Zu den Kleinbahnen gehören auch die Straßenbahnen. Für Kleinbahnen wird eine Konzession für 90 Jahre an Gesellschaften, für 60 Jahre an Private erteilt. Der Bau der Kleinbahnen wird von den Provinzen und Gemeinden durch Geldbeihilfen unterstützt. Der Staatsregierung steht das Recht zu, die Kleinbahntarife herabzusetzen, wenn der Ertrag 3 Jahre hintereinander 6% betragen hat.

In der Schweiz unterstehen die Nebenbahnen dem Bundesgesetz vom Jahre 1899. Zu den Nebenbahnen rechnen auch die Straßenbahnen. Die Kantone unterstützen den Bau der Nebenbahnen durch Beihilfen. Diese Beihilfen bilden einen Teil des Gesellschaftskapitals. Der Betrieb wird in der Regel von den einzelnen privaten Gesellschaften geführt.

In den Niederlanden unterstanden die Kleinbahnen ursprünglich dem Eisenbahngesetz vom 9. April 1875. Durch das Gesetz vom 9. August 1878 wurde eine Einteilung der Bahnen in 3 Gattungen vorgenommen, und zwar in Hauptbahnen, Lokalbahnen mit 30 km größter Geschwindigkeit und Straßenbahnen mit 15 km größter Geschwindigkeit. Die Regierung wurde ermächtigt, gewisse Bestimmungen des Gesetzes von 1878 als auf Vizinalbahnen nicht anwendbar zu erklären; die Straßenbahnen wurden aus dem Geltungsbereich dieses Gesetzes ausgeschlossen und dem Gesetz vom 23. April 1880, betreffend die öffentlichen Beförderungsmittel, unterstellt. Auf Grund dieses Gesetzes hat jede Provinz eine Verordnung über die Konzessionierung von Straßenbahnen erlassen. Durch das Gesetz vom 9. Juli 1900 wurden die Bahnen niederer Ordnung in Lokalbahnen auf eigenem Bahnkörper mit Geschwindigkeiten bis 50 km, in Lokalbahnen auf Straßen mit Geschwindigkeiten bis 35 km und in städtische Straßenbahnen mit mechanischer Zugkraft und 20 km Geschwindigkeit eingeteilt, und für diese Bahngattungen neue Bestimmungen erlassen. Die Pferdebahnen verblieben unter dem Gesetz über die öffentlichen Betriebe.

Auch in Belgien werden Lokalbahnen und Straßenbahnen unterschieden. Die Straßenbahnen unterstehen dem Gesetz von 1875. Für den Bau und Betrieb der Lokalbahnen wurde auf Grund der Gesetze von 1884 und 1885 eine besondere Gesellschaft, die Société nationale des Chemins de fer vicinaux gegründet, an der der Staat, die Provinzen und die Gemeinden mit je einem Drittel des Anlagekapitals der einzelnen Lokalbahnen beteiligt sind. Diese Gesellschaft hat eine Art Monopol für den Bau und Betrieb von Lokalbahnen außerhalb der Städte.

Das französiche Gesetz von 1880 erstreckt sich auf Lokalbahnen und Straßenbahnen. Die Konzession für die die Staatsstraßen benutzenden Bahnen wird vom Staate erteilt, auch wenn sie von Provinz oder Gemeinde ins Leben gerufen werden. Die an die Konzession zu knüpfenden Bedingungen werden durch den Staatsrat beschlossen. Für jede Lokalbahn muß ein Gesetz, für jede Straßenbahn eine Verordnung erlassen werden.

Die staatliche Überwachung ist eine sehr ausgedehnte. In allen Fragen des Fahrplans und der Betriebssicherheit besitzt die Behörde einen fast unbeschränkten Einfluß. Auch das Recht der Genehmigung abgeschlossener Verträge ist ihr vorbehalten. Nur in Tarifen ist die Bahn selbständig. Im Jahre 1908 wurde ein neues Lokalbahngesetz erlassen, das einige Vereinfachungen enthielt.

In Italien wird die Konzession für die Lokal- und Straßenbahnen auf Grund des Gesetzes vom 19. Juli 1909 erteilt. In der Konzessionsurkunde wird die Höhe der zulässigen Tarife festgesetzt. Das Recht zur Benutzung der Straßen wird durch den Staat erteilt. Die Straßeneigentümer haben nur dann ein Einspruchsrecht, wenn sich die Benutzung auf mehr als $\frac{2}{3}$ der Straßenlänge erstreckt. Die Konzessionsdauer darf 60 Jahre nicht überschreiten. Bau und Betrieb der Straßenbahnen werden vom Ministerium der öffentlichen Arbeiten auf Grund der hierfür erlassenen besonderen Vorschriften überwacht. Der Staat kann jährliche kilometrische Betriebszuschüsse bis zu 1500 L., für Bahnen mit besonders großem Anlagekapital oder besonders starken Steigungen bis zu 2000 L. gewähren. Als Entgelt erhält der Staat einen Anteil an den Roheinnahmen. Auch die Provinzen und Gemeinden haben das Recht, der Bahn nach ihrer Betriebseröffnung jährliche Beihilfen zu gewähren. Nach Ablauf der Konzession fällt der Bahnkörper dem Wegeeigentümer und, wenn der Staat der Wegeeigentümer ist, den Gemeinden zu; auch der eigene Bahnkörper wird Eigentum der Gemeinden.

In England wurden durch die Light Railways Bill von 1896 die Bahnen niederer Ordnung dem Handelsamt unterstellt. Durch dieses Gesetz wurde den Kleinbahnen das Recht der Benutzung öffentlicher Straßen auch gegen den Willen des Wegeeigentümers verliehen. Das Gesetz ermächtigt die Grafschaften, Kreise und Gemeinden, zum Zwecke der Unterstützung von Kleinbahnen Anleihen aufzunehmen und zu diesem Zweck die Erträge der eigenen Steuern und Abgaben zu verwenden. Das Schatzamt wird ermächtigt, mit $3^1/_8\%$ verzinsliche Beiträge zu den Baukosten herzugeben, wenn die lokalen Behörden einen ebenso großen Beitrag leisten und wenn mindestens die Hälfte der auszugebenden Aktien von Privaten übernommen wird. Die Konzessionsdauer beträgt in der Regel 33, ausnahmsweise 42 Jahre. Nach Ablauf der Konzession werden die Gemeinden oder Kreise Eigentümer der auf ihrem Gebiet errichteten Linien.

Die Stadtschnellbahnen unterliegen diesem Gesetz nicht. Für ihre Anlage ist vielmehr in jedem Falle ein besonderes Gesetz zu erlassen.

B. Eigentums- und Unternehmungsformen.

1. Der Staat als Bahnunternehmer.

Die Stadt- und Vorortbahnen in Berlin, Hamburg und Wien sind Staatsbahnen. In allen 3 Fällen lag wohl kaum die bewußte Absicht des Staates vor, den Bau und Betrieb städtischer Schnellbahnen selbst in die Hand zu nehmen, sondern die Bahnen verdanken den Rücksichten auf die Landesverteidigung ihre Entstehung oder sind ursprünglich als Teile des allgemeinen Vollbahnnetzes angelegt worden. Die Eigenart als innerstädtisches Beförderungsmittel hat sich erst später entwickelt, und wenn der Staat zum Ausbau der Bahnen in diesem Sinne schritt, so war der Grund hierfür wohl auch mit darin zu suchen, daß sich das Privatkapital einer solchen, wenig Gewinn versprechenden Aufgabe nicht zuwandte.

Die Stadtbahnen in Berlin und Wien sind dadurch bemerkenswert, daß sie keinen ausreichenden Ertrag abwerfen. Der Grund hierfür liegt in Wien in der ungenügenden Entwicklung des Verkehrs, verursacht durch fehlerhafte Linienführung und eine ungeeignete Betriebsart. In Berlin ist der Grund für den ungenügenden Ertrag in billigen Tarifen zu suchen. Daß solche billigen Tarife eingeführt wurden, läßt sich einmal auf eine durch mangelnde Erfahrung begründete Unkenntnis der wirtschaftlichen Verhältnisse von Stadtbahnen zurückführen, andererseits aber durch die bewußte Absicht erklären, der Großstadtbevölkerung durch billige Bahntarife das Wohnen in den Vororten zu erleichtern.

Die niedrigen Stadtbahntarife hatten zwei Nachteile: Einmal verwischten sie in der Großstadtbevölkerung den richtigen Maßstab für das Verhältnis von Leistung und Gegenleistung im Beförderungswesen, und zweitens wurde durch sie ein unnatürlicher Wettbewerb geschaffen, der auf andere Beförderungsmittel ungünstig einwirkte. So wurde die Berlin-Charlottenburger Straßenbahn, die vor der Eröffnung der Berliner Stadtbahn ein blühendes Unternehmen war, durch die billigen Tarife der Stadtbahn fast zugrunde gerichtet.

Es wird behauptet, daß die niedrigen Zeitkartentarife der Berliner Stadtbahn in erster Linie dem Grundbesitz zugute gekommen sind, indem sie eine außerordentliche Preissteigerung der Wohnungsmieten in den Vororten zur Folge hatten.

Heute kann der Grundsatz als allgemein anerkannt gelten, daß sich auch bei Staatsbetrieb ein derartiges Bahnunternehmen selbst erhalten, d. h. eine genügende Rente abwerfen soll, da es weder von den Steuerzahlern des ganzen Landes, noch von den Reisenden und Verfrachtern des Eisenbahnfernverkehrs verlangt werden kann, daß sie Betriebszuschüsse aufbringen, die einer einzelnen Großstadt zugute kommen.

Neuerdings ist wiederholt der Grundsatz ausgesprochen worden, daß es nicht Sache des Staates sein könne, für den Verkehr innerhalb eines Gemeindebezirkes oder von Nachbarorten zu sorgen, daß dies vielmehr Sache der Gemeinden selbst sein müsse, und aus diesem Grunde beschränkt sich der Ausbau des Berliner staatlichen Schnellbahnnetzes auf die weitere Trennung von Lokal- und Fernverkehr, während die vielfach als dringlich bezeichneten innerstädtischen Ergänzungslinien nicht weiter verfolgt werden. Bei der Frage, ob die Schaffung von Schnellverkehrsverbindungen innerhalb der werdenden Weltstadt des rheinisch-westfälischen Industriegebietes (Duisburg-Essen-Dortmund) und seine Verbindung mit Nachbarorten (Düsseldorf, Köln) Aufgabe des Staates oder der Gemeinden wäre, ist empfohlen worden, das Schnellbahnnetz als eine gemeinsame Anlage des Staates und der Gemeinden zu bauen und zu betreiben.

Eine Beteiligung des Staates am Bau von Kleinbahnen ist in zahlreichen Ländern üblich, sei es in der Form eines verlorenen Zuschusses, sei es in der Form der Übernahme von Aktien. Diese Unterstützung ist aber in der Regel nur nebenbahnähnlichen Kleinbahnen zugute gekommen, bei denen ein Ertrag nicht mit Sicherheit zu erwarten war und die daher ohne Staatszuschuß kaum zustande gekommen wären, während bei Bahnen, die sich auf das Weichbild von Städten oder Nachbarorten beschränken, derartige Unterstützungen wohl niemals gewährt worden sind.

2. Die Privatgesellschaft.

Die Privatgesellschaft ist die älteste Form der städtischen Verkehrsunternehmungen (Omnibusse, Straßenbahnen und Stadtbahnen) und in England und Amerika noch heute bei weitem vorherrschend. Es ist das Verdienst des Privatkapitals, auf diesem Gebiet bahnbrechend vorgegangen zu sein. In Deutschland übte anfänglich das Privatkapital bei Verkehrsunternehmungen eine große

Zurückhaltung, und so sind viele Straßenbahnen mit ausländischem, namentlich belgischem Gelde gegründet worden; in ähnlicher Weise wie anfänglich auch die Errichtung von Gas- und Wasserwerken in Deutschland den Engländern überlassen wurde. Erst nachdem die Wirtschaftlichkeit derartiger Unternehmungen durch Beispiele erwiesen worden war, wagte sich auch das deutsche Kapital heran.

Das Straßen- und Schnellbahnnetz einer Stadt ist gewöhnlich nicht von vornherein von einer einzigen Privatgesellschaft angelegt worden, sondern meist von einer ganzen Reihe kleiner Unternehmungen. Häufig wurde eine solche Zersplitterung in der Anlage von Bahnunternehmungen durch die Stadtverwaltungen selbst begünstigt, in der Meinung, daß der schrankenlose Wettbewerb Vorteile für die Bahnbenutzer, nämlich gute Fahrpläne und billige Tarife, mit sich bringen müsse. Die Gesellschaften erkannten aber sehr bald, daß der Wettbewerb den Ertrag der einzelnen Unternehmungen nachteilig beeinflusse und daß die Betriebsführung und Verwaltung von kleinen Netzen, weit weniger wirtschaftlich sei als von großen zusammenhängenden Betrieben, und so entstand überall ein Streben nach Vereinigung und Vereinheitlichung der Betriebe. Diese Bestrebungen beschränkten sich nicht auf gleichartige Verkehrsunternehmungen, sondern erstreckten sich auf alle Zweige des städtischen Beförderungswesens. So sind in Brooklyn, Boston und Philadelphia Straßenbahnen und Schnellbahnen in einer Hand. In London läßt sich eine allmähliche Zusammenfassung der Schnellbahnen und eine Interessengemeinschaft mit den Omnibussen verfolgen, und es gibt heute nur noch wenige Städte, in denen die Straßenbahnen im Besitze mehrerer Privatgesellschaften sind. So führt der ursprüngliche Wettbewerb überall zur Verkehrsvereinheitlichung, deren segensreiche Wirkungen sowohl der Bevölkerung wie auch den Besitzern der Verkehrsanlagen zugute kommen; der Bevölkerung durch Vereinheitlichung der Betriebsführung und der Fahrpläne und durch die Schaffung von Übergangstarifen, den Besitzern durch gesteigerte Wirtschaftlichkeit des Bahnunternehmens. Sogar der Betrieb an sich verlustbringender Linien ist einer großen Gesellschaft möglich, weil die verlustbringende Linie als Zubringer auf das Gesamtnetz günstig wirken kann und ihr mangelhaftes Ergebnis durch andere gute Linien ausgeglichen wird.

Die Verkehrsvereinheitlichung führt allerdings auch zum Verkehrsmonopol, und in diesem kann eine Gefahr für die Allgemeinheit gesucht werden. Tatsächlich aber wirken die öffentliche Meinung, die Handhabung des Vertragsrechts der Stadtverwaltung und des Aufsichtsrechts der Behörden den Auswüchsen der Monopolbildung entgegen, und auch die Gefahr, daß bei ungenügender Bedienung des Verkehrs neue Wettbewerbsunternehmungen entstehen könnten, ist geeignet, einer schrankenlosen Ausbeutung des Verkehrsmonopols entgegenzuwirken.

Die privaten Verkehrsunternehmungen werden in der Regel in der Form von Aktiengesellschaften begründet, d. h. das erforderliche Baukapital wird durch Ausgabe von Aktien und Obligationen beschafft. Für das gegenseitige Verhältnis von Aktien und Obligationen besteht keine feste Norm; in der Regel wird ein solches von 1:1 bis 1:2 gewählt. Wenn ein guter Ertrag des Unternehmens von vornherein feststeht, wird es zweckmäßig sein, das Aktienkapital, niedrig und die feste Schuld hoch zu bemessen (nur mit der Einschränkung. daß die Schuld durch den Wert der Bahnanlage in jedem Fall voll gedeckt ist) Sind die Ertragsaussichten nicht günstig, so ist ein zu hoher Schuldbetrag bedenklich, denn wenn der Ertrag des Unternehmens nicht ausreicht, die Zinsen der Schuldverschreibungen aufzubringen, so ist der Bestand des Unternehmens gefährdet. In diesem Falle ist es besser, möglichst viele Aktien auszugeben. Die Aktien müssen in einem solchen Fall ganz oder größtenteils von denen übernommen werden, die am Zustandekommen der Bahnanlage ein Interesse haben.

Müssen daneben noch Aktien auf den freien Markt gebracht werden, so empfiehlt es sich, für diese die Form der Vorzugsaktien zu wählen. Die Stammaktien nähern sich dann dem Begriff des unverzinslichen einmaligen Zuschusses.

Für die Wirtschaftsführung von Privatunternehmungen sind die für technische Betriebe allgemein gültigen Grundsätze sowie die Vorschriften des Handelsgesetzbuchs, und der Eisenbahn- oder Kleinbahngesetzgebung maßgebend. Insbesondere ist es notwendig, einen Erneuerungsfonds, einen Spezialreservefonds und einen Amortisations- oder Tilgungsfonds anzulegen.

Aus dem Erneuerungfonds sind diejenigen Neuanschaffungen zu bestreiten, die notwendig werden, wenn ganze Teile der Anlage unter den Einflüssen des Betriebes unbrauchbar geworden sind und ausgewechselt oder erneuert werden müssen; dagegen sind die regelmäßigen Ausbesserungsarbeiten und die Baustoffe hierzu aus dem Betriebsfonds zu bezahlen. Aus dem Erneuerungsfonds ist insbesondere der Ersatz der maschinellen Einrichtungen von Kraftwerken und Werkstätten, des Oberbaues, der Stromleitungen und der Betriebsmittel zu bestreiten. Ihm fließen auch die Erlöse aus dem Verkauf der Altmaterialien zu. Über die Höhe der jährlichen Erneuerungsrücklagen enthält die Ausführungsanweisung zum preußischen Kleinbahngesetz vom August 1898; die Bestimmungen, daß die Jahresrücklagen für Schienen, Weichen und Kleineisen 1—2%, für Schwellen 2,5—5%, für Lokomotiven 1,25—2,5%, für Wagen 0,75—1,5% des Anlagewerts betragen sollen; für elektrische Bahnen wird die Höhe der Rücklagen in der Genehmigungsurkunde festgesetzt. Gerechnet werden für maschinelle Anlagen 4%, Akkumulatorenbatterien 7,5%, Kabel 2%, Fahrleitungen 5%, Betriebsmittel 2—5%, Straßenbahngleise 2%, Weichen. 5—10%. Alle diese Zahlen sind infolge der durch den Krieg verursachten Teuerung viel zu niedrig.

Bei Straßenbahngleisen sind auch die Pflasterkosten zu berücksichtigen, die bei der Auswechselung entstehen. Statt der festen Beträge lassen sich bei Gleisen, Fahrleitungen und Betriebsmitteln auch Zahlen annehmen, die sich aus einem festen Satz und einem von den Betriebsleitungen abhängigen Betrage zusammensetzen.

Der Spezialreservefonds soll dazu dienen, die Ausgaben bei größeren Betriebsstörungen durch elementare Ereignisse und bei Betriebsunfällen zu bestreiten. Er soll nach der genannten Ausführungsanweisung 5% des Anlagekapitals betragen und durch Jahreszuweisungen von ½—3% des Reingewinnes gebildet werden. Statt der Bildung des Fonds kann aber auch der Beitritt zu einer Versicherungsgesellschaft gewählt werden.

Eine teilweise Tilgung des Anlagekapitals ist bei unbeschränkter Konzessionsdauer notwendig, weil einzelne Teile der Anlagen veralten können (z. B. durch konstruktive Verbesserungen oder neue Erfindungen überholt werden), oder weil sie zu klein werden und daher vor Eintritt der Unbrauchbarkeit durch modernere oder größere Anlagen ersetzt werden müssen. Die jährliche Tilgungsquote wird in Prozenten des Anlagewertes ausgedrückt, und es ergibt sich nach Abzug der Tilgungsbeträge der Buchwert des Unternehmens.

Ist die Konzessionsdauer beschränkt, so müssen erhöhte Tilgungsbeträge angesetzt werden, deren Höhe sich nach dem Rechtszustande nach Ablauf der Konzessionsdauer richtet. Es können folgende Fälle unterschieden werden:

a) Die Gesamtanlage oder einzelne Teile (Bahnkörper, Oberbau, Oberleitung) fallen unentgeltlich an den Wegeunterhaltungspflichtigen. Es muß der gesamte Wert der heimfallenden Teile bis zum Erlöschen der Konzessionsdauer getilgt sein.

b) Die Anlagen werden zu einem Taxwert übernommen. Der Erneuerungsfonds wird entweder mit übernommen oder ausgeschüttet. Dann ist der voraussichtliche Taxwert und die voraussichtliche Höhe des Erneuerungsfonds bei der Tilgung zu berücksichtigen.

c) Der Betrieb wird eingestellt; die Bahnanlagen müssen entfernt werden, die Betriebsmittel werden als Altmaterial verkauft. Bei der Bemessung der Tilgungsbeträge sind nicht nur die gesamten Bahnanlagen abzuschreiben, sondern auch die nicht durch den Altwert gedeckten Kosten der Beseitigung und Wiederherstellung des früheren Zustandes zu berücksichtigen [1]).

Der Tilgungsfonds wird entweder in Wertpapieren angelegt, oder es werden die Obligationen, bisweilen auch die Aktien, nach einem Tilgungsplan zurückgezahlt.

Besondere Schwierigkeiten können für ein Unternehmen entstehen, wenn infolge Nichtbewährung von Anlagen deren Beseitigung erfolgen muß, ehe sie abgeschrieben sind (beispielsweise beim Übergang vom Pferdebahn-, Kabelbahn- oder Dampfbetrieb zum elektrischen Betriebe, vom Akkumulatorenbetrieb oder Unterleitungsbetrieb zur oberirdischen Stromzuführung). Da auch die Heranziehung des Erneuerungsfonds in solchen Fällen niemals ausreichen wird, so muß, wenn der Reingewinn des letzten Jahres nicht zureicht, um die nötigen Abschreibungen vorzunehmen, schlimmstenfalls eine Zusammenlegung der Aktien und Neueinzahlung vorgenommen werden, um das Unternehmen auf eine gesunde Grundlage zu stellen.

Außer den gesetzlich vorgeschriebenen Fonds empfiehlt es sich, noch einen Ausgleichfonds zu bilden, in den ein Teil der Überschüsse von guten Jahren gelegt wird, um in schlechten Geschäftsjahren daraus Zinsen und Dividenden zahlen zu können. Auch wird der Ausgleichsfonds dazu benutzt, um kleinere Erweiterungen des Unternehmens (bauliche Ergänzungen und Vermehrungen des Fahrparks) vorzunehmen, die sonst aus dem Betriebsfonds gedeckt oder aus neu einzuwerbenden Mitteln bestritten werden müßten. Für die Höhe dieses Fonds lassen sich bestimmte Regeln nicht geben, sie ist nach der Geschäftslage des Unternehmens zu bestimmen und muß in angemessenem Verhältnis sowohl zum Anlagewert wie zu den durchschnittlichen Jahreseinnahmen stehen.

Soweit öffentliche Wege benutzt werden — und das ist bei städtischen Bahnanlagen wohl stets der Fall —, ist der Betrieb eines dem Kleinbahngesetz unterstehenden Bahnunternehmens nicht selbständig, sondern von dem Verhältnis zum Wegeunterhaltungspflichtigen beeinflußt. Dies ergibt sich beispielsweise aus § 6 des preußischen Kleinbahngesetzes, wonach der Unternehmer verpflichtet ist, die Unterhaltung des benutzten Wegeteiles zu übernehmen, während außerdem der Wegeunterhaltungspflichtige für die Benutzung des Weges einen entsprechenden Entgelt beanspruchen, sich auch den Erwerb der Bahn nach Ablauf einer angemessenen Frist vorbehalten kann.

Bei der Zahlung an den Wegeunterhaltungspflichtigen ist offenbar von dem Grundsatz ausgegangen, daß der Bahnunternehmer, der einen Vorteil durch das Vorhandensein des Weges hat, einen Beitrag zur ersten Herstellung des Weges leisten und die durch die Bahnanlage notwendig werdenden Veränderungen bezahlen soll. Wenn der Wegeunterhaltungspflichtige dem Bahnunternehmer durch den Vertrag eine Art Verkehrsmonopol einräumt, so ist es billig, auch hierfür einen Entgelt zu beanspruchen. Ob es gerechtfertigt ist, das Verkehrsunternehmen darüber hinaus noch mit Abgaben an die Gemeinde zu belasten, kann fraglich sein. Man begegnet häufig der Auffassung, daß der aus dem Ver-

---

[1]) Dieser absonderlich erscheinende Fall kann eintreten, wenn die Bahn nach dem Erlöschen der Konzession durch eine leistungsfähigere Anlage ersetzt werden soll, z. B. eine schmalspurige durch eine normalspurige Bahn, eine Straßenbahn durch eine Bahn auf eigenem Bahnkörper.

kehrsunternehmen gezogene Reingewinn, insoweit er eine angemessene Verzinsung übersteigt, an die Gemeinde abgeliefert werden müßte, damit den Bürgern das der Bahnunternehmung zu viel zugetragene Geld wieder zugute kommt; gegen diese Auffassung läßt sich aber mit Recht einwenden, daß es unmoralisch ist, ein Verkehrsunternehmen anders zu behandeln als andere Erwerbsunternehmungen, deren Einnahmen ihren Ursprung vorwiegend in der Stadt selbst haben, z. B. Warenhäuser oder Gastwirtschaften.

Die Abgaben oder Leistungen an den Wegeunterhaltungspflichtigen haben eine sehr verschiedene Form. Einmal können sie rein örtliche sein oder von der Bahnlänge abhängig gemacht werden. Hierzu gehört die Übernahme der Kosten für die Straßenpflasterung zwischen den Schienen und eines seitlichen Streifens von 0,3—0,6 m Breite, ferner die Unterhaltung, Reinigung, Besprengung und Schneebeseitigung auf dieser Fläche, die Heranziehung des Bahnunternehmens zu den Anlagekosten neuer Straßen, zur Verbreiterung von Straßen, zur Anlage, Verbreiterung oder Verstärkung von Brücken sowie zur Straßenbeleuchtung. Häufig findet sich in den Verträgen die Bestimmung, daß die Bahn alle Veränderungen an den Straßengleisen auf ihre Kosten vornehmen muß, sobald die Straße selbst aus irgend einem Grunde verändert wird. Hieraus können einer Straßenbahn erhebliche Kosten entstehen, wenn umfangreiche Straßenveränderungen infolge des Baues von Brücken, der Aufhöhung von Straßen auf sturmflutfreie Höhe, der Beseitigung von Planübergängen oder der Anlage von Stadtbahnen notwendig werden.

Die zweite Form ist eine Abgabe von den Roheinnahmen in einem bestimmten Prozentsatz, bis zu 8% („Rohabgabe“). Die dritte Form ist die Abgabe vom Reingewinn, etwa in der Form, daß der Bahnunternehmung die ersten 4, 5 oder 6% zufallen, und daß der weitere Reingewinn zwischen der Unternehmung und der Gemeinde geteilt wird. Ist die Höhe des Aktienkapitals vertraglich nicht festgelegt, so kann die Gesellschaft eine solche Gewinnbeteiligung der Gemeinde umgehen, indem sie das Aktienkapital entsprechend vermehrt.

Weiter kann die Gemeinde das Bahnunternehmen noch dadurch belasten, daß sie für gewisse Straßen die Herstellung der elektrischen Oberleitung verbietet, daß sie die Anlage von Hochbahnen ausschließt, und daß sie an die ästhetische Durchbildung des Bahnkörpers besonders hohe Anforderungen stellt, ferner dadurch, daß sie den Strombezug aus dem städtischen Elektrizitätswerk zu einem Preise fordert, der den Herstellungspreis weit übersteigt, und endlich, indem sie sich einen Einfluß auf die Tarifbildung vorbehält.

Damit die Gemeinden ihre Stellung nicht zu gar zu unbilligen Forderungen benutzen, ist im preußischen Kleinbahngesetz die Bestimmung getroffen, daß die Zustimmung des Wegeunterhaltungspflichtigen ergänzt werden kann.

Der (mehr oder weniger unentgeltliche) Heimfall der Bahnanlage findet in der Regel nach einer Konzessionsdauer von 30, 50 oder 99 Jahren statt; außerdem wird gewöhnlich vereinbart, daß schon vorher ein Ankauf der Bahn erfolgen kann. Der Ankaufspreis bestimmt sich entweder nach dem Taxwert oder dem Ertrage. In diesem Falle wird der 20-—25fache Betrag des durchschnittlichen Reingewinnes der letzten Geschäftsjahre zugrunde gelegt.

3. Anteil des Grundbesitzes am Bahnunternehmen.

Durch die Anlage von Bahnen wird in der Regel eine außerordentliche Wertsteigerung des Grund und Bodens verursacht, einmal in den Außenbezirken, wo Ackerland in Bauland umgewandelt wird, und ebenso auch im bebauten Stadtteil, wo Wohngebiet in Geschäftsgebiet umgebildet wird (Citybildung) und wo einzelne Wohnstraßen zu Ladenstraßen werden. Der Grundbesitz hat also ein lebhaftes Interesse am Zustandekommen der Verkehrsanlage, die ihm eine Wertsteigerung bringt, und andererseits hat der Verkehrsunternehmer ein berechtigtes Interesse daran, den Grundbesitz zu den Kosten des Unternehmens heranzuziehen und seine Wirtschaftlichkeit dadurch zu erhöhen.

Die Heranziehung des Grundbesitzes zu den Kosten von Verkehrsunternehmungen entbehrt bisher in Deutschland noch der gesetzlichen Regelung; nur das preußische Kommnualabgabengesetz bietet gewisse Handhaben dazu[1]). Die Anteilnahme des Grundbesitzes erfolgt also in der Regel in Form der freien Vereinbarung.

In anderen Staaten und Ländern sind in Einzelfällen Gesetze oder Verordnungen erlassen worden, durch die die Kosten einzelner Bahnunternehmungen auf den Grundbesitz abgewälzt wurden. Eine Verteilung der Kosten des Schnellbahnnetzes auf den gesamten Grundbesitz der Stadt ist für Philadelphia in Aussicht genommen.

Bezüglich der Beteiligung des Grundbesitzes an einzelnen Bahnunternehmungen lassen sich zwei Fälle unterscheiden:

a) Der Grundbesitzer baut die Bahn auf eigene Kosten und stellt sie dem Bahnunternehmer unentgeltlich zur Verfügung.

b) Der Bahnunternehmer baut die Linie, die Baukosten werden ihm vom Grundbesitz ganz oder teilweise erstattet (in Form von Kapitalerstattung oder in Form einer hypothekarischen Eintragung auf das Grundstück, die allmählich in Form einer Rente abgelöst wird).

In den meisten Fällen wird die Übernahme der Baukosten dem Bahnunternehmer noch nicht genügen, da der Betrieb auf Außenstrecken, deren Anlage der Bebauung vorausgegangen ist, in den ersten Jahren stets verlustbringend zu sein pflegt. Es wird daher von dem Grundbesitzer in solchen Fällen verlangt, daß er für die Mindereinnahmen der Bahn während der ersten (5—10) Betriebsjahre aufkommt, entweder in der Form eines Zuschusses zu den Betriebskosten, der von vornherein festgesetzt wird, oder in der Form der Einnahmegarantie. Die erste der beiden Formen wird vom Grundbesitz gewöhnlich vorgezogen, da er dann mit festen Zahlen rechnen kann. Schließlich kann der Wertzuwachs des Grundbesitzes auch in der Weise dem Bahnunternehmen nutzbar gemacht werden, daß die Bahn selbst den unbebauten Grund und Boden in der Nähe der Strecke erwirbt.

Nach einem Vorschlage von Serini und von Völker[2]) sollen die Kosten der Anlage und des Betriebes einer Vorortbahn auf die Grundfläche eines zu erschließenden Vorortes in der Weise verteilt werden, daß jedes Quadratmeter Bauland mit dem gleichen Betrage belastet wird. Auf diese Weise übernimmt jeder Ansiedler beim Erwerb eines Grundstückes einen Anteil an den Bau- und Betriebskosten der Bahn und erhält dafür eine Freikarte zur unentgeltlichen Benutzung der Bahn für eine bestimmte Zahl von Jahren. Je größer die von dem Ansiedler erworbene Bodenfläche ist, desto größer ist sein Anteil an den Bau- und Betriebskosten der Bahn. Auf diese Weise soll erreicht werden, daß die Kosten der Bahnanlage auf die Ansiedler nach Maßgabe ihrer wirtschaftlichen Leistungsfähigkeit verteilt werden.

4. Die Gemeinde als Bahnunternehmer.

Durch die Anlage von Straßen- oder Stadtbahnen auf, über oder unter den städtischen Straßen wird die Bahn selbst gewissermaßen zu einem Zubehör der Straße, und da es sich stets um eine öffentliche Anlage handelt, deren Be-

---

[1]) Vgl. des Verfassers „Wirtschaftliche Betrachtungen über Stadt- und Vorortbahnen" Seite 174.

[2]) H. von Frauendorfer, „Die Wohnungsfrage eine Verkehrsfrage". München 1918.

deutung sich auf das Stadtgebiet oder auf Nachbarorte beschränkt, so liegt der Gedanke nahe, den Bau und Betrieb der Bahn durch die Gemeinde selbst oder einen Zweckverband auszuüben. Abgesehen von dieser rein äußerlichen Begründung kann aber die Übernahme des Baues und Betriebes von innerstädtischen Bahnanlagen durch die Gemeinden auch um deswillen als eine kommunale Aufgabe betrachtet werden, als die Zwecke des Bahnbetriebes mit den wichtigsten Lebensinteressen der Gemeinde, den Stadterweiterungs- und Siedlungsfragen aufs engste zusammenhängen. Eine städtische Wohn- und Bodenpolitik ohne Verkehrspolitik ist überhaupt undenkbar, und die städtische Verkehrspolitik wird dadurch wesentlich erleichtert, daß die Bahnen selbst Eigentum der Stadt sind. Aus diesen Gründen haben viele Städte die Verwaltung der ihnen durch Heimfall zugekommenen Bahnen selbst übernommen, andere haben die im Privatbesitz befindlichen Bahnen angekauft, und andere Städte haben von vornherein den Bau und Betrieb von Bahnen selbst in die Hand genommen. So ist heute die kommunale Straßenbahn eine gewohnte Wirtschaftserscheinung geworden, und auch bei Stadtbahnen beginnt sich der kommunale Bau einzubürgern.

Die Aufgaben des städtischen Bahnbetriebes unterscheiden sich nicht wesentlich von denen, wie sie die Anlagen zur Wasserversorgung und Entwässerung, Versorgung mit Gas und elektrischer Energie, die Anlage von Schlachthäusern und Markthallen, der Betrieb von Badeanstalten und Krankenhäusern mit sich bringen. Das geschäftliche Risiko ist bei der Bahnanlage nicht größer, vielleicht sogar geringer als bei manchen anderen städtischen Betrieben.

Vor den privaten hat der kommunale Betrieb eine Reihe von Vorzügen, denen jedoch auch Nachteile gegenüberstehen. Als wichtigster Vorzug kann die Verwaltung nach volkswirtschaftlichen statt nach privatwirtschaftlichen Grundsätzen genannt werden; dies gilt sowohl von der Anlage des Bahnnetzes wie von der Verkehrsgestaltung und den Tarifen, und schließlich auch von der Behandlung der Angestellten. Ein weiterer Vorzug kann darin erblickt werden, daß ein privates Verkehrsmonopol durch ein öffentliches ersetzt wird. Als Nachteil läßt sich vor allen Dingen der Wegfall der freien Beweglichkeit der Privatverwaltung und ihr Ersatz durch die umständliche und in ihren Entschlüssen schwerfällige Stadtverwaltung bezeichnen. Dies zeigt sich auch in der Stellung des technischen Direktors der Straßenbahn, die gewöhnlich eine unselbständige ist. Der Straßenbahndirektor untersteht einem Magistratsdezernenten, der meist ein Jurist ist, und hat oft nicht einmal Sitz und Stimme in der Verkehrsdeputation. Die Stadt selbst ist in ihren Entschlüssen nicht immer frei, sondern an die Genehmigung von Aufsichtsbehörden gebunden, namentlich bei der Aufnahme von Anleihen. Eine weitere Gefahr liegt in der Übertreibung der volkswirtschaftlichen Grundsätze, die sich aus dem Einfluß der Bevölkerung und der Stadtverordneten auf die Bahnverwaltung ergeben. Gemeint ist die Einführung zu niedriger Tarife, der Bau unrentabler Linien, die allzu große Erhöhung der Angestelltenbezüge. Die Auffassung, daß der städtische Betrieb für die Stadt finanziell günstig sein müsse, weil die Überschüsse nicht in die Tasche der Aktionäre fließen, sondern der Stadt zugute kommen, ist daher meist ein Trugschluß. Die Stadt steht sich gewöhnlich finanziell weit besser mit der Rohabgabe der Privatgesellschaft als mit den eigenen Bahnüberschüssen.

Eine weitere Gefahr der städtischen Verwaltung liegt darin, daß ihre Verkehrspolitik sich auf das Weichbild der Stadt beschränken und somit zur Kirchturmpolitik werden kann. Ein schlimmes Beispiel bietet Paris, wo die Stadtbahnlinien zum Nachteil der Vororte an der Weichbildgrenze Halt machen. In Preußen ist einer solchen Eigenpolitik durch das allgemeine Zweckverbandsgesetz vom 19. Juli 1911 vorgebeugt, und es erscheint notwendig, daß das Reich diesem Beispiel folgt, um den an manchen Landesgrenzen bereits entstehenden Schwierigkeiten abzuhelfen.

Die Aufbringung der Mittel für städtische Bahnanlagen geschieht durch Ausgabe von städtischen Schuldverschreibungen, und die Zinsen der Stadtanleihe erscheinen im Etat der Straßenbahn als Ausgaben. Wenn auch die Bildung besonderer Fonds in der städtischen Finanzverwaltung im allgemeinen nicht üblich und auch für kommunale Bahnbetriebe nicht vorgeschrieben ist, so empfiehlt es sich doch für die technischen Betriebe und insbesondere die Bahnbetriebe, in derselben Weise wie bei Privatunternehmungen einen Erneuerungs-, Tilgungs-, Spezialreserve- und Ausgleichsfonds anzulegen und am Jahreschluß für jeden technischen Betrieb eine Bilanz nach kaufmännischen Grundsätzen aufzustellen, da sich nur so ein klares Bild über den Ertrag der einzelnen Betriebe gewinnen und die Angemessenheit der Tarife nachprüfen läßt. Es ist nicht nötig, die verschiedenen Fonds tatsächlich zu bilden und in Wertpapieren anzulegen. Es genügt, sie rein buchmäßig aufzustellen und bei der Bilanz zu berücksichtigen.

5. Gemeinsame Unternehmungen von Gemeinden und Privaten.

Die Furcht vor den Nachteilen des kommunalen Betriebes, die mangelnde Vertrautheit mit dem Bahnbetrieb und der Wunsch, das Risiko zu verteilen, haben häufig dazu geführt, Unternehmungsformen zu suchen, die die Vorteile des kommunalen und des privaten Betriebes vereinigen, ohne deren Nachteile zu haben. Es sind Unternehmungen, bei denen die Gemeinde sowohl wie das Privatkapital beteiligt sind. Die Teilnahme der Gemeinde am Unternehmen kann sich auf die Geldbeschaffung oder den Bau beschränken oder auch auf die Verwaltung ausdehnen. Zu unterscheiden sind drei Fälle:

a) Bau durch die Gemeinde, Betrieb durch einen Unternehmer;
b) Bau und Betrieb durch einen Unternehmer, Geldbeschaffung oder Zinsgewähr durch die Gemeinde;
c) die sogenannte gemischt-wirtschaftliche Unternehmung.

Die an erster Stelle genannte Form wird oft bei Stadtbahnen angewendet, weil die Technik der Betriebseinrichtungen und des Betriebes heute noch nicht als abgeschlossen zu betrachten, sondern einem steten Wandel unterworfen ist, und weil es für eine den großen Elektrizitätsgesellschaften nahestehende Betriebsgesellschaft leichter ist, allen Neuerungen auf diesem Gebiete zu folgen als einer Stadtverwaltung. Die Gemeinde baut den Bahnkörper, der Unternehmer beschafft den Oberbau und die Betriebseinrichtungen (Kraftwerk, Leitungen, Betriebsmittel, Abstellanlagen, Werkstätten und Sicherungsanlagen). Er führt den Betrieb entweder auf eigene Rechnung und hat dann für die Benutzung des Bahnkörpers eine Rohabgabe und einen Anteil vom Reingewinn zu zahlen, oder er führt den Betrieb gegen Rechnungslegung und liefert den Überschuß an die Gemeinde ab, die damit die Kosten des Bahnkörpers verzinst.

Die Gemeinde übernimmt die Geldbeschaffung für einen Unternehmer, weil sie im allgemeinen das Geld billiger oder zu niedrigerem Zinsfuß erhalten kann als der mit den Banken arbeitende Unternehmer. Damit übernimmt die Gemeinde aber gleichzeitig die Gewähr für die richtige Zahlung der Zinsen.

Eine bloße Zinsgewähr ohne Beschaffung der Kapitalien wird auch in dem Falle übernommen, daß der Gemeinde an dem Zustandekommen eines Bahnunternehmens liegt, dessen Ertrag nicht sicher feststeht, oder bei dem doch für die ersten Betriebsjahre ein Fehlbetrag zu erwarten steht, so daß kein Unternehmer bereit wäre, das Risiko der Unternehmung allein zu tragen. Die Geldbeschaffung oder Zinsgewähr erstreckt sich in der Regel nicht auf das ganze Kapital, sondern beschränkt sich auf einen Teil, etwa die Obligationen, da sonst der Gemeinde das gesamte Risiko, dem Unternehmer der ganze Gewinn zufallen würde. Bei Außenlinien tritt an Stelle der genannten Beteiligung der Gemeinde auch wohl ein verlorener Zuschuß zu den Baukosten. Die Gemeinde tritt hier in die Rolle des Grundeigentümers, dem am Zustandekommen der Bahn liegt, und wird durch die aus der erschlossenen Gegend zu ziehenden Steuerbeträge entschädigt.

Mit der Verpachtung des Betriebes sind auch Nachteile verbunden. Es ist kaum möglich, die dauernde Erfüllung öffentlicher Interessen durch Verträge sicherzustellen, weil die öffentlichen Interessen steten Wandlungen unterworfen sind und weil es nicht möglich ist, die Fortentwicklung eines Unternehmens im Augenblick des Vertragsabschlusses nach jeder Richtung hin zu übersehen. Es können und werden dann häufig im Laufe der Vertragsabwicklung Verhältnisse eintreten, die die Veränderung der Vertragsbestimmungen im öffentlichen Interesse verlangen. Derartige Vertragsänderungen lassen sich aber in der Regel nur mit beträchtlichen Opfern des öffentlichen Bahneigentümers erkaufen.

Gemischt-wirtschaftliche Unternehmungen[1]) sind solche, bei denen sich Gemeinde und Privatunternehmung in Eigentum und Verwaltung eines Unternehmens teilen. Sie kommen besonders in Frage bei Neuanlagen, die über das Gebiet einer Gemeinde hinausgehen, z. B. Überlandkraftwerken, Vorortbahnen, Gas- oder Wasserversorgungen. Der Ausdehnung städtischer Unternehmungen in das Vorortgebiet steht häufig ein Mißtrauen der Vorortgemeinden entgegen, auch machen die Aufsichtsbehörden in solchen Fällen oft Schwierigkeiten bei der Genehmigung der Geldbeschaffung. Ferner kommt ein gemischt-wirtschaftlicher Betrieb in Frage, wenn der Zusammenschluß bestehender öffentlicher Anlagen mit bestehenden Privatanlagen für beide Parteien wirtschaftliche Vorteile bietet. Diese Vorteile liegen einmal im Zusammenschluß an sich (größere Betriebe arbeiten wirtschaftlicher wie kleinere), dann in der Ausschaltung des gegenseitigen Wettbewerbs. Schließlich sind die Voraussetzungen für einen gemischt-wirtschaftlichen Betrieb auch dann gegeben, wenn die vertragsmäßige Möglichkeit des Ankaufs eines Privatunternehmens vorliegt, die Beschaffung des gesamten Kapitals für den Erwerb des Unternehmens aber Schwierigkeiten bereiten würde. Für den Privatunternehmer besteht das Interesse am Zustandekommen des gemeinsamen an Stelle des Eigenbetriebes einmal darin, daß er auf diese Weise in das Stadtgebiet eindringen kann, und ferner auch in den Erleichterungen, die beim Bau von Verkehrs- oder Leitungsnetzen gewährt zu werden pflegen, wenn öffentliche Körperschaften bei der Anlage beteiligt sind. Das Interesse des Privatunternehmers kann entweder nur auf den Gewinn durch den Betrieb des Unternehmens gerichtet sein oder in Lieferungen für den Bau und Betrieb (elektrische Maschinen und Ausrüstungsgegenstände, elektrische Energie oder Kohle) bestehen.

Die Form der gemischt-wirtschaftlichen Unternehmung kann die einer Aktiengesellschaft oder die einer Gesellschaft mit beschränkter Haftung sein. Obwohl die Gesellschaft mit beschränkter Haftung die bequemere Form ist, da weder die Bildung eines Aufsichtsrats noch die Veröffentlichung einer Bilanz erforderlich ist, so wird doch meist die Form der Aktiengesellschaft gewählt, da sie den Vorteil der leichteren Kapitalbeschaffung und der leichteren Beaufsichtigung durch die Öffentlichkeit hat. Außer der Gemeinde und dem Privatunternehmer kommen häufig noch Kreise oder Provinzen als Teilnehmer in Frage. Die Höhe der Geschäftsanteile der einzelnen Parteien richtet sich nach dem Wert der eingebrachten Gegenstände. Neben den eingebrachten Eigentums-

[1]) Vgl. auch Passow: Die gemischt privaten und öffentlichen Unternehmungen, Jena 1912.

gegenständen bewertet die Gemeinde gegebenenfalls ihren Anspruch auf eine Rohabgabe aus dem Betrieb des früher privaten Unternehmens oder ihr künftiges Eigentum an dem ihr heimfallenden Bahnkörper als Kapitaleinlage. Bisweilen bleiben die städtischen Anlagen (Straßenbahn, Elektrizitätswerk) auch Eigentum der Gemeinde und werden der gemeinsamen Unternehmung nur zum Betrieb überlassen. Die gemischt-wirtschaftliche Unternehmung gibt nun ihrerseits Aktien und Obligationen aus. Das Privatkapital erhält bisweilen Vorzugsaktien, die einen größeren Gewinnanteil zu beanspruchen haben. Für die Verzinsung dieser Vorzugsaktien und der Obligationen wird von der Gemeinde auch wohl eine Gewähr übernommen. Wenn die Gemeinde ihren Aktienwert in bar einzahlt, so muß sie dafür eine Stadtanleihe aufnehmen. Häufig wird die Forderung erhoben, daß die Gemeinde etwas mehr als die Hälfte der Aktien erhält, damit sie in der Generalversammlung die einfache Majorität hat, und es werden weiter Vereinbarungen geschlossen, wonach die Gemeinde eine bestimmte Anzahl Stellen im Aufsichtsrat, meist auch die Stelle des Aufsichtsratsvorsitzenden besetzt. Die einfache Stimmenmehrheit genügt aber noch nicht, um der Gemeinde ihren Einfluß in der Generalversammlung für alle Fälle zu sichern; hierfür ist ein Besitz von $\frac{2}{3}$ oder $\frac{3}{4}$ aller Aktien erforderlich. Der Vorstand wird stets von dem Privatunternehmer gestellt, da ja gerade die freie kaufmännische Leitung der Zweck der Unternehmungsform ist. Auch die Preise der Lieferungen des Privatunternehmers an die gemeinsame Unternehmung werden durch Verträge festgelegt. Endlich müssen Vereinbarungen über den weiteren Ausbau des Netzes getroffen werden. Wünscht eine der Parteien den weiteren Ausbau, so muß sie in der Regel auch für den Ertrag der neuen Strecken aufkommen.

In der Organisation der gemischt-wirtschaftlichen Unternehmungen liegen nun aber auch Gefahren, und diese beruhen darin, daß die an dem Unternehmen beteiligte Privatfirma, wenn sie auch nur die Minderheit der Stimmen in der Generalversammlung besitzt, doch durch den Vorstand in der Lage ist, die Unternehmung nach ihrem Sonderinteresse zu leiten und die öffentlichen Interessen nur so weit zu berücksichtigen, als sie ihren eigenen Bestrebungen nicht zuwiderlaufen. Auch die Zusammensetzung des Aufsichtsrats und das Mitbestimmungsrecht der Generalversammlung kann hieran nicht viel ändern, weil die vielen kleinen Maßnahmen, die die Tätigkeit des Vorstandes bilden und in ihrer Gesamtheit die Richtung des Unternehmens angeben, nicht, oder zum größten Teil nicht, der Gutheißung durch Aufsichtsrat und Generalversammlung unterliegen. Sind gar mehrere Gemeinden an der Unternehmung beteiligt, so wird es der Privatfirma stets ein leichtes sein, die Gemeinden gegeneinander auszuspielen. Aus solchen Erwägungen heraus hat sich stellenweise eine Gegenströmung gegen die gemischt-wirtschaftlichen Unternehmungen ergeben. Häufig wird die gemischt-wirtschaftliche Unternehmung nur als Übergangsform zum reinen Kommunalbetrieb betrachtet, indem in den Verträgen der Heimfall des Gesamtunternehmens an die Stadt nach einer Reihe von Jahren ausbedungen wird.

Die Nachteile der gemischt-wirtschaftlichen Unternehmung werden vermieden und die Vorteile des Privatbetriebes erreicht, wenn das Unternehmen im Eigentum der Gemeinde verbleibt und für den Betrieb die äußere Form der Privatunternehmung gewählt wird[1]). Diese äußere Form kann die der Aktiengesellschaft sein, bei der sämtliche Aktien im Besitz der Gemeinde oder eines Kommunalverbandes sind. Es kann aber auch von der Form der Aktiengesellschaft abgesehen und das Verkehrsunternehmen lediglich zur juristischen Person gemacht werden. Die Direktion des Verkehrsunternehmens erhält eine

---

[1]) Vgl. auch Devin, „Wirtschaftliche Betriebs- und Verwaltungsfragen städtischer Straßenbahnen", Karlsruhe 1919.

ähnliche Selbständigkeit wie sie die Direktion einer Aktiengesellschaft besitzt. Sie ist einem Aufsichtsrate verantwortlich, der aus Vertretern der Gemeinden besteht, die Eigentümer des Unternehmens sind. Der Aufsichtsrat hat die Entscheidung in allen Fragen, die von wesentlicher wirtschaftlicher Bedeutung für das Unternehmen sind. Er genehmigt den Haushaltplan, den Jahresabschluß und die Bilanz, die Tarife, den Bau neuer Linien und die Beschaffung von Betriebsmitteln. Innerhalb des Haushaltplanes und in allen Fragen der Betriebsführung ist aber die Direktion selbständig und keiner Bevormundung durch kommunale Organe unterworfen; sie kann alle Preisschwankungen beim Einkauf von Bau- und Betriebsstoffen in derselben Weise wahrnehmen wie ein Privatunternehmer. Sie wird das Unternehmen also im Inneren nach kaufmännischen, d. h. privatwirtschaftlichen Grundsätzen verwalten, während der Aufsichtsrat für die Wahrung der gemeinwirtschaftlichen Gesichtspunkte zu sorgen hat. In dieser Weise ist z. B. die Verwaltung der Großen Berliner Straßenbahn nach dem Ankauf durch den Zweckverband geregelt worden.

C. Tarifpolitik.

Als Eigentümer von städtischen Verkehrsanlagen kamen der Staat, die Gemeinde und die Privatgesellschaft in Frage. In der Tarifpolitik besteht insofern bei diesen ein Unterschied, als der Privatunternehmer über die unbedingt notwendige Verzinsung hinaus einen Reingewinn erzielen, muß, den er zur Ausschüttung höherer Dividenden benutzen kann. Er bedarf einer über den üblichen Zinsfuß etwas hinausgehenden Verzinsung, weil er nur dadurch in der Lage ist, bei Erweiterungen des Bahnnetzes neue Aktien auf den Markt zu bringen. Bei Staats- und kommunalen Bahnen gilt es als dagegen ausreichend, wenn die Einnahmen zur Deckung der Betriebsunkosten (einschließlich Verzinsung und Tilgung des Anlagekapitals) gerade genügen. Daß diese Deckung vorhanden sein muß, geht unter anderem auch aus § 4 des preußischen Kommunalabgabengesetzes vom 14. Juli 1893 hervor[1]).

Allerdings kommt auch die abweichende Auffassung vor, daß die kommunalen Straßenbahnen ebenso wie andere Kommnualbetriebe (Gas, Stromerzeugung) einen Überschuß abwerfen sollen, der zur Ermäßigung der Steuersätze dienen kann. Ja, dieser Gesichtspunkt hat durch die ungünstigen Einwirkungen des Krieges auf die Finanzen der Gemeinden an Bedeutung gewonnen. Eine wirksame Entlastung des Gemeindehaushalts kann natürlich nur eintreten, wenn das Bahnunternehmen einen hervorragenden Anteil am städtischen Haushalt hat. Aber der Vergleich mit anderen städtischen Betrieben ist insofern nicht ganz zutreffend, als hohe Gas- und Strompreise besonders von den oberen Bevölkerungsschichten getragen werden, während hohe Straßenbahntarife eine Steuer sind, die auf allen Bevölkerungsschichten gleichmäßig lastet. Geht man von der Voraussetzung aus, daß Leistung und Gegenleistung einander in jedem Falle entsprechen sollen, so ist es recht und billig, im Betrieb des Bahnunternehmens nur eine einzige Art von Fahrkarten auszugeben, also keinerlei Ermäßigungen des normalen Tarifes zu gewähren.

Tatsächlich sind es aber nur ganz wenige private Straßenbahnen, die diesen privatwirtschaftlichen Grundsatz aufrecht erhalten können. Die meisten Bahn-

[1]) „Die Erhebung von Gebühren hat zu erfolgen, wenn die Veranstaltung einzelnen Gemeindeangehörigen oder einzelnen Klassen von solchen vorzugsweise zum Vorteil gereicht und soweit die Ausgleichung nicht durch Beiträge oder eine Mehr- oder Minderbelastung erfolgt. Die Gebührensätze sind in der Regel so zu bemessen, daß die Verwaltungs- und Unterhaltungskosten der Veranstaltung einschließlich der Ausgaben für die Verzinsung und Tilgung des aufgewendeten Kapitals gedeckt werden.“

unternehmen werden durch die Verträge oder die öffentliche Meinung gezwungen sein, Abstufungen in der Preisbemessung eintreten zu lassen.

Der Zweck der städtischen Bahnen ist in erster Linie die Beschaffung guter und billiger Wohnungen für den Mittelstand und die Arbeiter, in zweiter Linie die schnelle und billige Beförderung innerhalb der Gemeinde. Zur Verbesserung der Wohnverhältnisse dienen die Preisnachlässe, die in From von Arbeiterkarten, Frühkarten, Zeit- und Schülerkarten gewährt werden. Durch den höheren Preis der Einzelfahrkarten muß dann der Minderertrag aus diesen ermäßigten Fahrpreisen gedeckt werden. Diese höheren Fahrpreise treffen dann auch den nicht ortseingesessenen Geschäfts- und Vergnügungsverkehr, was ein wirtschaftlich durchaus berechtigter Standpunkt ist.

D. Verwaltung.

1. Aufgaben der Verwaltung.

Die Aufgaben der Verwaltung eines städtischen Verkehrsunternehmens lassen sich in die drei Worte: Verkauf von Plätzen, Betriebsführung und Unterhaltung zusammenfassen. Die Verwaltung muß nach wirtschaftlichen Grundsätzen erfolgen, d. h. sie soll gleichzeitig möglichst hohe Einnahmen und möglichst niedrige Ausgaben erstreben. Zur Erzielung hoher Einnahmen dient einmal die richtige Bemessung der Tarife, ferner aber die genaue Beobachtung des Verkehrs mit seinen Schwankunges, die richtige Bedienung des Verkehrs durch einen guten und zweckmäßigen Fahrplan und die rechtzeitige Fürsorge für einen größeren Verkehrsandrang. Zur Erhöhung der Einnahmen dienen ferner zweckmäßige Erweiterungen der Verkehrsanlagen. Auch durch geschickte Reklame können die Einnahmen erhöht werden.

Der Betrieb soll sich dem Verkehr anpassen und dabei sparsam geführt werden. Unnötige Betriebsleistungen sind zu vermeiden; der Betrieb ist mit dem geringsten Aufwand an Betriebsmitteln und Personal durchzuführen. Auch ist auf eine sparsame Verwendung der Betriebsstoffe und des Stromes Bedacht zu nehmen.

Die Unterhaltung muß rechtzeitig und sorgfältig erfolgen, damit größere Schäden an der Bahnanlage und an den Fahrzeugen vermieden werden. Bei der Beschaffung von Werkstattsmaterialien ist auf ihre Güte zu achten und dafür zu sorgen, daß sich stets genügend, aber niemals zu viele Materialien auf Lager befinden, und daß sie während der Lagerung nicht an Wert verlieren.

Schließlich muß sich die Verwaltung mit der Annahme und Ausbildung der Bediensteten und der Fürsorge für sie befassen.

2. Organisation der Verwaltung.

In der Direktion sind folgende Abteilungen zu bilden:

1. Allgemeine Verwaltung,
2. Betrieb und Verkehr,
3. Bau und Unterhaltung der Bahn,
4. Unterhaltung der Betriebsmittel,
5. Unterhaltung der elektricshen Anlagen.

Zu 1: Allgemeine Verwaltung. Die Verwaltungsabteilung umfaßt: Rechnungs- und Kassenwesen. Die Rechtsfragen werden bei Privatverwaltungen durch einen Syndikus, bei städtischen Betrieben durch ein juristisches Mitglied der Stadtverwaltung erledigt. Neben der kaufmännischen Buchführung ist eine statistische Buchführung zu pflegen, die einen Überblick über die Wirtschaftlichkeit des Betriebes ergibt. Für sie ist vom Internationalen Straßenbahn- und Kleinbahnverein folgendes Schema festgelegt worden:

1. Vorstand (Allgemeine Verwaltung),
2. Betriebsdienst (Gehälter und Löhne des Fahr- und des Betriebsaufsichtspersonals),
3. Zugkraft (Stromkosten und Schmiermittel),
4. Stromzuführung (Unterhaltung der Leitungen einschließlich der Schienenrückleitung),
5. Wagenunterhaltung,
6. Bahnunterhaltung,
7. Gebäudeunterhaltung,
8. Allgemeine Unkosten (Steuern und Abgaben, Unfälle),
9. Verschiedenes (hier sind alle diejenigen Ausgaben zu buchen, die nicht unmittelbar zum Bahnbetrieb gehören).

Die Ausgaben sind monatlich abzuschließen und auf die Einheiten des Wagenkilometers, Platzkilometers und Tonnenkilometers zu beziehen.

Zu 2: Betrieb und Verkehr. Für die Leitung des Betriebsdienstes wird das Bahnnetz gewöhnlich in örtliche Bezirke eingeteilt, von denen bei Straßenbahnen jeder einen Abstellbahnhof enthält. Für jeden Bezirk ist ein besonderer Betriebsleiter bestellt. Ihm unterstehen die Betriebs- und Verkehrskontrolleure, das Fahrpersonal, die Bahnhofbediensteten und die mit der Ausgabe der Fahrscheine betrauten Personen. Bei Straßenbahnen untersteht jeder Abstellbahnhof einem Bahnhofsvorsteher, dem eine Anzahl Hilfsbedienstete beigegeben sind. Zu diesen gehört auch ein Kassierer, der die Einnahmen der Schaffner beim Dienstschluß annimmt und die Gelder an die Direktion abliefert. Die Zeitkarten werden entweder auf den Bahnhöfen oder in der Direktion verkauft. Auf Stadtbahnen werden gewöhnlich Edmonsonsche Fahrkarten (wie auf Eisenbahnen) ausgegeben. Bei einem allgemein durchgeführten Stationstarif werden Abfahrts- und Endstation nicht aufgedruckt. Die Karte trägt vielmehr den Vermerk: Gültig bis zur ...ten Station, und die Abfahrtstation wird durch die Lochzange des Bahnsteigschaffners kenntlich gemacht. In allen andern Fällen werden Gruppenfahrkarten ausgegeben, die für alle auf derselben Abfahrtstation beginnenden Fahrten gleicher Preisstufe lauten (von A nach B oder C oder D). Beide Kartensorten können im Vorrat gekauft werden. Bei Zeitkarten wird stets Anfangs- und Endstation aufgedruckt.

Bei Straßenbahnen werden die Fahrscheine fortlaufend benummert, zu Blocks vereinigt und diese den Schaffnern übergeben, die ihren Verbrauch nachweisen müssen. Bei einem Einheitstarif gibt es nur eine einzige Fahrkartensorte; durch ein besonderes Zeichen wird die Linie und der Tag der Lösung kenntlich gemacht. Bei einem Teilstreckentarif sind für jede Linie besondere Fahrscheine vorhanden, auf denen die Trennungspunkte der Teilstrecken aufgedruckt sind. Der Schaffner bezeichnet mit Blaustift oder Lochung die Teilstrecke, in der die Reise angetreten ist, und, wenn der Schein als Umsteigefahrschein dienen soll, auch Stunde und Minute der Lösung. Zweckmäßig ist es, auf der Rückseite des Umsteigefahrscheines ein schematisches Bild des Liniennetzes aufzudrucken. Dies erleichtert unkundigen Reisenden das Zurechtfinden, auch kann der Schaffner die Umsteigestelle anmerken und dadurch Mißbräuchen vorbeugen.

Zur Verkehrsabteilung der Direktion gehört die Verkehrskontrolle. Diese hat eine genaue Verkehrsstatistik zu führen, beruhend auf Feststellungen und Zählungen, die teils täglich, teils in bestimmten Zeitabschnitten vorgenommen werden. Sie bilden die Grundlage für die Untersuchung, ob die Betriebsleistungen mit dem Verkehr in Einklang stehen. Es werden Aufschreibungen über die Betriebsleistungen, über die Besetzung der Züge, die Ausnutzung der Zeitkarten und über die Fahrtlänge gemacht, so daß die Platzausnutzung jederzeit festgestellt werden kann.

Zu 3: Bau und Unterhaltung der Bahn. Für umfangreiche Um- und Erweiterungsbauten wird in der Direktion eine besondere Bauabteilung eingerichtet, der das nötige Bureau- und Bauleitungspersonal zugewiesen wird. Für die Unterhaltung der Bahn werden wiederum Bezirke gebildet, deren jeder einem Bahnmeister untersteht. Zu jeder Bahnmeisterei gehören Rottenarbeiter (mit je einem Rottenführer an der Spitze), die die Stopfarbeiten, das Abhobeln der Schienen, die Auswechslung des Oberbaues und die Ausbesserung des Pflasters vornehmen. Bahnwärter sorgen bei Stadtbahnen für den betriebssicheren Zustand der Gleise, bei Straßenbahnen für die Reinigung der Schienen und das Schmieren der Bogenschienen. Auch Weichensteller sind nach Erfordern zu beschäftigen. Bei starken Schneefällen werden die Rottenarbeiter zum Freimachen der Straßenbahngleise herangezogen.

Zu 4: Unterhaltung der Betriebsmittel. Für die regelmäßige tägliche Untersuchung der Betriebsmittel befindet sich auf jedem Abstellbahnhof ein Wagenmeister mit dem nötigen Hilfspersonal an Schlossern und Wagenputzern.

Die Hauptwerkstatt leitet ein Werkstättenvorsteher. An der Spitze jeder Abteilung steht ein Werkmeister. Ihm sind die Werkführer und diesen wieder Werkstättenarbeiter unterstellt.

Zu 5: Unterhaltung der elektrischen Anlagen. Eine besondere Abteilung zur Unterhaltung der elektrischen Anlagen wird nur dann eingerichtet, wenn die Bahn eigene Stromerzeugungsanlagen besitzt, sonst wird die Unterhaltung der Stromleitungen den Bahnmeistern, die der Werkstattseinrichtungen den Werkmeistern übertragen.

Das Verwaltungsschema der Wiener städtischen Straßenbahn ist folgendes:

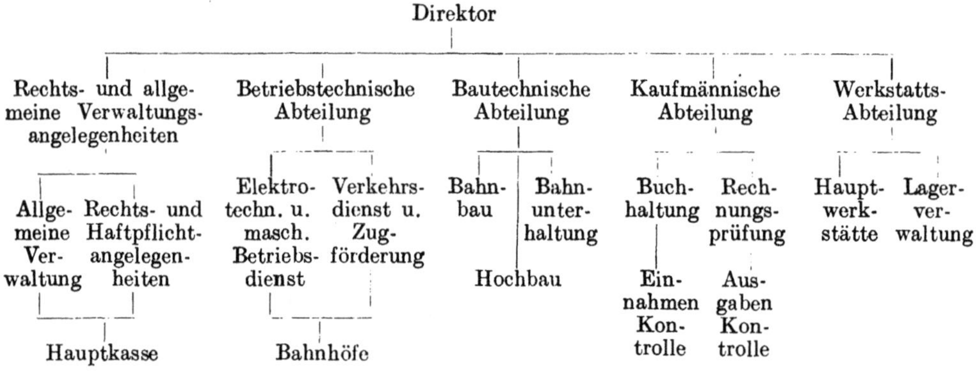

3. Unterbeamte und Arbeiter.

Das Unterpersonal setzt sich aus drei Gruppen zusammen, den Betriebsbediensteten (Wagenführer und Schaffner), den Werkstattsarbeitern und dem Bahnunterhaltungspersonal. Zwischen Betriebs- und Werkstattspersonal findet eine gegenseitige Aushilfe statt, indem ein Teil des Werkstattpersonals zu Zeiten des stärksten Verkehrs im Betriebsdienst verwendet wird. Das Betriebspersonal wird monatlich, die Werkstatts- und Bahnunterhaltungsarbeiter wöchentlich bezahlt, und zwar nach steigenden Lohnklassen. Bei den Werkstattsarbeitern wird daneben das Stückpreisverfahren geübt. An die körperliche Tauglichkeit, besonders an das Seh- und Hörvermögen der Betriebsbediensteten werden hohe Anforderungen gestellt, sie werden vor der Annahme durch einen Bahnarzt untersucht, und es wird meist ein bestimmtes Lebensalter (z. B. 22—35 Jahre) für den Eintritt vorgeschrieben. Neuangenommene Fahrer und Schaffner werden zunächst in der Fahrschule theoretisch und praktisch ausgebildet (Fahrer

18—36 Tage, Schaffner 6—30 Tage), dann einer Prüfung unterzogen und nach bestandener Prüfung zunächst unter Aufsicht eines Lehrfahrers oder Lehrschaffners in den Betrieb gebracht. Außerdem werden ihnen regelmäßig Unterrichtsstunden zur Auffrischung der Kenntnisse und Bekanntgabe von Neuerungen erteilt.

Für die tägliche Dienstzeit waren in Preußen vor Erlaß des Gesetzes über den Achtstundentag die Bestimmungen der Bau- und Betriebsvorschriften für Straßenbahnen mit Maschinenbetrieb maßgebend; nach diesen sollten Fahrer täglich nicht länger als 10 Stunden, Schaffner nicht länger als 11 Stunden beschäftigt und ihnen mindestens zwei freie Tage im Monat gewährt werden; meist waren die wirklichen Dienstzeiten geringer, und die Zahl der dienstfreien Tage 3—4 im Monat. Für den Vorbereitungs- und Abschlußdienst sind je 15, bzw. 10 Minuten in die tägliche Dienstdauer einzurechnen. Der Aufenthalt auf den Kehrstationen ist als kurze Ruhepause bei dem anstrengenden Dienst sehr wertvoll und muß bei Ringlinien durch einen Personalwechsel auf einer Station ersetzt werden.

Um den Stromverbrauch einzuschränken, werden die Wagen mit Stromzählern versehen und den Fahrern Ersparnisprämien gewährt.

Die Straßenbahnschaffner haben in jeder Dienstschicht einen Fahrbogen auszufüllen, in den bei Beginn des Dienstes und am Ende jeder Fahrt die Ordnungsnummer des obersten nicht verkauften Fahrscheins einzutragen ist, so daß sich daraus die Zahl der verkauften Fahrscheine und das abzuliefernde Fahrgeld leicht berechnen lassen; außerdem dient der Fahrbogen zu statistischen Zecken (Zahl der Fahrten auf Zeitkarten, Besetzung des Wagens an bestimmten Zählpunkten usw.). Die Tageseinnahmen werden nach Dienstschluß von den Schaffnern an den Bahnhofskassierer abgeliefert.

Um gute Beziehungen zwischen der Direktion und den unteren Angestellten herbeizuführen, werden gewöhnlich Arbeiterausschüsse eingerichtet, die unter dem Vorsitz eines Direktors oder Abteilungsvorstehers regelmäßig wöchentlich oder monatlich Sitzungen abhalten. Die Ausschußmitglieder werden von den Angsetellten gewählt und können in den Sitzungen Wünsche und Beschwerden vorbringen, denen nach Möglichkeit Folge geleistet wird. Die Einrichtung soll besonders dazu dienen, Unzufriedenheiten im Keime zu ersticken und Arbeitseinstellungen vorzubeugen.

Die sogenannten Wohlfahrtseinrichtungen bestehen zunächst in der durch die Gesetze vorgeschriebenen Fürsorge bei Krankheiten und Unfällen. Für diese Zwecke werden bei größeren Betrieben besondere Kassen gegründet, deren Leistungen häufig über das gesetzliche Maß hinausgehen. Außerdem haben viele Bahnen eine vollständige Pensionskasse, und alle Angestellten erhalten nach einer bestimmten Dienstdauer (z. B. 2 Jahren) Anspruch auf Ruhegehalt und Hinterbliebenenfürsorge. Weitere Wohlfahrtseinrichtungen sind die Gründung von Kleiderkassen, Konsumvereinen und Baugenossenschaften. Wenn sich Baugenossenschaften nicht einrichten lassen, werden in der Nähe der Abstellbahnhöfe und Werkstätten verwaltungsseitig Wohnkolonien und Ledigenheime für die Angestellten errichtet.

Literaturverzeichnis.

Albrecht und Adolph, Denkschrift über neue Wege beim Bau von Triebwagen elektrischer Straßenbahnen. Dortmund und Gerthe 1918.

Allgemeine Elektrizitätsgesellschaft. Betriebsmittel für Wechselstrombahnen. 1910.

Arndt, Die Zugfolge auf Schnellbahnen unter besonderer Berücksichtigung des Streckenblocksystems (Doktordissertation). Berlin 1916.

Arnold, Report on the Engineering and Operating Features of the Chicago Transportation Problem. Neuyork 1902.

— The Pittsburgh Transportation Problem. Pittsburgh 1910.

Baltzer, Die elektrische Stadtbahn in Berlin. Berlin 1897.

Bäseler, Die Übergangskurven der Straßenbahnen (Dissertation). Berlin 1913.

Becker, Die Tätigkeit der Stadtgemeinde Berlin im kommunalen Verkehrswesen (Doktordissertation). Berlin 1917.

Behrens, Buchführung und Bilanzen der Nebenbahnen, Kleinbahnen und ähnlichen Verkehrsanstalten. Berlin 1900.

Berger, Die städtischen Elektrizitätswerke und Straßenbahnen in Wien. Wien 1903.

Berlin und seine Bauten. Bearbeitet und herausgegeben vom Architektenverein zu Berlin. Berlin 1896.

Berlin und seine Eisenbahnen. Berlin 1896.

Berthold, Die Verwaltungspraxis bei Elektrizitätswerken und elektrischen Straßen- und Kleinbahnen. Berlin 1906.

Biedermann (Doktordissertation). Die Verkehrsschwankungen in den öffentlichen Verkehrsbetrieben Berlins. Berlin 1917.

Birk, Straßenbahnen und außergewöhnliche Bahnsysteme. Halle 1909.

Blondel et Dubois, La Traction Electrique. Paris 1898.

Blum, Bericht über die Entwürfe der Großen Berliner Straßenbahn zur Anlage von Unterstraßenbahnen in Berlin. Hannover 1907.

— Städtebahnen mit besonderer Berücksichtigung des Entwurfs einer Städtebahn zwischen Düsseldorf und Cöln. Berlin 1909.

Boshart, Straßenbahnen. Leipzig 1911.

Böker & Co., Beiträge zur Frage der Straßenbahnbremsen. Berlin 1903.

Buchmann, Die Entwicklung der Großen Berliner Straßenbahn. Berlin 1910.

Buchwald, Der Oberbau der Straßen- und Kleinbahnen. Wiesbaden 1903.

— Die Berechnung von Straßenbahn- und anderen Schwellenschienen. Berlin 1913.

Continentale Gesellschaft für elektrische Unternehmungen. Zum Entwurf einer Schwebebahn in Berlin. Nürnberg 1905.

Continentale Gesellschaft für elektrische Unternehmungen. Entwurf einer Schwebebahn in Hamburg. Nürnberg 1913.

Corsepius, Die elektrischen Bahnen. Leipzig 1900.

Dawson, Electric Railways and Tramways. London 1897.

Das Ergebnis des Wannseebahnwettbewerbs. Berlin 1898.

Devin, Wirtschaftliche Betriebs- und Verwaltungsfragen städtischer Straßenbahnen. Karlsruhe 1919.

Die elektrische Untergrundbahn der Stadt Schöneberg. Berlin 1911.

Die elektrische Hoch- und Untergrundbahn in Berlin. Sonderabdruck aus der Zeitschrift des Vereins Deutscher Ingenieure. Berlin 1902.

Die Entwicklung der städtischen Straßenbahnen im zehnjährigen Eigenbetrieb der Gemeinde Wien. Wien 1913.

Die Große Berliner Straßenbahn 1871—1902. Berlin 1902.

Die Große Berliner Straßenbahn und ihre Nebenbahnen 1902—1911. Berlin 1911.

Die städtischen Elektrizitätswerke und die Anlagen der elektrischen Straßenbahnen in Wien. Herausgegeben vom Stadtbauamt Wien. Wien 1903.

Die städtische Straßenbahn Frankfurt am Main. Frankfurt 1905.

Die Umgestaltung des Verkehrs der Wiener Stadtbahn. Kurzer Auszug aus dem Entwurf der Denkschrift des vom niederösterreichischen Gewerbevereins zum Studium dieser Frage eingesetzten Komitees. Wien 1904.
Dietrich, Die Entwicklung des Straßenbahngleises infolge Einführung des elektrischen Betriebes. Berlin 1906.
Dolezalek, Der Schnellverkehr und die Schwebebahn. Wiesbaden 1901.
Dumas, Le Chemin de Fer métropolitain de Paris. Paris 1901.
Dupuy, La Traction électrique. Paris 1897.
Eberstadt, Handbuch des Wohnungswesens und der Wohnungsfrage. 2. Auflage. Jena 1910.
Eger, Das Gesetz über Kleinbahnen und Privatanschlußbahnen. Kommentar. 2. Auflage. Berlin 1904.
Enzyklopädie des Eisenbahnwesens. Herausgegeben von Dr. Freiherr von Röll. 2. Auflage. 4. Band. Stichwort „Elektrische Bahnen". Berlin und Wien 1913.
Ertel, Die Entwicklung des großstädtischen Wohnungs- und Verkehrswesens in den letzten Jahrzehnten. Wien 1916.
Fischer-Dick, 25 Jahre bei der Großen Berliner Pferdebahn. Wiesbaden 1898.
Foerster, Taschenbuch für Bauingenieure. Berlin 1911.
v. Frauendorfer, Die Wohnungsfrage, eine Verkehrsfrage. Ein Weg zur Lösung. München 1918.
Gerlach, Die elektrische Untergrundbahn der Stadt Schöneberg. Berlin 1911.
Gesellschaft für den Bau von Untergrundbahnen. Der Spreetunnel. Berlin 1899.
Giese, Das zukünftige Schnellbahnnetz von Groß-Berlin. Berlin 1919.
— Schnellstraßenbahnen. Berlin 1917.
— Tarifvorschläge für Nahverkehrsmittel. Berlin 1917.
Gleim, Neuere Stadt- und Vorortbahnen von London, Liverpool und Glasgow. Berlin 1896.
Godfernaux, La Traction méchanique des Tramways. Paris 1898.
Goetz, Die Ausbildung der Straßenbahnanlagen mit Rücksicht auf die Bodenbewegungen im Senkungsgebiet des rheinisch-westfälischen Kohlenbergbaues (Dissertation). Essen 1911.
Goldemund, Wiener Wohnungsverhältnisse. Wien 1910.
Golwig, Die finanzielle Zukunft der Bau- und Betriebsgesellschaft für städtische Straßenbahnen in Wien. Wien und Leipzig 1900.
Gonzenbach, Engineering Preliminaries for an Interurban Electric Railway. Neuyork 1903.
Gotshall, Notes on Electric Railway. Neuyork 1903.
Gutachten über die Elektrisierung der Wiener Stadtbahn. Herausgegeben von der Kommission für Verkehrsanlagen in Wien. Wien 1912.
Günther, Die kommunalen Straßenbahnen Deutschlands. Berlin 1913.
Haag, Grundzüge des Unterwassertunnelbaues. Berlin 1916.
Haberland, Groß-Berliner Sorgen. Verkehrsreform und Zweckverband. Berlin 1917.
Hamburg und seine Bauten. Herausgegeben vom Architekten- und Ingenieurverein zu Hamburg. Hamburg 1890.
Hamburg und seine Bauten. 2 Bände. Hamburg 1914.
Handbuch der Ingenieurwissenschaften. 1. Teil. 4. Band. Straßenbau einschließlich der Straßenbahnen. Leipzig 1912.
— der Politik. Berlin und Leipzig 1912 und 1913.
Harms, Die Überführung kommunaler Betriebe in die Form der gemischt wirtschaftlichen Unternehmung. Berlin 1915.
Haselmann, Die Aachener Kleinbahn. Jena 1909.
Hermes, Finanzierung und Rentabilität der deutschen Straßenbahnen. Jena 1909.
Hervieu, Le Chemin de Fer métropolitain municipal de Paris. Paris 1903.
Herzog, Elektrisch betriebene Straßenbahnen. München und Berlin 1903.
— Die elektrischen Anlagen der Schweiz. Erster Band. Die elektrisch betriebenen Straßen-, Neben-, Berg- und Vollbahnen. Zürich 1905.
Hirte, Die Entlastung des Potsdamer Platzes. Berlin 1907.
Hirz Sohn, Les Métropolitains. St. Petersburg 1901.
Höpker, Denkschrift über die Tarife der Stadt-, Ring- und Vorortbahnen. Berlin 1917.
— Die Tarifreform der Straßenbahn und die Entwicklung von Groß-Berlin. Berlin 1916.
Ingenieurwerke in und bei Berlin. Festschrift des Berliner Bezirksvereins Deutscher Ingenieure. Berlin 1906.
Kayser, Die belgischen Kleinbahnen. Berlin 1911.
— Die Bahnen der Stadt Köln. Berlin 1913.
Kemmann, Bericht über die Tunnelentwürfe der Großen Berliner Straßenbahn. Berlin 1907.
— Elektrisierung und Ausbau der Wiener Stadtbahn. Gutachten. Berlin 1911.
— Zur Schnellverkehrspolitik der Großstädte. Berlin 1911.
— Elektrisierung und Ausbau der Wiener Stadtbahn. Gutachten erstattet im Auftrage der Kommission für Verkehrsanlagen in Wien. Berlin 1912.
— Die Fahrpreise der Stadtschnellbahnen in den europäischen und amerikanischen Großstädten. Berlin 1912.

Kemmann, Die Entwicklung der städtischen Schnellbahnen seit Einführung der Elektrizität. Düsseldorf 1914.
— Vorstudien zur Einführung des selbsttätigen Signalsystems auf der Berliner Hoch- und Untergrundbahn. Berlin 1914.
— Der Londoner Verkehr nach dem Bericht des englischen Handelsamts. Berlin 1909.
Kes, Öffentliche Kraftwagenlinien im Weltverkehr. Berlin 1914.
Klose, Über den Einfluß des Einbaues der Straßenbahngleise auf die Pflasterarten der Verkehrsstraßen in Großstädten. Berlin 1907.
Knelles, Die Berechnung von Gleis- und Weichenanlagen für Straßen- und Kleinbahnen. Berlin 1910.
Kohlrausch, Oberleitung oder Akkumulatorenbetrieb der Straßenbahn im Inneren der Stadt Hannover. Hannover 1901.
Koestler, Nordamerikanische Straßenbahnen. Wien 1896.
Krause, Entwurf für die Herstellung neuer Verkehrswege zur Entlastung stark belasteter Straßen und Plätze in Berlin. Berlin 1908.
Kübler und Schmipff, Ein Entwurf für die Einführung des elektrischen Betriebes auf der Wannseebahn. Berlin 1898.
Kyser, Die elektrischen Bahnen und ihre Betriebsmittel. Braunschweig 1907.
Legouez, De l'Emploi du Bouclier dans la Construction des Souterrains. Paris 1897.
Liebmann, Die Klein- und Straßenbahnen. Leipzig 1910.
Macholl, Profilgestaltung bei Untergrundbahnen. Berlin und München 1914.
Marechal, Les Chemins de Fer électriques. Paris 1904.
Mattersdorf, K., Die Berliner Straßenbahnverkehrsnot. Berlin 1908.
— W., Städtische Verkehrsfragen. Berlin 1908.
Musil, Die künftigen Wiener elektrischen Untergrundschnellbahnen. Wien 1910.
— Die Schnellbahnen der Vereinigten Staaten von Amerika. Wiesbaden 1913.
— Wohnungsreform und Schnellbahnen in Wien. Wien 1912.
Müller, Grundzüge des Kleinbahnwesens. Berlin 1895.
Müller, Der Einfluß der neuzeitlichen Verkehrssteigerung auf die Durchbildung und Gestaltung der Straßenbahnschienen. Dresden 1910.
Nyssens-Hart, Les Communications interurbaines à grande vitesse. Brüssel 1902.
Osthoff-Scheck, Kostenberechnungen für Ingenieurbauten. 7. Auflage. Leipzig 1913.
Österreichische Siemens-Schuckert-Werke. Die elektrische Wechselstrombahn Wien—Baden. Wien 1909.
Report of Transit Commissioner City of Philadelphia. July 1913.
Passow, Die gemischt privaten und öffentlichen Unternehmungen. Jena 1912.
Petersen, Die Verkehrsaufgaben des Verbandes Groß-Berlin. Berlin 1911.
Philippe, Le Bouclier et les Méthodes nouvelles de Percements souterrains. Paris 1900.
Pratt and Alden, Street Railway Roadbed. Neuyork 1898.
Roedder, Die Fortschritte auf dem Gebiete der elektrischen Fernbahnen. Wiesbaden 1909.
Roland Die Alptalbahn. Berlin 1914.
Schaar, Verbesserung des Schienenstoßes für Vignoles- und Rillenschienenoberbau. Nürnberg 1900.
Schenker, Die Wahl des Betriebsystem für die Straßenbahn in Zürich 1896.
Schiemann, Bau und Betrieb elektrischer Bahnen.
1. Band. Straßenbahnen. Leipzig 1898.
2. Band. Haupt-, Neben- und Industriebahnen. Leipzig 1899.
Schimpff, Hamburg und sein Ortsverkehr. Berlin und Hamburg 1903.
— Die Straßenbahnen in den Vereinigten Staaten von Amerika. Berlin 1903.
— Wirtschaftliche Betrachtungen über Stadt- und Vorortbahnen. Berlin 1913.
— Die beabsichtigten Tariferhöhungen der Großen Berliner Straßenbahn. Berlin 1915.
Schoeningh, Die Geschichte und wirtschaftliche Bedeutung der Kleinbahnen (Überlandstraßenbahnen) im rheinisch-westfälischen Kohlenrevier. Paderborn 1911.
Selbsttätige Signale auf den Linien der Londoner Untergrundbahngesellschaft. Berlin 1912.
Serafon, Les Tramways. Paris 1898.
Siemens & Halske, Elektrische Hoch- und Untergrundbahn in Berlin. Berlin 1902.
— Die elektrische Untergrundbahn der Stadt Schöneberg. Berlin 1909.
— Trockenlegung von Baugruben durch Senkung des Grundwasserstandes. Berlin 1913.
Siemens & Halske und Siemens-Schuckert-Werke. Von den Siemenswerken ausgeführte elektrische Hoch- und Untergrundbahnen. Berlin 1913.
Steiner, Neuerungen auf dem Gebiet der Unterwassertunnel. Wien 1913.
— Das Verkehrsproblem der Großstadt mit Berücksichtigung Wiens. Wien 1914.
Strohmeyer, Der Eisenbahnbau. IV. Teil. Straßenbahnen. Leipzig 1910.
Tavernier, Les Tramways aux Etats-Unis. Paris 1896.
Trautvetter, Elektrische Straßenbahnen und straßenbahnähnliche Vorort- und Überlandbahnen. Berlin 1913.

Troske, Die Londoner Untergrundbahnen. Berlin 1892.
— Die Pariser Stadtbahn. Berlin 1905.
Twining, A Study of the Problem of Passenger Transportation in Philadelphia. Philadelphia 1916.
Verband Groß-Berlin. Verwaltungsbericht für die Zeit vom 1. April 1912 bis 31. März 1916. Berlin 1916.
Weicht, Bau von Straßen und Straßenbahnen. Berlin 1902.
Weiß, Die Tarife der deutschen Straßenbahnen, ihre Technik und wirtschaftliche Bedeutung. Karlsruhe 1904.
Wittig, Die Weltstädte und der elektrische Schnellverkehr. Berlin 1909.
Zacharias, Bau und Betrieb elektrischer Straßenbahnen. Halle 1902.
Zehme, Die Betriebsmittel der elektrischen Eisenbahnen. Wiesbaden 1903.

Allgemeine Automobilzeitung.
Deutsche Straßen- und Kleinbahnzeitung.
Drucksachen der Allgemeinen Elektrizitätsgesellschaft, der Siemens & Halske A.-G., der Siemens-Schuckertwerke, der Akkumulatorenfabrik Berlin-Oberschöneweide, der Phönix A.-G. in Ruhrort.
— der Firmen Franz Melauen, Maschinenfabrik Berlin, Knorrbremse A.-G., Magnetbremsen-Gesellschaft m. b. H., Neue Automobilgesellschaft, Daimler Motoren Gesellschaft, Zweigniederlassung Berlin-Marienfelde, Österreichische Daimler-Tudor Omnibusgesellschaft in Wien, Gesellschaft für gleislose Bahnen Max Schiemann & Co. in Wurzen
Electric Railway Journal.
Elektrische Kraftbetriebe und Bahnen.
Geschäftsberichte und Veröffentlichungen der Gesellschaft für elektrische Hoch- und Untergrundbahnen in Berlin, der Allgemeinen Berliner Omnibusgesellschaft und der Spree-Havel Dampfschiffahrtsgesellschaft Stern.
Glasers Annalen.
Jahresberichte der Großen Berliner Straßenbahn, der Straßeneisenbahngesellschaft in Hamburg, der städtischen Straßenbahnen in Dredsen, München, Breslau, Düsseldorf, Frankfurt, Köln, Nürnberg-Fürth, der städtischen Straßenbahn in Wien, der Großen Leipziger Straßenbahn, der Leipziger elektrischen Straßenbahn, der Aachener Kleinbahn, der Breslauer Elektrischen Straßenbahn, der Gesellschaft für elektrische Hoch- und Untergrundbahnen in Berlin, der Hamburger Hochbahn, der A.E.G.-Schnellbahn in Berlin.
— der Boston Transit Commission und der New Yorker Rapid Transit Commission.
— des Board of Supervising Engineers Chicago Traction und des Board of Rapid Transit Railroad Commissioners of New York.
Niederschriften der Vereinsversammlungen des Vereins Deutscher Straßenbahn- und Kleinbahnverwaltungen.
Organ für die Fortschritte des Eisenbahnwesens.
Sitzungsberichte des Internationalen Straßenbahn- und Kleinbahnvereins.
Verkehrstechnische Woche.
Zeitung des Vereins Deutscher Eisenbahnverwaltungen.
Zeitschrift für Kleinbahnen.
— des mitteleuropäischen Motorwagenvereins.
— des Vereins Deutscher Ingenieure.

C. Abriß des Straßenbaues

von

W. Schmidt

Erster Abschnitt.

Allgemeines.

A. Straßenfuhrwerke.

Die primitivste Form zur Fortbewegung von Lasten sind die Schleifen und Schlitten. Sie werden dort benutzt, wo Wege und Straßen nicht vorhanden sind, und wo die Geländeoberfläche die Verwendung von Räderfuhrwerken nicht gestattet. Schon die Ägypter haben sich beim Bau ihrer Monumentalwerke der Schlitten zur Förderung größter Lasten bedient. Die Bewegungswiderstände werden durch die Überwindung der gleitenden Reibung sehr groß. Auf Kunststraßen bedient man sich daher ausschließlich der Räderfuhrwerke, entweder des zweirädrigen Karrens oder des vierrädrigen Wagens. Der Karren hat den Vorteil der leichteren Lenkbarkeit und der geringeren Bewegungswiderstände, aber die Nachteile, daß er nicht für alle Straßenneigungen so beladen werden kann, daß das Zugtier nicht einen Teil der Last zu tragen braucht, und daß er bei holprigem Pflaster leichter kippt. Zum Karrenbetriebe sind nur besondere schwere Pferderassen geeignet. Ausgedehnter als die Verwendung des Karrens, die in Deutschland auf den Westen beschränkt ist, ist daher die des Wagens. Die Bestandteile des Wagens sind der Vorderwagen mit der Vorderachse, dem Drehschemel und den Vorderrädern und der Hinterwagen mit der Hinterachse und den Hinterrädern; beide sind durch Langbaum und Reibnagel miteinander verbunden. Die Deichselarme des Vorderwagens fassen die Deichsel mit dem Schwengel (Wage). Das Rad besteht aus Nabe, Speichen, Felge und Reifen.

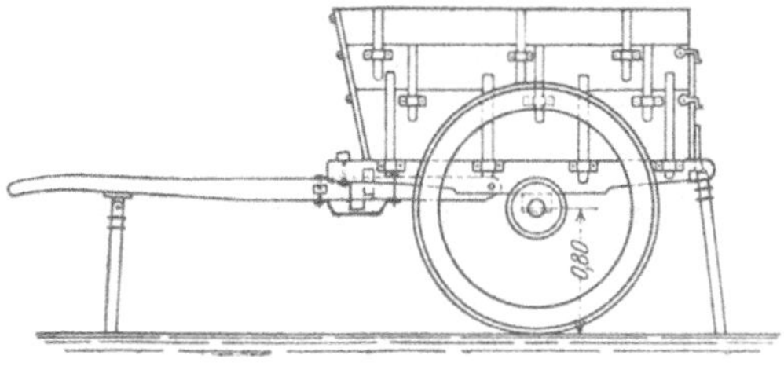

Abb. 1.

1. Radgröße

ist nach der Art der Fuhrwerke verschieden. Je größer der Raddurchmesser ist, desto geringer ist der Bewegungswiderstand, desto größer werden aber auch die Baukosten und das Gewicht, und desto schwieriger wird die Lenkbarkeit des Wagens. Die passende Radgröße muß daher für jede Fuhrwerksart durch die Erfahrung festgestellt werden. Die Vorderräder sind im allgemeinen niedriger als die Hinterräder, um eine größere Beweglichkeit zu erzielen und um die Richtung der Zugstränge günstig zu gestalten.

2. Spurweite.

Der Abstand der Radreifen zweier auf derselben Achse sitzenden Räder, von Mitte zu Mitte in der Straßenoberfläche gemessen, bezeichnet die Spurweite. Sie ist bei Landfuhrwerken für beide Räderpaare gleich, damit die Fortbewegung auf schlechten Wegen erleichtert wird. Bei städtischen Fuhrwerken ist dagegen häufig die Spurweite der Vorderräder geringer, mit Rücksicht auf leichtere Drehbarkeit. Für die einzelnen Landesteile haben sich meist besondere Spurweiten herausgebildet, deren Größe zwischen 1,20 und 1,60 m schwankt. Süddeutschland hat wegen der teilweise schwierigen Geländeverhältnisse meist geringere Spurweiten als Norddeutschland, wo die übliche Spurweite 1,50 m beträgt.

3. Felgenbreite.

Die Druckbeanspruchung der Straßenoberfläche wird durch die Felgenbreite bestimmt. Die richtige Bemessung ist für den Bestand der Straßenbefestigung von großem Einfluß und daher meist durch gesetzliche Bestimmungen geregelt. Die übliche Belastung für 1 cm Felgenbreite beträgt 125 kg, so daß beispielsweise für eine Ladung von 5000 kg 10 cm breite Felgen erforderlich sind. Über dieses Breitenmaß hinauszugehen ist bei befestigten Straßen zwecklos, da dann eine gleichmäßige Verteilung über die ganze Felgenbreite und Abnahme der Widerstandsziffer nicht zu erwarten ist. Anders liegt der Fall bei Erdbahnen und bei frisch hergestellten Schotterdecken, wo noch erheblich breitere Felgen bei schwereren Lasten zweckmäßig sind.

Als geringste Felgenbreite kann man 5 cm annehmen, bei Luxuswagen ist sie noch kleiner.

Bei Lastautomobilen kann für 1 cm Felgenbreite ein Druck von 150 kg zugelassen werden, wenn reine Gummireifen ohne Stahleinlagen verwandt werden.

4. Wagenform

ist je nach dem Zweck, dem sie dienen soll, sehr verschiedenartig. In der Landwirtschaft und sonst zur Beförderung von Massengütern, wie Kohlen, Kies usw., bedient man sich meist der Rungen- oder Ernte- bzw. Kastenwagen

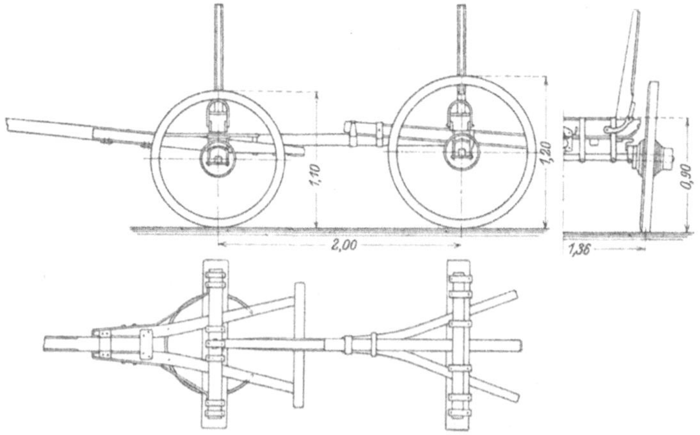

Abb. 2. Rungen- oder Kastenwagen.

(Abb. 2). Der Kasten sitzt lose auf dem Gestell und kann gegen Ernteleitern oder andere Aufsätze ausgewechselt werden. Die Räder sind höher als der Langbaum, der Vorderwagen kann daher um nicht mehr als 30⁰ gegen den Hinterwagen gedreht werden, wodurch das Wenden erschwert wird, günstig sind die hohen Räder wegen des geringen Bewegungswiderstandes. Die Tragfähigkeit der Kastenwagen beträgt 2000—3000 kg (Eigengewicht 700—1000 kg).

Zur Beförderung von Einzelgütern auf städtischen Straßen benutzt man Wagenformen, die ein leichtes Wenden ermöglichen. Die Vorderräder müssen niedriger sein als die Verbindung zwischen Vorderwagen und Hinterwagen, die Vorderachse muß „durchgedreht“ werden können. Die Beförderung geschieht meist in erheblich schnellerer Gangart, so daß eine Federung erforderlich ist. Die Abb. 3 stellt einen **Marktwagen** dar für eine Belastung von 500—1500 kg. Der Hauptwert wird auf möglichst große Geschwindigkeit und geringen Bewegungswiderstand gelegt, daher hohe Hinterräder. Schwere Güter werden auf **Rollwagen** oder **Brückenwagen** (Abb. 4) befördert. Die Verbindung zwischen Vorderwagen und Hinterwagen geschieht ähnlich wie bei einer Brücke durch hölzerne oder eiserne Längsträger mit Querträgern und Bohlenbelag. Die Plattform muß von allen Seiten bequem beladen und entladen werden können, daher niedrige, unter der Plattform stehende Räder.

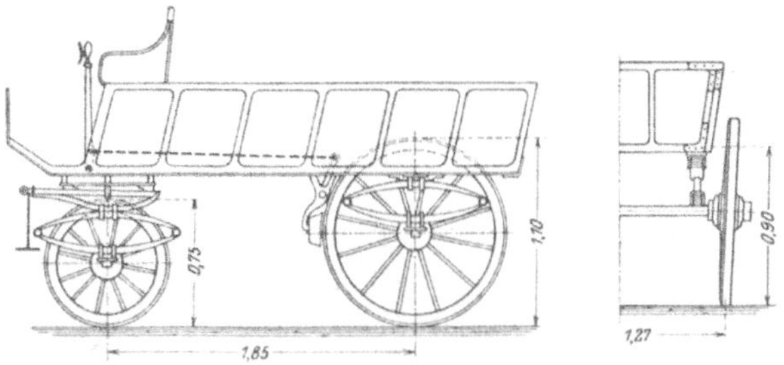

Abb. 3. Marktwagen.

Die Rollwagen werden für Lasten von 2000—5000 kg gebaut, bei einem Eigengewicht von 800—1500 kg, für besondere Zwecke kommen auch noch erheblich schwerere vor. Die übliche größte Breite der auf städtischen Straßen zur Verwendung kommenden Wagen (auch der Möbelwagen) beträgt 1,90—2,00 m.

Für die Schnellförderung von Gütern bedient man sich der **Lastautomobile** (Abb. 5)[1]. Die Verkehrsgeschwindigkeit beträgt 15—18 km/Stunde, sie ist also dreimal so groß als beim Pferdebetriebe. Last-Kraftwagen mittlerer Größe haben ein Eigengewicht von 3000—3500 kg bei einer Nutzlast von 2000 bis 5000 kg und einem Arbeitsaufwand von 32—38 PS.

Wo es sich um regelmäßige Beförderung größerer Mengen von Massengütern handelt, sind **Dampflastzüge**[2]) besonders vorteilhaft. Sie bestehen aus einer Zugmaschine von 8 bis 10 t Gewicht und einer Leistung von 35—38 PS., und 3 bis 5 Anhängewagen zur Aufnahme der Nutzlast von je 5 t. Die Geschwindigkeit beträgt 6 km in der Stunde. Die Betriebskosten sind 20—30 $^0/_0$ niedriger als bei Lastkraftwagen und 50 $^0/_0$ geringer als beim Pferdebetrieb. Weitere Vorzüge sind leichte Überwindung von Steigungen, hohe Wendigkeit, große Betriebssicherheit und leichte Beschaffungsmöglichkeit der Heizstoffe. Die geringe Geschwindigkeit wird durch größere Leistung an Fördermenge wettgemacht.

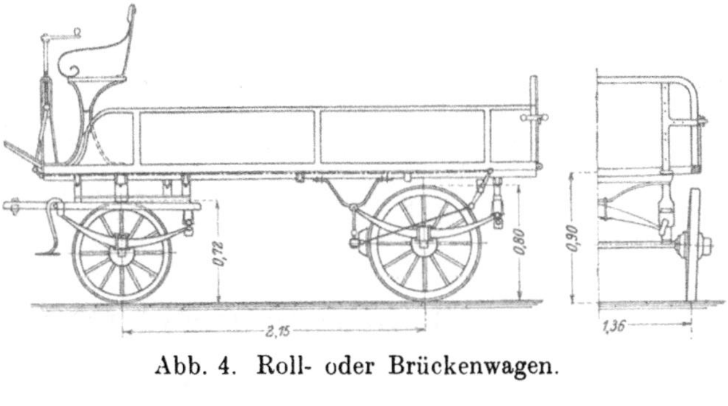

Abb. 4. Roll- oder Brückenwagen.

---

[1]) Konstruktion der Stoewer-Werke A.-G. Stettin.

[2]) Zeitschrift f. Transportw. u. Straßenb. 1918, Nr. 22.

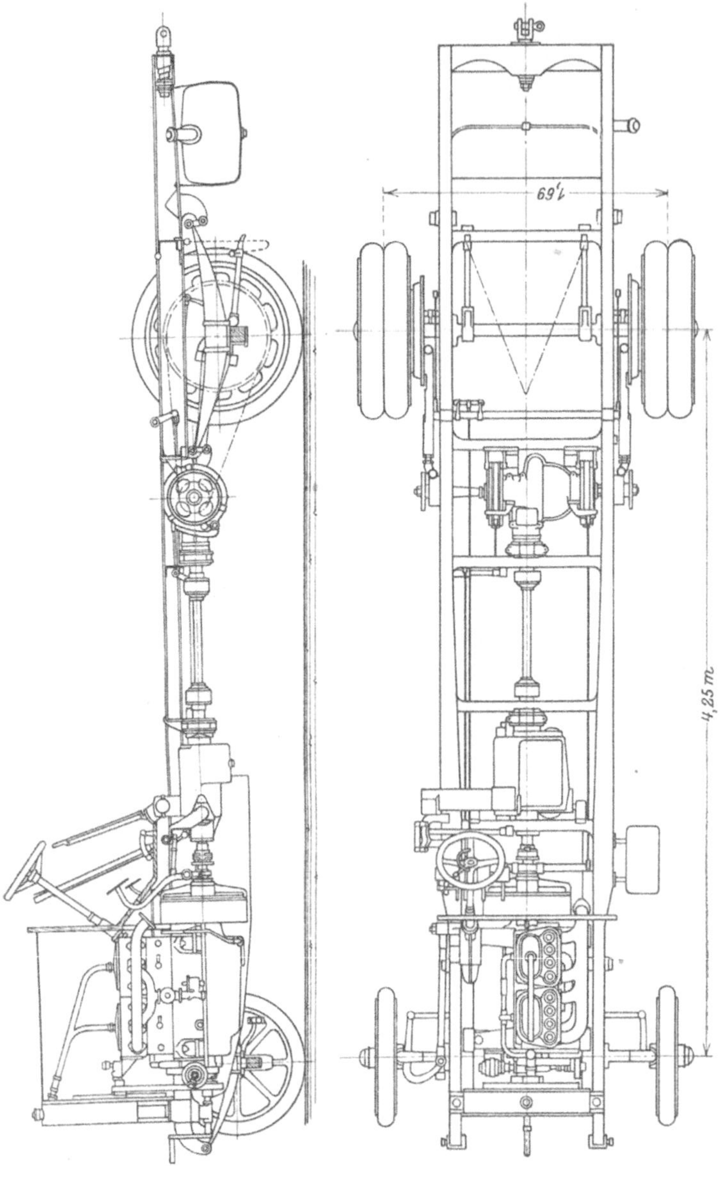

Abb. 5. Lastkraftwagen.

B. Bewegungswiderstände.

1. Reibung.

Die Widerstände, die der Bewegung eines Fuhrwerkes entgegenwirken, werden durch die in den Achslagern auftretende Zapfenreibung und durch die an dem Radumfange auftretende rollende Reibung bewirkt. Bei schnellfahrenden Kraftwagen spielt außerdem der Luftwiderstand eine nicht unerhebliche Rolle. Je größer der Raddurchmesser und je dünner der Achsschenkel wird, und je besser die Schmierung ist, desto geringer wird die Zapfenreibung. Die rollende Reibung nimmt ebenfalls mit dem Wachsen des Raddurchmessers ab. Sie ist außerdem abhängig von dem Zustande der Straßenoberfläche. Die

Widerstandsziffer aus der Zapfenreibung und der rollenden Reibung bezüglich des Radumfanges ist für alle Fuhrwerksgattungen nahezu gleich. Erheblichen Schwankungen ist sie hinsichtlich des Zustandes der Straßenoberfläche unterworfen.

Für einzelne Befestigungsarten kann man die nachstehenden Mittelwerte des Gesamtwiderstandes annehmen:

Befestigungsart	Widerstandsziffer f
lose Kiesbahn	$^1/_9$—$^1/_{11}$
fester Sommerweg	$^1/_{25}$—$^1/_{30}$
neue Schotterdecke	$^1/_8$—$^1/_{12}$
alte, gut erhaltene Schotterdecke	$^1/_{25}$—$^1/_{35}$
alte, schlecht erhaltene Schotterdecke	$^1/_{15}$—$^1/_{20}$
Reihensteinpflaster	$^1/_{50}$—$^1/_{70}$
Holzpflaster	$^1/_{60}$—$^1/_{80}$
Asphalt	$^1/_{80}$—$^1/_{100}$.

2. Zugkraft.

Bezeichnet Q das Gewicht des Wagens, P das der Zugtiere und f die Widerstandsziffer, so beträgt die auf wagerechter Bahn auszuübende Zugkraft $Z = f \cdot Q + f \cdot P$. Auf wagerechter Bahn kann das Gewicht der Zugtiere vernachlässigt werden und es ist $Z = f \cdot Q$.

Auf steigender Bahn ist $Z = f \cdot Q \cdot \cos\alpha + Q \cdot \sin\alpha + P \cdot \sin\alpha$ (Abb. 6). Da es sich stets um verhältnismäßig kleine Neigungswinkel handelt, kann genau genug $\cos\alpha = 1$ und $\sin\alpha = \mathrm{tg}\,\alpha$ gesetzt werden, und man erhält die Formel $Z = f \cdot Q + (Q + P) \cdot \mathrm{tg}\,\alpha$.

Bei gegebener Zugkraft ist $Q = \dfrac{Z - P \cdot \mathrm{tg}\,\alpha}{f + \mathrm{tg}\,\alpha}$.

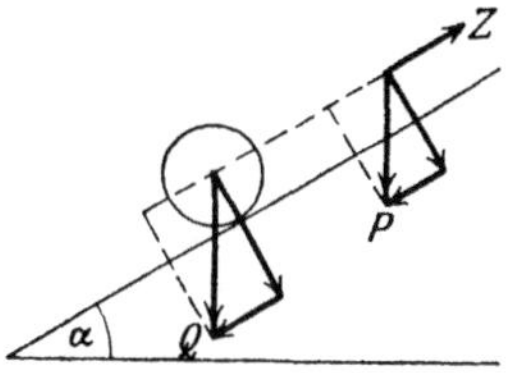

Abb. 6.

Mit fallender Bahn ist $Z = f \cdot Q - (Q + P) \cdot \mathrm{tg}\,\alpha$. Der Ausdruck wird negativ, sobald $(Q + P) \cdot \mathrm{tg}\,\alpha$ größer als f Q wird, die Fuhrwerke müssen dann durch die Zugtiere aufgehalten oder gebremst werden, und man spricht in diesem Falle vom Bremsgefälle. Bei Vernachlässigung des Gewichtes der Zugtiere tritt es ein, sobald die Tangente des Neigungswinkels (das Gefälle der Straße) größer als die Widerstandsziffer wird. Die Aufhaltekraft der Zugtiere beträgt ½—⅔ der Zugkraft.

3. Leistung der Zugtiere.

Durch die Erfahrung ist die Tatsache festgestellt, daß jedes Zugtier eine dauernde Höchstleistung entwickelt bei einer bestimmten Zugkraft Z_0, einer bestimmten Geschwindigkeit c und einer bestimmten täglichen Arbeitszeit t. Die tägliche Arbeit hat daher den Größtwert $Z_0 \cdot c \cdot t$. Jede Erhöhung der Werte c oder t hat eine Verminderung der Zugkraft im Gefolge, wenn nicht das Zugtier vorzeitig abgenutzt werden soll. Auf Grund dieser Gesetzmäßigkeit ist die nachstehend entwickelte und meist im Gebrauch befindliche Gerstner-Maschekse Kraftformel aufgestellt. Ändert man die zweckmäßige Geschwindigkeit c bei gleichbleibender Arbeitsdauer t in $v = c \pm \alpha_1 c$, so wird die hierzu gehörige Zugkraft $Z = Z_0 \mp \alpha_1 Z_0$. Bei einer Veränderung der Arbeitsdauer t in z unter der Annahme gleichbleibender Geschwindigkeit c wird $z = t \pm \alpha_2 t$ und $Z = Z_0 \mp \alpha_2 Z_0$. Unter Berücksichtigung beider Änderungen wird $Z = Z_0 \mp \alpha_1 Z_0 \mp \alpha_2 Z_0$. Setzt man

$$\mp \alpha_1 = \frac{c - v}{c} \quad \text{und} \quad \mp \alpha_2 = \frac{t - z}{t}$$

so wird

$$Z = Z_0\left(3 - \frac{v}{c} - \frac{z}{t}\right) \text{ oder } \frac{Z}{Z_0} + \frac{v}{c} + \frac{z}{t} = 3.$$

Als zweckmäßigste Werte wählt man für $c = 1{,}1$ m/sec und für $t = 8$ Arbeitsstunden/Tag.

Die zweckmäßigste Zugkraft beträgt etwa $^1/_5$ des Pferdegewichtes, daher ist

für leichte Pferde bei einem Gewicht von 250 kg $Z_0 = 50$ kg
„ mittlere „ „ „ „ „ 375 „ $Z_0 = 75$ „
„ schwere „ „ „ „ „ 500 „ $Z_0 = 180$ „

Beim Anziehen leisten die Pferde ohne Schaden das Zwei- bis Dreifache dieser Sätze. In besonderen Fällen wird hierbei sogar die Zugkraft gleich dem Eigengewicht.

Zweiter Abschnitt.

Linienführung.

Mit dem Ausbau des Eisenbahnnetzes in der zweiten Hälfte des vorigen Jahrhunderts sank die Bedeutung der Landstraßen erheblich herab, wohingegen der Ausbau des städtischen Straßennetzes in erhöhtem Maße wuchs. Die Anlage von Landstraßen erfolgte nur noch nach strategischen Gesichtspunkten und örtlichen Verkehrsrücksichten. Durch die große Entwicklung des Kraftwagenverkehrs haben diese Verhältnisse sich geändert. Von Jahr zu Jahr wächst die Bedeutung der Landstraßen für den Überlandverkehr, und man ist daher genötigt, mehr als bisher wieder das Augenmerk auf sie zu richten. Diese neuen Verkehrsverhältnisse verlangen andere Ausführungs- und Unterhaltungsmethoden, die jedoch noch in der Entwicklung begriffen sind, und zu deren Klärung vielleicht noch die Erfahrungen von Jahrzehnten erforderlich sind. Die dem Bau einer Straße zugrunde gelegte Linie (die Trasse) soll sowohl den Verkehrsbedürfnissen als auch den technischen Anforderungen Rechnung tragen. Vollkommene Lösungen werden niemals gefunden werden können, es wird sich immer darum handeln, unter mehreren Entwürfen den am meisten bauwürdigen herauszufinden. Das ist derjenige Entwurf, bei dem die Summe aus den Anlage-, Unterhaltungs- und Beförderungskosten am geringsten wird.

A. Wirtschaftliche Linienführung (kommerzielle Trassierung).

Es wird die Aufgabe gestellt, daß unter der Annahme wagerechter Geländeoberfläche und gleichmäßiger Bodenbeschaffenheit die günstigste Linie (die kommerzielle Trasse) zu bestimmen ist. Hieraus ergibt sich unter Berücksichtigung der tatsächlichen Verhältnisse die technische Linie (Trasse). Die Begriffsfeststellung der wirtschaftlichen Trassierung und die grundlegenden Untersuchungen sind von Launhardt-Hannover[1]) aufgestellt. Nachstehend sind einige der wichtigsten Sätze angeführt.

1. Satz vom Anschlußpunkte.

Es ist die Aufgabe zu lösen, für eine seitlich einer bestehenden Straße (A B) gelegene Ortschaft (C) den zweckmäßigsten Anschluß zu finden. Der Richtungs-

[1]) Launhardt, Theorie des Trassierens.

winkel ν bzw. die Strecke x ist eine Funktion der auf den einzelnen Strecken beförderten Gütermengen und deren Förderkosten, der durch diesen Verkehr auf den einzelnen Strecken bedingten Unterhaltungskosten, der Anlagekosten der Strecke C D und der vom Verkehr unabhängigen Unterhaltungskosten auf dieser Strecke (Abb. 7).

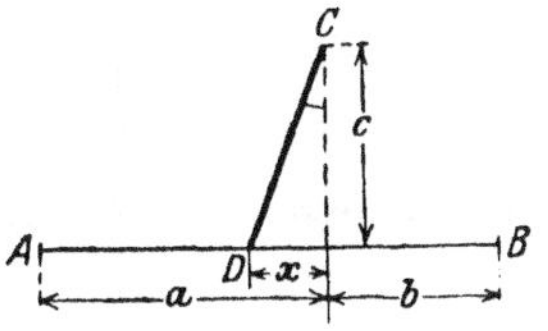

Abb. 7.

Bezeichnet: C die Anzahl der jährlich beförderten Menge auf C D
A „ „ „ „ „ „ „ A D
B „ „ „ „ „ „ „ B D
[A + B = C]
f_C die Förderkosten für ein Tonnenkilometer auf C D
f_A „ „ „ „ „ „ A D
f_B „ „ „ „ „ „ B D
K die Anlagekosten für 1 km der Strecke C D, i den Zinsfuß
U die vom Verkehr unabhängigen jährlichen Unterhaltungskosten für 1 km der Strecke C D
$\gamma \cdot C$ die vom Verkehr abhängigen jährlichen Unterhaltungskosten für 1 km der Strecke C D
$\alpha \cdot A$ die vom Verkehr abhängigen jährlichen Unterhaltungskosten für 1 km der Strecke A D
$\beta \cdot B$ die vom Verkehr abhängigen jährlichen Unterhaltungskosten der Strecke B D,

so betragen die jährlichen Förderkosten

$$S_1 = C \cdot \sqrt{c^2 + x^2} \cdot f_C + A \cdot (a - x) \cdot f_A + B \cdot (b + x) \cdot f_B$$

und die Anlage- und Unterhaltungskosten

$$S_2 = (K \cdot i + U + \gamma \cdot C) \cdot \sqrt{c^2 + x^2} + \alpha \cdot A\,(a - x) + \beta \cdot B\,(b + x),$$

die Gesamtkosten mithin

$$S = S_1 + S_2 = [K \cdot i + U + (\gamma + f_C) \cdot C] \cdot \sqrt{c_2 + x^2} + A\,(a - x)\,(f_A + \alpha) + B\,(b + x)\,(f_B + \beta).$$

Setzt man

$$[K \cdot i + U + (\gamma + f_C) \cdot C] = P_C; \; A\,(f_A + \alpha) = P_A \text{ und } B\,(f_B + \beta) = P_B,$$

so ist

$$S = P_C\,(c^2 + x^2)^{1/2} + P_A\,(a - x) + P_B\,(b + x).$$

Die Summe der Förderkosten wird mithin am kleinsten für

$$\frac{dS}{dx} = 0 = P_C \cdot \frac{x}{\sqrt{c^2 + x^2}} - P_A + P_B; \quad \frac{x}{\sqrt{c^2 + x^2}} = \operatorname{tg} \nu;$$

daher

$$\operatorname{tg} \nu = \frac{P_B - P_A}{P_C}.$$

2. Satz vom Knotenpunkte.

Die drei Punkte A, B und C (Abb. 8) sollen so durch Straßen miteinander verbunden werden, daß die Summen aus den Anlage-, Unterhaltungs- und Förderkosten ein Minimum wird. Die Verkehrskosten würden am kleinsten werden bei einer geradlinigen Verbindun gdurch die drei Seiten a, b und c, die Anlage- und Unterhaltungskosten hierbei aber am größten.

Es ist der Punkt P zu suchen, für den die Gesamtkosten am geringsten werden.

Bezeichnet A die kilometrischen Gesamtkosten auf der Strecke A P
B „ „ „ „ „ „ B P
C „ „ „ „ „ „ C P,

so betragen die Gesamtkosten auf den drei Strecken p, q und r

$$S = A \cdot r + B \cdot p + C \cdot q,$$

oder, wenn man die beiden Unbekannten p und q durch Einführung des Winkels ε als unbekannte Größe ausdrückt

$$S = A \cdot r + B \sqrt{c^2 + r^2 - 2 c \cdot r \cdot \cos(\delta - \varphi)} + C \sqrt{b^2 + r^2 - 2 b \cdot r \cdot \cos \varphi}.$$

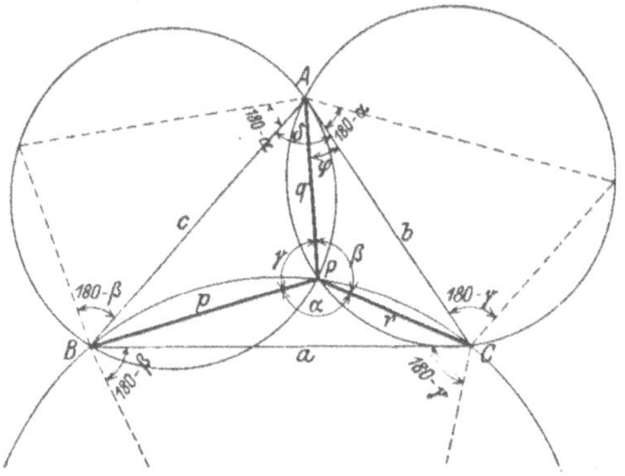

Abb. 8.

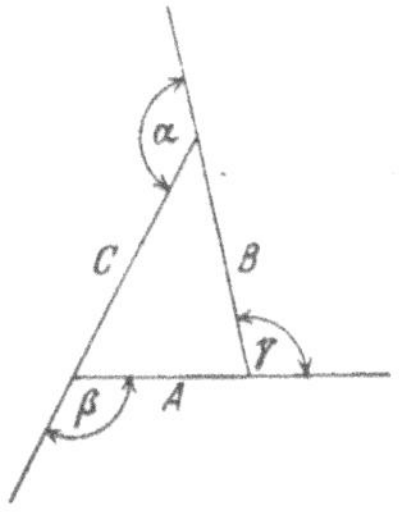

Abb. 9.

Differenziert man diesen Ausdruck einmal nach r und einmal nach φ, so kommt man auf die Gleichungen

$$A + B \cdot \cos\gamma + C \cdot \cos\beta = 0$$
$$B \cdot \sin\gamma - C \cdot \sin\beta = 0$$

und hiermit auf den Satz: Die Sinusse der von den Strahlen A P, B P und C P am Knotenpunkte P gebildeten Winkel müssen sich wie die kilometrischen Gesamtkosten der drei Strahlen verhalten.

Die Winkel α, β und γ findet man als Außenwinkel eines Dreiecks, dessen Seiten gleich den kilometrischen Gesamtkosten sind (Abb. 8). Im übrigen geht die Konstruktion aus der Abb. 9 hervor.

B. Technische Linienführung (technische Trassierung).

1. Krümmungen.

Es wird niemals möglich sein, eine längere Straße in ihrem ganzen Verlaufe geradlinig anzulegen. Sie wird sich aus einer ganzen Reihe geradliniger Strecken verschiedener Richtung zusammensetzen, die durch Krümmungen miteinander verbunden werden müssen.

Nennenswerte Bewegungswiderstände treten infolge der Krümmungen nicht auf, im Gegensatz zu Eisenbahngleisen, wo diese Widerstände durch das Festsitzen der Räder auf der Achse und durch die Spurkränze erzeugt werden.

Wenn die Radachsen eines Wagens miteinander einen Winkel von endlicher Größe bilden, bewegen sich alle Punkte des Wagens in kreisförmigen Bahnen, deren Mittelpunkte mit dem Schnittpunkt der verlängerten Radachse zusammenfallen.

Nach diesem Gesichtspunkt ist der kleinste Halbmesser der Straßenkrümmung zu bestimmen.

Der Größtwert des Drehwinkels der Wagenachsen ergibt den kleinsten Krümmungshalbmesser. Bei gewöhnlichen Landfuhrwerken ist nur die Vorderachse aus ihrer normalen Lage drehbar, die Hinterachse ist fest mit dem Langbaum des Wagens verbunden. Dagegen muß für Langholzfuhrwerk auf Bergstraßen mit kleinen Krümmungshalbmessern auch die Hinterachse drehbar eingerichtet werden.

Für Wagen mit feststehender Hinterachse ergeben sich die Krümmungshalbmesser (Abb. 10):

$$r_i = l \cdot \operatorname{cotg} \cdot \alpha - \frac{s}{2}; \quad r_a' = \frac{l}{\sin \alpha} + \frac{s}{2}; \quad r_p = \sqrt{\left(\frac{l}{\sin \alpha} + p\right)^2 + d^2}$$

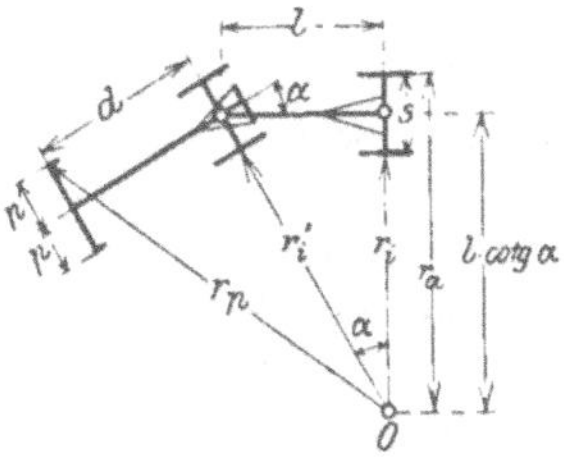

Abb. 10.

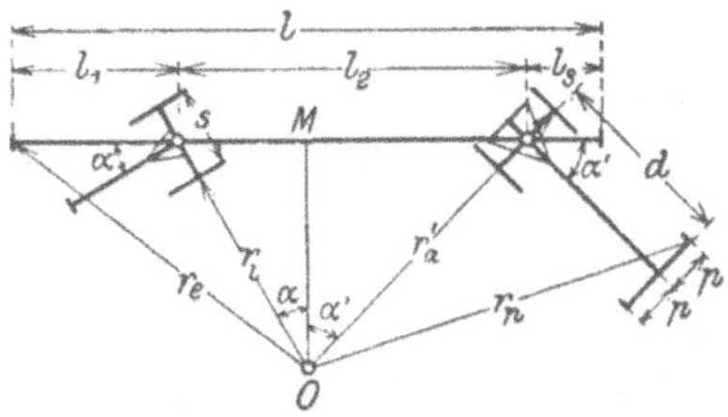

Abb. 11.

Bei drehbarer Hinterachse erhält man die Krümmungshalbmesser (Abb. 11):

$$r_a' = \frac{l \cdot \cos \alpha}{\sin(\alpha + \alpha')} + \frac{s}{2}; \quad r_p = \sqrt{\left(\frac{l \cdot \cos \alpha}{\sin(\alpha + \alpha')} + p\right)^2 + d^2}$$

Für Hauptstraßen genügen die nach diesen Gleichungen errechneten Halbmesser im allgemeinen nicht. Mit Rücksicht auf den Kraftwagenverkehr ist als Mindestmaß 50 m zu wählen, für Nebenstraßen genügen 20—30 m.

Es ist zu erwarten, daß in absehbarer Zeit Überlandstraßen für reinen Kraftwagenverkehr gebaut werden, auf denen auch die Krümmungen mit voller Fahrt befahren werden. Unter diesen Umständen ist ein Mindesthalbmesser von 250 m zu fordern.

Bei der Forderung, daß die Fuhrwerke in den Krümmungen aneinander vorbeifahren können, wird meist die Fahrbahnbreite der geraden Strecke nicht ausreichen, man wird eine Verbreiterung vornehmen müssen.

Die Übergänge zwischen den Geraden und den kreisförmigen Krümmungen sind durch Parabelbögen zu vermitteln (s. Eisenbahnbau).

2. Steigungen.

Horizontale Straßen sind mit Rücksicht auf eine gute Entwässerung nach Möglichkeit zu vermeiden. Wo sie nicht zu umgehen sind, sollen sie möglichst starkes Quergefälle erhalten.

Bei gegebener Zugkraft und Ladung erhält man aus der Gleichung für die Zugkraft $Z = Q \cdot \operatorname{tg} \alpha + P \cdot \operatorname{tg} \alpha + f \cdot Q$ die größte Steigung $\operatorname{tg} \alpha = \frac{Z - f \cdot Q}{Q + P}$.

Auf kurzen Strecken bis zu 1 km können die Zugtiere ohne Nachteil ihre Kraft verdoppeln, hier kann daher $\operatorname{tg} \alpha = \frac{2Z - f \cdot Q}{Q + P}$ gewählt werden. Vernachlässigt man, wie es für Straßen im flachen Lande üblich ist, das Gewicht der Zugtiere, so ist die auf der ganzen Strecke auszuübende mittlere Zugkraft $Z = f \cdot Q$, und daher die zulässige Größtsteigung $\operatorname{tg} \alpha' = \frac{2 \cdot f \cdot Q - f \cdot Q}{Q} = f$.

Hieraus ergibt sich die Größtsteigung

für Schotterstraßen zu . . . . tg α' = 3%
„ Kleinpflasterstraßen zu . . . . tg α' = 2,5%
„ gute Reihensteinstraßen und Holzpflasterstraßen . . . . tg α' = 2%
„ Asphaltpflaster . . . . tg α = 1%

Bei Straßen im Berglande und im Hochgebirge sind stärkere Steigungen zu wählen. Die preußische „Instruktion zur Aufstellung der Projekte und Kostenanschläge für den Bau von Kunststraßen" vom Jahre 1871 setzt folgende Steigungen fest

a) im Gebirge 5%
b) im Hügelland 4%
c) im Flachland 2,5%

Für Verbindungswege von geringerer Bedeutung können noch stärkere Steigungen bis zu 6%—7% angewandt werden.

Bei Bergstraßen mit anhaltender Steigung sind an geeigneten Stellen Ruhestrecken oder Rasten mit geringer Steigung einzuschalten. Hierzu eignen sich besonders die Wendeplatten oder Kehren. Bei diesen Straßen ist die einmal gewonnene Höhe ohne zwingende Gründe nicht wieder zu verlassen. Verlorene Steigungen sind also zu vermeiden.

Mit Rücksicht auf den Schnellverkehr sind schroffe Gefällwechsel nicht anzuordnen. Schnellfahrende Kraftfahrzeuge stoßen bei konkaven Brechungen stark auf, und bei konvexen heben sich die Vorderräder ab und schlagen dann heftig auf. Für die Ausrundungen sind daher große Krümmungshalbmesser von mindestens 500 m mit zwischengeschalteten parabolischen Übergangskurven zu wählen.

3. Querschnitte.

Der Querschnitt richtet sich nach dem zu erwartenden Verkehr. Als Mindestabmessungen sind zu fordern eine 5 m breite zweispurige Fahrbahn, eine 1 m breite Fußgänger- und eine 1,5 m breite Materialberme, so daß die Gesamtbreite mindestens 7,5 m beträgt (Abb. 12). Auf den süddeutschen Landstraßen sind die Fahrbahnen meist in ganzer Ausdehnung beschottert, und die Gesamtstraßenbreite geht nicht erheblich über das skizzierte Mindestmaß hinaus, es kommen sogar Fahrbahnen mit nicht mehr als 4 m Breite vor. In Norddeutschland dagegen, wo die Geländeschwierigkeiten geringer sind, ist außer der beschotterten Fahrbahn meist noch ein unbefestigter oder schwach mit Kies bedeckter Sommerweg vorhanden. Der Sommerweg kann mit zum Ausweichen benutzt und die Schotterbahn schmaler gehalten werden; die geringste Breite beträgt für Nebenstraßen 3 m und für Hauptstraßen 4 m. Der Sommerweg ist meist 2,5 m breit (Abb. 13).

Abb. 12.

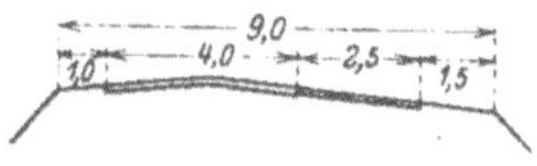

Abb. 13.

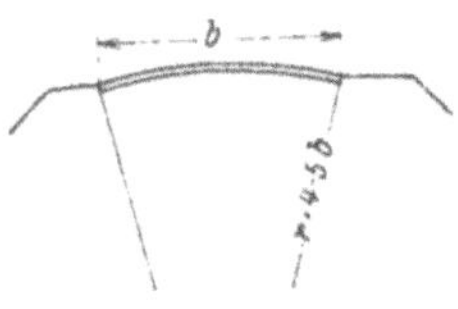

Abb. 14.

Um ein bequemes Ausweichen zu ermöglichen, ist für jedes Fuhrwerk ein 2,5 m breiter Fahrbahnstreifen erforderlich. Für schnellfahrende Automobile beträgt dieses Maß 3 m. Als geringste Fahrbahnbreite für Hauptstraßen ist daher das Maß von 6 m zu wählen.

Die Straßenoberfläche ist nach dem Gesichtspunkte auszubilden, daß überall das Niederschlagswasser schnell abfließen kann. Straßen mit starkem Längsgefälle können daher mit schwachem Quergefälle versehen werden und umgekehrt. Ferner ist für weiches Deckmaterial stärkeres Quergefälle zu wählen als für hartes. Harte Schotterbahnen erhalten je nach Längsgefälle der Straße ein Quergefälle von 3—5%, weiche 5—6%, Sommerwege und Bankette 4—5%.

Es ist meist üblich, die Schotterbahnen nach einem Kreisbogen auszurunden (Abb. 14), dessen Halbmesser gleich der vier- bis fünffachen Fahrbahnbreite gewählt wird. Auf die Bankette und Sommerwege kann man dieses Verfahren jedoch nicht anwenden, da das Quergefälle zu steil werden und zu Ausspülungen Anlaß geben würde. Aber auch für die Fahrbahn hat die bogenförmige Ausbildung große Nachteile, da hier ebenfalls die Ränder zu steil werden und besonders schnellfahrenden Automobilen dadurch, daß sie das Schleudern verursachen, gefährlich werden können.

Vorteilhafter ist ein dachförmiges oder parabelförmiges Profil, das die geschilderten Mißstände ausschließt (siehe Abb. 15).

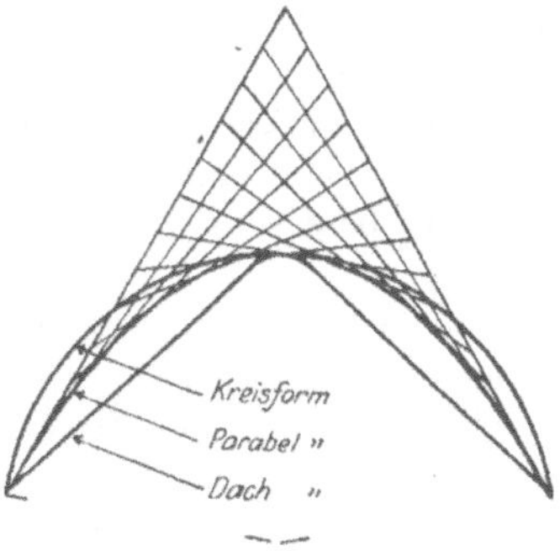

Abb. 15.

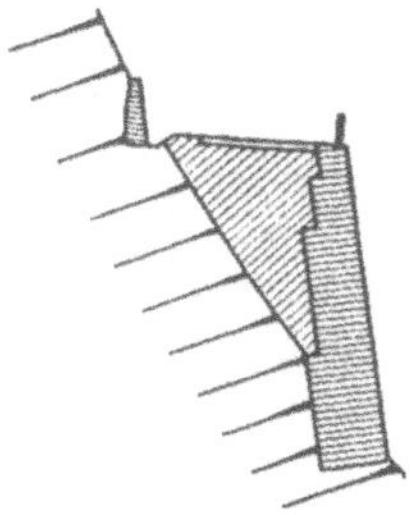

Abb. 16.

Bei Straßen an Berghängen wird zur größeren Sicherheit des Verkehrs vielfach eine einseitige Querneigung gewählt, die jedoch den Nachteil der langsameren Austrocknung der Straßenbefestigung mit sich bringt (Abb. 16).

Das Planum der Straße muß mindestens 0,3 m über der Erdgleiche und 0,5 m über dem bekannten höchsten Wasserstande liegen. Überall, wo das Planum nicht 0,6 m über dem anstoßenden Gelände liegt, sind zur Herbeiführung einer trockenen Lage Seitengräben anzulegen von mindestens 0,6 m Tiefe und 0,40 m Sohlenbreite. Der Böschungswinkel richtet sich nach der Bodenart und beträgt im allgemeinen 45%. In besonderen Fällen, namentlich innerhalb der Ortschaften, kann es zweckmäßig sein, statt der Gräben gepflasterte flache Rinnen von etwa 0,70 m Breite anzulegen.

Als Schutzvorrichtungen sind auf beiden Seiten der Straße Baumpflanzungen in 8—10 m Entfernung vorzusehen. Hierzu sind entweder Obstbäume oder Alleebäume zu wählen, in der Nähe größerer Städte nur letztere. Bei Dämmen von mehr als 2 m Höhe sind Schutzsteine oder Geländerstücke zu setzen, bei Stütz- und Futtermauern durchlaufende Geländer von 1,20 m Höhe. Bei Straßen mit starkem Automobilverkehr sind besonders feste Konstruktionen zu wählen.

In einigen Bundesstaaten bestehen bezüglich der Aufstellung des Entwurfes gesetzliche Vorschriften:

in Preußen die Zirkularverfügung des Handelsministeriums vom 7. Mai 1871 betreffend die Aufstellung von Entwürfen und Kostenanschlägen für den Bau von Kunststraßen,

in Bayern die Ministerialentschließung vom 26. März 1874 betr. die Behandlung der Entwürfe für Staatsstraßen,

in Baden die Verordnung vom 30. Juli 1864.

Dritter Abschnitt.

Ausführung.

Bezüglich des Unterbaues, zu dem die Ausführung der Erdarbeiten, der Massenausgleich, die Herstellung von Dämmen und Einschnitten, von Stütz- und Futtermauern, von Brücken und Durchlässen gehört, gilt mit sinngemäßer Anwendung das beim Eisenbahnbau (siehe II. Teil Band 3) Gesagte. Hier wird also lediglich der Oberbau der Straßen behandelt werden.

A. Fahrbahnbefestigungen.

1. Schotterstraßen.

(Auch Makadamstraßen nach dem Erfinder Mac Adam genannt.) Der Oberbau besteht aus der Packlage, die die eigentliche tragende Schicht darstellt und den Druck der Fuhrwerke und anderer Verkehrsmittel auf den Untergrund übermitteln soll, und der Decklage, die der Abnutzung und dem Verschleiß unterworfen ist und von Zeit zu Zeit der Ausbesserung bzw. der Erneuerung bedarf (Abb. 17).

a) Die Packlage besteht aus pyramidenförmigen Steinen von 12—20 cm Höhe. Als Material ist jede nicht zu weiche Gesteinsart geeignet, die gleichmäßiges Gefüge hat und nicht verwittert. Die Packlagesteine werden mit der Spitze nach oben versetzt, und die Zwischenräume werden entweder mit Steinsplittern ausgezwickt oder mit Schotter ausgefüllt. Nach Fertigstellung wird die Packlage mit einer leichten Walze abgewalzt. Vor dem Einbringen der Packlage ist das Planum dem Straßenquerschnitt entsprechend vollkommen eben herzustellen, da jede Unregelmäßigkeit in der Oberfläche der fertigen Straße wieder auftritt und zur Bildung von Schlaglöchern Anlaß gibt.

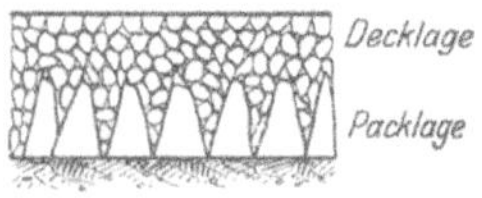

Abb. 17.

b) Die Decklage wird je nach Verkehr 6—10 cm stark hergestellt und besteht aus Schotter von 3—6 cm Korngröße. Bei hartem Gestein wird das kleinere, bei weicherem Gestein das größere Maß gewählt. Weiche Gesteinsarten sind mit Vorsicht und nur bei schwachem Verkehr zu verwenden. Im allgemeinen ist die Decklage ihrer Bestimmung gemäß aus dem härtesten Material herzustellen, das zu erhalten ist. Es eignen sich hierzu besonders die harten Eruptivgesteine, wie Basalt, Porphyr, Granit, Gabbro, Grünstein, Syenit und von den Sedimentgesteinen Grauwacke und Keupersandstein. Auf die Einheitlichkeit des Gefüges ist größter Wert zu legen. Findlingsschotter ist nur dort zu verwenden, wo besseres Material nicht zu einem gleich billigen Preise zu haben ist, z. B. in der norddeutschen Tiefebene. Die Bahnen aus Findlingsschotter werden in der Unterhaltung teuer, da das weichere Material sich schnell abnutzt und zur Bildung von Schlaglöchern Anlaß gibt.

Die Herstellung des Schotters geschieht entweder von Hand oder mit Maschinen. Bei beiden Arbeitsmethoden werden die Bruchsteine zunächst zum Grobschlag zerkleinert und aus diesem wird der Schotter von der gewünschten Korngröße geschlagen. Beim Handschlag wird die kubische Form, die am günstigsten ist, da sie die dichteste Decke liefert, am besten erreicht. Ein weiterer Vorteil des Handschotters besteht ferner darin, daß nur wenig Abfall entsteht. Der Nachteil liegt in den hohen Herstellungskosten. Bei mittelhartem Gestein beträgt der Schlagelohn für 1 cbm etwa 3,50 M. Man geht daher mehr und mehr dazu über, die Handarbeit durch Maschinenarbeit, die um 30—40% billiger ist, zu ersetzen. Zu diesem Zwecke gibt es zwei verschiedene Typen von Steinbrechmaschinen, Backenbrecher und Drehbrecher.

c) Der Backenbrecher (Abb. 18) besteht in den Hauptteilen aus dem Brechmaul mit einer festen und einer schwingenden Backe, der Triebwelle mit den beiderseitigen Schwungrädern und dem Kniehebel mit den Druckplatten. Die Backenbrecher werden sowohl feststehend als auch fahrbar mit einem entsprechenden Untergestell hergestellt. In letzterem Falle dient als Kraftmaschine meistens eine Dampfwalze. Der mit diesen Maschinen hergestellte Schotter hat den Nachteil, daß er splittrige Form hat und sich daher nicht so leicht einwalzen läßt wie der Handschotter. Außerdem besitzt er mehr Haarrisse, die zu schnellerem Verschleiß der Decke Anlaß geben können. Ferner ist der durch Zermahlen des Materials entstehende Abfall größer als beim Handbetrieb. Um eine bessere Form der Schotterstücke zu erzielen und um die Bildung der Haarrisse nach Möglichkeit einzuschränken, sind neuerdings Brechbacken konstruiert, die nicht von oben bis unten durchlaufende gleich tiefe Rillen haben, sondern im oberen Teile höhere mit größeren Abständen, um zunächst das Material in grober Form vorzubrechen.

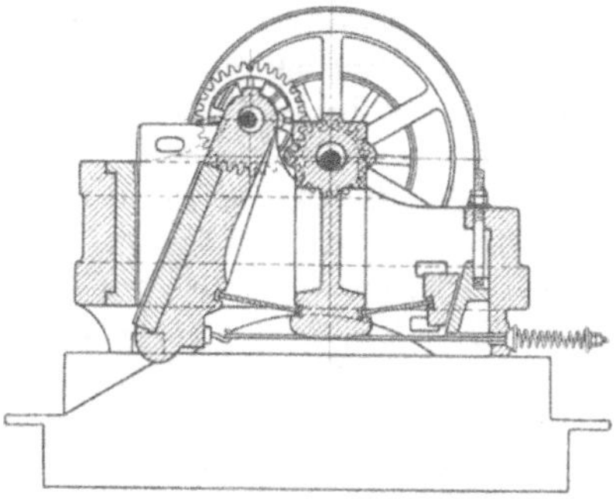

Abb. 18. Backenbrecher.

Alle Nachteile dieses Maschinenbetriebes werden wieder durch die Kostenersparnis, die etwa 30—40% gegenüber dem Handbetriebe ausmacht, aufgehoben. Die Brecher werden hergestellt mit Leistungen von 2—25 cbm Schotter in der Stunde.

d) Der Drehbrecher besteht aus einem feststehenden trichterförmigen Brechgehäuse und dem beweglichen kegelförmigen Brechkopf, der lose und exzentrisch auf der lotrechten Triebwelle sitzt und in schwingende und drehende Bewegungen versetzt wird (Abb. 19).

Im Gegensatz zum Backenbrecher wird hierbei das Material nicht durch einen plötzlichen Stoß zerkleinert, sondern durch einen sich allmählich steigernden Druck. Der Vorteil des Drehbrechers besteht darin, daß er kontinuierlich ohne Leerlauf und daher billiger arbeitet, und daß der Schotter mehr würfelförmige und weniger splittrige Form erhält. Er hat jedoch den Nachteil, daß er mehr Material zertrümmert und daher mehr Abfall erzeugt. Bei manchen Schotterwerken sind zum Vorbrechen Backenbrecher und zum Feinbrechen Drehbrecher aufgestellt. Die Drehbrecher werden hergestellt für Stundenleistungen von 2—50 cbm Schotter. Bei beiden Brecherarten geht das zerkleinerte Material nach dem Verlassen des Brechers durch eine Siebtrommel und wird hier nach den gewünschten Korngrößen sortiert.

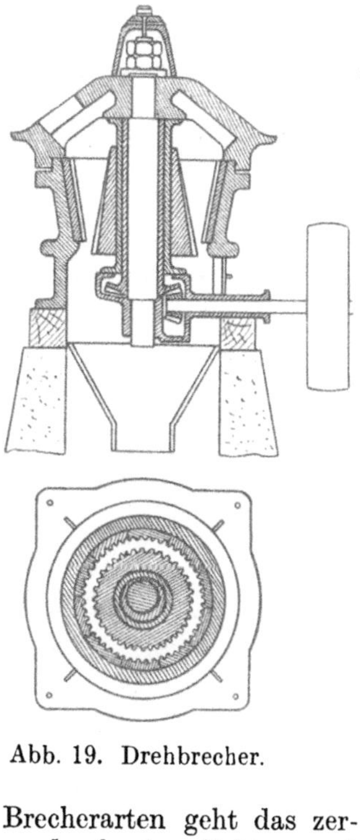

Abb. 19. Drehbrecher.

Der Schotter wird in einer nach dem Verkehr zu bemessenden Stärke von 8—12 cm auf die Packlage gebracht. Die Hohlräume dieser losen Schotterschicht betragen etwa 50%, die durch anhaltendes Walzen auf etwa 20% vermindert werden. Diese noch verbleibenden Hohlräume werden mit Steingrus und Kies durch Walzen und Schlämmern ausgefüllt. Die Erzielung einer möglichst dichten Schotterdecke ist von großer Wichtigkeit, um eine Zerstörung der Decke durch eindringendes Wasser und Frost zu verhüten.

e) Pferdewalze. Zum Einwalzen der Decke benutzt man Pferdewalzen oder Dampfwalzen. Die Pferdewalzen, die früher aus Stein oder Gußeisen bestanden, werden neuerdings nur aus Stahl oder Gußeisen hergestellt. Meistens sind sie für die Bespannung so eingerichtet, daß an dem Gestell zwei Deichseln vorhanden sind, und daß bei jedem Hin- und Rückgang umgespannt werden muß. Da dieses Verfahren sehr lästig ist, hat man Walzen mit Drehdeichseln konstruiert. Hierbei ist die Deichsel auf einer die Walze umfassenden horizontalen Scheibe um 180° drehbar.

Es ist zweckmäßig, die Verdichtung einer Schotterdecke mit einer leichteren Walze zu beginnen und bei zunehmender Verdichtung das Gewicht allmählich zu vergrößern. Dies wird dadurch erreicht, daß man vorn und hinten an der Walze oder im Innern Körbe anbringt, die zur Aufnahme von Beschwerungsmaterial, Pflastersteinen, dienen, oder daß man die Walze zur Ausfüllung mit Wasser oder zur Aufnahme eines Kranzes von Eisenkeilen einrichtet.

Der Durchmesser der Pferdewalzen beträgt 1,2—1,8 m, die Breite 1,1—1,3 m und die Wandstärke 5—8 cm. Als passende Gewichte wählt man für den unbelasteten Zustand 4—6 und für den belasteten Zustand 6—8 t. Auf jede Tonne Walzengewicht ist ein Pferd zu rechnen. Die Pferdewalzen arbeiten mit einer Geschwindigkeit von etwa 5 m/sec.

f) Dampfwalze. Bei den Dampfwalzen unterscheidet man zwei verschiedene Systeme, das französische, bei dem zwei gleich breite Walzen hintereinander angeordnet sind (Abb. 20), und das englische, das drei oder vier Walzen besitzt, und zwar die vorderen niedrigen Lenkwalzen und die hinteren, höheren Triebwalzen, die die vorderen um ihre ganze Breite abzüglich einer geringen Überschneidung überragen (Abb. 21). In Deutschland ist fast allgemein das englische System im Gebrauch. Die Walzen werden gebaut im Gewichte von 6 bis 25 Tonnen. Die Dampfstraßenwalzen werden sowohl mit einfachen als auch mit Verbund-Dampf-Zylindern hergestellt. Die Walzen mit Verbundzylindern besitzen den Vorzug, daß sie fast geräuschlos arbeiten und daß sie bei jeder Stellung anlaufen. Ferner wird der Dampf und dadurch das Heizmaterial besser ausgenutzt und der Betrieb daher billiger. Sie haben jedoch den Nachteil, daß die Unterhaltungskosten wegen der Vielgestaltigkeit der Zusammensetzung und wegen der schwächeren Abmessungen der bewegenden Teile höher werden als bei den Walzen mit einfachem Zylinder.

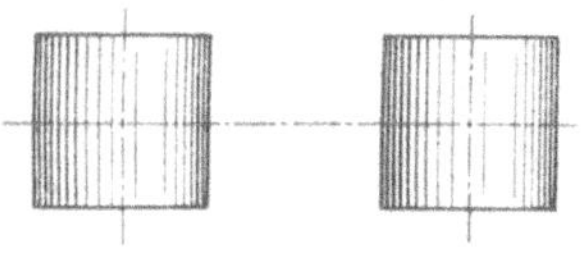

Abb. 20. Dampfwalze (franz. Form).

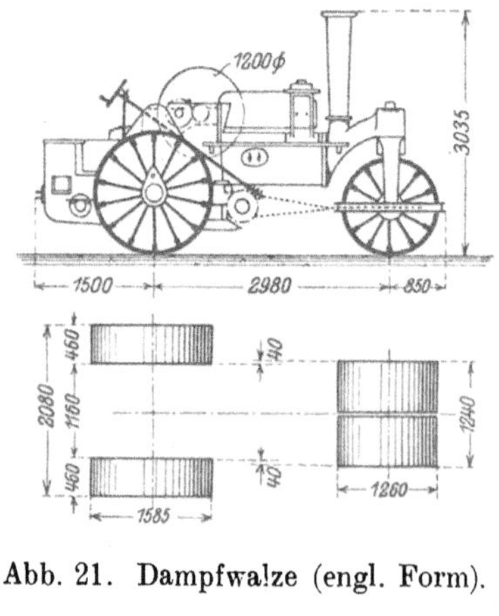

Abb. 21. Dampfwalze (engl. Form).

Gegenüber den Pferdewalzen haben die Dampfwalzen beträchtliche Vorzüge. Sie können in jedem Augenblick ohne Zeitverlust vorwärts oder rückwärts fahren, bei den Pferdewalzen dagegen entsteht ein erheblicher Zeitverlust durch das Umspannen, der besonders auf kurzen Strecken schwer ins Gewicht fällt. Die mit den Dampfwalzen hergestellten Straßendecken werden wegen des höheren Druckes gleichmäßiger und dichter, die Zerstörungen durch die Griffe der Zugtiere während des Walzens kommen in Fortfall. Von besonderer Wichtigkeit ist es, daß die Dampfwalzen noch Steigungen von 1 : 10 mühelos nehmen können, was bei Pferdewalzen nicht der Fall ist.

Für städtische Straßen kann aus allen diesen Gründen nur Dampfwalzarbeit in Frage kommen, umsomehr, als sie im allgemeinen billiger ist als die Arbeit der Pferdewalze.

Die fertig gewalzte Straße wird mit einer etwa 1 cm starken Kiesschicht bedeckt, die den Zweck hat, die frische Decke gegen die Angriffe der Pferdehufe zu schützen.

Neben der regelmäßigen Abnutzung tritt besonders bei den Schotterdecken eine unregelmäßige Abnutzung durch Bildung von Schlaglöchern und ausgefahrenen Gleisen hervor. Die Schlaglöcher entstehen besonders dort, wo weichere Schotterstücke vorhanden sind, die unter dem Verkehr schnell zerstört werden und so den Anlaß zu der ersten Vertiefung geben, die schnell vergrößert wird. Außerdem veranlassen aber auch herausgerissene einzelne Schotterstücke die Bildung der Schlaglöcher, sie sind daher sorgfältig von der Fahrbahn abzulesen. Die Gleisbildung entsteht besonders bei einspurigen Fahrbahnen oder auch bei breiteren Fahrbahnen mit lebhaftem Verkehr, wo regelmäßiges Rechtsfahren erforderlich ist. Für die Ausbesserung haben sich zwei besondere Arten herausgebildet, das Flicksystem und das Decksystem.

g) Das Flicksystem sucht durch die Ausfüllung der Schlaglöcher und der Gleise die ursprüngliche Form und Stärke der Decke zu erhalten. Es werden immer nur einzelne kleinere Flächen aufgefüllt, die nicht mit der Walze behandelt werden können, sondern durch die Fuhrwerke gedichtet und zusammengepreßt werden müssen. Diese Arbeit kann nur bei feuchtem Wetter, wo das Material gut bindet, vorgenommen werden, bei Trockenheit und bei Frost ist sie einzustellen. Die einzelnen Flickstellen sind so über die Straßenoberfläche zu verteilen, daß es den Fuhrwerksführern nicht möglich ist, ihnen auszuweichen. Dieses Verfahren hat natürlich für den Verkehr, besonders für Kraftwagen, große Nachteile. Es ist sehr teuer, da ein verhältnismäßig allzu großer Teil des Ausbesserungsmaterials zerstört wird, und es ist doch nicht möglich, die ursprüngliche Form der Decke dauernd zu erhalten.

h) Das Decksystem. Bei dem Decksystem werden größere zusammenhängende Fahrbahnflächen, nachdem eine bestimmte Abnutzung eingetreten ist, mit einer neuen Schotterdecke beschüttet, die mit der Walze gedichtet und im übrigen ebenso wie bei einer neuen Straße behandelt wird.

Die Zeitdauer dieser regelmäßigen Abnutzung beträgt bei mittleren Verkehrsverhältnissen 2—5 Jahre. Sie darf niemals so weit vorgeschritten sein, daß die Packlagesteine zutage treten. Die alte Decke muß, damit eine gute Verbindung mit der neuen hergestellt wird, aufgerauht werden. Dies geschieht entweder von Hand mit der Picke oder durch besondere Apparate in Verbindung mit der Dampfwalze. Die Handarbeit ist sehr teuer. Bei diesem Verfahren wird daher die alte Straße meist nicht in ganzer Ausdehnung aufgerauht, sondern es werden einzelne Längsstreifen oder schachbrettartige Muster hergestellt.

Die durch die Dampfwalze zu betätigenden Aufreißer kommen in zwei verschiedenen Typen zur Anwendung: entweder sind sie fest mit der Walze verbunden, oder sie werden bei Bedarf an die Walze angehängt. Die erstere Form hat den Vorteil, daß sie in jedem Augenblick gebrauchsfähig ist, sie besitzt jedoch den Nachteil, daß alle Stöße und Erschütterungen, die von großer Heftigkeit sein können, auf die Maschine übertragen werden. Diese Nachteile hat man mit mehr oder weniger Erfolg durch eine geeignete Federung der Zinken zu beseitigen gesucht. Bei der Maschinenarbeit wird die gesamte alte Straßenfläche aufgerissen, sie ist um das sechs- bis achtfache billiger als die Handarbeit.

2. Kleinpflaster.

Das Kleinpflaster ist im Jahre 1885 von Gravenhorst in Stade zuerst ausgeführt. Nach den Worten von Gravenhorst[1]) verdankt es seine Entstehung der Beobachtung, daß Schotterbahnen umso weniger abgenutzt wurden, je größer und gleichmäßiger das Korn des Schotters war. Gravenhorst machte zunächst einen Versuch mit der Pflasterung von Granitwürfeln, die 4—6 cm Seitenlänge hatten, dem nordischen Geschiebe entnommen waren und auf einer alten abgenutzten Steinschlagbahn versetzt wurden. Die Beobachtung ergab, daß der Verschleiß des Kleinpflasters etwa 8—10 mal geringer war als der einer Schotterdecke. Seit jener Zeit hat das Kleinpflaster eine ganz erhebliche Ausdehnung erfahren. Es wird nicht nur zur Verbesserung alter schadhafter Schotterstraßen, sondern auch zur Neuherstellung von Land- und Stadtstraßen benutzt. Bei Landstraßen, die einen dichten Verkehr aufzuweisen haben, bietet es wegen der geringeren Unterhaltungskosten und der größeren Staubfreiheit erhebliche Vorzüge gegenüber den Schotterstraßen. Für städtische Straßen ist es besonders in den Wohnvierteln sowohl der offenen als auch der geschlossenen Bauweise sehr geeignet, für Hauptverkehrsstraßen ist es jedoch zu leicht und zu wenig widerstandsfähig.

Das Kleinpflaster auf Steinschlagbettung ist die am meisten verbreitete Form (Abb. 22). Wenn alte Straßendecken als Bettung benutzt werden sollen, so sind sie vorher genau profilmäßig abzugleichen, die Schlaglöcher werden am besten mit Beton ausgefüllt, nachdem die Straße gründlich abgekehrt worden ist. Die Würfel werden in einem Kies- oder Sandbett von 2—4 cm Stärke versetzt, abgerammt und mit einer etwa 1 cm starken Kies- oder Sandschicht bedeckt.

Das Kleinpflaster auf Betonbettung hat weniger Verbreitung gefunden (Abb. 23). Es befährt sich hart und ist für städtische Straßen wegen der stets vorkommenden Leitungsaufbrüche nicht zu empfehlen. Das Betonbett

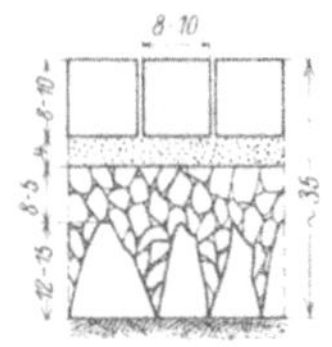

Abb. 22.

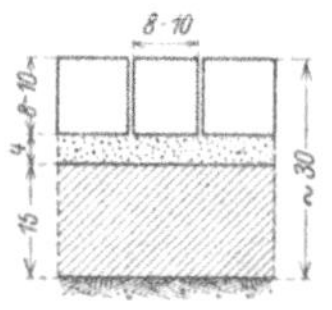

Abb. 23.

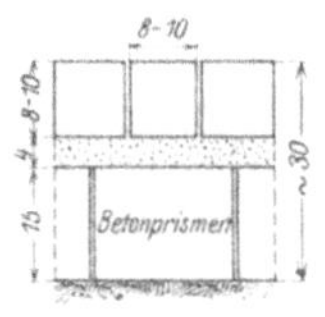

Abb. 24.

Kleinpflaster

auf Packlage. auf Beton. auf Betonprismen.

wird 15—20 cm stark gewählt und in einem Mischungsverhältnis von 1 : 8 bis 1 : 10 hergestellt. Wegen der Mißstände, die sich aus den Aufbruchs- und Wiederherstellungsarbeiten ergeben, hat man statt des zusammenhängenden Betonbettes an manchen Orten eine Unterlage aus einzelnen Betonprismen von 15—18 cm Höhe und 25—30 cm Seitenlänge gewählt, die lose nebeneinander in Sand versetzt wurden (Abb. 24). Die Kosten des Kleinpflasters auf zusammenhängender Betonbettung sind die gleichen wie bei der Steinschlagbettung. Die Verwendung von Betonprismen wird teurer.

---

[1]) Siehe Krüger, Das Kleinpflaster.

Als Material der Kleinsteine kommen sämtliche Hartgesteine in Frage. Sehr weit verbreitet ist die Verwendung von Basalt, Granit und Porphyr. An das Material sind im allgemeinen dieselben Anforderungen zu stellen wie beim Groß- bzw. Reihensteinpflaster, wenn auch mit einer gewissen Beschränkung. Das gebräuchlichste Format sind Würfel von 8—10 cm Seitenlänge. Kleineres Format ist unter schwererem Verkehr nicht widerstandsfähig genug, und größeres entspricht nicht mehr den Voraussetzungen des Kleinpflasters. Die Steine werden von Hand oder größtenteils von der Maschine geschlagen. Das Versetzen der Steine geschieht entweder im Diagonalverbande oder mosaikartig oder in konzentrischen Halbkreisen. Bei annähernd gleichmäßigem Format hat die erstere Art sich besonders gut bewährt.

3. Teerschotterstraßen.

Hand in Hand mit dem schnellen Verschleiß der gewöhnlichen Schotterdecke geht die Staubbildung. Sie wird in neuerer Zeit bei dem Verkehr der schnellfahrenden Automobile besonders lästig empfunden. Durch die mit der Staubentwicklung verbundene Unübersichtlichkeit kann unmittelbar eine Gefahr für nachfolgende Automobile und anderes Fuhrwerk herbeigeführt werden. Eine sichere Abhilfe würde durch das Bedecken der Fahrbahn mit Kleinpflaster erzielt werden. Dieses Verfahren ist jedoch zu teuer, und man hat daher nach einem Bindemittel für die Schotterdecke gesucht, das den Staub bindet und der saugenden Wirkung der Gummireifen widersteht und dabei, da es sich stets um die Behandlung großer Flächen handelt, billig ist. Diese Bedingungen werden am besten von dem Steinkohlenteer und den Teererzeugnissen erfüllt. Es kommen drei grundsätzlich verschiedene Verfahren der Teerbehandlung zur Anwendung, die Oberflächenteerung, das Tränkverfahren und das Teerschotterverfahren oder die Innenteerung[1]).

a) Oberflächenteerung. Zur Oberflächenteerung eignen sich sowohl alte als auch neue Straßen. Die alten Straßendecken dürfen allerdings keine starken Schlaglöcher besitzen, da der Teer sich hier sammeln und zu Mißständen Anlaß geben würde. Neue Schotterdecken werden, um eine feste Lagerung der einzelnen Schotterstücke zu erzielen, zweckmäßig eine kurze Zeit dem Verkehr übergeben. Vor dem Teeren ist die Oberfläche durch Kehrmaschinen in Verbindung mit Handarbeit sauber zu reinigen. Zurückbleibender Staub würde späteres Abwickeln der Teerdecke veranlassen. Der Teer, der wasserfrei sein muß (am besten destilliert), wird bis zum Siedepunkt erhitzt (bei dest. Teer auf 120—130°) und dann mit Hand oder Maschinen auf die Straßenoberfläche gebracht. Auf alten Decken ist die Handarbeit vorzuziehen, da durch sie auf die Erhöhungen und Vertiefungen mehr Rücksicht genommen werden kann. Auf neueren Straßen dagegen arbeitet die Maschine schneller und billiger, und man kann, da die Teerung nur bei vollkommen trockenem Zustande vorgenommen werden darf, schwankende Wetterverhältnisse besser ausnutzen. Der Teerverbrauch beträgt etwa 1,5—2 kg/qm. Nachdem die Teerdecke ½—1 Tag unberührt gelegen hat, ist sie kurz vor der Übergabe an den Verkehr mit einer Schicht Perlkies oder reinem Steingrus von 6 mm Korngröße zu überziehen. Der Bedarf an Perlkies beträgt 1000 kg auf 160—200 qm, an Steingrus 1000 kg auf 250—300 qm. Bei Straßen mit mittlerem Verkehr ist die Teerung alljährlich, bei starkem Verkehr zweimal im Jahre zu wiederholen.

b) Das Tränkverfahren. Die ohne Bindemittel und ohne Sandzusatz in trockenem Zustande fertig abgewalzte Schotterdecke wird mit einem Gemisch aus Steinkohlenteerpech und Teerölen bis zur Sättigung getränkt. Die in fest-

[1]) Zeitschr. f. Transportw. u. Straßenbau 1911, Nr. 17.

gewalztem Zustande gemessene Deckenstärke soll bei sehr schwerem Verkehr 10—12 cm, bei mittlerem Verkehr 6,5—8 cm und bei leichtem Verkehr 5 cm betragen. Der Schotter soll so zusammengesetzt sein, daß 60% der Steine eine Korngröße von 6,5 cm und 40% 3,5—6,5 cm haben. Für Herstellung der Pechmischung werden zunächst 88—90% Pech und 12—10% Anthracenöl bei einer Temperatur von 125—150° zusammengeschmolzen. Diese Masse wird mit der gleichen Menge Sand von scharfem Korn, der auf etwa 200° erwärmt sein muß, vermischt und ist nunmehr gebrauchsfertig. Zum Verteilen dieses Gemisches, das im Kessel fortwährend umgerührt werden muß, dienen Gießkannen von 8—12 l Inhalt. Der Verbrauch an Pech und Teerölen beträgt bei 5 cm starken Decken 6 l/qm und bei 6,5—8 cm starken Decken 7—9 l/qm. Unmittelbar nach dem Ausgießen ist die Decke mit Steingrus zu bedecken und unter weiterem Versetzen mit Steingrus abzuwalzen, bevor das Bindemittel Zeit zum Erhärten gehabt hat, wozu nur wenige Minuten erforderlich sind. An Steingrus sind etwa 10% der Menge des zur Herstellung der Decke erforderlichen Schotters nötig. Sobald die Decke genügend abgekühlt ist, kann sie dem Verkehr übergeben werden.

c) Das Teerschotterverfahren oder die Innenteerung. Die Teerschotterdecke, die auf gewöhnlicher Packlage verlegt wird, erhält eine Stärke von 5—8 cm bei einer Querneigung von 1 : 30. Der Schotter soll zu 60% aus 6,5 cm und zu 30% aus 3,5 bis 6,5 cm großen Stücken bestehen. Der Rest von 10% soll eine Korngröße von 7—20 mm besitzen und vom übrigen Schotter getrennt gehalten werden, um zum Überziehen während des Walzens Verwendung zu finden. Der Schotter muß vollkommen trocken und möglichst schon angewärmt sein, bevor er mit dem heißen Teer in Berührung kommt. Der Teer soll wasserfrei oder besser noch destilliert sein. Das Überziehen des Schotters geschieht entweder von Hand durch Eintauchen von mit Schotter gefüllten durchlöcherten Gefäßen in den auf 120—130° erhitzten Teer oder besser noch in Teermakadam-Mischmaschinen. Die Abb. 25 stellt eine von der Berliner Maschinenfabrik vormals Freund & Co. gebaute sehr zweckmäßige Maschine dar, in der sowohl das Anwärmen als auch die Teerbehandlung des Schotters bewirkt wird. Der Antriebsmotor ist von der Maschine getrennt, um eine Verschmutzung des Motors zu vermeiden. und um ihn auch für andere Zwecke verwenden zu können. Die Maschine besteht aus zwei fest miteinander verbundenen Mischzylindern, die gleichzeitig durch den Schneckenantrieb a in Umdrehung versetzt werden. Das Schottermaterial wird in den Einwurftrichter s geworfen, fällt in den äußeren Zylinder, wird durch Transportschaufeln nach der Feuerungsseite geschoben, hier durch Schöpfschaufeln in den inneren Zylinder gehoben und in diesem nach der Ausfallseite f gefördert. Während dieses Vorganges wird der Schotter durch die direkte Berührung mit den Heizgasen, die zwischen den beiden Mischzylindern nach dem Schornstein geführt werden, erwärmt. In dem oberhalb der Feuerbuchse aufgestellten Teerbehälter t wird der Teer erhitzt und durch die Rohrleitung r in den inneren Mischzylinder eingespritzt, wobei der erhitzte Schotter sich gleichmäßig mit Teer überzieht. Die Leistung der Maschine beträgt 2,5 cbm in der Stunde.

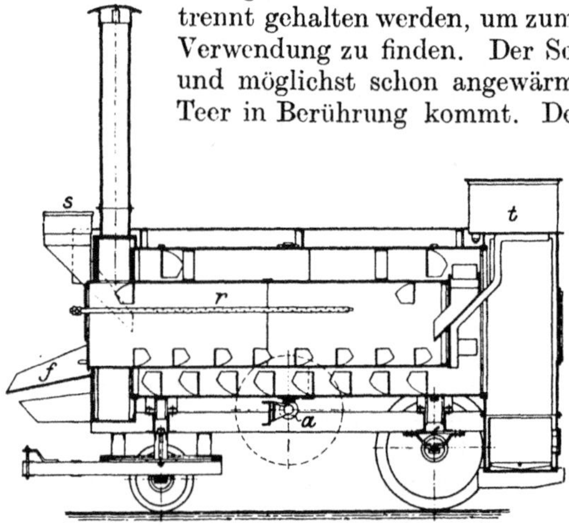

Abb. 25. Teerschotter-Mischmaschine.

Der Materialverbrauch an Teer beträgt etwa 35—47 l auf 1000 kg Schotter. Sofort nach der Herstellung wird der Teerschotter eingebracht, dünn mit Steingrus bedeckt und unter weiterem Zusatz von Steingrus abgewalzt. Günstige Ergebnisse werden mit einer leichteren, 10—12 t schweren Dampfwalze erzielt.

Der Zustand sowohl der Teerschotterdecken als auch der nach dem Tränkverfahren hergestellten Decken wird verbessert und die Dauerhaftigkeit erhöht, wenn sie einige Wochen nach Benutzung mit Teer, der auf 120—130° erwärmt ist, besprengt werden, und wenn dieses Verfahren in gewissen Zwischenräumen wiederholt wird.

d) Besondere Teer- und Pechschotterdecken. Außer dem oben genannten gibt es zur Herstellung von Teer-Pechschotterdecken noch eine ganze Reihe anderer Verfahren, die teils Fabrikgeheimnis der Hersteller, teils gesetzlich geschützt sind.

Bitarmac. Wie schon der Name sagt, wird der Schotter mit Bitumen versetzt, und zwar wird nach Angabe der ausführenden Gesellschaft, Zoeller Wolfers Droege, Berlin, das Bitumen dem Schotter in trockenem Zustande als Asphaltgrus zugesetzt. Die Mischung des erwärmten Schotters erfolgt in Mischmaschinen nach Art der Abb. 23.

Ackerli-Teermakadam. Der Schotter wird mit heißem Teer überzogen und in mit Kies und Sand bedeckten Haufen längere Zeit gelagert und dann unter Zusatz von Steingrus und Kies eingewalzt. Bei diesem Verfahren der Zwischenlagerung, das patentiert ist, gibt der Teer flüchtige Stoffe ab und verharzt.

Quarrite. Der Schotter wird mit destilliertem Teer, der noch besondere Zusätze erhält und mit Sauerstoff angereichert wird, gemischt. Die Decke wird in drei Lagen hergestellt, der unteren aus Schotter von 3—5 cm Korngröße mit wenig Steingrus, der mittleren aus grobem Steingrus und der oberen aus feinem Steingrus. Das Verfahren ist aus England eingeführt.

Pyknoton. Das dem Schotter zuzusetzende Bindemittel besteht aus einem Pech-Ölpräparat, der „Pyknoton“-Mischung, deren Zusammensetzung die ausführende Firma, R. Tagmann-Leipzig, geheimhält, und Sand.

Kiton. Das Bindemittel ist eine Zusammensetzung aus Teer und Ton, das mit Wasser zu einer Emulsion verrührt wird und zum Tränken der abgewalzten Schotterdecke dient. Im Gegensatz zu allen übrigen Teerarbeiten soll dieses Verfahren auch bei Regenwetter ausgeführt werden können. Es ist dem Erfinder, Dr. F. Raschig-Ludwigshafen, patentiert.

Teer-Zement-Pflaster. Als tragende Schicht dient entweder ein 15 cm starkes Betonbett oder eine Schotterbahn. Die Herstellung der Deckschicht erfolgt in der Weise, daß zunächst 10 Raumteile Steingrus, 2 Raumteile Betonkies und 5 Raumteile Zement zu erdfeuchtem Beton verarbeitet werden. Nachdem ferner dieser Mischung 5 % Steinkohlenteer, der durch besondere Präparate dünnflüssig gemacht ist, zugesetzt sind, wird sie in einer Stärke von 3—5 cm aufgetragen und durch Stampfen gedichtet. Nach achttägiger Erhärtungsdauer kann die Decke dem Verkehr übergeben werden. Das Verfahren ist der Firma F. Absolon G. m. b. H. in Oldenburg patentiert.

Teersand- oder Dammannpflaster. Die letztere Bezeichnung ist nach dem Erfinder, Dr. Dammann-Essen, erfolgt.

Das Material wird aus 85 % mineralischen und 15 % bituminösen Stoffen zusammengesetzt. Die mineralischen Stoffe bestehen aus feinstem Sand oder Asche oder aus einem Gemisch von beiden, die bituminösen aus 70 % Steinkohlenteerpech und 30 % Anthracenöl. Die mineralischen Stoffe werden auf einer Darre auf etwa 120° erhitzt und die bituminösen bei gleicher Temperatur in einem Kessel zusammengeschmolzen. Alsdann erfolgt innige Vermischung in einer Mischmaschine, so daß eine bröckelige Masse entsteht, die wie Stampfasphalt auf der Bettung ausgebreitet und mit heißer Walze und Stempeln behandelt wird.

4. Polygonal-, Rundstein- und Kopfsteinpflaster.

Diese Pflasterarten eignen sich nur für untergeordnete Zwecke. Die Pflastersteine werden nur dort, wo wasserundurchlässiger Boden vorhanden ist, auf einer besonderen, meist 10 cm starken Sandbettung versetzt. Das Polygonalpflaster besteht aus gewöhnlichen Bruchsteinen, die gar nicht oder nur roh bearbeitet sind und im Netzverbunde versetzt sind. Das Rundsteinpflaster wird aus Flußgeschieben oder aus Findlingen von annähernd gleicher Größe gebildet. Wenn die Steine durch Bearbeitung ebene Kopfflächen erhalten, im übrigen auf die Ausbildung der Setz- und Seitenflächen keine besondere Sorgfalt verwandt ist, erhält man das Kopfsteinpflaster. Bei der nächsten Stufe der Ausbildung erhalten die Steine annähernd rechteckige Kopfflächen, so daß sie in Reihen verpflastert werden können, die jedoch wegen der unregelmäßigen Größe der Steine gegeneinander verschoben und versetzt werden müssen. Auf diese Weise erhält man das Reihenschiebepflaster.

5. Reihensteinpflaster.

Für alle Straßen, die starken Verkehr aufzuweisen haben, eignen sich die vorher genannten Pflasterarten nicht. Man verwendet in diesem Falle nur Reihensteine, die erheblich andere Eigenschaften aufweisen. Um eine genügende Druckübertragung und Entwässerung zu bewirken, wird eine besondere Bettung erforderlich.

Die Bettung wird entweder aus Kies oder aus Schotter mit Packlage oder aus Beton gebildet. Die Oberfläche der Bettung muß nach Maßgabe des Straßenquerschnittes abgeglichen werden.

Die Kiesbettung wird meistens 20 cm stark hergestellt, bei tonigem und moorigem Untergrund muß sie stärker, bei sandigem kann sie schwächer sein. Der Kies muß möglichst scharf und frei von Lehm und Ockerballen sein. Das mit einem Auflockerungsmaß von 25% geschüttete Kiesbett wird durch Walzen oder Stempel gedichtet.

Die Bettung aus Schotter und Packlage wird ebenso wie eine Schotterstraße hergestellt. Unter besonderen Verhältnissen, namentlich dort, wo mit Rücksicht auf bestimmte die Straße berührende Anstalten (Krankenhäuser usw.) die möglichste Geräuschverminderung verlangt wird, werden auch Teerschotterbettungen ausgeführt.

Die Betonbettung ist dort am Platze, wo es sich um sehr schweren Verkehr und gleichzeitig um besonders unzuverlässigen (moorigen) Untergrund handelt. Der Beton wird im Mischungsverhältnis von 1 : 8—1 : 10 und 18—20 cm stark hergestellt.

Als Material für die Reihensteine kommt in erster Linie Hartgestein, wie Granit, Diorit, Porphyr, Trachyt und Basalt, für untergeordnete Zwecke auch weicheres Gestein, wie Sandstein mit kieseligem Bindemittel und Kalkstein, zur Verwendung. Am besten eignet sich das Material, das, um den Stoßwirkungen zu widerstehen, eine hohe Druckfestigkeit und dabei ein zähes Gefüge aufweist, damit die Oberfläche rauh bleibt und die Kanten unter den Griffen der Pferdehufe nicht abplatzen, wie es bei dem glasigen und spröden Gefüge mancher Basalte und Gneise, die trotzdem eine sehr hohe Druckfestigkeit besitzen, der Fall ist. Derartiges Material ist aber schwer zu bearbeiten und daher sehr teuer. Wo es angängig ist, kann man daher auch Hartgestein von nicht so hoher Druckfestigkeit benutzen, es ist jedoch stets die Bedingung zu stellen, daß die Oberfläche rauh bleibt, sich gleichmäßig abnutzt und keine Neigung zur Buckelbildung zeigt.

Die Form und die Bearbeitung der Reihensteine sind von größtem Einfluß auf die Wirkungen des Verkehrs und auf die Dauer der Straßendecke. Eine ebene Kopffläche vermindert die Stöße und den Lärm des Verkehrs. Durch ebene Seitenflächen lassen sich dichtschließende Fugen herstellen, die eine gute Entwässerung gewährleisten und das Abplatzen und die Zerstörung der Kanten verhindern. Zur Erzielung einer guten Druckübertragung und um das Verkanten zu verhindern, soll die Form der Reihensteine sich möglichst dem rechtwinkligen vierseitigen Prisma nähern. Je vollkommener diese Form erreicht wird, und je ebener die Flächen bearbeitet sind, desto hochwertiger ist der Stein. Nach diesen Eigenschaften unterscheidet man verschiedene Klassen. Bei der geringsten Klasse soll die Fuß- oder Setzfläche nicht weniger als drei Viertel der Kopffläche betragen.

Damit die Steine unter der Einwirkung der Räder sich nicht ungleich setzen und dadurch die Bildung von Schlaglöchern veranlassen, ist es erforderlich, daß sie annähernd eine gleiche Höhe erhalten. Größere Abweichungen als $\pm$ 0,5 cm von der mittleren Höhe sind unstatthaft. Andernfalls sind die Steine nach der Höhe zu sortieren und die niedrigen an den Seiten der Fahrbahn zu verpflastern. Die Höhe beträgt je nach der Stärke des Verkehrs und der Härte des Materials 15—20 cm. Die Breite der Steine ist für wagerechte Straßen nach den Eigenschaften des Materials zu bemessen. Je stärker die Neigung des Steines zur Kuppenbildung ist, desto geringer ist die Breite zu wählen. Starke Kuppenbildung bei breiten Pflasterstreifen erzeugt unerträglichen Lärm. Die Breite soll bei sprödem Gestein etwa 10—12, bei zähem kann sie bis zu 18 cm betragen. Bei stark ansteigenden Straßen hat man die Breite so gering zu wählen, daß den Zugtieren ein sicherer Halt geboten wird. Das Maß von 12 cm ist keinesfalls zu überschreiten. Die geringste Längenabmessung der Steine ist, um ihnen noch das nötige Eigengewicht zur Aufnahme von Stoßwirkungen zu geben, mit 15 cm festzusetzen, die größte Länge soll mit Rücksicht auf die Bruchfestigkeit beim Rammen nicht mehr als 30 cm betragen.

Das Versetzen der Steine geschieht in einer etwa 5 cm starken Schicht von Sand oder feinkörnigem Kies. Gegen die endgültige Höhe erhalten sie einen Überstand von etwa 3 cm, den „Rammschlag". Durch eiserne Handrammen von 15—20 kg Gewicht werden sie in die endgültige Lage gebracht. Die Fugen werden entweder mit Sand eingeschlämmt oder mit einer Mischung aus gleichen Teilen dest. Teer und Pech mit einem geringen Zusatz Trinidad-Asphalt ausgegossen. Die hierdurch erzielte wasserdichte Straßendecke hält den Untergrund trocken und verhindert dadurch die Entstehung von Versenkungen und das Eindringen von Bakterien und Fäulniserregern, daher besonders für starke Verkehrsstraßen und Droschkenhalteplätze zu empfehlen. Die Reihen werden entweder diagonal (Abb. 26) oder senkrecht zur Straßenachse hergestellt (Abb. 27). Die erstere Anordnung, die die Kuppenbildung verhindern und den Zugtieren durch die schräg gestellten Stoßfugen mehr Angriffspunkte bieten soll, hat den Nachteil, daß sie mehr Verhau oder besondere fünfeckige Ansatzstücke bedingt. Sie ist veraltet und geht in der Anwendung mehr und mehr zurück.

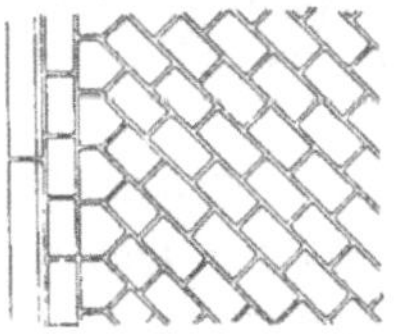
Abb. 26. Diagonalverband.

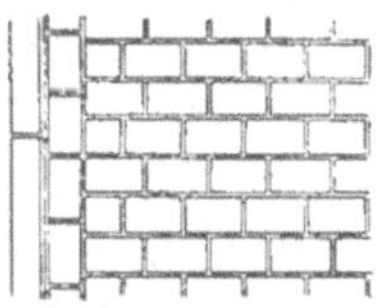
Abb. 27. Normalverband.

Abb. 28 zeigt die Reihenanordnung beim Einlauf einer Nebenstraße und Abb. 29 bei der Kreuzung von zwei gleichartigen Straßen.

Die Unterhaltung guten Reihensteinpflasters erfordert geringe Aufwendungen. Oft sind Unterhaltungsarbeiten während des ersten Jahrzehnts überhaupt nicht erforderlich. Wenn es sich nicht um die Auswechslung einzelner zersprungener oder weicher Steine handelt, so ist das Flickverfahren, weil zu teuer, auch hier zu vermeiden. Man legt größere Flächen im Zusammenhang um. Hierbei wird immer ein gewisser Teil (1—5%) wegen Beschädigung oder Formveränderung infolge früheren Verkantens auszuscheiden sein. Die Zusatzsteine sind stets in zusammenhängenden Flächen, bei stark abgenutzten Straßen als Radfahrstreifen neben dem Rinnstein zu versetzen.

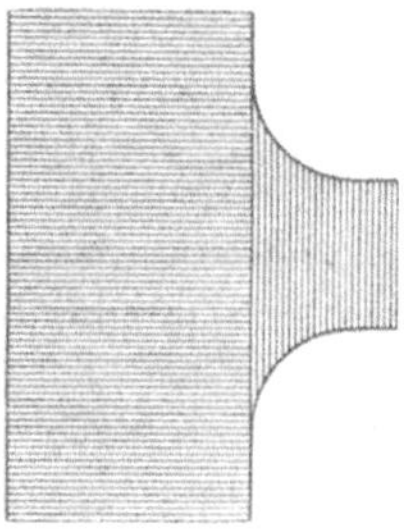

Abb. 28. Einmündung einer Seitenstraße.

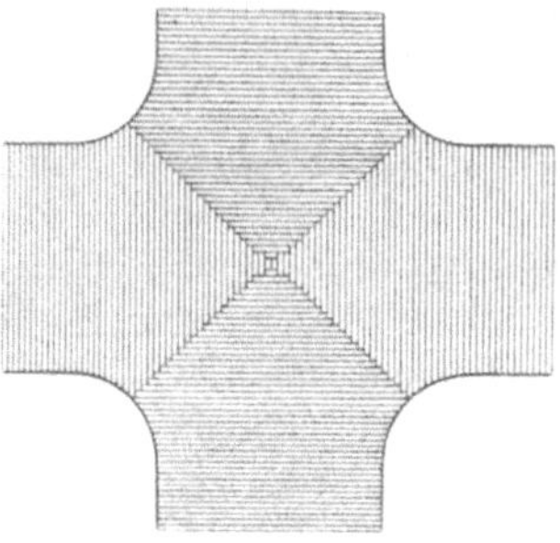

Abb. 29. Straßenkreuzung.

6. Kunststeinpflaster.

a) Klinkerpflaster. Seit langer Zeit werden in den nordwestdeutschen und holländischen Marschen und Mooren, wo natürliche Steine nicht vorkommen, Ton jedoch in großer Menge und in jeder gewünschten Zusammensetzung vorhanden ist, Klinker sowohl zur Anlage von Landstraßen als auch zum Bau von Stadtstraßen verwandt. Sie eignen sich für leichteren und mittleren Verkehr vorzüglich, da sie sich leicht und geräuschlos befahren lassen. Unter starkem Verkehr versagen sie allerdings und verursachen erhebliche Unterhaltungskosten.

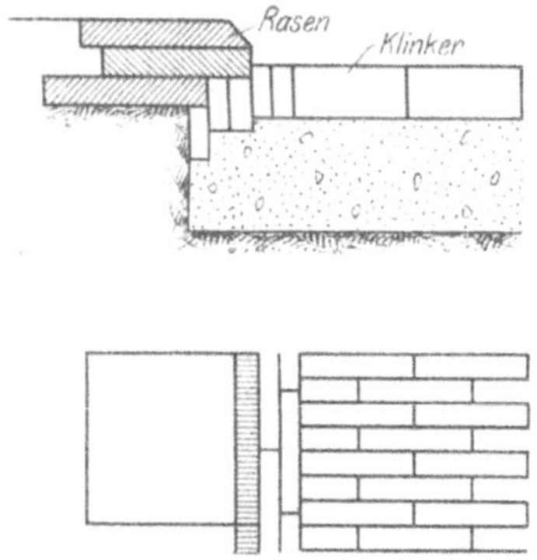

Abb. 30. Klinkerpflaster.

Die Klinker werden auf einer 25—50 cm starken Bettung mit möglichst dicht schließenden Fugen in Sand versetzt. Die Reihen werden senkrecht zur Straßenachse angeordnet mit zwei Läuferreihen an der Bordkante. Nach dem Versetzen erfolgt Einschlämmen der Fugen mit Sand. Vor Übergabe an den Verkehr wird die Oberfläche mit einer 1 cm starken Sandschicht bedeckt. Zur Einfassung der Fahrbahn sind stets Borde anzuordnen, die entweder aus natürlichen Steinen oder in deren Ermangelung aus Klinkern mit Kopfrasenstücken hergestellt werden (Abb. 30).

b) Keramitpflaster. Dieses Pflaster ist dem Klinkerpflaster ähnlich. Es ist in Ungarn in großer Ausdehnung ausgeführt. Die in bestimmter Weise zusammengesetzte Tonmasse wird unter hohem Druck gepreßt und dann bis zur Sintergrenze gebrannt. Das übliche Format ist 20 · 10 · 8 cm. Als Bettung dient meist eine Betonlage von 10—15 cm Stärke, auf der die Steine in Sand versetzt werden. Die Fugen werden meist mit einer Asphaltmasse ausgegossen.

c) Schlackenpflaster. Als Material kommt besonders die beim Rohschmelzen des Kupferschiefers anfallende Schlacke in Betracht. Die früher hergestellten Schlackensteine hatten die Eigenschaft, daß sie schnell glatt wurden und eine große Gefahr für die Zugtiere bildeten. Durch ein besonderes Temperverfahren werden neuerdings von der Mansfeldschen Kupferschiefer bauenden Gesellschaft in Eisleben Schlackensteine hergestellt, die ein mehr körniges Gefüge besitzen und dauernd eine rauhe Oberfläche behalten. Das gangbarste Format ist der Würfel von 16 cm Seitenlänge, die Verbandsteine besitzen die 1½fache Länge.

Die Schlackensteine besitzen nicht die Zähigkeit der Natursteine. Sie dürfen nur wenig gerammt werden, der Rammschlag soll nicht mehr als 1 cm betragen. Sie müssen mit engschließenden Setzfugen verpflastert werden, damit die Kanten unter den Griffen der Pferdehufe nicht abplatzen. Hiernach eignen sie sich besonders für wagrechte Straßen, für stärkere Steigungen sind sie nicht zu empfehlen.

d) **Vulkanolpflaster.** Das Vulkanol ist ein dem Keramit ähnliches Erzeugnis. Die Masse wird in Plattenform aus einem Gemisch von 96% Hartsteingrus und 4% Ton gepreßt, einem zwölftägigen Brennprozeß ausgesetzt und langsam abgekühlt. Die für Straßenpflasterungen in Frage kommende Plattengröße beträgt 21 · 24 cm bei 6 bzw. 8 cm Höhe. Bei starkem Verkehr werden 8 cm, bei schwachem Verkehr 6 cm starke Platten auf einer 15 cm starken Betonbettung verlegt. Bei leichtem Verkehr können auch alte mit Beton ausgeglichene Schotterbahnen als Bettung benutzt werden. Die Verlegung der Platten geschieht in einer 2 cm starken Mörtelschicht, die Fugen werden vergossen. Die Platten besitzen eine hohe Druckfestigkeit und rauhe Struktur, so daß ihre Verwendung dort, wo sie billig zu beschaffen sind, wo besonderer Wert auf eine ebene und leicht zu reinigende Straßenoberfläche gelegt wird und, wo häufige Straßenaufbrüche nicht zu erwarten sind, am Platze ist. Für Steigungen eignen sie sich nicht.

7. Zementdecken.

a) **Zementschotter** (Zementmakadam). Die Zementschotterstraßen sind neuerdings in der Absicht hergestellt worden, um die Nachteile der gewöhnlichen Schotterstraßen, die in hohen Unterhaltungskosten und starker Staubbildung bestehen, zu beseitigen. Die Vorteile der ebenen Oberfläche und der billigen Anlagekosten sollten jedoch erhalten bleiben. Der Aufbau besteht in einer etwa 10 cm starken Kiesschicht, einer 15 cm starken Betonschicht und einer 5—7 cm starken Zementschotterschicht aus Granitschotter von 5 cm Korngröße und reinem Zement. In Abständen von 5—10 m sind Ausdehnungsfugen anzuordnen, da sonst starke Risse entstehen, die Anlaß zu weiterer Zerstörung geben. Wegen der ungleichen Abnutzung des Granits und des Zementes erhalten die Straßen unter schwerem Verkehr bald eine höckerige Oberfläche, die jedoch nicht rauh genug ist, um den Zugtieren bei nassem Wetter genügend Widerstand zu bieten; außerdem wird die Reinigung sehr erschwert. Diese Befestigung kann daher nur auf annähernd wagerechten Straßen mit leichterem Verkehr ausgeführt werden. Ein großer Nachteil dieser Befestigungsart besteht in der schwierigen Unterhaltung. Die Kosten sind, da trotz der Ausdehnungsfugen auch an anderen Stellen leicht Risse auftreten, nicht gering, und die Ausführung der Unterhaltungsarbeiten stört den Verkehr empfindlich, denn die ausgebesserten Stellen müssen bis zu ihrer Erhärtung, mindestens 8 Tage, dem Verkehr entzogen werden.

b) **„Basaltzement-Pflaster“** der Firma Kieserling-Altona ist eine Abart des vorher beschriebenen Fahrbahnbelages. Seine Zusammensetzung ist aus dem Namen ersichtlich. Eine gute Entwässerung ist auch bei diesem Pflaster erforderlich, es wird daher auf einer 5—20 cm starken Kiesschicht hergestellt. Es ist im Laufe der letzten Jahre in größerem Umfange ausgeführt worden und scheint sich hauptsächlich für besondere Straßenanlagen, auf Schlacht- und Viehhöfen, auf Krankenhaus- und Brauereigrundstücken u. dgl. zu eignen.

8. Asphaltpflaster.

Nächst dem Reihensteinpflaster aus Hartgestein findet der Asphalt zur Befestigung der städtischen Straßen die umfangreichste Verwendung. Das Asphaltpflaster zeichnet sich aus durch Geräuschlosigkeit, Verminderung der Bewegungswiderstände, leichte Reinigungsmöglichkeit, fugenlose und wasserdichte Oberfläche. Die Höhe der Anlagekosten übersteigt nicht die wirtschaftlich zulässige Grenze. Der Asphalt eignet sich daher in hervorragendem Maße zur Befestigung städtischer Verkehrsstraßen.

Der Asphalt kommt in der Natur entweder in selbständiger Lagerung, Trinidad, Ekuador-Bermudez, oder an anderes Gestein, meist Kalkstein, gebunden vor. Der Naturasphalt wird in Raffinerien von erdigen Bestandteilen und Wasser befreit, und führt in dieser Form die Handelsbezeichnung Épuré. Um für besondere Zwecke eine streichfertige Asphaltmasse zu erhalten, wird das Épuré mit etwa 40% schweren Petrolölen zusammengeschmolzen und in dieser Mischung handelsüblich Goudron genannt. Das Asphaltgestein zerfällt bei mäßigem Erhitzen in ein braunes Pulver. Durch Zusatz von natürlichem Asphalt oder Paraffinrückständen wird es zum Schmelzen gebracht, in Formen gegossen und kommt so als Mastix in den Handel. Zu diesem Prozeß eignen sich besonders die fetten Asphaltgesteine, die mehr als 15% Bitumen enthalten. Asphaltmastix bildet den Hauptbestandteil des Gußasphaltes.

Als tragende Schicht kommt bei allen Asphaltfahrdämmen Beton in einer Stärke von 15—25 cm zur Anwendung, und zwar, teils weil man einer festen Unterlage (beim Stampfasphalt) bedarf, teils weil der Asphalt der Erdfeuchtigkeit und den Wirkungen des Leuchtgases, das in Spuren stets im Boden städtischer Straßen vorhanden ist, nicht standhält. Der Asphalt wird nur in einer dünnen Decke, die die unmittelbaren Wirkungen des Verkehrs aufnehmen soll, in der Form von Guß-, Stampf- oder Plattenasphalt zur Anwendung gebracht.

a) Gußasphalt. Die älteste Form der Anwendung des Asphaltes für Straßenbauzwecke ist der Gußasphalt. Er besteht in der Hauptsache aus Mastix und Kies (siehe Bürgersteigbeläge). In dieser Form hat er sich zur Befestigung von Fahrbahnen nicht bewährt, da er unter der Einwirkung der Sonnenhitze weich wird und unter schweren Raddrücken seitlich ausweicht. Neuerdings hat man durch besondere Zusätze sog. Hartgußasphalt hergestellt, der jedoch die gehegten Erwartungen in vollem Maße ebenfalls nicht erfüllt hat.

b) Stampfasphalt. In dieser Form ist der Asphalt am geeignetsten zur Befestigung von Fahrbahnen. Das Asphaltgestein soll nur kohlensauren Kalk und Bitumen ohne andere Beimischungen enthalten. Spuren von kohlensaurer Magnesia sind zulässig. Das Gestein soll gleichmäßig mit dem Bitumen durchtränkt sein und darf keine Nester des einen oder anderen Stoffes bilden. Es soll mindestens 8 und höchstens 11% Bitumen enthalten. Zur Prüfung wird das Bitumen durch Schwefelkohlenstoff oder Chloroform aus dem Pulver herausgelöst. Nach Verdunstung des Lösungsmittels und Erhitzung in einem Metallbade auf 220—230° soll das Bitumen möglichst wenig am Gewicht verlieren. Je geringer der Gewichtsverlust ist, desto höher ist die Güte des Bitumens.

Diesen Bedingungen entsprechender Asphaltstein kommt in der Natur der Nachfrage entsprechend häufig genug vor. An deutschen Fundorten sind zu nennen Limmer und Vorwohle bei Hannover und Lobsann im Elsaß, an außerdeutschen Ragusa auf Sizilien, Val de Travers in der Schweiz, Seyssel in Frankreich und andere in Ungarn, Italien, Rußland. Der Asphaltstein wird zu einem feinen Pulver vermahlen, das die Eigenschaft hat, durch Erhitzen und Stampfen sich wieder in den früheren festen Zustand zurückführen zu lassen.

Die mit Stampfasphalt zu belegende Fahrbahn wird in der Weise vorgerichtet, daß zunächst auf dem nach dem endgültigen Querschnitt abgeglichenen Planum eine Betonbettung hergestellt wird, deren Stärke und Mischungsverhältnis sich nach dem zu erwartenden Verkehr richtet. Im allgemeinen wählt man die

Stärke zu 15—25 cm bei einem Mischungsverhältnis von 1 : 7—1 : 9. Auf die nach 8—10tägiger Erhärtungsdauer abgebundene Betonbettung wird die Asphaltdecke gelegt, nachdem vorher die Anschlußflächen der Bordschwellen, Schachtdeckel und sonstiger Einbauten mit Goudron gestrichen worden sind. Diese Arbeit kann nur bei trockenem Wetter ausgeführt werden, zwischen Asphaltdecke und Beton eingedrungenes Wasser veranlaßt baldigen Zerfall des Asphalts. Das Asphaltpulver muß beim Aufschütten eine Temperatur von etwa 120° besitzen. Die Erhitzung erfolgt, wenn die Entfernung zur Baustelle nicht zu groß ist, auf dem Werk in feststehenden drehbaren Trommeln oder gemauerten Darren, bei größeren Entfernungen und bei Ausbesserungsarbeiten auf fahrbaren Darren. Die Schüttung erhält ein Auflockerungsmaß von 50%. Bei einer Stärke von 5 cm der fertigen Decke muß die lose Masse also 7½ cm stark aufgetragen werden. Nachdem mittels Lehren die Oberflächenneigung hergestellt ist, wird das Pulver mit erwärmten 20—25 kg schweren Stempeln gestampft.

Darauf wird die Oberfläche durch 500—1000 kg schwere Walzen, die durch im Innern aufgehängte Kohlenkörbe erwärmt sind, senkrecht zur Straßenachse abgewalzt. Zum Schlusse werden die noch vorhandenen Unebenheiten und die rauhe Oberfläche durch Bügeln mit schwach gebogenen, etwa 25 kg schweren und stark erwärmten Eisen beseitigt. Nunmehr kann die Straße dem Verkehr übergeben werden. Unter dem Verkehr findet eine weitere Verdichtung der Asphaltdecke um etwa 10% statt. Je schneller dieser Zustand erreicht wird, desto günstiger ist es für die Haltbarkeit. Wo nicht genügender Verkehr vorhanden ist, muß die Verdichtung durch häufiges Befahren mit Dampfwalzen oder mit besonders belasteten Wagen geschaffen werden. Eine neue Asphaltdecke hat schwammige Struktur und durch, wenn auch nur in geringem Maße aufgenommenes Wasser wird eine allmähliche Zerstörung herbeigeführt.

Die Ausbesserung der Stampfasphaltdecken geschieht nach dem Flicksystem. Es werden hierbei möglichst rechteckige Flächen herausgestemmt. Die Stoßflächen werden mit Goudron bestrichen, und es wird im übrigen wie bei Neuherstellungen verfahren.

c) Plattenasphalt. Die Asphaltplatten, die eine Seitenlänge von 25 · 25 cm und eine Stärke von 4—5 cm haben und unter einem Druck bis zu 200 kg/cm² gepreßt sind, werden auf einer 15—25 cm starken Betonbettung im Verbande verlegt. Die Zusammensetzung besteht in der Hauptsache aus Asphaltsteinpulver und geringen Mengen bituminöser Stoffe. Um ein festes Aufliegen zu bewirken und dadurch die Bruchgefahr auszuschalten, werden die Platten in einer 1—2 cm starken Zementmörtelschicht verlegt. Die Fugen werden möglichst eng gehalten; um das Eindringen von Wasser zu verhüten, werden die Stoßflächen mit Goudron bestrichen. Bei lebhaftem Verkehr verschwinden die Fugen nach kurzer Zeit, und die Straßendecke erhält das Aussehen des Stampfasphalts. Die Asphaltplatten eignen sich besonders für kleine Flächen an Orten, wo Asphaltfirmen nicht ansässig sind und daher Stampfasphalt sehr teuer werden würde. Ein Nachteil der Plattenbeläge besteht darin, daß die Ausbesserungsarbeiten schwierig auszuführen sind, und daß hierbei nur Platten von der Stärke der abgenutzten Decke Verwendung finden können.

d) Walzasphalt. Besonders in Amerika, das natürliches Asphaltgestein nicht besitzt und Stampfasphalt aus Europa einführen müßte, hat der Walzasphalt eine ausgedehnte Anwendung gefunden. Die Herstellung der Fahrbahn erfolgt in drei verschiedenen Schichten, der Betonschicht, der Binderschicht und der Decklage (Abb. 31). Die Betonschicht wird etwa 15 cm stark im Mischungsverhältnis von 1 : 6—1 : 9 hergestellt, sie dient wie beim Stampfasphalt als tragende Schicht. Die Binderschicht, die als nächste Lage etwa 4 cm stark aufgebracht wird, hat den Zweck, das Gleiten der Decke zu verhindern.

Sie besteht aus Granitschotter von 3—4 cm Korngröße, der zur Ausfüllung der Hohlräume mit einem Gemisch von reinem Trinidadasphalt, schweren Petrolölen, Sand und Kalkstaub versetzt wird. Die Binderschicht wird in heißem Zustande auf der Betonbettung, die unter Umständen mit Goudron vorgestrichen wird, verteilt.

Zur Herstellung des Materials für die Decklage wird zunächst reiner Trinidadasphalt mit den bei der Petroleumraffinerie gewonnenen schweren Petrolölen im Verhältnis von etwa 5 : 1 bis 7 : 1 gemischt. 13—16 Gewichtsteile dieser Mischung, 79—84 Teile Sand und 3—5 Teile feingemahlener Kalkstein ergeben den für die Decklage zu verwendenden Walzasphalt. Der Sand soll rein, feinkörnig und scharf sein. Das Kalksteinpulver hat den Zweck, in Verbindung mit der Asphaltmasse die Hohlräume des Sandes auszufüllen. Die Decklage wird in heißem Zustande aufgebracht, profilmäßig abgeglichen, und mit einer Dampfwalze mittleren Gewichts abgewalzt. Um alle Poren zu schließen und um der Straße ein gleichmäßig gutes Aussehen zu geben, erfolgt zum Schluß eine Abreibung mit feinem Stein- oder Zementstaub. Der Walzasphalt ist bisher in Deutschland noch nicht in erheblichem Umfange ausgeführt worden, und es ist kaum anzunehmen, daß er mit dem Stampfasphalt, dessen vorzügliche Eigenschaften seit mehreren Jahrzehnten erprobt sind, in ernstlichen Wettbewerb treten kann.

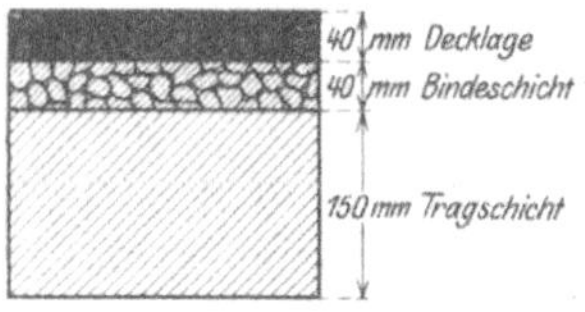

Abb. 31. Walzasphalt.

9. Holzpflaster.

Lange bevor der Asphalt zur Befestigung der Fahrbahnen benutzt wurde, ist hierzu das Holzpflaster, besonders in amerikanischen Städten, verwandt worden. Die ersten Erfahrungen waren jedoch sehr schlecht, und man beseitigte es bald wieder. In neuerer Zeit ist es in ausgedehntestem Umfang in London und Paris zur Anwendung gekommen, und es hat sich an diesen Orten unter Berücksichtigung bestimmter Erfordernisse der Herstellung und der Unterhaltung gut bewährt. Ebenso wie der Asphalt wird das Holzpflaster als eine der Abnutzung unterworfene und für sich auswechselbare Decke auf einer tragenden Betonbettung von 15—25 cm Stärke hergestellt. Da das Holz durch aufsteigende Erdfeuchtigkeit der Fäulnisgefahr und dadurch schneller Zerstörung ausgesetzt ist, muß die Betonschicht mit einer etwa 2 cm starken wasserdichten Zementmörtelschicht abgeglichen werden. Das Holzpflaster hat den Vorzug, daß es noch schalldämpfender ist als Asphalt, und daß es in Steigungen bis 1 : 40, ja sogar bis 1 : 30 ausgeführt werden kann.

Es ist jedoch erheblich teurer als Asphalt, sowohl in der Anlage als auch in der Unterhaltung, so daß es nur dort verwandt werden kann, wo ganz besonderes Gewicht auf die Geräuschlosigkeit gelegt wird, und an solchen Stellen, wo stärkere Steigungen, wie Brückenrampen, durchgehende Asphaltstraßenzüge unterbrechen. Als Material kommen in erster Linie nur Nadelhölzer in Betracht. Man hat auch mit einheimischen Laubhölzern, besonders mit Buchenholz, Versuche gemacht, die aber fehlgeschlagen sind, da es leicht reißt, stockt und glatt wird. Die nebeneinander verlegten Klötze sollen, um eine gleichmäßige Abnutzung zu erzielen, von gleicher Güte sein. Die härteren Klötze sollen in der Verkehrszone, die weicheren an den Seiten verlegt werden. Die Länge der Klötze wird meist zu 15—25 cm, die Breite zu etwa 8 cm und die Höhe zu 10—15 cm gewählt. Je größer die Höhe, desto länger ist die Lebensdauer der Decke, aber desto größer ist auch die Gefahr des Verkantens und der ungleichmäßigen Abnutzung. Die Klötze werden mit lotrechter Faserrichtung, nachdem sie vorher in eine heiße Teer- oder Pechmischung getaucht sind, unmittelbar auf dem Beton versetzt. Die Oberfläche der Betonbettung ist daher dem Straßenquerschnitt entsprechend genau abzugleichen, und es ist auf eine wirksame Entwässerung nach den Regeneinlässen hin besonderer Wert zu legen.

Die Verlegung geschieht meist mit senkrecht zur Straßenachse gerichteten Setzfugen.

Unter den Einwirkungen der Temperatur und der Feuchtigkeit „arbeitet" das Holz unausgesetzt. Die Stoßfugen werden eng geschlossen, und die Ausdehnungsmöglichkeit in der Querrichtung wird dadurch geschaffen, daß an der Bordschwelle eine durchlaufende Ausdehnungsfuge von etwa 5 cm Breite geschaffen wird, die mit einem plastischen Material, meistens Ton, ausgefüllt wird. Die Setzfugen werden durch eingelegte 2 cm hohe Holzleisten etwa 3—6 mm weit hergestellt und nach Fertigstellung der Decke mit Zementmörtel (1 : 2) oder mit Asphaltmasse vergossen. Je nach der Herkunft des Holzes unterscheidet man die nachstehend beschriebenen beiden Pflasterarten.

a) **Weichholzpflaster.** Als Material werden europäische und amerikanische Nadelhölzer verwandt. Von den europäischen Hölzern hat die schwedische Kiefer sich am besten bewährt. Von den amerikanischen Hölzern sind besonders die Gelbkiefer (yellow-pine) und die Pechkiefer (pitch-pine) sehr geschätzt. Das Holz soll langsam gewachsen sein, also enge Jahresringe zeigen, ferner soll es ast- und splintfrei sein und einen möglichst hohen Harzgehalt aufweisen. Die Klötze werden vor dem Verlegen stets mit Kreosotöl oder mit einer Zinkchloridlösung getränkt. Die fertige Decke wird meist mit einer heißen Mischung aus Teer und Pech bestrichen und mit scharfkantigem Sande von Erbsgröße bestreut. Hierdurch bildet sich eine filzartige harte Schicht, die der Abnutzung größeren Widerstand entgegensetzt. Das Weichholzpflaster ist in besonderem Maße lärmdämpfend, es nutzt sich dagegen verhältnismäßig schnell ab.

b) **Hartholzpflaster.** Erst seit verhältnismäßig sehr kurzer Zeit kommt Hartholz für Pflasterzwecke zur Verwendung. Zur Herstellung der Klötze dienen ausschließlich australische Eucalyptusarten, wie Jarrah, Karri, Tallowwood, Blackbutt. Das Hartholz wird erheblich langsamer abgenutzt als Weichholz. Es hat jedoch den Nachteil, daß es zur Buckelbildung neigt und sich dann sehr unangenehm befahren läßt, und daß seine Oberfläche nicht so stumpf gehalten werden kann wie die des Weichholzes.

Die Unterhaltung des Holzpflasters ist mit ganz besonderer Sorgfalt auszuführen. Sobald schadhafte Klötze bemerkt werden, sind sie auszuwechseln. Hierzu sind Klötze von gleichem Material und gleicher Güte zu verwenden, die genau die Höhe des umgebenden Pflasters haben müssen. Die Anschlußklötze müssen ebenfalls aus neuem Material geschnitten sein. Diese Ausbesserungsarbeiten, die mit peinlichster Genauigkeit ausgeführt werden müssen, wenn ein brauchbarer Zustand der Decke erhalten werden soll, erfordern viel Zeit, stören den Verkehr und sind teuer. Auch in dieser Beziehung ist das Holzpflaster dem Asphaltpflaster gegenüber im Nachteil, da bei diesem die Ausbesserungen schnell und bei einiger Aufmerksamkeit in kleinen Flicken und dadurch billig und wenig verkehrsstörend bewirkt werden können.

10. Besondere Anlagen.

a) **Straßenbahnschienen**[1]). Die Einbettung der Straßenbahnschienen ist von ganz besonderer Wichtigkeit für den Bestand der Fahrbahnbefestigung. Eine feste und unnachgiebige Lagerung ist erforderlich, um die Lockerung des Anschlußpflasters und dessen vorzeitige Zerstörung zu vermeiden. Die Lagerung

[1]) Zeitschr. f. Transportw. u. Straßenbau 1913, Nr. 15, 22 u. 32.

muß aber auch elastisch und schalldämpfend sein, damit beim Befahren kein unnötiger Lärm erzeugt wird, und damit die Erschütterungen nicht auf die angrenzenden Grundstücke übertragen werden. Zu berücksichtigen ist ferner, daß die Straßenbahngleise besonders bei Steinpflaster von den Fuhrwerken gern benutzt werden, wodurch das Anschlußpflaster besonders stark beansprucht wird. Aus diesem letzteren Grunde ist es auch unzweckmäßig, Straßenbahngleise in Schotterstraßen zu verlegen. Auf bereits vorhandenen Schotterstraßen ist die Gleiszone mit Klein- oder Reihensteinpflaster zu versehen.

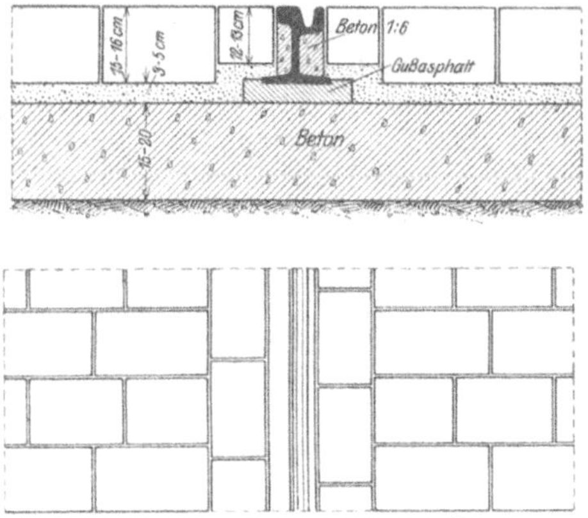

Abb. 32. Schiene in Reihensteinpflaster auf durchgehendem Betonbett.

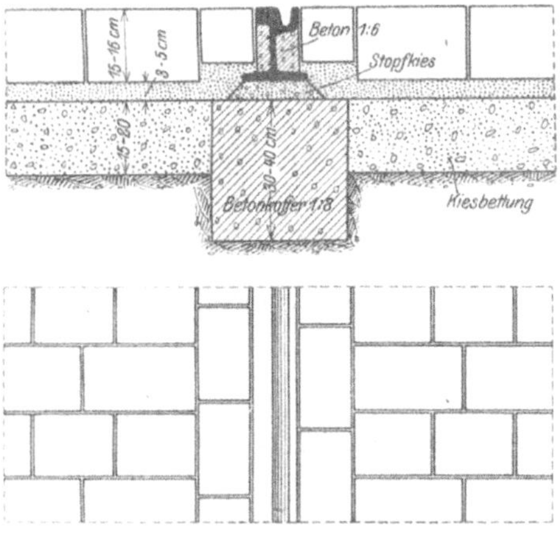

Abb. 33. Schiene auf Betonkoffer in Reihensteinpflaster.

Schienen in Reihensteinpflaster. Bei vorhandenem Betonbett ist eine besondere Tragschicht für die Schienen nicht erforderlich. Zur Aufnahme der Stoßwirkungen und zur Schalldämpfung wird zwischen Schienenfuß und Beton eine 2—4 cm starke Gußasphaltschicht hergestellt, die jedoch zur Herabminderung der Kosten erhöhten Perlkieszusatz erhalten kann (Abb. 32). Bei Kies- und Schotterbettung werden die Schienen zweckmäßig auf durchlaufenden Betonkoffern verlegt (Abb. 33) mit einer etwa 5 cm starken gestopften Kiesschicht. Die Anwendung von Schotterkoffern unter den Schienen hat sich nicht überall bewährt, da sie nicht vollkommen dicht gestampft werden können, der Bettungs- und Pflasterkies in die Hohlräume gerüttelt wird und dadurch Versackungen des Anschlußpflasters veranlaßt werden. Die seitlichen Hohlräume der Schienen werden meist mit Zementbeton verstrichen. Man hat zu diesem Zweck auch entsprechend geformte Backsteine in Zementmörtel verwandt. Hierbei entsteht jedoch wegen der an den Spurstangen und Weichen vorhandenen Schraubenköpfe viel Bruch. Die Schienen haben meist eine geringere Höhe als die normalen Reihensteine, so daß diese nur dann unmittelbar an den Kopf herangesetzt werden können, wenn die Unterkante ausgeklinkt wird. Hierbei entsteht jedoch der Nachteil, daß die Steine durch Radstöße leicht verkantet werden. Besser ist es, an den Schienen Läuferreihen aus Reihensteinen von geringerer Höhe anzuordnen. Diese Steine müssen, da sie beim Rammen und unter dem Verkehr am stärksten beansprucht werden, aus ganz besonders hartem und widerstandsfähigem Material geschlagen werden.

Schienen in Kleinpflaster. Bezüglich der elastischen Zwischenschicht und der Seitenausfüllung gelten dieselben Regeln wie beim Reihensteinpflaster. Die Kleinpflastersteine sind stets erheblich niedriger als die Schienen, so daß zwischen der Oberkante der Tragschicht und der Setzfläche des Steines 8—10 cm Abstand verbleiben, die nicht mit dem Pflasterbett ausgefüllt werden können, da es in dieser Stärke durch Rammen nicht genügend gedichtet werden kann. Bei einer Betonbettung stellt man daher eine Füllbetonschicht her (Abb. 34), während bei einer Bettung aus Packlage und Schotter eine Füllschicht

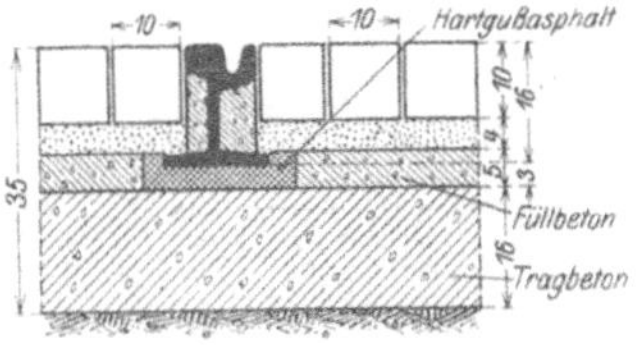

Abb. 34. Schiene in Kleinpflaster auf Beton.

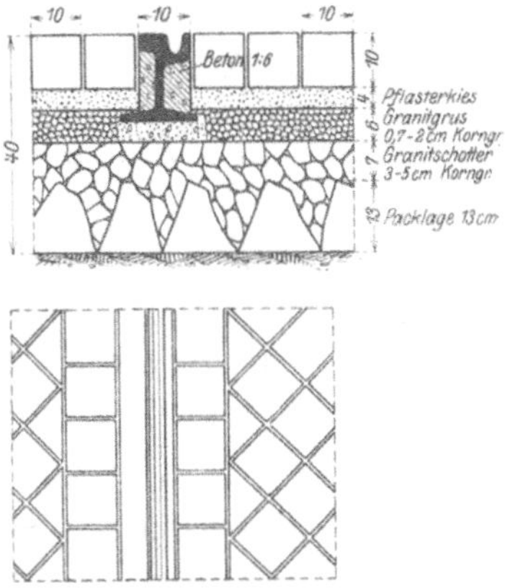

Abb. 35. Schiene in Kleinpflaster auf Schotterbettung.

aus Granitgrus von 7—20 mm Korngröße eingebaut wird, die durch Stampfen eine hinreichende Dichte erhält (Abb. 35).

Schienen in Asphaltpflaster. Die seitlichen Hohlräume der Schienen werden entweder mit Zementbeton oder besser noch mit Asphaltbeton ausgefüllt. Der Asphaltbeton ist ähnlich dem Gußasphalt zusammengesetzt, nur mit dem Unterschiede, daß nur soviel Épuré, Mastix und Asphaltpulver verwandt wird, als zur Ausfüllung der Hohlräume des Kieses von 5—30 mm Korngröße erforderlich ist. Der Stampfasphalt ist ganz besonders empfindlich gegen die Erschütterungen der Schienen. Man legt daher meistens eine Zwischenschicht aus Gußasphalt (Abb. 36) oder Holz (Abb. 37) ein. Bei Verwendung einwandfreier Rohmaterialien und bei nicht zu großer Breite haben die Gußasphaltstreifen sich gut bewährt. Es sind auch Versuche mit Hanfseilen (Abb. 38) gemacht worden, die jedoch noch nicht einwandfrei ge-

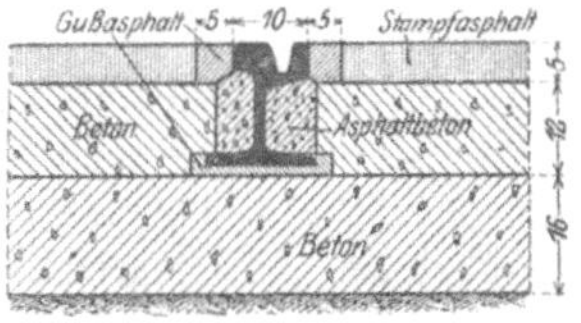

Abb. 36. Schiene in Stampfasphalt.

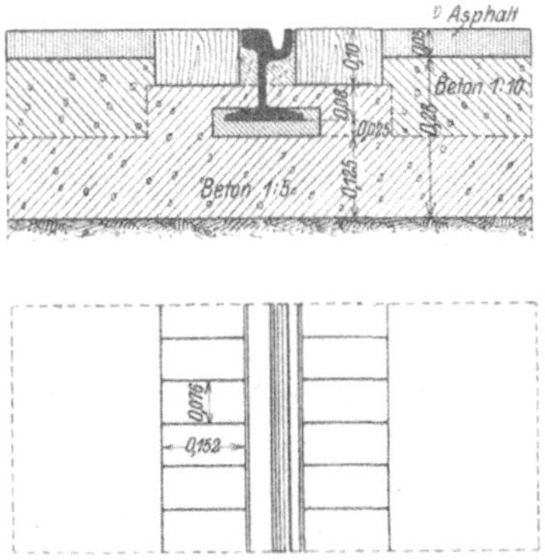

Abb. 37. Schiene in Stampfasphalt mit Holzeinfassung.

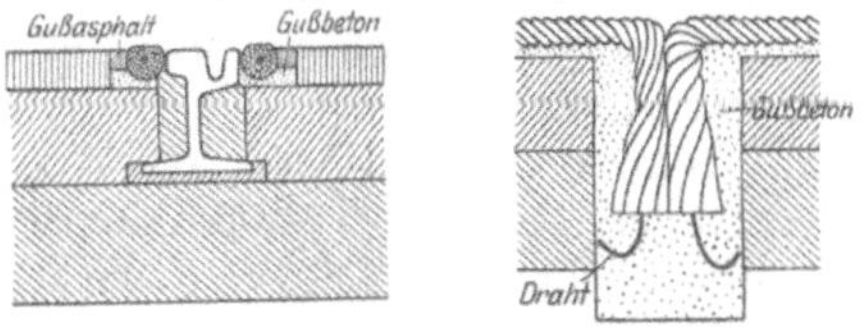

Abb. 38. Schiene mit Seileinfassung.

löst sind, da die Ausbesserungsarbeiten wegen der Stahldrahtseele besondere Schwierigkeiten erwarten lassen.

Bei Fahrbahnen mit minderwertigem Pflaster, die bereits Straßenbahngleise besitzen, und deren Decke durch geräuschloses Pflaster ersetzt werden soll, ist der Einbau der Betonbettung dadurch sehr störend, daß während der Erhärtungsdauer des Betons, mindestens 8 Tage, der Straßenbahnbetrieb unterbrochen werden muß. Zur Abstellung dieses Mißstandes sind verschiedene Verfahren angewandt worden, die unabhängig von dem Fortgang der Straßenbefestigungsarbeiten schnelles Vorstrecken der Schienenstränge und vollständige Herstellung des Straßenbahnoberbaues gestatten.

Nach dem System Reinhardt (Abb. 39) werden auf dem Planum in Abständen von etwa 1,80 m auf einer Zementmörtelschicht fertige Eisenbeton-

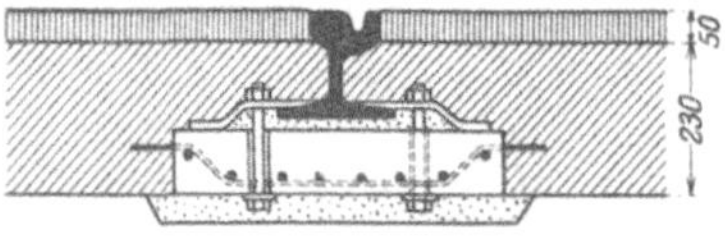

Ab. 39. Schienenlagerung nach dem System Reinhardt.

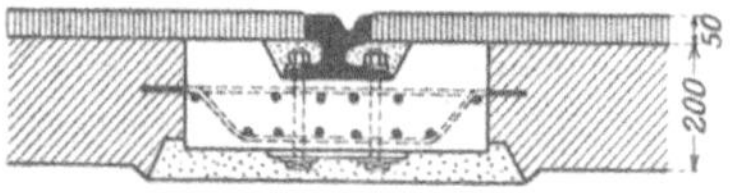

Abb. 40. Schienenlagerung nach dem System Reinhardt-Busse.

platten verlegt, auf denen die Schienen, nachdem sie mit Zementmörtel unterstopft sind, verschraubt werden. Die Straßenbahn ist alsdann wieder betriebsfertig.

Das System Reinhardt-Busse (Abb. 40) unterscheidet sich von dem vorhergehenden dadurch, daß die Schienen mit trogförmigen Langschwellen aus Eisenbeton verbunden werden, wodurch selbständige Bewegungen und Durchbiegungen verhindert werden sollen. Der Schienenquerschnitt kann daher niedrig gehalten und das so gewonnene Material zur Verstärkung des Steges und des Flansches verwandt werden, wodurch Verkantungen vermieden und Seitenbewegungen auf ein möglichst geringes Maß beschränkt werden sollen.

Schienen in Rasenanlagen. Bei weiträumigen Straßenverhältnissen (Ausfallstraßen, Hauptverkehrsstraßen) werden den Straßenbahnen eigene von den übrigen Verkehrsflächen abgesonderte Streifen zugewiesen. Aus Schönheitsrücksichten und zur Staubverhütung werden diese Streifen am besten mit Rasen bedeckt. Die Straßenbahnschienen, die Vignol- oder Rillenquerschnitte erhalten können, werden zweckmäßig auf Querschwellen aus Eisenbeton verlegt. Holzschwellen würden, auch wenn sie mit fäulniswidrigen Stoffen getränkt wären, durch die dauernde Besprengung und häufige Düngung des Rasens schnellem Zerfall entgegengeführt werden. In der Abb. 41 ist eine entsprechende Anordnung der Straßenbahn Dresden-Kötzschenbroda dargestellt.

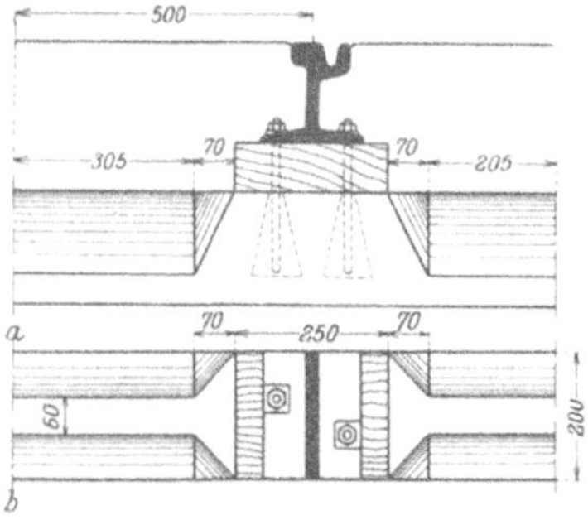

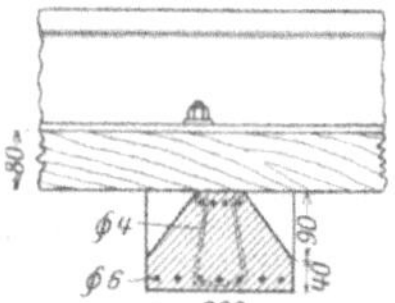

Abb. 41. Rillenschiene auf Querschwelle aus Eisenbeton.

b) Fahrgleise und Spurstreifen. Diese Anlagen haben den Zweck, entweder bei abgenutztem, lärmendem Steinpflaster vor Schulen, Kirchen, Krankenhäusern usw. schalldämpfend zu wirken oder aber den Verkehr von schweren Fuhrwerken auf leichten Straßendecken zu ermöglichen.

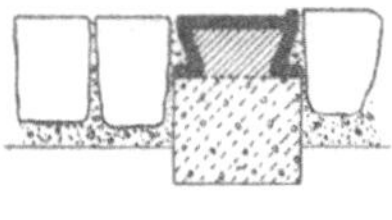

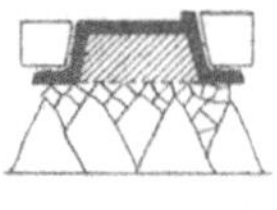

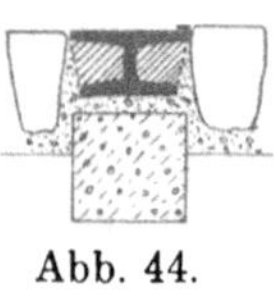

Abb. 42. Abb. 43. Abb. 44.
Fahrgleise.

Sie werden entweder aus Pflastersteinen mit ebener Oberfläche, wozu sich besonders Kunststeine wie Schlackensteine oder Vulkanolplatten eignen, oder aus gewalzten Formeisen hergestellt. Um einen guten Anschluß des Pflasters zu erzielen, ist es zweckmäßig, wenn Kopf- und Fußflächen möglichst in einer lotrechten Ebene liegen.

Abb. 42 stellt ein Profil von Gravenhorst, Abb. 43 eins von Rautenberg und Abb. 44 ein Profil des Bochumer Vereins dar.

c) Schachtabdeckungen. Es werden sowohl viereckige als auch polygonale und runde Schachtdeckel verwandt. In gepflasterten Fahrbahnen und in den Plattenbelägen der Bürgersteige sind zweckmäßig nur viereckige zu verwenden, die sich dem Fugenstrich am besten anschmiegen können. In fugenlosen Decklagen und in Mosaikpflaster können auch runde und vieleckige Deckel eingebaut werden; bei der Verwendung von rechteckigen Deckeln ist darauf zu achten, daß die Kanten parallel bzw. senkrecht zur Straßenachse oder Bordkante verlaufen. Die Deckel bestehen entweder aus geripptem Gußeisen oder aus eisernen Formstücken, die mit Holz oder Gußasphalt oder Kleinpflaster ausgefüllt werden; es kommen auch massive Steinplatten vor. Die Auswahl ist so zu treffen, daß die Oberfläche der Deckel bezüglich des Verkehrs ähnliche Eigenschaften zeigt wie die Straßendecke.

d) Entwässerung der städt. Straßen. (Über Entwässerung der Landstraßen vgl. II. B. 3.) Die Aufnahme des Oberflächenwassers erfolgt durch die zu beiden Seiten des Fahrdammes gelegenen Rinnen, deren Längsgefälle nicht geringer als 1 : 250 sein darf. Die Straßenoberfläche muß nach diesen Rinnen hin eine Querneigung besitzen. Mit Rücksicht auf den Verkehr ist das Quergefälle stets so gering zu wählen, als es die ordnungsmäßige Entwässerung irgend gestattet. Wagerechte oder schwach geneigte Straßen und rauhe Pflasterdecken erfordern ein stärkeres Quergefälle als steile Straßen und ebene Decken. Die Bürgersteige werden pultdachförmig angelegt. Die Neigung beträgt bei sehr ebenen Belägen (Zementestrich u. dgl.) 1 : 70 und bei sehr rauhen (Kies, Mosaik) 1 : 25. Die Plattenbeläge werden mit einem Gefälle von 1 : 40—1 : 50 verlegt.

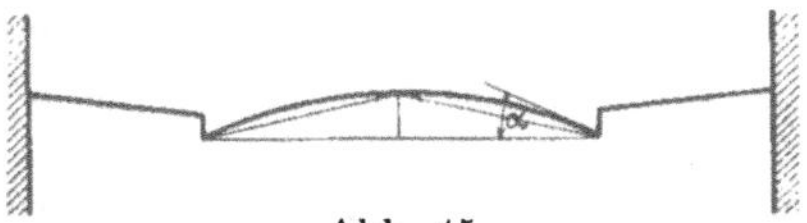

Abb. 45.

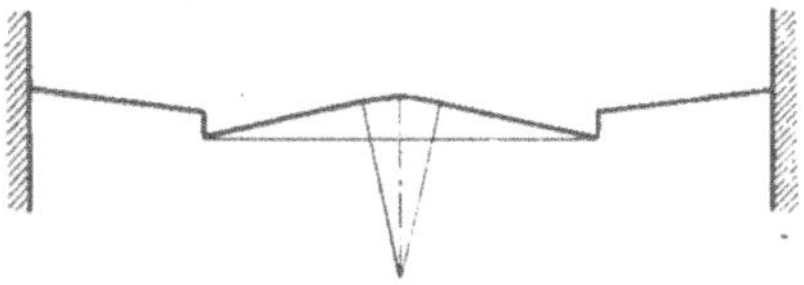

Abb. 46.

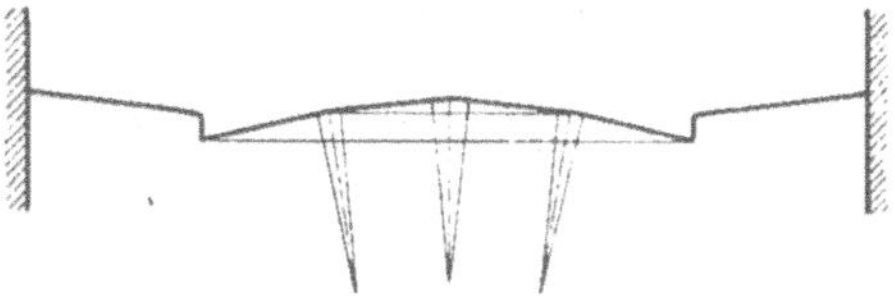

Abb. 47.

Die Fahrbahnen erhalten entweder eine kreisbogenförmige (Abb. 45) oder eine sattel- bzw. mansardenförmige (Abb. 46 bzw. 47) oder eine parabelförmige Oberfläche (Abb. 15). Der bogenförmige Querschnitt, der aus dem Landstraßenbau übernommen ist, hat den Nachteil, daß die Neigung in der Straßenmitte zu flach ist und Pfützenbildungen begünstigt, daß dagegen das Gefälle an den Rinnen zu steil wird, wodurch die Fuhrwerke in die Gefahr des Schleuderns geraten. Diese Mißstände werden bei den dach- und parabelförmigen Querschnitten vermieden. Das Quergefälle beträgt bei ebenem Pflaster (Asphalt, Holz) 1 : 35—1 : 70, bei Steinpflaster 1 : 25—1 : 50.

Die weitere Ableitung des Wassers erfolgt durch die Straßeneinläufe, auch Sinkkasten oder Gullys genannt, die an die unterirdische Entwässerung angeschlossen sind. Die gegenseitige Entfernung ergibt sich aus den Bedingungen, daß die Bordschwelle an den Einläufen eine Auftrittshöhe von höchstens 20 cm und an den Wasserscheiden von wenigstens 10 cm erfordert, und daß das Rinnengefälle mindestens 1 : 250 betragen muß, in wagerechten Straßen zu 50 m bei Fahrbahnbreiten bis zu 10 m. In Straßen mit größerer Breite und stärkerer Steigung ist dieses Maß bis auf 30 m und weniger zu verringern. Die Einläufe werden entweder in der Rinne oder unter dem

Bürgersteige angelegt. Im ersteren Falle erfolgt der Einsturz des Wassers durch die rostförmige Abdeckung (Abb. 48 u. 49) und im zweiten durch einen seitlichen Schlitz (Abb. 50). Die letztere Art ist nur in wagerechten Straßen zu empfehlen. Zur Verhinderung des Austretens von Kanalgasen sind Geruchverschlüsse und zur Fernhaltung des Straßenschmutzes aus den Kanälen

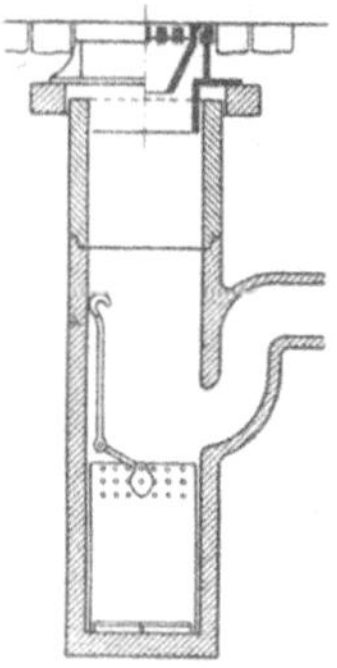

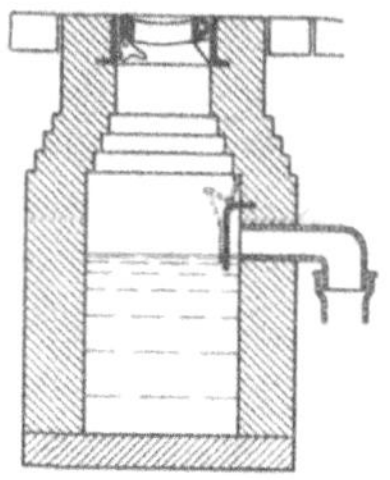

Abb. 49.

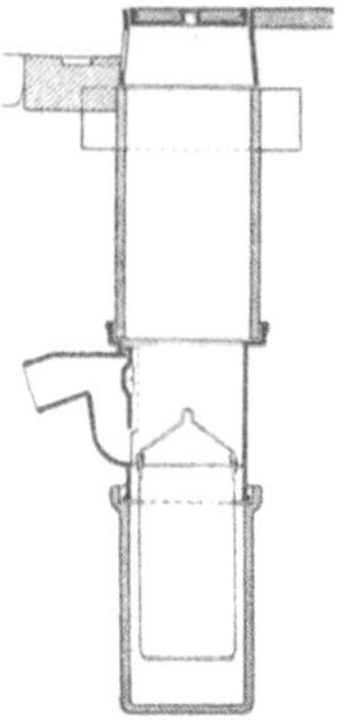

Abb. 48. Beton.

Straßeneinläufe aus Ziegelmauerwerk.

Abb. 50. Steinzeug mit Gußeisen.

Schlammfänge anzulegen. Die rechteckigen Abdeckungen werden in der Regel aus Gußeisen hergestellt, für die Behälter wird Mauerwerk, Beton oder Steinzeug verwandt.

Abb. 49 zeigt einen rechteckigen gemauerten Straßeneinlauf nach dem Berliner Muster, dessen Geruchverschluß durch eine gußeiserne Tauchplatte mit Revisionsklappe dargestellt ist.

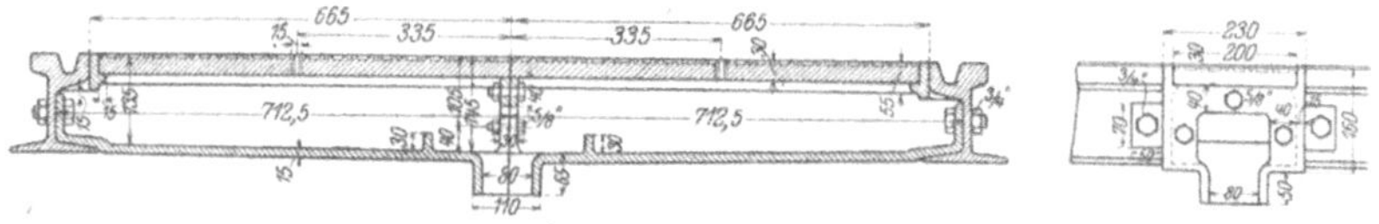

Abb. 51. Schienenentwässerung.

In der Abb. 48 ist eine weit verbreitete Form aus Beton dargestellt, die sowohl in der Anlage als auch in der Unterhaltung billig ist, in der Aufstellung und im Betriebe sich bequem handhaben läßt.

Ein Sinkkasten aus Steinzeug ist in der Abb. 50 wiedergegeben. Für den Geruchverschluß und den Auslauf ist ein gußeisernes Zwischenstück eingelegt. Diese Form ist in Dresden eingeführt.

In der Abb. 51 ist eine Schienenentwässerung zur Darstellung gebracht, die überall an den Weichen und in den unteren Gefällsbrüchen und in wagerechten Straßen nach Bedarf anzuordnen ist. Die Ableitung des Wassers erfolgt entweder in den nächsten Sinkkasten oder unmittelbar in den Kanal; im letzteren Falle ist ein Geruchverschluß einzuschalten.

B. Fußweg- und Bürgersteigbefestigungen.

Die Anlage der Fußwege ist je nach dem Zweck, dem sie dienen sollen, sehr verschiedenartig. Die Landstraßen erhalten im allgemeinen keine besondere Fußwegbefestigung, vorausgesetzt daß der Boden, aus dem das Planum hergestellt ist, genügend wasserdurchlässig und bindend ist, um eine bei jedem

Wetter ebene und feste Bahn zu bilden. Bei sandigem Boden ist ein Zusatz von Lehm erforderlich, und auf tonigem Boden wird zweckmäßig eine Kiesschicht von 5—10 cm Stärke eingebaut.

Die Bürgersteige städtischer Straßen erhalten, mit Ausnahme mancher sehr verkehrsarmer Straßen in Landhausvierteln, stets einen festen Belag, der je nach dem Verkehr die ganze Breite oder nur einen Teil bedeckt. In letzterem Falle wird der übrige Teil promenadenmäßig befestigt (s. Promenaden). Unter der schleifenden Wirkung des Fußgängerverkehrs neigen die Bürgersteigbeläge ganz besonders zum Glattwerden. Stoffe, die diese Eigenschaft besitzen, sind daher auszuscheiden. Ferner ist bei der Wahl des Materials darauf Rücksicht zu nehmen, daß es wiederholt aufgebrochen und wiederverlegt werden muß, da fast sämtliche Rohr- und Kabelleitungen in den Bürgersteigen untergebracht werden. Ferner ist es erwünscht, daß die Bürgersteige keine fugenlose und dichte Decklage in ganzer Breite erhalten, damit man ausströmendes Gas und Wasser in der Nähe der Austrittsstelle wahrnehmen kann, und es nicht einen anderen Ausweg suchen muß, der, wenn es in die Keller von Wohnhäusern tritt, durch Explosionen und Überschwemmungen gefahrbringend werden kann.

Als Befestigungsarten sind Plattenbeläge, zusammenhängende Decklagen und Pflasterungen in Betracht zu ziehen. Sie werden sowohl aus natürlichem als auch aus künstlichem Material hergestellt.

1. Plattenbeläge.

Die Verlegung erfolgt meist auf einer je nach den Untergrundverhältnissen 10—20 cm starken Sand- oder Kiesbettung. Sie werden meist nur in der Verkehrszone der Bürgersteige hergestellt, die Streifen an den Bordkanten und an den Häusern erhalten dann eine andere Befestigung.

a) Granitplatten. Die Form ist in den meisten Fällen rechteckig, seltener quadratisch. Im ersteren Falle erhalten sie eine genau festgesetzte Breite von meist 1 oder 1,25 oder 1,50 m und eine wechselnde Breite von 0,50—1,00 m. Die Oberfläche ist gestockt, die Seitenflächen sind gespitzt, die Lagerfläche ist roh bearbeitet. Die Platten sollen an den Kanten 10—15 cm, in der Mitte 15—20 cm stark sein. Als Material findet außer Granit auch noch Syenit und anderes Hartgestein Verwendung.

Die Granitplatten eignen sich besonders für verkehrsreiche Geschäftsstraßen, wo sie oft starke Stöße aufzunehmen haben, denen andere Beläge nicht standhalten würden. Sie haben den Nachteil, daß sie sich schwer handhaben lassen, daß bei wiederholter Verlegung die Kanten leicht verbrechen, und sie dann unschön aussehen, und daß bei den meisten Granitsorten die Oberfläche glatt wird, und die Unterhaltungskosten durch das periodische Aufrauhen hoch werden.

b) Sandsteinplatten. Die Form der Platten ist meist quadratisch bei einer Kantenlänge von etwa 0,50 m. Sie haben den Vorzug, daß sie stets eine stumpfe Oberfläche behalten, und daß sie sich angenehm begehen lassen. Ein Nachteil besteht jedoch darin, daß sie muldenförmig abgenutzt werden und hierdurch bei Regenwetter zu Pfützenbildungen Anlaß geben. Ähnliche Eigenschaften zeigen die Kalkgesteine, die ebenfalls zur Herstellung von Platten Verwendung finden.

c) Kunstgranitplatten. Die Platten werden in quadratischer Form von 25—35 cm Seitenlänge und 5—6,5 cm Höhe hergestellt. Sie bestehen aus einer unteren Trag- oder Füllschicht und einer oberen Deckschicht, die der Abnutzung ausgesetzt ist und etwa 2,5 cm stark gewählt wird. Die Deckschicht besteht aus einem Gemisch von bestem Portlandzement und Steingrus von höchstens 2,5 cm Korngröße, der aus bestem Hartgestein (Granit, Diabas) gebrochen sein soll. Für die Unterschicht wird Kiesbeton im Mischungsverhältnis 1 : 4 verwandt. Das Material wird auf Rütteltischen in eiserne Formen gebracht, die dann einem Druck von mindestens 150 kg/cm² ausgesetzt werden. Nach kurzer Erhärtungsdauer wird die Oberfläche auf Schurscheiben geschliffen. Die Verlegung erfolgt im Diagonalverbande mit besonders hergestellten fünfeckigen Fries- und Eckplatten (vgl. Abb. 59). Als Bettung wird zweckmäßig eine 10 cm starke Kiesschicht angeordnet, auf der die Platten mit möglichst engen Fugen in Kalkmörtel oder in dem bei der Herstellung gewonnenen Schleifmehlbrei verlegt werden. Die Platten zeichnen sich dadurch aus, daß sie bei geringer Abnutzung eine rauhe Oberfläche behalten, da der Granit und der Zement sich ungleich abschleifen. Sie gewähren ferner ein gutes Aussehen, lassen sich leicht umlegen und erfordern geringe Anlage- und Unterhaltungskosten. Diese Eigenschaften haben eine schnelle und große Verbreitung der Kunstgranitplatten herbeigeführt.

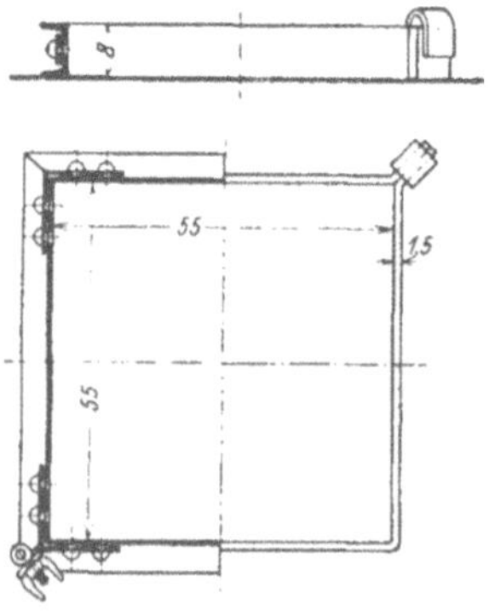

Abb. 52.

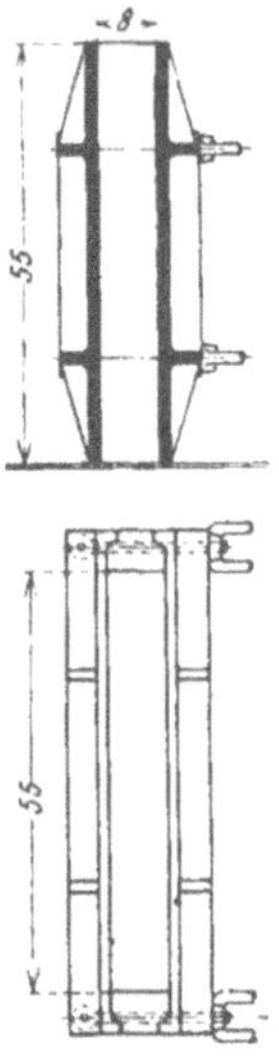

Abb. 53.

d) Zementplatten[1]. Ein großer Vorteil der Zementplattenbeläge besteht in der Billigkeit ihrer Anlagekosten. Sie eignen sich daher besonders für solche Straßen, deren Anbau hohe Straßenkostenbeiträge nicht leisten kann, namentlich also für Kleinbauviertel. Auf ihre Anfertigung ist ganz besondere Sorgfalt zu verwenden. Unsachgemäß hergestellte Platten nutzen sich sehr schnell ab, werden höckerig und müssen bald ausgewechselt werden. Die meist quadratischen Platten werden in Größen von 25—55 cm Seitenlänge hergestellt bei einer Höhe von 6—8 cm. Bewährt haben sich die Platten des größeren Formats, die noch von einem Arbeiter bequem gehandhabt werden können. Die Platten werden entweder liegend oder stehend gestampft. Die liegend gestampften Platten (Abb. 52) erhalten eine untere 6 cm starke, im Mischungsverhältnis 1 : 4 hergestellte Betonschicht, während die obere, der Abnutzung ausgesetzte Deckschicht 2 cm stark im Mischungsverhältnis 1 : 1 hergestellt wird. Die stehend gestampften Platten (Abb. 53) müssen durchweg ein Mischungsverhältnis von mindestens 1 : 2 erhalten. Sie werden dadurch teurer in der Herstellung, haben aber den Vorteil, daß sie sich wenden lassen. Die Verlegung geschieht auf 10 cm starker Sandbettung mit engen Fugen, die mit feinem Sand eingeschlämmt werden.

e) Tonplatten. Die Form ist gewöhnlich quadratisch mit 15—25 cm Seitenlänge und 3—5 cm Dicke. Sie werden farbig hergestellt und häufig gemustert verlegt. Das Versetzen der Platten geschieht in senkrechten oder diagonalen Reihen stets in Mörtel, die Fugen werden mit Zement vergossen. Die meisten Tonplatten neigen stark zur Nester- und Buckelbildung, bei den Bezugsbedingungen ist hierauf Rücksicht zu nehmen.

f) Klinker. Die Verlegung geschieht in Sand auf der Breitseite, die Fugen werden mit Sand eingeschlämmt. Wo stärkere Angriffe zu erwarten sind, vor Hauseinfahrten usw., werden sie hochkantig versetzt.

g) Asphaltplatten. Die Herstellung der Platten erfolgt ebenso, wie es beim Plattenasphalt der Fahrbahnbeläge gesagt ist, mit der Maßgabe, daß die Stärke geringer, etwa zu 2—4 cm, gewählt wird.

[1]) Zeitschr. f. Transportw. u. Straßenbau 1913, Nr. 5.

Die quadratischen Platten, die meist eine Seitenlänge von 25 cm erhalten, werden senkrecht oder diagonal verlegt. Als Tragschicht wählt man eine 10 cm starke Betonbettung oder meistens eine 10 cm starke Kies- oder Sandbettung. Die Asphaltplatten haben den Vorteil, daß sie sich elastisch und angenehm begehen lassen. Ein Nachteil besteht jedoch darin, daß sie schneller abgenutzt werden als beispielsweise Granit- und Kunstgranitplatten. Sie sind daher besonders für Straßen mit mittlerem und schwachem Verkehr zu empfehlen.

2. Bürgersteigpflaster.

a) Mosaikpflaster. Als Material der Mosaiksteinchen werden namentlich Basalt, Porphyr, Granit, Kalkstein und Sandstein verwandt. Die härteren Gesteine haben den Vorteil, daß sie sich langsamer abnutzen als die weichen. Die letzteren lassen sich dagegen angenehmer begehen. Ein Vorzug des Mosaikpflasters im allgemeinen ist es, daß es wegen der zahlreichen Fugen nicht glatt wird und daß es stets trocken ist, da das Niederschlagswasser schnell versickert. Das Pflaster erfordert dagegen eine gewisse Aufmerksamkeit in der Unterhaltung, da einzelne Steinchen leicht herausgerissen werden, und derartig beschädigte Stellen schnell einen größeren Umfang annehmen. Aus diesem Grunde gibt man den Steinchen Prismenform von kleiner Kopffläche (3—5 cm Seitenlänge) und größerer Höhe (6—8 cm). Wegen der verhältnismäßig geringen Fußfläche, die zur Druckübertragung in Betracht kommt, ist eine widerstandsfähige Bettung herzustellen, die entweder aus einer 10 cm starken gestampften Ziegelschotter- oder einer Kiesschicht besteht. Die Steinchen werden in Sand versetzt und mit einer Handramme, die quadratische Fußfläche von etwa 20 cm Seitenlänge hat, abgerammt. Das Mosaikpflaster dient zur Befestigung entweder der ganzen Bürgersteigbreite oder nur einzelner Streifen. In ersterem Falle wird es durch Wahl verschiedener Materialien (etwa des hellgrauen Kalksteins und des schwarzen Basaltes) oft in Mustern hergestellt. Die streifenförmige Anordnung geschieht auf Promenadenwegen, die eine bei Regenwetter trockene Gehbahn erhalten sollen, und auf Bürgersteigen, die im übrigen mit einer fugenlosen oder fugenarmen Decke belegt sind, um so eine ventilierende Verbindung mit dem Untergrund, in dem sich die Rohrleitungen befinden, herzustellen.

b) Platines-Pflaster. Dieses Pflaster, das namentlich in Westdeutschland und in Belgien ausgeführt wird, hat einen dem Reihensteinpflaster ähnlichen Charakter. Die Pflastersteine bestehen aus Kohlensandstein. Sie haben überall ebene Flächen, quadratische Kopfform von 10—12 cm Seitenlänge und 10 cm Höhe.

c) Porzellansteinchen. Die aus Porzellanton gebrannten Steinchen haben Prismenform, deren quadratische Kopfflächen 5 cm Seitenlänge besitzen, und deren Höhe 10 cm beträgt. Sie werden meist flach, bei stärkerer Beanspruchung hochkantig auf einer 10 cm starken Kies- oder Ziegelschotter- oder Betonschicht versetzt.

3. Fugenlose Beläge.

a) Gußasphalt. Wie beim Stampfasphaltbelag der Fahrbahnen ist auch hier die Ausbildung der Tragschicht von ganz besonderer Bedeutung, da der Asphaltbelag selbst sogut wie gar keine Stoßwirkungen aufzunehmen vermag. Am geeignetsten ist eine Betonschicht von 10 cm Stärke bei einem Mischungsverhältnis von 1 : 8—1 : 10. Diese Betonschicht hat jedoch den Nachteil, daß bei Aufbrüchen, die durch Rohr- und Kabelverlegungen mehr oder weniger häufig veranlaßt werden, das Material zertrümmert wird, nur zum geringen Teil wieder verwendbar ist und eine längere verkehrsstörende Erhärtungsdauer bedingt. Aus diesem Grunde wird vielfach eine in Sandbettung verlegte Ziegelflachschicht angeordnet, deren Fugen mit Kalkmörtel verstrichen werden. Diese Tragschicht kann bei Aufbrüchen zwar immer wieder verwandt werden, sie hat dagegen den Nachteil, daß die Fugen sich in der fertigen Asphaltdecke abzeichnen, dadurch ein unschönes Aussehen gewähren und zur ungleichmäßigen Abnutzung beitragen. Die Ziegelflachschicht sollte daher nur dort gewählt werden, wo sehr häufige Aufbrüche vorauszusehen sind. Verwerflich ist es, den Asphaltbelag auf Rundsteinpflaster herzustellen, da bei warmem Wetter der Asphalt in die Fugen gepreßt wird, und die runden Köpfe nach ganz kurzer Zeit zutage treten.

Die Bestandteile des Gußasphaltes sind Épuré, Asphaltmastix und Perlkies. Die Zusammensetzung richtet sich nach den klimatischen Verhältnissen. Je größer die Temperaturunterschiede sind, desto höher muß der Épurégehalt sein. Für mittlere Verhältnisse eignet sich die Mischung von einem Gewichtsteil Épuré zu 12 Teilen Mastix zu 6 Teilen Perlkies. Der Mastix bildet stets den Hauptbestandteil. Der Perlkies soll eine Korngröße von 2—3 mm haben, gewaschen und vollkommen staubfrei sein. Die Zubereitung der Mischung erfolgt an Ort und Stelle in Asphaltkesseln, die zur Schonung der übrigen Straßenbefestigung auf eine Sandschicht gestellt werden. Zunächst werden das Épuré und der Mastix, um eine innige Mischung zu erzielen, bei einer Temperatur von 150° etwa eine Stunde lang unter fortwährendem Umrühren gekocht, darauf erfolgt der Zusatz des erwärmten Perlkieses unter gleichzeitigem Erhitzen auf 170—180°, alsdann ist die Masse gußfertig. Die Asphaltdecke wird 2—3 cm stark hergestellt, und zwar bis zu 2½ cm in einfacher, von da an in doppelter Lage. Die fertige Decke wird, solange sie noch warm ist, mit feinem Sand abgerieben und kann nach dem Erkalten dem Verkehr übergeben werden.

Als besondere Vorzüge des Gußasphaltbelages gelten die geringen Anlage- und Unterhaltungskosten, da der alte Belag wiedereingeschmolzen werden kann, ferner schnelle Ausbesserungs- und gründliche Reinigungsmöglichkeit. In der Annehmlichkeit des Begehens steht er unter den Fußwegbelägen an erster Stelle, da er keine Fugen zeigt, eine große Elastizität besitzt, die das frühzeitige Ermüden verhindert, und stets eine rauhe Oberfläche behält. Diese Vorzüge gelten jedoch nur für den Fall, daß einwandfreie Rohmaterialien verwandt werden, und daß Zusätze von Teer, Pech und anderen Verfälschungen ausgeschlossen sind. Eine rohe Prüfungsmethode besteht darin, daß reiner Gußasphalt, der zwischen den Fingern erwärmt ist, sich zu langen Fäden ausziehen läßt, aber hierbei nicht abfärbt oder gar an den Fingern kleben bleibt, daß er sich erst bei einer Temperatur von 40—50° verflüssigt, und daß er sich bei einer Abkühlung auf 7° mit dem Hammer zerschlagen läßt, ohne daß die einzelnen Stücke aneinanderkleben. Man hat auch Versuche gemacht, Bürgersteigbeläge aus Stampfasphalt auszuführen. Diese Versuche sind aber fehlgeschlagen. Der Stampfasphalt eignet sich so wenig zum Bürgersteigbelag wie der Gußasphalt zur Fahrbahnbefestigung. Einesteils wird er wegen der erforderlichen stärkeren Bettung teurer, andernteils ist die Abnutzung durch den schleifenden Fußgängerverkehr sehr stark, da eine genügende Zusammenpressung und Verdichtung an dieser Stelle nicht erzielt werden kann.

Beide Arten stellen dagegen an richtiger Stelle vorzügliche Beläge dar.

b) Zementestrich. Als Tragschicht wird eine 10 cm starke Betonschicht vom Mischungsverhältnis 1 : 8—1 : 10 hergestellt und auf dieser eine 2—3 cm starke Decklage aus Zementmörtel (1 Teil Zement zu 1 Teil Sand). Auch hier sind wie beim Zementmakadam Ausdehnungsfugen anzuordnen, die senkrecht zur Bordkante verlaufen und Abstände von etwa 2 m haben. Diese Fugen werden durch eingelegte Blechstreifen gebildet, die manchmal vor völliger Erhärtung des Zementes wiederherausgenommen und durch Asphaltguß ersetzt werden. Dieser Belag ist besonders unbeweglich und bei Aufbrüchen durch die lange Erhärtungsdauer verkehrsstörend. Er zeichnet sich jedoch durch niedrige

Herstellungskosten aus. Im allgemeinen ist es günstiger, den Zementbelag in Plattenform zu verwenden.

Neuerdings hat man Bürgersteigbeläge aus Eisenbeton hergestellt, die aber im allgemeinen für städtische Straßen nicht zu empfehlen sind, da Aufbrüche und Wiederherstellungsarbeiten ganz besonders schwer auszuführen sind.

4. Promenaden, Radfahrwege, Reitwege.

a) Promenaden. Auf einer 10—15 cm starken gestampften Bettung aus Ziegelschotter oder ähnlichem Material wird eine 1—2 cm starke Schicht Lehm ausgebreitet und in diese eine ebenso starke Schicht Perlkies gestampft. Für eine gute Entwässerung durch starkes Quergefälle ist Sorge zu tragen. Statt des Lehms und Perlkieses verwendet man mit gutem Erfolge auch Steingrus von 5—20 mm Korngröße, dem man als Bindemittel Steinmehl zusetzt. Bei dieser letzteren Befestigungsart kann man, wenn tragfähiger Untergrund vorhanden ist, die Schotterschicht fortlassen. Der Steingrus ist dann in einer Stärke von 10 cm einzubauen und abzustampfen oder zu walzen. Diese letztere Befestigungsart hat den Vorzug, daß sie das Niederschlagswasser stark durchläßt und die Oberfläche trocken hält. Die mit einer Lehmschicht hergestellten Promenaden haben den Nachteil, daß sie bei aufgehendem Frost stark aufweichen und kaum begehbar sind. Diesen Übelstand beseitigt man durch eine alljährlich vorzunehmende Oberflächenteerung. Für untergeordnete Zwecke verwendet man auch gestampfte Schlacke.

b) Radfahrwege. Hier gilt im allgemeinen das vorher Gesagte. Die Decken können jedoch im allgemeinen wegen der geringeren Beanspruchung schwächer hergestellt werden. Der in der obersten Lage zu verwendende Kies soll zur Schonung der Radreifen nicht mehr als 3 mm Korngröße haben. Steingrus ist für diesen Zweck ungeeignet.

c) Reitwege. Innerhalb der Städte sind Reitwege ganz besonders schwierig zu unterhalten, da das zur ihrer Herstellung verwandte Material zertrümmert wird und zu Staubbelästigungen Anlaß gibt. Bei häufigen Besprengungen dagegen bildet sich eine harte Decke, die für die Zweckbestimmung völlig ungeeignet ist.

Bei der Anlage ist in erster Linie für eine gute Entwässerung, wenn erforderlich durch Drainage, zu sorgen. Die Decklage stellt man aus Sägemehl oder Gerberlohe oder aus einem Gemisch von beiden her. Besser, aber teurer ist ein 5—10 cm starke Schicht aus Perlkies von 3—5 mm Korngröße.

5. Fußwegbegrenzungen.

Die Fußwege liegen entweder mit der Fahrbahn in einer Ebene, oder sie erhalten eine erhöhte Lage. Die erstere Anordnung wird meist bei Landstraßen getroffen, sie werden dann auch wohl Bermen genannt, bei erhöhter Lage, die in selteneren Fällen ausgeführt wird, heißen sie auch Bankette. Die Fußwege in städtischen Straßen, die Bürgersteige, erhalten stets eine höhere Lage als die Fahrbahnen.

Abb. 54.

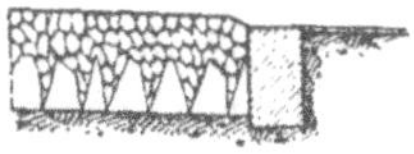

a) Strecksteine. Zur Begrenzung der Fahrbahn gegen nicht erhöhte Bürgersteige dient die Streckschicht oder auch Strecke genannt (Abb. 54). Die Strecksteine haben prismatische Form von 25—30 cm Höhe, 25—40 cm Länge und 15—20 cm Breite. Je schwerer der Stein ist, desto größeren Widerstand leistet er gegen Verschiebungen, wie beim Walzen und dgl. Mit Rücksicht auf die schnellere Abnutzung wird die Fahrbahn meist mit einer geringen Überhöhung gegen die Streckschicht angelegt.

b) Saumsteine. Die Bankette der Landstraßen und vielfach auch die Bürgersteige verkehrsarmer städtischer Straßen innerhalb der Gebiete mit offener Bauweise werden mit Saumsteinen eingefaßt, deren Höhe 30—35 cm, deren Stärke 10—12 cm und deren Länge 40—100 cm beträgt. Die Stoßflächen müssen dicht schließen und entsprechend bearbeitet sein, alle übrigen Flächen sind rauh abgebahnt (Abb. 55).

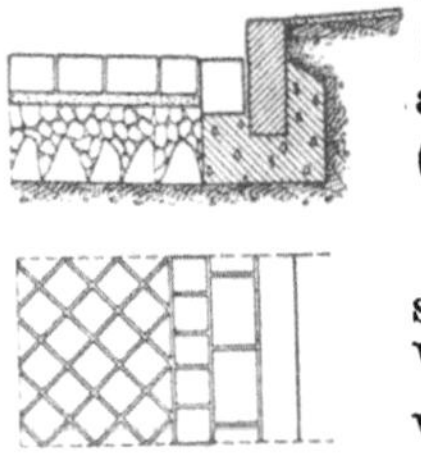

Abb. 55.

c) Bordschwellen. Als Material kommt in der Hauptsache nur Hartgestein in Frage. Für Straßen mit schwachem Verkehr kann auch Kalkstein oder harter Sandstein Verwendung finden. Betonbordschwellen eignen sich nur für untergeordnete Zwecke in wagerechten Straßen, zweckmäßig wird dann die Außenkante mit einem Winkeleisen bewehrt. Der Auftritt soll 10—15 cm betragen. An den Regeneinlässen kann dieses Maß unter Umständen auf 20 cm erhöht werden. Sämtliche Ansichtsflächen sind zu stocken, die übrigen zu spitzen. Die Vorderfläche ist abzuschrägen, um das Abschleifen durch Radreifen bergab fahrender Fuhrwerke zu verhindern.

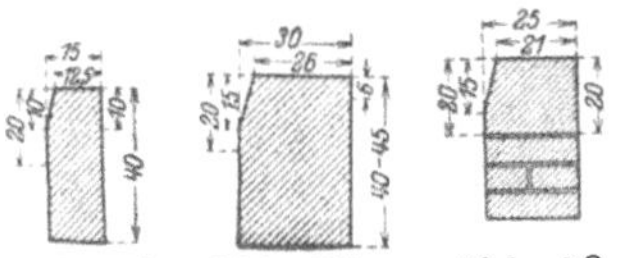

Abb. 56. Abb. 57. Abb. 58.
Bordschwellen.

Die Querschnitte der Bordschwellen sind sehr verschiedenartig. Es haben jedoch neuerdings Bestrebungen eingesetzt, um zur Verbilligung der Herstellungskosten Normalformate einzuführen. Man kann drei Grundformen unterscheiden (Abb. 56—58): schmale hohe mit einer Breite von 12 bis 15 cm und einer Höhe von 40—45 cm, breite hohe mit einer Breite von 25—30 cm und einer Höhe von 40—45 cm und flache mit einer Breite von 25—40 cm und einer Höhe von 20—25 cm. Die letztere Art muß auf einem Ziegelbankett verlegt werden. Die hohen Bordschwellen werden entweder in Kies oder bei Asphalt- und Holzpflaster in Beton versetzt. Die Länge der Bordschwellen beträgt 1—2 m. In den Abb. 59—61

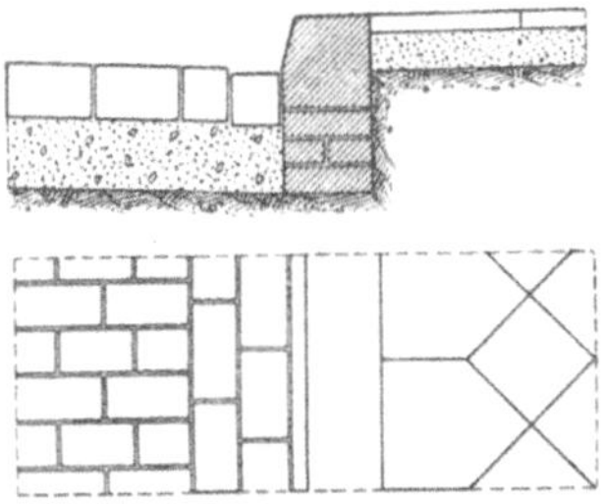

Abb. 59.

Abb. 60.

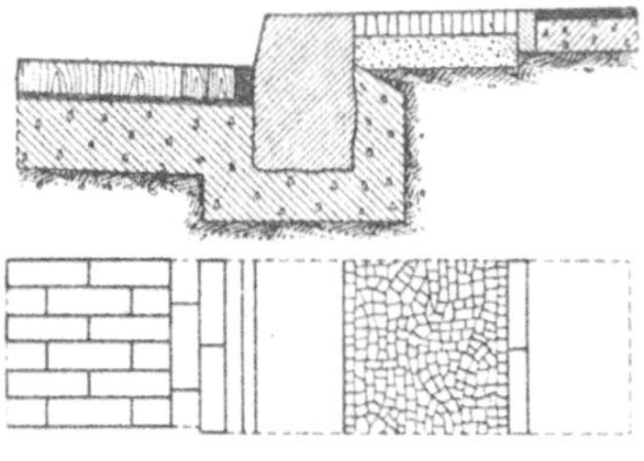

Abb. 61.

sind Begrenzungen für Reihenstein-, Asphalt- und Holzpflaster dargestellt, es können natürlich an jeder Stelle beliebige andere Bordschwellenformen verwandt werden.

d) Toreinfahrten. Zur Schonung der Fahrzeuge und der Bordkanten sind vor den Toreinfahrten besondere Einrichtungen erforderlich. Die einfachste Art zur Vermittlung des Höhenunterschiedes zwischen Fahrbahn und Bürgersteig ist eine entsprechend zugerichtete Holzschwelle (Abb. 62). Sie ist jedoch schneller Zerstörung unterworfen und wird daher besser durch eine Steinschwelle (Abb. 63) ersetzt. Eine besondere Ausbildung dieser Art zeigt die Abb. 64, die besonders in Stockholm üblich ist und an den Endpunkten sehr gefällige Formen zeigt. Die noch vielfach üblichen Rinnsteinbrücken (Abb. 65) haben den Nachteil der schwierigen Reinigung und der unschönen und verkehrsstörenden Unterbrechung der Straßenoberfläche, sie bieten jedoch den sanftesten Übergang und sind für den Verkehr von schweren Wagen (vor Fabrikgrundstücken usw.) sehr beliebt.

Abb. 62.

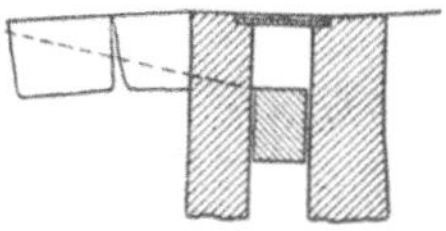

Abb. 65.

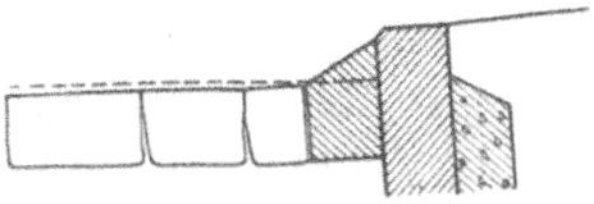

Abb. 63.

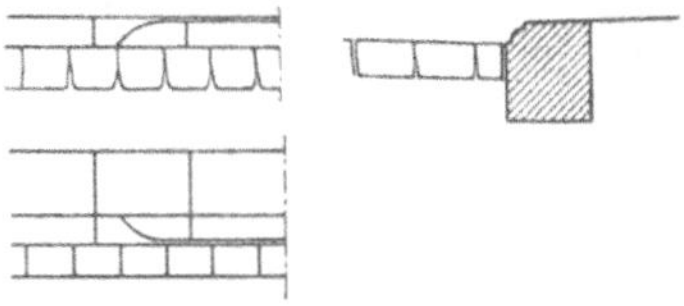

Abb. 64.

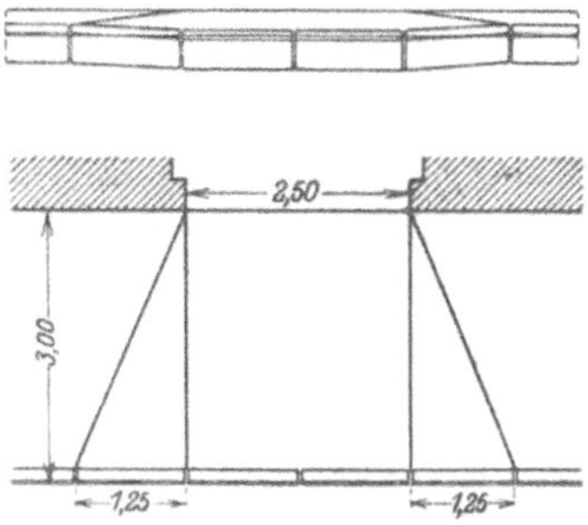

Abb. 66.

Die billigste Anordnung wird durch das Versenken der Bordschwellen (Abb. 66) erzielt. Sie sind aus diesem Grunde zweckmäßig, bieten aber in kurzer Projektion und in Kurven einen unschönen Anblick.

6. Anordnung der Leitungen.

Im Gegensatz zu den Fahrbahnen, deren Breite lediglich durch den Fuhrwerksverkehr bedingt wird, ist die Bürgersteigbreite weniger vom Personenverkehr als von der Rücksicht auf die Unterbringung der Leitungen abhängig. Um häufige Aufbrüche des Fahrdammes und damit verbundene Verkehrsstörungen zu vermeiden, sind sämtliche Leitungen mit Ausnahme der Kanalisation, die auch im Fahrdamm verlegt werden kann, im Bürgersteig unterzubringen, dessen Mindestbreite unter diesen Umständen 4 m betragen muß, oder, wenn auch die Kanalisation aufgenommen werden soll, 5 m. Mit der zunehmenden Zahl der Rohr- und Kabelleitungen ist eine planmäßige Ausnutzung des unter den Bürgersteigen vorhandenen Raumes geboten. Daher

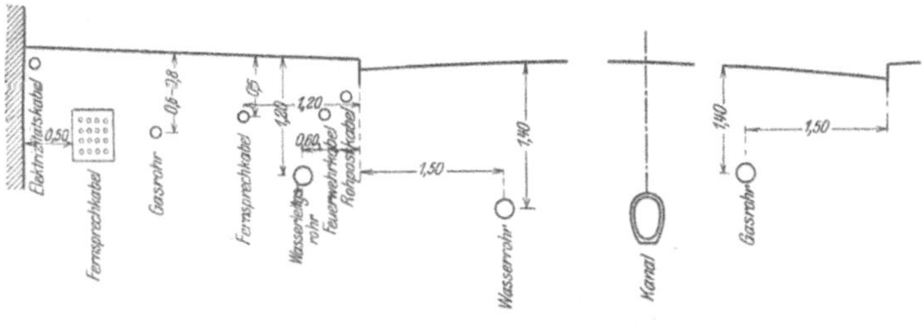

Abb. 67.

haben die meisten Städte den einzelnen Leitungsverwaltungen bestimmte Streifen im Bürgersteige zugewiesen und zu dem Zwecke besondere Normalien aufgestellt. Beispielsweise zeigt Abb. 67 den Hamburger und Abb. 68 den Berliner Normalquerschnitt.

In den engen Straßen alter Stadtteile reichen die Bürgersteige zur Aufnahme der zahlreichen Leitungen häufig nicht aus. Außerdem sind in diesen Gebieten, wo sich der Hauptgeschäftsverkehr abwickelt, Aufbrüche auch in den Bürgersteigen sehr lästig. Man hat daher namentlich in England und Frankreich schon vor langer Zeit versucht, die Leitungen in besonderen Rohrtunneln (subways) unterzubringen. Es lag nahe, hierzu in erster Linie die weiträumigen Entwässerungskanäle zu verwenden, die nur während weniger Regentage des Jahres voll ausgenutzt werden. Eine derartige Anordnung ist zuerst in Paris getroffen worden (Abb. 69). Bis auf die Gasrohre, die man wegen der Explosionsgefahr in den Boden der Straße einbettete, sind sämtliche

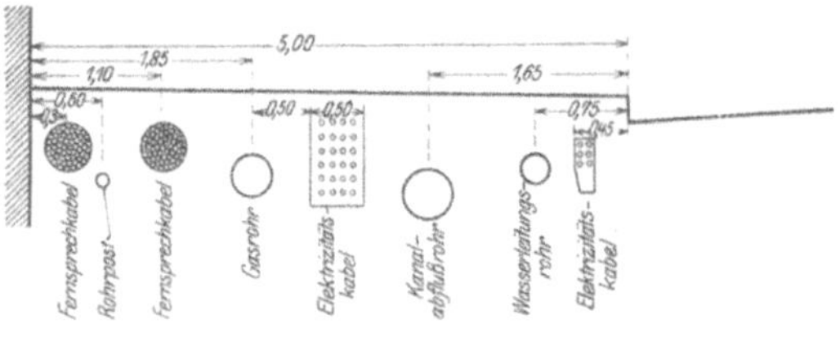

Abb. 68.

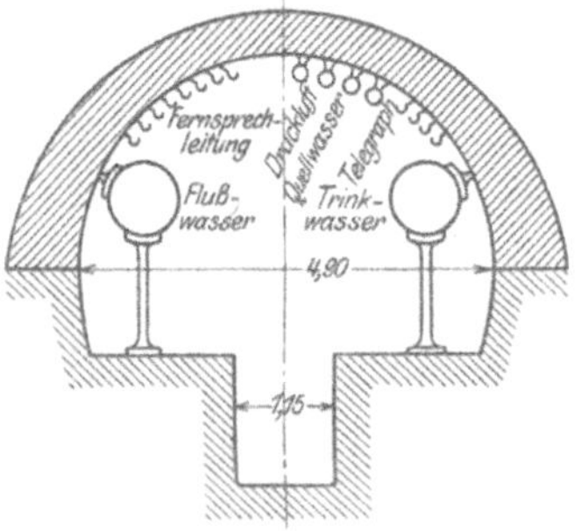

Abb. 69.

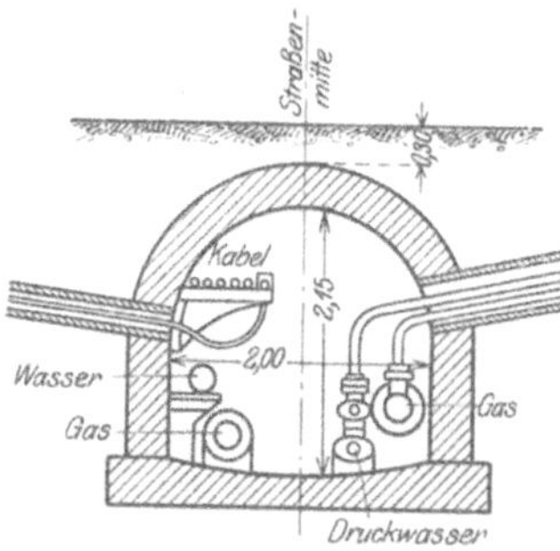

Abb. 70.

Leitungen in den Entwässerungskanal verlegt worden. Die Kanalgase greifen jedoch die Rohre stark an, so daß dieses Verfahren keine große Verbreitung gefunden hat. In englischen Städten hat man meist besondere Rohrtunnel gebaut.

Die Abb. 70 zeigt einen Glasgower Querschnitt, in dem auch die Gasleitungen einen Platz gefunden haben. Aus Sicherheitsgründen hat man sie jedoch mit einem Mantel, der besondere Lüftungsanlagen besitzt, umgeben. Bei dem Bau von Untergrundbahnen empfiehlt sich wegen der niedrigen Anlagekosten die vollständige Unterkellerung der Bürgersteige nach dem Vorbilde einer in Chicago ausgeführten Anlage (Abb. 71).

Abb. 71.

C. Wahl der Straßenbefestigung.

Die Wahl der Straßenbefestigung hängt von verkehrstechnischen, gesundheitlichen und wirtschaftlichen Bedingungen ab. Diese drei Forderungen können in vollkommener Weise niemals gleichzeitig erfüllt werden. Bei näherer Prüfung des Einzelfalles wird man die eine oder die andere obenan stellen. So wird bei Landstraßen meist die Wirtschaftlichkeit die Hauptrolle spielen, während für städtische Hauptstraßen verkehrstechnische und für Wohnstraßen gesundheitliche und wirtschaftliche Rücksichten den Ausschlag geben.

1. Verkehrstechnische Bedingungen.

Die Widerstandsziffer soll klein sein, größte Lasten sollen durch geringste Zugkraft fortgewegt werden. Die Oberfläche soll stumpf und griffig sein, sie soll auch bei Regen und Nebel nicht glatt werden. Diese Eigenschaften sollen auch bei größeren Steigungen beibehalten werden. Das Material soll widerstandsfähig sein gegen Stoß- und Druckwirkungen und auch nach längerer Benutzung keine Veränderungen zeigen. Die Ausbesserung soll sich ohne erhebliche Verkehrsstörungen bewirken lassen.

2. Gesundheitliche Bedingungen.

Die Straßendecke soll möglichst dicht und fugenlos sein, um das Eindringen von Schmutz und Bakterien in den Untergrund und das Festsetzen dieser Stoffe in den Fugen zu vermeiden. Die Abnutzung soll gering sein, damit die Bildung des Deckenstaubes auf ein Mindestmaß beschränkt wird. Sowohl der Deckenstaub als auch der Verkehrsstaub, der durch Pferde- und Hundekot, durch Müll und andere Abfälle erzeugt wird, und diese groben und gefährlichen Verunreinigungen selbst sollen leicht und gründlich beseitigt werden können. Ferner soll die Straßenbefestigung zur Schonung der Nerven und der Arbeitskraft der Anwohner möglichst wenig lärmend sein.

3. Wirtschaftliche Bedingungen.

Die Kosten der Anlage und der Unterhaltung sollen gering sein. Diese beiden Bedingungen können natürlich niemals gleichzeitig erfüllt werden, da sie mit der Preisbildung des Materials in Wechselwirkung stehen. Bei dem Vergleich mehrerer Materialien ist die Summe aus Anlage- und Unterhaltungskosten in Betracht zu ziehen. Die letzteren sind im voraus besonders schwer zu ermitteln und können immer nur auf rohen Schätzungen durch Vergleich mit anderen Straßen, in denen ähnliche Verhältnisse bezüglich des Verkehrs und des Materials herrschen, beruhen. In dieser Beziehung können auch keine allgemein gültigen Regeln aufgestellt werden, sie sind je nach Klima und Oberflächengestaltung fast für jeden Ort verschieden.

4. Anlage- und Unterhaltungskosten.

Je nach der geographischen Lage des Ortes und den Anforderungen des Verkehrs schwanken die Materialpreise und die Arbeitslöhne erheblich. Bei Fahrbahnen spielen die Unterhaltungskosten eine bedeutende Rolle, während sie für Bürgersteige bei normaler Benutzung sehr gering sind.

Die nachfolgenden Zahlen (siehe nächste Seite) haben nur relativen Wert, da sie auf den Preisen des Jahres 1914 aufgebaut sind.

Bei normaler Entwickelung würde jetzt ein Zuschlag von etwa 40% zu machen sein, während man tatsächlich mit dem drei- bis vierfachen Betrage rechnen muß. Mit Rücksicht auf die ungewisse wirtschaftliche Lage ist aber in dieser Auflage von einer Änderung abgesehen worden.

Bezeichnet A die Anlagekosten und U die Unterhaltungskosten einer Pflasterart, so beträgt der Aufwand nach x Jahren:

$$A\left(1+\frac{p}{100}\right)^x + U\,\frac{\left(1+\frac{p}{100}\right)^x - 1}{1+\frac{p}{100}-1}\,.$$

Diese Gleichung ist der Wirtschaftlichkeitsberechnung mehrerer in Wettbewerb stehender Pflasterarten zugrunde zu legen.

Befestigungsart	Anlagekosten M./qm	Jährliche Unterhaltungskosten M./qm
Fahrbahnen:		
Reihensteinpflaster I. Kl. auf Packlage mit Schotter oder Beton mit Fugenverguß	14—20	0,04—1,00
Reihensteinpflaster II. Klasse auf Kiesbettung	11—14	0,04—0,08
Kopfsteinpflaster	8—11	0,03—0,06
Bruch- und Rundsteinpflaster	6— 8	0,02—0,04
Klinkerpflaster	8—12	0,10—0,80
Schlackensteinpflaster	12—15	0,08—1,00
Stampfasphalt	12—16	0,20—1,50
Walzasphalt	11—14	0,50—1,80
Weichholzpflaster	12—18	0,70—2,00
Hartholzpflaster	18—24	0,60—1,20
Zementmakadam (Basaltzementsteinpflaster)	8—12	0,50—1,50
Schotter auf Packlage	3— 6	0,10—1,50
Teerschotter	5— 8	0,30—1,50
Kleinpflaster	8—11	0,04—0,40
Fußwege:		
Granitplatten	16—20	—
Sandstein- und Kalksteinplatten	5—10	—
Kunstgranitplatten	7—10	—
Zementplatten	5— 7	—
Tonplatten	5—10	—
Klinker	5— 7	—
Asphaltplatten	6— 9	—
Mosaikpflaster	5— 7	—
Gußasphalt	5— 8	—
Zementestrich	3— 5	—
Werkmäßig bearbeitete Bordschwellen in Beton . M./m	12—20	—
Rauh abgebahnte Saumsteine in Kies „	4— 6	—

In der nachstehenden Tabelle sind die Fahrbahnbefestigungen hinsichtlich ihrer verkehrstechnischen, gesundheitlichen und wirtschaftlichen Eigenschaften gegeneinander abgestuft, und zwar steht das günstigste Material an erster und das ungünstigste an letzter Stelle.

Widerstandziffer	Asphalt	Zement	Holz	Reihenstein	Teerschotter	Kleinpflaster	Schotter
Trittsicherheit	Schotter	Kleinpflaster	Reihenstein	Teerschotter	Holz	Asphalt	Zement
Ausbesserungsleichtigkeit	Asphalt	Reihenstein	Kleinpflaster	Holz	Schotter	Teerschotter	Zement
Staubfreiheit	Asphalt	Zement	Holz	Reihenstein	Teerschotter	Kleinpflaster	Schotter
Leichtigkeit der Reinigung	Asphalt	Reihenstein	Holz	Zement	Teerschotter	Kleinpflaster	Schotter
Geräuschlosigkeit	Holz	Asphalt	Teerschotter	Zement	Schotter	Kleinpflaster	Reihenstein
Anlagekosten	Schotter	Teerschotter	Kleinpflaster	Zement	Reihenstein	Asphalt	Holz
Unterhaltungskosten	Reihenstein	Kleinpflaster	Teerschotter	Schotter	Asphalt	Zement	Holz

Vierter Abschnitt.

Straßenreinigung.

A. Beseitigung von Schmutz und Schlamm.

1. Landstraßen.

Sowohl aus Gründen der Straßenerhaltung als auch aus gesundheitlichen Rücksichten ist die periodische Reinigung der Straßen erforderlich. Der auf den Landstraßen mit Schotterbefestigung bei Regenwetter sich bildende Schlamm verhindert das Austrocknen der Decke und befördert dadurch das Aufweichen und die Bildung von Schlaglöchern. Der Schlamm muß daher sooft als möglich beseitigt werden. Diese Arbeit wird entweder von Hand mittels Krücke oder durch Schlammentzugsmaschine geleistet (Abb. 72).

Die Maschine besteht aus einem auf Vorderachse und Hinterachse gelagerten Gestell, unter dem ein in einem Winkel von 35° zur Längsachse gestellter Rahmen

Abb. 72. Schlammabzugmaschine.

aufgehängt ist. An diesem Rahmen ist eine Reihe von Kratzschuhen angeordnet. Sehr zweckmäßig sind Maschinen mit umstellbarem Rahmen, die in jeder Fahrtrichtung benutzt werden können, und bei denen ein leerer Rückgang vermieden wird. Die Maschinen werden in Arbeitsbreiten von 1,50—2,00 m hergestellt und leisten stündlich 3—4000 qm.

2. Stadtstraßen.

Die Reinigung städtischer Straßen ist weniger zum Zweck der Erhaltung der Decke als aus verkehrstechnischen und gesundheitlichen Rücksichten erforderlich. Die Bürgersteige werden wegen der geringen Verschmutzung und der

Abb. 73. Kehrmaschine.

vorhandenen Aufbauten, wie Laternen, Hydranten usw., meist im Handbetriebe mit Besen oder Gummischiebern gereinigt. Bei den Fahrdämmen ist diese Art der Reinigung wegen der erheblich stärkeren Verschmutzung und der meist größeren Ausdehnung nicht mehr zweckmäßig, da sie zu teuer werden würde. Je nach der

Befestigungsart, ob Steinpflaster oder Asphalt bzw. Holz vorhanden ist, gestaltet sich die Reinigungsart verschieden.

Gepflasterte Straßen müssen je nach der Stärke des Verkehrs allwöchentlich 2 bis 18 mal einer gründlichen Reinigung durch Kehrmaschinen unterzogen werden. Inzwischen müssen nach Bedarf die groben Verunreinigungen beseitigt werden. Um das Aufwirbeln des Staubes zu verhüten, muß der Kehrmaschinenarbeit eine Besprengung der Straßen voraufgehen. Diese wird entweder durch Sprengwagen oder durch eine mit der Kehrmaschine verbundene Sprengvorrichtung bewirkt (Abb. 73)[1]. Die Kehrmaschinen für Pferdebetrieb werden für Arbeitsbreiten von 1,50—2,50 m hergestellt. Die stündliche Leistung beträgt je nach der Güte des Pflasters 5000—7000 qm. Die Erneuerung der Piassavawalze muß in einem etwa sechs- bis vierzehntägigen Turnus erfolgen.

Abb. 74. Waschmaschine.

Neuerdings verwendet man mit Erfolg Autokehrmaschinen sowohl mit elektrischen als auch Explosionsmotoren. Die Betriebsgeschwindigkeit beträgt 8 km in der Stunde. Die Autokehrmaschinen eignen sich nur für gutes Pflaster, bei schlechtem hüpft die Walze und reinigt nicht sauber. Eine Autokehrmaschine leistet soviel wie 2—2,5 Maschinen mit Pferdebetrieb.

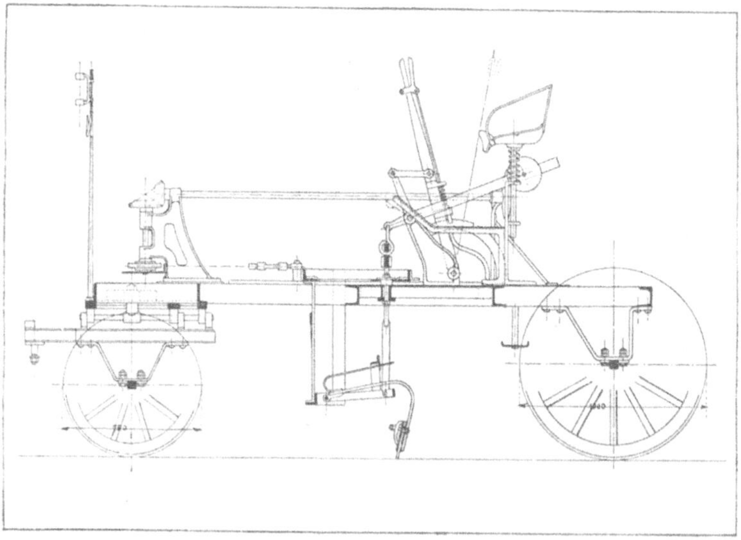

Abb. 75. Schrubbermaschine.

Bei Frostwetter werden die Straßen zur Bindung des Staubes zweckmäßig mit Chlormagnesiumlauge vorgesprengt, jedoch nicht in Straßen mit Straßenbahngleisen, da die Lauge die Schienen schlüpfrig macht.

[1]) Konstruktion der Firma Weygandt & Klein in Feuerbach-Stuttgart.

Zur Reinigung von Asphalt und Holzpflaster benutzt man Waschmaschinen- oder Schrubbermaschinen. Die Waschmaschinen haben die Form eines Sprengwagens mit angehängter drehbarer Walze, an der spiralförmige Gummi flossen befestigt sind. Die Abb. 74 zeigt eine automobile Waschmaschine der Firma Hellmers-Hamburg.

Die Schrubbermaschinen (Abb. 75)[1]) sind ähnlich den Schlammabzugsmaschinen gebaut, mit dem Unterschiede, daß die Stahlkratzschuhe durch Gummischrubber ersetzt sind.

B. Staubbekämpfung.

1. Besprengung mit Wasser.

Um in den städtischen Straßen das Aufwirbeln auch geringer Staubmengen, die stark mit Bakterien aller Arten und mit anderen Stoffen, die krankhafte Reize auf die Augen und Atmungsorgane ausüben, durchsetzt sind, zu verhüten, und um bei großer Hitze eine Abkühlung der Straßenoberfläche zu bewirken, ist eine periodische Sprengung mit Wasser erforderlich, die meist mit Sprengwagen bewirkt wird. Die für Pferdebespannung eingerichteten Wagen tragen einen Kessel mit einem Fassungsraum von 1000—2500 l, der durch Ventile mit der Sprengvorrichtung verbunden ist. Bei den Wagen älterer Konstruktion besteht diese meist aus einem wagerecht angeordneten durchlöcherten Brauserohr, das Sprengbreiten bis zu 5 m erzielt.

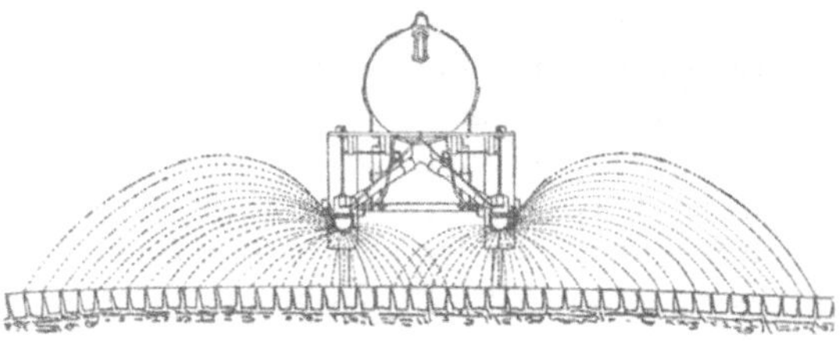

Abb. 76.

Bei einer neueren, nach dem System Miller gebauten Konstruktion erfolgt die Ausstrahlung des Wassers nicht nach hinten, sondern seitlich rechtwinklig zur Fahrtrichtung (Abb. 76). Durch Einschalten eines oder beider Brausekörper können Sprengbreiten von 4 und 8 m erzielt werden. Für den Wasserstrahl ist eine Regelung in drei verschiedenen Stärken vorgesehen. Diese Bauart findet bei allen neueren Sprengwagen ausgedehnte Verwendung.

Die Straßenbesprengung ist je nach der Verkehrsstärke ein- bis viermal täglich vorzunehmen. Die jedesmalige versprengte Wassermenge beträgt je nach der Dichte der Straßendecke 0,5—1 l/qm (0,5 l für Reihensteinpflaster, 1 l für Schotter). Asphaltstraßen werden bei täglicher Waschung nicht besonders gesprengt, grobe Verunreinigungen werden durch Absammeln beseitigt.

Die neuerdings von den Firmen Stoewer-Stettin, Benz-Gaggenau, Büssing-Braunschweig, Weygandt & Klein-Feuerbach-Stuttgart u. a. gebauten Auto-Sprengwagen haben Sprenggefäße mit 5000 l Inhalt und erreichen Sprengbreiten bis zu 25—40 m. Die Verwendung ist besonders für Außenbezirke zu empfehlen. Ähnlich liegen die Verhältnisse bei den Motorsprengwagen der Straßenbahnen.

2. Ölbesprengung.

Ein Mißstand der Wasserbesprengung, namentlich für Landstraßen, ist die schnelle Verdunstung oder bei starker Besprengung die Aufweichung der mit Schotter befestigten Straßendecken. Man verwendet daher Flüssigkeiten, die entweder selbst schwer verdunsten, oder die Wasser anziehende und bindende Eigenschaften besitzen. Von den schwer verdunstenden Flüssigkeiten sind Kreosotöl und Petrolöle in Gebrauch. Diese Öle werden entweder unverdünnt

[1]) Konstruktion der Firma Weygandt & Klein in Feuerbach-Stuttgart.

oder in wasserlöslichen Emulsionen versprengt. Zu den letzteren gehören das Westrumit der Kontinentalen Ölbesprengungs- und Straßenreinigungsgesellschaft, das Duralit der Firma H. Wertheim Söhne, Weißensee-Berlin, das Wernerítöl der Firma Werner Rosenberg, Leipzig-Lindenau, u. a. Die Sprengung mit reinem Öl wird zwei- bis dreimal während des Sommers vorgenommen und findet nur für Schotter- und Teerschotterstraßen und Kieswege Verwendung. Die Ölemulsionen eignen sich für alle Pflasterarten und müssen in zwei- bis dreiwöchigen Perioden versprengt werden.

3. Besprengung mit hygroskopischen Laugen.

Zur Herstellung der hygroskopischen Bindemittel werden fast ausschließlich Chlorkalzium und Chlormagnesium verwandt. Diese Salze sind Abfallstoffe der Kaligewinnung, daher zu einem entsprechend billigen Preise zu haben, und beeinträchtigen bei zweckentsprechender Verwendung weder den Pflanzenwuchs noch die Straßenbefestigung. Sie kommen entweder in fester Form oder als Laugen in den Handel. Die Versprengung erfolgt in zehnfacher Verdünnung bei fester Form und in dreifacher Verdünnung bei Laugen und ist wöchentlich zwei- bis dreimal vorzunehmen. Die Wirkung beruht darauf, daß diese Salze die Eigenschaft haben, Wasserdampf aus der Luft anzusaugen, und hierdurch die Decke feucht erhalten. Bei feuchtem Klima mit wenig Niederschlägen hat man diese Wirkung auch durch Zerstreuen der Salze in trockenem Zustande erreicht.

Chlorkalzium- und Chlormagnesiumlauge bilden auch die Hauptbestandteile einer Reihe im Handel befindlicher Staubbindemittel, deren genaue Zusammensetzung Fabrikgeheimnis der Hersteller ist. Hier sind zu nennen das Antistaubit von Werner Rosenberg, Leipzig-Lindenau, das Coeberit der Kontinentalen Ölbesprengungs- und Straßenreinigungs-Gesellschaft in Berlin, das Epphygrit von Andreas v. Czegledy, München, u. a.

Sprengmittel	Dauer der Sprengperiode	Anzahl der Sprengungen	Kosten der einmaligen Sprengung	Gesamtkosten
Wasser	150 Tage	600	0,015—0,020 Pf./qm	9—12 Pf.
Chlorkalzium Chlormagnesium	„	60	0,27—0,35 „	16—21 „
Ölpräparate	„	8	4—5 „	32—40 „

Die Kostensätze beziehen sich auf das Jahr 1914.

C. Beseitigung von Schnee und Eis.

Auf Landstraßen erfolgt die Beseitigung des Schnees meist nur in einer Breite von etwa 4 m durch hölzerne keilförmige Schneepflüge mit verstellbaren Flügeln, die entweder durch Steine beschwert werden oder besser noch die hohle Form eines Pfluges erhalten. Der zur Seite geschobene Schnee bleibt liegen und wird den Wirkungen von Sonne und Wind überlassen.

Die Schneebeseitigung der städtischen Straßen verlangt einen größeren Arbeitsaufwand. Das am besten in der Nacht auszuführende seitliche Abschieben erfolgt zweckmäßig in der Weise, daß zunächst mit einem keilförmigen Pfluge eine Mittelspur gezogen und dann strichweise mit besonderen eisernen Schneepflügen, die ähnlich wie die Abzug- und Schrubbermaschinen gebaut sind, weitergearbeitet wird. Der in Haufen zusammengeschobene Schnee wird auf besondere Abladeplätze gefahren oder in öffentliche Flußläufe oder in Straßenkanäle gestürzt. Das erste Verfahren kann nur mittels Fuhrwerkes ausgeführt werden und wird wegen der meist weiten Entfernungen erheblich teuer. Das Abstürzen in öffentliche Flußläufe und in Straßenkanäle erfolgt bei näheren Entfernungen durch Schneekarren von 500 l Inhalt, die durch einen Arbeiter bedient werden.

Zur Aufnahme des Schnees eignen sich nur solche Kanäle, die besteigbar sind und eine größere Menge von Abwasser bzw. Spülwasser führen. Das Einfüllen erfolgt durch die gewöhnlichen Einsteigschächte oder durch besonders gebaute Schnee-Einwurfschächte (Abb. 77 und 78).

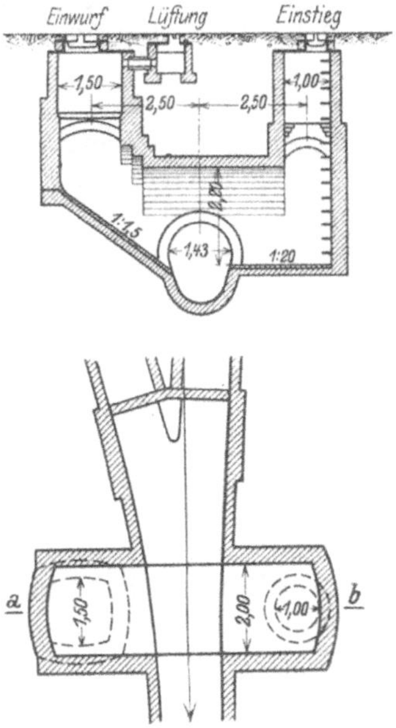

Abb. 77. Schnee-Einwurfschacht der Stadt Frankfurt a. M.

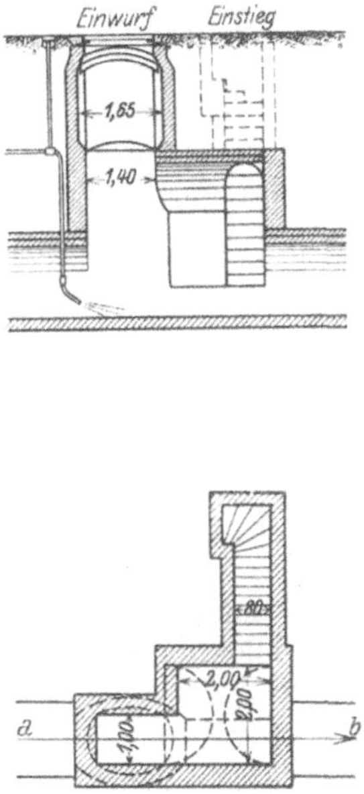

Abb. 78. Schnee-Einwurfschacht der Stadt Köln.

Das auf den Bürgersteigen und Fahrdämmen gebildete Eis entfernt man mit Stoßeisen. Bei dieser Arbeit ist auf die Bürgersteigbefestigung Rücksicht zu nehmen, Plattenbeläge aus Kunststein halten heftigen Stößen nicht stand, daher ist vorheriges Auftauen mit Chlormagnesium zu empfehlen. Vereiste Straßenbahngleise müssen durch künstliches Auftauen mit denat. Kochsalz (sog. Viehsalz) freigemacht werden. Voraussetzung für die Anwendung dieses Verfahrens ist vollkommene Wasserundurchlässigkeit der Straßendecke und der Schienenanschlüsse, da der Beton der Schienenkoffer und der Pflasterbettung durch Kochsalz angegriffen wird.

Fünfter Abschnitt.

Müllbeseitigung.

A. Entfernung aus den bewohnten Gebieten.

Unter Müll versteht man die in den bewohnten Grundstücken sich ansammelnden Abfälle aus den Haushaltungen. In der Zusammensetzung der Mülls sind besonders drei typische Bestandteile zu unterscheiden: Asche und Kehricht, Küchenabfälle und Speisereste, Gerümpel und sperrige Stoffe. Die Menge des anfallenden Mülls richtet sich nach den Lebensgewohnheiten der städtischen Bevölkerung. Wohlhabende Bevölkerung liefert größere, arme Bevölkerung geringere Mengen. In den deutschen Großstädten kann man als Durchschnittssatz 0,5 kg pro Tag und Kopf der Bevölkerung annehmen, im Sommer ist diese Zahl kleiner, etwa 0,4, und im Winter höher, etwa 0,6. Das Gewicht des Mülls im Transportzustande beträgt 500—600 kg/cbm.

Asche und Kehricht bilden den Hauptbestandteil mit 60—65%, Küchenabfälle liefern etwa 15% und Gerümpel 25—20%. Die Tageserzeugung nach dem Kopf der Bevölkerung ergibt daher 0,30 kg Asche, 0,07 kg Küchenabfälle und 0,13 kg Gerümpel.

Nach in Charlottenburg gemachten eingehenden Feststellungen setzt sich das Gerümpel zusammen aus 15,4% Papier, 4,0% Metallabfälle, 2,2% Glas, 1,5% Gewebestoffe, 0,4% Knochen, 0,3% Lederabfälle, 0,2% Brotabfälle. 76,0% Brennstoffe.

1. Sammlung des Mülls.

In den Haushaltungen erfolgt die Müllsammlung meist ohne besondere Trennung in Eimern von beliebiger Form, die wegen der schnellen Zersetzung der Küchenabfälle täglich geleert werden müssen. Nur in besonderen Fällen sind einheitliche Sammelgefäße zu verwenden, nämlich dann, wenn die Entleerung der Eimer in eigens konstruierte Abfuhrwagen mit staubdichten Schluckern stattfindet, oder wenn die Verwertung des Mülls nach dem Dreiteilungssystem erfolgt. In letzterem Falle sind Asche, Küchenabfälle und Gerümpel gesondert zu sammeln. Im Osten Deutschlands, wo große Baugrundstücke vorherrschen, ist es nicht üblich, daß das Müll aus den Haushaltungen direkt zur Abfuhr gelangt, es erfolgt vielmehr eine Zwischenstapelung auf den einzelnen Grundstücken in größeren Sammelgefäßen, die nach Bedarf 1—6mal wöchentlich geleert werden.

Um die Ansammlung des Mülls in den Wohnungen zu vermeiden, sind Müll-Förderanlagen konstruiert worden, die als lotrechte Schächte aus Mauerwerk, Steingut, Blech oder Holz mit Anschlußstutzen für die einzelnen Stockwerke in den Keller geführt werden und dort in Sammelgefäße einmünden. Die lichte Weite der Schächte beträgt 30—40 cm, die Einwurföffnungen befinden sich 80—90 cm über dem Fußboden. Gemauerte Schächte müssen glatt und gut gefugt sein. Den zweifellosen Vorzügen derartiger Anlagen stehen die Nachteile gegenüber, daß die breiigen Stoffe an den Wänden haften und die Gase der verwesenden organischen Bestandteile selbst bei guten Verschlüssen sich im Hause verbreiten, daß der Luftauftrieb, da die Schlote über Dach geführt werden müssen, Staub aufwirbelt, und daß die Schlote eine unerwünschte Verbindung zwischen den einzelnen Stockwerken herstellen und vom Dienstpersonal als Sprachrohr benutzt werden.

2. Müllabfuhr.

Die Abfuhrsysteme sind mannigfacher Art. Alle haben eine Reihe von grundlegenden Bedingungen in hygienischer und wirtschaftlicher Beziehung zu erfüllen. Vor allen Dingen muß das Verladen ohne Staub- und Geruchentwicklung und ohne Belästigung des Verkehrs im Tagesbetrieb erfolgen können. Die Kosten dürfen dabei eine gewisse Grenze nicht übersteigen. Der Betrieb muß einfach sein und von ungelernten Arbeitern ausgeführt werden können. Die Gefäße müssen stabil und dauerhaft gearbeitet sein, und die Verschlüsse und Verladevorrichtungen müssen einfache Handhabung und geringe Unterhaltung gewährleisten.

Unter diesen Gesichtspunkten sind die nachfolgenden Systeme zu betrachten.

a) Sammelwagen oder Umleersystem. Der Betrieb des bisher allgemein gebräuchlichen Sammelwagens hat zu vielen Mißständen geführt. In Westdeutschland ist es üblich, daß die Mülleimer der einzelnen Haushaltungen abends auf die Straße gestellt und nachts in den Müllwagen entleert werden. Entwendungen der Gefäße und mutwillige Entleerungen auf die Straße und deren Verschmutzung sind hierbei häufige Begleiterscheinungen. Im östlichen Deutschland erfolgt die Entleerung der auf den Höfen befindlichen Müllkästen

Abb. 79.

durch Abtragen in Körben oder Kiepen nach den auf der Straße stehenden Wagen. Mit diesen Arbeiten, die meist tagsüber erfolgen, ist eine erhebliche Staubentwicklung und ein sehr unschöner Anblick verbunden. Diesen Übelständen suchen die neueren Wagenkonstruktionen abzuhelfen.

Bei dem Archimedeswagen der Firma Schäfer-Kassel werden die Mülltonnen, die einen Fassungsraum von 80—120 l haben und von zwei Arbeitern an Gurten getragen werden, seitlich an den Wagen vor eine der Einschüttöffnungen gehängt und dann umgestülpt (Abb. 79). Bei dieser Handhabung öffnet sich die vorher geschlossene Einschüttvorrichtung selbsttätig und schließt sich durch einen Hebeldruck wieder, bevor das Gefäß vom Wagen genommen wird, so daß Staub aus dem Wagen nicht herausdringen kann. Zum Entladen des Wagenkastens, der nach vorn etwas verjüngt ist, um das Festklemmen des Inhalts zu verhindern, dient eine Kippvorrichtung, die durch eine Gewindespindel mit Kurbelantrieb betätigt wird. Diese Form der Entladevorrichtung hat sich bei allen Wagensystemen gut bewährt, unter der Bedingung allerdings, daß der Kasten um 45° gekippt werden kann. Die Wagen werden mit einem Fassungsraum von 2—4 cbm hergestellt und haben ein Eigengewicht von 1200—2000 kg.

Abb. 80.

Der Coloniawagen der Firma Peter Bauer Köln-Ehrenfeld ist nach denselben Grundsätzen gebaut wie der vorher beschriebene Wagen.

Der Müllwagen „System Nürnberg" der Frankfurter Kehrmaschinenfabrik (Abb. 80) hat einen oben offenen Wagenkasten und eine auf dem Kasten verschiebbare Einschüttvorrichtung. Mit der Schüttvorrichtung ist eine Jalousie und eine zwischen den Seitenwänden des Wagens verschiebbare Querwand verbunden, wodurch ein staubdichter Abschluß erzielt wird. Zum Entleeren dient eine Kniehebel-Kippvorrichtung.

Das System Franken-Gelsenkirchen (Abb. 81) hat ebenfalls seitliche Einschüttöffnungen, die ebenso wie die zugehörigen Mülleimer mit Schiebedeckeln verschlossen sind. Durch einen besonders zu bedienenden Hebelmechanismus werden beide Deckel gleichzeitig geöffnet und geschlossen. Die Entleerung erfolgt ebenfalls durch eine Kippvorrichtung mit Spindelgetriebe.

Abb. 81.

Bei dem Miruswagen der Firma Faes, Gaus & Co., Bad Reichenhall (Abb. 82), wird das rechteckige Müllgefäß, das unten mit einem Schieber versehen ist, an der Rückseite des Wagens in einem Aufzug durch Gegengewicht gehoben und auf den Wagendeckel geschwenkt. Von hier wird es durch eine Kurbelvorrichtung auf die Mitte des Wagens geschoben, wo gleichzeitig der Wagendeckelausschnitt und der gleich große Bodenverschluß des Müllgefäßes geöffnet werden. Durch einen Verteiler wird das Müll im Wagen gleichmäßig ausgebreitet. Die Entleerung erfolgt durch Seitenklappen. Der Fassungsraum beträgt $4\frac{1}{2}$—5 cbm bei einem Wagengewicht von 1550 kg.

Abb. 82.

Mit Ausnahme des letzten Systems sind die Wagen sowohl für Eimer- als auch für Tonnenbetrieb eingerichtet. Bei ihrer Anschaffung erfordern sie die gleichzeitige Einführung einheitlicher Müllgefäße.

b) Wechselkastensystem. Die gefüllten Müllgefäße werden beim Abholen mit Deckeln staubdicht verschlossen und gegen leere ausgewechselt. Die Gefäße sind entweder rechteckig oder rund. Die Abfuhr erfolgt auf Plattformwagen, deren Fassungsvermögen bei runden Gefäßen von je 125 l 44 Stück, und bei viereckigen Gefäßen von je 200 l Inhalt 21 Stück (Abb. 83) beträgt. Die leeren Gefäße wiegen 20—40 kg. Die größeren Gefäße können nicht mehr von zwei Arbeitern getragen, sondern müssen auf Karren bewegt werden. Das mitzuführende tote Gewicht beträgt mindestens ein Drittel des Müllgewichtes Neben dieser ungünstigen Ausnutzung der Zugkraft, die bei unvollkommener Füllung der Gefäße noch schwerer ins Gewicht fällt, werden gegen dieses System insofern Bedenken erhoben, als es durch das Wechseln der Behälter zur Ausbreitung von Epidemien beitragen kann. Diese Möglichkeit kann zwar durch gründliche Desinfektion beseitigt werden, aber es entsteht hierdurch eine erhebliche Verteuerung. Vom ästhetischen Standpunkte aus nimmt jedoch dieses System die erste Stelle ein.

c) Wechselbodensystem. Der Müllbehälter von 150 l Inhalt hat die Form eines abgestumpften Kegels und ist mit einem auswechselbaren Boden, der durch zwei Hebel am Blechmantel festgehalten wird, versehen. Beim Ent-

Abb. 83.

leeren wird der Behälter in einen mitgebrachten staubdichten Sack gestellt und der Boden durch Umdrehen der Hebel gelöst, worauf er mit dem Inhalt in den Sack fällt. Der Blechmantel wird alsdann auf einem mitgebrachten reinen Boden befestigt, und das Gefäß ist alsdann wieder gebrauchsfertig. Das Gewicht des leeren Sackes mit dem Boden beträgt 6,5 kg, daher ist das mitzuführende tote Gewicht gering, und es findet eine hohe Ausnutzung der Zugkraft statt. Die Reinigung und Desinfektion der Säcke und Böden ist bei dem geringen Gewicht und Umfange ohne erhebliche Kosten auszuführen. Der Wechselbodenbehälter ist der Hannoverschen Mülltonnen-Vertriebsgesellschaft patentiert.

d) Eisenbahn- und Wassertransport. Bei weiten Entfernungen bis zur Verwendungsstelle ist der Wagentransport nicht mehr wirtschaftlich. Man verfrachtet dann das Müll entweder in Eisenbahnwagen oder in Kähnen.

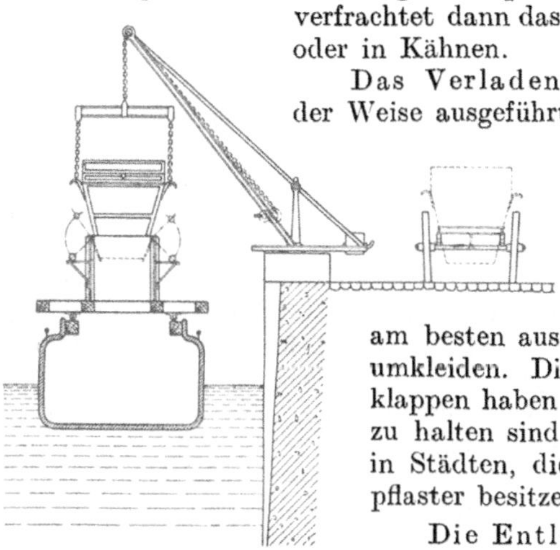

Abb. 84.

Das Verladen auf Eisenbahnwagen wird in der Weise ausgeführt, daß die mit Bodenklappen versehenen Müllwagen auf ein über den Eisenbahnwagen befindliches Gerüst gefahren und alsdann geöffnet werden. Zum Schutz gegen Staubverwehungen ist die ganze Anlage mit einem Schuppen, der am besten aus Eisenfachwerk hergestellt wird, zu umkleiden. Die Wagen mit freiliegenden Bodenklappen haben den Nachteil, daß sie schwer dicht zu halten sind. Mit gutem Erfolge sind sie nur in Städten, die vorwiegend Asphalt- oder Holzpflaster besitzen, zu verwenden.

Die Entleerung in Kähnen ist zuerst von der Gesellschaft Staubschutz-Berlin in zweckentsprechender Form ausgebildet worden (Abb. 84). Der Wagenkasten ist von dem Fahrgestell abhebbar und mit Bodenklappen versehen. Durch einen Kran wird er auf einen trichterförmigen Aufsatz des Kahnes gestellt, dessen Deckel durch das Gewicht des Wagenkastens geöffnet wird. Der Trichter läuft auf Schienen, und der nicht von ihm bedeckte Raum des Kahnes wird mit Brettern abgedeckt.

B. Verwertung des Mülls.

1. Landwirtschaftliche Verwertung.

a) Kompostierung. Die älteste Form der Müllbeseitigung ist die landwirtschaftliche Nutzung. Zu diesem Zwecke wurde früher allgemein das Müll der einzelnen Haushaltungen kompostiert und im Hausgarten oder auf dem Acker zu Dungzwecken verwandt. Dieses Verfahren ist auch jetzt noch in kleineren Städten üblich, und war es in den größeren solange, als sie flach und weiträumig bebaut waren. Nachdem jedoch eine Änderung in der Besiedelung der Städte eingetreten war — etwa um die Mitte des vorigen Jahrhunderts, war dem einzelnen Grundstückseigentümer eine derartige Unterbringung nicht mehr möglich. Die Abfuhr und die Beseitigung erfolgte alsdann durch Unternehmer oder Genossenschaften, die ebenfalls eine Verwertung in der alten Form erstrebten. Da nun die Landwirtschaft nicht zu allen Jahreszeiten Verwendung für den Müllkompost hatte, so mußten ausgedehnte Stapelplätze angelegt werden, und zwar in größerer Entfernung von bewohnten Gebieten, da mit diesen Plätzen stets Staub- und Geruchbelästigungen verbunden waren, durch sie Ratten- und Insektenplagen hervorgerufen wurden und das natürliche ästhetische Empfinden durch verwehte Papiermassen erheblich gestört wurde. Mit dem weiteren Anwachsen der Städte konnte jedoch die Landwirtschaft die anfallenden Müllmengen nicht mehr bewältigen. Sie stellte daher immer höhere Abnahmebedingungen, verlangte Aussortierung oder Aussiebung der Glasscherben, Metallteile und übrigen Sperrstoffe und ging dabei gleichzeitig mit dem Preise zurück.

Seit der allgemeinen Einführung des Kunstdüngers, bei der nur geringe Mengen bei einem niedrigen Preise zur Erzielung des gleichen Erfolges zu bewältigen sind, verweigert die Landwirtschaft die Abnahme nahezu vollständig, und das Verfahren der Müllkompostierung wird für größere Städte in naher Zukunft nicht mehr ausführbar sein.

b) Auffüllung von Ödländereien. Zur Aufnahme des Mülls sind besonders abgebaute Kies- und Sandgruben, Tiefmoore und saure Wiesen geeignet. Voraussetzung ist wieder, daß diese Gebiete in der vorherrschenden Windrichtung einen genügend weiten Abstand von bebauten Gebieten, mindestens 500 m, haben. Bei dem Betrieb derartiger Abladeplätze ist Vorsorge zu treffen, daß die in Zersetzung übergegangenen organischen Stoffe, oder solche Stoffe, die durch den Wind leicht verweht werden, wie Papier und dgl., mit Asche oder besser noch mit Sand oder Füllboden bedeckt werden.

Sofern es sich um Geländeflächen im Überschwemmungsgebiet handelt, sind hochwasserfreie Eindeichungen anzulegen. Die Auffüllung hat in tunlichst kleinen Abschnitten zu erfolgen, damit möglichst schnell die endgültige Höhenlage erreicht wird. Alsdann ist ungesäumt eine Besamung oder Bepflanzung vorzunehmen, um Verwehungen zu verhüten und eine schnelle Humifizierung und Mineralisierung des Mülls zu erreichen.

Auf diese Weise können wenig ertragreiche Moor- und Wiesenflächen in hochwertiges Gemüse- und Gartenland umgewandelt werden.

2. Industrielle Verwertung.

a) Müllverbrennung. Diese Art der Müllbeseitigung ist in England entstanden, wo schon vor mehr als 40 Jahren die Landwirtschaft nicht imstande war, das aus den engbebauten Industriegebieten anfallende Müll zu verarbeiten. Die erste Müllverbrennungsanlage von Bedeutung wurde im Jahre 1876 in Manchester gebaut. In Deutschland entschloß man sich zuerst in Hamburg nach der Choleraepidemie von 1892 zur Aufnahme dieser Beseitigungsform. Bei der ersten Anlage wurde lediglich eine Vernichtung des Mülls beabsichtigt. Die Öfen brannten mit Temperaturen von 600°, und die Wärme ging ungenutzt in den Schornstein.

Die neueren Bauarten erzielen eine möglichst vollkommene Verwertung, sowohl der in dem Müll enthaltenen Wärmemenge als auch der Verbrennungsrückstände.

Der Wärmegehalt des Mülls beträgt erfahrungsgemäß für 1 kg 750 bis 2500 Wärmeeinheiten oder ungefähr $^1/_{10}$—$^1/_3$ des Heizwertes von 1 kg Steinkohle oder Koks. Die höheren Werte werden dort erreicht, wo in den Haushaltungen vorwiegend Steinkohle, und die niedrigen Werte dort, wo in der Hauptsache Briketts geheizt werden. Wenn das Müll weniger als 1000 Wärmeeinheiten besitzt, dann ist Kohlenzusatz notwendig. Die Ausnutzung wächst mit der Erreichung einer höheren Temperatur. Bei den neueren Öfen werden Temperaturen von 1000—1300° C erreicht. Unter diesen Voraussetzungen liefert 1 kg Müll etwa 1 kg Dampf, und 20 kg Dampf erzeugen eine Kilowattstunde.

Auf jeden Einwohner kommt daher bei einem Tagesanfall von 0,5 kg Müll eine Jahresausbeute von 9 Kilowattstunden. Soweit man diese Energie nicht zum Betriebe der Anstalt verbraucht, wird sie meist an das nächste Elektrizitätswerk abgegeben.

Die Verbrennungsrückstände sind bedeutend. Sie bestehen dem Gewichte nach aus 3—10% Flugasche und 30—50% Schlacke, insgesamt betragen sie daher 33—60%. Die Flugasche ist schwer zu verwerten, während die Schlacke überall gewinnbringend abgesetzt werden kann. Je kleiner daher das Verhältnis zwischen Flugasche und Schlacke ist, desto wirtschaftlicher arbeitet die Anlage. Um dieses Ergebnis zu erreichen, ist eine schnelle Verbrennung bei hohen Temperaturen erforderlich.

Die Asche wird zu Isolationszwecken oder mit gebranntem Kalk versetzt zu Dungzwecken verwandt oder auch zu Ziegelsteinen verarbeitet. Die Absatzmöglichkeit ist oft nur gering, so daß der größte Teil unter Aufwendung von Unkosten anderweitig untergebracht werden muß.

Die gebrochene und gesiebte Schlacke dagegen ist eine begehrte Ware. Zweckmäßig ist eine Trennung nach drei Korngrößen von 60 mm, 25 mm und 5 mm. Es entfallen etwa 30% Grobkorn, 50% Mittelkorn und 20% Feinkorn. In dieser Form bietet die Schlacke einen guten Ersatz für Kies, Sand und Schotter. Sie kann verwandt werden zur Herstellung von Beton, Mörtel und Kunststeinen, zur Befestigung von Fahrbahnen und Promenadenwegen und zum Bau von Tropfkörpern in biologischen Kläranlagen.

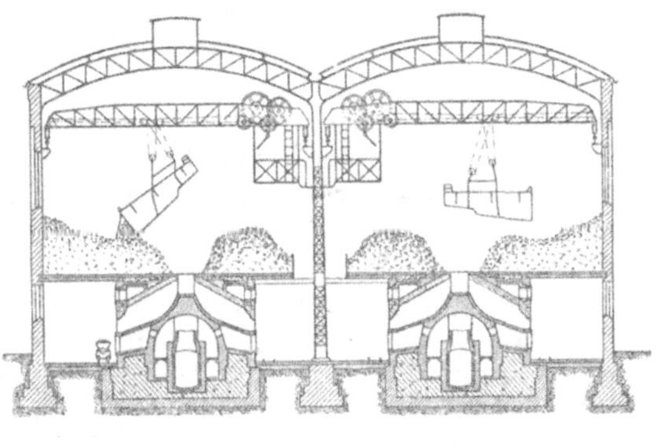

Abb. 85. Müllverbrennungsofen System Horsfall.

Unter Zusatz von Kohle und Steinkohlenteerpech kann die feinkörnige Schlacke auch zur Herstellung von Briketts Verwendung finden.

Müllverbrennungsöfen. Rostöfen. Der Horsfall-Ofen der Firma Horsfall in Leeds (Abb. 85) hat in England eine ausgedehnte Verbreitung und ist im Jahre 1893 in Hamburg zur Einführung gelangt. Zur Platzersparnis und besseren Ausnutzung der Wärme sind die Öfen Rücken an Rücken gebaut.

Jede Ofenzelle verbrennt in 24 Stunden 8 t Müll. In der Hamburger Anlage sind 36 Zellen vorhanden, von denen je 6 zu einem Block vereinigt sind. Der in die Zelle eingebaute Stabrost hat eine Fläche von 2,75 qm und eine Neigung von 1 : 4. Zur Förderung der Verbrennung waren zuerst Dampfstrahlgebläse angelegt mit der Absicht, daß sich der Wasserdampf beim Durchgang durch das Feuer in Sauerstoff und Wasserstoff zerlegen und mit dem Kohlenoxydgas vermengt eine Erhöhung der Temperatur herbeiführen sollte. Dieser Vorgang tritt jedoch nur bei Weißglut ein. Das deutsche Müll besitzt aber nicht eine derartige Heizkraft, so daß sich die Anlage nicht bewährte. Man ersetzte die Dampfstrahlgebläse mit gutem Erfolge durch Trockenluftgebläse, die einen Kraftaufwand von 1 PS. für die Zelle beanspruchen. Der erforderliche Überdruck beträgt 40—50 mm Wassersäule. Die Füllung geschieht von der oberhalb der Öfen liegenden Plattform aus in Zwischenräumen von etwa $1\frac{1}{2}$ Stunden, ebenso oft wird die Schlacke ausgeräumt und in Kippwagen abgefahren.

Die neueren Ofenanlagen dieses Systems sind für Tagesleistungen bis zu 15 t Müll für die Zelle konstruiert worden. Es hat jedoch in Deutschland keine weitere Verbreitung gefunden, da die neueren deutschen Konstruktionen naturgemäß in besserer Weise auf die besondere Zusammensetzung des Mülls Rücksicht nehmen können.

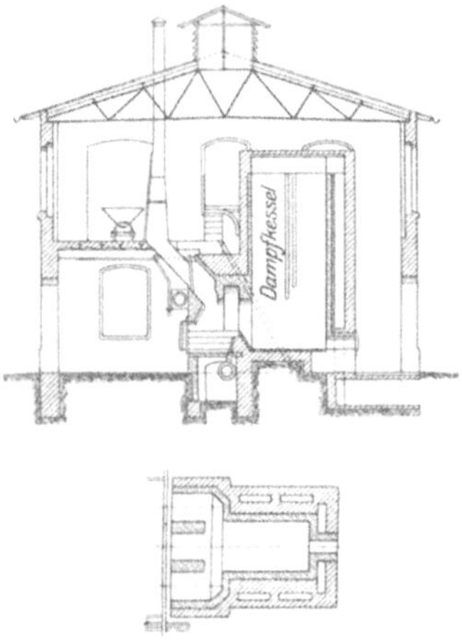

Abb. 86. System Herbertz.

System Herbertz der Firma Herbertz-Köln (Abb. 86). Je zwei bis sieben Zellen sind zu einem Ofen, dem ein Dampfkessel angegliedert ist, zusammengeschlossen. Die Zellen haben eine Rostfläche von etwa 1 m², und ihre stündliche Leistung beträgt 500—1500 kg Müll. Die Beschickung erfolgt wechselweise, so daß in der Verbrennungskammer stets annähernd die gleiche Temperatur herrscht, die Entschlackung nach mehreren Beschickungen, wenn der Schlackenkuchen eine bestimmte Höhe erreicht hat. An unverbranntem Material sind in der Schlacke etwa 4% vorhanden, oder auf die Müllmenge umgerechnet 2%. In den älteren Anlagen wird das Müll in Silos gestapelt und von Hand in die Öfen gebracht. Diese Methode hat neben der Staubbelästigung den Nachteil, daß das Müll nach längerem Lagern sich zu einer festen Masse zusammenballt und schwer aus den Silos herauszuholen ist. In den neueren Anlagen ist daher überall mechanische Beschickung vorgesehen. Die Verbrennungspreßluft wird durch Schleudergebläse erzeugt, die den Vorzug haben, daß sie auch staubhaltige Luft dauernd fördern, so daß die Verbrennungsluft unmittelbar vor den Ofentüren entnommen wird. Hierdurch wird neben der Kühlung der Türen zugleich eine starke Vorwärmung bis auf 60—70° erreicht.

Als Dampfkessel werden neuerdings Steilrohrkessel (System Burkhardt) der Firma Piedboeuf angewandt. Diese Kesselart eignet sich für die Müllverbrennung ganz besonders gut, weil durch die gekreuzt stehenden Rohre eine gute Verbrennungskammer gebildet wird, die die Rauchgase aus den einzelnen Ofenzellen aufnimmt, und weil nur annähernd senkrechte Heizflächen vorhanden sind, die das Verstauben wirksam verhindern. Wegen der großen Mengen von Flugasche ist unter dem Kessel eine geräumige und leicht zu reinigende Flugaschenkammer angelegt. Bei der Bemessung des Kessels sind auf 1 qm Rostfläche etwa 30 qm Heizfläche zu rechnen.

Das System Humboldt-Fried (Abb. 87) ist durch einen muldenförmigen Doppelrost von je 0,9 qm Fläche gekennzeichnet. Das Müll wird von oben auf den hinteren Rost gestürzt und durch einen seitlich eingeblasenen Luftstrom verbrannt. Nach einer Verbrennungsdauer von 20 Minuten wird die Schlacke auf den vorderen Rost gezogen und der hintere Rost von neuem beschickt. Das Müll wird also einem Verbrennungsprozeß von 40 Minuten Dauer ausgesetzt. Der Konstruktion dieses Ofens liegt die Annahme zugrunde, daß bei der Vergasung des Mülls eine große Menge Kohlenoxyd unverbrannt entweicht. Um das zu verhindern, wird durch den vorderen Rost sekundäre Luft eingeblasen, die sich beim Durchgang durch den Schlackenkuchen stark erhitzt und das Kohlenoxyd entzündet. Hierdurch entsteht eine lange Stichflamme, die bis an die Wandung des Kessels reicht. Das Verfahren ist als Halbgasfeuerung bezeichnet worden. Der Kessel ist als stehender Röhrenkessel ausgebildet worden, um Ablagerungen der Flugasche zu vermeiden. Die Sammlung der Flugasche erfolgt teils vor, teils hinter dem Kessel. Wie bei dem vorhergehenden System werden mehrere Zellen zu einem Ofen vereinigt. Die stündliche Leistung einer Ofenzelle beträgt 1200—1500 kg Müll.

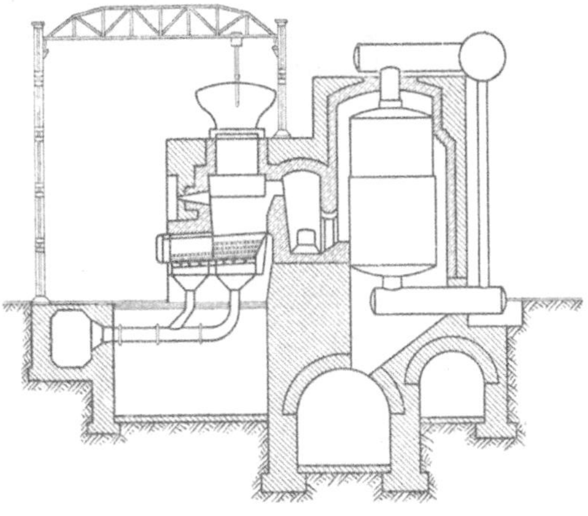

Abb. 87. System Humboldt-Fried.

Die Reihenroste, die entweder eben (Abb. 88) oder muldenförmig (Abb. 89) ausgebildet werden, sind in einer einzigen Heizkammer untergebracht, wodurch gegenüber den Systemen mit isolierten Zellen eine bedeutende Ersparnis an Mauerwerk erreicht wird. Die Beschickung der einzelnen Roste erfolgt wechselweise, die frischen Auffüllungen werden daher durch die in voller

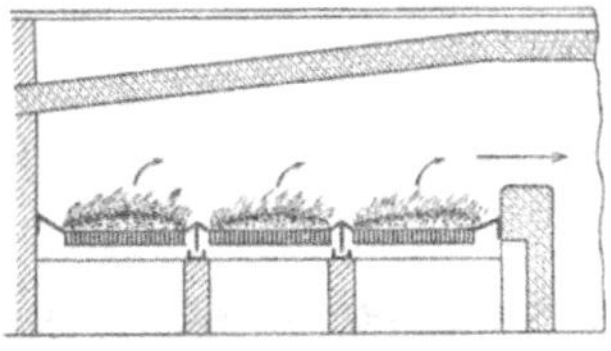

Abb. 88. Planrost.

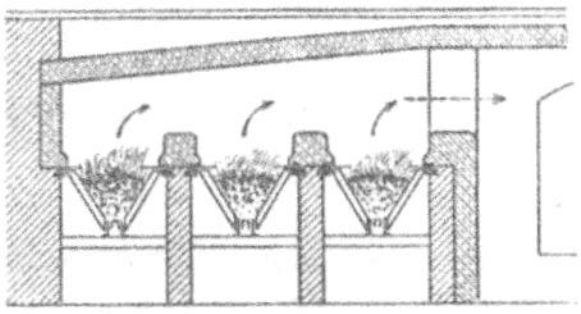

Abb. 89. Muldenrost.

Glut befindlichen Nachbarfeuer schnell entflammt, und es tritt durch die Vermischung der Rauchgase in dem Sammelfuchs eine vollständige Verbrennung ein. Ein Nachteil liegt darin, daß bei der Entschlackung eines Rostes durch den einströmenden Luftstrom auch die übrigen Roste beeinträchtigt werden, und daß bei ungeschickter Beschickung frisches Müll auf niedergebrannte Nachbarfeuer fällt und es unverbrannt mit der Schlacke aus dem Ofen gezogen wird.

Anlagen dieses Systems sind in größerem Umfange in Holland und Belgien ausgeführt worden, in Deutschland dagegen haben sie bisher keinen Eingang gefunden.

Schachtöfen. Beschickung und Entschlackung erfolgen ähnlich wie bei den Hochöfen. In Deutschland ist nur ein einziges System, das von Dörr-Schneider (Abb. 90), ausgebildet und in Wiesbaden ausgeführt wurden. Die Öfen besitzen keinen Rost, die kostspielige Unterhaltung der Roststäbe fällt daher fort. Ein weiterer Vorzug besteht darin, daß die Verbrennung unter hohen Temperaturen erfolgt und eine vollkommene ist, und daß die Schlacke unter verhältnismäßig niedrigen Temperaturen ausgeschieden wird, da die Gebläseluft durch den Schlackenhals zugeführt wird, wo sie sich gleichzeitig erhitzt.

Betriebsschwierigkeiten können bei der Entschlackung entstehen, wenn der Schlackenkuchen bis in den Schacht hinein angewachsen ist. Die zusammengesinterte Masse muß dann von unten und oben aufgebrochen werden, damit sie aus der Zelle entfernt werden kann. Die Leistung jeder Ofenzelle beträgt

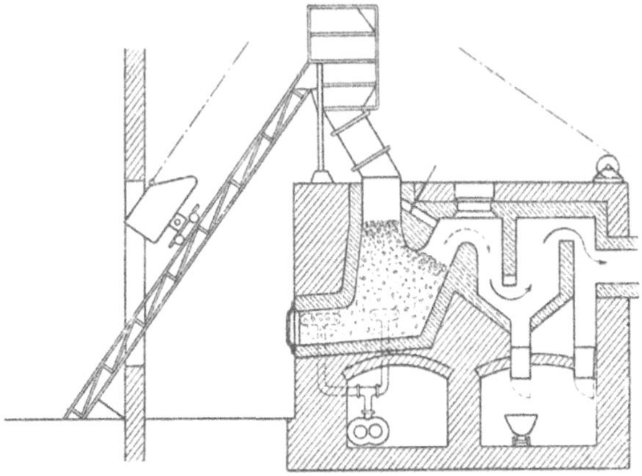

Abb. 90. System Dörr-Schneider.

stündlich 1000—1500 kg Müll. Mit Rücksicht auf den hohen Verbrennungsstock ist für jede Zelle zweckmäßig ein besonderes Kapselgebläse anzulegen, das mit einem Überdruck von 250 mm Wassersäule arbeitet. Die Beschickung der Zellen erfolgt durch die Einschüttöffnung entweder von Hand oder mechanisch. Die Verbrennung erfolgt hauptsächlich an der steilen Rückwand des Verbrennungsraumes, von wo aus die Rauchgase durch den Gasabzug in den Flugaschenfang gelangen, um von allen Zellen, von denen 2—6 zu einem Ofen vereinigt sind, in dem Sammelfuchs vereinigt und dem Dampfkessel zugeführt zu werden.

An eine einwandfreie Müllverbrennungsanlage sind folgende Anforderungen zu stellen:

Die Leistung der Ofenzellen auf das Quadratmeter Rostfläche berechnet, muß zur Erzielung einer hohen Verbrennungstemperatur möglichst groß sein, 1000—1500 kg Müll stündlich.

Die Verbrennung muß vollkommen sein. Der Kohlensäuregehalt der Rauchgase muß größer als 12%, der Kohlenoxydgehalt kleiner als 0,5% sein.

Der Gehalt an Unverbrennlichem in der Schlacke darf das Maß von 4% nicht übersteigen.

Die Ausnutzung der Rauchgase muß möglichst weitgehend sein. Zu diesem Zwecke soll die Temperatur vor dem Kessel mindestens 1000° und hinter dem Kessel höchstens 300° betragen.

Beschickung und Entschlackung sollen unter Vermeidung von Staub- und Geruchsentwicklung auf mechanischem Wege geschehen.

Nach Möglichkeit sollen die Einnahmen zur Deckung der Betriebs- und Unterhaltungskosten und zur Verzinsung und Tilgung der Anlagekosten ausreichen.

b) Sortierung. Um die in dem Müll vorhandenen noch verwertbaren Stoffe, wie Eisen, Metall, Knochen, Glas, Papier usw. zu gewinnen, hat man stellenweise Versuche mit vorheriger Auslese gemacht. Zu diesem Zwecke wird auf einer Siebtrommel das Feinmüll ausgeschieden und das Grobmüll alsdann auf einem Transportband durch einen Arbeitssaal gefördert, in dem die Auslese von Hand erfolgt. Dieses Verfahren ist aber hygienisch nicht einwandfrei zu gestalten, und es sind geeignete Arbeiter hierfür schwer zu gewinnen. Außerdem werden durch den Gewinn die Unkosten meistens nicht gedeckt, so daß derartige Anlagen eine weitere Verbreitung kaum finden werden.

c) Dreiteilung. Schon in den Haushaltungen und auf den Grundstücken erfolgt eine Trennung in Asche und Kehricht, Speisereste, Gerümpel. Diese Stoffe werden in besonderen Gefäßen gesammelt und kommen getrennt zur Abfuhr. Asche und Kehricht werden zur Auffüllung von Ödland benutzt oder vergraben. Die Speisereste werden sterilisiert, mit Kleie versetzt und zur Schweinemast verwandt. Aus dem Gerümpel werden die verwendbaren Stoffe herausgelesen und der Rest wird verbrannt. Dieses Verfahren ist 1906 in Charlottenburg eingeführt, hat aber in Deutschland keine weitere Nachahmung gefunden. Wenn auch die hygienischen Anforderungen erfüllt werden sollten, so sind doch die Kosten sehr hoch.

d) Müllaufbereitung. Das Verfahren ist unter dem Namen Garbage-Reduktion in den Vereinigten Staaten verbreitet. Das Müll wird nach Auslese der Sperrstoffe in ausgemauerten stählernen Kesseln von 10—12 t Fassungsraum 6 Stunden lang mit frischem Kesseldampf gekocht und gelangt darauf in gußeiserne Walzenpressen. Die ausgepreßte Flüssigkeit wird in Klärbecken

Stadt	Kosten im Jahre: Insgesamt M.	pro cbm M.	auf den Kopf der Bevölkerung M.	Gebührenerhebung (— gebührenfrei; Schuldner: H = Hausbes., M = Mieter; Bemessung: Nach dem Gebäudesteuer-Nutzwert (N.W), Zahl der Feuerstellen (F), der Wohnräume (R), der Müllеimer, Kübel oder Kasten, bzw. der Abholungen (K)): Schuldner	Bemessung jährlich	Abholung wöchentlich ... mal	Abfuhrsystem	Art der Beseitigung
Breslau . . .	162000	0,77	0,32	—	—	3	Schäfer-Kassel	Verbr. beabs.
Charlottenburg	597900	6,30	2,12	H	$^8/_{10}$ % N.W.	3	Dreiteilung staubfrei	.
Düsseldorf . .	235700	1,84	0,90	—	—	6	Staubfreier Deckeleimer	Auffüllung
Essen	92000	1,67	0,35	H	R 0,50 M.	3	Bauer-Köln	Auffüllung
Hamburg. . .	692900	1,92	0,78	—	—	2,3,7	Besonderer Verschlußwagen	Verbrennung
Hannover . .	153600	1,62	0,59	H	K 15 M.	3	Wechselbodensystem	Dung
Kiel	186800	3,52	.	.	K (110 l) wöchentl. 1 mal 14 M., 2 mal 22 M., 3 mal 33 M.	6	Wechselkastensystem	Verbrennung
Königsberg . .	184200	1,93	1,30	H	0,73 % N.W.	2	Schäfer-Kassel	Auffüllung
Nürnberg. . .	193900	2,26	0,81	H	F 2 M.	3	Syst. Nürnberg	Auffüllung
Dortmund . .	167200	3,55	1,05	H	R 0,50 M.	3	Bauer-Köln Deckeleimer	Auffüllung
Kassel	94000	1,54	0,60	M	M.W. v. 200—600 = $^1/_2$ % über 600 = 1 % unter 200 frei	3	Schäfer-Kassel	Auffüllung
Münster . . .	48000	1,52	0,64	H	0,5 % N.W., außerdem Zuschlag für den zweiten und jeden weit. Haushalt je 1 M.	2	Schäfer-Kassel	Kompostierung

und durch Lösungsmittel entfettet und darauf wieder zum Tränken der Trockensubstanz benutzt, die zu Düngezwecken verwandt wird. Die Ausbeute an Fett beträgt bis zu 3,75% des verarbeiteten Mülls.

Mit diesem Verfahren sind starke Geruchbelästigungen verbunden, so daß es hygienisch nicht einwandfrei ist.

Neuerdings geht man auch in den Vereinigten Staaten zur Müllverwertung durch Verbrennung über.

In den meisten größeren Städten wird die Beseitigung des Mülls in städtischem Betriebe ausgeführt. Die Aufbringung der hierfür erforderlichen Mittel erfolgt in vielgestaltiger Form. Teils werden die Ausgaben durch die kommunalen Einkommensteuern gedeckt, teils werden sie durch Besteuerung des Gebäude-Nutzungswertes, der Mieten oder der Feuerstellen aufgebracht, oder es wird der Kostenberechnung die Anzahl der abgeholten Müllgefäße zugrunde gelegt.

Einzelheiten sind aus der umseitigen Tabelle[1]) ersichtlich.

[1]) Mitteilungen der Zentrale des deutschen Städtetages 1910. Band II, Nr. 19/20.

Literaturverzeichnis.

Förster, Taschenbuch für Bauingenieure.
Baumeister, Städtisches Straßenwesen und Städtereinigung.
Bohm u. Grohn, Die Müllverbrennungsversuche in Berlin.
Büsing, Die Städtereinigung.
Dörr, Clemens, Hausmüll und Straßenkehricht.
Etienne de Fedor, Elektrizität aus Kehricht.
Genzmer, Ewald, Die städtischen Straßen.
Gravenhorst, Das Kleinpflaster.
Krüger, Richard, Handbuch des gesamten Straßenbaues.
Loewe, Straßenbaukunde.
— Der Kraftwagen und seine Beziehungen zur Straße.
Niedner, Die Straßenreinigung in den deutschen Städten.
Vogel, Die Verwertung der städtischen Abfallstoffe.
Wollenhaupt, Müllverbrennungsanlagen, System Herbertz.
Zeitschriften:
Verkehrstechnik, früher Zeitschrift für Transportwesen und Straßenbau.
Der Straßenbau.
Der städtische Tiefbau.
Technisches Gemeindeblatt.
Gesundheitsingenieur.
Gesundheit.
Straßenreinigung.

Sachverzeichnis.

Druck von Oscar Brandstetter in Leipzig

GPSR Compliance

The European Union's (EU) General Product Safety Regulation (GPSR) is a set of rules that requires consumer products to be safe and our obligations to ensure this.

If you have any concerns about our products, you can contact us on ProductSafety@springernature.com

In case Publisher is established outside the EU, the EU authorized representative is:

Springer Nature Customer Service Center GmbH
Europaplatz 3
69115 Heidelberg, Germany

Batch number: 10844827

Printed by Printforce, the Netherlands